广东省自然保护区

（增订本）

张金泉 著

中国林业出版社

图书在版编目(CIP)数据

广东省自然保护区／张金泉著．—增订本．—北京：中国林业出版社，2016.1

ISBN 978-7-5038-8408-5

Ⅰ．①广… Ⅱ．①张… Ⅲ．①自然保护区-介绍-广东省 Ⅳ．①S759.992.65

中国版本图书馆CIP数据核字(2016)第023918号

出　版：中国林业出版社(100009　北京西城区德内大街刘海胡同7号)

E-mail：fwlp@163.com　　**电话**：(010) 83143615

发　行：新华书店北京发行所

印　刷：三河市祥达印刷包装有限公司

版　次：2016年1月第1版

印　次：2016年1月第1次

开　本：889mm×1194mm　1/16

印　张：38.25

彩　插：8

字　数：1100千字

定　价：195.00元

作 者 简 介

张金泉 教授，男，1928 年 1 月出生于广东省五华县，1950 年 1 月于五华中学高中毕业，1950 年 2 月 15 日，被五华县人民政府县长魏麟基、副县长张日和委派为南楼乡马安村（后改名满堂村）人民小学校长。1954 年 7 月毕业于华南师范学院地理系，1954 年 8 月至 1981 年 1 月在河南大学地理系任教，其间于 1956 年 9 月至 1958 年 7 月在南京大学生物系进修植物地理学。1981 年 2 月至 1988 年 12 月在华南师范大学地理系任教。曾任全国植物地理学会副理事长、广东省生态学会常务理事、广东省生态学会顾问、广东省自然保护区评审委员、广东省自然保护区专家委员会委员。

长期以来致力于地理科学的教学与科研。在教学方面，先后为本科生、硕士和博士研究生等讲授“自然地理学”、“植物地理学”和“植物生态学”等 7 门课程；在科研方面，在国内外刊物发表论文 80 多篇，其中有关自然保护区的有“保护海南岛自然资源与建立自然保护区的布局问题”、“梅州市建立自然保护区的规划与布局”、“走向 21 世纪的广东省自然保护区”、“港口国家级自然保护区及其海龟的生态生物学特性”、“庐山自然保护区及其自然资源特点”、“建立石门台省级自然保护区的论证与规划”、“建立古兜山省级自然保护区的可行性研究”、“建立凤凰山省级自然保护区可行性研究”、“广东石门台自然保护区评价”等 18 篇。出版著作 10 多部、译著 3 部。其中有关自然保护区的有《广东阴那山自然保护区植物及旅游地理》、《广东省自然保护区》、《广东七目嶂省级自然保护区总体规划》专辑，参编《广东南岭国家级自然保护区生物多样性研究》、《广东古兜山自然保护区总体规划》等 5 部。参编《中国植被》，获 1978 年河南省重大科技成果奖，并获 1987 年国家自然科学二等奖；编著《植物地理学》、《广东花岗岩地区水土保持研究》（合作）分别获 1991 年广东省高等教育局科技进步三等奖；《韩江上游植被与水土保持》获 1996 年广东省高等教育厅科技进步三等奖，《广东省自然保护区研究》获 2001 年度广东省科学技术三等奖。发表的论文中，《从地植物学角度试论河南省境内亚热带与暖温带的分界线问题》获 1982 年广东省高等教育局科技成果四等奖；《河南省伏牛山南侧西峡县的森林植被及其合理利用问题》获 1986 年河南省科协优秀论文三等奖。1993 年获国务院颁发政府特殊津贴；1995 年获广东省水土保持先进个人三等奖；2011 年获广东省生态学会“老一辈优秀生态科技工作者”荣誉称号。

序

自然保护区是人类文明进程中的一大创举，是人类顺应自然、主动修复自身对生态环境破坏而采取的一种补救措施，也是人类社会向大自然索取各种生物资源、干扰自然生态系统的一种对冲手段。1872 年美国建立了世界第一个国家公园——黄石公园，开创了保护自然的新途径。随后，世界各国相继建立了森林、草原、荒漠、沼泽、湖泊、海岛、港湾等各种类型的自然保留地。100 多年来，自然保护区的地位与作用逐渐为人们所认识，覆盖面逐步扩展开来。《2014 保护地球》报告显示，全球目前有 15% 的陆地和内陆水域以及 3.4% 的海洋面积受到了保护。自 2010 年以来，全国新增的保护区面积达到 610 万 km^2，接近于澳大利亚国土面积。联合国环境署表示，这些自然保护区在保护物种和生态系统以及人类的生计方面发挥了重要作用，同时在适应和减缓气候变化方面扮演了重要的角色，例如全球有 780 万 km^2 的森林被划为保护区，这些森林降低了自然灾害风险，并提供了森林碳汇。经过世界各国的共同努力，越来越多的人已认识到建立保护区是贯彻执行《生物多样性公约》的关键措施。有些国家还建立了跨国界的自然保护区，为地区和平作出了积极贡献。

我国 1956 年在广东肇庆鼎湖山建立了全国第一个自然保护区——鼎湖山自然保护区。50 多年来，我国自然保护区建设取得了举世瞩目的成绩，到 2013 年底，全国已经批建的自然保护区数量为 2697 个，面积达到 14 631 hm^2，占全国陆地国土面积的 15.2%。我国共有 26 个自然保护区加入联合国教科文组织的生物圈保护区网络，41 个自然保护区被列入国际重要湿地名录，5 个自然保护区被列入世界自然遗产地名录。中共中央、国务院出台了《关于加快推进生态文明建设的意见》，明确提出“加强自然保护区建设与管理，对重要生态系统和物种资源实施强制性保护，切实保护珍稀濒危野生动植物、古树名木及自然生境。”这一顶层设计，充分预示着自然保护区在全国依然具备广泛的发展空间，其建设管理必将迈上新的台阶。

广东省委、省人民政府在大力推动改革、积极发展经济的同时，一直高度重视自然保护区的建设和发展。广东是我国最早建立自然保护区的省份，也是全国第一个以省人大议案的形式推进自然保护区建设的省份。至 2013 年底，全省已建成有森林生态系统、湿地水域、海洋海岸、野生植物、野生动物、生物遗迹、地质遗迹 7 种类型的自然保护区 369 个，面积达 171.9 万 hm^2，其中陆域面积为 133.6 万 hm^2，约占全省陆域面积的 7.4%，有效保护了广东省大部分森林生态系统、野生动植物及其主要栖息地，成为全国自然保护区数量最多的省份；同时较好地解决了管理体制、机构编制、建设经费等问题，自然保护区建设管理工作走在了全国前列。但是，与国内外的先进水平相比，广东省自然保护区还存在较大差距，尽管数量居全国第一，但面积占比不高，自然保护区的布局不合理、林地林权不稳、面积偏小、管护机构欠完善、管理队伍素质不高等问题仍普遍存在，自然保护区科研宣教水平也有待进一步提高。

《广东省自然保护区》（增订本）是作者继《广东自然保护区》出版之后，亲自深入部分自然保护区调查研究，广泛吸纳相关科学研究成果，凝聚大量辛苦劳动的又一力作。该著作的完成，既反映了作者孜孜不倦、永不懈怠、老有所为的奉献精神，也体现了作者对广东自然保护区事业的深厚感情。

通览《广东自然保护区》（增订本）全书，结构严谨、脉络清晰、数据翔实、内容丰富，逻辑性强，反映了当前广东省自然保护区体系状况和发展趋势，是我国省级区域性自然保护区方面较为领先的一部专著。该书的出版，将有助于各界专家学者和广大群众了解广东省的自然保护区，有助于自然保护区之间互相沟通、互相学习，从而促进自然保护区的建设和管理；也可为自然保护区及相关专业的研究人员、高等院校有关专业师生提供借鉴和参考。

广东省林业厅厅长 [签名]

2015.7.25.

前言

自1997年《广东省自然保护区》出版后，1999年11月27日，广东省第九届人民代表大会常务委员会第十三次会议作出了《关于加快自然保护区建设的决议》，广东省自然保护区事业得到蓬勃发展。到2013年底，在全国共建自然保护区369个，其中国家级自然保护区14个，省级自然保护区64个，市级自然保护区110个，县级自然保护区181个。因此，许多热心自然保护区的同志都纷纷询问《广东省自然保护区》（增订本）何时能问世。由于各种原因，直至2013年底我们才开始草拟编写题纲，经两年多收集有关论著及自然保护区的总体规划和科学考察报告等，现按编写题纲逐一撰写而成。

许多科学工作者为了促进广东省自然保护区的建设，不辞辛苦，走进自然保护区，通过调查研究取得了丰富的第一手资料，编制自然保护区的总体规划和科学考察报告，这不仅为自然保护区建设作出了重大贡献，也为撰写《广东省自然保护区》（增订本）提供了良好基本资料。我有幸应邀参加部分自然保护区的评审，从中获益匪浅，同时，我也曾受有关单位邀请对一些自然保护区亲自做了调查研究，编制自然保护区的总体规划和科学考察报告。由此可见，本书是在许多科学工作者对广东省自然保护区做了大量工作的基础上撰写的，就这个意义来说，本书的完成是广大科学工作者的智慧和集体劳动的成果。其目的是系统介绍全省自然保护区的情况，使社会各界对广东省自然保护区有较为全面的了解，并期待得到社会各界对自然保护区事业的关心和支持。

1997年出版的《广东省自然保护区》中已做了详细论述的有关保护区，在本书不再列入。全书共分8章。第1章广东省自然保护区的发展历程及其前景，阐述了生物资源及其栖息环境、自然保护区的发展历程、自然保护区的类型与级别、自然保护区的发展前景；第2章粤北地区的自然保护区，介绍了国家级自然保护区2个、省级自然保护区16个、市级自然保护区15个（名录）、县级自然保护区13个（名录）；第3章粤东北地区的自然保护区，介绍了省级自然保护区10个、市级自然保护区35个（名录）、县级自然保护区35个（名录）；第4章粤东地区的自然保护区，介绍了国家级自然保护区1个、省级自然保护区7个、市级自然保护区22个（名录）、县级自然保护区14个（名录）；第5章珠三角地区的自然保护区，介绍了国家级自然保护区2个、省级自然保护区12个、市级自然保护区26个（名录）、县级自然保护区44个（名录）；第6章粤西地区的自然保护区，介绍了省级自然保护区2个，市级自然保护区6个（名录）、县级自然保护区34个（名录）；第7章粤西南地区的自然保护区，介绍了国家级自然保护区2个、省级自然保护区2个、市级自然保护区6个（名录）、县级自然保护区41个（名录）；第8章广东省自然保护区的分布规律，介绍了自然保护区的纬度分布、自然保护区的经度分布和自然保护区的地域分布规律。

本书是从广东省自然保护区的实际情况出发，根据已有材料撰写而成。内容翔实丰富，结构严谨。反映了当今广东省自然保护区体系状况和发展趋势，有助于各级领导和广大群众对广东省自然保护区的了解，也有助于各个自然保护区之间的互相了解、互相学习，做好自然保护区的管理工作，为发展自然保护区事业提供参考资料。书中加了一些保护区的彩色影像，便于读者直观地感受保护区环境和资源。由于篇幅所限，只选择了部分有特色、光线和像素较好的照片，大多数保护区未列出，敬请谅解。

本书经过两年多坚持不懈的研究撰写而成。在撰写过程中，一直得到广东省自然保护区管理办公室何克军主任和毕肖峰、王新、吴华荣，广东省海洋与水产自然保护区管理总站张清要、李颖、杨新龙，广东省环保厅生态处黄优勤，广东南岭国家级自然保护区管理局陈振明，华南师范大学地理科学学院徐颂军等领导和专家的鼓励和支持。书中插图由华南师范大学地理科学学院陈志云、马娇娇、胡梦瑶、付开等清绘，广东省自然保护区分布图由广东省自然保护区管理办公室提供，本书出版得到广东南岭国家森林公园的赞助，在此一并表示衷心感谢。

由于本人水平有限，书中定有错漏之处，敬请批评指正。

张金泉

2015 年 5 月 20 日于华南师范大学寓所

目 录

第1章

广东省自然保护区的发展历程及前景

1.1 生物资源及其栖息环境

广东省生物物种起源古老，种类繁多，成分复杂，资源丰富，特有种多。据统计，广东省共有维管束植物7415种（包括亚种、变种和变型），隶属2026属289科，其中野生维管束植物5933种，栽培维管束植物1482种（叶华谷等，2005），分别占全国维管束植物27 150种、3184属、364科的27.31%，63.63%、79.40%；占世界维管束植物237 490种、1300属、620科的3.12%、15.58%、46.61%（吴征镒等，1983）。其中广东省山区就有维管束植物3804种（包括亚种、变种和变型），分隶1277属，258科（陈邦余等，1990）。全省有珍稀濒危保护野生植物124种，列入国家Ⅰ级重点保护野生植物9种、国家Ⅱ级重点保护野生植物73种、国家Ⅲ级重点保护野生植物32种、省级重点保护野生植物10种（张金泉，2009）。据报道，广东省已知的野生动物有829种，其中哺乳类124种，鸟类510种，爬行类145种，两栖类50种，分别占全国野生动物的39.48%，29.95%，43.40%，46.03%，25.51%（广东省林业厅等，1987）。数据更新为：根据原林业部1995～2003年全国第一次陆生野生动物资源调查和近年调查监测统计，广东共有陆生野生脊椎动物774种，列入国家重点保护野生动物名录的114种（包括Ⅰ级19种、Ⅱ级95种）；省级重点保护陆生野生动物76种；国家保护的有益的或者有重要经济、科学研究价值的陆生野生动物584种。（774种中，哺乳类110种、鸟类507种、两栖类45种、爬行类112种）。

广东省位于欧亚大陆的东南端，北依五岭，南临南海，北回线横贯中部。境内地质基础复杂，地貌类型多样，气候三带俱全（北热带、南亚热带、中亚热带）（张声粦等，1991），河流多海域阔，土壤类型众多，植被类型繁杂。由于地处海陆交接部位的海陆兼备的地理位置，为生物多样性的栖息繁衍提供了充足的区位环境条件。

1.2 自然保护区的发展历程

1.2.1 自然保护区创建阶段

1956～1987年。为了保护野生动植物及其栖息地，1956年在第一届全国人民代表大会第三次会议上，著名科学家秉志等提出了关于《请政府在全国各省（区）划定天然林禁伐区，保护自然植被以供科学研究的需要》的提案。随后林业部第七次全国林业会议上印发了《天然森林禁伐区（自然保护区）划定草案》和《狩猎管理办法（草案）》。同年，广东省首先在肇庆鼎湖山建立了鼎湖山自然保护区，也是我国第一个自然保护区，从此揭开了我国和广东省自然保护区事业的序幕。这30年间，全省（包括海南）仅创建自然保护区28个，面积7.91万 hm^2。由于海南地理位置特殊，野生动植物资源特别丰富，因此广东省的自然保护区工作重点集中在海南，海南建13个自然保护区，面积3.98万 hm^2，占全省的一半。现在海南省主要的自然保护区如尖峰岭、坝王岭、大田坡鹿、东寨港、南湾猕猴和青皮林等自然保护区等都是这个阶段创建起来的。

1.2.2 自然保护区调整发展阶段

1988年至1999年底。海南建省后，广东省对自然保护区建设和管理工作重点进行了调整，编制了《广东省自然保护区体系发展规划》，明确了自然保护区建设发展目标，在这12年间共建各类自然保护区45个，面积29.76hm²。1956年至1999年底，全省自然保护区总数达到60个，面积达到33.69hm²，占全省国土面积的1.89%。

1.2.3 自然保护区篷勃发展阶段

2000～2009年。1999年11月27日，广东省第九届人民代表大会常务委员会第十三次会议作出了《关于加快自然保护区建设的决议》，省人民政府决定从2000年到2009年的10年间，共投入自然保护区建设资金3.34亿元人民币，用于解决自然保护区基础设施建设、人员编制和经费、规章等问题，使自然保护区建设进入快车道。到2009年，全省共建各类自然保护区达255个，面积744 346hm²。其中省级自然保护区21个，面积162 606hm²，占总面积的21.84%；市级自然保护区93个，面积264 362hm²，占总面积的35.52%；县级自然保护区141个，面积317 378hm²，占总面积的42.64%。

在255个自然保护区中，林业部门主管的有178个，面积583 374hm²，占总面积的78.37%；海洋部门主管的有54个，面积128 817hm²，占总面积的17.31%；农业部门主管的有12个，面积164 571hm²，占总面积的2.21%；其他部门主管的有9个，面积14 226hm²，占总面积的1.91%；国土部门主管的有2个，面积1472hm²，占总面积的0.20%。

到2013年底，全省已建成有森林生态系统、内陆湿地和水域生态系统、海洋与海岸生态系统、野生植物、野生动物、古生物遗迹、地质遗迹类型的自然保护区369个，面积为171.9万hm²，其中陆域面积为133.6万hm²，占全省陆域面积的7.40%。

1.3 自然保护区的类型与级别

1.3.1 自然保护区的类型

在369个自然保护区中，广东省自然保护区的类型多种多样。按照国家环境保护局、国家技术监督局于1993年7月19日发布的中华人民共和国国家标准，广东省自然保护区有3个类别7个类型。据广东省自然保护区基础调查报告（2014），在已建成的自然保护区中森林生态类型的有242个，占全省自然保护区总数的65.58%；野生动物类型的有50个，占全省自然保护区总数的13.55%；海洋和海岸生态系统类型的有49个，占全省自然保护区总数的13.28%；野生植物类型的有10个，占全省自然保护区总数的2.71%；内陆湿地和水域生态系统类型的有9个，占全省自然保护区总数的2.44%；地质遗迹类型的有6个，占总数的1.63%；古生物遗迹类型的有3个，占总数的0.81%。

在全省各类自然保护区中，林业部门主管270个，面积12 404万hm²，占全省自然保护区总数的72.168%；海洋部门主管88个，面积43.9万hm²，占全省自然保护区总数的25.54%；国土部门主管9个，面积3.98万hm²，占全省自然保护区总数的2.32%；中国科学院华南植物园主管1个，面积1155hm²，占全省自然保护区总数的0.07%。

1.3.2 自然保护区的级别

在369个自然保护区中，按照国家标准，广东省自然保护区中，国家级自然保护区有14个，面积273 181.67hm²，占全省自然保护区总面积的8.15%；省级自然保护区有64个，面积222 650.5hm²，占全省自然保护区总面积的6.65%；市级自然保护区110个，面积416 641hm²，占全省自然保护区总面积的 12.44%；县级自然保护区有 181 个，面积 2 437 783hm^2，占全省自然保护区总面积的 72.76%。

1.4　自然保护区的发展前景

1.4.1　自然保护区稳定向前发展

为了使已建的自然保护区建设稳定向前发展，广东省财政每年投入 1643 万元用作自然保护区办公室、实验室、宣教中心等基础建设。其中国家级自然保护区 400 万元/个、省级自然保护区 200 万元/个、市（县）级自然保护区 30 万元/个。各有关市（县）按一定比例进行配套。

此外，落实了自然保护区的管理体制，明确国家级自然保护区由省主管部门直接管理；省级自然保护区由省与有关市（县）共管，以市（县）管理为主；市（县）级自然保护区由所在市（县）管理，省主管部门进行业务指导。国家级自然保护区定为正处级事业单位；省级自然保护区定为副处级单位；市级自然保护区定为科级单位；县级自然保护区定为股级单位。国家级、省级自然保护区充实了管理人员，人员编制和经费由省财政核拨。

以上措施为广东自然保护区建设的稳定向前发展起到了积极作用。

按照广东省委、省人民政府建立林业生态省的决定，广东省规划到 2020 年，全省自然保护区总数将达到 500 个，总面积 179.8 万 hm^2，自然保护区面积占全省国土面积的 10%，在全省形成一个以国家级自然保护区为核心，以省级自然保护区为主干，以市（县）级自然保护区和自然保护小区为生物通道，布局合理，类型比较齐全、设施先进、管理高效、功能完备、具有国内重要影响的自然保护区网络体系，使全省的典型自然生态系统和主要珍稀濒危野生动植物得到有效保护，具有明显的生态效益和社会效益。

1.4.2　自然保护区建设和管理存在的主要问题

广东省自然保护区建设和管理虽然稳定向前发展着，但也存在如下亟待解决的问题。

（1）自然保护区的布局不尽合理　从广东省自然保护区的分布现状来看，其布局不尽合理：首先是同一地区不同市（县）间自然保护区数量差异较大，如五华县有 12 个自然保护区，而与其接壤的丰顺县只有 6 个自然保护区，而且尚无省级自然保护区。又如经济发达地区的广州、东莞、佛山、中山等市的自然保护区数量太少，甚至如中山市 1 个也没有。

（2）自然保护区的林地林权存在争议　据报道（何克军等，2005），广东是以集体林为主的林业大省。全省现有林地面积 1083.5 万 hm^2，占全省土地面积的 60.70%，其中集体林地面积 1005 万 hm^2，占林地面积的 92.80%，国有林地面积 78hm^2，仅占 7.20%。广东人口密度较大，森林生态系统破碎严重，人为活动对自然生态系统构成较大压力。因此，建立自然保护区不可避免地涉及集体林地的权属和社区群众生活等现实问题。为枪救性地保护自然生态系统和野生动植物资源，过去在申报和批建自然保护区时，采取先划定范围后逐步落实建设的方法，没有签订管护协议并落实补偿，造成自然保护区没有获得林地林木的使用权，林农要求调出自然保护区和采伐林木的愿望强烈。

（3）自然保护区面积偏小　据报道，至 2002 年底，全国建立森林、湿地和野生动物类型自然保护区 1405 个，总面积 1.09 亿 hm^2，平均每个 7.75 万 hm^2。广东已建立的 186 个森林、湿地和野生动物类型然保护区总面积 92 万 hm^2，平均每个仅 0.49 万 hm^2，而已建的 42 个国家级和省级自然保护区平均为 0.7 万 hm^2，分别是全国同类自然保护区平均面积的 6.00% 和 9.00%。全国面积最小的国家级和省级自然保护区均在广东，分别为 864hm^2 和 267hm^2。自然保护区面积太小，不利于自然生态系统的演替和发展，也不利于一些大型动物（特别是肉食动物）的保护和种群繁衍，而且管护成本较高，效益低。面积较小的保护区的边缘占的比例要大于面积大的保护区，这就使保护区内的核心区变小，这种保护区将要面对外来物种侵入的威胁，同时还要承受极端性的气候变化给保护区的生态环境和物种造成的压力。灾难性事件如火灾、地震等均有可能使生活于面积较小的保护区的物种面临灭顶之灾。

（4）自然保护区管护机构与林场经营机构重叠　据报道，至2002年底，在全省已建立的42个森林和野生动物类型国家级、省级自然保护区中，有23个是在国有或集体林场的基础上建立起来的。根据林地构成不同，大体有3种类型：一是将整个林场划入自然保护区，林场面积与自然保护区面积一致，如博罗罗浮山、阳春鹅凰嶂、潮安凤凰山等省级自然保护区；二是由林场办自然保护区，即将林场部分面积划入自然保护区，如高要西江烂柯山、怀集大稠顶等省级自然保护区；三是将林场部分面积或者全部面积与周边集体林合并后建立自然保护区，如广东车八岭、广东象头山等国家级自然保护区和杨东山十二度水、怀集三岳山等省级自然保护区。作为林场的经营性机构和作为自然保护区的管护性机构同时并存，这势必造成森林资源经营和自然资源保护的矛盾。此外，由于历史的原因，林场经济条件一般都较差，建立自然保护区虽然有助于缓解经济压力和林场转型，但在转型过程中，很难实现森林资源的保护与经营利用的和谐统一。

（5）队伍人才流失严重，功能作用难以发挥　自然保护区大都地处经济欠发达的山区，工作和生活条件差，很难引进和留住专业技术人才。据了解，2007年以来，全省国家级省级自然保护区通过公开招聘录用工作人员85名（接收应届毕业生67人、调动社会人员18人）。到2014年底，已有22人离开了自然保护区，占公开招聘录用人员的25.90%。其中21人为应届毕业生，占接收应届毕业生人数的31.30%。人才流失严重，致使自然保护区监测研究、保护利用工作无法开展，科研和监测水平与管理水平长期得不到提高，自然保护区应有的功能作用无法有效发挥。

（6）自然资源保护与开发利用矛盾尖锐　自然保护区丰富的自然资源和优美的环境已不可避免地成为各地开发和招商引资的重点，自然资源保护与开发利用矛盾日益尖锐。据报道，有的地区、部门和单位不顾自然保护区管护机构的反对，甚至违反国家和省的有关规定，擅自在自然保护区内的核心区、缓冲区开发旅游项目；还有的未经批准和评估，违规兴建水电站、道路、别墅、发射塔（台）、码头等设施，对自然保护区的自然资源和生态环境造成破坏。

（7）法制建设滞后　中华人民共和国务院令第167号《中华人民共和国自然保护区条例》已经1994年9月2日国务院第24次常务会议讨论通过发布，自1994年12月1日起施行。现已经难以适应现有的自然保护区建设和管理的实际需要，至今尚未制定和出台我国的《自然保护区法》，未明确自然保护区的法律地位和自然保护区管护机构的职责等。

1.4.3　自然保护区建设和管理措施的主要意见

要实现广东省委、省人民政府建立林业生态省的决定，把广东省自然保护区建设成为陆地生态系统的核心、野生动植物的家园、生物多样性的宝库、科普教育的基础、生态旅游的乐园，促进人与自然协调发展，就要解决上述自然保护区建设和管理中存在的主要问题。提出如下对策和措施（何克军等，2005）。

（1）调整规划布局，清除保护区空白　为全省自然保护区的布局更为合理，利用GAP分析方法调整规划布局是较好的方法。GAP分析即保护生物多样性的地理方法（A Geographic Approach to Protect Biological Diversity）（李迪强等，2000），综合考虑区域植被、重要濒危物种适宜生境的分布、土地所有权和保护区等方面的空间信息，利用地理信息系统进行空间分析，找出不同植被类型、单个重要物种分布与保护区之间的间隙，在较大空间尺度上，提供一个地区的生物多样性组成、分布与保护状态的概况，寻求没有出现在生物多样性保护区网中的植被类型和濒危物种的保护空白区。对没有被保护的和没有代表性的植被型和热点地区，要纳入规划并建立自然保护区，从而保证在自然保护区规划布局中，使所有有代表性的植被类型、重要物种、生物多样性高的生态系统都得到保护。

（2）扩大自然保护区面积，提高保护效益　自然保护区究竟要多大面积才能达到预期目的，这在很大程序上取决于所保护的对象和建立的目的。一般而言，一个大的自然保护区比几个小的保护区要好。因此，在设计保护区时应将面积尽可能划得大一些。考虑到自然生态系统的因素和区域经济发展的要求，在已开发的南方山地，自然保护区面积宜在1万~5万hm^2（王献溥等，2003）。国家有关部门已有规定，申报国家级自然保护区面积要求北方在2万hm^2以上，南方在1万hm^2以上。针对广东具体情况，宜采取如下措施：一是将原来面积较小的自然保护区周围的林地、水域尽可能划入自然保护区，扩大自然保护区管护范围和界线，落实权属，签订管护协议。这一点已得到有关市（县）的认同，2004年已有6个省级自然保护区提出了扩大面积的申请。二是明确规定申报省级自然保护区面积要求在7000hm^2以上，面积不够不予论证、评审和上报审批。三是在分隔的自然保护区之间建立廊道连接，广东已建立约340万hm^2生态公益林，并已实施生态公益林效益补偿，可将生态公益林作为保护区之间的生物廊道加以管理。目前正在进行的林业生态省规划和建设中，应将自然保护区廊道网络建设作为林业生态省和生态公益林建设的重点内容抓紧抓好，不断提高自然保护区的整体保护效果。

（3）明确林地权属，妥善处理社区关系　妥善处理好自然保护区林地（土地、水域）权属问题是自然保护区稳定和发展的基础。对已经建立的自然保护区，自然保护区管护机构及其主管部门要组织进行全面调查，明确自然保护区的范围、界线，摸清自然保护区内林地（土地、水域）的所有权和使用权，分别与两权的所有者签订管护协议，明确各自的权利和责任，使自然保护区管理机构能够管得了管得住。今后新建立自然保护区，申报单位在划定自然保护区范围和界址时，要对区内林地权属进行详细调查，确保80%以上森林划定为生态公益林，绘制权属分布图，在分布图上，周边乡（镇）在自然保护区边界处签名盖章，并与权属所有者签订管护协议，明确自然保护区内所有资源和环境由自然保护区管护机构统一管理，并向自然保护区发放林地使用权证。同时要妥善处理好区内及其周边群众的生产生活，维护自然保护区的稳定和发展。

（4）理顺场区关系，明确发展方向　以林场为基础的自然保护区实际上既保留了林场的架构，又成立了自然保护区管护机构，运作形式基本上是一套人马两块牌子，这部分林场林木经过多年的砍伐，森林资源已十分贫乏，主要经济来源于非木材产品，大都属生态公益型林场，林场的绝大部分森林已划入生态公益林，对这些以林场为基础建立起来的自然保护区，应采取措施，鼓励其将整个林场全部划入自然保护区，将林场的森林经营方案改编成自然保护区总体规划，调整经营方略，按照自然保护区的原则和方法进行经营管理，明确林场的发展方向就是建成自然保护区。同时对林场工作人员进行分流，除留下部分素质较高的人员外，其余全部进入社保，或者筹集资金买断工龄予以分流或遣散，经过一段时间的调整之后，将整个林场过渡成自然保护区。

（5）进一步理顺体制，加大投入保障，吸引专业人才　建议进一步明确省、市、县三者管理织责，理顺全省自然保护区管理体制。省级做好增人计划，确定进入门槛，把好人员进出关，确保人员队伍素质，并加强自然保护区的业务指导，市（县）级主要负责自然保护区的行政管理事项，包括内设机构设置、科级干部任免、工资福利、档案管理等工作，建立职责明确、运行规范的自然保护区管体制，为干部职工创造良好的成长、成才空间。同时，加大投入，切实解决自然保护区人员经费标准不一、资金缺口较大、无工作经费等问题，吸引和留住人才。

（6）加快立法步伐，强化依法管理　对自然保护区资源环境的开发和利用已不可回避，现有的自然保护区条例和有关规章已经难以适应自然保护区建设和管理的实际需要，还需尽快制定和出台《自然保护区法》，明确自然保护区的法律地位和自然保护区管护机构的职责，从法律上保障各级自然保护区管理体制、机构编制、人员经费的落实，保证自然保护区建设、管护资金的稳定投入，明确自然保护区土地权属等。有条件的地区还可以为某一自然保护区制定法规，做到“一区一法”，以强化自然保护区的管理。同时加大执法力度，使自然保护区管护工作真正走上法制化，规范化和科学化的轨道。

第 2 章

粤北地区的自然保护区

粤北地区位于广东省北部，主要包括：韶关市辖的浈江区、武江区、曲江区、乐昌市、南雄市、仁化县、始兴县、翁源县、新丰县和乳源瑶族自治县等 3 区 7 县（市），清远市辖的清城区、英德市、连州市、佛冈县、清新县、阳山县、连山壮族瑶族自治县和连南瑶族自治县等一区 7 县（市）。总面积 37 831. 9km^2，占全省陆地面积的 21. 04%。地貌特点是：地势全省最高，位于本区西北部的石坑崆，海拔 1902m，为广东省最高峰，北部与湖南、江西交界的山峰也多在 1500m 以上，由北向南，地势逐渐下降，至南部英德市境内的北江河谷只有海拔 12m 左右。整个地区属南岭山地，由北而南有蔚岭—大庾岭山地、大东山—石人嶂山地、微山—青云山山地呈向南凸出的三列弧形山地，与坪石红岩盆地、曲江—乐昌向斜谷地、董塘—仁化山前盆地、丹霞红岩盆地、南雄坳陷红岩盆地和连江谷地、滃江向斜谷地两列谷地相间排列。在武江、连江两岸的喀斯特地貌和仁化的红色岩系构成的丹霞地貌成为本地区两大特点。气候特点是：属中亚热带季风气候，气温高低变化明显，春夏秋冬四季分明。代表性自然植被为中亚热带典型常绿阔叶林。

2. 1　国家级自然保护区

本地区已先后建立了广东车八岭（1988）、广东南岭（1994）、广东丹霞山（1995）、广东石门台（2012）和广东罗坑（2013）等 5 个国家级自然保护区，前 3 个国家级自然保护区已于广东旅游出版社出版的《广东省自然保护区》（张金泉主编，1997。下同）加以介绍，本书不再赘述。

2. 1. 1　广东石门台国家级自然保护区

广东石门台国家级自然保护区（简称“广东石门台自然保护区”；保护区）位于广东省中北部，英德市北部。1998 年 5 月英德市人民政府英府［1998］6 号文批准建立县级自然保护区；1998 年 6 月清远市人民政府清府［1998］87 号文批准建立市级自然保护区；1998 年 12 月广东省人民政府粤府［1998］495 号文批准建立省级自然保护区。经过 14 年的经营管理，除成立管理机构、落实人员编制和建保护站等，为了摸清本底自然资源，先后邀请了华南农业大学、华南师范大学、国家林业局调查规划设计院、华南濒危动物研究所、华南植物园、广东微生物研究所、中山大学、广州大学、广州林业学校、广东省林业科学院、香港大学和香港嘉道理植物园等部门的专家、教授等科技人员 100 多人，对保护区进行多学科的综合考察，发现了一些新物种和大陆新记录，撰写了 50 多篇具有较高学术价值的论文，对石门台、鹿洞两个旅游景区进行了生态旅游规划，天门沟景区于 2004 年 10 月动工建设，至 2006 年正式试运营，编写了《广东石门台自然保护区综合科学考察报告》（张金泉主编，2008）和《广东石门台自然保护区总体规划》（唐小平等，2008）。2012 年 1 月，根据国务院办公厅《关于发布河北青崖寨等 26 处新建国家级自然保护区名单的通知》，英德石门台省级自然保护区晋升为国家级自然保护区。主要保护对象为南亚热带与中亚热带过渡地带的常绿阔叶林及珍稀动植物生态系统。同时，兼有奇特自然遗迹的保护对象。

根据中华人民共和国国家标准《自然保护区类型与级别划分原则》（GB/T14529—93），广东石门台自然保护区属“自然生态系统类别”中的“森林生态系统类型”自然保护区。

2.1.1.1　自然条件

（1）位置范围　广东石门台自然保护区位于清远市辖的英德市北部。地理坐标为东经113°05′00″～113°30′50″，北纬24°22′29″～24°30′41″，属于北回归线北缘。具体范围东部从沙口镇江溪村委会的山地，沿山脊往东北，经松光山、九洋田转向西至县界；南界从沙口镇江溪，经英红镇塘口、横石塘镇三峰径和石牯塘镇八宝的山脚一线；西界从石牯塘镇八宝，经波罗镇赤坭岭至前进村北的县界；北界与乳源瑶族自治县、曲江区交界。西起波罗镇的赤泥岭，东至沙口镇的江溪，东西宽约43.66km，南北长约15.48km，总面积33 555hm^2。

（2）地质基础

①地层　保护区内的地层从老到新共有4种。

A. 震旦系（Z）　仅有乐昌峡群（Z_2），是保护区内最古老的地层，主要出露在西部文峰的小水洞—田心及水头—包屋一带，主要岩层有硅质岩、板岩、石英片岩和长石石英砂岩等。

B. 泥盆系（D）　几乎遍布于整个保护区，其中中下统桂头组（D_2^1）在保护区分布广泛，主要岩层有变质硅质石英砂岩夹页岩、砾石砂岩和绢云母板岩等；中上统棋子桥组（D_2^2），在保护区分布很少，主要出露在保护区南和东侧边缘局部地区，岩性有灰岩夹白云岩、砂岩、页岩或互层；上统榴江组（D_2），在保护区分布不广，仅见出露在于南侧文峰、水联及东北侧的洲西一带，主要岩层为灰岩、泥质粉砂质页岩、粉砂岩及泥质页岩等。

C. 第四系（Q_4）　是由松散的砂砾层、砂层及黏土层组成。广泛散布于保护区的河床、山顶、山坡、山麓和石灰岩洞。其中主要有残积层、坡积层、洪积层和冲积层等。

②岩浆岩燕山第一期（早侏罗世）花岗岩（$r_5^{2(1)}$）：呈岩株状零星分布于八宝山南、天堂顶西、石门台（老屋场）东北、赖家山西侧、黄思脑东和小江山南等地，穿插在泥盆系地层之中。岩性主要有粗粒黑云母花岗岩，中、细粒花岗闪长岩和细粒角闪石花岗岩等。

③构造　保护区内的地质构造主要有两种。

A. 褶皱构造—英德弧形构造　保护区地处英德弧形构造之内，弧形褶皱的内带中心为黄思脑穹窿，位于北江以西的北部花岗岩体之南，西起江英，东至洲西，长约50km，宽约20km，主要由泥盆系地层组成，局部为燕山第一期花岗岩及震旦系地层。泥盆系地层产状稳定，穹窿西部倾向以SSW—NWW（N200°～285°）为主。东部倾向为SE（N120°～125°）。倾角在西翼平缓，如八宝山一带为2°～10°，东翼急陡，如芦古丁一带为40°～60°，中部联山一带为6°～20°。穹窿构造内的舒缓小褶皱较多，轴向南北，倾角5°～10°。

B. 断裂构造　在保护区内伴随英德弧褶皱而产生的断裂主要有：乌石—黄思脑断裂，位于保护区中部，走向NE（N50°～70°）断面倾向SE，倾角<60°；石牯塘断裂，北起棉地，经石门台至石牯塘，走向NE；宝山断裂，北起大布西，经长田，转向宝山至石牯塘，走向地段为NE，南段为NW，中间被EW走向的小断裂所截断。

（3）地貌类型　按广东省地貌类型划分标准，保护区地貌可划分为3大类。

①山地地貌　由于保护区地处英德弧形构造的北部，地块以上升为主，故3类地貌中以中山山地最为发育，面积294.48km^2，占保护区总面积的87.76%。在保护区内的中山海拔800～1500m，保护区北缘船底顶最高海拔为1586m，地形起伏大，比高达100～1000m，坡度达24°～45°，山地中存在500～600m、800m、1000m、1100～1200m和>1300m的夷平面或等高峰线。因岩性不同中山地貌又分为2种。

A. 变质砂岩中山　在保护区分布面积广大，为284.82km^2，占保护区中山山地面积的96.72%。大部分是由泥盆系变质砂岩及页岩等组成，小部分为震旦系的硅质岩、片岩、板岩及变质砂岩、页岩

组成。岩层经褶皱和变质作用后，性质坚硬，形成山高陡峻，一般海拔

在800～1400m，船底顶海拔1586m，是保护区最高峰，也是英德市最高处。此外，自西向东有八宝山（1079m）、上天堂（1366m）、梅花顶（1384m）、黄思脑（1364m）和五郎嶂（1186m）等山峰。又因岩层产状关系，西部八宝山和天堂顶以北的黄牛排一带（1000～1041m）岩层倾角小故山顶和山脊多成顶平、坡陡的砂岩地貌，被流水下蚀后又产生嶂谷、峡谷、石峰、石柱、石岭、石墙以及由其组成的砂岩峰林地貌。

B. 花岗岩中山　在保护区分布面积不大，为9.86km^2，占保护区中山山地面积的3.28%。主要由燕山第一期花岗岩岩株组成。由于花岗岩较易风化侵蚀，故地形较低，大多数依附于变质砂页岩中山之内而形成其中一部分，如黄思脑以东山地。或者被侵蚀成盆地或宽谷，如石门台（老屋场）一带。

②丘陵地貌　海拔在500m以下，比高50～100m，主要由变质砂岩组成，地面受轻微切割，起伏中等，坡度5°～25°。主要分布在中山地貌外围，或河谷附近，面积不大，仅有27.69km^2，占保护区总面积的8.25%。

③平原地貌　地势低平，海拔一般<100m，比高<4m，洪水可淹没。主要由第四系的沙、砾和黏土层松散堆积物组成，土层深厚。主要分布在保护区的山地河流两岸和坡麓地带，故称溪谷平地。其特点是面积狭小，仅有13.38km^2，占保护区总面积的3.99%，坡度较大（>5°），组成物质以沙、砾和粉沙为主，透水性较强。这些地貌的形成，大致可分为如下4个时期。

A. 海西—印支运动期（二叠纪至三叠纪）　本期在英德中北部的南北长50km余，东西宽160km余的广大范围内，发生强裂的褶皱运动，形成了“英德弧形构造”及其中多个次一级向斜和背斜褶皱构造，黄思脑背斜也就是在此时形成的，这次地壳运动为保护区的地貌形成奠定了地质基础。

B. 燕山运动期（侏罗纪至白垩纪）　本期地壳断裂活动强烈，并伴随着大规模的花岗岩侵入活动，形成了英德弧北侧的大东山岩体、贵东岩体和南侧的连阳岩体、广宁岩体、佛冈岩体，使南北侧地势相对高起。同时英德弧内也有许多小型的花岗岩岩株侵入，因而进一步塑造了保护区地貌的地质格局。

C. 喜马拉雅运动期（第三纪）　由白垩纪末至晚第三纪，地壳运动以垂直升降为主，英德地区发生强烈上升，与此同时外力作用亦同时进行，因而形成多级齐顶峰线的山地地貌，河流深切，使形成山高谷深，峡谷、嶂谷和砂岩峰林等地貌形态。

D. 第四纪新构造运动时期　在距今300多万年以来，地壳继续上升的同时，外力作用也强烈进行，导致保护区内的花岗岩被严重侵蚀破坏，形成了石门台那样四周山高坡急，中央为缓坡低谷地形。同时也产生一系列的砂岩、花岗岩和河谷地貌，即今日所见的以山地（特别是中山）最为发育，丘陵和平原面积很少的地貌特征。

（4）气候特点　石门台自然保护区地处南亚热带与中亚热带过渡的地带。具有光照充足、温暖湿润、雨量充沛的气候特点，属亚热带季风气候。

根据英德市气象观测站（N24°11′，E113°25′，海拔45.7m）资料：年平均日照时数为1670.5小时，≥10℃年积温为7576℃。全年无霜期319天，有霜期46天，有霜日数9天。历年平均气温为20.9℃，1月为最冷月份，历年平均气温为11.0℃，历年极端最低气温为-3.6℃（1961年1月19日），7月为最热月份，历年平均气温28.9℃，历年极端最高气温为40.1℃（2003年7月23日）。历年平均降水量为1882.8mm，最多年达3443mm（1997年），最少年为1285.9mm（1989年），全年降水主要集中在4～10月，年平均雨日162天，其中年平均暴雨日数7天，日最大蒸发量18.2mm（1977年9月21日）。年平均相对湿度78%。年平均风速1.7m/秒，最多风向频率为东北风。

四季气候差异明显。春季（2～4月）平均气温为16.4℃，平均降水量为481.2mm，占年降水量的26%，平均雨日52天；夏季（5～7月）平均气温为27.1℃，平均降水量为847.8mm，占年降水量的46%，平均雨日52天；秋季（8～10月）平均气温为26.2℃，平均降水量为349.3mm，占年降水量的20%，平均雨日35天；冬季（11～1月）平均气温为13.8℃，平均雨量为143.4mm，占年降水

量的8%，平均雨日23天。

由于保护区在英德市北部山区，故其各项气温指标比英德市区稍低，而雨量则稍高。参考保护区外缘硫铁矿（N24°23′，E113°18′）1956～1981年和沙口镇（N24°27′，E113°8′）1960～1983年的气温记录资料和市区气温的变化规律基本一致，但随着海拔高度的增加而气温下降，在海拔1000m以上的山地。1月份平均气温比英德市区低约7.3℃，7月份平均气温比英德市区低约5.9℃。1月份降水量比英德市区高约180mm，7月份平均降水量比英德市区高约630mm。

（5）水文特征

① 河流众多而短小　由于石门台自然保护区地处珠江三角洲与粤北山区过渡的地带，地势北高南低，森林茂密，雨量充沛，故河流众多而短小。其中独流出境的河长在6km以上的河流有流入连江的黄洞河、田墩河2条；有直接流入北江的有石门河、水头河、虎迳河、大江和小江等5条。

保护区内诸河流，不论主流或支流，其流向均受节理支配。而河谷的形态则因岩性差异而不同，在上游砂岩和变质岩地段的河流，以下切为主，故谷深壁陡，谷底基岩出露，河床纵比降大，短小支流常成悬瀑，急滩随处可见；在中下游花岗岩地段的河流，以侧蚀较显著，故谷形比较开豁，谷底巨砾石堆积较多，河床纵比降较小。

② 水量丰沛而水质优良　据测算，该保护区多年平均径流深1489.8mm，多年平均径流量达$5.00\times10^8m^3$，占北江流域总径流量（$520\times10^8m^3$）的0.96%，而保护区面积仅占北江流域总面积（$4.67\times10^4km^2$）的0.29%，平均单位面积年产水量却比北江流域平均值多33.80%，是广东省3个高水区之一，人均占有径流量为$19.19\times10^4m^3$/人，为广东省的91.9倍。由于保护区内森林茂密，人烟稀少，只有农业，没有工业，自然环境保护较好，河水清澈透明，水质优良，绝大多数达一级地表水标准，当地居民直接饮用河水或井水。

③ 汛期长而流量季节变化明显　保护区内平均每年4～9月为汛期，长达半年之久。其中4～6月为前汛期，主要由锋面雨造成的；7～9月为后汛期，主要由热带气旋（台风）雨造成的。由于河水的主要来源于雨水，故其水文特征是流量季节变化明显：雨季地表径流顺坡而下，洪水同时汇入干流，流量剧增，水位高涨；干季缺乏地表径流补给，流量大减，水位低落，但因砂岩含水量多，森林茂密，故地下潜水补给充沛，流水终年不断，即使在2～3个月无降水的情况下，仍有一定流量。1998年8月7日在石门河坑口实测的总流量为$2m^3$/秒。

④水文效应显著

A. 降水增加　该保护区在长期的地质历史过程中形成了大致北高南低的地势，每当夏季风吹来时，就成为迎风坡，而形成地形雨，并且降水随海拔高度的增高而增加，据统计，保护区年平均降水随海拔高度的递增率为44.1mm/100m；由于森林茂密，蒸腾量大，多年平均相对湿度达80%～90%，有利于增加降水量，据测算，保护区平均每年较边缘地带增加降水量308.7mm以上，使多年平均降水量达2364.7mm，成为广东省三大降水中心之一。

B. 下渗增强　该保护区的森林茂密，覆盖率大，枯枝落叶层厚及其改良土壤结构，有利于增强地表水下渗，形成地下径流与运动，据推算，保护区内森林多年平均增加地下径流总补给量为176.24mm，占地下径流总量的62.5%。

C. 涵养水源　据测定，保护区每年$1hm^2$森林面积的蓄水量9000～12 000m^3，保护区现有森林面积28 569.2 hm^2，则每年可涵养水源25.712万～34.283万m^3，形成地下径流补给河流，因为森林能对降水进行3次再分配，还可改良土壤结构，增加土壤孔隙度，因而可调节地表径流，雨大不会成洪，无雨不断流。

D. 保持水土　据有关资料表明，在同等强度降水情况下，每$1hm^2$荒地年平均流失泥沙约75.6t，而$1hm^2$林地年平均流失泥沙0.05t，保护区现有森林面积28 569.2 hm^2，则可保持水土2158.40万t。

E. 净化水质　该保护区内的河溪水质优良，清澈凉润，清甜可口，饮用舒适。究其原因，主要是因为经过森林土壤自然过滤作用及一系列的离子交换作用，起到了水质净化效果。据有关资料，每年净化 1t 饮用水平均需投资 0.08 元，可知该保护区每年净化水质的效益可观。

（6）土壤特征　石门台自然保护区的土壤主要具有如下特征。

① 土壤的过渡性较强　由于保护区地处南亚热带与中亚热带过渡的地带，因而大致西起岩背向东经石牯塘、横石塘、英红至沙口一线，即位于北纬 24°10′～24°25′之间的界线以南的丘陵、平原为赤红壤，界线以北的山地为红壤。所以保护区具有南亚热带赤红壤与中亚热带红壤的过渡特征。

② 土壤垂直变化明显　因保护区的山体庞大，土壤也随海拔升高的气候、植被的不同而形成明显的垂直变化。一般在海拔 300m 以下以赤红壤为主，海拔 300～600m 为山地红壤，海拔 600～1500m 为山地黄壤，海拔 900m 以上的山顶和山脊为山地草甸土。

③ 土壤类型的多样　保护区内的土壤类型主要有赤红壤、山地红壤、山地黄壤、山地草甸土、石灰土和水稻土等 6 种。综合各类土壤的部分理化性状如表 2.1。

表 2.1　广东石门台自然保护区土壤部分性状表（土层厚度 0～20cm）

土壤类型	土壤质地	土壤结构	pH（H_2O）	有机质（%）	N（%）	P_2O_5（%）	K_2O（%）	C/N
赤红壤	中壤至黏壤	粒状或块状	4.2～7.4	1.0～4.0	0.064～0.595	0.039～0.431	0.61～3.66	8.4～13.7
红壤	沙壤至中壤	粒状或块状	5.0～5.6	1.61～4.41	0.069～0.203	0.063～0.104	1.11～2.14	8.6～13.6
山地黄壤	轻石质至重石质中壤土	粒状或块状	5.0～5.7	1.88～8.42	0.08～0.30	0.02～0.138	0.51～3.57	10.6～14.4
山地草甸土	砂质黏壤土	粒状	4.8～5.5	11.71	0.238～0.585	0.7～0.8	0.2～0.4	10～12
石灰土	石质轻黏或中壤土	粒状、块状	5.2～8.2	1.72～6.64	0.087～0.478	0.043～0.302	0.2～4.86	7.3～12.8
水稻土	壤土	粒状、块状	5.5～8.5	0.54～5.05	0.031～0..281	0.038～0.197	0.76～3.06	7.2～13.4

注：此表引自谢正生等，《广东石门台自然保护区的土壤》。

2.1.1.2　功能分区

根据《中华人民共和国自然保护区条例》第十八条“自然保护区可以分为核心区、缓冲区和实验区”的规定，依据《广东石门台自然保护区总体规划》（唐小平等，2008），将广东石门台自然保护区分为 3 个功能区。

（1）核心区　位于保护区北部，具体范围东北角起自沙口镇的芦古丁，往南到大江口，然后往西南至塘肚；南边从塘肚经背福山西侧沿西北向到思茅坪，往西至丹竹坑，后往南到小水洞山，再往西从石门台南侧穿过石门台河往南到再公山南侧，再折向北到下天堂，然后往西至东坑，再往西到炉下角背后北侧折向西到眼镜形，从眼镜形越过蛮洞坑往西北到与乳源瑶族自治县交界的下洞凹；北边为保护区界，也是英德市与曲江区和乳源瑶族自治县的边界，由于交界处为山脊线，海拔高、地形复杂，具有典型代表性保存完好的天然常绿阔叶林和众多的珍稀濒危动植物。规划面积 13 917.9hm^2，占保护区总面积的 41.48%。核心区内无农耕地，无住户，也无社区群众其他经营用地与经营项目。人迹罕至，无不良因素的干扰和影响。其主要功能是涵养水源、保持水土、保护珍稀濒危动植物物种及其生存环境。将实行全封闭管理，严禁捕猎和砍伐林木。

（2）缓冲区　位于核心区外围，宽度约为 1000m 的范围，总面积 8855.0hm^2，占保护区总面积的 26.39%。包括天堂顶、联山、五郎嶂和黄思脑等地，在北边为保护区界，分别与广东曲江罗坑国家级自然保护区和乳源大峡谷省级自然保护区相连，因而不用设缓冲区。其功能为确保核心区常绿阔叶林生态系统的良性循环。将实行半封闭管理，不准捕猎属于国家和省重点保护的野生动物，严禁砍伐珍稀树木。但在缓冲区内现有横石塘镇石门台村和云岭镇水头村的包屋两个居民点需要搬迁。其中，横石塘镇石门台村的搬迁工作已由当地政府实施，已搬走了 170 多人，目前还剩 100 多人；水头村的包屋居民点人口约 130 人。

（3）实验区　位于缓冲区外围，总面积 10 782.1hm^2，占保护区总面积的 32.13%。包括科研、生态旅游和改造恢复等实验区（图 2.1）。

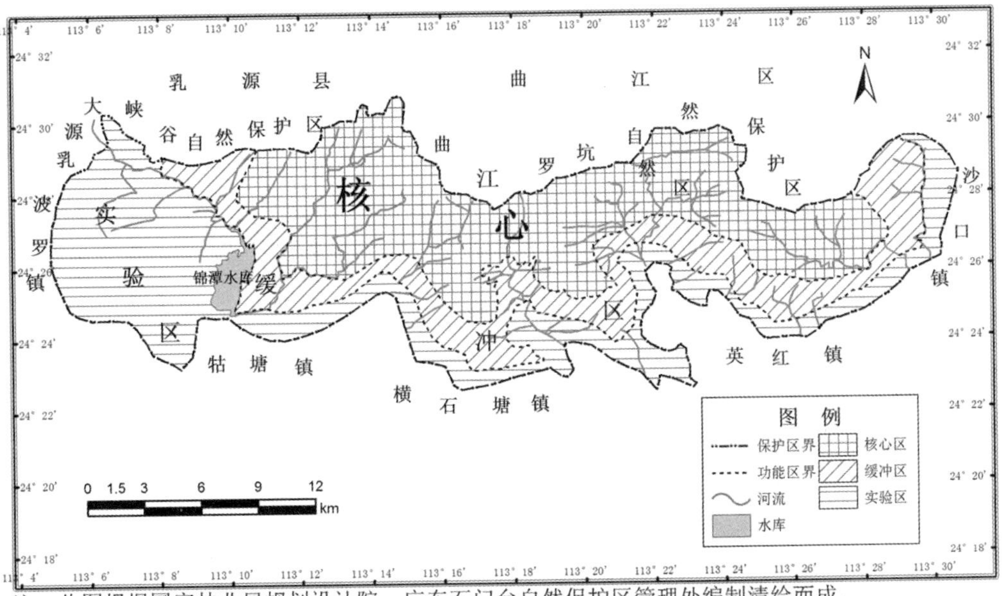

注：此图根据国家林业局规划设计院、广东石门台自然保护区管理处编制清绘而成。

图 2.1 广东石门台自然保护区功能分区图

2.1.1.3 植物区系特点

（1）植物物种丰富 植物物种是植物进化过程中自然选择的历史产物，保护区内的任何一个植物物种都是经历了特定的进化途径，在保护区特殊环境条件下形成的，以不同的多度分布在各自的生境范围内，由于该保护区的生态环境复杂，故孕育着丰富的植物种类。据调查统计①，该保护区内有野生高等植物 2471 种（包括变种和变型），隶属 999 属 271 科。其中苔藓植物 189 种，隶属 101 属 42 科；蕨类植物 293 种，隶属 97 属 47 科；裸子植物 17 种，隶属 9 属 7 科；被子植物 1972 种，隶属 792 属 175 科（表 2.2）。

表 2.2 广东石门台自然保护区野生高等植物类群的组成

植物类群		科数	属数	种数
苔藓植物	苔纲	10	11	14
	藓纲	32	90	175
蕨类植物		47	97	293
裸子植物		7	9	17
被子植物	双子叶植物纲	147	616	1638
	单子叶植物纲	28	176	334
合计		271	999	2471

（2）地理成分复杂

① 藓类植物的地理成分 根据广东石门台自然保护区 175 种的分布类型统计分析，广布分布（21）、泛热带分布（13）、古热带分布（7）、热带亚洲分布（27）、热带亚洲—热带澳大利亚—大洋洲分布（6）、亚洲—澳大利亚—大洋洲分布（13）、东亚—印度马来西亚分布（10）、东亚—南亚分布（12）、东亚分布（40）、跨太平洋分布（7）、温带分布（11）、中国特有（8）。扣除广布分布外，东亚（26.00%）和热带亚洲（17.50%）2 种区系成分均超过 10.00%，它们是本地最主要的区系地理成分。

① 华南农业大学等. 广东石门台自然保护区野生高等植物名录. 2008. 3.

在石门台藓类区系中，虽然热带成分相对较多（34.30%），东亚成分次之（33.60%），但从整体而言，石门台的非热带成分（包括东亚成分和温带成分等，占44.80%）明显高于热带成分。另外，从石门台与邻近地区的藓类植物区系的比较结果来看，与石门台最相近的是具有南亚热带植物区系的鼎湖山，而与中亚热带地区较为疏远，综合上述两点，不难得出石门台藓类植物区系为南亚热带性质的结论。

②蕨类植物的地理成分

A. 科的地理分布区类型　根据保护区内47科的分布类型统计分析如下。

广布科　共有12科，占该区总科数的25.53%。如石杉科 Huperziaceae、石松科 Lycopodiaceae、卷柏科 Selaginellaceae、木贼科 Equisetaceae、瓶尔小草科 Ophioglossaceae、紫萁科 Osmundaceae、铁线蕨科 Adiantaceae、蹄盖蕨科 Athyriaceae、铁角蕨科 Aspleniaceae、水龙骨科 Polypodiaceae、苹科 Marsileaceae、满江红科 Azollaceae 等。

热带、亚热带分布科　共有27科，占该区总科数的77.14%（扣除广布科12科，下同）。如松叶蕨科 Psilotaceae、里白科 Gleicheniaceae、碗蕨科 Dennstaedtiaceae、中国蕨科 Sinopteridaceae、书带蕨科 Vittariaceae、金星蕨科 Thelypteridaceae、莲座蕨科 Angiopteridaceae、桫椤科 Cyatheaceae、鳞始蕨科 Lindsaeaceae、海金沙科 Lygodiaceae、凤尾蕨科 Pteridaceae、三叉蕨科 Aspidiaceae、骨碎补科 Dvalliaceae、膜蕨科 Hymenophyllaceae、稀子蕨科 Monachosoraceae、姬蕨科 Hypolepidaceae、水蕨科 Parkeriaceae、裸子蕨科 Hemionitidaceae、肿足蕨科 Hypodematiaceae、实蕨科 Bolbitidaceae、球盖蕨科 Peranemaceae、舌蕨科 Elaphoglossaceae 条蕨科 Oleandraceae、雨蕨科 Gymnogrammitidaceae、燕尾蕨科 Cheiropleuriaceae、禾叶蕨科 Grammitidaceae、剑蕨科 Loxogrammaceae 等。

泛热带分布科　共5科，占该区总科数的14.29%。如蚌壳蕨科 Dicksoniaceae、蕨科 Pteridiaceae、乌毛蕨科 Blechnaceae、肾蕨科 Nephrolepidaceae、槲蕨科 Drynariaceae 等。

温带至亚热带高山地区分布科　仅有阴地蕨科 Botrychiaceae、鳞毛蕨科 Dryopteridaceae 2科，占总科数的5.71%。

亚洲、大洋洲和美洲热带分布科　仅1科，占该区总科数的2.86%。如瘤足蕨科 Plagiogyriaceae。

B. 属的地理分布区类型　根据保护区内97属的分布类型统计分析如下。

广布分布属　共有7属，占该区总属数的7.22%。如石杉属 *Huperzia*、石松属 *Lycopodium*、卷柏属 *Selaginella*、铁线蕨属 *Adiantum*、铁角蕨属 *Asplenium*、苹属 *Marsilea*、满江红属 *Azolla* 等。

泛热带分布属　共有16属，占该区总属数的17.78%（扣除广布属7属，下同）。如马尾杉属 *Phlegmariurus*、蕗蕨属 *Mecodium*、瓶蕨属 *Trichomanes*、桫椤属 *Alsophila*、姬蕨属 *Hypolepis*、蕨属 Pteridium、舌蕨属 *Elaphoglossum*、栗蕨属 *Histiopteris*、鳞始蕨属 *Lindsaea*、乌蕨属 *Sphenomeris*、粉背蕨属 *Aleuritopteris*、圣蕨属 *Dictyocline*、肾蕨属 *Nephrolepis*、抱树莲属 *Drymoglossum*、槲蕨属 *Drynaria*、禾叶蕨属 *Grammitis* 等。

热带和亚热带分布属　共有65属，占该区总属数的72.22%。其中热带至亚热带为主，如松叶蕨属 *Psilotum*、灯笼草属 *Palhinhaca*、瓶尔小草属 *Ophioglossum*、观音莲座属 *Anglopteris*、芒萁属 *Dicranopteris*、里白属 *Diplopterygium*、海金沙属 *Lygodium*、稀子蕨属 *Monachosorum*、碗蕨属 *Dennataedtia*、鳞盖蕨属 *Microlepia*、凤尾蕨属 *Pteris*、碎米蕨属 *Cheilosoria*、金粉蕨属 *Onychium*、水蕨属 *Ceratopteris*、凤丫蕨属 *Coniogramme*、书带蕨属 *Vittaria*、断肠蕨属 *Allantodia*、假蹄盖蕨属 *Athyriopsis*、蹄盖蕨属 *Athyrium*、介蕨属 *Dryoathyrium*、毛子蕨属 *Monomelangium*、肿足蕨属 *Hypodematium*、毛蕨属 *Cyclosorus*、针毛蕨属 *Macrothelypteris*、金星蕨属 *Parathelypteris*、新月蕨属 *Pronephrium*、假毛蕨属 *Pseudocyclosorus*、巢蕨属 *Neottopteris*、乌毛蕨属 *Blechnum*、轴脉蕨属 *Ctenitopsis*、沙皮蕨属 *Hemigramma*、崇澍蕨属 *Chieniopteris*、鱼鳞蕨属 *Acrophorus*、三叉蕨属 *Tectaria*、实蕨属 *Bolbitis*、刺蕨属 *Egenolfia*、条蕨属 *Oleandraceae*、骨碎补属 *Davallia*、阴石蕨属 *Humata*、线蕨属 *Colysis*、骨牌蕨属 *Lepidogrammitis*、石韦属 *Pyrrosia*、剑蕨属 *Loxogramme* 等。

以亚热带为主的属　与热带至亚热带分布的类型相当，热带亚洲分布的有12属，如藤石松属 *Lycopodiastrum*、膜蕨属 *Hymenophyllum*、黑桫椤属 *Gymnosphaera*、复叶耳蕨属 *Arachniodes*、星蕨属 *Microsorium*、长筒蕨属 *Selenodesmium*、荚囊蕨属 *Struthiopteris*、黄腺羽蕨属 *Pleocnemia*、雨蕨属 *Gymnogrammitis*、燕尾蕨属 *Cheiropleuria*、瘤蕨属 *Phymatodes*、穴子蕨属 *Prosaptia* 等；热带亚洲至非洲分布的有1属，如盾蕨属 *Neolepisorus*；热带亚洲—大洋洲分布有3属，如苏铁蕨属 *Brainea*、菜蕨属 *Callipteris*、崖姜蕨属 *Pseudodrynaria*；热带亚洲至热带美洲分布的有3属，如瘤足蕨属 *Plagiogyria*、双盖蕨属 *Diplazium*、水龙骨属 *Polypodiodes*；东亚分布的有3属，如金毛狗属 *Cibotium*、伏石蕨属 *Lemmaphyllum*、瓦韦属 *Lepisorus* 等。

温带、热带分布属　有4属，占该区总属数的4.44%。如扁枝石松属 *Diphasiastrum*、小石松属 *Lycopodiella*、紫萁属 *Osmunda*、狗脊属 *Woodwardia* 等。

北温带分布属　有2属，占该区总属数的2.22%。如鳞毛蕨属 *Dryopteris*、耳蕨属 *Polystichum* 等。

温带分布属　有2属，占该区总属数的2.22%。如阴地蕨属 *Sceptridium*、贯众属 *Cyrtomium* 等。

寒、温带分布属　有1属，占该区总属数的1.11%。如木贼属 *Equisetum*。

C. 种的地理分布区类型　根据保护区内293种的分布类型统计分析，广布分布（11）、泛热带分布（5）、古热带分布（5）、热带亚洲分布（103）、热带亚洲—非洲分布（12）、热带亚洲—大洋洲分布（14）、东亚分布（82）、中国—喜马拉雅分布（4）、中国—日本分布（11）、泛温带分布（2）、北温带分布（1）、中国特有分布（40）、本区特有分布（3）。扣除广布种外，热带、亚热带成分最多，占49.30%，温带成分占35.50%，中国特有成分占14.20%，本区特有种有温塘鳞盖蕨 *Microlepia wentongensis*、膜质鳞盖蕨 *Microlepia membranacea*、长头观音座莲 *Angioptcris attenuata*3种，占总种数的1.00%。中国特有种较多，而本区特有种如此之少，说明了该区蕨类植物区系的组成和形成缺乏独立性，是与其他地区长期交汇和渗透的结果。总之石门台自然保护区蕨类植物区系具有明显的热带蕨类植物区系向温带蕨类植物区系过渡的特点，属于中国南亚热带与中亚热带植物区系的交汇地区。

③ 种子植物的地理成分

A. 科的地理分布区类型　按照《世界种子植物科的分布区类型系统》（吴征镒等，2003），广东石门台自然保护区种子植物182科的分布区类型统计分析，除温带亚洲分布、地中海区和西亚至中亚分布、中亚分布及中国特有分布科尚未发外，其余11个分布区类型及变型均有分布。

*1. 广布（世界广布）　计有47科，占该区总科数的25.82%。如毛茛科 Ranunculaceae、金鱼藻科 Ceratophyllaceae、睡莲科 Nymphaeaceae、十字花科 Cruciferae、堇菜科 Violaceae、远志科 Polygalaceae、景天科 Crassulaceae、虎耳草科 Saxifragaceae、马齿苋科 Portulacaceae、蓼科 Polygonaceae、石竹科 Caryophyllaceae、藜科 Chenopodiaceae、苋科 Amaranthaceae、酢浆草科 Oxalidaceae、千屈菜科 Lythraceae、柳叶菜科 Onagraceae、小二仙草科 Haloragidaceae、瑞香科 thymelaeaceae、蔷薇科 Rosaceae、蝶形花科 Papilionaceae、杨梅科 Myricaceae、榆科 Ulmaceae、桑科 Moraceae、鼠李科 Rhamnceawe、伞形科 Umbelliferae、木犀科 Oleaceae、茜草科 Rubiaceae、败酱科 Valerianaceae、菊科 Compositae、报春花科 Primulaceae、桔梗科 Campanulaceae、龙胆科 Gentianaceae、车前科 Plantaginaceae、半边莲科 Lobeliaceae、紫草科 Boraginaceae、茄科 Solanaceae、旋花科 Convolvulaceae、玄参科 Scrophulariaceae（主产温带）、狸藻科 Lentibulariaceae、唇形科 Labiatae（主产地中海）、水鳖科 Hydrocharitaceae、泽泻科 Alismataceae、眼子菜科 Potamogetonaceae、浮萍科 Lemnaceae、兰科 Orchidaceae、莎草科 Cyperacea（主产温带及寒温带）、禾本科 Poaceae 等。

*2. 泛热带（热带广布）　有59科，占该区总科数的43.70%（扣除47）。如番荔枝科 Annonaceae、樟科 Lauraceae、莲叶桐科 Hernandiaceae、防己科 Menispermaceae、马兜铃科 Aristolochiaceae、胡椒科 Piperaceae、金粟兰科 Chloranthaceae、白花菜科 Capparidaceae、凤仙花科 Balsaminaceae、大风子科 Flacourtiaceae、天料木科 Samydaceae、西番莲科 Passifloraceae、葫芦科 Cucurbitaceae、秋海棠科 Begoniaceae、茶科 Theaceae、野牡丹科 Melastomataceae、使君子科 Combretaceae、红树科 Rhizophoraceae、藤黄科 Guttiferae、梧桐科 Sterculiaceae、金虎尾科 Malpighiaceae、古柯科 Erythroxylaceae、锦葵科 Malvaceae、大戟科 Euphorbiaceae、含羞草科 Mimosaceae、荨麻科 Urticaceae、卫矛科 Celastraceae、茶茱萸科 Icacinaceae、铁青树科 Olacaceae、檀香科 Santalaceae、蛇菰科 Balanophoraceae、葡萄科 Vitaceae、芸香科 Rutaceae、苦木科 Simaroubaceae、橄榄科 Burseraceae、楝科 Meliaceae、山柳科 Clethraceae、无患子科 Sapindadaceae、漆树科 Anacardiaceae、柿科 Ebenaceae、山榄科 Sapotaceae、紫金牛科 Myrsinaceae、马钱科 Loganiaceae、夹竹桃科 Apocynaceae、萝藦科 Asclepiadaceae、紫葳科 Bignoniaceae、爵床科 Acanthaceae、鸭跖草科 Commelinaceae、谷精草科 Eriocaulaceae、雨久花科 Pontederiaceae、黄眼草科 Xyridaceae、竹芋科 Marantaceae、菝葜科 Smilacaceae、天南星科 Araceae、薯蓣科 Dioscoreaceae、棕榈科 Palmae、仙茅科 Hypoxidaceae、蒟蒻薯科 Taccaceae、水玉簪科 Burmanniaceae 等。

*2 - 1. 热带亚洲、大洋洲和热带美洲（南美洲或/和墨西哥） 有 2 科，占该区总科数的 1.48%。如第伦桃科 Dilleniaceae、山矾科 Smyplocaceae。

*2 - 2. 热带亚洲—热带非洲—热带美洲（南美洲） 有 5 科，占该区总科数的 3.70%。如买麻藤科 Gnetaceae、椴树科 Tiliaceae、粘木科 Ixonanthaceae、苏木科 Caesalpiniaceae、鸢尾科 Iridaceae。

*2 - 3. 以南半球为主的泛热带 有 7 科，占该区总科数的 5.19%。如罗汉松科 Podocarpaceae、粟米草科 Molluginaceae、商陆科 Phytolaccaceae、山龙眼科 Proteaceae、桃金娘科 Myrtaceae、桑寄生科 Loranthaceae、石蒜科 Amaryllidaceae 等。

*3. 东亚（热带、亚热带）及热带南美间断 有 10 科，占该区总科数的 7.41%。如杉科 Taxodiaceae、木通科 Lardizabalacea、水东哥科 Saurauiaceae、杜英科 Elaeocarpaceae、冬青科 Aquifoliaceae、省沽油科 Staphyleaceae、五加科 Araliaceae、安息香科 Styracaceae、苦苣苔科 Gesneriaceae、马鞭草科 Verbenacea 等。

*4. 旧世界热带 有 5 科，占该区总科数的 3.70%。如海桐花科 Pittosporaceae、八角枫科 Alangiaceae、杠柳科 Periplocaceae、芭蕉科 Musaceae、露兜树科 Pandanaceae。

*5. 热带亚洲至热带大洋洲 有 4 科，占该区总科数的 2.96%。如黄叶树科 Xanthophyllaceae、交让木科 Daphniphyllaceae、姜科 Zingiberaceae、百部科 Stemonaceae。

*6. 热带亚洲至热带非洲 有 1 科，占该区总科数的 0.74%。如杜鹃花科 Ericaceae。

*7. 热带亚洲（即热带东南亚至印度—马来西亚，太平洋诸岛） 有 1 科，占该区总科数的 0.74%。如牛栓藤科 Connaraceae。

*7 - 1. 爪哇（或苏门答腊），喜马拉雅间断或星散分布到华南、西南 有 1 科，占该区总科数的 0.74%。如五列木科 Pentaphylacaceae。

*7 - 3. 缅甸、泰国至华西南 有 2 科，占该区总科数的 1.48%。如伯乐树科 Bretschneideraceae、肉实科 Sarcospermataceae。

*7 - 4. 越南（或中南半岛）至华南或西南分布 有 2 科，占该区总科数的 1.48%。如大血藤科 Sargentodoxaceae、清风藤科 Sabiaceae。

*8. 北温带 有 10 科，占该区总科数的 7.41%。如松科 Pinaceae、金丝桃科 Hypericaceae、山茱萸科 Cornaceae、大麻科 Cannabinaceae、越桔科 Vacciniaceae、水晶兰科 Monotropaceae、忍冬科 Caprifoliaceae、列当科 Orobanchaceae、延龄草科 Trilliaceae、百合科 Liliaceae。

*8 - 4 北温带和南温带间断分布 有 15 科，占该区总科数的 11.11%。如柏科 Cupressaceae、茅膏菜科 Droseraceae、罂粟科 Papaveraceae、紫堇科 Fumariaceae、绣球花科 Hydrangeaceae、金缕梅科 Hamamelidaceae、黄杨科 Buxaceae、杨柳科 Salicaceae、桦木科 Betulaceae、榛木科 Corylaceae、壳斗科 Fagaceae、胡颓子科 Elaeagnaceae、槭树科 Aceraceae、胡桃科 Juglandaceae 和灯心草科 Juncaceae 等。

*8 - 5 欧亚和南美洲温带间断 有 1 科，占该区总科数的 0.74%。如小檗科 Berberidaceae。

*9. 东亚及北美洲间断 有 6 科，占该区总科数的 4.44%。如木兰科 Magnoliaceae、八角科

Illiciaceae、五味子科 Schisandraceae、三白草科 Saururaceae、鼠刺科 Escalloniaceae、珙桐科 Nyssaceae。

*10. 旧世界温带分布

*10-3 欧亚和南非（有时也在澳大利亚） 有1科，占该区总科数的0.74%。如川续断科 Dipsacaceae。

*14. 东亚 有3科，占该区总科数的2.22%。如三尖杉科 Cephalotaxaceae、红豆杉科 Taxaceae、猕猴桃科 Actinidiaceae。

从上所述可以看出：其中泛热带分布有73科，占总科数的54.07%（扣广布科47科，下同）；北温带分布有26科，占总科数的19.26%；东亚（热带、亚热带）及热带南美间断有10科，占7.41%。其余分布所含科数均在4.44%以下，不占重要地位；特别是中国特有科等5科分布缺如，表明该自然保护区植物区系在科级水平上以泛热带分布成分为主，兼有一定数量的北温带成分。

B. 属的地理分布区类型 根据保护区内种子植物801属的分布类型，按照《中国种子植物属的分布区类型》（吴征镒，1991）统计分析，除中亚分布区类型及其变型尚为发现外，其他14个分布区类型变型均有分布（表2.3）。

表2.3 广东石门台自然保护区种子植物属的分布区类型

分布区类型及变型	属数	占总属数（%）
1. 广布分布	54	扣除
2. 泛热带分布	168	22.49
2-1 热带亚洲、大洋洲和南美洲间断	8	1.07
2-2 热带亚洲、非洲和南美洲间断	6	0.80
3. 热带亚洲和热带美洲间断分布	23	3.08
4. 旧世界热带分布	72	9.64
4-1 热带亚洲、非洲和大洋洲间断	9	1.20
5. 热带亚洲至热带大洋洲分布	52	6.96
5-1 中国（西南）亚热带和新西兰间断	0	0
6. 热带亚洲至热带非洲分布	45	6.02
6-1 华南、西南到印度和热带非洲间断	1	0.13
6-2 热带亚洲和东非间断	1	0.13
7. 热带亚洲（印度—马来西亚）分布	104	13.92
7-1 爪哇、喜马拉雅和华南、西南星散	11	1.47
7-2 热带印度至华南	7	0.94
7-3 缅甸、泰国至华西南	2	0.27
7-4 越南（或中南半岛）至华南（或西南）	18	2.41
8. 北温带分布	59	7.90
8-1 环极分布	0	0
8-2 北极高山分布	0	0
8-3 北极—阿尔泰和北美洲间断	0	0
8-4 北温带和南温带（全温带）间断	7	0.94
8-5 欧亚和南美洲温带间断	1	0.13
8-6 地中海区、东亚、新西兰和墨西哥到智利间断	0	0
9. 东亚和北美洲间断分布	38	5.09
9-1 东亚和墨西哥间断	0	0
10. 旧世界温带分布	17	2.28
10-1 地中海区、西亚和东亚间断	5	0.67

（续）

分布区类型及变型	属数	占总属数（%）
10－2 地中海和喜马拉雅间断	0	0
10－3 欧亚和南非洲（有时也在大洋洲）间断	3	0.40
11. 温带亚洲分布	4	0.54
12. 地中海区、西亚至中亚分布	0	0
12－1 地中海区至中亚和南非洲、大洋洲间断	0	0
12－2 地中海区至中亚和墨西哥间断	0	0
12－3 地中海区至温带、热带亚洲，大洋洲和南美洲间断	2	0.27
12－4 地中海区至热带非洲和喜马拉雅间断	0	0
12－5 地中海区—北非洲、中亚、北美西南部，智利和大洋洲（泛地中海）间断分布	0	0
13. 中亚分布	0	0
13－1 中亚东部（亚洲中部）	0	0
13－2 中亚至喜马拉雅	0	0
13－3 西亚至喜马拉雅和西藏	0	0
12－4 地中海区至热带非洲和喜马拉雅间断	0	0
14. 东亚分布	54	7.23
14－1 中国—喜马拉雅（SH）	12	1.61
14－2 中国—日本（SJ）	0	0
15. 中国特有分布	18	2.41
合计	801	100.00

从表2.3可以看出，保护区内属的地理成分是以热带成分占优势，2～7各类热带成分共有527属，占总属数（扣除广布分布54属，以下同）的70.55%。8～12和14各类温带成分共有202属，占总属数的27.04%。中国特有分布的18属，占2.41%。

综上所述，本保护区的植物区系地理成分之所以这样复杂，是以本保护区所处的地理位置，地质历史悠久，地貌类型多样，气候条件复杂等相吻合。

（3）特有种多　据《广东石门台自然保护区野生高等植物名录》记载，本保护区拥有丰富特有种：属于中国特有种的有福建观音座莲 *Angiopteris fokiensis*、两广瘤足蕨 *Plagiogyria liangguangensis*、二色瓦韦 *Lepisorus bicolor*、庐山瓦韦 *L ewissi*、广东凤丫蕨 *Coniogramme guangdongensis*、翠云草 *Selaginella uncinata*、蔓出卷柏 *S. davidii*、华南五针松 *Pinus kwangtungensis*、杉木 *Cunninghamia lanceolata*、福建柏 *Fokienia hodginsii*、穗花杉 *Amentotaxus argotaenia*、白豆杉 *Pseudotaxus chienii*、乐东拟单性木兰 *Parakmeria lotungensis*、观光木 *Tsoongiodendron odorum*、八角莲 *Dysosma versipelis*、大血藤 *Sargentodoxa cuneata*、石笔木 *Tutcheria spectabilis*、青檀 *Pteroceltis tatarinowii*、舌柱麻 *Archiboehmeria atrata*、伞花木 *Eurycorymbus cavaleriei*、伯乐树 *Bretschneidera sinensis*、紫槭 *Acer cordatum*、红翅槭 *Acer fabri*、南岭槭 *Acer metcalfii*、岭南槭 *Acer tutcheri*、马蹄参 *Diplopanax stachyanthus*、通脱木 *Tetrapanax papyriferus*、叉序草 *Chingiacanthus patulus*、华紫珠 *Callicarpa cathayana*、丘陵紫珠 *Callicarpa collina*、老鸦糊 *Callicarpa giraldii*、广东紫珠 *Callicarpa kwangtungensis*、少花紫珠 *Callicarpa pauciflora*、藤紫珠 *Callicarpa peii*、少叶酸竹 *Acidosasa paucifolia* 等35种；属于华南特有种的有粗脉桂 *Cinnamomum validinerve*、卵叶新木姜 *Neolitsea ovatifolia*、广西新木姜 *Neolitsea kwangsiensis*、竹叶木姜子 *Litsea pseudoelongata* 等3种；属于广东特有种的有黄褐海桐 *Pittosporum fulvipiloum*、翅茎蜂斗草 *Sonerila alata*、英德过路黄 *Lysimachia yingdeensis*、四数苣苔 *Bournea sinensis*、黑心黄芩 *Scutellaria nigrocardia*、广东含笑 *Michelia guangdongensis* 等6种；该区特有种仅有温塘鳞盖蕨 *Microlepia wentongensis*、膜质鳞盖蕨 *Microlepia membranacea*、长头观音座莲

Angioptcris attenuata 等3种。

本保护区属于广东新分布的属有 *Eccremidium*、匍网藓属 *Mittyridium*、银藓属 *Anomobryum*、*Phyllodon*、*Stereodontopsis* 等5属；属于新分布种的有银藓高山变种 *Anomobryum filiforme* var. *concinnatum*、鞭枝悬藓 *Barbella flagellifera*、*Bryum paradoxum*、大叶真藓 *B. pseudotriquetrum*、脆枝曲柄藓 *Campylopus fragilis*、台湾曲柄藓 *C. taiwanensis*、短肋拟疣胞藓 *Clastobryopsis brevinervis*、山地青毛藓 *Dicranodontium didictyon*、孔网青毛藓 *D. porodictyon*、大锦叶藓 *Dicranoloma assimile*、美绿锯藓 *Duthiella speciosissima*、*Eccremidium brisbanicum*、钝叶偏蒴藓 *Ectropothecium obtusulum*、无疣同蒴藓 *Homalothecium laevisetum*、湿地藓 *Hyophila javanica*、纤枝同叶藓 *Isopterygium minutirameum*、弯叶白发藓丛叶变种 *Leucobryum aduncum* var. *scalare*、狭叶蓑藓 *Macromitrium angustifolium*、匍网藓 *Mittyridium fasciculatum*、舌叶扁锦藓 *Phyllodon lingulatus*、直叶棉藓 *Plagiothecium eurphyllum*、*Polytrichastrum alpinum*、齿边缩叶藓 *Ptychomitrium dentatum*、阔叶桧藓 *Pyrrhobryum latifolium*、*Racopilum ferriei*、*Rhynchostegium contractum*、狭叶泥炭藓 *Sphagnum cuspidatum*、卵叶泥炭藓 *S. ovatum*、*Stereodontopsis pseudorevoluta*、弯叶鳞叶藓 *Taxiphyllum arcuatum*、暖地明叶藓 *Vesicularia ferriei* 和南亚明叶藓 *V. montagnei*、圆穗蓼 *Polygonum macrophyllum*、短柄悬钩子 *Rubus brevipetiolatus*、无患子叶鸡血藤 *Millettia sapindifolia*、硬叶柯 *Lithocarpus crassifolius*、绵毛杜鹃 *Rhododendron floccigerum*、异叶泽兰 *Eupatorium heterophyllum* 等。

2.1.1.4 植被特征

（1）植被过渡性强　据统计，该自然保护区植被的植物区系组成的优势科为壳斗科、山茶科、樟科、杜英科、木兰科、鼠李科、交让木科、金缕梅科、冬青科、安息香科、杜鹃花科、梧桐科和五列木科等13科。其中除梧桐科为热带科及杜鹃花科（亦有不少属种是亚热带山地的表征成分）为广布分布科外，均为热带亚热带的代表性科。热带性较强的含羞草科、大戟科、芸香科和五加科等虽在植被中出现，但并不占重要地位，温带性较强的榛木科、桦木科、槭树科和胡桃科等虽亦在植被中出现，但重要性更低。在植被类型中除典型常绿阔叶林外，也存在沟谷季风常绿阔叶林。这些都充体现出该保护区的植被是由南亚热带季风常绿阔叶林向中亚热带典型常绿阔叶林的过渡性。

（2）植被垂直变化明显　由于保护区的山体海拔高差悬殊，植被也随海拔升高的气候、土壤的不同而形成明显的垂直变化。在海拔500m以下沟谷分布着沟谷季风常绿阔叶林，石灰岩地区分布着常绿落叶阔叶混交林；海拔800m以下的山坡地分布着常绿阔叶林，其中海拔500m以下分布有常绿针叶林（马尾松 *Pinus massoniana* 林、杉木 *Cunninghamia lanceolata* 林），海拔300～500m分布有常绿针阔叶混交林（常绿针叶树的马尾松及杉木与常绿阔叶树的木荷 *Schima superba*、川鄂栲 *Castanopsis fargesii*、米槠 *C. carlesii* 及黧蒴 *C. fissa* 等混交而成）；海拔800～1000m山地分布着山地常绿阔叶林；海拔1000～1400m的山地分布着常绿针阔叶混交林；海拔1000m以上山脊和山顶分布着常绿阔叶矮林。

（3）植被类型多样　保护区内的植被类型主要有如下11种。

①沟谷季风常绿阔叶林　是原生性较强的自然植被类型，主要分布在海拔400m以下的沟谷，多以水石梓 *Sarcosperma laurinum*、假苹婆 *Sterculia lanceolata*、厚壳桂 *Cryptocarya chinensis*、华润楠 *Machilus chinensis* 等为优势种，伴生植物有鹅掌柴 *Schefflera octophylla*、水冬哥 *Saurauia tristyla* 和野芭蕉 *Musa balbisiana* 等，藤本植物主要有扁担藤 *Tetrastigma planicaule*、白花油麻藤 *Mucuna birdwoodiana*、藤黄檀 *Dalbergia hancei*、小叶买麻藤 *Gnetum parvifolium* 等。

另外在石门台的桂皮坑和拐沥的沟谷中还分布着桫椤 *Alsophila spinulasa* 群落，从海拔400～500m和340～500m进行逐株查点，计有98株和208株，共计为306株，平均高3.4m，最高达5m，伴生植物有假苹婆、黄毛榕 *Ficus fulva* 和山蕉 *Musa acuminata* 等，藤本植物主要有扁担藤等，草本植物稀少，常见的有楼梯草 *Elatostema henryanum*、蔓生莠竹 *Microstegium vagans* 和石韦 *Pyrrosia lingua* 等。此外，在海拔460m处还发现一株桫椤特别高大，主干高达7.5m，加上顶生羽状复叶高1.5m，自然高达9m，胸围65cm，如此巨大桫椤实属罕见，堪称“桫椤王”。

②常绿阔叶林　是中亚热带地带性的典型植被类型，在保护区内主要分布在海拔700m或800m以下的山坡地。多由红锥 *Castanopsis hystrix*、罗浮栲 *C. fabri*、木荷、红楠 *Machilus thunbergii*、亮叶猴耳环 *Pithecellobium lucidum* 和覃树 *Altingia chinensis* 等常绿阔叶树种构成。由于乔木层郁闭度大，灌木层及草本层植物稀少，藤本植物有白背叶瓜馥木 *Fissistigma glaucescens* 和假鹰爪 *Desmos chinensis* 等。

③山地常绿阔叶林　是山地垂直地带的植被类型，在保护区内主要分布在海拔800～1000m的山坡地，多由甜槠 *Castanopsis eyrei*、美叶柯 *Lithocarpus calophyllus*、南岭栲 *Castanopsis fordii*、山杜英 *Elaeocarpus silvestris* 和木荷等组成。虽然优势种所属的科也是壳斗科等，但具体种类与常绿阔叶林不同，而且热带性质明显减少。藤本植物少见，林下多见蕨类植物。

④石灰岩常绿落叶阔叶混交林　是石灰岩地区的植被类型，在保护区内主要分布在云岭和波罗的石灰岩地区，多由常绿阔叶树种的榕树 *Ficus microcarpa*、假苹婆、秋枫 *Bischoffia japonica*、阴香 *Cinnmomum burmannii* 和粗糠柴 *Mallotus philippinensis* 等与落叶阔叶树种的青檀、圆叶乌桕 *Sapium rotundifolium*、黄连木 *Pistacia chinensis*、南酸枣 *Choerospondias axllaris* 和任豆 *Zenia insignis* 等混交而成。这种石灰岩特殊生境的植被，一旦遭受破坏，就很难恢复，因此应加强保护与恢复。

⑤常绿针阔叶混交林　由于分布在不同的海拔高度，其组成树种亦有差异：在海拔700m以下，常绿针叶树主要由半自然的马尾松及人工栽培的杉木与常绿阔叶树的木荷、川鄂栲、米槠及黧蒴等混交而成；在海拔900～1400m的山地，针叶树主要由华南五针松、南方铁杉 *Tsuga tchekiangensis*、福建柏与阔叶树的疏齿木荷 *Schima remotiserrata*、大果马蹄荷 *Exbucklandia tonkinensis*、五列木 *Pentaphylax euryoides*、甜槠及青冈 *Cyclobalanopsis glauca* 等混交而成。

⑥山顶常绿阔叶矮林　主要分布在海拔1000m以上的山脊和山顶，由于海拔高，常风大，土层薄，故树木矮化，树形多分枝和弯曲，多由疏齿木荷、厚皮香 *Temstroemia* sp.、甜锥、美叶柯、南岭栲和杜鹃 *Rhododendron* sp. 等组成。

⑦崖壁矮林　是一种原生的特殊植被类型，由于保护区内的峡谷、嶂谷地貌发育，因而植物直接生长在几乎垂直崖壁的缝隙中，树木矮化稀疏，主要分布于石门台和中崆等地，多由密花树 *Rapanea neriifolia*、福建柏、华南五针松和石韦等组成。

⑧丘陵山地竹林　主要分布在英红和横石塘的丘陵山地，以单轴型散生竹种毛竹 *Phyllostachys heterocycla* cv. Pubescens 为主，分布于波罗、沙口和石牯塘的河谷平地次之，多为人工栽培，常见的有青皮竹 *Bambusa textilis*、粉单竹 *Bambusa chungii* 和大头典竹 *Sinocalamus beecheyanus* var. *pubescens* 等，全保护区总计约有竹林面积888.1hm^2。

⑨常绿针叶林　是半自然及人工的植被类型，主要分在海拔500m以下的保护区边缘地带。多数是常绿阔叶林遭受破坏后，由人工栽培马尾松或侵入迹地天然更新生长起来的常绿针叶林，林下灌木既有桃金娘 *Rhodomyrtus tomentosa*、岗松 *Baeckea frutescens*，又有檵木 *Loropetalum chinense*，充分反映了南亚热带与中亚热带的过渡特征。此外，还有人工栽培的杉木常绿针叶林。

⑩山地灌草丛　在保护区内主要分于海拔700～1200m的阳坡或山脊，多由映山红 *Rhododendron simsii*、六角杜鹃 *R. westlandii*、水青冈 *Fagus longipetiolata*、岭南青冈 *Cyclobalanopsis championii* 和红鳞蒲桃 *Syzygium hancei* 等与芒 *Miscanthus sinensis*、毛秆野古草 *Arundinella hirto*、三叶鬼针草 *Bidens pilosa*、野菊 *Dendranthema indicum* 构成。

⑪山地草坡　主要分布在保护区西北部海拔600～730m的山坡，如大荒田、九牛归栏和百鸟堂等地，连片面积约有659.6hm^2。组成草坡的植物以芒为主，五节芒 *Miscanthus floridulus*、黑莎草 *Gahnia tristis*、刺子莞 *Rhynchospora rubra*、石松 *Lycopodium clavatum* 等次之。散生的木本植物有山苍子 *Litsea cubeba*、米碎花 *Eurya chinensis*、岗松、白牛胆 *Inula cappa*、菝葜 *Smilax china* 等。这是1957年由常绿阔叶林遭受砍伐后，再经不断火烧后形成的。

此外，在森林植被部分依外貌和优势种又划分成24种群丛。

2.1.1.5 野生植物资源

（1）珍稀濒危保护植物繁多 按1984年国家环境保护委员会公布的《中国珍稀濒危保护植物名录》、1999年8月4日国务院批准公布的《国家重点保护野生植物名录（第一批）》和广东珍稀濒危植物图谱（广东省环保局等，1988）所列种类统计，保护区内共有国家重点保护野生植物32科39属45种。其中蕨类植物4科5属7种，裸子植物5科6属8种，被子植物23科28属30种。国家Ⅰ级重点保护野生植物2种，国家Ⅱ级重点保护野生植物24种，国家Ⅲ级重点保护野生植物16种，省级重点保护野生植物3种（表2.4）。

表2.4 广东石门台自然保护区的保护植物

序号	种名	科名	IUCN 濒危等级	保护级别
1	南方红豆杉 *Tsuga wallichiana* var. *mairei*	红豆杉科 Taxaceae	濒危	Ⅰ
2	伯乐树 *Bretschneidera sinensis*	伯乐树科 Bretschneideraceae	濒危	Ⅰ
3	白豆杉 *Pseudotaxus chunii*	红豆杉科 Taxaceae	稀有	Ⅱ
4	桫椤 *Alsophila spinulosa*	桫椤科 Cyatheaceae	渐危	Ⅱ
5	大黑桫椤 *Gymnosphaera gigantea*	桫椤科 Cyatheaceae	渐危	Ⅱ
6	黑桫椤 *Gymnosphaera podophylla*	桫椤科 Cyatheaceae	渐危	Ⅱ
7	粗齿桫椤 *Gymnosphaera hancockii*	桫椤科 Cyatheaceae	渐危	Ⅱ
8	苏铁蕨 *Brainea insignis*	乌毛蕨科 Blechnaceae	渐危	Ⅱ
9	金毛狗 *Cibotium barometz*	蚌壳蕨科 Dicksoniaceae	渐危	Ⅱ
10	水蕨 *Ceratopteris thalictroides*	水蕨科 Parkeriaceae	渐危	Ⅱ
11	华南五针松 *Pinus kwangtungensis*	松科 Pinaceae	渐危	Ⅱ
12	福建柏 *Forkienia hodginsii*	柏科 Cupressaceae	渐危	Ⅱ
13	凹叶厚朴 *Magnolia officinalis* ssp. *biloba*	木兰科 Magnoliaceae	渐危	Ⅱ
14	观光木 *Tsoongiodendron odorum*	木兰科 Magnoliaceae	稀有	Ⅱ
15	樟树 *Cinnamomum camphora*	樟科 Lauraceae	渐危	Ⅱ
16	普陀樟 *Cinnamomum japonicum*	樟科 Lauraceae	渐危	Ⅱ
17	闽楠 *Phoebe bournei*	樟科 Lauraceae	渐危	Ⅱ
18	野茶树 *Camellia sinensis* var. *assamica*	山茶科 Theaceae	稀有	Ⅱ
19	花榈木 *Ormosia henryi*	蝶形花科 Papilionaceae	渐危	Ⅱ
20	半枫荷 *Semiliquidambar cathayensis*	金缕梅科 Hamamelidaceae	渐危	Ⅱ
21	华南锥 *Castanopsis concianna*	壳斗科 Fegaceae	渐危	Ⅱ
22	红椿 *Toona ciliata*	楝科 Meliaceae	渐危	Ⅱ
23	伞花木 *Eurycorymbus cavaleriei*	无患子科 Sapindaceae	渐危	Ⅱ
24	马蹄参 *Diplopanax stachyanthus*	五加科 Araliaceae	渐危	Ⅱ
25	紫荆木 *Madhuca pasquieri*	山榄科 Sapotaceae	渐危	Ⅱ
26	海南石梓 *Gmelina hainanensis*	马鞭草科 Verbenaceae	渐危	Ⅱ
27	长苞铁杉 *Tsuga longibracteata*	松科 Pinaceae	渐危	Ⅲ
28	长叶竹柏 *Podocarpus fleuryi*	罗汉松科 Podocarpaceae	渐危	Ⅲ
29	穗花杉 *Amentotaxus argotaenia*	红豆杉科 Taxaceae	濒危	Ⅲ
30	乐东拟单性木莲 *Parakmeria lotungensis*	木兰科 Magnoliaceae	渐危	Ⅲ
31	短萼黄连 *Coptis chinensis* var. *brevisepala*	毛茛科 Ranunculaceae	渐危	Ⅲ
32	八角莲 *Dysosma versipellis*	小檗科 Berberidaceae	渐危	Ⅲ
33	粘木 *Ixonanthes chinensis*	粘木科 Ixonanthaceae	渐危	Ⅲ

（续）

序号	种名	科名	IUCN 濒危等级	保护级别
34	任木 *Zenia insignis*	苏木科 Caesalpiniaceae	稀有	Ⅲ
35	吊皮锥 *Castanopsis kawakamii*	壳斗科 Fegaceae	渐危	Ⅲ
36	青檀 *Pteroceltis tatarinowii*	榆科 Ulmaceae	濒危	Ⅲ
37	白桂木 *Artocarpus hypargyreus*	桑科 Moraceae	渐危	Ⅲ
38	舌柱麻 *Archiboehmeria atrata*	荨麻科 Urticaceae	稀有	Ⅲ
39	野龙眼 *Dimocarpus longan*	无患子科 Sapindaceae	渐危	Ⅲ
40	银钟花 *Halesia macgregorii*	安息香科 Styracaceae	稀有	Ⅲ
41	巴戟 *Morinda offcinalis*	茜草科 Rubiaceae	稀有	Ⅲ
42	蒟蒻薯 *Tacca chantrieri*	蒟蒻薯科 Taccaceae	渐危	Ⅲ
43	三尖杉 *Cephalotaxus fortunei*	三尖杉科 Cephalotaxaceae	稀有	省级
44	苏木 *Caesalpinia sappan*	苏木科 Caesalpiniaceae	稀有	省级
45	乌檀 *Nauclen officinalis*	茜草科 Rubiaceae	稀有	省级

注：兰科植物有26属39种，即金线兰 *Anoectochilus roxburghii*、竹叶兰 *Arundina graminifolia*、白芨 *Bletilla striata*、广东石豆兰 *Bulbophllum kwangtungensis*、钩距虾脊兰 *Calanthe graciliflora*、大序隔距兰 *Cleisostoma paniculatum*、流苏贝母兰 *Coelogyne fimbriata*、吻兰 *Collabium chinense*、建兰 *Cymbidium ensifolium*、寒兰 *Cymbidium kanran*、多花兰 *Cymbidium floribundum*、春兰 *Cymbidium goeringii*、墨兰 *Cymbidium sinense*、钩状石斛 *Dendrobium aduncum*、流苏石斛 *Dendrobium fimbriatum*、细茎石槲 *Dendrobium moniliforme*、蛇舌兰 *Diploprora championii*、半柱毛兰 *Eria corneri*、玫瑰毛兰 *Eria rosea*、钳唇兰 *Erythrodes chinensis*、大花斑叶兰 *Goodyera biflora*、多叶斑叶兰 *Goodyera foliosa*、高斑叶兰 *Goodyera procera*、坡参 *Habenaria linguella*、橙黄玉凤兰 *Habenaria rhodocheila*、孟兰 *Lecanorchis japonica*、镰翅羊耳蒜 *Liparis bootanensis*、紫花羊耳蒜 *Liparis macrantha*、见血青 *Liparis nervosa*、血叶兰 *Ludisia discolor*、毛唇芋兰 *Nervilia fordii*、鹤顶兰 *Phaius tankervilliae*、石仙桃 *Pholidota chinensis*、独蒜兰 *Pleione bulbocodioides*、苞舌兰 *Spathoglottis pubescens*、绶草 *Spiranthes australis*、带唇兰 *Tainia dunnii*、阔叶带唇兰 *Tainia latifolia*、广东万带兰 *Vanda kwangtungensis*，全部为《濒危野生动植物种国际贸易公约》（CITES）附录Ⅱ物种。

（2）经济植物多样　在石门台自然保护区内蕴藏着多种多样的经济植物资源。据调查统计，① 保护区内有野生高等植物2471种。

①药用植物　有1179种，占石门台植物总数的47.71%，约占广东省药用植物总数1/3，占全国药用植物总数的1/6；可见药用植物异常丰富。其中预防药用植物有野菊 *Dendranthema indicum* 等；抗癌药用植物有狗肝菜 *Dicliptera chinensis* 等；解表药用植物有桑 *Morus alba* 等；止咳平喘药用植物有胡颓子 *Elaeagnus pungens* 等；清热解毒药用植物有忍冬 *Lonicera japonica* 等；利水渗湿药用植物有地胆草 *Elephantopus scaber* 等；祛风除湿药用植物有八角枫 *Alangium chinense* 等；平肝熄风药用植物有钩藤 *Uncaria rhynchophylla* 等；理气药用植物有乌药 *Lindera aggregata* 等；止血药用植物有鳢肠 *Eclipta prostrata* 等；温补药用植物有巴戟等；收涩药用植物有金樱子 *Rosa laevigata* 等；驱虫药用植物用植物有苦楝 *Melia azedarach* 等等。其他民间常用草药或凉茶用植物有梅叶冬青 *Ilex asprella*、淡竹叶、鸡矢藤 *Paederia scandens*、两面针 *Zanthoxylum nitidum*、草珊瑚 *Sarcandra glabra*、黑老虎 *Kadsura coccinea*、接骨草 *Sambucus chinensis*、一点红 *Emilia sonchifolia*、巴戟、蕺菜（鱼腥草）*Houttuymia cordata*、黄檗 *Phellodendron amurense* 等。

②观赏植物　有328种，占石门台植物总数的13.27%，占广东省观赏植物的2/5，占全国观赏植物的1/4；其中可作行道树的有深山含笑 *Michelia maudiae*、阴香等；可作庭荫树的有榕树 *Ficus microcarpa*、樟树等；可作园景树的有福建柏、罗汉松 *Podocarpus macrophyllus*、穗花杉、苏铁蕨等；可作绿篱的有小蜡 *Ligustrum sinense*、九里香 *Murraya paniculata* 等。其他观叶植物有枫香树 *Liquidambar formosana*、山乌桕 *Sapium discolor* 等，观花植物有杜鹃花属 *Rhododendron* 和兰花属 *Cymbidium* 多种等。

---

①　陈锡沐等．广东石门台自然保护区植物资源．广东英德石门台自然保护区综合科学考察报告．2001.

③用材树种　有280种，占石门台植物总数的11.33%，占广东省用材树种的1/10；其中一类用材有红锥、青冈、香椿 *Toona sinensis* 等；二类用材有罗浮栲、柯 *Lithocarpus glaber* 等；三类用材有短序润楠 *Machilus breviflora*、华润楠、香港四照花 *Dendrobenthamia hongkongensis* 等；四类用材有日本杜英 *Elaeocarpus japonicus*、山杜英等；五类用材有乌材 *Diospyros eriantha*、大果冬青 *Ilex macrocarpa*、鼠刺 *Itea chinensis* 等。可作军工用材的有黄杞 *Engelhardtia roxburghiana*、华南五针松等；船舶用材有秋枫 *Bischofia javanica*、樟树等；胶合板材有赤杨叶 *Alniphyllum fortunei*、猴耳环 *Pithecellobium clypearia* 等；纺织用材有荷木、覃树等；房屋建筑工程材有马尾松、杉木等；薪炭材有黧蒴等。

④纤维植物　有190种，占石门台植物总数的7.69%，约占广东省纤维植物的1/4，占全国纤维植物的1/10；等；较重要的有罗浮买麻藤 *Gnetum lofuense*、刺果藤 *Buettneria aspera*、地桃花 *Urena lobata*、苎麻 *Boehmeria nivea*、紫麻 *Oreocnide frutescens*、白背叶 *Mallotus apelta*、白楸 *M. paniculatus*、粗糠柴、光叶山黄麻 *Trema cannabina*、山黄麻 *T. orientalis*、青檀、青皮竹等。

⑤野生水果　有117种，占石门台植物总数的4.73%，占广东省野生水果的2/5，其中比较常见的重要野生水果有多花山竹子 *Garcinia multiflora*、岭南山竹子 *G oblongifolia*、桃金娘 *Rhodomyrtus tomentosa*、南酸枣、罗浮柿 *Diospyros morrisiana*、杨梅 *Myrica rubra*、猕猴桃属 *Actinidia* 和悬钩子属 *Rubus* 多种等。

⑥油脂植物　有111种，占石门台植物总数的4.49%，占广东省油脂植物的1/4，约占全国油脂植物的1/10；其中比较重要的有乌桕 *Sapium sebiferum*、楝叶吴茱萸 *Evodia meliaefolia*、香叶树 *Lindera communis*、假苹婆、光叶山黄麻 *Trema cannabina*、油桐 *Aleurites fordii*、油茶 *Camellia oleifera*、苍耳 *Xanthium sibiricum*、构树 *Broussonetia papyrifera* 等。

⑦饲料植物　有98种，占石门台植物总数的3.97%；其中较重要的有凤眼莲 *Eichhornia crassipes*、意苡 *Coix lacryma－jobi*、青香茅 *Cymbopogon distans*、狗牙根 *Cynodon dactylon*、光头芒 *Echinochloa colonum*、稗 *Echinochloa crusgalli*、看麦娘 *Alopecurus aequalis*、水蔗草 *Apluda mutica*、弓果黍 *Cyrtococcum patens*、升马唐 *Digitaria adscendens*、马唐 *D. sanguinalis*、筒轴草 *Rottboellia exaltata* 等。

⑧芳香植物　有87种，占石门台植物总数的3.52%；其中较重要的有樟树、阴香、山油柑 *Acronychia pedunculata*、山苍子 *Litsea cubeba*、紫苏 *Perilla frutescens*、黄连木、牡荆 *Vitex negundo* var. *cannabilobia*、女贞 *Ligustrum lucidum*、清香藤 *Jasminum lanceolarium* 等。

⑨鞣料植物　有67种，占石门台植物总数的2.71%；其中较常见的有桃金娘、猴耳环 *Pithecellobium clypearia*、山杜英、菝葜 *Smilax china*、山油柑、金樱子、南酸枣、盐肤木 *Rhus chinensis* 等。

⑩淀粉植物　有57种，占石门台32植物总数的2.31%。其中比较重要的有莲座蕨 *Angiopteris fokiensis*、狗脊 *Woodwardia japonica*、金毛狗 *Cibotium barometz*、葛 *Pueraria lobata*、杨梅、金樱子、菝葜、木防己 *Cocculus orbiculatus*、锥属 *Castanopsis* 多种植物等。

此外，保护区内尚有马齿苋 *Portulaca oleracea*、皱果苋 *Amaranthus viridis* 等野菜植物35种、威灵仙 *Clematis chinensis*、三白草 *Saururus chinensis* 等农药植物38种、薯莨 *Dioscorea cirrhosa*、栀子 *Gardenia jasminoides* 等染料植物17种、杜茎山 *Maesa japonica*、广东蛇葡萄 *Ampelopsis cantoniensis* 等保健饮料植物25种、鹅掌柴 *Schefflera octophylla*、乌桕等蜜源植物8种等。

同时，保护区内也存在一些有毒植物，如白叶藤 *Cryptolepis sinensis*、羊角拗 *Strophanthus divaricatus*、大茶药 *Gelsemium elegans*、驳骨丹 *Buddleja asiatica*、海芋 *Alocasia macrorrhiza*、醉鱼草 *Buddleja lindleyana* 等。

2.1.1.6　野生动物资源

（1）动物物种丰富　该保护区的生态环境复杂，森林茂密，孕育了丰富的动物种类。据调查统计（吴毅等，2002），保护区有脊椎动物395种，分隶277属104科33目。

①鱼类　有67种，隶属53属16科5目，占广东纯淡水鱼类（208种）的32.21%（潘炯华，

1991）；占北江纯淡水鱼类（131 种）的 51.15%（潘炯华等，1987）。其中鲤形目 3 科 44 种，占该区鱼类总数的 65.67%；鲈形目 7 科 11 种，占该区鱼类总数的 16.42%；鲶形目 3 科 9 种，占该区鱼类总数的 13.43%；鳉形目 2 科 2 种，占该区鱼类总数的 2.99%；合鳃鱼目 1 科 1 种，占该区鱼类总数的 1.49%。

鱼类区系属于东洋区华南亚区的珠江分区（李思忠，1981）。区系成分：第三纪鱼类区系复合体为主，有 21 种，占该区鱼类总数的 31.34%；热带平原鱼类区系复合体，有 20 种，占该区鱼类总种数的 29.85%；江河平原鱼类区系复合体有 15 种，占该区鱼类总种数的 22.39%；中印山鱼类区系复合体 10 种，占该区鱼类总数的 14.93%；北方平原鱼类区系复合体 1 种，占该区鱼类总数的 1.49%。

②两栖类　有 22 种，隶属 14 属 7 科 2 目。其中无尾目 6 科 21 种，占该区两栖类总种数的 95.45%；有尾目仅有 1 科 1 种，占该区两栖类总种数的 4.55%。

南岭是东洋界华中区和华南区的一条分界线，该地区就成为华中区和华南区动物成分互相渗透和混杂的边缘区域（张荣祖，1999；黎振昌等，1995）。两栖动物主要属于南中国型或东洋型，热带—中亚热带区系型有 11 种，占该区两栖类总种数的 50.00%；中亚热带种类有 5 种，占该区两栖类总种数的 22.73%；热带—北亚热带区系型物种有 2 种，占该区两栖类总种数的 9.09%；热带—南亚热带、南亚热带—中亚热带、热带—温带和古北界都为 1 种，各占该区两栖类总种数的 4.55%。在 22 种中有我国特有种 11 种，约占该区两栖类总种数的 50.00%，由此可见，在动物地理区划上，该地区正处于华中区与华南区的分界线附近。

③爬行类　有 37 种，隶属 30 属 11 科 2 目。其中龟鳖目 3 科 4 种，占该区爬行类总种数的 10.81%；有鳞目 8 科 33 种，占总种数的 89.19%。

区系组成，南中国型、东洋型都是 18 种，各占该区爬行类总数的 47.37%；古北界的成分只有 1 种，占该区爬行类总种数的 2.63%。分布型以热带—中亚热带型为主，共有 16 种，占该区爬行类总种数的 43.24%；热带—南亚热带型有 8 种，占该区爬行类总种数的 21.62%；热带—温带型有 3 种，占该区爬行类总种数的 8.11%；热带、热带—北亚热带、中亚热带型分别为 2 种，各占 5.41%.；其余，南亚热带—中亚热带、南亚热带—北亚热带、热带—中温带分别为 1 种，各占 2.70%，表明白了该区为热带—中亚热带区系特征。

④鸟类　据调查（常弘等，1999），有 208 种，隶属 132 属 47 科 16 目。其中雀形目（PASSERIFORMES）有 24 科 115 种，占该区鸟类总种数的 55.29%；隼形目（FALCONIFOEMES）有 2 科 19 种，占该区鸟类总数的 9.13%；鸮形目（STRIGFORMES）2 科 10 种，占该区鸟类总数的 4.81%；鹳形目（CICONIIFORMES）和鹃形目（CUCULIFORMES）分别有 1 科 10 种，各占该区鸟类总数的 4.81%；鴷形目（PICIFORMES）2 科 8 种，占该区鸟类总数的 3.85%；鸡形目（GALLIFORMES）1 科 8 种，占该区鸟类总数的 3.85%；佛法僧目（CORACIIFORMES）4 科 7 种，占该区鸟类总数的 3.37%；鸻形目（CHARADRIIFORMES）3 科 7 种，占该区鸟类总数的 3.37%；鹤形目（GRUIFORMES）1 科 4 种，占该区鸟类总数的 1.92%；雁形目（ANSERIFORMES）有 1 科 3 种，占该区鸟类总数的 1.44%；鸽形目（COLUMBIFORMES）和雨燕目（APODIFORMES）分别为 1 科 2 种，各占该区鸟类总数的 0.96%；鸊鷉目（PODICIPEDIFORMES）、夜鹰目（CAPRIMULGIDAE）、咬鹃目（TROGONIFORMES）分别为 1 科 1 种，各占该区鸟类总数的 0.48%。

在鸟类居留型中，以留鸟最多，有 130 种，占该区鸟类种数的 62.50%；冬候鸟或旅鸟有 57 种，占总数的 27.40%；夏候鸟仅有 21 种，占总数的 10.10%。

在区系组成方面，东洋界种类最多，有 124 种，占总数的 59.60%；古北界种类有 52 种，占总种数的 25.00%；广布种有 32 种，占总种数的 15.40%。这反映了热带与亚热带的过渡地带区域的植被和气候类型的特征。

⑤哺乳类　有 61 种，隶属 23 科 8 目，占广东哺乳动物（124 种）的 49.19%（徐龙辉等，1989）；占全国哺乳动物（625 种）的 9.76%（王应祥，2003）。其中啮齿目和翼手目为 5 科 17 种、4 科 17

种，各占总种数的27.87%；食肉目5科15种，占总种数的24.59%；偶蹄目3科5种，占总种数的8.19%；食虫目3科4种，占总种数的6.56%；鳞甲目、兔形目和灵长目分别为1科1种，各占总种数的1.64%。

按照中国动物地理区划（张荣祖，1999），广东石门台自然保护区属与东洋界华南区闽广沿海亚区，属东洋界物种有39种，占总种数的63.93%；南中国型种类有8种，占总种数的13.11%；古北界种类有7种，占总种数的11.48%；其他类型有7种，占总种数的11.48%。由此可见该保护区显示出特殊的地带性和过渡性区系特征。

（2）珍稀濒危动物繁多　以我国1989年公布实施的《国家重点保护野生动物名录》和2001年公布实施的《广东省重点保护陆生野生动物名录》（第一批）为依据，保护区内有国家级和省级重点保护脊椎动物67种。其中蚺（蟒）*Python molurus*、黄腹角雉 *Tragopan caboti*、金雕 *Aquila chrysaetos*、豹 *Panthera pardus* 等4种为国家Ⅰ级重点保护动物，约占广东省国家Ⅰ级重点级保护动物的14.00%，占全国国家Ⅰ级重点级保护动物的3.00%；穿山甲 *Manis pentadactyla*、藏酋猴 *Macaca thibetana*、虎纹蛙 *Rana tigrina*、地龟 *Geoemyda spengleri*、白鹇 *Lophura nycthemera*、中华鬣羚 *Capricornis milneedwardsii* 等42种国家Ⅱ级重点保护动物，约占广东国家Ⅱ级重点级保护动物的26.90%，占全国国家Ⅱ级重点级保护动物的13.00%；食蟹獴 *Herpestes urva*、豹猫 *Felis bengalensis*、苍鹭 *Ardea cinerea*、草鹭 *Ardea purpurea*、平胸龟 *Platysternon megacephalum*、棘胸蛙 *Rana spinosa* 等省级重点保护野生动物23种（表2.5）。

表2.5　广东石门台自然保护区的保护动物

序号	种　名	科　名	IUCN 濒危等级	保护级别
		哺乳纲 MAMMALIA		
1	豹 *Panthera pardus*	猫科 Felidae	濒危	Ⅰ
2	穿山甲 *Manis pentadactyla*	鲮鲤科 Manidae	濒危	Ⅱ
3	藏酋猴 *Macaca thibetana*	猴科 Cercopithecidae	易危	Ⅱ
4	水獭 *Lutra lutra*	鼬科 Mustelidae	濒危	Ⅱ
5	大灵猫 *Viverra zibetha*	灵猫科 Viverridae	濒危	Ⅱ
6	小灵猫 *Viverricula indica*	灵猫科 Viverridae	易危	Ⅱ
7	斑林狸 *Prionodon pardicolor*	灵猫科 Viverridae	易危	Ⅱ
8	水鹿 *Cervus unicolor*	鹿科 Cervidae	易危	Ⅱ
9	中华鬣羚 *Capricornis milneedwardsii*	牛科 Bovidae	易危	Ⅱ
10	食蟹獴 *Herpestes urva*	灵猫科 Viverridae		省级
11	豹猫 *Felis bengalensis*	猫科 Felidae		省级
12	红背鼯鼠 *Petaurista petaurista*	鼯鼠科 Petauristidae		省级
13	毛冠鹿 *Elaphodus cephalophus*	鹿科 Cervidae		省级
14	豪猪 *Hystrix hodgsoni*	豪猪科 Hystricidae		省级
		鸟纲 AVES		
15	金雕 *Aquila chrysaetos*	鹰科 Accipitridae		Ⅰ
16	黄腹角雉 *Tragopan caboti*	雉科 Phasianidae	易危	Ⅰ
17	黑翅鸢 *Elanus caeruleus*	鹰科 Accipitridae		Ⅱ
18	黑冠鹃隼 *Aviceda leuphotes*	鹰科 Accipitridae	稀有	Ⅱ
29	凤头蜂鹰 *Pernis ptilorhynchus*	鹰科 Accipitridae		Ⅱ
20	鸢 *Milvus migrans*	鹰科 Accipitridae		Ⅱ
21	苍鹰 *Accipiter gentilis*	鹰科 Accipitridae		Ⅱ
22	赤腹鹰 *Accipiter soloensis*	鹰科 Accipitridae		Ⅱ

（续）

序号	种　　名	科　　名	IUCN 濒危等级	保护级别
23	凤头鹰 *Accipiter trivirgatus*	鹰科 Accipitridae		Ⅱ
24	雀鹰 *Accipiter nisus*	鹰科 Accipitridae		Ⅱ
25	松雀鹰 *Accipiter virgatus*	鹰科 Accipitridae	易危	Ⅱ
26	普通鵟 *Buteo buteo*	鹰科 Accipitridae		Ⅱ
27	白腹山雕 *Hieraaetus fasciata*	鹰科 Accipitridae		Ⅱ
28	白头鹞 *Circus aeruginosus*	鹰科 Accipitridae		Ⅱ
29	鹊鹞 *Circus melanoleucos*	鹰科 Accipitridae		Ⅱ
30	蛇雕 *Spilornis cheela*	鹰科 Accipitridae	易危	Ⅱ
31	白腿小隼 *Microhierax melanoleucos*	隼科 Falconidae		省级
32	燕隼 *Falco subbuteo*	隼科 Falconidae		省级
33	游隼 *Falco peregrinus*	隼科 Falconidae	易危	省级
34	红隼 *Falco tinnunculus*	隼科 Falconidae	易危	省级
35	白鹇 *Lophura nycthemera*	雉科 Phasianidae	易危	Ⅱ
36	花田鸡 *Coturnicops exquisita*	秧鸡科 Rallidae	易危	Ⅱ
37	褐翅鸦鹃 *Centropus sinensis*	杜鹃科 Cuculidae	易危	Ⅱ
38	小鸦鹃 *Centropus toulou*	杜鹃科 Cuculidae	易危	Ⅱ
39	草鸮 *Tyto capensis*	草鸮科 Tytonidae		Ⅱ
40	红角鸮 *Otus scops*	鸱鸮科 Strigidae		Ⅱ
41	领角鸮 *Otus bakkamoena*	鸱鸮科 Strigidae		Ⅱ
42	雕鸮 *Bubo bubo*	鸱鸮科 Strigidae		Ⅱ
43	领鸺鹠 *Glaucidium brodiei*	鸱鸮科 Strigidae		Ⅱ
44	斑头鸺鹠 *Glaucidium cuculoides*	鸱鸮科 Strigidae	易危	Ⅱ
45	鹰鸮 *Ninox scutulata*	鸱鸮科 Strigidae		Ⅱ
46	褐林鸮 *Strix leptogrammica*	鸱鸮科 Strigidae		Ⅱ
47	短耳鸮 *Asio flammeus*	鸱鸮科 Strigidae		Ⅱ
48	长耳鸮 *Asio otus*	鸱鸮科 Strigidae		Ⅱ
49	苍鹭 *Ardea cinerea*	鹭科 Ardeidae		省级
50	草鹭 *Ardea purpurea*	鹭科 Ardeidae		省级
51	绿鹭 *Butorides striatus*	鹭科 Ardeidae		省级
52	池鹭 *Ardeola bacchus*	鹭科 Ardeidae		省级
53	牛背鹭 *Bubulcus ibis*	鹭科 Ardeidae		省级
54	白鹭 *Egretta garzetta*	鹭科 Ardeidae		省级
55	中白鹭 *Egretta intermedia*	鹭科 Ardeidae		省级
56	夜鹭 *Nycticorax nycticorax*	鹭科 Ardeidae		省级
57	黄斑苇鳽 *Ixobrychus sinensis*	鹭科 Ardeidae		省级
58	栗苇鳽 *Ixobrychus cinnamomeus*	鹭科 Ardeidae		省级
59	白眉山鹧鸪 *Arborophila gingica*	雉科 Phasianidae	易危	省级
60	黑水鸡 *Gallinula chloropus*	秧鸡科 Rallidae		省级
61	棕腹杜鹃 *Cuculus fugax*	杜鹃科 Cuculidae		省级
		爬行纲 REPTILIA		
62	蚺（蟒）*Python molurus*	蟒科 Boidae	极危	Ⅰ

（续）

序号	种　名	科　名	IUCN 濒危等级	保护级别
63	地龟 *Geoemyda spengleri*	龟科 Emydidae	稀有	Ⅱ
64	平胸龟 *Platysternon megacephalum*	龟科 Emydidae	濒危	省级
		两栖纲 AMPHIBIA		
65	虎纹蛙 *Rana tigrina*	蛙科 Ranidae	易危	Ⅱ
66	棘胸蛙 *Rana spinosa*	蛙科 Ranidae	易危	省级
67	沼蛙 *Rana guentheri*	蛙科 Ranidae	无危	省级

（3）经济动物多样　根据2000年8月国家林业局发布的《国家保护的有益的或者有重要经济、科学研究价值的陆生野生动物名录》（简称“三有动物”），保护区内“三有动物”有178种。

①两栖类　主要有黑眶蟾蜍 *Bufo melanostictus*、华南雨蛙 *Hyla simplex*、长肢林蛙 *Rana longicrus*、华南湍蛙 *Amolops ricketti*、斑腿泛树蛙 *Rhacophorus megacephalus*、饰纹姬蛙 *Microhyla ornata*、花姬蛙 *M. pulchra* 和花细狭口蛙 *Kalophrynus pleurostigma* 等。

②爬行类　主要有地龟 *Geoemyda spengleri*、四眼水龟 *Clemmys quadrlocella*、变色树蜥 *Calotes versicolor*、中国石龙子 *Eumeces chinensis*、蓝尾石龙子 *E. elegans*、灰腹绿锦蛇 *Elaphe frenata*、三索锦蛇 *E. radiata*、灰鼠蛇 *Pryas korros*、中国水蛇 *Enhydris chinensis*、铅色水蛇 *E. plumbea*、金环蛇 *Bungarus fasciatus*、银环蛇 *Bungarus multicinctus*、眼镜王蛇 *Ophiophagus hannan* 等。

③鸟类　有87种。主要有小鸊鷉 *Podiceps reficollis poggei*、苍鹭 *Ardea cinerea*、绿鹭 *Butorides striatus*、池鹭 *Ardeola bacchus*、牛背鹭 *Bubulcus ibis*、白鹭 *Egretta garzetta*、中华白鹭 *E. intermedia*、夜鹭 *Nycticorax nycticorax*、绿翅鸭 *Anas crecca*、绿头鸭 *A. platyrhynchos*、鹧鸪 *Francolinus pintadeanus*、雉鸡 *Phasianus colthicus*、白胸苦恶鸟 *Amaurornis phoenicurus*、山斑鸠 *Streptopelia orientalis*、珠颈斑鸠 *S. chinensis*、噪鹃 *Eudynamys scolopacea*、普通翠鸟 *Alcedo atthis*、白胸翡翠 *Halcyon smyrnensis*、大斑啄木鸟 *Dendrocopos major*、红耳鹎 *Pynonotus jocosus*、白头鹎 *P. sinensis*、白喉红臀鹎 *P. aurigaster*、栗背短脚鹎 *Hypsipetes flvala canipennis*、黑［短脚］鹎 *H. nadagasceriensis*、黑卷尾 *Dicrurus macrocercus*、八哥 *Acridotheres cristatellus*、喜鹊 *Pica pica*、黑脸噪鹛 *Garrulax perspicillatus*、画眉 *Garrulax canorus*、大山雀 *Parus majo*、暗绿绣眼鸟 *Zosterops japonica*、［树］麻雀 *Passer montanus*、白腰文鸟 *Lonchura striata*、黄眉鹀 *Emberiza chrysophrys*、小鹀 *E. pusilla* 等。

④哺乳类　肉用的主要有野猪 *Sus scrofa*、果子狸 *Pagnma larvata*、银星竹鼠 *Rhizomys pruinosus*、赤麂 *Mumtiacus muntjak*、豹猫 *Felis bengalensis* 等；毛皮用的主要有水獭 *Lutra lutra*、黄鼬 *Mustela sibirica*、隐纹花松鼠 *Tamiops swinhoei*、赤麂、豹猫等；药用的主要有普通蝙翼 *Pipistrellus pipistrellus*、小菊头蝠 *Rhinolophus pusillus*、赤麂、小麂 *Cervus unicolor*、豹猫、银星竹鼠、穿山甲 *Mamis pantadactyla*、小灵猫 *Viverricula indica* 等。

此外，该保护区的昆虫和大型真菌的种类也很丰富。昆虫有21目，已鉴定到科、属、种的有163科1799种。其中鳞翅目58科1338种；鞘翅目24科131种；膜翅目34科121种。大型真菌有124种，其中担子菌24科107种；子囊菌7科16种；粘菌有1科1种。

2.1.1.7　其他自然资源

（1）土地资源　自然保护区的土地总面积为33 555hm²，其中，林业用地面积为32 451.8hm²，占自然保护区总面积的96.70%，非林业用地面积1103.2hm²，占3.30%。在林业用地面积中，有林地面积28 569.2hm²，占林业用地面积的88.00%；灌木林地面积2447.6hm²，占7.60%。无林地面积1435.0hm²，占4.40%；在非林业用地面积中，耕地面积436.1hm²，占非林业用地面积的39.50%；其他用地面积667.1hm²，占60.50%。

（2）水资源　据统计，保护区内的地表水资源总量达5亿m³，地下水资源量0.95亿m³，但由于地下水基本上最终汇入地表径流中，故保护区的实际水资源总量为 5 亿 m^3。其中除保护区产水量外，还有连江、北江等过境客水，平均每年有 171.75 亿 m^3，与保护区产水量合计为 176.75 亿 m^3。目前，保护区内已建有 9 个水力发电站，其中大部分装机容量不到 500 万 kW。

保护区内及其下游 5 镇平均年需水量约 4671.15 万 m^3，仅按保护区产水供给，还有 4.53 万 m^3 提供给下游使用，而且还有大量过境水量可供利用，故其水资源在满足保护区用水外，还可以为下游的珠江三角洲提供大量的优质水源。

（3）森林资源　据二类森林资源调查，该保护区内有林地面积为 28 569.2hm^2，占自然保护区总面积的 85.10%，其中常绿阔叶林面积 17 901.1hm^2，占有林地面积的 62.70%；常绿针叶林面积 4380.3hm^2，占 15.30%；常绿针阔叶混交林面积 5399.7hm^2，占 18.90%；竹林面积 888.1hm^2，占 3.10%；灌木林面积 2447.6hm^2，占 8.60%。以上的森林类型，90% 以上为天然林，林分郁闭度在 0.8～0.9 之间。以活立木蓄积量而论，该保护区共有 2 592 818.5m^3，总之，森林资源多呈上升趋势。

（4）昆虫资源　有大型的凤蝶科的宽尾凤蝶 *Agehana elwesi*（Leech），巴黎翠凤蝶 *Papilio paris* Linnaeus，碧凤蝶 *Papilio bianor* Cramer，燕尾凤蝶 *Lamproptera curia*（Fabricius），红珠凤蝶 *Pachliopta aristolochiae*（Fabricius）等，大型的蛾类，如天蚕蛾、天蛾等，石门台锹甲 *Odontolabis* sp. 具有个体大，观赏价值高，此外，鞘翅目的天牛，同翅目的蝉、蜻蜓，半翅目的盾蝽等许多昆虫都具有重要的观赏价值；常见的天敌昆虫该保护区基本上都有，如螳螂、蜻蜓、虎甲、步甲以及瓢甲等均较为丰富，值得一提的是寄生性天敌昆虫也较为丰富；能够传粉的昆虫在该保护区非常丰富，如蝶、蛾、蜂、天牛和蝇类等；常见的食用昆虫有龙虱、蜂蛹、蚂蚁、知了、蚕蛹等；有重要的药用价值的，如螳螂的卵囊—桑螵蛸、刺蛾的茧—雀瓮、芫青和蚂蚁等。

此外，保护区内有毒的昆虫有鞘翅目隐翅虫科 Staphylinidae 的青翅蚁形隐翅甲 *Pacderus fuscipes* Curtis、芫青科昆虫、毒蛾、枯叶蛾、刺蛾幼虫、蜜蜂、马蜂、胡蜂等。

（5）大型真菌资源　据李泰辉等调查统计，该保护区内有大型真菌 124 种，分隶 34 科 13 目。其中常见的腐生真菌有烟色烟管菌 *Bjerkandera fumosa*、烟管菌 *Bjerkandera adusta*、淡黄木层孔菌 *Phellinus gilvus*、相邻小孔菌 *Microporus affinis*、炭球菌 *Daldinia concentrica* 等 79 种；可食用的种类有 25 种，常见的有长柄环柄菇 *Macrolepiota dolichaula*、香菇 *Lentinus edodes*、翘鳞香菇 *Lentinus squarrosulus*、花脸香蘑 *Lepista sordida*、亚绒盖牛肝菌 *Xerocomus subtomentosus*、粘盖牛肝菌 *Suillus bovinu*、硫磺菌 *Tyromyces sulphureus*、美红菇 *Russula puellaris*、银耳 *Tremella fuciformis*、栎金钱菌 *Collgbia dryophila*、头状秃马勃 *Calvatia puellaris*、银耳 *Tremella fuciformis*、栎金钱菌 *Collgbia dryophila*、头状秃马勃 *Calvatia craniiformis* 等；药用菌 21 种，常见的有紫芝 *Ganoderma sinense*、皱盖假芝 *Amaurodermarudes*、云芝 *Coriolus versicolor*、毛云芝 *Coriolus hirsutus*、烟管菌 *Bjerkandera adusta*、烟色烟管菌 *Bjerkandera fumosa*、硫磺菌 *Tyromyces sulphureus*、毛木耳 *Auricularia polytricha*、银耳 *Tremella fuciformis*、黑炭角菌 *Xylaria nigrescens*、桦褶孔菌 *Lenzites betulina*、头状秃马勃 *Calvatia craniiformis* 等。

此外，保护区内的毒菌有黄褐花褶伞 *Panaeolus foenisecii*、翘鳞丝盖伞 *Inocybe calamistrata*、金黄鳞盖伞 *Cyptotrama chrysopelum* 、晶粒鬼伞 *Coprinus niveus*、桦褶孔菌 *Lenzites betulina*、花褶伞 *Panaeolus retirugic*、细褐鳞蘑菇 *Agaricus praelcaersquamosus* 等 7 种。

（6）旅游资源　广东石门台自然保护区的旅游资源丰富多彩，按其属性可分为两大类。

① 自然旅游资源　依据自然旅游资源的物质和成因的不同，该保护区拥有地质、地貌、气象气候、水体、植物和动物等旅游资源。

A. 地质旅游资源　地层景观，在保护区内出露的地层从老到新可见到震旦系、泥盆系和第四系等地层景观；岩浆岩景观，主要为花岗岩，在保护区内零星出露于石门台及其以东以南的白沙村和曾屋等地，其中有早期生成的粗粒—中粒花岗岩和晚期生成的细粒花岗岩等景观。此外，还可见到岩体接触变质景观、石门台穹窿构造景观和断裂构造景观等。

B. 地貌旅游资源　山峰景观，在保护区内海拔 1000m 以上的山峰景观众多，具有旅游潜力的主要有船底顶（1586m）、黄思脑（1358m ）、八宝山（1079m）和五郎嶂（1186m）等山峰景观；石峰景观，是由山峰破碎而成，如前进村的中崆、九旗峰和鹿寨峰，联山的上天堂和下天堂，石门台的将军山、天门山和铁屎坪西北等石峰景观；石柱景观，是由石峰破碎而成，在保护区内以石门台的天门山的两条石柱最为典型，当地群众称为石门；此外，尚有石岭、石墙、石蛋、峡谷、嶂谷和洞穴等景观。

C. 气象气候旅游资源　晨光景观，在保护区内的许多山峰都是观赏晨光景观的好去处，但其中以五郎嶂的山顶最为理想；奇异气候景观，如石门台的春夏多雨雾，山顶雨，山脚晴，东黑西白，秋冬季节则另一番景观，天上云，地面雾，夜暖日凉等奇异气候景观。此外，还有晚霞、“雪霰”和“烟雨”等景观。

D. 水体旅游资源　瀑布景观，在保护区内的瀑布景观众多，具有较高观赏和研究价值的有鹿洞（落差100m）、中崆（落差200m）、起烟角（落差30m）、天河山（落差87.8m）和天幕山（落差18m）等瀑布景观。此外，尚有湍流深潭、涌泉和水库等水体景观。

E. 植物景观资源　在保护区内具有旅游意义的植物景观主要有：沟谷季风常绿阔叶林、沟谷桫椤群落、低山丘陵常绿阔叶林、中山常绿阔叶林、中山常绿针阔叶林、山顶常绿阔叶矮林、石灰岩常绿落叶阔叶林和草原型草坡等景观。

F. 动物景观资源　保护区内主要动物景观有：观赏动物、笼养娱乐动物和狩猎动物等。

② 人文旅游资源　保护区内主要有3种人文旅游资源。

A. 民族风情　瑶族风情景观：在保护区内居住的瑶族同胞约有1100人，主要集中在联山和石门台，他们虽逐渐汉化，但仍保留有传统的民居、服饰、婚俗、节日和文化艺术等，可有计划有组织地加以弘扬。

B. 古生物遗址　古人类遗址景观：在保护区东部边缘的英红镇狮子山已发现的有牛栏洞古人类遗址景观，对研究近代生物群落的历史有重要意义；古植物化石景观：在保护区东部紧邻沙口镇的凤凰山潮水寺门前的山坡坡积物中已发现有壳斗科、樟科、木兰科和竹亚科的植物化石。

C. 古建筑遗址　潮水寺遗址景观：位于保护区东部紧邻沙口镇的凤凰山腰，寺院景观优雅，它与南华寺（宝林庵）同为佛寺，源远流长，宋、明、清时期的文人墨客曾有多人到此探奇览胜，宋代苏轼南下英州曾到此造访，并挥笔写下一副门联：“潮水自天然灵气长流千古在，名山临绝径南岭光照万方明。”但此寺曾五兴五毁，如今寺院的残墙断壁犹存，遗址面积约300m^2。

2.1.1.8 社会经济概况

（1）行政区域　广东石门台自然保护区的行政区域涉及英德市北部的波罗、石牯塘、横石塘、英红和沙口等5个镇的18个行政村的连片山地，其中在保护区内的有人的行政村2个，没有人的行政村16个（表2.6）。

表2.6　广东石门台自然保护区的行政区域构成

镇　名	行政村名称	个数	村委会在保护区内（个）	自然保护区面积（hm^2）
波　罗	前进、更古	2	0	1293.9
石牯塘	黄洞、鲤鱼、长江、联山、八宝、尧西	6	0	14 835.0
横石塘	石门台、共耕、维塘、新群	4	1	5225.0
英　红	水头、锦田、新岭、虎逕	4	1	7976.0
沙　口	平峰、江溪	2	0	4225.1
合　计		18	2	33 555

（2）社区人口　据调查统计，自然保护区涉及有社区人口9562人，其中汉族8462人，占保护区总人口的88.50%；瑶族1100人，占保护区总人口的11.50%；居住在自然保护区内的共有1204人，

人口密度为3.59人/km^2。其中汉族897人，占保护区总人口的74.50%；瑶族307人，占25.50%；多聚居或散居于实验区，以种养为生，核心区无居民。

2.1.1.9 交通通信

保护区内没有国道，英（德）坑（曲江区大坑口）公路、京珠高速公路、京广铁路和北江从保护区东部南北通过，省道258线从保护区的西北部穿过，英德市的北部东西通道从保护区的南部边缘经过。保护区各行政村都实现了通电、电话、通自来水。按自然村为单位统计，社区内的上述指标分别为100%、62.00%、47.70%；保护区内通车里程138.5km。在保护区内的8个行政村，只有英红镇的水头村通公共交通。其余7个行政村除石门台外，亦有车便道，可通车。因而保护区的外部交通较便利，其内部交通则不太方便。

2.1.1.10 土地权属

该保护区的土地所有权原属集体所有，从1998年5月起英德市人民政府已与保护区所在的波罗、石牯塘、横石塘、英红和沙口等5个镇的政府、村民委员会、村民小组等山权所有者签订了《建立自然保护区协议书》，将33 555hm^2的林木经营管理和土地使用权转让给保护区所有，边界清楚，无土地使用权属纠纷，已获得全部土地使用权并领取了英德市人民政府颁发给保护区的土地使用权证（英德集用［2001］字第000130号）。

2.1.1.11 地方经济

该保护区所在地的英德市是广东省欠发达地区之一，2007年底农民人均年收入3991元，为广东省农民人均纯收入3654元的70%。而自然保护区由于地处广东中部以中山为主的山区，除了有丰富的森林资源外，其他各方面条件均不如周边地区，社区经济更加落后。

该保护区内既没有镇人民政府驻地，也没有国有企、事业单位，农业是地方经济的支柱产业，人均水田面积0.95亩，人均旱地面积0.54亩*，主要种植水稻、蔬菜、花生、甘蔗和水果等，人均粮食405kg，基本达到自给自足。养殖业主要有猪、牛、鸡和鸭等，是以家庭饲养为主，尚不成规模。目前，乡（镇）企业为小水电，装机容量为13 075kW。社区群众的经济来源为粮食和蔬菜，2006年人均纯收入3654元不等，为英德市人均收入的67%。此外，亦有一些年轻人外出打工谋生。

2.1.1.12 文化教育

该保护区内外的社区文化教育有一定基础，涉及的18个行政村均有一所小学，学龄儿童入学率达90%以上。

但保护区内社区居民的文化教育水平相对较低。从社区所有居民的教育水平来看，文盲率接近10%，居民中受到小学、初中和高中教育的比率分别为21%、59%、10%。其中瑶族中文盲率较高，其余各级受教育水平相对汉族来说都略为偏低，上述几项指标分别为15%、88%、7%和0。

保护区区内已建电视差转台5个，社区群众电视收视率达100%，活跃了社区群众的文化生活。但还没有线电视。

2.1.2 广东罗坑鳄蜥国家级自然保护区

广东罗坑鳄蜥国家级自然保护区（简称广东罗坑鳄蜥自然保护区；保护区。下同）地处南岭山脉中段南麓，是珍稀濒危动植物资源集中分布地域。为了保护好罗坑丰富的野生动植物资源，韶关市辖曲江县人民政府于1978年批准建立“曲江县罗坑保护站”。1995年，韶关市人民政府批准建立“曲江县罗坑市级自然保护区”，并组织有关专家、教授对罗坑进行科学考察。1998年12月28日，广东省人民政府粤府［1998］495号文《关于同意建立惠州象头山等7个省级自然保护区的批复》批准建立

* 1亩=0.0667hm^2。下同

"曲江罗坑省级自然保护区"。于2013年6月4日，国务院国办发《国务院办公厅关于公布辽宁大黑山等21处新建国家级自然保护区名单的通知》中，罗坑鳄蜥省级自然保护区晋升为国家级自然保护区。自建立保护区以来，制定了较规范的规章制度，基本完成了省级自然保护区的基础设施建设，建立了较为完善的管理机构和保护体系，在自然资源和生态环境得到了恢复，鳄蜥种群及其栖息生境得到了有效保护。主要保护对象是国家Ⅰ级重点保护野生动物鳄蜥 *Shinisaurus crocodilurus*、野生植物仙湖苏铁 *Cycas fairylakea* 等野生动植物及其栖息环境。

根据中华人民共和国国家标准《自然保护区类型与级别划分原则》（GB/T14529—93），广东罗坑鳄蜥自然保护区属"野生生物类别"中的"野生动物类型"自然保护区。

2.1.2.1　自然条件

（1）位置范围　广东罗坑鳄蜥自然保护区位于广东省中北部，韶关市辖曲江区西南部的罗坑镇境内。地理坐标为东经113°12′20″～113°25′45″，北纬24°28′30″～24°36′30″。东与曲江区樟市镇毗邻，南和西南与广东石门台国家级自然保护区接壤，西与乳源大峡谷省级自然保护区相连，西北与韶关市武江区江湾镇交界，北与曲江区龙归镇相交。东西宽约23km，南北长约17km，总面积18 813.6hm^2。

（2）地质基础　保护区内出露的岩性主要有如下两大岩类。

①花岗岩类　主要分布在保护区南部，其中以燕山期第三期侵入岩最多，燕山期第四期侵入岩较少。

燕山期第三期侵入岩（$γ_5^{2(3)}$）　在保护区南部大面积分布，时代相当于晚侏罗世，同位素年龄145Ma左右，在保护区的南部外围主要侵入于晚侏罗世火山岩，在保护区西部边缘则侵入于寒武纪、奥陶纪、泥盆纪和石炭纪等古生代地层，岩体性质主要为浅肉红色细粒或中粒黑云母花岗岩，其结构或斑状结构，块状构造，矿物成分主要为钾长石、斜长石、石英和黑云母；副矿物有磁铁矿、榍石、褐帘石、磷灰石和锆石等；此外还有少量细粒二云母花岗岩和似斑状黑云母二长花岗岩。

燕山期第四期侵入岩（$γ_5^{2(1)}$）　在保护区东部边缘有少量分布，侵入于燕山期第三期花岗岩，时代相当于白垩世，同位素年龄130Ma左右，岩性主要为浅肉红色粗粒黑云母花岗岩，浅肉红色中粒黑云母花岗岩，具不等粒结构或斑状结构，矿物成分主要为钾长石、斜长石、石英和黑云母；但本期花岗岩的石英含量相对于其他各期花岗岩的石英含量要高，为30%～35%，黑云母含量相对较低。副矿物有磁铁矿、褐钇铌矿、独居石和锆石等。此外保护区东部边缘还出露有少量细粒二长花岗斑岩和二长花岗岩（$ηγ_5^{3(1)}$）。

②沉积岩类　主要分布在保护区北部、西北部、东部以及南部边缘外围。在保护区的北部和西北部主要分布有寒武纪、早奥陶世、中奥陶世、中泥盆世、晚泥盆世、早石炭世、晚三叠世、早侏罗世、晚侏罗世、早白垩世、晚白垩世等时代的地层；南部边缘外围主要分布有早石炭世、晚三叠世、早侏罗世等时代的地层；东部边缘则分布有较大面积的晚白垩世紫红色砂岩，其中：寒武系八村群，出露的是八村群上亚群，主要岩性为石英砂岩、粉砂岩、泥质页岩，夹炭质页岩，为一套浅海—海湾相碎屑岩沉积；下奥陶统，主要岩性为灰黑色板状粉砂质页岩、泥质粉砂岩、粉砂岩等；上奥陶统，主要岩性为深灰黑色硅质岩、板状页岩以及青灰色石英细砂岩；中泥盆统，出露的为鼎湖山群，为一套河流—滨海相和内陆山间盆地的碎屑岩建造，主要岩性为砂岩、含砾砂岩、砾岩、砂砾岩、粉砂岩夹页岩；上泥盆统，出露的为双头群，主要岩性为石英砂岩、细砂岩、粉砂岩、页岩、上部偶夹灰岩；下石炭统，出露有大湖组和忠信组，前者为一套滨岸河湖相碎屑岩建造，主要岩性为杂色砂岩、含砾砂岩、粉砂岩、炭质页岩和泥灰岩等，后者为一套滨海相沉积，岩性主要为灰岩夹砂岩、页岩等；上三叠统，出露的是艮口群，为一套海陆交互相碎屑岩建造，主要岩性为砾岩、含砾砂岩、石英砂岩砂质页岩、粉砂质页岩、炭质页岩、夹薄煤层；下侏罗统，出露的是金鸡组，为一套海相碎屑岩沉积，岩性为含砾粗砂岩、砾岩、长石石英砂岩，夹粉砂岩、黑色页岩等；上侏罗统，出露的是高基坪群，为一套复杂的陆相火山岩系，主要岩性为含砾凝灰岩、凝灰质砂岩、粉砂岩、安山岩、流纹岩等；下白

垩统，出露的是官草湖群，岩性以凝灰质碎屑岩为主夹火山熔岩；上白垩统，出露的是南雄群，岩性主要为紫红色砂质泥岩夹细粒砂岩，产丰富的恐龙蛋化石等。

（3）地貌概况　罗坑镇总体上的地势呈现为四周高，中间低，略向东倾斜的盆地地形特征。按广东省地貌类型划分标准，保护区地貌可划分为如下 3 大类。

①山地地貌　由于保护区地处粤北第三列弧形山地的西翼山地，地块以上升为主，故 3 类地貌中以中山山地最为发育，在保护区内的中山海拔 800 ~ 1500m，主要分布于西南部，保护区西南缘船底顶最高海拔为 1586m，海拔 1000m 以上的山峰有高峰顶（1275.3m）、船坑顶（1042m）、磨石架顶（1010m）、中心其（1037m）、三磨岌（1297m）、闸子崎（1225m）、梅花顶（1385m）和雪花顶（1315m）等 30 余座，地形起伏大，比高达 100 ~ 1000m，坡度达 24° ~ 45°。海拔 500 ~ 800m 的低山，主要分布于盆地的中部偏西偏南地区。

② 丘陵地貌　海拔在 500m 以下，比高 50 ~ 100m，主要分布于盆地的中部和偏东区域，地面受轻微切割，起伏中等，坡度 5° ~ 25°。

③ 盆地地貌　地势低平，四周高，中间低，略向东倾斜。

（4）气候特点　广东罗坑鳄蜥自然保护区地处北回归线以北，属中亚热带季风气候，具有光照充足，温暖湿润、雨量充沛、无霜期长的气候特点。

根据曲江区气象资料：年平均日照时数约为 1630 小时，≥10℃ 年积温为 6560℃。全年无霜期 309 天，最长 365 天。历年平均气温为 20.4℃，1 月为最冷月，历年平均气温为 9.5℃，历年极端最低气温为 -4.3℃；7 月为最热月份，历年平均气温 28.9℃。历年极端最高气温为 40.3℃。历年平均降水量为 1640.8mm，全年降水主要集中在 3 ~ 10 月，占全年降水量的 85%。罗坑自然保护区位于曲江区西南部的山区，年平均气温比曲江区低 5℃，年平均降水量高于 475mm。

（5）水文特征　保护区属北江水系上游的次级支流，地表径流以河流、水库等形式分布。其特征如下。

① 河溪发育　保护区内有如下 4 条河流。

A. 罗坑河　又称樟市河，是保护区的主要河流，发源于天堂顶、磨石架顶、船坑顶、船底顶山脊分水线区域，有 13 条树枝状溪流从北、西、南方向汇入中部罗坑河，自西南向东流，注入罗坑水库，河长 19.8km，自成一个完整的小流域，流域面积 115km^2，占保护区总面积的 53%。

B. 龙归水　又称新洞河，是保护区的第二条主要河流，自南向北流经保护区的西部偏北区域，有 11 条树枝状溪流汇入龙归水，形成一个完整的小流域，流域面积占保护区总面积的 34%，是鳄蜥的主要栖息地。

C. 蒋公河　分布于保护区的北部地区，沿天堂顶、分水坳、墩子背、黄峰山分水界与罗坑河和龙归水隔开，自成一个小流域，流域面积占保护区总面积的 7% 左右。

D. 江湾河　分布于保护区的西部地区，流域面积占保护区总面积的 4% 左右。

②罗坑水库　位于保护区东部，1977 年竣工蓄水，集雨区面积 115km^2，多年平均产水量 12 010 万 m^3，正常库容 8225 万 m^3，是防洪、灌溉、发电的中型水库。

③水质优良　据检测，该保护区的地表水普遍良好。无色、无味、无异嗅、透明度好；pH6.87 ~ 7.32，属中性；矿化度 0.03 ~ 0.08g/L，为低矿化的淡水；总硬度 5.39 ~ 14.31 德国度，为软水—微硬水；水化学类型为重碳酸水（HCO_3 - Ca · K + Na 或 HCO_3 - Mg · K + N · Ca），宜于饮用、灌溉。保护区内外的地下水类型，主要有基岩裂隙水和碳酸盐岩裂隙溶水两大类。区域内的地下水明显以重碳酸水占优势，以 HCO_3 - Ca、HCO_3 - Ca · Mg、HCO_3 - K + Na、HCO_3 - K + Na · Ca、HCO_3 - K + Na · Mg 为主，pH5.5 ~ 7.6，以中性水为主，出现部分中性—弱酸性性水。矿化度均 > 1，变化于 0.02 ~ 0.33g/L 之间，属低矿化的淡水。总硬度 0.4 ~ 16 德国度，孔隙水、基岩裂隙水以极软水为主（ < 4 德国度），裂隙岩溶水以软水—微硬水为主，均无色、无味、无嗅、透明，一般宜于饮用、灌溉和稍加处理用作工业用水。罗坑水库的水质达到了国家地表水水质标准（GHZB1—1999）Ⅰ ~ Ⅱ类水

质标准。

（6）土壤特征　广东罗坑鳄蜥自然保护区的地带性土壤为红壤。但由于受成土母质、山地气候、植被和地形等因素以及人类活动的影响，从山麓至山顶依次形成了垂直分布着：

①红壤　主要分布于海拔500m以下的丘陵区，成土母质为花岗岩和砂岩类风化坡积物和堆积物，土壤呈强酸性反应，pH 4.4～5.2。局部地域的红壤受人为活动干扰较大。

②山地黄红壤　是红壤与黄壤之间的过渡类型，主要分布于海拔500～700m低山坡地，成土母质以花岗岩风化坡积物为主，土壤呈酸性反应，是发育在常绿阔叶林下的土壤，肥力水平较高。

③山地黄壤　主要分布于海拔700m以上的低、中山坡地，成土母质多为花岗岩风化坡积物、原积物，土壤呈微酸性反应，是发育在保存较好常绿阔叶林下的土壤，有机质含量丰富，腐殖层深厚，肥力水平高。

④山地灌丛草甸土　主要分布于海拔1000m以上的天堂顶、船底顶、高峰顶、船坑顶黄泥坳和闸子崎等山顶和山脊一带，是发育在灌丛和草甸下的土壤，土层浅薄，表层草根盘结成层，富弹性，呈灰黑色，有机质含量高，土体中石砾含量较多，土壤呈酸性反应，土壤剖面发育不完全，多呈A－C－D或A－D结构。

⑤红色石灰土　属隐域性土壤，主要分布于罗坑圩里鱼山周围区域。多发育在针阔叶混交林和草丛下的土壤，成土母质为石灰岩风化坡积物和堆积物，形成的历史悠久，但碳酸钙淋失作用强烈、含钙量低、无石灰性反应，呈微酸性至中性反应，pH 5.2。土壤剖面构型为ABC型，表土多黏壤，心土层质地黏重、紧实，核块状结构，土壤肥力水平相对较低。

2.1.2.2　功能分区

依据《广东罗坑鳄蜥自然保护区总体规划》①，将广东罗坑鳄蜥国级自然保护区分如下3个功能区。

（1）核心区　总面积6904.6hm^2，占保护区总面积的36.70％。位于保护区西部、西南、北部。范围包括：保护区境内的新洞河流域、江湾河流域和蒋公河流域，面积6899.3hm^2。区内地形复杂，山高谷深，森林植被原生性强，生态环境优越，鳄蜥等珍稀濒危动植物资源分布集中。在保护区东南面、罗坑水库南岸的风杵坪东侧，分布有国家Ⅰ级重点保护野生植物仙湖苏铁自然群落，需要加以重点保护，作为核心区保护点，面积5.3hm^2。核心区包括鸡公就谷罗、蒋公、天堂顶、其坑、大竹园、中心其、夹洞、磨石架顶、船坑顶、大坑尾、大把尾、石门坑、船底顶和风杵坪等区域。

上述核心区，一般人迹罕到，无不良因素的干扰和影响。其主要功能是涵养水源、保持水土、保护珍稀濒危动植物物种及其生存环境。

核心区将实行全封闭管理，严禁捕猎、砍伐林木和旅游等活动，除依照《中华人民共和国自然保护区条例》第二十七条的规定，需经批准从事科学研究活动外，禁止任河单位和个人进入核心区。

（2）缓冲区　总面积4063.4hm^2，占保护区总面积的21.60％。位于核心区北面、东面和南面外围，形成宽度300～1500m范围的缓冲地带，设缓冲区面积4059.7hm^2。在保护区西南部、西部因与广东石门台国家级自然保护区和乳源大峡谷省级自然保护区相连，所以未设缓冲区。在风杵坪仙湖苏铁自然群落保护点外围的罗坑水库南岸边设缓冲区，面积3.7hm^2。缓冲区具体包括分水坳下、小洞、胜靠岭下、老猪坑、其坑口、大坳顶、火烧石顶、黄泥坳、坪坑、风杵坪下等区域。

缓冲区实行半封闭管理，禁止一切经营性活动，需要进入缓冲区开展科研、教学实习、标本采集等活动，需要事先向自然保护区管理机构提交申请和活动计划，经批准才能进入缓冲区。

（3）实验区　总面积7845.6hm^2，占保护区总面积的41.70％。位于罗坑盆地低山区，局部为丘陵地。具体包括新洞、崩山、长垠顶下、坳顶、西牛塘、大坑坪、罗坑水库、里鱼山、风杵坪、后山、

① 黄金玲．广东罗坑鳄蜥自然保护区总体规划．国家林业局中南调查设计院，广东罗坑省级自然保护区管理处．2006.11.

梅花顶等区域。主要为科研、参观考察、生态旅游、改造恢复和驯养繁殖等实验。

外围保护地带：为了加强保护，更好地协调保护区与罗坑镇的社区关系，将罗坑镇除保护区外的其余行政区域划为保护区的外围保护地带，面积2658.1hm^2（图2.2）。

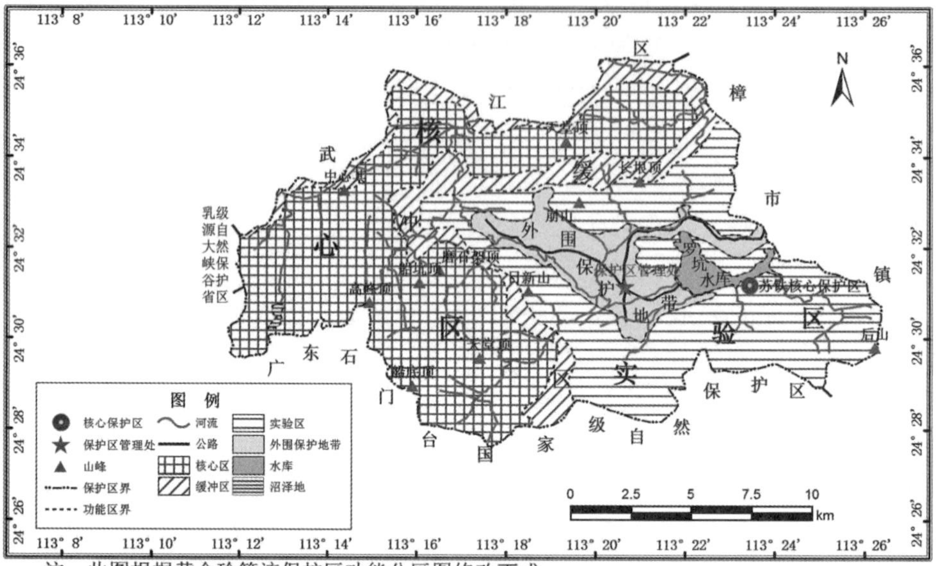

注：此图根据黄金玲等该保护区功能分区图修改而成。

图 2.2 广东罗坑鳄蜥自然保护区功能分区图

2.1.2.3 植物区系特点

广东罗坑鳄蜥自然保护区的植物区系，概括起来具有如下特点。

（1）植物物种丰富　由于该保护区的生态环境复杂，故孕育着丰富的植物种类。据调查统计，该保护区内有野生维管植物1464种（含种下分类单位，下同），隶属698属205科，占广东省5933种野生维管植物（叶华谷等，2005）的24.68%。其中蕨类植物163种，隶属82属40科；裸子植物13种，隶肃9属7科；被子植物1288种，隶属607属158科（表2.7）。

表 2.7 广东罗坑鳄蜥自然保护区野生维管束植物类群的组成

植物类群		科数	属数	种数
蕨类植物		40	82	163
裸子植物		7	9	13
被子植物	双子叶植物纲	133	484	1088
	单子叶植物纲	25	123	200
合计		205	698	1464

（2）地理成分复杂

①蕨类植物的地理成分

A. 科的地理分布区类型　根据保护区40科的分布类型统计分析如下。

广布科　是指在各大洲或热带、温带分布的科，如石杉科 Huperziaceae、石松科 Lycopodiaceae、卷柏科 Selaginellaceae、木贼科 Equisetaceae、铁线蕨科 Adiantaceae、蹄盖蕨科 Athyriaceae、铁角蕨科 Aspleniaceae、紫萁科 Osmundaceae、水龙骨科 Polypodiaceae、苹科 Marsileaceae 等。

热带、亚热带分布科　如稀子蕨科 Monachosoraceae、中国蕨科 Sinopteridaceae、禾蕨科 Polypodiaceae 等以我国华南至西南亚热带为分布中心，也是本保护区蕨类区系的特征成分。而以热带为主的有莲座蕨科 Angiopteridaceae、碗蕨科 Dennstaedtiaceae、桫椤科 Cyatheaceae、鳞始蕨科 Lindsaeaceae、里白科

Gleicheniaceae、海金沙科 Lygodiaceae、凤尾蕨科 Pteridaceae、金星蕨科 Thelypteridaceae、膜蕨科 Hymenophyllaceae 等。

泛热带分布科　是指在新旧热带分布的科，如槲蕨科 Drynariaceae、剑蕨科 Loxogrammaceae 等以亚洲为主等。

热带分布科　如蚌壳蕨科 Dicksoniaceae、乌毛蕨科 Blechnaceae、蕨科 Pteridiaceae、三叉蕨科 Aspidiaceae、舌蕨科 Elaphoglossaceae、肾蕨科 Nephrolepidaceae 和雨蕨科 Gymnogrammitidaceae 等。

亚洲、大洋洲和美洲热带分布科　有瘤足蕨科 Plagiogyriaceae。

温带至亚热带高山地区分布科　有阴地蕨科 Botrychiaceae、鳞毛蕨科 Dryopteridaceae。

B. 属的地理分布区类型　根据保护区 82 属的分布类型统计分析：

广布属　有卷柏属 *Selaginella*、铁线蕨属 *Adiantum*、铁角蕨属 *Asplenium*、苹属 *Marsilea* 等。

泛热带分布属　是指在新旧热带分布的属，如马尾杉属 *Phegmariurus*、粉背蕨属 *Aleuritopteris*、新月蕨属 *Pronephrium*、蕗蕨属 *Mecodium*、鳞始蕨属 *Lindsaea*、蕨属 *Pteridium*、乌蕨属 *Sphenomeris*、栗蕨属 *Histiopteris*、肾蕨属 *Nephrolepis*、禾叶蕨属 *Grammitis* 等。

热带和亚热带分布属　其中热带至亚热带为主，如芒萁属 *Dicranopteris*、里白属 *Diploterygium*、海金沙属 *Lygodium*、桫椤属 *Alsophila*、稀子蕨属 *Monachosorum*、碗蕨属 *Dennstaedtia*、凤尾蕨属 *Pteris*、金粉蕨属 *Onychium*、短肠蕨属 *Allantodia*、毛蕨属 *Cyclosorus*、新月蕨属 *Pronephrium*、肋毛蕨属 *Ctenitis*、三叉蕨属 *Tectaria*、线蕨属 *Colysis*、丝带蕨属 *Drymotaenium*、石韦属 *Pyrrosia*、崖姜蕨属 *Pseudodryniria* 和剑蕨属 *Loxogramme* 等。

以亚热带为主的属　与热带至亚热带分布的类型相当，热带亚洲分布的如石松属 *Lycopodium*、藤石松属 *Lycopodiastrum*、金毛狗属 *Cibotium*、崇澍蕨属 *Chieniopteris*、星蕨属 *Microsorium*、伏石蕨属 *Lemmaphyllum*、圣蕨属 *Dictyocline*、雨蕨属 *Gymnogrammitis*、星蕨属 *Microsorium* 等；热带亚洲—大洋洲分布 3 属，如乌毛蕨属 *Blechnum*、瓶蕨属 *Trichomanes*、槲蕨属 *Drynaria*；热带亚洲至非洲分布的有 2 属，如观音莲座属 *Angiotperis*、复叶耳蕨属 *Arachniodes*；热带亚洲至热带美洲分布有 3 属，如瘤足蕨属 *Plangiogyria*、双盖蕨属 *Diplazium*、舌蕨属 *Elaphoglossum*；东亚分布属，如金毛狗属 *Cibotium*。

温带、热带分布属　有紫萁属 *Osmunda*、狗脊属 *Woodwardia* 等。

温带分布属　如木贼属 *Equisetum*、阴地蕨属 *Sceptridium*、贯众属 *Cyrtomium*、耳蕨属 *Polystichum*、鳞毛蕨属 *Dryopteris* 等。

②种子植物的地理成分

A. 科的地理分布区类型　按照《世界种子植物科的分布区类型系统》（吴征镒等，2003），根据广东罗坑自然保护区种子植物 165（151）科的分布区类型统计分析，除旧世界温带分布、温带亚洲分布、地中海区和西亚至中亚分布、中亚分布及中国特有分布科尚未发外，其余 10 个分布区类型及变型均有分布。

*1. 广布（世界广布）　计有 39 科，占总科数的 23.64%。如毛茛科 Ranunculaceae、金鱼藻科 Ceratophyllaceae、十字花科 Cruciferae、堇菜科 Violaceae、远志科 Polygalaceae、景天科 Crassulaceae、蓼科 Polygonaceae、石竹科 Caryophyllaceae、藜科 Chenopodiaceae、苋科 Amaranthaceae、酢浆草科 Oxalidaceae、千屈菜科 Lythraceae、柳叶菜科 Onagraceae、小二仙草科 Haloragidaceae、瑞香科 thymelaeaceae、蔷薇科 Rosaceae、蝶形花科 Papilionaceae、杨梅科 Myricaceae、榆科 Ulmaceae、桑科 Moraceae、鼠李科 Rhamnceawe、伞形科 Umbelliferae、木犀科 Oleaceae、茜草科 Rubiaceae、败酱科 Valerianaceae、菊科 Compositae、报春花科 Primulaceae、龙胆科 Gentianaceae、车前科 Plantaginaceae、半边莲科 Lobeliaceae、紫草科 Boraginaceae、茄科 Solanaceae、旋花科 Convolvulaceae、玄参科 Scrophulariaceae（主产温带）、唇形花科 Labiatae（主产地中海）、浮萍科 Lemnaceae、兰科 Orchidaceae、莎草科 Cyperacea（主产温带及寒温带）、禾本科 Poaceae 等。

*2. 泛热带（热带广布）　有 49 科，占总科数的 38.89%（扣除广布科 39）。如番荔枝科

Annonaceae、樟科 Lauraceae、防己科 Menispermaceae、马兜铃科 Aristolochiaceae、胡椒科 Piperaceae、金粟兰科 Chloranthaceae、白花菜科 Capparidaceae、凤仙花科 Balsaminaceae、大风子科 Flacourtiaceae、天料木科 Samydaceae、葫芦科 Cucurbitaceae、秋海棠科 Begoniaceae、番木瓜科 Caricaceae、茶科 Theaceae、野牡丹科 Melastomataceae、红树科 Rhizophoraceae、藤黄科 Guttiferae、梧桐科 Sterculiaceae、古柯科 Erythroxylaceae、锦葵科 Malvaceae、大戟科 Euphorbiaceae、含羞草科 Mimosaceae、荨麻科 Urticaceae、卫矛科 Celastraceae、茶茱萸科 Icacinaceae、铁青树科 Olacaceae、檀香科 Santalaceae、蛇菰科 Balanophoraceae、葡萄科 Vitaceae、芸香科 Rutaceae、楝科 Meliaceae、山柳科 Clethraceae、无患子科 Sapindadaceae、漆树科 Anacardiaceae、柿科 Ebenaceae、紫金牛科 Myrsinaceae、马钱科 Loganiaceae、夹竹桃科 Apocynaceae、萝藦科 Asclepiadaceae、爵床科 Acanthaceae、鸭跖草科 Commelinaceae、谷精草科 Eriocaulaceae、竹芋科 Marantaceae、菝葜科 Smilacaceae、天南星科 Araceae、薯蓣科 Dioscoreaceae、棕榈科 Palmae、仙茅科 Hypoxidaceae、蒟蒻薯科 Taccaceae 等。

*2-1. 热带亚洲、大洋洲和热带美洲（南美洲或/和墨西哥）　有 2 科，占总科数的 1.59%。如第伦桃科 Dilleniaceae、山矾科 Smyplocaceae。

*2-2. 热带亚洲—热带非洲—热带美洲（南美洲）　有 4 科，占总科数的 3.17%。如买麻藤科 Gnetaceae、椴树科 Tiliaceae、粘木科 Ixonanthaceae、苏木科 Caesalpiniaceae。

*2S. 以南半球为主的泛热带：有 5 科，占总科数的 3.97%。如罗汉松科 Podocarpaceae、山龙眼科 Proteaceae、桃金娘科 Myrtaceae、桑寄生科 Loranthaceae、石蒜科 Amaryllidaceae 等。

*3. 东亚（热带、亚热带）及热带南美间断　有 11 科，占总科数的 8.73%。如杉科 Taxodiaceae、木通科 Lardizabalacea、仙人掌科 Cactaceae、水东哥科 Saurauiaceae、杜英科 Elaeocarpaceae、冬青科 Aquifoliaceae、省沽油科 Staphyleaceae、五加科 Araliaceae、安息香科 Styracaceae、苦苣苔科 Gesneriaceae、马鞭草科 Verbenacea 等。

*4. 旧世界热带　有 4 科，占总科数的 3.17%。如海桐花科 Pittosporaceae、八角枫科 Alangiaceae、芭蕉科 Musaceae、露兜树科 Pandanaceae。

*5. 热带亚洲至热带大洋洲　有 4 科，占总科数的 3.17%。如苏铁科 Cycadaceae、交让木科 Daphniphyllaceae、姜科 Zingiberaceae、百部科 Stemonaceae。

*6. 热带亚洲至热带非洲　仅有 1 科，占总科数的 0.79%。如杜鹃花科 Ericaceae。

*7. 热带亚洲（即热带东南亚至印度—马来西亚，太平洋诸岛）　有 1 科，占总科数的 0.79%。如牛栓藤科 Connaraceae。

*7-1. 爪哇（或苏门答腊），喜马拉雅间断或星散分布到华南、西南分布　仅有 1 科，占总科数的 0.74%。五列木科 Pentaphylacaceae。

*7-3. 缅甸、泰国至华西南　仅有 2 科，占总科数的 1.59%。如伯乐树科 Bretschneideraceae、肉实科 Sarcospermataceae。

*7-4. 越南（或中南半岛）至华南或西南）分布　有 1 科，占总科数的 0.79%。如清风藤科 Sabiaceae。

*8. 北温带　有 6 科，占总科数的 4.76%。如松科 Pinaceae、金丝桃科 Hypericaceae、山茱萸科 Cornaceae、越桔科 Vacciniaceae、忍冬科 Caprifoliaceae、百合科 Liliaceae。

*8-4 北温带和南温带间断分布　有 13 科，占总科数的 10.32%。如柏科 Cupressaceae、茅膏菜科 Droseraceae、罂粟科 Papaveraceae、绣球花科 Hydrangeaceae、金缕梅科 Hamamelidaceae、杜仲科 Eucommiaceae、黄杨科 Buxaceae、杨柳科 Salicaceae、壳斗科 Fagaceae、胡颓子科 Elaeagnaceae、槭树科 Aceraceae、胡桃科 Juglandaceae、灯心草科 Juncaceae 等。

*8-5 欧亚和南美洲温带间断　有 1 科，占总科数的 0.79%。如小檗科 Berberidaceae。

*9. 东亚及北美洲间断　有 5 科，占总科数的 3.97%。如木兰科 Magnoliaceae、八角科 Illiciaceae、五味子科 Schisandraceae、三白草科 Saururaceae、鼠刺科 Escalloniaceae。

*14. 东亚分布 有2科，占总科数的1.59%。如红豆杉科 Taxaceae、猕猴桃科 Actinidiaceae。

从上所述可以看出：其中以泛热带分布最多，有60科，占总科数的53.57%（扣广布科39科，下同）；北温带分布其次，有20科，占总科数的17.86%；东亚（热带、亚热带）及热带南美间断有11科，占9.82%；其余分布所含科数均在3.97%以下，不占重要地位；特别是中国特有科等5科分布缺如，表明该自然保护区植物区系在科级水平上以泛热带分布成分为主，兼有一定数量的北温带成分。

B. 属的地理分布区类型 根据保护区种子植物616（433）属的分布类型，按照《中国种子植物属的分布区类型》（吴征镒，1991）统计分析，除温带亚洲分布、地中海区和西亚至中亚分布、中亚分布区类型及其变型尚为发现外，其他12个分布区类型及变型均有分布。

*1. 广布属 有铁线莲属 *Clematis*、毛茛属 *Ranunculus*、金鱼藻属 *Ceratophyllum*、焊菜属 *Rorippa*、堇菜属 *Viola*、繁缕属 *Stellaria*、蓼属 *Polygonum*、藜属 *Chenopodium*、苋属 *Amaranthus*、酢浆草属 *Oxalis*、金丝桃属 *Hypericum*、悬钩子属 *Rubus*、鼠李属 *Rhamnus*、鬼针草属 *Bidens*、鼠麴草属 *Gnaphalium*、千里光属 *Senecio*、苍耳属 *Xanthium*、龙胆属 *Gentiana*、珍珠菜属 *Lysimachia*、车前草属 *Plantago*、半边莲属 *Lobelia*、茄属 *Solanum*、黄芩属 *Scutellaria*、羊耳蒜属 *Liparis*、灯心草属 *Juncus*、苔草属 *Carex*、刺子莞属 *Rhynchospora*、藨草属 *Scirpus*、黍属 *Panicum* 等29属，占总属数的6.70%。

*2. 泛热带分布 有买麻藤属 *Gnetum*、琼楠属 *Beilschmiedia*、厚壳桂属 *Cryptocarya*、木防己属 *Cocculus*、胡椒属 *Piper*、金粟兰属 *Chloranthus*、槌果藤属 *Capparis*、茅膏菜属 *Drosera*、牛膝属 *Achyranthes*、虾钳菜属 *Alternanthera*、凤仙花属 *Impatiens*、节节草属 *Rotala*、丁香蓼属 *Ludwigia*、锡叶藤属 *Tetracera*、嘉赐树属 *Casearia*、天料木属 *Homalium*、秋海棠属 *Begonia*、红淡比属 *Cleyera*、厚皮香属 *Ternstroemia*、红厚壳属 *Calophyllum*、刺蒴麻属 *Triumfetta*、杜英属 *Elaeocarpus*、翅果藤属 *Byttneria*、苹婆属 *Sterculia*、木槿属 *Hibiscus*、黄花稔属 *Sida*、梵天花属 *Urena*、古柯属 *Erythroxylum*、山麻杆属 *Alchornea*、巴豆属 *Croton*、大戟属 *Euphorbia*、叶底珠属 *Securinega*、算盘子属 *Glochidion*、叶下珠属 *Phyllanthus*、乌桕属 *Sapium*、猴耳环属 *Archidendron*、金合欢属 *Acacia*、羊蹄甲属 *Bauhinia*、决明属 *Cassia*、刺桐属 *Erythrina*、千斤拔属 *Flemingia*、崖豆藤属 *Millettia*、油麻藤属 *Mucuna*、红豆属 *Ormosia*、山黄麻属 *Trema*、桂木属 *Artocarpus*、榕属 *Ficus*、苎麻属 *Boehmeria*、冬青属 *Ilex*、南蛇藤属 *Celastrus*、卫矛属 *Euonymus*、青皮木属 *Schoepfia*、花椒属 *Zanthoxylum*、红叶藤属 *Rourea*、树参属 *Dendropanax*、积雪草属 *Centella*、天胡荽属 *Hydrocotyle*、柿树属 *Diospyros*、紫金牛属 *Ardisia*、密花树属 *Rapanea*、安息香属 *Styrax*、山矾属 *Symplocos*、醉鱼草属 *Buddleja*、马钱属 *Strychnos*、白蜡树属 *Fraxinus*、栀子属 *Gardenia*、耳草属 *Hedyotis*、巴戟天属 *Morinda*、九节属 *Psychotria*、钩藤属 *Uncaria*、下田菊属 *Adenostemma*、假蓬属 *Conyza*、地胆草属 *Elephantopus*、泽兰属 *Eupatorium*、豨签属 *Siegesbeckia*、斑鸠菊属 *Vernonia*、天芥菜属 *Heliotropium*、红丝线属 *Lycianthes*、菟丝子属 *Cuscuta*、母草属 *Lindernia*、狗肝菜属 *Dicliptera*、水蓑衣属 *Hygrophila*、紫珠属 *Callicarpa*、大青属 *Clerodendron*、马鞭草属 *Verbena*、牡荆属 *Vitex*、聚花草属 *Floscopa*、谷精草属 *Eriocaulon*、菝葜属 *Smilax*、文殊兰属 *Crinum*、薯蓣属 *Dioscorea*、仙茅属 *Curculigo*、箭根薯属 *Tacca*、石豆兰属 *Bulbophyllum*、水蜈蚣属 *Kyllinga*、珍珠茅属 *Scleria*、䅟属 *Eleusine*、白茅属 *Imperata*、鸭嘴草属 *Ischaemum*、稻属 *Oryza*、雀稗属 *Paspalum*、狼尾草属 *Pennisetum*、甘蔗属 *Saccharum*、裂稃草属 *Schizachyrium*、狗尾草属 *Setaria* 等105属，占总属数的25.99%（扣除广布属29属，下同）。

*2-1 热带亚洲、大洋洲和南美洲间断分布变型 有罗汉松属 *Podocarpus*、黄檀属 *Dalbergia*、糙叶树属 *Aphananthe*、朴属 *Celtis*、铜锤玉带草属 *Pratia*、黑莎草属 *Gahnia* 等6属，占总属数的1.49%。

*2-2 热带亚洲、非洲和南美洲间断分布变型 含羞草属 *Mimosa*、粗叶木属 *Lasianthus*、马缨丹属 *Lantana*、簕竹属 *Bambusa*、距花黍属 *Ichnanthus* 等5属，占总属数的1.24%。

*3. 热带亚洲和热带美洲间断分布 有南洋杉属 *Araucaria*、木姜子属 *Litsea*、番木瓜属 *Garica*、仙人掌属 *Opuntia*、柃木属 *Eurya*、水东哥属 *Saurauja*、猴欢喜属 *Sloanea*、山芝麻属 *Helicteres*、赛葵属 *Malvastrum*、木薯属 *Manihot*、落花生属 *Arachis*、雀梅藤属 *Sageretia*、泡花树属 *Meliosma*、山香圆属

Turpinia、桤叶树属 *Clethra*、白珠树属 *Gaultheria*、胜红蓟属 *Ageratum*、莴苣属 *Lactuca*、裸柱菊属 *Soliva*、来江藤属 *Brandisia*、竹芋属 *Maranta*、玉蜀黍属 *Zea* 等 22 属，占总属数的 5.45%。

＊4. 旧世界热带分布　有紫玉盘属 *Uraria*、无根藤属 *Cassytha*、千金藤属 *Stephania*、海桐花属 *Pittosporum*、蒲桃属 *Syzygium*、金锦香属 *Osbeckia*、竹节树属 *Carallia*、黄葵属 *Abelmoschus*、五月茶属 *Antidesma*、血桐属 *Macaranga*、野桐属 *Mallotus*、合欢属 *Albizia*、桑寄生属 *Loranthus*、槲寄生属 *Viscum*、翼核果属 *Ventilago*、乌蔹莓属 *Cayratia*、黄皮属 *Clausena*、吴茱萸属 *Evodia*、楝属 *Melia*、八角枫属 *Alangium*、乌饭树属 *Vaccinium*、酸藤子属 *Embelia*、杜茎山属 *Maesa*、鱼骨木属 *Canthium*、玉叶金花属 *Mussaenda*、大沙叶属 *Pavetta*、艾纳香属 *Blumea*、穿心草属 *Canscora*、厚壳速属 *Ehretia*、水竹叶属 *Murdanni*、芭蕉属 *Musa*、山姜属 *Alpinia*、豆蔻属 *Amomum*、天门冬属 *Asparagus*、省藤属 *Calamus*、露兜树属 *Pandanus*、弓果黍属 *Cyrtococcum* 等 37 属，占总属数的 9.16%。

＊4－1 热带亚洲、非洲和大洋洲间断分布变型　有瓜腹木属 *Fissistigma*、乌口树属 *Tarenna* 和一点红属 *Emilia* 等 3 属，占总属数的 0.74%。

＊5. 热带亚洲至热带大洋洲分布　有苏铁属 *Cycas*、假鹰爪属 *Desmos*、樟属 *Cinnamomum*、黄叶树属 *Xanthophyllum*、小二仙草属 *Haloragis*、荛花属 *Wikstroemia*、银桦属 *Grevillea*、山龙眼属 *Helicia*、栝楼属 *Trichosanthes*、岗松属 *Baeckea*、桉树属 *Eucalyptus*、番石榴属 *Psidium*、桃金娘属 *Rhodomyrtus*、野牡丹属 *Melastoma*、黑面神属 *Breynia*、海红豆属 *Adenanthera*、莨芝属 *Cudrania*、牛筋藤属 *Malaisia*、崖爬藤属 *Tetrastigma*、山油柑属 *Acronychia*、九里香属 *Murraya*、香椿属 *Toona*、念珠藤属 *Alyxia*、眼树莲属 *Dischidia*、新耳草属 *Neanotis*、通泉草属 *Mazus*、广防风属 *Anisomeles*、姜属 *Zingiber*、山菅兰属 *Dianella*、兰属 *Cymbidium*、石仙桃属 *Pholidota*、鳞子莎属 *Lepidosperma*、蜈蚣草属 *Eremochloa*、淡竹叶属 *Lophatherum* 等 34 属，占总属数的 8.42%。

＊6. 热带亚洲至热带非洲分布　有藤黄属 *Garcinia*、土密树属 *Bridelia*、蓖麻属 *Ricinus*、藤槐属 *Bowringia*、离瓣寄生属 *Helixanthera*、飞龙掌血属 *Toddalia*、铁仔属 *Myrsine*、羊角拗属 *Strophanthus*、水团花属 *Adina*、龙船花属 *Ixora*、鱼眼草属 *Dichrocephala*、三七草属 *Gynura*、叉序草属 *Chingiacanthus*、豆腐柴属 *Premna*、穿鞘花属 *Amischotolype*、魔芋属 *Amorphophallus*、牡竹属 *Dendrocalamus*、画眉草属 *Eragrostis*、秀竹属 *Microstegium*、芒属 *Miscanthus*、类芦属 *Neyraudia*、菅属 *Themeda* 等 22 属，占总属数的 5.45%。

＊6－2 热带亚洲和东非间断变型　杨桐属 *Adinandra*1 属，占总属数的 0.25%。

＊7. 热带亚洲（印度—马来西亚）分布　有木莲属 *Manglietia*、含笑属 *Michelia*、南五味子属 *Kadsura*、山胡椒属 *Lindera*、润楠属 *Machilus*、新木姜子属 *Neolitsea*、轮环藤属 *Cyclea*、秤钩风属 *Diploclisia*、细圆藤属 *Pericampylus*、草珊瑚属 *Sarcandra*、阳桃属 *Averrhoa*、山茶属 *Camellia*、五列木属 *Pentaphylax*、柏拉木属 *Blastus*、黄牛木属 *Cratoxylum*、翅子树属 *Pterospermum*、粘木属 *Ixonanthes*、银柴属 *Aporosa*、交让木属 *Daphniphyllum*、常山属 *Dichroa*、蛇莓属 *Duchesnea*、臀果木属 *Pygeum*、葛属 *Pueraria*、胡芦茶属 *Tadehagi*、青冈属 *Cyclobalanopsis*、构属 *Broussonetia*、糯米团属 *Gonostegia*、赤车属 *Pellionia*、冷水花属 *Pilea*、定心藤属 *Maappianthus*、鞘花属 *Macrosolen*、寄生藤属 *Dendrotrophe*、柑橘属 *Citrus*、金橘属 *Fortunella*、清风藤属 *Sabia*、黄杞属 *Engelhardtia*、肉实树属 *Sarcosperma*、花皮胶藤 *Ecdysanthera*、流苏子属 *Coptosapelta*、蛇根草属 *Ophiorrhiza*、鸡矢藤属 *Paederia*、唇柱苣苔属 *Chirita*、线柱苣苔属 *Rhynchotechum*、马蓝属 *Baphicacanthus*、驳骨草属 *Gendarussa*、锥花属 *Gomphostemma*、大苞姜属 *Caulokaempferia*、海芋属 *Alocasia*、芋属 *Colocasia*、石柑属 *Pothos*、山槟榔属 *Pinanga*、贝母兰属 *Coelogyne*、石斛属 *Dendrobium*、斑叶兰属 *Goodyera*、球柄兰属 *Mischobulbum*、棕叶芦属 *Thysanolaena* 等 56 属，占总属数的 13.86%。

＊7－1 爪哇、喜马拉雅和华南、西南星散分布变型　木荷属 *Schima*、锦香草属 *Phyllagathis*、梭罗树属 *Reevesia*、重阳木属 *Bischofia*、蕈树属 *Altingia*、马蹄荷属 *Exbucklandia*、假糙苏属 *Paraphlomis* 等 7 属，占总属数的 1.73%。

*7-2 热带印度至华南分布变型 排钱草属 *Phyllodium*、雾水葛属 *Pouzolzia*、幌伞枫属 *Heteropanax*、帘子藤属 *Pottsia* 和金腰箭属 *Synedrella* 等5属，占总属数的1.24%。

*7-3 缅甸、泰国至华西南分布变型 穗花杉属 *Amentotaxus*1属，占总属数的0.25%。

*7-4 越南（或中南半岛）至华南（或西南）分布变型 有福建柏属 *Fokienia*、观光木属 *Tsoongiodendron*、折柄茶属 *Hartia*、秀柱花属 *Eustachys*、赤杨叶属 *Alniphyllum*、半蒴苣苔属 *Hemiboea*、竹根七属 *Disporopsis* 7属，占总属数的1.73%。

*8. 北温带分布 有松属 *Pinus*、刺柏属 *Juniperus*、小檗属 *Berberis*、细辛属 *Asarum*、龙牙草属 *Agrimonia*、李属 *Prunus*、蔷薇属 *Rosa*、花楸属 *Sorbus*、栗属 *Castanea*、桑属 *Morus*、胡颓子属 *Elaeagnus*、槭树属 *Acer*、盐肤木属 *Rhus*、杜鹃花属 *Rhododendron*、忍冬属 *Lonicera*、荚蒾属 *Viburnum*、艾蒿属 *Artemisia*、蓟属 *Cirsium*、苦苣菜属 *Sonerila*、马先蒿属 *Pedicularis*、风轮菜属 *Clinopodium*、百合属 *Lilium*、藜芦属 *Veratrum*、葱属 *Allium*、舌唇兰属 *Platanthera*、绶草属 *Spiranthes*、野牯草属 *Arundinella* 等27属，占总属数的6.68%。

*8-4 北温带和南温带（全温带）间断分布变型 景天属 *Sedum*、杨梅属 *Myrica* 2属，占总属数的0.50%。

*9. 东亚和北美洲间断分布 有铁杉属 *Tsuga*、八角属 *Illicium*、五味子属 *Schisandra*、檫木属 *Sassafras*、十大功劳属 *Mahonia*、三白草属 *Saururus*、鼠刺属 *Itea*、绣球花属 *Hydrangea*、石楠属 *Photinia*、山蚂蝗属 *Desmodium*、胡枝子属 *Lespedeza*、长柄山蚂蝗属 *Podocarpium*、枫香树属 *Liquidambar*、锥栗属 *Castanopsis*、柯属 *Lithocarpus*、勾儿茶属 *Berchemia*、蛇葡萄属 *Ampelopsis*、爬山虎属 *Parthenocissus*、漆树属 *Toxicodendron*、楤木属 *Aralia*、南烛属 *Lyonia*、银钟花属 *Haiesia*、胡曼藤属 *Celsemium*、木犀属 *Osmanthus*、络石属 *Trachelospermum*、风箱树属 *Cephalanthus*、菖蒲属 *Acorus* 等27属，占总属数的6.68%。

*10. 旧世界温带分布 有梨属 *Pyrus*、水芹属 *Oenanthe*、旋覆花属 *Inula*、筋骨草属 *Ajuga*)、益母草属 *Leonurus*、萱草属 *Hemerocallis* 6属，占总属数的1.49%。

*10-1 地中海区、西亚和东亚间断分布变型 有火棘属 *Pyracantha*、女贞属 *Ligustrum* 2属，占总属数的0.50%。

*14. 东亚分布 有野木瓜属 *Stauntonia*、蕺菜属 *Houttuynia*、猕猴桃属 *Actinidia*、油桐属 *Vernicia*、批杷属 *Eriobotrya*、石斑木属 *Rhaphiolepis*、蜡瓣花属 *Corylopsis*、茵芋属 *Skimmia*、四照花属 *Dendrobenthamia*、五加属 *Acanthopanax*、败酱属 *Patrinia*、黄鹌菜属 *Youngia*、石荠宁属 *Mosla*、紫苏属 *Perilla*、蜘蛛抱蛋属 *Aspidistra*、沿阶草属 *Ophiopogon* 等16属，占总属数的3.96%。

*14-1 中国—喜马拉雅（SH）变型 有冠盖藤属 *Pileostegia*、檵木属 *Loropetalum*、南酸枣属 *Chlorophytum*、兔儿风属 *Ainsliaea*、吊石苣苔属 *Lysionotus*、马兜铃苣苔属 *Oreocharis* 6属，占总属数的1.49%。

*14-2 中国—日本（SJ）变型 有柳杉属 *Cryptomeria*、山桐子属 *Idesia*、枳椇属 *Hovenia*、黄惊草属 *Championella* 4属，占总属数的0.99%。

*15. 中国特有分布 有杉木属 *Cuinninghamia*、石笔木属 *Tutcheria*、伞花木属 *Eurycorymbus*、柏乐树属 *Bretschneidera*、马蹄参属 *Diplopanax* 等5属，占总属数的1.24%。

从上所述可以看出，广东罗坑鳄蜥自然保护区种子植物属的地理成分是以热带成分占优势，从泛热带分布—热带亚洲（印度—马来西亚）分布各类热带成分共有311属，占总属数（扣除广布分布29属，以下同）的76.98%；温带成分也有一定数量，从北温带分布—旧世界温带分布有64属，占总属数的15.84%；东亚分布有16属，占总属数的3.96%；中国特有分布的5属，占1.24%。

2.1.2.4 植被类型

据调查统计，保护区内的植被类型多样，主要有如下8种类型。

（1）常绿阔叶林 是中亚热带地带性的典型植被类型，在保护区内占主导地位，主要分布于海拔

500～1300m 的山地。常绿阔叶林保存较为完好。乔木层主要由红锥 *Castanopsis hystrix*、甜槠 *C. eyrei*、青冈 *Cyclobalanopsis glauca*、柯 *Lithocarpus glabra*、深山含笑 *Michelia maudiae*、木姜子 *Litsea pungens*、木荷 *Schima superba*、华润楠 *Machilus chinensis*、蕈树 *Altingia chinensis* 等常绿阔叶树种构成。由于乔木层郁闭度大，灌木层及草本层植物稀少。

（2）常绿与落叶阔叶混交林　在保护区内居次要地位，主要分布于低山及中山山地，尤其是在沟谷、湿地、溪边或较干燥的山脊。乔木层的常绿树有黄樟 *Cinnamomum porrectum*、短序润楠 *Machilus breviflora*、新木姜 *Neolitsea aurata*、木荷、米槠 *Castanopsis carlesii*、柯、木莲 *Manglietia fordiana*、大果马蹄荷 *Exbucklandia tonkinensis* 和蕈树等，主要落叶树有枫香树 *Liquidambar formosana*、岭南槭 *Acer tutcheri*、野漆树 *Toxicodendron succedaneum*、南酸枣 *Choerospondias axillaris* 等。由于乔木层郁闭度大，灌木层及草本层植物稀少。

（3）竹林　有竹林面积 455.6hm^2，常见的竹林有毛竹 *Phyllostachys heterocycla* cv. Pubescens、青皮竹 *Bambusa textilis*、麻竹 *Dendrocalamus latiflorus* 等。其中多为人工栽培。

（4）针阔叶混交林　在保护区内主要分布于海拔 800m 以下的低山和丘陵，占有相当重要的地位，约有面积 3449.4hm^2。乔木层的针叶树为马尾松 *Pinus massoniana*、华南五针松 *P. kwangtungensis*、杉木、长苞铁杉 *Tsuga longibracteata*、穗花杉 *Amentotaxux argotaenia*，阔叶树是甜槠、米槠和金叶含笑 *Michelia foveolata* 等，由于乔木层较稀疏，林下有灌木层、草本层和地被层。

（5）针叶林　在保护区内只有杉木林和马尾松林，主要分布于保护区的外围，为人工林，约有面积 3191.3hm^2。林分结构简单，乔木层，一般以杉木为单优势种，在稀疏的林下，灌木层和草本层的植物种类丰富；在稠密的林下，几乎没有灌木和草本植物生长。

（6）山顶矮林　主要分布于海拔 1000m 以上的山顶和山脊。由于土层浅薄、含石砾多，气温低，常风大，故树木矮化，分枝多而且弯曲，多由疏齿木荷 *Schima remoliserrata*、厚皮香 *Ternstroemia gymnanthera*、南烛 *Lyonia ovalifolia*，一般高度为 1～2m，草本植物有芒和毛杆野古草 *Arundinella hirta* 等。

（7）灌草丛　主要分布于海拔较高的山地、山顶和山脊。灌木种类较少，以禾本科植物为主，高度一般在 1m 以下，主要种类有鳞籽莎 *Lepironia articulata*、粗毛鸭嘴草 *Ischaemum barbatum* 等。

（8）栽培植被　主要有玉蜀黍 *Zea mays*、桑 *Morus allba*、棕榈（*Trachycarpus fortunei*）和果树等，多分布于保护区的边缘和部分村落附近。

2.1.2.5　野生植物资源

（1）珍稀濒危保护植物繁多　根据 1984 年国家环境保护委员会公布的《中国珍稀濒危保护植物名录》和 1999 年 8 月 4 日国务院批准公布的《国家重点保护野生植物名录（第一批）》和广东珍稀濒危植物图谱（广东省环境保护局等，1988）所列种类统计，保护区内共有国家重点保护野生植物 16 科 17 属 20 种。其中蕨类植物 3 科 4 属 7 种，裸子植物 4 科 4 属 4 种，被子植物 9 科 9 属 9 种；国家Ⅰ级重点保护野生植物 2 种，国家Ⅱ级重点保护野生植物 15 种，省级重点保护野生植物 3 种（表 2.8）。

表 2.8　广东罗坑鳄蜥自然保护区的保护植物

序号	种名	科名	濒危度	保护级别
1	仙湖苏铁 *Cycas fairylakea*	苏铁科 Cycadaceae	濒危	Ⅰ
2	伯乐树 *Bretschneidera sinensis*	伯乐树科 Bretschneideraceae	濒危	Ⅰ
3	金毛狗 *Cibotium barometz*	蚌壳蕨科 Dicksoniaceae	渐危	Ⅱ
4	桫椤 *Alsophila spinulosa*	桫椤科 Cyatheaceae	渐危	Ⅱ
5	大黑桫椤 *Gymnosphaera gigantea*	桫椤科 Cyatheaceae	渐危	Ⅱ
6	粗齿黑桫椤 *Gymnosphaera hancockii*	桫椤科 Cyatheaceae	渐危	Ⅱ
7	小黑桫椤 *Gymnosphaera metteniana*	桫椤科 Cyatheaceae	渐危	Ⅱ
8	黑桫椤 *Gymnosphaera podophylla*	桫椤科 Cyatheaceae	渐危	Ⅱ

（续）

序号	种名	科名	濒危度	保护级别
9	苏铁蕨 *Brainea insignis*	乌毛蕨科 Blechnaceae	渐危	Ⅱ
10	华南五针松 *Pinus kwangtungensis*	松科 Pinaceae	渐危	Ⅱ
11	福建柏 *Forkienia hodginsii*	柏科 Cupressaceae	渐危	Ⅱ
12	白豆杉 *Pseudotaxus chienii*	红豆杉科 Taxaceae	稀有	Ⅱ
13	樟树 *Cinnamomum camphora*	樟科 Lauraceae	渐危	Ⅱ
14	伞花木 *Eurycorymbus cavaleriei*	无患子科 Sapindaceae	渐危	Ⅱ
15	金荞麦 *Fagopyrum dibotrys*	蓼科 Polygonaceae	渐危	Ⅱ
16	半枫荷 *Semiliquidambar cathayensis*	金缕梅科 Hamamelidaceae	渐危	Ⅱ
17	吊皮锥 *Castanopsis kawakamii*	壳斗科 Fegaceae	渐危	Ⅲ
18	穗花杉 *Amentotaxus argotaenia*	红豆杉科 Taxaceae	濒危	Ⅲ
19	白桂木 *Artocarpus hypargyreus*	桑科 Moraceae	稀有	省级
20	银钟花 *Halesia macgregorii*	安息香科 Styracaceae	渐危	省级

兰科植物18属31种，全部为《濒危野生动植物种国际贸易公约》附录Ⅱ物种。

（2）经济植物多样 保护区内蕴藏着多种多样的经济植物资源。

①药用植物 有山银花 *Lonicera confusa*、枇杷 *Eriobotrya japonica*、栀子 *Gardenia jasminodes*、益母草 *Leonurus artemisia*、土茯苓 *Smilax glabra*、毛冬青 *Ilex pubescens* 等。

②纤维植物 有龙须藤 *Bauhinia championii*、苎麻 *Boehmria nivea*、美丽胡枝子 *Lespedeza formosa*、菖蒲 *Acorus calamus*、毛竹、青皮竹等。

③淀粉植物 有蕨 *Pteridium aquilinum* var. *latiusculum*、黧蒴 *Castanopsis fissa*、葛 *Pueraria lobata*、薜荔 *Ficus pumila* 等。

④油脂植物 有油茶 *Camellia oleifera*、油桐 *Vernicia fordii*、山乌桕 *Sapiun discolor*、苍耳 *Xanthium sibiricum*、黑莎草 *Gahnia tristis*。

⑤芳香植物 有樟树、木姜子、山苍子 *L. cubeba*、金叶含笑 *Michelia foveolata*、深山含笑、岗松 *Baeckea frutescens*、草珊瑚 *Sarcandra glabra*、黄葵 *Abelmoschus moschatus*、香附子 *Cyperus rotundus* 等。

⑥用材植物 有杉木、黄樟、华润楠、南岭栲 *Castanopsis fordii*、黧蒴、八角枫 *Alangium chinense*、山杜英 *Elaeocarpus sylvestris*、南酸枣、大果马蹄荷等。

⑦观赏植物 有紫薇 *Lagerstroemia indica*、假鹰爪 *Desmos chinensis*、木莲 *Manglietia fordiana*、深山含笑、白花油麻藤（禾雀花）*Mucuna birdwoodiana*、铁冬青 *Ilex rotunda*、山乌桕等。

⑧野生水果植物 有毛花猕猴桃 *Actinidia eriantha*、华南猕猴桃 *Actinidia glaucophylla*、阔叶猕猴桃 *A. latifolia*、桃金娘 *Rhodomyrtus tomentosa*、杨梅 *Myrica rubra*、罗浮柿 *Diospyros morrisiana*、多花山竹子 *Garcinia multiflora*、乌饭树 *Vaccinium bracteatum*、悬钩子 *Rubus* spp.、金樱子、南酸枣等。

2.1.2.6 野生动物资源

（1）动物物种较丰富 该保护区的生态环境复杂，森林茂密，孕育了丰富的动物种类。据调查统计，该保护区拥有脊椎动物341种，分隶221属96科29目。

①鱼类 有23种，隶属9科5目，占总种数的5.34%。

②两栖类 有32种，隶属7科2目，占总种数的9.38%。

③爬行类 有55种，隶属13科3目，占总种数的16.13%。

④鸟类 有164种，隶属43科13目，占总种数的38.05%。

⑤哺乳类 有67种，隶属25科7目，占广东省兽类总数（124种）的54.03%；占全国兽类总数（449种）的14.92%。

在动物区系中，两栖类、爬行类、鸟类和哺乳类共有318种，其中东洋界种类有218种，占68.55%；古北界种类有43种，占13.52%；广布型种类有58种，占18.24%。动物区系呈现较强的南方热带色彩。这特征与保护区所处的地理位置是一致的。

（2）珍稀濒危动物繁多　以我国1989年公布实施的《国家重点保护野生动物名录》和2001年公布实施的《广东省重点保护陆生野生动物名录》（第一批）所列种类为依据，保护区拥有保护脊椎动物45种。其中国家Ⅰ级重点保护动物5种，国家Ⅱ级重点保护动物34种，省级重点保护动物6种（表2.9）。

表2.9　广东罗坑鳄蜥自然保护区的保护动物

序号	种　名	科　名	IUCN濒危等级	保护级别
		哺乳纲 MAMMALIA		
1	云豹 *Neofelis nebulosa*	猫科 Felidae	濒危	Ⅰ
2	豹 *Panthera pardus*	猫科 Felidae	濒危	Ⅰ
3	金猫 *Felis temmincki*	猫科 Felidae	濒危	Ⅱ
4	穿山甲 *Manis pentadactyla*	鲮鲤科 Manidae	濒危	Ⅱ
5	短尾猴 *Macaca arctoides*	猴科 Cercopithecidae	易危	Ⅱ
6	豺 *Cuon alpinus*	犬科 Canidae	易危	Ⅱ
7	黑熊 *Selenarctos thibetanu*	熊科 Ursidae	易危	Ⅱ
8	水獭 *Lutra lutra*	鼬科 Mustelidae	易危	Ⅱ
9	大灵猫 *Viverra zibetha*	灵猫科 Viverridae	易危	Ⅱ
10	小灵猫 *Viverricula indica*	灵猫科 Viverridae	易危	Ⅱ
11	斑林狸 *Prionodon pardicolor*	灵猫科 Viverridae	易危	Ⅱ
12	林麝 *Moschus berezovskii*	鹿科 Cervidae	易危	ⅡⅡ
13	水鹿 *Cervus unicolor*	鹿科 Cervidae	易危	Ⅱ
14	鬣羚 *Capricornis sumatraensis*	牛科 Bovidae	易危	Ⅱ
15	斑羚 *Naemorhedus goral*	牛科 Bovidae	易危	Ⅱ
16	豹猫 *Felis bengalensis*	猫科 Felidae		省级
17	豪猪 *Hystrix hodgsoni*	豪猪科 Hystricidae		省级
18	棕鼯鼠 *Petaurista petaurista*	鼯鼠科 Petauristidae		省级
		鸟纲 AVES		
19	黄腹角雉 *Tragopan caboti*	雉科 Phasianidae	濒危	Ⅰ
20	黑冠鹃隼 *Aviceda leuphotes*	鹰科 Accipitridae	稀有	Ⅱ
21	鸢 *Milvus korschun*	鹰科 Accipitridae		Ⅱ
22	赤腹鹰 *Accipiter soloensis*	鹰科 Accipitridae		Ⅱ
23	凤头鹰 *Accipiter trivirgatus*	鹰科 Accipitridae		Ⅱ
24	蛇雕 *Spilornis cheela*	鹰科 Accipitridae		Ⅱ
25	苍鹰 *Accipiter gentilis*	鹰科 Accipitridae		Ⅱ
26	松雀鹰 *Accipiter virgatus*	鹰科 Accipitridae	易危	Ⅱ
27	普通鵟 *Buteo buteo*	鹰科 Accipitridae		Ⅱ
28	林雕 *Ictinaetus malayensis*	鹰科 Accipitridae		Ⅱ
29	游隼 *Falco peregrinus*	隼科 Falconidae	易危	Ⅱ
30	燕隼 *Falco subbuteo*	隼科 Falconidae		Ⅱ
31	红隼 *Falco tinnunculus*	隼科 Falconidae	易危	Ⅱ
32	白鹇 *Lophura nycthemera*	雉科 Phasianidae	易危	Ⅱ

（续）

序号	种　名	科　名	IUCN 濒危等级	保护级别
33	褐翅鸦鹃 *Centropus sinensis*	杜鹃科 Cuculidae	易危	Ⅱ
34	小鸦鹃 *Centropus toulou*	杜鹃科 Cuculidae	易危	Ⅱ
35	黄嘴角鸮 *Otus spilicephalus*	鸱鸮科 Strigidae		Ⅱ
36	领角鸮 *Otus bakkamoena*	鸱鸮科 Strigidae		Ⅱ
37	雕鸮 *Bubo bubo*	鸱鸮科 Strigidae		Ⅱ
		爬行纲 REPTILIA		
38	鳄蜥 *Shinisaurus crocodilurus*	鳄蜥科 Shinisauridae	濒危	Ⅰ
39	蚺（蟒）*Python molurus*	蟒科 Boidae	濒危	Ⅰ
40	三线闭壳龟 *Cuora trifasciata*	淡水龟科 Bataguridae	濒危	Ⅱ
41	山瑞鳖 *Trionyx steindachneri*	鳖科 Trionychidae		Ⅱ
42	平胸龟 *Platysternon megacephalum*	龟科 Testudidae		省级
		两栖纲 AMPHIBIA		
43	虎纹蛙 *Rana tigrina*	蛙科 Ranidae	易危	Ⅱ
44	棘胸蛙 *Rana spinosa*	蛙科 Ranidae	易危	省级
45	沼蛙 *Rana guentheri*	蛙科 Ranidae	无危	省级

（3）经济动物多样　保护区内拥有国家保护的有益的或者有重要经济和科学研究价值的陆生保护野生动物如下。

①两栖类　有食用的华南湍蛙 *Amolops ricketti* 等。

②爬行类　有经济蛇类的滑鼠蛇 *Ptyas mucosus*、银环蛇、金环蛇、眼镜蛇等。

③鸟类　主要有鹧鸪 *Francolinus pintadeanus*、普通竹鸡 *Bambusicola thoracica*、环颈雉 *Phasianus colchicus*、珠颈斑鸠 *Streptopelia chinensis*、山斑鸠 *S. orientalis*、小鸦鹃、苦恶鸟 *Amaurornis phoenicurus* 等。

④哺乳类　有华南兔 *Lepus sinensis*、黄鼬 *Mustela sibirica*、鼬獾 *Melogale moschata*、野猪 *Sus scrofa* 等。

2.2　省级自然保护区

本地区已先后建立了 19 个省级自然保护区，其中粤北华南虎、新丰云髻山、佛冈观音山等 3 个省级自然保护区在《广东省自然保护区》（广东旅游出版社，1987）中已有介绍。

2.2.1　乐昌杨东山—十二度水自然保护区

1998 年 10 月乐昌市开始建立了杨东山十二度水自然保护区。1998 年 12 月 28 日广东省人民政府粤府函［1998］495 号文《关于同意建立惠州象头山等 7 个省级自然保护区的批复》中，批准乐昌杨东山—十二度水为省级自然保护区，原规划面积为 2670hm^2。根据有关专家的建议，原规划的自然保护区面太小，不利于自然生态的有效保护。为此，乐昌市人民政府和乐昌市林业局于 2001 年邀请华南濒危动物研究所、广州大学、中山大学等有关专家组成调查队，在该保护区及其周边开展生物多样性等资源调查，在此基础上将原有规划面积扩建为 11 651hm^2。2002 年 6 月 18 日，韶关市人民政府韶府函［2002］17 号文要求扩建乐昌杨东山—十二度水为省级自然保护区，得到广东省人民政府批准。主要保护对象为中亚热带常绿阔叶林森林生态系统、生物多样性及其生态环境。

根据中华人民共和国国家标准《自然保护区类型与级别划分原则》（GB/T14529—93），乐昌杨东山—十二度水自然保护区属“自然生态系统类别”中的“森林生态系统类型”自然保护区。

2.2.1.1 自然条件

（1）位置范围　乐昌杨东山—十二度水自然保护区，位于韶关市辖乐昌市东北部。地理坐标为东经113°23′09″~113°29′32″，北纬25°22′47″~25°11′06″。自北向南跨越九峰、五山、北乡、廊田4镇和龙山林场。正北与湖南省接壤。总面积11 651hm^2。

（2）地质基础

①地层乐昌杨东山—十二度水自然保护区及其周边，在地层发育上，由老到新共有如下几种地层单元组成。

A. 震旦系（Z）　是保护区内最古老的地层，出露的为乐昌峡群。主要分布于龙山林场西北部后寨附近，岩性多灰绿色、灰黑色中厚层变质石英砂岩，板状泥质岩和娟云母板岩等。

B. 寒武系（∈）　出露的为八村群。主要分布于龙山林场西北部和东部边缘以及保护区西部，岩性多为灰绿色变质石英砂岩、粉砂岩，灰绿色板状泥质岩和黑色页岩等。

C. 泥盆系（D）　出露的为中泥盆统桂头组和棋子桥组，主要分布于龙山林场北部。桂头组岩性多为灰白色、灰黄色厚层中细粒石英砂岩夹砂泥质页岩及砾岩，底部为灰白色石英砾岩及砂砾岩；棋子桥组岩性多为灰色、深灰色灰岩，白云岩和白云质灰岩。

上泥盆统余田桥组、锡矿山组，主要分布于龙山林场西部边缘及廊田镇附近。余田桥组岩性多为深灰色灰岩夹白云岩和白云质灰岩等；锡矿山组岩性多为灰黑色泥质灰岩，生物碎屑泥质灰岩，灰白色厚层块状灰岩。

D. 石炭系（C）出露的为下石炭统石磴子组、测水组和梓门桥组，主要分布于廊田镇南楼下村附近。石磴子组主要为一套海相沉积，岩性多为灰岩、泥灰岩、泥质灰岩夹页岩；测水组为一套海陆交互相沉积，岩性以砂岩为主夹页岩、砂砾岩、铝土质页岩及灰岩等；梓门桥组亦为一套海相沉积，岩性多为灰岩夹硅质岩、页岩及粉砂岩等。

上石炭统壶天群　分布位置同下石炭统，与下石炭统呈整合接触，岩性多为灰、灰白色白云岩和灰岩等。

下二叠统　包括栖霞组、文笔山组，与上石炭统呈整合接触，分布地点也大致相同。岩性多为燧石结核灰岩等。

下侏罗统　分布于廊田镇以东，出露有金鸡组和桥源组。金鸡组以海相碎屑岩为主，反映的是海进序列；桥源组海退序列，岩性多为有中粗粒长石石英砂岩等。

中侏罗统　出露有马梓坪群，分布地点同下侏罗统，多为杂砂岩、粉砂岩和泥岩类组成的山间盆地相和湖泊相沉积。

E. 第四系（Q_4）是由松散的砂砾层、砂层及黏土层组成。广泛散布于林场水库和廊田河两岸，岩性多为砂质黏土、砂砾石等阶地冲积物；另外在廊田镇楼下村附近的石灰岩溶洞中发育有洞穴堆积，岩性多为土黄色、灰黄色含砂质黏土和石灰华等，其中产有较丰富的哺乳动物骨骼和牙齿化石。

②岩浆岩　保护区内出露的岩浆岩主要有如下燕山第三期侵入岩。

A. 燕山期第一期侵入岩（$Y_5^{2(1)}$）　大面积出露于保护区及龙山林场东部边缘，岩体侵入的最新地层为廊田镇东北的下侏罗统，同位素年龄为170~190Ma，岩体为南岭东西向构造带九峰—诸广山—油山构造带的主要组成部分，岩性多为巨斑状、中粗粒黑云母花岗岩，主要矿物有钾长石、斜长石、石英、黑云母，主要氧化物为SiO_2、Al_2O_3、Fe_2O_3、Na_2O、K_2O、CaO、MgO、TiO_2等。

B. 燕山期第三期侵入岩（$Y_5^{2(3)}$）　以小型岩株状侵入于燕山期第一期岩体中，零星分布于保护区东部及龙山林场北部边缘，岩性多为灰白色黑云母花岗岩，以粗粒和中粒花岗岩结构为主，有时出现钾长石斑晶，构成似斑状结构；部分岩体出现中粒二长花岗岩。

C. 燕山期第四期侵入岩（$Y_5^{2(4)}$）　同样以小型岩株状侵入于燕山期第一期岩体中，主要分布于保护区东南部边缘，岩体多为黑云母花岗岩。

（3）地貌概况　保护区的地势大致北高南低。北边的杨东山海拔普遍在1000m以上。最高的几个山峰高达1700m以上，而南边的龙山海拔一般在1000m以下。保护区的地貌主要有如下4种类型。

①中山地貌　海拔800m以上的中山地貌发育，主要分布于龙山和十二度水，龙山的山地主要有古老的震旦系乐昌峡群、寒武系八村群、中泥盆统桂头组和棋子桥组构成，岩性多为变质砂岩和页岩，由于这些地层经历了加里东运动等多次褶皱和变质作用，造成山势陡峭，最高海拔1726.5m。九峰山一带海拔1000m以上的山峰99座。十二度水的山地主要由燕山期第一期（早侏罗世）及少量第三期（晚侏罗世）和第四期（早白垩世）花岗岩岩体组成，山势相对较缓。

②低山地貌　海拔500～800m的低山地貌。主要分布于龙山南部廊田镇附近，山地主要由上泥盆统佘田桥组和锡矿山组、下石炭统磴子组、测水组和梓门桥组、上石炭统壶天群、下二叠统、下侏罗统金鸡组和桥源组、中侏罗统马梓坪群构成。其中石炭系发育有典型的喀斯特地貌，山间有溶蚀洼地，山体内部地下河和溶洞发育。

③丘陵地貌　海拔500m以下，比高50～100m的丘陵地貌，主要分布于上述喀斯特地貌附近，出露地层多为下石炭统，地面切割强烈，起伏较大，坡度25°～35°。

④平原地貌　地势低平，海拔100m左右，主要由第四系的沙、砾和黏土层松散堆积物组成，土层深厚。主要分布河流两岸和坡麓地带。

（4）气候特点　保护区属中亚热带季风气候区。其特点是：冷暖交替明显，夏长、冬短，光照充足，雨量充沛，夏季高温多雨，雨热同季，冬季有霜冻寒潮较多少雨。由于保护区位于乐昌市东北部山区，而具有山地气候特征。

保护区所在的乐昌市气象资料：≥10℃年积温为6386.5℃，无霜期300天，多年平均气温19.00℃，最冷1月份平均气温8.6℃，最热7月份平均气温28.4℃，南部龙山气温比北部杨东山高将近2℃。多年平均降水量1522.3mm，主要集中在3～8月，月降水量超过150mm。

（5）水文特征　保护区属北江水系的一级支流—武江流域。其水文特征是：既有地表河流，又有水库和温泉。

①廊田河　是武江的一级支流，发源于保护区内，流经五山、廊田、长来等镇，流域面积$365km^2$，河流长51km，平均坡降为9.15‰，平均径流量$2.924\times10^9m^3$。水利资源蕴藏量达1.91×10^4kW。廊田河干流从廊田的沙洲以上，两岸山高坡陡，林木茂盛，河床狭小，落差大，流水急，沙洲以下，河床进入丘陵平原，支流有小山水、龙山水和楼下水。

②九峰河　是武江在乐昌市境内主要的支流之一，发源于杨东山，流经九峰、两江镇，河流长47km，其流域面积$292km^2$，平均坡降为12.7‰，平均径流量$2.277\times10^9m^3$。水利资源蕴藏量超过2×10^4kW。

③龙山水库　位于龙山林场的南缘，地处龙山峡谷处，为灌溉、发电、养鱼综合利用的中型水库。建立了一级和二级电站，该库以上河流长15.3km，集雨区面积$26.2km^2$。总库容$1124\times10^4m^3$，灌溉农田近$1000hm^2$。两座水电站总装机容量1800kW。

④龙山温泉　位于龙山南北间断裂带中的泥盆统桂头群砂岩处，井口出水温度42℃，热水流量37.33t/小时，水质较好，属碳酸水，$Sio_2$0.03Mal，$HCO_3$59/Ca45Na38；pH8.1。根据调查，该温泉对胃病、关节炎等有明显疗效。

（6）土壤特征　乐昌杨东山—十二度水自然保护区的地带性土壤为红壤，但由于受成土母质、山地气候、植被和地形等因素以及人类活动的影响，从山麓至山顶依次形成了垂直分布着：

①山地红壤　主要分布在海拔700m以下的低山和丘陵地带，成土母质主要为变质石英砂岩、页岩、绢云母板岩和黑云花岗岩等风化坡积物和堆积物，表土灰紫色或灰褐色，心土橙红至红色。植被多为山地常绿阔叶林，在龙山的一些山谷和凹坡地带还分布有人工竹林。

②山地黄壤　主要分布在保护区内海拔700～1000m的山坡，成土母质以变质石英砂岩、页岩、绢云母板岩、黑云花岗岩和二长花岗岩的风化残积物为主，表土灰黄色至灰黑色，心土蜡黄色或金黄色，

植被以常绿—落叶阔叶林和针阔叶混交林。

③灌丛草甸土　主要分布在海拔1000m以上的山坡，成土母质以花岗岩为主，植被以山顶矮林、灌丛草甸或山地草坡。

④石灰土　主要分布于龙山南部廊田镇附近的低山，成土母质以石炭系石灰岩为主。

⑤水稻土　主要分布于龙山南部及廊田河两侧河成阶地，以潴育型水稻土为主，土壤较肥沃，是当地主要种植水稻区。

此外，尚有菜园土、果园土和旱地土等，但分布面积均不大。

2.2.1.2　功能分区

依据《广东乐昌杨东山—十二度水自然保护区总体规划》①，将杨东山—十二度水自然保护区自然保护区分为如下3个功能区。

（1）核心区　总面积5188hm²，占保护区总积的44.53%。位于保护区的中心区域，其中常绿阔叶林有3660hm²，针阔混交林有602hm²，针叶林有326hm²，没有耕地和居民住户。其主要功能是：保护天然常绿阔叶林生态系统和珍稀野生动植物。将实行全封闭管理，除必需的科学研究人员经有关主管部门批准方可进出外，禁止任何人进入，严禁狩猎、采挖药材和砍伐林木 。

（2）缓冲区　总面积2809hm²，占保护区总积的24.11%。位于核心区的外围，其中常绿阔叶林有1836hm²，针叶林有327hm²，没有耕地和居民住户。其主要功能是对于保护核心区起缓冲作用，确保核心区的天然常绿阔叶林生态系统和珍稀野生动植物的良性循环。将实行半封闭式管理，禁止开展旅游和生产经营活动，因教学科研需要进入缓冲区的应当事先向自然保护区管理机构提交申请和和活动计划，经自然保护区管理机构批准。

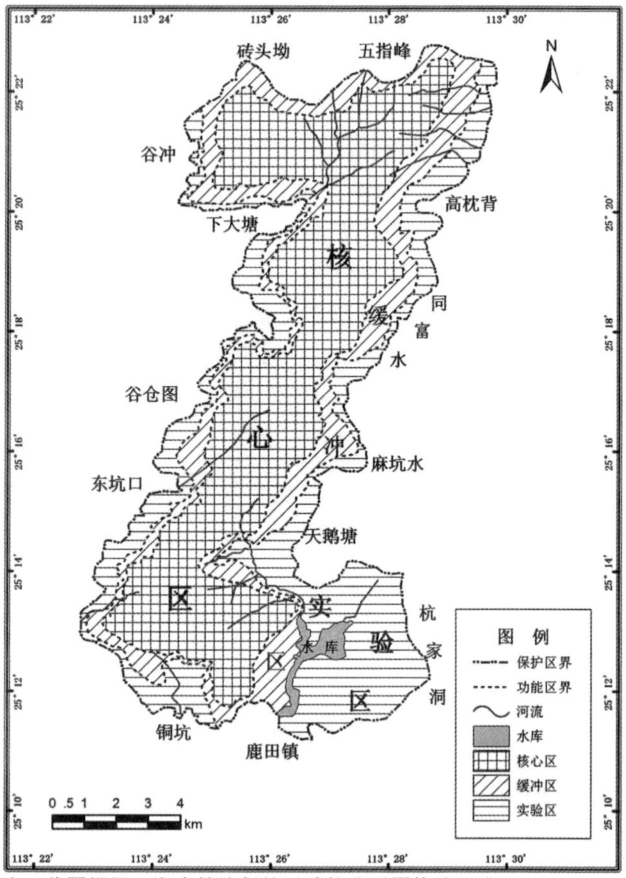

注：此图根据江海声等该保护区功能分区图修改而成。

图2.3　乐昌杨东山—十二度水自然保护区功能分区图

（3）实验区　总面积3654hm²，占保护区总面积的31.36%。其中常绿阔叶林有887hm²，针叶林有1018hm²，耕地有1609hm²，居民住区有39hm²，其他有101hm²。其主要功能是开展各种科学实验、科普教育、生态旅游和教学实习等（图2.3）。

2.2.1.3　植物区系特点

本保护区的植物区系，概括起来具有如下特点。

（1）植物物种较丰富　据调查统计②，该保护区拥有野生维管束植物1451种（包括种下分类单位，下同），隶属717属214科，占广东省野生维管束植物5933种（叶华谷等，2005）的24.46%。其中蕨类植物166种，隶属80属41科；裸子植物14种，隶属9属7科；被子植物1271种，隶属629属

① 江海声等．广东杨东山—十二度水省级自然保护区总体规划报告．乐昌市人民政府，广东省野生动植物保护管理办公室，华南濒危动物研究所，广州大学生物与化学工程学院，中山大学生命科学学院等．2002.1.

② 江海声主编．广东杨东山—十二度水省级自然保护区资源调查报告．华南濒危动物研究所，广州大学生物与化学工程学院，中山大学生命科学学院等．2001.9.

166 科（表 2.10）。

表 2.10 乐昌杨东山—十二度水自然保护区野生维管束植物类群组成

植物类群		科数	属数	种数
蕨类植物		41	80	166
裸子植物		7	9	14
被子植物	双子叶植物纲	140	505	1058
	单子叶植物纲	26	123	213
合计		214	717	1451

此外，尚有栽培植物 179 种，分隶 135 属 64 科。其中裸子植物 6 科，分隶 13 属 15 种；被子植物 164 种，分隶 122 属 58 科（双子叶植物 141 种 104 属 49 科；单子叶植物 23 种 18 属 9 科）。

（2）地理成分较复杂

①蕨类植物的地理成分

A. 科的地理分布区类型　根据乐昌杨东山—十二度水自然保护区 41 科蕨类植物的分布类型统计分析如下。

广布科　共有 11 科，占该区总科数的 26.83%。如石杉科 Huperziaceae、石松科 Lycopodiaceae、卷柏科 Selaginellaceae、木贼科 Equisetaceae、紫萁科 Osmundaceae、铁线蕨科 Adiantaceae、蹄盖蕨科 Athyriaceae、铁角蕨科 Aspleniaceae、水龙骨科 Polypodiaceae、苹科 Marsileaceae、满江红科 Azollaceae。

热带、亚热带分布科　共有 19 科，占该区总科数的 63.33%（扣除广布科 11 科，下同）。如松叶蕨科 Psilotaceae、观音座莲科 Angiopteridaceae、中国蕨科 Sinopteridaceae、碗蕨科 Dennstaedtiaceae、桫椤科 Cyatheaceae、稀子蕨科 Monachosoraceae、姬蕨科 Hypolepidaceae、鳞始蕨科 Lindsaeaceae、海金沙科 Lygodiaceae、凤尾蕨科 Pteridaceae、裸子蕨科 Hemionitidaceae、书带蕨科 Vittariaceae、球盖蕨科 Peranemaceae、金星蕨科 Thelypteridaceae、膜蕨科 Hymenophyllaceae、三叉蕨科 Aspidiaceae、舌蕨科 Elaphoglossaceae、骨碎补科 Dvalliaceae、剑蕨科 Loxogrammaceae 等。

泛热带分布科　共有 7 科，占该区总科数的 23.33%。如槲蕨科 Drynariaceae 以亚洲为主，其他为里白科 Gleicheniaceae、蚌壳蕨科 Dicksoniaceae、蕨科 Pteridiaceae、乌毛蕨科 Blechnaceae、肾蕨科 Nephrolepidaceae、实蕨科 Bolhitidacear 等。

亚洲、大洋洲和美洲热带分布科　仅有瘤足蕨科 Plagiogyriaceae，占总科数的 3.33%。

北温带分布科　仅有球子蕨科 Onocleaceaem，占总科数的 3.33%。

温带至亚热带高山地区分布科　仅有鳞毛蕨科 Dryopteridaceae，占总科数的 3.33%。

B. 属的地理分布区类型　根据保护区 80 属的分布类型统计分析如下。

广布属　共有 6 属，占总属数的 7.50%。如石杉属 *Huperzia*、卷柏属 *Selaginella*、铁线蕨属 *Adiantum*、铁角蕨属 *Asplenium*、苹属 *Marsilea*、满江红属 *Azolla* 等。

泛热带分布属　共有 10 属，占总属数的 13.51%（扣除广布分布属 6 属，下同）。如马尾杉属 *Phlegmariurus*、团扇蕨属 *Gonocormus*、蕗蕨属 *Mecodium*、粉背蕨属 *Aleuritopteris*、姬蕨属 *Hypolepis*、鳞始蕨属 *Lindsaea*、乌蕨属 *Sphenomeris*、蕨属 *Pteridium*、肾蕨属 *Nephrolepis*、槲蕨属 *Drynaria* 等。

热带和亚热带分布属　共有 57 属，达总属数的 77.03%。其中热带至亚热带为主，如松叶蕨属 *Psilotum*、藤石松属 *Lycopodistrum*、灯笼草属 *Palhinhaea*、观音莲座属 *Anglopteris*、芒萁属 *Dicranopteris*、里白属 *Diplopterygium*、海金沙属 *Lygodium*、桫椤属 *Alsophila*、黑桫椤属 *Gymnosphaera*、稀子蕨属 *Monachosorum*、膜蕨属 *Hymenophyllum*、鳞盖蕨属 *Microlepia*、凤尾蕨属 *Pteris*、碎米蕨属 *Cheilosoria*、金粉蕨属 *Onychium*、凤叉蕨属 *Coniogramme*、书带蕨属 *Vittaria*、短肠蕨属 *Allantodia*、假蹄盖蕨属 *Athyriopsis*、蹄盖蕨属 *Athyrium*、角蕨属 *Cornopteris*、毛子蕨属 *Monomelangium*、毛蕨属 *Cyclosorus*、针毛蕨属 *Mac-*

rothelyperis、凸轴蕨属 *Metathelypteris*、乌毛蕨属 *Blechnum*、鱼鳞蕨属 *Acrophorus*、肋毛蕨属 *Ctenitis*、三叉蕨属 *Tectaria*、金星蕨属 *Parathelypteris*、卵果蕨属 *Phegopteris*、新月蕨属 *Pronephrium*、假毛蕨属 *Pseudocyclsorus*、阴石蕨属 *Humata*、节肢蕨属 *Arthromeris*、线蕨属 *Colysis*、骨牌蕨属 *Lepidogrammitis*、石韦属 *Pyrrosia*、石蕨属 *Saxiglossum*、剑蕨属 *Loxogramme* 等。

以亚热带为主的属　与热带至亚热带分布的类型相当，热带亚洲分布的有 8 属，如圣蕨属 *Dictyocline*、荚囊蕨属 *Struthiopteris*、复叶耳蕨属 *Arachniodes*、柳叶蕨属 *Cyrtogonellum*、星蕨属 *Microsorium*、实蕨属 *Bolbitis*、骨牌蕨属 *Lepidogrammitis*、假瘤蕨属 *Phymatopteris* 等；热带亚洲至非洲分布的有 2 属，如瓦韦属 *Lepisorus*、盾蕨属 *Neolepisorus*；热带亚洲至热带美洲分布有 4 属，如瘤足蕨属 *Plagiogyria*、双盖蕨属 *Diplazium*、舌蕨属 *Elaphoglossum*、水龙骨属 *Polypodiodes*；东亚分布有 3 属，如金毛狗属 *Cibotium*、菜蕨属 *Callipteris*、伏石蕨属 *Lemmaphyllum*。

温带、热带分布属　有 2 属，占总属数的 2. 70%。如紫萁属 *Osmunda*、狗脊属 *Woodwardia*。

北温带分布属　有 3 属，占总属数的 4. 05%。如荚果蕨属 *Matteuccia*、鳞毛蕨属 *Dryopteris*、耳蕨属 *Polystichum*。

温带分布属　有 1 属，占总属数的 1. 35%。如贯众属 *Cyrtomium*。

寒、温带分布属　有 1 属，占总属数的 1. 35%，如木贼属 *Equisetum*。

②种子植物的地理成分

A. 科的地理分布区类型　按照《世界种子植物科的分布区类型系统》（吴征镒等，2003），对保护区内种子植物 173 科的分布区类型统计分析，除温带亚洲分布、地中海区和西亚至中亚分布、中亚分布及中国特有分布科尚未发外，其余 11 个分布区类型及变型均有分布。

＊1. 广布类型　计有 46 科，占总科数的 26. 59%。如毛茛科 Ranunculaceae、金鱼藻科 Ceratophyllaceae、十字花科 Cruciferae、堇菜科 Violaceae、远志科 Polygalaceae、景天科 Crassulaceae、虎耳草科 Saxifragaceae、石竹科 Caryophyllaceae、马齿苋科（主产美洲）、蓼科 Polygonaceae、苋科 Amaranthaceae、酢浆草科 Oxalidaceae、千屈菜科、柳叶菜科 Onagraceae、小二仙草科 Haloragidaceae、瑞香科 thymelaeaceae、蔷薇科 Rosaceae、蝶形花科 Papilionaceae、杨梅科 Myricaceae、榆科 Ulmaceae、桑科、鼠李科 Rhamnceawe、伞形科 Umbelliferae、木犀科、茜草科 Rubiaceae、败酱科 Valerianaceae、菊科、龙胆科 Gentianaceae、睡菜科 Menyanthaceae、报春花科 Primulaceae、车前科、桔梗科、半边莲科 Lobeliaceae、紫草科、茄科、旋花科、玄参科（主产温带）、狸藻科、唇形花科（主产地中海）、水鳖科、泽泻科、眼子菜科、浮萍科、兰科、莎草科（主产温带及寒温带）、禾本科等。

＊2. 泛热带分布类型　计 52 科，占总科数的 40. 94%（扣除广布分布类型 46）。如罗汉松科 Podocarpaceae、番荔枝科 Annonaceae、樟科 Lauraceae、防己科 Menispermaceae、马兜铃科 Aristolochiaceae、胡椒科 Piperaceae、金粟兰科 Chloranthaceae、藜科 Chenopodiaceae、凤仙花科 Balsaminaceae、大风子科 Flacourtiaceae、天料木科 Samydaceae、西番莲科 Passifloraceae、葫芦科 Cucurbitaceae、秋海棠科 Begoniaceae、茶科 Theaceae、野牡丹科 Melastomataceae、藤黄科 Guttiferae、梧桐科 Sterculiaceae、金虎尾科 Malpighiaceae、锦葵科 Malvaceae、古柯科 Erythroxylaceae、大戟科 Euphorbiaceae、含羞草科 Mimosaceae、荨麻科 Urticaceae、卫矛科 Celastraceae、茶茱萸科 Icacinaceae、铁青树科 Olacaceae、檀香科 Santalaceae、蛇孤科 Balanophoraceae、葡萄科 Vitaceae、芸香科 Rutaceae、苦木科 Simaroubaceae、楝科 Meliaceae、无患子科 Sapindaceae、漆树科 Anacardiaceae、柿科 Ebenaceae、紫金牛科 Myrsinaceae、马钱科 Loganiaceae、夹竹桃科 Apocynaceae、萝藦科 Asclepiadaceae、紫葳科 Bignoniaceae、爵床科 Acanthaceae、鸭跖草科 Commelinaceae、谷精草科 Eriocaulaceae、竹芋科 Marantaceae、雨久花科 Pontederiaceae、菝葜科 Smilacaceae、天南星科 Araceae、薯蓣科 Dioscoreaceae、棕榈科 Palmae、仙茅科 Hypoxidaceae、蒟蒻薯科 Taccaceae 等。

＊2－1 热带亚洲、大洋洲（至新西兰）和南美（或墨西哥）间断分布　有 1 科，占 0. 79%。如山矾科 Smyplocaceae。

*2-2 热带亚洲、非洲和南美洲间断分布　有4科，占3.15%。如买麻藤科 Gnetaceae、椴树科 Tiliaceae、苏木科 Caesalpiniaceae、鸢尾科 Iridaceae。

*2-3 以南半球为主的泛热带分布　有6科，占4.72%。如粟米草科 Molluginaceae、商陆科 Phytolaccaceae、山龙眼科 Proteaceae、桃金娘科 Myrtaceae、桑寄生科 Loranthaceae、石蒜科 Amaryllidaceae 等。

*3. 热带亚洲和热带美洲间断分布　有10科，占7.87%。如木通科 Lardizabalacea、紫茉莉科 Nyctaginaceae、水东哥科 Saurauiaceae、杜英科 Elaeocarpaceae、冬青科 Aquifoliaceae、省沽油科 Staphyleaceae、五加科 Araliaceae、安息香科 Styracaceae、苦苣苔科 Gesneriaceae、马鞭草科 Verbenacea 等。

*4. 旧世界热带分布　有2科，占1.57%。如海桐花科 Pittosporaceae、芭蕉科 Musaceae。

*4-1 热带亚洲、非洲和大洋洲间断　有2科，占1.57%。如八角枫科 Alangiaceawe、水蕹科 Aponogetonaceae。

*5. 热带亚洲至热带大洋洲分布　有3科，占2.36%。如交让木科 Daphniphyllaceae、姜科 Zingiberaceae、百部科 Stemonaceae。

*6. 热带亚洲至热带非洲分布　仅有1科，占0.79%。如杜鹃花科 Ericaceae。

*7. 热带亚洲（印度—马来西亚）分布　有2科，占1.57%。如使君子科 Combretaceae、牛栓藤科 Connaraceae。

*7-3 缅甸、泰国至华西南分布　仅有1科，占0.79%。如伯乐树科 Bretschneideraceae。

*7-4 越南（或中南半岛）至华南（或西南）分布　仅有3科，占2.36%。如大血藤科 Sargentodoxaceae、清风藤科 Sabiaceae、山柳科 Clethraceae。

*7-5 西马来，基本上在新华莱斯线以西　仅有1科，占0.79%。如五列木科 Pentaphylacaceae。

*8. 北温带分布　有10科，占7.87%。如松科 Pinaceae、榛科 Corylaceae、金丝桃科 Hypericaceae、大麻科 Cannabinaceae、越桔科 Vacciniaceae、水晶兰科 Monotropaceae、忍冬科 Caprifoliaceae、列当科 Orobanchaceae、百合科 Liliaceae、延龄草科 Trilliaceae。

*8-4 北温带和南温带（全温带）间断分布　有18科。占14.17%。如红豆杉科 Taxaceae、杉科 Taxodiaceae、柏科 Cupressaceae、罂粟科 Papaveraceae、紫堇科 Fumariaceae、茅膏菜科 Droseraceae、牻牛儿苗科 Geraniaceae、绣球花科 Hydrangeaceae、金缕梅科 Hamamelidaceae、黄杨科 Buxaceae、杨柳科 Salicaceae、桦木科 Betulaceae、壳斗科 Fagaceae、胡颓子科 Elaeagnaceae（主产东亚）、槭树科 Aceraceae（主产东亚）、胡桃科 Juglandaceae、山茱萸科 Cornaceae、灯心草科 Juncaceae。

*8-5 欧亚和南美洲温带间断分布　有1科，占0.79%。如小檗科 Berberidaceae。

*9. 东亚和北美洲间断分布　有6科，占4.72%。如木兰科 Magnoliaceae、八角科 Illiciaceae、五味子科 Schisandraceae、三白草科 Saururaceae、鼠刺科 Escalloniaceae、珙桐科 Nyssaceae。

*10. 旧世界温带分布　未见。

*10-3 欧亚和南非洲（有时也在大洋洲）间断分布　有1科，占0.79%。如川续断科 Dipsacaceae。

*14. 东亚分布　有3科，占2.36%。如三尖杉科 Cephalotaxaceae、旌节花科 Stachyuraceae、猕猴桃科 Actinidiaceae。

从上所述可以看出，其中泛热带分布类型有52科，占总科数的40.94%（扣广布科46科，下同）；北温带分布类型有29科，占总科数的22.83%；热带亚洲和热带美洲间断分布类型有10科，占总科数的7.87%；其余分布区类型所含科数均在4.72%以下，不占重要地位；特别是中国特有科等5科分布类型缺如，表明该保护区植物区系在科级水平上以泛热带分布成分为主，兼有一定数量的北温带成分。

B. 属的地理分布区类型　根据保护区种子植物 637 属的分布类型，按照《中国种子植物属的分布区类型》（吴征镒，1991）统计分析，除地中海区、西亚至中亚分布、中亚分布区类型及其变型尚未发现外，其他 13 个分布区类型及变型均有分布（表 2. 11）。

表 2. 11　乐昌杨东山—十二度水自然保护区种子植物属的分布区类型

分布区类型及变型	属数	占总属数（%）
1. 广布分布	59	扣除
2. 泛热带分布	135	23. 36
2 – 1 热带亚洲、大洋洲和南美洲间断分布	6	1. 04
2 – 2 热带亚洲、非洲和南美洲间断分布	4	0. 69
3. 热带亚洲和热带美洲间断分布	16	2. 77
4. 旧世界热带分布	43	7. 44
4 – 1 热带亚洲、非洲和大洋洲间断分布	1	0. 17
5. 热带亚洲至热带大洋洲分布	32	5. 54
5 – 1 中国（西南）亚热带和新西兰间断分布	0	0
6. 热带亚洲至热带非洲分布	29	5. 02
6 – 1 华南、西南到印度和热带非洲间断	0	0
6 – 2 热带亚洲和东非间断	1	0. 17
7. 热带亚洲（印度—马来西亚）分布	94	16. 26
7 – 1 爪哇、喜马拉雅和华南、西南星散分布	9	1. 56
7 – 2 热带印度至华南分布	4	0. 69
7 – 3 缅甸、泰国至华西南分布	2	0. 35
7 – 4 越南（或中南半岛）至华南（或西南）分布	5	0. 87
8. 北温带分布	54	9. 34
8 – 1 环极分布	0	0
8 – 2 北极高山分布	1	0. 17
8 – 3 北极—阿尔泰和北美洲间断分布	0	0
8 – 4 北温带和南温带（全温带）间断分布	10	1. 73
8 – 5 欧亚和南美洲温带间断分布	0	0
8 – 6 地中海区、东亚、新西兰和墨西哥到智利间断	0	0
9. 东亚和北美洲间断分布	36	6. 23
9 – 1 东亚和墨西哥间断	0	0
10. 旧世界温带分布	24	4. 15
10 – 1 地中海区、西亚和东亚间断分布	4	0. 69
10 – 2 地中海和喜马拉雅间断分布	1	0. 17
10 – 3 欧亚和南非洲（有时也在大洋洲）间断	3	0. 52
11. 温带亚洲分布	1	0. 17
12. 地中海区、西亚至中亚分布	0	0
12 – 1 地中海区至中亚和南非洲、大洋洲间断	0	0
12 – 2 地中海区至中亚和墨西哥间断	0	0
12 – 3 地中海区至温带、热带亚洲，大洋洲和南美洲间断	0	0
12 – 4 地中海区至热带非洲和喜马拉雅间断	0	0
12 – 5 地中海区—北非洲、中亚、北美西南部，智利和大洋洲（泛地中海）间断分布	0	0

（续）

分布区类型及变型	属数	占总属数（%）
13. 中亚分布	0	0
13－1 中亚东部（亚洲中部）	0	0
13－2 中亚至喜马拉雅	0	0
13－3 西亚至喜马拉雅和西藏	0	0
12－4 地中海区至热带非洲和喜马拉雅间断	0	0
14. 东亚分布	50	8.65
14－1 中国—喜马拉雅（SH）	0	0
14－2 中国—日本（SJ）	0	0
15. 中国特有分布	13	2.25
合计	637	100.00

从表2.11可以看出，乐昌杨东山—十二度水自然保护区属的地理成分是以热带成分占优势，2～7各类热带成分共有381属，占总属数（扣除广布分布59属，以下同）的65.92%。温带成分有一定数量，8～12共有134属，占总属数的23.18%；东亚分布有50属，占总属数的8.65%；中国特有分布的有13属，占2.25%，如杉木属 *Cunninghamia*、观光木属 *Tsoongiodendron*、大血藤属 *Sargentodoxa*、血水草属 *Eomecon*、石笔木 *Tutcheria*、半枫荷属 *semiliquidambar* 伞花木属 *Eurycorymbus*、银鹊树属 *Tapiscia*、通脱木属 *Tetrapanax*、四数苣苔属 *Bournea*、四轮香属 *Hanceola*、四棱草属 *Schnabelia*、慈竹属 *Neosinocalamus* 等。因此，在种子植物属级分布区类型水平上，以泛热带、热带亚洲的分布区类型为主，同时兼有一定数量的东亚分布和温带分布成分，这些特征与保护区所处地理位置相一致。

2.2.1.4 植被类型

据调查，保护区内的植被类型多样，主要有如下7种类型。

（1）针叶林 在保护区内有如下2个群系。

①马尾松林（Form *Pinus massoniana*） 马尾松、桃金娘 *Rhodomyrtus tomentosa*、芒萁 *Dicranopteria pedata* 林，是亚热带典型的常绿针叶林，在保护区较少见。

②杉木林（Form *Cunninghamia lanceolata*） 分布面积较大，在龙山板岭东南侧海拔300m处，坡向山凹，坡度5°，在面积10m×10m中。

乔木层：平均高14.1m，平均胸径17.15cm，林相整齐，结构简单，由单一的杉木组成，共有23.株，树龄约23年，郁闭度在0.85，多为人工栽培，少数呈半自然林。在杨东山五指峰海拔1250m以上仍有杉木林分布。

灌木层：有地桃花 *Urena lobata*、杜红花 *Callicarpa formosana*、常绿荚蒾 *Viburnum sempervirens*、空心泡 *Rubus rosaefolius*、白花悬钩子 *R. leucanthus*、白背叶 *Mallotus apelta*、红紫珠 *Callicarpa pseudorubella*、毛冬青 *Ilex pubescens*、粗叶榕 *Ficus hirta*、鲫鱼胆 *Maesa perlarius*、白檀 *Symplocos paniculata*、油茶 *Camellia oleifera*、葡蟠 *Broussonetia kaempferi* 等。部分杉木较稀疏地段有较多的檵木 *Loropetalum chinensis* 生长。

草本层：有狗脊 *Woodwardia japonica*、海金沙 *Lygodium japonicum*、渐尖毛蕨 *Cyclosorus acuminatus*、扇叶铁线蕨 *Adiantum flabellulatum*、边缘鳞盖蕨 *Microlepia marginata*、灰绿耳蕨 *Polystichum eximium*、半边旗 *Pteris semipinnata*、水蔗草 *Apluda mutica*、华山姜 *Alpinia oblongifolia*、皱叶狗尾草 *Setaria plicata*、千里光 *Senecio scandens*、苔草 *Carrex* sp. 等。

层间藤本植物：有菝葜、猕猴桃、千斤拔 *Flemingia prostrata* 等。

此外，林下还见有野漆树 *Toxicodendron sylvestris*、油柿 *Diospyros kaki* var. *sylvestris*、罗浮柿 *D. morri-*

siana、杨梅等幼苗。

（2）常绿阔叶林　是以常绿阔叶树为建群种所组成的森林群落。它是中亚热带地带性的典型植被类型，主要分布于海拔350~650m的山坡，在保护区内占主导地位，计有如下4个群系。

①米槠林（Form *Castanopsis carlesii*）　主要分布在龙山井洞海拔960m，坡向山凹，坡度5°，在面积20m×20m中。

乔木层：平均高度约10m，平均胸径13.30cm，共有71株，郁闭度约0.85。除米槠优势种31株外，还有甜槠 *Castanopsis eyrei* 7株、红锥 *C. hystrix* 3株、深山含笑 *Michelia maudiae* 4株、珊瑚树 *Viburnum odoratissimum* 4株、水青冈 *Fagus longipetiolata* 2株、杨梅2株、广东润楠 *Machilus kwabgtungensis* 2株、黄丹木姜子 *Litsea elongata* 1株、微毛柃 *Eurya hebeclados* 1株、两广杨桐 *Adinandra glischroloma* 2株、杉木1株等。

灌木层：有映山红 *Rhododendron simsii*、鹿角杜鹃 *R. latoucheae*、山血丹 *Ardisia lindleyana*、乌冈栎 *Quercus phillyraeoides*、赤楠 *Syzygium buxifolium*、空心泡、地桃花、地稔 *Melastoma dodecandrum*、油茶、全缘火棘 *Pyracantha atalantioides*、百两金 *Ardisia crispa*、变叶树参 *Dendropanax proteum*、百日青 *Podocarpus neriifolius*、大青 *Clerodendrum cyrtophyllum*、小果山龙眼 *Helicia cochinchinensis*、杜茎山 *Maesa japonica* 等。

草本层：有芒萁、镰羽贯众 *Cyrtomium balansae*、瘤足蕨 *Plagiogyria adnata*、千层塔 *Huperzia serrata*、金毛狗 *Cibotiun barometz*、石菖蒲 *Acorus tatarinowii*、山麦冬 *Liriope spicata*、攀援星蕨 *Microsorium buergerianum*、东方狗脊 *Woodwardia jponica* 等。

层间藤本植物：有蛇葡萄 *Ampelopsis brevipedunculata*、酸藤子 *Embelia laeta* 等。

此外，林下还有黄丹木姜子、两广杨桐、广东润楠、水青冈、甜槠、鸭公树 *Neolitsea cambodiana*、深山含笑、微毛柃等幼苗。

②甜槠林（Form *Castanupsis eyrei*）　主要分布于九峰山元坑海拔800m处，坡向小山凹，坡度10°，在20m×20m面积中。

乔木层：平均高度约9.05m，平均胸径12.98cm，郁闭度0.80。除槠甜优势种21株外，还有苦槠 *Castanupsis sclerophylla* 6株、檵木13株、刨花楠 *Machilus pauhoi* 11株，广东润楠4株、绒毛润楠 *M. velutina* 1株、枝穗山矾 *Symplocos multipes* 3株、杨梅2株、荚蒾1株、马尾松1株。

灌木层：有朱砂根 *Ardisia crenata*、百两金、广东木瓜红 *Rehderodendron kwangtungense*、狗骨柴 *Diplospora dubia*、高粱泡 *Rubus lambertianus*、密花树 *Rapanea neriifolia*、三花冬青 *Ilex triflora*、黑柃 *Eurya macartneyi*、华南毛柃 *E. ciliata*、耳叶柃 *E. auriformis*、小果山龙眼、映山红、赤楠、紫花山柳 *Clethra purpurea*、鹿角杜鹃、地稔、乌药 *Lindera aggregata*、桃叶石楠 *Photinia prunifolia*、铁包金 *Berchemia lineata*、荚蒾、大青等。

草本层：有芒萁、金粟兰 *Chloranthus spicatus*、山菅兰 *Dianella ensifolia*、黑莎草 *Gahnia tristis*、淡竹叶 *Lophatherum gracile* 等。

层间藤本植物：有筐条菝葜 *Smilax corbularia*、玉叶金花 *Mussaenda pubescens*、羊角拗 *Strophanthus divaricatus* 等。

此外，林下还有红锥、野鸭椿 *Euscaphis japonica*、山乌桕 *Sapium discolor*、山苍子 *Litsea cubeba*、亮叶猴耳环 *Archidendron lucidum*、黄丹木姜子、乐东拟单性木兰 *Parakmeria lotungensis*、华南桦 *Betula austro-sinesis*、青冈 *Cyclobalanopsis glauca*、冬桃杜英 *Elaeocarpus duclouxii*、光叶红豆 *Ormosia glaberrima*、檵木、硬叶楠 *Machilus phoenicis* 等幼苗。

③鹿角锥林（Form *Castanopsis lamontii*）　主要分布于龙山沙坪村背海拔620m处和老龙潭瀑布等地，坡向东北，坡度10°，在10m×10m面积中。

乔木层：平均高度约11.18m，平均胸径16.85cm，郁闭度0.90。除建群种鹿角锥3株外，还有杏

叶柯 *Lithocarpus amygdalifolius* 7 株、柯 *L. glabra* 2 株、黄樟 *Cinnamomum parthenoxy* 1 株、蜡瓣花 *Corylopsis sinensis* 1 株、罗浮柿 1 株、米槠 4 株、红锥 3 株、黧蒴 *Castanopsis fissa* 2 株、木荷 2 株、狗骨柴 5 株、变叶榕 *Ficus variolosa* 1 株、杉木 2 株、广东杜鹃 *Rhododendron kwangtungense* 1 株、鼠刺 *Itea chinensis* 1 株、翼核果 *Ventilago leiocarpa* 1 株等。

灌木层：有红背叶山麻杆 *Alchornea trewioides*、石斑木 *Raphiolepis indica*、映山红、多花山竹子 *Garcinia muli-tiflora*、米碎花 *Eurya chinensis*、密花树、柏拉木 *Blastus cochinchinensis*、赤楠、黑柃、百两金、广东金叶子 *Craibiodendron scleranthum* var. *kwangtungense*、五月茶 *Antidesma bunius*、粘毛杜鹃 *Rhododendron championae*、瓜馥木 *Fissistigma oldhamii*、罗浮冬青 *Ilex tutcheri*、毛冬青 *I. pubescens*、朱砂根、乌饭树 *Vaccinium bracteatum*、杜茎山、小果山龙眼 *Helicia cochinchinensis*、流苏子 *Coptosapelta diffusa* 等。

草本层：有狗脊、光蹄盖蕨 *Athyrium otophorum*、鞭叶铁线蕨 *Adiantum caudatum*、扇叶铁线蕨、变异鳞毛蕨 *Dryopteris varia*、倒挂铁角蕨 *Asplenium normale*、琴叶榕 *Ficus pandurata*、骨牌蕨 *Lepidogrammitis rostrata*、石韦 *Pyrrosia lingua*、淡竹叶等。

层间藤本植物：有玉叶金花、络石 *Trachelospermum jasninoides*、菝葜、香花崖豆藤 *Millettia dielsiana*、葛 *Pueraria lobata* 等。

此外，林下还有木莲 *Manglietia fordiana*、黄丹木姜子、鸭公树、锐尖山香圆 *Turpinia arguta*、野鸭椿、木荷、翼核果、毛竹、南岭栲等幼苗。

④红锥林（Form *Castanopsis hystrix*）　主要分布于曹堆坑，除建群种红锥外，还有苦槠 *Castanopsis sclerophylla*、木荷 *Schima superba*、两广梭罗 *Reevesia thyrsoidea*、深山含笑 *Michelia maudiae*、金叶含笑 *M. foveolata* 等。

灌木层：有红背山麻杆 *Alchornea trewioides*。

草本层：有狗脊 *Woodwardia japonica* 等。

（3）常绿、落叶阔叶林　是以常绿阔叶树与落叶阔叶树为建群种所组成的森林群落。它是亚热带常绿阔叶林与温带落叶阔叶林之间的过渡植被类型，在保护区内居次要地位。

甜槠、枫香树林（Form *Castanupsis eyrei*，*Liquidambar fomosana*）　主要分布于杨东山海拔 900～1200m 之间，常绿叶树除甜槠优势种外，还有金叶含笑 *Michelia foveolata*、川鄂栲 *Castanupsis fargesii*、黄樟 *Cinnamomum parthenoxylon*、樟叶泡花树 *Meliosma squamulata*、五列木等；落叶阔叶树除枫香树优势种外，还有多种槭树 *Acer* spp. 等。

（4）山顶矮林　分布于海拔 1000m 以上的山顶和山脊，由于常风大，土层浅薄，而形成矮林，主要有如下 3 群系。

①满山红、木荷林（Form *Rhododendron mariesii*，*Schima superba*）　主要分布于龙山五指山的山脊，除满山红、木荷优势种外，伴生植物多为石松 *Lycopodium clavatum*、石子藤石松 *Lycopodiastrum casuarinoides*、蛇足石杉 *Huperzia serratum* 等。

②黄花杜鹃、南酸枣林（Form *Rhododendron molle*，*Choerospondias axillaris*）　主要分布于十二度水龙山箭猪坑海拔 1100m 的山顶，除黄花杜鹃、南酸枣优势种外，还有山杜英 *Elaeocarpus sylvestris*、杨梅 *Myrica rubra*、蝶花荚蒾 *Vibumum hanceanum* 香叶树 *Lindera communis*、岭南槭 *Acer tutcheri* 等。伴生的藤本植物有羊耳菊 *Inula cappa*、铁包金 *Berchemia lineata*、石子藤石松等。

③水青冈、华南桦林（Form *Fagaus longipetiolata*，*Betula austro-sinensis*）　主要分布于十二度水龙山君子嶂海拔 1150m 的北坡，高度约 5～6m，除水青冈、华南桦优势种外，还有甜槠、米槠、木荷、杜鹃花 *Rhododendron* sp.、乌饭树 *Vaccinium bracteatum* 等。

（5）竹林　保护区内主要是毛竹林（Form *Phyllostachys heterocycla* cv. Pubescens），多分布于杨东山大王村附近的山坡。

（6）针阔叶混交林　是以暖性针叶树与阔叶树为建群种所组成的森林群落。在保护区内仅有 2 个群系。

①华南五针松、甜槠林（Form *Pinus kwangtungensis*，*Castanupsis eyrei*） 主要分布于十二度水近磨石仙顶海拔1180m处，坡向东北，坡度25°。

乔木层：平均高12.43m，平均胸径19.49cm，郁闭度0.90。除华南五针松7株、甜槠32株外，还有乌岗栎8株、丝线吊芙蓉 *Rhododendron westlan*6株、乌饭树3株、五列木2株、华南桦1株、广东润楠1株、乌材 *Diospyros eriantha*1株等。

灌木层：有短柱柃 *Eurya brevistyla*、赤楠、鹿角杜鹃、乌冈栎、华南忍冬 *Lonicera confusa*、百两金、变叶树参、豺皮樟 *Litsea rotundifolia* var. *oblongifolia* 等。

草本层：有芒萁、中华里白 *Diplopterygium chinensis*、狗脊、五节芒 *Miscanthus sinensis*、淡竹叶等。

此外，林下还有野鸭椿、刨花楠、黑弹树 *Celtis biondii*、红锥、山苍子 *Litsea cubeba*、短柄荷 *Schima brevipedicellata*、厚皮香 *Ternstroemia gymnanthera*、丝线吊芙蓉等幼苗。

②杉木、广东润楠林（Form *Cunninghamia lanceolata*，*Machilus kwangtungensis*） 主要分布于龙山井洞海拔960m处，坡向南，坡度20°，是由常绿阔叶林破坏后而形成的次生林类型。

乔木层：平均高7.05m，平均胸径9.94cm，郁闭度0.55。除杉木9株、广东润楠2株优势种外，还有南酸枣2株、大果马蹄荷 *Exbucklandia tonkinensis*1株、杨桐 *Adinandra millettii*1株、山苍子1株、罗浮柿1株、降香檀 *Dalbergia odorifera*、杨梅各1株等。

灌木层：有赤楠、羊舌树 *Symplocos glauca*、黄牛奶树 *S. laurina*、华南忍冬、杜茎山、米碎花、石斑木、金樱子 *Rosa laevigata*、地稔、牛耳枫 *Daphniphyllum calycinum*、吊钟花 *Enkianthus quinqueflorus*、朱砂根、短柱柃、四角柃 *Eurya tetragonoclada*、小果山龙眼等。

草本层：有芒萁、粗毛耳草 *Hedyotis mellii*、中华复叶耳蕨 *Arachniodes chinensis*、乌蕨 *Sphenomeris chinensis* 等。

层间藤本植物：有广东蛇葡萄 *Ampelopsis cantoniensis*。

此外，林下还有赤杨叶、甜槠、微毛柃、降香檀、广东润楠、罗浮柿、山苍子、黄丹木姜子等幼苗。

（7）灌丛草坡 在保护区内仅有2个群系。

①映山红、牯岭藜芦灌丛草坡（Form *Rhododendron simsii*，*Veratrum schineleri*） 主要分布于杨东山1400m以上，除满山红、牯岭藜芦优势种外，还有满山红、吊钟花、岭南槭、圆锥绣球 *Hydrangea paniculata*、五岭龙胆 *Gentiana aristata*、地稔、粗毛耳草 *Hedyotis mellii*、华南紫萁 *Osmunda vachellii*、三叶崖爬藤 *Tetratigma hemsleyanum*、江南灯心草 *Juncus prismatocarpus*、野菊 *Dendranthema indicum*、马兰 *Kalimeris indica* 等。

②山地灌丛草坡 此种灌丛草坡与山顶自然灌丛草坡不同，它是一种次生性的植被类型。在人为活频繁的地段，森林破坏，则出现不同的灌丛草坡，如十二度水龙山较湿润的山坡是以草本蕨类为主，有福建观音座莲 *Angiopteris fokiensis*、金毛狗、华南紫萁 *Osmunda vachellii* 等；而在被人烧山种植经济作物或的撂荒地则以五节芒为主；有的地段则以芒萁占优势。

2.2.1.5 野生植物资源

（1）珍稀濒危保护植物繁多 根据1984年国家环境保护委员会公布的《中国珍稀濒危保护植物名录》和1999年8月4日国务院批准公布的《国家重点保护野生植物名录（第一批）》及广东珍稀濒危植物图谱（广东省环境保护局等，1988）所列种类统计，保护区内共有国家重点保护野生植物15科18属20种。其中蕨类植物2科3属3种，裸子植物4科5属7种，被子植物8科9属10种；国家Ⅰ级重点保护野生植物2种，国家Ⅱ级重点保护野生植物13种，国家Ⅲ级重点保护野生植物4种，省级重点保护野生植物1种（表2.12）。

表2.12 乐昌杨东山—十二度水自然保护区的保护植物

序号	种名	科名	IUCN 濒危等级	保护级别
1	南方红豆杉 *Taxus wallichiana* var. *mairei*	红豆杉科 Taxaceae	濒危	Ⅰ
2	伯乐树 *Bretschneidera sinensis*	伯乐树科 Bretschneideraceae	濒危	Ⅰ
3	金毛狗 *Cibotium barometz*	蚌壳蕨科 Dicksoniaceae	渐危	Ⅱ
4	桫椤 *Alsophila spinulosa*	桫椤科 Cyatheaceae	渐危	Ⅱ
5	黑桫椤 *Gymnosphaera podophylla*	桫椤科 Cyatheaceae	渐危	Ⅱ
6	华南五针松 *Pinus kwangtungensis*	松科 Pinaceae	渐危	Ⅱ
7	福建柏 *Fokienia hodginsii*	柏科 Cupressaceae	渐危	Ⅱ
8	篦子三尖杉 *Cephalotaxus oliveri*	三尖杉科 Cephalotaxaceae	稀有	Ⅱ
9	观光木 *Tsoobgiodendron odorum*	木兰科 Magnoliaceae	稀有	Ⅱ
10	樟树 *Cinnamomum camphora*	樟科 Lauraceae	渐危	Ⅱ
11	闽楠 *Phoebe boumei*	樟科 Lauraceae	渐危	Ⅱ
12	野茶树 *Camellia sinensis* var. *assamica*	山茶科 Theaceae	稀有	Ⅱ
13	半枫荷 *Semiliquidambar cathayensis*	金缕梅科 Hamamelidaceae	渐危	Ⅱ
14	榉树 *Zelkova schneideriana*	榆科 Ulmaceae	稀有	Ⅱ
15	伞花木 *Eurycorymbus cavaleriei*	无患子科 Sapindaceae	渐危	Ⅱ
16	长苞铁杉 *Tsuga longibracteata*	松科 Pinaceae	渐危	Ⅲ
17	穗花杉 *Amentotaxus argotaenia*	红豆杉科 Taxaceae	濒危	Ⅲ
18	沉水樟 *Cinnamomum micranthum*	樟科 Lauraceae	稀有	Ⅲ
19	银鹊树 *Tapiscia sinensis*	省沽油科 Staphyleaceae	稀有	Ⅲ
20	三尖杉 *Cephalotaxus fortunei*	三尖杉科 Cephalotaxaceae	稀有	省级

兰科植物14属25种，即金线兰 *Anoectochilus roxburghii*、白芨 *Bletilla striata*、钩距虾脊兰 *Calanthe graciliflora*、肾唇虾脊兰 *C. lanellosa*、乐昌虾脊兰 *C. lechangensis*、长距虾脊兰 *C. masuca*、三褶虾脊兰 *C. triplicata*、流苏贝母兰 *Coelogyne fimbriata*、吻兰 *Collabium chinense*、建兰 *Cymbidium ensifolium*、多花兰 *C. floribundum*、春兰 *Cymbidium goeringii*、墨兰 *Cymbidium sinense*、花格斑叶兰 *Goodyera kwangtungensis*、高斑叶兰 *Goodyera procera*、毛葶玉凤兰 *Habenaria*、橙黄玉凤兰 *Habenaria rhodocheila*、镰翅羊耳蒜 *Liparis bootanensis*、扇唇羊耳蒜 *L. stricklandiana*、见血青 *L. nervosa*、毛唇芋兰 *Nervilia fordii*、斑叶鹤顶兰 *Phaius woodifordii*、石仙桃 *Pholidota chinensis*、独蒜兰 *Pleione bulbocodioides* 和绶草 *Spiranthes sinensis* 等，全部为《濒危野生动植物种国际贸易公约》附录Ⅱ物种。

（2）经济植物多样　在乐昌杨东山—十二度水自然保护区内蕴藏着多种多样的经济植物资源。据调查统计，保护区内有维管束植物1451种。

①药用植物　有984种，占保护区植物总种数的67.82%，其中抗癌药用植物有狗肝菜 *Dicliptera chinensis* 等；清热解毒药用植物有华南忍冬 *Lonicera confusa*、地胆草 *Elephantopus scaber* 等；清热凉血的药用植物有丝茅 *Imperata koenigii*、葛 *Pueraria lobata*、马鞭草 *Verbena officinalis*、茅莓 *Rubus parvifolius* 等；清热利尿的药用植物有淡竹叶、车前 *Plantago asiatica*、海金沙等；清热利湿的药用植物有栀子 *Gardenia jasminoides*、岗松 *Baeckea frutescens*、乌蔹莓 *Cayratia japonica*、酢浆草 *Oxalis corniculata*、算盘子 *Glochidion puberum* 等；祛风湿的药用植物有狗脊、苍耳 *Xanthium sibiricum*、山苍子、菝葜等；平肝清热的药用植物有钩藤 *Uncaria scandens* 等；跌打损伤、止血肿痛的药用植物有积雪草 *Centella asiatica*、大茶药 *Celsemium elegans*、鲫鱼胆 *Maesa perlarius*、苎麻 *Boehmeria nivea*、薯莨 *Dioscorea cirrhosa*、一点红 *Emilia sonchifolia* 等；壮阳药的药用植物有金樱子；活血祛瘀的药用植物黑老虎 *Kadsura coccinea*、两面针 *Zanthoxylum nitidum*；补血药的药用植物有香花崖豆藤、桃金娘、酸藤子等。民间常用草药或凉茶有鸡矢藤 *Paederia scandens*、草珊瑚 *Sarcandra hainanensis*、车前、韩信草 *Scutellaria indica* 等。

②用材植物　有40种，占保护区植物总种数的2.76%。其中一类用材有樟树、红锥等；二类用材有黄樟、柯；三类用材有蕈树 *Altingia chinensis*、香港四照花 *Dendeobenthamia hongkongensis* 等；四类用材有日本杜英 *aaelaeocarpus japonicus* 等；五类用材有鼠刺、猴欢喜 *Sloanea sinensis* 等；可作军工用材的

有白皮黄杞 *Engelhardtia fenzelii*、罗浮槭等；可作船舶用材的有天料木 *Homalium cochinchinense*、嘉赐树 *Casearia glometata* 等；可作胶合板用材的有赤杨叶、亮叶猴耳环 *Archidendron lucidum* 等；可作房屋建筑的有米槠、杉木等；可作纺织用材有木荷、石斑木等；可作乐器用材的有山乌桕、鹅掌柴等；造纸用材的有山矾 *Symplocos* spp. 11 种、安息香 *Styrax* spp. 2 种等。

③观赏植物 有 102 种，占保护区植物总种数的 7.03%。主要有园林植物，如华南五针松、福建柏、深山含笑、黄樟、阴香 *Cinnamomum burmanii*、木荷、山杜英、假苹婆 *Sterculia lanceolata*、五月茶 *Antidesma bunius*、白背叶、枫香树、朴树 *Celtis sinensis*、紫荆 *Cercis chinensis*、苦楝 *Melia azedarach*、棕榈 *Trachycarpus fortunei*、毛竹、麻竹 *Dendrocalamus latiflorus*、粉单竹 *Bambusa chungii*、唐竹 *Sinocalamus tootsik*、茶杆竹 *Pseudosasa amabilis* 等；野生灌木花卉，主要有金粟兰 *Chloranthus spicatus*、多种野牡丹 *Melastoma* spp.、多种杜鹃 *Rhododendron* spp.、吊钟花、桃金娘、虎舌红 *Ardisia mamillata*、栀子、阔叶十大功劳 *Mahonia bealei*、北江十大功劳 *M. fordii*、白皮绣球 *Hydrangea kwangsiensis*、圆锥绣球 *H. paniculata*、金叶含笑 *Michelia foveolata*、野含笑 *M. skinneriana* 等；草本景观植物，主要有铁线蕨 *Adiantum capillus-veneris*、肾蕨 *Nephrolepis auriculata*、青葙 *Celosia argentea*、千日红 *Gomphrena globosa*、华凤仙 *Impatiens chinensis*、牯岭凤仙花 *I. davidii*、泽兰 *Eupatorium japonicum*、一枝黄花 *Solidago decurrens*、山麦冬 *Liriope spicata*、蜘蛛抱蛋 *Aspidistra elatior*、红花酢浆草 *Oxalis corymbosa*、石菖蒲、凤眼蓝 *Eichornia crassipes*、春兰、建兰、多花兰、墨兰等；藤本景观植物，主要有白花油麻藤 *Mucuna birdwoodiana*、小叶买麻藤 *Gnetum parvifolium*、金樱子、香花崖豆藤、玉叶金花、小叶红叶藤 *Rourea microphylla*、多种菝葜 *Smilax* spp. 等。

④纤维植物 有 132 种，占保护区植物总种数的 9.10%。如小叶买麻藤、南五味子 *Kadsura longipedunculata*、假鹰爪 *Desmos chinensis*、瓜馥木 *Fissistigma oldhamii*、黄檀 *Dalbergia hancei*、香花崖豆藤、胡枝子 *Lespedeza bicolor*、白皮黄杞、糙叶树 *Aphananthe aspera*、构树 *Broussonetia papyrifera*、朴树、光叶山黄麻 *Trema cannabina*、苎麻、小叶红叶藤、葛、大血藤 *Sargentodoxa cuneata*、白背叶 *Mallotus apelta*、地桃花、长柱瑞香 *Daphne championi*、了哥王 *Wickstroenmia indica*、黄麻 *Corchorus capsularis*、甜麻 *C. aestuans*、田麻 *Corchoropsis tomentosa*、两广梭罗 *Reevesia thyrsoidea*、翻白叶树 *Pterospermum heterophyllum*、结香 *Edgeworthia chrysantha*、北江荛花 *Wikstroemia monnula*、胡颓子 *Elaeagnus pungens*、小蜡 *Ligustrum sinense*、钩藤、南酸枣、青江藤 *Celastrus hindsii*、黄葵 *Abelmoschus moschatus*、棕榈、灯心草 *Juncus effusus*、黑莎草、毛竹、丝茅、芒、五节芒等

⑤野生水果植物 有 33 种，占保护区植物总种数的 2.27%。其中浆果类有京梨猕猴桃 *Actinidia callosa* var. *henryi*、毛花猕猴桃 *A. eriantha*、小叶猕猴桃 *A. lanceolata*、阔叶猕猴桃 *A. latifolia*、桃金娘等；仁果类有金樱子、银果胡颓子 *Elaeagnus magna* 等。此外，还有杨梅、多花山竹子、余甘子、白花悬钩子 *Rubus leucanthus*、茅莓 *R. parvifolius*、空心泡 *R. rosaefolius*、高粱泡 *R. lambertianus*、桑 *Morus alba*、水东哥 *Saurauia tristyla*、二色波罗蜜 *Artocarpus styracifolia*、北枳椇 *Hovenia dulcis*、罗浮油柿等。

⑥油脂植物 有 38 种，占保护区植物总种数的 2.62%。主要有杉木、竹柏 *Podocarpus nagi*、樟树、香叶树、檫木 *Sassafras tsumu*、石笔木 *Tutcheria cgampionii*、楝叶吴茱萸 *Evodia meliaefolia*、胡桃 *Juglans regia*、水青冈 *Fagus longipetiolata*、苎麻、小果山龙眼 *Helicia cochinchinensis*、檀梨 *Pyrularia edulis*、青葙、野木瓜 *Staumtonia chinensis*、臭椿 *Ailanthus altissima*、朱砂根、白檀、假苹婆、余甘子 *Phyllanthus emblica*、光叶山黄麻、三脉野木瓜 *Stauntonia trinervia*、多花山竹子、牛耳枫 *Daphniphyllum calycinum*、虎皮楠 *D. oldhamii*、构树、赛山梅 *Styrax confusus*、苦楝、毛果巴豆 *Croton lachnocarpus*、白背叶、油茶、算盘子 *Glochidion puberum*、油桐 *Vernicia fordii*、木油桐 *V. montana*、野漆树 *Toxicodendron sylvestris*、盐肤木 *Rhus chinensis*、山乌桕、南酸枣、苍耳、黑莎草等。

⑦芳香植物 有 46 种，占保护区植物总数的 3.17%。主要有深山含笑、披针叶八角 *Illicium lanceolatum*、山苍子、马尾松、杉木、瓜馥木 *Fissistigma oldhamii*、樟树、檫木、石荠苧 *Mosla scabra*、胜红蓟 *Ageratum conyzoides*、泽兰、樟树、黄樟、香叶树、新木姜子 *Neolitsea aurata*、山胡椒、山苍子、

乌药、滇白珠树 *Gaultheria yunnanensis*、岗松、枫香树、栀子、女贞 *Ligustrum lianum*、清香藤 *Jasminum lanceolarium*、黄葵 *Abelmoschus moschatus*、草珊瑚、杨梅、黄荆、黄花蒿 *Artemisia annua*、春兰、香附子 *Cyperus rotundus* 等。

⑧淀粉植物 有59种，占保护区植物总数的4.07%。主要有狗脊、葛、蕨、福建观音座莲 *Angiopteris fokiensis*、金毛狗、槲蕨 *Drynaria fortunei*、贯众 *Cyrtomium fortunei*、锥栗 *Castanea henryi*、茅栗 *C. seguinii*、甜槠、罴蒴、南岭栲、苦槠、罗浮栲等20多种植物、杨梅、金樱子、南酸枣、薜荔 *Ficus pumila*、土茯苓 *Smilax glabra*、毛花猕猴桃、小叶猕猴桃、阔叶猕猴桃、稗 *Echinochloa crusgalli*、荞麦 *Fagopyrum esculentum*、河首乌 *Polygonum multiflorum*、粉防己 *Stephania tetrandra*、白花油麻藤 *Mucuna birgwoodiana*、木薯 *Manihot esculenta*、番薯 *Ipomoea batatas*、轮叶沙参 *Adenophora tetraphylla*、羊乳 *Codonopsis lanceplata*、桔梗 *Platycodon grandiflorus*、菊芋 *Helianthus tuberosus*、慈姑 *Sagittaria sagittifolia*、薏苡 *Coix lacryma*、魔芋 *Amorphophallus rivieri*、大百部 *Stemona tuberosa*、日本薯蓣 *Dioscorea japonica*、白芨 *Bletilla striata* 等。

⑨鞣料植物 有58种，占保护区植物总数的4%。主要有蕨、杉木、杨梅、江南桤木 *Alnus trabeculosa*、麻栎 *Quercus acutissima*、川鄂栲、甜槠、罴蒴、南岭栲、构树、商陆 *Phytolacca acinosa*、樟树、檫木、枫香树、檵木、金樱子、地榆 *Sanguisorba officinalis*、藤黄檀 *Dalbergia hancei*、山油柑 *Acronychia pedunculata*、土蜜树 *Bridelia tomentosa*、野鸭椿、青榨槭 *Acea davidii*、中华杜英 *Elaeocarpus chinensis*、厚皮香 *Ternstroemia gymnanthera*、桃金娘、柏拉木、常春藤 *Hedera nepalensis*、灯台树 *Bothrocaryum controversum*、映山红、水红木 *Viburnum cylindricum*、薯莨等。

⑩蜜源植物 有28种，占保护区植物总种数的1.93%，主要有山乌桕、乌桕 *Sapium sebiferum*、鹅掌柴、黄牛奶树、白花泡桐 *Paulownia fortunei*、胡枝子、柃属 *Eueya*8种、冬青属 *Ilex*10种、杜鹃花属 *Rhododendron*11种等。

此外，有染料植物13种，占总种数的0.90%。如马蓝 *Strobilanthes cusia*、薯莨和栀子等。有毒植物有11种，占保护区植物总种数的0.76%。如羊角拗 *Strophanthus divaricatus*、大茶药 *Gelsemium elegans*、海芋 *Alocasia macrorhiza*、油桐、八角枫 *Alangium chinensis* 乌桕、黄花杜鹃 *Rhododendron molle*、醉鱼草 *Buddleja lindleyana*、苍耳等。饲料植物有25种，占保护区植物总种数的1.72%。如丝茅、五节芒、铺地黍 *Panicum repens*、胡枝子、藜 *Chenopodium album*、满江红 *Azolla imbricata*、空心莲子草 *Alternanthera philoxeroides*、荠菜 *Capsella bursa-pastoris*、地榆、大漂 *Pistia stratiotes*、凤眼蓝等。农药植物有18种，占保护区植物总种数的1.24%。如烟草 *Nicotiana tabacum*、大茶药、黄花杜鹃、无患子 *Sapindus saponaria*、博落回 *Macleaya cordata*、虎杖 *Polygonum cuspidatum*、威灵仙 *Clematis chinensis*、南方红豆杉、土牛膝 *Achyranthes aspera*、牛膝 *A. bidentata*、柳叶牛膝 *A. longifolia*、黄荆、金疮小草 *Ajuga decumbens*、水竹叶 *Murdannia triquetra*、友水龙骨 *Polypodiodes amoena*、水龙骨 *P. niponica*、檫木等。

2.2.1.6 野生动物资源

（1）动物物种较丰富 该保护区的生态环境复杂，森林茂密，孕育了丰富的动物种类。据调查统计，该保护区拥有脊椎动物163种，隶属55科22目。

①两栖类 有21种，隶属6科1目，占该区动物总数的12.88%。其中蛙科 Ranidae 12种，姬蛙科 Microhylidae 3种，蟾蜍科 Bufonidae 和树蛙科 Rhacophoridae 各2种，锄足蟾科 Pelobatidae、雨蛙科 Hylidae 各1种。

②爬行类 有23种，隶属6科3目，占该区动物总数的14.11%。其中蛇目（SERPENTES）有3科18种，占总数的78.26%：游蛇科 Colubridae 11种，蝰科 Viperidae 4种，眼镜蛇科 Elapidae 3种；蜥蜴目（LACERTILI）有2科4种，占总数的17.39%：石龙子科 Scincidae 3种，蜥蜴科 Lacertidae 1种；龟鳖目（TESTUDINATA）有1科1种，占总数的4.35%：平胸龟科 Playsternidae 1种。

两栖爬行动物的区系成分属古北界的物种有3种，在东洋界成分中，属华中区的南中国型物种最多，有 26 种，占所有记录物种的 59.09%。其中属华南区的东洋型物种，有 15 种，占所有记录物种的 34.09%。在动物地理区划上，说明该区的两栖爬行动物区系具有明显的东洋界华中区（东部丘陵平原亚区）动物区系的特点。

③鸟类　有 95 种，隶属 27 科 10 目，占该区动物总数的 58.28%。其中种类最多的雀形目（PASSERIFOMES）有 15 科 60 种，占该区鸟类总数的 63.16%；隼形目（FALCONIFOEMES）有 2 科 9 种，占该区鸟类总数的 9.47%；鹃形目（CUCULIFORMES）有 1 科 6 种，占该区鸟类总数的 6.32%；䴕形目（PICIFORMES）有 2 科 5 种，占该区鸟类总数的 5.26%；鹳形目（CICONIIFORMES）、鸡形目（GALLIFORMES）分别有 1 科 4 种，各占该区鸟类总数的 4.21%；佛法僧目（CORACIIFORMES）有 2 科 3 种，占该区鸟类总数的 3.16%；鹤形目（GRUIFORMES）、鸽型目（COLUMBIFORMES）分别有 1 科 2 种，各占该区鸟类总数的 2.11%；鸮形目（STRIGFORMES）、雨燕目（APODIFORMES）分别有 1 科 1 种，各占该区鸟类总数的 1.05%。

在区系组成上，东洋界的鸟类有 64 种，占该区鸟类总数的 67.37%；古北界的鸟类有 6 种，占总数的 6.32%；广布种有 25 种，占总数的 26.32%。

④哺乳类　有 24 种，隶属 16 科 8 目，占该区动物总数的 14.72%；占广东省兽类总数（124 种）的 19.35%；占全国兽类总数（449 种）的 5.35%。其中啮齿目（RODENTIA）和偶蹄目（ARIODACTYLA）分别有 4 科 7 种，各占总数的 29.17%；翼手目（CHIROPTERAS）有 3 科 5 种，占总数的 20.83%；食肉目（CARNIVORA）、食虫目（INSECTVORA）、灵长目（PRIMATES）、鳞甲目（PHOLIDOTA）、兔形目（LAGOMORPHA）分别有 1 科 1 属 1 种，各占总数的 4.17%。

在区系组成上，古北界有 2 种，其中 1 种为季风型的，1 种为古北型的。东洋界成分中，6 种为南中国型的，有 15 种为东洋型的，有 1 种为云贵高原型。说明保护区的哺乳动物在动物地理上处于华南区与华中区的分界，但表现了较强的华南区特点。

（2）珍稀濒危动物较多　以我国 1989 年公布实施的《国家重点保护野生动物名录》和 2001 年公布实施的《广东省重点保护陆生野生动物名录》（第一批）为依据，杨东山—十二度水自然保护区拥有保护脊椎动物 33 种，其中国家Ⅱ级重点保护动物 19 种，省级重点保护动物 14 种（表 2.13）。

表 2.13　乐昌杨东山—十二度水自然保护区的保护动物

序号	种　名	科　名	IUCN 濒危等级	保护级别
		哺乳纲 MAMMALIA		
1	短尾猴 *Macaca*	猴科 Cercopithecidae	濒危	Ⅱ
2	穿山甲 *Manis pentadactyla*	鲮鲤科 Manidae	濒危	Ⅱ
3	林麝 *Moschidae berezovskii*	麝科 Moschidae	濒危	Ⅱ
4	鬣羚 *Capricornis sumatraensis*	牛科 Bovidae	濒危	Ⅱ
5	水鹿 *Cervus unicolor*	鹿科 Cervidae	易危	Ⅱ
6	毛冠鹿 *Elaphodus cephalophus*	鹿科 Cervidae		省级
7	小鹿 *Muntiacus reevesi*	鹿科 Cervidae	易危	省级
8	豪猪 *Hystrix hodgsoni*	豪猪科 Hystricidae		省级
9	社鼠 *Rattus niviventer*	鼠科 Muridae		省级
		鸟纲 AVES		
10	黑冠鹃隼 *Aviceda leuphotes*	鹰科 Accipitridae		Ⅱ
11	黑翅鸢 *Elanus caeruleus*	鹰科 Accipitridae	易危	Ⅱ
12	凤头鹰 *Accipiter trivrgatus*	鹰科 Accipitridae	稀有	Ⅱ
13	褐耳鹰 *Accipiter badius*	鹰科 Accipitridae	稀有	Ⅱ
14	蛇雕 *Spilornis cheela*	鹰科 Accipitridae	易危	Ⅱ

（续）

序号	种名	科名	IUCN 濒危等级	保护级别
15	鹰雕 *Spizaetus nipalensis*	鹰科 Accipitridae		Ⅱ
16	鹊鹞 *Circus pygargus*	鹰科 Accipitridae		Ⅱ
17	红隼 *Falco tinnunculus*	隼科 Falconidae	易危	Ⅱ
18	燕隼 *Falco subbuteo streichi*	隼科 Falconidae		Ⅱ
19	白鹇 *Lophura nycthemera*	雉科 Phasianidae	易危	Ⅱ
20	褐翅鸦鹃 *Centropus sinensis*	杜鹃科 Cuculidae	易危	Ⅱ
21	小鸦鹃 *Centropus toulou*	杜鹃科 Cuculidae	易危	Ⅱ
22	斑头鸺鹠 *Glaucium cuculoidei*	鸱鸮科 Strigidae		Ⅱ
23	大白鹭 *Egretta alba*	鹭科 Ardeidae		省级
24	池鹭 *Ardeola bacchus*	鹭科 Ardeidae		省级
25	绿鹭 *Butorides striatus*	鹭科 Ardeidae		省级
26	栗苇鳽 *Ixobrychus cinnamomeus*	鹭科 Ardeidae		省级
27	红嘴相思鸟 *Leiothrix lutea*	画眉科 Timaliidae		省级
		爬行纲 REPTILIA		
28	平胸龟 *Platysternon megacephalum*	龟科 Testudidae	濒危	省级
		两栖纲 AMPHIBIA		
29	虎纹蛙 *Rana tigrina*	蛙科 Ranidae	易危	Ⅱ
30	黑眶蟾蜍 *Bufo melanostictus*	蟾蜍科 Pelobatidae		省级
31	棘胸蛙 *Rana spinosa*	蛙科 Ranidae	易危	省级
32	黑斑侧褶蛙 *Pelophylax nigromaculata*	蛙科 Ranidae		省级
33	沼蛙 *Rana guentheri*	蛙科 Ranidae	无危	省级

（3）经济动物多样　保护区内拥有国家保护的有益的或者有重要经济、科学研究价值的陆生野生动物112种左右。

①两栖类　主要有莽山角蟾 *Megophrys mangshanensis*、中华蟾蜍 *Bufo gargarizans*、华南湍蛙 *Amolops ricketti*、泽蛙 *R. linocharis*、大树蛙 *Rhacophorus dennysi*、斑脚树蛙 *R. leucomystax*、饰纹姬蛙 *Microhyla ornata*、花姬蛙 *Microhyla pulchra* 等8种。

②爬行类　主要有平胸龟 *Platysternon megacephalum*、石龙子 *Eumeces chinensis*、蓝尾石龙子 *Enmeces elegans*、北草蜥 *Takydronus septetrionalis*、中国水蛇 *Enhydris chinensis*、银环蛇、眼镜王蛇等7种。

③鸟类　主要有鹧鸪、灰胸竹鸡 *Bambusicola thoracica*、白鹇、雉鸡、珠颈斑鸠 *Streptopelia chinensis*、山斑鸠、红翅凤头鹃 *Clamator coromandus*、鹰鹃 *Cuculus sparverioides*、四声杜鹃 *Cuculus micropterus*、杜鹃、褐翅鸦鹃、斑头鸺鹠、雨燕、普通翠鸟 *Alcedo atthis*、三宝鸟 *Eurystomus orientalis*、大拟啄木鸟 *Megalaima virens*、黑眉拟啄木鸟 *M. oorti*、斑啄木鸟 *Picoides major*、黄嘴噪啄木鸟 *Blythipicus pyrrhotis*、家燕 *Hirundo rustica*、金腰燕 *Hirundo daurica japonica*、白鹡鸰 *Motacilla alba*、赤红山椒鸟 *Pericrocotus flammeus*、灰喉山椒鸟 *P. solaris*、暗灰鹃鵙 *Coracina melaschistos*、栗背短脚鹎 *Hypsipetes castanonotus*、黑（短脚）鹎 *H. madagascariensis*、绿翅短脚鹎 *H. mcclellandii*、红耳鹎 *Pycnotus jocosus*、白头鹎 *Pycnontus sinensis*、白喉红臀鹎 *P. cafer*、棕背伯劳 *Lanius schach*、黑枕黄鹂 *Oriolus chinensis*、灰背椋鸟 *Sturnus sinensis*、黑领椋鸟 *S. nigricollis*、八哥 *Acridothers cristatellus*、灰卷尾 *Dicrurus leucophaeus*、黑卷尾、灰树鹊 *Dendrocitta formosae*、红嘴蓝鹊 *Cissa erythrorhyncha*、鹊鸲 *Copsychus saularis*、红尾水鸲 *Rhyacornis fuliginosus*、黑背燕尾 *Enicurus leschenaulti*、灰背燕尾 *E. schistaceus*、蓝矶鸫 *Monticola solitarius*、紫啸鸫 *Myiophoneus caeruleus*、乌鸫 *Turdus merula*、褐顶雀鹛 *Alcippe brunnea*、灰眶雀鹛 *A. morrisonia*、画眉 *Gar-*

rulax canorus、小黑领噪鹛 *G. monileger*、黑领噪鹛 *G. pectoralis*、白领噪鹛 *G. sannio*、红嘴相思鸟、锈脸钩嘴鹛 *Pomatorhinus erythrogenys*、长嘴钩嘴鹛 *P. hypoleucos*、棕颈钩嘴鹛 *P. ruficollis*、红头穗鹛 *Stachyris ruficeps*、栗耳凤鹛 *Yuhina castaniceps*、红翅鵙鹛 *Pteruthius rufiventer*、黑喉山鹪莺 *Prinia atrogularis*、褐头鹪莺 *P. subflava*、黄腹鹪莺 *P. flaviventris*、长尾缝叶莺 *Orthotomus sutorius*、大山雀、红头长尾山雀 *Aegithalos conicuinnus*、叉尾太阳鸟 *Aethopyga christinae*、暗绿绣眼鸟、白腰文鸟、斑文鸟 *L. punctulata*、凤头鹀 *Melophus lathami* 等 71 种。

④哺乳类 主要有鼬獾、野猪、隐纹花松鼠 *Tamiops swinhoei*、红颊长吻松鼠 *Tamiops swinhoei*、花白竹鼠 *Rhizomys pruinosus*、华南兔等 6 种。

2.2.2 仁化高坪自然保护区

仁化县于1995 年开始就筹建自然保护区，1999 年 8 月 20 日仁化县人民政府报仁府报字［1999］4 号文“关于要求建立仁化高坪市级自然保护区的请示”；1999 年 12 月 15 日韶关市人民政府发韶府复［1999］47 号文《关于同意成立仁化高坪市级自然保护区》。1999 年 9 月 20 日仁化县人民政府发仁府报字［1999］2 号文《关于要求建立广东仁化高坪省级自然保护区的请示》和《关于要求建立仁化红山高坪省级森林和野生动物类型自然保护区的请示》，为此韶关市人民政府于 1999 年 9 月 21 日填写申报书，正式向广东省人民政府提出《关于申请建立广东仁化高坪省级自然保护区》。2001 年 10 月 20 日经广东省人民政府粤办函［2001］636 号文《关于同意建立江门古兜山等 7 个省级自然保护区的复函》中，批准建立仁化高坪省级自然保护区。主要保护对象为中亚热带常绿阔叶林、珍稀动植物及森林生态系统。

根据中华人民共和国国家标准《自然保护区类型与级别划分原则》（GB/T14529—93），仁化高坪自然保护区属“自然生态系统类别”中的“森林生态系统类型”自然保护区。

2.2.2.1 自然条件

（1）位置范围 仁化高坪自然保护区位于韶关市辖仁化县西北部的红山镇境内，地理坐标为东经 113°35′42″～113°39′15″，北纬 25°10′00″～25°14′00″，属于北回归线北缘。东邻城口镇，南与小榴水采育场交界，西与乐昌市接壤，北连湖南省。东西宽 5km，南北长 10km，总面积 3585.5hm^2。其中茶园 91.8hm^2，占总面积的 2.47%；水域 163.0 hm^2，占总面积的 4.55%；竹林、针叶林、针阔混交林、阔叶林，分别占总面积的 0.80%、3.90%、80.10%。

（2）地质基础

①地层 保护区岩体外围，地层发育较全，有远古代、古生代、中生代、新生代等地层，但主要是下古生界一套类复理式砂质岩建造和硅质页岩建造；区内的岩石主要以花岗岩、砂页岩为主，整个自然保护区是一个巨大的复式岩体，为保存原始类群及分化新物种提供了良好条件，为生物物种多样性奠定了地质基础。

②构造 保护区属于南东西向复杂的构造带、北亚带、万洋……诸广山南北向构造带和万长新华夏隆起带，粤北“山字形”构造相互交切，彼此干扰的复合部位，在漫长的地质年代中发展成纵横交错，形成了网络的构造图象，为动植物生长发育提供了各种环境条件。

（3）地貌概况 保护区属中低山丘陵地貌，主要由两个山面和一条谷地组成，形成东西两侧高，中间低，区内有一高坪水库，是仁化县第一大水库，水库周围以浑圆状的小山体组成。但整个地势北高南低，北部最高的黄洞嶂海拔 1056m，南部最低海拔 160.2m，南北相差近 900m。

（4）气候特点 保护区属中亚热带季风气候区。其特点是：四季气温变化较明显，冬季气温之低是广东省为数不多地区之一，雨量少，有时有霜冻，寒潮比较多；夏季气温之高也是广东省为数不多地区之一，雨水充足，强对流天气频繁。具有南亚热带与中亚热带的过渡性特点。

保护区内尚无气象站，据仁化县气象资料：年平均气温 17.6℃，最冷的 1 月份平均气温 9.2℃，

极端最低气温 -8.4℃；最热7月份平均气温28.8℃，极端最高气温37.0℃。无霜期长达290天。年平均降水量1765mm，多集中在4~9月。年平均风速1.1m/秒，最大风速32m/秒，最大风力达到11级。因保护区位于仁化县城北部山区，故其各项气温指标较低。

（5）水文特征 保护区属北江水系上游的锦江支流，地表径流以河流、水库、瀑布、温泉等形式分布。

① 河溪发育 保护区内河溪众多，约有30多条，呈树枝状分布，汇流注入高坪水库，然后自北向南流下几级水电站，流入锦江。这些河溪的河床比降大，常有险滩和瀑布。河溪的水源主要来自降水，故流量的季节变化较大，雨季径流顺坡而下，河溪水位上涨，旱季径流缺乏降水补给，河溪水位下降。

②高坪水库 位于保护区西北部，库容6350万 m^3，水面面积 $200hm^2$ 多，水力资源丰富，已经建成大小水电站8座，装机容量8950kW。

③正坑瀑布 又称孔雀瀑布，瀑高约13m，瀑下有一潭，枯水期，人可以到潭下近看瀑布，丰水时，瀑布流量大，人不能走近潭下，远远地可听到瀑声如雷，望之，如孔雀开屏，在阳光下，七彩飞练，煞是壮观。

④高坪温泉 位于高坪水库下400m处，泉水温度高达60~80℃，流量大，富含有理疗作用的矿物质成分。现已开发利用的温泉有一池，面积约 $20m^2$，水深不过0.5m，其余均为浴室。

（6）土壤特征 保护区的地带性土壤为红壤。由于受成土母质、山地气候、植被和地形等因素以及人类活动的影响，从山麓至山顶依次形成了垂直分布：

①红壤 主要分布海拔500m以下的丘陵区，成土母质为花岗岩和砂页岩类风化坡积物和堆积物，土壤呈强酸性反应，pH 4.4~5.2。局部地域的红壤受人为活动干扰较大。

②山地黄红壤 是红壤与黄壤之间的过渡类型，主要分布于海拔500~800m低山坡地，成土母质以花岗岩风化坡积物为主，土壤呈酸性反应，是发育在常绿阔叶林下的土壤，肥力水平较高。

③山地黄壤 主要分布于海拔800m以上的中山坡地，成土母质多为花岗岩风化坡积物、原积物，土壤呈微酸性反应，是发育在保存较好常绿阔叶林下的土壤，有机质含量丰富，腐殖层深厚，肥力水平高。

④山地灌丛草甸土 主要分布于海拔1000m以上的黄洞嶂山顶和山脊一带，是发育在灌丛和草甸下的土壤，土层浅薄，表层草根盘结成层，富弹性，呈灰黑色，有机质含量高，土体中石砾含量较多，土壤剖面发育不完全，多呈A-C-D或A-D结构。

2.2.2.2 功能分区

依据《广东省仁化高坪省级自然保护区总体规划》①，将仁化高坪自然保护区分为3个功能区。

（1）核心区 面积 $1731.8hm^2$，占保护区总面积的48.30%，其中分如下2片。

南片：位于保护区中南部，东界自丸山子（海拔833.6m），沿袋子坑、锡角窝坑，南接高山顶（海拔376.6m），西经下李坑坳、南木坑，北沿南木坑、接观音山脊与丸山子闭合，面积 $825.1hm^2$，占核心区面积的79.88%。

东北片：位于保护区东北部，乌龙岭、东坑以西，正坑以东一带山地。面积 $207.8hm^2$，占核心区面积的20.12%。

以上2片核心区，是国家重点保护珍稀濒危野生动植物物种的集中区，尤其是南片，山高谷深、林海茫茫、物种丰富、人迹罕至，是生物生长、栖息和繁衍的乐园。其主要功能是保护好天然状态的生态系统和珍稀濒危动植物，以及涵养水源、保持水土、保护生物多样性的完整性。区内实行全封闭式管理，除依照《中华人民共和国自然保护区条例》第二十七条的规定经批准从事科学研究活动外，

① 黄俊泽．广东仁化高坪省级自然保护区总体规划．广东省林业调查规划院．2003.3.

任何单位和个人禁止进入。

（2）缓冲区　面积647.1hm²，占保护区总面积的18.05%。位于核心区外围，形成保护核心区的缓冲地带，该区域的中南部和东北部均为高山峻岭，并分别与红山、城口董塘及国营小楣水采育场交界。其主要功能是：确保核心区生态系统的稳定性和完整性。区内将实行半封闭式管理，严禁砍伐、猎捕、采药、采石等破坏活动。

（3）实验区　面积1206.6hm²，占保护区总面积的33.65%。其中水库水域面积298.1hm²，占实验区面积的20.51%。实验区位于保护区西北部，高坪水库周围第一重山。是保护区内人为活动相对频繁的区域，区内有村民933人左右，主要从事种茶等为生活。其主要功能是：从事保护对象和自然物种资源的恢复与发展，进行科学试验、教学实习、参观考察、生态旅游和多种经营等（图2.4）。

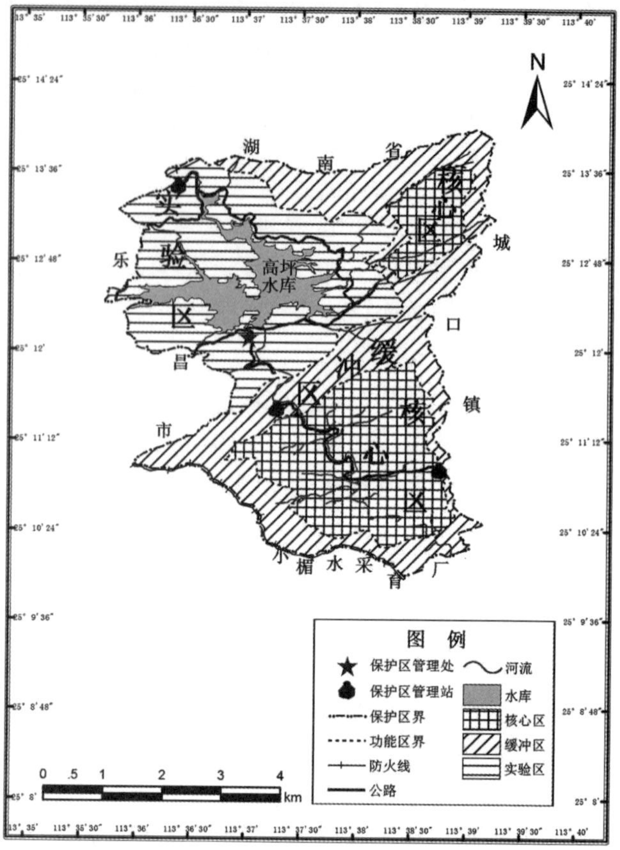

注：此图根据黄俊泽该保护区功能分区图修改清绘而成。

图2.4　仁化高坪自然保护区功能分区图

2.2.2.3　植物区系特点

仁化高坪自然保护区的植物区系，概括起来具有如下特点。

（1）植物物种丰富　由于该保护区的生态环境复杂，故孕育着丰富的植物种类。据调查统计，该保护区拥有野生维管植物935种（含种下分类单位，下同），隶属525属176科，占广东省野生维管植物5933种（叶华谷等，2005）的15.76%。其中蕨类植物64种，隶属44属28科；裸子植物8种，隶属5属5科；被子植物863种，隶属476属143科（表2.14）。

表2.14　仁化高坪自然保护区野生维管束植物类群的组成

植物类群		科数	属数	种数
蕨类植物		28	44	64
裸子植物		5	5	8
被子植物	双子叶植物纲	122	391	738
	单子叶植物纲	21	85	125
合计		176	525	935

此外，该保护区还有栽培植物138种，分隶101属56科。其中裸子植物12种，隶属8属5科；被子植物126种，隶属93属51科（双子叶植物98种73属40科，单子叶植物28种20属11科）。

（2）地理成分复杂

①蕨类植物的地理成分

A. 科的地理分布区类型　根据保护区28科的分布类型统计分析如下。

广布科　如石杉科 Huperziaceae、石松科 Lycopodiaceae、卷柏科 Selaginellaceae、木贼科 Equisetaceae、铁线蕨科 Adiantaceae、蹄盖蕨科 Athyriaceae、铁角蕨科 Aspleniaceae、紫萁科 Osmundaceae、水龙骨科 Polypodiaceae、苹科 Marsileaceae、满江红科 Azollaceae 等11科。

热带、亚热带分布科　如莲座蕨科 Angiopteridaceae、桫椤科 Cyatheaceae、鳞始蕨科 Lindsaeaceae、

里白科 Gleicheniaceae、海金沙科 Lygodiaceae、凤尾蕨科 Pteridaceae、裸子蕨科 Hemionitidaceae、金星蕨科 Thelypteridaceae、骨碎补科 Davalliaceae、禾叶蕨科 Grammitidaceae 等10科。

泛热带分布科　如蕨科 Pteridiaceae、槲蕨科 Drynariaceae 等以亚洲为主的2科。

热带分布科　有蚌壳蕨科 Dicksoniaceae、乌毛蕨科 Blechnaceae、肾蕨科 Nephrolepidaceae 等3科。

亚洲、大洋洲和美洲热带分布科　仅有瘤足蕨科 Plagiogyriaceae。

温带至亚热带高山地区分布科　有鳞毛蕨科 Dryopteridaceae。

B. 属的地理分布区类型　根据保护区44属的分布类型统计如下。

广布属　有石杉属 *Huperzia*、石松属 *Lycopodium*、卷柏属 *Selaginella*、铁线蕨属 *Adiantum*、铁角蕨属 *Asplenium*、苹属、满江红属等。

泛热带分布属　如新月蕨属 *Pronephrium*、桫椤属 *Alsophila*、鳞始蕨属 *Lindsaea*、蕨属 *Pteridium*、乌蕨属 *Sphenomeris*、肾蕨属 *Nephrolepis*、禾叶蕨属 *Grammitis* 等。

热带和亚热带分布属　其中热带至亚热带为主，如灯笼草属 *Palhinhaea*、芒萁属 *Dicranopteris*、里白属 *Diploterygium*、海金沙属 *Lygodium*、凤尾蕨属 *Pteris*、凤丫蕨属 *Coniogramme*、短肠蕨属 *Allantodia*、毛蕨属 *Cyclosorus*、假毛蕨属 *Pseudocyclosorus*、阴石蕨属 *Humata*、线蕨属 *Colysis*、石韦属 *Pyrrosia* 等。

以亚热带为主的属　与热带至亚热带分布的类型相当，热带亚洲分布的，如藤石松属 *Lycopodiastrum*、伏石蕨属 *Lemmaphyllum*、骨牌蕨属 *Lepidogrammitis*、星蕨属 *Microsorium* 等；热带亚洲—大洋洲分布的有2属，如乌毛蕨属 *Blechnum*、槲蕨属 *Drynaria*；热带亚洲至非洲分布的有2属，如观音莲座属 *Angiotperis*、复叶耳蕨属 *Arachniodes*；热带亚洲至热带美洲分布的有1属，如瘤足蕨属 *Plangiogyria*；东亚分布属，如金毛狗属 *Cibotium*。

东亚、非洲分布属　有瓦韦属 *Lepisorus*。

温带、热带分布属　有紫萁属 *Osmunda*、狗脊属 *Woodwardia* 等。

温带、亚热带分布属　有卵果蕨属 *Phegopteris*。

北温带分布属　有耳蕨属 *Polystichum*、贯众属 *Cyrtomium* 等。

寒、温带分布属　有木贼属 *Equisetum*。

②种子植物的地理成分

A. 科的地理分布区类型　按照《世界种子植物科的分布区类型系统》（吴征镒等，2003），保护区内种子植物148科的分布区类型统计分析，除温带亚洲分布、地中海区和西亚至中亚分布、中亚分布及中国特有分布科尚未发外，其余11个分布区类型及变型均有分布。

*1. 广布分布类型　计有42科，占该区总科数的28.38%。如毛茛科 Ranunculaceae、金鱼藻科 Ceratophyllaceae、十字花科 Cruciferae、堇菜科 Violaceae、远志科 Polygalaceae、景天科 Crassulaceae、虎耳草科 Saxifragaceae、石竹科 Caryophyllaceae、马齿苋科 Portulacaceae（主产美洲）、蓼科 Polygonaceae、苋科 Amaranthaceae、酢浆草科 Oxalidaceae、千屈菜科 Lythraceae、柳叶菜科 Onagraceae、小二仙草科 Haloragidaceae、瑞香科 thymelaeaceae、蔷薇科 Rosaceae、蝶形花科 Papilionaceae、杨梅科 Myricaceae、榆科 Ulmaceae、桑科 Moraceae、鼠李科 Rhamnceawe、伞形科 Umbelliferae、茜草科 Rubiaceae、败酱科 Valerianaceae、菊科 Compositae、龙胆科 Gentianaceae、报春花科 Primulaceae、车前科 Plantaginaceae、桔梗科 Campanulaceae、半边莲科 Lobeliaceae、紫草科 Boraginaceae、木犀科 Oleaceae、茄科 Solanaceae、旋花科 Convolvulaceae、玄参科 Scrophulariaceae（主产温带）、唇形花科 Labiatae（主产地中海）、泽泻科 Alismataceae、浮萍科 Lemnaceae、兰科 Orchidaceae、莎草科 Cyperacea（主产温带及寒温带）、禾本科 Poaceae 等。

*2. 泛热带分布类型　计46科，占40.94%（扣除广布科46科）。如罗汉松科 Podocarpaceae、番荔枝科 Annonaceae、樟科 Lauraceae、防己科 Menispermaceae、马兜铃科 Aristolochiaceae、胡椒科 Piperaceae、金粟兰科 Chloranthaceae、白花菜科 Capparidaceae、藜科 Chenopodiaceae、凤仙花科 Balsaminaceae、大风子科 Flacourtiaceae、天料木科 Samydaceae、葫芦科 Cucurbitaceae、秋海棠科 Begoniaceae、

茶科 Theaceae、野牡丹科 Melastomataceae、红树科 Rhizophoraceae、藤黄科 Guttiferae、梧桐科 Sterculiaceae、锦葵科 Malvaceae、古柯科 Erythroxylaceae、大戟科 Euphorbiaceae、含羞草科 Mimosaceae、荨麻科 Urticaceae、卫矛科 Celastraceae、茶茱萸科 Icacinaceae、檀香科 Santalaceae、葡萄科 Vitaceae、芸香科 Rutaceae、楝科 Meliaceae、无患子科 Sapindaceae、漆树科 Anacardiaceae、柿科 Ebenaceae、紫金牛科 Myrsinaceae、马钱科 Loganiaceae、夹竹桃科 Apocynaceae、萝藦科 Asclepiadaceae、爵床科 Acanthaceae、鸭跖草科 Commelinaceae、谷精草科 Eriocaulaceae、竹芋科 Marantaceae、雨久花科 Pontederiaceae、菝葜科 Smilacaceae、天南星科 Araceae、薯蓣科 Dioscoreaceae、仙茅科 Hypoxidaceae 等。

*2-1 热带亚洲、大洋洲（至新西兰）和南美（或墨西哥）间断分布　有 2 科，占 0.79%。如第伦桃科 Dilleniaceae、山矾科 Smyplocaceae。

*2-2 热带亚洲、非洲和南美洲间断分布　有 4 科，占 3.15%。如买麻藤科 Gnetaceae、椴树科 Tiliaceae、苏木科 Caesalpiniaceae、鸢尾科 Iridaceae。

*2-3 以南半球为主的泛热带分布　有 4 科，占 4.72%。如商陆科 Phytolaccaceae、山龙眼科 Proteaceae、桃金娘科 Myrtaceae、桑寄生科 Loranthaceae 等。

*3. 热带亚洲和热带美洲间断分布　有 10 科，占 7.87%。如木通科 Lardizabalacea、水东哥科 Saurauiaceae、杜英科 Elaeocarpaceae、冬青科 Aquifoliaceae、省沽油科 Staphyleaceae、五加科 Araliaceae、安息香科 Styracaceae、苦苣苔科 Gesneriaceae、马鞭草科 Verbenacea 等。

*4. 旧世界热带分布　有 3 科，占 1.57%。如海桐花科 Pittosporaceae、芭蕉科 Musaceae、露兜树科 Pandanaceae。

*4-1 热带亚洲、非洲和大洋洲间断　有 1 科，占 1.57%。如八角枫科 Alangiaceawe。

*5. 热带亚洲至热带大洋洲分布。有 3 科，占 2.36%。如交让木科 Daphniphyllaceae、姜科 Zingiberaceae、百部科 Stemonaceae。

*6. 热带亚洲至热带非洲分布　仅有 1 科，占 0.79%。如杜鹃花科 Ericaceae。

*7. 热带亚洲（印度—马来西亚）分布。有 1 科，占 1.57%。如牛栓藤科 Connaraceae。

*7-4 越南（或中南半岛）至华南（或西南）分布　仅有 2 科，占 2.36%。如清风藤科 Sabiaceae、山柳科 Clethraceae。

*7-5 西马来，基本上在新华莱斯线以西　仅有 1 科，占 0.79%。如五列木科 Pentaphylacaceae。

*8. 北温带分布　有 8 科，占 7.87%。如松科 Pinaceae、榛木科 Corylaceae、金丝桃科 Hypericaceae、越桔科 Vacciniaceae、忍冬科 Caprifoliaceae、百合科 Liliaceae、延龄草科 Trilliaceae。

*8-4 北温带和南温带（全温带）间断分布　有 13 科。占 14.17%。如红豆杉科 Taxaceae、罂粟科 Papaveraceae、紫堇科 Fumariaceae、绣球花科 Hydrangeaceae、金缕梅科 Hamamelidaceae、黄杨科 Buxaceae、桦木科 Betulaceae、壳斗科 Fagaceae、胡颓子科 Elaeagnaceae（主产东亚）、槭树科 Aceraceae（主产东亚）、胡桃科 Juglandaceae、山茱萸科 Cornaceae、灯心草科 Juncaceae。

*8-5 欧亚和南美洲温带间断分布　有 1 科，占 0.79%。如小檗科 Berberidaceae。

*9. 东亚和北美洲间断分布　有 5 科，占 4.72%。如木兰科 Magnoliaceae、八角科 Illiciaceae、五味子科 Schisandraceae、三白草科 Saururaceae、鼠刺科 Escalloniaceae。

*10. 旧世界温带分布　未见。

*10-3 欧亚和南非洲（有时也在大洋洲）间断分布　有 1 科，占 0.79%。如川续断科。

*14. 东亚分布　有 3 科，占 2.36%。如三尖杉科 Cephalotaxaceae、旌节花科 Stachyuraceae、猕猴桃科 Actinidiaceae。

从上所述可以看出，其中以泛热带分布类型最多，有 52 科，占总科数的 40.94%（扣除广布科 46 科，下同）；北温带分布类型有 29 科，占总科数的 22.83%；热带亚洲和热带美洲间断分布类型有 10 科，占总科数的 7.87%；其余分布区类型所含科数均在 4.72% 以下，不占重要地位；特别是中国特有科等5科分布类型缺如，表明该自然保护区植物区系在科级水平上以泛热带分布成分为主，兼有一定数量的北温带成分。

B. 属的地理分布区类型　根据仁化高坪自然保护区种子植物481属的分布类型，按照《中国种子植物属的分布区类型》（吴征镒，1991）统计分析，除地中海区和西亚至中亚分布、中亚分布区类型及其变型尚未发现外，其他13个分布区类型及变型均有分布。

*1. 广布分布　铁线莲属 *Clematis*、毛茛属 *Ranunculus*、金鱼藻属 *Ceratophyllum*、碎米荠属 *Cardamine*、独行菜属 *Lepidium*、焊菜属 *Rorippa*、堇菜属 *Viola*、远志属 *Polygala*、繁缕属 *Stellaria*、蓼属 *Polygonum*、商陆属 *Phytolacca*、藜属 *Chenopodium*、苋属 *Amaranthus*、酢浆草属 *Oxalis*、千屈菜 *Lythrum*、金丝桃属 *Hypericum*、悬钩子属 *Rubus*、鼠李属 *Rhamnus*、变豆菜属 *Sanicula*、鬼针草属 *Bidens*、鼠麴草属 *Gnaphalium*、千里光属 *Senecio*、苍耳属 *Xanthium*、龙胆属 *Gentiana*、珍珠菜属 *Lysimachia*、车前草属 *Plantago*、茄属 *Solanum*、鼠尾草属 *Salvia*、黄芩属 *Scutellaria*、香科科属 *Teucrium*、紫萍属 *Spirodela*、羊耳蒜属 *Liparis*、灯心草属 *Juncus*、苔草属 *Carex*、莎草属 *Cyperus*、刺子莞属 *Rhynchospora*、马唐属 *Digitaria* 和黍属 *Panicum* 等38属，占总属数的7.90%。

*2. 泛热带分布　有买麻藤属 *Gnetum*、琼楠属 *Beilschmiedia*、厚壳桂属 *Cryptocarya*、木防己属 *Cocculus*、草胡椒属 *Peperomia*、胡椒属 *Piper*、白花菜属 *Cleome*、槌果藤属 *Capparis*、马齿苋属 *Portulaca*、牛膝属 *Achyranthes*、虾钳菜属 *Alternanthera*、青葙属 *Celosia*、凤仙花属 *Impatiens*、节节草属 *Rotala*、丁香蓼属 *Ludwigia*、锡叶藤属 *Tetracera*、柞木属 *Xylosma*、嘉赐树属 *Casearia*、天料木属 *Homalium*、秋海棠属 *Begonia*、红淡比属 *Cleyera*、厚皮香属 *Ternstroemia*、刺蒴麻属 *Triumfetta*、杜英属 *Elaeocarpus*、翅果藤属 *Byttneria*、苹婆属 *Sterculia*、木槿属 *Hibiscus*、黄花稔属 *Sida*、梵天花属 *Urena*、古柯属 *Erythroxylum*、铁苋菜属 *Acalypha*、山麻杆属 *Alchornea*、巴豆属 *Croton*、大戟属 *Euphorbia*、算盘子属 *Glochidion*、叶下珠属 *Phyllanthus*、乌桕属 *Sapium*、金合欢属 *Acacia*、猴耳环属 *Archidendron*、羊蹄甲属 *Bauhinia*、云实属 *Caesalpinia*、合萌属 *Aeschynomene*、猪屎豆属 *Crotalaria*、木蓝属 *Indigofera*、崖豆藤属 *Millettia*、油麻藤属 *Mucuna*、红豆属 *Ormosia*、山黄麻属 *Trema*、桂木属 *Artocarpus*、榕属 *Ficus*、苎麻属 *Boehmeria*、冬青属 *Ilex*、南蛇藤属 *Celastrus*、卫矛属 *Euonymus*、花椒属 *Zanthoxylum*、红叶藤属 *Rourea*、树参属 *Dendropanax*、鹅掌柴属 *Scheffiera*、积雪草属 *Centella*、天胡荽属 *Hydrocotyle*、柿树属 *Diospyros*、紫金牛属 *Ardisia*、密花树属 *Rapanea*、安息香属 *Styrax*、山矾属 *Symplocos*、醉鱼草属 *Buddleja*、栀子属 *Gardenia*、耳草属 *Hedyotis*、巴戟天属 *Morinda*、九节属 *Psychotria*、山黄皮属 *Randia*、钩藤属 *Uncaria*、素馨属 *Jasminum*、下田菊属 *Adenostemma*、假蓬属 *Conyza*、鳢肠属 *Eclipta*、地胆草属 *Elephantopus*、泽兰属 *Eupatorium*、豨签属 *Siegesbeckia*、班鸠菊属 *Vernonia*、鹅不食草属 *Epaltes*、金钮扣属 *Soilanthes*、红丝线属 *Lycianthes*、母草属 *Lindernia*、狗肝菜属 *Dicliptera*、鹅绒藤属 *Cynanchum*、番薯属 *Ipomoea*、紫珠属 *Callicarpa*、大青属 *Clerodendron*、马鞭草属 *Verbena*、牡荆属 *Vitex*、聚花草属 *Floscopa*、鸭跖草属 *Commelina*、谷精草属 *Eriocaulon*、闭鞘姜属 *Costus*、菝葜属 *Smilax*、薯蓣属 *Dioscorea*、仙茅属 *Curculigo*、水蜈蚣属 *Kyllinga*、珍珠茅属 *Scleria*、穇属 *Eleusine*、白茅属 *Imperata*、鸭嘴草属 *Ischaemum*、飘拂草属 *Filipendula*、割鸡芒属 *Hypolytrum*、砖子苗属 *Marscus*、狗牙根属 *Cynodon*、柳叶箬属 *Isachne*、千金子属 *Leptochloa*、雀稗属 *Paspalum*、狼尾草属 *Pennisetum*、狗尾草属 *Setaria*、鼠尾草属 *Sporobolus* 等113属，占总属数的25.51%（扣除广布属38属，下同）。

*2-1 热带亚洲、大洋洲和南美洲间断分布变型　有罗汉松属 *Podocarpus*、黄檀属 *Dalbergia*、朴属 *Celtis*、石胡荽属 *Centipeda*、铜锤玉带草属 *Pratia*、黑莎草属 *Gahnia* 等6属，占总属数的1.35%。

*2-2 热带亚洲、非洲和南美洲间断分布变型　有桂樱属 *Lauro-cerasus*、含羞草属 *Mimosa*、粗叶木属 *Lasianthus*、马缨丹属 *Lantana*、簕竹属 *Bambusa*、距花黍属 *Ichnanthus* 等6属，占总属数的1.35%。

*3. 热带亚洲和热带美洲间断分布　有木姜子属 *Litsea*、柃木属 *Eurya*、水东哥属 *Saurauja*、

猴欢喜属 *Sloanea*、山芝麻属 *Helicteres*、牛蹄豆属 *Pithecellobium*、雀梅藤属 *Sageretia*、泡花树属 *Meliosma*、无患子属 *Sapindus*、山香圆属 *Turpinia*、桤叶树属 *Clethra*、胜红蓟属 *Ageratum*、野甘草属 *Scoparia*、凤眼莲属 *Eichhornia*、地毯草属 *Axonopus* 等15属，占总属数的3.39%。

*4. 旧世界热带分布　有老鼠拉冬瓜属 *Zehneria*、无根藤属 *Cassytha*、千金藤属 *Stephania*、扁担杆属 *Grewia*、海桐花属 *Pittosporum*、蒲桃属 *Syzyygium*、金锦香属 *Osbeckia*、竹节树属 *Carallia*、黄葵属 *Abelmoschus*、五月茶属 *Antidesma*、血桐属 *Macaranga*、野桐属 *Mallotus*、合欢属 *Albizia*、楼梯草属 *Elatostema*、桑寄生属 *Loranthus*、翼核果属 *Ventilago*、乌蔹莓属 *Cayratia*、吴茱萸属 *Evodia*、楝属 *Melia*、八角枫属 *Alangium*、乌饭树属 *Vaccinium*、酸藤子属 *Embelia*、杜茎山属 *Maesa*、娃儿藤属 *Tylophora*、玉叶金花属 *Mussaenda*、茜草属 *Rubia*、艾纳香属 *Blumea*、厚壳速属 *Ehretia*、一点红属 *Emilia*、香茶菜属 *Isodon*、杜若属 *Pollia*、芭蕉属 *Musa*、山姜属 *Alpinia*、雨久花属 *Monochasma*、天门冬属 *Asparagus*、露兜树属 *Pandanus*、鹤顶兰属 *Phaius*、弓果黍属 *Cyrtococcum* 等38属，占总属数的8.58%。

*4-1 热带亚洲、非洲和大洋洲间断分布变型　有瓜馥木属 *Fissistigma*、青牛担属 *Tinospora*、乌口树属 *Tarenna* 和百蕊草属 *Thesium* 等4属，占总属数的0.90%。

*5. 热带亚洲至热带大洋洲分布　有假鹰爪属 *Desmos*、樟属 *Cinnamomum*、齿果草属 *Salomonia*、紫薇属 *Lagerstroemia*、小二仙草属 *Haloragis*、荛花属 *Wikstroemia*、山龙眼属 *Helicia*、栝楼属 *Trichosanthes*、岗松属 *Baeckea*、番石榴属 *Psidium*、桃金娘属 *Rhodomyrtus*、野牡丹属 *Melastoma*、黑面神属 *Breynia*、海红豆属 *Adenanthera*、葨芝属 *Cudrania*、崖爬藤属 *Tetrastigma*、山油柑属 *Acronychia*、香椿属 *Toona*、念珠藤属 *Alyxia*、通泉草属 *Mazus*、广防风属 *Anisomeles*、山橙属 *Melodinus*、水锦树属 *Wendlandia*、毛麝香属 *Adenosma*、姜属 *Zingiber*、山菅兰属 *Dianella*、开唇兰属 *Anoectochilus*、兰属 *Cymbidium*、石仙桃属 *Pholidota*、鳞子莎属 *Lepidosperma*、蜈蚣草属 *Eremochloa*、鹧鸪草属 *Eriachne*、淡竹叶属 *Lophatherum* 等33属，占总属数的7.45%。

*6. 热带亚洲至热带非洲分布　有赤包 *Thladiantha*、藤黄属 *Garcinia*、土密树属 *Bridelia*、藤槐属 *Bowringia*、飞龙掌血属 *Toddalia*、铁仔属 *Myrsine*、羊角拗属 *Strophanthus*、水团花属 *Adina*、鱼眼草属 *Dichrocephala*、三七草属 *Gynura*、叉序草属 *Chingiacanthus*、豆腐柴属 *Premna*、狗骨柴属 *Tricalysia*、木耳菜属 *Crassocephalum*、毛足菊属 *Lasiopus*、马蓝属 *Strobilanthes*、柊叶属 *Phrynium*、魔芋属 *Amorphophallus*、香茅属 *Cymbopogon*、画眉草属 *Eragrostis*、秀竹属 *Microstegium*、芒属 *Miscanthus*、类芦属 *Neyraudia* 等23属，占总属数的5.19%。

*6-1 华南、西南到印度和热带非洲间断变型　有山黄菊属 *Anisopappus*1属，占总属数的0.23%。

*6-2 热带亚洲和东非间断变型　有杨桐属 *Adinandra*1属，占总属数的0.23%。

*7. 热带亚洲（印度—马来西亚）分布　有木莲属 *Manglietia*、含笑属 *Michelia*、南五味子属 *Kadsura*、山胡椒属 *Lindera*、润楠属 *Machilus*、新木姜子属 *Neolitsea*、轮环藤属 *Cyclea*、秤钩风属 *Diploclisia*、夜花藤属 *Hypserpa*、细圆藤属 *Pericampylus*、草珊瑚属 *Sarcandra*、山桂花属 *Bennettiodendron*、绞股蓝属 *Gynostemma*、山茶属 *Camellia*、破布叶属 *Microcos*、五列木属 *Pentaphylax*、柏拉木属 *Blastus*、黄牛木属 *Cratoxylum*、翅子树属 *Pterospermum*、银柴属 *Aporosa*、交让木属 *Daphniphyllum*、常山属 *Dichroa*、蛇莓属 *Duchesnea*、臀果木属 *Pygeum*、葛属 *Pueraria*、胡芦茶属 *Tadehagi*、青冈属 *Cyclobalanopsis*、构属 *Broussonetia*、紫麻属 *Oreocnide*、糯米团属 *Gonostegia*、赤车属 *Pellionia*、冷水花属 *Pilea*、定心藤属 *Maappianthus*、鞘花属 *Macrosolen*、寄生藤属 *Dendrotrophe*、麻楝属 *Chukrasia*、清风藤属 *Sabia*、黄杞属 *Engelhardtia*、花皮胶藤 *Ecdysanthera*、流苏子属 *Coptosapelta*、蛇根草属 *Ophiorrhiza*、腰骨藤属 *Ichnocarpus*、酸叶胶藤属 *Urceola*、腺萼属 *Mycetia*、鸡矢藤属 *Paederia*、唇柱苣苔属 *Chirita*、锥花属 *Gomphostemma*、野苦荬属 *Ixeris*、大苞姜属 *Caulokaempferia*、海芋属 *Alocasia*、芋属 *Colocasia*、石柑属 *Pothos*、竹叶兰属 *Arundina*、贝母兰属 *Coelogyne*、斑叶兰属 *Goodyera*、箬竹属 *Indocalamus*、棕叶芦属 *Thysanolaena* 等57属，占总属数的12.87%。

*7-1 爪哇、喜马拉雅和华南、西南星散分布变型 木荷属 *Schima*、梭罗树属 *Reevesia*、蕈树属 *Altingia*、马蹄荷属 *Exbucklandia*、金钱豹属 *Campanumoca* 和假糙苏属 *Paraphlomis* 等6属，占总属数的1.35%。

*7-2 热带印度至华南分布变型 有肉穗草属 *Sarcopyramis*、排钱草属 *Phyllodium*、雾水葛属 *Pouzolzia*、幌伞枫属 *Heteropanax*、帘子藤属 *Pottsia*、金腰箭属 *Synedrella* 等6属，占总属数的1.35%。

*7-4 越南（或中南半岛）至华南（或西南）分布变型 有观光木属 *Tsoongiodendron*、异药花属 *Fordiophyton*、赤杨叶属 *Alniphyllum*、假木荷属 *Craibiodendron* 等4属，占总属数的0.90%。

*8. 北温带分布 有松属 *Pinus*、红豆杉属 *Taxus*、黄连属 *Coptis*、细辛属 *Asarum*、紫堇属 *Corydalis*、荠属 *Capsella*、梅花草属 *Parnassia*、虎耳草属 *Saxifraga*、樱属 *Cerasus*、漆姑草属 *Sagina*、露珠草属 *Circaea*、龙牙草属 *Agrimonia*、委陵菜属 *Potentilla*、蔷薇属 *Rosa*、地榆属 *Sanguisorba*、桦木属 *Betula*、鹅耳枥属 *Carpinus*、水青冈属 *Fagus*、榆属 *Ulmus*、胡颓子属 *Elaeagnus*、槭树属 *Acer*、盐肤木属 *Rhus*、杜鹃花属 *Rhododendron*、葡萄属 *Vitex*、鸭儿芹属 *Cryptotaenia*、忍冬属 *Lonicera*、荚蒾属 *Viburnum*、艾蒿属 *Artemisia*、紫菀属 *Aster*、蓟属 *Cirsium*、风轮菜属 *Clinopodium*、风毛菊属 *Saussurea*、一枝黄花属 *Solidago*、夏枯草属 *Prunella*、黄精属 *Polygonatum*、玉凤兰属 *Habenaria*、绶草属 *Spiranthes*、稗属 *Echinochloa* 等38属，占总属数的8.57%。

*8-4 北温带和南温带（全温带）间断分布变型 景天属 *Sedum*、杨梅属 *Myrica*、接骨木属 *Sambucus*、獐牙菜属 *Swertia*、慈姑属 *Sagittaria*5属，占总属数的1.13%。

*8-5 欧亚和南美洲温带间断变型 有看麦娘属 *Alopecurus*1属，占总属数的0.22%。

*9. 东亚和北美洲间断分布 有八角属 *Illicium*、五味子属 *Schisandra*、檫木属 *Sassafras*、十大功劳属 *Mahonia*、三白草属 *Saururus*、鼠刺属 *Itea*、绣球花属 *Hydrangea*、石楠属 *Photinia*、山蚂蝗属 *Desmodium*、胡枝子属 *Lespedeza*、皂荚属 *Gleditsia*、枫香树属 *Liquidambar*、锥栗属 *Castanopsis*、柯属 *Lithocarpus*、勾儿茶属 *Berchemia*、蛇葡萄属 *Ampelopsis*、爬山虎属 *Parthenocissus*、漆树属 *Toxicodendron*、楤木属 *Aralia*、南烛属 *Lyonia*、胡曼藤属 *Celsemium*、络石属 *Trachelospermum*、风箱树属 *Cephalanthus*、菖蒲属 *Acorus* 等24属，占总属数的5.42%。

*10. 旧世界温带分布 有瑞香属 *Daphne*、梨属 *Pyrus*、水芹属 *Oenanthe*、旋覆花属 *Inula*、筋骨草属 *Ajuga*）、川续断属 *Dipsacus*、菊属 *Dendranthema*、沙参属 *Adenophora*、毛蕊花属 *Verbascum*、糙苏属 *Phlomis*、萱草属 *Hemerocallis*、重楼属 *Paris* 等12属，占总属数的2.71%。

*10-1 地中海区、西亚和东亚间断分布变型 有女贞属 *Ligustrum*、窃衣属 *Torilis* 2属，占总属数的0.45%。

*11. 温带亚洲分布 有蔓龙胆属 *Crawfurdia*、附地菜属 *Trigonotis*2属，占总属数的0.45%。

*14. 东亚分布（东喜马拉雅—日本） 有三尖杉属 *Cephalotaxus*、野木瓜属 *Stauntonia*、蕺菜属 *Houttuynia*、猕猴桃属 *Actinidia*、油桐属 *Vernicia*、批杷属 *Eriobotrya*、石斑木属 *Rhaphiolepis*、茵芋属 *Skimmia*、旌节花属 *Stachyurus*、四照花属 *Dendrobenthamia*、五加属 *Acanthopanax*、吊钟花属 *Enkianthus*、败酱属 *Patrinia*、黄鹌菜属 *Youngia*、石荠宁属 *Mosla*、紫苏属 *Perilla*、蜘蛛抱蛋属 *Aspidistra*、党参属 *Codonopsis*、斑种草属 *Bothriospermum*、山麦冬属 *Liriope*、沿阶草属 *Ophiopogon*、毛竹属 *Phyllostachys*、金发草属 *Pogonatherum* 等23属，占总属数的5.19%。

*14-1 中国—喜马拉雅（SH）变型 有八月瓜属 *Holboellia*、冠盖藤属 *Pileostegia*、继木属 *Loropetalum*、南酸枣属 *Chlorophytum*、双蝴蝶属 *Tripterospermum*、阴行草属 *Siphonostegia*、马兜铃苣苔属 *Oreocharis*、射干属 *Belamcanda* 等8属，占总属数的1.81%。

*14-2 中国—日本（SJ）变型 有博落回属 *Macleaya*、田麻属 *Corchoropsis*、鸡眼草属 *Kummerowia*、黄惊草属 *Championella*、野鸦椿属 *Euscaphis*、枫杨属 *Pterocarya*、白苞芹属 *Nothosmyrnium*、六月雪属 *Serissa*、大吴风草属 *Farfugium*、泡桐属 *Paulownia*、苦竹属 *Pleioblastus*、唐竹属 *Sinobambusa 等 12 属，占总属数的 2. 71%。

*15. 中国特有分布　有地构叶属 *Speranskia*、半枫荷属 *Semiarundinaria*、丫药花属 *Ypsilandra* 等 3 属，占总属数的 0. 68%。

从上所述可以看出，保护区内种子植物属的地理成分是以热带成分占优势，泛热带分布—热带亚洲（印度—马来西亚）分布各类热带成分共有 313 属，占总属数（扣除广布分布 38 属，以下同）的 70. 65%。温带成分也有一定数量，从北温带分布—温带亚洲分布有 84 属，占总属数的 18. 96%。东亚分布再其次，有 43 属，占总属数的 9. 71%。中国特有分布的 3 属，占 0. 68%。

2. 2. 2. 4　野生植物资源

（1）珍稀濒危保护植物繁多　根据 1984 年国家环境保护委员会公布的《中国珍稀濒危保护植物名录》和 1999 年国务院批准公布的《国家重点保护野生植物名录（第一批）》所列种类统计，保护区内共有国家重点保护野生植物 10 科 10 属 10 种。其中蕨类植物 2 科 2 属 2 种，裸子植物 2 科 2 属 2 种，被子植物 6 科 6 属 6 种；国家Ⅰ级重点保护野生植物 1 种，国家Ⅱ级重点保护野生植物 6 种，国家级Ⅲ重点保护野生植物 3 种（表 2. 15）。

表 2. 15　仁化高坪自然保护区的保护植物

序号	种名	科名	IUCN 濒危等级	保护级别
1	南方红豆杉 *Taxus wallichiana* var. *mairei*	红豆杉科 Taxaceae	濒危	Ⅰ
2	金毛狗 *Cibotium barometz*	蚌壳蕨科 Dicksoniaceae	渐危	Ⅱ
3	桫椤 *Alsophila spinulosa*	桫椤科 Cyatheaceae	渐危	Ⅱ
4	篦子三尖杉 *Cephalotaxus odorum*	三尖杉科 Cephalotaxaceae	渐危	Ⅱ
5	观光木 *Tsoongiodendron odorum*	木兰科 Magnoliaceae	稀有	Ⅱ
6	野茶树 *Camellia sinensis* var. *assamica*	山茶科 Theaceae	稀有	Ⅱ
7	半枫荷 *Semiliquidambar cathayensis*	金缕梅科 Hamamelidaceae	渐危	Ⅱ
8	短萼黄连 *Coptis chinensis* var. *brevisepala*	毛茛科 Ranunculaceae	稀有	Ⅲ
9	白桂木 *Artocarpus hypargyreus*	桑科 Moraceae	稀有	Ⅲ
10	巴戟 *Morinda officinalis*	茜草科 Rubiaceae	稀有	Ⅲ

注：兰科植物 10 属 14 种，全部为《濒危野生动植物种国际贸易公约》附录Ⅱ物种。

（2）经济植物多样　在仁化高坪自然保护区内蕴藏着多种多样的经济植物资源。

①药用植物　有 593 种，占植物总数的 63. 42%。其中清热解毒的有野菊 *Dendranthema indicum*、忍冬（金银花）*Lonicera japonica*、地胆草 *Elephantopus scaber*、蕺菜等；行气止痛的有白花地胆草等；抗癌的有狗肝菜 *Dicliptera chinensis* 等；消肿止痛、活血散瘀的有八角枫 *Alangium chinense*、乌药 *Lindera aggregata* 等；平肝息风的有钩藤 *Uncaria rhynchophylla* 等；跌打损伤、止血肿痛的有积雪草 *Centella asiatica*、鳢肠 *Eclipta prostrata*、大茶药 *Celsemium elegans* 等；活血祛瘀的有黑老虎 *Kadsura coccinea*、两面针 *Zanthoxylum nitidum* 等；活血调经的有益母草 *Leonurus artemisia* 等；温补的有巴戟 *Morinda officinalis* 等；壮阳药的有金樱子 *Rosa laevigata*；补血药的有香花崖豆藤 *Millettia dielsiana*、桃金娘 *Rhodomyrtus tomentosa*、酸藤子 *Embelia laeta* 等。此外，民间常用草药或凉茶的有梅叶冬青 *Ilex aspyella*、鸡矢藤 *Paederia scandens*、草珊瑚 *Sarcandra glabra*、接骨草 *Sambucus chinensis*、一点红 *Emilia sonchifolia*、车前草 *Plantago asiatica*、韩信草 *Scutellaria indica*、翻白叶树 *Pterospermum heterophyllum* 等。

②用材植物　有 195 种，占总种数的 20. 86%。其中一类用材有樟树、红锥 *Castanopsis hystrix*、香椿 *Toona sinensis* 等；二类用材有黄樟 *Cinnamomum porrectum*、柯 *Lithocapus glabra* 等；三类用材有蕈树 *Altingia chinensis*、天料木 *Homalium cochinchinense* 等；四类用材有日本杜英 *Elaeocarpus joponicus*、竹节树 *Carallia brachiata* 等；五类用材有鼠刺 *Itea chinensis*、猴欢喜 *Sloanea sinensis* 等；可作军工用材的有黄杞 *Engelhardtia roxburghiana*、罗浮槭 *Acer fabri* 等；可作胶合板用材的有赤杨叶 *Alniphyllum fortumei*、

猴耳环 *Pithecellobium clypearia* 等；可作船舶用材的有天料木、嘉赐树 *Casearia glometata* 等；可作纺织用材的有木荷 *Schima superba*、石斑木 *Photinia prunifolia* 等；可作乐器用材的有山乌桕 *Sapium discolor*、鹅掌柴 *Schefflera octophylla* 等；可作建筑用材的有米槠 *Catanopsis carlesii*、杉木 *Cunninghamia lanceolata* 等；可作造纸用材的有山矾属 *Symplocos* 10 种和栓皮安息香 *Styrax suberifolia* 等。

③纤维植物 有 83 种，占总种数的 8.88%。其中比较重要的有芒 *Miscanthus sinensis*、山芝麻 *Helicteres angustifolia*、红叶藤 *Rourea microphyllum*、地桃花 *Urena lobata*、苎麻 *Boehmria nivea*、白背叶 *Mallotus apelta*、白楸 *M. paniculatus*、粗糠柴 *M. philippinensis*、光叶山黄麻 *Trema cannabina*、龙须藤 *Bauhinia championii*、美丽胡枝子 *Lespedeza formosa*、刺果藤 *Buettneria aspera*、青皮竹 *Bambusa textilis* 等。

④油脂植物 有 70 种，占总种数的 7.49%。其中比较重要的有油茶 *Camellia oleifera*、油桐 *Vernicia fordii*、千年桐 *V. montana*、乌桕 *Sapium sebiferum*、山乌桕、余甘子 *Phyllanthus emblica*、算盘子 *Glochidion puberum*、光叶山黄麻、楝叶吴茱萸 *Evodia meliaefolia*、苍耳 *Xanthium sibiricum*、假苹婆 *Sterculia lanceolata*、构树 *Broussonetia papyrifera*、香附子 *Cyperus rotundus* 等。

⑤观赏植物 有 128 种，占总种数的 13. 69%。其中比较重要的林木类有木莲 *Manglietia fordiana*、深山含笑 *Michelia maudiae* 等；叶木类有枫香树 *Liquidambar formosana*、山乌桕等；花木类有映山红 *Rhododendron simsii*、吊钟花 *Enkianthus qumqueflorus* 等；果木类有铁冬青 *Ilex rotunda*、大叶冬青 *I. latifolia* 等；蔓木类有白花油麻藤（禾雀花）*Mucuna birdwoodiana*、小叶买麻藤 *Gnetum parvifolium* 等。

⑥野生水果植物 有 82 种，占总种数的 8.77%。其中比较重要的核果类有山杜英 *Elaeocarpus sylvestris*、蔓胡颓子 *Elaeagnus glabra* 等；浆果类有绵毛猕猴桃 *Actinidia fulvicoma*、阔叶猕猴桃 *A. latifolia*、桃金娘 *Rhodomyrtus tomentosa* 等；仁果类有小果蔷薇 *Rosa cymosa*、金樱子等。比较常见的重要野生水果还有杨梅 *Myrica rubra*、罗浮柿 *Diospyros morrisiana*、多花山竹子 *Garcinia multiflora*、岭南山竹子 *G.. oblongifolia*、乌饭树 *Vaccinium bracteatum*、悬钩子 *Rubus* spp.、南酸枣 *Choerospondias axillaris* 等。

⑦饲料植物 有 43 种，占总种数的 4.60%。其中比较重要的有空心莲子草 *Alternanthera philoxeroides*、凤眼莲 *Eichhornia crassipes*、鸭舌草 *Monochoria vaginalis*、鸭跖草 *Commelina communis*、青香茅 *Cymbopogon distans*、狗牙根 *Cynodon dactylon*、光头稗子 *Echinochloa colonum*、稗 *E. crus-galli*、看麦娘 *Alopecurus aequalis*、虾钳菜 *Alternanthera sessilis* 等。

⑧鞣料植物 有 43 种，占总种数的 4.60%。其中比较重要的有桃金娘、猴耳环、山杜英、华杜英 *Elaeocarpus chinensis*、菝葜、山油柑 *Acronychia pedunculata*、金樱子、南酸枣、厚皮香 *Ternstroemia gymnanthera*、黧蒴、柏拉木 *Blastus cochinchinensis*、盐肤木、龙须藤等。

⑨野菜植物 有 42 种，占总种数的 4.49%。其中比较重要的有黄花败酱（苦斋菜）*Patrinia scabiosaefolia*、白花败酱 *P. villosa*、焯菜 *Rorippa indica*、紫背三七 *Gynura bicolor*、野茼蒿（革命菜）*Crassocephalum crepidioides*、黄鹌菜 *Youngia japonica*、少花龙葵 *Solanum photeinocarpum*、皱果苋 *Amaranthus viridis*、刺苋 *A. spinosus*、马齿苋 *Portulaca oleracea*、乌毛蕨 *Blechnum orientale* 等。

⑩农药植物 有 28 种，占总种数的 2.99%。其中比较重要的有杠板归 *Polygonum perfoliatum*、石岩枫 *Mallotus repandus*、常山 *Dichroa febrifuga*、厚果崖豆藤 *Millettia pachycarpa*、昆明崖豆藤 *M. reticulata*、黄药 *Rhamnus crenata*、驳骨丹 *Buddleja asiatica*、金线蒲 *Acorus gramineus*、海金沙 *Lygodium japonicum*、醉鱼草 *Buddleja lindleyana*、三白草 *Saururus chinensis* 等。

此外，还有山苍子 *Litsea cubeba*、三桠苦 *Evodia lepta* 等 27 种芳香植物；有狗脊 *Woodwardia japonica*、金毛狗等 27 种淀粉植物；有绞股蓝 *Gynostemma pentaphullum*、紫背天葵 *Begonia fimbristipulata* 等 25 种保健饮料植物；有薯莨 *Dioscorea cirrhosa*、栀子 *Gardenia jasminoides* 等 18 种染料植物；有羊角拗 *Strophanthus divaricatus*、大茶药 *Gelsemium elegans* 等 18 种有毒植物；有鹅掌柴、黄牛奶树 *Symplocos laurina* 等 8 种蜜源植物。

2.2.2.5 野生动物资源

（1）野生资源较丰富 该保护区的生态环境复杂，森林茂密，孕育了丰富的动物种类。据调查统计，该保护区拥有陆栖脊椎动物 133 种，隶属 54 科 24 目。

①两栖类　有 11 种，隶属 4 科 1 目，占该区动物总种数的 8.27%。

②爬行类　有 29 种，隶属 8 科 3 目，占该区动物总种数的 21.80%。蛇目（SERPENTIFORMES）有 4 科 20 种，占该区爬行动物总数的 68.97%；蜥蜴目（LACERTIFORMES）有 3 科 5 种，占总数的 17.24%；龟鳖目（TESTUDOFORMES）1 科 4 种，占总数的 13.79%。

③鸟类　有 66 种，隶属 28 科 13 目，占该区动物总种数的 49.62%。雀形目（PASSERIFORMES）有 14 科 40 种，占该区鸟类总种数的 60.61%；隼形目（FALCONIFORMES）有 2 科 4 种，占总种数的 6.06%；鸡形目（GALLIFORMES）、鹃形目（CUCULIFORMES）分别有 1 科 4 种，各占总种数的 6.06%；鸮形目（STRIGIFORMES）有 2 科 2 种，占总数的 3.03%；鹤形目（GRUIFORMES）、鸽形目（COLUMBIFORMES）、佛法僧目（CORACIIFORMES）、鴷形目（PICIFORMES）分别有 1 科 2 种，各占总数的 3.03%；䴙䴘目（PODICIPEDIFORMES）、雁形目（ANSERIFORMES）、夜鹰目（CAPRIMULGIFORMES）、雨燕目（APODIFORMES）分别有 1 科 1 种，各占总数的 1.52%。

④哺乳类　有 27 种，隶属 14 科 7 目，占该区动物总种数的 20.30%；占广东省兽类总数（124 种）的 21.77%；占全国兽类总数（449 种）的 6.01%。食肉目（CARNIVORA）和啮齿目（RODENTIA）分别有 3 科 8 种，各占该区哺乳类总数的 29.63%；偶蹄目（ARIODACTYLA）有 4 科 4 种，占总数的 14.81%；翼手目（CHIROPTERAS）有 2 科 3 种，占总数的 11.11%；食虫目（INSECTVORA）、鳞甲目（PHOLIDOTA）、兔形目（LAGOMORPHA）分别有 1 科 1 属 1 种，各占总数 3.70%。

（2）珍稀濒危动物繁多　以我国 1989 年公布实施的《国家重点保护野生动物名录》和 2001 年公布实施的《广东省重点保护陆生野生动物名录》（第一批）为依据，仁化高坪自然保护区拥有保护脊椎动物 20 种。其中国家Ⅰ级重点保护动物 2 种，国家Ⅱ级重点保护动物 15 种，省级重点保护动物 2 种（表 2.16）。

表 2.16　仁化高坪自然保护区的保护动物

序号	种　名	科　名	IUCN 濒危等级	保护级别
		哺乳纲 MAMMALIA		
1	华南虎 *Panthera tigrisamoyensis*	猫科 Felidae	濒危	Ⅰ
2	穿山甲 *Manis pentadactyla*	鲮鲤科 Manidae	濒危	Ⅱ
3	小爪水獭 *Aonyx cinerea*	鼬科 Mustelidae	易危	Ⅱ
4	水獭 *Lutra lutra*	鼬科 Mustelidae	易危	Ⅱ
5	小灵猫 *Viverricula indica*	灵猫科 Viverridae	易危	Ⅱ
6	水鹿 *Cervus unicolor*	鹿科 Cervidae	易危	Ⅱ
7	鬣羚 *Capricornis sumatraensis*	牛科 Bovidae	易危	Ⅱ
		鸟纲 AVES		
8	黄腹角雉 *Tragopan caboti*	雉科 Phasianidae	易危	Ⅰ
9	鸢 *Milvus korschun*	鹰科 Accipitridae		Ⅱ
10	苍鹰 *Accipiter gentilis*	鹰科 Accipitridae		Ⅱ
11	普通鵟 *Buteo buteo*	鹰科 Accipitridae		Ⅱ
12	游隼 *Falco peregrinus*	隼科 Falconidae	易危	Ⅱ
13	白鹇 *Lophura nycthemera*	雉科 Phasianidae	易危	Ⅱ
14	草鸮 *Tyto capensis*	草鸮科 Tytonidae	易危	Ⅱ
15	领鸺鹠 *Glaucium brodiei*	鸱鸮科 Strigidae		Ⅱ
		爬行纲 REPTILIA		
16	蚺（蟒）*Python molurus*	蟒科 Boidae	濒危	Ⅰ

（续）

序号	种　名	科　名	IUCN 濒危等级	保护级别
17	三线闭壳龟 *Cuora trifasciata*	淡水龟科 Bataguridae	濒危	Ⅱ
18	地龟 *Geoemyda spengleri*	龟科 Testudidae		Ⅱ
		两栖纲 AMPHIBIA		
19	棘胸蛙 *Rana spinosa*	蛙科 Ranidae	易危	省级
20	沼蛙 *Rana guentheri*	蛙科 Ranidae	无危	省级

（3）经济动物多样　保护区内拥有国家保护的有益的或有重要经济、科学研究价值的陆生野生动物如下。

①两栖类　有中华蟾蜍、花姬蛙等。

②爬行类　有平胸龟、三索锦蛇 *Elaphe radiata*、王锦蛇 *E. carinata*、黑眉锦蛇 *E. taeniura*、赤链蛇 *Dinodon rufozonatum*、灰鼠蛇 *Ptyas korros*、滑鼠蛇、乌梢蛇 *Natrix percarinata*、金环蛇、银环蛇、眼镜蛇、眼镜王蛇、烙铁头 *Trimeresurus mucrosquamatus*、竹叶青 *T. stejnegeri*、乌龟 *Chinemys reevesii*、石龙子等。

③鸟类　有小䴙䴘、绿头鸭 *Anas platyrhynchos*、鸢、苍鹰、鹧鸪 *Francolinus pintadeanus*、鹌鹑 *Coturnix coturnix*、白鹇、黑水鸡 *Gallinula chloropus*、珠颈斑鸠、大杜鹃 *Cuculus canorus*、小杜鹃 *C. poliocephalus*、普通夜鹰 *Caprimulgus indicus*、普通翠鸟 *Alcedo atthis*、家燕 *Hirundo rustica*、金腰燕 *H. daurica*、黑枕黄鹂 *Oriolus chinensis*、八哥 *Acridothers cristatellus*、喜鹊 *Pica pica*、大嘴乌鸦 *Corvus macrorhynchus*、［树］麻雀 *Passer montanus*、灰头鹀 *Emberiza spodocephala*、黑枕绿啄木鸟 *Picun xanthopygaeus*、斑啄木鸟 *Dendrocopos major*、红尾伯劳 *Lanius cristaus*、棕背伯劳 *L. schach*、画眉 *Garrulax canorus*、褐雀鹛 *Alcippe brunnea*、纹背山鹪莺 *Prinia polychroa*、鸲姬鹟 *Ficedula mugimaki*、小仙鹟 *Niltava grandis*、小鹀 *Emberiza pusilla*、山斑鸠 *Streptopelia orientalis*、松鸦 *Garrulus glandarius* 等。

④哺乳类　有山蝠 *Nyctalus noctula*、普通蝙翼 *Pipistrellus pipistrellus*、黄鼬 *Mustela sibirica*、鼬獾 *Melogale moschata*、中华竹鼠 *Rhizomys sinensis*、褐家鼠 *Rattus norvegicus*、黄胸鼠 *R. flavipectus*、野猪、黄腹鼬 *Mustela kathiah*、鼬獾、果子狸、华南兔、隐纹花松鼠等。

2.2.3 乳源大峡谷自然保护区

1998 年乳源县人民政府乳府［1998］53 号文批准建立“乳源大峡谷亚热带常绿阔叶林自然保护区”；1999 年韶关市人民政府韶府复［1999］36 号文批准建立“广东大峡谷市级自然保护区”；2001 年 10 月 30 日经广东省人民政府粤办函［2001］636 号文《关于同意建立江门古兜山等 7 个省级自然保护区的复函》中，批准建立乳源大峡谷省级自然保护区。主要保护对象为中亚热带常绿阔叶林、珍稀动植物及峡谷地貌森林生态系统。

据中华人民共和国国家标准《自然保护区类型与级别划分原则》（GB/T14529—93），乳源大峡谷自然保护区属“自然生态系统类别”中的“森林生态系统类型”自然保护区。

2.2.3.1 自然条件

（1）位置范围　乳源大峡谷自然保护区位于韶关市辖的乳源瑶族自治县西南 68km 的大布镇，地理坐标为东经 113°6′～113°13′，北纬 24°28′～24°32′，地处北回归线北缘。具体范围东邻曲江区，西、南与英德市交界，北至大布镇埕头瀑布。东西宽 10km，南北长 6.5km，总面积 3673hm^2。

（2）地质基础

①地层　保护区内的地层属古生代中泥盆纪地层，在大峡谷及其周边，岩石以石英砂岩、砂岩为主，紫色页岩次之，岩层厚达 400～800m。在保护区周围有花岗岩露头，变质岩类和板岩、页岩分布

于山地。由于保护区的地层古老，在各个地质时期的地质构造处于比较稳定状态，为保存原始类群及分化新物种提供了良好条件，为生物物种多样性奠定了地质基础。

②构造　保护区内属华南褶皱系的一部分。在震旦纪到早古生代时期，为浅海环境，至早古生代末期，因受加里东运动影响隆起成陆，在晚古生代的泥盆纪至中生代早侏罗纪及三叠纪末期，曾发生多次海侵，形成本地区的含煤地层。直到侏罗纪，白垩纪初的燕山运动影响，岩层再次发生强烈褶皱、断裂，大量酸性岩浆断续侵入，形成大东山岩浆岩基体并伴有钨、锡、铋、锌为主的脉状矿床。由于燕山运动的结果，境域普遍隆起成陆，从此海侵基本结束，为动植物生长发育提供了各种环境条件。

（3）地貌类型　保护区属中低山山地地貌，以蕉窝顶为中心，山顶大多浑圆。地势中部高，两侧低。北部较低而开阔，有峡谷瀑布，南部大小山峰纵横迭嶂。保护区内以阎罗头、蕉窝顶海拔高度，分别为 1239.4m 和 220.5m，而在东南方向蛮洞附近形成大片低海拔平地，平均海拔 450m。

大峡谷始于大布镇埕头瀑布，顶部位于海拔 650m 高原面上，向南蜿蜒至英德境内，长约 15km，两崖相距宽窄不一，宽处有 1000m 以上，窄处仅有 100m，谷深 300m 余，谷内沟壑纵横，奇峰林立，深邃险峻，形成奇特的峡谷景观地貌。据专家考证，大峡谷地貌的形成与一亿三千万年前的喜马拉雅造山运动有关。

（4）气候特点　乳源大峡谷自然保护区属中亚热带季风气候区，其特点是：温暖湿润，偶有奇寒，雨量充沛，四季分明。保护区所在的大布镇年平均气温 17.3℃，最冷 1 月份平均气温 7.8℃，极端最低气温 -6℃，最热 7 月份平均气温 24.8℃，极端最高气温 34.6℃。无霜期长达 212 天。气温垂直递减率 1 月份为 0.41℃/100m，7 月份为 0.71℃/100m.。年平均降水量 1761.4mm，年降水日期 176 天，每年 3～6 月总降水量占全年总降水量的 75%～80%。一年中降水最少在 11 月，只有 35.5mm，年相对湿度 79%。年日照 1613 小时。常年劲风不断，是乳源县有名的大风区，有“大布洞的风，南华寺的钟”之称，冬半年以东北风为主，常吹 4～5 级东北风，夏半年以西南风为主，常吹 4～5 级大风。全年平均风速达 3.0m/秒，最大风速达 7～8 级。由于保护区的地势及峡谷地形复杂，而形成一些小气候地域，为需要不同生境的植物生长提供了气候条件。

（5）河流　大布河发源于乳源县南部大东山三磨芨，从大布镇南部的埕头直泻入大峡谷，为保护区内的主要河流，全长 10.5km，集雨面积 59km^2，平均流量 2.57m^3/秒，年径流量 2.566 亿 m^3，是保护区内的主要的水源，此外尚有山冲小溪密布，对于生态环境和植物生长具有十分重要的作用。目前，大布河和峡谷内的小水电站共有 5 座，总装机容量 9600kW。

（6）土壤特征　保护区的土壤垂直变化明显，海拔 400m 以下的丘陵为赤红壤，土层深厚；海拔 400～800m 的低山丘坡地为红壤，土层较厚，表土呈灰棕色或灰褐色，心土呈棕红色，土壤呈酸性，pH 4.5～5.0；海拔 800m 以上的中山坡地为山地黄红壤，土层较薄，表土呈褐色或灰黑色，心土呈黄色或棕黄色，具团粒结构，土壤呈强酸性，pH 4.0～5.0；海拔 1000m 以上的山脊和山顶为山地灌丛草甸土，土层浅薄，呈黑色泥炭状，松软有弹性，呈强酸性，pH 4.0 左右。

2.2.3.2　功能分区

依据广东乳源大峡谷省级自然保护区总体规划①，将保护区划分为如下 3 个功能区。

（1）核心区　面积 1044.5hm^2，占保护区总面积的 28.44%。具体范围包括蕉窝、蕉窝顶、蛮洞、下洞凹、十二旗、北岭脚和峡谷底部等。其主要功能是保护天然的常绿阔叶林、珍稀濒危动植物物种及其生存栖息环境。

核心区将实行全封闭管理，严禁捕猎、砍伐林木和旅游等活动，禁止任何单位和个人进入核心区。必须进入核心区从事科学研究观测、调查等活动的应当事先向自然保护区管理处提交申请和活动计划，经省级有关自然保护区行政主管部门批准。

---

① 文仕知．广东乳源大峡谷省级自然保护区总体规划．中南林业科技大学．2006.7.

（2）缓冲区　面积1429.3hm^2，占保护区总面积的38.91%。具体范围包括英明电站、瓦屋、落水凹、大青尾、下洞和阎罗头等。其主要功能是对核心区起缓冲作用，确保核心区的天然常绿阔叶林森林生态系统的良性循环。区内将实行半封闭管理，原则上只准从事科学研究观测、调查等活动，严禁捕猎和砍伐林木。

（3）实验区　面积1199.2hm^2，占保护区总面积的32.65%。具体范围包括埕头电站、峡谷拐弯、坪山、东心坑、深坑和细曾村以南等地。其主要功能是从事科学实验、参观考察，生态旅游、改造恢复和驯养繁殖和开展多种经营（图2.5）。

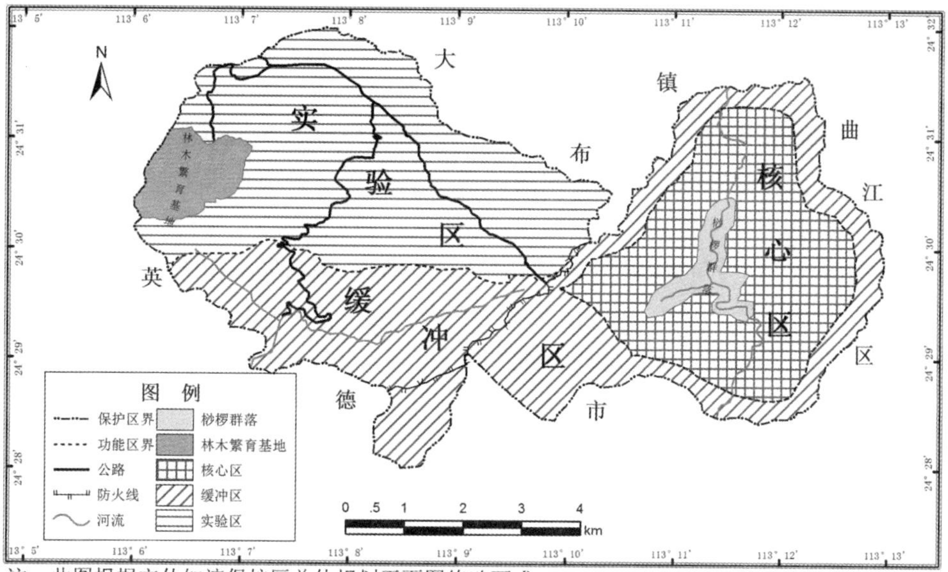

注：此图根据文仕知该保护区总体规划平面图修改而成。

图2.5　乳源大峡谷自然保护区功能分区图

2.2.3.3　植物区系特点

保护区的植物区系具有如下特点。

（1）植物种类丰富　据调查统计，该保护区拥有维管束植物1886种（含种下单位，下同），隶属873属210科。其中蕨类植物316种，分隶94属41科；裸子植物21种，隶属15属9科；被子植物1546种，属隶728属160科（表2.17）。

表2.17　乳源大峡谷自然保护区维管束植物类群的组成

植物类群	科数	属数	种数
蕨类植物	41	94	316
裸子植物	9	15	21
被子植物	160	728	1546
合计	210	873	1886

（2）起源比较古老　蕨类植物被认为起源于古生代二叠纪，在保护区内计有41科94属169种，其中桫椤 *Alsaphila spinulosa* 起源于志留纪（距今约3.5亿年前），其化石在波兰、印度和朝鲜的侏罗纪地层中都有发现，在石炭纪曾盛极一时，后因地质变迁和冰川袭击而几近灭绝。但在保护区内仍有保留。此外，还有珍稀植物苏铁蕨 *Brainea insignis*、金毛狗 *Cibotium barometz*，也成群落分布于保护区内。裸子植物被认为起源于中生代白垩纪（距今0.65亿年前），在保护区内计有9科15属21种，其中华南五针松 *Pinus kwangtungensis*、南方铁杉 *Tsuga chinensis* var. *tchekiangensis*、福建柏 *Fokienia hodginsii*、竹柏 *Podocarpus nagi*、穗花杉 *Amentotaxux argotaenia*、小叶买麻藤 *Gnetem parvifolium* 等都是我国南方特

有或准特有的。

（3）特有现象突出　保护区内有中国特有属 16 属。3 个特有种，如广东含笑 *Michelia guangdongensis* 分布于深坑山体上部常绿阔叶林或山顶矮林中；团扇叶秋海棠 *Begonia leprosa* 成片生长于石灰岩丘陵阴湿石壁上；四数苣苔 *Bournea sinensis* 生长于深坑较湿润的石壁上。

此外，保护区内有广东新记录 4 种，如黄山松 *Pinus taiwanensis* 分布于深坑的陡壁上；变豆草 *Sanicula chinensis* 生长在大峡谷林下；大齿马铃苣苔 *Oreocharis magnidens* 分布于蕉窝近山顶的巨石下和大峡谷近顶部的石缝中；单苞鸢尾 *Iris anguifuga* 成片生于石灰岩路旁、较湿润的疏林下。

（4）植物过渡性明显　据统计，该自然保护区植被的植物区系组成的优势科为壳斗科、山茶科、樟科、杜英科、木兰科、鼠李科、交让木科、金缕梅科、冬青科、安息香科、杜鹃花科和五列木科等 13 科。其中除杜鹃花科（亦有不少属种是亚热带山地的表征成分）为广布分布科外，均为热带亚热带的代表性科。热带性较强的含羞草科、大戟科、芸香科和五加科等虽在植被中出现，但并不占重要地位，温带性较强的榛木科、桦木科、槭树科和胡桃科等虽亦在植被中出现，但重要性更低。由于保护区地处南亚热带与中亚热带的过渡地带。在植被类型中除典型常绿阔叶林外，也存在沟谷季风常绿阔叶林。这些都充体现出该保护区的植物是由南亚热带季风常绿阔叶林向中亚热带典型常绿阔叶林的过渡性。

2.2.3.4　植被类型

据调查统计，保护区内的植被类型多样，主要有如下 8 种类型。

（1）针叶林　在保护区内的针叶林多半为天然林或人工林，主要分布于地势较为平缓的山坡上。如大布附近，优势种有马尾松 *Pinus massoniana*、杉木 *Cunninghamia lanceolata* 和湿地松 *Pinus elliottii*。林下常见的灌木有桃金娘 *Rhodomyrtus tomentosa*、岗松 *Baeckea frutescens* 等，草本植物有芒萁 *Dicranopteris pedata*、半边旗 *Pteris semipinnata*、狗脊 *Woodwardia japonica*、海金沙 *Lygodium japonicum*、乌毛蕨 *Blechnum orientale*、五节芒 *Miscanthus floridulus*、淡竹叶 *Lophatherum gracile* 等。

（2）沟谷季风常绿阔叶林　主要分布在保护区内海拔 500m 以下的沟谷两侧或山坡下部。

乔木层：除假苹婆 *Sterculia lanceolata*、厚壳桂 *Cryptocarya chinensis*、华润楠 *Machilus chinensis*、榕树 *Ficus microcarpa*、木荷 *Schima superba*、杜英 *Elaeocarpus decipiens*、水石梓 *Sarcosperma laurinum* 等为优势种外。伴生植物有鹅掌柴 *Schefflera octophylla*、红枝蒲桃 *Syzygium rehderianum*、多花山竹子 *Garcinia multiflora*、海红豆 *Adenanthera pavonina*、广东刺冬 *Scolopia saeva*、香港樫木 *Dysoxylum hongkongense*、野芭蕉 *Musa balbisiana* 等。

灌木层：主要有水冬哥 *Saurauia tristyla*、罗伞树 *Ardisia quinquegona*、假黄皮 *Clausena excavata*、勒古子 *Pandanus forceps*、九里香 *Murraya paniculata* 等。

层间藤本植物：有扁担藤 *Tetrastigma planicaule*、罗浮买麻藤 *Gnetum lofuense*、小叶买麻藤 *G. parvifolium*、杖藤 *Calamus rhabdocladus*、白花油麻藤 *Macuna birdwoodiana*、石柑子 *Pothos chinensis* 等。

附生植物：有石仙桃 *Pholidota cantonensis*、石斛 *Dendrobium nobile* 等，并有小型板根和茎花现象。

（3）常绿阔叶林　是以常绿阔叶树为建群种所组成的森林群落。是中亚热带地带性的典型植被类型，在保护区内占主导地位，主要分布于保护区海拔 600 ~ 1000m 的山坡或山凹。

乔木层：除甜槠 *Castanopsis eyrei*、黧蒴 *C. fissa*、钩锥 *C. tibetana*、南岭栲 *C. fordii*、木荷、山杜英 *Elaeocarpus sylvestris*、红楠 *Machilus thunbergii*、华润楠和厚壳桂等外，伴生植物主要有猴欢喜 *Sloanea sinensis*、蕈树 *Altingia chinensis*、亮叶猴耳环 *Archidendron lucidum*、美叶柯 *Lithocarpus calophyllus* 等。

灌木层：主要有水冬哥、桃金娘、野牡丹 *Melastoma affine* 等。

草本层：主要有金毛狗 *Cibotium barometz* 等。

此外，还有树形蕨类桫椤 *Alsophila spinolosa*、黑桫椤 *Gymnosphaera podophylla* 等，并形成群落。

（4）山顶常绿阔叶矮林　主要分布于海拔 1000m 以上的山顶或山脊，常呈片状。由于土层脊薄，风大，故树木一般矮化弯曲，分枝多而密布苔藓。组成种类，主要由甜槠、美叶柯、蚊母树 *Distylium racemosum*、乌冈栎 *Quercus phillyraeoides*、疏齿木荷 *Schima remotiserrata*、五列木 *Pentaphylax euryoides*、厚皮香 *Ternstroemia gymnanthera*、吊钟花 *Enkianthus quinqueflorus* 和杜鹃 *Rhododendron* spp. 等组成。

（5）崖壁矮林　是一种原生的特殊植被类型，由于保护区内的峡谷地貌发育，因而植物直接生长在海拔 500 ~ 800m 的几乎垂直崖壁的缝隙中，树木矮化稀疏，多由密花树 *Rapanea neriifolia*、蚊母树、福建柏 *Fokienia hodginsii*、华南五针松 *Pinus kwangtungensis* 等组成。

（6）竹林　主要分布于沟谷洼地或坡地，多不成片，而是呈丛状生长，常见的有乳源苦竹林（Form *Pleioblastus ruyuanensis*）和箬竹林（Form *Indocalamus tessellatus*）等。

（7）针阔叶混交林　是以暖性针叶树与阔叶树为建群种所组成的森林群落。在保护区内多呈块状分布于海拔 800 ~ 1000m 的向阳山坡或山脊。

乔木层：建群种有华南五针松、福建柏、木荷等，伴生树种有南方铁杉 *Tsuga tchekiangensis*、五裂木、米槠 *Castanopsis carlesii*、枫香树 *Liquidambar formosana*、任木 *Zenia insignis* 等。

灌木层：主要有梅叶冬青 *Ilex asprella*、地稔 *Melastoma sanguineum*、杜鹃、吊钟花、多花勾儿茶 *Berchemia floribunda*、雀梅藤 *Sageretia thea* 等。

草本层：主要有芒萁和淡竹叶等。

（8）灌丛草坡　主要分布海拔 600 ~ 1200m 向阳山坡。灌木多为映山红 *Rhododendron simiarum*、满山红 *Rh. mariesii*、桃金娘、岗松、吊钟花 *Enkianthus quinqueflorus* 等。草本植物有芒、野古草 *Arundinella anomala*、苔草 *Carex* spp. 、鬼针草 *Bidens pilosa*、野菊 *Dendranthema indicum* 等。

2.2.3.5　野生植物资源

（1）植被资源　根据 1994 年森林资源二类调查，保护区内有林地面积有 2512hm^2，占保护区总面积的 68.4%。林相整齐，均为天然林，林分郁闭度在 0.7 ~ 0.9，活立木蓄积量 20.34m^3。其中常绿阔叶林面积 1965hm^2，占有林地面积的 78.2%；针叶林面积 135hm^2，占有林地面积的 5.4%；针阔混交林面积 412hm^2，占有林地面积的 16.4%。

（2）珍稀濒危保护植物繁多　根据 1984 年国家环境保护委员会公布的《中国珍稀濒危保护植物名录》和 1999 年国务院批准公布的《国家重点保护野生植物名录（第一批）》所列种类统计，保护区内共有国家重点保护野生植物 18 科 21 属 22 种。其中蕨类植物 3 科 4 属 5 种，裸子植物 4 科 5 属 5 种，被子植物 11 科 12 属 12 种；国家Ⅰ级重点保护野生植物 2 种，国家Ⅱ级重点保护野生植物 17 种，国家Ⅲ级重点保护野生植物 3 种（表 2.18）。

表 2.18　乳源大峡谷自然保护区的保护植物

序号	种名	科名	IUCN 濒危等级	保护级别
1	银杏 *Ginkgo biloba*	银杏科 Ginkgoaceae	濒危	Ⅰ
2	伯乐树 *Bretschneidera sinensis*	伯乐树科 Bretschneideraceae	濒危	Ⅰ
3	桫椤 *Alsophila spinulosa*	桫椤科 Cyatheaceae	渐危	Ⅱ
4	小黑桫椤 *Gymnosphaera metteniana*	桫椤科 Cyatheaceae	渐危	Ⅱ
5	黑桫椤 *Gymnosphaera podophylla*	桫椤科 Cyatheaceae	渐危	Ⅱ
6	金毛狗 *Cibotium barometz*	蚌壳蕨科 Dicksoniaceae	渐危	Ⅱ
7	苏铁蕨 *Brainea insignis*	乌毛蕨科 Blechnaceae	渐危	Ⅱ
8	华南五针松 *Pinus kwangtungensis*	松科 Pinaceae	渐危	Ⅱ
9	福建柏 *Forkienia hodginsii*	柏科 Cupressaceae	渐危	Ⅱ
10	樟树 *Cinnamomum camphora*	樟科 Lauraceae	渐危	Ⅱ

（续）

序号	种名	科名	IUCN 濒危等级	保护级别
11	半枫荷 *Semiliquidambar cathayensis*	金缕梅科 Hamamelidaceae	渐危	Ⅱ
12	野大豆 *Glyciine soja*	蝶形花科 Papilionaceae	渐危	Ⅱ
13	花榈木 *Ormosia henryi*	蝶形花科 Papilionaceae	渐危	Ⅱ
14	红椿 *Toona ciliata*	楝科 Meliaceae	渐危	Ⅱ
15	喜树 *Camptotheca acuminata*	蓝果树科 Nyssaceae	渐危	Ⅱ
16	金荞麦 *Fagopyrum dibotrys*	蓼科 Polygonaceae	渐危	Ⅱ
17	川黄檗 *Phellodendron chinense*	芸香科 Ruscaceae	渐危	Ⅱ
18	伞花木 *Eurycorymbus cavaleriei*	无患子科 Sapindaceae	渐危	Ⅱ
19	榉树 *Zelkova schneideriana*	榆科 Ulmaceae	渐危	Ⅱ
20	南方铁杉 *Tsuga chinensis* var. *tchekiangensis*	松科 Pinaceae	稀有	Ⅲ
21	穗花杉 *Amentotaxus argotaenia*	红豆杉科 Taxaceae	濒危	Ⅲ
22	任木 *Zenia insignis*	苏木科 Caesalpiniaceae	稀有	Ⅲ

注：兰科植物 23 属 39 种，全部为《濒危野生动植物种国际贸易公约》附录Ⅱ物种。

2.2.3.6 动物资源

保护区的动物资源具有如下特点。

（1）动物种类丰富　据调查统计，该保护区拥有水生脊椎动物 1 纲 5 目 10 科 25 种；陆生脊椎动物 4 纲 27 目 81 科 243 种，其中两栖纲 1 目 6 科 22 种，爬行纲 3 目 11 科 451 种，鸟纲 15 目 39 科 127 种，哺乳纲 8 目 25 科 49 种。

（2）动物区系特征　在动物地理区划上，保护区属东洋界华中区东部丘陵平原亚区，由于保护区地处东洋界华中区向华南区过渡地域，两个区系的物种都向此区间渗透，因而形成了东洋界华中区与华南区共有种为主的区系特征。而在东洋界区系中，保护区处于华中区，同时西南区和华南区的物种相渗透，形成了华中区、华南区和华中区的共有种为主，华中区与西南区共有种次之的区系特点。这都与保护区所处的地理区划和地理位置相一致。

在陆生脊椎动物 243 种中，以东洋界种类占优势，有 193 种，广布种有 28 种，古北界种类有 22 种。如小角蟾、福建掌突蟾、莽山角蟾 *Megophrys mangshanesis*、黑眶蟾蜍 *Bufo melanostictus*、华南雨蛙 *Hula simplex*、中国雨蛙 *Hula chinensis*、沼陆蛙 *Hula guentheri*、花臭蛙 *Hula schmackeri*、虎纹蛙 *Rana tigrina*、华南湍蛙 *Staurois ricketti*、饰纹姬蛙 *Microhyla ornata*、斑腿树蛙 *Rhacophorus leucomystax*、大树蛙 *Rhacophorus dennysi*、平胸龟 *Platysternon megacephalum*、多疣壁虎、蓝尾石龙子 *Eumeces elegans*、变色树蜥 *Calotes versicolor*、蟒蛇 *Python molurus*、黑背白环蛇 *Lycodon ruhstrati*、山溪后棱蛇 *Opisthotropis latouchii*、纹花林蛇 *Boiga kraepelini*、尖吻蝮 *Deinagkistrodon acutus*、山烙铁头 *Trimeresurus monticola*、牛背鹭 *Bubulcus ibis*、褐冠鹃隼 *Aviceda jerdoni jerdoni*、蛇雕 *Spilornis cheela*、白鹇 *Lophura nycthemera*、黄腹角雉 *Python molurus*、白胸苦恶鸟 *Amaurornis phoenicurus chinensis*、珠颈斑鸠 *Streptopelia chinensis*、红翅凤头鹃 *Clamator coromandus*、小鸦鹃 *Centropus toulou*、草鸮 *Tyto capensis*、领角鸮 *Otus bakkamoena*、普通夜鹰 *Caprimulgus indicus jotaka*、红头咬鹃 *Harpacyes erythrocephalus*、冠鱼狗 *Ceryle lugubris guttulata*、三宝鸟 *Eurystomus orientalis calonyx*、大拟啄木鸟 *Megalaima virens magnifica*、小云雀 *Alauda gulgula*、赤红山椒鸟 *Pericrocotus flammeus*、红耳鹎 *Pycnonotus jocosus*、棕背伯劳 *Lanius schach*、黑枕黄鹂、黑卷尾 *Dicrurus macrocercus cathoecus*、丝光椋鸟 *Sturnus sturninus*、红嘴蓝鹊 *Cissa erythrorhyncha*、褐河乌 *Cinchus pallasii pallasii*、鹊鸲 *Copsychus saularis prosthopellus*、白颊噪鹛 *Garrulax sannio*、褐头鹪莺 *Prinia subflava*、红胸啄花鸟 *Dicaeum ignipectus ignipectus*、叉尾太阳鸟 *Aethopyga christinae*、暗绿绣眼鸟 *Zosterops japonica* 、斑文鸟 *Lonchura striata*、华南缺齿鼹 *Mogera insularis*、棕果蝠 *Rousettus leschenaulti*、大菊头蝠 *Rhinolophus* luctus、藏酋猴 *Macaca thibetana*、青鼬 *Martes flavigula*、鼬獾、小灵猫 *Viverricula indica*、果子狸、水鹿 *Cervus unicolor*、毛冠鹿 *Elaphodus cephalophus*、林麝 *Moschus berezovskii*、斑羚 *Naemorhedus goralarnouxianus*、穿山甲 *Manis pentadactyla*、棕鼯鼠 *Petaurista petaurista*、隐纹花松鼠 *Tamiops swinhoei*、豪猪 *Hystrix hodgsoni*、银星竹鼠 *Rhizomys pruinosus latouchi*、华南兔、黄胸鼠 *Rattus flavipectus*、白腹巨鼠 *Rattus edwardsi* 等为东洋界种类，其中许多种类为东洋界华中区种类；中华蟾蜍 *Bufo gargarizans*、乌龟 *Chinenmys reevesii*、鳖 *Trionyx sinensis*、赤链蛇 *Dinodon rufozonatum*、黑眉锦蛇 *Elaphe taeniura*、虎斑颈槽蛇 *Rhabdophis tigrinus*、翠青蛇 *Opheodrys major*、竹叶青 *Trimeresurus stejnegeri stejnegeri*、鸢 *Milvus migrans*、红隼 *Falco tinnunculus*、雉鸡、大杜鹃、小白腰雨燕 *Apus affinis subfurcatus*、普通翠鸟 *Alcedo atthis bengalensis*、家燕、金腰燕 *Hirundo daurica japonica* 、喜鹊 *Pica pica sericea*、黄鼬、豹猫 *Felis bengalensis*、野猪、褐家鼠 *Rattus norvegicus* 等为东洋界和古北界两界广泛分布的动物；雀鹰 *Accipiter nisus nisosimilis*、白尾鹞 *Circus cyaneus cyaneus*、普通鵟 *Buteo buteo*、燕隼 *Falco subbuteo*、鹌鹑 *Coturnix coturnix japonica*、雕鸮 *Bubo bubo*、白腰雨燕 *Apus pacificus*、黑枕绿啄木鸟 *Picus canus*、白鹡鸰 *Motacilla alba*、黑领椋鸟 *Sturnus nigricollis*、红胁蓝尾鸲 *Tarsiger cyanueus cyanueus*、北红尾鸲 *Phoenicurus auroreus*、乌鸫 *Turdus merula mandarinus*、黄腰柳莺 *Phylloscopus proregulus proregulus*、大山雀 *Parus major*、黑头蜡嘴雀 *Eophona personata magnirostris*、黑尾蜡嘴雀 *Eophona migratoria migratoria*、灰头鹀 *Emberiza spodocephala*、刺猬 *Erinaceus europaeus*、水麝鼩 *Chimmarogale himalayica*、山蝠 *Nyctalus noctula velutinus*、猪獾等原属古北界的种类也渗入东洋界而在保护区内广泛分布。整个动物区系组成表现出以东洋界种类，特别是以华中区种类及华中区与华南区共有种类为主、南北混南、西南渗入的特点。

（3）珍稀保护动物种类多　以我国1989年公布实施的《国家重点保护野生动物名录》和2001年公布实施的《广东省重点保护陆生野生动物名录》（第一批）为依据，保护区内已发现有国家I级重点保护动物有蟒蛇、黄腹角雉、白颈长尾雉、林麝和云豹 *Neofelis nebulosa* 等5种；国家II级重点保护动物有虎纹蛙、草鸮、领鸺鹠 *Glaucidium brodiei*、斑头鸺鹠 *Glaucidium cuculoides*、领角鸮、红角鸮 *Otus scops malayanus*、雕鸮、鸢、鹰雕 *Soizaetus nipalensis*、褐冠鹃隼、凤头鹰 *Accipiter trivirgatus*、松雀鹰 *Accipiter virgatus*、普通鵟、蛇雕、白鹇、小鸦鹃、褐翅鸦鹃 *Centropus sinensis*、鹰鸮 *Ninox scutulata burmanica*、红隼、燕隼、藏酋猴、穿山甲、豺 *Cuon alpinus*、水獭 *Lutra lutra*、大灵猫 *Viverra zibetha*、小灵猫、金猫 *Felis temmincki*、水鹿、斑羚等19种。

（4）经济动物多样　保护区内拥有国家保护的有益的或有重要经济、科学研究价值的陆生野生动物，可提取蟾酥的有中华大蟾蜍；食用蛙类有棘胸蛙、华南湍蛙、沼蛙、虎纹蛙等；经济蛇类有王锦蛇 *Elaohe carinata*、滑鼠蛇、乌梢蛇 *Zaocys dhumnades*、银环蛇、眼镜蛇、尖吻腹等；鸟类中有许多种类具有食用、药用、羽用、观赏价值；兽类中的华南兔、白腹巨鼠、银星竹鼠、豪猪、黄鼬、鼬獾、果子狸、野猪等。

2.2.3.7　峡谷景观资源

（1）奇特的峡谷地貌　一般大峡谷入口处常为山地或谷地，延伸至出口地势平缓。而乳源大峡谷正好相反，保护区所在地大布镇埕头入口处为海拔650m高原面上，非常平坦，地面突然下陷形成大峡谷，峡谷两壁犹如刀削，直下300m余，两壁相距宽窄不一，宽处有1000m以上，窄处仅有100m，谷内沟壑纵横，奇峰林立，深邃险峻，形成奇特的峡谷地貌。

（2）优美的峡谷景观　站在谷顶，俯瞰谷底，可见沟壑纵横，奇峰林立，林海茫茫，云雾缭绕，恰似一幅巧夺天工的山水画。大布河从峡谷梯级的崖顶飞流直下200m余的大瀑布，大有银河落九天之势，如蛟似练，吼声如雷。在峡谷右壁有一条近50°陡坡，1368个石级的“通天梯”直达谷底。两壁峰峦重叠，悬崖绝壁、怪石随处可见，秀丽多姿，美不胜休收。峡谷内已开发的景点有骆驼峰、金龟岩、双狮拜客、灵龟贺寿、石猴迎宾、送财童子、仙人伞柄、虎跳岩等。峡谷内溪流众多，水流时而狂奔，时而缓慢流过，或由石隙夺腔而出，或在宽阔的石砾河床荡漾，有的积水成潭，碧绿如蓝，沁人心脾；有的形成终年悬瀑，构成了千姿百态的水文景观。峡谷内既有大面积的常绿阔叶林，又有珍稀濒危树种及奇花异草，还有珍稀动物熊猴 *Macaca assamensis*、鳄蜥 *Shinisaurus crocodilurus*、大鲵 *Andrias davidianus* 等，极具观赏价值。

2.2.4 乐昌大瑶山自然保护区

2000 年 3 月 16 日乐昌市人民政府乐府发［2000］61 号文《关于建立乐昌大瑶山市（县）级自然保护区的决定》。2000 年 5 月 10 日韶关市人民政府韶府复［2000］53 号文《关于同意建立广东省乐昌大瑶山市级自然保护区的批复》。2002 年 6 月 18 日韶关市人民政府韶府函［2002］16 号文《关于申请建立广东乐昌大瑶山省级自然保护区的函》。20004 年广东省人民政府粤府函［2004］9 号文批准乐昌大瑶山为省级自然保护区。主要保护对象为中亚热带常绿阔叶林森林生态系统、生物多样性及其生态环境。

根据中华人民共和国国家标准《自然保护区类型与级别划分原则》（GB/T14529—93），乐昌大瑶山自然保护区属“自然生态系统类别”中的“森林生态系统类型”自然保护区。

2.2.4.1 自然条件

（1）位置范围　乐昌大瑶山自然保护区位于韶关市辖乐昌市中部。地理坐标为东经 113°11′31″～113°16′34″，北纬 24°07′36″～24°14′56″。贯穿大瑶山林场和大源镇。保护区西南角与乳源县接壤。总面积 7913.9hm^2。

（2）地质基础

①地层　乐昌大瑶山自然保护区出露的地层，由老到新共有如下几种地层单元组成。

A. 震旦纪（Z）　是保护区内最古老的地层，出露的为乐昌峡群。主要分布于保护区中东南部，岩性多为灰绿色板岩夹变质石英砂岩和绢云母板岩等。岩层呈块状及层状破碎结构，节理发育，易风化，在绢云母含量较多的层位，岩层风化后遇水变软而滑，易发生坍塌。

B. 寒武纪（∈）　出露的为八村群。主要分布于保护区的东北部、中南部和西南部。岩性多为灰绿色、暗紫色石英细砂岩夹版岩，受强烈挤压使节理发育，易风化坍塌。

C. 泥盆纪（D）　出露的为中泥盆统桂头组和棋子桥组，主要分布于保护区的中西部。桂头组岩分布与中部偏西，岩性多为灰色、灰白色、紫红色砂岩及砾岩，较易风化坍塌；棋子桥组分布于西部，岩性多为灰白色、灰黑色灰岩，白云岩、白云质灰岩和泥灰岩等，岩层节理虽发育，但多经胶结，相对较致密而不易风化坍塌。

D. 第四纪（Q_4）　是由松散的砂砾层、砂层及黏土层组成。广泛散布于河流两岸，岩性多为砂质黏土、砂砾石等阶地冲积物。

综上所述，地层大多经历多次地质作用而使岩层发生浅变质，同时由于岩层发生强烈褶皱挤压导致节理发育，易风化破碎。因此，植被一旦遭受破坏，就容易造成水土流失，甚至发生山体滑坡。

（3）地貌概况　保护区的地势大致西高东低。其中以海拔 800m 以上中山地貌发育，高于海拔 1000m 的山峰有 20 多座，山地主要有古老的震旦系乐昌峡群、寒武系八村群、中泥盆统桂头组和棋子桥组构成，岩性多为变质砂岩和绢云母板岩等。由于这些地层经历了加里东运动等多次褶皱和变质作用，造成山势陡峭，位保护区西南部的最高峰无名山海 1254.4m，

（4）气候特点　保护区属中亚热带季风气候区。其特点是：光照充足，温暖湿润，雨量充沛，夏季高温多雨，雨热同季，冬季有霜冻寒潮较多少雨。由于保护区位于乐昌市中部山区，而具有山地气候特征。

据保护区所在的乐昌市气象资料：≥10℃年积温为 6386.5℃，无霜期 300 天，多年平均气温 19.00℃。最冷 1 月份平均气温 8.6℃，最低气温 -7.5℃（1993 年），最高气温 11.3℃；最热 7 月份平均气温 28.4℃，最低气温 26.8℃（1999 年），最高气温 29℃（1996 年）。年平均降水量 1522.3mm，

主要集中在3～8月，月降水量超过150mm。

（5）水文特征　保护区属北江水系的一级支流—武江流域，九峰河是武江在乐昌市境内主要的支流之一。

保护区内有滑石坑、八里排等小河溪流直接注入武江，流域面积分别达到$35.5km^2$和$48.1km^2$。此外，还有小长坑和野坑等溪流。

由于溪流的水主要来源为雨水，故其水文特征为流量季节变化明显，雨季地表径流顺坡而下，流量剧增，水位高涨；干季缺乏地表径流补给，流量大减，水位低落。

（6）土壤特征　保护区的地带性土壤为红壤，但由于受成土母质、山地气候、植被和地形等因素以及人类活动的影响，从山麓至山顶依次形成了垂直分布。

①山地红壤　主要分布在海拔800m以下山坡地带，成土母质主要为变质石英砂岩、板岩、绢云母板岩等风化坡积物和堆积物，表土灰紫色或灰褐色，心土橙红至红色。植被多为山地常绿阔叶林。

②山地黄壤　主要分布在保护区内海拔800～1000m的山坡，成土母质以变质石英砂岩、绢云母板岩、灰岩、白云岩和白云质灰岩，表土灰黄色至灰黑色，心土蜡黄色或金黄色，植被以常绿－落叶阔叶林和针阔叶混交林为主。

③灌丛草甸土主要分布在海拔1000m以上的山坡，成土母质以砂岩及砾岩为主，植被以山顶矮林、灌丛草甸或山地草坡。

2.2.4.2　功能分区

依据《广东乐昌大瑶山省级自然保护区功能区调整可行性报告》①②，将大瑶山自然保护区以梅乐公路为界分为南北两片功能区。

（1）北片

A. 核心区　总面积$2155.9hm^2$，占保护区总积的27.24%。位于保护区的北部中心区域，，以常绿阔叶林为主，珍稀濒危动植物较为丰富，人迹罕至，基本无不良因素干扰。其主要功能是保护天然常绿阔叶林生态系统和珍稀野生动植物。将实行全封闭管理，除必需的科学研究人员经有关主管部门批准方可进出外，禁止任何人进入，严禁狩猎、采挖药材和砍伐林木 。

B. 缓冲区　总面积$1952hm^2$，占保护区总面积的24.67%。位于核心区的外围，其主要功能是对于保护核心区起缓冲作用，确保核心区的天然常绿阔叶林生态系统和珍稀野生动植物的良性循环。实行半封闭式管理，禁止开展旅游和生产经营活动，因教学科研需要进入缓冲区的，应事先向自然保护区管理机构提交申请和和活动计划，须经自然保护区管理机构批准方可进入。

C. 实验区　总面积$1951hm^2$，占保护区总积

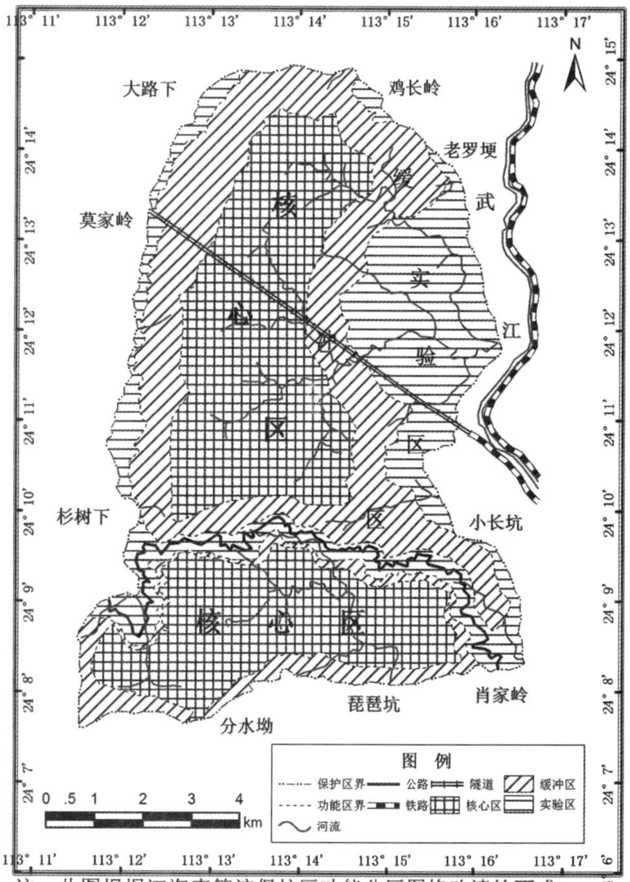

注：此图根据江海声等该保护区功能分区图修改清绘而成。

图2.6　乐昌大瑶山自然保护区功能分区图

① 广东乐昌大瑶山省级自然保护区管理处．广东乐昌大瑶山省级自然保护区功能区调整可行性报告．2005.10.

② 江海声等．广东乐昌五瑶山省级自然保护区总体规划（修编）．华南濒危动物研究所，广州大学生物与化学工程学院，中山大学生命科学学院等，2005.10.

的 24.65%。位于缓冲区外围。其主要功能是开展各种科学实验、科普教育、生态旅游和教学实习等。

（2）南片

A. 核心区　总面积 1100hm²，占保护区总积的 13.90%。位于保护区的南部中心区域。主要功能与北片相同。实行全封闭管理。

B. 缓冲区　总面积 422hm²，占保护区总积的 5.33%。位于核心区的外围，主要功能与北片相同。实行半封闭式管理。

C. 实验区　总面积 333hm²，占保护区总积的 4.21%。位于缓冲区外围。主要功能与北片相同（图 2.6）。

2.2.4.3　植物区系特点

（1）植物物种较丰富　据调查统计①，该保护区拥有野生维管束植物 1411 种（包括种下分类单位，下同），隶属 699 属 195 科，占广东省 5933 种野生维管束植物（叶华谷等，2005）的 23.78%。其中蕨类植物 132 种，隶属 66 属 34 科；裸子植物 6 种，隶属 6 属 5 科；被子植物 1273 种，隶属 627 属 156 科（表 2.19）。

表 2.19　乐昌大瑶山自然保护区野生维管束植物类群的组成

植物类群		科数	属数	种数
蕨类植物		34	66	132
裸子植物		5	6	6
被子植物	双子叶植物纲	131	497	1062
	单子叶植物纲	25	130	211
合计		195	699	1411

此外，尚有栽培植物 105 种，隶属 86 属 51 科。其中裸子植物 10 种，隶属 9 属 5 科；被子植物 95 种，属隶 77 属 46 科（双子叶植物 81 种 66 属 37 科；单子叶植物 14 种 11 属 9 科）。

（2）地理成分较复杂

①蕨类植物的地理成分

A. 科的地理分布区类型　根据乐昌大瑶山自然保护区 34 科的分布类型统计分析如下。

广布科　共有 11 科，占该区总科数的 32.35%。如石杉科 Huperziaceae、石松科 Lycopodiaceae、卷柏科 Selaginellaceae、木贼科 Equisetaceae、紫萁科 Osmundaceae、铁线蕨科 Adiantaceae、蹄盖蕨科 Athyriaceae、铁角蕨科 Aspleniaceae、水龙骨科 Polypodiaceae、苹科 Marsileaceae、满江红科 Azollaceae。

热带、亚热带分布科　共有 15 科，占该区总科数的 65.20%（扣除广布分布科 11 科，下同）。如观音座莲科 Angiopteridaceae、里白科 *Gleicheniaceae*、中国蕨科 Sinopteridaceae、碗蕨科 Dennstaedtiaceae、鳞始蕨科 Lindsaeaceae、海金沙科 Lygodiaceae、凤尾蕨科 Pteridaceae、裸子蕨科 Hemionitidaceae、书带蕨科 Vittariacea、肿足蕨科 Hypodematiaceae、金星蕨科 Thelypteridaceae、膜蕨科 Hymenophyllaceae、三叉蕨科 Aspidiaceae、条蕨科 Oleandraceae、骨碎补科 Davalliaceae 等。

泛热带分布科　共有 5 科，占该区总科数的 21.70%。如槲蕨科 Drynariaceae 以亚洲为主，其他为蚌壳蕨科 Dicksoniaceae、蕨科 Pteridiaceae、乌毛蕨科 Blechnaceae、肾蕨科 Nephrolepidaceae 等。

亚洲、大洋洲和美洲热带分布科　仅有瘤足蕨科 Plagiogyriaceae，占该区总科数的 4.35%。

温带至亚热带高山地区分布科　有 2 科，占该区总科数的 8.70%。即阴地蕨科 Botrychiaceae、鳞毛蕨科 Dryopteridaceae。

① 江海声主编．拟建广东乐昌大瑶山省级自然保护区资源调查报告．华南濒危动物研究所，广州大学生物与化学工程学院，中山大学生命科学学院，乐昌市林业局．2001.9.

B. 属的地理分布区类型　根据保护区66属的分布类型统计分析如下。

广布属　共有6属，占该区总属数的9.09%。如石杉属 *Huperzia*、卷柏属 *Selaginella*、铁线蕨属 *Adiantum*、铁角蕨属 *Asplenium*、苹属 *Marsilea*、满江红属 *Azolla* 等。

泛热带分布属　共有6属，占总属数的10%（扣除广布分布属6属，下同）。如团扇蕨属 *Gonocormus*、鳞始蕨属 *Lindsaea*、乌蕨属 *Sphenomeris*、蕨属 *Pteridium*、肾蕨属 *Nephrolepis*、槲蕨属 *Drynaria* 等。

热带和亚热带分布属　共有47属，占该区总属数的78.33%。其中热带至亚热带为主，如藤石松属 *Lycopodistrum*、灯笼草属 *Palhinhaea*、观音莲座属 *Anglopteris*、芒萁属 *Dicranopteris*、里白属 *Diplopterygium*、海金沙属 *Lygodium*、碗蕨属 *Dennstaedtia*、膜蕨属 *Hymenophyllum*、鳞盖蕨属 *Microlepia*、凤尾蕨属 *Pteris*、碎米蕨属 *Cheilosoria*、金粉蕨属 *Onychium*、凤叉蕨属 *Coniogramme*、书带蕨属 *Vittaria*、短肠蕨属 *Allantodia*、假蹄盖蕨属 *Athyriopsis*、蹄盖蕨属 *Athyrium*、角蕨属 *Cornopteris*、介蕨属 *Dryoathyrium*、肿足蕨属 *Hypodematium*、毛蕨属 *Cyclosorus*、茯蕨属 *Leptogramma*、针毛蕨属 *Macrothelyperis*、凸轴蕨属 *Metathelypteris*、金星蕨属 *Parathelypteris*、新月蕨属 *Pronephrium*、假毛蕨属 *Pseudocyclosorus*、乌毛蕨属 *Blechnum*、肋毛蕨属 *Ctenitis*、三叉蕨属 *Tectaria*、条蕨属 *Oleandra*、阴石蕨属 *Humata*、线蕨属 *Colysis*、骨牌蕨属 *Lepidogrammitis*、石韦属 *Pyrrosia* 等。

以亚热带为主的属　与热带至亚热带分布的类型相当，热带亚洲分布的有4属，如圣蕨属 *Dictyocline*、复叶耳蕨属 *Arachniodes*、柳叶蕨属 *Cyrtogonellum*、星蕨属 *Microsorium* 等；热带亚洲至非洲分布的有2属，如瓦韦属 *Lepisorus*、盾蕨属 *Neolepisorus*；热带亚洲至热带美洲分布有3属，如瘤足蕨属 *Plagiogyria*、双盖蕨属 *Diplazium*、水龙骨属 *Polypodiodes*；东亚分布有3属，如金毛狗属 *Cibotium*、莱蕨属 *Callipteris*、伏石蕨属 *Lemmaphyllum* 等。

温带、热带分布属　有2属，占该区总属数的3.33%。即紫萁属 *Osmunda*、狗脊属 *Woodwardia*。

北温带分布属　有2属，占该区总属数的3.33%。即鳞毛蕨属 *Dryopteris*、耳蕨属 *Polystichum*。

温带分布属　有2属，占该区总属数的3.33%。即阴地蕨属 *Sceptridium*、贯众属 *Cyrtomium*。

寒、温带分布属　有1属，占该区总属数的1.67%。即木贼属 *Equisetum*。

②种子植物的地理成分

A. 科的地理分布区类型　按照《世界种子植物科的分布区类型系统》（吴征镒等，2003），对保护区种子植物161科的分布区类型统计分析，除旧世界温带分布、温带亚洲分布、地中海区和西亚至中亚分布、中亚分布及中国特有分布科尚未发外，其余10个分布区类型及变型均有分布。

*1. 广布类型　计有45科，占该区总科数的27.85%。如毛茛科 Ranunculaceae、金鱼藻科 Ceratophyllaceae、十字花科 Cruciferae、堇菜科 Violaceae、远志科 Polygalaceae、景天科 Crassulaceae、虎耳草科 Saxifragaceae、石竹科 Caryophyllaceae、马齿苋科 Portulacaceae（主产美洲）、蓼科 Polygonaceae、苋科 Amaranthaceae、酢浆草科 Oxalidaceae、千屈菜科、柳叶菜科 Onagraceae、小二仙草科 Haloragidaceae、瑞香科 thymelaeaceae、蔷薇科 Rosaceae、蝶形花科 Papilionaceae、杨梅科 Myricaceae、榆科 Ulmaceae、桑科 Moraceae、鼠李科 Rhamnceawe、伞形科 Umbelliferae、木犀科 Oleaceae、茜草科 Rubiaceae、败酱科 Valerianaceae、菊科 Compositae、龙胆科 Gentianaceae、报春花科 Primulaceae、车前科 Plantaginaceae、桔梗科 Campanulaceae、半边莲科 Lobeliaceae、紫草科 Boraginaceae、茄科 Solanaceae、旋花科 Convolvulaceae、玄参科 Scrophulariaceae（主产温带）、狸藻科 Lentibulariaceae、唇形花科 Labiatae（主产地中海）、水鳖科 Hydrocharitaceae、泽泻科、眼子菜科、浮萍科、兰科、莎草科（主产温带及寒温带）、禾本科等。

*2. 泛热带分布类型　计49科，占该区42.24%（扣除广布分布类型45科）。如番荔枝科 Annonaceae、樟科 Lauraceae、防己科 Menispermaceae、马兜铃科 Aristolochiaceae、胡椒科 Piperaceae、金粟兰科 Chloranthaceae、藜科 Chenopodiaceae、凤仙花科 Balsaminaceae、大风子科 Flacourtiaceae、西番莲科 Passifloraceae、葫芦科 Cucurbitaceae、秋海棠科 Begoniaceae、茶科 Theaceae、野牡丹科 Melastomataceae、藤黄科 Guttiferae、梧桐科 Sterculiaceae、金虎尾科 Malpighiaceae、锦葵科 Malvaceae、古柯科

Erythroxylaceae、大戟科 Euphorbiaceae、含羞草科 Mimosaceae、荨麻科 Urticaceae、卫矛科 Celastraceae、茶茱萸科 Icacinaceae、铁青树科 Olacaceae、檀香科 Santalaceae、蛇菰科 Balanophoraceae、葡萄科 Vitaceae、芸香科 Rutaceae、苦木科 Simaroubaceae、楝科 Meliaceae、无患子科 Sapindaceae、漆树科 Anacardiaceae、柿科 Ebenaceae、紫金牛科 Myrsinaceae、马钱科 Loganiaceae、夹竹桃科 Apocynaceae、萝藦科、爵床科 Acanthaceae、鸭跖草科 Commelinaceae、谷精草科 Eriocaulaceae、竹芋科 Marantaceae、雨久花科 Pontederiaceae、菝葜科、天南星科 Araceae、薯蓣科、棕榈科 Palmae、仙茅科 Hypoxidaceae、蒟蒻薯科等。

*2－1 热带亚洲、大洋洲（至新西兰）和南美（或墨西哥）间断分布　有 1 科，占 0.86%。如山矾科 Smyplocaceae。

*2－2 热带亚洲、非洲和南美洲间断分布　有 4 科，占 3.45%。如买麻藤科 Gnetaceae、椴树科 Tiliaceae、苏木科 Caesalpiniaceae、鸢尾科 Iridaceae。

*2－3 以南半球为主的泛热带分布　有 6 科，占 5.17%。如粟米草科 Molluginaceae、商陆科 Phytolaccaceae、山龙眼科 Proteaceae、桃金娘科 Myrtaceae、桑寄生科 Loranthaceae、石蒜科 Amaryllidaceae 等。

*3. 热带亚洲和热带美洲间断分布　有 8 科，占 6.90%。如木通科 Lardizabalacea、杜英科 Elaeocarpaceae、冬青科 Aquifoliaceae、省沽油科 Staphyleaceae、五加科 Araliaceae、安息香科 Styracaceae、苦苣苔科 Gesneriaceae、马鞭草科 Verbenacea 等。

*4. 旧世界热带分布　有 2 科，占 1.72%。如海桐花科 Pittosporaceae、芭蕉科 Musaceae。

*4－1 热带亚洲、非洲和大洋洲间断　有 1 科，占 0.86%。如八角枫科 Alangiaceawe。

*5. 热带亚洲至热带大洋洲分布　有 3 科，占 2.59%。如交让木科 Daphniphyllaceae、姜科 Zingiberaceae、百部科 Stemonaceae。

*6. 热带亚洲至热带非洲分布　仅有 1 科，占 0.86%。如杜鹃花科 Ericaceae。

*7. 热带亚洲（印度—马来西亚）分布　有 1 科，占 0.86%。如使君子科 Combretaceae。

*7－4 越南（或中南半岛）至华南（或西南）分布　有 3 科，占 2.59%。如大血藤科 Sargentodoxaceae、清风藤科 Sabiaceae、山柳科 Clethraceae。

*7－5 西马来，基本上在新华莱斯线以西　1 科，占 0.86%。如五列木科 Pentaphylacaceae。

*8. 北温带分布　有 10 科，占 8.62%。如松科 Pinaceae、榛木科 Corylaceae、金丝桃科 Hypericaceae、大麻科 Cannabinaceae、越桔科、水晶兰科 Monotropaceae、忍冬科 Caprifoliaceae、列当科 Orobanchaceae、百合科 Liliaceae、延龄草科 Trilliaceae。

*8－4 北温带和南温带（全温带）间断分布　有 16 科。占 13.79%。如红豆杉科 Taxaceae、杉科 Taxodiaceae、罂粟科、紫堇科、茅膏菜科 Droseraceae、绣球花科 Hydrangeaceae、金缕梅科 Hamamelidaceae、黄杨科 Buxaceae、杨柳科 Salicaceae、桦木科 Betulaceae、壳斗科 Fagaceae、胡颓子科 Elaeagnaceae（主产东亚）、槭树科 Aceraceae（主产东亚）、胡桃科 Juglandaceae、山茱萸科 Cornaceae、灯心草科 Juncaceae。

*8－5 欧亚和南美洲温带间断分布　有 1 科，占 0.86%。如小檗科 Berberidaceae。

*9. 东亚和北美洲间断分布　有 6 科，占 5.17%。如木兰科 Magnoliaceae、八角科 Illiciaceae、五味子科 Schisandraceae、三白草科 Saururaceae、鼠刺科 Escalloniaceae、珙桐科 Nyssaceae。

*10. 旧世界温带分布　未见。

*14. 东亚分布　有 3 科，占 2.59%。如三尖杉科 Cephalotaxaceae、旌节花科 Stachyuraceae、猕猴桃科 Actinidiaceae。

从上所述可以看出，其中泛热带分布类型有 60 科，占总科数的 51.72%（扣广布分布科 45 科，下同）；北温带分布类型其次，有 27 科，占总科数的 23.28%；热带亚洲和热带美洲间断分布类型有 8 科，占总科数的 6.90%；其余分布区类型所含科数均在 5.17% 以下，不占重要地位；特别是中国特有科等5科分布类型缺如，表明该自然保护区植物区系在科级水平上以泛热带分布成分为主，兼有一定数量的北温带成分。

B. 属的地理分布区类型　根据乐昌大瑶山自然保护区种子植物633属的分布类型，按照《中国种子植物属的分布区类型》（吴征镒，1991）统计分析，除地中海区、西亚至中亚分布、中亚分布区类型及其变型尚未发现外，其他13个分布区类型及变型均有分布（表2.20）。

表2.20　乐昌大瑶山自然保护区种子植物属的分布区类型

分布区类型及变型	属数	占总属数（%）
1. 广布分布	53	扣除
2. 泛热带分布	125	21.55
2-1 热带亚洲、大洋洲和南美洲间断分布	6	1.03
2-2 热带亚洲、非洲和南美洲间断分布	5	0.86
3. 热带亚洲和热带美洲间断分布	17	2.93
4. 旧世界热带分布	50	8.62
4-1 热带亚洲、非洲和大洋洲间断分布	7	1.21
5. 热带亚洲至热带大洋洲分布	40	6.90
5-1 中国（西南）亚热带和新西兰间断分布	0	0
6. 热带亚洲至热带非洲分布	34	5.86
6-1 华南、西南到印度和热带非洲间断	0	0
6-2 热带亚洲和东非间断	1	0.17
7. 热带亚洲（印度—马来西亚）分布	69	11.90
7-1 爪哇、喜马拉雅和华南、西南星散分布	9	1.55
7-2 热带印度至华南分布	5	0.86
7-3 缅甸、泰国至华西南分布	2	0.34
7-4 越南（或中南半岛）至华南（或西南）分布	9	1.55
8. 北温带分布	59	10.17
8-1 环极分布	0	0
8-2 北极高山分布	1	0.17
8-3 北极—阿尔泰和北美洲间断分布	0	0
8-4 北温带和南温带（全温带）间断分布	13	2.24
8-5 欧亚和南美洲温带间断分布	1	0.17
8-6 地中海区、东亚、新西兰和墨西哥到智利间断	0	0
9. 东亚和北美洲间断分布	34	5.86
9-1 东亚和墨西哥间断	0	0
10. 旧世界温带分布	15	2.59
10-1 地中海区、西亚和东亚间断分布	5	0.86
10-2 地中海和喜马拉雅间断分布	0	0.17
10-3 欧亚和南非洲（有时也在大洋洲）间断	2	0.34
11. 温带亚洲分布	2	0.34
12. 地中海区、西亚至中亚分布	0	0
12-1 地中海区至中亚和南非洲、大洋洲间断	0	0
12-2 地中海区至中亚和墨西哥间断	0	0
12-3 地中海区至温带、热带亚洲，大洋洲和南美洲间断	0	0
12-4 地中海区至热带非洲和喜马拉雅间断	0	0

（续）

分布区类型及变型	属数	占总属数（%）
12－5 地中海区—北非洲、中亚、北美西南部，智利和大洋洲（泛地中海）间断分布	0	0
13. 中亚分布	0	0
13－1 中亚东部（亚洲中部）	0	0
13－2 中亚至喜马拉雅	0	0
13－3 西亚至喜马拉雅和西藏	0	0
12－4 地中海区至热带非洲和喜马拉雅间断	0	0
14. 东亚分布	31	5.34
14－1 中国—喜马拉雅（SH）	9	0
14－2 中国—日本（SJ）	15	2.59
15. 中国特有分布	14	2.41
合计	633	100.00

从表 2.20 可以看出，乐昌大瑶山自然保护区属的地理成分（2～7）各类热带成分共有 379 属，占总属数（扣除广布属 53 属，以下同）的 65.34%。温带成分（8～12）共有 132 属，占总属数的 22.76%。东亚分布有 55 属，占总属数的 9.48%。中国特有分布的 14 属，占 2.41%，分别是杉木属 *Cunninghamia*、木兰属 *Magnolia*、拟单性木兰属 *Parakmeria*、大血藤属 *Sargentodoxa*、血水草属 *Eomecon*、石笔木属 *Tutcheria*、半枫荷属 *semiliquidambar*、伞花木属 *Eurycorymbus*、青檀属 *Pteroceltis*、银鹊树属 *Tapiscia*、通脱木属 *Tetrapanax*、盾果草属 *Thyrocarpus*、毛药花属 *Bostrychanthera*、慈竹属 *Neosinocalamus* 等。因此，在种子植物属级分布区类型水平上，以泛热带、热带亚洲的分布区类型为主，同时兼有一定数量的东亚分布和温带分布成分，这些特征与保护区所处地理位置相一致。

2.2.4.4 植被类型

据调查，保护区内的植被类型多样，主要有如下 6 种类型。

（1）针叶林 在保护区内有如下 2 个群系。

①马尾松林（Form *Pinus massoniana*） 马尾松、桃金娘 *Rhodomyrtus tomentosa*、芒萁 *Dicranopteria pedata* 林，是亚热带典型的常绿针叶林，但面积较小。

②杉木林（Form *Cunninghamia lanceolata*） 分布面积较大。

乔木层：林相整齐，结构简单，由单一的杉木组成，树龄约 20 年，多为人工栽培，少数呈半自然林。郁闭度很大，林下几无灌木和草本植物，部分杉木林稀疏地段。

灌木层：以檵木 *Loropetalum chinensis* 占优势。

草本层：以乌毛蕨 *Blechnum orientale* 为优势种。

（2）常绿阔叶林 是以常绿阔叶树为建群种所组成的森林群落。它是中亚热带地带性的典型植被类型，主要分布于海拔 350～650m 的山坡，在保护区内占主导地位，计有如下 3 个群系。

①红锥林（Form *Castanopsis hystrix*） 主要分布于曹堆坑至茶里坳海拔 505m 处，坡向西南，坡度 15°，在面积 20m×20m 中。

乔木层：平均高度约 14.25m，平均胸径 40.15cm，共有 5 种 8 株，郁闭度约 0.75。除红锥优势种 3 株外，还有鹿角锥 *Castanopsis lamontii* 2 株、罴蒴 *C. fissa*1 株、黄丹木姜子 *Litsea elongata*1 株、光叶水青冈 *Fagus lucida*1 株等。

灌木层：有红背山麻杆 *Alchornea trewioides*、瓜馥木 *Fissistigna oldhamii*、柳叶毛蕊茶 *Camellia salicifolia*、山血丹 *Ardisia lindleyana*、闽粤石楠 *Photinia beauvenliana*、鼠刺 *Itea chinensis*、小芸木 *Micromelum integerrimum*、多花山竹子 *Garcinia multiflora*、山苍子 *Litsea cubeba*、梵天花 *Urena procumbens*、大青

Clerodendrum cyrtophyllum、毛冬青 *Ilex pubescens*、三花冬青 *I. triflora*、鲫鱼胆 *Maesa perlarius*、桃叶石楠 *Photinia prunifolia*、粗叶榕 *Ficus hirta*、赤楠 *Syzygium buxifolium*、乌冈栎 *Quercus phillyraeoides*、广东杜鹃 *Rhododendron kwangtungense*、狗骨柴 *Diplospora dubia*、白花悬钩子 *Rubus leucanthus*、山矾 *Symplocos sumuntia* 等。

草本层：有狗脊 *Woodwardia japonica*、深绿卷柏 *Selaginella doederleinii*、阔鳞鳞毛蕨 *Dryopteris chamoionii*、乌毛蕨、芒萁、火炭母 *Polygonum chinense*、威灵仙 *Clematia chinensis*、淡竹叶 *Lophatherum gracile*、山麦冬 *Liriope spicata* 等。

层间藤本植物：有香花崖豆藤 *Millettia dielsiana*、乌蔹莓 *Cayratia japonica*、链珠藤 *Alyxia sinensis*、日本薯蓣 *Dioscorea japonica*、大叶蛇葡萄 *Ampelopsis chaffanjoni*、菝葜 *Smilax china*、土茯苓 *S. glabra*、粉叶野木瓜 *Stauntonia glauca*、玉叶金花 *Mussaenda pubescens*、络石 *Trachelospermum jasminoides*、龙须藤 *Bauhinia championii*、白花酸藤子 *Embelia ribes*、鸡眼藤 *Morinda parvifolia* 等。

此外，林下还有红锥、黧蒴、光叶水青冈、黄丹木姜子、毛竹，罗浮柿、新木姜子 *Neolitsea aurata*、山乌桕、两广梭罗、山槐 *Albizia kalkora*、华东润楠 *Machilus leptophylla*、华南肉桂 *Cinnamom austro-sinense*、常春卫矛 *Euonymus hederaceus*、华南毛柃 *Eurya ciliata* 等幼苗。由此可见该林发展趋势是稳定的。

②苦槠林（Form *Castanupsis sclerophylla*）　主要分布于曹堆坑村背海拔550m处风水林，坡向北，坡度20°，在20m×20m面积中。

乔木层：平均高度约14.05m，平均胸径23.68cm，郁闭度0.70。除优势种苦甜4株外，还有山槐4株、两广梭罗3株、红锥和木荷 *Schima superba* 各2株，苦梓含笑 *Michelia balansae*、黧蒴、华南肉桂、冬桃杜英 *Elaeocarpus duclouxii*、黄果厚壳桂 *Cryptocarya concinna*、南酸枣 *Choerospondias axillaris* 各1株。

灌木层：有金花树 *Blastus dunnianus*、短柱柃 *Eurya brevistyla*、黑柃 *E. macartneyi*、毛冬青、广东杜鹃、狗骨柴、岭南山竹子 *Garcinia oblongifolia*、山矾、牛耳枫 *Daphniphyllum calycinum* 和小芸木等。

草本层：有狗脊、芒萁、中华里白 *Diplopterygium chinensis*、乌蕨 *Sphenomeris chinensis*、华南紫萁 *Osmunda vachellii*、寒兰 *Cymbidium kanran*、五节芒 *Miscanthus floridulus*、淡竹叶等。

层间藤本植物：有玉叶金花和土茯苓等。

此外，林下还有苦槠、黧蒴、山槐、木荷、黄毛楤木 *Aralia decaisneana*、山乌桕、山苍子、常春卫矛、枫香树 *Liquidambar formosana* 等幼苗。由此可见该林发展趋势是稳定的。

③柯林（Form *Lithocarpus glabra*）　主要分布于连江背村油防海拔780m处，坡向西南，坡度45°，在12m×20m面积中。

乔木层：平均高度约10.03m，平均胸径18.74cm，郁闭度0.80。除建群种柯8株外，还有硬叶楠 *Machilus phoenicis* 21株、华东润楠 *M. leptophylla* 5株、黑柃14株、杨桐 *Adinandra millettii*11株，尖叶杨桐 *A. bockiana* 和紫花杜鹃 *Rhododendron mariae* 各4株，苦槠和鼠刺各2株，红锥、黄樟 *Cinnamomum parthenoxylon*、光叶山矾 *Symplocos lancifolia* 各1株等。

灌木层：有树参 *Dendropanax dentigerus*、南五味子 *Kadsura longipedunculata*、流苏子 *Coptosapelta diffusa*、黑柃、杜茎山 *Maesa japonica*、罗浮冬青 *Ilex tutcheri*、茜树 *Aidia cochinchinensis*、白木通 *Akebia trifoliate* ssp. *australis*、郎伞木 *Ardisia hanceana*、九管血 *A. brevicaulis*、锐尖山香圆 *Turpinia arguta*、冬青 *Ilex chinensis*、红紫珠 *Callicarpa rubella*、空心泡 *Rubus rosaefolius*、木莓 *R. swinhoii*、梨叶悬钩子 *R. pirifolius*、狗骨柴、阔叶十大功劳 *Mahonia bealei*、单耳柃 *Eurya weissiae* 等。

草本层：有狗脊、深绿卷柏、攀援星蕨 *Microsorium buergerianum*、暗色鳞毛蕨 *Dryopteris atrata*、金毛狗 *Cibotium barometz*、金星蕨 *Parathelypteris glanduligera*、多羽复叶耳蕨 *Arachniodes amoena*、灰绿耳蕨 *Polystichum eximium*、阔片短肠蕨 *Allantodia matthewii*、角蕨 *Cornopteris decurrenti-alata*、茄叶斑鸠菊 *Vernonia solanifolia*、金粟兰 *Chloranthus spicatus*、四川金粟兰 *C. sessilifolius*、粗毛耳草 *Hedyotis mellii*、

花葶台草 *Care scaposa*、阳春砂仁 *Amomum villosum*、青牛胆 *Tinospora sagittata*、山姜 *Alpinia japonica*、寒兰、马兰 *Kalimeris indica*、淡竹叶等。

层间藤本植物：有地锦 *Parthenocissus tricupidata*、菝葜、菱叶菝葜 *Smilax hayatae*、羊角拗 *Strophanthus divaricatus*、中华猕猴桃 *Actinidia chinensis*、乌蔹莓、葛等。

此外，林下还有鼠刺、岭南槭 *Acer tutcheri*、硬叶楠、苦槠、紫玉盘柯 *Lithocarpus uvariifolius*、栎 *Quercus* sp.、罗浮柿 *Diospyros morrisiana*、紫花杜鹃、陀螺果 *Melliodendron xylocarpum*、楝叶吴茱萸 *Evodia glabrifolia* 等幼苗。

（3）常绿、落叶阔叶林　以常绿阔叶树与落叶阔叶树为建群种所组成的森林群落。是亚热带常绿阔叶林与温带落叶阔叶林之间的过渡植被类型，在保护区内居次要地位，计有如下 3 个群系。

①中平树、亮叶桦林（Form *Macaranga denticulata*, *Betula luminifera*）　主要分布于单竹坑尾海拔 420m 处，坡向东北，坡度 25°，在 20m × 20m 面积中。

乔木层：平均高度约 10.80m，平均胸径 12.28cm，郁闭度 0.60。除建群种中平树 7 株、亮叶桦 6 株外，还有陀螺果 4 株、广东润楠、新木姜子、红锥、米槠 *Castanopsis varlesii*、黄果厚壳桂、虎刺楤木 *Aralia armata* 各 2 株，绒毛润楠 *Machilus velutina*、杉木各 1 株等。

灌木层：有毛冬青、短柱柃、栀子 *Gardenia lasminoides*、鲫鱼胆、小蜡 *Ligustrum sinense*、杜茎山、粗叶榕、瓜馥木、枇杷叶紫珠 *Callicarpa kochiana*、木莓 *Rubus swinhoii*、野茶树 *Camellia sinensis*、黑柃、梨叶悬钩子、金花树、细粉单竹 *Bambusa cerosissima*、广东杜鹃、山莓 *Rubus corchorifolius* 等。

草本层：有复叶耳蕨 *Arachniodes* sp.、狗脊、深绿卷柏、福建观音座莲 *Angiopteris fokiensis*、金毛狗、海金沙 *Lygodium japonicum*、铁角蕨 *Asplenium trichomanes*、全缘凤尾蕨 *Pteris insignis*、鳞毛蕨 *Dryopteris* sp.、狭叶楼梯草 *Elatostema laevissimum*、草珊瑚 *Sarcandra glabra*、广西过路黄 *Lysimachia alfredii*、山麦冬、蜘蛛抱蛋 *Asopidistra elatior*、山菅兰 *Dianella ensifolia*、花葶苔草、华山姜 *Alpinia oblongifolia*、淡竹叶等。

层间藤本植物：有地锦、玉叶金花、香花崖豆藤、昆明鸡血藤 *Millettia reticulata*、小叶猕猴桃 *Actinidia lanceolata*、薯莨、菝葜等。

此外，林下还有杉木、黄檀 *Dalbergia hupeana*、华南毛柃、鸭公树 *Neolitsea chuii*、野木瓜 *Stauntonia chinensis*、长春卫矛、绒毛润楠、鼠刺等幼苗。

②红锥、缺萼枫香林（Form *Castanopsis hystrix*, *Liiquidambar acalycina*）　主要分布于大坝坑近山顶海拔 640m 处，坡向东南，坡度 20°，在 20m × 20m 面积中。

乔木层：平均高度 15.90m，平均胸径 28.73cm，郁闭度 0.80。除建群种红锥 11 株、缺萼枫香 6 株外，还有光叶水青冈 *Fagus lucida* 4 株、秀丽锥 *Castanopsis jucunda* 3 株、枹栎 *Quercus serrata* 2 株、黑柃、常春卫矛各 1 株等。

灌木层：有红背山麻杆、檵木、角花胡颓子 *Elaeagnus gonyanthes*、广东金叶子 *Craibiodendron scleranthum var kwangtungense*、野茶树、油茶 *C. oleifera*、杜茎山、三花冬青、白饭树 *Securinega virosa*、瓜馥木、紫金牛 *Ardisia japonica*、常绿荚蒾 *Viburnum sempervirens* 等。

草本层：有狗脊、多花黄精 *Polygonatum cyrtonema*、花葶苔草、华山姜、多花茜草 *Rubia wallichiana*、山麦冬、及已 *Chlonanthus serratus*、九管血、山菅兰、建兰 *Cymbidium ensifolium* 等。

层间藤本植物：有南五味子 *Kadsura longipedunculata*、异叶蛇葡萄 *Ampelopsis heterophylla*、大叶蛇葡萄 *A. chaffanjoni*、络石、香花崖豆藤、巴戟天 *Morinda officinalis*、薯莨等。

此外，林下还有光叶水青冈、常春卫矛、黑柃、野鸭椿 *Euscaphis japonica*、两广杨桐 *Adinandra glischroloma*、华东润楠、广东润楠 *Machilus kwangtungensis*、紫花杜鹃、赤杨叶 *Alniphyllum fortunei*、黄丹木姜子、新木姜子等幼苗。

③枹栎、杨梅林（Form *Quercus serrata*, *Myrica rubra*）　主要分布于滑石排南蛇坑近长埂里海拔 830m 处，坡向东南，坡度 30°，在 20m × 20m 面积中。

乔木层：平均高度8.09m，平均胸径14.36cm，郁闭度0.85。除建群种栲栎和杨梅各3株外，还有短柱柃16株、硬叶楠8株，罗浮柿、华润楠 *Machilus chinensis*、香叶树 *Lindera communis* 各4株，杉木3株，黄丹木姜子、陀螺果各2株，小果山龙眼 *Helicia cochinchinesis*、木荷、黄檀、山矾、黄丹木姜子、南酸枣、香叶树各1株等。

灌木层：有金花树、山莓、白背叶 *Mallotus apelta*、流苏子、短柱柃、郎伞木、乌药 *Lindera aggregata*、赤楠、黑柃、油茶、青花椒 *Zanthoxylum schinifolium*、杜茎山、单耳柃 *Eurya weissiae*、山莓、桃叶石楠、白檀、针齿铁仔 *Myrsine semiserrata*、珊瑚树 *Viburnum luzonicum*、苦梓含笑 *Machelia balansae* 等。

草本层：有狗脊、芒萁、金粟兰、黑莎草和淡竹叶等。

层间藤本植物：有南五味子、异叶蛇葡萄、筐条菝葜 *Smilax corbularia* 和薯莨等。

此外，林下还有栲栎、黄丹木姜子、香叶树、木荷、黄檀、鼠刺、杉木、石笔木 *Tutcheris championi*、小果山龙眼等幼苗。

（4）针阔叶混交林　以暖性针叶树与阔叶树为建群种所组成的森林群落。在保护区内仅有1个群系。

杉木、木荷林（Form *Cunninghamia lanceolata*，*Schima superba*）　在保护区内分布面积不大，除杉木和木荷优势种外，还有鳌菊、柯、鹅掌柴和枫香树等。林木结构简单，属于演替中的过渡阶段，一般是人为破坏森林后经过一段时间的自然恢复而形成的。

（5）竹林　保护区内主要有如下2个群系。

①毛竹林（Form*Phyllostachys heterocycla* cv. Pubescens）　主要分布于长埂里与茶里坳沿途，与常绿阔叶林相间分布。

②细粉单竹（Form *Bambusa cerosissima*）　主要分布于滑石排等地的低地沿小溪两侧的山坡。

（6）山地灌丛草坡　在保护区内仅有2个群系。

①山顶灌丛草坡　主要分布于海拔800～1100m以上，如连江背黑坑山顶是以灌丛草坡为主，北坡则为单一的草坡。最常见的为野古草 *Arundinella anomala*、四脉金茅 *Eulalia quadrinervis*、鹧鸪草 *Eriachne pallescens*、鸭嘴草 *Ischaemum aristatum* var. *glaucum*、五节芒、蕨 *Pteridium aquilinum* var. *latiuculum* 等。

②山坡灌丛草坡　此种灌丛草坡与山顶自然灌丛草坡不同，它是一种次生性的植被类型。在人为活频繁的地段，森林破坏，出现不同的灌丛草坡，如在较湿润的山坡是以草本、蕨类为主，有福建观音座莲、金毛狗、华南紫萁等；而在被人烧山种植经济作物或撂荒地以五节芒等为优势种；有的地段则以芒萁占优势。

2.2.4.5　野生植物资源

（1）珍稀濒危保护植物繁多　根据1984年国家环境保护委员会公布的《中国珍稀濒危保护植物名录》和1999年国务院批准公布的《国家重点保护野生植物名录（第一批）》和广东珍稀濒危植物图谱（广东省环境保护局等，1988）所列种类统计，保护区内共有国家重点保护野生植物13科13属13种。其中蕨类植物1科1属1种，裸子植物2科3属3种，被子植物9科9属9种；国家Ⅰ级重点保护野生植物1种，国家Ⅱ级重点保护野生植物7种，国家Ⅲ级重点保护野生植物4种，广东省省级重点保护野生植物1种（表2.21）。

表2.21　乐昌大瑶山自然保护区的保护植物

序号	种名	科名	IUCN 濒危等级	保护级别
1	南方红豆杉 *Taxus wallichiana var. mairei*	红豆杉科 Taxaceae	濒危	Ⅰ
2	金毛狗 *Cibotium barometz*	蚌壳蕨科 Dicksoniaceae	渐危	Ⅱ
3	樟树 *Cinnamomum camphora*	樟科 Lauraceae	渐危	Ⅱ
4	闽楠 *Phoebe boumei*	樟科 Lauraceae	渐危	Ⅱ

（续）

序号	种名	科名	IUCN 濒危等级	保护级别
5	野茶树 *Camellia sinensis* var. *assamica*	山茶科 Theaceae	稀有	Ⅱ
6	华南锥 *Castanopsis concinna*	壳斗科 Fagaceae	稀有	Ⅱ
7	半枫荷 *Semiliquidambar cathayensis*	金缕梅科 Hamamelidaceae	渐危	Ⅱ
8	伞花木 *Eurycorymbus cavaleriei*	无患子科 Sapindaceae	渐危	Ⅱ
9	乐东拟单性木兰 *Parakmeria lotungensis*	木兰科 Magnoliaceae	渐危	Ⅲ
10	银鹊树 *Tapiscia sinensis*	省沽油科 Staphyleaceae	渐危	Ⅲ
11	青檀 *Pteroceltis tatarinowii*	榆科 Ulmaceae	渐危	Ⅲ
12	穗花杉 *Amentotaxus argotaenia*	红豆杉科 Taxaceae	濒危	Ⅲ
13	三尖杉 *Cephalotaxus fortunei*	三尖杉科 Cephalotaxaceae	稀有	省级

注：兰科植物 13 属 22 种，即金线兰 *Anoectochilus roxburghii*、白芨 *Bletilla striata*、钩距虾脊兰 *Calanthe graciliflora*、乐昌虾脊兰 *C. lechangensis*、大序隔距兰 *Cleisostoma paniculatum*、流苏贝母兰 *Coelogyne fimbriata*、建兰 *Cymbidium ensifolium*、春兰 *C. goeringii*、墨兰 *C. sinense*、广东石斛 *Dendrobium wilsonii*、橙黄玉凤兰 *Habenaria rhodocheila*、花格斑叶兰 *Goodyera kangtungensis*、高斑叶兰 *G. procera*、斑叶兰 *G. schlechtendaliana*、镰翅羊蒜 *Liparis bootanensis*、见血青 *L. nervosa*、毛唇芋兰 *Nervilia fordii*、毛叶芋兰 *N. plicata*、斑叶鹤顶兰 *Phaius woodifordii*、石仙桃 *Pholidota chinensis*、绶草 *Spiranthes sinensis* 和广东万带兰 *Vanda kwangtungensis* 等，全部为《濒危野生动植物种国际贸易公约》附录Ⅱ物种。

（2）经济植物多样　据调查统计，保护区内有维管束植物 1411 种。

①药用植物　有 961 种，占保护区植物总种数的 68.11%，其中抗癌药用植物有狗肝菜 *Dicliptera chinensis* 等；清热解毒药用植物有华南忍冬 *Lonicera confusa*、地胆草 *Elephantopus scaber* 等；清热凉血的药用植物有葛、马鞭草 *Verbena officinalis*、茅莓 *Rubus parvifolius* 等；清热利尿的药用植物有淡竹叶、车前 *Plantago asiatica*、海金沙等；清热利湿的药用植物有栀子 *Gardenia jasminoides*、岗松 *Baeckea frutescens*、乌蔹莓、酢浆草 *Oxalis corniculata*、算盘子 *Glochidion puberum* 等；祛风湿的药用植物有狗脊、苍耳 *Xanthium sibiricum*、山苍子、菝葜等；平肝清热的药用植物有钩藤等；跌打损伤、止血肿痛的药用植物有积雪草 *Centella asiatica*、大茶药 *Celsemium elegans*、鲫鱼胆、苎麻 *Boehmeria nivea*、薯莨 *Dioscorea cirrhosa*、一点红 *Emilia sonchifolia* 等；壮阳药的药用植物有金樱子；活血祛瘀的药用植物黑老虎 *Kadsura coccinea*；补血药的药用植物有香花崖豆藤、桃金娘、酸藤子 *Embelia laeta* 等。民间常用草药或凉茶有鸡矢藤 *Paederia scandens*、草珊瑚 *Sarcandra hainanensis*、车前、韩信草 *Scutellaria indica* 等。

②用材植物　有 42 种，占保护区植物总种数的 2.98%。其中一类用材有樟树、红锥等；二类用材有黄樟 *Cinnamomum parthenoxylon*、柯 *Lithocapus glaura*；三类用材有蕈树 *Altingia chinensis*、尖叶四照花 *Dendeobenthamia angustata* 等；四类用材有日本杜英 *aaelaeocarpus japonicus* 等；五类用材有鼠刺、猴欢喜 *Sloanea sinensis* 等；可作军工用材的有白皮黄杞 *Engelhardtia fenzelii*、罗浮槭等；可作胶合板用材的有赤杨叶、亮叶猴耳环 *Archidendron lucidum* 等；可作房屋建筑的有米槠、杉木等；可作纺织用材有木荷、石斑木 *Raohiolepis indica* 等；可作乐器用材的有山乌桕、鹅掌柴等；造纸用材的有山矾 *Symplocos* spp. 14 种、安息香 *Styrax* spp. 6 种等。

③观赏植物　有 97 种，占保护区植物总种数的 6.87%。主要有园林植物，如深山含笑 *Michelia maudiae*、黄樟、木荷、白背叶、枫香树、朴树 *Celtis sinensis*、苦楝 *Melia azedarach*、棕榈 *Trachycarpus fortunei*、毛竹、麻竹 *Dendrocalamus latiflorus*、粉单竹 *Bambusa chungii*、唐竹 *Sinocalamus tootsik* 等；野生灌木花卉，主要有金粟兰、多种野牡丹 *Melastoma* spp.、多种杜鹃 *Rhododendron* spp.、吊钟花 *Enkianthus quinqueflorus*、桃金娘、虎舌红 *Ardisia mamillata*、栀子、阔叶十大功劳 *Mahonia bealei*、北江十大功劳 *M. fordii*、白皮绣球 *Hydrangea kwangsiensis*、圆锥绣球 *H. paniculata*、金叶含笑 *Michelia foveolata*、野含笑 *M. skinneriana* 等；草本景观植物，主要有铁线蕨 *Adiantum capillus-veneris*、肾蕨 *Nephrolepis auriculata*、青葙 *Celosia argentea*、千日红 *Gomphrena globosa*、华凤仙 *Impatiens chinensis*、泽兰 *Eupatorium ja-*

ponicum、一枝黄花 *Solidago decurrens*、山麦冬、小花蜘蛛抱蛋 *Aspidistra minutiflora*、红花酢浆草 *Oxalis corymbosa*、石菖蒲 *Acorus tatarinowii*、凤眼蓝 *Eichornia crassipes*、春兰、建兰、墨兰等；藤本景观植物，主要有白花油麻藤 *Mucuna birdwoodiana*、小叶买麻藤 *Gnetum parvifolium*、金樱子、香花崖豆藤、玉叶金花、多种菝葜 *Smilax* spp. 等。

④纤维植物　有124种，占保护区植物总种数的8.79%。如小叶买麻藤、异形南五味子 *Kadsura heteroclita*、假鹰爪 *Desmos chinensis*、瓜馥木 *Fissistigma oldhamii*、黄檀 *Dalbergia hancei*、香花崖豆藤、胡枝子 *Lespedeza bicolor*、白皮黄杞、糙叶树 *Aphananthe aspera*、构树 *Broussonetia papyrifera*、朴树、光叶山黄麻 *Trema cannabina*、苎麻、葛、大血藤 *Sargentodoxa cuneata*、白背叶、地桃花 *Urena lobata*、长柱瑞香 *Daphne championi*、了哥王 *Wikstroenmia indica*、北江荛花 *W. monnula*、黄麻 *Corchorus capsularis*、甜麻 *C. aestuans*、田麻 *Corchoropsis tomentosa*、两广梭罗 *Reevesia thyrsoidea*、翻白叶树 *Pterospermum heterophyllum*、蔓胡颓子 *Elaeagnus glabra*、小蜡 *Ligustrum sinense*、钩藤、南酸枣、青江藤 *Celastrus hindsii*、黄葵 *Abelmoschus moschatus*、棕榈、灯心草 *Juncus effusus*、黑莎草、毛竹、芒、五节芒等。

⑤野生水果植物　有34种，占保护区植物总种数的2.41%。其中浆果类有京梨猕猴桃 *Actinidia callosa callosa* var. *henryi*、斑叶猕猴桃 *A. callosa* var. *discolor*、毛花猕猴桃 *A. eriantha*、黄毛猕猴桃 *A. fulvicoma*、华南猕猴桃 *A. glaucophylla*、小叶猕猴桃 *A. lanceolata*、阔叶猕猴桃 *A. latifolia*、美丽猕猴桃 *A. melliana*、桃金娘等；仁果类有金樱子、蔓胡颓子等；此外，还有杨梅、多花山竹子、白花悬钩子 *Rubus leucanthus*、茅莓 *Rubus parvifolius*、高粱泡 *R. lambertianus*、空心泡、桑 *Morus alba*、二色波罗蜜 *Artocarpus styracifolia*、北枳椇 *Hovenia dulcis*、罗浮油柿 *Diopyros morrisiana* 等。

⑥油脂植物　有36种，占保护区植物总种数的2.55%。主要有杉木、竹柏 *Podocarpus nagi*、樟树、香叶树、檫木 *Sassafras tsumu*、石笔木、楝叶吴茱萸 *Evodia meliaefolia*、水青冈 *Fagus longipetiolata*、苎麻、小果山龙眼、檀梨 *Pyrularia edulis*、青葙、野木瓜 *Stauntonia chinensis*、臭椿 *Ailanthus altissima*、朱砂根 *Ardisia crenata*、白檀 *Symplocos paniculata*、光叶山黄麻 *Trema cannabina*、多花山竹子、牛耳枫 *Daphniphyllum calycinum*、虎皮楠 *D. oldhamii*、构树、赛山梅 *Styrax confusus*、苦楝、毛果巴豆 *Croton lachnocarpus*、白背叶、油茶、算盘子 *Glochidion puberum*、油桐 *Vernicia fordii*、木油桐 *V. montana*、野漆树 *Toxicodendron sylvestris*、盐肤木 *Rhus chinensis*、山乌桕、南酸枣、苍耳、黑莎草等。

⑦芳香植物　有43种，占保护区植物总数的3.05%。主要有深山含笑、披针叶八角 *Illicium lanceolatum*、山苍子、马尾松、杉木、瓜馥木 *Fissistigma oldhamii*、樟树、檫木、石荠苧 *Mosla scabra*、胜红蓟 *Ageratum conyzoides*、泽兰、黄樟、香叶树、新木姜子、山胡椒 *Lindera glauca*、山苍子、乌药、滇白珠树 *Gaultheria yunnanensis*、岗松、枫香树、栀子、女贞 *Ligustrum lianum*、清香藤 *Jasminum lanceolarium*、黄葵、草珊瑚、杨梅、黄荆 *Vitex negundo*、黄花蒿 *Artemisia annua*、春兰、香附子 *Cyperus rotundus* 等。

⑧淀粉植物　有53种，占保护区植物总数的3.76%。主要有狗脊、葛、蕨、福建观音座莲、金毛狗、槲蕨、贯众、锥栗 *Castanea henryi*、茅栗 *C. seguinii*、甜槠、罴蒴、南岭栲、苦槠、白栎 *Quercus fabri*、杨梅、金樱子、南酸枣、薜荔 *Ficus pumila*、土茯苓、毛花猕猴桃、京梨猕猴桃、阔叶猕猴桃、稗 *Echinochloa crusgalli*、野荞麦 *Fagopyrum dibotrys*、河首乌 *Fallopia multiflorum*、粉防己 *Stephania tetrandra*、白花油麻藤 *Mucuna birgwoodiana*、木薯 *Manihot esculenta*、番薯 *Ipomoea batatas*、轮叶沙参 *Adenophora tetraphylla*、羊乳 *Codonopsis lanceplata*、桔梗 *Platycodon grandiflorus*、菊芋 *Helianthus tuberosus*、慈姑 *Sagittaria sagittifolia*、薏苡 *Coix lacryma*、魔芋 *Amorphophallus rivieri*、大百部 *Stemona tuberosa*、日本薯蓣 *Dioscorea japonica*、白芨 *Bletilla striata* 等。

⑨鞣料植物　有51种，占保护区植物总数的3.61%。主要有蕨、杉木、杨梅、江南桤木 *Alnus trabeculosa*、麻栎 *Quercus acutissima*、川鄂栲 *Castanopsis fargesii*、甜槠、罴蒴、南岭栲、构树、商陆 *Phytolacca acinosa*、樟树、檫木、枫香树、檵木、金樱子、地榆 *Sanguisorba officinalis*、藤黄檀 *Dalbergia hancei*、山油柑 *Acronychia pedunculata*、土蜜树 *Bridelia tomentosa*、野鸭椿、青榨槭 *Acea davidii*、中华杜

英 *Elaeocarpus chinensis*、厚皮香 *Ternstroemia gymnanthera*、桃金娘、柏拉木、常春藤 *Hedera nepalensis*、灯台树 *Bothrocaryum controversum*、映山红 *Rhododendron simsii*、水红木 *Viburnum cylindricum*、薯莨等。

⑩蜜源植物　有 24 种，占保护区植物总种数的 1.70%。主要有山乌桕、乌桕 *Sapium sebiferum*、鹅掌柴、白花泡桐 *Paulownia fortunei*、胡枝子、柃属 *Eueya* 13 种、冬青属 *Ilex* 11 种、杜鹃花属 *Rhododendron* 8 种等。

此外，有染料植物 14 种，占总种数的 0.99%：如马蓝 *Strobilanthes cusia*、薯莨和栀子、冻绿 *Rhamnus utilis*、女贞、小蜡、野漆树、黄荆、盐肤木、滨盐肤木 *Rhus chinensis* var. *roxburghii*、无患子 *Sapindus mukorossi*、栓皮栎 *Quercus variabilis* 等。有毒植物有 11 种，占保护区植物总种数的 7.78%：如羊角拗 *Strophanthus divaricatus*、大茶药 *Gelsemium elegans*、海芋 *Alocasia macrorhiza*、油桐、八角枫 *Alangium chinensis* 乌桕、黄花杜鹃 *Rhododendron molle*、醉鱼草 *Buddleja lindleyana*、苍耳等。饲料植物有 28，占保护区植物总种数的 1.98%：如五节芒、铺地黍 *Panicum repens*、胡枝子、藜 *Chenopodium album*、满江红 *Azolla imbricata*、空心莲子草 *Alternanthera philoxeroides*、荠菜 *Capsella bursa - pastoris*、地榆、凤眼蓝等。农药植物有 18 种，占保护区植物总种数的 1.28%，如烟草 *Nicotiana tabacum*、大茶药、黄花杜鹃、无患子、博落回 *Macleaya cordata*、虎杖 *Polygonum cuspidatum*、威灵仙 *Clematis chinensis*、南方红豆杉、土牛膝 *Achyranthes aspera*、牛膝 *A. bidentata*、柳叶牛膝 *A. longifolia*、黄荆、金疮小草 *Ajuga decumbens*、水竹叶 *Murdannia triquetra*、友水龙骨 *Polypodiodes amoena*、水龙骨 *P. niponica*、檫木等。

2.2.4.6　野生动物资源

（1）动物物种较丰富　该保护区的生态环境复杂，森林茂密，孕育了丰富的野生动物种类。据调查统计，该保护区拥有脊椎动物 97 种，分隶 42 科 19 目。

①两栖类　有 19 种，分隶 7 科 2 目，占该区动物总数的 19.59%。无尾目（SALIENTIA）有 6 科 18 种，其中蛙科 Ranidae 10 种，姬蛙科 Microhylidae 3 种，树蛙科 Rhacophoridae 2 种，锄足蟾科 Pelobatidae、蟾蜍科 Bufonidae、雨蛙科 Hylidae 各 1 种。有尾目（AMPHIBIA）有 1 科，即蝾螈科 Salamandridae。

②爬行类　有 12 种，分隶 2 科 2 目，占该区动物总数的 12.27%。蛇目（SERPENTES）有 1 科，即游蛇科 Colubridae 9 种；蜥蜴目（LACERTILI）有 1 科，即石龙子科 Scincidae 3 种。

两栖、爬行动物的区系成分属古北界的物种有 1 种，在东洋界成分中，属华中区的南中国型物种 19 种，占所有记录物种的 61.29%。属华南区的东洋型物种 10 种，占所有记录物种的 32.26%。属西南区成分的云贵高原型物种 1 种，即新记录的丽纹腹链蛇 *Amphiesma optata*。在动物地理区划上，该区的两栖、爬行动物区系具有明显的与华南区的分界线附近，而偏向华中区一侧。

③鸟类　有 48 种，分隶 22 科 10 目，占该区动物总种数的 49.48%。雀形目（PASSERIFOMES）有 10 科 26 种，占该区鸟类总种数的 54.17%；隼形目（FALCONIFOEMES）有 2 科 5 种，占总种数的 10.42%；䴕形目（PICIFORMES）有 2 科 5 种，占总种数的 10.42%；鹃形目（CUCULIFORMES）有 1 科 3 种，占总种数的 6.25%；鸡形目（GALLIFORMES）有 1 科 2 种，占总种数的 4.17%；佛法僧目（CORACIIFORMES）有 2 科 2 种，占总种数的 4.17%；鸮形目（STRIGFORMES）有 1 科 2 种，占总种数的 4.17%；鸽型目（COLUMBIFORMES）、雨燕目（APODIFORMES）、咬鹃目（TROGONIFORMES）分别有 1 科 1 种，各占总种数的 2.08%。

在区系组成上，东洋界的鸟类有 34 种，占该区鸟类总种数的 70.83%；古北界的鸟类有 3 种，占总种数的 6.25%；广布种有 11 种，占总种数的 22.92%。

④哺乳类　有 18 种，分隶 11 科 5 目，占该区动物总数的 18.56%；占广东省兽类总数（124 种）的 14.52%；占全国兽类总数（449 种）的 4.01%。啮齿目（RODENTIA）有 4 科 8 种，占该区兽类总数的 44.44%；偶蹄目（ARIODACTYLA）有 3 科 5 种，占总种数的 27.78%；翼手目（CHIROPTERAS）有 2 科 3 种，占总种数的 16.67%；灵长目（PRIMATES）、鳞甲目（PHOLIDOTA）分别有 1 科 1 种，各占总种数的 5.56%。

在区系组成上，以东洋型为主，但热带性强的种类不多，在广东省的哺乳动物地理区系上具有一定的特点。

（2）珍稀濒危动物较多　以我国1989年公布实施的《国家重点保护野生动物名录》和2001年公布实施的《广东省重点保护陆生野生动物名录》（第一批）为依据，乐东大瑶山自然保护区拥有保护脊椎动物20种。其中国家Ⅱ级重点保护动物14种，省级重点保护动物6种（表2.22）。

表2.22　乐昌大瑶山自然保护区的保护动物

序号	种　名	科　名	IUCN濒危等级	保护级别
		哺乳纲 MAMMALIA		
1	短尾猴 *Macaca thibetana*	猴科 Cercopithecidae	濒危	Ⅱ
2	穿山甲 *Manis pentadactyla*	鲮鲤科 Manidae	濒危	Ⅱ
3	鬣羚 *Capricornis sumatraensis*	牛科 Bovidae	濒危	Ⅱ
4	水鹿 *Cervus unicolor*	鹿科 Cervidae	易危	Ⅱ
5	毛冠鹿 *Elaphodus cephalophus*	鹿科 Cervidae		省级
6	赤麂 *Muntiacus cephalophus*	鹿科 Cervidae	易危	省级
7	豪猪 *Hystrix hodgsoni*	豪猪科 Hystricidae		省级
8	社鼠 *Rattus niviventer*	鼠科 Muridae		省级
		鸟纲 AVES		
9	黑冠鹃隼 *Aviceda leuphotes*	鹰科 Accipitridae		Ⅱ
10	褐耳鹰 *Accipiter badius*	鹰科 Accipitridae	稀有	Ⅱ
11	蛇雕 *Spilornis cheela*	鹰科 Accipitridae	易危	Ⅱ
12	雀鹰 *Accipiter nisus*	鹰科 Accipitridae		Ⅱ
13	红隼 *Falco tinnunculus*	隼科 Falconidae	易危	Ⅱ
14	白鹇 *Lophura nycthemera*	雉科 Phasianidae		Ⅱ
15	褐翅鸦鹃 *Centropus sinensis*	杜鹃科 Cuculidae	易危	Ⅱ
16	斑头鸺鹠 *Glaucium cuculoidei*	鸱鸮科 Strigidae		Ⅱ
17	黄嘴角鸮 *Otus spilocephalus*	鸱鸮科 Strigidae		Ⅱ
		两栖纲 AMPHIBIA		
18	虎纹蛙 *Rana tigrina*	蛙科 Ranidae	易危	Ⅱ
19	棘胸蛙 *Rana spinosa*	蛙科 Ranidae	易危	省级
20	沼蛙 *Rana guentheri*	蛙科 Ranidae	无危	省级

（4）经济动物多样　保护区内国家保护的有益的或有重要经济、科学研究价值的陆生野生动物约有70种。

①两栖类　主要有莽山角蟾 *Megophrys mangshanensis*、中华蟾蜍 *Bufo gargarizans*、棘胸蛙、华南湍蛙 *Amolops ricketti*、沼蛙 *Rana guentheri*、泽陆蛙 *Fejervarya limnocharis*、大树蛙 *Rhacophorus dennysi*、斑脚树蛙 *R. leucomystax*、饰纹姬蛙 *Microhyla ornata*、花姬蛙 *Microhyla pulchra* 等10种。

②爬行类　有蓝尾石龙子 *Enmeces elegans* 1种。

③鸟类　许多种类具有食用、药用、羽用、观赏价值。主要有黑冠鹃隼、雀鹰、褐耳鹰、蛇雕、红隼、灰胸竹鸡 *Bambusicola thoracica*、白鹇、珠颈斑鸠 *Streptopelia chinensis*、鹰鹃 *Cuculus sparverioides*、四声杜鹃 *Cuculus micropterus*、褐翅鸦鹃、斑头鸺鹠、黄嘴角鸮、白腰雨燕 *Apus pacificus*、蓝翠鸟 *Halcyon pileata*、三宝鸟 *Eurystomus orientalis*、大拟啄木鸟 *Megalaima virens*、黑眉拟啄木鸟 *M. oorti*、黄嘴噪啄木鸟 *Blythipicus pyrrhotis*、栗啄木鸟 *Celeus brachyurus*、大斑啄木鸟 *Picoides major*、家燕 *Hirundo rustica*、金腰燕 *Hirundo daurica japonica*、白鹡鸰 *Motacilla alba*、赤红山椒鸟 *Pericrocotus flammeus*、灰喉山椒

鸟 *P. solaris*、栗背短脚鹎 *Hypsipetes castanonotus*、白头鹎 *Pycnontus sinensis*、红嘴蓝鹊、红尾水鸲 *Rhyacornis fuliginosus*、黑背燕尾 *Enicurus leschenaulti*、灰背燕尾 *E. schistaceus*、紫啸鸫 *Myiophoneus caeruleus*、乌鸫 *Turdus merula*、褐顶雀鹛 *Alcippe brunnea*、灰眶雀鹛 *A. morrisonia*、黑领噪鹛、锈脸钩嘴鹛 *Pomatorhinus erythrogenys*、棕颈钩嘴鹛 *P. ruficollis*、红翅鵙鹛 *Pteruthius rufiventer*、褐头鹪莺、大山雀 *Parus majo*、叉尾太阳鸟 *Aethopyga christinae*、暗绿绣眼鸟 *Zosterops japonica*、白腰文鸟 *Lonchura striata* 等45 种。

④哺乳类　主要有短尾猴、穿山甲、野猪、毛冠鹿、赤麂 *Muntiacus muntjak*、水鹿、鬣羚、隐纹花松鼠、红颊长吻松鼠 *Dremomys rufigenis*、花白竹鼠 *Rhizomys pruinosus*、豪猪、社鼠、华南兔等14 种。

2.2.5　始兴南山自然保护区

为了保护始兴县南山的自然资源和自然环境，始兴县林业局于1994 年开始筹建南山自然保护区，2001 年6 月20 日始兴县人民政府始府函［2001］35 号文《关于建立南山自然保护区的批复》同意建立南山县级自然保护区。2002 年11 月22 日韶关市人民政府韶府复［2002］75 号文《关于始兴南山、曲江沙溪、翁源半溪张光营三个县级自然保护区升格为市级自然保护区的批复》批准建立始兴南山市级自然保护区。2004 年6 月30 日韶关市人民政府韶府函［2004］47 文《关于申请建立广东始兴南山省级自然保护区的函》请省林业局报省人民政府审批；于2005 年经广东省人民政府粤府函［2005］87 号文批准建立始兴南山省级自然保护区。主要保护对象为中亚热带常绿阔叶林及其生物多样性和水源林。

根据中华人民共和国国家标准《自然保护区类型与级别划分原则》（GB/T14529—93），始兴南山自然保护区属“自然生态系统类别”中的“森林生态系统类型”自然保护区。

2.2.5.1　自然条件

（1）位置范围　始兴南山自然保护区，位于韶关市辖始兴县城的西南部。地理坐标为东经113°53′58″～114°01′29″，北纬24°49′37″～24°56′25″。保护区东与沈所镇相连，南与深渡水瑶族乡接壤，西与曲江区周田灵溪乡交界，北与江口镇为邻。保护区东西宽12. 8km，南北长12. 6km，总面积7113hm^2，其中陆地面积7043. 5hm^2，水域面积69. 5hm^2。

（2）地质基础

①地层　保护区出露的地层岩性，由老到新共有如下几种地层单元组成。

A. 寒武纪（∈）　出露的为八村群中亚群。主要分布于保护区的西北部。岩性为灰绿色板状变质石英粉砂岩、板状泥质绢云母页岩。

B. 奥陶纪（O）　出露的为龙头寨群（O_{2-3}）和华沈群（O_1）。前者广泛分布于保护区的北部、中部和南部，岩性为白色厚层石英砂岩、石英质粉砂岩、灰白色细晶灰岩、灰黑色含炭质泥质页岩、砂质页岩；后者分布于保护区的中部和西部。岩性为灰黑色砂质页岩、泥质页岩。

C. 泥盆纪（D）　出露的为中下统桂头群。主要分布于保护区北部的花山水库附近和东部。岩性为灰色细粒石英砂岩。

D. 燕山期花岗岩（Y_5^1）　分布于保护区的南部。岩性为斑状或巨斑状黑云母二长花岗岩。

②构造　保护区在地质构造上属华南褶皱系，与周边地域地质结构复杂，断裂带多达8 条，西北向的7 条，东南向的1 条。

（3）地貌概况　保护区的地势大致南高北低。南部最高峰爬峰岭海拔1098m，西北角最低处海拔260m。

①中低山地貌主要分布于保护区的南部，以海拔500m 以上中低山地貌发育，除最高峰外，高于1000m 的山峰有4 座，其他山峰海拔500～800m，地势起伏大，山顶浑圆，陡崖发育，坡度30°～40°，沟谷多为“U”型谷。

②丘陵地貌　海拔500m 以下，比高50～100m 的丘陵地貌，主要分布于保护区的北部，地势起伏

平缓，丘顶呈馒头状，坡度10°~15°。

③平原地貌 地势低平，海拔100m左右，主要分布河流两岸和坡麓地带，呈狭长带状。多由沙、砾和黏土层松散堆积物组成，土层深厚。

（4）气候特点 保护区属中亚热带季风气候区。其特点是：光照充足，冷暖交替明显，春季低温阴雨寡照，夏季高温多雨，雨热同季，秋季昼暖夜凉，冬季有霜冻寒潮少雨。由于保护区位于始兴县城的西南部山区，而具有山地气候特征。

据保护区所在的始兴县气象资料：无霜期295天。年平均日照时数1529.2小时。多年平均气温19.6℃，最冷1月份平均气温9.4℃，极端最低气温-6℃，最高气温11.3℃，最热7月份平均气温28.5℃，极端最高气温40.4℃。多年平均降水量1537.8mm，年平均蒸发量1372.4mm。年平均风速1.4m/秒，最大风速14.7/秒。

（5）水文特征 保护区属北江水系的一级支流—浈江流域，墨江是浈江的重要支流。

①河流 保护区内有右拔河、左拔河、中拔河、马头水及含秀水等5条较大的河流，这5条河流及其支流，呈树枝状分布，由南向北流。其中右拔河、左拔河、中拔河汇入花山水库，然后注入墨江；马头水和含秀水则直接汇入墨江。

由于河溪的流水主要来源为雨水，故其水文特征的流量季节变化明显，4~9月的雨季为丰水期，地表径流顺坡而下，流量剧增，水位高涨；10月至翌年3月的干季为枯水期，缺乏地表径流补给，流量大减，水位低落。

②花山水库 位于保护区北部，集雨面积达48.2km^2，总库容$1.441\times10^7m^3$，兴利库容$9.06\times10^6m^3$，是一座集防洪、灌溉、发电、供水于一体的中型水库，总装机容量320kW，最大泄洪量为329.22m^3/秒，灌溉农田面积3333.3hm^2，日供水$25\times10^4m^3$。

③水质 保护区的水质，整体而言，水质良好。根据始兴县环境监测站对花山水库3年的水环境质量监测的结果表明，河水的所有指标均符合国家《地表水环境质量标准》（GHZB1－1999）Ⅰ类水标准。

（6）土壤特征 始兴南山自然保护区的地带性土壤为红壤，但由于受成土母质、山地气候、植被和地形等因素以及人类活动的影响，从山麓至山顶依次形成了垂直分布。

①红壤 主要分布在海拔350~500m丘坡地带，成土母质主要岩性为灰色细粒石英砂岩。是阔叶林或针阔叶混交林下发育的土壤，土壤质地较均匀，土层多夹有菱块砾石，肥力较高。

②山地红壤 主要分布在海拔500~700m低山坡地，成土母质主要为石英砂岩、砂质页岩等风化坡积物和堆积物，表土灰紫色或灰褐色，心土橙红至红色。

③山地黄红壤 主要分布于700~900m山坡，成土母质主要为灰黑色砂质页岩、泥质页岩等风化坡积物和堆积物，表土灰黑色或灰褐色，心土橙红色。

④山地黄壤 主要分布在保护区内海拔900~1000m的山坡，成土母质以灰黑色砂质页岩、泥质页岩等风化坡积物和堆积物，表土灰黄色至灰黑色，心土蜡黄色或金黄色

⑤山地灌丛草甸土 主要分布在海拔1000m以上的山脊和山顶，成土母质以斑状或巨斑状黑云母二长花岗岩为主，一般土层浅薄。

除上述森林土壤外，在低地和谷地还有各类岩石风化的坡积物和冲积物经耕作而发育的水稻土。

2.2.5.2 功能分区

依据《广东始兴南山自然保护区总体规划》①，将始兴南山自然保护区划分为3个功能区。

（1）核心区 总面积3749.87hm^2，占保护区总积的52.72%。位于保护区的西部，具体范围：东面以左拔水河流为界，南部以含秀水河为界，西部与曲江区交界的山脊防火线为界，北部以大坪和花

① 陈桂珠．广东始兴南山自然保护区总体规划．中山大学，韶关市始兴县林业局．2004.6.

山库以南的山脊为界。区内以常绿阔叶林为主，珍稀濒危动植物较为丰富，一般人迹罕至，基本无不良因素干扰。其主要功能是：保护天然常绿阔叶林生态系统和珍稀野生动植物。将实行全封闭管理，除必需的科学研究人员经有关主管部门批准方可进出外，禁止任何人进入，严禁狩猎、采挖药材和砍伐林木。

（2）缓冲区　总面积 1769.47hm²，占保护区总积的 24.88%。位于核心区的外围，具体范围：在核心区东部、北部南的外围一圈为缓冲区，东部以左拔水的山脊为界，南部以含秀水东边山脊为界，北部以大坪的山脚为界。其主要功能是对于保护核心区起缓冲作用，确保核心区的天然常绿阔叶林生态系统和珍稀野生动植物的良性循环。将实行半封闭式管理，禁止开展旅游和生产经营活动，因教学科研需要进入缓冲区的应当事先向自然保护区管理机构提交申请和活动计划，经自然保护区管理机构批准才可开展工作。

（3）实验区　总面积 1573.67hm²，占保护区总积的 22.12%。位于缓冲区外围，具体范围有 3 块：东部实验区，北起南方林场，东面以马头水山脊为界，南面及西面以缓冲区为界；中部实验区，北面以花山水库的水堤为界，东部以上廖栋山脊为界，南部和西部以缓冲区为界；北部实验区，西部以曲江区交界，东北部与大坪接壤，南部与大坪的山坑为邻。其主要功能是在保护好自然资源和自然环境的基础上，开展各种科学实验、科普教育、生态旅游和教学实习等（图 2.7）。

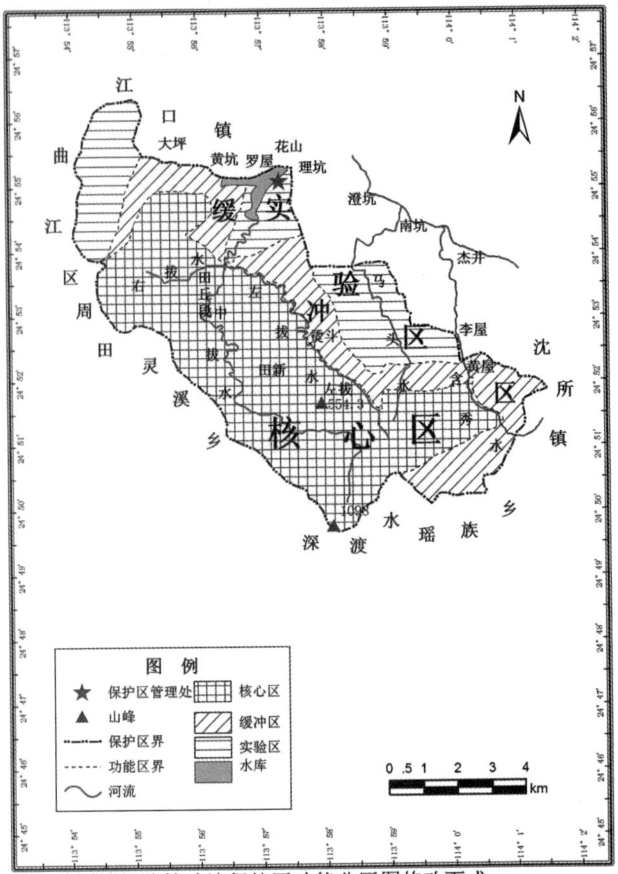

注：此图根据陈桂珠该保护区功能分区图修改而成。

图 2.7　始兴南山自然保护区功能分区图

2.2.5.3　植物区系特点

（1）植物物种较丰富　据调查统计①，该保护区拥有野生维管束植物 1036 种（包括种下分类单位，下同），隶属 561 属 175 科，占广东省野生维管束植物 5933 种（叶华谷等，2005）的 17.46%。其中蕨类植物 122 种，隶属 63 属 32 科；裸子植物 9 种，隶属 7 属 6 科；被子植物 905 种，隶属 491 属 137 科（表 2.23）。

表 2.23　始兴南山自然保护区野生维管束植物类群的组成

植物类群		科数	属数	种数
蕨类植物		32	63	122
裸子植物		6	7	9
被子植物	双子叶植物纲	117	408	777
	单子叶植物纲	20	83	128
合计		175	561	1036

此外，尚有栽培植物 70 种，分隶 62 属 40 科。其中裸子植物 6 种，分隶 5 属 5 科；被子植物 64

① 陈桂珠．广东始兴南山自然保护区资源调查报告．中山大学，韶关市始兴县林业局．2004.6.

种，分隶57属35科（双子叶植物51种46属27科；单子叶植物13种11属8科）。

（2）地理成分较复杂

①蕨类植物的地理成分

A. 科的地理分布区类型　根据保护区32科的分布类型统计分析如下。

广布科　共有11科，占该区总科数的34.38%。如石杉科 Huperziaceae、石松科 Lycopodiaceae、卷柏科 Selaginellaceae、木贼科 Equisetaceae、紫萁科 Osmundaceae、铁线蕨科 Adiantaceae、蹄盖蕨科 Athyriaceae、铁角蕨科 Aspleniaceae、水龙骨科 Polypodiaceae、苹科 Marsileaceae、满江红科 Azollaceae。

热带、亚热带分布科　共有13科，占该区总科数的61.90%（扣除广布分布科11科，下同）。如观音座莲科 Angiopteridaceae、里白科 *Gleicheniaceae*、中国蕨科 Sinopteridaceae、碗蕨科 Dennstaedtiaceae、鳞始蕨科 Lindsaeaceae、海金沙科 Lygodiaceae、凤尾蕨科 Pteridaceae、裸子蕨科 *Hemionitidaceae*、书带蕨科 *Vittariacea*、金星蕨科 Thelypteridaceae、膜蕨科 Hymenophyllaceae、三叉蕨科 Aspidiaceae、骨碎补科 Dvalliaceae 等。

泛热带分布科　共有5科，占该区总科数的23.80%。如槲蕨科 Drynariaceae 以亚洲为主，其他为蚌壳蕨科 Dicksoniaceae、蕨科 Pteridiaceae、乌毛蕨科 Blechnaceae、肾蕨科 Nephrolepidaceae 等。

亚洲、大洋洲和美洲热带分布科　仅有瘤足蕨科 Plagiogyriaceae，占总科数的4.76%。

热带、温带分布科　仅有瓶尔小草科 Ophioglossaceae，占总科数的4.76%。

温带至亚热带高山地区分布科　有鳞毛蕨科 Dryopteridaceae1科，占总科数的4.76%。

B. 属的地理分布区类型　根据保护区63属的分布类型统计分析如下。

广布属　共有7属，占该区总属数的11.11%。如石杉属 *Huperzia*、石松属 *Lycopodium*、卷柏属 *Selaginella*、铁线蕨属 *Adiantum*、铁角蕨属 *Asplenium*、苹属 *Marsilea*、满江红属 *Azolla* 等。

泛热带分布属　共有8属，占该区总属数的14.29%（扣除广布分布属7属，下同）。如团扇蕨属 *Gonocormus*、蕗蕨属 *Mecodium*、鳞始蕨属 *Lindsaea*、乌蕨属 *Sphenomeris*、蕨属 *Pteridium*、栗蕨属 *Histiopteris*、肾蕨属 *Nephrolepis*、槲蕨属 *Drynaria* 等。

热带和亚热带分布属　共有41属，占该区总属数的73.21%。其中热带至亚热带为主，如藤石松属 *Lycopodistrum*、灯笼草属 *Palhinhaea*、瓶尔小草属 *Ophioglossum*、观音莲座属 *Anglopteris*、芒萁属 *Dicranopteris*、里白属 *Diplopterygium*、海金沙属 *Lygodium*、膜蕨属 *Hymenophyllum*、鳞盖蕨属 *Microlepia*、凤尾蕨属 *Pteris*、金粉蕨属 *Onychium*、凤叉蕨属 *Coniogramme*、书带蕨属 *Vittaria*、短肠蕨属 *Allantodia*、假蹄盖蕨属 *Athyriopsis*、角蕨属 *Cornopteris*、毛子蕨属 *Monomelangium*、毛蕨属 *Cyclosorus*、针毛蕨属 *Macrothelyperis*、凸轴蕨属 *Metathelypteris*、金星蕨属 *Parathelypteris*、新月蕨属 *Pronephrium*、假毛蕨属 *Pseudocyclosorus*、紫柄蕨属 *Pseudophegopteris*、乌毛蕨属 *Blechnum*、肋毛蕨属 *Ctenitis*、三叉蕨属 *Tectaria*、阴石蕨属 *Humata*、线蕨属 *Colysis*、骨牌蕨属 *Lepidogrammitis*、石韦属 *Pyrrosia* 等。

以亚热带为主的属　与热带至亚热带分布的类型相当，热带亚洲分布的有3属，如圣蕨属 *Dictyocline*、复叶耳蕨属 *Arachniodes*、星蕨属 *Microsorium* 等；热带亚洲至非洲分布的有2属，如瓦韦属 *Lepisorus*、盾蕨属 *Neolepisorus*；热带亚洲至热带美洲分布有3属，如瘤足蕨属 *Plagiogyria*、双盖蕨属 *Diplazium*、水龙骨属 *Polypodiodes*；东亚分布有2属，如金毛狗属 *Cibotium*、莱蕨属 *Callipteris* 等。

温带、热带分布属　有2属，占该区总属数的3.57%。如紫萁属 *Osmunda*、狗脊属 *Woodwardia*。

北温带、亚热带分布属　有1属，占该区总属数的1.79%。如卵果蕨属 *Phegopteris*。

北温带分布属　有2属，占该区总属数的3.57%。如鳞毛蕨属 *Dryopteris*、耳蕨属 *Polystichum*。

温带分布属　有1属，占该区总属数的1.79%。如贯众属 *Cyrtomium*。

寒、温带分布属　有1属，占该区总属数的1.79%。如木贼属 *Equisetum*。

②种子植物的地理成分

A. 科的地理分布区类型　按照《世界种子植物科的分布区类型系统》（吴征镒等，2003），对保护区内种子植物143科的分布区类型统计分析，除旧世界温带分布、温带亚洲分布、地中海区和西亚至中亚分布、中亚分布及中国特有分布科尚未发现外，其余 10 个分布区类型及变型均有分布。

*1. 广布分布类型　计有 41 科，占该区总科数的 28.67%。如毛茛科 Ranunculaceae、十字花科 Cruciferae、堇菜科 Violaceae、远志科 Polygalaceae、景天科 Crassulaceae、石竹科 Caryophyllaceae、马齿苋科 Portulacaceae（主产美洲）、蓼科 Polygonaceae、苋科 Amaranthaceae、酢浆草科 Oxalidaceae、千屈菜科 Lythraceae、柳叶菜科 Onagraceae、小二仙草科 Haloragidaceae、瑞香科 thymelaeaceae、蔷薇科 Rosaceae、蝶形花科 Papilionaceae、杨梅科、榆科、桑科 Moraceae、鼠李科 Rhamnceawe、伞形科 Umbelliferae、木犀科 Oleaceae、茜草科 Rubiaceae、败酱科 Valerianaceae、菊科 Compositae、龙胆科 Gentianaceae、报春花科 Primulaceae、车前科 Plantaginaceae、桔梗科 Campanulaceae、半边莲科 Lobeliaceae、紫草科 Boraginaceae、茄科 Solanaceae、旋花科 Convolvulaceae、玄参科（主产温带）、唇形科（主产地中海）、泽泻科、眼子菜科、浮萍科、兰科、莎草科（主产温带及寒温带）、禾本科等。

*2. 泛热带分布类型　计 45 科，占该区总科数的 44.12%（扣除广布分布类型 41 科）。如番荔枝科 Annonaceae、樟科 Lauraceae、青藤科 Illigeraceae、防已科 Menispermaceae、马兜铃科 Aristolochiaceae、胡椒科 Piperaceae、金粟兰科 Chloranthaceae、白花菜科 Capparidaceae、藜科 Chenopodiaceae、凤仙花科 Balsaminaceae、大风子科 Flacourtiaceae、天料木科 Homalaceae、葫芦科 Cucurbitaceae、秋海棠科 Begoniaceae、茶科 Theaceae、野牡丹科 Melastomataceae、藤黄科 Guttiferae、梧桐科 Sterculiaceae、锦葵科 Malvaceae、粘木科 Ixonanthaceae、大戟科 Euphorbiaceae、含羞草科、荨麻科、卫矛科、茶茱萸科、铁青树科、檀香科、葡萄科、芸香科、楝科、无患子科、漆树科、柿科、紫金牛科、马钱科、夹竹桃科、萝藦科、爵床科、鸭跖草科、谷精草科、雨久花科、菝葜科、天南星科、薯蓣科、蒟蒻薯科等。

*2－1 热带亚洲、大洋洲（至新西兰）和南美（或墨西哥）间断分布　有 1 科，占 0.98%。如山矾科 Smyplocaceae。

*2－2 热带亚洲、非洲和南美洲间断分布　有 3 科，占 2.94%。如买麻藤科、苏木科、鸢尾科。

*2S 以南半球为主的泛热带分布　有 6 科，占 5.88%。如罗汉松科 Podocarpaceae、商陆科、山龙眼科、桃金娘科、桑寄生科、石蒜科等。

*3. 热带亚洲和热带美洲间断分布　有 8 科，占 7.84%。如木通科、杜英科、冬青科、省沽油科、五加科、安息香科、苦苣苔科、马鞭草科等。

*4. 旧世界热带分布　有 2 科，占 1.96%。如海桐花科、芭蕉科。

*4－1 热带亚洲、非洲和大洋洲间断　有 1 科，占 0.98%。如八角枫科。

*5. 热带亚洲至热带大洋洲分布　有 2 科，占 1.96%。如交让木科、姜科。

*6. 热带亚洲至热带非洲分布　仅有 1 科，占 0.98%。如杜鹃花科 Ericaceae。

*7. 热带亚洲（印度—马来西亚）分布　有 1 科，占 0.98%。如使君子科 Combretaceae。

*7－4 越南（或中南半岛）至华南（或西南）分布　仅有 1 科，占 0.98%。如清风藤科 Sabiaceae。

*7－5 西马来，基本上在新华莱斯线以西　仅有 1 科，占 0.98%。如五列木科 Pentaphylacaceae。

*8. 北温带分布　有 7 科，占 6.86%。如松科、金丝桃科 Hypericaceae、大麻科 Cannabinaceae、越桔科、忍冬科、百合科、延龄草科等。

*8－4 北温带和南温带（全温带）间断分布　有 14 科。占 13.73%。如杉科、柏科 Cupressaceae、紫堇科 Fumariaceae、茅膏菜科、绣球花科、金缕梅科、杨柳科、桦木科、壳斗科、胡颓子科（主产东亚）、槭树科（主产东亚）、胡桃科、山茱萸科、灯心草科。

*8－5 欧亚和南美洲温带间断分布　有 1 科，占 0.98%。如小檗科。

*9. 东亚和北美洲间断分布　有 5 科，占 4.90%。如木兰科、八角科、五味子科、三白草科、鼠刺科。

*10. 旧世界温带分布

*10－3. 欧亚和南非（有时也在澳大利亚）　有1科，占0.98%。如川续断科 Dipsacaceae。

*14. 东亚分布　有2科，占1.96%。如三尖杉科、猕猴桃科。

从上所述可以看出：其中以泛热带分布类型最多，有55科，占总科数的53.92%（扣广布分布类型41科，下同）；北温带分布类型其次，有22科，占总科数的21.57%；热带亚洲和热带美洲间断分布类型有8科，占总科数的7.84%；其余分布区类型所含科数均在4.90%以下，不占重要地位；特别是中国特有科等5科分布类型缺如，表明该自然保护区植物区系在科级水平上以泛热带分布成分为主，兼有一定数量的北温带成分。

B. 属的地理分布区类型　根据保护区种子植物498属的分布类型，按照《中国种子植物属的分布区类型》（吴征镒，1991）统计分析，除地中海区、西亚至中亚分布、中亚分布区类型及其变型尚未发现外，其他13个分布区类型及变型均有分布（表2.24）。

表2.24　始兴南山自然保护区种子植物属的分布区类型

分布区类型及变型	属数	占总属数（%）
1. 广布分布	47	扣除
2. 泛热带分布	113	25.06
2－1 热带亚洲、大洋洲和南美洲间断分布	5	1.11
2－2 热带亚洲、非洲和南美洲间断分布	4	0.89
3. 热带亚洲和热带美洲间断分布	8	1.77
4. 旧世界热带分布	39	8.65
4－1 热带亚洲、非洲和大洋洲间断分布	4	0.89
5. 热带亚洲至热带大洋洲分布	27	5.99
5－1 中国（西南）亚热带和新西兰间断分布	0	0
6. 热带亚洲至热带非洲分布	24	5.32
6－1 华南、西南到印度和热带非洲间断	1	0.22
6－2 热带亚洲和东非间断	2	0.44
7. 热带亚洲（印度—马来西亚）分布	56	12.42
7－1 爪哇、喜马拉雅和华南、西南星散分布	6	1.33
7－2 热带印度至华南分布	4	0.89
7－3 缅甸、泰国至华西南分布	1	0.22
7－4 越南（或中南半岛）至华南（或西南）分布	5	1.11
8. 北温带分布	48	10.64
8－1 环极分布	0	0
8－2 北极高山分布	1	0.22
8－3 北极—阿尔泰和北美洲间断分布	0	0
8－4 北温带和南温带（全温带）间断分布	7	1.55
8－5 欧亚和南美洲温带间断分布	1	0.22
8－6 地中海区、东亚、新西兰和墨西哥到智利间断	0	0
9. 东亚和北美洲间断分布	28	6.21
9－1 东亚和墨西哥间断	0	0
10. 旧世界温带分布	15	3.33
10－1 地中海区、西亚和东亚间断分布	3	0.67
10－2 地中海和喜马拉雅间断分布	0	0.17

（续）

分布区类型及变型	属数	占总属数（%）
10 – 3 欧亚和南非洲（有时也在大洋洲）间断	2	0. 44
11. 温带亚洲分布	3	0. 67
12. 地中海区、西亚至中亚分布	0	0
12 – 1 地中海区至中亚和南非洲、大洋洲间断	0	0
12 – 2 地中海区至中亚和墨西哥间断	0	0
12 – 3 地中海区至温带、热带亚洲，大洋洲和南美洲间断	0	0
12 – 4 地中海区至热带非洲和喜马拉雅间断	0	0
12 – 5 地中海区—北非洲、中亚、北美西南部，智利和大洋洲（泛地中海）间断分布	0	0
13. 中亚分布	0	0
13 – 1 中亚东部（亚洲中部）	0	0
13 – 2 中亚至喜马拉雅	0	0
13 – 3 西亚至喜马拉雅和西藏	0	0
12 – 4 地中海区至热带非洲和喜马拉雅间断	0	0
14. 东亚分布	26	5. 76
14 – 1 中国—喜马拉雅（SH）	5	1. 11
14 – 2 中国—日本（SJ）	7	1. 55
15. 中国特有分布	6	1. 33
合计	498	100. 00

从表 2. 24 可以看出，保护区内属的地理成分是以热带成分占优势，2 ~ 7 各类热带成分共有 299 属，占总属数（扣除广布分布 47 属，以下同）的 66. 30%；温带成分从 8 ~ 12 共有 108 属，占总属数的 23. 95%；东亚分布有 38 属，占总属数的 8. 43%；中国特有分布的 6 属，占 1. 33%，分别是杉木属 *Cunninghamia*、观光木属 *Tsoongiodendron*、石笔木 *Tutcheria*、半枫荷属 *semiliquidambar*、毛药花属 *Bostrychanthera* 等。因此，在种子植物属级分布区类型水平上，以泛热带、热带亚洲的分布区类型为主，同时兼有一定数量的东亚分布和温带分布成分，这些特征与保护区所处地理位置相一致。

2. 2. 5. 4　植被类型

据调查，保护区内的植被类型多样，主要有如下 7 种类型。

（1）针叶林　在保护区内有 2 个群系。

①马尾松林（Form *Pinus massoniana*）　主要为人工种植保留下的，分布面积 255. 9hm^2，占保护区陆地面积的 3. 63%。其中马尾松、桃金娘 *Rhodomyrtus tomentosa*、芒萁 *Dicranopteria pedata* 林，是亚热带典型的常绿针叶林，但面积较小。

②杉木林（Form *Cunninghamia lanceolata*）　分布面积 479. 8hm^2，占保护区陆地面积的 6. 81%。主要分布于彭坑海拔 125m 处，坡向西南，坡度 10°，在 10m × 10m 面积中。

乔木层：平均高度约 10. 89m，平均胸径 11. 79cm，共有 5 种 22 株，郁闭度约 0. 95。林相整齐，结构简单，由单一的杉木组成。

由于郁闭度很大，林下几无灌木和草本植物；部分杉木林稀疏地段，林下灌木、草本植物丰富。

灌木层：有大青 *Clerodendron cyrtophyllum*、毛冬青 *Ilex pubescens*、广东冬青 *I. kwangtungensis*、梅叶冬青 *I. asprella*、赤楠 *Syzygium buxifolium*、山血丹 *Ardisia punctata*、白花笼 *Styrax faberbus*、柏拉木 *Blastus cochinchinensis*、青牛胆 *Tinospora sagittata*、粗叶榕 *Ficus hirta*、三椏苦 *Evodia lepta*、油茶 *Camellia oleifera*、鲫鱼胆 *Maesa perlarius*、白花灯笼 *Clerodendrum fortunatum*、乌饭树 *Vaccinium bracteatum*、乌药

Lindera aggregata、白背叶 *Mallotus apelta*、枇杷叶紫珠 *Callicarpa kochiana*、白花悬钩子 *Rubus leucanthus*、山莓 *R. corchorifolius* 等。

草本层：有芒萁、半边旗 *Pteris semipinnata*、深裂秀毛莓 *Rubus reflexus*、海金沙 *Lygodium japonicum*、多羽复叶耳蕨 *Arachniodes amoena*、团叶陵齿蕨 *Lindsaea orbiculata*、金毛狗 *Cibotium barometz*、铁线蕨 *Adiantum capillus - veneris*、狗脊 *Woodwardia japonica*、乌毛蕨 *Blechnum orientale*、鳞始蕨 *Lindsaea odorata*、乌蕨 *Sphenomeris chinensis*、草珊瑚、毒根斑鸠菊 *Vernonia cumingiana*、黑莎草、淡竹叶 *Lophatherum gracile* 等。

层间藤本植物：有罗浮买麻藤 *Gnetum lofuense*、轮环藤 *Cyclea racemosa*、巴戟 *Morinda officinalia*、网脉酸藤子 *Embelia rudis*、香花崖豆藤 *Millettia dielsiana*、玉叶金花 *Mussaenda pubescens*、显齿蛇葡萄 *Ampelopsis grossedentata*、筐条菝葜 *Smilax corbularia*、羊角拗 *Strophanthus divaricatus*、羊角藤 *Morinda umbellata* 等。

此外，林下有杨桐 *Adinandra millettii*、红锥 *Castanopsis hystrix*、罗浮栲 *C. fabrei*、鹅掌柴 *Schefflera heptaphylla*、罗浮柿 *Diospyros morrisiana*、柯 *Lithocarpus glabra*、黄毛楤木 *Aralia decaisneana*、木荷 *Schima superba*、红枝蒲桃 *Syzygium rehderianum*、鼠刺 *Itea chinensis* 等幼苗。由此可见该林的发展趋势将被常绿阔叶林所替代。

（2）常绿阔叶林　是以常绿阔叶树为建群种所组成森林群落。它是中亚热带地带性的典型植被类型，主要分布于海拔 250～1000m 的丘陵和山地，在保护区内占主导地位，分布面积 4752.4hm^2，占保护区陆地面积的 67.47%。计有如下 6 个群系。

①红锥林（Form *Castanopsis hystrix*）　主要分布于大坪村背后海拔 450m 处，坡向东，坡度 20°，在面积 20m×20m 中.

乔木层：平均高度 9.57m，平均胸径 12.88cm，共有 10 种 37 株，郁闭度 0.85。除红锥优势种 14 株外。还有黧蒴 *Castanopsis fissa* 10 株、山乌桕 *Sapium discolor* 3 株、马尾松 2 株、狗骨柴 *Diplospora dubia* 2 株、赤杨叶 *Alniphyllum fortunei*、黄樟 *Cinnmomum parthenoxylon*、木荷、南酸枣 *Choerospondias axillaris*、枫香树 *Liiquidambar formosana* 等各 1 株。

灌木层：有三桠苦、栓叶安息香 *Styrax suberifolius*、檵木 *Loropetalum chinensis*、、黑柃 *Eurya macartneyi*、多花山竹子 *Garcinia multiflora*、毛果算盘子 *Glochidion eriocarpum*、粗叶榕、枇杷叶紫珠、红背山麻杆 *Alchornea trewioides*、蜡瓣花 *Corylopsis sinensis*、八角枫 *Alangium chinense* 等。

草本层：有芒萁、金毛狗、狗脊、半边旗、黑莎草、深绿卷柏 *Selaginella doederleinii*、阔鳞鳞毛蕨 *Dryopteris chamoionii*、乌毛蕨、圆叶舞草 *Codariocalyx gyroides*、棕叶芦 *Thysanolaena maxima* 等。

层间藤本植物：有罗浮买麻藤、土茯苓 *Smilax glabra*、白花酸藤子 *Embelia ribes*、香花崖豆藤、玉叶金花和显齿蛇葡萄等。

此外，林下还有红锥、黧蒴、鸭公树 *Neolitsea chuii*、赤杨叶、枫香树、白花泡桐 *Paulownia fortunei*、黄樟和花榈木 *rmosia henryi* 等幼苗。由此可见该林发展趋势是稳定的。

②黧蒴林（Form *Castanopsis fissa*）　主要分布于汉民坑（白石坑附近）海拔 600m 处，坡向东南，坡度 20°，在 20m×20m 面积中。

乔木层：平均高度约 9.84m，平均胸径 13.59cm，郁闭度 0.90。除建群种黧蒴 16 株外，还有南酸枣 12 株、红锥和鹿角锥 *Castanopsis lamontii* 各 6 株，冬桃杜英 *Elaeocarpus duclouxii* 和罗浮柿各 4 株，柯 2 株，马尾松、猴欢喜 *Sloanea sinensis*、华南桦 *Betula austro - sinensis* 各 1 株。

灌木层：有绒毛山胡椒 *Lindera nacusua*、广东冬青、山血丹、枇杷叶紫珠、乌饭树、小芸木 *Micromelum integerrimum*、黑老虎 *Kadsura coccinea*、赤楠、白背叶、油茶、细齿叶柃 *Eurya nitida* 等。

草本层：有芒萁、狗脊、草珊瑚、山菅兰 *Dianella ensifolia*、淡竹叶等。

层间藤本植物：有广东蛇葡萄 *Ampelopsis cantoniensis*、白花酸藤子、筐条菝葜、玉叶金花、薯莨 *Dioscorea cirrhosa* 等。

此外，林下还有红锥、罗浮柿、黄果厚壳桂 *Cryptocarya chingii*、柯、短梗幌伞枫 *Heteropanax brevipedicellatus*、杨桐、苦槠 *Castanopsis sclerophylla*、白栎 *Quercus fabri*、新木姜子、绒毛润楠等幼苗。

③鹿角锥林（Form *Castanupsis lamontii*） 主要分布于中心山塘村海拔 270m 处，坡向北，坡度 45°，在 20m×20m 面积中。

乔木层：平均高度约 11.07m，平均胸径 18.93cm，郁闭度 0.80。除建群种鹿角锥 5 株外，还有建润楠 *Machilus oreophila* 6 株、黧蒴 5 株、柿 4 株、枹栎 *Quercus serrata* 3 株，红锥、天料木 *Homalium cochinchinense*、锈叶新木姜 *Neolitsea cambodiana*、小芸木、罗伞树 *Ardisia quinquegona*、黄果厚壳桂各 1 株。

灌木层：有九节 *Psychotria asiatica*、柏拉木、赤楠、毛果巴豆 *Croton lachnocarpus*、黑老虎、广东冬青、小紫金牛 *Ardisia cymosa*、光叶冬青 *Ilex pubescens* var. *glabra*、细齿叶柃、二列叶柃 *Eurya distichophylla*、锐尖山香圆 *Turpinia arguta*、山矾 *Symplocos sumuntia* 等。

草本层：有羽裂圣蕨 *Dictyocline wilfordii*、铁线蕨 *Adiantum capillus - veneris*、金毛狗、鳞始蕨 *Lindsaea odorata*、草珊瑚、深绿卷柏、狗脊、变异鳞毛蕨 *Dryopteris varia*、虎克鳞盖蕨 *Microlepia hookeriana*、福建观音座莲 *Angiopteris fokiensis*、中华里白 *Diplopterygium chinensis*、全缘凤尾蕨 *Pteris insignis*、华山姜 *Alpinia oblongifolia*、淡竹叶等。

层间藤本植物：有喙果崖豆藤 *Millettia speciosa*、白花酸藤子、牛尾菜 *Smilax riparia*、毛钩藤 *Uncarisa hirsuta*、乌蔹莓 *Cayratia japonica*、罗浮买麻藤、三裂叶蛇葡萄 *Ampelopsis delavayana* 等。

此外，林下还有杨梅、黧蒴、天料木、烟斗柯 *Lithocarpus corneus*、绒毛润楠、新木姜子、红锥、杉木等幼苗。

④甜槠林（Form *Castanupsis eyrei*） 主要分布于笔坑海拔 620m 处，坡向山脊，坡度 0°，在 10m×40m 面积中。

乔木层：平均高度约 11.21m，平均胸径 21.42cm，郁闭度 0.95。除优势种甜槠 18 株外，还有红锥、丝线吊芙蓉 *Rhododendron westlandii*、黑柃各 4 株，南酸枣 3 株，鼠刺和尖叶杨桐 *Adinandra bockiana* 各 2 株，钩锥 *Castanopsis tibetana*、川鄂栲 *C. fargesii*、柯 *Lithocarpus glabra*、紫玉盘柯 *L. uvariifolius*、杨梅、绢毛杜英 *Elaeocarpus nitentifolius*、粘毛杜鹃、日本杜英、刨花润楠 *Machilus pauhoi*、厚皮香 *Ternstroemia gymnanthera*、罗浮柿等各 1 株。

灌木层：有红背山麻杆、多花山竹子、九管血 *Ardisia brevicaulis*、赤楠、乌饭树、刺毛乌饭树 *Vaccinium trichocladum*、毛果巴豆、疏花卫矛 *Euonymus laxiflorus*、黑老虎、小芸木、变叶树参 *Dendropanax proteum*、八角枫、鲫鱼胆 *Maesa perlarius*、虎皮楠 *Daphniphyllum longistylum* 等。

草本层：有狗脊、金毛狗、阔鳞鳞毛蕨 *Dryopteris championii*、黑莎草、山麦冬 *Liriope spicata*、淡竹叶等。

层间藤本植物：有香花崖豆藤、薯莨、网脉酸藤子、鸡矢藤、土茯苓等。

此外，林下还有黄毛楤木、红锥、钩锥、丝线吊芙蓉、粘毛杜鹃、黑柃、新木姜子、南酸枣、硬叶润楠 *Machilus phoenicia*、红楠 *M. thunbergii*、黄丹木姜子 *Litsea elongata*、狗骨柴、黄果厚壳桂、野漆树 *Toxicodendron sylvestris* 等幼苗。

⑤甜槠、木荷林（Form *Castanupsis eyrei*, *Schima superba*） 主要分布于田新村背海拔 770m 处，坡向山脊，坡度 0°，在 20m×20m 面积中。

乔木层：平均高度 11.28m，平均胸径 18.35cm，郁闭度 0.95。除优势种甜槠 18 株、木荷 5 株外，还有毛竹 *Phyllostachys heterocyela cv. Pubescens* 16 株，吊皮锥 *Castanopsis kawakamii*、红锥、毛桃木莲 *Manglietia moto*、深山含笑 *Michelia maudiae* 和日本杜英各 2 株，南酸枣、米槠 *Castanopsis carlesii*、黄果厚壳桂、新木姜子等各 1 株。

灌木层：有百两金 *Ardisia crispa*、朱砂根 *A. crenata*、五月茶 *Antidesma bunius*、豆腐柴 *Premna microphylla*、铁青木 *Schoepfia jasminodora*、网脉山龙眼 *Helicia retigulata*、红背山麻杆、变叶树参、毛果巴豆、小芸木、油茶、赤楠、鲫鱼胆、乌饭树、冬青 *Ilex chinensis*、山血丹等。

草本层：有狗脊、草珊瑚、山麦冬、淡竹叶等。

层间藤本植物：有香花崖豆藤、酸藤子 *Embelia laeta*、薯莨、鸡矢藤、土茯苓等。

此外，林下还有甜槠、紫玉盘柯 *Lithocarpus uvariifolius*、烟斗柯、杉木、红锥、毛桃木莲、杨梅、腋花泡花树 *Meliosma rhoifolia*、硬叶润楠、岭南槭 *Acer tutcheri* 等幼苗。

⑥木荷林（Form *Schima superba*）　主要分布于翠子坑电站海拔350m处，坡向西，坡度10°，在20m×20m面积中。

乔木层：平均高度8.73m，平均胸径14.93cm，郁闭度0.75。除优势种木荷2株外，还有黧蒴11株、红锥3株、罗浮柿2株，山矾、冬桃杜英 *Elaeocarpus duclouxii*、小芸木、鹅掌柴、算盘子 *Glochidion puberum*、黄樟、闽楠 *Phoebe bournei*、赤杨叶、亮叶猴耳环 *Archidendron lucidum*、多花山竹子、新木姜子等各1株。

灌木层：有罗浮冬青 *Ilex tutcheri*、铁冬青 *I. rotunda*、毛冬青、网脉山龙眼、小芸木、栀子 *Gardenia jasminoides*、绒毛山胡椒、密花树 *Rapanea neriifolia*、罗伞树 *Ardisia quinquegona*、毛果巴豆、赤楠、瓜馥木 *Fissistigma oldhamii*、三脉马钱 *Strychnos cathayensis*、野茶树 *Camellia sinensis*、乌饭树、杜红花 *Callicarpa dichotoma*、树参 *Dendropanax dentigerus*、柏拉木等。

草本层：有狗脊、金毛狗、华山姜、山菅兰、黑鳞珍珠茅 *Scleria hookeriana*、白花蛇舌草 *Hedyotis diffusa* 等。

层间藤本植物：有罗浮买麻藤、夜花藤 *Hypserpa nitida*、显齿蛇葡萄、香花崖豆藤、筐条菝葜、乌蔹莓等。

此外，林下还有黄果厚壳桂、红枝蒲桃 *Syzygium rehderianum*、鼠刺、鹅掌柴、罗浮柿、半枫荷 *Semiliquidambar cathayensis*、红锥、绒毛润楠、桃叶石楠 *Photinia prunifolia*、丝线吊芙蓉、亮叶猴耳环、紫楠 *Phoeba sheareri* 等幼苗。

（3）常绿、落叶阔叶林　是以常绿阔叶树与落叶阔叶树为建群种所组成的森林群落。它是亚热带常绿阔叶林与温带落叶阔叶林之间的过渡植被类型，在保护区内居次要地位，分布面积400 hm^2，占保护区陆地面积的5.68%。有如下1个群系。

羽脉新木姜、南酸枣林（Form *Neolitsea pinninervis*, *Choerospondias axillaris*）　主要分布于含秀黄屋附近海拔480m处，坡向东北，坡度15°，在20m×20m面积中。

乔木层：平均高度约13.21m，平均胸径22.98cm，郁闭度0.50。除建群种常绿阔叶的羽脉新木姜5株、落叶阔叶的南酸枣2株外，还有黄樟、罗浮栲、毛桃木莲和赤杨叶各2株，大叶新木姜 *Neolitsea levinei*、短序润楠 *Machilus breviflora*、黄果厚壳桂、鹿角锥、南岭栲、罗浮柿等各1株。

灌木层：有细齿叶柃、柏拉木、黑老虎、短柄紫珠 *Callicarpa brevipes*、粗叶榕、野牡丹、白花笼、空心泡 *Rubus rufus* 等。

草本层：有金毛狗、福建观音座莲、粗糙凤尾蕨 *Pteris xretica*、羽裂圣蕨、毛轴假蹄盖蕨 *Athyriopsis petersoni*、蕺菜、火炭母 *Polygonum chinense*、中华锥花 *Gomphostemma latifolium* 等。

层间藤本植物：有钩藤 *Uncaria rhynchophylla*、大叶玉叶金花 *Mussaenda macrophylla* 等。

此外，林下还有南酸枣、短序润楠和楤木 *Aralia chinensis* 等幼苗。

（4）针阔叶混交林　是以暖性针叶树与阔叶树为建群种所组成的森林群落。在保护区内仅有1个群系。

江南油杉、甜槠林（Form *Keteleeria fortunei*, *Castanupsis eyrei*）　主要分布于樟顶附近海拔820m处，坡向南，坡度20°，在20m×20m面积中。

乔木层：平均高度14.06m，平均胸径21.00cm，郁闭度0.95。除建群种针叶树的江南油杉4株、常绿阔叶树的甜槠18株外，还有赤杨叶、紫果冬青 *Ilex tsoii* 和苦槠各4株，天料木、黑柃、格药柃 *Eurya muricata*、和木荷各2株，硬叶润楠、枫香树、马尾松各1株等。

灌木层：有九管血、二列叶柃、变叶树参、赤楠、乌饭树、五月茶等。

草本层：有芒萁、狗脊、多羽复叶耳蕨、草珊瑚等。

层间藤本植物：有香花崖豆藤、菝葜、网脉酸藤子、显齿蛇葡萄等。

此外，林下还有江南油杉、鼠刺、两广杨桐 *Adinandra glischroloma*、格药柃、木荷、红锥等幼苗。

（5）竹林分布面积35.6hm^2，占保护区陆地面积的0.51%。保护区内主要仅有1个群系。

毛竹林（Form *Phyllostachys heterocycla* cv. Pubescens） 主要分布于大坪村和中心村附近、含秀水李屋两侧山地，分布面积不大，仅占保护区陆地总面积的0.51%。乔木层仅有毛竹。林下有灌木和草本各1层。

（6）山地灌丛草坡 在保护区内仅有2个群系。

①山顶灌丛草坡 主要分布于海拔900～1000m以上的山顶和山脊是以灌丛草坡为主。

②山坡灌丛草坡 此种灌丛草坡与山顶自然灌丛草坡不同，它是一种次生性的植被类型。在人为活频繁的地段，森林破坏后出现不同的灌丛草坡，如在较湿润的山坡是以草本蕨类为主；而在被人烧山种植经济作物或的撂荒地则以五节芒等为优势种。

（7）栽培林 主要有如下经济林，分布面积12.3hm^2，约占保护区陆地面积的0.17%：

①桑园（Form *Morus alba*） 分布于大坪村附近。

②茶园（Form *Camellia sinensis*） 分布于合水村附近。

③柑橘园（Form *Citrus reticulata*） 分布于房前屋后。

此外，尚有农作物和菜地等。

2.2.5.5 野生植物资源

（1）珍稀濒危保护植物繁多 根据1984年国家环境保护委员会公布的《中国珍稀濒危保护植物名录》和1999年国务院批准公布的《国家重点保护野生植物名录（第一批）》及广东珍稀濒危植物图谱（广东省环境保护局等，1988）所列种类统计，该保护区内共有国家重点保护野生植物14科15属16种。其中蕨类植物1科1属1种，裸子植物2科2属2种，被子植11科12属13种；国家Ⅱ级重点保护野生植物12种，国家Ⅲ级重点保护野生植物4种（表2.25）。

表2.25 始兴南山自然保护区的保护植物

序号	种名	科名	IUCN濒危等级	保护级别
1	金毛狗 *Cibotium barometz*	蚌壳蕨科 Dicksoniaceae	渐危	Ⅱ
2	蓖子三尖杉 *Cephalotaxus oliveri*	三尖杉科 Cephalotaxaceae	濒危	Ⅱ
3	福建柏 *Foktenia hodginsii*	柏科 Cupressaceae	渐危	Ⅱ
4	观光木 *Tsoongiodendron odorum*	木兰科 Magnoliaceae	渐危	Ⅱ
5	樟树 *Cinnamomum camphora*	樟科 Lauraceae	渐危	Ⅱ
6	闽楠 *Phoebe boumei*	樟科 Lauraceae	渐危	Ⅱ
7	野茶树 *Camellia sinensis* var. *assamica*	山茶科 Theaceae	稀有	Ⅱ
8	华南锥 *Castanopsis concinna*	壳斗科 Fagaceae	稀有	Ⅱ
9	花榈木 *Ormosia henryi*	蝶形花科 Papilionaceae	稀有	Ⅱ
10	半枫荷 *Semiliquidambar cathayensis*	金缕梅科 Hamamelidaceae	渐危	Ⅱ
11	榉树 *Zelkova schneideriana*	榆科 Ulmaceae	稀有	Ⅱ
12	野生荔枝 *Litchi chinensis* var. *euspontanea*	无患子科 Sapindaceae	稀有	Ⅱ
13	吊皮锥 *Castanopsis kawakamii*	壳斗科 Fagaceae	渐危	Ⅲ
14	粘木 *Ixonanthes chinensis*	粘木科 Ixonanthaceae	稀有	Ⅲ
15	巴戟 *Morinda officinalis*	茜草科 Rubiaceae	稀有	Ⅲ
16	蒟蒻薯 *Tacca* chantrieri	蒟蒻薯科 Taccaceae	稀有	Ⅲ

兰科植物5属6种，即金线兰 *Anoectochilus roxburghii*、大序隔距兰 *Cleisostoma paniculatum*、流苏贝母兰 *Coelogyne fimbriata*、建兰 *Cymbidium ensifolium*、寒兰 *C. kanran*、鹅毛玉凤兰 *Habenaria dentata* 等，全部为《濒危野生动植物种国际贸易公约》附录Ⅱ物种。

（2）经济植物多样 保护区内蕴藏着多种多样的经济植物资源。根据调查统计，保护区内有维管束植物1036种。

①药用植物 有411种，占保护区植物总种数的39.67%。其中抗癌药用植物有狗肝菜 *Dicliptera chinensis* 等；清热解毒药用植物有忍冬 *Lonicera japonica*、地胆草 *Elephantopus scaber* 等；清热凉血的药用植物有葛 *Pueraria lobata*、马鞭草 *Verbena officinalis*、茅莓 *Rubus parvifolius* 等；清热利尿的药用植物有淡竹叶、车前 *Plantago asiatica*、海金沙等；清热利湿的药用植物有栀子、岗松 *Baeckea frutescens*、乌蔹莓、酢浆草 *Oxalis corniculata*、算盘子等；祛风湿的药用植物有狗脊、苍耳 *Xanthium sibiricum*、山苍子 *Litsea cubeba*、菝葜等；平肝清热的药用植物有钩藤等；跌打损伤、止血肿痛的药用植物有积雪草 *Centella asiatica*、大茶药、鲫鱼胆、苎麻 *Boehmeria nivea*、薯莨、一点红 *Emilia sonchifolia* 等；壮阳药的药用植物有金樱子 *Rosa laevigata*；活血祛瘀的药用植物黑老虎；补血药的药用植物有香花崖豆藤、桃金娘、酸藤子等。民间常用草药或凉茶有鸡矢藤、草珊瑚、车前和韩信草等。

②用材植物 有179种，占保护区植物总种数的17.28%。其中一类用材有樟树、红锥等；二类用材有黄樟、柯；三类用材有蕈树 *Altingia chinensis*、尖叶四照花 *Dendeobenthamia angustata* 等；四类用材有日本杜英等；五类用材有鼠刺、猴欢喜等；可作军工用材的有白皮黄杞 *Engelhardtia fenzelii* 等；可作胶合板用材的有赤杨叶、亮叶猴耳环等；可作房屋建筑的有米槠、杉木等；可作纺织用材有木荷、石斑木等；可作乐器用材的有山乌桕、鹅掌柴等；造纸用材的有山矾8种、安息香3种等。

③观赏植物 有155种，占保护区植物总种数的14.96%。主要有园林植物，如深山含笑 *Michelia maudiae*、黄樟、木荷、白背叶、枫香树、朴树 *Celtis sinensis*、苦楝 *Melia azedarach*、毛竹、麻竹 *Dendrocalamus latiflorus*、粉单竹 *Bambusa chungii* 等；野生灌木花卉，主要有多种野牡丹 *Melastoma* spp.、多种杜鹃 *Rhododendron* spp.、吊钟花 *Enkianthus quinqueflorus*、桃金娘、虎舌红 *Ardisia mamillata*、栀子、北江十大功劳 *Mahonia fordii*、白皮绣球 *Hydrangea kwangsiensis*、圆锥绣球 *H. paniculata* 等；草本景观植物，主要有铁线蕨 *Adiantum capillus - veneris*、肾蕨 *Nephrolepis auriculata*、华凤仙 *Impatiens chinensis*、山麦冬、红花酢浆草 *Oxalis corymbosa*、石菖蒲 *Acorus tatarinowii*、寒兰、建兰等；藤本景观植物，主要有白花油麻藤 *Mucuna birdwoodiana*、小叶买麻藤 *Gnetum parvifolium*、金樱子、香花崖豆藤、玉叶金花、多种菝葜 *Smilax* spp. 等。

④纤维植物 有106种，占保护区植物总种数的10.23%。如小叶买麻藤、异形南五味子 *Kadsura heteroclita*、假鹰爪 *Desmos chinensis*、瓜馥木 *Fissistigma oldhamii*、黄檀 *Dalbergia hancei*、香花崖豆藤、白皮黄杞、糙叶树 *Aphananthe aspera*、构树 *Broussonetia papyrifera*、朴树、苎麻、葛、白背叶、地桃花 *Urena lobata*、了哥王、北江荛花 *W. monnula*、两广梭罗、翻白叶树 *Pterospermum heterophyllum*、蔓胡颓子 *Elaeagnus glabra*、小蜡 *Ligustrum sinense*、钩藤、南酸枣、南蛇藤 *Celastrus orbiculatus*、黄葵 *Abelmoschus moschatus*、灯心草 *Juncus effusus*、黑莎草、毛竹、芒、五节芒等。

⑤野生水果植物 有66种，占保护区植物总种数的6.37%。其中浆果类有京梨猕猴桃 *Actinidia callosa callosa var. henryi*、中华猕猴桃 *A. chinensis*、金花猕猴桃 *A. chrysantha*、毛花猕猴桃 *A. eriantha*、华南猕猴桃 *A. glaucophylla*、阔叶猕猴桃 *A. latifolia*、美丽猕猴桃 *A. melliana*、桃金娘等；仁果类有金樱子、蔓胡颓子等；核果类冬桃杜英 *Elaeocarpus duclouxii*、杨梅等；此外，还有多花山竹子、白花悬钩子 *Rubus leucanthus*、高粱泡 *R. lambertianus*、茅莓、空心泡、桑、二色波罗蜜 *Artocarpus styracifolia*、北枳椇 *Hovenia dulcis*、罗浮柿等。

⑥油脂植物 有106种，占保护区植物总种数的10.23%。主要有杉木、樟树、香叶树 *Lindera glauca*、檫木 *Sassafras tsumu*、楝叶吴茱萸 *Evodia meliaefolia*、苎麻、野木瓜 *Stauntonia chinensis*、朱砂根、白檀 *Symplocos paniculata*、多花山竹子、牛耳枫 *Daphniphyllum calycinum*、虎皮楠 *D. oldhamii*、构树、赛山梅 *Styrax confusus*、苦楝、毛果巴豆、白背叶、油茶、算盘子、木油桐 *Vernicia montana*、野漆树、盐肤木、山乌桕、南酸枣、苍耳、黑莎草等。

⑦芳香植物 有25种，占保护区植物总数的2.41%。主要有深山含笑、披针叶八角 *Illicium lan-*

ceolatum、山苍子、马尾松、杉木、瓜馥木、樟树、檫木、石荠苧 *Mosla scabra*、胜红蓟 *Ageratum conyzoides*、泽兰、黄樟、香叶树、新木姜子、山胡椒 *Lindera glauca*、山苍子、乌药、滇白珠树 *Gaultheria yunnanensis*、岗松、枫香树、栀子、女贞 *Ligustrum lianum*、清香藤 *Jasminum lanceolarium*、黄葵、草珊瑚、杨梅、黄荆 *Vitex negundo*、黄花蒿 *Artemisia annua*、春兰、香附子 *Cyperus rotundus* 等。

⑧淀粉植物　有 40 种，占保护区植物总数的 3. 86%。主要有狗脊、葛、蕨、福建观音座莲、金毛狗、槲蕨、贯众、甜槠、黧蒴、南岭栲、苦槠、白栎 *Quercus fabri* 等 20 多种植物、杨梅、金樱子、南酸枣、薜荔 *Ficus pumila*、土茯苓、毛花猕猴桃、京梨猕猴桃、阔叶猕猴桃、稗 *Echinochloa crusgalli*、野荞麦 *Fagopyrum dibotrys*、何首乌、粉防己 *Stephania tetrandra*、白花油麻藤、木薯 *Manihot esculenta*、番薯 *Ipomoea batatas*、轮叶沙参 *Adenophora tetraphylla*、羊乳 *Codonopsis lanceplata*、野慈菇 *Sagittaria trifolia*、摩芋、日本薯蓣等。

⑨鞣料植物　有 53 种，占保护区植物总数的 5. 12%。主要有蕨、杉木、杨梅、甜槠、黧蒴、南岭栲、构树、商陆 *Phytolacca acinosa*、樟树、檫木、枫香树、檵木、金樱子、藤黄檀 *Dalbergia hancei*、猴耳环、冬桃杜英、南酸枣、盐肤木、柏拉木、龙须藤 *Bauhinia championii*、野鸭椿 *Euscaphis japonica*、青榨槭 *Acea davidii*、山杜英 *Elaeocarpus sylvestris*、厚皮香、桃金娘、柏拉木、常春藤 *Hedera nepalensis*、映山红 *Rhododendron simsii*、薯莨等。

⑩饲料植物　有 43 种，占保护区植物总种数的 4. 15%。其中比较重要的有空心莲子草 *Alternanthera philoxeroides*、鸭舌草 *Monochoria vaginalis*、鸭跖草 *Commelina communis*、狗牙根 *Cynodon dactylon*、光头稗子 *Echinochloa colonum*、稗、水蔗草 *Apluda mutica*、日本看麦娘 *Alopecurus japonicus* 等。

2. 2. 5. 6　野生动物资源

（1）动物物种较丰富　该保护区的生态环境复杂，森林茂密，孕育了丰富的动物种类。据调查统计，该保护区拥有脊椎动物 216 种，隶属 158 属 71 科 26 目。

①鱼类　36 种，隶属 31 属 12 科 4 目，占该区脊椎动物总种数的 16. 67%。除尼罗非鱼 *Tilapia nilotica* 是外来种外，其他的鱼类都是本地固有种。其中鲤形目（CYPRINIFORMES）有 4 科 23 属 27 种，占该区鱼类总种数的 75%；鲇形目（SILURIFORMES）鱼类有 4 科 4 属 5 种，占总种数的 13. 9%；鲈形目（PERCIFORMES）有 3 科 3 属 3 种，占总种数的 8. 33%；合鳃鱼目（SYNBRANCHIFORMES）仅有 1 科 1 属 1 种，占总种数的 2. 78%。

始兴南山自然保护区的鱼类是由热带平原复合体、江河平原复合体、上第三纪复合体、中印山区复合体所组成，这也是保护区各水系的共同特点，同时也反映了保护区鱼类的组成特点。

②两栖类　27 种，隶属 1 属 7 科 2 目，占该区动物总种数的 12. 50%。无尾目（SALIENTIA）有 6 科 9 属 25 种，占该区两栖类总数的 92. 59%，其中蛙科 Ranidae 11 种，姬蛙科 Microhylidae 5 种，角蟾科 Megophyidae 3 种，蟾蜍科 Bufonidae、树蛙科 Rhacophoridae 和雨蛙科 Hylidae 各 2 种；有尾目（AMPHIBIA）有 1 科，即蝾螈科 Salamandridae 2 种。

③爬行类　有 33 种，隶属 25 属 10 科 3 目，占该区脊椎动物总种数的 15. 28%。其中蛇目（SERPENTIFORMES）有 4 科 20 属 23 种，占该区爬行类总种数的 69. 70%；蜥蜴目（LACERTILI）有 4 科 5 属 7 种，占总数的 21. 21%；龟鳖目（TESTUDINATA）有 2 科 3 属 3 种，占总种数的 9. 09%。

在区系成分属东洋界物种，其中华中、华南区共有种和华南区物种各有 15 种，分别占总种数的 45. 45%；属华中区物种有 3 种，占总种数的 9. 09%。该保护区以鬣蜥科 Agamidae、石龙子科 Scincidae 和游蛇科 Coluburidae 为优势科。

④鸟类　87 种，隶属 66 属 28 科 11 目，占该区动物总种数的 40. 28%。其中雀形目（PASSERIFOMES）有 13 科 31 属 42 种，占该区鸟类总种数的 48. 28%；隼形目（FALCONIFOEMES）有 2 科 5 属 9 种，占总种数的 10. 342%；鹃形目（CUCULIFORMES）有 1 科 3 属 7 种、鸮形目（STRIGFORMES）有 2 科 5 属 7 种，各占总种数的 8. 05%；䴕形目（PICIFORMES）有 2 科 5 种、鸡形目

（GALLIFORMES）有1科5属5种，各占总种数的5.75%；鹳形目（CICONIIFORMES）有1科4属4种、佛法僧目（CORACIIFORMES）有3科4种，各占总种数的4.6%；鸽型目（COLUMBIFORMES）有1科1属2种，占总种数的2.3%；鹤形目（GRUIFORMES）和雨燕目（APODIFORMES）分别有1科1属1种，各占总数的1.15%。

在居留型中，留鸟有75种，占总种数的86.21%；夏候鸟有7种，占总种数的8.05%；冬候鸟仅有5种，占总种数的5.75%。

在区系组成上，属东洋界的鸟类最多有73种，占总数的83.91%；属广布种的有9种，占总数的10.34%；属古北界种类仅有5种，占总数的5.75%。

⑤哺乳类　33种，隶属25属14科6目，占该区动物总种数的15.28%；占广东省兽类总数（124种）的26.61%；占全国兽类总数（449种）的7.35%。其中啮齿目（RODENTIA）有3科11种，占该区哺乳类总种数的33.33%；食肉目（CARNIVORA）有3科8种，占总数的24.24%；翼手目（CHIROPTERAS）和偶蹄目（ARIODACTYLA）分别有3科5种，各占总数的15.15%；食虫目（INSECTIVORA）和鳞甲目（PHOLIDOTA）分别有1科1种，各占总数的3.03%。

在区系组成上，表现出较明显的地带性特征，属东洋界的有27种，占总种数的81.82%，属古北界的有4种，占总种数的12.12%，广泛分布的有2种，占总种数的6.06%。

（2）珍稀濒危动物较多　以我国1989年公布实施的《国家重点保护野生动物名录》和2001年公布实施的《广东省重点保护陆生野生动物名录》（第一批）为依据，保护区拥有保护脊椎动物43种。其中国家Ⅰ级重点保护动物3种，国家Ⅱ级重点保护动物26种，省级重点保护动物14种（表2.26）。

表2.26　始兴南山自然保护区的保护动物

序号	种　名	科　名	IUCN濒危等级	保护级别
		哺乳纲 MAMMALIA		
1	云豹 *Neofelis nebulosa*	猫科 Felidae	濒危	Ⅰ
2	穿山甲 *Manis pentadactyla*	鲮鲤科 Manidae	濒危	Ⅱ
3	小灵猫 *Viverricula indica*	灵猫科 Viverridae	濒危	Ⅱ
4	鬣羚 *Capricornis sumatraensis*	牛科 Bovidae	濒危	Ⅱ
5	水鹿 *Cervus unicolor*	鹿科 Cervidae	易危	Ⅱ
6	小麂 *Muntiacus reevesi*	鹿科 Cervidae	易危	省级
7	赤麂 *Muntiacus cephalophus*	鹿科 Cervidae	易危	省级
8	食蟹獴 *Herpestes urva*	灵猫科 Viverridae		省级
9	红颊獴 *Herpestes javanicus*	灵猫科 Viverridae		省级
10	豹猫 *Felis bengalensis*	猫科 Felidae	易危	省级
11	社鼠 *Rattus niviventer*	鼠科 Muridae		省级
		鸟纲 AVES		
12	黄腹角雉 *Tragopan caboti*	雉科 Phasianidae	濒危	Ⅰ
13	海南虎斑鳽 *Gorsachius magnificus*	鹭科 Ardeidae	濒危	Ⅱ
14	黑冠鹃隼 *Aviceda leuphotes*	鹰科 Accipitridae	稀有	Ⅱ
15	鸢 *Milvus korschun*	鹰科 Accipitridae		Ⅱ
16	赤腹鹰 *Accipiter soloensis*	鹰科 Accipitridae		Ⅱ
17	松雀鹰 *Accipiter virgatus*	鹰科 Accipitridae	易危	Ⅱ
18	凤头鹰 *Accipiter trivrgatus*	鹰科 Accipitridae	稀有	Ⅱ
19	鹊鹞 *Circus pygargus*	鹰科 Accipitridae		Ⅱ
20	蛇雕 *Spilornis cheela*	鹰科 Accipitridae	易危	Ⅱ

（续）

序号	种　　名	科　　名	IUCN 濒危等级	保护级别
21	红隼 *Falco tinnunculus*	隼科 Falconidae	易危	Ⅱ
22	游隼 *Falco peregrinus*	隼科 Falconidae	易危	Ⅱ
23	白鹇 *Lophura nycthemera*	雉科 Phasianidae	易危	Ⅱ
24	褐翅鸦鹃 *Centropus sinensis*	杜鹃科 Cuculidae	易危	Ⅱ
25	小鸦鹃 *Centropus toulou*	杜鹃科 Cuculidae	易危	Ⅱ
26	草鸮 *Tyto capensis*	草鸮科 Tytonidae	易危	Ⅱ
27	红角鸮 *Otus scops*	鸱鸮科 Strigidae		Ⅱ
28	领角鸮 *Otus bakkamoena*	鸱鸮科 Strigidae		Ⅱ
29	领鸺鹠 *Glaucium brodiei*	鸱鸮科 Strigidae		Ⅱ
30	斑头鸺鹠 *Glaucium cuculoidei*	鸱鸮科 Strigidae	易危	Ⅱ
31	鹰鸮 *Ninox scutulata*	鸱鸮科 Strigidae		Ⅱ
32	雕鸮 *Bubo bubo*	鸱鸮科 Strigidae		Ⅱ
33	池鹭 *Ardeola bacchus*	鹭科 Ardeidae		省级
34	绿鹭 *Butorides striatus*	鹭科 Ardeidae		省级
35	白鹭 *Egretta garzetta*	鹭科 Ardeidae		省级
36	红嘴相思鸟 *Leiothrix lutea*	画眉科 Timaliidae		省级
37	棕腹杜鹃 *Cuculus fugax*	杜鹃科 Cuculidae		省级
		爬行纲 REPTILI		
38	蚺（蟒）*Python molurus*	蟒科 Boidae	濒危	Ⅰ
39	三线闭壳龟 *Cuora trifasciata*	龟科 Testudidae	濒危	Ⅱ
40	平胸龟 *Platysternon megacephalum*	龟科 Testudidae	濒危	省级
		两栖纲 AMPHIBIA		
41	虎纹蛙 *Rana tigrina*	蛙科 Ranidae	易危	Ⅱ
42	棘胸蛙 *Rana spinosa*	蛙科 Ranidae	易危	省级
43	沼蛙 *Rana guentheri*	蛙科 Ranidae	无危	省级

（4）经济动物多样　保护区内拥有国家保护的有益的或有重要经济、科学研究价值的陆生野生动物约 106 种。

①两栖类　有中国蝾螈 *Paramesoriton chinensis*、黑斑肥螈 *Pachytriton brevipes*、淡肩角蟾 *Megophrys boettgeri*、小角蟾 *M. minor*、挂墩角蟾 *M. kuatunensis*、中华蟾蜍、弹琴蛙 *Rana agenopleura*、沼蛙、阔褶蛙 *R. latouchii*、泽蛙 *R. limnocharis*、大绿蛙 *R. livida*、竹叶蛙 *R. versabilis*、花臭蛙 *R. schmackeri*、棘胸蛙、华南湍蛙 *Amolops ricketti*、尖舌浮蛙 *Ouidxyga lima*、大树蛙 *Rhacophorus dennysi*、斑脚树蛙 *R. leucomystax*、粗皮姬蛙 *Microhyla butleri*、小弧斑饰姬蛙 *M. heymonsi*、饰纹姬蛙、花姬蛙、花狭口蛙 *Kaloula pulchra* 等 23 种。

②爬行类　有平胸龟 *Platysternun megacephalum*、眼斑水龟 *Clemmys bealei*、变色树蜥 *Calotes versicolor*、石龙子 *Enmeces chinensis*、蓝尾石龙子、四线石龙子 *E. quadrilineatus*、南草蜥 *Takydromus sexlineatus*、尖尾两头蛇 *Calamalia pavitrentata*、繁花林蛇 *B ioga multomaculata*、过树蛇 *Dendrelaphis pictus*、王锦蛇、黑眉锦蛇 *E. taeniura*、翠青蛇 *Cyclophiops major*、山溪后棱蛇 *Oligodon latouchii*、灰鼠蛇 *Ptyas korros*、滑树蛇 *P. mucosus*、环纹游蛇 *Sinonatrix aequifasciata*、横纹斜鳞蛇 *Pseudoxenodon bambuicolas*、黑纹颈槽蛇 *Rhabdophis nigrocincta*、红脖颈槽蛇 *R. subminiata*、环纹华游蛇 *Sinonatrix aequifasciata*、乌梢蛇、铅色水蛇 *Enhydris plumbea*、中国水蛇 *E. chinensis*、金环蛇、银环蛇等 26 种。

③鸟类　有池鹭、白鹭、绿鹭、鹧鸪 *Francolinus pintadeanus*、灰胸竹鸡 *Bambusicola thoracica*、白眉山鹧鸪 *Arborophila gingica*、白胸苦恶鸟 *Amaurornis phoenicurus*、山斑鸠 *Streptopelia orientalis*、珠颈斑鸠 *S. chinensis*、棕腹杜鹃 *Cuculus fugax*、四声杜鹃 *C. micropterus*、鹰鹃 *C. sparverioides*、噪鹃 *Eudynamys scolopacea*、红翅凤头鹃 *Clamator coromandus*、小白腰雨燕 *Apus affinnis*、普通翠鸟 *Alcedo atthis*、三宝鸟 *Eurystomus orientalis*、蓝喉蜂虎 *Merops viridis*、大拟啄木鸟、黑眉拟啄木鸟、斑啄木鸟 *Picoides major*、黑枕绿啄木鸟 *Picus canus*、家燕、金腰燕、白鹡鸰、暗灰鹃鵙 *Coracina melaschistos*、赤红山椒鸟、灰喉山椒鸟、红耳鹎 *Pycnontus jocosus*、白头鹎、白喉红臀鹎 *P. aurigaster*、棕背伯劳 *Lanius schach*、黑卷尾 *Dicrurus macrocercus*、红嘴蓝鹊、灰树鹊 *Crypsirina formosae*、鹊鸲 *Copsychus saularis*、北红尾鸲 *Phoenicurus aurorens*、紫啸鸫、黑领噪鹛、黑领噪鹛、画眉、黄眉柳莺 *Phylloscopus inornatus*、大山雀 *Parus majo*、黄颊山雀 *Parus spilonotus*、暗绿绣眼鸟等 45 种。其中有许多种类具有食用、药用、羽用、观赏价值。

④哺乳类　主要有黄腹鼬 *Mustela kathiaah*、鼬獾、猪獾 *Arctonyx collaris*、狗獾 *Meles meles*、果子狸、红颊长吻松鼠 *Dremomys rufigenis*、隐纹花松鼠、银星竹鼠、中华竹鼠 *R. pruinosus*、野猪、小麂、赤麂等 12 种。

2.2.6　曲江沙溪自然保护区

1996 年 4 月 10 日曲江县人民政府曲府［1996］50 号文《关于成立沙溪国营林场和建立沙溪饮用水源保护区的通知》批准建立曲江沙溪县级自然保护区；2002 年 11 月 22 日韶关市人民政府韶府复［2002］75 号文《关于始兴南山、曲江沙溪、翁源半溪张光营三县级自然保护区升格为市级自然保护区的批复》，批准建立曲江沙溪市级自然保护区；2007 年经广东省人民政府粤府［2007］50 号文批准，建立曲江沙溪省级自然保护区。主要保护对象为中亚热带常绿阔叶林及珍稀动植物生态系统。

根据中华人民共和国国家标准《自然保护区类型与级别划分原则》（GB/T14529—93），曲江沙溪自然保护区属“自然生态系统类别”中的“森林生态系统类型”自然保护区。

2.2.6.1　自然条件

（1）位置范围　曲江沙溪自然保护区位于韶关市辖曲江区的东南部。地理坐标为东经 113°39′20″~113°47′15″，北纬 24°32′24″~24°41′48″，地处北回归线北缘。具体范围东至翁源县交界的阿髻岭，南到沙溪镇凡洞村委丘屋坝村，西达城区马坝镇境内的苍村水库堤坝，北至大塘镇交界的小关山。东西宽 13.58km，南北长 13.74km，总面积 9333.3hm^2。

（2）地质基础　保护区位于华南准地台湘桂粤海西印支凹陷区，韶关凹褶断束内。

①地层　保护区内的地层发育比较完全，从老到新依次为上元古界震旦系、下古生界寒武系和奥陶系、新生界第三系和第四系组成。主要岩石有花岗岩、含粗粒石英砂岩、中细粒石英砂岩、泥质粉砂岩、长石石英砂岩、细粒石英砂岩及粉砂岩互层、砂砾岩、砂岩等。

②构造　保护区内属粤北拗陷，北东向构造形迹构成本区构造的骨架，东西向构造横贯全区。

（3）地貌类型　按广东省地貌类型划分标准，保护区地貌可划分为如下 3 大类。

① 山地地貌　保护区内以中低山地最为发育，主要由砂岩组成，地面经受切割，起伏较大，发育着石峰、石柱、石壁、石沟、石蛋和峡谷等。主要分布于东部和南部，海拔 500m 以上，最高峰仙人嶂海拔 1097m，山地中存在 600~800m、1000~1200m 的夷平面或等高峰线。

② 丘陵地貌　海拔在 500m 以下，由花岗岩组成，丘顶呈馒头状，起伏平缓，主要分布于北部和西部。

③平原地貌　地势低平，海拔 100m 左右，主要由第四系的沙、砾和黏土层松散堆积物组成，土层深厚。主要分布在保护区的中部和西部，河流两岸和坡麓地带，故称溪谷平地。

（4）气候特点　沙溪自然保护区地处北回归线以北，属于中亚热带季风气候，具有光照充足、温暖湿润、雨量充沛、无霜期长的气候特点。

根据曲江区气象观测站资料：年平均日照时数约为1658.9小时，≥10℃年积温为7300℃。1～6月阴雨天气多，日照较少，尤其2～4月，阴雨特多，月均日照仅70～80小时，日照率仅20%～22%；7～12月多晴天，占全年日照的65%，日照时数高达180～230小时。年平均气温为20.1℃，1月为最冷月份，平均气温为9.6℃，极端最低气温为－5.3℃；7月为最热月份，平均气温28.9℃，极端最高气温为39.5℃。年平均降水量为1640mm。全年盛行南北气流，夏季偏南风为主，冬季偏北风为主，春秋季偏南风与偏北风互为交替。

（5）水文特征

① 溪流短小　由于沙溪自然保护区地处珠江三角洲与粤北山区过渡的地带，地势东南高西北低，森林茂密，雨量充沛，故溪流短小。其中主要有木坪水和窝子水（含长坪水）两条溪流，前者发源于黄茅嶂，溪长18.1km，集雨面积46.6km^2，水域面积0.2 km^2；后者发源于仙人嶂，溪长13.2km，集雨面积30.2km^2，水域面积0.13km^2。两溪汇合成横坑水流入苍村水库，经水库调蓄后，注入马坝河，在马坝龙头寨汇入北江。

②流量季节变化明显　流量与降雨季节变化相关，4～9月为丰水期，10月至翌年3月为枯水期。由于溪流水主要来源为雨水，故其水文特征为流量季节变化明显，雨季地表径流顺坡而下，流量剧增，水位高涨；干季缺乏地表径流补给，流量大减，水位低落。

③ 水质良好　保护区内的水质，整体而言达到国家地表水水质标准（GHZBI）Ⅱ类水质标准。

此外，保护区内有苍村水库一座，集水面积93.8km^2，水域面积4.43km^2，库容6981万m^3。

（6）土壤特征　曲江沙溪自然保护区的土壤主要具有如下特征。

① 土壤垂直变化明显　保护区的土壤随海拔升高的气候、植被的不同而形成明显的垂直变化。一般在海拔700m以下的低山丘陵以红壤为主；海拔700～1000m以山地黄壤为主；海拔1000m以上的山脊和山顶为山地灌丛草甸土。

② 土壤类型的多样　保护区内的土壤由于受成土母质、气候、植被和地形等因素以及人类活动的影响，形成了多种土壤类型。

A. 红壤　为中亚热带典型常绿阔叶林下发育的土壤，在保护区内主要分布在海拔700m以下的低山丘陵，一般土层较厚。

B. 山地黄壤　　是山地垂直分布带的土壤，在保护区内主要分布在海拔700～1000m的山地，土层厚薄不一。

C. 粗骨土　是各种岩石风化、半风化的坡积物、残积物发育而成的初育土。在保护区内主要分布在海拔800m以上，局部坡面有基岩出露处，土层多石砾。

D. 山地灌丛草甸土　是发育在山顶局部地段的特殊山地土壤。在保护区内主要分布在海拔1000m以上的山脊和山顶，一般土层浅薄。

E. 水稻土　是在各种自然土壤、旱地土壤的基础上，经人工长期水耕熟化，改土培肥措施而形成的一种人为土壤，在保护区内主要分布于中部和西部的低地和谷地。

2.2.6.2　功能分区

依据广东省曲江沙溪自然保护区总体规划①，将曲江沙溪自然保护区分为以下3个功能区。

（1）核心区　位于保护区北部、东部和南部，保存完好的天然常绿阔叶林生态系统以及珍稀濒危动植物集中地域，包括仙人嶂、坎头和塘窝等地，面积3934.4hm^2，占保护区总积的42.15%。一般人迹罕到，无不良因素的干扰和影响。主要功能是涵养水源，保持水土，保护常绿阔叶林、珍稀濒危动植物物种及其生存环境。

核心区将实行全封闭管理，严禁捕猎、砍伐林木和旅游等活动，除依照《中华人民共和国自然保

① 陈桂珠等．广东省曲江沙溪自然保护区总体规划．中山大学环境科学与工程学院，韶关市曲江区林业局．2005.9.

护区条例》第二十七条的规定经批准从事科学研究活动外，禁止任何单位和个人进入核心区。必须进入核心区从事科学研究观测、调查等活动的应事先向自然保护区管理处提交申请和活动计划，经省级有关自然保护区行政主管部门批准后方可进入。

（2）缓冲区 位于核心区的外围，区内基本没有居民居住，植被主要为天然常绿阔叶林和针阔混交林。将实行半封闭管理，原则上只准从事科学研究、观测、调查等活动，严禁捕猎和砍伐林木。

（3）实验区 位于保护区的中西部地域，区内有少数村民居住，植被以针阔混交林及部分常绿阔叶林。主要功能是从事科学实验，参观考察，生态旅游，改造恢复，驯养繁殖和开展多种经营（图2.8）。

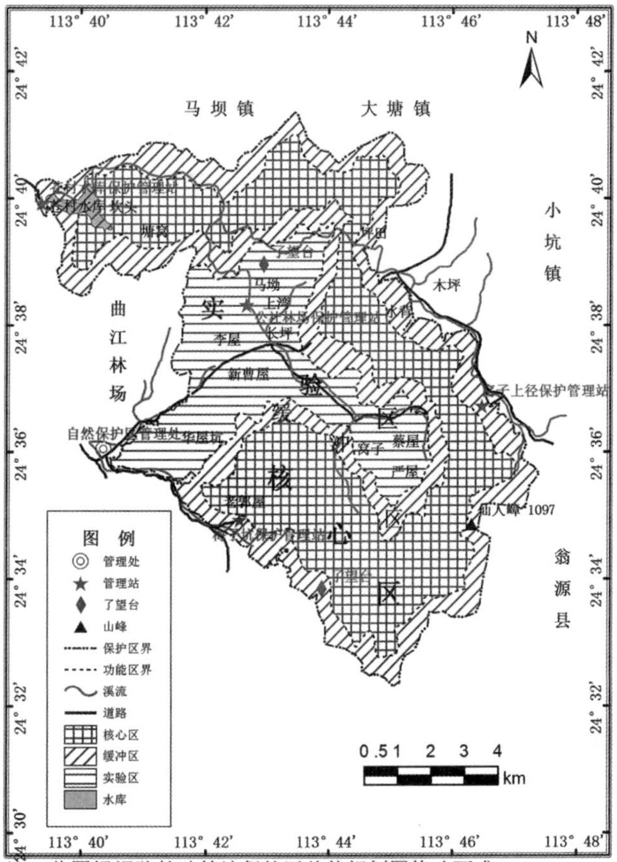

注：此图根据陈桂珠等该保护区总体规划图修改而成。

图2.8 曲江沙溪自然保护区功能分区图

2.2.6.3 植物区系特点

（1）植物种类组成较丰富 据调查统计①，该保护区内有野生维管束植物1226种（包括种下分类单位），隶属637属191科，占广东省野生维管束植物5933种的20.66%（叶华谷等，2005）。其中蕨类植物150种，隶属68属36科；裸子植物5种，隶属4属4科；被子植物1071种，隶属565属151科（表2.27）。

表2.27 曲江沙溪自然保护区野生维管束植物类群组成

植物类群		科数	属数	种数
蕨类植物		36	68	150
裸子植物		4	4	5
被子植物	双子叶植物纲	129	463	920
	单子叶植物纲	22	102	151
合计		191	637	1226

此外，本保护区还有栽培植物80种，分隶68属43科，其中裸子植物10种，分隶9属7科，被子植物70种，分隶59属36科（双子叶植物54种47属30科，单子叶植物16种地12属6科）。

（2）地理成分复杂

① 蕨类植物的地理成分

A. 科的地理分布区类型 根据曲江沙溪自然保护区36科的分布类型统计分析如下。

广布科 共有11科，占该区总科数的30.56%。如石杉科、石松科、卷柏科、木贼科、紫萁科、膜蕨科Hymenophyllaceae、铁线蕨科、蹄盖蕨科、铁角蕨科、水龙骨科、苹科等。

热带、亚热带分布科 共有15科，占该区蕨类植物总科数的60%（扣除广布科11科，下同）。如瘤足蕨科Plagiogyriaceae、海金沙科Lygodiaceae、桫椤科Cyatheaceae、碗蕨科Dennstaedtiaceae、鳞始

① 陈桂珠等．广东省曲江沙溪自然保护区资源调查报告．中山大学环境科学与工程学院，韶关市曲江区林业局．2005.9.

蕨科 Lindsaeaceae、凤尾蕨科 Pteridaceae、裸子蕨科 Hemionitidaceae、书带蕨科 Vittariaceae、金星蕨科 Thelypteridaceae、篠蕨科 Oleandraceae、莲座蕨科 Angiopteridaceae、稀子蕨科 Monachosoraceae、中国蕨科 Sinopteridaceae、骨碎补科 Davalliacea、剑蕨科 Loxogrammaceae 等。

泛热带分布科　共有 9 科，占该区总科数的 36%，是广东蕨类植物总科数的 16.07%。如里白科 Gleicheniaceae、蚌壳蕨科 Dicksoniaceae、蕨科 Pteridiaceae、乌毛蕨科、三叉蕨科 Aspidiaceae、舌蕨科 Elaphoglossaceae、肾蕨科 Nephrolepidaceae、槲蕨科、禾蕨科 Grammitidaceae 等。

温带至亚热带山地的分布科　仅有鳞毛蕨科 Dryopteridaceae，占总科数的 4%；是广东蕨类植物总科数的 1.79%。

B. 属的地理分布区类型　根据曲江沙溪自然保护区 69 属的分布类型统计分析如下。

广布属　共有 6 属，占总属数的 8.82%；是广东蕨类植物总属数的 4.32%。如石杉属 *Huperzia*、石松属 *Lycopodium*、鳞毛蕨属 *Dryopteris*、卷柏属 *Selaginella*、紫萁属、苹属等。

热带至亚热带分布属　共有 49 属，占总属数的 77.78%（扣除广布分布属 6 属）；是广东蕨类植物总属数的 34.53%。如灯笼草属 *Palhinhaea*、观音座莲属 *Angiopteris*、芒萁属 *Dicranopteris*、里白属 *Diplopterygium*、膜蕨属 *Hymenophyllum*、海金沙属 *Lygodium*、桫椤属 *Alsophila*、碗蕨属 *Dennstaedtia*、双盖蕨属 *Diplazium*、单叶双盖蕨属 *Triblemma*、禾叶蕨属 *Grammitis*、鳞盖蕨属 *Microlepia*、碎米蕨属 *Cheilosoria*、金粉蕨属 *Onychium*、铁线蕨属 *Adiantum*、粉背蕨属 *Aleuritopteris*、凤尾蕨属 *Pteris*、凤丫蕨属 *Coniogramme*、短肠蕨属 *Allantodia*、假蹄盖蕨属 *Athyriopsis*、菜蕨属 *Callipteris*、角蕨属 *Cornopteris*、毛蕨属 *Cyclosorus*、圣蕨属 *Dictyocline*、针毛蕨属 *Macrothelypteris*、金星蕨属 *Parathelypteris*、假毛蕨属 *Pseudocyclosorus*、铁角蕨属 *Asplenium*、乌毛蕨属 *Blechnum*、复叶耳蕨属 *Arachniodes*、柳叶蕨属 *Cyrtogonellum*、肋毛蕨属 *Ctenieis*、三叉蕨属 *Tectaria*、舌蕨属 *Elaphoglossum*、肾蕨属 *Nephrolepis*、篠蕨属 *Oleandra*、阴石蕨属 *Humata*、抱树莲属 *Drymoglossum*、稀子蕨属 *Monachosorum*、线蕨属 *Colysis*、瘤足属 *Plagiogyria*、伏石蕨属 *Lemmaphyllum*、骨牌蕨属 *Lepidogrammitis*、星蕨属 *Microsorium*、假瘤蕨属 *Phymatopsis*、水龙骨属 *Polypodiodes*、石韦属 *Pyrrosia*、崖姜蕨属 *Pseudodrynaria*、贯众属 *Cyrtomium* 等。

泛热带分布属　共有 7 属，占总属数的 11.11%；是广东蕨类植物总属数的 5.76%。如新月蕨属 *Pronephrium*、金毛狗属 *Cibotium*、鳞始蕨属 *Lindsaea*、乌蕨属 *Stenoloma*、蕨属 *Pteridium*、槲蕨属 *Drynaria*、书带蕨属 *Vittaria* 等。

温带分布属　仅有 4 属，占总属数的 6.45%；是广东蕨类植物总属数的 2.88%。如蹄盖蕨属 *Athyrium*、卵果蕨属 *Phegopteris*、木贼属 *Equisetum*、鳞毛蕨属 *Dryopteris* 等。

温带、亚热带分布属　只有 3 属，占总属数的 4.84%；是广东蕨类植物总属数的 2.16%。如狗脊蕨属 *Woodwardia*、耳蕨属 *Polystichum*、瓦韦属 *Lepisorus* 等。

C. 种的地理分布区类型　种的区系成分是区系分析的基础，更能反映区系的特征。按保护区 150 种的分布类型统计分析如下。

广布种　有千层塔 *Huperzia serrata*、薄叶卷柏 *Selaginella delicatula*、蔓出卷柏 *S. davidii*、深绿卷柏 *S. doederleinii*、兖州卷柏 *S. involvens*、江南卷柏 *S. moellendorffii*、翠云草 *S. uncinata*、节节草 *Equisetum ramosissimum*、团羽铁线蕨 *Adiantum capillus - junonis*、扇叶铁线蕨 *A. flabellulatum*、假鞭叶铁线蕨 *A. malesianum*、毛轴铁角蕨 *Asplenium criniaule*、长叶铁角蕨 *A. prolongatum*、拟大羽铁角蕨 *A. sublaserittifolium*、半边铁角蕨 *A. unilaterata*、苹等 16 种，它们分布于世界热带至温带地区。

泛热带分布种　本保护区内仅有有蛇足石杉 *Huperzia serratum*、银粉背蕨 *Aleuritopteris argentea*、抱树莲 *Lepidogrammitis drymoglossoides* 等 3 种。

热带美洲、亚洲间断分布种　有镰叶瘤足蕨 *Plagiogyria distinctissma*、岭南瘤足蕨 *P. subadnata*、双盖蕨 *Diplazium lancea*、单叶双盖蕨 *D. lancea* 等 4 种。

亚洲、非洲至美洲热带（墨西哥）分布种　仅有银粉背蕨 *Aleuritopteris argentea*。

亚洲热带至大洋洲分布种　有红色新月蕨 *Pronephrium lakhimpurense*、三羽新月蕨 *P. triphyllum*

2种。

东亚、中美洲间断分布种　仅有金毛狗 *Cibotium barometz*。

中国—大洋洲分布种　有华东膜蕨 *Hymenophyllum barbatum*、槲蕨 *Drynaria fortunei* 2种。

中国—非洲种分布种　由中国分布到非洲（包括马达加斯加）。有倒挂铁角蕨 *Asplenium normale*、乌毛蕨 *Blechnum orientale*、庐山瓦韦 *Lepisorus lewisii*、粤瓦韦 *L. obscure - venulosus*、瓦韦 *L. thunbergianus* 等5种。

中国西南分布种　仅有离脉柳叶蕨 *Cyrtogonellum caducum*。

热带分布种　有桫椤 *Alsophila spinulosa*、团叶鳞始蕨 *Lindsaea orbiculata*、剑叶鳞始蕨 *L. ensifolia*、乌蕨 *Sphenomeris chinensis*、蕨 *Pteridium aquilinum* var. *latiusculum*、书带蕨 *Vittaria flexuosa*、肾蕨 *Nephrolepis cordifolia*、毛叶肾蕨 *N. hirsutula*、两广禾叶蕨 *Grammitis dorsipila* 等9种。

亚洲热带分布种　有藤石松 *Lycopodiastrum casuarinoides*、石松 *L. japonicum*、攀援星蕨 *Microsorium buergerianum*、江南星蕨 *M. fortunei*、有翅星蕨 *M. pteropus*、表面星蕨 *M. superficiale*、显脉星蕨 *M. zippelii* 等7种。

热带—亚热带分布种　如灯笼石松 *Palhinhaea cernua*、福建观音莲座蕨 *Angiopteris fokiensis*、芒萁 *Dicranopteris pedata*、中华里白 *Hicriopteris chinensis*、里白 *H. glauca*、海金沙 *Lygodium japonioum*、小叶海金沙 *L. scandens*、稀子蕨 *Monachosorum henryi*、细毛碗蕨 *Dennstaedtia pilosella*、碗蕨 *D. scabra*、虎克鳞盖蕨 *Microlepia hookeriana*、边缘鳞盖蕨 *M. marginata*、华南鳞盖蕨 *M. matthewii*、剑叶凤尾蕨 *Pteris ensiformis*、溪边凤尾蕨 *P. excelsa*、傅氏凤尾蕨 *P. fauriei*、全缘凤尾蕨 *P. insignis*、岭南凤尾蕨 *P. maclurioides*、斜羽凤尾蕨 *P. oshimensis*、井栏边草 *P. multifida*、栗柄凤尾蕨 *P. plumbea*、半边旗 *P. semipinnata*、蜈蚣草 *P. vittata*、毛轴碎米蕨 *Cheilosoria chusana*、野鸡尾 *Onychium japonicum*、凤丫蕨 *Coniogramme japonica*、江南短肠蕨 *Allantodia metteniana*、异裂短肠蕨 *A. laxifrnsa*、膨大短肠蕨 *A. dilatata*、假蹄盖蕨 *Athyriopsis japonica*、毛轴假蹄盖蕨 *A. petersoni*、长江蹄盖蕨 *A. iseanum*、光蹄盖蕨 *A. otophorum*、胎生蹄盖蕨 *A. viviparum*、菜蕨 *Callipteris esculenta*、角蕨 *C. decurrenti - alata*、渐尖毛蕨 *Cyclosorus acuminata*、干旱毛蕨 *C. aridus*、华南毛蕨 *C. parasitcus*、毛蕨 *C. interruptus*、普通针毛蕨 *Macrothlypteris toressiana*、疏羽凸脉蕨 *Metathelypteris laxa*、金星蕨 *Parathelypteris glanduligera*、溪边假毛蕨 *Pseudocyclosonus ciliatus*、西南假毛蕨 *P. esquirolii*、普通假毛蕨 *P. subochthodes*、多羽复叶耳蕨 *Arachniodes amoena*、背囊复叶耳蕨 *A. cavalerii*、华南复叶耳蕨 *A. festina*、斜方复叶耳蕨 *A. rhomboidea*、异羽复叶耳蕨 *A. simplicior*、虹鳞肋毛蕨 *Ctenitis rhodolepis*、靠脉肋毛蕨 *C. costulisora*、鸡脚蕨 *Tectaria simonii*、三叉蕨 *T. subtriphylla*、华南舌蕨 *Elaphoglossum yoshinagae*、广州蓧蕨 *Oleandra cantonensis*、阴石蕨 *Humata repens*、圆盖阴石蕨 *H. tyermenni*、线蕨 *Colysis elliptica*、宽羽线蕨 *C. elliptica* var. *pothifolia*、断线蕨 *C. hemionitidea*、胄叶线蕨 *C. hemitoma*、褐叶线蕨 *C. wrightii*、友水龙骨 *Polypodiodes amoenum*、水龙骨 *P. niponica*、贴生石韦 *Pyrrosia adnascens*、石韦 *P. lingua*、有柄石韦 *P. petiolosa*、崖姜 *Pseudodrynaria coronans*、柳叶剑蕨 *Loxogramme salicifolia* 等71种。

亚热带分布种　有戟叶圣蕨 *Dictyocline sagittifolia*、伏石蕨 *Lemmaphyllum microphyllum*、披针骨牌蕨 *Lepidogrammitis chritensenii*、抱石莲 *L. drymoglossoides*、骨牌蕨 *L. rostrata*、金鸡脚假瘤蕨 *Phymatopteris hastata* 等6种。

温带、热带分布种　有粗齿紫萁 *Osmunda banksiifolia*、紫萁 *O. japonica*、华南紫萁 *O. vachellii*、狗脊蕨 *Woodwardia japonica*、东方狗脊 *W. orientalis*、胎生狗脊 *W. prolifera* 等6种。

温带、亚热带分布种：有延羽卵果蕨 *Phegopteris decursive - pinnata*、灰绿耳蕨 *Polystichun eximium*、假黑鳞耳蕨 *P. pseudo - makinoi* 等3种。

北温带分布种　有阿萨姆鳞毛蕨 *Dryopteris assamensis*、桫椤鳞毛蕨 *D. cycadium*、阔鳞鳞毛蕨 *D. championi*、迷人鳞毛蕨 *D. decipiens*、德化鳞毛蕨 *D. dehuaensis*、黑足鳞毛蕨 *D. fuscipes*、齿头鳞毛蕨 *D. labordei*、无盖鳞毛蕨 *D. scottii*、奇数鳞毛蕨 *D. sieboldii*、稀羽鳞毛蕨 *D. sparsa*、变异鳞毛蕨 *D. varia、镰羽贯众 *Cyrtomium balansae*、披针贯众 *C. devexiscapulae* 等 13 种。

北寒、温带分布种　有节节草 *Equisetum ramosissimum*、笔管草 *E. ramosissmum* 2 种。

②种子植物的地理成分

A. 科的地理分布区类型　按照《世界种子植物科的分布区类型系统》（吴征镒等，2003），对保护区种子植物 155 科的分布区类型统计分析，除热带亚洲至热带非洲分布、温带亚洲分布、地中海、西亚至中亚分布、中亚分布和中国特有分布类型尚未发现外，其他 10 个分布区类型及变型均有分布（表 2.28）。

表 2.28　曲江沙溪自然保护区种子植物科的分布区类型

分布区类型及变型	科数	占总科数（%）
1. 广布分布	46	扣除
2. 泛热带分布	58	53.21
2-1 热带亚洲、大洋洲（至新兰）和南美（或墨西哥）间断分布	1	0.92
2-2 热带亚洲、非洲和南美洲间断分布	4	3.67
3. 热带亚洲和热带美洲间断分布	10	9.17
4. 旧世界热带分布	4	3.67
5. 热带亚洲至热带大洋洲分布	2	1.83
6. 热带亚洲至热带非洲分布	0	0
7. 热带亚洲（印度—马来西亚）分布	2	1.83
7-1 爪哇、喜马拉雅和华南、西南星散分布	0	0
7-2 热带印度至华南分布	0	0
7-3 缅甸、泰国至华西南分布	0	0
7-4 越南（或中南半岛）至华南（或西南）分布	1	0.92
8. 北温带分布	22	20.18
8-1 环极分布	0	0
8-2 北极高山分布	0	0
8-3 北极—阿尔泰和北美洲间断分布	0	0
8-4 北温带和南温带（全温带）间断分布	14	12.84
8-5 欧亚和南美洲温带间断分布	1	0.92
8-6 地中海区、东亚、新西兰和墨西哥到智利间断	0	0
9. 东亚和北美洲间断分布	5	4.59
9-1 东亚和墨西哥间断	0	0
10. 旧世界温带分布	1	0.92
10-1 地中海区、西亚和东亚间断分布	1	0.
10-2 地中海和喜马拉雅间断分布	1	0
10-3 欧亚和南非洲（有时也在大洋洲）间断	1	0.92
11. 温带亚洲分布	0	0
12. 地中海区、西亚至中亚分布	0	0
13. 中亚分布	0	0
14. 东亚分布	2	1.83
15. 中国特有分布	0	0
未列出分布区类型	3	2.75
合计	155	100.00

从上表可以看出，泛热带分布类型有63科，占该区总科数的57.80%（扣广布科46科，下同）；北温带分布类型有37科，占总科数的33.95%；热带亚洲和热带美洲间断分布类型有10科，占总科数的9.17%；其余分布区类型所含科数均在5%以下，不占重要地位；特别是中国特有科等5科分布类型缺如，表明该保护区植物区系在科级水平上以泛热带分布成分为主，兼有一定数量的北温带成分。

B. 属的地理分布区类型　根据保护区种子植物569属的分布类型，按照《中国种子植物属的分布区类型》（吴征镒，1991）统计分析，除中亚分布区类型及其变型尚未发现外，其他14个分布区类型及变型均有分布（表2.29）。

表2.29　曲江沙溪自然保护区种子植物属的分布区类型

分布区类型及变型	属数	占总属数（%）
1. 广布分布	49	扣除
2. 泛热带分布	136	25.15
2-1 热带亚洲、大洋洲和南美洲间断分布	6	1.15
2-2 热带亚洲、非洲和南美洲间断分布	7	1.35
3. 热带亚洲和热带美洲间断分布	18	3.46
4. 旧世界热带分布	51	9.81
4-1 热带亚洲、非洲和大洋洲间断分布	5	0.96
5. 热带亚洲至热带大洋洲分布	33	6.35
5-1 中国（西南）亚热带和新西兰间断分布	0	0
6. 热带亚洲至热带非洲分布	29	5.58
6-1 华南、西南到印度和热带非洲间断	0	0
6-2 热带亚洲和东非间断	1	0.19
7. 热带亚洲（印度—马来西亚）分布	92	17.69
7-1 爪哇、喜马拉雅和华南、西南星散分布	9	1.73
7-2 热带印度至华南分布	4	0.77
7-3 缅甸、泰国至华西南分布	0	0
7-4 越南（或中南半岛）至华南（或西南）分布	9	1.73
8. 北温带分布	56	10.77
8-1 环极分布	0	0
8-2 北极高山分布	1	0.19
8-3 北极—阿尔泰和北美洲间断分布	0	0
8-4 北温带和南温带（全温带）间断分布	10	1.92
8-5 欧亚和南美洲温带间断分布	0	0
8-6 地中海区、东亚、新西兰和墨西哥到智利间断	0	0
9. 东亚和北美洲间断分布	29	5.58
9-1 东亚和墨西哥间断	0	0
10. 旧世界温带分布	21	4.04
10-1 地中海区、西亚和东亚间断分布	4	0.77
10-2 地中海和喜马拉雅间断分布	0	0
10-3 欧亚和南非洲（有时也在大洋洲）间断	2	0.38
11. 温带亚洲分布	2	0.38
12. 地中海区、西亚至中亚分布	1	0.19
12-1 地中海区至中亚和南非洲、大洋洲间断	0	0
12-2 地中海区至中亚和墨西哥间断	0	0

（续）

分布区类型及变型	属数	占总属数（%）
12－3 地中海区至温带、热带亚洲，大洋洲和南美洲间断	0	0
12－4 地中海区至热带非洲和喜马拉雅间断	0	0
12－5 地中海区—北非洲、中亚、北美西南部，智利和大洋洲（泛地中海）间断分布	0	0
13. 中亚分布	0	0
13－1 中亚东部（亚洲中部）	0	0
13－2 中亚至喜马拉雅	0	0
13－3 西亚至喜马拉雅和西藏	0	0
12－4 地中海区至热带非洲和喜马拉雅间断	0	0
14. 东亚分布	43	8.27
14－1 中国—喜马拉雅（SH）	0	0
14－2 中国—日本（SJ）	0	0
15. 中国特有分布	9	1.73
合计	569	100

从上表可以看出，保护区内属的地理成分是以泛热带分布成分最多，有 149 属，占该区总属数（扣除广布分布 49 属，以下同）的 28.65%；其次是热带亚洲分布成分，有 114 属，占总属数的 21.92%；北温带分布成分有 67 属，占总属数的 12.88%；旧世界热带分布成分有 56 属，占总属数的 10.77%。以热带成分占优势，2～7 各类热带成分共有 400 属，占总属数的 76.92%。温带成分也有一定数量，8～12 共有 126 属，占总属数的 24.23%。东亚分布有 43 属，占总属数的 8.27%。中国特有分布的 9 属，占 1.73%，它们分别是杉木属 *Cunninghamia*、乐东拟单性木兰属 *Parakmeria*、观光木属 *Tsoongiodendron*、大血藤属 *Sargentodoxa*、血水草属 *Eomecon*、山拐枣属 *Poliothyrsis*、石笔木 *Tutcheria*、半枫荷属 *semiliquidambar*、铁榄属 *Mastichodendron* 等。这些特征与保护区所在的地理位置相适应。

2.2.6.4 植被类型

据调查，保护区内的植被类型多样，主要有如下类型。

（1）针叶林　在保护区内主有如下 2 个群系。

①马尾松、杉木林（Form *Pinus massoniana*，*Cunninghamia lanceolata*）　主要分布于华美坑猪仔硖海拔 225m 处，坡向东北，坡度 25°，在 10m×10m 面积中。

乔木层：平均高度约 10.10m，平均胸径 13.49cm，郁闭度约 0.73。除马尾松 6 株、杉木 13 株优势种外，还有木荷 2 株。由于郁闭度小，林下灌木层和草本层的植物种类丰富。

灌木层：有米碎花 *Eurya chinensis*、金珠柳 *Maesa montana*、八角枫 *Alangium barbatum*、白背叶 *Mallotus apelta*、白花悬钩子 *Rubus leucanthus*、赤楠 *Syzygium buxifolium*、草珊瑚 *Sarcandra glabra*、粗叶榕 *Ficus hirta*、白花鬼灯笼 *Clerodendrum fortunatum*、虎皮楠 *Dphniphyllum oldhamii*、黄毛楤木 *Aralia decaisneana*、檵木、常绿荚蒾 *Viburnum sempervirens*、了哥王、羊角拗 *Strophanthus divaricatus*、油茶 *Camellia oleifera*、玉叶金花 *Mussaenda pubescens*、酸藤子 *Embelina laeta*、深裂锈毛莓 *Rubus reflexus* var. *lanceolobus*、天仙果 *Ficus erecta*、算盘子 *Glochidion puberum*、石岩枫 *Mallotus repandus*、毛冬青 *Ilex chinensis*、南方荚蒾 *Viburnum fordiae*、忍冬 *Lonicera japonica* 等。

草本层：有芒萁、半边旗、狗脊 *Woodwardia japonica*、海金沙 *Lygodium japonicum*、乌毛蕨、团叶陵齿蕨 *Lindsaea orbiculata*、扇叶铁线蕨 *Adiantum flabellulatum*、山菅兰 *Dianella ensifolia*、黑莎草、五节芒 *Miscanthus floridulus*、淡竹叶 *Lophatherum gracile* 等。

层间藤本植物：有藤黄檀 *Dalbergia hancei*、千金藤 *Stephania japonica*、青牛胆 *Tnospora sagittata*、

流苏子 *Coptosapelta diffusa*、毛花猕猴桃 *Actinidia eriantha*、广东蛇葡萄、显齿蛇葡萄 *A. grossedentata*、鸡矢藤 *Paederia scandens*、菝葜、土茯苓 *S. glabra* 等。

林中有不少乔木的幼苗，如柯、山苍子 *Litsea cubeba*、木荷 *Schima superba*、亮叶杨桐 *Adinandra nitida*、杨桐 *A. millettii*、轮叶蒲桃 *Syzygium grijsii*、山乌桕、罗浮柿、野漆树 *Toxicodendron sylvestris*、赤杨叶 *Alniphyllum fortunei*、赛山梅 *Styrax confusus*、鼠刺 *Itea chinensis* 等。由此可见，该林发展趋势将为常绿阔叶林所替代。

②杉木林（Form *Cunninghamia lanceolata*） 主要分布于下山角海拔460m处，坡向东南，坡度50°，在面积15m×20m中。

乔木层：平均高度约7.66m，平均胸径10.68cm，郁闭度约0.70。除杉木24株优势种外，还有枫香树 *Liquidambar formosana*4株，半枫荷 *Semiliquidambar cathayensis*、赤杨叶、盐肤木 *Rhus chinensis* 各2株；红锥 *Castanopsis hystrix*、格药柃 *Eurya loquiana*、豆梨 *Pyrus calleryana*、虎刺楤木 *Aralia armata*、山苍子 *Litsea cubeba* 各1株。

灌木层：有黑老虎 *Kadsura coccinea*、柏拉木 *Blastus cochinchinensis*、微毛柃 *Eurya hebeclades*、山莓 *Rubus corchorifolius*、深裂锈毛莓、黏毛杜鹃 *Rhododendron champioae*、网脉酸藤子 *Embelina rudis*、葡蟠 *Broussonetia kaempferi* var. *australis*、红柴枝 *Meliosma oldhamii*、玉叶金花、栀子 *Gardenia jasminoides*、四川冬青 *Ilex szechwanensis* 等。

草本层：有芒萁、中华里白 *Diplopterygium chinensis*、蕨 *Pteridium aquilinum* var. *latiusculum*、半边旗、狗脊、扇叶铁线蕨、金星蕨 *Parathelypteris glanduligera*、阔鳞鳞毛蕨 *Dryopteris championii*、乌蕨 *Sphernomeris chusanum*、团叶陵齿蕨、乌毛蕨、鲫鱼胆 *Maesa perlarius*、黑莎草、五节芒和淡竹叶等。

层间藤本植物：有中华青牛胆 *Tinospora sinensis*、毛花猕猴桃、钩藤 *Uncaria rhynchophylla*、鸡矢藤、显齿蛇葡萄、菝葜、筐条菝葜 *Smilax corbularia* 等。

林中有不少乔木的幼苗，如杉木、红锥、黧蒴、木荷、杨桐、格药柃、木蜡树 *Toxicodendron succedaneum*、白花笼 *Styrax faberi*、枫香树、山乌桕、虎刺楤木、油柿、鼠刺、南酸枣 *Choerospondias axillaries* 等。由此可见，该林发展趋势仍将比较稳定的。

（2）常绿阔叶林 是以常绿阔叶树为建群种所组成的森林群落。它是中亚热带地带性的典型植被类型，在保护区内占主导地位，主要分布于海拔100~850m的丘陵和低山。计有如下3个群系。

①黧蒴林（Form *Castanopsis fissa*） 主要分布在梅子坑尾海拔370m处，坡向北，坡度50°，在面积20m×20m中。

乔木层：平均高度约10.52m，平均胸径12.44cm，郁闭度约0.90。除黧蒴优势种（18株）外。还有红锥6株，毛竹 *Phyllostachys heterocyla* cv. Pubescens、罗浮柿各5株，黄樟 *Cinnamomum parthenoxylon*、猴欢喜 *Sloanea sinensis*、亮叶猴耳环 *Archidendron lucidum*、鼠刺各3株，红楠 *Machilus thunbergii*、绒毛润楠 *Machilus velutina*、南酸枣各2株，白花笼、短梗幌伞枫 *Heteropanax brevipedicellatus*、山乌桕、杨桐等各1株。

灌木层：有假鹰爪 *Desmos chinensis*、黑老虎、八角枫、草珊瑚、常山 *Dichroa febrifuga*、偏心毛柃 *Eurya distichophylla*、伏毛粗叶木 *Lasianthus appressihirtus*、牛耳枫 *Dphniphyllum calycinum*、虎皮楠、深裂锈毛莓、红柴枝、三椏苦 *Evodia lepta*、羊角拗、粘毛杜鹃、山矾 *Symplocos sumuntia*、光叶毛冬青 *Ilex pubescens* var. *glabra*、茜树 *Aidia cochinchinensis*、郎伞木 *Ardisia gigantifolia*、山血丹 *A. lindleyana*、白花鬼灯笼等。

草本层：常见的有狗脊、海金沙、金毛狗 *Cibotium barometz*、铁线蕨 *Adiantum capillus-veneris*、乌毛蕨、稀羽鳞毛蕨 *Dryopteris sparsa*、扯根菜 *Penthorum chinensis*、鲫鱼胆、华山姜 *Alpinia malaccensis*、山姜 *A. japonica*、山麦冬 *Liriope spicata*、淡竹叶等。

层间藤本植物：有山木通 *Clematis finetiana*、青牛胆 *Tinospora sagittata*、天香藤 *Albizia corniculata*、藤黄檀、广东蛇葡萄、显齿蛇葡萄、乌蔹莓 *Cayratia japonica*、鸡矢藤、筐条菝葜等。

林下有不少乔木幼苗，如黧蒴、亮叶猴耳环、白花笼、红楠、黄果厚壳桂 *Cryptocarya concinna*、黄樟、鸭公树 *Neolitsea chuii*、红锥、柯 *Lithocarpus glabra*、苦槠 *Castanopsis subuliformis*、米槠 *C. carlesii*、猴欢喜、日本杜英 *Elaeocarpus japonicus*、鼠刺、南酸枣等，由此可见，该林的发展趋势比较稳定的。

②甜槠林（Form *Castanupsis eyrei*） 主要分布于溪背村海拔 255m 处，坡向东南，坡度 40°，在 20m×20m 面积中。

乔木层：平均高度约 15.13m，平均胸径 28.07cm，郁闭度 0.95。除建群种甜槠 19 株外，还有米槠 8 株、木荷 *Schima superba*6 株，罗浮栲 *Castanupsis fabri*、显脉杜英 *Elaeocarpus dubius* 各 1 株。

灌木层：有光叶毛冬青、网脉酸藤子、酸藤子、乌饭树 *Vaccinium bracteatum*、西南粗叶木 *Lasianthus henryi*、羊角拗、朱砂根 *Ardisia crenata*、金珠柳 *Maesa montana*、玉叶金花、栀子、郎伞木、紫花杜鹃 *Rhododendron mariae*、毛锦杜鹃 *R. moulmainense*、郎伞木、毛果算盘子 *Glochidion eriocarpum*、忍冬、茜树、水团花 *Adina pilulifera*、山血丹、黄丹木姜子、岭南杜鹃等。

草本层：只偶见团叶陵齿蕨、阔鳞鳞毛蕨、扇叶铁线蕨、山菅兰、狗脊、里白 *Diplopterygium glaucum* 等。

层间藤本植物：有小叶买麻藤 *Gnetum parvifolium*、流苏子、络石 *Trachelospermum jasminoides*、薯莨 *Dioscorea cirrhosa*、筐条菝葜、香花崖豆藤 *Millettia dielsiana* 等。

此外林中有不少乔木的幼苗，如甜槠、米槠、苦槠、黧蒴、显脉杜英、鹅掌柴 *Schefflera arboricola*、亮叶猴耳环、油柿、木荷、桃叶石楠 *Photinia prunifolia*、天料木 *Homalium cochinchinense* 等。表明该林的发展趋势的种类组成比较稳定。

③钩锥、鹿角锥林（Form *Castanopsis tibetana*, *C. lamontii*） 主要分布于鸡公岩海拔 881m 处，坡向北，坡度 25°，在 20m×20m 面积中。

乔木层：平均高度约 10.16m，平均胸径 16.41cm，郁闭度 0.96。除建群种钩锥 8 株、鹿角锥 7 种外，还有黏毛杜鹃 11 株，毛桃木莲 *Manglietia moto*、木荷、杨桐各 6 株，深山含笑 *Michelia maudiae*、紫果冬青 *Ilex tsoii* 各 5 株，新木姜子 3 株，岭南柯 *Lithocarpus brevicaudatus*、硬壳柯 *L. hancei* 和日本杜英各 2 株，大叶苦柯 *L. paihengii*、华润楠 *Machilus chinensis*、华南桂 *Cinnamomum austro-sinense*、黄樟 *C. parthenoxylon*、长尾窄叶柃 *Eurya stenophylla*、南酸枣、潮州山矾 *Symplocos mollifolia*、山矾 *S. sumuntia* 各 1 株。

灌木层：有柏拉木、金花树 *B. dunnianus*、郎伞木、毛冬青、紫花杜鹃、黏毛杜鹃、山血丹、酸藤子、箬叶竹 *Indocalamus longiauritus*、细齿叶柃 *Eurya nitida*、野茶树 *Camellia sinensis* var. *assamica* 等。

草本层：由于郁闭度大，草本稀少，仅见有狗脊、傅氏凤尾蕨 *Pteris fauriei*。

层间藤本植物 有流苏子、香花崖豆藤等。

林中有不少乔木的幼苗，如毛桃木莲、深山含笑、红楠、红锥、岭南柯、硬壳柯、新木姜子、木荷、光叶榉 *Zelkova serrata*、网脉山龙眼 *Helicia reticulata*、山矾、四川山矾 *Symplocos setchuensis* 等。可见该林的发展趋势仍为钩锥、鹿角锥林。

（3）常绿与落叶阔叶混交林 在保护区内居次要地位，有如下 2 个群系。

①黧蒴、枫香树林（Form *Castanopsis fissa*, *Liquidambar formosana*） 主要分布于食水坡海拔 392m 处，坡向西南，坡度 46°，在 20m×20m 面积中。

乔木层：平均高度约 11.02m，平均胸径 19.09cm，郁闭度 0.9。除建群种常绿树黧蒴 5 株、落叶树枫香树 2 外，还有常绿树钩锥 3 株，罗浮栲、檫木、多花山竹子 *Garcinia multiflora* 和茜树各 2 株，红锥、柯、杨梅叶青冈 *Cyclobalanopsis myrsinaefolia*、绒毛润楠、鸭公树、华杜英 *Elaeocarpus chinensis*、云开红豆 *Ormosia merrilliana*、杨梅各 1 株；落叶树檵木 *Loropetalum chinense*、山乌桕各 2 株。

灌木层：有草珊瑚、野茶树、细齿叶柃、油茶、野茉莉 *Styrax japonicus*、柏拉木、赤楠、粗叶木 *Lasianthus* sp.、日本粗叶木 *L. japonicus*、伏毛粗叶木、粗叶榕 *Ficus hirta*、大青 *Clerodendrum cyrtophyllum*、冬青 *Ilex* sp.、鬼灯笼、虎皮楠、虎舌红 *Ardisia mamilla*、小紫金牛 *A. cymosa*、翼核果 *Ventilago leiocarpa*、锐尖山香圆 *Turpinia arguta*、水团花、山血丹、粘毛杜鹃、玉叶金花、栀子、朱砂根、竹叶榕 *Ficus stenophylla*、天仙果、网脉酸藤子、酸藤子、酸味子 *Antidesma japonicum*、毛冬青、光叶毛冬

青、箬叶竹等。

草本层：常见的有芒萁、半边旗、华南紫萁 *Osmunda vachellii*、团叶陵齿蕨、狗脊、乌毛蕨、稀羽鳞毛蕨、扇叶铁线蕨、山蒟 *Piper hancei*、麦冬 *Ophiopogon japonicus*、山姜、山菅兰、淡竹叶等。

层间藤本植物：有小叶买麻藤、香花崖豆藤、藤黄檀、显齿蛇葡萄、乌蔹莓、薯莨、菝葜等。

林中有不少乔木的幼苗，如黧蒴、红锥、柯、鼠刺、鸭公树、杨梅、赤杨叶 *Alniphyllum fortunei*、多花山竹子、红枝蒲桃 *Syzygium prehderianum*、越南山矾 *Symplocos chunii*、亮叶猴耳环、罗浮栲、罗浮柿、青皮木 *Schoepfia jasminodora*、绒毛润楠、山橿 *Lindera reflexa*、南酸枣、茜树等。可见该林发展趋势将为常绿阔叶林所替代。

②毛竹、南酸枣林（Form *Phyllostachys heterocycla* cv. Pubescens，*Choerospondias axillaries*）　主要分布于横坑海拔 309m 处，坡向北，坡度 60°，在 20m×20m 面积中。

乔木层：平均高度约 10.65m，平均胸径 9.92cm，郁闭度 0.88。除建群种常绿毛竹 43 株、落叶阔叶南酸枣 10 株外，还有常绿阔叶树红锥 9 株、鸭公树 7 株、麻栎 *Quercus acutissima*3 株，黧蒴、檫木 *Sassafras tzumu*、白桂木 *Artocarpus hypargyreus*、显脉杜英各 2 株，罗浮栲、山苍子、山様叶泡花树 *Meliosma thorelii*、中华杜英 *Elaeocarpus chinensis*、黄杞 *Engelhardtia roxburghiana*、椿叶花椒 *Zanthoxylum ailanthoides*、杨梅、光叶山矾 *Symplocos lancifolia*、栓叶安息香 *Styrax suberifolius* 各 1 株；落叶阔叶树有山乌桕 3 株，八角枫 *Alangium chinense*2 株等。

灌木层：有瓜馥木 *Fissistigma oldhamii*、山血丹、细齿叶柃、深裂锈毛莓、白花悬钩子 *Rubus leucanthus*、柏拉木、草珊瑚、伏毛粗叶木、四角柃 *Eurya tetragonoclada*、毛果巴豆 *Croton lachnocarpus*、粗叶榕、竹叶榕、牛耳枫 *Daphniphyllum calycinum*、锐尖山香圆、虎刺楤木 *Aralia armata*、忍冬、常绿荚迷、三花冬青 *Ilex triflora*、光叶毛冬青、网脉酸藤子、小紫金牛、朱砂根、茜树、玉叶金花、批杷叶紫珠 *Callicarpa kochiana* 等。

草本层：海金沙、半边旗、边缘鳞盖蕨 *Microlepia marginata*、变异鳞毛蕨 *Dryopteris varia*、傅氏凤尾蕨、阔鳞鳞毛蕨、扇叶铁线蕨、狗脊、乌毛蕨、乌蕨、鲫鱼胆、黑莎草、山菅兰、山姜、山麦冬、淡竹叶等。

层间藤本植物：有罗浮买麻藤 *Gnetum lofuense*、小叶买麻藤、香花崖豆藤、巴戟 *Morinda officinalia*、粉叶轮环藤 *Cyclea hypoglauca*、细圆藤 *Pericampylus glaucus*、广东蛇葡萄、乌蔹莓、龙须藤 *Bauhinia championii*、山黑豆 *Dumasia truncate*、青江藤 *Celastrus hindsii*、石血 *Trachelospermum jasminoides* var. *heterophyllum*、薯莨、合丝肖菝葜 *Heterosmilax gaudichaudiana* 等。

林中有不少乔木的幼苗，如红锥、黧蒴、麻栎、细叶青冈 *Cyclobanopsis gracilis*、猴欢喜、八角枫、多花山竹子、枫香树、虎皮楠 *Daphniphyllum glaucescens*、黄丹木姜子 *Lisea elongata*、显脉新木姜 *Neolitsea phanerophlebia*、香叶树 *Lindera communis* 黄樟、鸭公树、鹅掌柴、杨梅、杨桐、木荷、罗浮柿、木蜡树、山様叶泡花树、鼠刺、栓叶安息香、桃叶石楠、秃瓣杜英 *Elaeocarpus glabripetalus*、显脉杜英、虎刺楤木、野含笑 *Michelia skinneriana* 等。可见该林发展趋势将为常绿阔叶林所替代。

（4）竹林　有竹林面积 1128.8hm^2，主要分布在村庄附近的沟谷两旁和山地，其中以毛竹林占优势，处于半自然状态，亦有不少侵入山地常绿阔叶林中，是当地群众主要经济收入。此外，还有粉单竹 *Bambusa chungii*、青皮竹 *Bambusa textilis*、麻竹 *Dendrocalamus latiflorus* 等，其中多为人工栽培。

（5）针阔叶混交林　是以暖性针叶树与阔叶树为建群种所组成的森林群落。在保护区内分布面积较大，仅有 1 个群系。

马尾松、苦槠林（Form *Pinus massoniana*，*Castanopsis sclerophylla*）　主要分布于转湾潭水坝海拔 380m 处，坡向西北，坡度 40°，在 20m×20m 面积中。

乔木层：平均高度 9.85m，平均胸径 10.50cm，郁闭度 0.85。除建群种马尾松 20 株显著度 38.3%。苦槠 3 株显著度 14% 外，还有杉木 9 株，黧蒴 5 株，广东木瓜红 *Rehderodendron kwangtungense*4 株，杨梅 3 株，沉水樟 *Cinnamomum micranthum*、木荷各 2 株及红润楠、红锥、罗浮栲、华南石

笔木 *Tutcheria austro－sinica*、毛棉杜鹃 *Rhododendron moulmainense*、山苍子、桃叶石楠、南酸枣各1株。

灌木层：有四角柃、尖叶毛柃 *Eurya acuminatissima*、微毛柃 *E. hebeclados*、油茶、常绿荚蒾、豆腐柴 *Premna microphylla*、红柴枝、虎刺楤木、虎皮楠、尖萼毛柃 *Eurya acutisepala*、金珠柳、锈毛莓 *Rubus reflexus*、羊角拗等。

草本层：常见的有芒萁、蕨、狗脊、海金沙、乌毛蕨、五节芒、淡竹叶等。

层间藤本植物：有亮叶崖豆藤 *Millettia nitida*、香花崖豆藤、藤黄檀、美丽猕猴桃 *Actinidia melliana*、显齿蛇葡萄、薯莨等。

林中有不少乔木的幼苗，如马尾松、红锥、苦槠、黧蒴、罗浮栲、黄樟、山橿、白花笼、多花山竹子、亮叶杨桐、杨桐、杨梅、亮叶桦 *Betula luminifera*、广东木瓜红、毛棉杜鹃、木蜡树、赤杨叶、山苍子、杉木、鼠刺、南酸枣等。可见该林发展趋势是比较稳定的。

（6）山顶灌丛草坡 主要分布于仙人嶂海拔800m以上的山顶和山脊，如大风坳、鹰嘴石等。灌木多为微毛柃、细齿叶柃、光叶石楠 *Photinia glabra*、小毛叶石楠 *P. villosa* var. *parvifolia*、石斑木 *Rhaphiolepis indica*、黏毛杜鹃、山荷桃 *Rhododendron championae* var. *ovalifolium*、满山红 *Rh. mariesii*、华丽杜鹃 *Rh. farrerae*、吊钟花 *Enkianthus quinqueflorus*、小果南烛 *Lyonia ovalifolia* var. *elliptica*、罗浮冬青 *Ilex tutcheri*、南岭槭 *Acer metcalfi*、米饭花 *Vaccinium sprengelii* 和鼠刺等。草本植物有千层塔 *Huperzia serrata*、藤石松 *Lycopodiastrum casuarinoides*、石松 *Lycopodium japonicum*、粗毛鸭嘴草 *Ischaemum barbatum*、五节芒、金剑草 *Rubia alata*、光萼茅膏菜 *Drosera peltata* var. *glabrata*、杏香兔儿风 *Ainsliaea fragrans*、纤枝兔儿风 *A. gracilis*、细轴荛花 *Wikstroemia nutans*、华南龙胆 *Gentiana loureirii* 等。

（7）栽培植被 主要有竹林、零星果树、少量杜仲 *Eucommia ulmoides*、银杏 *Ginkgo biloba* 以及引种意大利214杨。

2.2.6.5 野生植物资源

（1）珍稀濒危保护植物繁多 根据1984年国家环境保护委员会公布的《中国珍稀濒危保护植物名录》和1999年国务院批准公布的《国家重点保护野生植物名录（第一批）》所列种类统计，保护区内共有国家重点保护野生植物12科13属14种。其中蕨类植物2科2属2种，被子植物10科11属12种；国家Ⅱ级重点保护野生植物9种，国家Ⅲ级重点保护野生植物5种（表2.30）。

表2.30 曲江沙溪自然保护区的保护野生植物

序号	种名	科名	IUCN濒危等级	保护级别
1	金毛狗 *Cibotium barometz*	蚌壳蕨科 Dicksoniaceae	渐危	Ⅱ
2	桫椤 *Alsophila spinulosa*	桫椤科 Cyatheaceae	渐危	Ⅱ
3	观光木 *Tsoongiodendron odorum*	木兰科 Magnoliaceae	稀有	Ⅱ
4	樟树 *Cinnamomum camphora*	樟科 Lauraceae	渐危	Ⅱ
5	金荞麦 *Fagopyrum dibotrys*	蓼科 Polygonaceae	渐危	Ⅱ
6	红椿 *Toona ciliata*	楝科 Meliaceae	渐危	Ⅱ
7	花榈木 *Ormosia henryi*	蝶形花科 Papilioaceae	渐危	Ⅱ
8	半枫荷 *Semiliquidambar cathayensis*	金缕梅科 Hamamelidaceae	渐危	Ⅱ
9	野生荔枝 *Litchi chinensis* var. *cuspontanea*	无患子科 Sapindaceae	稀有	Ⅲ
10	乐东拟单性木兰 *Parakmeria lotungensis*	木兰科 Magnoliaceae	稀有	Ⅲ
11	沉水樟 *Cinnamomum micranthum*	樟科 Lauraceae	稀有	Ⅲ
12	粘木 *Ixonanthes chinensis*	粘木科 Ixonanthaceae	渐危	Ⅲ
13	白桂木 *Artocarpus hypargyreus*	桑科 Moraceae	稀有	Ⅲ
14	巴戟 *Morinda officinalis*	茜草科 Rubiaceae	稀有	Ⅲ

注：兰科植物10属18种，全部为《濒危野生动植物种国际贸易公约》附录Ⅱ物种。

（2）古树名木较多　古树名木是指树龄100年以上的树木。据调查，在保护区内保存1189株，隶属于12科14种以上（表2.31）。

表2.31　曲江沙溪自然保护区的古树名木

序号	种名	科名	株数	树龄	树高（m）	胸径（cm）	分布地
1	银杏 *Gingo biloba*	银杏科 Ginkgoaceae	1	500～800	18	150	东山
2	马尾松 *Pinus massoniana*	松科 Pinaceae	20	100～160	20～30	80～120	蜡树下、蔡屋、跳水潭、楼下
3	深山含笑 *Michelia maudiae*	木兰科 Magnoliaceae	120	100～120	20～35	80～120	蜡树下、蔡屋、跳水潭、楼下
4	樟树 *Cinnamomum camphora*	樟科 Lauraceae	41	100～200	15～25	60～130	华屋坑、马垇、横坑、食水坑
5	朴树 *Celtis sinensis*	榆科 Ulmaceae	106	100～180	15～25	60～100	华屋坑、马垇、横坑、食水坑
6	木荷 *Schima superba*	茶科 Theaceae	195	100～200	18～35	60～110	蔡屋、跳水、楼下、苍村等
7	板栗 *Castanea mollissima*	壳斗科 Fagaceae	48	100～130	8～15	50～90	蜡树下、蔡屋、跳水潭、楼下
8	若干种	壳斗科 Fagaceae	325	100～180	15～25	50～110	苍村、梅子坑华屋坑、马垇
9	枫香树 *Liquidambar formosaana*	金缕梅科 Hamamelidaceae	214	100～200	20～30	55～120	苍村、水杯、梅子坑、华屋坑、马垇等
10	榕树 *Ficus microcarpa*	桑科 Moraceae	3	120～250	12～20	80～120	马垇、横坑、食水坑等
11	桂花 *Osmanthus fragrans*	木犀科 Oleaceae	101	100～180	6～12	18～28	水背、梅子坑、华屋坑、蔡屋
12	香港四照花 *Dendrobenthamia hongkongensis*	山茱萸科 Cornaceae	5	30～160	10～18	30～40	蜡树下、蔡屋、跳水潭、楼下、横坑、食水坑

（3）经济植物资源多样　在保护区内蕴藏着多种多样的经济植物资源。

①药用植物　有597种，占总种数的48.69%。如辛温解表的毛麝香 *Adenosma glutinosum*、广防风 *Anisomeles indica*、羊角拗等；辛凉解表的土牛膝 *Achyranthes aspera*；平肝清热的露兜草 *Pandanus austrosinensis*；清热凉血的丝茅、葛、马鞭草 *Verbena officinalis*、十萼茄 *Lycianthes biflora*、茅莓 *Rubus parvifolius*、铁冬青 *Ilex rotunda*、黄药 *Rhamnus crenata* 等；清热解毒的有白花蛇舌草 *Hedyotis diffusa*、地胆草 *Elephantopus scaber*、乌毛蕨、盐肤木、鹅掌柴、马齿苋 *Portulaca oleracea*、大飞杨 *Euphorbia sampsoni*、火炭母 *Polygonum chinense*、牛筋草 *Eleusine indica*、油桐 *Vemicia fordii* 等；清热利咽的土牛膝；清肝明目的桑 *Morus alba*、菊花 *Dendranthema morifolium*、青葙 *Celosia argentea* 等；清热利尿的广东金钱草 *Desmodium styracifolium*、淡竹叶、车前、海金沙、羊蹄 *Rumex japonicus*、浮萍 *Lemna minor* 等；清热消积的颠茄 *Atropa belladonna*；除湿化滞的水蓼 *Polygonum hydropiper*；清热燥湿的地耳草 *Hypericum japonicum*、白背叶等；疏风散热的谷精草 *Eriocaulon buergeriannum*、野菊 *Dendranthema indicum* 等；清热利湿的千根草 *Euphorbia thymifolia*、栀子、岗松 *Baeckea frutescens*、乌蔹莓、酢浆草 *Oxalis corniculata*、算盘

子、地耳草等；止泻的毛果算盘子 *Glochidion eriocarpum*、马齿苋；唆下逐水的了哥王；下逆气、止痛的杉木；杀虫止痢的鸦胆子 *Brucea javanica*；祛风湿的狗脊、苍耳 *Xanthium sibiricum*、山苍子 *Litsea cubeba*、鸡矢藤、菝葜、杉木、樟树、算盘子、野牡丹、毛果巴豆 *Croton lachnocarpus*、水蓼；理气的香附子 *Cyperus rotundus*、裂掌榕 *Ficus simplicissima* 等；驱虫的鸦胆子；跌打损伤、止血肿痛的积雪草 *Centella asiatica*、鳢肠 *Eclipta prostrata*、大茶药、铁包金 *Berchemia lineata*、鲫鱼胆、毛果巴豆、苎麻 *Boehmeria nivea*、薯莨、紫珠 *Callicarpa bodinieri*、一点红 *Emilia sonchifolia*、毛麝香等；活血祛瘀的黑老虎、两面针 *Zanthoxylum nitidum*；化痰药的石仙桃 *Pholidota chinensis*；活血调经的益母草 *Leonurus artemisia*、珍珠菜 *Lysimachia clethroides*；祛寒健胃的山苍子；平肝息风的钩藤；开巧药的石菖蒲 *Acorus tatarinowii*；拔毒消肿的篦麻 *Ricinums communis*、毛相思子 *Abrus mollis*；壮阳药金樱子；补阴药石斛 *Dendrobium nobile*；补血药香花崖豆藤、桃金娘、酸藤子等。

②用材植物　有 233 种，占总种数的 19%。其中一类用材有樟树、红锥等；二类用材有黄樟等；三类用材有覃树等；四类用材有日本杜英等；五类用材有鼠刺、猴欢喜等；胶合板用材的猴耳环等；纺织用材木荷等；乐器用材的有山乌桕、鹅掌柴、椿叶花椒 *Zanthoxylum ailanthoides* 等；造纸用材的有山矾属 *Symplocos*9 种和栓皮安息香 *Styrax suberifolia* 等。

③纤维植物　有 150 种，占总种数的 12.23%。较重要的有朴树 *Celtis timorensis*、龙须藤 *Bauhinia championii*、苎麻、美丽胡枝子 *Lespedeza formosa*、白背叶、粗糠柴、小叶买麻藤、菖蒲 *Acorus calamus*、毛竹、青皮竹、五节芒、芒等。

④淀粉植物　有 42 种，占总种数的 3.43%。蕨、板栗 *Castanea mollissima*、锥属 *Castanopsis* 的 12 种、葛、薜荔 *Ficus pumila* 等。

⑤油脂植物　有 117 种，占总种数的 9.54%。较重要的有油茶、油桐 *Vernicia fordii*、山乌桕、苍耳、罗浮买麻藤、朱砂根、黑莎草等。

⑥芳香植物　有 28 种，占总种数的 2.28%。较重要的有樟树、木姜子、山苍子、金叶含笑 *Michelia foveolata*、深山含笑、岗松、栀子、草珊瑚、黄葵 *Abelmoschus moschatus*、香附子等。

⑦观赏植物　有 166 种，占总种数的 13.54%。较重要的有南紫薇 *Lagerstroemia subcostata*、假鹰爪 *Desmos chinensis*、毛桃木莲 *Manglietia moto*、深山含笑、白花油麻藤（禾雀花）*Mucuna birdwoodiana*、枫香树、山乌桕、铁冬青、杜鹃花属 *Rhododendron*14 种、吊钟花 *Enkianthus quinqueflorus* 等。

⑧野生水果植物　有 75 种，占总种数的 6.12%。主要有毛花猕猴桃 *Actinidia eriantha*、中华猕猴桃、阔叶猕猴桃 *A. latifolia*、美丽猕猴桃 *A. melliana*、桃金娘、杨梅、罗浮柿、多花山竹子、乌饭树、悬钩子 *Rubus* spp.、金樱子、南酸枣等。

⑨鞣料植物　有 65 种，占总种数的 5.30%。主要有猴耳环、金樱子、南酸枣、虎杖 *Polygonum cuspidatum*、余甘子 *Phyllanthus emblica*、木油桐、青榨槭、盐肤木、杨梅、厚皮香 *Ternstroemia gymnanthera*、黧蒴、南岭拷、苦槠、钩锥、青冈、红锥、地榆 *Sanguisorba officinalis*、小果蔷薇 *Rosa cymosa*、藤金合欢 *Acacia sinuata*、龙须藤、藤黄檀、柏拉木、盐肤木、桃金娘、构树、枫香树、常春藤 *Hedera nepalensis*、油柿、鲤肠、薯莨、菝葜等。

⑩饲料植物　有 43 种，占总种数的 3.51%。较重要的有喜旱莲子草 *Altemanthera philoxeroides*、狗牙根 *Cynodon dactylon*、看麦娘 *Alopecurus aequalis*、光头稗子 *Echinochloa colonum*、马唐 *Digitaria sanguinalis* 等。

2.2.6.6　野生动物资源

（1）动物物种较丰富　保护区内的生态环境复杂，森林茂密，孕育了丰富的动物种类。据调查统计，有野生脊椎动物 206 种，分隶 69 科 26 目。

A. 两栖类　有 23 种，分隶 10 属 6 科 2 目。其中无尾目（SALIENTIA）有 5 科 8 属 23 种，占该区两栖类总种数的 11.17%；有尾目（CAUDATA）有 1 科 2 属 2 种，占该区总种数的 0.97%。

在区系成分中，属东洋界华南区的东南沿海亚区。其中华南区有14种，占总种数的60.87%；华中、华南区有8种，占总种数的34.78%；古北界只有1种，占总种数的4.35%。

B. 爬行类　有39种，分隶24属11科3目，占该区脊椎动物总数的18.93%。蛇目（SERPENTES）有4科14属25种，占该区爬行类总种数的64.10%；蜥蜴目（LACERTILI）有4科7属9种，占总数的23.08%；龟鳖目（TESTUDINATA）有3科3属5种，占总数的12.82%。

在区系成分中，全部属东洋界物种，其中华南区有18种，占总种数的46.15%；华中、华南区共有15种，占总种数的38.46%；华中区有3种，占总种数的7.69%；广布种有3种，占总种数的38.46%。

C. 鸟类　有104种，分隶85属35科14目，占该区脊椎动物总数的50.49%。其中雀形目（PASSERIFOMES）有17科43属57种，占该区鸟类总种数的54.81%；隼形目（FALCONIFOEMES）有2科8属10种，占总种数的9.62%；鸮形目（STRIGFORMES）有2科6属6种，占总种数的5.77%；鸡形目（GALLIFORMES）有1科6属6种，占总数的5.77%；佛法僧目（CORACIIFORMES）有3科5属5种，占总数的4.88%；鹳形目（CICONIIFORMES）有1科4属5种，占总数的4.81%；鹃形目（CUCULIFORMES）有1科3属3种，占总数的2.88%；鴷形目（PICIFORMES）2科3属3种，占总数的2.88%；鹤形目（GRUIFORMES）有1科2属2种，占总数的1.92%；鸻形目（CHARADRIIFORMES）有1科2属2种，占总数的1.92%；鸽型目（COLUMBIFORMES）有1科1属2种，占总数的1.92%；鸊鷉目（PODICIPDIFORMES）有1科1属1种，占总数的0.96%；夜鹰目（CAPRIMULGIFORMES）有1科1属1种，占总数的0.96%；雨燕目（APODIFORMES）有1科1属1种，占总数的0.96%。

鸟类的居留型组成中，留鸟有76种，占总种数的73.08%；冬候鸟或旅鸟有20种，占总数的19.23%；夏候鸟有8种，占总数的7.69%。

鸟类的区系组成中，东洋种有73种，占总数的70.19%；古北种有20种，占总数的19.23%；广布种有11种，占总数的10.58%。

D. 哺乳类　有40种，分隶30属17科7目，占该区脊椎动物总数的19.42%；占广东省兽类总数（124种）的32.26%；占全国兽类总数（449种）的8.91%。啮齿目（RODENTIA）有5科8属15种，占该区兽类总数的37.50%；食肉目（CARNIVORA）4科10属11种，占总数的27.50%；偶蹄目（ARIODACTYLA）有3科5属6种，占总数的15%；翼手目（CHIROPTERAS）有2科3属4种，占总数的10%；食虫目（INSECTVORA）有1科1属1种，占总数的2.50%；鳞甲目（PHOLIDOTA）有1科1属1种，占总数的2.50%；兔形目（LAGOMORPHA）有1科1属1种，占总数的2.50%。

区系组成以东洋界种类为主，有30种，占总数的75%，其中有些种类是华中区与华南区共有种类，如红颊獴 *Herpestes javanicus*、穿山甲 *Manis pentadactyla*、毛冠鹿 *Elaphodus cephalophus*、水鹿 *Cervus unicolor* 等；广布种有10种，占总数的25%。

（2）珍稀濒危动物繁多　以我国1989年公布实施的《国家重点保护野生动物名录》和2001年公布实施的《广东省重点保护陆生野生动物名录》（第一批）为依据，保护区内有保护脊椎动物43种。其中国家Ⅰ级重点保护野生动物2种，国家Ⅱ级重点保护野生动物25种，省级重点保护动物16种（表2.32）。

表2.32　曲江沙溪自然保护区的保护动物

序号	种　名	科　名	IUCN濒危等级	保护级别
		哺乳纲 MAMMALIA		
1	云豹 *Neofelis nebulosa*	猫科 Felidae	濒危	Ⅰ
2	穿山甲 *Manis pentadactyla*	鲮鲤科 Manidae	濒危	Ⅱ

（续）

序号	种　　名	科　　名	IUCN 濒危等级	保护级别
3	水獭 *Lutra lutra*	鼬科 Mustelidae	易危	Ⅱ
4	大灵猫 *Viverra zibetha*	灵猫科 Viverridae	濒危	Ⅱ
5	小灵猫 *Viverricula indica*	灵猫科 Viverridae	易危	Ⅱ
6	水鹿 *Cervus unicolor*	鹿科 Cervidae	易危	Ⅱ
7	鬣羚 *Capricornis sumatraensis*	牛科 Bovidae	易危	Ⅱ
8	红颊獴 *Herpestes javanicus*	灵猫科 Viverridae		省级
9	豹猫 *Felis bengalensis*	猫科 Felidae	易危	省级
10	豪猪 *Hystrix hodgsoni*	豪猪科 Hystricidae	濒危	省级
11	棕鼯鼠 *Petaurista petaurista*	鼯鼠科 Petauristidae		省级
12	毛冠鹿 *Elaphodus cephalophus*	鹿科 Cervidae		省级
		鸟纲 AVES		
13	黑翅鸢 *Elanus caeruleus*	鹰科 Accipitridae		Ⅱ
14	黑冠鹃隼 *Aviceda leuphotes*	鹰科 Accipitridae	易危	Ⅱ
15	鸢 *Milvus korschun*	鹰科 Accipitridae		Ⅱ
16	赤腹鹰 *Accipiter soloensis*	鹰科 Accipitridae		Ⅱ
17	松雀鹰 *Accipiter virgatus*	鹰科 Accipitridae	易危	Ⅱ
18	鹊鹞 *Circus melanoleucos*	鹰科 Accipitridae		Ⅱ
19	蛇雕 *Spilornis cheela*	鹰科 Accipitridae	易危	Ⅱ
20	普通鵟 *Buteo buteo*	鹰科 Accipitridae		Ⅱ
21	游隼 *Falco peregrinus*	隼科 Falconidae	易危	Ⅱ
22	红隼 *Falco tinnunculus*	隼科 Falconidae	易危	Ⅱ
23	白鹇 *Lophura nycthemera*	雉科 Phasianidae	易危	Ⅱ
24	褐翅鸦鹃 *Centropus sinensis*	杜鹃科 Cuculidae	易危	Ⅱ
25	草鸮 *Tyto capensis*	草鸮科 Tytonidae	易危	Ⅱ
26	领角鸮 *Otus bakkamoena*	鸱鸮科 Strigidae		Ⅱ
27	领鸺鹠 *Glaucium brodiei*	鸱鸮科 Strigidae		Ⅱ
28	斑头鸺鹠 *Glaucium cuculoidei*	鸱鸮科 Strigidae	易危	Ⅱ
29	鹰鸮 *Ninox scutulata*	鸱鸮科 Strigidae		Ⅱ
30	长耳鸮 *Asio otus*	鸱鸮科 Strigidae		Ⅱ
31	白眉山鹧鸪 *Arborophila gingica*	雉科 Phasianidae		省级
32	红嘴相思鸟 *Leiothrix lutea*	画眉科 Timaliidae		省级
33	池鹭 *Ardeola bacchus*	鹭科 Ardeidae		省级
34	白鹭 *Egretta garzetta*	鹭科 Ardeidae		省级
35	牛背鹭 *Bubulcus ibis*	鹭科 Ardeidae		省级
36	黄斑苇鳽 *Ixobrychus sinensis*	鹭科 Ardeidae		省级
37	栗苇鳽 *Ixobrychus cinnamomeus*	鹭科 Ardeidae		省级
		爬行纲 REPTILIA		
38	蚺（蟒）*Python molurus*	蟒科 Boidae	濒危	1
39	平胸龟 *Platysternon megacephalum*	龟科 Testudidae	濒危	省级
40	锯缘摄龟 *Cyclemys mouhotii*	龟科 Testudidae	濒危	省级
		两栖纲 AMPHIBIA		
41	虎纹蛙 *Rana tigrina*	蛙科 Ranidae	易危	Ⅱ
42	棘胸蛙 *Rana spinosa*	蛙科 Ranidae	易危	省级
43	沼蛙 *Rana guentheri*	蛙科 Ranidae	易危	省级

（3）经济动物多样　保护区内有国家保护的有益的或有重要经济、科学研究价值的陆生野生动物137种。

①两栖类　有华南湍蛙 *Amolops ricketti* 等。

②爬行类　有王锦蛇 *Elaphe carinata*、滑鼠蛇 *Ptyas mucosus*、灰鼠蛇 *Ptyas korros*、中国水蛇 *Enhydris chinensis*、铅色水蛇 *Enhydris enhydris*、黑斑水蛇 *Enhydris bennetti*、银环蛇 *Bungarus multicinctus*、金环蛇、眼镜蛇等。

③鸟类　有鹧鸪、普通竹鸡 *Bambusicola thoracica*、白鹇、环颈雉 *Phasianus colchicus*、珠颈斑鸠 *Streptopelia chinensis*、山斑鸠 *S. orientalis*、小鸦鹃、苦恶鸟 *Amaurornis phoenicurus* 等。

④哺乳类　有华南兔、黄鼬、鼬獾、野猪等。

2.2.7　南雄小流坑—青嶂山自然保护区

为了保护南雄市具有代表性的常绿阔叶林和丰富的野生珍稀濒危动植物，1995年，南雄市人民政府雄府［1995］49号文批准建立南雄小流坑县级自然保护区，由帽子峰林场管理。2001年7月1日，南雄市林业局雄林［2001］40号文上报《关于建立南雄市青嶂山县级自然保护区的请示》，2001年7月20日，南雄市人民政府雄府［2001］64号文批转市林业局同意建立南雄青嶂山县级自然保护区，隶属市林业局管理。2004年，韶关市人民政府韶府复［2004］83号文批准该保护区升格为市级自然保护区。2005年，南雄市对小流坑部分的面积进行了调整，并将其与青嶂山自然保护区进行了整合。2006年3月8日，韶关市人民政府韶府复［2006］20号文批准将两个自然保护区整合为“南雄小流坑—青嶂山市级自然保护区”。2007年，经广东省人民政府粤府［2007］607号文批准，建立南雄小流坑—青嶂山省级自然保护区。主要保护对象为中亚热常绿阔叶林生态系统和野生珍稀濒危动植物。

据中华人民共和国国家标准《自然保护区类型与级别划分原则》（GB/T14529—93），南雄小流坑—青嶂山自然保护区属“自然生态系统类别”中的“森林生态系统类型”和“内陆湿地与水域生态系统类型”自然保护区。

2.2.7.1　自然条件

（1）位置范围　南雄小流坑—青嶂山自然保护区位于韶关市辖南雄市的北、南两部。地理坐标：小流坑为东经114°07′33″～114°09′48″，北纬25°16′39″～25°19′04″；具体范围：东邻帽子洞头村，西南连澜河镇，北接江西省。青嶂山为东经114°20′05″～114°26′47″，北纬24°59′19″～25°05′12″，东邻武岭村，南连主田窑合村，西接主田西坪村，北临雄州下坪村。总面积7874hm^2，陆地面积7691.1hm^2，水域面积182.9hm^2。

（2）地质基础

①地层岩性　保护区内的地层从老到新分别为：古生代寒武纪早、中、晚世和奥陶纪中、晚世，在加里东运动的影响下，分别形成砂岩、页岩和硅质板岩、长石石英砂岩以及混合花岗岩。小流坑另有古生代二迭纪海西运动和中生代三迭纪印支运动的作用下形成的连片石英二长岩。中生代侏罗纪的中晚侏罗世和白垩纪的早白垩世的燕山运动作用下分别形成二长花岗岩、云母花岗岩、二云母花岗岩、黑云母花岗岩和紫红色泥质砂岩、紫红色泥质粉砂岩、红色砂岩等。

②地质构造　保护区的地质构造属粤北坳陷，出露岩石主要为燕山期花岗岩，为晚古生代的地层。主要岩石有石英砂岩、长石砂岩、绢云母页岩、绿泥石绢云母页岩等。

（3）地貌概况　保护区属中山山地地貌。小流坑地势北高南低，最高峰帽子峰海拔1058m；青嶂山地势南高北低，最高峰青嶂山海拔917m。保护区的最低处位于东北角的江头墟，海拔148m。保护区内除由花岗岩组成外，大部分由砂岩及板岩组成，由于岩性坚硬，形成砂岩峰林和峡谷等。

（4）气候特点　保护区属中亚热带季风气候区。其特点是：四季分明，夏长，冬短，秋季凉爽，冬季多霜。据保护区所在的南雄市气象资料：年平均气温19.6℃，最冷1月份平均气温8.7℃，极端

最低气温 -6.2℃；最热7月份平均气温28.5℃，极端最高气温39.3℃。年平均降水量1551.1mm。每年3~8为雨季，其中5月最多，达241.1mm，12月最少，仅有41.3mm。年总积温71 779℃。夏半年受副热带海洋气团影响，盛行西南风；冬半年受干冷的大陆气团影响，盛行东北风。平均风速1.8m/秒，最大风速14.7m/秒。

（5）水文特征　保护区属浈江水系，地表水以河流、水库等形式分布。

①河流　保护区内有两条河流。

A. 淩江　古称横浦水、楼船水，发源于百顺俚木山，自西北向东南流，经小流坑，在南雄城汇入浈江。

B. 江头水　又称长潭水，发源于青獐山瓦窑岗，自南向北注入浈江。

保护区内河流水源主要为降雨，故其水文特征：流量季节变化明显，雨天地表径流顺坡而下，水量剧增，水位高涨；晴天缺乏地表径补给，水量大减，水位低落。

②水库　保护区内共有两座水库。

A. 瀑布水库　位于青嶂山部分的核心区，库容量2 950万m^3，是南雄城及其附近村镇15万人口的优质饮用水源。

B. 寨下水库　位于青嶂山东南的实验区，库容量103万m^3，附近山清水秀，是发展生态旅游的理想场地。

③温泉　青嶂山温泉是南雄三大温泉之一，日流量1000t，常年水温在50℃以上。水质莹透，含有多种对人体有益的微量元素，可调节体液酸碱平衡，改善胰岛素功能，对各种肠胃病、关节炎及慢性皮肤病、肥胖症、尿道结石等有明显疗效。

④水质良好　保护区内的水质，整体而言，达到国家地表水环境质量标准（GHZBI－1999）Ⅰ－Ⅱ类水质标准，pH6.83~7.34，极少数指标属于Ⅲ类标准。

（6）土壤特征　保护区内地带性土壤为红壤。由于受成土母质、山地气候、植被和地形等因素以及人类活动的影响，从山麓至山顶依次形成了垂直分布。

①红壤　主要分布于海拔500m以下的丘陵区，是人类活动的影响较大的土壤，整个土体呈红色，表土暗棕色。由花岗岩成土母质发育的红壤土层深厚，钾元素含量丰富；砂页岩成土母质发育的红壤则相对较少。土壤呈强酸性反应。

②黄红壤　是红壤与黄壤之间的过渡类型，主要分布于海拔500~700m低山坡地，成土母质为砂岩风化坡积物为主，土壤呈酸性反应，是发育在常绿阔叶林下的土壤，肥力较高。

③山地黄壤　主要分布于海拔700~1000m的低中山坡地，成土母质为砂岩和砾岩风化坡积物，土壤呈微酸性反应，是发育在保存较好常绿阔叶林下的土壤，有机质含量丰富，腐殖层深厚，肥力较高。

④山地灌丛草甸土　主要分布于海拔1000m以上的山顶和山脊一带，是发育在灌丛和草坡下的土壤，土层浅薄，表层草根盘结成层，富弹性，呈灰黑色，有机质含量高，土壤呈酸性反应，土壤剖面多呈A－C－D或A－D结构。

2.2.7.2　功能分区

依据广东南雄小流坑—青嶂山自然保护区总体规划①，将该保护区分为3个功能区。

（1）核心区　总面积3844.5hm^2，占保护区总面积的48.83%。其中小流坑部分有两片核心区，因为峡谷河流分隔而分别于保护区的南部和北部，西部以上里洞为界，北至帽子峰，东部至方坑，南至锅坑西部，面积476.4hm^2；青嶂山部分的核心区位于保护区中部，东邻梅子坝、沙湾、长尾，南连大水头、乌高塘，西至下村、九曲岭、黄龙坪，面积3368.1hm^2。区内山地海拔多在400~1000m，形成山峦重叠、群山环抱、沟谷纵横、溪水常流，为要求不同生境的生物生存繁衍提供了有利条件，具有

① 陈桂珠等．广东南雄小流坑—青嶂山自然保护区总体规划．中山大学环境科学与工程学院，南雄市林业局．2006.10.

典型性和代表性的常绿阔叶林和珍稀濒危动植物分布区域，一般人迹罕到，无不良因素的干扰和影响。其主要功能是保护常绿阔叶林、珍稀濒危动植物物种及其生存栖息环境。

核心区将实行全封闭管理，禁止任河单位和个人进入核心区。必须进入核心区从事科学研究观测、调查等活动时，应事先向自然保护区管理处提交申请和活动计划，经省级有关自然保护区行政主管部门批准后方可进入。

（2）缓冲区　总面积1699.9hm^2，占保护区总面积的21.59%。其中小流坑部分两片核心外围的两片缓冲区，面积184.9hm^2；青嶂山部分有两片缓冲区位于核心区北侧，另一片缓冲区呈狭长的“儿”字形，包于核心区的南侧，面积1515hm^2。其主要功能是确保核心区的天然常绿阔叶林生态系统的良性循环。将实行半封闭管理。原则上只准从事科学研究、观测、调查等活动，严禁捕猎和砍伐林木。

（3）实验区　总面积2329.6hm^2，占保护区总面积的29.59%。其中小流坑部分的实验区位于两片缓冲区之间，面积212.5hm^2；青嶂山部分的实验区有两片，位于缓冲区外围的南北两侧，面积2117.1hm^2。其主要功能是从事科学实验、参观考察、生态旅游、改造恢复、驯养繁殖及开展多种经营。

外围保护地带：为了避免自然保护区的外围地带建设的项目会损害自然保护区内的环境质量，规划建立两处外围保护地带：其一在保护区外围的小流坑部分北接江西省界建立一条宽度均匀的包围保护区的环形保护带；其二在保护区边界的核心区和缓冲区适当增大环形保护地带的宽度（图2.9，图2.10）。

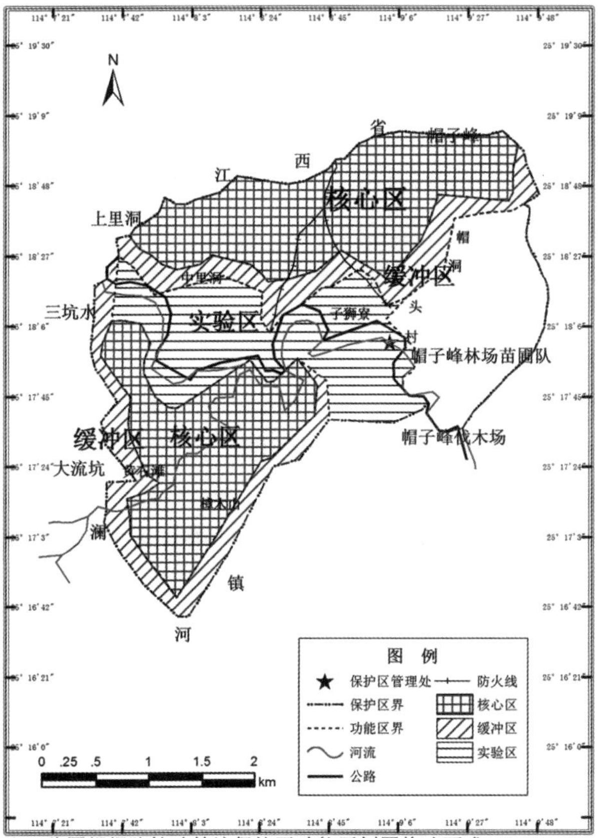

注：此图根据陈桂珠等该保护区功能区划图修改而成。

图2.9　南雄小刘坑—青嶂山自然保护区功能分区划图（小刘坑部分）

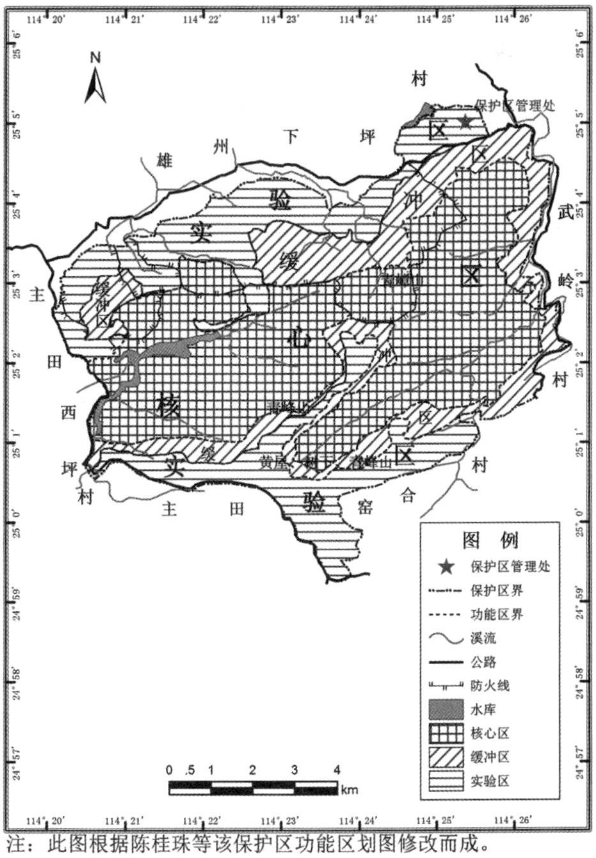

注：此图根据陈桂珠等该保护区功能区划图修改而成。

图2.10　南雄小刘坑—青嶂山自然保护区功能分区图（青嶂山部分）

2.2.7.3　植物区系特点

（1）植物种类组成较丰富　据调查统计①，该保护区拥有野生维管束植物1119种（包括种下分类

① 陈桂珠等．广东南雄小流坑—青嶂山自然保护区科学考察报告．中山大学环境科学与工程学院、南雄市林业局，2006.10.

单位），隶属 598 属 182 科，占广东省野生维管束植物（5933 种）的 18.86%（叶华谷，等 2005）。其中蕨类植物 101 种，隶属 56 属 30 科；裸子植物 6 种，隶属 6 属 5 科；被子植物 1012 种，隶属 536 属 147 科（表 2.33）。

表 2.33　南雄小流坑—青嶂山自然保护区野生维管束植物类群的组成

植物类群		科数	属数	种数
蕨类植物		30	56	101
裸子植物		5	6	6
被子植物	双子叶植物纲	124	433	865
	单子叶植物纲	23	103	147
合计		182	598	1119

此外，本保护区还有栽培植物 44 种，隶属 38 属 29 科，其中裸子植物 7 种，属隶 7 属 6 科；被子植物 37 种，属隶 31 属 23 科（双子叶植物 30 种 24 属 19 科，单子叶植物 7 种地 7 属 4 科）。

（2）地理成分复杂

① 蕨类植物的地理成分

A. 科的地理分布区类型　根据保护区 30 科的分布类型统计分析如下。

广布科　共有 10 科，占该区总科数的 33.33%。如石杉科 Huperziaceae、石松科 Lycopodiaceae、卷柏科 Selaginellaceae、木贼科 Equisetaceae、紫萁科 Osmundaceae、膜蕨科 Hymenophyllaceae、铁线蕨科 Adiantaceae、蹄盖蕨科 Athriaceae、铁角蕨科 Aspleniaceae、水龙骨科 Polypodiaceae 等。

热带、亚热带分布科　共有 13 科，占该区蕨类植物总科数的 65.00%（扣除广布分布 10 科），如莲座蕨科 Angiopteridaceae、瘤足蕨科 Plagiogyriaceae、里白科 Gleicheniaceae、海金沙科 Lygodiaceae、桫椤科、稀子蕨科 Monachosoraceae、碗蕨科 Dennstaedtiaceae、鳞始蕨科 Lindsaeaceae、凤尾蕨科 Pteridaceae、中国蕨科 Sinopteridaceae、书带蕨科 Vittariaceae、金星蕨科 Thelypteridaceae、骨碎补科 Davalliacea 等。

泛热带分布科　共有 6 科，占该区总科数的 30.00%。如蚌壳蕨科 Dicksoniaceae、蕨科 Pteridiaceae、乌毛蕨科 Blechnaceae、三叉蕨科 Aspidiaceae、肾蕨科 Nephrolepidaceae、槲蕨科 Drynariaceae 等。

温带至亚热带山地的分布科　仅有鳞毛蕨科 Dryopteridaceae，占该区总科数的 5.00%。

B. 属的地理分布区类型　根据保护区内 56 属的分布类型统计分析如下。

广布属　共有 5 属，占该区总属数的 8.93%。如石杉属 *Huperzia*、石松属 *Lycopodium*、卷柏属 *Selaginella*、紫萁属 *Osmunda*、鳞毛蕨属 *Dryopteris* 等。

热带至亚热带分布属　共有 38 属，占该区总属数的 74.51%（扣除广布属 5 属）；是广东蕨类植物总属数的 34.53%。如灯笼草属 *Palhinhaea*、观音座莲属 *Angiopteris*、芒萁属 *Dicranopteris*、里白属 *Diplopterygium*、膜蕨属 *Hymenophyllum*、海金沙属 *Lygodium*、桫椤属 *Alsophila*、黑桫椤属 *Gymnosphaera*、碗蕨属 *Dennstaedtia*、双盖蕨属 *Diplazium*、鳞盖蕨属 *Microlepia*、金粉蕨属 *Onychium*、铁线蕨属 *Adiantum*、粉背蕨属 *Aleuritopteris*、凤尾蕨属 *Pteris*、短肠蕨属 *Allantodia*、假蹄盖蕨属 *Athyriopsis*、菜蕨属 *Callipteris*、角蕨属 *Cornopteris*、毛蕨属 *Cyclosorus*、圣蕨属 *Dictyocline*、针毛蕨属 *Macrothelypteris*、金星蕨属 *Parathelypteris*、假毛蕨属 *Pseudocyclosorus*、铁角蕨属 *Asplenium*、乌毛蕨属 *Blechnum*、复叶耳蕨属 *Arachniodes*、肋毛蕨属 *Ctenieis*、三叉蕨属 *Tectaria*、肾蕨属 *Nephrolepis*、阴石蕨属 *Humata*、稀子蕨属 *Monachosorum*、线蕨属 *Colysis*、瘤足属 *Plagiogyria*、伏石蕨属 *Lemmaphyllum*、星蕨属 *Microsorium*、石韦属 *Pyrrosia*、贯众属 *Cyrtomium* 等。

泛热带分布属　共有 7 属，占该区总属数的 13.73%。如马尾杉属 *Phlegmariurus*、金毛狗属 *Cibotium*、鳞始蕨属 *Lindsaea*、乌蕨属、蕨属、槲蕨属 *Drynaria*、书带蕨属 *Vittaria* 等。

温带分布属　仅有 3 属，占总属数的 5.88%。如卵果蕨属 *Phegopteris*、木贼属 *Equisetum*、鳞毛蕨

属 *Dryopteris* 等。

温带、亚热带分布属 只有3属，占该区总属数的5.88%。如狗脊蕨属 *Woodwardia*、耳蕨属 *Polystichum*、瓦韦属 *Lepisorus* 等。

②种子植物的地理成分

A. 科的地理分布区类型 按照《世界种子植物科的分布区类型系统》（吴征镒等，2003），对南雄小流坑—青嶂山自然保护区种子植物152科的分布区类型统计分析：除热带亚洲至热带非洲分布、温带亚洲分布、地中海、西亚至中亚分布、中亚分布和中国特有分布类型尚未发现外，其他10个分布区类型及变型均有分布（表2.34）。

表2.34 南雄小流坑—青嶂山自然保护区种子植物科的分布区类型

分布区类型及变型	科数	占总科数（%）
1. 广布分布	40	扣除
2. 泛热带分布	47	41.96
2-1 热带亚洲、大洋洲（至新西兰）和南美（或墨西哥）间断分布	1	0.89
2-2 热带亚洲、非洲和南美洲间断分布	4	3.57
2s. 以南半球为主的泛热带	6	5.36
3. 热带亚洲和热带美洲间断分布	10	8.93
4. 旧世界热带分布	4	3.57
5. 热带亚洲至热带大洋洲分布	3	2.68
6. 热带亚洲至热带非洲分布	0	0
7. 热带亚洲（印度—马来西亚）分布	0	0
7-1 爪哇、喜马拉雅和华南、西南星散分布	0	0
7-2 热带印度至华南分布	0	0
7-3 缅甸、泰国至华西南分布	0	0
7-4 越南（或中南半岛）至华南（或西南）分布	1	0.89
7a 西马来，基本上在新华莱斯线以西	1	0.89
8. 北温带分布	10	8.93
8-1 环极分布	0	0
8-2 北极高山分布	0	0
8-3 北极—阿尔泰和北美洲间断分布	0	0
8-4 北温带和南温带（全温带）间断分布	16	14.29
8-5 欧亚和南美洲温带间断分布	1	0.89
8-6 地中海区、东亚、新西兰和墨西哥到智利间断	0	0
9. 东亚和北美洲间断分布	7	6.25
9-1 东亚和墨西哥间断	0	0
10. 旧世界温带分布	0	0
10-1 地中海区、西亚和东亚间断分布	0	0.
10-2 地中海和喜马拉雅间断分布	0	0
10-3 欧亚和南非洲（有时也在大洋洲）间断	0	0
11. 温带亚洲分布	0	0
12. 地中海区、西亚至中亚分布	0	0
13. 中亚分布	0	0
14. 东亚分布	2	1.79
15. 中国特有分布	0	0
合计	152	100.00

从上表可以看出：以泛热带分布类型有58科，占总科数的51.79%（扣广布科40科，下同）；北温带分布类型有27科，占总科数的24.11%；热带亚洲和热带美洲间断分布类型有10科，占总科数的8.93%；其余分布区类型所含科数均在6.25%以下，不占重要地位；特别是中国特有科等5科分布类型缺如，表明该保护区植物区系在科级水平上以泛热带分布成分为主，兼有一定数量的北温带成分。

B. 属的地理分布区类型　根据保护区种子植物542属的分布类型，按照《中国种子植物属的分布区类型》（吴征镒，1991）统计分析，除中亚分布区类型及其变型尚未发现外，其他14个分布区类型及变型均有分布（表2.35）。

表2.35　南雄小流坑—青嶂山自然保护区种子植物属的分布区类型

分布区类型及变型	属数	占总属数（%）
1. 广布分布	43	扣除
2. 泛热带分布	112	22.44
2-1 热带亚洲、大洋洲和南美洲间断分布	5	1.00
2-2 热带亚洲、非洲和南美洲间断分布	3	0.60
3. 热带亚洲和热带美洲间断分布	15	3.01
4. 旧世界热带分布	42	8.42
4-1 热带亚洲、非洲和大洋洲间断分布	3	0.60
5. 热带亚洲至热带大洋洲分布	29	5.81
5-1 中国（西南）亚热带和新西兰间断分布	0	0
6. 热带亚洲至热带非洲分布	27	5.41
6-1 华南、西南到印度和热带非洲间断	1	0.20
6-2 热带亚洲和东非间断	2	0.40
7. 热带亚洲（印度—马来西亚）分布	61	12.22
7-1 爪哇、喜马拉雅和华南、西南星散分布	11	2.20
7-2 热带印度至华南分布	3	0.60
7-3 缅甸、泰国至华西南分布	0	0
7-4 越南（或中南半岛）至华南（或西南）分布	5	1.00
8. 北温带分布	51	10.22
8-1 环极分布	0	0
8-2 北极高山分布	1	0.20
8-3 北极—阿尔泰和北美洲间断分布	0	0
8-4 北温带和南温带（全温带）间断分布	12	2.40
8-5 欧亚和南美洲温带间断分布	1	0.20
8-6 地中海区、东亚、新西兰和墨西哥到智利间断	0	0
9. 东亚和北美洲间断分布	34	6.81
9-1 东亚和墨西哥间断	0	0
10. 旧世界温带分布	15	3.01
10-1 地中海区、西亚和东亚间断分布	1	0.20
10-2 地中海和喜马拉雅间断分布	1	0.20
10-3 欧亚和南非洲（有时也在大洋洲）间断	1	0.20
11. 温带亚洲分布	3	0.60
12. 地中海区、西亚至中亚分布	0	0
12-1 地中海区至中亚和南非洲、大洋洲间断	0	0
12-2 地中海区至中亚和墨西哥间断	0	0

（续）

分布区类型及变型	属数	占总属数（%）
12-3 地中海区至温带、热带亚洲，大洋洲和南美洲间断	1	0.20
12-4 地中海区至热带非洲和喜马拉雅间断	0	0
12-5 地中海区—北非洲、中亚、北美西南部，智利和大洋洲（泛地中海）间断分布	0	0
13. 中亚分布	0	0
13-1 中亚东部（亚洲中部）	0	0
13-2 中亚至喜马拉雅	0	0
13-3 西亚至喜马拉雅和西藏	0	0
12-4 地中海区至热带非洲和喜马拉雅间断	0	0
14. 东亚分布	49	9.82
14-1 中国—喜马拉雅（SH）	0	0
14-2 中国—日本（SJ）	0	0
15. 中国特有分布	10	2.00
合计	542	100

从表2.35可以看出，保护区内属的地理成分是以泛热带分布成分有120属，占总属数（扣除广布分布43属，以下同）的24.05%；热带亚洲分布成分有80属，占总属数的16.03%；北温带分布成分有65属，占总属数的13.03%；旧世界热带分布成分有45属，占总属数的9.02%。以热带成分占优势，2~7各类热带成分共有319属，占总属数的63.93%；温带成分，8~12共有121属，占总属数的24.25%；东亚分布有49属，占总属数的9.82%；中国特有分布的10属，占2%，分别是杉木属 *Cunninghamia*、观光木属 *Tsoongiodendron*、大血藤属 *Sargentodoxa*、半枫荷属 *semiliquidambar*、石笔木 *Tutcheria*、喜树属 *Camptotheca*、铁榄属 *Mastichodendron*、秤锤树属 *Sinojackia*、双片苣苔属 *Didymostigma*、南一笼鸡属 *Paragutzlaffia*。这些特征与保护区所在的地理位置相适应。

2.2.7.4 植被类型

（1）针叶林　在保护区内主有1个群系。

①杉木林（Form *Cunninghamia lanceolata*）　主要分布于海拔500m处的上榴洞等地，是人工栽培的。

乔木层：平均高度约17m。林下几无灌木。

草本层：主要有福建观音座莲 *Angiopteris fokiensis*、靠脉肋毛蕨 *Ctenitis costulisora*、蕺菜 *Houttuynia cordata* 等。

（2）常绿阔叶林　是以常绿阔叶树为建群种所组成的森林群落。是中亚热带地带性的典型植被类型，在保护区内占主导地位，主要分布于海拔300~1000m的丘陵和山地。例如青嶂山天池、大水头电站附近、长尾村后山、深坑水、挖窑岗、樟木山、桶江坑和帽子峰等地。

乔木层：高度约7~14m，主要由红楠 *Machilus thunbergii*、木荷 *Schima superba*、短柄木荷 *S. brevipedicellata*、红锥 *Castanopsis hystrix*、甜槠 *C. eyrei*、米槠 *C. carlesii*、大叶青冈 *Cyclobanopsis jenseniana* 等组成。

灌木层：主要有光叶山矾 *Symplocos lancifolia*、少花茶杆竹 *Pseudosasa pallidiflora*、箬竹 *Indocalamus tessellatus*、山血丹 *Ardisia lindleyana*、树参 *Dendropanax dentigerus*、赤楠 *Syzygium buxifolium*、乌药 *Lindera aggregata*、长蕊杜鹃 *Rhododendron stamineum*、满山红 Rh. *mariesii*、美丽新木姜 *Neolitsea pulchella*、黄丹木姜子 *Litsea euosma*、杨桐 *Adinandra millettii*、光叶铁仔 *Myrsine stolonifera*、朱砂根 *Ardisia crenata*、小毛叶石楠 *Photinia villosa* var. *parvifolia* 等。

草本层：以稀羽鳞毛蕨 *Dryopteris sparsa*、狗脊 *Woodwardia japonica*、华山姜 *Alpinia oblongifolia*、黑莎草 *Gahnia tristis*、淡竹叶 *Lophatherum gracile* 等占优势。

林下有赤皮青冈 *Quercus gilva*、红锥、甜槠、红楠、木荷、米槠、大叶青冈、绒毛润楠 *Machilus velutina*、黄绒润楠 *M. grijsii*、白皮黄杞 *Engelhardtia ferzelii* 等幼苗，由此可见该林的发展趋势是稳定的。

（3）常绿与落叶阔叶混交林　以常绿与落叶阔叶树为建群种所组成的森林群落。在保护区内居次要地位，主要有分布于黄坑附近海拔约 500m 的山地。

乔木层：以常绿的木荷和落叶的枫香树 *Liquidambar formosana* 为代表。

灌木层：以杨桐和白花笼 *Styrax faberi* 为主。

林下有红锥、青冈、赤皮青冈、石笔木 *Tutcheria championi*、木荷等幼苗。由此可见该林的发展趋势将形成常绿阔叶林。

（4）竹林　主要分布在村庄附近的沟谷两旁和山地，其中以毛竹林占优势，处于半自然状态，是当地群众主要经济收入来源。此外，还有粉单竹 *Bambusa chungii*、唐竹 *Sinobambusa tootsik*、茶杆竹 *Pseudosasa amabilis* 等，多为人工栽培。

（5）针阔叶混交林　以暖性针叶树与阔叶树为建群种所组成的森林群落。在保护区内分布面积较大，主要分布于凹下、樟木山和帽子峰等附近海拔约 340 ~ 770m 的丘低山。

乔木层：以针叶树马尾松 *Pinus massoniana*、杉木与阔叶树杨梅 *Myrica rubra*、红锥、红背甜潴 *Castanopsis neocavaleriei*、甜槠等形成混交林。

灌木层：主要有山胡椒 *Lindera glauca*、胡枝子 *Lespedeza bicolor*、满山红、大花安息香 *Styrax grandiflorus*、红柴枝 *Meliosma oldhamii*、长尾红山茶 *Camellia longicaudata*、狗骨柴 *Diplospora dubia*、杜茎山 *Maesa japonica* 等。

草本层：以深绿卷柏 *Selaginella doederleinii*、靠脉肋毛蕨、福建观音座莲 *Angiopteris fokiensis*、阔片断肠蕨 *Allantodia matthewii*、日本蛇根草 *Ophiorrhiza japonica* 等为优势种。

（6）山地沼泽　主要分布于青嶂山天池海拔约 880m 处，面积约 $1hm^2$，自然分布着睡莲 *Nymphaea tetragona*、慈姑、虎仗 *Polygonum cuspidatum*、禾本科的一些水生或湿生植物等。此后因人工筑坝抬高了水位，部分陆生植物如江南桤木 *Alnus trabeculosa* 等也浸没在水中。

2.2.7.5　野生植物资源

（1）珍稀濒危保护植物繁多　根据 1984 年国家环境保护委员会公布的《中国珍稀濒危保护植物名录》和 1999 年国务院批准公布的《国家重点保护野生植物名录（第一批）》所列种类统计，保护区内共有国家重点保护野生植物 11 科 12 属 13 种。其中蕨类植物 2 科 2 属 2 种，裸子植物 1 科 1 属 1 种，被子植物 8 科 9 属 10 种；国家Ⅰ级重点保护野生植物 1 种，国家Ⅱ级重点保护野生植物 8 种，国家Ⅲ级重点保护野生植物 4 种（表 2.36）。

表 2.36　南雄小流坑—青嶂山自然保护区的保护植物

序号	种名	科名	IUCN 濒危等级	保护级别
1	南方红豆杉 *Taxus wallichiana* var. *mairei*	红豆杉科 Taxaceae	濒危	Ⅰ
2	金毛狗 *Cibotium barometz*	蚌壳蕨科 Dicksoniaceae	渐危	Ⅱ
3	小黑桫椤 *Gymnosphaera metteniana*	桫椤科 Cyatheaceae	渐危	Ⅱ
4	观光木 *Tsoongiodendron odorum*	木兰科 Magnoliaceae	稀有	Ⅱ
5	樟树 *Cinnamomum camphora*	樟科 Lauraceae	渐危	Ⅱ
6	闽楠 *Phoebe bournei*	樟科 Lauraceae	渐危	Ⅱ
7	喜树 *Camptotheca acuminata*	珙桐科 Nyssaceae	渐危	Ⅱ
8	花榈木 *Ormosia henryi*	蝶形花科 Papilioaceae	渐危	Ⅱ
9	半枫荷 *Semiliquidambar cathayensis*	金缕梅科 Hamamelidaceae	渐危	Ⅱ

（续）

序号	种名	科名	IUCN 濒危等级	保护级别
10	吊皮锥 *Castanopsis kawakamii*	壳斗科 Fagaceae	渐危	Ⅲ
11	沉水樟 *Cinnamomum micranthum*	樟科 Lauraceae	稀有	Ⅲ
12	白桂木 *Artocarpus hypargyreus*	桑科 Moraceae	稀有	Ⅲ
13	巴戟 *Morinda officinalis*	茜草科 Rubiaceae	稀有	Ⅲ

注：兰科植物9属13种，全部为《濒危野生动植物种国际贸易公约》附录Ⅱ物种。

（2）古树名木较多　古树名木是指树龄100年以上的树木，据调查，在保护区内保存361株，隶属于9科10属10种，详见表2.37。

表2.37　南雄小流坑—青嶂山自然保护区的古树名木

序号	种名	科名	株数	估算树龄	树高（m）	胸径（cm）	分布地
1	枫香树 *Liquidambar formosaana*	金缕梅科 Hamamelidaceae	22	>200～200	30	9～100	小竹村周围、乌高塘村
2	木荷 *Schima superba*	茶科 Theaceae	7	>200～200	30～32	80～95	小竹村、下寨栋村
3	柞木 *Xylosma racemosum*	大风子科 Flacourtiaceae	5	>200	18～30	70～120	小竹村、乌高塘村、瓦窑岗
4	樟树 *Cinnamomum camphora*	樟科 Lauraceae	11	100～200	20～25	>80	沙湾村
5	甜槠 *Castanopsis eyrei*	壳斗科 Fagaceae	303	>200	15～25	70～80	黄泥坵村、瓦窑岗
6	枳椇 *Hovenia acerba*	鼠李科 Rhamnaceae	1	>200	30	80	瓦窑岗
7	黄檀 *Dalbergia hancei*	蝶形花科 Papilionaceae	1	100	18	75	小竹村小学
8	朴树 *Celtis sinensis*	榆科 Ulmaceae	1	100	20	60	乌高塘村
9	绒毛润楠 *Machilus velutina*	樟科 Lauraceae	2	100	17	70	瓦窑岗
10	水杉 *Metasequoia glyptostroboides*	杉科 Taxodiaceae	8	100	30	36～80	帽子峰林场

（3）经济植物资源多样　保护区内蕴藏着多种多样的经济植物资源。

①药用植物　有505种，占总种数的45.13%。如辛温解表的毛麝香 *Adenosma glutinosum*、广防风 *Anisomeles indica*、羊角拗 *Strophanthus divaricatus* 等；辛凉解表的土牛膝 *Achyranthes aspera*；平肝清热的露兜草 *Pandanus austrosinensis*；清热凉血的丝茅 *Imperata koenigii*、葛 *Pueraria lobata*、马鞭草 *Verbena officinalis*、十萼茄 *Lycianthes biflora*、茅莓 *Rubus parvifolius*、铁冬青 *Ilex rotunda* 等；清热解毒的有地胆草 *Elephantopus scaber*、乌毛蕨 *Blechnum orientle*、盐肤木、鹅掌柴 *Schefflera octophylla*、马齿苋 *Portulaca oleracea*、火炭母 *Polygonum chinense*、油桐 *Vemicia fordii* 等；清热利咽的土牛膝；清肝明目的青箱 *Celosia argentea* 等；清热利尿的广东金钱草 *Desmodium styracifolium*、淡竹叶、车前 *Plantago asiatica*、海金沙 *Lygodium japonioum*、羊蹄 *Rumex japonicus* 等；除湿化滞的水蓼 *Polygonum hydropiper*；清热燥湿的地耳草 *Hypericum japonicum*、白背叶 *Mallotus apelta* 等；疏风散热的野菊 *Dendranthema indicum* 等；清热利湿的栀子 *Gardenia jasminoides*、岗松 *Baeckea frutescens*、乌蔹莓 *Cayratia japonica*、酢浆草 *Oxalis corniculata*、算盘子 *Glochidion puberum* 等；止泻的马齿苋；唆下逐水的了哥王；下逆气、止痛的杉木；祛风湿的狗脊、苍耳 *Xanthium sibiricum*、山苍子 *Litsea cubeba*、鸡矢藤、菝葜、杉木、樟树、算盘子、野牡丹、毛果巴豆 *Croton lachnocarpus* 等；理气的香附子 *Cyperus rotundus* 等；跌打损伤、止血肿痛的积雪草 *Centella asiatica*、大茶药、鲫鱼胆 *Maesa perlarius*、苎麻 *Boehmeria nivea*、薯 *Dioscorea cirrhosa*、一点红 *Emilia sonchifolia* 等；活血祛瘀的黑老 *Kadsura coccinea*、两面针 *Zanthoxylum nitidum*；化痰药的石仙桃 *Pholidota chinensis*；活血调经的益母草 *Leonurus artemisia*、珍珠菜 *Lysimachia clethroides*；平肝息风的钩藤；拔毒消肿的篦麻 *Ricinums communis*；壮阳药的金樱子；补血药的香花崖豆藤 *Millettia dielsiana*、桃金娘 *Rhodomyrtus tomentosa*、酸藤子等。

②用材植物　有206种，占总种数的18.41%。其中一类用材有樟树、红锥等；二类用材有黄樟

Cinnamomum parthenoxylon 等；三类用材有蕈树 *Altingia chinensis* 等；四类用材有日本杜英 *aaelaeocarpus japonicus* 等；五类用材有鼠刺 *Itea chinensis* 等；胶合板用材有亮叶猴耳环 *Archidendron lucidum* 等；纺织用材有木荷等；乐器用材有山乌桕 *Sapium discolor*、鹅掌柴、椿叶花椒 *Zanthoxylum ailanthoides* 等；造纸用材有山矾属 *Symplocos*16 种。

③纤维植物　有 106 种，占总种数的 9.47%。较重要的有朴树、龙须藤 *Bauhinia championii*、苎麻、美丽胡枝子 *Lespedeza formosa*、白背叶、粗糠柴 *Mallotus philippinensis*、小买麻藤 *Gnetum parvifolium*、毛竹、五节芒、芒等。

④淀粉植物　有 44 种，占总种数的 3.93%。有蕨、锥属 *Castanopsis* 12 种、葛、薜荔等。

⑤油脂植物　有 101 种，占总种数的 9.03%。较重要的有油茶 *Camellia oleifera*、油桐 *Vernicia fordii*、山乌桕、苍耳、朱砂根、黑莎草等。

⑥芳香植物　有 23 种，占总种数的 2.06%。较重要的有樟树、木姜子、山苍子、深山含笑 *Michelia maudiae*、岗松、栀子、草珊瑚、黄葵 *Abelmoschus moschatus*、香附子等。

⑦观赏植物　有 157 种，占总种数的 14.03%。较重要的南紫薇 *Lagerstroemia subcostata*、假鹰爪 *Desmos chinensis*、木莲 *Manglietia fordiana*、深山含笑、白花油麻藤（禾雀花）*Mucuna birdwoodiana*、枫香树、山乌桕、铁冬青、杜鹃花属 *Rhododendron*9 种、吊钟花 *Enkianthus quinqueflorus* 等。

⑧野生水果植物　有 81 种，占总种数的 7.24%。主要有毛花猕猴桃 *Actinidia eriantha*、斑叶猕猴桃 *A. callosa var. discolor*、阔叶猕猴桃 *A. latifolia*、灰毛猕猴桃 *A. cinerascens*、美丽猕猴桃 *A. melliana*、华南猕猴桃 *A. glaucophylla*、小叶猕猴桃 *A. lanceolata*、两广猕猴桃 *A. liangguangensis*、桃金娘、杨梅、罗浮柿 *Diospyros morrisiana*、多花山竹子 *Garcinia multiflora*、乌饭树 *Vaccinium bracteatum*、悬钩子、金樱子、南酸枣 *Choerospondias axillarris* 等。

⑨鞣料植物　有 57 种，占总种数的 5.09%。主要有亮叶猴耳环、金樱子、南酸枣、虎杖、木油桐 *Vernicia montana*、青榨槭 *Acer davidii*、盐肤木、杨梅、厚皮香 *Ternstroemia gymnanthera*、黧蒴 *Catanopsis fissa*、南岭栲 *C. fordii*、苦槠 *C. sclerophylla*、钩锥 *C. tibetana*、红锥、青冈、小果蔷薇 *Rosa cymosa*、龙须藤、藤黄檀 *Dalbergia hancei*、柏拉木 *Blastus cochinchinensis*、盐肤木、桃金娘、构树 *Broussonetia papyrifera*、枫香树、常春藤 *Hedera nepalensis*、油柿 *Diospyros kaki* var. *sylvestris*、薯莨、菝葜等。

⑩饲料植物　有 33 种，占总种数的 2.95%。较重要的有喜旱莲子草 *Altemanthera philoxeroides*、看麦娘 *Alopecurus aequalis*、光头稗子 *Echinochloa colonum* 等。

2.2.7.6　野生动物资源

（1）动物物种较丰富　该保护区的生态环境复杂，森林茂密，孕育了丰富的动物种类。据调查统计，该保护区内有野生脊椎动物 212 种，隶属 170 属 80 科 30 目。

①鱼类　有 43 种，隶属 41 属 14 科 5 目，占该区动物总数的 20.28%。其中鲤形目（CYPRINIFORMES）有 3 科 30 属 31 种，占该区鱼类总数的 72.09%；鲈形目（FERCIFORMES）有 5 科 5 属 6 种，占总数的 13.95%；鲇形目（SILURIFORMES）有 3 科 3 属 3 种，占总数的 6.98%；鳉形目（CYPRINODONTIFORMES）有 2 科 2 属 2 种，占总数的 4.65%；合鳃鱼目（SYNBRANCHIFORMES）有 1 科 1 属 1 种，占总数的 2.33%。

保护区的鱼类区系，按中国淡水鱼类地理区划属于华南区的珠江亚区，有广布种 3 种，即鲤鱼 *Cyprtus carpto*、麦穗鱼 *Pseudorasbora parva*、泥鳅 *Misgurnus anguillicaudatus*，占总数的 6.98%；华东、华南区共有种有 17 种，占总数的 39.53%；纯珠江流域种类有 12 种，占总数的 27.91%；纯华南区种类有 11 种，占总数的 25.58%。

②两栖类　有 20 种，隶属 9 属 5 科 2 目，占该区动物总数的 9.43%。其中无尾目（SALIENTIA）4 科 7 属 18 种，占该区两栖类总种数的 90%；有尾目（CAUDATA）有 1 科 2 属 2 种，占总种数的 10%。区系成分属东洋界华南区的东南沿海亚区。

③爬行类 有31种，隶属20属11科3目，占该区动物总数的14.62%。其中蛇目（SERPENTES）有4科13属19种，占该区爬行类总种数的61.29%；蜥蜴目（LACERTILI）有4科6属7种，占总数的22.58%；龟鳖目（TESTUDINATA）有3科5属5种，占总数的16.13%。在区系成分中，全部属东洋界物种。

④鸟类 有84种，隶属73属34科13目，占该区动物总数的39.62%。其中雀形目（PASSERIFOMES）有16科38属47种，占该区鸟类总数的55.95%；隼形目（FALCONIFOEMES）有2科6属8种，占总数的9.52%；鸡形目（GALLIFORMES）有1科6属6种，占总数的7.14%；佛法僧目（CORACIIFORMES）有3科5属5种，占总数的5.95%；鸮形目（STRIGFORMES）有2科5属5种，占总数的5.95%；鹳形目（CICONIIFORMES）有1科4属4种，占总数的4.76%；鸻形目（CHARADRIIFORMES）有2科2属2种，占总数的2.38%；䴕形目（PICIFORMES）2科2属2种，占总数的2.38%；鸽形目（COLUMBIFORMES）有1科1属2种，占总数的2.38%；鹃形目（CUCULIFORMES）有1科2属2种，占总数的2.38%；䴙䴘目（PODICIPDIFORMES）有1科1属1种，占总数的1.19%；鹤形目（GRUIFORMES）有1科1属1种，占总数的1.19%；雨燕目（APODIFORMES）有1科1属1种，占总数的1.19%。

⑤哺乳类 有38种，隶属27属16科7目，占该区动物总数的17.92%；占广东省兽类总数（124种）的30.65%；占全国兽类总数（449种）的8.46%。其中啮齿目（RODENTIA）有4科8属13种，占该区兽类总数的34.21%；食肉目（CARNIVORA）4科9属9种，占总数的23.68%；偶蹄目（ARIODACTYLA）有3科5属种，占总数的13.16%；翼手目（CHIROPTERAS）有2科3属4种，占总数的10.53%；食虫目（INSECTVORA）有1科1属1种，占总数的2.63%；鳞甲目（PHOLIDOTA）有1科1属1种，占总数的2.63%；兔形目（LAGOMORPHA）有1科1属1种，占总数的2.63%。区系组成以东洋界种类为主。

（2）珍稀濒危动物繁多 以我国1989年公布实施的《国家重点保护野生动物名录》和2001年公布实施的《广东省重点保护陆生野生动物名录》（第一批）为依据，保护区内有保护脊椎动物37种。其中国家Ⅰ级重点保护动物2种，国家Ⅱ级重点保护动物21种，省级重点保护动物14种（表2.38）。

表2.38 南雄小流坑—青嶂山自然保护区的保护动物

序号	种　名	科　名	IUCN濒危等级	保护级别
		哺乳纲 MAMMALIA		
1	穿山甲 *Manis pentadactyla*	鲮鲤科 Manidae	濒危	Ⅱ
2	水獭 *Lutra lutra*	鼬科 Mustelidae	濒危	Ⅱ
3	小灵猫 *Viverricula indica*	灵猫科 Viverridae	易危	Ⅱ
4	水鹿 *Cervus unicolor*	鹿科 Cervidae	易危	Ⅱ
5	鬣羚 *Capricornis sumatraensis*	牛科 Bovidae	易危	Ⅱ
6	红颊獴 *Herpestes javanicus*	灵猫科 Viverridae		省级
7	豹猫 *Felis bengalensis*	猫科 Felidae	易危	省级
8	豪猪 *Hystrix hodgsoni*	豪猪科 Hystricidae	濒危	省级
9	毛冠鹿 *Elaphodus cephalophus*	鹿科 Cervidae	濒危	省级
		鸟纲 AVES		
10	黄腹角雉 *Tragopan caboti*	雉科 Phasianidae	濒危	Ⅰ
11	黑冠鹃隼 *Aviceda leuphotes*	鹰科 Accipitridae	稀有	Ⅱ
12	鸢 *Milvus korschun*	鹰科 Accipitridae		Ⅱ
13	松雀鹰 *Accipiter virgatus*	鹰科 Accipitridae	易危	Ⅱ
14	苍鹰 *Accipiter gentilis*	鹰科 Accipitridae		Ⅱ

（续）

序号	种　名	科　名	IUCN 濒危等级	保护级别
15	鹊鹞 *Circus melanoleucos*	鹰科 Accipitridae		Ⅱ
16	蛇雕 *Spilornis cheela*	鹰科 Accipitridae	易危	Ⅱ
17	鹰雕 *Spizaetus nipalensis*	鹰科 Accipitridae		Ⅱ
18	红隼 *Falco tinnunculus*	隼科 Falconidae	易危	Ⅱ
19	白鹇 *Lophura nycthemera*	雉科 Phasianidae	易危	Ⅱ
20	褐翅鸦鹃 *Centropus sinensis*	杜鹃科 Cuculidae	易危	Ⅱ
21	草鸮 *Tyto capensis*	草鸮科 Tytonidae	易危	Ⅱ
22	领鸺鹠 *Glaucium brodiei*	鸱鸮科 Strigidae		Ⅱ
23	鹰鸮 *Ninox scutulata*	鸱鸮科 Strigidae		Ⅱ
24	长耳鸮 *Asio otus*	鸱鸮科 Strigidae		Ⅱ
25	白眉山鹧鸪 *Arborophila gingica*	雉科 Phasianidae		省级
26	红嘴相思鸟 *Leiothrix lutea*	画眉科 Timaliidae		省级
27	绿鹭 *Butorides striatus*	鹭科 Ardeidae		省级
28	池鹭 *Ardeola bacchus*	鹭科 Ardeidae		省级
29	白鹭 *Egretta garzetta*	鹭科 Ardeidae		省级
30	牛背鹭 *Bubulcus ibis*	鹭科 Ardeidae		省级
		爬行纲 REPTILIA		
31	蚺（蟒）*Python molurus*	蟒科 Boidae	濒危	Ⅰ
32	三线闭壳龟 *Cuora trifasciata*	龟科 Testudidae	濒危	Ⅱ
33	平胸龟 *Platysternon megacephalum*	龟科 Testudidae	濒危	省级
		两栖纲 AMPHIBIA		
34	虎纹蛙 *Rana tigrina*	蛙科 Ranidae	易危	Ⅱ
35	棘胸蛙 *Rana spinosa*	蛙科 Ranidae	易危	省级
36	沼蛙 *Rana guentheri*	蛙科 Ranidae	无危	省级
37	黑斑蛙 *Rana nigromaculata*	蛙科 Ranidae		省级

（4）经济动物多样　保护区内拥有国家保护的有益的或有重要经济、科学研究价值的陆生野生动物 114 种。

①两栖类　主要有黑眶蟾蜍 *Bufo melanostictus*、华南湍蛙 *Amolops ricketti*、泽蛙 *Rana linocharis*、大绿蛙 *Rana livida*、斑腿树蛙 *Rhacophorus leucomystax*、花狭口蛙 *Kalophrynus pleurostigma* 等。

②爬行类　主要有乌龟 *Chinemys bealei*、四眼水龟 *Clemmys quadrlocellata*、鳖 *Pelochelys sinensis*、变色树蜥 *Calotes versicolor*、石龙子、蓝尾石龙子、渔游蛇 *Natrix piscater*、王锦蛇 *Elaphe carinata*、翠青蛇 *Ophepdrys major*、滑鼠蛇、灰鼠蛇 *Ptyas korros*、中国水蛇 *Enhydris chinensis*、黑斑水蛇 *Enhydris bennetti*、银环蛇、金环蛇、眼镜蛇等。

③鸟类　主要有小䴙䴘、鹧鸪、普通竹鸡 *Bambusicola thoracica*、白鹇、珠颈斑鸠 *Streptopelia chinensis*、山斑鸠 *S. orientalis*、苦恶鸟 *Amaurornis phoenicurus*、红隼、小白腰雨燕 *Apus affini*、普通翠鸟 *Alcedo atthis*、大拟啄木鸟 *Picoides major*、家燕 *Hirundo rustica*、白鹡鸰 *Motacilla alba*、红耳鹎 *Pycnotus jocosus*、白头鹎 *Pycnontus sinensis*、棕背伯劳 *Lanius schach*、八哥、红嘴蓝鹊、鹊鸲 *Copsychus saularis*、大山雀、暗绿绣眼鸟 *Zosterops japonica*、麻雀 *Passer montanus* 等 53 种。

④哺乳类　主要有貉 *Nyctereutes procyonides*、黄腹鼬、鼬獾、果子狸、红颊獴 *Herpestes javanicus*、豹猫、华南兔、隐纹花松鼠、银星竹鼠、中华竹鼠 *Rhizomys sinersis*、豪猪、野猪、赤麂等。

⑤鱼类　经济鱼类按生存状态分，人工养殖种类4种，占鱼类总数的9.30%；人工养殖与野生兼有的种类有12种，占总数的27.91%；野生鱼类有27种，占总数的62.79%。其中人工养殖与野生兼有的种类经济价值较高，如青鱼 *Mylopharyngodon piceits*、草鱼 *Ctenopharyngodon idellus*、鳊鱼 *Parabramis pekinensis*、鲮鱼 *Cirrhinus molitorella*、鲤 *Cyprtus carpto*、鲫 *Carassius auratus*、鳙 *Aristichthys nobills*、鲢 *Hypophthalmichthy molitrix*、黄颡鱼 *Pelteobagrus fulvidraco*、乌鳢 *Channa argus*、鲇 *Siluridae asotus* 等。野生鱼类个体小，但数量较多，食用价值不高，如横蚊条鳅 *Nemacheihus fasciolatus*、美丽小条鳅 *Micronemacheilus pulcher*、泥鳅 *Misgurnus anguillicaudatus*、东坡拟腹吸鳅 *Pseudogastromyzon changtingensis*、平舟原缨口鳅 *Varumanenia pingchowensis*、东方墨头鱼 *Garra orientalis*、麦穗鱼 *Pseudorasbora parva*、黑鳍鳈 *Sarcocheilichthys nigripinnis nigripinnis*、棒花鱼 *Abbottina rivularis*、青鳉 *Oryzias latipes*、褐撕鰕虎鱼 *Ctenogobius brunneus*、叉尾斗鱼 *Macropodus opercularis* 等。野生鱼类中有部分种类可以作为观赏鱼类，如叉尾斗鱼等。

2.2.8 翁源青云山自然保护区

2002年12月，翁源县人民政府翁府［2002］113号文批准建立“翁源老隆山县级自然保护区”；2007年2月，韶关市人民政府韶府复［2007］32号文同意将翁源老隆山县级自然保护区升格为市级自然保护区；2007年10月，韶关市人民政府韶府复［2007］113号文同意将老隆山市级自然保护区更名为翁源青云山市级自然保护区；2008年1月，广东省人民政府在“关于调整省人大自然保护区议案建设规划的复函（粤办函［2008］50号）”中，将翁源青云山自然保护区列入省级自然保护区建设规划。主要保护对象为中亚热带常绿阔叶林森林生态系统及野生动植物资源。

据中华人民共和国国家标准《自然保护区类型与级别划分原则》（GB/T14529—93），翁源青云山自然保护区属“自然生态系统类别”中的“森林生态系统类型”自然保护区。

2.2.8.1 自然条件

（1）位置范围　翁源青云山自然保护区位于韶关市辖翁源县东南部15km的龙仙镇，地理坐标为东经114°07′50″～114°17′25″，北纬24°14′22″～24°21′45″，地处北回归线北缘。东邻连平县，东南与新丰县交界，西和北为龙仙镇。具体范围为：茶坑尾—雷公礤（连平交界）—734峰（连平交界）—727峰（连平交界）—900.6峰（翁源、连平、新丰交界）—757.7峰（新丰交界）—974.6峰（新丰交界）—886.9峰（新丰交界）—主人峰（新丰交界）—青云山（新丰交界）—河包角尾—783峰—天子虾—469峰—万元楼后山—瑶背山—579峰—茶坑尾所围合的闭合地域，东西宽12km，南北长7km，总面积7359hm^2。

（2）地质基础

①地层　翁源的地层发育较为完整，从老到新有前泥盆系、泥盆系、石炭系、上三叠系、下侏罗系、上白垩系、第三系、第四系。在青云山跃进水库一带可见下侏罗系兰群组，为海陆交错相含煤碎屑沉积岩，岩性下部为砂页岩、砾岩夹灰岩及煤层，上部为砂页岩、砂岩、砾岩，总厚度1000m以上。

②构造　保护区地处粤北山字型构造东翼前弧，受北面贵东岩体与南面佛冈岩体入侵影响，发育一系列北东向挤压构造带，其中以青云山为主体的背斜构造明显；受新华夏构造运动叠加，形成20°～30°压性断裂和褶皱，其中青云山大断裂为递冲断层，垂直断距150～250m，呈北东—南西走向，长约22km。由于受新构造运动使青云山大断裂活动还在继续。

（3）地貌概况　保护区属中低山山地地貌，地势东南高，西北低。境内群峰林立，计有雷公礤、734峰、727峰、900.6峰、757.7峰、974.6峰、886.9峰、主人峰和青云山等9座。其中最高峰是青云山，海拔1245.5m，次高峰为雷公礤，海拔1219.3m，最低处新建后背海拔219m。

（4）气候特点　保护区属中亚热带季风气候区，气候冷暖交替明显，夏长，冬短，热量充足，雨量充沛，四季分明，春季低温寡照，夏季高温多雨，秋季凉爽，冬季多霜。据保护区所在的翁源县气象资料：年平均气温 20.3℃，最冷 1 月份平均气温 10.6℃，极端最低气温 -5.1℃；最热 7 月份平均气温 28.1℃，极端最高气温 39.2℃。无霜期长达 303 天。年平均降水量 1787.9mm，每年 4 ~ 7 月总降雨量占全年总降雨量的 62.1%。年相对湿度 81%。年日照 1832.7 小时，年总积温 7434℃。

保护区具有明显的季风气候特征和山地气候特点。受季风环流的影响显著，夏半年受东南季风的影响，盛行暖湿的海洋气团，气候非常暖湿，使保护区高海拔区浓雾弥漫，降水丰富；冬半年受东北季风影响，盛行干冷的大陆气团，气候较为干冷。由于受海拔高度影响，气候的垂直差异大，山体中部以上山地气候特征显著，保护区内夏季平均气温比周边地区低 2℃。全年季风明显，盛行南北气流，夏季多偏南风，冬季多偏北风，春秋两季南北风相互交替。年偏北风频率为 46.5%，偏南风频率为 21.4%，静风为 32.1%。

（5）水文特征

① 溪流短小　保护区内有如下 3 条溪流。

A. 老隆山水　发源于北部的雷公礤，处于保护区的北部区域，呈东—西向流出保护区，全长约 14km，集雨面积约 $46km^2$。

B. 圆洞水　发源于东南部的圆洞峰，处于保护区的中部区域，呈东—西向流出保护区，全长约 12km，集雨面积约 $27km^2$。

C. 龙仙水　发源于新丰县长塘，处于保护区的南部区域，长约 8km，呈南—北向流出保护区，集雨面积约 $17km^2$。

②跃进水库　位于龙仙镇茶坪，龙仙水中部，水库源头和主要集雨区位于新丰县境内。属蓄水（1540 万 m^3）、发电（6 级电站，总装机 8360kW）、灌溉（$2000hm^2$）综合利用型的中型水利工程。始建于 1970 年，集雨区面积 $28.5km^2$，坝高 53.1m，坝顶高程 533.1m，正常水位 527.0m，相应水面面积 $74.6hm^2$，相应库容 1504 万 m^3，最大下泻量 204 万 m^3/秒。

③水质良好　保护区内的水质，整体而言达到国家地表水环境质量标准（GHZBI - 1999）Ⅰ ~ Ⅱ类水质标准，pH6.83 ~ 7.34，属中性；矿化度 0.03 ~ 0.08g/L，为低矿化的淡水；总硬度 5.42 ~ 14.87 德国度，为软水—微硬水；水化学类型为重碳酸水（HCO_3 - Ca · K + Na 或 HCO_3 - Mg · K + N · Ca），宜于饮用、灌溉。

（6）土壤特征　保护区的地带性土壤为红壤。由于受成土母质、山地气候、植被和地形等因素以及人类活动的影响，从山麓至山顶依次形成了垂直分布带。

①红壤　主要分布于海拔 500m 以下的丘陵区，是人类活动的影响较大的土壤，成土母质以砂岩和砾岩风化坡积物和堆积物，土壤呈强酸性反应，pH 4.2 ~ 5.5。

②黄红壤　是红壤与黄壤之间的过渡类型，主要分布于海拔 500 ~ 800m 低山坡地，成土母质为砂岩风化坡积物为主，土壤呈酸性反应，是发育在常绿阔叶林下的土壤，肥力较高。

③山地黄壤　主要分布于海拔 800 ~ 1100m 的中山坡地，成土母质为砂岩和砾岩风化坡积物，土壤呈微酸性反应，是发育在保存较好常绿阔叶林下的土壤，有机质含量丰富，腐殖层深厚，肥力较高。

④山地灌丛草甸土　主要分布于海拔 1100m 以上的雷公礤和青云山山顶和山脊一带，是发育在灌丛和草坡下的土壤，土层浅薄，表层草根盘结成层，富弹性，呈灰黑色，有机质含量高，土壤呈酸性反应，土壤剖面多呈 A - C - D 或 A - D 结构。

2.2.8.2　功能分区

依据《广东翁源青云山自然保护区总体规划》①，将保护区分为 3 个功能区（图 2.11）。

（1）核心区　面积 $2590.4hm^2$，占保护区总面积的 35.20%。

---

① 广州大学，广东翁源县林业局. 广东翁源青云山自然保护区总体规划. 2008. 12.

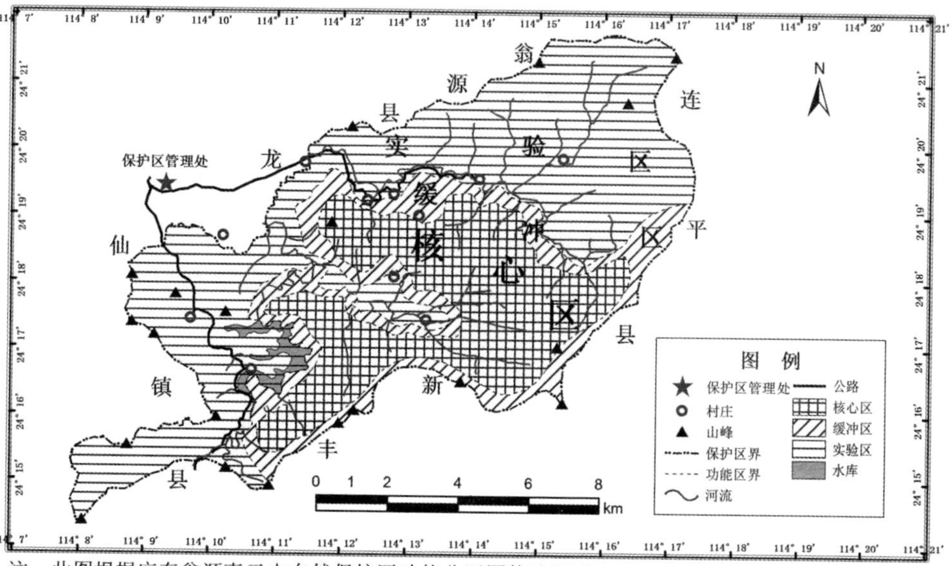

注：此图根据广东翁源青云山自然保护区功能分区图修改而成。

图 2.11　翁源青云山自然保护区功能分区图

（2）缓冲区　面积 1641.0hm^2，占保护区总面积的 22.30%。

（3）实验区　面积 3127.6hm^2，占保护区总面积的 42.50%。

2.2.8.3　植物区系特点

（1）植物物种丰富　据调查统计①，该保护区内有野生维管束植物 1091 种（包括变种和变型），隶属 586 属 184 科，占广东省野生维管束植物（5933 种）的 18.39%（叶华谷等，2005）。其中蕨类植物 128 种，隶属 68 属 35 科；裸子植物 7 种，隶属 6 属 6 科；被子植物 956 种，隶属 512 属 143 科（表 2.39）。

表 2.39　翁源青云山自然保护区野生维管束植物类群的组成

植物类群		科数	属数	种数
蕨类植物		35	68	128
裸子植物		6	6	7
被子植物	双子叶植物纲	125	421	826
	单子叶植物纲	18	191	130
合计		184	586	1091

（2）地理成分复杂

①蕨类植物的地理成分

A. 科的地理分布区类型　根据保护区 35 科的分布类型统计分析，以热带、亚热带性质的科为主，共有 19 科，占该区总科数的 54.29%。如松叶蕨科 Psilotaceae、莲座蕨科 Angiopteridaceae、瘤足蕨科 Plagiogyriaceae、凤尾蕨科 Pteridaceae、裸子蕨科 Hemionitidaceae、书带蕨科 Vittariaceae、金星蕨科 Thelypteridaceae、舌蕨科 Elaphoglossaceae、剑蕨科 Loxogrammaceae、中国蕨科 Sinopteridaceae、禾叶蕨科 Grammitidaceae 等；海金沙科 Lygodiaceae、桫椤科、碗蕨科、鳞始蕨科 Lindsaeaceae、膜蕨科 Hymenophyllaceae、里白科等以热带性质为主；骨碎补科 Davalliacea 以亚洲亚热带热带分布为主；槲蕨科 Drynariaceae 以亚洲热带至澳大利亚分布为主。

世界性分布的科共有 10 科，占该区总科数的 28.57%。如石杉科 Huperziaceae、石松科 Lycopo-

① 广州大学，华南濒危动物研究所，广东翁源县林业局．广东翁源青云山自然保护区科学考察报告．2008.12.

diaceae、卷柏科 Selaginellaceae、木贼科 Equisetaceae、铁线蕨科 Adiantaceae、书带蕨科 Vittariaceae、铁角蕨科 Aspleniaceae、紫萁科 Osmundaceae、水龙骨科 Polypodiaceae 等 9 科。

热带分布的有蚌壳蕨科 Dicksoniaceae、乌毛蕨科 Blechnaceae、蕨科 Pteridiaceae、三叉蕨科 Aspidiaceae、实蕨科 Bolhitidacear、肾蕨科 Nephrolepidaceae 等 6 科，占保护区总科数的 17. 15%。

温带至亚热带高山地区分布的仅有鳞毛蕨科 Dryopteridaceae 1 个科。

B. 属的地理分布区类型　根据保护区 68 属的分布类型统计分析，以泛热带分布和亚洲热带、亚热带分布为主，其中泛热带分布有 32 属，占该区总属数的 50%（扣除广布分布属 4 属，下同），如栗蕨属 *Histiopteris*、凤尾蕨属 *Pteris*、毛蕨属 *Cyclosorus*、乌毛蕨属 *Blechnum*、三叉蕨属 *Tectaria* 等；热带亚洲分布有 14 属，占总属数的 21. 88%，如芒萁属 Dicranopteris、针毛蕨属 *Macrothelypteris*、圣蕨属（Dictyocline）、石松属 *Lycopodium*、星蕨属 *Microsorium*、水龙骨属 *Polypodium* 等。温带分布有 6 属，占总属数的 9. 38%，如木贼属 *Equisetum*、紫萁属、贯众属 *Cyrtomium*、卵果蕨属 *Phegopteris*、狗脊属 *Woodwardia*、鳞毛蕨属 *Dryopteris* 等；热带亚洲至非洲分布的有 4 属，占总属数的 6. 25%，如观音莲座属 *Angiotperis*、瓦韦属、鳞盖蕨属 *Microlepia*、复叶耳蕨属 *Arachniodes*；热带亚洲—大洋洲分布的有 2 属，占总属数的 2. 13%，如新月蕨属 *Pronephrium*、槲蕨属 *Drynaria*。热带亚洲至热带美洲分布的有 2 属，占总属数的 2. 13%，如瘤足蕨属 *Plangiogyria*、双盖蕨属 *Diplazium*；东亚分布的有 2 属，占总属数的 2. 13%，如金毛狗属 *Cibotium*、菜蕨属 *Callipteris*；旧世界分布仅有阴石蕨属 *Humata*1 属，占总属数的 1. 56%。广布属有石杉属、卷柏属、铁线蕨属 *Adiantum*、铁角蕨属 *Asplenium* 等 4 属。

C. 种的地理分布区类型　根据保护区 128 种的分布类型统计分析，广布种（14），热带、亚热带分布（56），泛热带分布（13），亚洲热带分布（9），南半球热带分布（2），北温带分布（12），温带热带分布（4），温带亚热带分布（3），热带亚洲—大洋洲间断分布（5），热带亚洲—美洲间断分布（4），东亚、中美洲间断分布（1）。

热带、亚热带成分有 56 种，占 49. 12%（扣除广布分布属 14 种，下同）；热带成分有 24 种，占 21. 05%；温带成分有 12 种，占 10. 53%；温带热带成分有 4 种，占 3. 51%；温带亚热带成分有 3 种，占 2. 63%；热带亚洲—大洋洲间断分布有 5 种，占 4. 39%；热带亚洲—美洲间断分布有 4 种，占 3. 51%；东亚中美洲间断分布仅有 1 种，占 0. 88%。说明该区蕨类植物区系的组成和形成缺乏独立性，是与其他地区长期交汇和渗透的结果。总之青云山自然保护区蕨类植物区系具有明显的热带蕨类植物区系向温带蕨类植物区系过渡的特点，属于中国南亚热带与中亚热带植物区系的交汇地区。

②种子植物的地理成分

A. 科的地理分布区类型　按照《世界种子植物科的分布区类型系统》（吴征镒等，2003），该保护区种子植物 149 科的分布区类型统计分析，除旧世界温带分布、温带亚洲分布、地中海区和西亚至中亚分布、中亚分布及中国特有分布科尚未发现外，其余 10 个分布区类型及变型均有分布。

*1. 广布类型　计有 39 科，占总科数的 26. 17%。如十字花科 Cruciferae、堇菜科 Violaceae、远志科 Polygalaceae、景天科 Crassulaceae、虎耳草科 Saxifragaceae、石竹科 Caryophyllaceae、马齿苋科 Portulacaceae（主产美洲）、蓼科、苋科 Amaranthaceae、酢浆草科 Oxalidaceae、千屈菜科、柳叶菜科、瑞香科 thymelaeaceae、蔷薇科 Rosaceae、蝶形花科 Papilionaceae、杨梅科 Myricaceae、榆科、桑科、鼠李科、伞形科 Umbelliferae、木犀科、茜草科 Rubiaceae、败酱科、菊科、龙胆科 Gentianaceae、报春花科、车前科 Plantaginaceae、桔梗科 Campanulaceae、半边莲科 Lobeliaceae、紫草科 Boraginaceae、茄科 Solanaceae、旋花科 Convolvulaceae、玄参科 Scrophulariaceae（主产温带）、狸藻科、唇形科（主产地中海）、水鳖科 Hydrocharitaceae、兰科、莎草科（主产温带及寒温带）、禾本科等。

*2. 泛热带分布类型　计 47 科，占 42. 72%（扣除广布分布类型 39 科）。如番荔枝科、樟科、青藤科 Illigeraceae、防己科、马兜铃科、胡椒科 Piperaceae、金粟兰科、白花菜科、藜科 Chenopodiaceae、凤仙花科、大风子科、天料木科、葫芦科、秋海棠科、山茶科 Theaceae、野牡丹科、藤黄科

Guttiferae、木棉科 Bombacaceae、梧桐科 Sterculiaceae、锦葵科 Malvaceae、古柯科、大戟科、含羞草科、荨麻科、卫矛科、茶茱萸科、铁青树科 Olacaceae、檀香科 Santalaceae、葡萄科、芸香科、楝科、无患子科、漆树科、柿科、紫金牛科、马钱科、夹竹桃科、萝藦科、爵床科、鸭跖草科、雨久花科 Pontederiaceae、菝葜科、天南星科 Araceae、薯蓣科、棕榈科 Palmae、仙茅科 Hypoxidaceae、蒟蒻薯科等。

*2－1 热带亚洲、大洋洲（至新西兰）和南美（或墨西哥）间断分布　有 2 科，占 1.82%。如第伦桃科、山矾科。

*2－2 热带亚洲、非洲和南美洲间断分布　有 4 科，占 3.64%。如买麻藤科、椴树科、苏木科、鸢尾科 Iridaceae。

*2S 以南半球为主的泛热带分布　有 7 科，占 6.36%。如罗汉松科、粟米草科 Molluginaceae、商陆科 Phytolaccaceae、山龙眼科、桃金娘科、桑寄生科、石蒜科等。

*3. 热带亚洲和热带美洲间断分布　有 9 科，占 8.18%。如木通科、水东哥科、杜英科、冬青科、省沽油科、五加科、安息香科、苦苣苔科、马鞭草科等。

*4. 旧世界热带分布　有 2 科，占 1.82%。如海桐花科、芭蕉科 Musaceae。

*4－1 热带亚洲、非洲和大洋洲间断　有 1 科，占 0.91%。如八角枫科 Alangiaceawe。

*5. 热带亚洲至热带大洋洲分布　有 2 科，占 1.82%。如交让木科、姜科。

*6. 热带亚洲至热带非洲分布　仅有 1 科，占 0.91%。如杜鹃花科 Ericaceae。

*7. 热带亚洲（印度—马来西亚）分布　有 2 科，占 1.82%。如使君子科 Combretaceae、牛栓藤科 Connaraceae。

*7－4 越南（或中南半岛）至华南（或西南）分布　仅有 3 科，占 2.73%。如大血藤科 Sargentodoxaceae、清风藤科、山柳科 Clethraceae。

*7－5 西马来，基本上在新华莱斯线以西　仅有 1 科，占 0.91%。如五列木科 Pentaphylacaceae。

*8. 北温带分布　有 7 科，占 6.36%。如松科、金丝桃科、大麻科 Cannabinaceae、越桔科、忍冬科、百合科、延龄草科 Trilliaceae 等。

*8－4 北温带和南温带（全温带）间断分布　有 16 科，占 14.55%。如杉科、柏科、紫堇科、罂粟科、茅膏菜科、绣球花科、金缕梅科、黄杨科 Buxaceae、杨柳科 Salicaceae、桦木科 Betulaceae、壳斗科 Fagaceae、胡颓子科 Elaeagnaceae（主产东亚）、槭树科 Aceraceae（主产东亚）、胡桃科、山茱萸科 Cornaceae、灯心草科。

*8－5 欧亚和南美洲温带间断分布　有 1 科，占 0.91%。如小檗科。

*9. 东亚和北美洲间断分布　有 5 科，占 4.55%。如木兰科、八角科、五味子科、三白草科、鼠刺科。

*14. 东亚分布　有 2 科，占 1.82%。如红豆杉科、猕猴桃科。

从上所述可以看出，其中以泛热带分布类型最多，有 60 科，占总科数的 54.55%（扣除广布科 39 科，下同）；北温带分布类型有 24 科，占总科数的 21.82%；热带亚洲和热带美洲间断分布类型有 9 科，占总科数的 8.18%；其余分布区类型所含科数均在 4.55% 以下，不占重要地位；特别是中国特有科等 5 科分布类型缺如，表明该自然保护区植物区系在科级水平上以泛热带分布成分为主，兼有一定数量的北温带成分。

B. 属的地理分布区类型　根据保护区种子植物 518 属的分布类型，按照《中国种子植物属的分布区类型》（吴征镒，1991）统计分析，除中亚分布区类型及其变型尚为发现外，其他 14 个分布区类型变型均有分布（表 2.40）。

表 2. 40 翁源青云山自然保护区种子植物属的分布区类型

分布区类型及变型	属数	占总属数（%）
1. 广布分布	42	扣除
2. 泛热带分布	119	25.00
2－1 热带亚洲、大洋洲和南美洲间断分布	5	1.05
2－2 热带亚洲、非洲和南美洲间断分布	2	0.42
3. 热带亚洲和热带美洲间断分布	18	3.78
4. 旧世界热带分布	37	7.78
4－1 热带亚洲、非洲和大洋洲间断分布	5	1.05
5. 热带亚洲至热带大洋洲分布	30	6.30
5－1 中国（西南）亚热带和新西兰间断分布	0	0
6. 热带亚洲至热带非洲分布	26	5.46
6－1 华南、西南到印度和热带非洲间断	0	0
6－2 热带亚洲和东非间断	1	0.21
7. 热带亚洲（印度—马来西亚）分布	66	13.87
7－1 爪哇、喜马拉雅和华南、西南星散分布	6	1.26
7－2 热带印度至华南分布	5	1.05
7－3 缅甸、泰国至华西南分布	1	0.21
7－4 越南（或中南半岛）至华南（或西南）分布	5	1.05
8. 北温带分布	40	8.40
8－1 环极分布	0	0
8－2 北极高山分布	0	0
8－3 北极—阿尔泰和北美洲间断分布	0	0
8－4 北温带和南温带（全温带）间断分布	8	1.68
8－5 欧亚和南美洲温带间断分布	1	0.21
8－6 地中海区、东亚、新西兰和墨西哥到智利间断	0	0
9. 东亚和北美洲间断分布	28	5.88
9－1 东亚和墨西哥间断	0	0
10. 旧世界温带分布	14	2.94
10－1 地中海区、西亚和东亚间断分布	1	0.21
10－2 地中海和喜马拉雅间断分布	1	0.21
10－3 欧亚和南非洲（有时也在大洋洲）间断	1	0.21
11. 温带亚洲分布	3	0.63
12. 地中海区、西亚至中亚分布	0	0
12－1 地中海区至中亚和南非洲、大洋洲间断	0	0
12－2 地中海区至中亚和墨西哥间断	0	0
12－3 地中海区至温带、热带亚洲，大洋洲和南美洲间断	2	0.42
12－4 地中海区至热带非洲和喜马拉雅间断	0	0
12－5 地中海区—北非洲、中亚、北美西南部，智利和大洋洲（泛地中海）间断分布	0	0
13. 中亚分布	0	0
13－1 中亚东部（亚洲中部）	0	0
13－2 中亚至喜马拉雅	0	0

（续）

分布区类型及变型	属数	占总属数（%）
13－3 西亚至喜马拉雅和西藏	0	0
12－4 地中海区至热带非洲和喜马拉雅间断	0	0
14. 东亚分布	44	9.25
14－1 中国—喜马拉雅（SH）	0	0
14－2 中国—日本（SJ）	1	0.21
15. 中国特有分布	6	1.26
合计	518	100.00

从上表可以看出，保护区属的地理成分是以热带成分占优势，2～7 各类热带成分共有 326 属，占总属数（扣除广布分布 42 属，以下同）的 68.49%。温带成分 8～12 共有 99 属，占总属数的 20.80%。东亚分布有 45 属，占总属数的 9.45%。中国特有分布的 6 属，占 1.26%。

2.2.8.4 植被特征

（1）植被过渡性强　据统计，该自然保护区植被的植物区系组成的优势科为壳斗科、山茶科、樟科、木兰科、金缕梅科、冬青科、安息香科、杜鹃花科、梧桐科、五列木科等 10 科。其中除梧桐科为热带科、杜鹃花科（亦有不少属种是亚热带山地的表征成分）为广布分布科外，均为热带亚热带的代表性科。热带性较强的含羞草科、大戟科、芸香科、五加科等虽在植被中出现，但并不占重要地位，温带性较强的槭树科、胡桃科等虽亦在植被中出现，但重要性更低。这些都充体现出该保护区的植被是由南亚热带季风常绿阔叶林向中亚热带典型常绿阔叶林的过渡性。

（2）植被垂直变化明显　由于保护区的山体海拔高差较大，植被也随海拔升高的气候、土壤和人类活动的不同而形成明显的垂直变化。一般在海拔 500m 以下分布着栽培植被（果园、杉木林、竹林等）；海拔 500～1100m 的山地分布着山地常绿阔叶林、针阔叶混交林、常绿与落叶阔叶混交林；海拔 1100～1220m 的山顶及山脊分布着灌草丛等。

（3）主要植被类型概述　据调查，保护区内的植被类型主要有如下 7 种。

①常绿阔叶林　是以常绿阔叶树为建群种所组成的森林群落。它是中亚热带地带性的典型植被类型，在保护区内主要有 4 个群系。

A. 红锥林（Form *Castanopsis hystrix*）　主要分布于跃进水库边、老隆山近子坪、老隆山坡头、大水坑村等地。乔木层平均高度 10.0～16.4m，胸径 18.20～20.9cm，郁闭度 0.80～0.95。除优势种红锥外，部分地段还有共优种罗浮栲 *Castanopsis fabri*、虎皮楠 *Daphniphyllum oldhamii* 等常绿阔叶树，其他常绿的种类有甜槠 *Castanopsis eyrei*、吊皮锥 *C. kawakamii*、槟榔青冈 *Cyclobalanopsis bella*、杏叶柯 *Lithocarpus amygdalifoliusi*、红润楠 *Machilus thunbergii*、显脉新木姜 *Neolitsea phanerophlebia*、乳源木莲 *Manglietia yuyanensis*、木荚红豆 *Ormosia xylocarpa*、毛锦杜鹃 *Rhododendron moulmainense* 等。林中也夹杂着一些落叶成分，如枫香树 *Liquidambar formosana*、罗浮柿、木油桐、山乌桕 *Sapium discolor*、东南野桐 *Mallotus lianus*、红树皮 *Styrax suberifolius*、南酸枣 *Choerospondias axillaris* 等。

灌木层：主要由细枝柃 *Eurya loquiana*、山血丹 *Ardisia lindleyana*、秃毛冬青 *Ilex pubescens*、岭南杜鹃 *Rhododendron mariae*、毛果巴豆 *Croton lachnocarpus*、鸭公树 *Neolitsea chuii*、九节龙 *Ardisia pusilla*、网脉山龙眼 *Helicia reticulata*、单竹 *Bambusa cerosissima*、箬叶竹 *Indocalamua longiauritus* 等组成。

草本层：主要以狗脊、扇叶铁线蕨 *Adiantum flabellulatum*、金毛狗等为优势种类。

层间藤本植物：常见的有瓜馥木、山鸡血藤 *Millettia dielsiana*、玉叶金花 *Mussaenda pubescens* 等。

此外，在林中有不少乔木的幼苗，如红锥、槟榔青冈、罗浮栲、木荚红豆、秃瓣杜英 *Elaeocarpus glabripetalus*、少叶黄杞 *Engelhardtia fenzelii* 等，表明该林的种类组成比较稳定。

B. 吊皮锥林（Form *Castanopsis kawakamii*） 主要分布于大水坑的狗爬寨、老隆山的大坑等地。

乔木层：平均高度 10.0～11.0m，胸径 15.2～17.7cm，郁闭度约 0.95。除优势种吊皮锥外，部分地段还有共优种深山含笑 *Michelia maudiae*，其他常绿植物有毛金竹 *Phyllostachys nigra* var. *henonis*、中华卫矛 *Euonymus chinensis*、乳源木莲、毛锦杜鹃、沉水樟 *Cinnamomum micranthum*、冬桃 *Elaeocarpus duclouxii*、木荷 *Schima superba* 等。

灌木层：组成种类稀少，仅有茶秆竹 *Pseudosasa amabilis*、黄丹木姜子 *Litsea elongata*、草珊瑚 *Sarcandra glabra* 等。

草本层：组成种类亦不多，仅有隐穗苔草 *Carex cryptostachys*、全缘凤尾蕨 *Pteris insignis*、双唇蕨 *Lindsaea ensifolia* 等。

层间藤本植物：常见的有瓜馥木等。此外，在林中有不少乔木的幼苗，如罗浮柿、木荚红豆、黄丹木姜子等。

C. 甜槠林（Form *Castanopsis eyrei*） 主要分布于大水坑的大渡埂。

乔木层：高度约 9.7m，胸径 15.4cm，郁闭度约 0.95。除建群种甜槠外，还有疏齿木荷 *Schima remotiserrata*、毛锦杜鹃、深山含笑等。

灌木层：由于郁闭度大，仅有黄丹木姜子、岭南杜鹃等。

草本层：只偶见狗脊、里白。

层间藤本植物：有山鸡血藤。但林中有不少乔木的幼苗，如甜槠、毛竹、木荷、少叶黄杞、雷公青冈等。同样表明该林的种类组成比较稳定。

D. 蕈树、金叶含笑林（Form *Altingia chinensis*、*Michelia foveolata*） 分布于圆洞山脊处。

乔木层：高度约 11.5m，胸径 15.9cm，郁闭度约 0.90。除蕈树、金叶含笑 2 个优势种外，还有薄叶柯 *Lithucarpus tenuilimbus*、软荚红豆 *Ormosia semicastrata*、桃叶石楠 *Photinia prunifolia*、日本杜英 *Elaeocarpus sylvestris*、赤楠 *Syzygium buxifolium* 等。

灌木层：仅有岭南杜鹃、少叶黄杞等。

草本层：主要有美丽复叶耳蕨 *Arachniodes amoena*、倒挂铁角蕨 *Asplenium normale*、石韦 *Pyrrosia lingua* 等。

层间藤本植物：有小叶买麻藤 *Gnetum parvifolium*、马甲菝葜 *Smilax lanceaefolia*、夜花藤 *Hypserpa nitida* 等。但林中有不少乔木的幼苗，如薄叶柯、软荚红豆各有 100 株。

②常绿与落叶阔叶混交林 是以常绿与落叶阔叶为建群种所组成的森林群落。在保护区内主要有 2 个群系。

A. 钩锥、南酸枣林（Form *Castanopsis tibetana*、*Choerospondias axillaris*） 主要分布于大水坑龙潭山。

乔木层：平均高度约 11.4m，平均胸径 20.4cm，郁闭度约 0.85。除钩锥、南酸枣 2 个优势种外，还有薄叶润楠 *Machilus leptophylla*、吊皮锥、甜槠、香叶树 *Lindera communis* 等常绿植物和小果罗浮槭 *Acer fabri* var. *gracillimum*、赤杨叶 *Alniphyllum fortunei*、木油桐、东南野桐等落叶成分。

灌木层：种类和数量均较少，其中以鳖蒴、长尾毛蕊茶 *Camellia caudata*、腺柄山矾 *Symplocos adenopus*、罗浮栲相对较多。

草本层：以淡绿短肠蕨 *Allantodia viresdens*、铁线蕨 *Adiantum capillus - venseris*、粗齿桫椤 *Gymnosphaera hancockii*、莲座蕨 *Angiopteris fokiensis*、金毛狗、双唇蕨等为优势种。

层间藤本植物：以龙须藤 *Bauhinia championii* 最多，其他少见。

B. 红润楠、赤杨叶林（Form *Machilus thunbergii*、*Alniphyllum fortunei*） 主要分布于跃进水库山顶。

乔木层：高度约 8m，平均胸径 9.6cm。除常绿的红润楠和落叶的赤杨叶为优势种外，还有格药柃 *Eurya muricata*、虎皮楠、日本杜英、木荷、黄丹木姜子等常绿植物，枫香、罗浮柿等落叶植物，以及

马尾松 *Pinus massoniana* 等针叶树混交。

灌木层：有鼠刺 *Itea chinensis*、密花山矾 *Symplocos congesta*、山血丹等为优势种。

草本层：以芒萁占绝对优势，黑莎草次之，其他种类数量很少。

层间藤本植物：仅有白花酸藤果 *Embelia ribes*、巴戟天 *Morinda officinalia*、菝葜等。

此外，林中有不少乔木的幼苗，如红润楠、罗浮柿、虎皮楠、马尾松等。

③针阔叶混交林　是以暖性针叶树与阔叶树为建群种所组成的森林群落。在保护区内主要有 2 个群系。

A. 马尾松、红锥林（Form *Pinus massoniana*、*Castanopsis hystrix*）　主要分布于老隆山枫树坪。

乔木层：平均高度约 11.4m，胸径 14.7cm。郁闭度约 0.85。除马尾松、红锥建群种外，常绿植物有米槠 *Castanopsis carlesii*、越南安息香 *Styrax tonkinensis*、虎皮楠等。

灌木层：以羊舌山矾 *Symplocos glauca*、毛锦杜鹃等占优势。

草本层：以狗脊、山姜 *Alpinia japonica* 占优势。

层间藤本植物：偶见网脉酸藤子 *Embelia rudis*、土茯苓、黑老虎 *Kadsura coccinea*、白背瓜馥木 *Fissistigma oldhamii* 等。但林中亦见有红锥幼苗。

B. 杉木、南酸枣林（Form *Cunninghamia lanceolata*、*Choerospondias axillaris*）　主要分布于老隆山场部对面。

乔木层：平均高度约 13.8m，胸径 21.5cm。郁闭度约 0.60。

灌木层：以罗蒙常山 *Dichroa yaoshanesis* 为优势种，其他种类虽多，但多数数量不大。

草本层：以狗脊占优势，黑足鳞毛蕨 *Dryopteris fuscipes*、建兰、山姜、乌毛蕨 *Blechnum orientle*、异羽复叶耳蕨 *Arachniodes simplicior*、三羽新月蕨 *Pronephrium triphyllum* 等也有一定数量。

层间藤本植物：仅有常春藤、马甲菝葜。

④针叶林

杉木林（Form *Cunninghamia lanceolata*）　主要分布于老隆山林场，多人工林，较少为自然林。林分结构简单。

乔木层：一般以杉木为单优势种，或与毛竹混交。

灌木层：以杜茎山 *Maesa japonica*、罗蒙常山、茶为优势种。

草本层：常见的有金星蕨 *Parathelypteris glanduligera*、狗脊、乌毛蕨、黑足鳞毛蕨等。

此外林下有杉木幼苗，表明此林能自然更新。

⑤竹林

A. 毛竹林（Form *Phyllostachys heterocycla* cv. Pubescens）　毛竹为单轴型散生竹种，主要分布于村落附近和小溪边，特别是大水坑、圆洞村附近、老隆山片外围等地，其中部分为人工栽培。

B. 毛金竹林（Form *Phyllostachys nigra* var. *henonis*）　在狗爬寨、老隆山大坑等地偶见。

⑥灌草丛

A. 桃金娘、丝茅灌草丛（Form *Rhodomyrtus tomentosa*, *Imperata koernigii*）　在保护区内分布面积很小，主要分于圆洞近山顶、青云山近山顶与新丰交界处等地、海拔 900 ~ 1000m。灌草丛外貌呈深绿色，覆盖率 30% ~60%，植株高度 1 ~2m，除优势种桃金娘外，还有野牡丹、了哥王、乌饭树 *Vaccinium bracteatum*、映山红 *Rhododendron simsii*、细齿柃 *Eurya nitida*、盐肤木、毛果算盘子 *Glochidion eriocarpum*、白檀 *Symplocos paniculata*、山芝麻 *Helicteres angustifolia*、黄牛木 *Cratoxylum ligustrinum*、赤楠、多种冬青 *Ilex* spp. 等。

草本层：以丝茅、五节芒、石芒草 *Arundinella nepalensis*、芒萁等占优势。

层间藤本植物：有山鸡血藤、木防己、金樱子 *Rosa laevigata* 等。桃金娘是经人为反复采伐等活动干扰而形成的，属于较为稳定的次生灌丛。

B. 南岭槭、五节芒灌草丛（Form *Acer metialfi*、*Miscanthus floridulus*） 在保护区内面积不太大，主要分布于青云山顶与新丰县交界处，海拔 1100～1220m。除优势灌木为南岭槭外，还有圆锥绣球 *Hydrangea paniculata*、腺萼马银花 *Rhododendron bachii*、豆梨 *Pyrus calleryana*、毛锦杜鹃、黑柃 *Eyrya macartneyi*、乌饭树、映山红、红柴枝 *Meliosma oldhamii*、赛山梅 *Styrax confusus*、小果南烛 *Lyonia ovalifolia* var. *elliptica*、紫果冬青 *Ilex tsoii* 等。

草本层：优势植物为五节芒、亮叶鸡血藤 *Millettia nitida*、杏香兔儿风 *Ainsliaea fragrans*、牯岭藜芦 *Veratrum schindleri*、多花黄精 *Polygonatum cyronema* 等。

⑦栽培林

主要有果园、蔬菜等，如在大水坑村附近栽有柑 *Citrus reticulata*、橘 *C. madurensis*，在老隆镇林场场部载有一小片江南桤木 *Alnus trabeculosa* 林。

2.2.8.5 野生植物资源

（1）珍稀濒危保护植物繁多 根据 1984 年国家环境保护委员会公布的《中国珍稀濒危保护植物名录》和 1999 年国务院批准公布的《国家重点保护野生植物名录（第一批）》所列种类统计，保护区内共有国家重点保护野生植物 14 科 25 属 30 种。其中蕨类植物 2 科 2 属 3 种，裸子植物 2 科 2 属 2 种，被子植物 10 科 21 属 25 种；国家Ⅰ级重点保护野生植物 1 种，国家Ⅱ级重点保护野生植物 25 种，国家Ⅲ级重点保护野生植物 4 种，加上全部兰科植物（1999 年 8 月 4 日国务院公布的重点保护植物名录中，全部兰科植物列为保护对象），共有保护植物 15 种（表 2.41）。

表 2.41 翁源青云山自然保护区的保护植物

序号	种名	科名	IUCN 濒危等级	保护级别
1	仙湖苏铁 *Cycas fairylakea*	苏铁科 Cycadaceae	濒危	Ⅰ
2	金毛狗 *Cibotium barometz*	蚌壳蕨科 Dicksoniaceae	渐危	Ⅱ
3	桫椤 *Alsophila spinulosa*	桫椤科 Cyatheaceae	渐危	Ⅱ
4	粗齿桫椤 *Gymnosphaera hancockii*	桫椤科 Cyatheaceae	渐危	Ⅱ
5	樟树 *Cinnamomum camphora*	樟科 Lauraceae	渐危	Ⅱ
6	任木（任豆）*Zenia insignis*	苏木科 Caessalpinaceae	渐危	Ⅱ
7	半枫荷 *Semiliquidambar cathayensis*	金缕梅科 Hamamelidaceae	渐危	Ⅱ
8	伞花木 *Eurycorymbus cavaleriei*	无患子科 Sapindaceae	渐危	Ⅱ
9	喜树 *Camptotheca acuminata*	珙桐科 Nyssaceae	渐危	Ⅱ
10	观光木 *Tsoobgiodendron odorum*	木兰科 Magnoliaceae	渐危	Ⅱ
11	吊皮锥 *Castanopsis kawakamii*	壳斗科 Fegaceae	渐危	Ⅱ
12	穗花杉 *Amentotaxus argotaenia*	红豆杉科 Taxaceae	濒危	Ⅲ
13	沉水樟 *Cinnamomum micranthum*	樟科 Lauraceae	渐危	Ⅲ
14	白桂木 *Artocarpus hypargyreus*	桑科 Moraceae	渐危	Ⅲ
15	巴戟 *Morinda officinalis*	茜草科 Rubiaceae	稀有	Ⅲ

注：兰科植物 11 属 15 种，即花叶开唇兰 *Anoectochilus roxburghii*、广东石豆兰 *Bulbophyllum kwangtungense*、流苏贝母兰 *Coelogyne fimbriata*、建兰 *Cymbidium ensifolium*、细茎石槲 *Dendrobium moniliforme*、橙黄玉凤兰 *Habenaria rhodocheila*、斑叶兰 *Goodyerra biflorra*、多叶斑叶兰 *Goodyerra foliosa*、绒叶斑叶兰 *Goodyerra velutina*、镰翅羊耳蒜 *Liparis bootantens*、广东羊耳蒜 *Liparis kwangtungensis*、见血青 *Liparis nervosa*、心叶球柄兰 *Mischobulbbum cordifolium*、石仙桃 *Pholidota chinensis*、阔叶带春兰 *Tainia latifolia* 等，全部为《濒危野生动植物种国际贸易公约》附录Ⅱ物种。

（2）经济植物多样 在青云山自然保护区内蕴藏着多种多样的经济植物资源。据调查统计，青云山有野生维管束植物 1091 种，其中：药用植物 444 种，占青云山植物总数的 40.70%；纤维植物有 33 种，占青云山植物总数的 3.02%；淀粉植物有 56 种，占云山植物总数的 5.13%；油脂植物有 32 种，占青云山植物总数的 2.93%；鞣料植物有 32 种，占青云山植物总数的 2.93%；芳香植物有 19 种，占青云山植物总数的1.74%；树脂树胶植物有8种，占青云山植物总数的0.73%；保健饮料植物有15种，占青云山植物总数的1.37%；甜味色素植物有2种，占青云山植物总数的0.18%；饲料植物有8种，占青云山植物总数的0.73%；其他资源植物有11种，占青云山植物总数的1.01%。

2.2.8.6 野生动物资源

（1）动物物种较丰富　该保护区的生态环境复杂，森林茂密，孕育了丰富的动物种类。据调查统计，该保护区拥有脊椎动物258种，隶属183属81科29目。

①鱼类　有21种，隶属18属9科4目。鲤形目（CYPRINIFORMES）3科14属15种，占该区鱼类总数的71.43%；鲶形目（SILURIFORMES）4科4属4种，占总数的19.05%；鲈形目（PERCIFOMES）1科1属1种，占总数的4.76%；合鳃鱼目（SYNBRANCHIFORMES）1科1属1种，占总数的4.76%。

②两栖类　有33种，隶属11属7科2目。无尾目（SALIENTIA）6科9属31种，占该区两栖类总数的93.94%；有尾目（CAUDATA）只有1科2属2种，占总种数的6.06%。

③爬行类　有56种，隶属36属12科3目。蛇目（SERPENTES）有5科23属38种，占该区爬行类总数的67.86%；蜥蜴目（LACERTILI）有4科8属12种，占总数的21.43%；龟鳖目（TESTUDINATA）有3科5属6种，占总数的10.71%。

④鸟类　有109种，隶属85属35科13目。雀形目（PASSERIFOMES）有20科44属60种，占该区鸟类总数的55.05%；隼形目（FALCONIFOEMES）有2科8属9种，占总数的8.26%；鹳形目（CICONIIFORMES）1科5属6种，占总数的5.50%；佛法僧目（CORACIIFORMES）有2科5属5种，占总数的4.59%；鴷形目（PICIFORMES）2科3属5种，占总数的4.59%；鹃形目（CUCULIFORMES）有1科4属5种，占总数的4.59%；鹤形目（GRUIFORMES）有1科4属5种，占总数的4.59%；鸡形目（GALLIFORMES）有1科4属4种，占总数的3.67%；鸽型目（COLUMBIFORMES）有1科1属3种，占总数的2.75%；鸮形目（STRIGFORMES）有1科3属3种，占总数的2.75%；雨燕目（APODIFORMES）有1科1属2种，占总数的1.83%；鹏鹛目（PODICIPDIFORMES）有科1书1种，占总数的0.92%；鸻形目（CHARADRIIFORMES）有1科1属1种，占总数的0.92%。

⑤哺乳类　有39种，隶属33属18科7目。占广东省兽类总数（124种）的31.50%；占全国兽类总数（449种）的7.8%。食肉目（CARNIVORA）有4科14属15种，占该区兽类总数的38.46%；啮齿目（RODENTIA）有4科6属10种，占总数的25.64%；翼手目（CHIROPTERAS）有3科4属5种，占总数的12.82%；偶蹄目（ARIODACTYLA）有3科4属5种，占总数的12.82%；食虫目（INSECTVORA）有2科2属2种，占总数的5.13%；鳞甲目（PHOLIDOTA）有1科1属1种，占总数的0.26%；兔形目（LAGOMORPHA）有1科1属1种，占总数的0.26%。

（2）珍稀濒危动物较多　以我国1989年公布实施的《国家重点保护野生动物名录》和2001年公布实施的《广东省重点保护陆生野生动物名录》（第一批）为依据，保护区拥有保护脊椎动物43种。其中国家Ⅰ级重点保护动物4种，国家Ⅱ级重点保护动物24种，省级重点保护动物15种（表2.42）。

表2.42　翁源青云山自然保护区的保护动物

序号	种　名	科　名	IUCN濒危等级	保护级别
		兽纲 MAMMALIA		
1	豹 *Panthera pardus*	猫科 Felidae	濒危	Ⅰ
2	云豹 *Neofelis nebulosa*	猫科 Felidae	濒危	Ⅰ
3	金猫 *Felis temmincki*	猫科 Felidae	稀有	Ⅱ
4	穿山甲 *Manis pentadactyla*	鲮鲤科 Manidae	濒危	Ⅱ
5	水獭 *Lutra lutra*	鼬科 Mustelidae	濒危	Ⅱ

（续）

序号	种　名	科　名	IUCN 濒危等级	保护级别
6	大灵猫 *Viverra zibetha*	灵猫科 Viverridae	濒危	Ⅱ
7	小灵猫 *Viverricula indica*	灵猫科 Viverridae	易危	Ⅱ
8	鬣羚 *Capricornis sumatraensis*	牛科 Bovidae	易危	Ⅱ
9	水鹿 *Cervus unicolor*	鹿科 Cervidae	易危	Ⅱ
10	豹猫 *Felis bengalensis*	猫科 Felidae	易危	省级
11	豪猪 *Hystrix hodgsoni*	豪猪科 Hystricidae		省级
		鸟纲 AVES		
12	黄腹角雉 *Tragopan caboti*	雉科 Phasianidae	濒危	Ⅰ
13	黑冠鹃隼 *Aviceda leuphotes*	鹰科 Accipitridae	稀有	Ⅱ
14	蛇雕 *Spilornis cheela*	鹰科 Accipitridae		Ⅱ
15	松雀鹰 *Accipiter virgatus*	鹰科 Accipitridae		Ⅱ
16	苍鹰 *Accipiter gentilis*	鹰科 Accipitridae		Ⅱ
17	普通鵟 *Buteo buteo*	鹰科 Accipitridae		Ⅱ
18	林雕 *Ictinaetus malayensis*	鹰科 Accipitridae		Ⅱ
19	黑耳鸢 *Milvus lineatus*	鹰科 Accipitridae		Ⅱ
20	白腹鹞 *Circus spilonotus*	鹰科 Accipitridae		Ⅱ
21	红隼 *Falco tinnunculus*	隼科 Falconidae	易危	Ⅱ
22	白鹇 *Lophura nycthemera*	雉科 Phasianidae	易危	Ⅱ
23	褐翅鸦鹃 *Centropus sinensis*	杜鹃科 Cuculidae	易危	Ⅱ
24	黄嘴角鸮 *Otus spilocephalus*	鸱鸮科 Strigidae		Ⅱ
25	草鸮 *Tyto capensis*	草鸮科 Strigidae	易危	Ⅱ
26	雕鸮 *Bubo bubo*	鸱鸮科 Strigidae		Ⅱ
27	大白鹭 Egretta alba	鹭科 Ardeidae		省级
28	白鹭 *Egretta garzetta*	鹭科 Ardeidae		省级
29	绿鹭 *Butorides striatus*	鹭科 Ardeidae		省级
30	池鹭 *Ardeola bacchus*	鹭科 Ardeidae		省级
31	牛背鹭 *Bubulcus ibis*	鹭科 Ardeidae		省级
32	黑鳽 *Dupetor flavicollis*	鹭科 Ardeidae		省级
33	红嘴相思鸟 *Leiothrix lutea*	画眉科 Timaliidae		省级
34	黄胸鹀 *Emberiza aureola*	鹀科 Emberizidae		省级
35	黑水鸡 *Gallinula chloropus*	秧鸡科 Rallidae		省级
		爬行纲 REPTILIA		
36	蚺（蟒）*Python molurus*	蟒科 Boidae	濒危	Ⅰ
37	三线闭壳龟 *Cuora trifasciata*	龟科 Testudae	濒危	Ⅱ
38	山瑞鳖 *Palea steindachneri*	鳖科 Trionychidae	濒危	Ⅱ
39	平胸龟 *Platysternon megacephalum*	龟科 Testudidae	濒危	省级
		两栖纲 AMPHIBIA		
40	虎纹蛙 *Rana tigrina*	蛙科 Ranidae	易危	Ⅱ
41	棘胸蛙 *Rana spinosa*	蛙科 Ranidae	易危	省级
42	沼蛙 *Rana guentheri*	蛙科 Ranidae	无危	省级
43	黑斑蛙 *Rana nigromaculata*	蛙科 Ranidae		省级

（3）经济动物多样　保护区内拥有国家保护的有益的和有重要经济、科学研究价值的陆生野生动物如中华大蟾蜍、华南湍蛙、王锦蛇、滑鼠蛇、乌梢蛇 *Zaocys dhumnades*、银环蛇、眼镜蛇、尖吻腹 *Deinagkistrodon acutus*、华南兔、白腹巨鼠 *Leopoldamys edwardsi*、银星竹鼠、黄鼬、鼬獾、果子狸、野猪等。

2.2.9　连山笔架山自然保护区

1994 年，连山壮族瑶族自治县筹建自然保护区。1999 ~ 2000 年，中国科学院华南植物研究所、中山大学昆虫研究所、广东省林业科学院、广东省林业厅野生动植物保护站、广东省清远市林业局组织专家对自然保护区的自然资源进行了初步调查，编写了《笔架山自然保护区自然资源调查报告》，并对保护区的功能分区进行了初步规划，为申报建立省级自然保护区提供了科学依据。2001 年 12 月 31 日，广东省人民政府粤办函［2001］740 号“关于同意建立清远连山笔架山等 4 个省级自然保护区的复函”中，批准建立清远连山笔架山省级自然保护区。主要保护对象为中亚热带常绿阔叶林森林生态系统及生物多样性。

据中华人民共和国国家标准《自然保护区类型与级别划分原则》（GB/T14529—93），连山笔架山自然保护区属“自然生态系统类别”中的“森林生态系统类型”自然保护区。

2.2.9.1　自然条件

（1）位置范围　连山笔架山自然保护区位于清远市辖连山壮族瑶族自治县上帅镇、小三江镇、福堂镇行政境界内。地理坐标为东经 111°56′ ~ 112°07′，北纬 24°12′ ~ 24°23′，属于北回归线北缘。东与小三江镇、上帅镇接壤，南与怀集三岳山自然保护区为邻，西与广西贺州市八步区南乡镇交界，北与福堂镇相连。东西宽 2.5 ~ 8.5km，南北长 13.1km，总面积 10 727.8hm^2。

（2）地质基础

①地层　连山笔架山保护区的地层为寒武系、奥陶系、第四系。地表成土母岩以变质砂岩为主，花岗岩其次，花岗岩侵入体，一般呈中长粒斑状或巨斑状角闪花岗岩，主要矿物成分为斜长石 30% ~ 40%，钾长石 25% ~ 30%，石英 25% ~ 30%，普通角闪石 5.8%，黑云母 2% ~ 5%。

②构造　地质构造属华南褶皱系，区域地质条件稳定，新构造运动有间歇性上升，地表径流沿构造线侵蚀，形成“V”形河谷。

（3）地貌概况　保护区地貌属褶皱中低山山地，地势西北高，东南低。境内群峰林立，计有订情山（海拔 1007m）、六茶顶（1129m）、金鸡顶（1469m）、马家山（1135m）、笔架山（1182m）、横水顶（1377m）、大拔凹（1087m）等山峰 18 座，最高峰是西部的金鸡山，海拔 1469.4m。这些山体陡峭，坡度多在 25° ~ 45°。

（4）气候特点　该保护区属中亚热带季风气候区，气候特点是：冷暖交替明显，夏长，冬短，热量充足，雨量充沛，四季分明，春季低温阴雨，夏季高温多雨，秋季昼暖夜凉，冬季寒冷有霜稀雨。据保护区所在的连山壮族瑶族自治县气象资料：年平均气温 19.9 ~ 20.2℃，最冷 1 月份平均气温 10.9℃，极端最低气温 -4.5℃；最热 7 月份平均气温 27.5℃，极端最高气温 36.5℃。无霜期 306 天，年平均降水量 1996.9 ~ 2400.6mm，每年 4 ~ 9 月总降水量占全年总降水量的 78%。年相对湿度 82%。年平均日照 1467.9 小时，全年≥10℃年积温 6651.7℃。由于受海拔高度影响，山体中部以上山地气候特征显著，保护区内夏季平均气温比周边地区低 2℃。全年季风明显，盛行南北气流，夏季多偏南风，冬季多偏北风，春秋两季南北风相互交替。

（5）水文特征　保护区内的河溪纵横交错，地表径流以河流、小溪、水库等形式分布，有几个特征。

① 溪流短小　保护区内有如下 3 条溪流。

A. 龙坑水　发源于西部的金鸡顶，处于保护区的西部区域，呈西北—东南向流入上帅河。

B. 鹿鸣水　发源于西部的订情山，处于保护区的西部区域，呈西北—东南向流入上帅河。

C. 上帅河　发源于北部的大拔凹，处于保护区的中部区域，呈北—南向流出保护区，进入怀集县绥江流入北江。水量与降雨季节相关，4～9 月为丰水期，10 月至次年 3 月为枯水期。

②水库　主要有笔架山水库、天鹅湖水库，主要集水于大石水和平山水，总蓄水量为 1067 万 m^3，平均水深 25m，经发电、灌溉后由福堂河经广西贺江流入西江。

由于这些大小河溪落差大，故在保护区内到处可见险滩和瀑布，尤其要龙坑水瀑布、白爽瀑布、龙爽瀑布较为壮观。

③水质良好　保护区内的水质，整体而言，水质良好。据报道，自 1982 年以来，连山县防疫站多次在小三江水的小三江河段、永丰水的福堂河段、太保水的太保河段等取水进行水质分析化验，该区域地表水质稳定，地表水质达到国家地表水环境质量标准（GHZBI－1999）Ⅰ类水质标准。

（6）土壤特征　笔架山自然保护区的地带性土壤为红壤。但由于受成土母质、山地气候、植被和地形等因素以及人类活动的影响，从山麓至山顶依次形成了垂直分布。

①红壤　主要分布于海拔 500m 以下的丘陵区，成土母质多为花岗岩和砂页岩风化坡积物和堆积物，土壤呈酸性至强酸性反应，pH 4.66～4.89。

②山地黄红壤　是红攘与黄壤的过渡类型，主要分布于海拔 500～700m 低山坡地，成土母质以花岗岩风化坡积物为主，土壤呈酸性反应。

③山地黄壤　主要分布于海拔 700～1100m 的低中山坡地，成土母质为花岗岩风化坡积物、原积物、局部为残积物，土壤呈微酸性反应。是发育在保存较好的常绿阔叶林和常绿针阔叶林下的土壤。

④山地灌丛草甸土　分布于海拔 1100m 以上的山顶和山脊一带，是发育在灌丛和草坡下的土壤，土层浅薄，表层草根盘结成层，富弹性，呈灰黑色，有机质含量高，土壤呈酸性反应。

2.2.9.2　功能分区

依据保护区总体规划，将连山笔架山自然保护区分为如下 3 个功能区（图 2.12）。

（1）核心区　面积 4258.9hm²，占保护区总面积的 39.70%。

（2）缓冲区　面积 1727.2hm²，占保护区总面积的 16.10%。

（3）实验区　面积 4741.7hm²，占保护区总面积的 44.20%。

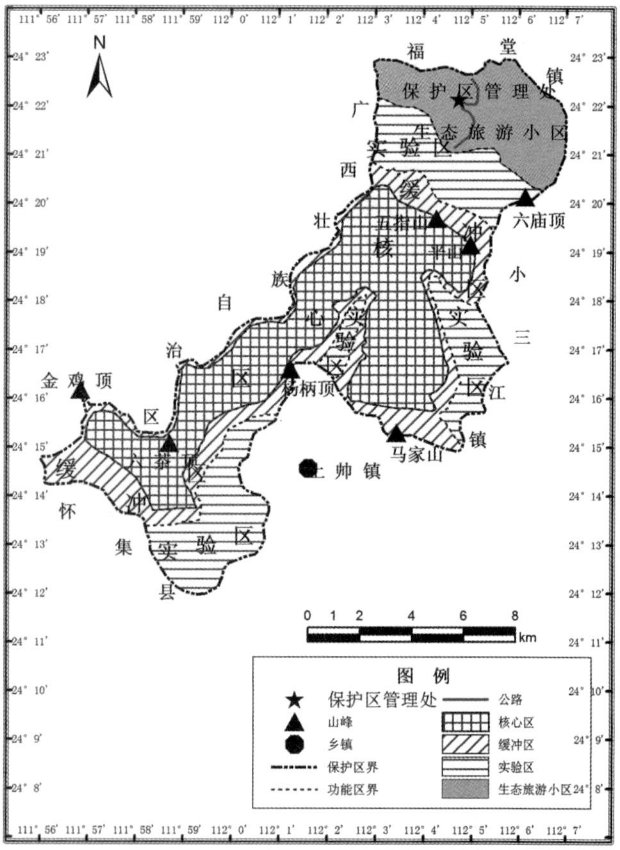

注：此图根据广州大学城乡生态规划与自然公园研究所修改而成。

图 2.12　连山笔架山自然保护区功能分区图

2.2.9.3　植物区系特点

本保护区的植物区系，概括起来有如下特点。

（1）植物物种丰富　据调查统计①，该保护区拥有野生维管束植物 1201 种（包括亚种与变种），隶属 607 属 196 科。分别占广东省野生维管束植物（5933 种）的 20.24%（叶华谷等，2005）。其中蕨类植物 140 种，隶属 65 属 34 科；裸子植物 5 种，隶属 5 属 5 科；被子植物 1054 种，隶属 537 属 157

① 广州大学城乡生态规划研究所，广东连山笔架山省级自然保护区管理处．广东连山笔架山自然保护区总体规划（2006～2015）. 2006. 5.

科（表2.43）。

表2.43 连山笔架山自然保护区野生维管束植物类群的组成

植物类群		科数	属数	种数
蕨类植物		34	65	140
裸子植物		5	5	7
被子植物	双子叶植物纲	132	441	882
	单子叶植物纲	25	101	172
合计		196	607	1201

（2）地理成分复杂

①蕨类植物的地理成分

A. 科的地理分布区类型　根据笔架山自然保护区34科的分布类型统计分析如下。

广布科　共12有科，占该区总科数的35.29%。如石杉科 Huperziaceae、石松科 Lycopodiaceae、卷柏科 Selaginellaceae、木贼科 Equisetaceae、铁线蕨科 Adiantaceae、蹄盖蕨科 Athyriaceae、铁角蕨科 Aspleniaceae、紫萁科 Osmundaceae、水龙骨科 Polypodiaceae、苹科 Marsileaceae、槐叶苹科 Salviniaceae、满江红科 Azollaceae 等。

热带、亚热带分布科　共有12科，占该区总科数的54.54%（扣除广布分布科12科，下同）。如松叶蕨科 Psilotaceae、中国蕨科 Sinopteridaceae 等2科，以我国华南至西南亚热带为分布中心，也是本保护区蕨类区系的特征成分。另有裸子蕨科 Hemionitidaceae、骨碎补科 Dvalliaceae 等2科，以亚洲亚热带为主。而以热带为主的，有观音座莲科 Angiopteridaceae、碗蕨科 Dennstaedtiaceae、桫椤科 Cyatheaceae、鳞始蕨科 Lindsaeaceae、海金沙科 Lygodiaceae、凤尾蕨科 Pteridaceae、金星蕨科 Thelypteridaceae、膜蕨科 Hymenophyllaceae 等8科。

泛热带分布科　共有8科，占该区总科数的36.36%。如槲蕨科 Drynariaceae、剑蕨科 Loxogrammaceae 等以亚洲为主，其他为里白科 Gleicheniaceae、蚌壳蕨科 Dicksoniaceae、蕨科 Pteridiaceae、乌毛蕨科 Blechnaceae、三叉蕨科 Aspidiaceae、实蕨科 Bolbitidaceae 等。

亚洲、大洋洲和美洲热带分布科　仅有瘤足蕨科 Plagiogyriaceae，占总科数的4.55%。

温带至亚热带高山地区分布科　仅有鳞毛蕨科 Dryopteridaceae，占总科数的4.55%。

B. 属的地理分布区类型　根据笔架山自然保护区65属的分布类型统计分析：

广布属　共有6属，占总属数的9.23%。如卷柏属 *Selaginella*、铁线蕨属 *Adiantum*、铁角蕨属 *Asplenium*、苹属 *Marsilea*、槐叶苹属 *Salvinia*、满江红属 *Azolla* 等。

泛热带分布属　共有9属，占总属数的15.25%（扣除广布分布属6属，下同）。如马尾杉属 *Phegmariurus*、新月蕨属 *Pronephrium*、蕗蕨属 *Mecodium*、鳞始蕨属 *Lindsaea*、蕨属 *Pteridium*、乌蕨属 *Sphenomeris*、桫椤属 *Cyathea*、栗蕨属 *Histiopteris*、肾蕨属 *Nephrolepis* 等。

热带和亚热带分布属　共有45属，占比例达76.27%。其中热带至亚热带为主，如松叶蕨属 *Psilotum*、灯笼草属 *Palhinhaea*、芒萁属、里白属 *Diploterygium*、海金沙属 *Lygodium*、假脉蕨属、碗蕨属、鳞盖蕨属、凤尾蕨属、碎米蕨属、金粉蕨属、凤丫蕨属、短肠蕨属 *Allantodia*、假蹄盖蕨属 *Athyriopsis*、菜蕨属 *Callipteris*、毛蕨属 *Cyclosorus*、金星蕨属 *Parathelypteris*、假毛蕨属 *Pseudocyclosorus*、三叉蕨属 *Tectaria*、骨碎补属 *Davallia*、阴石蕨属 *Humata*、线蕨属 *Colysis*、石韦属、崖姜蕨属 *Pseudodryniria*、剑蕨属 *Loxogramme* 等。

以亚热带为主的属　与热带至亚热带分布的类型相当，热带亚洲分布的有7属，如石松属 *Lycopodium*、金毛狗属 *Cibotium*、星蕨属 *Microsorium*、崇澍蕨属 *Chieniopteris*、水龙骨属 *Polypodiodes*、伏石蕨属 *Lemmaphyllum*、圣蕨属 *Dictyocline* 等；热带亚洲—大洋洲分布3属，如乌毛蕨属 *Blechnum*、膜蕨属

Hymenophyllum、槲蕨属 *Drynaria*；热带亚洲至非洲分布的有 4 属，如观音莲座属 *Angiotperis*、瓦韦属 *Lepisorus*、复叶耳蕨属 *Arachniodes*；热带亚洲至热带美洲分布有 2 属，如瘤足蕨属 *Plangiogyria*、双盖蕨属 *Diplazium*；东亚分布有 2 属，如金毛狗属 *Cibotium*、菜蕨属 *Callipteris*。

温带、热带分布属　有紫萁属、狗脊属 2 属，占总属数的 3. 39%。

温带分布属　有 4 属，占总属数的 6. 78%。如木贼属 *Equisetum*、贯众属 *Cyrtomium*、卵果蕨属 *Phegopteris*、鳞毛蕨属 *Dryopteris* 等。

C. 种的地理分布区类型　根据保护区 140 种的分布类型统计分析如下。

广布种（28），泛热带分布种（17），热带、亚热带分布种（56），亚洲热带分布种（10），热带亚洲—大洋洲间断分布种（3），热带亚洲至非洲分布种（8），热带亚洲至热带美洲间断分布种（5），东亚分布种（2），旧世界分布种（1），北温带分布种（7），温带分布种（1），温带热带分布种（1），温带亚热带分布种（1）。

热带、亚热带成分种有 56 种，占 50%（扣除广布分布种 28 种，下同）。泛热带成分种其次有 17 种，占 15. 18%；亚洲热带分布种有 10 种，占 8. 93%；其他热带亚洲至非洲分布种有 8 种，占 7. 14%；北温带分布种有 7 种，占 6. 25%；热带亚洲至热带美洲间断分布种有 5 种，占 4. 46%；热带亚洲—大洋洲间断分布种有 3 种，占 2. 68%；东亚分布种有 2 种，占 1. 79%；旧世界分布种、温带分布种、温带热带分布种和温带亚热带分布种各有 1 种，各占 0. 89%。说明了该区蕨类植物区系的组成和形成缺乏独立性，具有明显的热带蕨类植物区系向亚热带蕨类植物区系过渡的特点，属于中国南亚热带与中亚热带植物区系的交汇地区。

②种子植物的地理成分

A. 科的地理分布区类型　按照《世界种子植物科的分布区类型系统》（吴征镒等，2003），根据该保护区种子植物 162 科的分布区类型统计分析，除旧世界温带分布、温带亚洲分布、地中海区和西亚至中亚分布、中亚分布及中国特有分布科尚未发外，其余 10 个分布区类型及变型均有分布。

＊1. 广布（世界广布）　计有 41 科，占总科数的 25. 31%。如毛茛科、金鱼藻科 Ceratophyllaceae、十字花科 Cruciferae、堇菜科 Violaceae、远志科 Polygalaceae、景天科 Crassulaceae、虎耳草科 Saxifragaceae、马齿苋科 Portulacaceae、蓼科 Polygonaceae、石竹科 Caryophyllaceae、藜科 Chenopodiaceae、苋科 Amaranthaceae、酢浆草科 Oxalidaceae、千屈菜科 Lythraceae、柳叶菜科 Onagraceae、小二仙草科 Haloragidaceae、瑞香科 thymelaeaceae、蔷薇科、蝶形花科 Papilionaceae、杨梅科、榆科、桑科、鼠李科 Rhamnceawe、伞形科 Umbelliferae、木犀科、茜草科 Rubiaceae、败酱科 Valerianaceae、菊科、报春花科 Primulaceae、龙胆科 Gentianaceae、紫草科 Boraginaceae、茄科 Solanaceae、旋花科 Convolvulaceae、玄参科 Scrophulariaceae（主产温带）、狸藻科、唇形花科（主产地中海）、水鳖科 Hydrocharitaceae、泽泻科 Alismataceae、眼子菜科 Potamogetonaceae、莎草科（主产温带及寒温带）、禾本科等。

＊2. 泛热带（热带广布）　有 50 科，占 41. 32%（扣除广布 41）。如番荔枝科 Annonaceae、樟科 Lauraceae、防己科 Menispermaceae、马兜铃科 Aristolochiaceae、胡椒科 Piperaceae、金粟兰科 Chloranthaceae、凤仙花科 Balsaminaceae、大风子科 Flacourtiaceae、天料木科 Samydaceae、西番莲科 Passifloraceae、葫芦科 Cucurbitaceae、秋海棠科 Begoniaceae、茶科、野牡丹科、使君子科 Combretaceae、藤黄科 Guttiferae、梧桐科、古柯科 Erythroxylaceae、锦葵科 Malvaceae、大戟科 Euphorbiaceae、含羞草科 Mimosaceae、荨麻科 Urticaceae、卫矛科 Celastraceae、茶茱萸科 Icacinaceae、铁青树科 Olacaceae、檀香科 Santalaceae、蛇菰科 Balanophoraceae、葡萄科、芸香科 Rutaceae、楝科、无患子科 Sapindadaceae、漆树科 Anacardiaceae、青藤科 Illigeraceae、柿科 Ebenaceae、山榄科 Sapotaceae、紫金牛科 Myrsinaceae、马钱科 Loganiaceae、夹竹桃科 Apocynaceae、萝藦科、爵床科 Acanthaceae、鸭跖草科 Commelinaceae、谷精草科 Eriocaulaceae、美人蕉科 Cannaceae、雨久花科 Pontederiaceae、竹芋科 Marantaceae、菝葜科、天南星科、薯蓣科、棕榈科、仙茅科 Hypoxidaceae 等。

*2－1. 热带亚洲、大洋洲和热带美洲（南美洲或/和墨西哥）　有1科，占0.83%。如山矾科 Smyplocaceae。

*2－2. 热带亚洲—热带非洲—热带美洲（南美洲）　有5科，占4.13%。如买麻藤科 Gnetaceae、椴树科 Tiliaceae、粘木科 Ixonanthaceae、苏木科 Caesalpiniaceae、鸢尾科 Iridaceae。

*2S. 以南半球为主的泛热带　有7科，占5.79%。如罗汉松科 Podocarpaceae、粟米草科 Molluginaceae、商陆科 Phytolaccaceae、山龙眼科 Proteaceae、桃金娘科 Myrtaceae、桑寄生科 Loranthaceae、石蒜科 Amaryllidaceae 等。

*3. 东亚（热带、亚热带）及热带南美间断　有12科，占9.92%。如杉科 Taxodiaceae、木通科 Lardizabalacea、紫茉莉科 Nyctaginaceae、仙人掌科 Cactaceae、水东哥科 Saurauiaceae、杜英科 Elaeocarpaceae、冬青科 Aquifoliaceae、省沽油科 Staphyleaceae、五加科 Araliaceae、安息香科 Styracaceae、苦苣苔科 Gesneriaceae、马鞭草科 Verbenacea 等。

*4. 旧世界热带　有5科，占4.13%。如海桐花科 Pittosporaceae、八角枫科 Alangiaceae、胡麻科 Pedaliaceae、芭蕉科 Musaceae、露兜树科 Pandanaceae。

*4－1 热带亚洲、非洲和大洋洲间断　有1科，占0.83%。如水蕹科 Aponogetonaceae。

*5. 热带亚洲至热带大洋洲　有3科，占2.48%。如交让木科 Daphniphyllaceae、姜科 Zingiberaceae、百部科 Stemonaceae。

*6. 热带亚洲至热带非洲　仅有1科，占0.83%。如杜鹃花科 Ericaceae。

*7. 热带亚洲（即热带东南亚至印度—马来，太平洋诸岛）　有1科，占0.83%。如牛栓藤科 Connaraceae。

*7－1. 爪哇（或苏门答腊），喜马拉雅间断或星散分布到华南、西南　仅有1科，占0.83%。如五列木科 Pentaphylacaceae。

*7－3. 缅甸、泰国至华西南　仅有1科，占0.83%。如伯乐树科 Bretschneideraceae。

*7－4. 越南（或中南半岛）至华南或西南）　有1科，占0.83%。如清风藤科 Sabiaceae。

*8. 北温带　有8科，占6.61%。如松科、金丝桃科 Hypericaceae、山茱萸科 Cornaceae、大麻科 Cannabinaceae、越桔科、忍冬科 Caprifoliaceae、延龄草科、百合科。

*8－4 北温带和南温带间断分布　有15科，占12.40%。如茅膏菜科 Droseraceae、罂粟科、紫堇科、绣球花科 Hydrangeaceae、金缕梅科 Hamamelidaceae、杜仲科 Eucommiaceae、黄杨科 Buxaceae、杨柳科 Salicaceae、桦木科 Betulaceae、榛木科 Corylaceae、壳斗科 Fagaceae、胡颓子科 Elaeagnaceae、槭树科 Aceraceae、胡桃科 Juglandaceae、心草科 Juncaceae 等。

*8－5 欧亚和南美洲温带间断　有1科，占0.83%。如小檗科 Berberidaceae。

*9. 东亚及北美洲间断　有6科，占4.96%。如木兰科 Magnoliaceae、八角科 Illiciaceae、五味子科 Schisandraceae、三白草科 Saururaceae、鼠刺科 Escalloniaceae、珙桐科 Nyssaceae。

*14　东亚　有2科，占1.65%。如红豆杉科 Taxaceae、猕猴桃科 Actinidiaceae。

从上所述可以看出，其中以泛热带分布最多，有63科，占总科数的52.07%（扣广布科41科，下同）；北温带分布有24科，占总科数的19.83%；东亚（热带、亚热带）及热带南美间断有12科，占9.92%；其余分布所含科数均在4.96%以下，不占重要地位；特别是中国特有科等5科分布缺如，表明该自然保护区植物区系在科级水平上以泛热带分布成分为主，兼有一定数量的北温带成分。

B. 属的地理分布区类型　根据该保护区种子植物552属的分布类型，按照《中国种子植物属的分布区类型》（吴征镒，1991）统计分析，除中亚分布区类型及其变型尚为发现外，其他14个分布区类型变型均有分布（表2.44）。

表 2.44　连山笔架山自然保护区种子植物属的分布区类型

分布区类型及变型	属数	占总属数（%）
1. 广布分布	43	扣除
2. 泛热带分布	129	25.34
2－1 热带亚洲、大洋洲和南美洲间断分布	5	0.98
2－2 热带亚洲、非洲和南美洲间断分布	6	1.18
3. 热带亚洲和热带美洲间断分布	27	5.30
4. 旧世界热带分布	45	8.84
4－1 热带亚洲、非洲和大洋洲间断分布	3	0.59
5. 热带亚洲至热带大洋洲分布	34	6.68
5－1 中国（西南）亚热带和新西兰间断分布	0	0
6. 热带亚洲至热带非洲分布	22	4.32
6－1 华南、西南到印度和热带非洲间断	0	0
6－2 热带亚洲和东非间断	0	0
7. 热带亚洲（印度—马来西亚）分布	62	12.18
7－1 爪哇、喜马拉雅和华南、西南星散分布	6	1.18
7－2 热带印度至华南分布	3	0.59
7－3 缅甸、泰国至华西南分布	1	0.20
7－4 越南（或中南半岛）至华南（或西南）分布	8	1.57
8. 北温带分布	50	9.82
8－1 环极分布	0	0
8－2 北极高山分布	0	0
8－3 北极—阿尔泰和北美洲间断分布	0	0
8－4 北温带和南温带（全温带）间断分布	8	1.57
8－5 欧亚和南美洲温带间断分布	1	0.20
8－6 地中海区、东亚、新西兰和墨西哥到智利间断	0	0
9. 东亚和北美洲间断分布	29	5.70
9－1 东亚和墨西哥间断	0	0
10. 旧世界温带分布	9	1.77
10－1 地中海区、西亚和东亚间断分布	6	1.18
10－2 地中海和喜马拉雅间断分布	0	0
10－3 欧亚和南非洲（有时也在大洋洲）间断	2	0.39
11. 温带亚洲分布	2	0.39
12. 地中海区、西亚至中亚分布	2	0.39
12－1 地中海区至中亚和南非洲、大洋洲间断	0	0
12－2 地中海区至中亚和墨西哥间断	0	0
12－3 地中海区至温带、热带亚洲，大洋洲和南美洲间断	1	0.20
12－4 地中海区至热带非洲和喜马拉雅间断	0	0
12－5 地中海区—北非洲、中亚、北美西南部，智利和大洋洲（泛地中海）间断分布	0	0
13. 中亚分布	0	0
13－1 中亚东部（亚洲中部）	0	0
13－2 中亚至喜马拉雅	0	0

（续）

分布区类型及变型	属数	占总属数（%）
13-3 西亚至喜马拉雅和西藏	0	0
12-4 地中海区至热带非洲和喜马拉雅间断	0	0
14. 东亚分布	26	5.11
14-1 中国—喜马拉雅（SH）	7	1.38
14-2 中国—日本（SJ）	8	1.57
15. 中国特有分布	7	1.38
合计	552	100.00

从表2.44可以看出，连山笔架山自然保护区属的地理成分是以热带成分占优势，2~7各类热带成分共有351属，占总属数（扣除广布分布43属，以下同）的68.96%；温带成分（8~12）共有110属，占总属数的21.61%；东亚分布有41属，占总属数的8.05%。中国特有分布的7属，占1.38%。

2.2.9.4　植被类型

据调查，保护区内的植被类型多样，主要有如下6种类型。

（1）常绿阔叶林　是以常绿阔叶树为建群种所组成的森林群落。它是中亚热带地带性的典型植被类型，在保护区内占主导地位，约占有林地面积的54.30%，主要分布于海拔800~900m以下的山地。在上帅的六茶顶至明阳地区分布面积最大，保存也最完好，林木比较高大茂密，一般高度为15~20m。乔木层主要由鹿角拷 *Castanopsis lamontii*、黧蒴 *C. fissa*、南岭栲 *C. fordii*、多穗柯 *Lithocarpus litseifolius*、华润楠 *Machilus chinensis*、红润楠 *M. thunbergii*、蕈树 *Altingia chinensis*、大果马蹄荷 *Exbucklandia tonkinensis*、铁冬青 *Ilex rotuda*、木荷 *Schima superba* 等常绿阔叶树种构成。由于乔木层郁闭度大，灌木层及草本层植物稀少。

（2）常绿与落叶阔叶混交林　是以常绿与落叶阔叶为建群种所组成的森林群落。在保护区内居次要地位，约占有林地面积的38%，主要分布于低山及中山山地，尤其是在沟谷、湿地、溪边或较干燥的山脊。乔木层的常绿树有黄樟 *Cinnamomum porrectum*、短序润楠 *Machilus breviflora*、黄果厚壳桂 *Cryptocarya concinna*、新木姜 *Neolitsea aurata*、木荷、米槠 *Castanopsis carlesii*、柯 *Lithocarpus glaber*、木莲 *Manglietia fordiana*、大果马蹄荷和蕈树等，主要落叶树有青榨槭 *Acer davidii*、三裂槭 *A. oliverianum*、岭南槭 *A. tutcheri*、野漆 *Toxicodendron succedaneum*、木蜡树 *T. sylvestre*、南酸枣 *Choerospondias axillaris* 等。由于乔木层郁闭度大，灌木层及草本层植物稀少。

（3）针阔叶混交林　是以暖性针叶树与阔叶树为建群种所组成的森林群落。在保护区内主要分布于局部山顶，约占有林地面积的7.60%。乔木层的针叶树为马尾松 *Pinus massoniana*、穗花杉 *Amentotaxux argotaenia*，阔叶树是甜槠 *Castanopsis eyrei*、米槠、金叶含笑 *Michelia foveolata*、硬叶润楠 *Machilus phoenicis* 等，由于乔木层较稀疏，林下有灌木层、草本层和地被层。

（4）针叶林　在保护区内只有杉木（Form *Cunninghamia lanceolata* 林，主要分布于保护区的外围，为人工林，约占有林地面积的0.1%。林分结构简单，乔木层，一般以杉木为单优势种，在稀疏的林下，灌木层和草本层的植物种类丰富；在稠密的林下，几乎没有灌木和草本植物生长。

（5）竹林　主要分布于长久和长安一带，局部山顶也有少量分布，面积不大，常见的竹林有粉单竹 *Bambusa chungii*、撑篙竹 *B. pervariabilis*、黄竹 *B. textilis*、苗仔竹 *Schizoustachyum dumetorum*、茶杆竹 *Arundiaria amabilis* 等。其中多为人工栽培。

（6）山顶矮林　主要分布于海拔1300m以上的孤峰或裸露的山脊。部分是由常绿阔叶林遭受破坏后而形成的次生类型。另一部分是由杜鹃花科的白珠树 *Gaultheria cumingiana*、南烛 *Lyonia ovalifolia*、吊钟花 *Enkianthus quinqueflorus* 及间有矮化的乔木树种，一般高度为1~2m，草本植物有芒 *Miscanthus sinensis*、毛杆野古草 *Arundinella hirta* 等。

2.2.9.5 野生植物资源

（1）珍稀濒危保护植物繁多 根据1984年国家环境保护委员会公布的《中国珍稀濒危保护植物名录》和1999年国务院批准公布的《国家重点保护野生植物名录（第一批）》所列种类统计，保护区内共有国家重点保护野生植物18科20属22种。其中蕨类植物2科2属2种，裸子植物3科3属3种，被子植物13科15属17种；国家Ⅰ级重点保护野生植物4种，国家Ⅱ级重点保护野生植物12种，国家Ⅲ级重点保护野生植物6种（表2.45）。

表2.45 连山笔架山自然保护区的保护植物

序号	种名	科名	濒危度	保护级别
1	伯乐树 *Bretschneideera sinensis*	伯乐树科 Bretschneideraceae	濒危	Ⅰ
2	南方红豆杉 *Taxus wallichiana* var. *mairei*	红豆杉科 Taxaceae	濒危	Ⅰ
3	银杏 *Ginkgo biloba*	银杏科 Ginkgoaceae	濒危	Ⅰ
4	苏铁 *Cycas revoluta*	苏铁科 Cycadaceae	濒危	Ⅰ
5	桫椤 *Alsophila spinulosa*	桫椤科 Cyatheaceae	渐危	Ⅱ
6	金毛狗 *Cibotium barometz*	蚌壳蕨科 Dicksoniaceae	濒危	Ⅱ
7	凹叶厚朴 *Magnolia officinalis* ssp. *biloba*	木兰科 Magnoliaceae	濒危	Ⅱ
8	观光木 *Tsoobgiodendron odorum*	木兰科 Magnoliaceae	稀有	Ⅱ
9	花榈木 *Ormosia henryi*	蝶形花科 Papilionaceae	濒危	Ⅱ
10	喜树 *Camptotheca acuminata*	珙桐科 Nyssaceae	渐危	Ⅱ
11	伞花木 *Eurycorymbus cavaleriei*	无患子科 Sapindaceae	渐危	Ⅱ
12	野生荔枝 *Litchi chinensis* var. *euspontanea*	无患子科 Sapindaceae	濒危	Ⅱ
13	华南锥 *Castanopsis concinna*	壳斗科 Fagaceae	濒危	Ⅱ
14	吊皮锥 *Castanopsis kawakamii*	壳斗科 Fegaceae	濒危	Ⅱ
15	樟树 *Cinnamomum camphora*	樟科 Lauraceae	渐危	Ⅱ
16	野茶树 *Camellia sinensis* var. *assamica*	山茶科 Theaceae	渐危	Ⅱ
17	穗花杉 *Amentotaxus argotaenia*	红豆杉科 Taxaceae	稀有	Ⅲ
18	银钟花 *Halesia macgregorii*	安息香科 Styracaceae	渐危	Ⅲ
19	银鹊树 *Tapiscia sinensis*	省沽油科 Staphyleaceae	渐危	Ⅲ
20	八角莲 *Dysosma versipellis*	小檗科 Berberidaceae	稀有	Ⅲ
21	沉水樟 *Cinnamomum micranthum*	樟科 Lauraceae	稀有	Ⅲ
22	白桂木 *Artocarpus hypargyreus*	桑科 Moraceae	稀有	Ⅲ

（2）经济植物多样 在保护区内蕴藏着多种多样的经济植物资源。根据调查统计，笔架山有野生维管束植物1201种。

①药用植物 有华南忍冬 *Lonicera confusa*、枇杷 *Eriobotrya japonica*、栀子 *Gardenia jasminodes*、益母草 *Leonurus artemisia*、土茯苓 *Smilax glabra*、毛冬青 *Ilex pubescens*、凤尾蕨 *Pteris nervosa* 等709种，占笔架山植物总数的59.03%。

②纤维植物 有苎麻 *Boehmria nivea*、菖蒲 *Acorus calamus*、毛竹 *Phyllostachys heterocycla* ‘Pubescens’、青皮竹 *Bambusa textilis*、粉单竹等110种，占笔架山植物总数的9.16%。

③淀粉植物 有蕨、葛、薜荔等46种，占笔架山植物总数的3.83%。

④油脂植物 有油茶、油桐、山乌桕等53种，占笔架山植物总数的4.41%。

⑤鞣料植物　有主要有亮叶猴耳环、金樱子、南酸枣、木油桐 *Vernicia montana*、青榨槭、盐肤木、黧蒴、南岭拷、桃金娘、构树、油柿、薯莨、菝葜等66种，占笔架山植物总数的5.50%。

⑥芳香植物　有樟树、肉桂 *Cinnamomum cassia*、木姜子、白兰、金叶含笑 *M. foveolata*、深山含笑 *M. maudiae* 等32种，占笔架山植物总数的2.66%。

⑦用材植物　有杉木、黄樟、沉水樟、华润楠、南岭栲、锥栗、黧蒴、多穗柯、八角枫 *Alangium chinense*、山杜英 *Elaeocarpus sylvestris* 南酸枣、大果马蹄荷等149种，占笔架山植物总数的12.41%。

⑧观赏植物　有紫薇 *Lagerstroemia indica*、假鹰爪 *Desmos chinensis*、火力楠 *Michelia macclurei*、木莲、深山含笑85种，占笔架山植物总数的7.08%。

⑨野生水果植物　有猕猴桃、野枇杷和野生荔枝等21种，占笔架山植物总数的1.75%。

⑩饲料植物　有凤眼莲、看麦娘、马唐等50种，占笔架山植物总数的4.16%。

2.2.9.6　野生动物资源

（1）动物物种较丰富　该保护区的生态环境复杂，森林茂密，孕育了丰富的动物种类。据调查统计，该保护区拥有野生脊椎动物237种，隶属171属70科25目。

①两栖类　有18种，隶属10属6科2目，占该区脊椎动物总种数的7.63%。其中无尾目（SALIENTIA）有5科9属17种，占该区两栖动物总种数的94.44%；有尾目（CAUDATA）只有1科1属1种，占该区两栖动物总种数的5.56%。

②爬行类　有38种，隶属26属10科3目，占该区脊椎动物总种数的16.10%。其中蛇目（SERPENTES）有5科15属24种，占该区爬行类总数的63.16%；蜥蜴目（LACERTILI）有4科7属8种，占总数的21.05%；龟鳖目（TESTUDINATA）有1科4属6种，占总数的15.79%。

③鸟类　有142种，隶属103属37科13目。其中雀形目（PASSERIFOMES）有20科56属83种，占该区鸟类总数的58.45%；隼形目（FALCONIFOEMES）有2科8属12种，占总数的8.45%；鹃形目（CUCULIFORMES）有1科6属9种，占总数的6.34%；鸮形目（STRIGFORMES）有2科6属7种，占总数的4.93%；鸡形目（GALLIFORMES）有1科6属6种，占总数的4.23%；佛法僧目（CORACIIFORMES）有3科5属6种，占总数的4.23%；鴷形目（PICIFORMES）有2科5属6种，占总数的4.23%；鹳形目（CICONIIFORMES）有1科3属3种，占总数的2.11%；鹤形目（GRUIFORMES）有1科3属3种，占总数的2.11%；鸽型目（COLUMBIFORMES）有1科1属2种，占总数的1.41%；雨燕目（APODIFORMES）有1科1属2种，占总数的1.40%；鸻形目（CHARADRIIFORMES）有1科1属1种，占总数的0.70%；夜鹰目（CAPRIMULGIFORMES）有1科1属1种，占总数的0.70%；咬鹃目（TROGONIFORMES）有1科1属1种，占总数的0.70%。

④哺乳类　有39种，隶属32属17科7目。占广东省兽类总数（124种）的31.45%；占全国兽类总数（449种）的8.68%。其中食肉目（CARNIVORA）有4科11属13种，占该区兽类总数的33.33%；啮齿目（RODENTIA）有4科8属12种，占总数的30.77%；偶蹄目（ARIODACTYLA）有3科6属7种，占总数的17.95%；食虫目（INSECTVORA）有2科3属3种，占总数的7.69%；翼手目（CHIROPTERAS）有2科2属2种，占总数的5.13%；鳞甲目（PHOLIDOTA）有1科1属1种，占总数的2.56%；兔形目（LAGOMORPHA）有1科1属1种，占总数的2.56%。

此外，还有昆虫5100种，分隶158科15目。

（2）珍稀濒危动物较多　以我国1989年公布实施的《国家重点保护野生动物名录》和2001年公布实施的《广东省重点保护陆生野生动物名录》（第一批）为依据，保护区内有保护脊椎动物49种，其中国家Ⅰ级重点保护动物3种，国家Ⅱ级重点保护动物32种，省级重点保护动物14种（表2.46）。

表 2.46　连山笔架山自然保护区的保护动物

序号	种　　名	科　　名	IUCN 濒危等级	保护级别
		哺乳纲 MAMMALIA		
1	云豹 *Neofelis nebulosa*	猫科 Felidae	濒危	Ⅰ
2	金猫 *Felis temmincki*	猫科 Felidae	濒危	Ⅱ
3	穿山甲 *Manis pentadactyla*	鲮鲤科 Manidae	濒危	Ⅱ
4	小灵猫 *Viverricula indica*	灵猫科 Viverridae	易危	Ⅱ
5	斑林狸 *Prionodon pardicolor*	灵猫科 Viverridae	易危	Ⅱ
6	林麝 *Moschus berezovskii*	鹿科 Cervidae	易危	Ⅱ
7	水鹿 *Cervus unicolor*	鹿科 Cervidae	易危	Ⅱ
8	鬣羚 *Capricornis sumatraensis*	牛科 Bovidae	易危	Ⅱ
9	红颊獴 *Herpestes auropunctatus*	灵猫科 Viverridae		省级
10	豹猫 *Felis bengalensis*	猫科 Felidae		省级
11	豪猪 *Hystrix hodgsoni*	豪猪科 Hystricidae		省级
12	棕鼯鼠 *Petaurista petaurista*	鼯鼠科 Petauristidae		省级
13	社鼠 *Rattus niviventer*	鼠科 Muridae		省级
		鸟纲 AVES		
14	黄腹角雉 *Tragopan caboti*	雉科 Phasianidae	濒危	Ⅰ
15	黑冠鹃隼 *Aviceda leuphotes*	鹰科 Accipitridae	稀有	Ⅱ
16	鸢 *Milvus korschun*	鹰科 Accipitridae		Ⅱ
17	赤腹鹰 *Accipiter soloensis*	鹰科 Accipitridae		Ⅱ
18	凤头鹰 *Accipiter trivirgatus*	鹰科 Accipitridae		Ⅱ
19	蛇雕 *Spilornis cheela*	鹰科 Accipitridae	易危	Ⅱ
20	雀鹰 *Accipiter nisus*	鹰科 Accipitridae		Ⅱ
21	松雀鹰 *Accipiter virgatus*	鹰科 Accipitridae	易危	Ⅱ
22	普通鵟 *Buteo buteo*	鹰科 Accipitridae		Ⅱ
23	白腹山雕 *Aquila fasciata*	鹰科 Accipitridae		Ⅱ
24	鹊鹞 *Circus melanoleucos*	鹰科 Accipitridae		Ⅱ
25	蛇雕 *Spilornis cheela*	鹰科 Accipitridae	易危	Ⅱ
26	游隼 *Falco peregrinus*	隼科 Falconidae	易危	Ⅱ
27	红隼 *Falco tinnunculus*	隼科 Falconidae	易危	Ⅱ
28	白鹇 *Lophura nycthemera*	雉科 Phasianidae	易危	Ⅱ
29	褐翅鸦鹃 *Centropus sinensis*	杜鹃科 Cuculidae	易危	Ⅱ
30	小鸦鹃 *Centropus toulou*	杜鹃科 Cuculidae	易危	Ⅱ
31	草鸮 *Tyto capensis*	鸱鸮科 Strigidae	易危	Ⅱ
32	红角鸮 *Otus scops*	鸱鸮科 Strigidae		Ⅱ
33	雕鸮 *Bubo bubo*	鸱鸮科 Strigidae		Ⅱ
34	斑头鸺鹠 *Glaucidium cuculoides*	鸱鸮科 Strigidae	易危	Ⅱ
35	领鸺鹠 *Glaucidium brodiei*	鸱鸮科 Strigidae		Ⅱ
36	鹰鸮 *Ninox scutulata*	鸱鸮科 Strigidae		Ⅱ
37	长耳鸮 *Asio otus*	鸱鸮科 Strigidae		
38	白鹭 *Egretta garzetta*	鹭科 Ardeidae		省级
39	绿鹭 *Butorides striatus*	鹭科 Ardeidae		省级

（续）

序号	种　名	科　名	IUCN 濒危等级	保护级别
40	栗苇鳽 *Ixobrychus cinnamomeus*	鹭科 Ardeidae		省级
41	红嘴相思鸟 *Leiothrix lutea*	画眉科 Timaliidae		省级
42	黑水鸡 *Gallinula chloropus*	秧鸡科 Rallidae		省级
		爬行纲 REPTILIA		
43	蚺（蟒）*Python molurus*	蟒科 Boidae	濒危	Ⅰ
44	三线闭壳龟 *Cuora trifasciata*	龟科 Testudidae	濒危	Ⅱ
45	平胸龟 *Platysternon megacephalum*	龟科 Testudidae	濒危	省级
		两栖纲 AMPHIBIA		
46	虎纹蛙 *Rana tigrina*	蛙科 Ranidae	易危	Ⅱ
47	棘胸蛙 *Rana spinosa*	蛙科 Ranidae	易危	省级
48	沼蛙 *Rana guentheri*	蛙科 Ranidae	无危	省级
49	黑斑蛙 *Rana nigromaculata*	蛙科 Ranidae		省级

（3）经济动物多样　保护区内拥有国家保护的有益和有重要经济、科学研究价值的陆生野生动物如华南湍蛙 *Amolops ricketti*、锦蛇、滑鼠蛇、乌梢蛇、银环蛇、眼镜蛇、华南兔、银星竹鼠、黄鼬、鼬獾、果子狸、野猪等。

2.2.10 连南板洞自然保护区

2000 年 8 月 31 日，连南瑶族自治县林业局南林［2000］33 号文，向县人民政府请求建立板洞牛塘水库、白水坑、高界、中坑、白芒、涡水河、大龙山等 7 个自然保护区的请示。2000 年 9 月 16 日，连南瑶族自治县人民政府南府办复［2000］37 号文，同意建立“板洞牛塘水库”等 7 个县级自然保护区。其中板洞牛塘水库自然保护区可申报为省级自然保护区。2000 年 9 月 18 日，连南瑶族自治县人民政府南府办报［2000］32 号文，向清远市人民政府申请，将连南“板洞牛塘水库”等 7 个县级自然保护区升格为市级自然保护区。2000 年 10 月 30 日，清远市人民政府清府函［2000］144 号文，同意建立板洞牛塘水库、白水坑、高界、中坑、白芒、涡水河、大龙山等 7 个市级自然保护区。2001 年 9 月 19 日，清远市人民政府清府［2001］90 号文向广东省人民政府；2002 年 5 月 9 日，清远市人民政府清府函［2002］44 号文向广东省林业局先后发文，申请将板洞牛塘水库、白水坑、高界、中坑和白芒等 5 个市级自然保护区合并后的板洞自然保护区升格为省级自然保护区。2004 年 1 月，广东省人民政府粤府［2004］9 号文批准建立连南板洞省级自然保护区。主要保护对象为中亚热带常绿阔叶林森林生态系统及珍稀动植物栖息环境。

根据中华人民共和国国家标准《自然保护区类型与级别划分原则》（GB/T14529—93），连南板洞自然保护区属“自然生态系统类别”中的“森林生态系统类型”自然保护区。

2.2.10.1 自然条件

（1）位置范围　自然保护区位于清远市辖连南瑶族自治县最南端。地理坐标为东经 112°13′36″～112°25′13″，北纬 24°18′24″～24°26′06″，地处北回归线北缘。具体范围东至阳山县界，南到怀集县接壤，西南与连山县相连，西北、北与该县大麦山镇、寨岗镇为邻。呈东西两片，中间狭窄（850m）。东西宽约 19.6km，南北长约 14.2km，总面积 10 195.76hm^2。

（2）地质基础

①构造　保护区内属华南褶皱带，在地史上属华夏古陆和杨子古陆的华南台地，海漫盛期的泥盆纪，以大瑶山海岛露于海面。中生代以来，经历多次激烈的华南台地上升，导致原各地质时期沉积的地层褶皱断裂，并伴随大规模的花岗岩入侵，形成了历史悠久的山地地质构造。

②岩性　保护区内由山顶向外分别是中细粒斑状花岗岩—砂岩类的中细粒砂岩、泥质砂岩，局部地段亦有板岩出露。

（3）地貌类型　保护区属中山地貌类型，地势起伏大，河谷幽深，沟谷纵横，山体峻峭，坡度多在25°～50°，甚至局部达60°以上的陡崖，区内群峰林立，海拔1300m以上的山峰有14座，最高峰大磅山，海拔1481m，最低处阿姆山沟谷海拔350m。

（4）气候特点　保护区地处北回归线以北，属于中亚热带季风气候区，具有山地气候特点。根据连南瑶族自治县气象观测站资料：年平均日照时数1515小时，≥10℃年积温为6750℃。年平均气温为15.9℃，1月为最冷月份，平均气温为5.9℃，极端最低气温为－8℃；7月为最热月份，平均气温24.6℃，极端最高气温为37.6℃。年平均降水量2597.9mm，多集中在4～9月，占全年降水量的73%。年平均相对湿度79%，年平均蒸发量1313.5mm。全年盛行南北气流，夏季偏南风为主，冬季偏北风为主，春秋季偏南风与偏北风互为交替。

（5）水文特征　保护区属小北江水系的连江流域，地表径流以河流、水库等形式分布。

① 河流短小　保护区内有3条主要河流。

A. 高界河　位于保护区东部边境，发源于连塘顶，由南向北流入连江。

B. 阿姆河　位于于保护区东部的阿姆峡谷，发源于连塘顶，由南向北流入连江。

C. 板桐河　位于保护区西部，发源于天堂山，自北向南流入绥江。

这些河流的水源，主要来源为雨水，故其水文特征为流量季节变化明显，雨季地表径流顺坡而下，流量剧增，水位高涨；干季缺乏地表径流补给，流量大减，水位低落。

②水库　保护区内有旺塘、田湖、莲塘、上牛塘、下牛塘、板洞和大磅等8座中小型水库，总库容量5175万m^3，装机25 460kW，年发电量1.12亿kW/h。其中板洞水库最大，库容量3640万m^3，装机124kW，是一座供食用水、灌溉、发电等多功能的中型水库。

（6）土壤特征　保护区内的土壤由于受成土母质、气候、植被和地形等因素以及人类活动的影响，而形成明显的垂直变化。

①山地红壤　主要分布在海拔700m以下的低山丘陵，一般土层深厚，土壤发育层次明显，呈灰棕色或红棕色，有机质含量较高，土壤呈酸性，pH 4.5～6。

②山地黄壤　是山地垂直分布带的土壤，主要分布在海拔700～1000m的山地，土层较薄，土体发育层次完整，呈灰黑色或黑褐色，有机质含量较多，土壤呈酸性，pH 4.5～5.5。

③山地灌丛草甸土　是发育在山顶局部地段的特殊山地土壤，主要分布在海拔1000m以上的山脊和山顶，一般土层浅薄，土体发育层次不完整，有明显的枯枝落叶和草根盘结的草甸土。

④紫色土　是紫色纱页岩发育的岩成土，为非地带性土壤。主要分布在天堂山洼地，其特点是：土层多浅薄，层次不明显，有机质和全氮含量低，但矿物养分丰富。

2.2.10.2　功能分区

依据《广东连南板洞省级自然保护区总体规划》①，将该保护区分为如下3个功能区。

（1）核心区　位于保护区东西南部两片，总面积3628.8hm^2，占保护区总面积的35.59%。其中东南片核心区以中坑为中心，东自朝旺顶、莲塘顶山脊与怀集大稠顶自然保护区为界；北沿茶坑顶由虾蛤落井到旺塘顶为界，面积2746.1hm^2，占核心区总面积75.68%；西南片核心区位于板洞水库西南侧，以大磅坑、陆庙坑一带为中心，东自板洞水库西南侧山地，南以板洞水库引水渠至过风禾坑为界，西至大磅山地、牛岗顶为界，北以陆庙坑为界，面积882.6hm^2，占核心区总面积24.32%。以上两片核心区的共同特点均具有较典型的常绿阔叶林森林生态系统和珍稀濒危野生动植物的天然集中分布区。其主要功能是保护天然的常绿阔叶林、珍稀濒危动植物物种及其生存环境。

① 黄俊泽. 广东连南板洞省级自然保护区总体规划. 广东省林业调查规划院，广东省连南瑶族自治县人民政府. 2007.12.

核心区将实行全封闭管理，严禁捕猎、砍伐林木和旅游等活动，除依照《中华人民共和国自然保护区条例》第二十七条的规定，经批准从事科学研究活动外，禁止任何单位和个人进入核心区。必须进入核心区从事科学研究、观测、调查等活动的，应当事先向自然保护区管理处提交申请和活动计划，经省级有关自然保护区行政主管部门批准后方可进入。

（2）缓冲区　位于东西南部两片核心区的外围，面积2407.0 hm^2，占保护区总面积的23.61%。其主要功能是对核心区起缓冲作用，确保核心区的天然常绿阔叶林森林生态系统的良性循环。区内将实行半封闭管理，原则上只准从事科学研究、观测、调查等活动，严禁捕猎和砍伐林木。

（3）实验区　位于缓冲区北部，面积4159.0 hm^2，占保护区总面积的40.79%。其主要功能是从事科学实验、参观考察，生态旅游、改造恢复和驯养繁殖和开展多种经营（图2.13）。

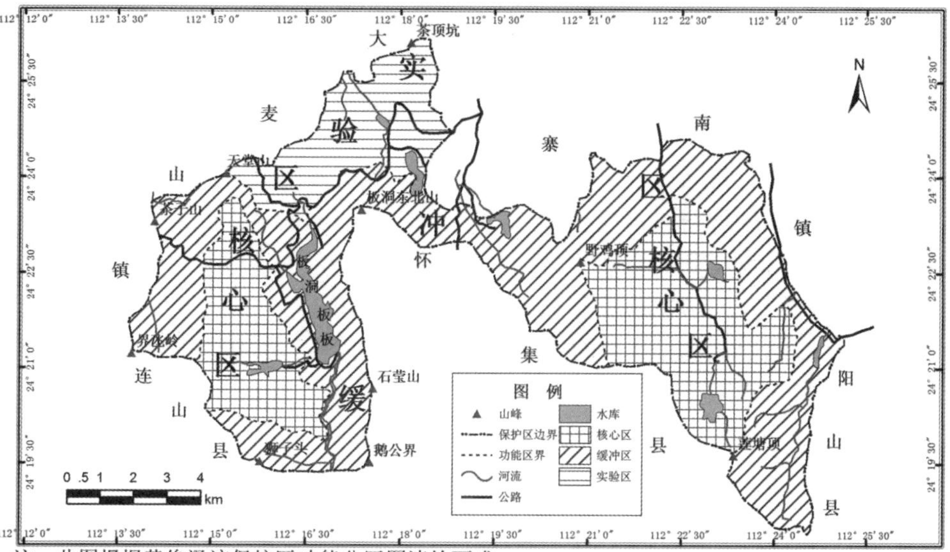

注：此图根据黄俊泽该保护区功能分区图清绘而成。

图2.13　连南板洞自然保护区功能分区图

2.2.10.3　植物区系特点

该保护区的植物区系，概括起来具有如下特点。

（1）植物种类组成较丰富　据调查统计①，该保护区拥有野生维管束植物1182种（包括种下分类单位），隶属617属192科，占广东省野生维管束植物（5933种）的19.92%（叶华谷等，2005）。其中蕨类植物66种，隶属41属26科；裸子植物12种，隶属10属7科；被子植物1104种，隶属566属159科（表2.47）。

表2.47　连南板洞自然保护区野生维管束植物类群的组成

植物类群		科数	属数	种数
蕨类植物		26	41	66
裸子植物		7	10	12
被子植物	双子叶植物纲	135	448	912
	单子叶植物纲	24	118	192
合计		192	617	1182

此外，该保护区还有栽培植物113种，分隶88属45科，其中裸子植物15种，分隶12属6科，被

① 常弘，李镇魁等. 广东连南板洞省级自然保护区自然资源科学考察报告. 中山大学生命科学学院，华南农业大学林学院，连南瑶族自治县林业局. 2007.12.

子植物 98 种，分隶 76 属 39 科（双子叶植物 83 种 62 属 32 科，单子叶植物 15 种地 14 属 7 科）。

（2）地理成分复杂

① 蕨类植物的地理成分

A. 科的地理分布区类型　根据保护区 26 科的分布类型统计分析如下。

广布科　共有 9 科，占总科数的 34.62%。如石杉科 Huperziaceae、石松科 Lycopodiaceae、卷柏科 Selaginellaceae、木贼科 Equisetaceae、紫萁科 Osmundaceae、铁线蕨科 Adiantaceae、蹄盖蕨科 Athriaceae、铁角蕨科 Aspleniaceae、水龙骨科 Polypodiaceae 等。

热带、亚热带分布科　共有 8 科，占蕨类植物总科数的 47.06%（扣除广布科 9 科，下同）。如松叶蕨科 Psilotaceae、海金沙科 Lygodiaceae、鳞始蕨科 Lindsaeaceae、凤尾蕨科 Pteridaceae、金星蕨科 Thelypteridaceae、莲座蕨科 Angiopteridaceae、中国蕨科 Sinopteridaceae、骨碎补科 Davalliacea 等。

泛热带分布科　共有 6 科，占该区总科数的 35.29%。如里白科 Gleicheniaceae、蚌壳蕨科 Dicksoniaceae、乌毛蕨科 Blechnaceae、三叉蕨科 Aspidiaceae、肾蕨科 Nephrolepidaceae、槲蕨科 Drynariaceae 等。

热带至温带的分布科　仅有瓶尔小草科 Ophioglossaceae，占该区总科数的 5.88%。

亚洲、大洋洲和美洲热带分布科　仅有瘤足蕨科 Plagiogyriaceae，占该区总科数的 5.88%。

温带至亚热带山地的分布科　仅有鳞毛蕨科 Dryopteridaceae，占该区总科数的 5.88%。

B. 属的地理分布区类型　根据保护区 41 属的分布类型统计分析如下。

广布属　共有 4 属，占总属数的 9.76%。如石杉属、石松属、卷柏属、紫萁属。

热带至亚热带分布属　共有 29 属，占总属数的 78.38%（扣除广布属 4 属）。如松叶蕨属 *Psilotum*、藤石松属 *Lycopodistrum*、灯笼草属 *Palhinhaea*、观音座莲属 *Angiopteris*、芒萁属 *Dicranopteris*、里白属 *Diplopterygium*、海金沙属 *Lygodium*、双盖蕨属 *Diplazium*、单叶双盖蕨属 *Triblemma*、碎米蕨属 *Cheilosoria*、金粉蕨属 *Onychium*、铁线蕨属 *Adiantum*、凤尾蕨属 *Pteris*、短肠蕨属 *Allantodia*、毛蕨属 *Cyclosorus*、针毛蕨属 *Macrothelypteris*、铁角蕨属 *Asplenium*、乌毛蕨属 *Blechnum*、复叶耳蕨属 *Arachniodes*、三叉蕨属 *Tectaria*、肾蕨属 *Nephrolepis*、阴石蕨属 *Humata*、瘤足蕨属 *Plagiogyria*、伏石蕨属 *Lemmaphyllum*、骨牌蕨属 *Lepidogrammitis*、星蕨属 *Microsorium*、石韦属、崖姜蕨属 *Pseudodrynaria*、贯众属。

泛热带分布属　共有 5 属，占总属数的 13.51%。如新月蕨属 *Pronephrium*、金毛狗属 *Cibotium*、鳞始蕨属 *Lindsaea*、乌蕨属 *Stenoloma*、槲蕨属 *Drynaria* 等。

仅有 1 属的热带至温带分布属为瓶尔小草属，温带分布属为木贼属，温带、亚热带分布属为狗脊蕨属，各占总属数的 2.70%。

②种子植物的地理成分　按照《世界种子植物科的分布区类型系统》（吴征镒等，2003），根据保护区种子植物 166 科的分布区类型统计分析，除温带亚洲分布、地中海区和西亚至中亚分布、中亚分布及中国特有分布科尚未发外，其余 11 个分布区类型及变型均有分布。

*1. 广布（世界广布）科　计有 44 科，占总科数的 26.51%。如毛茛科、十字花科、堇菜科、远志科 Polygalaceae、景天科 Crassulaceae、虎耳草科、马齿苋科 Portulacaceae、蓼科、石竹科 Caryophyllaceae、藜科、苋科、酢浆草科 Oxalidaceae、千屈菜科、柳叶菜科 Onagraceae、小二仙草科、瑞香科 thymelaeaceae、蔷薇科、蝶形花科 Papilionaceae、杨梅科、榆科、桑科、鼠李科、伞形科 Umbelliferae、木犀科、茜草科、败酱科、菊科、报春花科、车前科、桔梗科、半边莲科、龙胆科、紫草科、茄科、旋花科、玄参科（主产温带）、狸藻科、唇形花科（主产地中海）、泽泻科、眼子菜科、浮萍科、兰科、莎草科（主产温带及寒温带）、禾本科。

*2. 泛热带（热带广布）　有 56 科，占 45.90%（扣除广布 44 科）。如番荔枝科 Annonaceae、樟科、防己科、马兜铃科 Aristolochiaceae、胡椒科 Piperaceae、金粟兰科 Chloranthaceae、白花菜科 Capparidaceae、凤仙花科 Balsaminaceae、大风子科、天料木科 Samydaceae、西番莲科 Passifloraceae、葫芦科 Cucurbitaceae、秋海棠科 Begoniaceae、茶科 Theaceae、野牡丹科 Melastomataceae、红树科 Rhizophoraceae、使君子科 Combretaceae、藤黄科 Guttiferae、梧桐科 Sterculiaceae、古柯科 Erythroxylaceae、锦葵科 Malvaceae、大戟科、含羞草科 Mimosaceae、荨麻科 Urticaceae、卫矛科、茶茱萸科 Icacinaceae、铁青树科 Olacaceae、檀香科 Santalaceae、葡萄科、芸香科 Rutaceae、苦木科 Simaroubaceae、楝科 Meliaceae、山柳科 Clethraceae、无患子科 Sapindadaceae、漆树科、青藤科 Illigeraceae、柿科 Ebenaceae、山榄科 Sapotaceae、紫金牛科 Myrsinaceae、马钱科 Loganiaceae、夹竹桃科、萝藦科、紫薇科、爵床科、鸭跖草科、谷精草科、雨久花科、竹芋科 Marantaceae、菝葜科、天南星科、薯蓣科、棕榈科、仙茅科、蒟蒻薯科、水玉簪科 Burmanniaceae 等。

*2－1. 热带亚洲、大洋洲和热带美洲（南美洲或/和墨西哥）　有1科，占0.82%。如山矾科 Smyplocaceae。

*2－2. 热带亚洲—热带非洲—热带美洲（南美洲）　有5科，占4.10%。如买麻藤科 Gnetaceae、椴树科 Tiliaceae、粘木科、苏木科、鸢尾科。

*2S. 以南半球为主的泛热带　有5科，占4.10%。如罗汉松科 Podocarpaceae、商陆科 Phytolaccaceae、山龙眼科 Proteaceae、桃金娘科 Myrtaceae、桑寄生科 Loranthaceae 等。

*3. 东亚（热带、亚热带）及热带南美间断　有10科，占8.20%。如杉科、木通科 Lardizabalacea、水东哥科、杜英科 Elaeocarpaceae、冬青科 Aquifoliaceae、省沽油科 Staphyleaceae、五加科、安息香科 Styracaceae、苦苣苔科 Gesneriaceae、马鞭草科 Verbenacea 等。

*4. 旧世界热带　有4科，占3.28%。如海桐花科 Pittosporaceae、八角枫科 Alangiaceae、芭蕉科 Musaceae、露兜树科 Pandanaceae。

*5. 热带亚洲至热带大洋洲　有2科，占1.64%。如交让木科 Daphniphyllaceae、姜科。

*6. 热带亚洲至热带非洲　仅有1科，占0.82%。如杜鹃花科。

*7. 热带亚洲（即热带东南亚至印度—马来，太平洋诸岛）　有2科，占1.64%。如第伦桃科、牛栓藤科 Connaraceae。

*7－1. 爪哇（或苏门答腊），喜马拉雅间断或星散分布到华南、西南　仅有1科，占0.82%。如五列木科 Pentaphylacaceae。

*7－3. 缅甸、泰国至华西南　仅有1科，占0.82%。如伯乐树科 Bretschneideraceae。

*7－4. 越南（或中南半岛至华南或西南）分布　有2科，占1.64%。如大血藤科 Sargentodoxaceae、清风藤科 Sabiaceae。

*8. 北温带　有8科，占6.56%。如松科、金丝桃科、山茱萸科、大麻科、越桔科、忍冬科、延龄草科、百合科。

*8－4 北温带和南温带间断分布　有14科，占11.48%。如柏科、茅膏菜科、罂粟科、紫堇科、绣球花科、金缕梅科、黄杨科、桦木科、榛木科 Corylaceae、壳斗科、胡颓子科、槭树科、胡桃科 Juglandaceae、灯心草科 Juncaceae 等。

*8－5 欧亚和南美洲温带间断　有1科，占0.82%。如小檗科。

*9. 东亚及北美洲间断　有5科，占4.10%。如木兰科、五味子科、三白草科 Saururaceae、鼠刺科 Escalloniaceae、珙桐科 Nyssaceae。

*10. 旧世界温带分布　未见。

*10－3 欧亚和南非洲（有时也在大洋洲）间断　仅有1科，占0.82%。如川续断科。

*14. 东亚　有3科，占2.46%。如三尖杉科 Cephalotaxaceae、红豆杉科、猕猴桃科。

从上所述可以看出，泛热带分布有67科，占总科数的54.92%（扣广布科44科，下同）；北温带分布有23科，占总科数的18.85%；东亚（热带、亚热带）及热带南美间断有10科，占8.20%；其余分布所含科数均在4.10%以下，不占重要地位；特别是中国特有科等5科分布缺如，表明该自然保护区植物区系在科级水平上以泛热带分布成分为主，兼有一定数量的北温带成分。

B. 属的地理分布区类型

根据保护区种子植物576属的分布类型，按照《中国种子植物属的分布区类型》（吴征镒，1991）统计分析，除中亚分布区类型及其变型尚未发现外，其他14个分布区类型及变型均有分布（表2.48）。

表2.48　连南板洞自然保护区种子植物属的分布区类型

分布区类型及变型	属数	占总属数（%）
1. 广布分布	44	扣除
2. 泛热带分布	144	27.07
2-1 热带亚洲、大洋洲和南美洲间断分布	7	1.32
2-2 热带亚洲、非洲和南美洲间断分布	6	1.13
3. 热带亚洲和热带美洲间断分布	17	3.20
4. 旧世界热带分布	48	9.02
4-1 热带亚洲、非洲和大洋洲间断分布	7	1.32
5. 热带亚洲至热带大洋洲分布	27	5.08
5-1 中国（西南）亚热带和新西兰间断分布	0	0
6. 热带亚洲至热带非洲分布	21	3.95
6-1 华南、西南到印度和热带非洲间断	1	0.19
6-2 热带亚洲和东非间断	2	0.38
7. 热带亚洲（印度—马来西亚）分布	66	12.41
7-1 爪哇、喜马拉雅和华南、西南星散分布	8	1.50
7-2 热带印度至华南分布	3	0.56
7-3 缅甸、泰国至华西南分布	1	0.19
7-4 越南（或中南半岛）至华南（或西南）分布	7	1.32
8. 北温带分布	47	8.83
8-1 环极分布	0	0
8-2 北极高山分布	0	0.19
8-3 北极—阿尔泰和北美洲间断分布	0	0
8-4 北温带和南温带（全温带）间断分布	8	1.50
8-5 欧亚和南美洲温带间断分布	1	0.19
8-6 地中海区、东亚、新西兰和墨西哥到智利间断	0	0
9. 东亚和北美洲间断分布	30	5.64
9-1 东亚和墨西哥间断	0	0
10. 旧世界温带分布	12	2.26
10-1 地中海区、西亚和东亚间断分布	3	0.56
10-2 地中海和喜马拉雅间断分布	0	0
10-3 欧亚和南非洲（有时也在大洋洲）间断	1	0.19
11. 温带亚洲分布	3	0.56
12. 地中海区、西亚至中亚分布	1	0.19
12-1 地中海区至中亚和南非洲、大洋洲间断	0	0
12-2 地中海区至中亚和墨西哥间断	0	0
12-3 地中海区至温带、热带亚洲，大洋洲和南美洲间断	1	0.19
12-4 地中海区至热带非洲和喜马拉雅间断	0	0
12-5 地中海区—北非洲、中亚、北美西南部，智利和大洋洲（泛地中海）间断分布	0	0

（续）

分布区类型及变型	属数	占总属数（%）
13. 中亚分布	0	0
13－1 中亚东部（亚洲中部）	0	0
13－2 中亚至喜马拉雅	0	0
13－3 西亚至喜马拉雅和西藏	0	0
12－4 地中海区至热带非洲和喜马拉雅间断	0	0
14. 东亚分布	19	3.57
14－1 中国—喜马拉雅（SH）	10	1.88
14－2 中国—日本（SJ）	17	3.20
15. 中国特有分布	14	2.63
合计	576	100

从表2.48 可以看出，保护区属的地理成分泛热带分布成分，有157 属，占总属数（扣除广布属44 属，以下同）的29.51%；其次是热带亚洲分布成分有85 属，占总属数的15.98%；北温带分布成分有56 属，占总属数的10.53%；旧世界热带分布成分有55 属，占总属数的10.34%。总之是以热带成分占优势，2～7 各类热带成分共有365 属，占总属数的68.61%。温带成分8～12 共有107 属，占总属数的20.11%。东亚分布有46 属，占总属数的8.65%。中国特有分布的14 属，占2.63%，它们分别是杉木属 *Cunninghamia*、福建柏属 *Fokienia*、穗花杉属 *Amentotaxus*、大血藤属 *Sargentodoxa*、血水草属 *Eomecon*、八角莲属 *Dysosma*、伯乐树属 *Bretschneidera*、石笔木属 *Tutcheria*、半枫荷属 *semiliquidambar*、喜树属 *Camptotheca*、伞花木属 *Eurycorymbus* 等。这些特征与保护区所在的地理位置相适应。

2.2.10.4 植被类型

据调查统计，保护区内的植被类型多样，主要有8 种类型。

（1）针叶林　在保护区内主有如下2 个群系。

①马尾松林（Form *Pinus massoniana*）　主要分布于保护区的东北部。

乔木层：除马尾松优势种外，还有木荷 *Schima superba* 等。由于郁闭度小，林下灌木层和草本层的植物种类丰富。

灌木层：有米碎花 *Eurya chinensis*、桃金娘 *Rhodomyrtus tomentosa*、赤楠 *Syzygium buxifolium*、草珊瑚、粗叶榕 *Ficus hirta*、岗松等。

草本层：有芒萁、半边旗、狗脊、海金沙、乌毛蕨、五节芒、淡竹叶等。

②杉木林（Form *Cunninghamia lanceolata*）　多为人工栽培，主要分布于保护区的西北部。

乔木层：除杉木优势种外，还有枫香树、盐肤木、豆梨 *Pyrus calleryana* 等。

灌木层：有黑老虎 *Kadsura coccinea*、柏拉木 *Blastus cochinchinensis*、微毛柃 *Eurya hebeclades*、山莓 *Rubus corchorifolius*、栀子 *Gardenia jasminoides* 等。

草本层：有芒萁、五节芒、淡竹叶等。

（2）沟谷季风常绿阔叶林　主要分布在保护区内海拔600m 以下的沟谷两侧或山坡下部。

乔木层：除蕈树 *Altingia chinensis* 优势种外，伴生植物有鹅掌柴 *Schefflera octophylla*、华润楠、亮叶猴耳环 *Pithecellobium lucidum*、网脉山龙眼 *Helicia reticulata*、野芭蕉 *Musa balbisiana* 等。

灌木层：主要有水冬哥、对叶榕 *Ficus hispida* 等。

层间藤本植物：有扁担藤 *Tetrastigma planicaule*、藤槐 *Bowringia callicarpa*、罗浮买麻藤 *Gnetum lofuense*、小叶买麻藤 *G. parvifolium*、白花油麻藤 *Macuna birdwoodiana* 等。

（3）常绿阔叶林　是以常绿阔叶树为建群种所组成的森林群落。它是中亚热带地带性的典型植被类型，在保护区内占主导地位，主要有4 个群系。

①红锥林（Form *Castanopsis hystrixi*）由于生态环境的不同，其组成种类亦有差异，因而有如下两种群落类型。

A. 红锥、箬竹林（*Castanopsis hystrixi*，*Indocalamus sinicus*）　主要分布于黄连凹海拔 1020m 处，坡向东，坡度 30°。

乔木层：平均高度 11.78m，平均胸径 18.10cm，郁闭度 0.8～0.9，除优势种红锥外，还有伯乐树 *Bretschneidera sinensis*、枫香树、日本杜英、椿叶花椒 *Zanthoxylum ailanthoides*、饭甑青冈 *Cyclobalanopsis fleuryi*、紫玉盘柯 *Lithocarpus uvariifolius*、网脉山龙眼等。

灌木层：以箬竹占绝对优势。此外，林下还见有红锥、红楠 *Machilus thunbergii*、木莲、深山含笑、伯乐树、网脉山龙眼、青榨槭 *Acer davidii* 等幼苗。由此可见该林的发展趋势是比较稳定的。

B. 红锥、狗脊林（*Castanopsis hystrixi*，*Woodwardia japonica*）　主要分布于板洞水库副坝引水渠 700m 海拔 870m 处，坡向南，坡度 25°。

乔木层：平均高度约 7.05m，平均胸径 13.15cm，郁闭度 0.7～0.8。除优势种红锥外，还有大果马蹄荷 *Exbucklandia tonkimensis*、毛桃木莲 *Manglietia moto*、网脉山龙眼、罗浮柿等。林下几无灌木。

草本层：以狗脊占绝对优势，淡竹叶次之。

层间藤本植物：有菝葜。此外，林下还见有红锥、毛桃木莲、华润楠、山苍子 *Litsea cubeba*、深山含笑、网脉山龙眼、青榨槭、岭南槭 *Acer tutcheri* 等幼苗。由此可见该林的发展趋势是比较稳定的。

②红楠林（Form *Machilus thunbergii*）　分布于天堂山坑尾，海拔 910m 处，坡向东南，坡度 25°。

乔木层：平均高度约 8.86m，平均胸径 9.41cm，郁闭度 1.0。除优势种红楠外，还有木荷、罗浮栲、枫香树、山槐 *Albizia kalkora*、黄樟 *Cinnamomum parthenoxylon*、香花枇杷 *Eriobotrya fragrans* 等。由于郁闭度大，林下几无灌木、草本植物，只有林地边缘有中华里白 *Diplopterygium chinensis*。

此外，林下只有零星的网脉山龙眼、罗浮栲、鼠刺 *Itea chinensis* 等幼苗。由此可见该林的发展趋势是很不稳定的，罗浮栲有可能代替红楠林。

③木莲林（Form *Manglietia fordianai*）　主要分布于板洞水库主坝下，海拔 850m 处，坡向东南，坡度 35°。

乔木层：平均高度 8.05m，平均胸径 10.55cm，郁闭度 0.9。除建群种木莲外，还有红锥、罗浮拷、白楸、网脉山龙眼、毛桃木莲等。林下几无灌木。

草本层：以芒萁、灯笼石松 *Palhinhaea cernua*、乌毛蕨 *Blechnum orienta*、乌蕨、华良姜 *Alpinia officinarum*、鲫鱼胆 *Maesa perlarius* 等组成。

此外，林下有木莲、广西新木姜 *Neolitsea kwangsiensis*、红锥、牛耳枫 *Daphniphyllum calycinum*、野漆树等幼苗。由此可见该林的发展趋势是比较稳定的。

④木荷林（Form *Schima superba*）　主要分布于天堂山坑尾的山脊或山顶，海拔 1050m 处，坡向东南，坡度 30°。

乔木层：树种矮化，故称山顶矮林，平均高度 4.5m，平均胸径 6.8cm。除建群种木荷外，还有乌饭树、网脉山龙眼、岭南槭、牛耳枫、三花冬青 *Ilex triflora*、五列木 *Pentaphylax euryoides* 等。

灌木层：主要有石壁杜鹃 *Rhododendron bachii*、赤楠 *Syzygium buxifolium*、黄药 *Rhamnus coriophylla*、北江荛花 *Wikstroemia monnula* 等。

草本层：以中华里白和芒萁占优势，其次是狗脊、地稔 *Melastoma dodecandrum* 等。

此外，林下有乌饭树、网脉山龙眼、东方古柯 *Erythroxylum sinense* 等幼苗。

（4）常绿与落叶阔叶混交林　是以常绿与落叶阔叶树为建群种所组成的森林群落。在保护区内居次要地位，有如下群系。

罗浮栲、青榨槭林（Form *Castanupsis fabric*，*Acer davidii*）　主要分布于连塘水坑边，海拔 820m 处，坡向西北，坡度 30°。

乔木层：平均高度约 9.33m，平均胸径 13.39cm，郁闭度 0.8～1.0。除建群种罗浮栲、青榨槭外，还有伯乐树、白楸 *Mallotus paniculatus*、野漆树 *Toxicodendron sylvestris*、锈叶新木姜 *Neolitsea cambodiana*、美叶柯 *Lithocarpus calophyllus*、木姜柯、华润楠、香港四照花 *Dendrobenthamia hongkongensis* 等。

灌木层：以箬竹占绝对优势。

林下几无草本植物。

层间藤本植物：有常春藤 *Hedera nepalensis*、链珠藤 *Alyxia sinensis*、葛等。

此外，林下主要有罗浮栲、猴欢喜 *Sloanea sinensis*、网脉山龙眼、香港四照花、青榨槭、华润楠、盐肤木、光叶山矾 *Symplocos lancifolia* 等幼苗。由此可见该林的发展趋势是比较稳定的。

（5）落叶阔叶林　是以落叶阔叶树为建群种所组成的森林群落。在保护区内居次要地位，有如下群系。

白楸林（Form *Mallotus paniculatus*）　主要分布于海拔600～850m之间，除建群种白楸外，还有山乌桕 *Sapium discolor*、八角枫 *Alangium chinense*、枫香树等。

（6）竹林　主要分布于沟谷洼地或坡地。常呈片状。

①毛竹林（Form *Phyllostachys heterocycla* cv. *Pubescens*）和苦竹林（Form *Pleioblastus amerus*）　主要分布于海拔800m以下。

②箬竹林（Form *Indocalanus tessellatus*）　主要分布于海拔1200m以 上。

（7）针阔叶混交林　以暖性针叶树与阔叶树为建群种所组成的森林群落。在保护区内有1个群系。

马尾松、木荷林（Form *Pinus massoniana*，*Schima superba*）　分布面积较大，除建群种马尾松、木荷外，还有鼠刺、米槠 *Castanopsis carlesii* 等。

灌木层：有尖叶毛柃 *Eurya acuminatissima*、微毛柃 *E. hebeclados* 等。

草本层：常见的有芒萁、狗脊、海金沙、乌毛蕨、五节芒、淡竹叶等。

（8）山顶灌丛草坡　主要分布海拔1200m以上的山顶和山脊等。灌木多为黏毛杜鹃 *Rhododendron championae*、满山红 Rh. *mariesii*、吊钟花 *Enkianthus quinqueflorus*、乌饭树、北江尧花和鼠刺等。草本植物有芒、苔草等。

2.2.10.5　野生植物资源

（1）珍稀濒危保护植物繁多　根据1984年国家环境保护委员会公布的《中国珍稀濒危保护植物名录》和1999年国务院批准公布的《国家重点保护野生植物名录（第一批）》所列种类统计，保护区内共有国家重点保护野生植物23科24属25种。其中蕨类植物1科1属1种，裸子植物3科5属5种，被子植物17科18属19种；国家I级重点保护野生植物2种，国家II级重点保护野生植物10种，国家III级重点保护野生植物13种（表2.49）。

表2.49　连南板洞自然保护区的保护植物

序号	种名	科名	IUCN 濒危等级	保护级别
1	南方红豆杉 *Taxus wallichiana* var. *mairei*	红豆杉科 Taxaceae	濒危	I
2	伯乐树 *Bretschneidera sinensis*	伯乐树科 Bretschneideracrar	濒危	I
3	金毛狗 *Cibotium barometz*	蚌壳蕨科 Dicksoniaceae	渐危	II
4	华南五针松 *Pinus kwangtungensis*	松科 Pinaceae	渐危	II
5	福建柏 *Fokienia hodginsii*	柏科 Cupressaceae	渐危	II
6	凹叶厚朴 *Magnolia officinalis* subsp. *biloba*	木兰科 Magnoliaceae	渐危	II
7	樟树 *Cinnamomum camphora*	樟科 Lauraceae	渐危	II
8	野茶树 *Camellia sinensis*	茶科 Theaceae	稀有	II
9	花榈木 *Ormosia henryi*	蝶形花科 Papilioaceae	渐危	II
10	半枫荷 *Semiliquidambar cathayensis*	金缕梅科 Hamamelidaceae	渐危	II
11	伞花木 *Eurycorymbus cavaleriei*	无患子科 Sapindaceae	渐危	II

（续）

序号	种名	科名	IUCN 濒危等级	保护级别
12	喜树 *Camptotheca acuminata*	珙桐科 Nyssaceae	渐危	Ⅱ
13	油杉 *Keteleeria fortunei*	松科 Pinaceae	渐危	Ⅲ
14	穗花杉 *Amentotaxus argotaenia*	红豆杉科 Taxaceae	濒危	Ⅲ
15	沉水樟 *Cinnamomum micranthum*	樟科 Lauraceae	渐危	Ⅲ
16	短萼黄连 *Coptis chinensis var. brevisepala*	毛茛科 Ranunculaceae	渐危	Ⅲ
17	八角莲 *Dysosma versipellis*	小檗科 Berberidaceae	渐危	Ⅲ
18	任木 *Zenia insignis*	苏木科 Caesalpiniaceae	稀有	Ⅲ
19	吊皮锥 *Castanopsis kawakamii*	壳斗科 Fagaceae	渐危	Ⅲ
20	青檀 *Pteroceltis tatarinowii*	榆科 Ulmaceae	渐危	Ⅲ
21	粘木 *Ixonanthes chinensis*	粘木科 Ixonanthaceae	渐危	Ⅲ
22	白桂木 *Artocarpus hypargyreus*	桑科 Moraceae	渐危	Ⅲ
23	银钟花 *Halesiamacgregorii*	安息香科 Styracaceae	稀有	Ⅲ
24	巴戟 *Morinda officinalis*	茜草科 Rubiaceae	稀有	Ⅲ
25	蒟蒻薯 *Tacea chantrieri*	蒟蒻薯科 Taccaceae	渐危	Ⅲ

注：兰科植物 15 属 19 种，全部为《濒危野生动植物种国际贸易公约》附录Ⅱ物种。

（2）经济植物资源多样　在保护区内蕴藏着多种经济植物资源。

①药用植物　有 619 种，占野生维管束植物总种数的 52.37%。其中辛温解表的有毛麝香 *Adenosma glutinosum*、广防风 *Anisomeles indica*、羊角拗 *Strophanthus divaricatus* 等；辛凉解表的有土牛膝 *Achyranthes aspera*；平肝清热的有露兜草 *Pandanus austrosinensis*；清热凉血的有丝茅、葛、马鞭草 *Verbena officinalis*、十萼茄 *Lycianthes biflora*、茅莓 *Rubus parvifolius*、铁冬青 *Ilex rotunda*、黄药 *Rhamnus crenata* 等；清热解毒的有白花蛇舌草 *Hedyotis diffusa*、地胆草 *Elephantopus scaber*、乌毛蕨、盐肤木、鹅掌柴、马齿苋 *Portulaca oleracea*、牛筋草 *Eleusine indica*、油桐 *Vemicia fordii* 等；清热利咽的有土牛膝；清肝明目的有桑、菊花、青葙 *Celosia argentea* 等；清热利尿的有广东金钱草 *Desmodium styracifolium*、淡竹叶、车前 *Plantago asiatica*、海金沙等；除湿化滞的有水蓼 *Polygonum hydropiper*；清热燥湿的有地耳草 *Hypericum japonicum*、白背叶 *Mallotus apelta* 等；疏风散热的有谷精草 *Eriocaulon buergeriannum*、野菊 *Dendranthema indicum* 等；清热利湿的有千根草 *Euphorbia thymifolia*、栀子 *Gardenia jasminoides*、岗松、乌蔹莓 *Cayratia japonica*、酢浆草 *Oxalis corniculata*、算盘子 *Glochidion puberum*、地耳草 *Hypericum japonicum* 等；止泻的有毛果算盘子 *Glochidion eriocarpum*、马齿苋；唆下逐水的有了哥王；下逆气、止痛的有杉木；祛风湿的有狗脊、苍耳、山苍子、鸡矢藤 *Paederia scandens*、菝葜、杉木、樟树、算盘子、野牡丹、毛果巴豆 *Croton lachnocarpus*、水蓼；理气的有香附子 *Cyperus rotundus*、等；跌打损伤、止血肿痛的有积雪草 *Centella asiatica*、鳢肠、大茶药、铁包金 *Berchemia lineata*、鲫鱼胆、毛果巴豆、苎麻、薯茛、紫珠 *Callicarpa bodinieri*、一点红 *Emilia sonchifolia*、毛麝香等；活血祛瘀的有黑老虎 *Kadsura coccinwa*、两面针；化痰药的有石仙桃 *Pholidota chinensis*；活血调经的有益母草 *Leonurus artemisia*、泽珍珠菜 *Lysimachia candida*；祛寒健胃的有山苍子；平肝息风的有钩藤 *Uncaria rhynchophylla* 等；开窍的有石菖蒲；拔毒消肿的有篦麻；壮阳药的有金樱子 *Rosa lawvigata*；补阴药的有广东石斛 *Dendrobium wilsonii*；补血药的有香花崖豆藤、桃金娘、酸藤子 *Embelia laeta* 等。其他民间常用草药或凉茶有梅叶冬青 *Ilex asprella*、鸡矢藤、两面针、草珊瑚、黑老虎 *Kadsura coccinea*、接骨草 *Sambucus chinensis*、一点红等。并曾有一定栽培面积的药用植物如凹叶厚朴、吴茱萸 *Evodia rutaecarpa* 等。

②用材植物　有 146 种，占野生维管束植物总种数的 12.35%。其中一类用材有樟树、红锥、香椿 *Toona sinensis* 等；二类用材有罗浮栲、柯、黄樟等；三类用材有蕈树、香港四照花、华润楠等；四类用材有日本杜英、竹节树 *Carallia brachiata* 等；五类用材有鼠刺、猴欢喜等；作军工用材的有黄杞 *En-*

gelhardtia roxburghiana、华南五针松等。胶合板用材的有赤杨叶 *Alniphyllum fortunei* 猴耳环等；纺织用材的有木荷等；乐器用材的有山乌桕、鹅掌柴、椿叶花椒 *Zanthoxylum ailanthoides* 等；造纸用材的有山矾属 11 种和栓皮安息香 *Styrax suberifolia* 等；房屋建筑工程用材有马尾松、杉木等。

③纤维植物　有 96 种，占总种数的 8.12%。较重要的有朴树 *Celtis timorensis*、龙须藤 *Bauhinia championii*、苎麻、紫麻 *Oreocnide frutescens*、美丽胡枝子 *Lespedeza formosa*、白背叶、白楸、粗糠柴 *Mallotus philippinensis*、小叶买麻藤、罗浮买麻藤、刺果藤 *Buettneria aspera*、光叶山黄麻 *Trema cannabina*、山黄麻 *T. orientalis*、菖蒲、毛竹、青皮竹 *Bambusa textis*、五节芒、芒等。

④淀粉植物　有 27 种，占总种数的 2.28%。其中比较重要的有福建莲座蕨 *Angiopteris fokiensis*、狗脊、金毛狗、葛、杨梅、金樱子、菝葜、木防己及锥属 *Castanopsis* spp. 各种植物和薜荔等。

⑤油脂植物　有 67 种，占总种数的 5.67%。较重要的有油茶 *Camellia oleifera*、油桐 *Vernicia fordii*、山乌桕、乌桕、楝叶吴茱萸 *Evodia meliaefolia*、香叶树、苍耳、构树、罗浮买麻藤、朱砂根、黑莎草等。

⑥芳香植物　有 30 种，占总种数的 2.54%。较重要的有樟树、阴香 *Cinnamomum burmanii*、山油柑 *Acronychia pedunculata*、木姜子、山苍子、金叶含笑 *Michelia foveolata*、深山含笑 *Michelia maudiae*、岗松、栀子、草珊瑚、黄葵 *Abelmoschus moschatus*、野生紫苏 *Perilla frutescens*、黄荆 *Vitex negundo*、牡荆 *V. negundo* var. *cannabifolia*、女贞 *Ligustrum lucidum*、清香藤、香附子等。

⑦观赏植物　有 110 种，占总种数的 9.31%。其中可作行道树的有深山含笑、阴香；可作庭荫树的有榕树 *Ficus microcarpa*、樟树等；可作园林树的有福建柏、木莲等；可作绿篱的有小蜡 *Ligustrum sinense*、草珊瑚等；可作盆景的有雀梅藤 *Sageretia thea*、朴树等；观叶植物有枫香树、山乌桕等；观花植物有白花油麻藤 *Mucuna birdwoodiana*、杜鹃花属 11 种、吊钟花 *Enkianthus quinqueflorus* 等。

⑧野生水果植物　有 92 种，占总种数的 7.78%。主要有毛花猕猴桃 *Actinidia eriantha*、黄毛猕猴桃 *A. fulvicoma*、阔叶猕猴桃 *A. latifolia*、桃金娘、杨梅、罗浮柿、多花山竹子 *Garcinia multiflora*、岭南山竹子 *G. oblongifolia*、乌饭树、悬钩子、金樱子、南酸枣等。

⑨鞣料植物　有 41 种，占总种数的 3.47%。主要有猴耳环、山杜英、菝葜、金樱子、南酸枣、虎杖 *Polygonum cuspidatum*、余甘子 *Phyllanthus emblica*、木油桐、青榨槭、盐肤木、杨梅、厚皮香 *Ternstroemia gymnanthera*、黧蒴、钩锥 *C. tribuloides*、南岭拷、青冈、红锥、地榆 *Sanguisorba officinalis*、小果蔷薇 *Rosa cymosa*、藤金合欢 *Acacia sinuata*、龙须藤、藤黄檀 *Dalbergia hancei*、柏拉木、盐肤木、桃金娘、构树、枫香树、常春藤、鲤肠、薯茛、菝葜等。

⑩饲料植物　有 55 种，占总种数的 4.65%。较重要的有喜旱莲子草 *Altemanthera philoxeroides*、青香茅 *Cymbopogon distans*、狗牙根 *Cynodon dactylon*、看麦娘、水蔗草 *Apluda mutica*、弓果黍 *Cyrtococcum patens*、光头芒 *Echinochloa colonum*、筒轴草 *Rottboellia exaltata*、马唐 *Digitaria sanguinalis* 等。

此外，还有马齿苋、皱果苋 *Amaranthus viridis* 等 26 种野菜植物；威灵仙 *Clematis chinensis*、三白草 *Saururus chinensis* 等 26 种农药植物；薯茛、栀子等 13 种染料植物；杜茎山 *Maesa japonica*、广东蛇葡萄 *Ampelopsis cantoniensis* 等 20 种保键饮料植物；大茶药、驳骨丹 *Buddleja asiatica*、海芋、醉鱼草 *Buddleja lindleyana*、了哥王、羊角拗 *Strophanthus divaricatus*、野漆树等 10 种有毒植物。

2.2.10.6 野生动物资源

（1）动物物种较丰富　该保护区的生态环境复杂，森林茂密，孕育了丰富的动物种类。据调查统计，该保护区拥有野生脊椎动物 333 种，隶属 150 属 76 科 30 目。

①两栖类　有 32 种，隶属 11 属 6 科 2 目，占该区脊椎动物总数的 9.61%。其中无尾目（SALIENTIA）有 7 科 9 属 30 种，占该区两栖类总种数的 93.75%；有尾目（CAUDATA）只有 1 科 2 属 2 种，占总种数的 6.25%。

②爬行类　有 53 种，隶属 24 属 10 科 3 目，占该区脊椎动物总数的 15.92%。其中蛇目（SER-

PENTES）有 5 科 23 属 35 种，占该区爬行类总种数的 66.04%；蜥蜴目（LACERTILI）有 4 科 7 属 11 种，占总种数的 20.75%；龟鳖目（TESTUDINATA）有 1 科 4 属 7 种，占总种数的 13.21%。

③鸟类　有 200 种，隶属 85 属 40 科 17 目，占该区脊椎动物总数的 60.06%。其中雀形目（PASSERIFOMES）有 21 科 66 属 127 种，占该区鸟类总数的 63.50%；隼形目（FALCONIFOEMES）2 科 7 属 13 种，占总数的 6.50%；鹃形目（CUCULIFORMES）有 1 科 5 属 12 种，占总数的 6%；鸮形目（STRIGFORMES）有 2 科 8 属 8 种，占总数的 4%；鸡形目（GALLIFORMES）有 1 科 7 属 7 种，占总数的 3.50%；佛法僧目（CORACIIFORMES）有 3 科 5 属 7 种，占总数的 3.50%；鴷形目（PICIFORMES）2 科 6 属 7 种，占总数的 3.50%；鸊鷉目（PODICIPDIFORMES）有 1 科 1 属 1 种，占总数的 0.50%；鹳形目（CICONIIFORMES）有 1 科 4 属 6 种，占总数的 3%；雁形目（ANSERIFORMES）有 1 科 1 属 3 种，占总数的 1.50%；鸽型目（COLUMBIFORMES）有 1 科 1 属 3 种，占总数的 1.50%；鹤形目（GRUIFORMES）有 1 科 2 属 2 种，占总数的 1%；雨燕目（APODIFORMES）有 1 科 2 属 2 种，占总数的 1%；夜鹰目（CAPRIMULGIFORMES）有 1 科 1 属 1 种，占总数的 0.50%；咬鹃目（TROGONIDAE）有 1 科 1 属 1 种，占总数的 0.50%。

从鸟类的居留型组成中，留鸟有 152 种，占总数的 76%；冬候鸟或旅鸟有 41 种，占总数的 20.50%；夏候鸟有 7 种，占总数的 3.50%。在区系组成中，以东洋界种最多，有 136 种，占总数的 68%；其次是属古北界种类有 43 种，占鸟类总种数的 21.50%；广布种有 29 种，占总数的 14.50%。

④哺乳类　有 48 种，隶属 30 属 20 科 8 目。占该区脊椎动物总数的 14.41%；占广东省兽类总数（124 种）的 38.71%；占全国兽类总数（449 种）的 10.69%。其中食肉目（CARNIVORA）有 4 科 14 属 17 种，占该区兽类总数的 35.42%；啮齿目（RODENTIA）有 5 科 8 属 14 种，占总数的 29.17%；翼手目（CHIROPTERAS）有 3 科 5 属 6 种，占总数的 12.50%；食虫目（INSECTVORA）有 3 科 4 属 5 种，占该区兽类总数的 10.42%；偶蹄目（ARIODACTYLA）有 3 科 3 属 3 种，占总数的 6.25%；灵长目（PRIMATES）有 1 科 1 属 1 种，占总数的 2.08%；鳞甲目（PHOLIDOTA）有 1 科 1 属 1 种，占总数的 2.08%；兔形目（LAGOMORPHA）有 1 科 1 属 1 种，占总数的 2.08%。

区系组成以东洋界种类为主，有 35 种，占总数的 72.92%；属古北界的有 9 种，占总数的 18.75%；广布种有 4 种，占总数的 8.33%。

（2）珍稀濒危动物繁多　以我国 1989 年公布实施的《国家重点保护野生动物名录》和 2001 年公布实施的《广东省重点保护陆生野生动物名录》（第一批）为依据，保护区内有保护脊椎动物 53 种。其中国家Ⅰ级重点保护动物 4 种，国家Ⅱ级重点保护动物 34 种，省级重点保护动物 15 种（表 2.50）。

表 2.50　连南板洞自然保护区的保护动物

序号	种　名	科　名	IUCN 濒危等级	保护级别
		哺乳纲 MAMMALIA		
1	云豹 *Neofelis nebulosa*	猫科 Felidae	濒危	Ⅰ
2	豹 *Panthera pardus*	猫科 Felidae	濒危	Ⅰ
3	猕猴 *Macaca mulatta*	猴科 Cercopithecidae	易危	Ⅱ
4	穿山甲 *Manis pentadactyla*	鲮鲤科 Manidae	濒危	Ⅱ
5	黄喉貂 *Martes flavigula*	鼬科 Mustelidae	易危	Ⅱ
6	水獭 *Lutra lutra*	鼬科 Mustelidae	濒危	Ⅱ
7	小灵猫 *Viverricula indica*	灵猫科 Viverridae	易危	Ⅱ
8	斑林狸 *Prionodon pardicolor*	灵猫科 Viverridae	易危	Ⅱ
9	鬣羚 *Capricornis sumatraensis*	牛科 Bovidae	易危	Ⅱ
10	红颊獴 *Herpestes javanicus*	灵猫科 Viverridae		省级

（续）

序号	种 名	科 名	IUCN 濒危等级	保护级别
11	豹猫 *Felis bengalensis*	猫科 Felidae	易危	省级
12	豪猪 *Hystrix hodgsoni*	豪猪科 Hystricidae		省级
		鸟纲 AVES		
13	黄腹角雉 *Tragopan caboti*	雉科 Phasianidae	濒危	Ⅰ
14	鸢 *Milvus korschun*	鹰科 Accipitridae		Ⅱ
15	苍鹰 *Accipiter gentilis*	鹰科 Accipitridae		Ⅱ
16	赤腹鹰 *Accipiter soloensis*	鹰科 Accipitridae		Ⅱ
17	雀鹰 *Accipiter nisus*	鹰科 Accipitridae		Ⅱ
18	凤头鹰 *Accipiter trivirgatus*	鹰科 Accipitridae		Ⅱ
19	松雀鹰 *Accipiter virgatus*	鹰科 Accipitridae	易危	Ⅱ
20	普通鵟 *Buteo buteo*	鹰科 Accipitridae		Ⅱ
21	白腹山雕 *Aquila fasciata*	鹰科 Accipitridae		Ⅱ
22	蛇雕 *Spilornis cheela*	鹰科 Accipitridae	易危	Ⅱ
23	燕隼 *Falco subbuteo*	隼科 Falconidae		Ⅱ
24	游隼 *Falco peregrinus*	隼科 Falconidae	易危	Ⅱ
25	红隼 *Falco tinnunculus*	隼科 Falconidae	易危	Ⅱ
26	白鹇 *Lophura nycthemera*	雉科 Phasianidae	易危	Ⅱ
27	褐翅鸦鹃 *Centropus sinensis*	杜鹃科 Cuculidae	易危	Ⅱ
28	小鸦鹃 *Centropus toulou*	杜鹃科 Cuculidae	易危	Ⅱ
29	草鸮 *Tyto capensis*	草鸮科 Tytonidae	易危	Ⅱ
30	雕鸮 *Bubo bubo*	鸱鸮科 Strigidae		Ⅱ
31	红角鸮 *Otus scops*	鸱鸮科 Strigidae		Ⅱ
32	领角鸮 *Otus bakkamoena*	鸱鸮科 Strigidae		Ⅱ
33	领鸺鹠 *Glaucium brodiei*	鸱鸮科 Strigidae		Ⅱ
34	斑头鸺鹠 *Glaucium cuculoidei*	鸱鸮科 Strigidae	易危	Ⅱ
35	鹰鸮 *Ninox scutulata*	鸱鸮科 Strigidae		Ⅱ
36	长耳鸮 *Asio otus*	鸱鸮科 Strigidae		Ⅱ
37	白眉山鹧鸪 *Arborophila gingica*	雉科 Phasianidae		省级
38	红嘴相思鸟 *Leiothrix lutea*	画眉科 Timaliidae		省级
39	池鹭 *Ardeola bacchus*	鹭科 Ardeidae		省级
40	白鹭 *Egretta garzetta*	鹭科 Ardeidae		省级
41	中白鹭 *Egretta intermedia*	鹭科 Ardeidae		省级
42	牛背鹭 *Bubulcus ibis*	鹭科 Ardeidae		省级
43	黄斑苇鳽 *Ixobrychus sinensis*	鹭科 Ardeidae		省级
44	栗苇鳽 *Ixobrychus cinnamomeus*	鹭科 Ardeidae		省级
		爬行纲 REPTILIA		
45	蚺（蟒）*Python molurus*	蟒科 Boidae	濒危	Ⅰ
46	三线闭壳龟 *Cuora trifasciata*	龟科 Testudidae	濒危	Ⅱ
47	地龟 *Geoemyda spengleri*	龟科 Testudidae	稀有	Ⅱ
48	平胸龟 *Platysternon megacephalum*	龟科 Testudidae	濒危	省级
		两栖纲 AMPHIBIA		

（续）

序号	种　名	科　名	IUCN 濒危等级	保护级别
49	细痣疣螈 *Tylototriton asperrimus*	蝾螈科 Salamandridae	易危	Ⅱ
50	虎纹蛙 *Rana tigrina*	蛙科 Ranidae	易危	Ⅱ
51	棘胸蛙 *Rana spinosa*	蛙科 Ranidae		省级
52	沼蛙 *Rana guentheri*	蛙科 Ranidae	易危	省级
53	黑斑蛙 *Rana nigromaculata*	蛙科 Ranidae		省级

（3）经济动物多样　保护区内有国家保护的有益的或有重要经济、科学研究价值的陆生野生动物。

①两栖类　经济价值较大的有黑眶蟾蜍 *Bufo melanostictus*、华南湍蛙、黑斑蛙 *Rana nigromaculata* 等。

②爬行类　经济价值较大的物种如平胸龟 *Platysternon megacephalum*、乌龟 *Chinemys reevesii*、黄喉水龟 *Clemmys mutica*、眼斑水龟 *C. bealei*、四眼水龟 *C. quadrlocellata*、王锦蛇 *Elaphe carinata*、三索锦蛇 *E. radiate*、黑眉锦蛇 *E. taeniura*、滑鼠蛇、灰鼠蛇、中国水蛇 *Enhydris chinensis*、铅色水蛇 *Enhydris enhydris*、银环蛇、金环蛇、眼镜蛇、眼镜王蛇、五步蛇 *Agkistrodon acutus*、烙铁头 *Trimeresurus mucrosquamatus* 等。

③鸟类　主要经济资源有 87 种。其中肉用的主要有 21 种，如池鹭、牛背鹭、白鹭、鹧鸪 *Francolinus pintadeanus*、普通竹鸡 *Bambusicola thoracica*、雉鸡、珠颈斑鸠 *Streptopelia chinensis*、山斑鸠 *S. orientalis* 等；羽用鸟类主要有 16 种，以鹭类、鸡类、斑鸠和红嘴蓝鹊 *Cissa erythrorhyncha* 为主，其中普通竹鸡、雉鸡、红嘴蓝鹊、珠颈斑鸠等种类种群数量最多；药用鸟类有 36 种（不包括国家重点保护鸟类），主要集中于鹭类、鸡类、杜鹃类、斑鸠类、雨燕类和鸮类等；观赏鸟类有 61 种（不包括国家重点保护鸟类），其中种群数量最多种类有黑［短脚］鹎 *Hypsipetes madagscariensis*、栗背短脚鹎 *H. flavala*、红嘴蓝鹊、画眉、黑领噪鹛 *Garrulax perspicillatus*、红嘴相思鸟、红耳鹎 *Pycnontus jocosus*、白头鹎 *P. sinensis*、暗绿绣眼鸟 *Zosterops japonica*、普通竹鸡、鹭类、珠颈斑鸠、栗头峰虎 *Merops viridis*、赤红山椒鸟 *Pericrocotus flammeus*、八哥、红点颏 *Luscinia calliope*、鹊鸲 *Copsychus saularis*、灰背鸫 *Turdus merula*、棕颈钩嘴鹛 *Pomatorhinus ruficollis*、黑脸噪鹛 *Garrulax perspicillatus*、黄腰柳莺 *Phylloscopus proregulus*、黄颊山雀 *Parus xanthogenys*、红头长尾山雀 *Aegithalos conicinnus*、叉尾太阳鸟 *Aethopyga christinae*、栗腹文鸟 *Lonchura punctulata*、金翅雀 *Carduelis sinica* 等。

④哺乳类　其中有华南兔、黄鼬、狗獾、鼬獾、野猪等 20 种。

2.2.11　清新白湾自然保护区

2000 年清新县林业部门开始筹建清新白湾自然保护区。2000 年 12 月，清新县人民政府清新府函［2000］22 号文批准建立清新白湾县级自然保护区。2004 年 10 月，清远市人民政府清府函［2004］2169 号文批准建立清新白湾市级自然保护区。2008 年，广东省人民政府粤办函［2008］588 号“关于同意建立清远连山笔架山等 4 个省级自然保护区的复函”中，批准建立清新白湾省级自然保护区。主要保护对象为石灰岩山地森林生态系统及珍稀动植物资源。

据中华人民共和国国家标准《自然保护区类型与级别划分原则》（GB/T14529—93），清新白湾自然保护区属“自然生态系统类别”中的“森林生态系统类型”自然保护区。

2.2.11.1　自然条件

（1）位置范围　清新白湾自然保护区位于清远市辖清新县北部的石潭镇行政境界内。地理坐标为东经 112°41′~112°48′，北纬 24°12′~24°18′，地处北回归线北缘。东和东北与英德市接壤，南与石潭镇为邻，西与阳山县交界。具体范围为：雪顶—大龄顶—木模顶—汶垒顶—白湾圩背—长控尾—红蚝坪—晒谷石南顶—冬瓜棚—雪顶的闭合地域。东西最宽约 9km，南北最长约 17km，总面积 7219.1hm^2。

（2）地质基础　保护区所在的清新县，属桂湘赣粤褶皱的粤中拗褶束与湘粤拗褶束交接部位、粤桂隆起边缘。地处佛冈－丰良纬向构造带与吴川—四会新华夏断裂带的交汇复合部位。由于不同构造体系的发育、叠加和改造，加上海西—印支以及燕山早期大规模岩浆侵入活动，形成了错综复杂的地质环境，其中在县境北部区域的白湾等地，主要出露古生界石炭系碳酸岩类地层，保护区内主要岩石为石灰岩和灰质白云岩。

（3）地貌概况　保护区属低山岩溶地貌，亦称喀斯特地貌，地势东高，西低。境内在高温多雨的气候条件下，岩溶作用十分强烈，溶蚀物被流水带走后，而形成峰林、峰丛、孤峰、石林、落水洞和漏斗等形态。最高峰为雪顶，海拔 833.5m，最低处为西村山口，海拔 101.0m，相对高差距 732.5m。山体陡峭，坡度多在 40°以上。在石峰之间散布着一个个深达 300～500m，直径 200～300m 的落水洞。

（4）气候特点　保护区属中亚热带季风气候区，气候特点是：热量充足，雨量充沛，雨热同季，冷暖交替明显，夏长，冬短，夏季高温多雨，冬季有霜冻寒潮较多少雨。据保护区所在的清新县气象资料：年平均气温 20.2℃，最冷 1 月份平均气温 12.5℃，极端最低气温 －0.6℃；最热 7 月份平均气温 28.8℃，极端最高气温 38.7℃。无霜期 335 天。年平均降水量 1800～2000mm，每年 4～9 月总降水量占全年总降雨量的 81%，是全省暴雨中心之一。年相对湿度 78%。年平均日照 1688 小时。由于受海拔高度影响，山地气候特征显著，保护区内夏季平均气温比周边地区低 2℃。全年季风明显，盛行南北气流，夏季多偏南风，冬季多偏北风，春秋两季南北风相互交替。

（5）水文特征　保护区属北江水系，其水文特征是：地表径流稀少，地下河发育，水质良好。

① 滨江　是清新县境内最大的北江一级支流，发源于白湾雪顶山南麓的白湾水。白湾水流域为石灰岩地区，流域面积约 107km²，枯水期流量仅有 0.26m³/秒。

②地表水 保护区为石灰岩地区，岩溶发育，降水顺漏斗、落水洞、裂缝渗入地下河，加之土层浅薄，蓄水保水能力差，地表水源缺乏，环境干燥。仅在茶仔洞、陈浪洞、王公等地有石灰岩泉，但流量小。

③地下河 在保护区南部边缘地界，人胜岩、晒谷石两处地下河出水口，两条地下河流出后，以地上河形式汇入滨江。

④水质良好　保护区内的石灰岩泉和地下河水质，整体而言，水质良好。但水质硬度较高，水质达到国家地表水环境质量标准（GHZ-BI－1999）Ⅰ类水质标准。

（6）土壤特征　白湾自然保护区主要分布着石灰（岩）土，为隐域性土攘，由于森林植被覆盖较好，土攘形态较为完整，按其发育特征有如下两个亚类。

①黑色石灰土　主要分布于常绿阔叶林和灌丛下的土壤，成土母质为石灰岩风化坡积物和堆积物，土层较薄，但腐殖质层较厚，土壤剖面呈 A—C 发育结构，A 层团粒状或核粒状结构，土体质地较黏重，多呈中性至碱性反应，pH 6.5～8.0。土壤肥力水平相对较高。

②红色石灰土　多分布在针阔叶混交林和

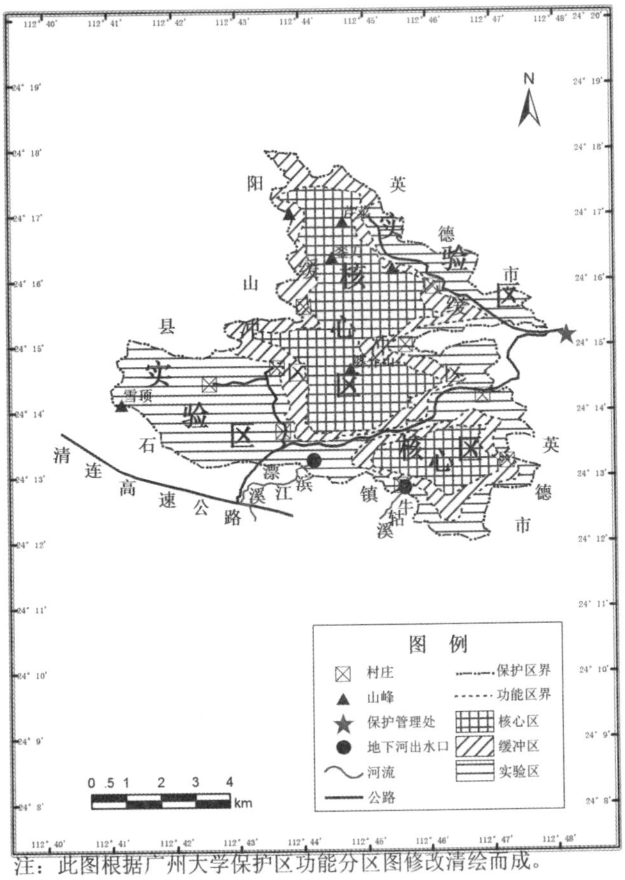

注：此图根据广州大学保护区功能分区图修改清绘而成。

图 2.14　清新白湾自然保护区功能分区图

草丛下的土壤，成土母质为石灰岩风化坡积物和堆积物，形成的历史悠久，但碳酸钙淋失作用强烈、含钙量低、无石灰性反应，呈微酸性至中性反应，pH 6.2～7.5。心土层质地黏重、紧实，核块状结构，土壤肥力水平相对较低。

2.2.11.2 功能分区

依据《广东清新白湾自然保护区总体规划》①，将保护区分为 3 个功能区（图 2.14）。

（1）核心区　面积 2491.0hm²，占保护区总面积的 34.50%，其中牛洞片面积 1925.6hm²，占核心区总面积的 77.30%；枫林洞片面积 565.4hm²，占核心区总面积的 22.70%。

（2）缓冲区　面积 1453.7hm²，占保护区总面积的 20.14%，其中茶仔洞片面积 995.8hm²，占缓冲区面积的 68.50%；碌古洞片面积 457.9hm²，占缓冲区面积的 31.50%。

（3）实验区　面积 3274.4hm²，占保护区总面积的 45.40%。

2.2.11.3 植物区系特点

（1）植物物种较贫乏　据调查统计②，该保护区拥有野生维管束植物 733 种（包括种下分类单位，下同），隶属 472 属 156 科。占广东省野生维管束植物 5933 种的 12.350%（叶华谷等，2005）。其中蕨类植物 66 种，隶属 41 属 23 科；裸子植物 2 种，隶属 2 属 2 科；被子植物 665 种，分隶 429 属 131 科（表 2.51）。

表 2.51　清新白湾自然保护区野生维管束植物类群的组成

植物类群		科数	属数	种数
蕨类植物		23	41	66
裸子植物		2	2	2
被子植物	双子叶植物纲	111	354	565
	单子叶植物纲	20	75	100
合计		156	472	733

（2）地理成分较复杂

①蕨类植物的地理成分

A. 科的地理分布区类型　根据保护区 23 科的分布类型统计分析如下。

广布科　共有 8 科，占该区总科数的 34.78%。如石松科 Lycopodiaceae、卷柏科 Selaginellaceae、木贼科 Equisetaceae、紫萁科、铁线蕨科 Adiantaceae、蹄盖蕨科 Athyriaceae、铁角蕨科 Aspleniaceae、水龙骨科 Polypodiaceae 等。

热带、亚热带分布科　共有 10 科，占该区总科数的 66.67%（扣除广布科 8 科，下同）。如凤尾蕨科 Pteridaceae、金星蕨科 Thelypteridaceae、中国蕨科 Sinopteridaceae、肿足蕨 Hypodematiaceae 科，以我国华南至西南亚热带为分布中心，也是本保护区蕨类区系的特征成分。另有骨碎补科 Dvalliaceae 1 科，以亚洲亚热带为主。而以热带为主的有碗蕨科 Dennstaedtiaceae、鳞始蕨科 Lindsaeaceae、海金沙科 Lygodiaceae、膜蕨科 Hymenophyllaceae、肾蕨科 Nephrolepidaceae 等 5 科。

泛热带分布科　共有 4 科，占该区总科数的 26.67%。如槲蕨科 Drynariaceae，以亚洲为主，其他为里白科 Gleicheniaceae、蕨科、乌毛蕨科等。

温带至亚热带高山地区分布科　仅有鳞毛蕨科 Dryopteridaceae 1 科，占总科数的 6.67%。

B. 属的地理分布区类型　根据保护区 41 属的分布类型统计分析如下。

广布属　共有 3 属，占该区总属数的 7.32%。如卷柏属 *Selaginella*、铁线蕨属 *Adiantum*、铁角蕨属

---

① 广州大学，广东省清新县林业局，广东省白湾自然保护区管理站．广东清新白湾自然保护区总体规划．2007.09.

② 广州大学，广东省清新县林业局．广东清新白湾自然保护区科学考察报告．2007.09.

Asplenium 等。

泛热带分布属　共有6属，占该区总属数的15.79%（扣除广布属3属，下同）。如蕗蕨属 *Mecodium*、粉背蕨属 *Aleuritopteris*、肾蕨属 *Nephrolepis*、乌蕨属 *Stenoloma*、蕨属 *Pteridium*、栗蕨属 *Histiopteris* 等。

热带和亚热带分布属　共有27属，占该区总属数的71.05%。其中热带至亚热带为主，如垂穗石松属 *Palhinhaea*、芒萁属、里白属、海金沙属、碗蕨属、鳞盖蕨属 *Microlepia*、凤尾蕨属 *Pteris*、毛轴碎米蕨属 *Cheilanthes*、金粉蕨属 *Onychium*、短肠蕨属 *Allantodia*、肿足蕨属 *Hypodematium*、毛蕨属 *Cyclosorus*、针毛蕨属 *Macrothelypteris*、金星蕨属 *Parathelypteris*、阴石蕨属 *Humata*、线蕨属 *Colysis*、石韦属等。

以亚热带为主的属　与热带至亚热带分布的类型相当，热带亚洲分布的有3属，如石松属、伏石蕨属 *Lemmaphyllum*、星蕨属 *Microsorium* 等；热带亚洲—大洋洲分布3属，如乌毛蕨属 *Blechnum*、瘤蕨属 *Phymatodes*、槲蕨属 *Drynaria*；热带亚洲至非洲分布的有2属，如瓦韦属 *Lepisorus*、复叶耳蕨属 *Arachniodes*；热带亚洲至热带美洲分布有单叶双盖蕨属 *Triblemma*；东亚分布有菜蕨属 *Callipteris*。

温带、热带分布属　有2属，占总属数的5.26%。如紫萁属、狗脊蕨属 *Woodwardia* 等。

温带分布属　有2属，占总属数的5.26%。如贯众属、鳞毛蕨属 *Dryopteris* 等。

寒、温带分布属　有木贼属 *Equisetum* 1属，占总属数的2.63%。

C. 种的地理分布区类型　根据保护区66种的分布类型统计分析如下。

广布种（13），泛热带分布种（9），热带，亚热带分布种（29），亚洲热带分布种（3），热带亚洲—大洋洲间断分布种（2），热带亚洲至非洲分布种（1），热带亚洲至热带美洲间断分布种（1）北温带分布种（2），温带分布种（2），温带热带分布种（3），寒、温带分布种（1）。

广布种有13种，占总种数的19.70%。

热带、亚热带分布种有29种，占54.72%（扣除广布分布13种，下同）；泛热带分布种有9种，占16.98%；亚洲热带分布种、温带热带分布种各有3种，各占5.66%；其他热带亚洲—大洋洲间断分布种、北温带分布种、温带分布种各有2种，各占3.77%；热带亚洲至非洲分布种、热带亚洲至热带美洲间断分布种及寒、温带分布种各有1种，各占1.89%。说明了该区蕨类植物区系的组成和形成缺乏独立性，具有明显的热带蕨类植物区系向亚热带蕨类植物区系过渡的特点，属于中国南亚热带与中亚热带植物区系的交汇地区。

②种子植物的地理成分

按照《世界种子植物科的分布区类型系统》（吴征镒等，2003），根据清新白湾自然保护区种子植物133科的分布区类型统计分析，除温带亚洲分布、地中海区和西亚至中亚分布、中亚分布及中国特有分布科尚未发外，其余11个分布区类型及变型均有分布。

*1. 广布（世界广布）　计有41科，占总科数的30.83%。如毛茛科、十字花科、堇菜科、远志科、景天科、马齿苋科、蓼科、石竹科 Caryophyllaceae、藜科、苋科、酢浆草科、千屈菜科、柳叶菜科、小二仙草科、瑞香科、蔷薇科、蝶形花科、杨梅科、榆科、桑科、鼠李科、伞形科、木犀科、茜草科、败酱科、菊科、报春花科、车前科、桔梗科、半边莲科、紫草科、茄科、旋花科、玄参科（主产温带）、唇形花科（主产地中海）、水鳖科 Hydrocharitaceae、眼子菜科、浮萍科、兰科、莎草科（主产温带及寒温带）、禾本科等。

*2. 泛热带（热带广布）　有43科，占46.74%（扣除广布41科）。如番荔枝科 Annonaceae、樟科 Lauraceae、防己科、胡椒科、金粟兰科 Chloranthaceae、凤仙花科 Balsaminaceae、大风子科 Flacourtiaceae、葫芦科 Cucurbitaceae、秋海棠科 Begoniaceae、茶科 Theaceae、野牡丹科、使君子科、藤黄科 Guttiferae、梧桐科、锦葵科、大戟科、含羞草科、荨麻科、卫矛科、茶茱萸科、铁青树科 Olacaceae、葡萄科、芸香科、苦木科、楝科、无患子科、青藤科、柿科、山榄科 Sapotaceae、紫金牛科、马钱科 Loganiaceae、夹竹桃科 Apocynaceae、萝藦科、紫薇科、爵床科、鸭跖草科、菝葜科、天南星科、薯蓣科、棕榈科、仙茅科、蒟蒻薯科等。

＊2－1. 热带亚洲、大洋洲和热带美洲（南美洲或/和墨西哥） 有1科，占1.09%。如山矾科。

＊2－2. 热带亚洲—热带非洲—热带美洲（南美洲） 有3科，占3.26%。如椴树科 Tiliaceae、苏木科、鸢尾科 Iridaceae。

＊2S. 以南半球为主的泛热带 有4科，占4.35%。如商陆科、桃金娘科、桑寄生科 Loranthaceae、石蒜科 Amaryllidaceae 等。

＊3. 东亚（热带、亚热带）及热带南美间断 有10科，占10.87%。如杉科、木通科 Lardizabalacea、水东哥科、杜英科、冬青科、省沽油科、五加科、安息香科、苦苣苔科、马鞭草科等。

＊4. 旧世界热带 有4科，占4.35%。如海桐花科、八角枫科、芭蕉科 Musaceae、露兜树科 Pandanaceae。

＊5. 热带亚洲至热带大洋洲 有3科，占3.26%。如交让木科 Daphniphyllaceae、姜科、百部科。

＊6. 热带亚洲至热带非洲 仅有1科，占1.09%。如杜鹃花科。

＊7. 热带亚洲（即热带东南亚至印度—马来，太平洋诸岛） 有1科，占1.09%。如牛栓藤科 Connaraceae。

＊7－4. 越南（或中南半岛）至华南或西南）分布 有2科，占2.17%。如大血藤科 Sargentodoxaceae、清风藤科 Sabiaceae。

＊8. 北温带 有6科，占6.52%。如松科、金丝桃科、大麻科、越桔科、忍冬科、百合科。

＊8－4. 北温带和南温带间断分布 有8科，占8.70%。如紫堇科、绣球花科、金缕梅科、黄杨科、壳斗科、胡颓子科、槭树科、胡桃科 Juglandaceae 等。

＊8－5. 欧亚和南美洲温带间断 有1科，占1.09%。如小檗科。

＊9. 东亚及北美洲间断 有3科，占3.26%。如五味子科、三白草科、鼠刺科。

＊10. 旧世界温带分布 未见。

＊10－3. 欧亚和南非洲（有时也在大洋洲）间断 仅有1科，占1.09%。如川续断科 Dipsacaceae。

＊14. 东亚 有2科，占2.17%。如旌节花科 Stachyuraceae、猕猴桃科。

从上所述可以看出，其中以泛热带分布最多，有51科，占总科数的55.43%（扣广布41科，下同）；北温带分布有15科，占总科数的16.30%；东亚（热带、亚热带）及热带南美间断有10科，占10.87%；其余分布所含科数均在4.35%以下，不占重要地位；特别是中国特有科等5科分布缺如，表明该自然保护区植物区系在科级水平上以泛热带分布成分为主，兼有一定数量的北温带成分。

B. 属的地理分布区类型 根据白湾自然保护区种子植物431属的分布类型，按照《中国种子植物属的分布区类型》（吴征镒，1991）统计分析，除中亚分布区类型及其变型尚为发现外，其他14个分布区类型变型均有分布（表2.52）。

表2.52 清新白湾自然保护区种子植物属的分布区类型

分布区类型及变型	属数	占总属数（%）
1. 广布分布	41	扣除
2. 泛热带分布	96	24.62
2－1 热带亚洲、大洋洲和南美洲间断分布	6	1.54
2－2 热带亚洲、非洲和南美洲间断分布	5	1.28
3. 热带亚洲和热带美洲间断分布	14	3.59
4. 旧世界热带分布	33	8.46
4－1 热带亚洲、非洲和大洋洲间断分布	3	0.77

（续）

分布区类型及变型	属数	占总属数（%）
5. 热带亚洲至热带大洋洲分布	27	6. 92
5－1 中国（西南）亚热带和新西兰间断分布	0	0
6. 热带亚洲至热带非洲分布	24	6. 15
6－1 华南、西南到印度和热带非洲间断	0	0
6－2 热带亚洲和东非间断	1	0. 26
7. 热带亚洲（印度—马来西亚）分布	42	10. 77
7－1 爪哇、喜马拉雅和华南、西南星散分布	5	1. 28
7－2 热带印度至华南分布	0	0
7－3 缅甸、泰国至华西南分布	0	0
7－4 越南（或中南半岛）至华南（或西南）分布	3	0. 77
8. 北温带分布	35	8. 97
8－1 环极分布	0	0
8－2 北极高山分布	0	0
8－3 北极—阿尔泰和北美洲间断分布	0	0
8－4 北温带和南温带（全温带）间断分布	7	1. 79
8－5 欧亚和南美洲温带间断分布	1	0. 26
8－6 地中海区、东亚、新西兰和墨西哥到智利间断	0	0
9. 东亚和北美洲间断分布	21	5. 38
9－1 东亚和墨西哥间断	0	0
10. 旧世界温带分布	11	2. 82
10－1 地中海区、西亚和东亚间断分布	4	1. 03
10－2 地中海和喜马拉雅间断分布	0	0
10－3 欧亚和南非洲（有时也在大洋洲）间断	2	0. 51
11. 温带亚洲分布	3	0. 77
12. 地中海区、西亚至中亚分布	0	0
12－1 地中海区至中亚和南非洲、大洋洲间断	0	0
12－2 地中海区至中亚和墨西哥间断	0	0
12－3 地中海区至温带、热带亚洲，大洋洲和南美洲间断	1	0. 26
12－4 地中海区至热带非洲和喜马拉雅间断	0	0
12－5 地中海区—北非洲、中亚、北美西南部，智利和大洋洲（泛地中海）间断分布	0	0
13. 中亚分布	0	0
13－1 中亚东部（亚洲中部）	0	0
13－2 中亚至喜马拉雅	0	0
13－3 西亚至喜马拉雅和西藏	0	0
12－4 地中海区至热带非洲和喜马拉雅间断	0	0
14. 东亚分布	33	8. 46
14－1 中国—喜马拉雅（SH）	2	0. 51
14－2 中国—日本（SJ）	3	0. 77
15. 中国特有分布	8	2. 05
合计	431	100. 00

从表 2.52 可以看出：清新白湾自然保护区属的地理成分是以泛热带成分及其变型最多，达 107 属，占总属数的 27.44%（扣除广布分布 41 属，以下同）；热带亚洲（印度—马来西亚）分布及其变型成分计有 50 属，占总属数的 12.82%；北温带分布及其变型成分计有 43 属，占总属数的 11.03%；东亚分布及其变型成分有 38 属，占总属数的 9.74%；东亚和北美洲间断分布成分有 21 属，占总属数的 5.38%；旧世界温带分布及其变型成分有 17 属，占总属数的 4.36%；中国特有分布成分有 8 属，占总属数的 2.05%。这些种子植物属的多样性特征与该保护区所处的北回线北缘的地理位置相符合。

2.2.11.4 植被概况

（1）植被的植物区系特点　由于保护区地处北回线北缘的中亚热带季风气候区，其植被应属于中亚热带常绿阔叶林，但因土壤的成土母质为石灰岩风化坡积物和堆积物，而形成的黑色石灰土和红色石灰土，加之土层浅薄，蓄水保水能力差，地表水源缺乏，环境干燥，因此常绿阔叶林并不占优势，组成植被的植物区系具有如下特点。

①具有石灰地区的特有植物　如肿足蕨 *Hypodeematium crenatum*、圆叶乌桕 *Sapium rotundifolium*、任木 *Zenia insignis*、铁榄 *Mastichodendron wightianum*、全缘叶火棘 *Pyracantha atalantioides*、青檀 *Pteroceltis tatarinowii*、黄连木 *Pistacia chinensis*、竹叶花椒 *Zanthoxylum armatum* 等。

②具有耐旱特征的植物　如伏石蕨 *Lemmaphyllum microphyllum*、珠芽景天 *Sedum bulbiferum* 有较肥厚的叶；铁榄、阴香 *Cinnamomum burmanni*、薄萼海桐 *Pittosporum leptosepalum* 等叶表光滑、被有蜡质或革质化；任木叶表被毛；竹叶花椒、全缘叶火棘、黄牛木 *Cratoxylum ligustrinum* 等具刺；青檀、朴树 *Celtis sinensis*、紫弹树 *C. biondii*、圆叶乌桕、任木等通过落叶以减少水分蒸腾来适应旱季。

（2）植被类型概况　据调查，保护区内的植被类型多样，主要有 8 种类型。

① 针叶林

A. 马尾松林（Form *Pinus massoniana*）　在保护区内分布面积相对稍大，主要分布于梅崆村、下坳村等地，多为人工种植的纯林，少数为自然林，覆盖度一般为 70% 左右，林下几无灌木，但草本植物众多，常见的有蔓生莠竹 *Microstegium vagans*、五节芒、马兰、牡蒿 *Aetemisia japonica*、野菊 *Dendranthema indicum*、毛轴碎米蕨 *Cheilanthes chusana*、渐尖毛蕨 *Cyclosorus acuminata*、江南卷柏 *Selaginella moellendorfii* 等。

B. 杉木林（Form *Cunninghamia lanceolata*）　在保护区内分布面积较小，主要分布于少数山坳土层较厚处，伴生有一些阔叶树，如南酸枣 *Choerospondias axillaris*、刺楸 *Kalopanax septemlobus*、乌桕 *Sapium sebiferum*、棕榈 *Trachycarpus fortunei* 等。林下几无灌木，草本植物以蔓生莠竹、白花败酱 *Patrina villosa*、下田菊 *Adenostemma lavenia* 等占优势，渐尖毛蕨、江南卷柏等次之。

② 针阔叶混交林　是以暖性针叶树与阔叶树为建群种所组成的森林群落。

马尾松、香叶树林（Form *Pinus massoniana*、*Lindera communis*）　主要分布于牛洞村边，是受保护的风水林，为保护区内的植被中高度和胸径较大的类型之一。

乔木层：除了建群种的马尾松、香叶树外，还有樟树、拐枣 *Hovenia dulcis*、豆梨 *Pyrus calleryana* 等。

灌木层：主要有八角枫、红背叶山麻杆 *Alchornea trewioides*、黄毛楤木 *Aralia decaisneana* 等

草本层：主要有蔓生莠竹、魔芋、多花茜草 *Rubia wallichiana* 等。

层间藤本植物：有角化乌蔹莓 *Cayratia corniculata*、周毛悬钩子 *Rubus amphidasys* 等。此外，林下还见有更新的香叶树的幼苗。

③ 落叶阔叶林　是以落叶阔叶树为建群种所组成的森林群落。有 5 个群系。

A. 任木林（Form *Zenia insignis*）　主要分布于王公村、北建村、大坪村等地。

乔木层：落叶阔叶树种以任木为优势种，其他还有朴树、圆叶乌桕等。

灌木层：种类稀少，仅见有醉鱼草 *Buddleja lindleyana*、苎麻（Boehmeria nivea）、竹叶花椒、全缘叶火棘、茅莓 *Rubus parvifolius* 等有多刺种类。

草本层：主要有蔓生堇菜 *Viola diffusa*、千里光 *Senecio scandens*、火炭母 *Polygonum chinensis*、蛇床子 *Cnidium monnieri* 等。

层间藤本植物：有角花乌蔹莓 *Cayratia corniculata*、野葛 *Pueraria lobata* 等。

B. 青檀林（Form *Pteroceltis tatarinowii*） 仅分布于坪底村，是长期受保护的风水林。乔木层的落叶阔叶树种除建群种青檀外，还有山牡荆 *Vitex quinata*、圆叶乌桕，以及含有少数的常绿植物，如大叶土密树 *Bredelia fordii*、粗糠柴 *Mallotus philippinensis*、斜叶榕 *Ficus gibbosa* 等。林下几无灌木。

草本层：以接骨草 *Sambucus chinensis* 占优势，铺地黍 *Panicum repens*、毛花点草 *Nanocnide lobata* 等也较多。

此外，林下还见有青檀幼苗，可见该林能自然更新。

C. 圆叶乌桕林（Form *Sapium rotundifolium*） 主要分布于禾仓坳、牛洞等地。

乔木层：落叶阔叶树种除建群种圆叶乌桕外，还有少量的糙叶树 *Aphananthe aspera*、构树 *Broussonetia papyrifera* 和棕榈等。

灌木层：种类较多，常见的有小果南烛 *Lyonia ovalifolia* var. *elliptica*、石岩枫 *Mallotus repandus*、黄皮 *Csena lansium*、牡荆 *Vitex negundo* var. *cannabilobia*、竹叶花椒、红背叶山麻杆、苎麻等。

草本层：主要有蔓生莠竹、魔芋、肾蕨 *Nephrolepis cordifolia*、凤尾草 *Pteris multida*、五月艾 *Artemisia indica*、千里光、毛花点草等。

层间藤本植物：有角花乌蔹莓。

D. 南酸枣林（Form *Choerospondias axillaris*） 主要分布于禾仓下和高坳村。

乔木层：落叶阔叶树种除建群种南酸枣外，在高坳村乌桕也是与南酸枣为共优种。

灌木层：有台湾榕 *Ficus formosana*、胡颓子 *Elaeagnus pungens*、地桃花 *Urena lobata*、空心泡 *Rubus rosaefolius*、八角枫等。

草本层：常见的有牛膝 *Achyranthes bidentata*、假鞭叶铁线蕨 *Adiantum malesianum*、江南星蕨 *Microsorium fortunei*、江南卷柏、蔓生莠竹、肾蕨、下田菊等。

E. 木油桐、白花泡桐林（Form *Aleurites Montana*、*paulownia fortumei*） 主要分布于大旁村。

乔木层：物种丰富，除建群种木油桐、白花泡桐外，还有楝 *Melia azedarach*、麻竹 *Dendrocalamus latiflorus*、马尾松、杉木、樟树等。

灌木层：以牡荆和野牡丹 *Melastoma candidum* 等为优势种。

草本层：种类较多，常见的有五节芒、地胆头 *Elephantopus scaber*、泽兰 *Eupatorium japonicum*、野茼蒿 *Gynura crepidioides*、马兰 *Kalimers indica*、金挖耳 *Carpesium divaricatum*、华南毛蕨 *Cyclorus parasitcus*、川续断 *Disporum asperoides*、苎麻、五月艾、败酱、蛇床子等。

④ 常绿与落叶阔叶混交林 是以常绿与落叶阔叶为建群种所组成的森林群落。有2个群系。

A. 川桂、圆叶乌桕林（Form *Cinnamomum wilsonii*、*Sapium rotundifolium*） 主要分布于王公村的一个山脚处。

乔木层：除建群种川桂、圆叶乌桕外，还有常绿的紫果冬青 *Ilex tsoii* 与落叶的圆锥锈球 *Hydrangea paniculata*、紫弹树等。

灌木层：有细叶连蕊茶 *Camellia parvilimba*、花椒簕 *Zanthoxylum scandens*、胡颓子、红背叶山麻杆等。

草本层：常见的有蔓生莠竹、贯众 *Cyrtomium fortumei*、剑叶凤尾蕨 *Pteris ensiforiei*、水蛇麻 *Fatoua pilosa*、天仙果 *Ficus erecta*、一把南星 *Arisaema erubescens*、山蒌 *Piper hancei*、江南星蕨等。层间藤本植物：有大芽南蛇藤 *Celastrus gemmatus*。

B. 樟树、任木林（Form *Cinnamomum camphora*、*Zenia insignis*） 主要分布于败落村附近，为受保

护的风水林最具代表性。

乔木层：高度和胸径均较大，除这 2 个建群种的野生物种均为国家保护植物外，还有香叶树、香椿 *Toona sinensis*、香叶树、朴树 *Celtis sinensis* 等。

灌木层：有山指甲 *Ligustrum sinense*、空心泡、八角枫等。

草本层：常见的有鸭儿芹 *Cryptotaenia japonica*、东南茜草 *Rubia argyi*、渐尖毛蕨 *Cyclosorus acuminata*、小花龙芽草 *Agrimonia nipponica*、接骨草、牛膝、火炭母等。

此外，林下还见有任木幼苗 2 株。

⑤竹林

麻竹林（Form *Dendrocalamus latiflorus*） 主要分布于高坳村等地的河谷平地。

乔木层：除建群种麻竹外，还有香叶树、樟树、朴树。

灌木层：有牛耳枫 *Daphniphyllum calycinum*、黑面神 *Breynia fruticosa*、黄檗等。

草本层：常见的有江南卷柏、蔓生莠竹、华南毛蕨、凤尾草、苎麻和假鞭叶铁线蕨等。

层间藤本植物：有薜荔 *Ficus pumila*。此外，偶见粉单竹 *Bambusa chungii* 林。

⑥ 灌丛

A. 牡荆灌丛（Form *Vitex negundo* var. *cannabilobia*） 以落叶阔叶的牡荆为建群种，在保护区的分布面积较大，混生有一定数量的其他植物种类。

B. 红背叶山麻杆灌丛（Form *Alchornea trewioides*） 以常绿阔叶的红背叶山麻杆为建群种，在保护区的分布面积也较大，也混生有不少的其他植物种类。

⑦ 草坡 主要有丝茅草坡（Form *Imperata koenigii*）和五节芒草坡（Form *Miscanthus floridulus*），主要分布于石漠化程度较高的地区，或漏斗滴孔附近，组成种类单一，面积也不太大。

⑧ 栽培植被 主要有玉米林（Form *Zea mays*）、桑林（Form *Morus allba*）、棕榈林（Form *Trachycarpus fortunei*）等，多分布于保护区的边缘和部分村落附近，偶见人工种植的任木林。

2.2.11.5 野生植物资源

（1）珍稀濒危保护植物稀少 以我国 1989 年公布实施的《国家重点保护野生动物名录》和 2001 年公布实施的《广东省重点保护陆生野生动物名录》（第一批）为依据，国家重点保护野生植物的保护等级，是根据 1984 年国家环境保护委员会公布的《中国珍稀濒危保护植物名录》和 1999 年国务院批准公布的《国家重点保护野生植物名录》为依据。保护区内共有国家重点保护野生植物 5 科 5 属 5 种，均为被子植物。其中国家 II 级重点保护野生植物 3 种，国家 III 级重点保护野生植物 2 种，加上全部兰科植物（1999 年 8 月 4 日国务院公布的重点保护植物名录中，全部兰科植物列为保护对象），共有保护植物 10 种（表 2.53）。

表 2.53 清新白湾自然保护区的保护植物

序号	种名	科名	IUCN 濒危等级	保护级别
1	樟树 *Cinnamomum camphora*	樟科 Lauraceae	渐危	Ⅱ
2	金荞麦 *Fagopyrum dibotrys*	蓼科 Polygonaceae	渐危	Ⅱ
3	青檀 *Pteroceltis tatarinowii*	榆科 Ulmaceae	渐危	
4	龙眼 *Dimocarpus longan*	无患子科 Sapindaceae	渐危	Ⅲ
5	任木 *Zenia insignis*	苏木科 Caesalpinaceae	稀有	Ⅲ

注：兰科植物 3 属 5 种，如花叶开唇兰 *Anoectochilus roxburghii*、毛葶玉凤兰 *Habenaria ciliolaris*、裂瓣玉凤兰 *Habenaria petelotii*、橙黄玉凤兰 *Habenaria rhodocheila*、绶草（盘龙参）*Spiranthes australis*，全部为《濒危野生动植物种国际贸易公约》附录Ⅱ物种。

（2）经济植物多样 在保护区内蕴藏着多种多样的经济植物资源。根据调查统计，有野生维管束植物 733 种。

①药用植物 最丰富，常见的有金樱子 *Rosa laevigata*、金银花、鸡矢藤 *Paederia scandens*、车前

Plantago asiatica、韩信草 *Scutellaria indica*、鱼腥草 *Houttuynia cordata*、三白草 *Saururus chinensis*、活血丹 Glechoma longituba、益母草 *Leonurus artemisia*、土茯苓 *Smilax glabra*、栀子 *Gardenia jasminodes*、毛冬青 *Ilex pubescens*、八角枫、接骨草、地胆头、千里光、火炭母等 392 种，占该区野生维管束植物总数的 53.48%。

②纤维植物　有龙须藤 *Bauhinia championii*、苎麻、朴树、光叶山黄麻 *Trema cannabina*、白背叶 *Mallotus apelta*、粗糠柴 *M. philippinensis*、美丽胡枝子 *Lespedeza formosa*、芒、五节芒等 57 种，占植物总数的 7.78%。

③淀粉植物　有密毛蕨 *Pteridium revolutum*、黧蒴 *Castanopsis fissa*、铁椆 *Cyclobalanopsis glauca*、葛、薜荔等 29 种，占植物总数的 3.96%。

④油脂植物　有油茶 *Camellia oleifera*、木油桐、山乌桕、乌桕、圆叶乌桕、香叶树、牛耳枫、苍耳、黑莎草等 50 种，占植物总数的 6.82%。

⑤芳香植物　有樟树、木姜子 *Litsea pungens*、山苍子 *L. cubeba*、岗松、草珊瑚、黄葵 *Abelmoschus moschatus*、香附子 *Cyperus rotundus*、马尾松、山指甲、蒿属等 24 种，占植物总数的 3.27%。

⑥用材植物　有马尾松、杉木、白花泡桐、黄樟、香叶树、楝、日本杜英 *Elaeocarpus glabripetalus*、鼠刺 *Itea chinensis*、亮叶猴耳环 *Pithecellobium lucidum*、鹅掌柴 *Schefflera octophylla*、赤杨叶 *Alniphyllum fortunei*、南酸枣、山乌桕、圆叶乌桕等 98 种，占植物总数的 13.37%。

⑦观赏植物　有枫香树 *Liquidambar formosana*、紫薇 *Lagerstroemia indica*、假鹰爪 *Desmos chinensis*、白花油麻藤（禾雀花）*Mucuna birdwoodiana*、铁冬青 *Ilex rotunda*、吊钟花 *Enkianthus quinqueflorus*、山乌桕、花叶开唇兰、毛葶玉凤兰、裂瓣玉凤兰、橙黄玉凤兰、绶草（盘龙参）等 146 种，占植物总数的 19.92%。

⑧野生水果植物　有京梨猕猴桃 *Actinidia callosa*、阔叶猕猴桃 *A. latifolia*、桃金娘、杨梅、罗浮柿、多花山竹子 *Garcinia multiflora*、乌饭树 *Vaccinium bracteatum*、悬钩子等 13 种、金樱子、南酸枣等 44 种，占植物总数的 6%。

⑨饲料植物　有稗 *Echinochloa crus - galli*、光头稗 *E. colonum*、水蔗草 *Apluda mutica*、马唐 *Digitaria sanguinalis*、空心莲子草 *Alternanthera philoxeroides*、芒等 22 种，占植物总数的 3%。

2.2.11.6　野生动物资源

（1）动物物种多样　该保护区为石灰岩地区，石漠化程度较高，地表水缺乏，一定程度上影响了脊椎动物的生存，但石灰岩洞穴较多，为一些洞中生活的蝙蝠、壁虎等提供了良好环境。据调查统计，该保护区拥有脊椎动物 158 种，隶属 124 属 60 科 24 目。

①两栖类　有 11 种，隶属 9 属 5 科 1 目，占该区脊椎动物总种数的 6.96%。其中无尾目（SALIENTIA）5 科，蟾蜍科 Bufonidae 1 属 1 种，占该区两栖类总种数的 9.09%；雨蛙科 Hylidae 1 属 1 种，占总种数的 9.09%；蛙科 Ranidae 5 属 6 种，占总种数的 54.55%；树蛙科 Rhacophridae 1 属 1 种，占总种数的 9.09%；姬蛙科 Microhylidae 1 属 2 种，占总种数的 18.18%。

②爬行类　有 19 种。其中有鳞目（LACERTILIA）8 科 17 属，壁虎科 Gekkonidae 3 属 4 种，占该区爬行类总数的 21.05%；鬣蜥科 Agamidae 2 属 2 种，占总数的 10.53%；蜥蜴科 Lacertidae 1 属 1 种，占总数的 5.26%；石龙子科 Scincidae 1 属 1 种，占总数的 5.26%；蚺科 Pythonidae 1 属 1 种，占总数的 5.26%；蝰科 Viperidae 1 属 1 种，占总数的 5.26%；游蛇科 Colubridae 6 属 6 种，占总数的 31.58%；眼镜蛇科 Elapidae 2 属 3 种，占总数的 15.79%。蛇目（SERPENTES）有 5 科 15 属 24 种，占总数的 63.16%；蜥蜴目（LACERTILI）有 4 科 7 属 8 种，占总数的 21.05%；龟鳖目（TESTUDINATA）有 1 科 4 属 6 种，占总数的 15.79%。

③鸟类　有 77 种，隶属 54 属 25 科 11 目。其中雀形目（PASSERIFOMES）有 13 科 28 属 44 种，占该区鸟类总数的 57.14%；鸮形目（STRIGFORMES）有 1 科 2 属 7 种，占总数的 3.90%；鹃形目

（CUCULIFORMES）有 1 科 3 属 7 种，占总数的 9.09%；䴕形目（PICIFORMES）有 2 科 6 属 6 种，占总数的 7.79%；隼形目（FALCONIFOEMES）有 2 科 3 属 5 种，占总数的 6.49%；鸡形目（GALLIFORMES）有 1 科 4 属 4 种，占总数的 5.19%；鹳形目（CICONIIFORMES）有 1 科 2 属 2 种，占总数的 2.60%；鹤形目（GRUIFORMES）有 1 科 1 属 2 种，占总数的 2.60%；鸻形目（CHARADRIIFORMES）有 1 科 1 属 2 种，占总数的 2.60%；雨燕目（APODIFORMES）有 1 科 1 属 2 种，占总数的 2.60%；鸽型目（COLUMBIFORMES）有 1 科 1 属 1 种，占总数的 1.30%；佛法僧目（CORACIIFORMES）有 1 科 1 属 1 种，占总数的 1.30%。

④哺乳类　有 28 种，隶属 20 属 14 科 7 目，占广东省哺乳类总数（124 种）的 22.58%，占全国兽类总数（449 种）的 6.24%。其中翼手目（CHIROPTERAS）有 3 科 5 属 8 种，占该区哺乳类总数的 28.57%；啮齿目（RODENTIA）有 3 科 4 属 8 种，占总数的 28.57%；食肉目（CARNIVORA）有 2 科 5 属 5 种，占总数的 1.79%；偶蹄目（ARIODACTYLA）有 2 科 3 属 3 种，占总数的 10.71%；食虫目（INSECTVORA）有 2 科 2 属 2 种，占总数的 7.14%；兔形目（LAGOMORPHA）有 1 科 1 属 1 种，占总数的 3.57%。

⑤鱼类　有 23 种，隶属于 22 属 8 科 4 目。其中鲤形目（CYPRINIFORMES）有 2 科 16 属 17 种，占该区鱼类总种数的 73.91%；鲈形目（PERCIFORMES）有 4 科 4 属 4 种，占总数种的 17.39%；鲶形目（SILURIFORMES）有 1 科 1 属 1 种，占种总数的 4.35%；鳉形目（CYPRINODONTIFORMES）有 1 科 1 属 1 种，占种总数的 4.35%。

（2）珍稀濒危动物较多　以我国 1989 年公布实施的《国家重点保护野生动物名录》和 2001 年公布实施的《广东省重点保护陆生野生动物名录》（第一批）为依据，保护区内拥有保护脊椎动物 19 种。其中国家Ⅰ级重点保护动物 1 种，国家Ⅱ级重点保护动物 15 种，省级重点保护动物 3 种（表 2.54）。

表 2.54　清新白湾自然保护区的保护动物

序号	种　名	科　名	IUCN 濒危等级	保护级别
		哺乳纲 MAMMALIA		
1	短尾猴 *Macaca arctoides*	猴科 Cercopithecidae	稀有	Ⅱ
2	大灵猫 *Viverra zibetha*	灵猫科 Viverridae	濒危	Ⅱ
3	小灵猫 *Viverricula indica*	灵猫科 Viverridae	易危	Ⅱ
4	豪猪 *Hystrix hodgsoni*	豪猪科 Hystricidae		省级
		鸟纲 AVES		
5	黑翅鸢 *Elanus caeruleus*	鹰科 Accipitridae		Ⅱ
6	赤腹鹰 *Accipiter soloensis*	鹰科 Accipitridae		Ⅱ
7	松雀鹰 *Accipiter virgatus*	鹰科 Accipitridae	易危	Ⅱ
8	游隼 *Falco peregrinus*	隼科 Falconidae	易危	Ⅱ
9	红隼 *Falco tinnunculus*	隼科 Falconidae	易危	Ⅱ
10	白鹇 *Lophura nycthemera*	雉科 Phasianidae	易危	Ⅱ
11	褐翅鸦鹃 *Centropus sinensis*	杜鹃科 Cuculidae	易危	Ⅱ
12	小鸦鹃 *Centropus toulou*	杜鹃科 Cuculidae	易危	Ⅱ
13	黄嘴角鸮 *Outs spilocephalus*	鸱鸮科 Strigidae		Ⅱ
14	领角鸮 *Outs bakkamoenna*	鸱鸮科 Strigidae		Ⅱ
15	领鸺鹠 *Glaucidium brodiei*	鸱鸮科 Strigidae		Ⅱ
		爬行纲 REPTILIA		
16	蚺（蟒）*Python molurus*	蟒科 Boidae	濒危	Ⅰ

（续）

序号	种　名	科　名	IUCN 濒危等级	保护级别
		两栖纲 AMPHIBIA		
17	虎纹蛙 *Rana tigrina*	蛙科 Ranidae	易危	Ⅱ
18	棘胸蛙 *Rana spinosa*	蛙科 Ranidae	易危	省级
19	沼水蛙 *Rana guentheri*	蛙科 Ranidae	无危	省级

（3）经济动物多样　保护区内拥有国家保护的有益的或有重要经济、科学研究价值的陆生野生动物，主要有滑鼠蛇、银环蛇、金环蛇、舟山眼镜蛇、华南兔、银星竹鼠、黄鼬、鼬獾、果子狸、野猪等。

2.2.12　连州田心自然保护区

2002 年 11 月 18 日连州市人民政府连府函［2002］122 号文批准建立连州县级自然保护区。2002 年 12 月 18 日，清远市人民政府清府函［2002］152 号文批准建立连州田心市级自然保护区。广东省林业局在《广东省自然保护区“十一五”和中长期发展规划》中已将连州田心自然保护区列入省级自然保护区和国家级自然保护区申报和建设名录。2008 年广东省人民政府粤办函［2008］588 号发“关于同意建立连州田心省级自然保护区”文，同意建立该保护区，主要保护对象为报春苣苔 *Primulina tabacum* 等珍稀濒危野生动植物资源及其生态环境。

据中华人民共和国国家标准《自然保护区类型与级别划分原则》（GB/T14529—93），连州田心自然保护区属“野生生物类别”中的“野生植物类型”自然保护区。

2.2.12.1　自然条件

（1）位置范围　连州田心自然保护区位于清远市辖连州市的西北部。地理坐标为东经 112°12′55″～112°30′24″，北纬 25°03′03″～25°11′24″。东北与湖南省临武县交界，东南和南与连州市瑶安瑶族乡相连，西和西南与连州市三水瑶族乡为邻，北与湖南省蓝山县浆洞国有林场和西瑶绿谷国家森林公园接壤。其范围涉及瑶安瑶族乡、三水瑶族乡和星子镇行政境界内。保护区范围的地域分为田心和上柏场 2 片。总面积 12 530.59hm^2，其中：田心片面积 12 437.41hm^2，上柏场片面积 93.18hm^2。

（2）地质基础　保护区所的连州市，在地质构造上受北东—南西向、北西—南东向和东西向三组构造线控制，褶皱、断层相互交错，在地质构造上地面形态上均具有盆地的特征。

①地层　保护区在地层发育上，由老到新由如下几种地层单元组成。

A. 寒武系（∈）　牛角河组（n）：是保护区田心片区内较古老的地层，主要出露于新九一带，岩性为板岩、硅质版岩、碳质板岩、粉砂岩和板岩互层。

高滩组（g）：也是保护区田心片区内较古老的地层，主要出露于新九的东南一带，岩性为变质杂砂岩夹条带状灰岩，变质凝灰质砂岩和粉砂岩。

B. 泥盆系（D）　老虎头组（$D_{1-2}l$）：主要分布于保护区田心片区南部三将车和大风坳一带，岩性为紫红色石英砂岩和绢云母页岩互层。棋梓桥组（D_2q）：主要分布于保护区田心片区南部三将车一带，岩性为紫灰色，灰白色的厚层灰岩、白云质灰岩和浅灰色石英砂岩组成。

C. 石炭系（C）　下统连县组（C_1l）：是保护区内上柏场片的主要地层，主要岩性为中～厚层状白云质灰岩和白云岩等。重点保护植物报春苣苔亦生长在白云质灰岩的岩缝中。

D. 侏罗系（J）　上统高基坪群（J_3K_1G）：零星分布在保护区田心片区中部和西部。岩性主要为英安斑岩、流纹质英安斑岩、晶屑凝灰质流纹斑岩、英安流纹质凝灰岩以及流纹质凝灰岩、火山角砾岩等。

E. 第四系（Q_4）　是由松散的砂砾层、砂层及黏土层组成。广泛散布于保护区的河床、山顶、山坡、山麓和石灰岩洞。其中主要有残积层、坡积层、洪积层和冲积层等。

②岩浆岩　保护区内出露的岩浆岩主要是燕山期的潜火山岩（次火山岩）、火山岩、火山碎屑岩及侵入岩类，岩浆岩在保护区内大面积出露，构成保护区出露岩石的主体。岩石类型主要是花岗岩，侵入岩主要是花岗岩类的岩石。花岗斑岩的基质主要由石英、长石及少量的深色矿物黑云母等组成。斑晶主要为石英及碱性长石、并有少量的斜长石。

③构造　保护区地处南岭东西向复杂构造带，湘南南北向构造带及华夏系、新华夏系构造带的复合交接处，由于经历了加里东以来的多次地壳活动，导致区内构造比较复杂，主要有如下 2 种类型。

A. 断裂构造　清江断裂（F12）：位于保护区西南部的上柏场片区。走向 NE（55°～65°），断面倾向 NW，长 11 000m，宽 5～10m，为新华夏系断裂。盘家流断裂（F13）：位于保护区西南部的上柏场片区。走向 NE（35°～45°），断面倾向 SE，长 15 500m，宽 5～10m，为新华夏系断裂。黄洞庙断裂（F14）：位于保护区中部，北起小东口经黄洞庙、三将车到丰阳。走向 NE（25°～60°），断面倾向不明，倾角 35°～40°，长 15 000m，宽 5～10m。大营断裂（F26）：位于保护区中东部，北起临武塔山坪经田心林场至瑶安，走向 NW（310°～330°），断面倾向不明，倾角 35°～40°，长 35 000m，宽 10～100m。沙坪—北岭断裂（F28）：位于保护区西部，北起杉木崀经沙坪、三水、丰阳直至西岸镇境内，走向 NW（320°～360°），断面倾向南西，倾角 45°～60°，长 38 000m，宽 10～50m。

B. 褶皱构造　保护区内主要有麦天坪背斜，位于保护区西南向的上柏场片区。褶皱轴走向 NE（50°～60°），长 7km，宽约 5.5km。

（3）地貌概况　保护区所在的连州市，为南岭中的萌渚岭横贯东西，连州市境内北、西、东三面环山，中间为较低的盆地，地势北高南低。保护区的地貌特征是以山地（特别是中山）最为发育，约占保护区总面积的 96%；丘陵与平原面积很小，仅占总面积的 4%。保护区的地貌主要有如下 2 种类型。

①花岗岩和变质岩的中低山地貌　位于在市境北部的田心片区域，山峦起伏，坡度陡峭，一般坡度在 35° 以上，天头岭海拔 1711.8m，是保护区最高峰，也是连州境内最高峰，它与刀金塘（1267.4m）、银盖窝顶（1302.8m）、西顶峰（1322.4m）、方山（1362.1m）、三将车（1596.0m）、仙人顶（1280.7m）、观音山（1037.6m）、天头岭所合围的中低山区成为全市地势最高的山地。

②石灰岩岩溶地貌　亦称喀斯特地貌，位于市境中部区域的上柏场片和周边地区及市境中南的小北江和地下河片等地。石峰、洼地、落水洞、地下河等较为发育，但海拔较低，一般在海拔 82～300m，相对高差多在 200m 左右。小北江两岸石灰岩陡壁较多，坡度 75°～90°。

（4）气候特点　保护区属中亚热带季风气候区，气候特点是：四季分明，冷暖交替明显，夏长、冬短，热量充足，雨量充沛，夏季高温多雨，雨热同季，湿度大，冬季有霜冻寒潮较多少雨。保护区具有山地气候特征，但受季风环流的影响显著，夏季受西南季风和东南季风的影响，盛行暖湿的海洋气团，气候非常暖湿，导致终日浓雾弥漫，降水充沛；冬季受东北季风影响，盛行干冷的大陆气团，气候为干冷。保护区同时受山地海拔高度的影响，气候垂直差异大：春季常常山脚干爽宜人，山顶则大雾弥漫；冬季往往山脚和煦春风，阳光明媚，山上却冰天雪地，白雪皑皑。

据保护区所在的连州市气象资料：年平均气温 19.5℃，最冷 1 月份平均气温 8.9℃，极端最低气温 -6.9℃（1955 年 1 月），最热 7 月份平均气温 19.5℃，极端最高气温 39.8℃（1953 年 8 月）。无霜期 299 天。年平均降水量 1597.1mm，每年 4～9 月总降水量占全年总降雨量的 82%。保护区田心片夏季平均气温比周边地区低 2～3℃，年平均相对湿度为 81%。

（5）水文特征　保护区属北江水系，其水文特征是既有地表河流，又有地下河，水质良好。

①地表河流　连江是连州市境内最大的河流，处于北江水系的上游。据报道，发源于保护区田心片的河流主要有如下 3 条。

A. 保安河　是连江河的一级支流，发源于保护区的刀金塘，自北而南贯穿田心片的中部区域（在小东口以南则不在保护区的范围，但其支流属保护区范围），主流经小东口、大岭、黄泥凹至九曲岭于瑶安乡在保安湾村附近汇入星子河，全长57km，集水面积388.52km^2，平均纵比降6.19%，总落差365m。保安河在保护区内有清明田水、苗花冲水、梅村冲水、刀坑水等二、三、四级等小溪发育。

B. 带田水　发源于保护区北部的天堂岭，处于田心片的东部区域，呈北—南向流出保护区，经瑶岭至瑶安与保安河汇合。全长28km，集水面积146.1km^2，平均纵比降19.2%，是连州市境内纵比降最大的河流。次级溪流有田洞水、平溪洞水。

C. 东陂水　又称东陂河，发源于粤湘交界处的葫芦岭和西峰岭，集水面积832km^2，干流全长72km，平均纵比降3.93%。总落差285m。流经丰阳、朱岗、东陂、锡安到连州鸬鹚嘴村与星子河汇合。东陂水上游位于保护区田心片区的西部区域，由西北流向东南经沙坪动南流出保护区。干流在保护区内长度26km，区内集水面积10.3km^2，平均坡降>3.93%，次级支流有葫芦水、四人冲水、方山水等。

②地下河　保护区上柏片为石灰岩地区，岩溶发育，降水顺漏斗、落水洞、裂缝渗入地下河，加之土层浅薄，蓄水保水能力差，地表水源缺乏，环境干燥，枯水期流量仅有0.12m^3/秒。

③水质良好　保护区的地表水和地下河水水质，整体而言，水质良好。其中：田心片地表水水质达到了国家地表水（GHZBI－1999）Ⅰ类水质标准；上柏场片地下河水质达到了国家地表水（GHZBI－1999）Ⅱ类水质标准，但水质硬度较高。

④地下水　是指赋存和运移于各岩层中的含水，其来源主要接受大气降水或地表水直接或简接补给，通过潜水蒸发、泉水溢出或地下径流等形式排出而进入河川和大气中。

据报道：地下水赋存的条件，含水层水理性质和水力特征，保护区地下水有如下3种类型。

A. 松散岩类孔隙水　主要零星分布于保护区的山间盆（谷）地及河流两岸的冲积洪积物中，局部微承压。具有分布范围窄，厚度薄，岩性变化大，水位埋藏浅，与地表水联系密切等特点。如保护区东北部的平溪洞南侧的山间盆地及区内主要河道的边侧，含水层多为砂砾石、含黏土砾石，厚度2.08～7.31m，水位埋深0.25～3.9m，单井涌水量11.2～84.3t/天。

B. 基岩裂隙水　主要分布于保护区的中低山和丘陵区。根据岩性可分为如下两类。

一类，层状岩类裂隙水：主要分布于保护区的中南部的新九、黄泥凹和西部的黄花坪一带，分布面积较小。岩性主要为浅变质的板岩类、砂泥质岩和火山碎屑岩类。裂隙水以北东向较为发育，次之为北西向，泉水常见流量为0.027～0.45L/秒，枯水季节地下水径流模数为7141L/秒 km^2，水位埋深1.35～33.3m。

二类，块状岩类裂隙水：在保护区分布面积较大，岩性为花岗岩、花岗斑岩，裂隙走向以北东及西北两组较为发育，充水裂隙以北西、北北西两组为多，泉水常见流量为0.018～0.548L/秒，枯水季节地下水径流模数为2～12L/秒 km^2。

C. 碳酸盐岩裂隙溶洞水　主要分布于保护区的上柏场片区。岩石裸露及半裸露型，多属石灰岩峰丛谷地、峰丛洼地、垅状槽谷等岩溶地貌，以上联、上柏场等地段富水性好、水量丰富，上柏场地下河枯水期流量0.12m^3/秒。单井涌水量1605.7～6327.3t/天。它多处于断裂带、构造转折部位等。覆盖的岩溶水主要分布于保护区的上联溶蚀洼地（盆地）覆盖厚度3.85～11.25m，水量中等，局部丰富，单井涌水量155.9～2 082.4t/天。

（6）土壤特征　保护区的地带性土壤为红壤，隐域性土擴为石灰（岩）土。

①田心片的土壤　成土母质主要是花岗岩和变质岩，从山麓至山顶，依次垂直分布着如下土壤类型。

A. 红壤　是地带性土壤，主要分布在海拔600m以下的低山和丘陵地带，成土母质为花岗岩、花岗斑岩和砂岩类风化坡积物和堆积物，土层较深厚，富铝化作用明显。由于成土母质的差异而引起土壤发生特性不同，而形成如下2个土壤亚类。

一类，花岗岩、花岗斑岩红壤：广泛分布于海拔350~400m以下的丘陵地区，呈强酸性反应。pH 4.5~5.1。以中层土壤为主，表层有机质、全氮、全钾分别为3.23%、0.114%、0.020%。以中壤土为主，土壤砂粒的含量和全钾量分别比砂页岩红壤高20%和1.00~2.00。

二类，砂页岩红壤：主要分布于海拔350~400m以下的丘陵局部地段。其特点是：酸性强，pH 4.4~6.2。以中土层为主，有机质厚度7~19cm，其中属薄有机质层占47.32%；表层厚薄不一，有机质、全氮、全钾分别为1.68%~3.37%、0.09%~0.18%、0.808%~1.78%，属中等含量，全磷低只有0.026~0.039；在20~45cm深度内，有机质和全氮含量明显下降，分别只有0.85%~1.60%和0.60%~0.114%，而磷、钾含量则无变化，各层质地为重壤土致轻黏土。其养分含量中等，质地偏黏。

B. 山地黄红壤　是红壤与黄壤之间过渡性土壤，主要分布在海拔600~800m的低山坡地，成土母质以花岗岩、花岗斑岩、砂页岩的风化残积物为主，土层厚薄不一，呈酸性反应。森林植被保存良好，土壤肥力水平较高。其特点是：具有明显的脱硅富铝化过程，有机质含量较低，土壤呈酸性或强酸性反应，pH 4.5~6.0，盐基饱和度低，由于铁被氧化为红色的三氧化二铁，土体多呈黄红色。同样由于成土母质的差异，而形成2个土壤亚类。

一类，花岗岩、花岗斑岩山地黄红壤：主要分布在海拔300~800m的低山丘陵地带，由于地处陡坡，土层薄，厚度在50cm以内的占30%~60%，呈酸性，pH 4.5~5.3，有机质层厚度在11~15cm表层有机质和全钾含量均高，分别3.22%~4.58%和1.66%~3.20%，全氮中等，为0.124%~0.141%，，全磷低只有0.015%~0.034%；坡度多在30°以上，但在13~40cm养分较高，有机质为1.31%~1.84%。

二类，砂页岩山地黄红壤：分布范围与花岗岩、花岗斑岩山地黄红壤相似，但面积较小。土层厚度多在70~85cm，质地中壤至重壤，石砾含量3%~14%，有机质5.03%~10.79%，全氮0.312%~0.385%，全钾0.64%~0.88%，与前一土壤亚类比较分别是：土层厚20cm，质地黏一级，石砾少，16%~17%；有机质高，1.7%~6%；全钾地1.07%~2%，但酸性强，pH 4.3~5.3；全磷低，0.126%；有机质薄，仅有4~9cm，厚者16~17cm，坡度33°~35°。

C. 山地黄壤　主要分布在海拔800~1000m的中山坡地，成土母质以花岗岩、花岗斑岩的风化坡积物、原积物为主，富铝化作用较弱，多属中土层或薄土层。其特征：土层较厚，多在45~85cm，各层质地为黏轻土，颗粒粗，石砾和砂粒含量为75%~86%，，酸性强，pH 4.5~5.0，养分高，有机质4.24%~5.04%，高者可达9%，全氮0.18%~0.238%，全钾1.69%~3.36%。一般有机质厚度在14~20cm，但全磷含量在0.02%以下，中、厚土层的土壤占本土属面积的43.94%。土壤A层一般0~15cm，B层红黄或黄橙色，质地中壤土或沙壤，多呈粒状或块状结构，心土较紧密，少根。森林植被保存良好，土壤有机质含量丰富，腐殖质层深厚，土壤肥力水平高。

D. 山地灌丛草甸土　主要分布在天头岭等海拔1000m以上的山顶和山脊，由花岗岩和花岗斑岩发育而成，土层浅薄，表土草根层盘结层明显，富弹性，呈灰黑色，有机质含量高，在4%~16%，全氮、全钾分别为0.16%~0.59%、2.03%~3.60%，全磷较低0.014%~0.022%，质地为沙壤土至轻黏土，土体中石砾（块）含量较多，占95%~96%，其中石砾占25%~60%。呈酸性反应，pH 5.2~6.0，土壤剖面发育不完全，多呈A-C-D或A-D结构，A层一般厚10cm左右。

②上柏场片的土壤　成土母质主要是石灰岩，按其发育特征有2个亚类。

A. 黑色石灰土　是分布在常绿阔叶林和灌丛下的土壤，成土母质为石灰岩风化坡积物和堆积物，土层厚度20~30cm，但腐殖质层较厚，土壤剖面呈A-C或A-D型发育结构，A层团粒状或核粒状结构，土体质地较黏重，多呈中性至碱性反应，pH 6.5~8.0。土壤肥力水平相对较高。有机质层为黑色碳酸钙含量0.5%，有机质、全氮、全磷、全钾分别为6.72%、0.303%、0.1108%、0.88%。

B. 红色石灰土　多分布在针阔叶混交林和草丛下的土壤，成土母质为石灰岩风化坡积物和堆积物，形成的历史悠久，钙、钾元素严重流失，含水氧化铁脱水结晶，形成赤铁矿使土壤呈红色，剖面构型为ABC型，但碳酸钙、钾淋失作用强烈、含钙量低、无石灰性反应，呈微酸性至中性反应，pH 5.0～7.0。心土层质地黏重、紧实，核块状结构，红色土层较厚，一般达1m以上，黏性大。表层全磷、全钾分别只有0.031%～0.049%和0.64%～1%，有机质含量可高达3.14%～4.96%。土壤肥力水平相对较低。

2.2.12.2　功能分区

依据《广东田心自然保护区总体规划》①，将田心自然保护区分为3个功能区。

（1）核心区　面积4678.55hm^2，占保护区总面积的37.34%。共区分为田新东、田心西和上柏场3片。其中前两片面积4662.75hm^2，占核心区总面积的99.66%，山高谷深，生态环境自然性强，森林植被原生性好，保存了伯乐树 *Bretschneidera sinensis*、南方红豆杉 *Taxus wallichiana* 自然种群和完整生境，基本完整地保全了田心自然保护区的生物垂直带谱，区内珍稀濒危动植物资源分布最为集中；上柏场片面积15.8hm^2，占核心区总面积的0.34%，是报春苣苔 *Primulina tabacum* 的原生种群所在的洞穴地域。核心区人迹罕至，基本无不良因素干扰。

其主要功能是保护天然常绿阔叶林生态系统和石灰岩洞穴的良性循环。除必需的科学研究人员经有关主管部门批准方可进出外，将实行全封闭管理，禁止一切与自然保护区管理无关的人员进入，严禁狩猎、采挖药材和砍伐林木 。

（2）缓冲区　总面积3366.64hm^2，占保护区总面积的26.87%。其中沿田心东片、田心西片核心区划出宽度约300～2100m缓冲地带，面积3354.34hm^2（西片缓冲区面积466.2 hm^2，东片缓冲区面2888.14hm^2），占缓冲区面积的99.63%，二片缓冲区的森林植被茂密，地物特征明显，所受人为干扰少，无人居住。上柏场片核心区外围20～70m范围为缓冲区，面积12.3hm^2，占缓冲区面积的0.37%，形成环形保护缓冲地带。

其主要功能是减少人类对于核心区的压力，起缓冲作用，将实行半封闭式管理，严禁外来因素破坏。但允许进行科研监测、有限度的科普教育和教学实习活动。

（3）实验区　总面积4485.40hm^2，占保护区总面积的35.80%。其中田心片实验区面积4470.5hm^2，占实验总区面积的99.67%，尚有零星分布8个居民点，常住人口约499人，上柏场片实验区面积14.9hm^2，占实验总区面积的0.33%，无人居住（图2.15）。

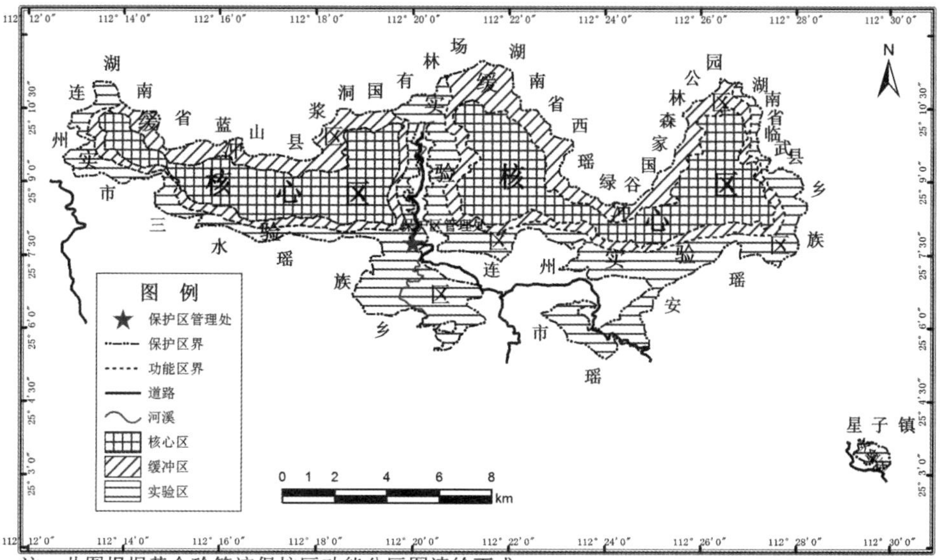

注：此图根据黄金玲等该保护区功能分区图清绘而成。

图2.15　连州田心自然保护区功能分区图

① 黄金玲. 广东连州田心自然保护区总体规划. 广州大学，广东连州林业局. 2007.11.

2.2.12.3 植物区系特点

本保护区的植物区系，概括起来具有如下特点。

（1）植物物种较丰富 据调查统计，该保护区拥有野生高等植物2 016 种（1937）（包括种下分类单位，下同），隶属868 属249 科，占广东省野生维管束植物总数（5933 种）的32.65%（叶华谷等，2005）。其中苔藓植物79 种，隶属57 属36 科，蕨类植物228 种，隶属94 属45 科；裸子植物8 种，隶属7 属7 科；被子植物1701 种，隶属717 属161 科（表2.55）。

表2.55 连州田心自然保护区野生高等植物类群的组成

植物类群		科数	属数	种数
苔藓植物		36	57	79
蕨类植物		45	94	228
裸子植物		7	7	8
被子植物	双子叶植物纲	137	563	1423
	单子叶植物纲	24	147	278
合计		249	868	2016

此外，尚有栽培植物76 种，分隶63 属30 科。其中裸子植物8 种，分隶8 属6 科；被子植物68 种，分隶55 属24 科（双子叶植物57 种45 属21 科；单子叶植物11 种10 属3 科）。

（2）地理成分较复杂

①苔藓植物的地理成分

根据保护区36 科的分布类型统计分析，热带分布科有锦藓科 Sematophyllaceae、蕨藓科 Pterobryaceae、蔓藓科 Meteoriaceae、油藓科 Hookeriaceae、平藓科 Neckeraceae 等，以及常见的花叶藓科 Calymperaceae、白发藓科 Leucobryaceae、羽藓科 Thuidiaceae、金发藓科 Polytrichaceae 等藓类；常见的苔类科有细鳞苔科 Lejeuneaceae、光萼苔科 Porellaceae、扁萼苔科 Radulaceae 等。

保护区的苔藓植物区系地理成分属东亚植物区。

②蕨类植物的地理成分

A. 科的地理分布区类型 根据保护区45 科的分布类型统计分析如下。

广布科 共有12 科，占该区总科数的26.67%。如石杉科、石松科、卷柏科 Selaginellaceae、木贼科 Equisetaceae、铁线蕨科 Adiantaceae、蹄盖蕨科 Athyriaceae、铁角蕨科 Aspleniaceae、紫萁科、水龙骨科、苹科、槐叶苹科、满江红科等。

热带、亚热带分布科 共有19 科，占该区总科数的57.58%（扣除广布科12 科，下同）。如中国蕨科 Sinopteridaceae、瘤足蕨科 Plagiogyriaceae 等2 科以我国华南至西南亚热带为分布中心，也是本保护区蕨类区系的特征成分。另有裸子蕨科 Hemionitidaceae、骨碎补科 Dvalliaceae 等2 科以亚洲亚热带为主。而以热带为主的有莲座蕨科 Angiopteridaceae、碗蕨科 Dennstaedtiaceae、鳞始蕨科 Lindsaeaceae、海金沙科 Lygodiaceae、桫椤科 Cyatheaceae、稀子蕨科 Monachosoraceae、姬蕨科 Hypolepidaceae、凤尾蕨科 Pteridaceae、水蕨科 Parkeriaceae、车前蕨科 Antrophyaceae、书带蕨科 Vittaceae、金星蕨科 Thelypteridaceae、膜蕨科 Hymenophyllaceae、肿足蕨科 Hypodematiaceae、舌蕨科 Elaphoglossaceae 等。

泛热带分布科 共有9 科，占该区总科数的27.27%，如槲蕨科 Drynariaceae、剑蕨科 Loxogrammaceae 等以亚洲为主，其他为里白科 Gleicheniaceae、蚌壳蕨科 Dicksoniaceae、蕨科 Pteridiaceae、乌毛蕨科 Blechnaceae、三叉蕨科 Aspidiaceae、肾蕨科 Nephrolepidaceae、实蕨科 Bolbitidaceae 等。

热带至温带的分布科 仅有瓶尔小草科，占总科数的3.03%。

温带至亚热带高山地区分布科 有球盖蕨科 Peranemaceae、阴地蕨科 Botrychiaceae、鳞毛蕨科 Dryopteridaceae、球子蕨科 Onocleaceae 4 科，占总科数的12.12%。

B. 属的地理分布区类型　根据自然保护区94属的分布类型统计分析如下。

广布属　共有7属，占总属数的7.45%。如石杉属 *Huperzia*、卷柏属 *Selaginella*、铁线蕨属 *Adiantum*、铁角蕨属 *Asplenium*、苹属 *Marsilea*、槐叶苹属 *Salvinia*、满江红属 *Azolla* 等。

泛热带分布属　共有11属，占总属数的12.64%（扣除广布属7属，下同）。如马尾杉属 *Phegmariurus*、团扇蕨属 *Gonocormus*、蕗蕨属 *Mecodium*、鳞始蕨属 *Lindsaea*、乌蕨属 *Sphenomeris*、姬蕨属 *Hypolepis*、蕨属 *Pteridium*、栗蕨属 *Histiopteris*、粉背蕨 *Aleuritopteris*、槲蕨属 *Drynaria*、肾蕨属 *Nephrolepis* 等。

热带和亚热带分布属　共有64属，占该区总属数的73.56%。其中热带至亚热带为主，如灯笼草属 *Palhinhaea*、观音莲座属 *Anglopteris*、芒萁属、里白属、海金沙属 *Lygodium*、桫椤属 *Alsophila*、假脉蕨属 *Crepidomanes*、瓶蕨属 *Trichomanes*、稀子蕨属 *Monachosorum*、碗蕨属 *Dennstaedtia*、鳞盖蕨属 *Microlepia*、凤尾蕨属 *Pteris*、碎米蕨属 *Cheilosoria*、金粉蕨属 *Onychium*、旱蕨属 *Pellaea*、水蕨属 *Ceratopteris*、凤丫蕨属 *Coniogramme*、车前蕨属 *Antrophyum*、书带蕨属 *Vittaria*、短肠蕨属 *Allantodia*、假蹄盖蕨属 *Athyriopsis*、蹄盖蕨属 *Athyrium*、角蕨属 *Cornopteris*、毛子蕨属 *Monomelangium*、肿足蕨属 *Hypodematium*、钩毛蕨属 *Cyclogramma*、毛蕨属 *Cyclosorus*、针毛蕨属 *Macrotheris*、凸轴蕨属 *Metathelypteris*、金星蕨属 *Parathelypteris*、新月蕨属 *Pronephrium*、假毛蕨属 *Pseudocyclosorus*、紫柄蕨属 *Pseudophegopteris*、巢蕨属 *Neottopteris*、崇澍蕨属 *Chieniopteris*、肋毛蕨属 *Ctenitis*、轴脉蕨属 *Ctenitopsis*、三叉蕨属 *Tectaria*、骨碎补属 *Davallia*、阴石蕨属 *Humata*、线蕨属 *Colysis*、石韦属、剑蕨属 *Loxogramme* 等。

以亚热带为主的属　与热带至亚热带分布的类型相当，热带亚洲分布的有14属，如藤石松属 *Lycopodistrum*、瓶尔小草属 *Ophioglossum*、膜蕨属 *Hymenophyllum*、圣蕨属 *Dictyocline*、复叶耳蕨属 *Arachniodes*、黔蕨属 *Phanerophlebiopsis*、黄腺羽蕨属 *Pleocnemia*、星蕨属 *Microsorium*、实蕨属 *Bolbitis*、舌蕨属 *Elaphoglossum*、伏石蕨属 *Lemmaphyllum*、骨牌蕨属 *Lepidogrammitis*、盾蕨属 *Neolepisorus* 等；热带亚洲—大洋洲分布4属，如菜蕨属 *Callipteris*、乌毛蕨属 *Blechnum*、崖姜蕨属 *Pseudodrynaria*；热带亚洲至非洲分布的有1属，如瓦韦属 *Lepisorus*；热带亚洲至热带美洲分布有3属，如瘤足蕨属 *Plangiogyria*、双盖蕨属 *Diplazium*、水龙骨属 *Polypodiodes*；东亚分布有1属，如金毛狗属 *Cibotium*。

温带、热带分布属　有2属，占总属数的2.30%。如紫萁属、狗脊属。

温带、亚热带分布属　有2属，占总属数的2.30%。如卵果蕨属 *Phegopteris*、耳蕨属 *Polystichum*。

温带分布属　有6属，占总属数的6.90%。如荚果蕨属 *Matteuccia*、球盖蕨属 *Peranema*、贯众属 *Cyrtomium*、鳞毛蕨属 *Dryopteris*、耳蕨属 *Polystichum*、阴地蕨 *Sceptridium* 等。

寒、温带分布属　有1属，占总属数的1.15%。如木贼属 *Equisetum*。

②种子植物的地理成分

A. 科的地理分布区类型　按照《世界种子植物科的分布区类型系统》（吴征镒等，2003），根据保护区种子植物168科的分布区类型统计分析，除温带亚洲分布、地中海区和西亚至中亚分布、中亚分布及中国特有分布科尚未发外，其余12个分布区类型及变型均有分布。

*1. 广布类型　计有45科，占总科数的26.79%。如毛茛科、金鱼藻科、十字花科、堇菜科、远志科、景天科 Crassulaceae、虎耳草科 Saxifragaceae、石竹科 Caryophyllaceae、马齿苋科 Portulacaceae（主产美洲）、蓼科、苋科 Amaranthaceae、酢浆草科 Oxalidaceae、千屈菜科 Lythraceae、柳叶菜科 Onagraceae、小二仙草科、瑞香科 thymelaeaceae、蔷薇科、蝶形花科、杨梅科、榆科、桑科、鼠李科、伞形科 Umbelliferae、木犀科、茜草科、败酱科、菊科、龙胆科、报春花科、车前科、桔梗科、半边莲科、紫草科、茄科、旋花科、玄参科 Scrophulariaceae（主产温带）、狸藻科、唇形花科（主产地中海）、水鳖科 Hydrocharitaceae、泽泻科 Alismataceae、眼子菜科、浮萍科、兰科、莎草科（主产温带及寒温带）、禾本科等。

*2. 泛热带分布类型　有52科，占42.28%。如番荔枝科 Annonaceae、樟科 Lauraceae、青藤科 Illigeraceae、防己科、马兜铃科 Aristolochiaceae、胡椒科、金粟兰科 Chloranthaceae、白花菜科 Capparidaceae、藜科、凤仙花科、大风子科 Flacourtiaceae、天料木科 Samydaceae、葫芦科 Cucurbitaceae、秋海棠科 Begoniaceae、茶科 Theaceae、野牡丹科 Melastomataceae、藤黄科 Guttiferae、梧桐科 Sterculiaceae、锦葵科 Malvaceae、古柯科 Erythroxylaceae、大戟科 Euphorbiaceae、含羞草科 Mimosaceae、荨麻科 Urticaceae、卫矛科、茶茱萸科 Icacinaceae、铁青树科 Olacaceae、檀香科 Santalaceae、蛇菰科 Balanophoraceae、葡萄科、芸香科 Rutaceae、苦木科 Simaroubaceae、楝科 Meliaceae、无患子科、漆树科、柿科、山榄科 Sapotaceae、紫金牛科 Myrsinaceae、马钱科 Loganiaceae、夹竹桃科、杠柳科 Periplocaceae、萝藦科、紫葳科、爵床科、鸭跖草科、谷精草科 Eriocaulaceae、雨久花科 Pontederiaceae、菝葜科、天南星科、薯蓣科、棕榈科、仙茅科 Hypoxidaceae、蒟蒻薯科等。

＊2－1 热带亚洲、大洋洲（至新西兰）和南美（或墨西哥）间断分布　有 1 科，占总科数的 0. 81%。如山矾科。

＊2－2 热带亚洲、非洲和南美洲间断分布　有 4 科，占总科数的 3. 25%。如买麻藤科、椴树科 Tiliaceae、苏木科、鸢尾科。

＊2－3 以南半球为主的泛热带分布　有 7 科，占总科数的 5. 69%。如罗汉松科、粟米草科、商陆科、山龙眼科、桃金娘科、桑寄生科 Loranthaceae、石蒜科 Amaryllidaceae 等。

＊3. 热带亚洲和热带美洲间断分布　有 11 科，占总科数的 8. 94%。如木通科 Lardizabalacea、杜英科 Elaeocarpaceae、榛木科 Corylaceae、冬青科 Aquifoliaceae、清风藤科 Sabiaceae、省沽油科、五加科 Araliaceae、山柳科 Clethraceae、安息香科、苦苣苔科 Gesneriaceae、马鞭草科 Verbenacea 等。

＊4. 旧世界热带分布　有 3 科，占总科数的 2. 44%。如海桐花科、八角枫科 Alangiaceae、芭蕉科 Musaceae。

＊4－1 热带亚洲、非洲和大洋洲间断或星散分布　有 1 科，占 0. 81%。如水蕹科 Aponogetonaceae。

＊5. 热带亚洲至热带大洋洲分布　有 2 科，占总科数的 1. 63%。如交让木科、姜科。

＊6. 热带亚洲至热带非洲分布　仅有 1 科，占总科数的 0. 81%。如杜鹃花科。

＊7. 热带亚洲（印度—马来西亚）分布　未见。

＊7－3 缅甸、泰国至华西南分布　仅有 1 科，占总科数的 0. 81%。如伯乐树科 Bretschneideraceae。

＊7－4 越南（或中南半岛）至华南（或西南）分布　仅有 1 科，占总科数的 0. 81%。如大血藤科 Sargentodoxaceae。

＊7－5 西马来，基本上在新华莱斯线以西　仅有 1 科，占总科数的 0. 81%。如五列木科 Pentaphylacaceae。

＊8. 北温带分布　有 8 科，占总科数的 6. 50%。如松科、金丝桃科、大麻科 Cannabidnaceae、越桔科、忍冬科 Caprifoliaceae、列当科 Orobanchaceae、百合科、延龄草科 Trilliaceae。

＊8－4 北温带和南温带（全温带）间断分布　有 19 科，占总科数的 15. 45%。如杉科、柏科、红豆杉科、罂粟科、紫堇科、茅膏菜科 Droseraceae、牻牛儿苗科 Geraniaceae、绣球花科 Hydrangeaceae、金缕梅科、黄杨科 Buxaceae、杨柳科 Salicaceae、桦木科 Betulaceae、壳斗科 Fagaceae、胡颓子科（主产东亚）、槭树科 Aceraceae（主产东亚）、胡桃科 Juglandaceae、山茱萸科 Cornaceae、鹿蹄草科 Pyrolaceae、灯心草科 Juncaceae。

＊8－5 欧亚和南美洲温带间断分布　有 1 科，占总科数的 0. 81%。如小檗科。

＊9. 东亚和北美洲间断分布　有 6 科，占总科数的 4. 88%。如木兰科 Magnoliaceae、八角科 Illiciaceae、五味子科 Schisandraceae、三白草科 Saururaceae、鼠刺科 Escalloniaceae、珙桐科 Nyssaceae。

＊10. 旧世界温带分布　未见。

＊10－3 欧亚和南非洲（有时也在大洋洲）间断　仅有 1 科，占总科数的 0. 81%。如川续断科 Dipsacaceae。

*14. 东亚分布 有3科，占总科数的2.44%。如三尖杉科 Cephalotaxaceae、猕猴桃科 Actinidiaceae、旌节花科 Stachyuraceae。

从上所述可以看出，其中以泛热带分布类型最多，有64科，占总科数的52.03%（扣广布分布45科，下同）；北温带分布类型有28科，占总科数的22.76%；热带亚洲和热带美洲间断分布类型有11科，占总科数的8.94%；其余分布区类型所含科数均在4.88%以下，不占重要地位；特别是中国特有科等5科分布类型缺如，表明该自然保护区植物区系在科级水平上以泛热带分布成分为主，兼有一定数量的北温带成分。

B. 属的地理分布区类型 根据保护区种子植物717属的分布类型，按照《中国种子植物属的分布区类型》（吴征镒，1991）统计分析，除中亚分布区类型及其变型尚未发现外，其他14个分布区类型及变型均有分布（表2.56）。

表2.56 连州田心自然保护区种子植物属的分布区类型

分布区类型及变型	属数	占总属数（%）
1. 广布分布	57	扣除
2. 泛热带分布	141	21.36
2-1 热带亚洲、大洋洲和南美洲间断分布	6	0.91
2-2 热带亚洲、非洲和南美洲间断分布	7	1.06
3. 热带亚洲和热带美洲间断分布	19	2.88
4. 旧世界热带分布	54	8.18
4-1 热带亚洲、非洲和大洋洲间断分布	1	0.15
5. 热带亚洲至热带大洋洲分布	40	6.06
5-1 中国（西南）亚热带和新西兰间断分布	0	0
6. 热带亚洲至热带非洲分布	34	5.15
6-1 华南、西南到印度和热带非洲间断	1	0.15
6-2 热带亚洲和东非间断	1	0.15
7. 热带亚洲（印度—马来西亚）分布	79	11.97
7-1 爪哇、喜马拉雅和华南、西南星散分布	12	1.82
7-2 热带印度至华南分布	3	0.45
7-3 缅甸、泰国至华西南分布	0	0
7-4 越南（或中南半岛）至华南（或西南）分布	12	1.82
8. 北温带分布	67	10.15
8-1 环极分布	0	0
8-2 北极高山分布	0	0
8-3 北极—阿尔泰和北美洲间断分布	0	0
8-4 北温带和南温带（全温带）间断分布	11	1.67
8-5 欧亚和南美洲温带间断分布	1	0.15
8-6 地中海区、东亚、新西兰和墨西哥到智利间断	0	0
9. 东亚和北美洲间断分布	38	5.76
9-1 东亚和墨西哥间断	1	0.15
10. 旧世界温带分布	19	2.88
10-1 地中海区、西亚和东亚间断分布	6	0.91
10-2 地中海和喜马拉雅间断分布	0	0
10-3 欧亚和南非洲（有时也在大洋洲）间断	3	0.45
11. 温带亚洲分布	5	0.76

（续）

分布区类型及变型	属数	占总属数（%）
12. 地中海区、西亚至中亚分布	1	0.15
12－1 地中海区至中亚和南非洲、大洋洲间断	0	0
12－2 地中海区至中亚和墨西哥间断	0	0
12－3 地中海区至温带、热带亚洲，大洋洲和南美洲间断	1	0.15
12－4 地中海区至热带非洲和喜马拉雅间断	0	0
12－5 地中海区—北非洲、中亚、北美西南部，智利和大洋洲（泛地中海）间断分布	0	0
13. 中亚分布	0	0
13－1 中亚东部（亚洲中部）	0	0
13－2 中亚至喜马拉雅	0	0
13－3 西亚至喜马拉雅和西藏	0	0
12－4 地中海区至热带非洲和喜马拉雅间断	0	0
14. 东亚分布	72	10.91
14－1 中国—喜马拉雅（SH）	1	0.15
14－2 中国—日本（SJ）	5	0.76
15. 中国特有分布	19	2.88
合计	717	100.00

从表2.56可以看出，保护区属的地理成分是以热带成分占优势，2～7各类热带成分共有410属，占总属数（扣除广布属57属，以下同）的62.12%。温带成分（8～12）共有153属，占总属数的23.18%。东亚分布有78属，占总属数的11.82%。中国特有分布的19属，占2.88%，分别是杉木属 *Cunninghamia*、拟单性木兰属 *Parakmeria*、观光木属 *Tsoongiodendron*、大血藤属 *Sargentodoxa*、半枫荷属 *Semiliquidambar*、石笔木 *Tutcheria*、棱果花属 *Barthea*、虎颜花属 *Tigridiopalma*、青檀属 *Pteroceltis*、伯乐树属 *Bretschneidera*、伞花木属 *Eurycorymbus*、银鹊树属 *Tapiscia*、青钱柳属 *Cyclocarya*、喜树属 *Camptotheca*、通脱木属 *Tetrapanax*、盾果草属 *Thyrocarpu*、铁榄属 *Mastichodendron*、蛛毛苣苔属 *Paraboea*、报春苣苔属 *Primulina*。因此，在种子植物属级分布区类型水平上，以泛热带、热带亚洲的分布区类型为主，同时兼有一定数量的东亚分布和温带分布成分，这些特征与保护区所处地理位置相一致。

2.2.12.4 植被类型

据调查①，保护区内的植被类型多样，主要有8种类型。

（1）针叶林　在保护区内有如下2个群系。

①杉木林（Form *Cunninghamia lanceolata*）　在本保护区较为常见，分布范围也较大，如近南风坳东部山体，多为人工栽培，少数为自然林，林分结构简单。

乔木层：一般以杉木为单优势种。

灌木层：在稀疏的林下，由冬青属 *Ilex*、柃木属 *Eurya*、榕属 *Ficus* 等灌木种类构成。

草本层：常见的有乌毛蕨、芒萁等。

②马尾松林（Form *Pinus massoniana*）　主要分布于新九林场附近的山坡，面积小，结构简单。

乔木层：一般以马尾松为单优势种。

灌木层：优势种为桃金娘等。

草本层：以芒萁、芒等占优势。

（2）常绿阔叶林　是以常绿阔叶树为建群种所组成的森林群落。它是中亚热带地带性的典型植被

① 黄金玲. 广东连州田心自然保护区综合科学考察报告. 广东田心自然保护区综合科学考察队，广东田心自然保护区管理处. 2011.10.

类型，在保护区内占主导地位，有如下6个群系。

①米槠林（Form *Castanopsis carlesii*） 主要分布于新九林场场部大楼后山。

乔木层：平均高度约10m，胸径约19cm。除优势种米槠外，还有红锥 *Castanopsis hystrix*、黄樟 *Cinnamomum parthenoxylon* 等常绿阔叶树，同时夹杂着一些山乌桕 *Sapium discolor*、枫香树 *Liquidambar fomosana*、油柿、岭南槭 *Acer tutcheri* 等落叶阔叶树。

灌木层：主要由鼠刺 *Itea chinensis*、树参 *Dendropanax confertus*、茜树 *Aidia cochinchinensis*、金花树 *Blastus dunnmianus* 等组成。

草本层：有狗脊 *Woodwardia japonica*、芒萁、淡竹叶 *Lophatherum gracile* 等。

层间的藤本植物：常见的有广东玉叶金花 *Mussaenda kwangtungensis*、流苏子 *Coptosapelta diffusa*、显齿蛇葡萄 *Ampelopsis grossedentata* 等。

此外，林下还见有虎皮楠 *Daphniphyllum oldhamii* 幼苗。

②甜槠林（Form *Castanopsis eyrei*） 主要分布于岩冲凹附近和新九管理处对面山脊等处。

乔木层：高度约9.3m，胸径约14.5cm。除优势种甜槠外，还有米槠、虎皮楠、杨梅 *Myrica rubra*、钟花樱花 *Cerasus campanulata*、日本杜英 *Elaeocarpus japonica*、华润楠 *Machilus chinensis*、石壁杜鹃 *Rhododendron bachii*、青冈 *Cyclobalanopsis glauca* 等常绿阔叶树，同时夹杂着一些赤杨叶 *Alniphyllum fortunei*、枫香树和南酸枣 *Choerospondias axillaris* 等落叶阔叶树，以及混生有马尾松和杉木。

灌木层：主要由虎皮楠、鼠刺、树参、黏毛杜鹃、陀螺果 *Melliodendron xylocarpum* 等组成。

草本层：以芒萁、狗脊、淡竹叶等占优势。

层间的藤本植物：有小果菝葜 *Smilax davidiana*、山蒟 *Piper hainanense* 等。

此外，林下还见有甜槠和虎皮楠幼苗，可见该林的发展趋势是比较稳定的群落。

③红楠林（Form *Machilus thunbergii*） 主要分布于梅树冲沟和梅树冲背。

乔木层：高度约9~10m，胸径约13.5cm。除优势种红楠外，还有红锥、黄樟、淡竹 *Phyllostachys nigra* var. *henonis*、日本杜英、杨梅叶青冈 *Cyclobalanopsis myrsinaefolia*、米槠、珊瑚朴 *Celtis julianae* 等常绿阔叶树，也有一些山槐 *Albizia kalkora*、红柴枝 *Meliosma oldhamii*、岭南槭 *Acer tutcheri* 等落叶阔叶树，并混生有马尾松 *Pinus massniana*。

灌木层：种类稀少。

草本层：以狗脊、假淡竹叶 *Centotheca latifolia* 等占优势。

层间的藤本植物：有两广猕猴桃 *Actinidia liangguangensis* 等。

此外，林下还见有红楠幼苗占优势，潮州山矾 *Symplocos mollifolia*、岭南槭、红柴枝、日本杜英等幼苗，可见该林的发展趋势是比较稳定的群落。

④芬槁润楠林（Form *Machilus suaveolens*） 主要分布于半河。

乔木层：高度8.4m，胸径平均约10.4cm。除优势种芬槁润楠外，还有米槠、罗浮栲 *Castanopsis fabri*、垂枝泡花树 *Meliosma flexuosa* 等常绿阔叶树，也夹有赤杨叶等落叶阔叶树。

灌木层：以鼠刺、树参、白皮绣球 *Hydrangea kwangsiensis* var. *hedyotidea*、杜茎山 *Maesa japonica* 等组成。

草本层：以狗脊、小紫金牛 *Ardisia cymosa*、淡竹叶等占优势。

层间的藤本植物：有常春藤 *Hederanepalensis* var. *sinensis* 等。

此外，林下有大量的芬槁润楠幼苗，可见该林的发展趋势是比较稳定的群落。

⑤木荷林（Form *Schima superba*） 主要分布于天光村南面山体，当地村民习惯称该处为“十里画廊”。

乔木层：平均高度约11.8m，胸径平均约16.3cm。除优势种木荷外，还常见有杨桐 *Adinandra millettii*、鼠刺、枫香树、香港四照花 *Dendrobenthamia hongkongensis* 等。

灌木层：种类稀少。

草本层：以狗脊为优势种，另有华山姜、假淡竹叶、华南鳞毛蕨 *Dryopteris tenuicula* 等。

层间的藤本植物：有瓜馥木 *Fissistigma oldhamii*、链珠藤 *Alyxia sinensis* 等。

此外，林下有大量的鸭公树 *Neolitsea chuii* 幼苗，以及黄丹木姜子 *Litsea elongata*、天料木 *Homalium cochinchinense*、红锥、紫楠 *Phoebe sheareri* 等幼苗。

⑥金叶含笑林（Form *Michelia foveolata*） 是保存最好的森林植被之一，主要分布于梅树村庙的后山附近。

乔木层：平均高度约 12.7m，胸径约 29.5cm，优势种不明显，除金叶含笑外，共优种还有粉叶柯 *Lithocarpus maciletus*、猴欢喜 *Sloanea sinensis*、香港四照花、伯乐树 *Bretschneidera sinensisi*、深山含笑 *Michelia maudiae* 等。

灌木层：只有湖南悬钩子 *Rubus hunanensis*、三峡槭 *Acer wilsonii*、网脉山龙眼 *Helicia reticulata* 和格药柃 *Eurya muricata* 等。

草本层：组成种类多，占优势的主要有九头狮子草 *Peristrophe japonica*、狗脊、中华复叶耳蕨 *Arachniodes chinensis*、宽羽线蕨 *Colysis pothifolia* 等。

层间的藤本植物：有瓜馥木等。

此外，林下有伯乐树的幼苗。

（3）常绿、落叶阔叶混交林 是以常绿与落叶阔叶为建群种所组成的森林群落。在保护区内居次要地位，主要有 3 个群系。

①芬槁润楠、赤杨叶林（Form *Machilus suaveolens*，*Alniphyllum fortunei*） 主要分布于半河、新九对岸等地。

乔木层：平均高度约 8m，胸径平均约 12cm。主要由常绿的芬槁润楠、罗浮栲与落叶的赤杨叶，以及针叶的南方红豆杉 *Taxus wallichiana* var. *mairei* 组成。

灌木层：以鼠刺、树参、锐尖山香圆 *Turpinia arguta*、杜茎山为优势种。

草本层：主要由狗脊、山姜 *Alpinia japonica*、花葶苔草 *Carex scaposa*、柔毛堇菜 *Viola principis* 等组成。

②甜槠、水青冈林（Form *Castanopsis eyrei*，*Fagus longipetiolata*） 主要分布于大定坑村边，是村民长期保护的风水林。

乔木层：高度约 11m，胸径平均约 24cm。除常绿的甜槠与落叶的水青冈为优势种外，还有虎皮楠、毛竹等混交。

灌木层：以广东杜鹃 *Rhododendron kwangtungense* 为优势种，常见的还有变叶树参 *Dendropanax proteum*、金花树、鼠刺、短柄木荷 *Schima brevipedicellata* 等。

草本层：有里白 *Diplopterygium glaucum*、狗脊、淡竹叶等。

层间的藤本植物，有显齿蛇葡萄等。

此外，林下还有较多甜槠和水青冈等幼苗。由此可见该林发展趋势比较稳定。

③虎皮楠、粗壮润楠、红柴枝林（Form *Meliosma oldhamii*，*Daphniphyllum oldhamii*，*Machilus robusta*） 主要分布于治平凹底附近。

乔木层：平均高度约 9m，胸径平均约 12.7cm。除由常绿的虎皮楠、粗壮润楠与落叶的红柴枝为优势种，还有日本杜英、粘毛杜鹃、红背甜槠 *Catanopsis neocavaleriei* 也占有一定数量。

灌木层：以鼠刺、淡竹 *Phyllostachys nigra* var. *henonis*、锡金粗叶木 *Lasianthus sikkimensis*、金花树、黄丹木姜子、黄花倒水莲 *Polygala fallax* 等为优势种。

草本层：主要有里白、岭南瘤足蕨 *Plagiogyria subadnata* 等。

层间的藤本植物：常见的有扶芳藤 *Euonymus fortunei* 等。

（4）竹林 在保护区内仅有 1 个群系。

毛竹林（Form *Phyllostachys heterocyla* cv. Pubescens） 主要分布于村落附近和小溪边，特别是半河、大定坑、梅树冲等地面积较大，其中部分为人工栽种。

乔木层：高度约9m，胸径10.3cm。除优势种毛竹外，还有淡竹、南方红豆杉、四川朴 *Celtis vandervoetiana*、芬槁润楠、枫香树等。

灌木层：有八角枫 *Alangium chinense*、杜茎山等。

草本层：有舞花姜 *Globba racemosa*、紫麻 *Oreocnide frutescens*、白花败酱 *Patrinia villosa*、魔芋、林泽兰 *Eupatorium lindleyanum*、广东螺序草 *Spiradiclis guangdongensis*、小紫金牛 *Ardisia cymosa*、大叶苎麻 *Boehmeria longispica*、淡竹叶、九头狮子草等。

层间的藤本植物：常见有大叶玉叶金花 *Mussaenda macrophylla*、尖叶清风藤 *Sabia swinhoei*、绿叶地锦 *Parthenocissus laetevirens*、绞股蓝 *Gynostemma pentaphyllum* 等。

此外，林下还见有一些芬槁润楠、枫香树、南方红豆杉的幼苗。

除毛竹林外，在梅树冲背偶见淡竹林。

（5）落叶阔叶林　在保护区内仅有1个群系。

水青冈林（Form *Fagus longipetiolata*）　主要分布于海拔近1000m的平冲凹。

乔木层：平均高度约9m，胸径平均约13cm，除水青冈优势种外，还有短柄木荷、石壁杜鹃、粗壮润楠、木姜润楠 *Machilus litseifolia* 等常绿树种。

灌木层：植物稀少。

草本层：以狗脊、淡竹叶、里白占绝对优势。

层间的藤本植物：较常见的是山橙 *Melodinus suaveolens*、亮叶崖豆藤 *Millettia nitida* 等。

此外，林下有短柄木荷、甜槠、青冈、硬壳柯 *Lithocapus hancei*、少花桂 *Cinnamomum pauciflorum*、红楠、水青冈等幼苗。由此可见该林发展趋势必将为常阔叶林所替代。

（6）针、阔叶混交林　是以暖性针叶树与阔叶树为建群种所组成的森林群落。在保护区内仅有1个群系。

南方红杉、赤杨叶林（Form *Taxus wallichiana* var. *mairei*，*Alniphyllum fortunei*）　主要分布于半河附近。

乔木层：平均高度约8.5m，胸径平均约14cm，主要优势种为针叶植物的南方红杉与落叶阔叶的赤杨叶外，另有芬槁润楠、罗浮栲、乐昌含笑 *Michelia champaca*、杨桐、罗浮槭 *Acer fabri*、枫香树等。

灌木层：以鼠刺、杜茎山、锐尖山香圆、树参等占优势。

草本层：以狗脊、山姜、花葶苔草、柔毛堇菜等为优势种。

层间的藤本植物：种类和数量均不多。

（7）灌草丛

①石灰岩灌草丛　主要分布于上柏场、连州地下河，以及小北江附近的石灰岩地区，灌丛高度一般在1～2m，种类较单纯，常见的有紫薇、木姜子。

草本层：有九头狮子草、多种铁线蕨 *Adiantum* spp.、江南星蕨 *Microsorium fortunei*、中华绣线菊 *Spiraea chinensis*、红背叶山麻杆 *Alchomea trewioides* 等。

其中老虎刺 *Pterolobium punctatum* 的荚果呈现一片红色，颇为壮观。此外有圆叶乌桕 *Sapium rotundifolium* 等喜钙植物的幼苗。

②山顶灌草丛　主要分布于接近湖南分界线附近，以及保护区最高峰天头岭山顶和山脊。因早期被火烧过，现已恢复为灌草丛，灌木种类较少，高度在1.5m左右。除圆锥绣球 *Hydrangea paniculata*、云锦杜鹃 *Rhododendron fortunei* 外，还有若干种杜鹃也占一定优势。

草本层：高度在1m以下，以禾本科、莎草科植物为主，主要种类有鹧鸪草 *Eriachne pallescens*、粗毛鸭嘴草 *Ischaemum barbatum*、高杆珍珠茅 *Scleria tonkinensis* 等。

层间的藤本植物：有日本薯蓣。

（8）栽培植被　主要分布于上柏场、大定坑和梅树冲等村庄附近。

①草本类型

A. 旱地作物　有玉蜀黍、大豆为主的作物组合（Form *Zea mays*, *Glycine max*），玉蜀黍、番薯、落花生、甘蔗的作物组合（Form *Zea mays*, *Ipomoea batatas*, *Arachis hypogaea*, *Saccharum officinanrumwei*）。

B. 水田作物　有以稻、豆类等为主的作物组合（Form *Oryza sativa*, *Glycine*）。

C. 水浇地蔬菜作物　有油菜、菜苔等为主的作物组合（Form *Brassica campestis*, *B. parachinensis*）。

②木本类型

A. 经济林型　有赤杨叶和南酸枣林（Form *Alniphyllum fortunei*, *Choerospondias axillaris*）、茶园（Form *Camellia sinensis*）、油茶林（Form *Camellia oleifera*）。

B. 果木林型　有李林园（Form *Prunus salicina*）、柑橘园（Form *Citrus reticulata*）。

2.2.12.5　野生植物资源

（1）珍稀濒危保护植物繁多　根据1984年国家环境保护委员会公布的《中国珍稀濒危保护植物名录》和1999年国务院批准公布的《国家重点保护野生植物名录（第一批）》所列种类统计，保护区内共有国家重点保护野生植物24科28属29种。其中蕨类植物3科3属3种，裸子植物1科1属1种，被子植物20科24属25种；列为国家Ⅰ级重点保护的野生植物3种，国家Ⅱ级重点保护野生植物16种，国家Ⅲ级重点保护野生植物9种，省级重点保护野生植物1种（表2.57）。

表2.57　连州田心自然保护区的保护植物

序号	种名	科名	IUCN濒危等级	保护级别
1	伯乐树 *Bretschneideera sinensis*	伯乐树科 Bretschneideraceae	濒危	Ⅰ
2	南方红豆杉 *Taxus wallichiana* var. *mairei*	红豆杉科 Taxaceae	濒危	Ⅰ
3	报春苣苔 *primulina tabacum*	苦苣苔科 Gesneriaceae	濒危	Ⅰ
4	金毛狗 *Cibotium barometz*	蚌壳蕨科 Dicksoniaceae	渐危	Ⅱ
5	水蕨 *Ceratopteris thalictroides*	水蕨科 Parkeriaceae	濒危	Ⅱ
6	桫椤 *Alsophila spinulosa*	桫椤科 Cyatheaceae	渐危	Ⅱ
7	福建柏 *Fokienia hodginsii*	柏科 Cupressaceae	渐危	Ⅱ
8	凹叶厚朴 *Magnolia officinalis* subsp. *biloba*	木兰科 Magnoliaceae	渐危	Ⅱ
9	樟树 *Cinnamomum camphora*	樟科 Lauraceae	渐危	Ⅱ
10	浙江楠 *Phoebe chekiangensis*	樟科 Lauraceae	稀有	Ⅱ
11	金荞麦 *Fagopyrum dibotrys*	蓼科 Polygonaceae	渐危	Ⅱ
12	半枫荷 *Semiliquidambar cathayensis*	金缕梅科 Hamamelidaceae	渐危	Ⅱ
13	伞花木 *Eurycorymbus cavaleriei*	无患子科 Sapindaceae	渐危	Ⅱ
14	红椿（红楝子）*Toona ciliata*	楝科 Meliaceae	稀有	Ⅱ
15	喜树 *Camptotheca acuminata*	珙桐科 Nyssaceae	渐危	Ⅱ
16	榉树 *Zelkova schneideriana*	榆科 Ulmaceae	渐危	Ⅱ
17	青檀 *Pteroceltis tatarinowii*	榆科 Ulmaceae	渐危	Ⅱ
18	观光木 *Tsoobgiodendron odorum*	木兰科 Magnoliaceae	稀有	Ⅱ
19	野茶树 *Camellia sinensis* var. *assamica*	山茶科 Theaceae	稀有	Ⅱ
20	乐东拟单性木兰 *Parakmeria lotungensis*	木兰科 Magnoliaceae	渐危	Ⅲ
21	吊皮锥 *Castanopsis kawakamii*	壳斗科 Fegaceae	渐危	Ⅲ
22	任木 *Zenia insignis*	苏木科 Caesalpinaceae	稀有	Ⅲ
23	白辛树 *Pterostyrax psilophylla*	安息香科 Styracaceae	渐危	Ⅲ
24	银鹊树 *Tapiscia sinensis*	省沽油科 Staphyleaceae	渐危	Ⅲ
25	沉水樟 *Cinnamomum micranthum*	樟科 Lauraceae	渐危	Ⅲ
26	核桃楸 *Juglans mandshurica*	胡桃科 Juglandaceae	渐危	Ⅲ

（续）

序号	种名	科名	IUCN 濒危等级	保护级别
27	白桂木 *Artocarpus hypargyreus*	桑科 Moraceae	渐危	Ⅲ
28	巴戟 *Morinda officinalis*	茜草科 Rubiaceae	稀有	Ⅲ
29	三尖杉 *Cephalotaxus fortunei*	三尖杉科 Cephalotaxaceae	稀有	省级

注：兰科植物16属26种，花叶开唇兰 *Anoectochilus roxburghii*、广东石豆兰 *Bulbophyllum kwangtungense*、白及 *Bletilla striata*、棒距虾脊兰 *Calanthe clavata*、密花虾脊兰 *C. densiflora*、钩距虾脊兰 *C. draciliflora*、反瓣虾脊兰 *C. reflexa*、流苏贝母兰 *Coelogyne fimbriata*、建兰 *Cymbidium ensifolium*、多花兰 *C. floribundum*、春兰 *C. goeringii*、寒兰 *C. kanaran*、墨兰 *C. sinense*、广东石斛 *Dendrobium wilsonii*、半柱毛兰 *Eria corneri*、小斑叶兰 *Goodynea repens*、毛葶玉凤兰 *Habenaria ciliolaris*、橙黄玉凤兰 *H. rhodocheila*、镰翅羊耳蒜 *Liparis bootanensis*、见血青 *L. nervosa*、毛唇芋兰 *Nervilia fordii*、斑叶鹤顶兰 *Phaius woodifordii*、鹤顶兰 *P. tankervillia*、石仙桃 *Pholidota chinensis*、绶草 *Spiranthus lancea*、香港带唇兰 *Tainia hongkongensis* 全部为《濒危野生动植物种国际贸易公约》附录Ⅱ物种。

（2）经济植物多样　在连州田心自然保护区内蕴藏着多种多样的经济植物资源。根据调查统计，保护区内有维管束植物1937种。

①药用植物　有774种，占维管束植物总种数的39.96%，常见的有黑老虎 *Kadsura coccinea*、忍冬（金银花）*Lonicera japonica*、接骨草 *Sambucus chinensis*、钩藤 *Uncaria scandens*、巴戟、鸡矢藤、车前、狗肝菜 *Dicliptera chinensis*、韩信草、八角枫 *Alangium chinense*、金樱子 *Rosa laevigata*、蕺菜（鱼腥草）*Houttuynia cordata*、草珊瑚 *Sarcandra hainanensis*、金樱子 *Rosa laevigata*、枇杷 *Eriobotrya japonica*、栀子 *Gardenia jasminodes*、益母草、土茯苓、毛冬青 *Ilex pubescens*、白花地胆草 *Elephantopus tomentosus* 等。

②用材植物　有205种，占总种数的10.58%。其中一类用材有樟树、红锥等；二类用材有黄樟 *Cinnamomum parthenoxylon* 等；三类用材有蕈树 *Altingia chinensis* 等；四类用材有日本杜英 *aaelaeocarpus japonicus* 等；五类用材有鼠刺 *Itea chinensis* 等；胶合板用材的有亮叶猴耳环 *Archidendron lucidum* 等；纺织用材有木荷等；乐器用材有山乌桕 *Sapium discolor*、鹅掌柴、椿叶花椒 *Zanthoxylum ailanthoides* 等；造纸用材有山矾属18种。

③纤维植物　有57种，占总种数的2.94%。如小叶买麻藤 *Gnetum parvifolium*、青檀、构树 *Broussonetia papyrifera*、山油麻 *Trema cannabina* var. *dielsiana*、苎麻 *Boehmria nivea*、大叶苎麻 *B. longispica*、悬铃叶苎麻 *B. tricuspis*、长叶水麻 *Debregeasia longifolia*、水麻 *D. orientalis*、葛 *Pueraria lobata*、珠芽艾麻 *Laportea bulbifera*、紫麻 *Oreocnide frutescens*、大血藤 *Sargentodoxa cuneata*、白背叶 *Mallotus apelta*、苦参 *Sophora flavescens*、青榨槭 *Acer davidii*、地桃花 *Urena lobata*、白瑞香 *Daphne papyracea*、了哥王 *Wikstroemia indica*、胡颓子、小蜡 *Ligustrum sinense*、钩藤、水麻 *Debregeasia orientalis*、南蛇藤 *Celastrus orbiculatus*、黄麻 *Corchorus capsularis*、刺蒴麻 *Triumfetta rhomboidea*、山芝麻 *Helicteres angustifolia*、黄葵 *Abelmoschus moschatus*、糙叶树 *Aphananthe aspera*、朴树 *Celtis julianae*、棕榈 *Trachycarpus fortunei*、灯心草 *Juncus effusus*、黑莎草 *Gahnia tristis*、毛竹、丝茅 *Imperata koenigii*、芒、五节芒等

④淀粉植物　有91种，占总种数的4.70%。如蕨 *Pteridium aquilinum* var. *latiusculum*、福建观音座莲 *Angiopteris fokiensis*、金毛狗、狗脊、贯众、槲蕨、壳斗科20多种、杨梅、野山楂 *Crataegus cuneata*、金樱子、豆梨 *Pyrus calleryana*、南酸枣、葛、薜荔 *Ficus pumila*、粉背菝葜 *Smilax hayatae*、土茯苓、日本薯蓣 *Dioscorea japonica*、白蔹 *Ampelopsis japonica*、中华猕猴桃 *Actinidia chinensis*、乌饭树 *Vaccinium bracteatum*、白及、光头芒 *Echinochloa colonum* 等。油脂植物有三尖杉、南方红豆杉、杉木、樟树、香叶树 *lindera communis*、山胡椒 *L. kwangtungensis*、山苍子 *Litsea cubeba*、红楠、野公树 *Neolitsea chuii*、檫木 *Sassfras tzumu*、山桐子 *Idesia polycarpa*、野茶树、腺叶桂樱 *Laurocerasus phaeosticta*、毛叶石楠 *Photinia villosa*、野木瓜 *Stauntonia chinensis*、碎米荠 *Cardamine flexuosa*、多花山竹子 *Garcinia multiflora*、牛耳枫 *Daphniphyllum calycinum*、交让木 *D. macropodium*、虎皮楠 *D. oldhamii*、光叶榉 *Zelkova serrata*、构树、臭椿 *Ailanthum altissima*、香椿 *Toona dinensis*、枫杨 *Pterocarya stenoptera*、赛山梅 *Styrax confusus*、栓叶安息香 *S. suberifolius*、白檀 *Symplocos paniculata*、苦楝 *Melia azedarach*、重阳木 *Bischofia polycarpa*、巴豆 *Cro-*

ton tiglium、白背叶、油茶、算盘子 *Glochidion puberum*、油桐 *Vernicia fordii*、木油桐 *V. montana*、粗糠柴 *Mallotus philippens*、黄连木、野漆树 *Toxicodendron sylvestris*、木蜡树 *T. succedaneum*、盐肤木 *Rhus chinensis*、山乌桕 *Sapiun discolor*、南蛇藤、灯台树 *Bothrocaryum controversum*、铁冬青、朱砂根 *Ardisia crenata*、南酸枣、苍耳、黑莎草等。

⑤鞣料植物　有 60 种，占总种数的 3.10%。如南方红豆杉、虎杖 *Polygonum cuspidatum*、余甘子 *Phyllanthus emblica*、木油桐、青榨槭、盐肤木、杨梅、厚皮香 *Ternstroemia gymnanthera*、锥栗 *Castanea henryi*、茅栗 *C. seguinii*、黧蒴 *Castanopsis fissa*、南岭栲 *C. fordii*、苦槠 *C. sclerophylla*、钩锥 *C. tibetana*、青冈 *Cyclobalanopsis glauca*、红锥、金樱子、地榆 *Sanguisorba officinalis*、小果蔷薇 *Rosa cymosa*、藤金合欢 *Acacia sinuata*、龙须藤 *Bauhinia championii*、藤黄檀 *Dalbergia hancei*、山槐、臭椿、苦楝、南酸枣、野漆树、中华杜英 *Elaeocarpus chinensis*、冬桃杜英 *E. duclouxii*、山杜英 *E. sylvedtris*、柏拉木 *Blastus cochinchinensis*、桃金娘、化香树 *Platycarya strobilacea*、构树、枫香树、常春藤、刺楸 *Kalopanax septemlobus*、油柿、鲤肠 *Eclipta prostrata*、薯莨、菝葜等。

⑥芳香植物　有 33 种，占总种数的 1.70%。如马尾松、杉木、瓜馥木、樟树、黄樟、山胡椒、山苍子、阴香 *Cinnamomum burmannii*、香叶树 *Lindera communis*、木姜子、岗松、枫香树、黄连木、栀子、小蜡、草珊瑚、椿叶花椒 *Zanthoxylum ailanthoides*、黄荆 *Vitex negundo*、黄葵、藿香 *Agastache rugosa*、黄花蒿 *Artemisia annua*、茵陈蒿 *A. capillaris*、野菊、香附子 *Cyperus rotundus* 等。

⑦树脂树胶植物　有 74 种，占总种数的 3.82%。如马尾松、黑松 *Pinus thunbergii*、樟树、香叶树、山胡椒、刨花楠 *Machilus pauhoi*、山苍子、苦楝、重阳木 *Bischofia polycarpa*、山乌桕 *Sapium discolor*、油桐 *Vernicia fordii*、木油桐 *V. montana*、巴豆、白背叶、黄连木、臭椿、香椿、枫香树、野漆树、油茶、多花山竹子、山桐子 *Idesia polycarpa*、白檀 *Symplocos paniculata*、赛山梅 *Styrax confusus*、栓叶安息香 *S. suberifolius*、枫杨 *Pterocarya stenoptera*、光叶榉 *Zelkova serrata*、构树、木姜子 *Litsea pungens*、红楠、鸭公树、檫木 *Sassafras tsumu*、碎米荠、木瓜 *Chaenomeles sinensis*、腺叶野樱 *Prunus phaeosticta*、小毛叶石楠 *Photinia villosa* var. *parvifolia*、算盘子 *Glochidion puberum*、牛耳枫 *Daphniphyllum calycinum*、交让木 *D. macropodum*、虎皮楠、南酸枣、盐肤木、铁冬青 *Ilex rotunda*、南蛇藤 *Celastrus orbiculatus*、心叶毛蕊茶 *Camellia cordifolia*、岭南山竹子 *Garcinia oblongifolia*、灯台树 *Bothrocaryum controversum*、荔枝草 *Salvia plebeia*、朱砂根 *Ardisia crenata*、苍耳、黑莎草、中华猕猴桃、魔芋、白芨等。

⑧保健饮料植物植　有 30 种，占总种数的 1.55%，主要有杨梅、桃金娘、金樱子、野山楂 *Crataegus cuneata*、冬桃杜英、南酸枣、君迁子 *Diospyros lotus*、油柿、多花山竹子、余甘子、中花猕猴桃、京梨猕猴桃 *Actinidia callosa*、阔叶猕猴桃 *A. latifolia*、山莓 *Rubus corchorifolius*、插田泡 *R. coreanus*、高粱泡 *R. lambertianus*、茅莓 *R. parvifolius*、刺葡萄 *Vitis davidii*、葛虑葡萄 *V. flexuosa*、胡颓子、乌饭树等。

⑨饲料植物　有 18 种，占总种数的 0.93%。如马齿苋 *Portulaca oleracea*、鸡眼草 *Kummerowia striata*、光头芒、稗 *Echinochloa colonum*、粗毛鸭嘴草 *Ischaemum barbatum*、水蔗草 *Apluda mutica*、浮萍 *Lemna minor*、鸭跖草 *Commelina communis*、水竹叶 *Murdannia triquetra*、牛筋草 *Eleusine indica*、丝茅、芒、看麦娘、止血马唐 *Digitaria ischaemum* 等。

⑩甜味剂和色素植物　有 2 种，占总种数的 0.10%。如野甘草 *Scoparia dulcis*、栀子。

2.2.12.6　野生动物资源

（1）动物物种较丰富　该保护区的生态环境复杂，森林茂密，孕育了丰富的动物种类。据调查统计，该保护区拥有陆生脊椎动物 254 种，隶属 78 科 25 目。

①两栖类　有 29 种，隶属 7 科 2 目，占该区动物总种数的 11.42%。无尾目（SALIENTIA）有 6 科 27 种，占该区两栖类总种数的93.10%，其中蟾蜍科 Bufonidae 2 种、角蟾科 Megophyidae 1 种、雨蛙科 Hylidae 2 种、树蛙科 Rhacophoridae 3 种、姬蛙科 Microhylidae 5 种、蛙科 Ranidae 14 种；有尾目（CAUDATA）只有蝾螈科 Salamandridae 1 科 2 种，占总种数的 6.90%。

区系成分属东洋界华南区闽广沿海亚区动物地理省的中部，其中23种属于华中—华南区物种，4种属于华南区的物种，1种属于华中区物种，1种属于广布种。

②爬行类 有57种，隶属12科3目，占该区动物总种数的22.44%。蛇目（SERPENTES）有5科40种，占该区爬行类总数的70.18%，其中游蛇科 Colubridae 30种、闪鳞蛇科 Xenopeltidae 1种、眼镜蛇科 Elapidae 4种、蝰科 Viperidae 4种、蟒科 Pythonidae 1种；蜥蜴目（LACERTILI）有4科12种，占总数的21.05%，其中鬣蜥科 Agamidae 2种、壁虎科 Gekkonidae 4种、石龙子科 Scincidae 4种、蜥蜴科 Lacertidae 2种；龟鳖目（TESTUDINATA）有3科5种，占总数的8.77%，其中平胸龟科 Playsternidae 1种、淡水龟科 Bataguridae 2种、鳖科 Trionychidae 2种。

③鸟类 有112种，隶属38科13目，占该区陆生脊椎动物总种数的44.09%。雀形目（PASSERIFOMES）有22科63种，占该区鸟类总数的56.25%；隼形目（FALCONIFOEMES）有2科10种，占总数的8.93%；鹃形目（CUCULIFORMES）有1科7种，占总数的6.25%；鸡形目（GALLIFORMES）有1科6种，占总数的5.36%；䴕形目（PICIFORMES）有2科6种，占总数的5.36%；鹳形目（CICONIIFORMES）有1科4种，占总数的3.57%；佛法僧目（CORACIIFORMES）有3科4种，占总数的3.57%；鸮形目（STRIGFORMES）有1科3种，占总数的2.68%；鹤形目（GRUIFORMES）有1科2种，占总数的1.79%；鸽型目（COLUMBIFORMES）有1科2种，占总数的1.79%；雨燕目（APODIFORMES）有1科1属2种，占总数的1.79%；䴙䴘目（PODICIPEDIFORMES）有1科1属1种，占总数的0.89%；咬鹃目（TROGONIFORMES）有1科1属1种，占总数的0.89%。

从鸟类的居留型组成中，留鸟有88种，占总数的78.57%；冬候鸟有13种，占总数的11.61%；夏候鸟有8种，占总数的7.14%；过境鸟有3种，占总数的2.68%。

在区系组成上，东洋界的鸟类有86种，占总数的76.79%；古北界的鸟类有19种，占总数的16.96%；广布种有7种，占总数的6.25%。

④哺乳类 有56种，隶属21科7目，占该区动物总种数的22.05%；占广东省哺乳类总数（124种）的45.16%；占全国哺乳类总数（449种）的12.47%。食肉目（CARNIVORA）有3科15种，占该区哺乳类总数的26.79%；啮齿目（RODENTIA）有5科13种，占总数的23.21%；翼手目（CHIROPTERAS）有3科9种，占总数的16.07%；偶蹄目（ARIODACTYLA）有4科8种，占总数的14.29%；食虫目（INSECTVORA）有3科5种，占总数的8.93%；鳞甲目（PHOLIDOTA）有1科1属1种，占总数的1.79%；兔形目（LAGOMORPHA）有1科1属1种，占总数的1.79%。

在区系组成上，东洋界的哺乳类有40种，占总数的71.43%；古北界的哺乳类有5种，占总数的8.93%；广布种有11种，占总数的19.64%。

（2）珍稀濒危动物较多 以我国1989年公布实施的《国家重点保护野生动物名录》和2001年公布实施的《广东省重点保护陆生野生动物名录》（第一批）为依据，保护区拥有保护脊椎动物46种。其中国家Ⅰ级重点保护动物3种，国家Ⅱ级重点保护动物26种，省级重点保护动物15种（表2.58）。

表2.58 连州田心自然保护区的保护动物

序号	种 名	科 名	IUCN 濒危等级	保护级别
		哺乳纲 MAMMALIA		
1	云豹 *Neofelis nebulosa*	猫科 Felidae	濒危	Ⅰ
2	金猫 *Felis temmincki*	猫科 Felidae	渐危	Ⅱ
3	穿山甲 *Manis pentadactyla*	鲮鲤科 Manidae	濒危	Ⅱ
4	大灵猫 *Viverra zibetha*	灵猫科 Viverridae	濒危	Ⅱ
5	小灵猫 *Viverricula indica*	灵猫科 Viverridae	易危	Ⅱ
6	斑林狸 *Prionodon pardicolor*	灵猫科 Viverridae	易危	Ⅱ
7	林麝 *Moschus berezovskii*	鹿科 Cervidae	易危	Ⅱ

（续）

序号	种　名	科　名	IUCN 濒危等级	保护级别
8	黄喉貂 *Martes flavigula*	鼬科 Mustelidae	易危	Ⅱ
9	水獭 *Lutra lutra*	鼬科 Mustelidae	濒危	Ⅱ
10	斑羚 *Naemorhedus goral*	牛科 Bovidae	易危	Ⅱ
11	鬣羚 *Capricornis sumatraensis*	牛科 Bovidae	濒危	Ⅱ
12	水鹿 *Cervus unicolor*	鹿科 Cervidae	易危	Ⅱ
13	小麂 *Muntiacus reevesi*	鹿科 Cervidae	易危	省级
14	毛冠鹿 *Elaphodus cephalophus*	鹿科 Cervidae	濒危	省级
15	豹猫 *Felis bengalensis*	猫科 Felidae	易危	省级
16	豪猪 *Hystrix hodgsoni*	豪猪科 Hystricidae		省级
17	棕鼯鼠 *Petaurista petaurista*	鼯鼠科 Petauristidae	易危	省级
18	食蟹獴 *Herpestes urva*	灵猫科 Viverridae	易危	省级
19	社鼠 *Rattus niviventer*	鼠科 Muridae		省级
		鸟纲 AVES		
20	黄腹角雉 *Tragopan caboti*	雉科 Phasianidae	濒危	Ⅰ
21	黑冠鹃隼 *Aviceda leuphotes*	鹰科 Accipitridae	稀有	Ⅱ
22	黑耳鸢 *Milvuslineatus*	鹰科 Accipitridae		Ⅱ
23	蛇雕 *Spilornis cheela*	鹰科 Accipitridae	易危	Ⅱ
24	赤腹鹰 *Accipiter soloensis*	鹰科 Accipitridae		Ⅱ
25	褐耳鹰 *Accipiter badius*	鹰科 Accipitridae		Ⅱ
26	普通鵟 *Buteo buteo*	鹰科 Accipitridae		Ⅱ
27	林雕 *Ictinaetus malayensis*	鹰科 Accipitridae		Ⅱ
28	白尾鹞 *Circus cyaneus*	鹰科 Accipitridae		Ⅱ
29	燕隼 *Falco subbuteo*	隼科 Falconidae		Ⅱ
30	红隼 *Falco tinnunculus*	隼科 Falconidae	易危	Ⅱ
31	白鹇 *Lophura nycthemera*	雉科 Phasianidae	易危	Ⅱ
32	褐翅鸦鹃 *Centropus sinensis*	杜鹃科 Cuculidae	易危	Ⅱ
33	黄嘴角鸮 *Otus spilocephalus*	鸱鸮科 Strigidae		Ⅱ
34	领角鸮 *Otus bakkamoena*	鸱鸮科 Strigidae		Ⅱ
35	鹰鸮 *Ninox scutulata*	鸱鸮科 Strigidae		Ⅱ
36	白鹭 *Egretta garzetta*	鹭科 Ardeidae		省级
37	牛背鹭 *Bubulcus ibis*	鹭科 Ardeidae		省级
38	池鹭 *Ardeola bacchus*	鹭科 Ardeidae		省级
39	栗苇鳽 *Ixobrychus cinnamomeus*	鹭科 Ardeidae		省级
40	红嘴相思鸟 *Leiothrix lutea*	画眉科 Timaliidae		省级
		爬行纲 REPTILIA		
41	蚺（蟒）*Python molurus*	蟒科 Boidae	极危	Ⅰ
42	山瑞鳖 *Palea steindachneri*	鳖科 Trionychidae	濒危	Ⅱ
43	平胸龟 *Platysternon megacephalum*	龟科 Testudidae	濒危	省级
		两栖纲 AMPHIBIA		
44	虎纹蛙 *Rana tigrina*	蛙科 Ranidae	易危	Ⅱ
45	棘胸蛙 *Rana spinosa*	蛙科 Ranidae	易危	省级
46	沼蛙 *Rana guentheri*	蛙科 Ranidae	无危	省级

（3）经济动物多样　保护区内拥有国家保护的有益的或有重要经济、科学研究价值的陆生野生动物100多种。

①两栖类　主要有黑眶蟾蜍 *Bufo melanostictus*、中华蟾蜍、棘胸蛙、华南湍蛙、泽蛙 *Rana linocharis*、大绿蛙 *Rana livida* 等。

②爬行类　主要有乌龟 *Chinemys bealei*、四眼水龟 *Clemmys quadrlocellata*、鳖 *Pelochelys sinensis*、山瑞鳖、变色树蜥 *Calotes versicolor*、石龙子、蓝尾石龙子 *Enmeces elegans*、王锦蛇、滑鼠蛇、灰鼠蛇、中国水蛇 *Enhydris chinensis*、银环蛇、金环蛇、眼镜蛇等。

③鸟类　主要有小鸊鷉、鹧鸪、普通竹鸡 *Bambusicola thoracica*、珠颈斑鸠 *Streptopelia chinensis*、山斑鸠 *S. orientalis*、红隼、小白腰雨燕 *Apus affini*、普通翠鸟 *Alcedo atthis*、大拟啄木鸟 *Picoides major*、家燕 *Hirundo rustica*、白鹡鸰 *Motacilla alba*、红耳鹎 *Pycnotus jocosus*、白头鹎 *Pycnontus sinensis*、棕背伯劳 *Lanius schach*、八哥 *Acridothers cristatellus*、红嘴蓝鹊 *Cissa erythrorhyncha*、大山雀 *Parus majo*、暗绿绣眼鸟 *Zosterops japonica*、麻雀 *Passer montanus* 等。

④哺乳类　主要有黄腹鼬、猪獾 *Arctonyx collaris*、鼬獾、狗獾、果子狸、华南兔、隐纹花松鼠 *Tamiops swinhoei*、银星竹鼠、中华竹鼠 *Rhizomys sinersis*、野猪等。

2.2.13　韶关北江特有珍稀鱼类自然保护区

2006年8月1日，韶关市农业局韶市农［2006］56号文《关于要求建立韶关北江斑鳠市级自然保护区请示》，2006年8月22日，韶关市人民政府韶府［2006］57号文《关于同意建立北江斑鳠市级自然保护区的批复》，建立韶关北江斑鳠市级自然保护区。2008年9月，广东省人民政府粤办函［2008］588号批准韶关北江斑鳠市级自然保护区晋升为省级自然保护区，并更名为韶关北江特有珍稀鱼类自然保护区，主要保护对象为北江特有的、珍稀的、濒危鱼类和主要经济鱼类及栖息环境。

据中华人民共和国国家标准《自然保护区类型与级别划分原则》（GB/T14529—93），韶关北江特有珍稀鱼类自然保护区属“野生生物类”别中的“野生动物类型”自然保护区。

2.2.13.1　自然条件

（1）位置范围　韶关北江特有珍稀鱼类自然保护区位于位于北江水系的武江，桂头大桥至韶关市区海关半岛（浈江、武江汇合处，北江起点）之间的江段，总长度36km。地理坐标为：东经113°25′18″~113°35′19″，北纬24°48′17″~24°56′60″，总面积2820hm^2。

（2）地质基础　该保护区地处韶关盆地，在地质构造上属曲江向斜部分，主要受北东—南西和北西—南东的“×”型断裂的构造控制，主要地层为泥盆纪及石炭纪的砂岩、页岩、石灰岩，第四纪沉积多发育在河谷地带。

（3）地貌概况　保护区范围属于韶关盆地内的丘陵地貌，境内地势中间高，四周低，中部莲花山顶海拔254.8m，为保护区内最高处，最低处在南缘坡脚，海拔60.0m。

（4）气候特征　保护区地处北回线以北，属中亚热带季风气候区，气候特点是：四季分明，冷暖交替明显，夏长、冬短，热量充足，雨量充沛，夏季高温多雨，雨热同季，湿度大，冬季有霜冻寒潮较多少雨。据保护区所在的韶关市气象资料：年平均气温20.3℃，最冷1月份平均气温10℃，极端最低气温-4℃，最热7月份平均气温29.1℃，极端最高气温42.2℃（1953年8月12日）；年降水量1600mm。3~8月为雨季，各月降水量变率较小，为22%~52%；9月至翌年2月为旱季，各月降水量变率较大，为32%~52%。

（5）水文及泥沙　保护区属北江水系，主要河流为祯江和武江在此交汇后形成北江。

依据武江犁市和祯江长坝水文站1953~2005年实测流量资料分析，52年水文资料中包括丰、平、枯、特枯年份，均值和Cv值都较稳定，经分析计算长坝水文站的流量均值为193.7m^3/秒，犁市水文站的流量均值为198.6m^3/秒。

根据武江犁市和祯江长坝水文站 2001 ~ 2005 年的数据统计，犁市水文站 4 年平均含沙量为 0. 1352kg/m^3，4 年平均输沙量为 104. 72 万 t；长坝水文站 4 年平均含沙量为 0. 0748kg/m^3，5 年平均输沙量为 44. 66 万 t。据报道武江与祯江的年平巨含沙量和年平均输沙量呈逐年下降的趋势

（6）保护区及周边的植被概况

①浈江两岸植被　浈江区境内东北部，仁化县境内西南部，属于大丹霞的生态圈范围内，区内森林资源丰富，野生植物起源古老，种类繁多，素有“绿色宝库”之称，是全国重点林区之一，有各类野生植物 2 631 种，珍贵树种 30 多种。林种结构以用材林多，其他林种少，人工林生态效益较差（树种单一，反复针叶化）。稀树灌木草坡是区内分布最广的一种植被类型，主要有芒箕或中性禾草植物组成，散生常绿灌木或马尾松等，石灰岩灌丛常见种类有檵木、黄荆 *Vitex negundo*、全缘火棘 *Pyracantha atalantioides*、红背山麻杆 *Alchomea trewioides*、小果蔷薇 *Rosa cymosa*、绣线菊 *Spiraea* sp.、鸡血藤 *Millettia reticulata*、悬钩子，仁化周田红色灌丛常见种类有黄荆、光叶海桐 *Pittosporum glabratum*、檵木、糯米条 *Abelia chinensis*、绣线菊、小果蔷薇、全缘火棘。由于岩石裸露，群落常呈斑块状分布，珍贵的亚热带常绿阔叶林是生态平衡的支柱，常绿阔叶林主要树种有红锥、罗浮栲、甜槠、米槠、鹿角锥、黧蒴、黄樟、华润楠、木荷 *Schima superba*、蕈树 *Altingia chinensis*、杜英 *Elaeocarpus decipiens* 等。有些地段混生毛竹，形成毛竹、阔叶林混交林。

②武江两岸植被　武江属北江第二大支流，保护区内所属河段（桂头桥至海关半岛）处于武江下游河段，主要有新街水、重阳水流入，区内两岸土地利用类型主要以耕地、竹林、草地、居民点及交通用地为主，两岸多为人类开发，区内动植物资源比较丰富，野生植物有 200 多个科，1500 ~ 2 000 种；有列入国家级保护的树种粗榧 *Cephalotaxus sinensis*、紫楠 *Phoebe sheareri*，有活化石之称的银杏 *Ginkgo biloba*、观光木 *Tsoongiodendron odorum*、水松 *Glyptostrobus pensilis* 等；主要竹类 20 多种，主要果树 50 多种。

③北江河段两岸植被　北江河段主要存在以下几种植物群落。

A. 竹林群落　竹林是北江沿江的主要植被类型，通常沿江边呈带状分布，宽度可达 30 ~ 50m，林高度，密盖度，覆盖度等因土壤条件有较大差异，一般高 10 ~ 15m，少数仅 3 ~ 5m，土壤条件好的高可达 20m，沿江竹林种类简单，主要是水竹。水竹群落的林相结构很简单，乔木层除了水竹处，其他种类较少，偶见苦楝 *Melia azedarach*、对叶榕 *Ficus hispida*、构树 *Broussonetis papyrifera* 等。常绿灌木层能见到的有黄荆、构树幼苗等。草木层稀疏或缺，常见的是细柄草 *Capillipedium parviflorum*，此外还有海芋 *Alocasia macrorhiza*、水茄 *Solanum torvum*、水蔗草 *Apluda mutica* 等。

B. 人工林群落　区内人工林不多，主要分布在离江边较远的岸上和山上，种类主要有桉树 *Eucalyptus* sp.、马尾松 *Pinus massoniana* 等。其他林种类较少，相结构较差，林高约 5 ~ 10m，乔木层不连续，覆盖度 40% ~70%；灌木层、草本层较少。

C. 灌草丛群落　灌草丛主要分布在江边的山坡地带，以灌木和草木植物为主，局部地方稀疏分布有马尾松、盐肤木 *Rhus chinensis* 等乔木，灌木种类较多，主要有黄荆、白饭树 *Securinega virosa*、刺蒴麻 *Triurnfetta bartramia*、南方荚蒾 *Viburnum fordiae*、胡颓子、雀梅藤 *Sageretia theezans*、白背叶 *Mallotus apelta* 等，草本植物有五节芒、铁扫帚 *Lespedeza cuneata*、苍耳 *Xanthium sibiricum*、鸭嘴草 *Ischaemum aristatum*、狗芽根 *Cynodon dactylon*、雀稗 *Paspalum thunbergii*、丝茅 *Imperata koenigii*、类芦 *Neyraudia reynaudiana* 等。

区域内由于开发历史长，原生植被破坏殆尽，未发现珍稀濒危种类存在，植被物落种类较少，结构简单，通常以耐人为干扰或伴人植物居多。

（7）土壤概况　保护区的地带性土壤为红壤，主要成土母岩为砂岩、页岩和石灰岩，属酸性壤土。土层较深厚，富铝化作用明显。

2. 2. 13. 2　功能分区

依据韶关北江斑鳠（鱼类种质资源）省级自然保护区总体规划，将保护区划分为 3 个功能区。

（1）核心区　位于莲塘—沙洲河段，长12 km，平均宽度850 m，面积1020 hm^2，占保护区总面积的36.17%。该区域代表了北江典型的生态系统，其珍稀特有鱼类群落集中分布于此，是本保护区最具有代表性的区域。根据本保护区区划依据的法规和本保护区的保护目标，除必要的船只通行外，将实行全封闭保护。

（2）缓冲区　分上下两段，上段黄塘—莲塘，长5.0 km；下段沙洲—十里亭大桥，长4.0 km，共计9.0 km，平均宽度750 m，缓冲区总面积675hm^2，占保护区总面积的23.94%。缓冲区是保护区珍稀野生动物、生态系统和生物群落较为集中、保护较好的区域，需要重点保护，除必要和合理的科学研究外，将实行半封闭式管理，杜绝其他开发性的经营管理行为。

（3）实验区　除核心区、缓冲区之外，其余部分为实验区。实验区分上下两段：上段桂头大桥—黄塘，长11.3km；下段十里亭大桥—海关半岛，长3.7km，共计15.0 km，平均宽度750 m，实验区总面积1125hm^2，占保护区总面积的29.89%。本区可以进行从事科学试验、教学实习及具有示范效果的一些可持续发展经营项目，如珍稀生物的救护、生态系统、生物群落的人工促进恢复、种质资源的人工培育、孵化和珍稀濒危野生动物驯化、繁殖等（图2.16）。

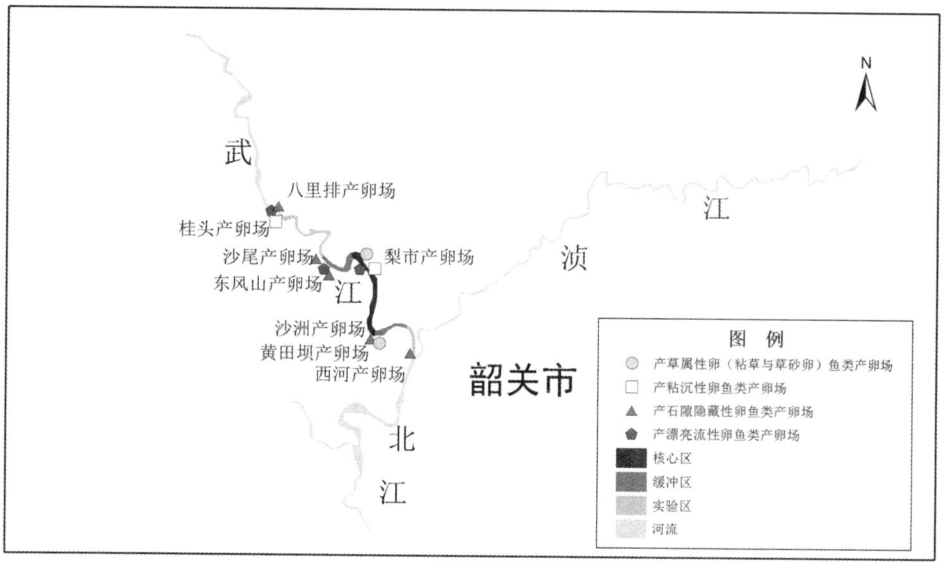

图2.16　韶关北江特有珍稀鱼类自然保护区功能分区图

2.2.13.3　保护区及周边水域的生物资源

据报道①，对北江、浈江、武江的江段进行调查的结果如下。

（1）浮游植物　浮游植物共有约20个属共33种，分属绿藻、硅藻、蓝藻、甲藻、隐藻、裸藻等6个门。绿藻、硅藻门为主，绿藻种类占优势，硅藻次之，其他4个门种类、数量很少，总得来说，主要浮游植物的种类在北江、浈江、武江的江段上分布较均匀。

在浈江出现的优势种类分别是针杆藻属 *Synedra* sp.、空球藻 *Eudorina elegans*、实球藻 *Pandorina morum*、杂球藻 *Pleodorina californica*、集星藻 *Actinastrum hantzschii*、新月藻属 *Closterium* sp.、四尾栅藻 *Scenedesmus quadricauda*、平裂藻属 *Merismopedia* sp.、席藻属 *Phormidium* sp.。

在武江出现的优势种类分别是针杆藻属、脆杆藻属 *Fragilaria* sp.、螺纹柱形鼓藻 *Penium spirostriolatum*、席藻属。

在北江出现的优势种类分别是针杆藻属、直链藻属 *Melosira* sp.、空球藻、实球藻、杂球藻、集星

① 林小涛等. 韶关北江斑鳠（鱼类种质资源）省级自然保护区科学考察报告. 暨南大学水生生物研究所，广东省渔政总队韶关支队，广东省海洋与水产自然保护区管理总站. 2007.12.

藻、小球藻 *Chlorella vulgaris*，螺纹柱形鼓藻、平裂藻属、席藻属。

在整个水系中，只有针杆藻属是优势种类，而其他种类的优势种类在不现江段均有差别。

以数量统计，绿藻占55.54%，蓝藻占6.77%，硅藻占32.51%，甲藻占3.11%，隐藻占1.64%，裸藻占0.44%。其中绿藻与硅藻占优势。

（2）浮游动物　浮游动物30种（仅鉴定到属的按一个种算）。其中原生动物有6种，轮虫类16种，枝角类和桡足类各有3种，其他2种。

从调查结果来看，北江的整个江段都有桡足类分布。桡足类的适应范围很大，体内含有较高的蛋白质、脂肪和多种维生素，也是北江幼鱼的良好饵料。

（3）水生维管束植物　北江的水生维管束植物主要有12种，隶属于6科8属。其中眼子菜有4种；水鳖科2种；茨藻科2种；小二仙草2科；金鱼藻科、泽泻科各1种。

水生维管束植物以及丝藻是北江植物食性鱼类的良好饵料。据对北江主要经济鱼类进行食性分析，鲫鱼、赤眼鳟、黄尾密鲴、东方东坡鱼、唇鱼、鲮鱼、南方白甲鱼等食物组成中都有植物的碎屑。可以说水生维管束植物是北江主要经济鱼类的重要饵料之一。北江产量最大的底栖动物为河蚬和田螺。食性分析表明，田螺食物中含植物碎屑如水网藻、水绵等；河蚬的食物以硅藻和黄丝藻为主，所以水生维管束植物以及丝藻又是田螺、河蚬的重要饵料，从而对螺蚬等为食物的底栖性鱼类，也起到间接供饵的作用。从鱼类产卵　调查来看，水生维管束植物繁盛的河段还是鲤鲫等鱼类良好的产卵场所。此外，水生维管束植物还可用于监测污染，去除污染物，对净化水质也有重要意义。

2.2.13.4　保护区内鱼类资源

据20世纪80年代调查记录，北江有鱼类143种。现保护区中分布的鱼类约有97种，其中有较大价值的经济鱼类约占半数以上，常见的重要经济鱼类有30多种。在种群数量上保护区鱼类中有28种为优势种和普通种，占28.9%；69种为少见种和稀有种，占71.1%。这些统计表明，保护区内鱼类具有种类多、资源优厚的特点，有较大的渔业资源发展潜力和渔业利用前景。

2.2.13.5　保护区内珍稀与濒危鱼类

保护区内水面广阔，地形特殊，自然条件复杂，其中的鱼类资源非常丰富，区域内有国家II级重点保护动物唐鱼，并有珍稀鱼类和重要经济鱼类如唇鱼 *Semilabeo notabilis*、桂华鲮 *Sinilabeo decorus*、盆唇华鲮 *Sinilabeo discognathoides*、卷口鱼 *Ptychidio jordani*、大眼鳜 *Siniperca kneri*、斑鳠 *Mystus guttatus*、长臀鮠 *Cranoglanididae bouderius bouderius*、鳗鲡 *Anguilla japonica*、倒刺鲃 *Barbodes denticulatus denticulatus*、刺鲃 *B. caldwelli*、鲮鱼 *Cirrhinus molitorella*、白甲鱼 *Varicorhinus sima*、南方白甲鱼 *V. gerlachi*、鳡鱼 *Elopichthys bambusa*、黄尾鲴 *Xenocypris davidi*、花䱻 *Hemibarbus maculatus*、赤眼鳟 *Squaliobarbus curriculus*、鲂 *Megalobrama terminalis*、黄颡鱼 *Pseudobagrus fulvidraco*、斑鳢 *Channa maculates*、异尾爬鳅 *Balitora heterocauda*、多鳞原缨口鳅 *Anguilla japonica*、鲤 *Cyprinus carpio*、鲫 *Carassius auratus* 及四大家鱼等。

2.2.13.6　主要经济鱼类的种类

据报道，保护区的97种鱼类大多数有食用价值，其中作为主要捕捞对象的经济鱼类约有30种左右。主要经济鱼类如斑鳠、鳜、南方白甲鱼、倒刺鲃、光倒刺鲃、黄颡鱼、斑鳜、鳊、鲂、黄尾密鲴、鲮、鲤、鲫、花䱻、唇䱻、鰲条、赤眼鳟、蛇鮈等种类分布较广，种群数量较多，因此是沿江常见的捕捞对象；青鱼、鲢、鳙在保护区的产量不大；鲥鱼现在已经绝迹。

2.2.14　连南大鲵自然保护区

2000年，连南瑶族自治县农业局获悉在该县香坪镇排肚村有人发现国家重点保护野生动物、我国特有的珍稀物种—大鲵，立即派人进行调查。后报连南瑶族自治县人民政府批准建立连南大鲵县级自然保护区。2000年3月，清远市人民政府批准建清远市市级自然保护区。2007年1月东省人民政府粤办函［2007］50号文批准晋升为省级自然保护区。主要保护对象为国家Ⅱ级重点保护物种——大鲵 *Andrias davidianus* 及其生态环境。

据中华人民共和国国家标准《自然保护区类型与级别划分原则》（GB/T14529—93），连南大鲵自然保护区属"野生生物类别"中的"野生动物类型"自然保护区。

2.2.14.1　自然条件

（1）位置范围　连南大鲵自然保护区位于清远市辖连南瑶族自治县的西南角。地理坐标为东经112°08′26.8″~112°11′36.2″，北纬24°23′15.5″~24°25′22.9″。保护区总面积1493.4hm²。

（2）地质基础　地质构造上属华南褶皱带，在地史上属于华夏古陆和杨子古陆的华南台地，海漫盛期的泥盆纪，中生代以来，经历多次激烈的华南台地上升，使原各地质时期沉积的地层褶皱断裂，并伴随大规模的花岗岩入侵。就其岩性则由山顶向外分别为中细粒斑状花岗岩一岩类（中细粒砂岩、泥质砂岩），局部地方亦有变质岩出露。

（3）地貌概况　保护区范围属于中低山地貌，区内群峰矗立，山势陡峭，根据1∶50000的地形图统计保护区内有标高的98座山峰的海拔高度，其中海拔500~900m的山峰占30.6%，海拔900m以上的山峰占69.4%，最高是五海顶海拔1564.8m。保护区的地势起伏大，东南高、西北低。河谷切割深，多呈"U"形谷或"V"形谷。山地坡度多在25°~50°之间，个别地段达60°以上。

（4）气候特征　保护区属中亚热带季风气候区，气候特点是：四季分明，冷暖交替明显，夏长、冬短，热量充足，雨量充沛，夏季高温多雨，雨热同季，湿度大，冬季有霜冻寒潮较多少雨。据保护区所在的连南瑶族自治县气象资料：年平均气温19.5℃，最冷1月份平均气温9℃，最热7月份平均气温28.3℃，无霜期299天。年平均降水量1654mm，每年4~9月总降水量占全年总降水量的76.3%。总体上，全年的降水量比蒸发量高，保持了较为湿润的空气。该保护区具有较好的水热条件。

（5）水文及水质　保护区属北江水系，主要河流为排肚河，该河流的集雨区面积为3000hm²，干流河长14.84km。丰水年的年径流量平均为5625万m³，平水年的年径流量平均为3862万m³，枯水年的年径流量平均为2761万m³。

在排肚河3个河段抽样监测结果表明，所有监测指标全部达到国家Ⅰ类水质标准。根据国家有关规定，如果地表水环境质量达到国家Ⅰ类水质要求的时候，主要适用于源头水、国家级自然保护区等。

（6）土壤概况　保护区的地带性土壤为红壤，保护区内主要成土母岩为花岗岩和砂岩类，从山麓至山顶，依次垂直分布着如下土壤类型。

A. 红壤　是地带性土壤，主要分布在海拔700m以下的低山和丘陵地带，成土母质为花岗岩、花岗斑岩和砂岩类风化坡积物和堆积物，土层较深厚，富铝化作用明显，土壤发育层次明显，呈灰棕色或红棕色，有机质含量高，pH值多在4.5~6.0之间。

B. 山地黄红壤　是红壤与黄壤之间过渡性土壤，主要分布在海拔700~1000m的山坡，成土母质以花岗岩、花岗斑岩、砂页岩的风化残积物为主，一般土层较薄，土体发育完整，呈灰黑或黑褐色，有机质含量较多，pH 4.5~5.5。

D. 山地灌丛草甸土　主要分布在海拔1000m以上的山顶和山脊，由于气候寒冷潮湿，云雾多，日照少，风力大，因而抑制了植物生长和土壤微生物的活动，土体剖面层次发育不够完整，有明显的枯枝落叶和草根盘结。

2.2.14.2　功能分区

依据《广东连南大鲵自然保护区总体规划》①，将连南大鲵自然保护区分为3个功能区。

（1）核心区　核心区位于保护区中部，本区是大鲵的主要分布区。面积585hm²，占保护区面积的

---

① 陈泽滨等．拟建连南大鲵自然保护区总体规划．清远市人民政府，连南县人民政府，广东省海洋与水产自然保护区管理总站，华南师范大学生命科学学院．2000.3.

39.17%，是保护区大鲵分布的主要区域，也是大鲵栖息地保存最完好的、该生态系统保护和发育最为完整的地区。具有典型性和代表性。

其主要功能是保护天然林生态系统的良性循环。除必需的科学研究人员经有关主管部门批准方可进出外，将实行全封闭管理，禁止一切与自然保护区管理无关的人员进入，严禁狩猎、采挖药材和砍伐林木 。除对小区域的人工林进行改造、加速其向天然林发育外，不得进行任何其他影响和干扰生态环境的活动，保证自然演替条件。

（2）缓冲区　位于保护区核心区外围，面积为 672.6hm²，占保护区面积的 45.04%。

其主要功能是：减少人类对于核心区的压力，起缓冲作用，将实行半封闭式管理，严禁外来因素破坏。但允许进行科研监测、通过保护工程，缓解生态环境逐步恶化的势头。在本区的局部的人工林外围种植生物防火林带，尽量杜绝森林火灾的隐患。

（3）实验区　位于保护区西北部，面积 235.8hm²，占保护区面积的 15.79%。森林成分主要以天然次生中龄林和人工中龄林组成，是保护管理设施配置、进行科学实验活动的集中区域。在保证生态环境不受破坏的情况下，根据可利用资源和地域特点，按照有关规程规定，在本区内进行保护、科研、教学、多种经营等活动（图 2.17）。

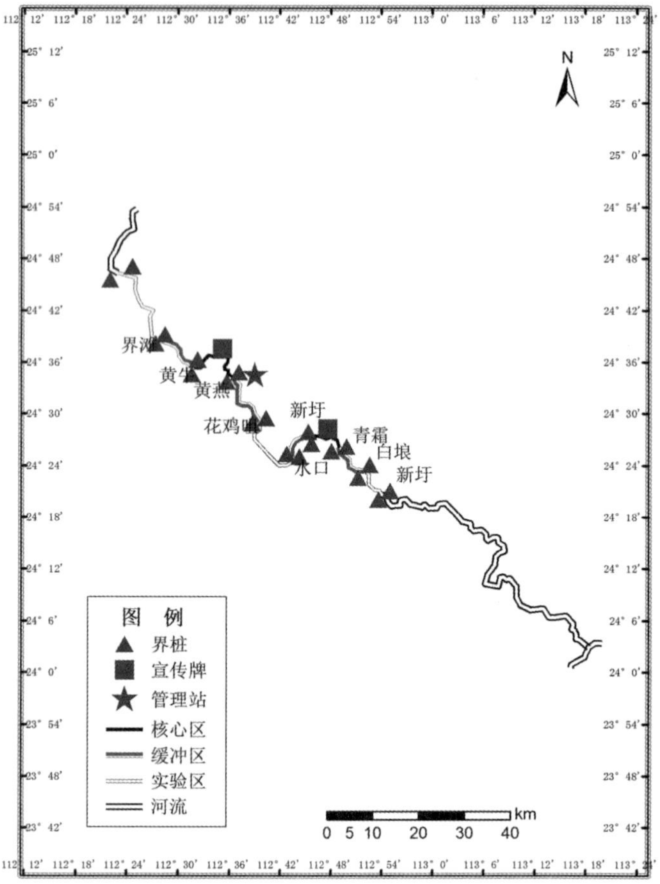

图 2.17　连南大鲵自然保护区功能分区图

2.2.14.3　大鲵种群概况

大鲵属于有尾目隐鳃鲵科，为我国特有物种。因其叫声似婴儿啼哭，俗称“娃娃鱼”。该物种是现存有尾两栖类中最大的一种，体长最长可超过 1m。头部扁平、钝圆，口大，眼不发达，无眼睑。身体前部扁平，至尾部逐渐转为侧扁。体两侧有明显的肤褶，四肢短扁，指、趾前五后四，具微蹼。尾圆形，尾上下有鳍状物。体表光滑，布满黏液。身体背面为黑色和棕红色相杂，腹面颜色浅淡。

连南大鲵自然保护区及其周边地区是广东省罕见的大鲵自然分布区，该保护区范围的大鲵在 20 世纪 90 年代经历了一个捕获的高峰，到了 21 世纪，大鲵资源已经显著减少，目前该大鲵种群面临人类干扰的巨大压力。

据调查①，该保护区的大鲵种群中有成年个体，也有未成年个体，说明该大鲵种群还是一个繁殖种群，只要加强保护，该大鲵种群是可以恢复和发展的。

2.2.14.4　植物区系特点

本保护区的植物区系，概括起来具有如下特点。

（1）植物种类较少　据调查统计，该保护区拥有野生维管植物植物 511 种（包括种下分类单位，下同），隶属 248 属 116 科，占广东省野生维管束植物（5933 种）的 8.61%（叶华谷等，2005）。其中

① 江海声等. 拟建连南大鲵自然保护区科学考察报告. 华南师范大学生命科学学院，广东省海洋与水产自然保护区管理总站，山大学生命科学学院，广州大学生命科学学院等. 2000.3.

蕨类植物64种，隶属41属25科；裸子植物11种，隶属10属8科；被子植物436种，隶属197属75科（表2.59）。

表2.59　连南大鲵自然保护区野生维管植物类群的组成

植物类群	科数	属数	种数
蕨类植物	25	41	64
裸子植物	8	10	11
被子植物	83	197	436
合计	116	248	511

此外，尚有栽培植物77种，隶属60属30科。其中裸子植物15种，隶属14属6科；被子植物62种，隶属46属24科。

（2）地理成分较复杂

①蕨类植物的地理成分

A. 科的地理分布区类型　根据保护区25科的分布类型统计分析如下。

广布科　共有9科，占该区总科数的26.67%。如石杉科 Huperziaceae、石松科 Lycopodiaceae、卷柏科 Selaginellaceae、木贼科 Equisetaceae、铁线蕨科 Adiantaceae、蹄盖蕨科 Athyriaceae、铁角蕨科 Aspleniaceae、紫萁科 Osmundaceae、水龙骨科 Polypodiaceae。

热带、亚热带分布科　共有8科，占该区总科数的50%（扣除广布科9科，下同）。如观音座莲科 Angiopterridaceae、中国蕨科 Sinopteridaceae、瘤足蕨科 Plagiogyriaceae，以我国华南至西南亚热带为分布中心，也是本保护区蕨类区系的特征成分。另有松叶蕨科 Psilotaceae、鳞始蕨科 Lindsaeaceae、海金沙科 Lygodiaceae、凤尾蕨科 Pteridaceae、金星蕨科 Thelypteridaceae 等。

泛热带分布科　共有5科，占该区总科数的31.13%。如槲蕨科 Drynariaceae 以亚洲为主，其他为里白科 Gleicheniaceae、蚌壳蕨科 Dicksoniaceae、乌毛蕨科 Blechnaceae、三叉蕨科 Aspidiaceae 等。

热带至温带的分布科　仅有瓶尔小草科 Ophioglossaceae，占总科数的6.25%。

温带至亚热带高山地区分布科　仅有鳞毛蕨科 Dryopteridaceae，占总科数的6.25%。

B. 属的地理分布区类型　根据保护区41属的分布类型统计分析如下。

广布属　共有4属，占总属数的7.45%。如石杉属 *Huperzia*、卷柏属 *Selaginella*、铁线蕨属 *Adiantum*、铁角蕨属 *Asplenium* 等。

泛热带分布属　共有3属，占总属数的8.11%（扣除广布分布4属，下同）。如鳞始蕨属 *Lindsaea*、乌蕨属 *Sphenomeris*、槲蕨属 *Drynaria* 等。

热带和亚热带分布属　共有28属，占该区总属数的75.68%。其中热带至亚热带为主，如灯笼草属 *Palhinhaea*、观音莲座属 *Anglopteris*、芒萁属 *Dicranopteris*、里白属 *Diplopterygium*、海金沙属 *Lygodium*、凤尾蕨属 *Pteris*、碎米蕨属 *Cheilosoria*、金粉蕨属 *Onychium*、短肠蕨属 *Allantodia*、毛蕨属 *Cyclosorus*、针毛蕨属 *Macrotheris*、新月蕨属 *Pronephrium*、三叉蕨属 *Tectaria*、石韦属 *Pyrrosia* 等。

以亚热带为主的属　与热带至亚热带分布的类型相当，热带亚洲分布的有6属，如藤石松属 *Lycopodistrum*、瓶尔小草属 *Ophioglossum*、复叶耳蕨属 *Arachniodes*、星蕨属 *Microsorium*、伏石蕨属 *Lemmaphyllum*、骨牌蕨属 *Lepidogrammitis* 等；热带亚洲—大洋洲分布2属，如乌毛蕨属 *Blechnum*、崖姜蕨属 *Pseudodrynaria*；热带亚洲至非洲分布的有1属，如瓦韦属 *Lepisorus*；热带亚洲—热带美洲分布有3属，如瘤足蕨属 *Plangiogyria*、双盖蕨属 *Diplazium*、单盖蕨属 *Triblemma*、水龙骨属 *Polypodiodes*；东亚分布有1属，如金毛狗属 *Cibotium*。

温带、热带分布属　有2属，占总属数的5.41%。如紫萁属、狗脊属。

温带分布属　有3属，占总属数的8.11%。如贯众属、鳞毛蕨属、阴地蕨 *Sceptridium* 等。

寒、温带分布属　有1属，占总属数的2.70%。如木贼属 *Equisetum*。

②种子植物的地理成分

A. 科的地理分布区类型　按照《世界种子植物科的分布区类型系统》（吴征镒等，2003），根据保护区种子植物91科的分布区类型统计分析，除温带亚洲分布、地中海区和西亚至中亚分布、中亚分布及中国特有分布科尚未发外，其余12个分布区类型及变型均有分布。

*1. 广布分布类型　计有21科，占总科数的26.79%。如毛茛科、十字花科、堇菜科、远志科 Polygalaceae、景天科 Crassulaceae、虎耳草科 Saxifragaceae、石竹科 Caryophyllaceae、马齿苋科 Portulacaceae（主产美洲）、蓼科 Polygonaceae、苋科 Amaranthaceae、酢浆草科 Oxalidaceae、千屈菜科 Lythraceae、柳叶菜科 Onagraceae、小二仙草科、瑞香科 thymelaeaceae、蔷薇科 Rosaceae、蝶形花科 Papilionaceae、杨梅科、榆科、桑科、鼠李科 Rhamnceawe 等。

*2. 泛热带分布类型　有25科，占35.71%。如番荔枝科 Annonaceae、樟科 Lauraceae、青藤科 Illigeraceae、防己科、马兜铃科 Aristolochiaceae、胡椒科、金粟兰科 Chloranthaceae、白花菜科 Capparidaceae、藜科 Chenopodiaceae、凤仙花科 Balsaminaceae、大风子科 Flacourtiaceae、天料木科 Samydaceae、西番莲科 Passifloraceae、葫芦科 Cucurbitaceae、秋海棠科 Begoniaceae、茶科 Theaceae、野牡丹科 Melastomataceae、使君子科 Combretaceae、红树科 Rhizophoraceae、藤黄科 Guttiferae、梧桐科 Sterculiaceae、锦葵科 Malvaceae、古柯科 Erythroxylaceae、大戟科、含羞草科等。

*2－1 热带亚洲—大洋洲和热带美洲　有1科，占1.43 %。如第伦桃科 Dilleniaceae。

*2－2 热带亚洲、非洲和南美洲间断分布　有4科，占5.71%。如买麻藤科 Gnetaceae、粘木科 Ixonanthaceae、椴树科 Tiliaceae、苏木科 Caesalpiniaceae。

*2s 以南半球为主的泛热带分布　有4科，占5.71%。如罗汉松科 Podocarpaceae、商陆科 Phytolaceae、山龙眼科 Proteaceae、桃金娘科 Myrtaceae 等。

*3. 热带亚洲和热带美洲间断分布　有4科，占5.71%。如木通科 Lardizabalacea、水东哥科 Saurauiaceae、杜英科 Elaeocarpaceae、榛木科 Corylaceae 等。

*4. 旧世界热带分布　有1科，占1.43%。如海桐花科 Pittosporaceae。

*5. 热带亚洲至热带大洋洲分布　有1科，占1.43%。如交让木科 Daphniphyllaceae。

*7. 热带亚洲（印度—马来西亚）分布　未见。

*7－4 越南（或中南半岛）至华南（或西南）分布　有1科，占1.43%。如大血藤科。

*7－5 西马来，基本上在新华莱斯线以西　有1科，占1.43%。如五列木科 Pentaphylacaceae。

*8. 北温带分布　有2科，占2.86%。如松科 Pinaceae、金丝桃科 Hypericaceae。

*8－4 北温带和南温带（全温带）间断分布　有19科，占27.43%。如杉科 Taxodiaceae、柏科 Cupressaceae、红豆杉科 Taxaceae、罂粟科、紫堇科、茅膏菜科 Droseraceae、绣球花科 Hydrangeaceae、金缕梅科、黄杨科、杨柳科 Salicaceae、桦木科 Betulaceae、壳斗科 Fagaceae 等。

*8－5 欧亚和南美洲温带间断分布　有1科，占1.43%。如小檗科 Berberidaceae。

*9. 东亚和北美洲间断分布　有3科，占4.29%。如木兰科、三白草科 Saururaceae、鼠刺科 Escalloniaceae。

*14. 东亚分布　有3科，占4.29%。如三尖杉科 Cephalotaxaceae、猕猴桃科 Actinidiaceae。

从上所述可以看出，泛热带分布类型有34科，占总科数的48.71%（扣广布分布21科，下同）；北温带分布有25科，占总科数的35.71%；热带亚洲和热带美洲间断分布类型有4科，占总科数的5.71%；其余分布区类型所含科数均在4.29%以下，不占重要地位；特别是中国特有科等5科分布类型缺如，表明该自然保护区植物区系在科级水平上以泛热带分布成分为主，兼有一定数量的北温带成分。

B. 属的地理分布区类型　根据保护区种子植物207属的分布类型，按照《中国种子植物属的分布区类型》（吴征镒，1991）统计分析，除地中海区、西亚至中亚分布及其变型、中亚分布区类型及其变型尚未发现外，其他13个分布区类型及变型均有分布（表2.60）。

表2.60　连南大鲵自然保护区种子植物属的分布区类型

分布区类型及变型	属数	占总属数（%）
1. 广布分布	13	扣除
2. 泛热带分布	51	26.29
2－1 热带亚洲、大洋洲和南美洲间断分布	3	1.55
2－2 热带亚洲、非洲和南美洲间断分布	2	1.03
3. 热带亚洲和热带美洲间断分布	7	3.61
4. 旧世界热带分布	15	7.73
4－1 热带亚洲、非洲和大洋洲间断分布	2	1.03
5. 热带亚洲至热带大洋洲分布	11	5.67
5－1 中国（西南）亚热带和新西兰间断分布	0	0
6. 热带亚洲至热带非洲分布	3	1.55
6－1 华南、西南到印度和热带非洲间断	0	0
6－2 热带亚洲和东非间断	1	0.52
7. 热带亚洲（印度—马来西亚）分布	29	14.95
7－1 爪哇、喜马拉雅和华南、西南星散分布	5	2.58
7－2 热带印度至华南分布	1	0.52
7－3 缅甸、泰国至华西南分布	1	0.52
7－4 越南（或中南半岛）至华南（或西南）分布	4	2.06
8. 北温带分布	18	9.28
8－1 环极分布	0	0
8－2 北极高山分布	0	0
8－3 北极—阿尔泰和北美洲间断分布	0	0
8－4 北温带和南温带（全温带）间断分布	3	1.55
8－5 欧亚和南美洲温带间断分布	0	0.15
8－6 地中海区、东亚、新西兰和墨西哥到智利间断	0	0
9. 东亚和北美洲间断分布	14	7.22
9－1 东亚和墨西哥间断	0	0
10. 旧世界温带分布	3	1.55
10－1 地中海区、西亚和东亚间断分布	0	0
10－2 地中海和喜马拉雅间断分布	0	0
10－3 欧亚和南非洲（有时也在大洋洲）间断	0	0
11. 温带亚洲分布	1	0.52
12. 地中海区、西亚至中亚分布	0	0
12－1 地中海区至中亚和南非洲、大洋洲间断	0	0
12－2 地中海区至中亚和墨西哥间断	0	0
12－3 地中海区至温带、热带亚洲，大洋洲和南美洲间断	0	0
12－4 地中海区至热带非洲和喜马拉雅间断	0	0
12－5 地中海区—北非洲、中亚、北美西南部，智利和大洋洲（泛地中海）间断分布	0	0
13. 中亚分布	0	0

（续）

分布区类型及变型	属数	占总属数（%）
13－1 中亚东部（亚洲中部）	0	0
13－2 中亚至喜马拉雅	0	0
13－3 西亚至喜马拉雅和西藏	0	0
12－4 地中海区至热带非洲和喜马拉雅间断	0	0
14. 东亚分布	5	2.58
14－1 中国—喜马拉雅（SH）	5	2.58
14－2 中国—日本（SJ）	4	2.06
15. 中国特有分布	6	3.09
合计	207	100.00

从表2.60可以看出，保护区内属的地理成分是以热带成分占优势，2～7各类热带成分共有135属，占总属数（扣除广布分布13属，以下同）的69.59%。温带成分（8～11）共有39属，占总属数的20.10%。东亚分布有14属，占总属数的7.22%。中国特有分布的5属，占2.58%，分别是杉木属 *Cunninghamia*、大血藤属 *Sargentodoxa*、血水草属 *Eomecon*、半枫荷属 *semiliquidambar*、石笔木 *Tutcheria*、青檀属 *Pteroceltis*。因此，在种子植物属级分布区类型水平上，以泛热带、热带亚洲的分布区类型为主，同时兼有一定数量的东亚分布和温带分布成分，这些特征与保护区所处地理位置相一致。

2.2.14.5 植被类型

据调查，保护区内的植被类型多样，主要有5种类型。

（1）针叶林　在保护区内有2个群系。

①杉木林（Form *Cunninghamia lanceolata*）　在保护区较为常见，分布范围也较大，多为人工栽培，少数为自然林，林分结构简单。

乔木层：一般以杉木为单优势种。

灌木层：在稀疏的林下，由冬青属 *Ilex*、柃木属 *Eurya*、榕属 *Ficus* 等灌木种类构成。

草本层：常见的有乌毛蕨 *Blechnum orientale* 和芒萁 *Dicranopteris pedata* 等。

②马尾松林（Form *Pinus massoniana*）　主要分布低山丘陵，结构简单。

乔木层：一般以马尾松为单优势种。

灌木层：优势种为桃金娘等。

草本层：以芒萁、芒等占优势。

（2）常绿阔叶林　是以常绿阔叶树为建群种所组成的森林群落。它是中亚热带地带性的典型植被类型，在保护区内占主导地位，有3个群系。

①米槠林（Form *Castanopsis carlesii*）　分布于海拔1177m山坡，地理座标为东经112°10′53″，北纬24°24′30″。在20m×20m样方中有47株。

乔木层：平均高度约12m，胸径约17cm，除优势种米槠外，还有乳源木莲 *Manglietia yuyanensis*、鹿角锥 *Castanopsis lamontii*、红楠、日本杜英、栓叶安息香 *Styrax suberifolius*、虎皮楠 *Daphniphyllum oldhamii*、红淡比 *Cleyera japonica* 等常绿阔叶树，同时夹杂着一些南岭槭 *Acer metialfii*、三角枫 *Acer buergerianum*、南酸枣 *Choerospondias axillaris*、油柿等落叶阔叶树。

灌木层：主要由变叶树参 *Dendropanax proteus*、香港四照花 *Dendrobenthamia hongkongensis*、石壁杜鹃 *Rhododendron bachii* 等组成。

草本层：以狗脊 *Woodwardia japonica*、芒萁、淡竹叶等为主。

②短穗泥柯林（Form *Lithocarpus fenestratus*）　分布于海拔1451m山坡，地理座标为东经112°10′41″，北纬24°24′16″。在20m×20m样方中有35株。

乔木层：平均高度约6.6m，胸径约20cm，除优势种短穗泥柯外，还有水青冈 *Fugus longipetiolata*、甜锥 *Castanopsis eyrei*、岭南柯 *Lithocarpus brevicaudatus*、闽楠 *Phoebe bournei* 等常绿阔叶树，同时夹杂着一些油杯子 *Diospyros tsiangii*、三峡槭 *Acer wilsonii*、圆叶化香树 *Platycarya longipes* 等落叶阔叶树。

灌木层：主要由格药柃 *Eurya muricata*、薄核冬青 *Ilex tenuis*、变叶树参、贵州桤叶树 *Clethra kaipoensis*、白花龙 *Styrax faberi* 等组成。

草本层：以芒萁、狗脊、淡竹叶等占优势。

③红楠林（Form *Machilus thunbergii*）　分布于海拔1100m山坡，地理座标为东经112°11′14″，北纬24°24′53″。在20m×20m样方中有51株。乔木层，平均高度约7.5m，胸径约11cm，除优势种红楠外，还有刨花润楠 *Machilus pauhoi*、尾叶樱桃 *Prunus dielsiana*、芬芳安息香 *Styrax odoratissimus*、微毛柃 *Eurya hebeclados*、四角柃 *E. tetragonoclada*、红柴枝 *Meliosma oldhamii*、虎皮楠 *Daphniphyllum oldhamii*、两广杨桐 *Adinadra gilschroloma*、木荷 *Schima superba*、东方古柯 *Erythroxylum sinense*、辣汁树 *Cinnamomum tsangii* 等常绿阔叶树，同时夹杂着一些南酸枣、白背叶 *Mallotus apelta*、山槐 *Albizzia kalkora* 等落叶阔叶树。

灌木层：主要由变叶树参、南岭槭、油杯子、尖叶毛柃 *Eurya acuminatissima*、细枝柃 *E. loquiana* 等组成。

草本层：植物稀少。

（3）常绿、落叶阔叶混交林　是以常绿与落叶阔叶为建群种所组成的森林群落。在保护区内居次要地位。仅有1个群系。

木姜润楠、南岭黄檀（Form *Machilus litseifolia*，*Dalbergia balansae*）　主要分布于海拔800～1400m中山山地上部。在20m×20m样方中有61株。

乔木层：平均高度约10m，胸径平均约15cm。常绿的乔木以木姜润楠、虎皮楠、红楠、毛背桂樱 *Prunus hypotricha*、白桂木 *Artocarpus hypargyreus*、青冈、绢毛杜英 *Elaeocarpus nitentifolius*、钩锥 *Castanopsis tibetana*、苦枥木 *Fraxinus insularis* 等，落叶阔叶乔木以南岭黄檀、赤杨叶 *Alniphyllum fortunei*、三角枫 *Acer buergerianum*、青榨槭 *Acer davidii*、三峡槭、油杯子等。

灌木层：以细枝柃 *Eurya loquiana*、山矾、山桐子 *Idesia polycarpa*、榕叶冬青为优势种。

草本层：植物稀少。

（4）针叶阔叶混交林　主要分布于海拔1100～1400m中山的南坡、东南坡的山脊和陡坡上，地势高峻，地面岩石露头多，土壤为山地黄壤。针叶阔叶混交林是由针叶树和常绿阔叶树的一种植被类型，林相比较整齐，乔木分为两层，上层多针叶树大树，次层则针叶树与常绿阔叶树混生。组成树种主要为华南五针松 *Pinus kwangtungensis*、福建柏 *Fokienia hodginsii*、三尖杉 *Cephalotaxus fortunei*、穗花杉 *Amentotaxus argotaenia*、南方红豆杉 *Taxus wallichiana*、百日青 *Podocarpus neriifolius* 等针叶树、金毛柯 *Lithocarpus chrysocomus*、甜槠、银木荷 *Schima argentea*、五列木 *Pentaphylax euryoides*、硬叶润楠 *Machilus phoenicis*、毛桃木莲 *Manglietia moto*、深山含笑 *Michilia macclurei*、大果马蹄荷 *Exbucklandia tonkinensis*、山杜英等常绿阔叶树混交而成，其中也有少量落叶树，如石灰花楸 *Sorbus folgneri*、青榨槭等。

（5）山顶矮林　主要分布于1000m以上的山峰或山脊上。生境特点是地势高峻，土层浅薄，常风大，云雾多，湿度大，冬季有积雪和结冰现象。故林木低矮，一般高度仅3～6m，林冠稠密而整齐，植株分枝多而弯曲。树皮粗糙，叶子多为小型叶，厚而革质，叶面光亮或披茸毛，枝干上密披苔藓。群落结构简单，乔木只有一层。林下有灌木层和草本层。此外，地面上也布满苔藓，形成一层绿色松软的草垫。乔木层的组成成分以杜鹃花科，山茶科、壳斗科、山矾科、樟科、八角科等的种类为主。

2.2.14.6　野生植物资源

（1）珍稀濒危保护植物繁多　根据1984年国家环境保护委员会公布的《中国珍稀濒危保护植物名录》和1999年国务院批准公布的《国家重点保护野生植物名录（第一批）》所列种类统计，保护区内共有国家重点保护野生植 17 科 16 属 17 种。其中蕨类植物 1 科 1 属 1 种，裸子植物 4 科 4 属 4 种，被子植物 12 科 11 属 12 种；列为国家Ⅰ级重点保护野生植物 1 种，国家Ⅱ级重点保护野生植物 8 种，国家Ⅲ级重点保护野生植物 7 种，省级重点保护野生植物 1 种（表 2.61）。

表 2.61 连南大鲵自然保护区的保护植物

序号	种名	科名	IUCN 濒危等级	保护级别
1	南方红豆杉 *Taxus wallichiana* var. *mairei*	红豆杉科 Taxaceae	濒危	Ⅰ
2	金毛狗 *Cibotium barometz*	蚌壳蕨科 Dicksoniaceae	渐危	Ⅱ
3	福建柏 *Fokienia hodginsii*	柏科 Cupressaceae	渐危	Ⅱ
4	凹叶厚朴 *Magnolia officinalis* subsp. *biloba*	木兰科 Magnoliaceae	渐危	Ⅱ
5	樟树 *Cinnamomum camphora*	樟科 Lauraceae	渐危	Ⅱ
6	花榈木 *Ormosia henryi*	蝶形花科 Papilionaceae	渐危	Ⅱ
7	半枫荷 *Semiliquidambar cathayensis*	金缕梅科 Hamamelidaceae	渐危	Ⅱ
8	青檀 *Pteroceltis tatarinowii*	榆科 Ulmaceae	渐危	Ⅱ
9	野茶树 *Camellia sinensis* var. *assamica*	山茶科 Theaceae	稀有	Ⅱ
10	短萼黄莲 *Coptis chinensis* var. *brevisepala*	毛茛科 Ranunculaceae	渐危	Ⅲ
11	八角莲 *Dysosma versipellis*	小檗科 Berberidaceae	渐危	Ⅲ
12	吊皮锥 *Castanopsis kawakamii*	壳斗科 Fegaceae	渐危	Ⅲ
13	沉水樟 *Cinnamomum micranthum*	樟科 Lauraceae	渐危	Ⅲ
14	白桂木 *Artocarpus hypargyreus*	桑科 Moraceae	渐危	Ⅲ
15	粘木 *Ixonanthes chinensis*	粘木科 Ixonanthaceae	渐危	Ⅲ
16	穗花杉 *Amentotaxus argotaenis*	红豆杉科 Taxaceae	濒危	Ⅲ
17	三尖杉 *Cephalotaxus fortunei*	三尖杉科 Cephalotaxaceae	稀有	省级

（2）森林资源　根据连南瑶族自治县林业局对保护区的森林资源的调查和监测，该保护区范围有林地 1493.4hm^2，林分蓄积 152 855m^3，其中省级重点生态公益林（天然林）1009.4hm^2，林分蓄积 109 124m^3，人工林 484hm^2，林分蓄积 43731，天然林和人工林，分别占保护区面积的 67.6% 和 32.4%。在天然林中主要为中龄林有 715.8hm^2，占 70.9%、近熟林 172.1hm^2，和成熟林有 42 hm^2，共占 21.2%。根据《广东省森林资源二类调查与森林生态状况调查工作操作细则》（广东省林业局，2005 年 3 月）对天然林林组的划分标准，保护区内的森林主体已经生长发育了 40 年以上。

2.2.14.7　野生动物资源

（1）动物物种较丰富　该保护区的生态环境复杂，森林茂密，孕育了丰富的动物种类。据调查统计，该保护区拥有脊椎动物 95 种，隶属 38 科 16 目。

①两栖类　有 18 种，隶属 7 科 2 目，占该区脊椎动物总种数的 18.95%。无尾目（SALIENTIA）有 5 科 16 种，占该区两栖类总种数的 88.89%，其中锄足蟾科 Pelobatidae 4 种、蟾蜍科 Bufonidae 1 种、蛙科 Ranidae 9 种、树蛙科 Rhacophoridae 1 种、姬蛙科 Microhylidae 1 种。有尾目（CAUDATA）有 2 科 2 种，占总种数的 11.11%，其中隐鳃鲵科 Cryptobranchidae 1 种、蝾螈科 Salamandridae 1 种，占总种数的 6.90%。

②爬行类　有 16 种，隶属 4 科 2 目，占该区脊椎动物总种数的 16.84%。蛇目（SERPENTES）有 3 科 14 种，占该区爬行类总种数的 87.50%，其中游蛇科 Colubridae 11 种、眼镜蛇科 Elapidae 1 种、蝰科 Viperidae 2 种。蜥蜴目（LACERTILI）有 1 科 2 种，占总种数的 12.50%，只有石龙子科 Scincidae 的 2 种。

③哺乳类　有 8 种，隶属 6 科 3 目，占该区脊椎动物总种数的 8.42%；占广东省哺乳类总数（124 种）的 6.45%；占全国哺乳类总数（449 种）的 1.78%。食虫目（INSECTVORA）有 3 科 4 种，占该

区兽类总数的50%；啮齿目（RODENTIA）有2科3种，占总数的37.50%；偶蹄目（ARIODACTYLA）有1科1种，占总数的12.50%。

在区系组成上，主要以东洋型和南中国型为主，分别为47%和29%；12%的物种为古北型，季风型和东北型各占6%。动物分布型上，71%的物种为热带亚热带分布，从动物区系和分布型上都可以看出保护区内兽类区系的热带亚热带的分布特点。

④鸟类　有42种，隶属15科6目，占该区脊椎动物总种数的44.21%。其中雀形目（PASSERIFOMES）有9科32种，占该区鸟类总数的76.19%；鹳形目（CICONIIFORMES）有1科3种，占总数的7.14%；䴕形目（PICIFORMES）有2科2种，占总数的4.76%；佛法僧目（CORACIIFORMES）有1科2种，占总数的4.76%；鸡形目（GALLIFORMES）有1科1种，占总数的2.38%；雨燕目（APODIFORMES）有1科1属1种，占总数的2.38%。

保护区内鸟类区系组成以东洋型为主，进一步对调查区内所有记录到的鸟类的分布型进行分析，东洋型物种占物种总数的60%，南中国型和不易归类型各占12%，古北型和季风型各有5%，全北型、喜马拉雅—横断山区型和东北型分别只占2%。

⑤鱼类　有11种，隶属6科3目，占该区动物总种数的11.58%。鲤形目（CYPRINIFORMES）有3科7种，占该区鱼类总种数的63.64%；鲶形目（SILURIFORMES）有2科3种，占总种数的27.27%；鲈形目（PERCIFORMES）有1科1种，占总种数的9.09%。

在连南大鲵自然保护区记录到的鱼类中，宽鳍鱲 *Zacco platypus* 广泛分布，东陂长汀品唇鳅 *Psendogastromyzon changtingensis* 是典型的东洋种外，其他的各种均为长江及其以南分布。

（2）珍稀濒危动物较多　以我国1989年公布实施的《国家重点保护野生动物名录》和2001年公布实施的《广东省重点保护陆生野生动物名录》（第一批）为依据，连南大鲵自然保护区拥有保护脊椎动物27种。其中国家Ⅱ级重点保护动物10种，省级重保护动物17种（表2.62）。

表2.62　连南大鲵自然保护区的保护动物

序号	种　名	科　名	IUCN濒危等级	保护级别
		哺乳纲 MAMMALIA		
1	穿山甲 *Manis pentadactyla*	鲮鲤科 Manidae	濒危	Ⅱ
2	斑林狸 *Prionodon pardicolor*	灵猫科 Viverridae	易危	Ⅱ
3	獐 *Hydropotes inermis*	鹿科 Cervidae	易危	Ⅱ
4	黄腹鼬 *Mustela kathiah*	鼬科 Mustelidae	易危	省级
5	鼬獾 *Melogale moschata*	鼬科 Mustelidae	易危	省级
6	野猪 *Sus scrofa*	猪科 Suidae	易危	省级
7	中华竹鼠 *Rhizomys sinensis*	竹鼠科 Rhizomyidae	濒危	省级
		鸟纲 AVES		
8	松雀鹰 *Accipiter virgatus*	鹰科 Accipitridae		Ⅱ
9	白尾鹞 *Circus cyaneus*	鹰科 Accipitridae		Ⅱ
10	白鹇 *Lophura nycthemera*	雉科 Phasianidae		Ⅱ
11	领角鸮 *Otus bakkamoena*	鸱鸮科 Strigidae		Ⅱ
12	褐林鸮 *Strix leptogrammica*	鸱鸮科 Strigidae		Ⅱ
13	池鹭 *Ardeola bacchus*	鹭科 Ardeidae		省级
14	紫背苇鳽 *Ixobrychus eurhythmus*	鹭科 Ardeidae		省级
15	红嘴相思鸟 *Leiothrix lutea*	画眉科 Timaliidae		省级
		爬行纲 REPTILIA		
16	乌梢蛇 *Zaocys dhumnades*	游蛇科 Colubridae	低危	省级

（续）

序号	种　名	科　名	IUCN 濒危等级	保护级别
17	金环蛇 *Bungarus fasciatus*	眼镜蛇科 Elapidae	濒危	省级
18	银环蛇 *Bungarus multicinctus*	眼镜蛇科 Elapidae	易危	省级
19	眼镜蛇 *Naja naja*	眼镜蛇科 Elapidae	易危	省级
20	眼镜王蛇 *Ophiophagus hannah*	眼镜蛇科 Elapidae	极危	省级
21	白头蝰 *Azemiops feae*	蝰科 Viperidae	极危	省级
22	莽山烙铁头 *Trimeresurus mangshanensis*	蝰科 Viperidae	极危	省级
23	平胸龟 *Platysternon megacephalum*	龟科 Testudidae	濒危	省级
		两栖纲 AMPHIBIA		
24	大鲵 *Andrias davidianus*	隐鳃鲵科 Cryptobranchidae		Ⅱ
25	虎纹蛙 *Rana tigrina*	蛙科 Ranidae	易危	Ⅱ
26	棘胸蛙 *Rana spinosa*	蛙科 Ranidae	易危	省级
27	崇安髭蟾 *Vibrissaphora liui yaoshanensis*	锄足蟾科 Pelobatidae	濒危	省级

（3）经济动物多样　保护区内拥有国家保护的有益的或有重要经济、科学研究价值的陆生野生动物约有 34 种。

①两栖类　主要有黑眶蟾蜍 *Bufo melanostictus*、华南湍蛙、泽蛙 *Rana linocharis* 等。

②爬行类　主要有锯缘摄龟 *Pyxidea mouhotii*、四眼水龟 *Clemmys quadrlocellata*、蓝尾石龙子、银环蛇、金环蛇、眼镜蛇等。

③鸟类　主要有雉鸡、鹧鸪、灰胸竹鸡 *Bambusicola thoracica*、白鹇、小白腰雨燕 *Apus affini*、普通翠鸟 *Alcedo atthis*、白胸翡翠 *Halcyon smyrnensis*、黑眉拟啄木鸟 *Megalaima oorti*、黄嘴栗啄木鸟 *Blythipicus pyrrhotis*、家燕、黄鹡鸰 *Motacilla flava*、红耳鹎 *Pycnotus jocosus*、棕背伯劳 *Lanius schach*、八哥、红嘴蓝鹊、大山雀 *Parus majo*、画眉 *Garrulax canorus*、红嘴相思鸟 *Leiothrix lutea* 等。

④哺乳类　主要有黄腹鼬、鼬獾、中华竹鼠、野猪等。

2.2.15 清远连江水产种质资源自然保护区

2002 年 12 月清远市人民政府批准建立清远连江水产种质资源市级自然保护区。2008 年 9 月 1 日，广东省人民政府粤府办函［2008］588 号文批准清远连江水产种质资源自然保护区晋升为省级自然保护区。主要保护对象为连江珍稀的、濒危鱼类和主要经济鱼类及栖息环境。

据中华人民共和国国家标准《自然保护区类型与级别划分原则》（GB/T14529—93），清远连江水产种质资源自然保护区属“野生生物类”别中的“野生动物类型”自然保护区。

2.2.15.1 自然条件

（1）位置范围　清远连江水产种质资源自然保护区位于北江水系的连江中上游河段，北起连州双车电站，南至英德与阳山交界地新圩，总长度 133.2km。地理坐标为东经 112°21′52″，北纬 24°45′37″，东经 112°21′33″，北纬 24°45′40″，至东经 112°51′51″，北纬 24°23′24″，东经 112°51′35″，北纬 24°23′17″，总面积 11 804.5hm^2。

（2）地质基础　连江流域地质构造属湘赣榴皱凹陷区，二叠纪地层，露头岩石 60% 为可溶性石灰岩，位于广东北部复背斜上，受多次构造运动的影响，摺皱断层发育河床以卵石夹砂为主，下游河段则以砂为主。覆盖层厚度不一，其下多为石灰岩，部分砂岩，并有少量页岩。

（3）地貌概况　保护区范围属于石灰岩岩溶地貌，亦称喀斯特地貌，石峰、洼地、溶洞、溶沟、裂隙发育。

（4）气候特征　保护区属中亚热带季风气候区，具冬寒夏暑，干湿季明显。据连州市气象资料统计，多年平均气温19.5℃，1月平均气温8.9℃，7月平均气温28.5℃。多年平均年降水量1581mm。降水多集中3~6月及8月。自然灾害有早春低温阴雨，夏季龙舟水，秋季干旱及寒露风等。

（5）水文及泥沙　连江流域的径流变化与降雨规律基本相适应，多年平均径流量为119.8亿m^3，产水量为119万m^3/km^3，多年平均径流深为1190.7mm，径流系数为0.62。径流的年内分配不均，与降雨趋势相近，径流量主要集中在3~8月，约占全年70%左右，以4~6月份为最大。径流的年际变化较大，流域内控制站高道站最大年径流量出现在1973年，年径流量为184.3亿m^3；最小年径流量出现在1963年，年径流量为43.5亿m^3，最大与最小的比值达到4.2倍。

流域内植被较好，河流含沙量较小，上、下游差异不大，枯水期河水清澈，流域多年平均含沙量0.15kg/m^3，流域控制站高道多年平均输沙量170.7万t，最大输沙量为1997年的429万t，最小输沙量为1963年的22.4万t，最大年输沙量是最小年输沙量的19.2倍。多年平均输沙模数为193.3t/km^3，最大输沙模数为1997年的476t/km^3，最小输沙模数为1963年的25.1$t/k\ m^3$。输沙量年内分配主要集中在3~8月，多年平均值达155.9万t，占全年的91.7%，其中5月份输沙量最大，占全年的30.8%。

（6）植被　保护区区域共有维管植物68科132属194种。乔木优势种为马尾松*Pinus massoniana*、湿地松*P. elliottii*、落羽松*Taxodium distichum*、池杉*T. distichum* var. *imbricatum*、杉木、马占相思*Acacia mangium*、台湾相思*A. confusa*、大叶相思*A. auriculifonnis*、木荷*Schima superba*、潺槁木姜子*Litsea glutinosa*、窿缘桉*Eucalyptus exserta*、细叶桉*E. tereticornis*、柳叶桉*E. saligna*、赤桉*E. camaldulensis*、柠檬桉*E. citriodora*、蒲桃*Syzygium jambos*、木麻黄*Casuarina equisetifolia*、青皮竹*Bambusa textilis*、野漆树*Toxicodendron sylvestris*、撑篙竹*B. pervariabilis*、水竹*Phyllostachys congesta*、花眉竹*B. longispiculata*等；灌木优势植物为桃金娘*Rhodomyrtus tomentosa*、岗松、野牡丹*Melastoma candidum*、地稔*Melastoma dodecandrum*、梅叶冬青*Ilex asprella*、春花木*Raphiolepis indica*、盐肤木*Rhus chinensis*、白背叶*Mallotus apelta*、叶下珠*Phyllanthus urinaria*、黑面神*Breynia fruticosa*、土密树*Bridelia tomentosa*、算盘子*Glochidion puberum*、大青*Clerodendrum cyrtophyllum*、白花灯笼*C. fortunatum*、马缨丹*Lantana camara*、黄荆*Vitex negundo*、栀子*Gardenia jasminoides*、龙船花*Ixora chinensis*、九节*Psychotria asiatica*、裂掌榕（五指毛桃）*Ficus simplicissima*、琴叶榕*F. pandurata*、雀梅藤*Sageretia thea*、黄花稔*Sida acuta*、地桃花*Urena lobata*、梵天花*procumbens*、山芝麻*Helicteres angustifolia*、细齿叶柃*Eurya nitida*、了哥王等；草本植物有芒萁、团叶陵齿蕨*Lindsaea orbiculata*、乌蕨、蜈蚣草*Pteris vittata*、乌毛蕨*Blechnum orientale*、铁线蕨*Adiantum capillus*、山菅兰、香附子、水蜈蚣*Kyllinga brevifolia*、拟二歧飘拂草*Fimbristylis dichotomoides*、高杆珍珠茅*Scleria terrestris*、刺子莞*Rhynchospora rubra*、野古草*Arundinella anomala*、竹节草*Chrysopogon aciculatus*、青香茅*Cymbopogon caesius*、狗牙根*Cynodon dactylon*、散穗弓果黍*Cyrtococcum accrescens*、牛筋草*Eleusine indica*、宿根画眉草*Eragrostis perennans*、鹧鸪草*Eriachne pallescens*、丝茅*Imperata koenigii*、毛鸭咀草*Ischaemum antephoroides*、淡竹叶*Lophatherum gracile*、类芦、铺地黍*Panicum repens*、雀稗*Paspalum thunbergii*、鼠尾粟*Sporobolus fertilis*、狗尾草*Setaria viridis*等；藤本植物有玉叶金花*Mussaenda pubescens*、鸡矢藤、酸藤子*Embelia laeta*、海金沙、青藤仔*Jasminum nervosum*等。总体而言，连江中下游两岸植被覆盖率较高，河水清澈，水质较好。

2.2.15.2　功能分区

依据《广东清远连江水产种质资源省级自然保护区规划报告》①，将保护区划分为3个功能区。其功能区划分为两个江段（图2.18）。

（1）江段1　北起连州双车电站，南至较剪陂，地理坐标为东经112°21′52″，北纬24°45′37″，东经112°21′33″，北纬24°45′40″至东经112°40′45″，北纬24°25′8″，东经112°40′40″，北纬24°25′4″。全

① 李新辉等. 广东清远连江水产种质资源省级自然保护区规划报告. 中国水产科学研究院珠江水产研究所，广东省海洋与水产自然保护区管理总站等. 2007. 7.

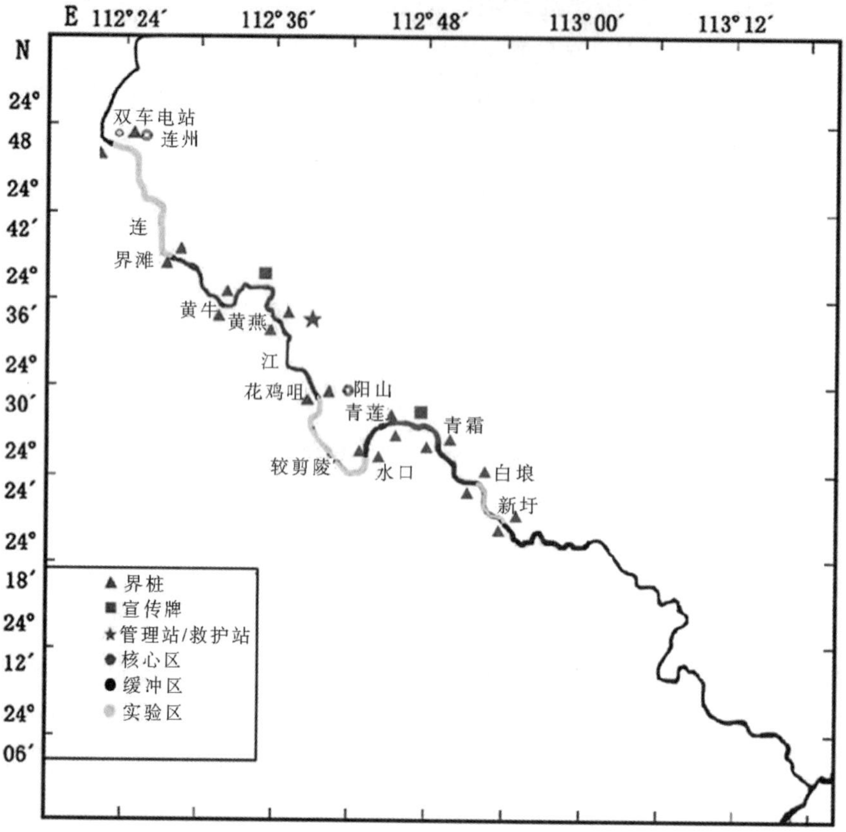

图 2.18　清远连江水产种质资源自然保护区功能分区图

长 88.1km，总面积 7823.1hm²。核心区面积为 1346hm²，缓冲区面积为 2680.6hm²，实验区面积 3796.5hm²。

A. 核心区　黄牛滩—黄燕，地理坐标为东经 112°32′45″，北纬 24°35′51″，东经，112°32′36″，北纬 24°35′49″至东经 112°36′3″，北纬 24°34′37″，东经 112°35′58″，北纬 24°34′32″。全长 15.2km，总面积 1346hm²。

B. 缓冲区　界滩—黄牛滩，地理坐标为东经 112°28′22″，北纬 24°38′40″，东经 112°28′16″/，北纬 24°38′35″至东经 112°32′45″，北纬 24°35′51″，东经 112°32′36″，北纬 24°35′49″。全长 14.3km，总面积 1265.6hm²。

黄燕—花鸡咀，地理坐标为东经 112°36′3″，北纬 24°34′37″，东经 112°35′58″，北纬 24°34′32″至东经 112°37′47″，北纬 24°29′2″，东经 112°37′42″，北纬 24°28′57″。全长 15.9km，总面积 1415hm²。

C. 实验区　双车电站—界滩，地理坐标为东经 112°21′52″，北纬 24°45′37″，东经 112°21′33″，北纬 24°45′40″至东经 112°28′22″，北纬 24°38′40″，东经 112°28′16″，北纬 24°38′35″。全长 31km，总面积 2761hm²。

花鸡咀—较剪陂，地理坐标为东经 112°37′47″，北纬 24°29′2″，东经 112°37′42″，北纬 24°28′57″至东经 112°40′45″，北纬 24°25′8″，东经 112°40′40″，北纬 24°25′4″。全长 11.7km，总面积 1035.5hm²。

（2）江段 2　北起阳较剪陂，南至阳山与英德分界地新圩，地理坐标为东经 112°40′45″，北纬 24°25′8″，东经 112°40′40″，北纬 24°25′4″至东经 112°51′51″，北纬 24°23′24″，东经 112°51′35″，北纬 24°23′17″。全长 45.1km，总面积 3981.4hm²。核心区面积 1062hm²，缓冲区面积 1424hm²，实验区面积 1459.4hm²。

A. 核心区　青莲—青霜，地理坐标为东经 112°44′44″，北纬 24°27′25″，东经 112°44′45″，北纬 24°27′17″ 至东经 112°49′1″，北纬 24°25′40″，东经 112°48′54″，北纬 24°25′37″。全长 12km，总面

积 $1062hm^2$。

B. 缓冲区　水口—青莲，地理坐标为东经112°42′23″，北纬24°26′43″，东经112°42′26″，北纬24°26′38″至东经112°44′44″，北纬24°27′25″，东经112°44′45″，北纬24°27′17″。全长8.3km，总面积 $734hm^2$。

青霜—白埌　地理坐标为东经112°49′1″，北纬24°25′40″，东经112°48′54″，北纬24°25′37″至东经112°50′6″，北纬24°23′26″，东经112°50′11″，北纬24°24′47″。全长7.8km，总面积 $690hm^2$。

C. 实验区　较剪陂—水口，地理坐标为东经112°40′45″，北纬24°25′8″，东经112°40′40″，北纬24°25′4″至东经112°42′23″，北纬24°26′43″，东经112°42′26″，北纬24°26′38″。全长6.6km，总面积 $1459.4hm^2$。

2.2.15.3　水生生物资源

（1）饵料生物资源

①浮游植物　保护区江段历史记载有浮游植物300多种，隶属7门112属。据报道，采样经鉴定，整个调查期间发现浮游植物182种（含变种、变型和未知藻种），其中硅藻门（BACILLARIOPHYTA）124种，占总种数的68.13%；未知3种，已鉴定27属121种；绿藻门（CHLOROPHYTA）20属27种，占总种数的14.84%；裸藻门（EUGLENOPHYTA）8属9种，占总种数的4.95%；蓝藻门（CYANOPHYTA）6属7种，占总种数的3.85%；甲藻门（PYRROPHYTA）2属3种，占总种数的1.65%；黄藻门（XANTHOPHYTA）3属3种，占总种数的1.65%；金藻门（CHRYSOPHYTA）1属1种，占总种数的0.55%；未知8种。硅藻以桥弯藻属 *Cymbella*、舟形藻属 *Navicula* 的种类最多，均为18种；菱形藻属 *Nitzschia* 有13种，脆杆藻属 *Fragilaria* 有7种、直链藻属 *Melosira* 有6种，绿藻以栅藻属 *Scenedesmus* 为4种。优势种类有硅藻门的针杆藻、直链藻。绿藻门的水绵藻为优势种。

②浮游动物　据报道①，采集各类浮游动物43种，分别隶属2门3纲4目。其中原生动物11种，轮虫类14种，枝角类10种，桡足类8种。

③底栖动物　水生生物与水体水质状况存在着一定程度的联系。各监测点的原有底栖种类繁多，但此次采样时间不是很长，而且是集中在7、8月份，因而从定量样品中发现的大型底栖无脊椎动物的种类并不多，主要是腹足纲的中华圆田螺、小土螺，瓣鳃纲的淡水壳菜、蚬等。

④水生维管束植物　保护区所在江段地处中亚热带，气候温暖、雨量充沛，有利于水生维管束植物的生长、发育。主要种类有田子草 *Marsilea crenata*、苹 *M. quadrifolia*、水蓼 *Polygonum hydropiper*、野慈菇 *Sagittaria trifolia*、喜旱莲子草 *Altemanthera philoxeroides*、水芹 *Oenathe javanica*、密刺苦草 *Vallisneria denseserrulata*、竹叶眼子菜 *Potamogeton malaianus*、黑藻 *Hydrilla verticillata*、水蓑衣 *Hygroohila salicifolia*、大花蓑衣 *H. megalantha*、芦苇 *Phragmites communis* 等。

（2）鱼类

①种类组成　据报道，保护区内计有鱼类87种（亚种），分属于7目18科69属。鲤形目（CYPRINIFORMES）3科50属62种，鲇形目（SILURIFORMES）3科6属7种，合鳃鱼目（SYNBRANCHIFORMES）1科1属1种，鳗鲡目（ANGUILLIFORMES）1科1属2种，鳉形目（CYPRINODONTIFORMES）1科1属1种，鲈形目（PERCIFORMES）8科9属14种。当中鲤形目是连江鱼类的主体，62种占总数的71.3%；鲈形目14种，占总数的16.1%；鲇形目7种占总数的8.1%。鲤形目中鲤科51种，占总数的58.6%；鳅科7种占总数的8.1%。属于我国华南区珠江亚区鲤科鱼类共123种，其中有41.5%的种类在连江有分布。鲤科鱼类在连江不仅种类多，而且不少种类在数量上也属于优势种，这不仅是我国淡水鱼类区系的特点，也是欧亚大陆淡水鱼类区系的一个总特点。

---

① 李新辉等．广东清远连江水产种质资源省级自然保护区综合考察报告．中国水产科学研究院珠江水产研究所，广东省海洋与水产自然保护区管理总站等．2007.7.

②连江优势种类　连江鱼类以非急流型、产黏性卵或隐藏性卵、生长周期短的鱼类为优势种群。据报道，连江以鮈亚科鱼类种类最多，占鲤科总数的 29.4%；其次是鲌亚科，占鲤科总数的 15.7%。广泛分布的鱼类有鲤鱼 *Cyprinus carpio*、宽鳍鱲 *Zacco platypus*、马口鱼 *Opsariichthys bidens*、斑鳠 *Mystus guttatus* 等，且在种群数量也占绝对优势。

（3）主要鸟类资源　保护区所在区域内气候温和，林木繁多，为多种鸟类提供了优良场所。据报道，保护区所在地区分布有 44 种水鸟，如鹰类、翠鸟、池鹭、白鹭、夜鹭、苍鹭、鹤类、白额雁、鸳鸯、野鸭类等，主要栖息于河谷带。一些大的沙洲形成小岛，在众多的岛、洲、滩之间，有许多水草丰茂的浅水区、宽阔的河谷漫滩和漫长的河边沙滩，也是水鸟良好的栖息地。

（4）其他水生野生动物　在保护区水域内及其附近岸滩内，还栖息着两栖类、爬行类以及哺乳类等多种珍稀动物，适宜的水域环境也是这些动物栖息、繁殖的必备生境。如在连南的大鲵为国家 II 级重点保护动物。三线闭壳龟 *Cuora trifasciata*、山瑞鳖 *Trionyx steindachneri*、细痣疣螈 *Tylototriton asperrimus*、地龟 *Geoemydaspenglerri*、中华鳖 *Pelodiscus sinensis*、鼋 *Pelochelysbibroni*、虎纹蛙 *Rana tigrina* 等，是列入中国濒危动物红皮书名录的物种，这些种类数量已经非常稀少，处于衰退之中。

2.2.15.4　珍稀鱼类

珍稀鱼类是指列入国家重点保护野生动物名录（1998）、IUCN（1996）红色目录、CITES（1997）附录 II、中国濒危动物红皮书（1998）以及广东省保护水生野生动物鱼类种类。据初步统计，在保护区水域内栖息着 125 种鱼类中，有 8 种列入上述保护水生野生动物名录。其中列入国家重点保护野生动物的鱼类有 2 种，列入中国濒危动物红皮书（1998）的有 3 种，列入广东省保护水生野生动物名录的鱼类有 3 种，其中部分种也属于珠江或连江特有种类，如桂华鲮 *Sinilabeo decorus*、卷口鱼 *Ptychidio jordani*。

其中国家 I 级重点保护动物鲥 *Macrura reevesi*（新增），也被列入中国濒危动物红皮书；国家 II 级保护动物包括花鳗鲡 *Anguilla marmorata*、鯮 *Luciobrama macrocephalus*，同时也列为中国濒危动物红皮书易危种。另外还有异鱲 *Carinozacco spilurus* 也是中国濒危动物红皮书易危种；广东省重点保护鱼类 3 种：桂华鲮、唇鱼 *Semilabeo notabilis*、卷口鱼；另外还有珠江水系特有鱼类：斑鳠、拟细鲫 *Nicholsicypris normalis*、大眼近红鲌 *Erythroculter hypselonotus*、海南红鲌 *Erythroculter recurviceps*、广东鲂 *Megalobrama hoffmanni*、间䱻 *Hemibarbus medius*、长须鳅鮀 *Gobiobotia longibarba meridionalis*、侧条光唇鱼 *Acrossocheilus parallens*、连江光唇鱼 *Acrossocheilus beijiangensis*、珠江虹彩光唇鱼 *Acrossocheilus semilebeo notabilis*、桂华鲮、直口鲮 *Rectoris posehensis*、异华鲮、卷口鱼、四须盘鮈 *Discogobio tetrbarbotus*、须鲫 *Carassioides cantonensis*、细尾贵州爬岩鳅 *Beaufortiakweichowensis gracilicaudu*、细身拟鲿 *Pseudobagrus gracilis*、中间黄颡鱼 *Pelteobagrus intermedius* 等。

2.2.15.5　重要经济鱼类

在保护区内，主要捕捞的经济鱼类有：草鱼 *Ctenopharyngodon idellus*、鲢 *Hypophthalmichthys molitrix*、鳙 *Aristichthys mobilis*、鲮 *Cirrhinus molitorella*、青鱼 *Mylopharyngodon piceus*、广东鲂 *Megalobrama hoffmanni*、赤眼鳟 *Squaliobarbus curriculus*、鲤 *Cyprinus carpio*、黄尾鲴 *Xenocypris davidi*、鲇 *Silurus asoutus*、斑鳠 *Mystus guttatus*、黄颡鱼 *Pelteobagrus fulvidraco*、翘嘴红鲌 *Culter alburnus* 等。

2.2.15.6　其他水生生物

保护区水域许多两栖类、爬行类动物和水鸟的栖息地其中还包括国家 I 级重点保护动物鼋、II 级保护动物大鲵，地方保护种花鳖、乌龟等。

2.2.16　南雄恐龙化石自然保护区

为了加强对南雄恐龙化石地质遗迹的保护工作，充分发挥其作用和效应，1992 年南雄市人民政府将南雄恐龙化石群正式列为县级自然保护区。2004年2月13日南雄市人民政府雄府［2004］80号文《关于申报建立广东省南雄恐龙化石群省级级自然保护区的请示》请韶关市人民政府审核后报省人民政府审批，2004年12月17日韶关市人民政府［2004］195号文《关于申报建立广东省南雄恐龙化石群省级级自然保护区的请示》中，请省人民政府批准南雄恐龙化石群省级自然保护区。2005年5月26日，经广东省人民政府批准，建立南雄恐龙化石省级自然保护区。主要保护对象为恐龙蛋化石、恐龙骨骼化石、恐龙脚印、含蛋化石的典型地层剖面、沉积陆相湖泊特征标志、古气候特征标志、鱼及其他脊椎动物化石、微体化石、自然生态环境等。保护目的是：保护好世界上稀有的恐龙蛋化石、密集分布赋存状态良好的哺乳类化石、华南地区少见的恐龙骨骼化石、恐龙脚印化石，保护好对研究恐龙生态习性、灾变事件、恐龙灭绝和E/K界线等重大科学问题及具有重大科学价值的典型地层剖面及沉积构造特征标志等。

据中华人民共和国国家标准《自然保护区类型与级别划分原则》（GB/T14529—93），南雄恐龙化石自然保护区属“自然遗迹类别”中的“古生物遗迹类型”自然保护区。

2.2.16.1　自然条件

（1）位置范围　南雄恐龙化石自然保护区位于韶关市辖南雄市中部的南雄盆地，分为3个区。保护一区位于南雄城南—主田镇一带，地理坐标为东经114°18′15″~114°22′30″，北纬25°03′35″~25°06′35″，面积1252hm²。保护二区位于湖口镇—水口镇公路西南一带的龙凤塘—上湖洞—罗佛寨等地，地理坐标为东经114°22′25″~114°26′00″，北纬25°08′00″~25°11′05″，面积1791hm²。保护三区位于黄坑镇东北一带的杨梅坑—坪岭等地，地理坐标为东经114°30′00″~114°32′00″，北纬25°14′00″~25°16′45″，面积1178hm²。整个保护区共涉及6个镇，总面积4221hm²。

（2）地质基础

①地质概况　南雄盆地是一个北缘受南雄大断裂控制呈北东向展布的断陷盆地，南雄盆地的四周是由古生代岩层及中生代花岗岩构成，而南雄盆地则由沉积了上白垩纪紫色砂页岩、砂岩与砾岩及下第三纪的红色砂岩、砂砾岩等构成，盆内沉积厚度达4000m。自第三纪以来，即白垩纪至第三纪红色岩层堆积之后，受喜马拉雅山运动和新构造运动的影响，处于间歇性上升状态。

南雄构造轮廓奠基于加里东期，发展于海西—印支期，成型于燕山期、喜山期，直至近期仍有活动。古近纪直至近期，以上升运动为主，只是山间盆地才接受沉积，南雄盆地沉积了古近纪砂砾岩、粉砂岩、泥岩等；第四纪多遭受侵蚀，主要在河谷地段有砂砾等堆积，形成有三级阶地；在断裂带上（全安、江头）有热矿泉的出露等，由此表明新构造运动最为活跃。

②保护区地层　俗称“红层”，其出露完整，地质构造比较简单，含有丰富的脊椎动物、无脊椎动物以及植物化石，早在19世纪末就引起了中外地质学家们的注意。如德国人李希霍芬（F·Richthofen）及日本人野田势次郎（S·Noda）和饭家升（N·oilsuda）均来南雄做过调查。1928年后，我国地质学家冯景兰、陈国达等先后在南雄一带进行了较为详细的调查。“南雄红层”的命名为冯景兰所定。南雄盆地的“红层”，包括白垩纪和古近纪两个时代沉积物，其中白垩纪时期正处于恐龙风靡于世的时候，各种个样的恐龙曾在这里生长繁殖，它们死后的遗骸被水冲进南雄湖泊中被淤埋，历尽沧桑，年复一年，变成了今天我们找到的化石。它们对研究脊椎动物的进化、爬行动物的兴衰，具有很高的科学价值。

③水文地质特征　根据地下水赋存条件，含水层水理性质和水力特征，南雄盆地地下水有如下两种类型：

A. 松散岩类孔隙水　零星分布于山间盆（谷）地和浈江河流两岸的阶地中，含水层为冲积卵、砾石、沙和亚沙土，厚度一般3~10m，以孔隙潜水为主，局部为承压水，水质主要为HCO_3·Cl—Na·Ca，矿化度0.1~0.3g/L。

B. 红层裂隙水　分布于中部盆地丘陵，含水层为南雄群及古近系古新统砂岩、砾岩、粉砂岩，含风化裂隙水，岩层倾斜平缓，裂隙不发育，枯季地下径流模数一般为1.53～4.53L/秒·km^2，加权平均2.76L/秒·km^2，泉水常见流量0.01～0.05L/秒，水位埋深2～3m，是化学类型以HCO_3—Na·Ca为主，矿化度0.02～0.3g/L。红层地下水多富集于低山丘陵、植被繁茂地带、盆地边缘、断裂附近和粗颗粒地带，上覆有丰富松散岩类孔隙水地段，二者水力联系较密切，利于上部潜水补给下部红层裂隙水。

（3）地貌概况　南雄盆地四周为中低山环抱，保护区所在的南雄盆地，是经喜马拉雅山运动的构造陷落及外力作用的长期侵蚀、剥蚀，而形成起伏和缓的地形。盆地的地貌类型，以形态分，台地面积最大，丘陵其次，山地再其次，其他依次为平原、阶地和水面。南雄恐龙化石主要分布在丘陵地中。

（4）气候特点　保护区属中亚热带季风气候区，具有四季分明，冬短夏长，秋季过渡快的特点。辐射量1月、2月最低，7月、8月为最高值。累年平均日照时数超过1825.7小时/年，最多年1963年2275.6小时/年。一年中以7月、8月最多，分别为252.5小时/年、232小时/年；最小是2月、3月，分别为80.3小时/年和81.2小时/年。相应的日照百分率为42%。

年平均气温19.6℃，1月平均气温8.8℃，极端最低气温-6.2℃，7月平均气温28.5℃，极端最高气温39.5℃，气温年较差19.8℃，日较差8.3℃。年平均降水量1555.1mm，3～5月为雨季，多达246.1mm，12月最少，仅有41.3mm。

冬半年受大陆冷性高压控制，盛行东北风；夏半年受副热带海洋天气系统影响，盛行西南风。全年累计平均风速为1.8m/秒，最大风速为14.7m/秒。

（5）水文

①河流　南雄境内河流属北江上游，共有大小河流110条，除浈江外，集雨面积在100km^2以上的一级支流有6条；50～100km^2的有7条；5～49km^2的有97条，其中汇入浈江的有88条，汇入江西信丰的2条，汇入仁化县的6条，汇入曲江区的1条。

浈江：上游古称昌水，发源于江西省信丰县爬栏寨。在信丰境内集雨面积38km^2，流入南雄后经老破塘、石迳、迳口、乌迳、江口、水口、城南，从古市小水出始兴经曲江入北江，市境内长112km，流域面积1756km^2。河床宽40m～80m，河流平均坡降0.79‰，年平均流量43.5m^3/秒。它汇纳一、二级支流12条，最大洪峰流量1530 m^3/秒，最枯流量为0.018m^3/秒。

②地下水　区内的地下水主要是碎屑岩类孔隙裂隙水，大气降水入渗补给是其主要水源。含水岩类的裂隙发育程、地形陡缓、植被覆盖程度等，对其富水性影响较大。地下水的水虾学类型，以HCO_3—Ca型和HCO_3—Ca、Mg型为主；地下水的矿化度较低，一般为100～300mg/L，属软水或微硬水。河川径流4～6月为一年中的第一个高峰期（占15%以上），7～11月为第二个高峰期（占70%以上），1～2月为一年中的枯是期。

（6）土壤类型　保护区的土壤主要有4种类型。

①紫色土　在南雄盆地的土壤中分布较广，主要集中在盆地内相对高度15m左右的二级阶地上。它是紫色砂页岩发育的岩成土，其特性是土层浅薄，厚度一般为10～40cm，无明显的A层，甚至没有A层。由于母岩节理发育，渗漏性强、持水性差、质地以壤土为主，结构不良，透水性差，易干易湿，极易产生地表径流及冲刷。

②砂页岩红壤　广布于盆地边缘，土层浅薄，土体厚薄不一，质地不均匀，当植被遭到严重破坏后，则易形成水土流失。

③潮土　又称冲积土，主要分布在滇江及其支流两岸的河漫滩，其特点是土层深厚，质地砂性，土体疏松，但保水保肥性能差，易发生旱灾。

④红壤　分布最广，集中在海拔750m或800m以下的低山、丘陵。它富铝化作用明显，淋溶作用强，其特性随母岩而异；花岗岩红壤，土层深厚，土体疏松，结持力小，渗水性强，砂粒多，全钾含量丰富，当植被遭到严重破坏后，容易发生水土流失。

2.2.16.2 功能分区

据报道①，南雄恐龙化石自然保护区分 3 个功能区。

(1) 保护一区

①实验区　位于主田—南雄公路东侧及东 1 ~ 5km 范围的潭塘坪、石子桥、杨梅山、白石坑、石陂水，面积约 941hm^2。

②缓冲区　在主田—南雄公路线东侧 0.41 ~ 1.5km 范围，面积 227hm^2。

③核心区　位于缓冲区及实验区包围的山墚上，面积约 84hm^2。

(2) 保护二区

①实验区　位于湖口上湖洞、武台岗、矮岭、莲竹塘、中坪、园圃等地，面积约 1420hm^2。

②缓冲区　位于长坑、下湖、张河坝等地，面积约 246hm^2。

③核心区　位于缓冲区及实验区包围的山墚上，面积约 125hm^2。

(3) 保护三区

①实验区　位于灯笼排、腊树园、新田圩、浆田等地，面积 926hm^2。

②缓冲区　位于坪塘、逆龙坑等地，面积 158hm^2。

③核心区　位于缓冲区及实验区包围的山墚上，面积约 84hm^2。

整个保护区将形成一个以核心区为中心，以缓冲区及实验区为边沿，有恐龙蛋化石原址展硼、含蛋化石地质地层剖面、恐龙蛋化石群博物馆、恐龙骨骼化石遗迹分布的科学考察、科普教育、参观旅游的经典区域（图 2.19）。

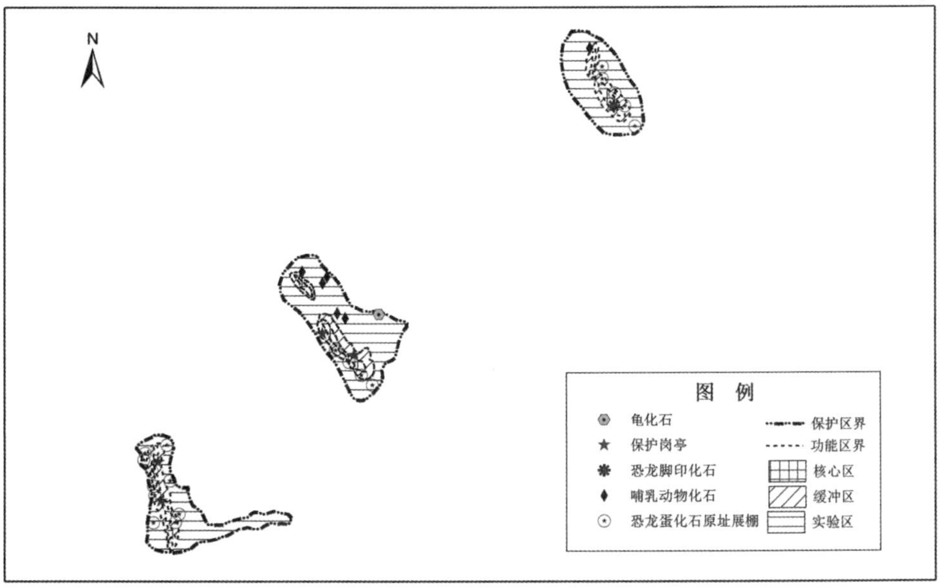

图 2.19　南雄恐龙化石群自然保护区功能分区示意图

2.2.16.3 恐龙化石群特征

南雄盆地晚白垩世地层中发现的化石有 100 多种，脊椎动物化石超过 50 种，包括爬行动物中的恐龙和恐龙蛋、晰蜴类、龟鳖类等；无脊椎动物化石上百种，包括辨鳃类、腹足类、有孔虫、介形类和轮藻类等。我国发现恐龙蛋化石 30 多种，而南雄就占有了 12 种。南雄盆地古近纪地层含大量哺乳动物化石，世界上是少见的，在中国也是罕见的。

南雄恐龙化石群是迄今为止世界上唯一发现的 6500 万年前的恐龙化石群。南雄盆地是除北美西部

① 凌秋贤等. 广东省南雄恐龙化石群省级自然保护区综合考察报告. 南雄市人民政府，广东省地质建设工程集团公司. 2004. 11.

蒙大拿之外研究恐龙灭绝的一个重要地点，也是世界上独一无二的提供了恐龙灭绝年代与白垩纪第三纪地层界线相吻合线索的地方，引起世界古生物研究专家的特别关注。这里的恐龙化石档案有一套完整的晚白垩纪与第三纪地层剖面，真实记录了恐龙灭绝史。据报道，在全国已知的17个省（区）内发现的恐龙蛋化石产地中，南雄盆地的恐龙化石群具有十分明显的优势和突出的特色，原始状态保存得非常完好，而且类型多样、分布蜜集，是国内外罕见的。除已发现14种的恐龙蛋化石约占世界已知种类的1/3外，近几年又发现恐龙骨骼化石及含有胚胎的恐龙蛋化石，并发现恐龙行走时的脚印，为研究恐龙灭绝提供了极为有力的证据。在南雄盆地发现的恐龙化石群以及其地质遗迹具有非常珍贵的研究价值，中国著名恐龙蛋研究专家、中国科学院古脊椎动物与古人类研究所赵资奎指出，南雄的恐龙蛋化石和恐龙化石发现很多，保存也最完整，各自代表着晚白垩纪不同时期的恐龙，这些化石对于探讨恐龙灭绝具有非常重要的科学意义。

2.3 市级自然保护区名录

序号	自然保护区名称	地　点	面积（hm^2）	保护对象	类　型	主管部门	建区时间（年·月·日）
1	泉水	乳源县	22 099	原始森林、自然景观	森林生态	林业	2002. 06. 1
2	鲁古河	新丰县	10 600	中亚热带常绿阔叶林	森林生态	林业	2000. 01. 01
3	北江水产种质资源	清城区	5000	鼋、黄沙蚬等种质资源	野生动物	农业	2004. 12. 01
4	大风坑	连山县	1333	森林、野生动植物	森林生态	林业	2000. 06. 01
5	笔架山	清远市	2259	常绿阔叶林野生动物	森林生态	林业	2002. 02. 01
6	大旭山	连山县	1333	森林、野生动植物	森林生态	林业	2000. 01. 01
7	芙蓉山	连山县	1333	森林、野生动植物	森林生态	林业	2000. 06. 01
8	犁头山	连山县	667	森林、野生动植物	森林生态	林业	2000. 06. 01
9	天堂岭	连山县	333	森林、野生动植物	森林生态	林业	2000. 06. 01
10	大龙山	连南县	4210	森林、野生动植物	森林生态	林业	2000. 01. 02
11	涡水	连南县	667	森林、野生动植物	森林生态	其他	2000. 01. 01
12	滨江水生物	清新县	1400	大鲵、斑鳠、黄桑鱼等	野生动物	农业	2004. 12. 01
13	桃源燕子岩	清新县	5338	森林生态系统	森林生态	林业	2000. 12. 01
14	滑水山	英德市	50655	天然阔叶林及珍稀濒危动植物	森林生态	林业	1998. 05. 28
15	三水水生野生动物	连州市	210	鼋、大鲵、金钱龟等水生野生动物	野生动物	农业	2004. 12. 01

2.4 县级自然保护区名录

序号	自然保护区名称	地　点	面积（hm^2）	保护对象	类　型	主管部门	建区时间（年·月·日）
1	丹霞闭壳龟	仁化县	500	闭壳龟及其生境	野生动物	农业	2006. 06. 01
2	锦江鱼类	仁化县	1500	鱼类	野生动物	海洋	2006. 06. 01
3	万时山大鲵	韶关市	850	大鲵及其生境	野生动物	农业	2006. 06. 01
4	大潭河	乳源县	3853	森林生态系统	森林生态	林业	2002. 06. 01
5	红豆杉	乳源县	10190	红豆杉及其生境	野生植物	林业	2004. 01. 01
6	青溪洞	乳源县	3133	森林及珍稀动植物	森林生态	林业	1976. 05. 01
7	山瑞鳖	乳源县	400	山瑞鳖等野生动物	野生动物	海洋	2006. 11. 01
8	滃江水生野生动物	乳源县	804	珍稀鱼类、贝类及水草	野生动物	海洋	2006. 09. 01
9	唇鱼	乐昌市	400	唇鱼及其生境	野生动物	海洋	2004. 06. 01
10	石公山	连山县	320	常绿阔叶林和野生动物	森林生态	林业	2007. 02. 01
11	东山	阳山县	19 928	石灰岩和常绿阔叶林	森林生态	林业	2005. 02. 01
12	回澜明霞洞	清新县	19 928	森林生态系统	森林生态	林业	2000. 12. 01
13	太和洞	清新县	1583	森林生态系统	森林生态	林业	2000. 12. 01

第3章

粤东北地区的自然保护区

粤东北地区位于广东省东北部，主要包括：梅州市辖梅江区、梅县区、兴宁市、平远县、蕉岭县、大埔县、丰顺县和五华县；河源市辖源城区、东源县、和平县、龙川县、紫金县和连平县，总面积为 30 880km^2，占全省陆地面积的17.17%。地貌特点是：为东北—西南向山地与盆谷平行相间排列，即龙门—灯塔谷地、罗浮山—项山—桂山山地、东江谷地、梅江—东江之间山地、梅江谷地、莲花山—阴那山山脉。气候特点是：北部属中亚热带季风气候，南部属南亚热带季风气候。代表性自然植被：北部为中亚热带典型常绿阔叶林、南部为南亚热带季风常绿阔叶林及众多陆栖脊椎动物。

3.1 国家级自然保护区

本地区尚未建国家级自然保护区。

3.2 省级自然保护区

本地区已先后建立了14个省级自然保护区，其中梅县阴那山、大埔丰溪、五华七目嶂、河源新港等4个省级自然保护区已在《广东省自然保护区》（1997年）中介绍，本书不再论述。

3.2.1 蕉岭长潭自然保护区

蕉岭长潭自然保护区的前身是长潭库区林场，于1988年筹建，1989年3月正式成立，为县副局级事业单位，隶属于县林业局领导和管理。2000年3月20日，梅州市人民政府梅州市府函［2000］6号文《关于同意建立阴那山等20个市级自然保护区的批复》后，正式建立蕉岭长潭市级自然保护区。同时，梅州市人民政府梅州市府报［2000］17号文《关于要求建立梅州市黄茅嶂等6个省级自然保护区的请示》。2004年1月，广东省人民政府粤办函［2004］9号批准建立蕉岭长潭省级自然保护区。主要保护对象为中亚热带常绿阔叶林森林湿地生态系统和国家重点保护的珍稀野生动植物及其栖息生境。

根据中华人民共和国国家标准《自然保护区类型与级别划分原则》（GB/T14529—93），蕉岭长潭自然保护区属“自然生态系统类别”中的“森林生态系统类型”和“内陆湿地与水域生态系统类型”自然保护区。

3.2.1.1 自然条件

（1）位置范围　蕉岭长潭自然保护区位于梅州市辖蕉岭县西北部。地理坐标为东经116°63′~116°08′，北纬24°41′~24°49′。形成南北长16km，南端和北端东西宽6km，中间东西宽1km。东邻长潭、文福、广福3镇，南连长潭水库大坝，西与平远县、长潭镇的美村接壤，北与福建省插花山交界。具体范围包括长潭镇的长潭、长东村和广福镇的西山3个村的全部山林。总面积5585.7hm^2，其中长谭水库水面积526.6hm^2。

（2）地质基础

①地层蕉岭长潭自然保护区在地层发育上，由老到新共有如下几种地层单元组成：

A. 震旦系（Z） 是保护区内最古老的地层，由于受到多次构造运动，岩浆作用的影响，已不同程度发生区域变质及混合岩化作用，主要为变质砂岩、板岩、片岩等，大致出露于下马岸至沙前岭和牛过渡两岸。

B. 泥盆系（D）主要为中、上泥盆统地层（D2、D3）属滨海—浅海相碎屑建造，由砂岩、含砾砂岩、页岩和砾岩组成，岩石有轻微变质现象，质地较坚硬，不易风化，主要出露于水库大坝附近。

C. 石炭系（C） 主要分布于保护区的局部地区，岩性为中—厚层状白云质灰岩和白云岩等。

D. 第四系（Q_4） 是由松散的砂砾层、砂层及黏土层组成。广泛散布于保护区的河床、山顶、山坡和山麓。其中主要有残积层、坡积层、洪积层和冲积层等。

②岩浆岩 保护区内出露的岩浆岩主要是燕山第三期的黑云母花岗岩。在保护区中部洋均坑至杯子坑两岸，岩浆岩大面积出露，岩浆岩体较大，常构成高峻的山地，保护区除中南部局部地方风化壳较厚外，其余均为结构紧密、抗蚀力强。

（3）地貌概况 保护区的地势大致北高南低。保护区的地貌主要有3种类型。

①低山地貌 面积不大，主要分布于保护区中部东侧边境的牙狮嶂，海拔739.5m和东北部边境的洪畲笔，海拔767.7m的两地域，多由花岗岩组成，地表起伏大，坡度25°~45°，局部地段达60°。

②丘陵地貌 保护区的地貌特征是以丘陵最为发育，约占保护区总面积的70%以上，海拔在500m以下，比高50~100m，主要分布于长潭水库东部和南部，多由砂页岩组成，地面切割强烈，起伏较大，坡度25°~35°。

③平原地貌 面积很小，地势低平，海拔100m左右，主要由第四系的沙、砾和黏土层松散堆积物组成，土层深厚。除局部有山间小盆地外，主要分布在保护区的中部和南部，河流两岸和坡麓地带。

（4）气候特点 保护区属中亚热带季风气候区，气候特点是：四季分明，冷暖交替明显，夏长、冬短，光照充足，雨量充沛，夏季高温多雨，雨热同季，冬季有霜冻寒潮较多少雨。保护区距蕉岭县城10 km，具有山地气候特征，但受季风环流的影响显著，夏季受西南季风和东南季风的影响，盛行暖湿的海洋气团，气候非常暖湿，降水充沛；冬季受东北季风影响，盛行干冷的大陆气团，气候为干冷。

据保护区所在的蕉岭气象资料：多年平均气温20.95℃，最冷1月份平均气温11.9℃，极端最低气温-2.4℃（1969年1月16日），最热7月份平均气温28.5℃，极端最高气温39.2℃（1987年7月12日）。无霜期299天。多年平均降水量1657.8mm，每年4~9月总降雨量占全年总降雨量的74%.。

（5）水文特征 保护区属韩江水系，其水文特征是：既有地表河流，又有水库，水质良好。

①石窟河 是蕉岭县境内最大的河流，属韩江水系的二级支流，发源于福建省武平县东流溪，于河子口进入县境，自西北至东南贯穿保护区，在保护区内长达18km。石屈河在蕉岭县内全长179km，集水面积3781km^2，平均坡降0.06%。据长潭水文站实测，石屈河多年平均流量为59.9亿m^3/秒，最高洪水位105.01m（珠江基面）（1983年6月16），流量3620 m^3/秒，为50年一遇，最枯流量3.066m^3/秒（1963年6月7日）。在保护区内，尚有16条小溪流，常年流水不断，均汇入石窟河。

②长潭水库 位于蕉岭县北6km的长潭峡，于1980年5月动工，1987年1月开始蓄水，安装机组，4月正式投入运行，多年平均水位为139.69m，有效库容量为1.69亿m^3。最高水位为150.32m，最低水位为131m，多年平均入库流量56.9亿m^3/秒，最大入库流量为3370亿m^3/秒，控制集雨面积2001km^2。长潭水库属中型水库，以发电为主，结合调洪防汛、灌溉和航运。

③水质良好 保护区的地表水和长潭水库水质，整体而言，水质良好。据蕉岭县环境监测站2000、2001、2002年同期进行的长潭水库地表水测定分析报告，库区水质一直保持良好，水质以优于国家规定的作为饮用水源的水质，除高锰酸钾指数外，绝大多数项目保持Ⅰ类地表水水质标准。

（6）土壤特征 蕉岭长潭自然保护区的地带性土壤为红壤，但由于受成土母质、山地气候、植被和地形等因素以及人类活动的影响，从山麓至山顶依次形成了垂直分布状。

①红壤 主要分布在海拔600m以下的低山和丘陵地带，成土母质为花岗岩和砂页岩类风化坡积物和堆积物，面积约占保护区总面积的85%，土层较深厚，富铝化作用明显，土质较肥沃。以土壤厚度而分：厚层红壤占红壤面积的89.9%，主要分布保护区的南部；中层红壤占9.5%，主要分布于保护区的北部；薄层红壤仅占0.6%。

②山地黄红壤 是红壤与黄壤之间过渡性土壤，主要分布在海拔600~767.7m的低山，成土母质以花岗岩的风化残积物为主，土层厚薄不一，呈酸性反应。森林植被保存良好，土壤肥力水平较高。其特点是：具有明显的脱硅富铝化过程，有机质含量较低，土壤呈酸性或强酸性反应。

③石灰土 是分布在常绿阔叶林和灌丛下的土壤，主要分布于保护区的局部地段，成土母质为石灰岩风化坡积物和堆积物，土层浅薄，但腐殖质层较厚，土体质地较黏重，多呈中性至碱性反应。

此外，尚有菜园土、果园土、水稻土和旱地土等，但分布面积均不大。

3.2.1.2 功能分区

根据《中华人民共和国自然保护区条例》第十八条“自然保护区可以分为核心区、缓冲区和实验区”的规定，依据《广东蕉岭长潭自然保护区总体规划》①，该保护区分为3个功能区（图3.1）。

（1）核心区 有3片，总面积1944.18hm^2，占保护区总面积的34.81%。

北部片：位于保护区的北部区域，具体范围从云霄庵经乱石湖、网顶窝、荒山子、竹子肚、锅𠮶里沿着坳坑往南至野猪窝、凉扇顶、罗丝坳沿官珍坑为界，东面与洪笔、矿山岌、上山塘、柳树塘等山的上部为界，面积为1228.88hm^2，占核心区总积的63.21%。

南东片：位于保护区的南部区域的东部，具体范围从保护区至文福公路边境以东，东面沿保护区东部边界的山顶部分为界，面积为490.39hm^2，占核心区总积的25.22%。

南西片：位于保护区南部区域的西部，范围内西面为平远县边界，东部至长潭水库边，北面至泗水区电站，西南面至潮泥塘、三角塘，面积224.91hm^2，占核心区总面积的11.57%。

核心区内没有住户，其主要功能是保护天然常绿阔叶林生态系统和珍稀野生动植物。将实行全封闭管理，除必需的科学研究人员经有关主管部门批准方可进出外，禁止任何人进入，严禁狩猎、采挖药材和砍伐林木。

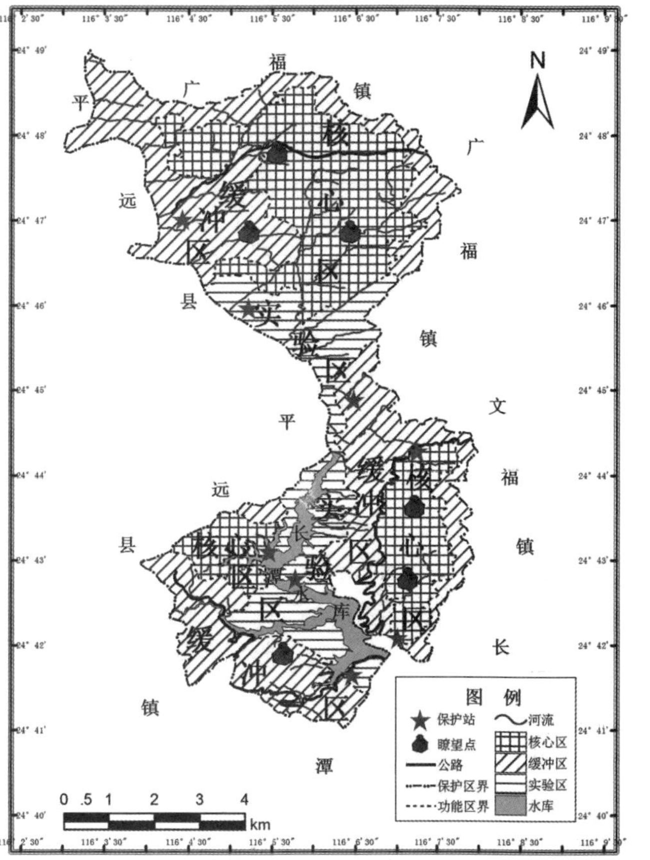

注：此图根据庄蔡该保护区功能分区图修改清绘而成。

图3.1 蕉岭长潭自然保护区功能分区图

（2）缓冲区 有4片，总面积2543.95hm^2，占保护区总积的45.54%。

北部片：位于北部核心区的东、西、北3面外围，面积最大。

南东片：位于南东部核心区的东、南、西、北4面外围，面积其次。

南西南片：位于南西部核心区的南面外围，面积再其次。

南西北片：位于南西部核心区的北面外围，面积再小。

① 区庄葵等．广东蕉岭长潭自然保护区总体规划．广东省林业勘测设计院，2001.10.

缓冲区基本无居民住户，其主要功能是对于保护核心区起缓冲作用，确保核心区的天然常绿阔叶林生态系统和珍稀野生动植物的良性循环。此区将实行半封闭式管理，禁止开展旅游和生产经营活动，因教学科研需要进入缓冲区的应当事先向自然保护区管理机构提交申请和和活动计划，经自然保护区管理机构批准。

（3）实验区　有 2 片，总面积为 1097. 31hm^2，占保护区总面积的 19. 64%。其中有水域面积为 526. 6hm^2，占实验区总面积的 47. 99%。

中部片：位于保护区中部，即北部的核心区和缓冲区的南部。

南部片：位于保护区南部，即南部的东、西核心区和缓冲区之间的区域。

实验区内尚有 300 多人居住，但已有计划让居民迁出，其主要功能是开展各种科学实验、科普教育、生态旅游和教学实习等。

3. 2. 1. 3　植物区系特点

（1）植物物种较丰富　据调查统计①，该保护区拥有野生高等植物 1022 种（包括种下分类单位，下同），隶属 574 属 177 科，占广东省野生维管束植物（5933 种）的 17. 23%（叶华谷等，2005）。其中蕨类植物 97 种，隶属 53 属 29 科；裸子植物 4 种，隶属 3 属 3 科；被子植物 921 种，隶属 518 属 145 科（表 3. 1）。

表 3. 1　蕉岭长潭自然保护区野生维管束植物类群的组成

植物类群		科数	属数	种数
蕨类植物		29	53	97
裸子植物		3	3	4
被子植物	双子叶植物纲	124	398	794
	单子叶植物纲	21	120	127
合计		177	574	1022

此外，尚有栽培植物 86 种，分隶 68 属 46 科。其中裸子植物 8 种，分隶 7 属 5 科；被子植物 78 种，分隶 61 属 41 科（双子叶植物 62 种 48 属 31 科；单子叶植物 16 种 13 属 10 科）。

（2）地理成分较复杂

②蕨类植物的地理成分

A. 科的地理分布区类型　根据保护区 29 科的分布类型统计分析如下。

广布科　共有 9 科，占该区总科数的 31. 03%。如石杉科 Huperziaceae、石松科 Lycopodiaceae、卷柏科 Selaginellaceae、木贼科 Equisetaceae、铁线蕨科 Adiantaceae、蹄盖蕨科 Athyriaceae、铁角蕨科 Aspleniaceae、紫萁科、水龙骨科等。

热带、亚热带分布科　共有 12 科，占该区总科数的 60%（扣除广布科 9 科，下同）。如中国蕨科 Sinopteridaceae、瘤足蕨科 Plagiogyriaceae 等 2 科，以我国华南至西南亚热带为分布中心，也是本保护区蕨类区系的特征成分。另有裸子蕨科 Hemionitidaceae、骨碎补科 Dvalliaceae 等 2 科以亚洲亚热带为主。而以热带为主的有莲座蕨科 Angiopteridaceae、碗蕨科 Dennstaedtiaceae、鳞始蕨科 Lindsaeaceae、海金沙科 Lygodiaceae、桫椤科 Cyatheaceae、凤尾蕨科 Pteridaceae、金星蕨科 Thelypteridaceae、膜蕨科 Hymenophyllaceae 等。

泛热带分布科　共有 7 科，占该区总科数的 35%。如槲蕨科 Drynariaceae 以亚洲为主，其他为里白科 Gleicheniaceae、蚌壳蕨科 Dicksoniaceae、蕨科 Pteridiaceae、乌毛蕨科 Blechnaceae、三叉蕨科 Aspidiaceae、肾蕨科 Nephrolepidaceae 等。

① 陈桂珠等. 拟建广东蕉岭长潭自然保护区自然资源调查报告. 蕉岭县林业局，中山大学地环学院. 2002. 5.

温带至亚热带高山地区分布科 仅有鳞毛蕨科 Dryopteridaceae 1 科，占总科数的5%。

B. 属的地理分布区类型根据保护区 53 属的分布类型统计分析如下。

广布属 共有5属，占总属数的9.43%。如石杉属 *Huperzia*、石松属 *Lycopodium*、卷柏属 *Selaginella*、铁线蕨属 *Adiantum*、铁角蕨属 *Asplenium* 等。

泛热带分布属 共有8属，占总属数的16.67%（扣除广布分布5属，下同）。如马尾杉属 *Phegmariurus*、团扇蕨属 *Gonocormus*、蕗蕨属 *Mecodium*、鳞始蕨属 *Lindsaea*、乌蕨属 *Sphenomeris*、蕨属 *Pteridium*、桫椤属 *Alsophila*、肾蕨属 *Nephrolepis* 等。

热带和亚热带分布属 共有35属，占有比例达72.92%。其中热带至亚热带为主，如灯笼草属 *Palhinhaea*、观音莲座属 *Anglopteris*、芒萁属、里白属、海金沙属、鳞盖蕨属 *Microlepia*、凤尾蕨属 *Pteris*、碎米蕨属 *Cheilosoria*、金粉蕨属 *Onychium*、凤丫蕨属、短肠蕨属 *Allantodia*、假蹄盖蕨属 *Athyriopsis*、角蕨属 *Cornopteris*、毛蕨属 *Cyclosorus*、金星蕨属 *Parathelypteris*、新月蕨属 *Pronephrium*、崇澍蕨属、三叉蕨属 *Tectaria*、阴石蕨属 *Humata*、线蕨属 *Colysis*、石韦属等。

以亚热带为主的属 与热带至亚热带分布的类型相当，热带亚洲分布的有6属，如藤石松属 *Lycopodistrum*、荚囊蕨属 *Struthiopteris*、复叶耳蕨属 *Arachniodes*、星蕨属 *Microsorium*、伏石蕨属 *Lemmaphyllum*、骨牌蕨属 *Lepidogrammitis* 等；热带亚洲—大洋洲分布4属，如乌毛蕨属 *Blechnum*、苏铁蕨属 *Brainea*、槲蕨属 *Drynaria*、崖姜蕨属 *Pseudodrynaria*；热带亚洲—非洲分布的有1属，如瓦韦属 *Lepisorus*；热带亚洲至热带美洲分布有2属，如瘤足蕨属 *Plangiogyria*、双盖蕨属 *Diplazium*；东亚分布有1属，如金毛狗属 *Cibotium*。

温带、热带分布属 有2属，占总属数的4.17%。如紫萁属 *Osmunda*、狗脊属 *Woodwardia*。

温带分布属 有2属。占总属数的4.17%，如贯众属 *Cyrtomium*、鳞毛蕨属 *Dryopteris* 等。

寒、温带分布属 有1属，占总属数的2.08%。如木贼属 *Equisetum*。

②种子植物的地理成分

A. 科的地理分布区类型 按照《世界种子植物科的分布区类型系统》（吴征镒等，2003），依据保护区种子植物148科的分布区类型统计分析，除旧世界温带分布、温带亚洲分布、地中海区和西亚至中亚分布、中亚分布及中国特有分布科尚未发外，其余10个分布区类型及变型均有分布。

*1. 广布类型 计有41科，占总科数的27.70%。如毛茛科、十字花科、堇菜科、远志科、景天科、石竹科、马齿苋科（主产美洲）、蓼科、苋科、酢浆草科、千屈菜科、柳叶菜科、小二仙草科、瑞香科、蔷薇科、蝶形花科、杨梅科、榆科、桑科、鼠李科、伞形科、木犀科、茜草科、败酱科、菊科、龙胆科、报春花科、车前科、桔梗科、半边莲科、紫草科 Boraginaceae、茄科 Solanaceae、旋花科 Convolvulaceae、玄参科 Scrophulariaceae（主产温带）、狸藻科、唇形花科（主产地中海）、水鳖科 Hydrocharitaceae、泽泻科、兰科、莎草科（主产温带及寒温带）、禾本科等。

*2. 泛热带分布类型 计48科，占44.86%（扣除广布类型41科）。如番荔枝科、樟科、青藤科、防己科、胡椒科、金粟兰科 Chloranthaceae、白花菜科 Capparidaceae、藜科、凤仙花科、大风子科、天料木科、葫芦科、秋海棠科、茶科、野牡丹科、红树科、藤黄科 Guttiferae、梧桐科 Sterculiaceae、锦葵科 Malvaceae、古柯科、粘木科、大戟科、含羞草科、荨麻科、卫矛科、茶茱萸科 Icacinaceae、铁青树科 Olacaceae、檀香科 Santalaceae、葡萄科、芸香科、楝科、无患子科、漆树科 Anacardiaceae、柿科 Ebenaceae、紫金牛科 Myrsinaceae、马钱科 Loganiaceae、夹竹桃科、萝藦科、紫葳科、爵床科、鸭跖草科、谷精草科 Eriocaulaceae、雨久花科 Pontederiaceae、菝葜科、天南星科、薯蓣科、棕榈科、仙茅科 Hypoxidaceae 等。

*2-1 热带亚洲、大洋洲（至新西兰）和南美（或墨西哥）间断分布 有2科，占1.87%。如山矾科 Smyplocaceae、百部科 Stemonaceae。

*2-2 热带亚洲、非洲和南美洲间断分布 有3科，占2.80%。如买麻藤科 Gnetaceae、椴树科 Tiliaceae、苏木科 Caesalpiniaceae。

＊2－3 以南半球为主的泛热带分布　有 5 科，占 4.67%。如商陆科 Phytolaccaceae、山龙眼科 Proteaceae、桃金娘科 Myrtaceae、桑寄生科 Loranthaceae、石蒜科 Amaryllidaceae 等。

＊3. 热带亚洲和热带美洲间断分布　有 11 科，占 10.28%。如木通科 Lardizabalacea、紫茉莉科 Nyctaginaceae、水东哥科、杜英科、冬青科、清风藤科、省沽油科、五加科、安息香科、苦苣苔科、马鞭草科等。

＊4. 旧世界热带分布　有 3 科，占 2.80%。如海桐花科 Pittosporaceae、芭蕉科 Musaceae、露兜树科 Pandanaceae。

＊4－1 热带亚洲、非洲和大洋洲间断　有 1 科，占 0.93%。八角枫科 Alangiaceawe。

＊5. 热带亚洲至热带大洋洲分布　有 2 科，占 1.87%。如交让木科、姜科。

＊6. 热带亚洲至热带非洲分布　仅有 1 科，占 0.93%。如杜鹃花科 Ericaceae。

＊7. 热带亚洲（印度—马来西亚）分布　有 4 科，占 3.74%。如第伦桃科 Dilleniaceae、使君子科 Combretaceae、牛栓藤科 Connaraceae、龙舌兰科 Agavaceae。

＊7－4 越南（或中南半岛）至华南（或西南）分布　仅有 1 科，占 0.93%。大血藤科。

＊7－5 西马来，基本上在新华莱斯线以西　仅有 1 科，占 0.93%。五列木科。

＊8. 北温带分布　有 6 科，占 5.61%。如松科、金丝桃科、越桔科、忍冬科、百合科、延龄草科。

＊8－4 北温带和南温带（全温带）间断分布　有 12 科。占 11.21%。如杉科、紫堇科、茅膏菜科、绣球花科 Hydrangeaceae、金缕梅科、黄杨科、壳斗科、胡颓子科（主产东亚）、槭树科（主产东亚）、胡桃科、山茱萸科、灯心草科。

＊8－5 欧亚和南美洲温带间断分布　有 1 科，占 0.93%。小檗科 Berberidaceae。

＊9. 东亚和北美洲间断分布　有 5 科，占 4.67%。如木兰科 Magnoliaceae、五味子科 Schisandraceae、三白草科 Saururaceae、鼠刺科 Escalloniaceae、珙桐科 Nyssaceae。

＊10. 旧世界温带分布　未见。

＊14. 东亚分布　有 1 科，占 0.93%。如猕猴桃科 Actinidiaceae。

从上所述可以看出，其中以泛热带分布类型最多，有 48 科，占总科数的 44.86%（扣广布科 41 科，下同）；北温带分布类型有 18 科，占总科数的 16.82%；热带亚洲和热带美洲间断分布类型有 11 科，占总科数的 10.28%；其余分布区类型所含科数均在 4.67% 以下，不占重要地位；特别是中国特有科等 5 科分布类型缺如，表明该自然保护区植物区系在科级水平上以泛热带分布成分为主，兼有一定数量的北温带成分。

B. 属的地理分布区类型　根据长潭自然保护区种子植物 521 属的分布类型，按照《中国种子植物属的分布区类型》（吴征镒，1991）统计分析，除中亚分布区类型及其变型尚未发现外，其他 14 个分布区类型及变型均有分布（表 3.2）。

表 3.2　蕉岭长潭自然保护区种子植物属的分布区类型

分布区类型及变型	属数	占总属数（%）
1. 广布分布	37	扣除
2. 泛热带分布	124	25.62
2－1 热带亚洲、大洋洲和南美洲间断分布	3	0.62
2－2 热带亚洲、非洲和南美洲间断分布	7	1.45
3. 热带亚洲和热带美洲间断分布	20	4.13
4. 旧世界热带分布	50	10.33
4－1 热带亚洲、非洲和大洋洲间断分布	4	0.83
5. 热带亚洲至热带大洋洲分布	27	5.58

（续）

分布区类型及变型	属数	占总属数（%）
5－1 中国（西南）亚热带和新西兰间断分布	0	0
6. 热带亚洲至热带非洲分布	25	5.17
6－1 华南、西南到印度和热带非洲间断	1	0.21
6－2 热带亚洲和东非间断	1	0.21
7. 热带亚洲（印度—马来西亚）分布	72	14.88
7－1 爪哇、喜马拉雅和华南、西南星散分布	7	1.45
7－2 热带印度至华南分布	2	0.41
7－3 缅甸、泰国至华西南分布	0	0
7－4 越南（或中南半岛）至华南（或西南）分布	3	0.62
8. 北温带分布	38	7.85
8－1 环极分布	0	0
8－2 北极高山分布	1	0.21
8－3 北极—阿尔泰和北美洲间断分布	0	0
8－4 北温带和南温带（全温带）间断分布	7	1.45
8－5 欧亚和南美洲温带间断分布	1	0.21
8－6 地中海区、东亚、新西兰和墨西哥到智利间断	0	0
9. 东亚和北美洲间断分布	28	5.79
9－1 东亚和墨西哥间断	0	0
10. 旧世界温带分布	12	2.48
10－1 地中海区、西亚和东亚间断分布	3	0.62
10－2 地中海和喜马拉雅间断分布	0	0
10－3 欧亚和南非洲（有时也在大洋洲）间断	1	0.21
11. 温带亚洲分布	2	0.41
12. 地中海区、西亚至中亚分布	2	0.41
12－1 地中海区至中亚和南非洲、大洋洲间断	0	0
12－2 地中海区至中亚和墨西哥间断	0	0
12－3 地中海区至温带、热带亚洲，大洋洲和南美洲间断	1	0.41
12－4 地中海区至热带非洲和喜马拉雅间断	0	0
12－5 地中海区—北非洲、中亚、北美西南部，智利和大洋洲（泛地中海）间断分布	0	0
13. 中亚分布	0	0
13－1 中亚东部（亚洲中部）	0	0
13－2 中亚至喜马拉雅	0	0
13－3 西亚至喜马拉雅和西藏	0	0
12－4 地中海区至热带非洲和喜马拉雅间断	0	0
14. 东亚分布	36	7.44
14－1 中国—喜马拉雅（SH）	0	0
14－2 中国—日本（SJ）	0	0
15. 中国特有分布	6	1.24
合计	521	100.00

从表3.2可以看出，保护区内属的地理成分是以热带成分占优势，2～7各类热带成分共有346属，

占总属数（扣除广布属 37 属，以下同）的 71.49%；温带成分也有一定数量，8～12 共有 96 属，占总属数的 19.83%；东亚分布有 36 属，占总属数的 7.44%；中国特有分布的 6 属，占 1.24%，分别是杉木属、大血藤属、石笔木、半枫荷属、四数苣苔属等。因此，在种子植物属级分布区类型水平上，以泛热带、热带亚洲的分布区类型为主，同时兼有一定数量的东亚分布和温带分布成分，这些特征与保护区所处地理位置相一致。

3.2.1.4　植被类型

据调查，保护区内的植被类型多样，主要有 8 种类型。

（1）针叶林　在保护区内有如下 3 个群系。

①杉木林（Form *Cunninghamia lanceolata*）　主要分布于羊尾下对面山坡海拔 200m 处，坡向东南，坡度 25°。在面积 10m×10m 中。

乔木层：平均高度 5.80m，平均胸径 15.52cm^2，郁闭度约 0.45。除杉木 17 株优势种外，还有马尾松 *Pinus massonian*2 株、山苍子 *Litsea cubeba*1 株。

灌木层：有油柿 *Diospyros kaki* var. *sylvstris*、福建乌饭树 *Vaccinium carlesii*、杨桐 *Adinandra millettii*、油茶、变叶榕 *Ficus variolosa*、桃金娘、鼠刺、黄药 *Rhamnus crenata*、赤楠 *Syzygium buxifolium*、映山红 *Rhododendron simsii*、米碎花 *Eurya chinensis* 等。

草本层：有芒萁、乌毛蕨、蕨等。

层间藤本植物：有土茯苓、菝葜、酸藤子 *Embelia laeta* 等。

此外，在林中有少数乔木的幼苗，如杉木、木荷等。由此可见该林发展趋势是比较稳定的。

②马尾松林（Form *Pinus massonian*）　在保护区较少见，灌木层，有桃金娘等。草本层，有芒萁等。

③马尾松、杉木林（Form *Pinus massoniana*，*Cunninghamia lanceolata*）　在保护区内的植被类型中占有一定比例，马尾松最大胸径大 88.8cm，马尾松和杉木的重要值分别为 36.89、34.32，二者合计 71.21，占全部种类重要值和 300 的 23.74%，体现出本植被有较明显的次生性。

（2）沟谷季风常绿阔叶林　是原生性较强的自然植被类型，主要分布在海拔 400m 以下的沟谷，多以水石梓 *Sarcosperma laurinum*、假苹婆 *Sterculia lanceolata*、厚壳桂 *Cryptocarya chinensis*、华润楠 *Machilus chinensis* 等为优势种，伴生植物有水冬哥、鹅掌柴和野蕉等，藤本植物主要有扁担藤 *Tetrastigma planicaule*、白花油麻藤 *Mucuna birdwoodiana*、小叶买麻藤 *Gnetum parvifolium* 等。

另外在鸡公山海拔 200m 处的沟谷中坡向北，坡度 15°，还分布着桫椤 *Alsophila spinulasa* 群落。在 5m×20m 面积中。

乔木层：平均高 5.03m，平均胸 17.1cm，郁闭度约 0.40。除建群种桫椤 5 珠外，还有枫香树 *Liquidambar formosana* 和木油桐 *Vemicia montana* 各 1 株。从海拔 400～500m 和 340～500m 进行逐株查点，计有 98 株和 208 株，共计为 306 株，平均高 3.4m，最高达 5m，伴生植物有假苹婆、黄毛榕 *Ficus fulva*、山蕉 *Musa acuminata* 等。

灌木层：有光叶海桐、细枝柃、粗叶榕 *Ficus hirta*、山莓 *Rubus corchorifolius*、梅叶冬青 *Ilex asprella*、毛冬青 *I. pubescens*、三花冬青 *I. triflora*、牛耳枫 *Daphniphyllum calycinum*、大青 *Clerodendrum cyrtophyllum*、白花悬钩子 *Rubus leucanthus*、黑老虎 *Kadsura coccinea*、广东紫珠 *Callicarpa kwangtungensis*、鲫鱼胆 *Maesa perlarius*、十萼茄 *Lycianthes biflora*、胡颓子、狭叶栀子 *Gardenia stenophylla* 等。

草本层：有单叶双盖蕨 *Diplazium subsinuatum*、双盖蕨 *D. donianum*、变异鳞毛蕨 *Dyopteris varia*、傅氏凤尾蕨 *Pteris fauriei*、淡绿短肠蕨 *Allantodia virescens*、渐尖毛蕨 *Cyclosorus acuminatus*、华南毛蕨 *C. parasiticus*、深绿卷柏 *Selaginella doederleinii*、攀援星蕨 *Microsorium buergerianum*、江南星蕨 *M. fortunei*、火炭母 *Polygonum chinense*、水蓼、苣荬菜、条穗苔草 *Carex nemostachys*、铺地黍 *Panicum repens*、蔓生莠竹 *Microstegium vagans*、皱叶狗尾草 *Setaria plicata*、淡竹叶、海芋、楼梯草 *Elatostema henryanum*、石

韦等。

层间藤本植物：主要有毛鸡矢藤 *Paederia scandens*、绞股蓝 *Gynostemma pentaphyllum*、葛、菝葜、乌蔹莓 *Cayratia japonica*、大叶玉叶金花 *Mussaenda macrophylla* 等，

此外，还有桫椤、赤杨叶 *Alniphyllum fortunei*、白花泡桐 *Paulownia fortunei*、鹅掌柴、枫香树、苦楝 *Melia azedarach* 等幼苗。由此可见该群落发展趋势是比较稳定的。

（3）常绿阔叶林　是以常绿阔叶树为建群种所组成的森林群落。它是中亚热带地带性的典型植被类型，在保护区内占主导地位，主要分布于海拔 250～600m 的丘陵和低山。计有如下 4 个群系。

①罴蒴林（Form *Castanopsis fissa*）　主要分布在下畲禾海拔 430m 处，坡向西，坡度 20°。在面积 10m×10m 中。

乔木层：平均高度约 11.12m，平均胸径 11.89cm，郁闭度约 0.85。除罴蒴优势种 27 株外。还有山乌桕 *Sapium discolor*3 株、木荷 3 株、黑柃 *Eurya macartneyi*1 株。

灌木层：有油茶、乌饭树 *Vaccinium bracteatum*、狗骨柴 *Diplospora dubia* 等。

草本层：植物稀少，仅见有团叶鳞始蕨 *Lindsaea orbiculata*。

层间藤本植物：有罗浮买麻藤 *Gnetum lofuense*、筐条菝葜 *Smilax corbularia* 等。

林下有不少乔木幼苗，如红锥、绒毛润楠、烟斗柯等。

②岩生红豆林（Form *Ormosia saxatilis*）　主要分布于长潭牙狮嶂海拔 600m 处，坡向西南，坡度 25°。在 20m×20m 面积中。

乔木层：平均高度约 7.82m，平均胸径 10.61cm，郁闭度 0.85。除建群种岩生红豆 18 株外，还有满山红 *Rhododendron mariesii* 7 株、柯 4 株、赤楠 *Syzygium buxifolium* 3 株、罗浮柿 4 株、桃叶石楠 *Photinia prunifolia* 2 株、厚叶山矾 *Symplocos crassifolia* 2 株，马尾松、甜槠、鹿角锥、山乌桕、野茉莉 *Styrax japonicus*、红锥、台湾榕 *Ficusformosana*、黑柃各 1 株。

灌木层：有郎伞木 *Ardisia hanceana*、山血丹 *Ardisia lindleyana*、狗骨柴、乌药 *Lindera aggregata*、油茶、粘毛杜鹃、鼠刺 *Itea chinensis* 等。

草本层：有狗脊 *Woodwardia japonica*、山麦冬 *Liriope spicata*、黑莎草 *Gahnia tristis* 等。

层间藤本植物：有白花酸藤子 *Embelia ribes*、香花崖豆藤 *Millettia dielsiana* 等。

此外，林中有不少乔木的幼苗，如甜槠、绒毛润楠、罗浮柿、任豆、烟斗柯、红锥、桃叶石楠等。

③甜槠林（Form *Castanopsis eyrei*）　主要分布于畲禾背海拔 480m 处，坡向东南，坡度 20°。在 20m×20m 面积中。

乔木层：平均高度约 12.80m，平均胸径 24.28cm，郁闭度 0.95。除建群种甜槠 6 株外，还有红锥 3 株、木荷 3 株、山乌桕 2 株，日本杜英 *Elaeocarpus japonicus*、杨梅 *Myrica rubra*、蕈树 *Altingia chinensis* 各 2 株，水石梓、光叶红豆 *Ormosia glaberrima* 各 1 株等。

灌木层：有虎舌红 *Ardisia mamillata*、三椏苦 *Evodia lepta*、石斑木 *Rhaphiolepis indica*、五月茶 *Antidesma bunius*、光叶山矾 *Symplocos lancifolia*、白檀 *S. paniculata*、梅叶冬青、山血丹、细枝柃、鼠刺、狗骨柴、粘毛杜鹃、闽粤石楠 *Photinia benthamiana* 等

草本层：由于郁闭大，草本植物稀少，仅见有狗脊、傅氏凤尾蕨 *Pteris fauriei* 等。

层间藤本植物：有玉叶金花 *Mussaenda pubescens*、筐条菝葜、流苏子、香花崖豆藤等。

此外，在林中有不少乔木的幼苗，如木荷、杨梅、米槠 *Castanopsis carlesii*、光叶红豆和杉木等。

④蕈树林（Form *Altingia chinensis*）　主要分布于荒田子海拔 250m 处，坡向东，坡度 25°。在 20m×20m 面积中。

乔木层：平均高度约 11.45m，平均胸径 27.45cm，郁闭度 0.95。除建群种蕈树 3 株外，还有南岭栲 *Castanopsis fordii* 7 株、桃叶石楠 3 株、笔罗子 *Meliosma rigida* 2 株，柯、观光木 *Tsoongiodendron odorum*、鹿角锥、罗浮栲 *Castanopsis fabri*、红润楠各 1 株。

灌木层：有鲫鱼胆、细枝柃、黑老虎、豺皮樟 *Litsea rotundifolia*、毛冬青、罗浮冬青、梅叶冬青、

茜树、红枝蒲桃 *Syzygium rehderianum*、山血丹、虎舌红、多花山竹子 *Garcinia multiflora*、杜茎山 *Maesa japonica*、了哥王、五月茶、白木通 *Akebia trifoliata*、蔓胡颓子 *Elaeagnus glabra*、翼核果 *Ventilago leiocarpa* 等。

草本层：有狗脊、扇叶铁线蕨 *Adiantum flabellulatum*、阔鳞鳞毛蕨 *Dryopteris championii*、团叶鳞始蕨、山菅兰 *Dianella ensifolia*、黑莎草、草珊瑚 *Sarcandra glabra* 等。

层间藤本植物：有土茯苓、香花崖豆藤、鸡矢藤 *Paederia scandens*、罗浮买麻藤 *Gnetum lofuense*、白花酸藤果 *Embelia ribes*、杖藤 *Calamus rhabdocladus* 等。

此外，在林中有不少乔木的幼苗，如绒毛润楠、南岭栲、尖萼红山茶 *Camellia edithae*、黧蒴、笔罗子、罗浮柿、红楠 *Machilus thunbergii*、桃叶石楠等。

（4）针阔叶混交林　以暖性针叶树与阔叶树为建群种组成的森林群落。在保护区内有 1 个群系。

马尾松、蕈树林（Form *Pinus massoniana*，*Altingia chinensis*）　主要分布于网顶窝水口海拔 320m 处，坡向北，坡度 30°。在 20m×20m 面积中。

乔木层：平均高度约 12.73m，平均胸径 27.24cm，郁闭度 0.90。除建群种马尾松 7 株、蕈树 2 株外，还有木荷 5 株，笔罗子、鼠刺、杨桐各 2 株，黧蒴、南岭栲、甜槠、黄樟 *Cinnamomum parthenoxylon*、沉水樟 *C. micranthum*、香叶树 *Lindera communis*、红楠、桃叶石楠、罗浮柿、光叶山矾各 1 株。

灌木层：有豺皮樟、山血丹、毛冬青、梅叶冬青、油茶、细叶水团花 *Adina rubella*、小叶五月茶 *Antidesma venosum*、白花笼 *Styrax faberi*、楔基腺柃 *Eurya glaudulosa*、白花苦灯笼 *Tarenna mollissima*、石岩枫 *Mallotus repandus*、牛耳枫等。

草本层：有芒萁、狗脊、扇叶铁线蕨、草珊瑚、山菅兰、黑莎草、淡竹叶等。

层间藤本植物：有小叶买麻藤 *Gnetum parvifolium*、香花崖豆藤、链珠藤 *Alyxia sinensis*、白花酸藤果、瘤皮孔酸藤子 *Embelia scandens*、杖藤、暗色菝葜 *Smilax lanceifolia*、筐条菝葜等。

此外，林中有不少乔木的幼苗，如鼠刺、翻白叶树 *Pterospermum heterophyllum*、黧蒴、沉水樟、南岭栲、柯、木荷、绒毛润楠、野鸭椿 *Euscaphis japonica*、罗浮柿、笔罗子、光叶山矾、尖萼红山茶、杉木、红楠、桃叶石楠、猴欢喜 *Sloanea sinesis*、赤杨叶、藤黄檀 *Dalbergia hancei* 等。由此，可见该林发展趋势将成为常绿阔叶林所替代。

（5）山顶常绿阔叶矮林　主要分布于海拔 600～700m 的山顶和山脊，由于常风大，土层浅薄，故形成矮林，多由米槠、木荷、杜鹃属 *Rhododendron*、乌饭树属 *Vaccinium* 等树种组成。林下多由石松 *Lycopodium clavatum*、藤石松 *Lycopodiastrum casuarinoides* 等植物伴生。

（6）竹林　保护区内主要有如下 2 群系。

①毛竹林（Form *Phyllostachys heterocycla* cv. Pubescens）　主要分布于网顶，处于半自然状态。

②黄竹林（Form *bambusa textiles* var. *glabra*）　又称光杆青皮竹林，主要分布于长谭水库海拔 200m 以下沿溪流河岸山坡，呈 5～10m 宽的带状分布。

（7）灌丛草坡　主要分布于保护区内人为活动较为频繁的地段，是森林遭受破坏后在自然环境下恢复而成的次生性灌丛草坡，主要灌木为桃金娘、岗松、盐肤木等，在较为阴湿处，草本植物为福建观音座莲 *Angiopteris fokiensis*、金毛狗、芒等占优势。有些地段则以芒萁、野古草 *Arundinella anomala* 占优势。

（8）栽培植被　主要分布于保护区的中部和南部。

①草本类型

A. 旱地作物　有玉蜀黍、大豆为主的作物组合（Form *Zea mays*，*Glycine max*）；玉蜀黍、番薯、落花生为主的作物组合（Form *Zea mays*，*Ipomoea batatas*，*Arachis hypogaea*）。

B. 水田作物　有以稻等为主的作物组合（Form *Oryza sativa*）。

C. 水浇地蔬菜作物　有油菜、菜苔为主的作物组合（Form *Brassica campestis*，*B. parachinensis*）等。

②木本类型

A. 经济林型 茶园（Form *Camellia sinensis*）和油茶林（Form *Camellia oleifera*）。

B. 果木林型 有板栗园（Form *Castanea mollissima*），有8年生和12年生，平均高约1.5~2..0m。其间生长有少量的枫香树、杉木、木荷和山乌桕等，灌木有映山红、米碎花、盐肤木等，草本植物有五节芒、乌毛蕨和蕨等。但因多年以来只开花不结果，同时树矮冠幅小，既没有经济效益，又无生态效益，现有的已改种香椿 *Toona sinensis*、樟树 *Cinnamomum camphora*。

3.2.1.5 野生植物资源

（1）珍稀濒危保护植物繁多 根据1984年国家环境保护委员会公布的《中国珍稀濒危保护植物名录》和1999年国务院批准公布的《国家重点保护野生植物名录（第一批）》所列种类统计，保护区内共有国家重点保护野生植物12科12属13种。其中蕨类植物3科3属3种，被子植物9科9属10种；国家Ⅱ级重点保护野生植物7种，国家Ⅲ级重点保护野生植物6种（表3.3）。

表3.3 蕉岭长潭自然保护区的保护植物

序号	种名	科名	IUCN濒危等级	保护级别
1	金毛狗 *Cibotium barometz*	蚌壳蕨科 Dicksoniaceae	渐危	Ⅱ
2	桫椤 *Alsophila spinulosa*（练300株）	桫椤科 Cyatheaceae	渐危	Ⅱ
3	苏铁蕨 *Brainea insignis*	乌毛蕨科 Blechnaceae	濒危	Ⅱ
4	樟树 *Cinnamomum camphora*	樟科 Lauraceae	渐危	Ⅱ
5	观光木 *Tsoobgiodendron odorum*	木兰科 Magnoliaceae	稀有	Ⅱ
6	野茶树 *Camellia sinensis* var. *assamica*	茶科 Theaceae	稀有	Ⅱ
7	半枫荷 *Semiliquidambar cathayensis*	金缕梅科 Hamamelidaceae	渐危	Ⅱ
8	吊皮锥 *Castanopsis kawakamii*	壳斗科 Fegaceae	渐危	Ⅲ
9	任木 *Zenia insignis*	苏木科 Caesalpinaceae	稀有	Ⅲ
10	沉水樟 *Cinnamomum micranthum*	樟科 Lauraceae	渐危	Ⅲ
11	白桂木 *Artocarpus hypargyreus*	桑科 Moraceae	渐危	Ⅲ
12	粘木 *Ixonanthes chinensis*	粘木科 Ixonanthaceae	渐危	Ⅲ
13	巴戟 *Morinda officinalis*	茜草科 Rubiaceae	稀有	Ⅲ

注：兰科植物12属15种，即花叶开唇兰 *Anoectochilus roxburghii*、广东石豆兰 *Bulbophyllum kwangtungense*、大序隔距兰 *Cleisostoma paniculatum*、流苏贝母兰 *Coelogyne fimbriata*、建兰 *Cymbidium ensifolium*、多花兰 *C. floribundum*、钳唇兰 *Erythrodes chinensis*、高斑叶兰 *Goodyera procera*、紫花羊耳蒜 *Liparis macrantha*、见血青 *L. nervosa*、鹤顶兰 *Phaius tankervillia*、石仙桃 *Pholidota chinensis*、细叶石仙挑 *P. cantonensis*、香港带唇兰 *Tainia hongkongensis* 和鹅毛玉凤兰 *Scleria hookeriana* 全部为《濒危野生动植物种国际贸易公约》附录Ⅱ物种。

（2）古树名木较多 古树名木是指树龄100年以上的树木。据调查，在保护区内保存361株，隶属于11科13属13种（表3.4）。

表3.4 蕉岭长潭自然保护区的古树名木

序号	种名	科名	株数	估算树龄（年）	树高（m）	胸径（cm）	分布地
1	马尾松 *Pinus massoniana*	松科 Pinaceae	320	400	35	120	网顶、东华、锅底、牙狮嶂、石井、盘龙 3000hm^2
2	柏木 *Cupressus funebris*	柏科 Cupressaceae	2		12	40	云霄
3	野含笑 *Michelia skinneriana*	木兰科 Magnoliaceae	1		18	40	云霄
4	黄樟 *Cinnamomum parthenoxylon*	樟科 Lauraceae	2		25	70	上山塘、东华、牙狮嶂
5	枫香树 *Liquidambar formosaana*	金缕梅科 Hamamelidaceae	180	280	33	110	畲禾背、恩窝、下畲子、网顶、石井 2500hm^2

（续）

序号	种名	科名	株数	估算树龄（年）	树高（m）	胸径（cm）	分布地
6	蕈树 *Altingia chinensis*	金缕梅科 Hamamelidaceae	180	300	38	130	网顶、畲禾背、甲水、矿山茏、木头坪、东华 2000hm²
7	罗浮栲 *Castanopsis fabri*	壳斗科 Fagaceae	100		32	90	梅子坳、牛健坑、凉滩 2500hm²
8	红锥 *Castanopsis hystrix*	壳斗科 Fagaceae	1		26	75	畲禾背
9	青杨梅 *Myrica adenophora*	杨梅科 Myricaceae	30	120	16	80	荒田子、石卵湖、网顶、云霄、矿山茏、木头坪、东华 2000hm²
10	木荷 *Schima superba*	茶科 Theaceae	150	350	16	80	畲禾背、牙狮嶂、野猪坑、下畲子、木头坪、上山塘、下山塘、网顶 2000hm²
11	南酸枣 *Choerospondias axillaris*	漆树科 Anacardiaceawe	12		28	100	畲禾背、牙狮嶂、羊均坑、石井、白石岗 1500hm²
12	枳椇 *Hovenia acerba*	鼠李科 Rhamnaceae	12		28	100	凉滩、木头坪官珍坑
13	桂花 *Gsmanthus fragrans*	木犀科 Oleaceawe	100	280	16	100	石蛇、云霄凉滩 2000hm²

（3）经济植物多样　在长潭自然保护区内蕴藏着多种多样的经济植物资源。根据调查统计，长潭自然保护区内有维管束植物 1022 种。

①药用植物　有 539 种，占长潭维管束植物总数的 52.74%。其中抗癌药用植物有狗肝菜 *Dicliptera chinensis* 等；清热解毒药用植物有华南忍冬 *Lonicera confusa*、忍冬（金银花）*Lonicera japonica*、地胆草 *Elephantopus scaber* 等；清热凉血的药用植物有丝茅 *Imperata koenigii*、葛、马鞭草 *Verbena officinalis*、十萼茄 *Lycianthes biflora*、茅莓 *Rubus parvifolius*、铁冬青等；清热利尿的药用植物有淡竹叶 *Lophatherum gracile*、车前 *Plantago asiatica*、海金沙 *Lygodium japonioum* 等；清热利湿的药用植物有栀子 *Gardenia jasminoides*、岗松 *Baeckea frutescens*、乌蔹莓 *Cayratia japonica*、酢浆草 *Oxalis corniculata*、算盘子 *Glochidion puberum* 等；祛风湿的药用植物有狗脊、苍耳 *Xanthium sibiricum*、山苍子、菝葜等；平肝清热的药用植物有露兜草 *Pandanus austrosinensis*、钩藤 *Uncaria scandens* 等；跌打损伤、止血肿痛的药用植物有积雪草 *Centella asiatica*、大茶药 *Celsemium elegans*、鲫鱼胆 *Maesa perlarius*、苎麻 *Boehmeria nivea*、薯莨 *Dioscorea cirrhosa*、一点红 *Emilia sonchifolia* 等；壮阳药的药用植物有金樱子 *Rosa laevigata*；温补的药用植物有巴戟等；活血祛瘀的药用植物黑老虎 *Kadsura coccinea*、两面针 *Zanthoxylum nitidum*；补血药的药用植物有香花崖豆藤 *Millettia dielsiana*、桃金娘、酸藤子等；除湿化滞的药用植物有水蓼 *Polygonum hydropiper*；民间常用草药或凉茶有梅叶冬青、鸡矢藤、草珊瑚、车前、韩信草 *Scutellaria indica* 等。

②用材植物　有 153 种，占总种数的 14.97%。其中一类用材有樟树、红锥等；二类用材有黄樟、柯等；三类用材有蕈树 *Altingia chinensis*、香港四照花 *Dendeobenthamia hongkongensis* 等；四类用材有日本杜英 *aaelaeocarpus japonicus*、竹节树 *Carallia brachiata* 等；五类用材有鼠刺、猴欢喜等；可作军工用材的有黄杞 *Engelhardtia roxburghiana*、罗浮槭 *Acer fabria* 等；可作船舶用材的有天料木 *Homalium cochinchinense*、嘉赐树 *Casearia glometata* 等；可作胶合板用材的有赤杨叶 *Alniphyllum fortunei*、猴耳环 *Archidendron clypearia*、亮叶猴耳环 *A. lucidum* 等；可作房屋建筑的有米槠、杉木等；可作纺织用材有木荷、石斑木等；可作乐器用材的有山乌桕 *Sapium discolor*、鹅掌柴、椿叶花椒 *Zanthoxylum ailanthoides* 等；造纸用材的有山矾 *Symplocos* spp. 13 种、安息香 *Styrax* spp. 5 种等。

③观赏植物 有104种，占总种数的10.18%。主要有园林植物，如木莲 *Manglietia fordiana*、深山含笑 *Michelia maudiae*、黄樟、阴香 *Cinnamomum burmanii*、木荷、山杜英、假苹婆、五月茶、白背叶、枫香树、朴树、苦楝等；野生灌木花卉，主要有紫玉盘 *Uvaria macrophylla*、多种野牡丹 *Melastoma* spp.、多种杜鹃 *Rhododendron* spp.、吊钟花 *Enkianthus quinqueflorus*、桃金娘、虎舌红 *Ardisia mamillata* 等；草本景观植物，主要有青葙 *Celosia argentea*、建兰 *Cymbidium ensifolium* 等；果木类植物，有郎伞木 *Ardisia hanceana*、铁冬青等；藤本景观植物主要有白花油麻藤 *Mucuna birdwoodiana*、小叶买麻藤、罗浮买麻藤、金樱子、香花崖豆藤、玉叶金花 *Mussaenda pubescens*、小叶红叶藤 *Rourea microphylla*、多种菝葜 *Smilax* spp. 等。

④纤维植物 有83种，占总种数的8.12%。如罗浮买麻藤、小叶买麻藤 *Gnetum parvifolium*、构树 *Broussonetia papyrifera*、糙叶树 *Aphananthe aspera*、朴树 *Celtis sinesiss*、光叶山黄麻 *Trema cannabina* 山油麻 *T. cannabina* var. *dielsiana*、异色山黄麻 *T. orientalia*、苎麻 *Boehmria nivea*、小赤麻 *B. spicata*、山芝麻 *Helicteres angustifolia*、小叶红叶藤、葛 *Pueraria lobata*、大血藤 *Sargentodoxa cuneata*、白背叶 *Mallotus apelta*、地桃花 *Urena lobata*、长柱瑞香 *Daphne championi*、了哥王、白楸 *Mallotus paniculatus*、粗糠柴 *Mallotus philippensis*、胡颓子 *Elaeagnus pungens*、小蜡 *Ligustrum sinense*、钩藤、青江藤 *Celastrus hindsii*、毛刺蒴麻 *Triumfetta cana*、山芝麻 *Helicteres angustifolia*、黄葵 *Abelmoschus moschatus*、棕榈 *Trachycarpus fortunei*、灯心草 *Juncus effusus*、黑莎草、毛竹、丝茅、芒 *Miscanthus sinensis*、五节芒等

⑤野生水果植物 有82种，占总种数的8.02%。其中浆果类有黄毛猕猴桃 *Actinidia fulvicomachinensis*、阔叶猕猴桃 *A. latifolia*、桃金娘等；仁果类有金樱子、蔓胡颓子 *Elaeagnus glabra* 等；柑果类有山桔 *Fortunella hindsii*、山小橘 *Glycosmis parviflora* 等；此外，还有紫玉盘 *Uvaria macrophylla*、杨梅 *Myrica rubra*、多花山竹子、岭南山竹子 *Garcinia oblongifolia*、余甘子、多种悬钩子 *Rubus* spp.、白桂木、桑 *Morus alba*、枳椇、罗浮油柿等。

⑥油脂植物 有73种，占总种数的7.14%。主要有杉木、樟树、香叶树 *Lindera communis*、红楠、檫木 *Sassafras tsumu*、石笔木 *Tutcheria cgampionii*、楝叶吴茱萸 *Evodia meliaefolia*、假苹婆、余甘子、光叶山黄麻、野木瓜 *Stauntonia chinensis*、多花山竹子、牛耳枫 *Daphniphyllum calycinum*、虎皮楠 *D. oldhamii*、构树、赛山梅 *Styrax confusus*、苦楝、毛果巴豆 *Croton lachnocarpus*、白背叶、油茶、算盘子 *Glochidion puberum*、油桐 *Vernicia fordii*、木油桐 *V. montana*、粗糠柴、野漆树 *Toxicodendron sylvestris*、盐肤木 *Rhus chinensis*、山乌桕、铁冬青、南酸枣、苍耳、黑莎草等。

⑦饲料植物 有45种，占总种数的4.40%。其中比较重要有凤眼蓝 *Eichhornia crassipes*、薏苡 *Coix lacryma-jobi*、鸭舌草 *Monochoria vaginalis*、鸭跖草 *Commelina communis*、裸花水竹叶 *Murdannia nudiflora*、马齿苋 *Portulaca oleracea*、鸡眼草 *Kummerowia striata*、青香茅 *Cymbopogon caesius*、光头芒、稗 *Echinochloa colonum*、水蔗草 *Apluda mutica*、牛筋草 *Eleusine indica*、丝茅、芒、看麦娘 *Alopecurus aequalis*、浆果苔草 *Carex baccans*、虾钳菜 *Alternanthera sessilis* 等。

⑧鞣料植物 有39种，占总种数的3.82%。其中比较常见的有虎杖 *Polygonum cuspidatum*、余甘子、木油桐、盐肤木、杨梅、厚皮香 *Ternstroemia gymnanthera*、黧蒴、南岭拷、钩锥 *Castanopsis tibetana*、青冈 *Cyclobalanopsis glauca*、红锥、金樱子、小果蔷薇 *Rosa cymosa*、藤金合欢 *Acacia sinuata*、龙须藤 *Bauhinia championii*、藤黄檀 *Dalbergia hancei*、苦楝、南酸枣、野漆树、山油柑 *Acronychia pedunculata*、中华杜英 *Elaeocarpus chinensis*、山杜英 *E. sylvedtris*、柏拉木 *Blastus cochinchinensis*、桃金娘、猴耳环、构树、枫香树、油柿、鲤肠 *Eclipta prostrata*、薯莨 *Dioscorea cirrhosa*、菝葜 *Smilax china* 等。

⑨野菜植物 有30种，占总数的2.94%。主要有碎米荠 *Cardamine hirsuta*、蔊菜 *Rorippa indica*、马齿苋、刺苋 *Amaranthua spinosus*、皱果苋 *A. virisis*、青葙、瓜馥木 *Fissistigma oldhamii*、黄毛楤木 *Aralia decaisneana*、白花菜 *Cleome gynandra*、革命菜 *Gynura crepidioides*、紫背三七 *G. bicolor*、一点红、鳢肠、黄鹌菜 *Youngia japonica*、黄花败酱 *Patrinia scabiodaefolia*、白花败酱 *P. villosa*、少花龙葵 *Solanum photeinogena*、苍耳、鼠麴草 *Gnaphalium affine*、积雪草、粗叶榕、葛等。

⑩农药植物　有 30 种，占总数的 2. 94%。其中比较常见的有海金沙、威灵仙 *Clematis chinensis*、三白草 *Saururus chinensis*、杠板归 *Polygonum perfoliotun*、石岩枫 *Mallotus repandus*、常山 *Dichroa febrifuga*、厚果崖豆藤 *Millettia pachyloba*、昆明鸡血藤 *D. reticulata*、黄药 *Rhamnus crenata*、驳骨丹 *Buddleja asiatica* 、石菖蒲 *Acorus gramineus* 等。

此外，保护区还有山苍子 *Litsea cubeba*、女贞 *Ligustrum lucidum*、马尾松、杉木、瓜馥木、樟树、黄樟、香叶树、岗松、枫香树、栀子、草珊瑚、黄荆 *Vitex negundo*、藿香 *Agastache rugosa*、黄花蒿 *Artemisia annua*、野菊 *Dendranthema indicum*、香附子 *Cyperus rotundus* 等25 种芳香植物，占保护区植物总数的 2. 45；狗脊、葛、蕨、福建观音座莲、金毛狗、槲蕨 *Drynaria fortunei*、壳斗科 26 种植物、杨梅、金樱子、南酸枣、薜荔 *Ficus pumila*、土茯苓、中华猕猴桃、黄花猕猴桃、阔叶猕猴桃、光头芒 *Echinochloa colonum* 等23 种淀粉植物，占保护区植物总数的 2. 25%；绞股蓝 *Gynostemma pentaphyllum*、杨梅、桃金娘、金樱子、南酸枣、油柿、毛花猕猴桃、黄花猕猴桃、阔叶猕猴桃油柿、多花山竹子、山莓 *Rubus corchorifolius*、高粱泡 *R. lambertianus*、茅莓 *R. parvifolius*、小果葡萄 *Vitis balansaeana*、东南葡萄 *V. chungii*、蔓胡颓子等 21 种保健饮料植物，占保护区植物总数的 2. 05%；薯莨、栀子等 13 种染料植物，占总种数的 1. 27%，如：山乌桕、鹅掌柴、黄牛奶树、白花泡桐 *Paulownia fortunei*、胡枝子 *Lespedeza bicolor*、冬青属 14 种和杜鹃花属 10 种等 33 种蜜源植物，占总种数的 3. 23%；羊角拗 *Strophanthus divaricatus*、大茶药、海芋、油桐、八角枫、苍耳等有毒植物有 11 种，占总种数的 1. 08%。

3. 2. 1. 6　野生动物资源

（1）动物物种较丰富　该保护区的生态环境复杂，森林茂密，孕育了丰富的动物种类。据调查统计，保护区内拥有脊椎动物 264 种，隶属 89 科 35 目。

①鱼类　有 60 种，隶属 17 科 6 目，占该区动物总种数的 22. 73%。鲤形目（CYPRINIFORMES）有 3 科 40 种，占该区鱼类总数的 66. 67%；鲶形目（SILURIFORMES）5 科 9 种，占总数的 15%；鲈形目（PERCIFOMES）6 科 6 种，占总数的 10%；鲱形目（CLUPEIDAE）、鳗鲡目（ANGUILLIFORMES）、合鳃鱼目（SYNBRANCHIFORMES）分别为 1 科 1 种，各占总数的 1. 67%。

长潭自然保护区的淡水鱼类组成明显表现出以骨鳔构成为主，在鲤形目中以鲤科为主，这正是我国南部地区淡水鱼类区系的共同特点。

②两栖类　有 21 种或亚种，属隶 7 科 2 目，占该区脊椎动物总种数的 7. 95%。无尾目（SALIENTIA）有 6 科 20 种，占该区两栖类总种数的 95. 24%，其中锄足蟾科 Pelobatidae 2 种、蟾蜍科 Bufonidae 1 种、雨蛙科 Hylidae 1 种、树蛙科 Rhacophoridae 2 种、姬蛙科 Microhylidae 6 种、蛙科 Ranidae 8 种；有尾目（CAUDATA）只有蝾螈科 Salamandridae 1 科 1 种，占总种数的 4. 76%。

区系成分属东洋界物种，其中 2 种属华中区，占总种数的 9. 52%；8 种属华南区，占总种数的 38. 10%；11 种属于华中—华南区物种，占总种数的 52. 38%。

③爬行类　有 33 种，隶属 10 科 3 目，占该区脊椎动物总种数的 12. 50%。蛇目（SERPENTES）有 4 科 18 种，占该区爬行类总数的 54. 55%，其中游蛇科 Colubridae 12 种、闪鳞蛇科 Xenopeltidae 1 种、眼镜蛇科 Elapidae 4 种、蝰科 Viperidae 1 种、蟒科 Pythonidae 1 种；蜥蜴目（LACERTILI）有 4 科 7 种，占总数的 21. 21%，其中鬣蜥科 Agamidae 1 种、壁虎科 Gekkonidae 1 种、石龙子科 Scincidae 4 种、蜥蜴科 Lacertidae 1 种；龟鳖目（TESTUDINATA）有 2 科 8 种，占总数的 24. 24%，其中平胸龟科 Playsternidae 5 种、鳖科 Trionychidae 3 种。

④鸟类　有 106 种，隶属 36 科 16 目，占该区脊椎动物总种数的 40. 15%。雀形目（PASSERIFOMES）有 18 科 57 种，占该区鸟类总数的 53. 77%；隼形目（FALCONIFOEMES）有 2 科 8 种，占总数的 7. 55%；鹳形目（CICONIIFORMES）有 1 科 7 种，占总数的 6. 60%；鸡形目（GALLIFORMES）有 1 科 6 种，占总数的 5. 66%；鸮形目（STRIGFORMES）有 1 科 6 种，占总数的 5. 66%；鹃形目（CUCULIFORMES）有 1 科 5 种，占总数的 4. 72%；鴷形目（PICIFORMES）有 2 科 4 种，占总数的

3.77%；佛法僧目（CORACIIFORMES）有1科3种，占总数的2.83%；鹤形目（GRUIFORMES）、鸽型目（COLUMBIFORMES）分别有1科2种，各占总数的1.89%；夜鹰目（CAPRIMULGIFORMES）、雨燕目（APODIFORMES）、鹈形目（PELECANIFORMES）、雁形目（ANSERIFORMES）、鸻形目（CHARADRIIFORMES）分别有1科1种，各占总数的0.94%。

从鸟类的居留型组成中，留鸟有79种，占总数的74.53%；冬候鸟或旅鸟有25种，占总数的23.58%；夏候鸟有2种，占总数的1.89%。

在区系组成上，东洋界的鸟类有67种，占总数的63.21%；古北界的鸟类有24种，占总数的22.64%；广布种有13种，占总数的12.26%。其组成成分属中亚热带种类占50%以上，热带种类约占15%，其他种类约占35%。

⑤哺乳类　有44种，隶属19科8目，占该区脊椎动物总种数的16.67%；占广东省哺乳类总数（124种）的35.48%；占全国哺乳类总数（449种）的9.80%。食肉目（CARNIVORA）有4科16种，占该区兽类总数的36.36%；啮齿目（RODENTIA）有4科13种，占总数的29.55%；翼手目（CHIROPTERAS）有3科4种，占总数的9.09%；偶蹄目（ARIODACTYLA）4科5种，占总数的11.36%；食虫目（INSECTVORA）有2科3种，占总数的6.82%；灵长目（PRIMATES）、鳞甲目（PHOLIDOTA）、兔形目（LAGOMORPHA）分别有1科1属1种，各占总数的2.27%。

在区系组成上，东洋界的哺乳类有34种，占总数的77.27%；古北界的哺乳类有7种，占总数的15.91%；广布种有4种，占总数的9.09%。

（2）珍稀濒危动物较多　以1989年公布实施的《国家重点保护野生动物名录》和2001年公布实施的《广东省重点保护陆生野生动物名录》（第一批）为依据，蕉岭长潭自然保护区拥有保护脊椎动物53种。其中国家Ⅰ级重点保护动物3种，国家Ⅱ级重点保护动物28种，省级重点保护动物22种（表3.5）。

表3.5　蕉岭长潭自然保护区的保护动物

序号	种　名	科　名	IUCN 濒危等级	保护级别
		哺乳纲 MAMMALIA		
1	云豹 *Neofelis nebulosa*	猫科 Felidae	濒危	Ⅰ
2	猕猴 *Macaca* spp.	猴科 Cercopithecidae	易危	Ⅱ
3	穿山甲 *Manis pentadactyla*	鲮鲤科 Manidae	濒危	Ⅱ
4	水獭 *Lutra lutra*	鼬科 Mustelidae	濒危	Ⅱ
5	大灵猫 *Viverra zibetha*	灵猫科 Viverridae	濒危	Ⅱ
6	小灵猫 *Viverricula indica*	灵猫科 Viverridae	易危	Ⅱ
7	斑林狸 *Prionodon pardicolor*	灵猫科 Viverridae	易危	Ⅱ
8	鬣羚 *Capricornis sumatraensis*	牛科 Bovidae	易危	Ⅱ
9	水鹿 *Cervus unicolor*	鹿科 Cervidae	易危	Ⅱ
10	小麂 *Muntiacus reevesi*	鹿科 Cervidae	易危	省级
11	红颊獴 *Herpestes javanicus*	灵猫科 Viverridae		省级
12	食蟹獴 *Herpestes ueva*	灵猫科 Viverridae		省级
13	豹猫 *Felis bengalensis*	猫科 Felidae	易危	省级
14	豪猪 *Hystrix hodgsoni*	豪猪科 Hystricidae		省级
		鸟纲 AVES		
15	凤头鹃隼 *Aviceda leuphotes*	鹰科 Accipitridae		Ⅱ
16	鸢 *Milvus korschun*	鹰科 Accipitridae		Ⅱ
17	赤腹鹰 *Accipiter soloensis*	鹰科 Accipitridae		Ⅱ

（续）

序号	种　名	科　名	IUCN 濒危等级	保护级别
18	雀鹰 *Accipiter nisus*	鹰科 Accipitridae		Ⅱ
19	松雀鹰 *Accipiter virgatus*	鹰科 Accipitridae	易危	Ⅱ
20	蛇雕 *Spilornis cheela*	鹰科 Accipitridae	易危	Ⅱ
21	游隼 *Falco peregrinus*	隼科 Falconidae	易危	Ⅱ
22	红隼 *Falco tinnunculus*	隼科 Falconidae	易危	Ⅱ
23	白鹇 *Lophura nycthemera*	雉科 Phasianidae	易危	Ⅱ
24	褐翅鸦鹃 *Centropus sinensis*	杜鹃科 Cuculidae	易危	Ⅱ
25	小鸦鹃 *Centropus toulou*	杜鹃科 Cuculidae	易危	Ⅱ
26	草鸮 *Tyto capensis*	草鸮科 Tytonidae	易危	Ⅱ
27	红角鸮 *Otus scops*	鸱鸮科 Strigidae		Ⅱ
28	领角鸮 *Otus bakkamoena*	鸱鸮科 Strigidae		Ⅱ
29	领鸺鹠 *Glaucidium brodiei*	鸱鸮科 Strigidae		Ⅱ
30	斑头鸺鹠 *Glaucium cuculoidei*	鸱鸮科 Strigidae	易危	Ⅱ
31	鹰鸮 *Ninox scutulata*	鸱鸮科 Strigidae		Ⅱ
32	苍鹭 *Ardea cinerea*	鹭科 Ardeidae		省级
33	白鹭 *Egretta garzetta*	鹭科 Ardeidae		省级
34	牛背鹭 *Bubulcus ibis*	鹭科 Ardeidae		省级
35	池鹭 *Ardeola bacchus*	鹭科 Ardeidae		省级
36	绿鹭 *Butorides striatus*	鹭科 Ardeidae		省级
37	黄斑苇鳽 *Ixobrychus sinensis*	鹭科 Ardeidae		省级
38	栗苇鳽 *Ixobrychus cinnamomeus*	鹭科 Ardeidae		省级
39	白眉山鹧鸪 *Arborophila gingica*	雉科 Phasianidae		省级
40	黑水鸡 *Gallinula chloropus*	秧鸡科 Rallidae		省级
41	棕腹杜鹃 *Cuculus fugax*	杜鹃科 Cuculidae		省级
42	红嘴相思鸟 *Leiothrix lutea*	画眉科 Timaliidae		省级
43	黑尾蜡嘴雀 *Eophona migratoria*	雀科 Fringilliidae		省级
44	黄胸鹀 *Emberiza aureola*	雀科 Fringilliidae		省级
		爬行纲 REPTILIA		
45	蚺（蟒）*Python molurus*	蟒科 Boidae	极危	Ⅰ
46	鼋 *Pelochelys bibroni*	鳖科 Trionychidae	极危	Ⅰ
47	山瑞鳖 *Palea steindachneri*	鳖科 Trionychidae	濒危	Ⅱ
48	三线闭壳龟 *Cuora trifasciata*	龟科 Testudidae	濒危	Ⅱ
49	平胸龟 *Platysternon megacephalum*	龟科 Testudidae	濒危	省级
		两栖纲 AMPHIBIA		
50	虎纹蛙 *Rana tigrina*	蛙科 Ranidae	易危	Ⅱ
51	黑眶蟾蜍 *Bufo melanostictus*	蟾蜍科 Pelobatidae		省级
52	棘胸蛙 *Rana spinosa*	蛙科 Ranidae	易危	省级
53	沼蛙 *Rana guentheri*	蛙科 Ranidae	无危	省级

（4）经济动物多样　保护区内拥有国家保护的有益的或有重要经济、科学研究价值的陆生野生动物约 128 种。

①两栖类　主要有黑斑肥螈 *Pachytriton brevipes*、淡肩角蟾 *Megophrys boettgeri*、小黑角蟾 *Megophrys* minor、黑眶蟾蜍 *Bufo melanostictus*、华南湍蛙 *Amolops ricketti*、泽蛙 *R. linocharis*、大绿蛙 *R. livida*、日本林蛙 *R. japonica*、大树蛙 *Rhacophorus dennysi*、斑脚树蛙 *R. leucomystax*、粗皮姬蛙 *Microhyla butleri*、小弧斑姬蛙 *Microhyla heymonsi*、饰纹姬蛙 *Microhyla ornata*、花姬蛙 *Microhyla pulchra*、花细狭口蛙 *Kalophrynus pleurostigma*、花狭口蛙 *Kaloula pulchra* 等。

②爬行类 主要有乌龟 *Chinemys bealei*、黄喉水龟 *Clemmys mutica*、四眼水龟 *C. quadrlocellata*、鳖 *Pelochelys sinensis*、变色树蜥 *Calotes versicolor*、石龙子、蓝尾石龙子、四线石龙子 *E. quadrilineatus*、南草蜥 *Takydronus sexlineatus*、过树蛇 *Ahaetulla ahaetulla*、王锦蛇、百花锦蛇、三索锦蛇、黑眉锦蛇、滑鼠蛇、灰鼠蛇 *P. korros*、乌梢蛇、中国水蛇、银环蛇、金环蛇、眼镜王蛇等。

③鸟类 主要有小鸊鷉、普通鸬鹚 *Phalacrorax carbo*、绿翅鸭 *Anas crecca*、鹧鸪 *Francolinus pintadeanus*、鹌鹑 *Coturnix coturnix*、白眉山鹧鸪、灰胸竹鸡 *Bambusicola thoracica*、雉鸡 *Phasianus colchicus*、白胸苦恶鸟 *Amaurornis phoenicurus*、矶鹬 *Tringa incana*、珠颈斑鸠 *Streptopelia chinensis*、山斑鸠 *S. orientalis*、棕腹杜鹃、四声杜鹃 *Cuculus micropterus*、噪鹃 *Eudynamys scolopacea*、普通夜鹰 *Cprimulgus indicus*、小白腰雨燕 *Apus affini*、普通翠鸟 *Alcedo atthis*、蓝翡翠 *Halcyon pileata*、大拟啄木鸟 *Megalaima virens*、斑啄木鸟 *Picoides major*、星头啄木鸟 *P. canicapillus*、黄嘴噪啄鸟 *Blythipicus pyrrhotis*、家燕 *Hirundo rustica*、灰鹡鸰 *Motacilla cinerca*、白鹡鸰 *M. alba*、暗灰鹃鵙 *Coracina melaschistos*、赤红山椒鸟 *Pericrocotus flammeus*、红耳鹎 *Pycnotus jocosus*、白头鹎 *Pycnontus sinensis*、棕背伯劳 *Lanius schach*、黑枕黄鹂 *Oriolus chinensis*、灰背椋鸟 *Sturnus sinensis*、黑领椋鸟 *S. nigricollis*、八哥、红嘴蓝鹊 *Cissa erythrorhyncha*、喜鹊 *Pica pica*、红点颏 *Luscinia calliope*、红胁蓝尾鹊 *Tarsiger cyanurus*、鹊鸲 *Copsychus saularis*、北红尾鸲 *Phoenicurus aurorens*、黑喉石 *Saxicola torquata*、虎斑地鸫 *Zoothera dauma*、灰背鸫 *Turdus hortulorum*、斑鸫 *Turdus naumanni*、黑脸噪鹛 *Garrulax perspicillatus*、黄眉柳莺 *Phylloscopus inornatus*、黄腰柳莺 *P. proregulus*、大山雀 *Parus majo*、黄颊山雀 *Parus spilonotus*、红头长尾山雀 *Aegithalos conicuinnus*、叉尾太阳鸟 *Aethopyga christinae*、暗绿绣眼鸟 *Zosterops japonica* 和［树］麻雀 *Passer montanus*、金翅雀 *Carduelis sinica*、黑尾鹊嘴雀 *Eophona migratoria*、栗鹀 *Emberiza rutila*、黄胸鹀 *E. rutila*、黄眉鹀 *E. chrysophrys*、白眉鹀 *E. tristram* 等。

④哺乳类 主要有普通刺猬 *Erinaceus europaeus*、南狐、貉 *Nyctereutes procyonoides*、黄腹鼬 *Mustela kathiah*、黄鼬 *M. sibirica*、猪獾 *Arctonyx collaris*、鼬獾 *Melogale moschata*、狗獾 *Meles meles*、果子狸、红颊獴、华南兔、隐纹花松鼠 *Tamiops swinhoei*、银星竹鼠、中华竹鼠 *Rhizomys sinersis*、豪猪、社鼠 *Rattus confucianus*、野猪等。

3.2.2 兴宁铁山渡田河自然保护区

兴宁铁山渡田河自然保护区，是由兴宁市的铁山、渡田河及黄茅嶂3个市级自然保护区整合而成。1999年1月，兴宁市人民政府开始在1971年8月成立的兴宁县铁山林场筹建自然保护区；1999年底，兴宁市人民政府开始筹划在兴宁市渡田河建立自然保护区；2000年1月22日兴宁市人民政府兴府复［2000］9号文批准分别成立县级自然保护区。以上前两个县级自然保护区，于2000年3月20日，经梅州市人民政府梅州市府函［2000］6号文《关于同意建立阴那山等20个市级自然保护区的批复》，正式建立市级自然保护；1987年1月，经原兴宁县批准成立黄茅嶂县级自然保护区；1999年11月22日，梅州市人民政府梅州市府函［1999］132号文《关于同意建立梅州市黄茅嶂、皇佑笔市级自然保护区的复函》批准成立黄茅嶂市级自然保护区。（广东旅游出版社出版的《广东省自然保护区》（张金泉主编）中有详情介绍。）2004年8月2日，梅州市人民政府以梅州市府函［2004］53号文《关于申报广东铁山渡田河省级自然保护区的函》、2005年广东省人民政府以粤办函［2005］87号文，批准建立兴宁铁山渡田河省级自然保护区。主要保护对象为中亚热带常绿阔叶林生态系统、珍稀野生动植物及其栖息生境。

根据中华人民共和国国家标准《自然保护区类型与级别划分原则》（GB/T14529—93），兴宁铁山渡田河自然保护区属“自然生态系统类别”中的“森林生态系统类型”自然保护区。

3.2.2.1 自然条件

（1）位置范围 兴宁铁山渡田河自然保护区位于梅州市辖兴宁市北部。铁山嶂自然保护区地理坐标为东经115°42′03″~115°49′05″，北纬24°18′01″~24°27′30″，东与石马相连，南与龙北相接，西与合水为邻，北靠岗背；渡田河、黄茅嶂自然保护区地理坐标为东经115°28′30″~115°41′10″，北纬24°28′30″~24°37′30″，东和东北与江西省寻乌县接壤，南与罗浮镇相连，西和西南与龙川县相邻。保护区总面积17 826.7hm^2。

（2）地质基础

①构造 保护区在地质构造上，属兴梅拗陷构造单元，自侏罗纪末期，受燕山运动影响，上升为陆，并有广泛的岩浆侵入，使地体隆起，导致发生拗陷和断裂，于是形成大致呈北北西—南南东的长椭形兴宁盆地，而保护区为盆地的东、北边缘的山地、丘陵。

②岩浆岩 保护区内出露的岩浆岩主要是燕山第三期的黑云母花岗岩。在保护区东部和北部，岩浆岩大面积出露，岩浆岩体较大，常构成高峻的山地、丘陵，保护区除南部局部地方风化壳较厚外，其余均为结构紧密、抗蚀力强。

（3）地貌概况 保护区的地势大致北高南低，地貌主要有如下3种类型。

①丘陵地貌 保护区的地貌特征是以海拔500m以下，比高50~100m，丘陵最为发育，计有10 660hm^2，占保护区总面积的59.80%，主要分布于原铁山林场场部附近、渡田河及黄茅嶂北部区域和阳天嶂西南部区域，组成丘陵的岩石以花岗岩为主，地表起伏和缓。

②低山地貌 海拔500~800m的低山其次，计有5449.62hm^2，占保护区总面积的30.57%，主要分布于丘陵与中山之间。组成低山的岩石以花岗岩为主，砂页岩次之。地表起伏较大。

③中山地貌 海拔800m以上的中山，面积较小，计有1716.71hm^2，占保护区总面积的9.63%，主要分布于铁山、渡田河及黄茅嶂和阳天嶂，其中以阳天嶂为最高峰，海拔1017m，黄茅嶂次之，海拔957m，多由花岗岩、砂页岩组成，地表起伏大，坡度25°~45°，局部地段达60°。

（4）气候特点 保护区地处中亚热带南缘，属中亚热带湿润性季风气候区，其特点是：夏长、冬短，光照充足，雨量充沛，夏季高温多雨，冬季寒潮较多少雨。保护区具有山地气候特征，但受季风环流的影响显著，夏季受西南季风和东南季风的影响，多南风、东南风，气候暖湿，降水充沛；冬季受东北季风影响，多北风、西北风，气候干冷。

据保护区所在的兴宁市气象资料：多年平均气温20.75℃，最冷1月份平均气温11.8℃，极端最低气温-6.4℃，最热7月份平均气温28.5℃，极端最高气温38.3℃。年日照时数1723小时，无霜期268天。多年平均降水量1602mm，最大年降雨量达2019.1mm（1960年），最小年降雨量为965.6mm（1963年），降雨量主要集中在每年4~10月，雨热同季，其中夏季降雨量占全年降雨量的41.5%，春季占35%，秋季占16.3%，冬季占7.2%。

（5）水文特征 保护区属东江和韩江水系，区内渡田河及黄茅嶂片是东江支流渡田河和宁江支流罗岗河的发源地，信东河、信西河和罗浮河均从东北向西流入渡田河注入东江水系，而铁山片的溪流则流入宁江注入韩江水系。由于区内山高涧深，河流的河床比降大，水力资源丰富，已建有16个水电，总装机容量达5970kW。

水质良好，保护区的地表水水质，整体而言水质良好。尤其是分布着许多涌泉，泉水质量好，可直接饮用。

（6）土壤特征 保护区的地带性土壤为红壤，但由于受成土母质、山地气候、植被和地形等因素以及人类活动的影响，从山麓至山顶依次形成了垂直分布着。

①红壤 主要分布在海拔400m以下的丘陵地带，成土母质为花岗岩和砂页岩类风化坡积物和堆积物，土层较深厚，富铝化作用明显，土质较肥沃。

②山地黄红壤　是红壤与黄壤之间过渡性土壤，主要分布在海拔400～800m的低山、丘陵，成土母质以花岗岩的风化残积物为主，土层厚薄不一，呈酸性反应。森林植被保存良好，土壤肥力水平较高。

③山地黄壤　主要分布于海拔800m以上的中山山地，成土母质以花岗岩风化的坡积物、原积物，土壤呈微酸性反应。

④灌丛草甸土　是分布在灌丛草坡下的土壤，主要分布于保护区的山顶和山脊，土层浅薄，但腐殖质层较厚，土体质地较黏重，多呈酸性反应。

此外，尚有水稻土和旱地土等，但分布面积均不大。

3.2.2.2　功能分区

依据《广东兴宁拟建铁山渡田河省级自然保护区总体规划》① 将兴宁铁山渡田河自然保护区分为如下3个功能区。

（1）核心区　有如下3片，总面积6142 hm^2，占保护区总积的34.45%。

铁山片：位于保护区的东部区域。

渡田河及黄茅嶂片：位于渡田河及黄茅嶂西南区域。

阳天嶂片：位于渡田河及黄茅嶂东北部区域。

核心区内没有住户，其主要功能是：保护天然常绿阔叶林生态系统和珍稀野生动植物。将实行全封闭管理，除必需的科学研究人员经有关主管部门批准方可进出外，禁止任何人进入，严禁狩猎、采挖药材和砍伐林木。

（2）缓冲区　有3片，总面积5617.7hm^2，占保护区总积的31.51%。位于3片核心区的外围，其主要功能是对于保护核心区起缓冲作用，确保核心区的天然常绿阔叶林生态系统和珍稀野生动植物的良性循环。此区将实行半封闭式管理，除教学科研需要进入缓冲区的应当事先向自然保护区管理机构提交申请和和活动计划，经自然保护区管理机构批准，禁止开展旅游和生产经营活动。

（3）实验区　有4片，总面积6067hm^2，占保护区总积的34.03%。

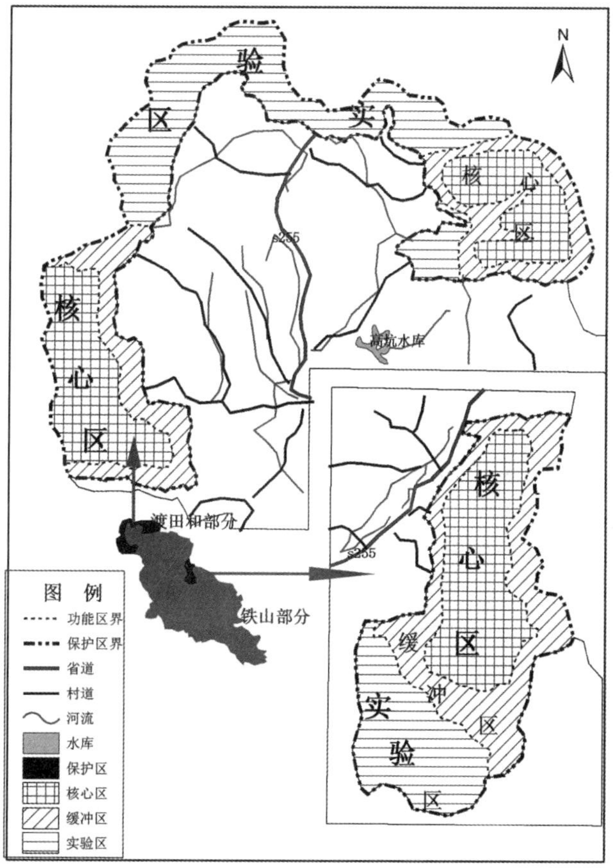

注：此图根据叶华谷等该保护区功能分区图修改清绘而成。

图3.2　兴宁铁山渡田河自然保护区功能分区示意图

铁山片：位于铁缓冲区西南部，即原铁山林场场部附近。

渡田河及黄茅嶂片：位于渡田河及黄茅嶂北部区域。

渡田河与阳天嶂片：位于渡田河与阳天嶂相连接部分区域。

阳天嶂片：位于阳天嶂西南部区域，即新南管理站西南部。

实验区的主要功能是开展各种科学实验，繁育珍稀濒危物种，驯养珍禽异兽，开展科普教育、生态旅游和教学实习等（图3.2）。

---

① 叶华谷等．广东省兴宁拟建铁山渡田河省级自然保护区总体规划．中国科学院华南植物研究所．2004.8.

3.2.2.3 植物区系特点

本保护区的植物区系，概括起来具有如下特点。

（1）植物物种较丰富　据调查统计①，该保护区拥有野生维管束植物 1134 种（包括种下分类单位，下同），隶属 603 属 190 科，占广东省野生维管束植物（5933 种）的 19.11%（叶华谷等，2005）。其中蕨类植物 98 种，隶属 55 属 31 科；裸子植物 6 种，隶属 5 属 5 科；被子植物 1030 种，隶属 543 属 154 科（表 3.6）。

表 3.6　兴宁铁山渡田河自然保护区野生维管束植物类群的组成

植物类群		科数	属数	种数
蕨类植物		31	55	98
裸子植物		5	5	6
被子植物	双子叶植物纲	131	411	806
	单子叶植物纲	23	132	224
合计		190	603	1134

此外，尚有栽培植物 57 种，隶属 35 属 21 科。其中裸子植物 3 种，隶属 2 属 2 科；被子植物 56 种，隶属 34 属 20 科（双子叶植物 43 种 27 属 16 科；单子叶植物 13 种 7 属 4 科）。

（2）地理成分较复杂

①蕨类植物的地理成分

A. 科的地理分布区类型　根据保护区 31 科的分布类型统计分析如下。

广布科　共有 12 科，占该区总科数的 38.71%。如石杉科、石松科、卷柏科、木贼科 Equisetaceae、紫萁科、铁线蕨科 Adiantaceae、蹄盖蕨科 Athyriaceae、铁角蕨科 Aspleniaceae、水龙骨科 Polypodiaceae、苹科、槐叶苹科、满江红科 Azollaceae。

热带、亚热带分布科　共有 10 科，占该区总科数的 52.63%（扣除广布分布 12 科，下同）。如中国蕨科 Sinopteridaceae、水蕨科 Parkeriaceae、骨碎补科 Dvalliaceae、莲座蕨科 Angiopteridaceae、碗蕨科 Dennstaedtiaceae、鳞始蕨科 Lindsaeaceae、海金沙科 Lygodiaceae、凤尾蕨科 Pteridaceae、金星蕨科 Thelypteridaceae、膜蕨科 Hymenophyllaceae 等。

泛热带分布科　共有 7 科，占该区总科数的 36.84%。如槲蕨科 Drynariaceae 以亚洲为主，其他为里白科 Gleicheniaceae、蚌壳蕨科 Dicksoniaceae、蕨科 Pteridiaceae、乌毛蕨科 Blechnaceae、肾蕨科 Nephrolepidaceae、实蕨科 Bolhitidacear 等。

热带至温带分布科　仅有瓶尔小草科 Ophioglossaceae 1 科，占总科数的 5.26%。

温带至亚热带高山地区分布科　仅有鳞毛蕨科 Dryopteridaceae 1 科，占总科数的 5.26%。

B. 属的地理分布区类型　根据保护区 55 属的分布类型统计分析如下。

广布属　共有 8 属，占总属数的 14.55%。如石杉属、石松属、卷柏属、铁线蕨属 *Adiantum*、铁角蕨属 *Asplenium*、苹属、槐叶苹属、满江红属等。

泛热带分布属　共有 4 属，占总属数的 8.51%（扣除广布分布 8 属，下同），如鳞始蕨属 *Lindsaea*、乌蕨属 *Sphenomeris*、蕨属 *Pteridium*、肾蕨属 *Nephrolepis* 等。

热带和亚热带分布属　共有 38 属，占总属数的 80.85%。其中热带至亚热带为主，如灯笼草属 *Palhinhaea*、瓶尔小草属 *Ophioglossum*、观音莲座属 *Anglopteris*、芒萁属 *Dicranopteris*、里白属 *Diplopterygium*、海金沙属 *Lygodium*、膜蕨属 *Hymenophyllum*、碗蕨属 *Dennstaedtia*、鳞盖蕨属 *Microlepia*、凤尾蕨属 *Pteris*、碎米蕨属 *Cheilosoria*、金粉蕨属 *Onychium*、水蕨属 *Ceratopteris*、短肠蕨属 *Allantodia*、假蹄盖

① 叶华谷等．广东兴宁铁山渡田河自然保护区科学考察报告．中国科学院华南植物研究所，中山大学生命科学院等．2004.7.

蕨属 *Athyriopsis*、毛蕨属 *Cyclosorus*、毛子蕨属 *Monomelangium*、针毛蕨属 *Macrothelyperis*、金星蕨属 *Parathelypteris*、卵果蕨属 *Phegopteris*、新月蕨属 *Pronephrium*、假毛蕨属 *Pseudocyclsorus*、阴石蕨属 *Humata*、线蕨属 *Colysis*、骨牌蕨属 *Lepidogrammitis*、石韦属 *Pyrrosia* 等。

以亚热带为主的属　与热带至亚热带分布的类型相当，热带亚洲分布的有5属，如复叶耳蕨属 *Arachniodes*、星蕨属 *Microsorium*、实蕨属 *Bolbitis*、骨牌蕨属 *Lepidogrammitis*、假瘤蕨属 *Phymatopteris* 等；热带亚洲—大洋洲分布2属，如乌毛蕨属 *Blechnum*、槲蕨属 *Drynaria*；热带亚洲至非洲分布的有2属，如瓦韦属 *Lepisorus*、盾蕨属 *Neolepisorus*；热带亚洲至热带美洲分布有1属，如单叶双盖蕨属 *Triblemma*；东亚分布有2属，如金毛狗属 *Cibotium*、菜蕨属 *Callipteris*。

温带、热带分布属　有2属，占总属数的4.55%。如紫萁属、狗脊属 *Woodwardia*。

温带分布属　有2属，占总属数的4.26%。如鳞毛蕨属 *Dryopteris*、耳蕨属 *Polystichum* 等。

寒、温带分布属　有1属，占总属数的2.13%，如木贼属 *Equisetum*。

②种子植物的地理成分

A. 科的地理分布区类型　按照《世界种子植物科的分布区类型系统》（吴征镒等，2003），保护区内种子植物159科的分布区类型统计分析，除旧世界温带分布、温带亚洲分布、地中海区和西亚至中亚分布、中亚分布及中国特有分布科尚未发外，其余10个分布区类型及变型均有分布。

＊1. 广布类型　计有45科，占总科数的28.30%。如毛茛科、睡莲科、金鱼藻科 Ceratophyllaceae、十字花科 Cruciferae、堇菜科 Violaceae、远志科 Polygalaceae、景天科 Crassulaceae、石竹科 Caryophyllaceae、马齿苋科 Portulacaceae（主产美洲）、蓼科 Polygonaceae、苋科 Amaranthaceae、酢浆草科 Oxalidaceae、千屈菜科 Lythraceae、柳叶菜科 Onagraceae、小二仙草科 Haloragidaceae、瑞香科 thymelaeaceae、蔷薇科 Rosaceae、蝶形花科 Papilionaceae、杨梅科 Myricaceae、榆科 Ulmaceae、桑科 Moraceae、鼠李科 Rhamnceawe、伞形科 Umbelliferae、木犀科、茜草科 Rubiaceae、败酱科 Valerianaceae、菊科、龙胆科 Gentianaceae、报春花科 Primulaceae、白花丹科 Plumbaginaceae、车前科 Plantaginaceae、桔梗科、半边莲科 Lobeliaceae、紫草科 Boraginaceae、茄科 Solanaceae、旋花科 Convolvulaceae、玄参科 Scrophulariaceae（主产温带）、狸藻科 Lentibulariaceae、唇形花科（主产地中海）、泽泻科 Alismataceae、眼子菜科、浮萍科、兰科、莎草科（主产温带及寒温带）、禾本科 Poaceae 等。

＊2. 泛热带分布类型　计53科，占总科数46.49%（扣除广布分布类型45科，下同）。如番荔枝科 Annonaceae、樟科 Lauraceae、青藤科 Illigeraceae、防已科、马兜铃科 Aristolochiaceae、胡椒科 Piperaceae、金粟兰科 Chloranthaceae、白花菜科 Capparidaceae、藜科 Chenopodiaceae、凤仙花科 Balsaminaceae、大风子科 Flacourtiaceae、天料木科 Samydaceae、西番莲科 Passifloraceae、葫芦科 Cucurbitaceae、秋海棠科 Begoniaceae、茶科、野牡丹科、藤黄科 Guttiferae、梧桐科 Sterculiaceae、金虎尾科 Malpighiaceae、锦葵科 Malvaceae、古柯科 Erythroxylaceae、粘木科、大戟科、含羞草科 Mimosaceae、荨麻科 Urticaceae、卫矛科、铁青树科 Olacaceae、檀香科 Santalaceae、蛇孤科 Balanophoraceae、葡萄科、芸香科 Rutaceae、楝科 Meliaceae、无患子科 Sapindaceae、漆树科 Anacardiaceae、柿科 Ebenaceae、山榄科 Sapotaceae、紫金牛科 Myrsinaceae、马钱科 Loganiaceae、夹竹桃科 Apocynaceae、萝摩科、紫葳科、爵床科 Acanthaceae、鸭跖草科、谷精草科 Eriocaulaceae、美人蕉科 Cannaceae、竹芋科 Marantaceae、雨久花科 Pontederiaceae、菝葜科、天南星科、薯蓣科、棕榈科、仙茅科等。

＊2－1 热带亚洲、大洋洲（至新西兰）和南美（或墨西哥）间断分布　有1科，占总种数0.88%。如山矾科 Smyplocaceae。

＊2－2 热带亚洲、非洲和南美洲间断分布　有4科，占总科数3.51%。如买麻藤科 Gnetaceae、椴树科 Tiliaceae、苏木科 Caesalpiniaceae、鸢尾科 Iridaceae。

＊2s 以南半球为主的泛热带分布　有7科，占总科数6.14%。如罗汉松科、粟米草科 Molluginaceae、商陆科 Phytolaccaceae、山龙眼科 Proteaceae、桃金娘科、桑寄生科 Loranthaceae、石蒜科 Amaryllidaceae 等。

＊3. 热带亚洲和热带美洲间断分布　有 10 科，占总科数 8. 77%。如木通科 Lardizabalacea、紫茉莉科 Nyctaginaceae、水东哥科、杜英科、冬青科 Aquifoliaceae、省沽油科 Staphyleaceae、五加科、安息香科、苦苣苔科 Gesneriaceae、马鞭草科 Verbenacea 等。

＊4. 旧世界热带分布　有 3 科，占总科数 2. 63%。如海桐花科、胡麻科 Pedaliaceae、芭蕉科 Musaceae。

＊4 – 1 热带亚洲、非洲和大洋洲间断　有 1 科，占总科数 0. 88%。如八角枫科 Alangiaceawe。

＊5. 热带亚洲至热带大洋洲分布　有 2 科，占总科数 1. 74%。如交让木科和姜科。

＊6. 热带亚洲至热带非洲分布　仅有 1 科，占总科数 0. 87%。如杜鹃花科 Ericaceae。

＊7. 热带亚洲（印度—马来西亚）分布　有 2 科，占总科数 1. 75%。如使君子科 Combretaceae、牛栓藤科 Connaraceae。

＊7 – 4 越南（或中南半岛）至华南（或西南）分布　仅有 1 科，占总科数 0. 88%。如清风藤科 Sabiaceae。

＊7 – 5 西马来，基本上在新华莱斯线以西　仅有 1 科，占总科数 0. 88%。如五列木科 Pentaphylacaceae。

＊8. 北温带分布　有 7 科，占总科数 6. 14%。如松科 Pinaceae、金丝桃科 Hypericaceae、越桔科 Vacciniaceae、忍冬科 Caprifoliaceae、列当科 Orobanchaceae、百合科 Liliaceae、延龄草科 Trilliaceae。

＊8 – 4 北温带和南温带（全温带）间断分布　有 14 科。占总科数 12. 28%。如红豆杉科 Taxaceae、杉科 Taxodiaceae、紫堇科 Fumariaceae、茅膏菜科 Droseraceae、绣球花科、金缕梅科、黄杨科 Buxaceae、杨柳科 Salicaceae、壳斗科 Fagaceae、胡颓子科 Elaeagnaceae（主产东亚）、槭树科 Aceraceae（主产东亚）、胡桃科 Juglandaceae、山茱萸科 Cornaceae、灯心草科 Juncaceae。

＊8 – 5 欧亚和南美洲温带间断分布　有 1 科，占总科数 0. 88%。如小檗科 Berberidaceae。

＊9. 东亚和北美洲间断分布　有 5 科，占总科数 4. 39%。如木兰科 Magnoliaceae、五味子科 Schisandraceae、三白草科 Saururaceae、鼠刺科 Escalloniaceae、珙桐科 Nyssaceae。

＊10. 旧世界温带分布　未见。

＊14. 东亚分布　有 1 科，占总科数 0. 88%。如猕猴桃科 Actinidiaceae。

从上所述可以看出，其中以泛热带分布类型有 66 科，占总科数的 57. 39%（扣广布分布 45 科，下同）；北温带分布类型有 22 科，占总科数的 19. 13%；热带亚洲和热带美洲间断分布类型有 10 科，占总科数的 8. 70%；其余分布区类型所含科数均在 4. 35% 以下，不占重要地位；特别是中国特有科等 5 科分布类型缺如，表明该自然保护区植物区系在科级水平上以泛热带分布成分为主，兼有一定数量的北温带成分。

B. 属的地理分布区类型 根据铁山渡田河自然保护区种子植物 548 属的分布类型，按照《中国种子植物属的分布区类型》（吴征镒，1991）统计分析，除地中海区、西亚至中亚分布、中亚分布区类型及其变型尚未发现外，其他 13 个分布区类型及变型均有分布（表 3. 7）。

表 3. 7　兴宁铁山渡田河自然保护区种子植物属的分布区类型

分布区类型及变型	属数	占总属数（%）
1. 广布分布	50	扣除
2. 泛热带分布	143	28. 71
2 – 1 热带亚洲、大洋洲和南美洲间断分布	7	1. 41
2 – 2 热带亚洲、非洲和南美洲间断分布	9	1. 81
3. 热带亚洲和热带美洲间断分布	13	2. 61
4. 旧世界热带分布	44	8. 84
4 – 1 热带亚洲、非洲和大洋洲间断分布	4	0. 80

（续）

分布区类型及变型	属数	占总属数（%）
5. 热带亚洲至热带大洋洲分布	29	5.82
5－1 中国（西南）亚热带和新西兰间断分布	0	0
6. 热带亚洲至热带非洲分布	24	4.82
6－1 华南、西南到印度和热带非洲间断	0	0
6－2 热带亚洲和东非间断	1	0.20
7. 热带亚洲（印度—马来西亚）分布	65	13.05
7－1 爪哇、喜马拉雅和华南、西南星散分布	7	1.41
7－2 热带印度至华南分布	3	0.60
7－3 缅甸、泰国至华西南分布	1	0.20
7－4 越南（或中南半岛）至华南（或西南）分布	4	0.80
8. 北温带分布	43	8.63
8－1 环极分布	0	0
8－2 北极高山分布	0	0
8－3 北极—阿尔泰和北美洲间断分布	0	0
8－4 北温带和南温带（全温带）间断分布	11	2.21
8－5 欧亚和南美洲温带间断分布	0	0
8－6 地中海区、东亚、新西兰和墨西哥到智利间断	0	0
9. 东亚和北美洲间断分布	36	7.23
9－1 东亚和墨西哥间断	0	0
10. 旧世界温带分布	8	1.61
10－1 地中海区、西亚和东亚间断分布	2	0.40
10－2 地中海和喜马拉雅间断分布	0	0
10－3 欧亚和南非洲（有时也在大洋洲）间断	1	0.20
11. 温带亚洲分布	2	0.40
12. 地中海区、西亚至中亚分布	0	0
12－1 地中海区至中亚和南非洲、大洋洲间断	0	0
12－2 地中海区至中亚和墨西哥间断	0	0
12－3 地中海区至温带、热带亚洲，大洋洲和南美洲间断	0	0
12－4 地中海区至热带非洲和喜马拉雅间断	0	0
12－5 地中海区—北非洲、中亚、北美西南部，智利和大洋洲（泛地中海）间断分布	0	0
13. 中亚分布	0	0
13－1 中亚东部（亚洲中部）	0	0
13－2 中亚至喜马拉雅	0	0
13－3 西亚至喜马拉雅和西藏	0	0
12－4 地中海区至热带非洲和喜马拉雅间断	0	0
14. 东亚分布	37	7.43
14－1 中国—喜马拉雅（SH）	0	0
14－2 中国—日本（SJ）	0	0
15. 中国特有分布	4	0.80
合计	548	100.00

从表3.7可以看出，该保护区属的地理成分是以热带成分占优势，各类热带成分（2～7）共有354属，占总属数（扣除广布分布50属，以下同）的71.08%。温带成分（8～12）共有103属，占总属数的20.68%。东亚分布有37属，占总属数的7.43%。中国特有分布的4属，占0.80%，分别是杉木属 *Cunninghamia*、观光木属 *Tsoongiodendron*、石笔木 *Tutcheria*、半枫荷属 *semiliquidambar* 等。因此，在种子植物属级分布区类型水平上，以泛热带、热带亚洲的分布区类型为主，同时兼有一定数量的东亚分布和温带分布成分，这些特征与保护区所处地理位置相一致。

3.2.2.4　植被类型

据调查，保护区内的植被类型多样，主要有如下8种类型。

（1）针叶林　在保护区内有如下2个群系。

①马尾松林（Form *Pinus massonian*）　主要分布于铁岭、阳天嶂等山地和丘陵区域。成土母岩有花岗岩、砂岩、页岩和片麻岩等。土壤为红壤、山地黄红壤和山地黄壤。其外貌比较整齐，结构比较简单。乔木层，由单一的马尾松组成，或以马尾松为主并混生少量阔叶树，其高度和郁闭度因林龄不同而异。天然的马尾松林中，林木的大小不一，分布蔬密不同，并混生有少量的枫香树 *Liquidambar formosana*、木荷 *Schima superba*、山乌桕 *Sapium discolor* 等；人工栽培的马尾松林多为纯林，林木分布均匀，高矮大小比较一致，林下灌木因立地条件和郁闭度的不同而有一些差异，林下草本植物主要有蕨类和禾本科的植物等组成。

马尾松、桃金娘、芒萁林，在保护区较少见。而马尾松、檵木、芒萁林分布较普遍，多分布在海拔50～250m丘陵。

乔木层：由单一的马尾松组成，覆盖度为40%～50%。

灌木层：有檵木、映山红 *Rhododendron simiarum*、华山矾 *Symplocos chinensis*、油柿、石斑木 *Raphiolepis indica*、桃金娘、野牡丹黑面神 *Breynia fruticosa*、山芝麻 *Helicteres angustifolia*、岗松等。

草本层：有芒萁、细毛鸭嘴草 *Ischaemum indicum*、淡竹叶 *Lophathenum gracile*、鹧鸪草 *Eriachne pallescens*、五节芒 *Miscarthus floridulus*、刺子莞 *Rhynchospora rubra*、夏飘拂草 *Fimbristylis aestivalis* 等。

马尾松林是由常绿阔叶林破坏后而形成的次生林，或人工林。它是一种不稳定的植被类型，在自然发展过程中随着阔叶树的不断侵入，将会通过针、阔混交林阶段而恢复成为常绿阔叶林。

②杉木林（Form *Cunninghamia lanceolata*）　主要分布于渡田河和铁山，多为人工栽培，少数呈半自然林。林相整齐，结构简单。

乔木层：由单一的杉木组成，树高9～13m，胸径8～18cm，郁闭度为0.6～0.75。

灌木层：高度1～2.5m，常见的有鲫鱼胆 *Maesa perlarius*、山胡椒 *Lindera glauca*、乌药 *L. aggregata*、朱砂根 *Ardisia crenata*、华山矾、美丽胡枝子 *Lespedeza formosa* 等。

草本层：常见的有芒萁、狗脊 *Woodwardia japonica*、乌毛蕨 *Blechnum orientale*、五节芒、黑莎草 *Gahnia tristis*、珍珠茅 *Scleria levis*、蔓生莠竹 *Microstegium gratum* 等。

（2）常绿阔叶林　是以常绿阔叶树为建群种所组成的森林群落。它是中亚热带地带性的典型植被类型，在保护区内占主导地位，计有如下3个群系。

①窄叶蕈树、软荚红豆林（Form *Altingia siamensis* var. *angustifolia*，*Ormosia semicastrata*）

主要分布于铁山、黄茅嶂和渡田河旧寨里乌鬼山背的海拔400～800m的低山坡地，成土母岩多为花岗岩和砂页岩，土壤为山地黄红壤和山地黄壤，有机质含量较高，土层深厚。

乔木层：在面积8个10m×10m中，共有乔木种类50种180株，平均高度10.5～14.5m，平均胸径25cm，郁闭度一般为0.7～0.9，除窄叶蕈树51株、软荚红豆39株外。还有吊皮锥 *Castanopsis kawakamii* 16株，鹿角锥 *C. lamontii* 10株，米槠 *C. carlesii* 4株，桃叶石楠 *Photinia prunifolia* 12株，木荷11株，山杜英 *Elaeocarpus sylvestris* 10株，厚皮香 *Ternstroemia gymnathera* 5株，木姜叶柯 *Lithocarpus litseifolius* 和多花山竹子 *Garcinia multiflora* 各3株，木姜叶青冈 *Cyclobalamopsis litseoides*、香冬青 *Ilex suaveolens*、粘木各2株，华南木姜子 *Litsea greenmaniana*、白桂木 *Artocarpus hypargyreus*、鼠刺 *Itea chinensis*、猴欢喜 *Sloanea sinensis* 等。

灌木层：一般高度1～2.5m，覆盖度23%～38%，常见的有狗骨柴 *Tricalysis dubia*、华南毛柃 *Eurya ciliata*、米碎花 *E. chinensis*、粗叶榕 *Ficus hirta*、铁冬青 *Ilex rotunda*、毛冬青 *I. pubescens*、梅叶冬青 *I. asprella*、九节 *Psychotria rubra*、朱砂根、杜茎山 *Maesa japonica*、山胡椒、红淡比 *Cleyera japonica*、红背叶山麻杆 *Alchornea trewioides*、栀子 *Gardenia jasminodes* 光叶山矾 *Symplocos lancifolia*、野牡丹、酸味子 *Antidesma japonica*、乌药、幌伞风 *Heteropanax fragrans* 等。

草本层：比较稀疏，覆盖度约10%，常见的有芒萁、狗脊、扇叶铁线蕨 *Adiantum flabellulatum*、高杆珍珠茅 *Scleria terrestris*、珍珠茅 *S. levis*、五节芒、山姜 *Alpinia japonica*、山菅兰 *Dianella ensifolia*、黑莎草和淡竹叶等。

层间藤本植物：有香花崖豆藤 *Millettia dielsiana*、小叶买麻藤 *Gnetum parvifolium*、薯茛 *Dioscorea cirrhosa*、玉叶金花 *Mussaenda pubescens* 等。

②鹅掌柴、猴耳环林（Form *Schefflera heptophylla*，*Archidendron clypearia*） 主要分布于渡田河、铁山等海拔250～500m的丘陵地带，外貌常绿，结构复杂，在3个10m×10m面积中。

乔木层：高度12～15m，胸径10～25cm，除建群种鹅掌柴18株、猴耳环17株外，还有水东哥、吊皮锥各9株，木荷8株，鹿角锥6株，山杜英5株，黄杞 *Engelhardtia roxburghiana*、红鳞蒲挑 *Syzygium hancei*、米槠各4株，假苹婆 *Sterculia lanceolata*、华润楠 *Machiluschinensis* 各3株，绒毛润楠 *M. velutina* 2株。其他常见的还有罗浮柿、翻白叶树 *Pterospermum heterophyllum*、虎皮楠 *Dapyniphyllum oldhamii*、腺叶桂樱 *Laurocerasus phaeosticta*、黄檀 *Dalbergia hupeana*、二色波罗蜜 *Artocarpus styracifolia* 等。

灌木层：有粗叶木 *Lasianthus chinensis*、罗伞树 *Ardisia quinquegona*、朱砂根、柏拉木 *Blastus cochinchinensis*、异色山黄麻 *Trema orientalis*、云实 *Caesalpinia crista*、石斑木、水同木 *Ficus fistulosa* 等。

草本层：有乌毛蕨 *Blechnum orientale*、华南毛蕨 *Cyclosorus parasiticus*、芒 *Miscanthus sinensis*、淡竹叶等。

③罗浮栲、红锥林（Form *Castanopsis fabri*，*Castanopsis hystrix*） 主要分布于海拔800m以上的中山山地，在3个10m×10m面积中。

乔木层：平均高度约8.45m，平均胸径9.55cm，郁闭度0.95。除建群种罗浮栲19株、红锥16株外，还有南岭栲 *Castanopsis fordii*、华润楠、黄杞各9株，黧蒴8株，山杜英7株，木荷6株，黄樟 *Cinnamomum porrectum*、桃叶石楠各5株，米槠、罗浮柿各4株，厚壳桂、蕈树 *Altingia chinensis*、楝叶吴茱萸 *Evodia glabrifolia*、甜槠 *Castanopsis eyrei*、厚斗柯 *Lithocarpus elizabethae* 各3株，两广梭罗 *Reevesia thyrsoidea* 2株。其他常见的还有多花山竹子、小果山龙眼 *Helicia cochinchinensis*、油茶等。

灌木层：常见的有罗伞树、草珊瑚 *Sarcandra glabra*、细齿叶柃 *Eurya nitida*、桃金娘、野牡丹、黄牛木 *Cratoxylon cochinchinende* 等。

草本层：常见有乌毛蕨、芒萁、芒、蔓生莠竹、棕叶狗尾草 *Setaria palmifolia*、珍珠茅、狗脊等。

（3）常绿、落叶阔叶林 是以常绿阔叶树与落叶阔叶树为建群种所组成的森林群落。它是亚热带常绿阔叶林与温带落叶阔叶林之间的过渡植被类型，在保护区内居次要地位，计有如下2个群系。

①山杜英、赤杨叶林（Form *Elaeocarpus sylvestris*，*Alniphyllum fortunei*） 主要分布于渡田河浮糖的海拔20～300m低坡或山谷处，成土母岩为砂岩、页岩和花岗岩等，土壤为红壤，土层厚薄不一。

乔木层：郁闭度0.75～0.85，平均高度13m，平均胸径19cm。除常绿山杜英18株、落叶赤杨叶19株建群种外，还有常绿的米槠10株，木荷9株，铁冬青 *Ilex rotunda*8株，香叶树 *Lindera cammunis*、罗浮栲各6株，绒毛润楠5株，黄樟4株，短序润楠 *Machilus breviflora*、虎皮楠 *Dapyniphyllum oldhamii* 各2株，榕叶冬青 *Ilex ficoides*、华南青皮木 *Schoepfia chinensis* 等。落叶的有山乌桕8株，罗浮柿5株，枫香树、青榨槭 *Acer davidii* 各4株，油桐 *Vernicia fordii*、油柿、山香圆 *Turpinia arguta* 各3株。

灌木层：覆盖度25%～35%，常见的有黑柃 *Eurya macartneyi*、米碎花、映山红、白花鬼灯笼

Clerodendrum fortunatum、粗叶榕、台湾榕 *Ficus formosana*、毛冬青、鲫鱼胆、油茶、九节、铁冬青等。

草本层：常见的有狗脊、乌毛蕨、深绿卷柏 *Selaginella delicatula*、草珊瑚、黑莎草、淡竹叶等。

层间藤本植物：有红花青藤 *Illigera rhodantha*、香花崖豆藤、大叶千斤拔 *Flemingia macrophylla*、南五味子 *Kadsura longipedunculata*、龙须藤 *Bauhinia championii*、白花酸藤果 *Embelia ribes* 等。

②木荷、枫香树林（Form *Schima superba*，*Liquidambar formosana*）　主要分布于铁岭海拔 300m 的丘陵中下部，成土母岩为砂页岩，土壤为红壤，较深厚肥沃，它是 3～6 年生的萌生林，郁闭度 0.5～0.85。

乔木层：高度 6～12m，胸径 6～12m，常绿乔木大部分是原有乔木砍伐后萌生的，常绿的有木荷、华润楠、鼠刺、交让木 *Daphniphyllum macropodium*、桃叶石楠等。落叶乔木的株数占 35%～45%，大部分是森林破坏后新侵入的阳性树种，如枫香树、赤杨叶、油桐、栓叶安息香 *Styrax suberifolius*、白花笼 *S. faberi*、油柿、野漆树 *Toxicodendron sylvestris*、盐肤木 *Rhus chinensis*、枳椇 *Hovenia acerb* 等。

灌木层：覆盖度约 25%，常见的有米碎花、梅叶冬青、胡枝子 *Lespedeza bicolor*、鲫鱼胆、梅叶冬青、毛冬青、白花悬钩子 *Rubus leucanthus*、锈毛莓 *R . reflexus*、石斑木、华南云实 *Caesalpinia crista*、大青 *Clerodendrum cyrtophyllum* 等。

草本层：覆盖度约 50%～75%，常见的有芒萁、中华里白 *Diplopterygium chinensis*、乌毛蕨、狗脊、芒、蔓生莠竹、棕叶芦 *Thysanolaema maxima* 等。

层间藤本植物：常见的有海金沙 *Lygyodium japonicum*、扭肚藤 *Jasminum elngatum*、大茶药、卫矛叶、链珠藤 *Alyxia odorata*、娃儿藤 *Tylophora ovata*、华南忍冬 *Lonicera confusa*、鸡矢藤等。

（4）针阔叶混交林　是以暖性针叶树与阔叶树为建群种所组成的森林群落。在保护区内仅有 2 个群系。

①马尾松、木荷林（Form *Pinus massoniana*，*Schima superba*）　主要分布于铁岭、阳天嶂和黄茅嶂的海拔 300～500m 的丘陵地带，成土母岩为花岗岩或砂页岩，土穰为红壤。是由常绿阔叶林破坏后而形成的次生林类型，乔木层，高度 4～7m，胸径 8～13cm，除马尾松、木荷建群种外，还有枫香树、鹅掌柴、赤杨叶、栓叶安息香、甜槠、米槠、杨桐 *Adinandra millettii*、山乌桕、窄叶覃树等。

灌木层：有常见的有细齿柃、油柿、南烛 *Lyonia ovalifolia*、桃金娘、光叶山矾、胡枝子、狗骨柴等。

草本层：有芒萁、中华里白、芒、五节芒、珍珠茅等。

②杉木、山杜英林（Form*Cunninghamia lanceolata*，*Elaeocarpus sylvestris*）　主要分布于铁岭、阳天嶂和黄茅嶂的海拔 400～800m 的低山地带，成土母岩为花岗岩或砂页岩，土壤为山地黄红壤。它是由常绿阔叶林破坏后而形成的次生林类型。

乔木层：高度 4～7m，胸径 8～13cm，除杉木、山杜英建群种外，还有木荷、枫香树、赤杨叶、栓叶安息香、甜槠、米槠、杨桐、山乌桕等。

灌木层：有常见的有细齿柃、油柿、南烛、桃金娘、光叶山矾、胡枝子等。

草本层：有芒萁、芒、五节芒等。

（5）山顶常绿阔叶矮林　主要分布于阳天嶂、黄茅嶂等地的海拔 800～1000m 中山山地的山顶和山脊，由于常风大，土层浅薄，故形成矮林，仅有 1 个群系。

短序润楠、杨桐、红淡比林（Form *Machilus breviflora*，*Adinandra millettii*，*Cleyera japonica*）　主要分布于上述山地的山顶和山脊，郁闭度 0.8～0.9。

乔木层：高度 3.5～8m，胸径 3～12cm。在 3 个 10m×10m 内共有 16 种 132 株，除短序润楠 25 株、杨桐 19 株、红淡比 26 株建群种外，还有红枝柴 *Meliosma oldhamii*10 株，油茶 11 株，枫香树 8 株，马尾松 9 株，樟叶泡花树 *Meliosma squamulata*、长花厚壳树 *Ehretia longiflora* 各 6 株，山乌桕、木荷各 5 株等。

灌木层：高度 2～2.6m，主要有中华绣线菊 *Spiraea chinensis*、古柯 *Erythroxylum kunthianum*、映山

红、美丽胡枝子、油茶、乌饭树等组成。

草本层：常见的有蕨 *Pteridium aquilinum* var. *latiusculentum*、野菊 *Dendranthema indicum*、剑叶耳草 *Hedyotia caudatifolia*、芒、淡竹叶等。

（6）灌草丛　主要分布于阳天嶂和黄茅嶂海拔800～1000m的山顶，常呈块状，灌木层高约3m，覆盖度约85%。主要由红淡比、杨桐、微毛柃 *Eurya hebeclados* 组成，并杂生有少量的岗柃 *Eurya grofii*、杜鹃 *Rhododendron* spp.、广东蒲挑 *Syzygium kwangtungense*、黄荆 *Vitex negundo*、檵木和香叶树等。灌丛下的草本植物比较稀疏，常见的有芒、变异鳞毛蕨 *Dryopteris varia*、卷柏 *selaginella tamariscina*、铺地黍 *Panicum repens*、珍珠茅、山麦冬 *Liriope spicata*、丝茅等。

（7）稀树草坡　主要分布于低山、丘陵或海拔800m以上的中山。由芒萁、丝茅或多年生禾草组成，并常散生有常绿灌木或马尾松等。

（8）栽培植被　主要分布于原铁山林场场部附近等地。

①经济林型　茶园（Form *Camellia sinensis*）约100hm^2 和油茶林（Form *Camellia oleifera*）等。

②果木林型　有沙田柚 *Citrus grandia* '*Shatian－you*'、柑橘 *C. reticulata*、桃 *amygdalus persica*、李 *Prunus salicina*、梨 *P. pyrifolia* 等，面积约150 hm^2。

3.2.2.5 野生植物资源

（1）珍稀濒危保护植物繁多　根据1984年国家环境保护委员会公布的《中国珍稀濒危保护植物名录》和1999年国务院批准公布的《国家重点保护野生植物名录（第一批）》所列种类统计，保护区内共有国家重点保护野生植物15科15属16种。其中蕨类植物2科2属2种，裸子植物1科1属1种，被子植物12科12属13种，国家Ⅱ级重点保护野生植物9种，国家Ⅲ级重点保护野生植物6种，省级重点保护野生植物1种（表3.8）。

表3.8　兴宁铁山渡田河自然保护区的保护植物

序号	种名	科名	IUCN濒危等级	保护级别
1	金毛狗 *Cibotium barometz*	蚌壳蕨科 Dicksoniaceae	渐危	Ⅱ
2	水蕨 *Ceratopteris thalictroides*	水蕨科 Parkeriaceae	濒危	Ⅱ
3	樟树 *Cinnamomum camphora*	樟科 Lauraceae	渐危	Ⅱ
4	观光木 *Tsoobgiodendron odorum*	木兰科 Magnoliaceae	稀有	Ⅱ
5	野茶树 *Camellia sinensis* var. *assamica*	山茶科 Theaceae	稀有	Ⅱ
6	土沉香 *Aquilaria sinensis*	瑞香科 Thymelaeaceae	渐危	Ⅱ
7	花榈木 *Ormosia henryi*	蝶形花科 Papilionaceae	渐危	Ⅱ
8	半枫荷 *Semiliquidambar cathayensis*	金缕梅科 Hamamelidaceae	渐危	Ⅱ
9	喜树 *Camptotheca acuminata*	珙桐科 Nyssaceae	渐危	Ⅱ
10	穗花杉 *Amentotaxus argotaenia*	红豆杉科 Taxaceae	渐危	Ⅲ
11	吊皮锥 *Castanopsis kawakamii*	壳斗科 Fegaceae	渐危	Ⅲ
12	沉水樟 *Cinnamomum micranthum*	樟科 Lauraceae	渐危	Ⅲ
13	白桂木 *Artocarpus hypargyreus*	桑科 Moraceae	渐危	Ⅲ
14	粘木 *Ixonanthes chinensis*	粘木科 Ixonanthaceae	渐危	Ⅲ
15	巴戟 *Morinda officinalis*	茜草科 Rubiaceae	稀有	Ⅲ
16	石梓 *Gmelina chinensis*	马鞭草科 Verbenaceae		省级

注：兰科植物11属14种，即竹叶兰 *Arundina graminfolia*、广东石豆兰 *Bulbophyllum kwangtungense*、虾脊兰 *Calanthe discolor*、流苏贝母兰 *Coelogyne fimbriata*、建兰 *Cymbidium ensifolium*、多花兰 *C. floribundum*、墨兰 *Cymbidium sinense*、高斑叶兰 *Goodyera procera*、橙黄玉凤兰 *Habenaria rhodocheila*、镰翅羊耳蒜 *Liparis bootanensis*、扇唇羊耳蒜 *L. stricklandiana*、鹤顶兰 *Phaius tankervillia*、石仙桃 *Pholidota chinensis*、綬草 *Spiranthes sinensis*，全部为《濒危野生动植物种国际贸易公约》附录Ⅱ物种。

（2）经济植物多样　在铁山渡田河自然保护区内蕴藏着多种多样的经济植物资源。根据调查统计，保护区内有维管束植物1134种。

①药用植物　有798种，占保护区维管束植物总数的70.37%。其中抗癌药用植物有狗肝菜 *Dicliptera chinensis* 等；清热解毒药用植物有华南忍冬 *Lonicera confusa*、地胆草 *Elephantopus scaber* 等；清热凉血的药用植物有丝茅 *Imperata koenigii*、葛、马鞭草 *Verbena officinalis*、茅莓 *Rubus parvifolius*、铁冬青等；清热利尿的药用植物有淡竹叶、车前、海金沙等；清热利湿的药用植物有栀子 *Gardenia jasminoides*、岗松、乌蔹莓 *Cayratia japonica*、酢浆草 *Oxalis corniculata*、算盘子 *Glochidion puberum* 等；祛风湿的药用植物有狗脊、苍耳 *Xanthium sibiricum*、山苍子 *Litsea cubeba*、菝葜 *Smilax china* 等；平肝清热的药用植物有钩藤 *Uncaria scandens* 等；跌打损伤、止血肿痛的药用植物有积雪草 *Centella asiatica*、大茶药、鲫鱼胆 *Maesa perlarius*、苎麻 *Boehmeria nivea*、薯莨、一点红 *Emilia sonchifolia* 等；壮阳药的药用植物有金樱子 *Rosa laevigata*；温补的药用植物有巴戟等；活血祛瘀的药用植物黑老虎 *Kadsura coccinea*、两面针；补血药的药用植物有香花崖豆藤、桃金娘、酸藤子等；除湿化滞的药用植物有水蓼 *Polygonum hydropiper*；民间常用草药或凉茶有梅叶冬青、鸡矢藤、草珊瑚、车前、韩信草等。

②用材植物　有139种，占总种数的12.26%。其中一类用材有樟树、红锥等；二类用材有黄樟 *Cinnamomum porrectum*、柯 *Lithocarpus glaber*；三类用材有蕈树 *Altingia chinensis*、褐毛四照花 *Dendeobenthamia ferrunginea* 等；四类用材有日本杜英 *aaelaeocarpus japonicus* 等；五类用材有鼠刺、猴欢喜 *Sloanea sinensis* 等。可作军工用材的有黄杞、罗浮槭 *Acer fabria* 等；可作船舶用材的有天料木 *Homalium cochinchinense*、嘉赐树 *Casearia glometata* 等；可作胶合板用材的有赤杨叶、猴耳环 *Archidendron clypearia*、亮叶猴耳环 *A. lucidum* 等；可作房屋建筑的有米槠、杉木等；可作纺织用材有木荷、石斑木等；可作乐器用材的有山乌桕、鹅掌柴等；造纸用材的有山矾9种、安息香4种等。

③观赏植物 有151种，占该保护区植物总数的13.32%。其中，园林植物如深山含笑 *Michelia maudiae*、黄樟、阴香 *Cinnamomum burmanii*、木荷、山杜英、假苹婆、五月茶 *Anyidesma bunius*、白背叶 *Mallotus apelta*、枫香树、朴树 *Celtis tetrancra*、苦楝 *Melia azedarach* 等；野生灌木花卉有多种野牡丹、多种杜鹃、吊钟花 *Enkianthus quinqueflorus*、桃金娘、虎舌红 *Ardisia mamillata* 等；草本景观植物，主要有青葙 *Celosia argentea*、建兰、多花兰、墨兰等；果木类植物有铁冬青等；藤本景观植物有白花油麻藤 *Mucuna birdwoodiana*、小叶买麻藤 *Gnetum parvifolium*、罗浮买麻藤 *G. lofuense*、金樱子、香花崖豆藤、玉叶金花 *Mussaenda pubescens*、小叶红叶藤 *Rourea microphylla*、多种菝葜等。

④纤维植物　有45种，占总数的3.97%。如罗浮买麻藤、小叶买麻藤、构树 *Broussonetia papyrifera*、朴树 *Celtis sinesiss*、光叶山黄麻 *Trema cannabina*、苎麻 *Boehmria nivea*、山芝麻 *Helicteres angustifolia*、小叶红叶藤、葛、大血藤 *Sargentodoxa cuneata*、白背叶 *Mallotus apelta*、地桃花 *Urena lobata*、长柱瑞香 *Daphne championi*、了哥王、白楸、粗糠柴 *Mallotus philippensis*、胡颓子 *Elaeagnus pungens*、小蜡 *Ligustrum sinense*、钩藤、青江藤 *Celastrus hindsii*、毛刺蒴麻 *Triumfetta cana*、黄葵 *Abelmoschus moschatus*、棕榈 *Trachycarpus fortunei*、灯心草 *Juncus effusus*、黑莎草、毛竹、丝茅、芒、五节芒等

⑤野生水果植物　有65种，占总种数的5.73%。其中浆果类有京梨猕猴桃 *Actinidia callosa*、毛花猕猴桃 *A. eriantha*、小叶猕猴桃 *A. lanceolata*、阔叶猕猴桃 *A. latifolia*、桃金娘等；仁果类有金樱子、银果胡颓子 *Elaeagnus magna* 等；柑果类有金橘 *Fortunella japonica*、山小橘 *Glycosmis parviflora* 等；此外还有杨梅 *Myrica rubra*、多花山竹子 *Garcinia multiflora*、余甘子 *Phyllanthus embalica*、白花悬钩子 *Rubus leucanthus*、茅莓 *R. parvifolius*、空心泡 *R. rosaefolius*、高粱泡 *R. lambertianus*、白桂木、桑 *Morus alba*、水东哥 *Saurauia tristyla*、二色波罗蜜 *Artocarpus styracifolia*、枳椇、罗浮油柿等。

⑥油脂植物　有50种，占总种数的4.41%。主要有杉木、樟树、香叶树、檫木 *Sassafras tsumu*、石笔木 *Tutcheria cgampionii*、楝叶吴茱萸 *Evodia meliaefolia*、假苹婆、余甘子、光叶山黄麻、三脉野木瓜 *Stauntonia trinervia*、多花山竹子、牛耳枫 *Daphniphyllum calycinum*、虎皮楠 *D. oldhamii*、构树、赛山梅 *Styrax confusus*、苦楝、毛果巴豆 *Croton lachnocarpus*、白背叶、油茶、算盘子 *Glochidion puberum*、油

桐 *Vernicia fordii*、木油桐 *V. montana*、野漆树 *Toxicodendron sylvestris*、盐肤木 *Rhus chinensis*、山乌桕、铁冬青、南酸枣 *Choerospondias axillaris*、苍耳、黑莎草等。

⑦芳香植物 有43种，占总种数的3.79。主要有山苍子 *Litsea cubeba*、马尾松、杉木、瓜馥木 *Fissistigma oldhamii*、樟树、黄樟、香叶树、岗松、枫香树、栀子、草珊瑚、黄荆、黄花蒿 *Artemisia annua* 和香附子 *Cyperus rotundus* 等。

⑧淀粉植物 有35种，占总种数的3.09%。主要有狗脊、葛、蕨、福建观音座莲 *Angiopteris fokiensis*、金毛狗、槲蕨 *Drynaria fortunei*、壳斗科22种植物、杨梅、金樱子、南酸枣、薜荔 *Ficus pumila*、土茯苓 *Smilax glabra*、毛花猕猴桃、小叶猕猴桃、阔叶猕猴桃、稗 *Echinochloa crusgalli* 等。

⑨保健饮料植物 有21种，占总种数的1.85%。主要有绞股蓝 *Gynostemma pentaphyllum*、杨梅、桃金娘、金樱子、南酸枣、油柿、毛花猕猴桃、小叶猕猴桃、阔叶猕猴桃、多花山竹子、高粱泡、茅莓、毛葡萄 *Vitis heyneana*、银果胡颓子等。

⑩蜜源植物 有33种，占总种数的2.91%。主要有山乌桕、鹅掌柴、黄牛奶树、白花泡桐 *Paulownia fortunei*、胡枝子 *Lespedeza bicolor*、冬青属10种和杜鹃花属 *Rhododendron* 5种等。

此外，有染料植物13种，占总种数的1.15%，如薯莨和栀子等；有毒植物有11种，占总种数的0.97%，如羊角拗、大茶药、海芋、油桐、八角枫 *Alangium chinensis*、苍耳等。

3.2.2.6 野生动物资源

（1）动物物种较丰富 由于该保护区的生态环境复杂，森林茂密，孕育了丰富的动物种类。据调查统计，该保护区拥有脊椎动物224种，分隶85科30目。

①鱼类 有60种，分隶18科5目，占该区脊椎动物总种数的26.79%。其中鲤形目（CYPRINIFORMES）有4科37种，占该区鱼类总种数的61.67%；鲈形目（PERCIFOMES）7科13种，占总种数的21.67%；鲶形目（SILURIFORMES）4科7种，占总种数的11.87%；鳉形目（CYORINODONTIFORMES）2科2种，占总种数的3.33%；合鳃鱼目（SYNBRANCHIFORMES）1科1种，占总种数的1.67%。

铁山渡田河自然保护区的鱼类中，主要分布于南亚或东南亚的科有鲶科 Siluridae、鰕虎鱼科 Gobiidae、合鳃鱼科 Synbranchidae、塘鳢科 Eleotridae、刺鳅科 Mastacembedae，计8种。集中分布于南亚或东南亚的一些科如腹吸鳅科 Gastromyzonidae、平鳅鱼科 Homalopteridae、胡子鲶科 Clariidae 等，计8种。

②两栖类 有17种，分隶7科2目，占该区脊椎动物总种数的7.59%。无尾目（SALIENTIA）有6科16种，占该区两栖类总种数的94.12%，其中蟾蜍科 Bufonidae 1种，雨蛙科 Hylidae 1种，树蛙科 Rhacophoridae 2种，姬蛙科 Microhylidae 4种、蛙科 Ranidae 8种。有尾目（CAUDATA）只有蝾螈科 Salamandridae 1科1种，占总种数的5.88%。

区系成分属东洋界物种，其中2种属华中区，即黑斑肥螈和花臭蛙，占总种数的11.76%；3种属华南区，即华南湍蛙、华南雨蛙、花狭口蛙，占总种数的17.65%；12种属于华中—华南区物种，即黑眶蟾蜍、弹琴蛙、沼蛙、泽蛙、大绿蛙、花臭蛙、棘胸蛙、虎蚊蛙、大树蛙、斑脚树蛙、小孤斑姬蛙、饰纹姬蛙、花姬蛙、花狭口蛙，占总种数的70.59%。

③爬行类 有35种，分隶11科3目，占该区动物总种数的15.63%。蛇目（SERPENTES）有4科21种，占该区爬行类总数的60%，其中游蛇科 Colubridae 45种，眼镜蛇科 Elapidae 4种，蝰科 Viperidae 和蟒科 Pythonidae 各1种。蜥蜴目（LACERTILI）有4科9种，占总数的25.71%，其中鬣蜥科 Agamidae 1种、壁虎科 Gekkonidae 2种、石龙子科 Scincidae 5种、蜥蜴科 Lacertidae 1种。龟鳖目（TESTUDINATA）有3科5种，占总数的14.29%，其中平胸龟科 Playsternidae 1种、龟科 Testudinidae 2种、鳖科 Trionychidae 2种。

区系组成属东洋界，其中华南区物种有17种，占总种数的48.57%；华中华南区有13种，占总种数的37.14%；华中区有5种，占总种数的14.29%。

④鸟类　有 78 种，分隶 31 科 13 目，占该区脊椎动物总种数的 34.82%。雀形目（PASSERIFOMES）有 15 科 45 种，占该区鸟类总种数的 57.69%；鸮形目（STRIGFORMES）有 2 科 5 种、鹃形目（CUCULIFORMES）有 1 科 5 种，占总数的 6.41%；隼形目（FALCONIFOEMES）有 2 科 4 种，佛法僧目（CORACIIFORMES）、鹳形目（CICONIIFORMES）各有 1 科 4 种，各占总数的 5.13%。鸡形目（GALLIFORMES）有 1 科 3 种，占总数的 3.85%。鴷形目（PICIFORMES）有 2 科 2 种，鸽型目（COLUMBIFORMES）有 1 科 2 种，各占总数的 2.56%。鹤形目（GRUIFORMES）、雨燕目（APODIFORMES）、䴙䴘目（PODICIPEDIFORMES）、鹈形目（PELECANIFORMES）、雁形目（ANSERIFORMES）分别有 1 科 1 种，各占总数的 1.28%。

鸟类的居留型组成中，留鸟有 65 种，占鸟类总种数的 83.33%；冬候鸟或旅鸟有 8 种，占鸟类总数的 10.26%；夏候鸟有 5 种，占鸟类总数的 6.41%。

在区系组成上，东洋界的鸟类最多有 58 种，占鸟类总种数的 74.36%；古北界的鸟类有 7 种，占鸟类总种数的 8.97%；广布种有 13 种，占鸟类总数的 16.67%。

⑤哺乳类　有 34 种，分隶 18 科 7 目，占该区脊椎动物总种数的 15.18%；占广东省兽类总数（124 种）的 27.42%；占全国兽类总种数（449 种）的 7.57%。啮齿目（RODENTIA）有 5 科 11 种，占该区兽类总种数的 32.35%；食肉目（CARNIVORA）有 4 科 10 种，占总种数的 29.41%；翼手目（CHIROPTERAS）有 3 科 4 种，占总种数的 11.76%；偶蹄目（ARIODACTYLA）3 科 6 种，占总种数的 17.65%；食虫目（INSECTVORA）、鳞甲目（PHOLIDOTA）、兔形目（LAGOMORPHA）分别有 1 科 1 属 1 种，各占总种数的 2.94%。

在区系组成上，东洋界的哺乳类有 26 种，占总种数的 76.47%；古北界的哺乳类有 6 种，占总种数的 17.65%；广布种有 2 种，占总种数的 5.88%。

（2）珍稀濒危动物较多　以 1989 年公布实施的《国家重点保护野生动物名录》和 2001 年公布实施的《广东省重点保护陆生野生动物名录》（第一批）为依据，保护区内拥有保护脊椎动物 37 种。其中国家Ⅰ级重点保护动物 3 种，国家Ⅱ级重点保护动物 19 种，省级重点保护动物 15 种（表 3.9）。

表 3.9　兴宁铁山渡田河自然保护区的保护动物

序号	种　名	科　名	IUCN 濒危等级	保护级别
		哺乳纲 MAMMALIA		
1	云豹 *Neofelis nebulosa*	猫科 Felidae	濒危	Ⅰ
2	穿山甲 *Manis pentadactyla*	鲮鲤科 Manidae	濒危	Ⅱ
3	水獭 *Lutra lutra*	鼬科 Mustelidae	濒危	Ⅱ
4	小灵猫 *Viverricula indica*	灵猫科 Viverridae	易危	Ⅱ
5	鬣羚 *Capricornis sumatraensis*	牛科 Bovidae	易危	Ⅱ
6	水鹿 *Cervus unicolor*	鹿科 Cervidae	易危	Ⅱ
7	毛冠鹿 *Elaphodus cephalophus*	鹿科 Cervidae	濒危	省级
8	红颊獴 *Herpestes javanicus*	灵猫科 Viverridae		省级
9	豹猫 *Felis bengalensis*	猫科 Felidae	易危	省级
10	棕鼯鼠 *Petaurista petaurista*	鼯鼠科 Petauristidae		省级
11	豪猪 *Hystrix hodgsoni*	豪猪科 Hystricidae		省级
		鸟纲 AVES		
12	鸳鸯 *Aix galericulata*	鸭科 Anatidae		Ⅱ
13	鸢 *Milvus korschun*	鹰科 Accipitridae		Ⅱ
14	松雀鹰 *Accipiter virgatus*	鹰科 Accipitridae	易危	Ⅱ
15	蛇雕 *Spilornis cheela*	鹰科 Accipitridae	易危	Ⅱ

（续）

序号	种　名	科　名	IUCN 濒危等级	保护级别
16	红隼 *Falco tinnunculus*	隼科 Falconidae	易危	Ⅱ
17	白鹇 *Lophura nycthemera*	雉科 Phasianidae	易危	Ⅱ
18	褐翅鸦鹃 *Centropus sinensis*	杜鹃科 Cuculidae	易危	Ⅱ
19	草鸮 *Tyto capensis*	草鸮科 Tytonidae	易危	Ⅱ
20	领鸺鹠 *Glaucidium brodiei*	鸱鸮科 Strigidae		Ⅱ
21	斑头鸺鹠 *Glaucium cuculoidei*	鸱鸮科 Strigidae	易危	Ⅱ
22	鹰鸮 *Ninox scutulata*	鸱鸮科 Strigidae		Ⅱ
23	褐林鸮 *Strix leptogrammica*	鸱鸮科 Strigidae		Ⅱ
24	白鹭 *Egretta garzetta*	鹭科 Ardeidae		省级
25	池鹭 *Ardeola bacchus*	鹭科 Ardeidae		省级
26	绿鹭 *Butorides striatus*	鹭科 Ardeidae		省级
27	栗苇鳽 *Ixobrychus cinnamomeus*	鹭科 Ardeidae		省级
28	棕腹杜鹃 *Cuculus fugax*	杜鹃科 Cuculidae		省级
29	红嘴相思鸟 *Leiothrix lutea*	画眉科 Timaliidae		省级
30	黄胸鹀 *Emberiza aureola*	雀科 Fringilliidae		省级
		爬行纲 REPTILIA		
31	蚺（蟒）*Python molurus*	蟒科 Boidae	极危	Ⅰ
32	鼋 *Pelochelys bibroni*	鳖科 Trionychidae	极危	Ⅰ
33	三线闭壳龟 *Cuora trifasciata*	龟科 Testudidae	濒危	Ⅱ
34	平胸龟 *Platysternon megacephalum*	龟科 Testudidae	濒危	省级
		两栖纲 AMPHIBIA		
35	虎纹蛙 *Rana tigrina*	蛙科 Ranidae	易危	Ⅱ
36	棘胸蛙 *Rana spinosa*	蛙科 Ranidae	易危	省级
37	沼蛙 *Rana guentheri*	蛙科 Ranidae	无危	省级

（3）经济动物多样　该保护区内拥有国家保护的有益的或有重要经济、科学价值的陆生野生动物约78种。

①两栖类　主要有黑斑肥螈、黑眶蟾蜍、华南湍蛙、泽蛙、大绿蛙、大树蛙、斑脚树蛙、小弧斑姬蛙、饰纹姬蛙、花姬蛙、花狭口蛙等。

②爬行类　主要有四眼水龟、鳖、变色树蜥、石龙子、蓝尾石龙子、四线石龙子、南草蜥、过树蛇、王锦蛇、三索锦蛇、滑鼠蛇、灰鼠蛇、乌梢蛇、银环蛇、眼镜王蛇等。

③鸟类　主要有小䴙䴘、鹧鸪、珠颈斑鸠、山斑鸠、棕腹杜鹃、四声杜鹃、噪鹃、小白腰雨燕、普通翠鸟、大拟啄木鸟 *Megalaima virens*、斑啄木鸟 *Picoides major*、家燕 *Hirundo rustica*、灰鹡鸰、白鹡鸰、暗灰鹃䴗、赤红山椒鸟、红耳鹎、白头鹎、棕背伯劳、八哥、红嘴蓝鹊、黑脸噪鹛 *Garrulax perspicillatus*、红嘴相思鸟、黄眉柳莺 *Phylloscopus inornatus*、大山雀 *Parus majo*、黄颊山雀 *Parus spilonotus*、红头长尾山雀 *Aegithalos conicuinnus*、暗绿绣眼鸟 *Zosterops japonica*、［树］麻雀 *Passer montanus*、金翅雀 *Carduelis sinica*、黄胸鹀 *E. rutila*、等。

④哺乳类　主要有貉、黄腹鼬、猪獾、鼬獾、果子狸、红颊獴 *Herpestes javanicus*、华南兔、隐纹花松鼠、银星竹鼠、野猪等。

3.2.3 平远龙文—黄田自然保护区

为了保护好平远龙文—黄田的自然资源和生态环境，1994年7月平远县人民政府批准设立龙文和黄田县级自然保护区。2000 年 3 月 20 日，梅州市人民政府梅市府函［2000］6 号《关于同意建立阴那山等 20 个市级自然保护区的批复》批准平远龙文和黄田县级自然保护区升格为市级自然保护区。2007 年 12 月 26 日，广东省人民政府粤办函［2007］607 号批准建立平远龙文—黄田省级自然保护区。主要保护对象为中亚热带常绿阔叶林森林生态系统和国家重点保护的珍稀野生动植物及其生境。

根据中华人民共和国国家标准《自然保护区类型与级别划分原则》（GB/T14529—93），平远龙文—黄田自然保护区属“自然生态系统类别”中的“森林生态系统类型”自然保护区。

3.2.3.1 自然条件

（1）位置范围　平远龙文—黄田自然保护区，位于梅州市辖平远县中部的仁居、八尺、河头、上举、东石、中行等 6 镇和黄田林场境内。地理坐标为东经 115°49′22″～115°59′52″，北纬 24°41′14″～24°49′49″。东邻上举镇，南连河头镇，西与中行镇接壤，北与仁居镇交界。具体范围是：沿北向赤面石—东向双门石下—大成下—柯树坡—三断岋脚下—金山岋—南向—泉水塔—黄田坑—田子里—西向大黄坑—排里—黄土岭—北向紫云庵—文峰阁—北向赤面石，所围合的闭合区域。总面积 7960.5hm^2，其中仁居镇 1354.1hm^2、八尺镇 564.1hm^2、河头镇 1237.2 hm^2、上举镇 2614.1hm^2、东石镇 1101.8hm^2、中行镇 131.8hm^2、黄田林场 957.4hm^2。

（2）地质基础

①地层平远地层的特点是：侵入岩分布较广泛，出露的地层主要有震旦系、寒武系、泥盆系、石灰系、二迭系、三迭系、侏罗系、白垩系等，分布比较零。

②构造　在地质构造上，据《广东省区域地质志》划分，属华南摺皱系粤北—粤东北—粤中拗陷带永梅—惠阳拗陷永梅凹摺断束。李四光定为梅县山字构造西翼。总体构造格局是南北向摺皱，北东向断裂。

③岩性　保护区境内以侵入岩为主，次为火山岩出露。变质岩出露很少。侵入岩以酸性岩浆侵入岩为主，主要岩性有黑云母花岗岩、花岗斑岩、灰绿色石英闪长岩：火山岩以酸性火山碎屑岩为主，岩性较为复杂，多见灰紫色凝灰镩、凝灰质粉沙岩、凝灰质页岩、角砾凝灰岩、暗紫红色流纹质凝灰岩、熔结凝灰岩、页岩；变质岩仅在保护区八尺和仁居呈条带状分布，岩性为混合岩、混合花岗岩。

（3）地貌概况

龙文—黄田自然保护区属低山丘陵地貌。其中：北部的龙文片，以低山为主，地势南部和西部较高，北部和东部稍低，山峰众多，最高山峰龙文尖山顶海拔 862.8m，地形切割较深，山谷呈“V”型。在上仓子、下仓子、豆子坑等局部地域，分布有斑块状的“顶平、坡陡、麓缓”丹霞地貌。最低点黄田园子里口海拔 252.3m，相对高差海拔 610.5m。

中部同样属低山地貌，山地呈北南走向，地势较陡峭。

南部的黄田片，以低山丘陵为主，地形切割较浅，地势和缓，最低处黄田园子里口海拔 252.3m。但在歧山寨—猪麻岗—鸭麻炉一带切割较深，地势较险峻。

（4）气候特点　保护区属中亚热带季风气候区，特点是：气候温和，四季分明，夏冬长，春秋短，雨热同季，干冷同期，热量丰富，雨量充沛，风力小，霜期短。光照充足，年平均日照 1873.8 小时，年≥10℃积温 6935℃。年平均气温 20.6℃，1 月平均气温 11.0℃，极端最低气温 -4.2℃，7 月平均气温 28.5℃，极端最高气温 39.0℃，无霜期 311 天。年降水量 1630.4mm，多集中在 4～9 月，占全年降水量的 79.2%。年平均相对湿度 77%。全年季风明显，盛行南北气流，夏季多偏南风，冬季多偏北风，春秋两季南北风相互交替。

（5）水文特征　保护区属韩江水系。平远县境内主要河流有：北部的差干河和中部的柚树河，属韩江的二级支流，南部的石正河，属韩江的一级支流。保护区的地表水以河流、水库等形式分布。其特征有如下几点。

①河流短小　保护区内较大的河流有仁居河和下举河，发源于龙文尖山顶，自南向北流入差干河；

河头河，发源于黄田，自北向南流入柚树河。这些河流的水源主要来自降雨，4～9月为丰水期，水位上涨，10月至次年3月为枯水期，水位下降。

②黄田水库　位于保护区南部。1972年11月建成，坝顶高程200m，集雨面积140km^2，正常水位258m，相应库容4980万m^3，相应水面面积271.6hm^2，属中型水库。是平远县城及下游的饮用水源，同时具有灌溉、防洪、发电（装机容量1500kW）效益。

③水质良好　当地农村居民都以山溪水作饮用水源，据平远县防疾病控制中心定期对黄田水库水质分析化验证明，水质稳定，地表水水质指标达到国家地表水环境质量标准Ⅰ～Ⅱ类水质标准。

（6）土壤特征　保护区的地带性土壤为红壤。但由于受成土母质、山地气候、植被和地形等因素以及人类活动的影响，从山麓至山顶依次形成了垂直分布。

①红壤　主要分布在海拔700m以下的低山丘陵地带，成土母质多为花岗岩和石英闪长岩风化的堆积物和坡积物，土层较深厚，呈酸性～强酸性反应，pH 4.2～5.6。

②山地黄壤　主要分布在海拔700m以上山地，成土母质以花岗岩、花岗斑岩、页岩风化的坡积物、原积物，土壤呈微酸性反应。

③紫色土　属隐域性土壤，主要呈条带状零星分布于保护区西南部的低山丘陵地带，其特点是土体浅薄，有机质含量低，植被覆盖率较差。

3.2.3.2　功能分区

根据《中华人民共和国自然保护区条例》第十八条“自然保护区可以分为核心区、缓冲区和实验区”的规定，依据《广东平远龙文—黄田自然保护区总体规划》①，将平远龙文—黄田自然保护区分为如下3个功能区。

（1）核心区　有龙文和黄田2片，总面积3086.0 hm^2，占保护区总积的38.77%。

①龙文片核心区：位于保护区的北部区域，具体范围从会庆庵—龙背骑下—阳济岩顶—自前圩顶—猫公地下—东湖笔下—文峰阁—双溪—会庆庵形成的闭合圈，面积1899.0 hm^2，占核心区总面积61.54%。该区内地形复杂，有主要山峰16座，森林植被茂密，为云豹 *Neofelis nebulosa*、梅花鹿 *Cervus nippon*、金猫 *Felis temmincki*、斑羚 *Naemorhedus goral*、斑林狸 *Prionodon pardicolor* 等主要分布区域，亦是半枫荷 *Semiliquidambar cathayensis* 自然群落分布区域。

②黄田片核心区：位于保护区的南部区域，具体范围从鸭麻炉下—营子里上—子神岐山二顶—大黄坑顶—瑶背上顶—鸭麻炉380顶—鸭麻炉下形成的闭合圈，面积1187.0 hm^2，占核心区总面积38.46%；该区内地形亦较复杂，有主要山峰6座、黄田水库主要库区，森林植被茂密，为云豹、梅花鹿、水獭 *Lutra lutra* 等主要分布区域，也是仙湖苏铁 *Cycas fairylake*、罗浮栲 *Castanopsis fabri* 自然群落分布区域和伯乐树 *Bretschneidera sinensis*、金毛狗 *Cibotium barometz*、樟树 *Cibotium barometz*、闽楠 *Phoebe bournei*、红椿 *Toona ciliata* 等珍稀植物分布区域。区内无居民，无不良因素的干扰和影响因素。

核心区的主要功能是：保护天然常绿阔叶林生态系统和珍稀野生动植物。实行全封闭管理，禁止任何人进入。除必需的科学研究人员经有关主管部门批准方可进出外，严禁狩猎、采挖药材和砍伐林木。

（2）缓冲区　有龙文和黄田2片，总面积1697.0 hm^2，占保护区总积的21.32%。

①龙文片缓冲区：位于龙文片核心区外围，面积887.0hm^2，占缓冲区总面积的52.27%。区内森林茂密，多为常绿阔叶林、常绿与落叶阔叶混交林、灌丛草坡、针叶林、竹林。区内无居农户。

②黄田片缓冲区：位于黄田片核心外围，面积810.0hm^2，占缓冲区总面积的47.73%。区内森林茂密，多为常绿阔叶林、常绿与落叶阔叶混交林、针叶林、竹林、灌草丛、栽培植被。在鸭麻炉等地有散居农户。

① 黄金玲．广东平远龙文—黄田自然保护区总体规划．广州大学，广东省平远县林业局．2009.7.

缓冲区的主要功能是：对于保护核心区起缓冲作用，确保核心区的天然常绿阔叶林生态系统和珍稀野生动植物的良性循环。此区将实行半封闭式管理，禁止开展旅游和生产经营活动，因教学科研需要进入缓冲区的应当事先向自然保护区管理机构提交申请和和活动计划，经自然保护区管理机构批准。

（3）实验区　有龙文—大富前和黄田—铜锣圈 2 片，总面积 3177.5hm^2，占保护区总积的 39.92%。

①龙文—大富前片实验区：位于保护区北端，面积 367.6hm^2，占实验区总积的 11.57%。

区内有龙背骑、柘园里 2 个自然村。森林茂密，以天然林为主，人工林次之。

②黄田—铜锣圈片实验区：位于保护区中部区域，面积 2809.9hm^2，占实验区总积的 88.43%。区内有龙背骑、柘园里两个自然村，森林茂密，仅在水库水坝周围区域和山子坳分布有人工林，其他区域为天然林，其中铜锣圈—山子坳一带为原生性较强的常绿阔叶林、常绿与落叶阔叶混交林。

实验区的主要功能是：开展各种科学实验、生态旅游和教学实习等。

外围保护地带：在保护区西北部的仁居镇、八尺镇境内，特别划出 2090.0 hm^2，作为自然保护区的外围保护地带，具体范围是梯云岭—粗石坑—矮自岗—大龙颈—白坑一线与保护区连接的东南区域。外围保护地带与保护区实验区的牛头寨—铜锣圈构成野生动物通道（图 3.3）。

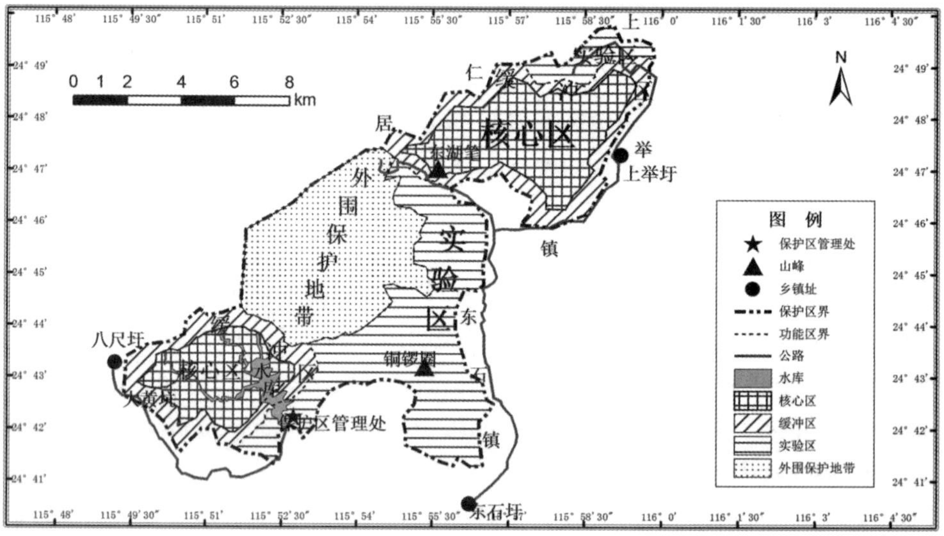

注：此图根据黄金玲该保护区功能分区图修改而成。

图 3.3　平远龙文—黄天自然保护区功能分区图

3.2.3.3　植物区系特点

该保护区的植物区系，概括起来具有如下特点。

（1）植物物种较丰富　据调查统计，该保护区拥有野生维管束植物 1273 种（包括种下等级，下同），隶属 617 属 185 科，占广东省野生维管束植物（5933 种）的 21.46%（叶华谷等，2005）。其中蕨类植物有 119 种，隶属 60 属 34 科；裸子植物有 6 种，隶属 6 属 5 科；被子植物有 1148 种，隶属 551 属 146 科。其植物类群的组成（表 3.10）。

表 3.10　平远龙文—黄田自然保护区野生维管束植物类群的组成

植物类群		科数	属数	种数
蕨类植物		34	63	119
裸子植物		5	6	6
被子植物	双子叶植物纲	123	439	977
	单子叶植物纲	23	112	171
合计		185	619	1273

此外，尚有栽培植物54种，隶属45属26科。其中裸子植物12种，隶属11属4科；被子植物42种，隶属34属22科（双子叶植物32种28属19科；单子叶植物10种6属3科）。

（2）地理成分复杂

①蕨类植物的地理成分

A. 科的地理分布区类型 根据保护区34科的分布类型统计分析如下。

广布科 共10有科，占该保护区总科数的29.41%。如石杉科、石松科、卷柏科、木贼科、紫萁科、铁线蕨科 Adiantaceae、蹄盖蕨科 Athyriaceae、铁角蕨科 Aspleniaceae、水龙骨科、苹科等。

热带、亚热带分布科 共有14科，占该保护区总科数的58.33%（扣除广布科10科，下同）。如瘤足蕨科 Plagiogyriaceae、中国蕨科 Sinopteridaceae 等2科，以我国华南至西南亚热带为分布中心，也是本保护区蕨类区系的特征成分。另有裸子蕨科 Hemionitidaceae、骨碎补科 Dvalliaceae 等2科，以亚洲亚热带为主。而以热带为主的有观音座莲科 Angiopteridaceae、碗蕨科、桫椤科、鳞始蕨科 Lindsaeaceae、海金沙科、凤尾蕨科 Pteridaceae、车前蕨科 Antrophyaceae、书带蕨科 Vittaceae、金星蕨科 Thelypteridaceae、膜蕨科 Hymenophyllaceae 等10科。

泛热带分布科 共有9科，占该保护区总科数的37.50%。如槲蕨科 Drynariaceae、剑蕨科 Loxogrammaceae 等以亚洲为主，其他为里白科 Gleicheniaceae、蚌壳蕨科 Dicksoniaceae、蕨科 Pteridiaceae、乌毛蕨科 Blechnaceae、三叉蕨科 Aspidiaceae、肾蕨科 Nephrolepidaceae、实蕨科 Bolbitidaceae 等。

温带至亚热带高山地区分布科 仅有1科，占总科数的4.17%。如鳞毛蕨科 Dryopteridaceae。

从上所述，可见该保护区内蕨类植物科的区系成分以热带亚热带为主，温带、亚热带成分极少。

B. 属的地理分布区类型 根据保护区60属的分布类型统计分析如下。

广布属 共有5属，占总属数的8.33%。如石杉属、卷柏属、铁线蕨属、铁角蕨属 *Asplenium*、苹属等。

泛热带分布属 共有7属，占总属数的12.73%（扣除广布属5属，下同）。如蕗蕨属 *Mecodium*、鳞始蕨属 *Lindsaea*、乌蕨属 *Sphenomeris*、桫椤属、蕨属、栗蕨属 *Histiopteris*、肾蕨属 *Nephrolepis* 等。

热带和亚热带分布属 共有40属，占有比例达72.73%。其中热带至亚热带为主，如灯笼草属 *Palhinhaea*、观音莲座属 *Anglopteris*、芒萁属、里白属、海金沙属、碗蕨属、鳞盖蕨属 *Microlepia*、凤尾蕨属、碎米蕨属 *Cheilosoria*、金粉蕨属 *Onychium*、凤丫蕨属 *Coniogramme*、车前蕨属 *Antrophyum*、书带蕨属 *Vittaria*、短肠蕨属 *Allantodia*、角蕨属 *Cornopteris*、毛蕨属 *Cyclosorus*、针毛蕨属 *Macrotheris*、金星蕨属 *Parathelypteris*、新月蕨属 *Pronephrium*、肋毛蕨属 *Ctenitis*、三叉蕨属 *Tectaria*、阴石蕨属 *Humata*、线蕨属 *Colysis*、石韦属、剑蕨属 *Loxogramme* 等。

以亚热带为主的属 与热带至亚热带分布的类型相当，热带亚洲分布的有6属，如藤石松属 *Lycopodistrum*、圣蕨属 *Dictyocline*、复叶耳蕨属 *Arachniodes*、星蕨属 *Microsorium*、实蕨属 *Bolbitis*、伏石蕨属 *Lemmaphyllum* 等。

热带亚洲—大洋洲分布的属，有4属，如菜蕨属 *Callipteris*、乌毛蕨属、苏铁蕨属 *Brainea*、槲蕨属 *Drynaria*。

热带亚洲至非洲分布有1属，如瓦韦属 *Lepisorus*。

热带亚洲至热带美洲分布 有3属，如瘤足蕨属 *Plangiogyria*、双盖蕨属 *Diplazium*、水龙骨属。

东亚分布 有1属，如金毛狗属 *Cibotium* 等。

温带、热带分布属 有2属，占总属数的3.64%。如紫萁属 *Osmunda*、狗脊属 *Woodwardia* 等。

温带、亚热带分布属 有3属，占总属数的5.45%。如卵果蕨属 *Phegopteris*、黔蕨属 *Phanerophlebiopsis*‖、耳蕨属 *Polystichum* 等。

温带分布属 有4属，占总属数的7.27%。如阴地蕨 *Sceptridium*、贯众属、鳞毛蕨属 *Dryopteris*、耳蕨属 *Polystichum* 等。

寒、温带分布属 有1属，占总属数的1.82%，如木贼属 *Equisetum*。

②种子植物的地理成分

A. 科的地理分布区类型　按照《世界种子植物科的分布区类型系统》（吴征镒等，2003），平远龙文—黄田自然保护区种子植物151科的分布区类型统计分析，除热带亚洲至热带非洲分布、温带亚洲分布、地中海、西亚至中亚分布、中亚分布和中国特有分布类型尚未发现外，其他10个分布区类型及变型均有分布（表3.11）。

表3.11　平远龙文—黄田自然保护区种子植物科的分布区类型

分布区类型及变型	科数	占总科数（%）
1. 广布分布	41	扣除
2. 泛热带分布	47	42.73
2-1 热带亚洲、大洋洲（至新兰）和南美（或墨西哥）间断分布	1	0.91
2-2 热带亚洲、非洲和南美洲间断分布	4	3.64
2s 以南半球为主的泛热带	5	4.55
3. 热带亚洲和热带美洲间断分布	11	10.00
4. 旧世界热带分布	3	2.73
4-1 热带亚洲、非洲和大洋洲间断或星散分布	1	0.91
5. 热带亚洲至热带大洋洲分布	4	3.64
6. 热带亚洲至热带非洲分布	0	0
7. 热带亚洲（印度—马来西亚）分布	0	10
7-1 爪哇、喜马拉雅和华南、西南星散分布	0	0
7-2 热带印度至华南分布	0	0
7-3 缅甸、泰国至华西南分布	1	0.91
7-4 越南（或中南半岛）至华南（或西南）分布	1	0.91
7a 西马来，基本上在新华莱斯线以西	1	0.91
8. 北温带分布	8	7..27
8-1 环极分布	0	0
8-2 北极高山分布	0	0
8-3 北极—阿尔泰和北美洲间断分布	0	0
8-4 北温带和南温带（全温带）间断分布	14	12.73
8-5 欧亚和南美洲温带间断分布	1	0.91
8-6 地中海区、东亚、新西兰和墨西哥到智利间断	0	0
9. 东亚和北美洲间断分布	6	5.45
9-1 东亚和墨西哥间断	0	0
10. 旧世界温带分布	0	0
10-1 地中海区、西亚和东亚间断分布	0	0.
10-2 地中海和喜马拉雅间断分布	0	0
10-3 欧亚和南非洲（有时也在大洋洲）间断	0	0
11. 温带亚洲分布	0	0
12. 地中海区、西亚至中亚分布	0	0
13. 中亚分布	0	0
14. 东亚分布	2	1.82
15. 中国特有分布	0	0
合计	151	100.00

从表3.11可以看出，其中以泛热带分布类型及其变型有57科，占总科数的51.82%（扣广布分布

41科，下同）；北温带分布类型及其变型有23科，占总科数的20.91%；热带亚洲和热带美洲间断分布类型有11科，占总科数的10%；其余分布区类型所含科数均在5.45%以下，不占重要地位；特别是中国特有科等6科分布类型缺如，表明平远龙文—黄田自然保护区植物区系在科级水平上以泛热带分布成分为主，兼有一定数量的北温带成分。

B. 属的地理分布区类型　根据保护区种子植物557属的分布类型，按照《中国种子植物属的分布区类型》（吴征镒，1991）统计分析，除中亚分布区类型及其变型尚未发现外，其他14个分布区类型及变型均有分布（表3.12）。

表3.12　平远龙文—黄田自然保护区种子植物属的分布区类型

分布区类型及变型	属数	占总属数（%）
1. 广布分布	41	扣除
2. 泛热带分布	119	23.06
2-1 热带亚洲、大洋洲和南美洲间断分布	4	0.78
2-2 热带亚洲、非洲和南美洲间断分布	5	0.97
3. 热带亚洲和热带美洲间断分布	16	3.10
4. 旧世界热带分布	40	36.36
4-1 热带亚洲、非洲和大洋洲间断分布	6	5.45
5. 热带亚洲至热带大洋洲分布	38	5.62
5-1 中国（西南）亚热带和新西兰间断分布	0	0
6. 热带亚洲至热带非洲分布	29	5.62
6-1 华南、西南到印度和热带非洲间断	1	0.19
6-2 热带亚洲和东非间断	2	0.39
7. 热带亚洲（印度—马来西亚）分布	65	12.60
7-1 爪哇、喜马拉雅和华南、西南星散分布	9	1.74
7-2 热带印度至华南分布	4	0.78
7-3 缅甸、泰国至华西南分布	1	0.19
7-4 越南（或中南半岛）至华南（或西南）分布	8	1.55
8. 北温带分布	45	8.72
8-1 环极分布	0	0
8-2 北极高山分布	1	0.19
8-3 北极—阿尔泰和北美洲间断分布	0	0
8-4 北温带和南温带（全温带）间断分布	9	1.74
8-5 欧亚和南美洲温带间断分布	1	0.19
8-6 地中海区、东亚、新西兰和墨西哥到智利间断	0	0
9. 东亚和北美洲间断分布	34	6.59
9-1 东亚和墨西哥间断	0	0
10. 旧世界温带分布	15	2.91
10-1 地中海区、西亚和东亚间断分布	1	0.19
10-2 地中海和喜马拉雅间断分布	0	0
10-3 欧亚和南非洲（有时也在大洋洲）间断	2	0.39
11. 温带亚洲分布	2	0.39
12. 地中海区、西亚至中亚分布	0	0.19
12-1 地中海区至中亚和南非洲、大洋洲间断	0	0
12-2 地中海区至中亚和墨西哥间断	0	0

（续）

分布区类型及变型	属数	占总属数（%）
12－3 地中海区至温带、热带亚洲，大洋洲和南美洲间断	1	0.19
12－4 地中海区至热带非洲和喜马拉雅间断	0	0
12－5 地中海区—北非洲、中亚、北美西南部，智利和大洋洲（泛地中海）间断分布	0	0
13. 中亚分布	0	0
13－1 中亚东部（亚洲中部）	0	0
13－2 中亚至喜马拉雅	0	0
13－3 西亚至喜马拉雅和西藏	0	0
12－4 地中海区至热带非洲和喜马拉雅间断	0	0
14. 东亚分布	46	8.91
14－1 中国—喜马拉雅（SH）	0	0
14－2 中国—日本（SJ）	0	0
15. 中国特有分布	10	1.94
合计	557	100

从表3.12可以看出，保护区内属的地理成分中，泛热带分布成分有128属，占总属数（扣除广布属41属，以下同）的24.81%；热带亚洲分布成分，有87属，占总属数的16.86%；北温带分布成分有56属，占总属数的10.85%；旧世界热带分布成分有46属，占总属数的8.91%。总之是以热带成分占优势，从各类热带成分（2～7）共有347属，占总属数的67.25%。温带成分（8～12）共有113属，占总属数的21.90%。东亚分布有46属，占总属数的8.91%。中国特有分布的10属占1.94%，分别是杉木属、观光木属、大血藤属 *Sargentodoxa*、石笔木 *Tutcheria*、半枫荷属、伞花木属 *Eurycorymbus*、伯乐树属 *Bretschneidera*、喜树属 *Camptotheca*、马蹄金属 *Dichondra*、双片苣属 *Didymostigma* 等。这些特征与保护区所在的地理位置相适应。

3.2.3.4 植被类型

据调查①，保护区内的植被类型多样，主要有如4种类型。

（1）针叶林　主要有杉木林（Form *Cunninghamia lanceolata*），属自然分布，或人工栽培。主要分布于黄田水库大坝附近和近伯公埂处。栽种的杉木尚处于幼年期，林内种类较单一，部分地段有先锋的阔叶树种木荷 *Schima superba*、枫香树 *Liquidambar formosana*、檫木 *Sassafras tzumu*、木油桐 *Verncia montana* 等侵入。

（2）常绿阔叶林　是中亚热带的地带性植被类型，保护区内主要有如下6个群系。

①红锥林（Form *Castanopsis hystrix*）　主要分布于黄田水库区、黄田水库栗子坪、黄田水库恩茅埂和龙文大坑里等地。

乔木层：平均高度约14m，平均胸径18cm。除建群种红锥外，还有罗浮拷、米槠、甜槠、南龄栲、福建青冈 *Cyclobalanopsis chungii*、木荷、疏齿木荷 *Schima remotiserrata*、虎皮楠 *Daphniphyllum oldhamii*、椤木石楠 *Photinia davidsoniae*、桃叶叶石楠 *P. prunifolia*、罗浮杜鹃 *Rhododendron henryi*、秃瓣杜英 *Elaeocarpus glabripetalus*、白桂木 *Artocarpus hypargyreus*、港柯 *Lithocarpus harlandii*、罗浮柿、云山青冈、半枫荷等。

灌木层：主要有白花苦灯笼 *Tarenna mollissima*、软弱杜茎山 *Maesa trnera*、狗骨柴 *Diplospora dubia*、

① 黄金玲等. 广东平远龙文—黄田自然保护区科学考察报告. 广州大学，广东省平远县林业局. 2009. 7.

山苍子 *Litsea cubeba*、山血丹 *Ardisia lindleyana*、赤楠 *Syzygium buxifolium*、鼠刺 *Itea chinensis*、多花山竹子 *Garcinia multiflora*、栀子 *Gardenia jasminoides*、草珊瑚、豺皮樟 *Litsea rotundifolia* 等。

草本层：主要有狗脊 *Woodwardia japonica*、东方狗脊 *W. orientalis*、芒萁、扇叶铁线蕨 *Adiantum flabellulatum*、山菅兰、黑莎草、淡竹叶等。

层间藤本植物：有香花崖豆藤 *Millettia dielsiana*、流苏子 *Coptosapelta diffusa*、小叶买麻藤 *Gnetum parvifolium* 小果蔷薇 *Rosa cymosa*、网脉酸藤子 *Embelia rudis* 等。

此外，林下还有黄绒润楠 *Machilus grijsii*、绒毛润楠 *M. velutina*、广东蒲桃 *Syzygium kwangtungense*、和福建青冈等幼苗。

②黧蒴林（Form *Castanopsis fissa*）　主要分布于下龙文仓子大麻坳附近。

乔木层：平均高度约 11m，平均胸径约 13cm。除建群种黧蒴外，还有甜槠、木荷、蕈树 *Altingia chinensis*、红楠 *Machilus thunbergii*、白桂木、港柯等。

灌木层：主要有赤楠、山血丹和笔罗子 *Meliosma rigida* 等。

草本层：优势种为变异鳞毛蕨 *Dryopteris varia*、扇叶铁线蕨、狗脊、淡竹叶、翠云草 *Slaginella uncinata*、珍珠茅 *Scleria laxa*、黑莎草等。

层间藤本植物：主要有香花崖豆藤。

此外，林下有较多的黧蒴、木荷和甜槠等幼苗。由此可见该林发展趋势是比较稳定的。

③吊皮锥林（Form *Castanopsis kawakamii*）　主要分布于龙文东湖笔芨附近。

乔木层：平均高度约 12m，平均胸径约 12cm。除建群种吊皮锥外，还有罗浮栲、红锥、黄樟 *Cinnamomum parthenoxylon*、沉水樟 *C. micranthum*、红楠、木荷、虎皮楠 *Daphniphyllum oldhamii* 等。

灌木层：优势种为华南毛柃 *Eurya ciliata*、山血丹、赤楠和细粉单竹 *Bambusa boniopsis* 等。

草本层：以狗脊占优势，还有少量的山菅兰、黑莎草、芒萁、山姜 *Alpinia japonica* 等。

层间藤本植物：主要有香花崖豆藤。

此外，林下有吊皮锥等幼苗。由此可见该林发展趋势是比较稳定的。

④木荷林（Form *Schima superba*）　主要分布于龙文村柘园里新田尾和羊子崇等地。

乔木层：树高约 11m，胸径 10cm。除木荷优势种外，还有甜槠、罗浮栲、红锥、吊皮锥、红楠、匙叶润楠 *Machilus glabriramula*、五列木 *Pentaphylax euryoides*、青冈、半枫荷、杉木等。

灌木层：主要有桃金娘、檵木、杨桐 *Adinandra millettii*、山血丹、虎皮楠、毛冬青 *Ilex pubescens*、四角柃 *Eurya subintegra*、桃叶石楠 *Photinia prunifolia*、乌饭树 *Vaccinium bracteatum* 等。

草本层：有芒萁、扇叶铁线蕨、黑莎草等。

层间藤本植物：主要有流苏子、小叶买麻藤、显齿蛇葡萄 *Ampelopsis grossedentata*。此外，林下有一些乔木的幼苗。

⑤疏齿木荷林（Form *Schima remotiserrata*）　主要分布于龙文山门地附近。

乔木层：树高约 15m，胸径 22cm。除疏齿木荷优势种外，还有白皮黄杞 *Engelhardtia fenzelii*、甜槠、刨花润楠 *Machilus pauhoi*、山乌桕 *Sapium discolor*、杉木等。

灌木层：以白花苦灯笼、山楸叶泡花树 *Meliosma thorelii*、山血丹、红淡比 *Cleyera japonica*、簕党花椒 *Zanthoxylum laetum* 毛冬青、木莓 *Rubus swinhoii* 等。

草本层：最常见的是狗脊、变异鳞毛蕨等。

层间藤本植物：主要有白花酸藤子 *Embelia ribes*、香花崖豆藤等。

此外，林下有疏齿木荷、福建青冈、甜槠、红锥、刨花润楠、黄绒润楠 *Machilus grijsii* 等。由此可见该林发展趋势是比较稳定的。

⑥麻楝林（Form *Chukrasia tabularia*）　仅分布于龙文小山村李子窝禾仓子下。

乔木层：树高约 11m，胸径约 12cm，除麻楝优势种外，还有浙江润楠 *Machilus chekiangensis*、宜昌

润楠 *M. ichangensis*、紫楠 *Phoebe sheareri*、杨梅叶蚊母树 *Distylium myricoides*、港柯等。

灌木层：植物稀少。

草本层：有江南星蕨 *Microsorium fortunei*、攀援星蕨 *M. buergerianum*、阔鳞鳞毛蕨 *Dryopteris championii*、剑叶凤尾蕨 *Pteris ensiformis*、半边旗 *P. semipinnata* 等占优势。

层间藤本植物：主要有龙须藤 *Bauhinia championii*、昆明鸡血藤 *Millettia pulchra*、山蒟 *Piper hongkongense* 等。

此外，林下有浙江润楠、杨梅叶蚊母树等幼苗甚多，麻楝、鸭公树 *Neolitsea chuii* 等幼苗较少。

（3）竹林　主要分布于黄田水库区内靠近水位的边缘，以及部分村落附近。常见的竹类有毛竹 *Phyllostachys heterocycla* cv. Pubescens 林、青皮竹 *Bambusa textilis* 林、细粉单竹 *Bambusa cerosissima* 林等。

（4）针阔叶混交林　是以暖性针叶树与阔叶树为建群种所组成的森林群落，在保护区内主要有如下 4 个群系。

①杉木、木荷林（Form *Cunninghamia lanceolata*、*Schima superba*）　主要分布于黄田水库伯公埂。

乔木层：树高约 12m，胸径约 13cm，除针叶树杉木、阔叶树木荷为优势种外，还有针叶树马尾松 *Pinus massoniana*，阔叶树山乌桕、油杯子 *Diospyros tsangii*、木油桐、枫香树等。

灌木层：以油茶 *Camellia oleifera*、格药柃 *Eurya muricata* 为优势种。

草本层：以芒萁占绝对优势，淡竹叶、乌毛蕨 *Blechnum orientale*、五节芒等次之。

层间藤本植物：主要有筐条菝葜 *Smilax corbularia* 、南蛇藤、巴戟 *Morinda officinalis* 等。

此外，林下有绒毛润南 *Machilus velutina*、杨桐、红锥、罗浮杜鹃、杉木等幼苗。由此可见该林发展趋势将会形成常绿阔叶林。

②杉木、红锥林（Form *Cunninghamia lanceolata*、*Castanopsis hystrix*）　主要分布于八社村苏坑南楼墩附近的保护点。

乔木层：树高约 10m，胸径约 11cm，除针叶树杉木、阔叶树红锥为优势种外，还有笔罗子、毛竹、盐肤木等。

灌木层：以双角青篱竹 *Arundinaria bicomiculata*、仙湖苏铁 *Cycas fairylakea* 占优势，鲫鱼胆 *Maesa perlarius*、白花苦灯笼、粗叶榕 *Ficus hirta*、山血丹等次之。

草本层：以淡竹叶、阔鳞鳞毛蕨、半边旗、韩信草 *Scutellaria indica*、翠云草、黑莎草等占优势。

层间藤本植物：主要有土茯苓、山蒟、山薯 *Dioscorea fordii* 等。

③杉木、马尾松、木荷、米锥林（Form *Cunninghamia lanceolata*、*Pinus massoniana*、*Schima superba*、*Castanopsis carlesii*）　主要分布于黄田水库栗子坪附近。

乔木层：树高约 8.5m，胸径约 12cm，除杉木、马尾松、木荷、米锥优势种外，还有半枫荷、桃叶石楠、红背甜槠 *Castanopsis neocavaleriei* 等。

灌木层：有主要桃金娘、赤楠等。

层间藤本植物：主要有土茯苓、羊角拗等。

此外，林下有绒毛润楠、杨桐、木荷、桃叶石楠等幼苗。由此可见该林发展趋势将形成常绿阔叶林。

④马尾松、米锥林（Form *Pinus massoniana*、*Castanopsis carlesii*）　仅分布于黄田水库区内一个小百货岛上。

乔木层：树高约 11m，胸径约 10cm，除马尾松、米槠优势种外，还有杉木、红枝蒲桃 *Syzygium rehderianum*、罗浮杜鹃等。

灌木层：以疏花卫茅 *Euonymus laxiflorus*、石斑木 *Raphiolepis indica*、鼠刺、乌饭树山血淡等。

草本层：以芒萁占绝对优势，乌毛蕨少量。

层间藤本植物：主要有薯莨 *Dioscorea cirrhosa*、小叶买麻藤等。

此外，林下有绒毛润楠和桃叶石楠等幼苗。由此可见该林发展趋势将形成常绿阔叶林。

3.2.3.5　野生植物资源

野生植物资源丰富。保护区内有仙湖苏铁、伯乐树等国家重点保护植物 11 科 12 属 12 种，其他野生珍稀濒危植物 6 种，列入《濒危野生动植物种国际贸易公约》附录的植物有 28 种（以兰科植物为主）。仙湖苏铁在保护区内是新记录，对于保护和研究国家Ⅰ级保护植物苏铁类的生存分布和濒危状况有积极意义。国家Ⅱ级保护植物半枫荷在保护区内的数量较多而且相对集中。

（1）珍稀濒危保护植物繁多　根据 1984 年国家环境保护委员会公布的《中国珍稀濒危保护植物名录》和 1999 年国务院批准公布的《国家重点保护野生植物名录（第一批）》所列种类统计，保护区内共有国家重点保护野生植物 15 科 16 属 18 种。其中蕨类植物 3 科 3 属 3 种，裸子植物 1 科 1 属 1 种，被子植物 11 科 12 属 14 种。列为国家Ⅰ级重点保护的野生植物 2 种，国家Ⅱ级重点保护的野生植物 12 种，国家Ⅲ级重点保护的野生植物 4 种（表 3.13）。

表 3.13　平远龙文—黄田自然保护区的保护植物

序号	种名	科名	IUCN 濒危等级	保护级别	产地
1	仙湖苏铁 *Cycas fairylake*	苏铁科 Cycadaceae	濒危	Ⅰ	八社村苏坑南楼墩
2	伯乐树 *Bretschneidera sinensis*	伯乐树科 Bretschneideraceae	濒危	Ⅰ	龙文村
3	金毛狗 *Cibotium barometz*	蚌壳蕨科 Dicksoniaceae	渐危	Ⅱ	黄田水库、五指石贵谷、龙文路下
4	桫椤 *Alsophila spinulosa*	桫椤科 Cyatheaceae	渐危	Ⅱ	五指石罗汉峰
5	苏铁蕨 *Brainea insignis*	乌毛蕨科 Blechnaceae	濒危	Ⅱ	东湖笔杨每坑
6	观光木 *Tsoobgiodendron odorum*	木兰科 Magnoliaceae	稀有	Ⅱ	龙文村
7	樟树 *Cinnamomum camphora*	樟科 Lauraceae	渐危	Ⅱ	龙文村
8	闽楠 *Phoebe bournei*	樟科 Lauraceae	渐危	Ⅱ	大坑里
9	浙江楠 *Phoebe chekiangensis*	樟科 Lauraceae	稀有	Ⅱ	小人村孛子窝禾仓子下
10	半枫荷 *Semiliquidambar cathayensis*	金缕梅科 Hamamelidaceae	渐危	Ⅱ	柘园村杉树坳
11	伞花木 *Eurcorymbus cavaleriei*	无患子科 Sapindaceae	渐危	Ⅱ	小人村孛子窝禾仓子下
12	花榈木 *Ormosia henryi*	蝶形花科 Papilionaceae	渐危	Ⅱ	龙文村
13	红椿（红楝子）*Toona ciliata*	楝科 Meliaceae	渐危	Ⅱ	龙文村
14	喜树 *Camptotheca acuminate*	珙桐科 Nyssaceae	渐危	Ⅱ	黄田水库
15	沉水樟 *Cinnamomum micranthum*	樟科 Lauraceae	渐危	Ⅲ	百丈寨
16	吊皮锥 *Castanopsis kawakamii*	壳斗科 Fagaceae	渐危	Ⅲ	羊子崠、东湖笔矮笔茇
17	白桂木 *Artocarpus hypargyreus*	桑科 Moraceae	渐危	Ⅲ	羊子崠、大坑里、芋坑里
18	巴戟 *Morinda officinalis*	茜草科 Rubiaceae	稀有	Ⅲ	黄田水库伯公埂

注：兰科植物 16 属 25 种，全部为《濒危野生动植物种国际贸易公约》附录Ⅱ物种。

（2）经济植物多样　在保护区内蕴藏着多种多样的经济植物资源。根据调查统计，有野生维管束植物 1273 种。

①药用植物　有 671 种，占总种数的 52.71%。比较重要的有卷柏 *Selaginella tamariscina*、海金沙、金毛狗、乌毛蕨、黑老虎 *Kadsura coccinea*、南五味子 *Kadsura longipedunculata*、乌药 *Lindera aggregata*、草珊瑚、狗肝菜 *Dicliptera chinensis*、威灵仙 *Clematis chinensis*、山木通 *Clematis finetiana*、蕺菜（鱼腥草）、火炭母 *Polygonum chinense*、了哥王、绞股蓝 *Gynostemma pentaphyllum*、金锦香 *Osbeckia chinensis*、翻白叶树 *Pterospermum heterophyllum*、金樱子 *Rosa laevigata*、葛、女贞、梅叶冬青 *Ilex asprella*、毛冬青 *I. pubescens*、忍冬（金银花）*Lonicera japonica*、钩藤 *Uncaria scandens*、巴戟、鸡矢藤、车前、韩信草、

八角枫 *Alangium chinense*、枇杷 *Eriobotrya japonica*、栀子 *Gardenia jasminodes*、益母草 *Leonurus artemisia*、土茯苓、海芋 *Alocasia macrorhiza*、石仙桃 *Pholidota chinensis*、淡竹叶等。

②用材植物　有 298 种，占总种数的 23.41%。主要有杉木、马尾松、樟树、黄樟、华润楠、黧蒴、红锥、柯、八角枫、木荷、山杜英 *Elaeocarpus sylvestris*、中华杜英 *E. chinensis*、蕈树 *Altingia chinensis*、大果马蹄荷 *Exbucklandia tonkinensis*、木油桐、山乌桕、乌桕 *Sapium sebiferum*、猴耳环 *Archidendron clypearia*、白桂木、苦木 *Picrasma quassioides*、苦楝 *Melia azedarach*、红椿（红楝子）、香椿 *Toona sinensis*、南酸枣 *Choerospondias axillaris*、黄杞 *Engelhardtia roxbunghiana* 等。

③野生水果植物　有 75 种，占总种数的 5.89%。主要有紫玉盘 *Uvaria macrophylla*、杨梅 *Myrica rubra*、中华猕猴桃 *Actinidia chinensis*、黄花猕猴桃 *A. fulvicoma*、阔叶猕猴桃 *A. latifolia*、京梨猕猴桃 *A. callosa*、毛花猕猴桃 *A. eriantha*、豆梨 *Pyrus calleryana*、多花山竹子、桃金娘、白桂木、桑 *Morus alba*、余甘子 *Phyllanthus emblica*、枳椇 *Hovenia acerba*、蔓胡颓子 *Elaeagnus glabra*、罗浮油柿、乌饭树 *Vaccinium bracteatum*、福建乌饭树 *V. carlesii*、鼠刺乌饭树 *A. iteophyllum* 等。

④观赏植物　有 293 种，占总种数的 23.02%。主要有肾蕨 *Nephrolepis cordifolia*、假鹰爪 *Desmos chinensis*、木莲 *Manglietia fordiana*、野含笑 *Michelia skinneriana*、枫香树、山乌桕、铁冬青 *Ilex rotunda*、吊钟花 *Enkiantheria quinqueflorus*、满山红 *Rhododendron mariesii*、映山红 *Rh. simsii*、毛锦杜鹃 *Rh. moulmainense*、桃金娘、野牡丹、朱砂根 *Ardisia crenata*、虎舌红 *A. mamillata*、白花油麻藤 *Mucuna birdwoodiana*、栀子、25 种兰科植物等。

⑤纤维植物　有 121 种，占总种数的 9.51%。主要有龙须藤、首冠藤 *Bauhinia corymbosa*、小叶买麻藤、山芝麻 *Helicteres angustifolia*、朴树 *Celtis sinensis*、山黄麻 *Trema tomentosa*、光叶山黄麻 *T. cannabina*、芒、五节芒、白背叶、粗康柴和胡枝子 *Lespedeza bicolor*、美丽胡枝子 *L. formosa*、中华胡枝子 *L. chinensis*、截叶铁扫帚 *L. cuneata* 等。

⑥淀粉植物　有 53 种，占总种数的 4.16%。主要有蕨、福建观音座莲、金毛狗、狗脊、槲蕨 38 种壳斗科植物、杨梅、金樱子、豆梨、南酸枣、葛、薜荔、土茯苓、中华猕猴桃、黄花猕猴桃、阔叶猕猴桃、光头芒 *Echinochloa colonum* 等。

⑦油脂植物　有 117 种，占总数的 9.19%。主要有杉木、樟树、香叶树 *Lindera communis*、红楠、鸭公树 *Neolitsea chuii*、檫木、野木瓜 *Stauntonia chinensis*、多花山竹子、牛耳枫 *Daphniphyllum calycinum*、虎皮楠 *D. oldhamii*、构树 *Broussonetia papyrifera*、赛山梅 *Styrax confusus*、苦楝、巴豆 *Croton tiglium*、白背叶 *Mallotus apelta*、油茶、算盘子 *Glochidion puberum*、木油桐、粗糠柴 *Mallotus philippens*、野漆树 *Toxicodendron sylvestris*、盐肤木、山乌桕、铁冬青、朱砂根、南酸枣、苍耳、黑莎草等。

⑧芳香植物　有 24 种，占总数的 1.89%。主要有马尾松、杉木、瓜馥木 *Fissistigma oldhamii*、樟树、黄樟、香叶树、岗松 *Baeckea frutescens*、枫香树、栀子、草珊瑚、黄荆 *Vitex negundo*、藿香 *Agastache rugosa*、黄花蒿 *Artemisia annua*、野菊 *Dendranthema indicum*、香附子 *Cyperus rotundus* 等。

⑨饲料植物　有 20 种，占总数的 1.57%。较重要的有喜旱莲子草 *Altenanthera ohiloxeroides*、鸭跖草 *Commelina communis*、裸花水竹叶 *Murdannia nudiflora*、牛筋草 *Eleusine indica*、丝茅 *Imperata cylindrical* var. *major*、芒、水蔗草 *Apluda mutica*、看麦娘、升马唐 *Digitaria ciliaris*、光头芒、稗 *E. caudata* 等。

3.2.3.6　野生动物资源

（1）动物物种丰富　由于该保护区的生态环境复杂，森林茂密，孕育了丰富的动物种类。据调查统计，该保护区拥有野生脊椎动物 254 种，分隶 183 属 85 科 27 目。

①鱼类　有 20 种，分隶 18 属 10 科 5 目，占该区动物总种数的 7.87%。其中鲤形目（CYPRINIFORMES）有 3 科 11 属 13 种，占该区鱼类总种数的 65%；鲇形目（SILURIFORMES）有 4 科 4 属 4 种，占总种数的 20%；鲈形目（PERCIFORMES）、合鳃目（SYNBRANCHIFORMES）、鳗鲡目（ANGUILLIFORMES）分别只有 1 科 1 属 1 种，各占总种数的 5%。

②两栖类　有28种，分隶10属7科2目，占该区脊椎动物总种数的11.02%。其中无尾目（SALIENTIA）有5科27种，占该区两栖类总种数的96.43%，区系组成以东洋界种类为主，有23种，占总种数的82.14%，以华南区和华中区成分为主体，兼有西南区的种类，同时在古北界也有分布的种类有5种，占总种数的17.86%；有尾目（CAUDATA）有1科1种，占总种数的3.57%。

③爬行类　有51种，分隶37属11科3目，占该区脊椎动物总种数的20.08%。其中蛇目（SERPENTES）有4科32种，占该区爬行类总数的62.75%；蜥蜴目（LACERTILI）有4科11种，占总数的21.57%；龟鳖目（TESTUDINATA）有3科8种，占总数的15.69%。区系组成以东洋界物种为主，有39种，占总种数的76.47%，兼有华南区和华中区的共有种类，一些古北界广泛分布的种类也占有一定比例。这些区系成分相互渗透，呈现出明显的过渡性，有12个种渗透到古北界的华北区。

④鸟类　有100种，分隶39科11目，占该区脊椎动物总种数的39.37%。其中雀形目（PASSERIFOMES）有25科65种，占该区鸟类总数的65%；鹳形目（CICONIIFORMES）有1科7种，占鸟类总数的7%；佛法僧目（CORACIIFORMES）有2科5种，占总数的5%；隼形目（FALCONIFOEMES）有2科4种，占总数的4%；䴕形目（PICIFORMES）有2科4种，占总数的4%；鹃形目（CUCULIFORMES）有1科4种，占总数的4%；鸡形目（GALLIFORMES）有1科3种，占总数的3%；鸮形目（STRIGFORMES）有2科2种，占总数的2%；鹃形目（CUCULIFORMES）有1科2种，占总数的2%；鸽形目（COLUMBIFORMES）有1科2种，占总数的2%；雁形目（ANSERIFORMES）有1科1种，占总数的1%；䴙䴘目（PODICIPEDIFORMES）有1科1属1种，占总数的1%；鸻形目CHARADRIIFORMES有1科1种，占总数的1%；雨燕目（APODIFORMES）有1科2种，占总数的2%。

在鸟类的居留型中，以留鸟最多，达83种，占该区鸟类总数的83%；冬候鸟有11种，占总数的11%；夏侯鸟仅有6种，占总数的6%。在区系组成中，属东洋界种类最多，有80种，占总数的80%；属古北界的种类有13种，占总数的13%；属广布种的有7种，占总数的7%。

⑤哺乳类　有55种，分隶19科7目，占该区脊椎动物总种数的21.65%；占广东省兽类总数（124种）的44.35%；占全国兽类总数（449种）的12.25%。其中食肉目（CARNIVORA）4科19种，占该区哺乳类总数的34.55%；啮齿目（RODENTIA）有5科13种，占总数的23.64%；翼手目（CHIROPTERAS）有3科9种，占总数的16.36%；偶蹄目（ARIODACTYLA）有3科9种，占总数的16.36%。食虫目（INSECTIVORA）有2科3种，占总数的5.45%；鳞甲目（PHOLIDOTA）有2科2种，占总数的3.64%。

在区系上属于东洋界中印亚界华南区闽广沿海亚区。东洋界种类有35种，占总数的63.64%；其余20种为东洋界和古北界共有的广布种，占总数的36.36%。表现出较为明显的地带性特。

此外，保护区内有昆虫510种，隶属158科15目。

（2）珍稀濒危保护动物较多　以我国1989年公布实施的《国家重点保护野生动物名录》和2001年公布实施的《广东省重点保护陆生野生动物名录》（第一批）为依据，保护区内拥有保护脊椎动物49种。其中国家Ⅰ级重点保护动物7种，国家Ⅱ级重点保护动物24种，省级重点保护动物18种（表3.14）。

表3.14　平远龙文—黄田自然保护区的保护动物

序号	种　名	科　名	濒危度	保护级别
		哺乳纲 MAMMALIA		
1	云豹 *Neofelis nebulosa*	猫科 Felidae	濒危	Ⅰ
2	豹 *Panthera pardus*	猫科 Felidae	濒危	Ⅰ
3	梅花鹿 *Cervus nippon*	鹿科 Cervidae	濒危	Ⅰ

（续）

序号	种　名	科　名	濒危度	保护级别
4	黑麂 *Muntiacus crinifrons*	鹿科 Cervidae	稀有	Ⅰ
5	穿山甲 *Manis pentadactyla*	鲮鲤科 Manidae	濒危	Ⅱ
6	豺 *Cuon alpinus*	犬科 Canidae	易危	Ⅱ
7	斑林狸 *Prionodon pardicolor*	灵猫科 Viverridae	易危	Ⅱ
8	大灵猫 *Viverra zibetha*	灵猫科 Viverridae	濒危	Ⅱ
9	小灵猫 *Viverricula indica*	灵猫科 Viverridae	易危	Ⅱ
10	小爪水獭 *Aonyx cinerea*	鼬科 Mustelidae	易危	Ⅱ
11	水獭 *Lutra lutra*	鼬科 Mustelidae	濒危	Ⅱ
12	金猫 *Felis temmincki*	猫科 Felidae	濒危	Ⅱ
13	水鹿 *Cervus unicolor*	鹿科 Cervidae	易危	Ⅱ
14	斑羚 *Naemorhedus goral*	牛科 Bovidae	易危	Ⅱ
15	鬣羚 *Capricornis sumatraensis*	牛科 Bovidae	易危	Ⅱ
16	小麂 *Muntiacus reevesi*	鹿科 Cervidae		省级
17	豹猫 *Felis bengalensis*	猫科 Felidae		省级
18	豪猪 *Hystrix hodgsoni*	豪猪科 Hystricidae		省级
19	棕鼯鼠 *Petaurista petaurista*	鼯鼠科 Petauristidae		省级
20	食蟹獴 *Herpestes urva*	灵猫科 Viverridae		省级
		鸟纲 AVES		
21	中华秋沙鸭 *Mergus squamatus*	鸭科 Anatidae	稀有	Ⅰ
22	鸳鸯 *Aix galericulata*	鸭科 Anatidae		Ⅱ
23	蜂鹰（凤头蜂鹰）*Pernis ptilorhyncus*	鹰科 Accipitridae	稀有	Ⅱ
24	蛇雕 *Spilornis cheela*	鹰科 Accipitridae	易危	Ⅱ
25	褐耳鹰 *Accipiter badius*	鹰科 Accipitridae	稀有	Ⅱ
26	红隼 *Falco tinnunculus*	隼科 Falconidae	易危	Ⅱ
27	白鹇 *Lophura nycthemera*	雉科 Phasianidae	易危	Ⅱ
28	褐翅鸦鹃 *Centropus sinensis*	杜鹃科 Cuculidae	易危	Ⅱ
29	草鸮 *Tyto capensis*	草鸮科 Tytonidae	易危	Ⅱ
30	雕鸮 *Bubo bubo*	鸱鸮科 Strigidae		Ⅱ
31	大白鹭 *Egretta alba*	鹭科 Ardeidae		省级
32	白鹭 *Egretta garzetta*	鹭科 Ardeidae		省级
33	牛背鹭 *Bubulcus ibis*	鹭科 Ardeidae		省级
34	池鹭 *Ardeola bacchus*	鹭科 Ardeidae		省级
35	绿鹭 *Butorides striatus*	鹭科 Ardeidae		省级
36	夜鹭 *Nycticorax nycticorax*	鹭科 Ardeidae		省级
37	栗苇鳽 *Ixobrychus cinnamomeus*	鹭科 Ardeidae		省级
38	灰胸竹鸡 *Bambusicola thoracica*	雉科 Phasianidae		省级
39	红嘴相思鸟 *Leiothrix lutea*	画眉科 Timaliidae		省级
		爬行纲 REPTILIA		
40	蚺（蟒）*Python molurus*	蟒科 Boidae	极危	Ⅰ

（续）

序号	种　名	科　名	濒危度	保护级别
41	鼋 *Pelochelys bibroni*	鳖科 Trionychidae	濒危	Ⅰ
42	三线闭壳龟 *Cuora trifasciata*	龟科 Testudidae	濒危	Ⅱ
43	山瑞鳖 *Palea steindachneri*	鳖科 Trionychidae	濒危	Ⅱ
44	平胸龟 *Platysternon megacephalum*	龟科 Testudidae	濒危	省级
45	锯缘摄龟 *Pyxidea mouhotii*	龟科 Testudidae		省级
		两栖纲 AMPHIBIA		
46	虎纹蛙 *Rana tigrina*	蛙科 Ranidae	易危	Ⅱ
47	棘胸蛙 *Rana spinosa*	蛙科 Ranidae	易危	省级
48	沼蛙 *Rana guentheri*	蛙科 Ranidae	无危	省级
		鱼纲 PISCES		
49	花鳗鲡 *Anguilla marmorata*	鳗鲡科 Anguillidae		Ⅱ

（3）经济动物多样　保护区内拥有国家保护的有益的或有重要经济、科学研究价值的陆生野生动物。

①两栖类　有黑眶蟾蜍 *Bufo melanostictus*、花狭口蛙 *Kaloula pulchra* 等。

②爬行类　有丽棘蜥 *Acanthosaura lepidogaster*、变色树蜥 *Calotes versicolor*、三索锦蛇 *Elaphe radiata*、翠青蛇 *Ophepdrys major*、灰鼠蛇、银环蛇、金环蛇等。

③鸟类　有珠颈斑鸠 *Streptopelia chinensis*、小白腰雨燕 *Apus affinis*、普通翠鸟 *Alcedo atthis*、家燕 *Hirundo rustica*、金腰燕 *Hirundo daurica*、白鹡鸰 *Motacilla alba*、红耳鹎 *Pycnontus jocosus*、白头鹎 *Pycnonotus sinensis*、栗背短脚鹎 *Hemixos castanonotus*、棕背伯劳 *Lanius schach*、黑卷尾 *Dicrurus macrocercus*、八哥 *Acridotheres cristatellus*、鹊鸲 *Copsychus saularis*、画眉 *Garrulax canorus*、大山雀 *Parus maior*、红头［长尾］山雀 *Aegithalos concinnus*、暗绿绣眼鸟 *Zosterops japonica*、［树］麻雀 *Passer montanus* 等。

④哺乳类　有普通刺猬 *Erinaceus europaeus*、赤腹松鼠 *Callosciurus erythraeus*、隐纹花松鼠 *Tmiops swinhoei*、棕鼯鼠、中华竹鼠 *Rhizomys sinensis*、银星竹鼠、豪猪、华南兔、赤狐 *Vulpes vulpes*、猪獾 *Arctonyx collaris*、狗獾 *Meles meles*、鼬獾 *Melogale moschata*、黄腹鼬、黄鼬、果子狸、野猪、毛冠鹿、等。

3.2.4　龙川枫树坝自然保护区

为了保护好龙川枫树坝水库及其广阔的集雨区的生物资源，1998 年 12 月 28 日广东省人民政府粤府函［1998］495 号文“关于同意建立惠州象头山等 7 个省级自然保护区的批复”中，批准建立龙川枫树坝省级自然保护区。主要保护对象为中亚热带南缘常绿阔叶林森林生态系统、水源涵养林、珍稀野生动植物及其生态环境。

根据中华人民共和国国家标准《自然保护区类型与级别划分原则》（GB/T14529—93），龙川枫树坝自然保护区属“自然生态系统类别”中的“森林生态系统类型”自然保护区，同时兼有“自然生态系统类别”中的“内陆湿地和水域生态系统类型”的特征。

3.2.4.1　自然条件

（1）位置范围　龙川枫树坝自然保护区位于河源市辖龙川县中北部。地理坐标为东经 115°16′46″～115°30′35″，北纬 24°24′36″～24°38′08″。涉及车田、赤光、新田、岩镇麻布岗和贝岭 6 个镇的 24 个管理区和龙川县属鹤畲林场。东与兴宁市接壤，南与赤光镇相连，西至车田镇，西北与和平县交界，北与贝岭、岩镇为邻。保护区东西宽约 15km，南北长 25.5km，总面积 15 670.8hm^2。其中林地面积

10 558.3hm^2，占保护区总面积的 67.38%；非林地（含水面面积）面积 5112.5hm^2，占保护区总面积的 32.62%。以上包括赤光镇的 3918.2 hm^2、新田镇的 1404.3hm^2、车田镇的 2466.6hm^2、岩镇的 5542.9hm^2、麻布岗的 935.3hm^2、贝岭镇的 1192.3hm^2、国营鹤畲林场的 211.2 hm^2。

（2）地质基础　保护区所在地在震旦纪时为华南地槽的一部分，为海水所淹没，早古生代末期，受加里东运动的影响，产生了强烈的褶皱，地盘上升，海水退出，转化为准地台区，晚古生代发生多次海浸，沉积形成了石灰岩、砂页岩等。中生代三叠纪末，发生印支运动，褶皱隆起，并发生倾斜、断裂和岩浆侵入；晚三叠纪至早侏罗纪，又多次海浸；侏罗纪末白垩纪初的燕山运动结束了海浸，并伴随着大规模的岩浆入浸，褶皱再次隆起，并有构造断裂活动，形成了现在山地和龙川盆地。

（3）地貌概况　保护区属丘陵地貌，丘体呈东北—西南走向，组成岩石以花岗岩为主，石灰岩次之。地势四周高，中间低，平均海拔 300m 左右。位于赤光镇南龙管理区的天阳丫最高海拔 442m。

（4）气候特点　保护区属中亚热带季风气候区，气候特点是：四季分明，热量充足，雨量充沛，春季低温阴雨，夏季高温多雨，秋季昼暖夜凉，冬季寒冷有霜冻。在保护区内尚无气象站，根据龙川县气象资料：年平均气温 20.5℃，最冷 1 月份平均气温 10.6℃，极端最低气温 −3.6℃，最热 7 月份平均气温 28.2℃，极端最高气温 39.6℃。无霜期 318 天。年平均降水量 1695mm，多集中在每年 4 ~ 9 月。11 月至翌年 3 月为旱季。年平均日照为 1900 小时，年均蒸发量 1411.33mm。年均相对湿度 79%。全年季风明显，盛行南北气流，夏季多偏南风，冬季多偏北风，春秋两季南北风相互交替。

（5）水文特征　保护区属东江上游的南水和寻邬水和两条河流域范围。地表径流以河流、水库等形式分布，其特征如下。

① 溪流短小　保护区内没有大河，较大的溪流有定南水和寻邬水，均大体自北向南流入枫树坝水库，然后再由东北向西南注入东江。

②水库 枫树坝水库始建于 1970 年，上游集雨面积 5150km^2，年均库容 7.48 亿 m^3，属大型水库。年均水位 147.0m，最大水深 77m，年均水面面积 30.05km^2，具有防洪、发电、供水、灌溉等多种功能。枫树坝水电站是广东省第二大水力发电站，1998 年国内生产总值 19.8 亿元。

③水质良好　根据 1997 ~ 1999 年连续 3 年对水库库内及库下河段水质进行的 22 个项目的监测分析结果显示，除 Cu 一项为国家Ⅱ类水质标准，其他均达到国家Ⅰ类水质标准。

（6）土壤特征　保护区的地带性土壤为红壤。但由于受成土母质、植被和地形等因素以及人类活动的影响，形成如下土壤类型。

①红壤　主要分布在海拔 300m 以下的丘陵地带，成土母质为花岗岩，土层较深厚；表土呈灰黑色，呈酸性反应，pH 值多在 4.0 ~ 4.5；底土呈红色或红褐色，pH 5.0。

②山红壤　主要分布在海拔 300m 以上，成土母质为花岗岩，局部有砂页岩，土层较深厚，表土呈深灰色，底土呈红色，pH 5.5。

3.2.4.2　功能分区

依据《广东龙川枫树坝自然保护区总体规划》[①] 将龙川枫树坝自然保护区分为如下 3 个功能区。

（1）核心区　位于保护区的中部，面积 7319.6hm^2，占保护区总面积的 46.71%。其中林地面积 4252.1hm^2，占保护区林地面积的 40.27%。具体范围沿西北部的半径至东北部的金岭塘一“S”形曲线与缓冲区相接，沿枫树坝镇的社背至岩镇的柴尚坪一弓形曲线与实验区和缓冲区相接，西北至西南沿郑马的半径、白云、福兴湾、白京山、社背一线与枫树坝、郑马等乡（镇）为邻，东北至东南沿金岭塘、杨梅凹、柴尚坪一线与岩镇为邻。该区具有典型代表性保存较为完好的天然常绿阔叶林，珍稀动植物物种集中分布的区域，人迹罕至，不良因素的干扰和影响较少。其主要功能是保护天然常绿阔叶林生态系统和珍稀野生动植物。除必需的科学研究人员经有关主管部门批准方可进出外，将实行全

① 陈桂珠等．广东龙川枫树坝省级自然保护区总体规划．中山大学环境科学研究所，广东龙川枫树坝省级自然保护区．2000.4.

封闭管理，严禁狩猎、采挖药材和砍伐林木 。

(2) 缓冲区 位于核心区的北部和东南部，共有面积 4489.0hm²，占保护区总面积的 28.65%，其中林地面积 3210.8hm²，占保护区林地总面积的 30.41%。北部缓冲区沿郑马的半径—贝岭的金岭塘一线与核心区相连，上面沿郑马的大塘肚—贝岭的盘陂一线与实验区相连，西边沿大塘肚—半径一线与郑马相接，东边沿盘陂—金岭塘与贝岭相接；东南部缓冲区沿柴荷坪、八月畲、新田福村一线与新田、赤光相连，西边与核心区和实验区相接，东边与兴宁市交界。其主要功能是对于保护核心区起缓冲作用，确保核心区的天然常绿阔叶林生态系统和珍稀野生动植物的良性循环。此区将实行半封闭式管理，只许科研人员从事科学研究观测活动，严禁捕猎属于国家和省级重点保护的野生动物，不准采挖和砍伐珍稀植物。

(3) 实验区 位于缓冲区外围的北部和南部，共有面积 3862.2hm²，占保护区总面积 24.65%，其中林地面积 3095.4hm²，占保护区林地总面积的 29.32%。北部实验区的北边鹤畲林场一带，以大塘肚—盘陂一线与缓冲区相连，西边与和平县交界，沿盘陂—嶂背一线与贝岭为邻，沿乌龙嶂—大塘肚一线与郑马接壤。北部实验区位于枫树坝坝址附近，西北边沿社背—梅树塘一线与核心相连，东边沿梅树塘—龙塘一线与缓冲区相接，南边一直至坝址。其主要功能是开展各种科学实验、恢复植被、生态旅游和教学实习等（图 3.4）。

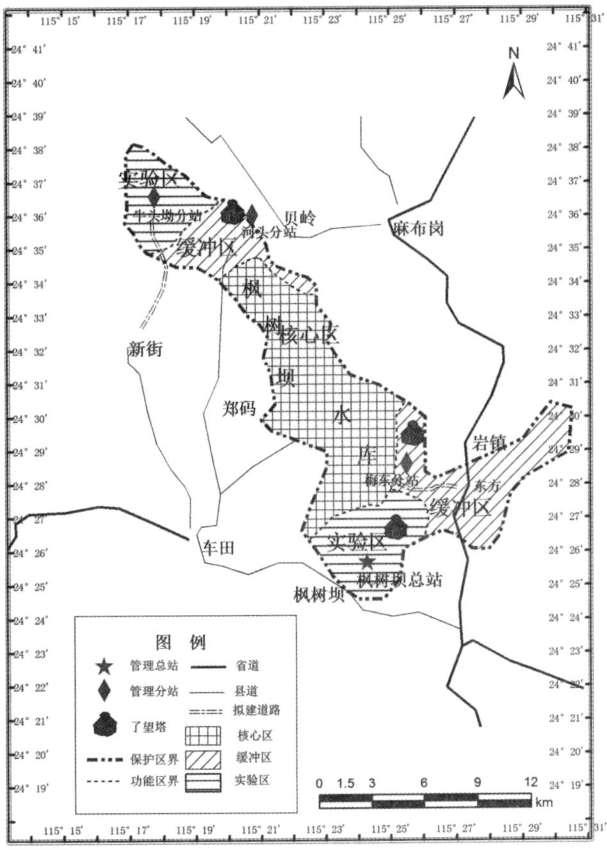

注：此图根据陈桂珠等该保护区功能分区图修改清绘而成。

图 3.4 龙川枫树坝自然保护区功能分区图

3.2.4.3 植物区系特点

本保护区的植物区系，概括起来具有如下特点。

(1) 植物物种较丰富 据调查统计，该保护区拥有真菌 5 科 6 属 6 种；库区藻类有 5 门 24 属 49 种；高等植物 173 科 579 属 907 种（包括种下等级，下同）。其中苔藓植物 7 科 11 属 11 种；蕨类植物 22 科 35 属 45 种；裸子植物 7 科 13 属 20 种；被子植物 137 科 520 属 831 种（表 3.15）。

表 3.15 龙川枫树坝自然保护区高等植物类群的组成

植物类群		科数	属数	种数
苔藓植物		7	11	11
蕨类植物		22	35	45
裸子植物		7	13	20
被子植物	双子叶植物纲	112	390	645
	单子叶植物纲	25	130	186
合计		173	579	907

(2) 植物区成分性质以亚热带为主 以亚热带常阔叶林的壳斗科、樟科、山茶科等属、种为主，

表明该保护区属于典型的亚热带植物区系性质，热带区系成分已相对较少。

3.2.4.4 植被类型

据调查，保护区内的植被类型多样，主要有如下5种类型。

（1）针叶林　主要有马尾松林、杉木林。多分布在保护区的东、西两边的丘陵地，面积较大。林下灌木和草本植物种类较丰富。

（2）常绿阔叶林　主要分布于保护区中部的枫树坝水库沿岸地带。

（3）竹林　主要分布于保护区西北边，面积不大。

（4）针阔叶混交林　分布较广。

乔木层：是以针叶树的杉木、马尾松与阔叶树的木荷 *Schima superba*、锥栗 *Castanea henryi* 混交。

灌木层：主要有桃金娘 *Rhodomyrtus tomentosa*、岗松 *Baeckea frutescens* 等组成。

草本层：以芒萁 *Dicranopteris pedata* 占绝对优势。

（5）灌丛草坡　主要分布于保护区的南部的丘陵地上，多因森林植被遭受人为反复破坏后，在自然环境下恢复而成。主要灌木为桃金娘、岗松、盐肤木 *Rhus chinensis* 等，草本植物为乌毛蕨 *Blechnum orientale*、芒萁、类芦、芒等。

3.2.4.5 野生植物资源

（1）珍稀濒危保护植物较少　根据1984年国家环境保护委员会公布的《中国珍稀濒危保护植物名录》和1999年国务院批准公布的《国家重点保护野生植物名录（第一批）》所列种类统计，保护区内共有国家重点保护野生植物4科4属4种。其中蕨类植物1科1属1种，被子植物3科3属3种。列为国家Ⅱ级重点保护的野生植物4种（表3.16）。

表3.16　龙川枫树坝自然保护区的保护植物

序号	种名	科名	濒危度	保护级别
1	金毛狗 *Cibotium barometz*	蚌壳蕨科 Dicksoniaceae	渐危	Ⅱ
2	樟树 *Cinnamomum camphora*	樟科 Lauraceae	渐危	Ⅱ
3	花榈木 *Ormosia henryi*	蝶形花科 Papilionaceae	渐危	Ⅱ
4	半枫荷 *Semiliquidambar cathayensis*	金缕梅科 Hamamelidaceae	渐危	Ⅱ

（2）经济植物较丰富　在龙川枫树坝自然保护区内蕴藏着多种多样的经济植物资源。根据调查统计，主要有用材树种、药用植物、野果植物等16类（表3.17）。

表3.17　龙川枫树坝自然保护区的经济植物资源分类统计表

类别	用材树种	药用植物	野果植物	淀粉植物	纤维植物	鞣料植物	观赏植物	野菜植物	饲料植物	芳香植物	油料植物	野生花卉	食用植物	蜜源植物	有毒植物	人工花卉
种数	133	625	9	7	26	14	49	13	39	8	17	16	31	35	15	14
%	14.7	68.9	1	1	2.9	1.5	5.4	1.4	4.3	1	1	1.8	3.4	3.9	1.7	1.5

3.2.4.6 野生动物资源

（1）动物物种多样　由于该保护区的生态环境复杂，森林茂密，故孕育了丰富的动物种类。据调查统计，该保护区拥有脊椎动物287种，隶属90科36目。

①鱼类　有102种，隶属24科11目，占该区动物总数的35.54%。

②两栖类　有14种，隶属5科2目，占该区动物总数的4.88%。区系组成以东洋界种类为主，有11种，占该区两栖动物总数的78.57%，其中华南区种类1种，华中区种类1种，其他9种是东洋界的广布种；古北界1种，占总数的7.14%；广布2种，占总数的14.29%。

③爬行类 有39种，隶属9科3目，占该区脊椎动物总数的13.59%。区系组成以东洋界种类占优势，有31种，占该区爬行类总数的79.49%，其中华南区种类8种，东洋界的广布种12种，广布种8种。

④鸟类 有94种，隶属34科14目，占该区脊椎动物总数的32.75%。区系组成以东洋界种类为主，有48种，占该区鸟类总种数的51.11%；古北界种有11种，占总种数的11.70%；广布种35种，占总种数的37.23%。

⑤哺乳类 有38种，隶属18科6目，占该区脊椎动物总数的13.34%。区系组成以东洋界种类占优势，有26种，占该区兽类总种数的68.42%；广布种有12种，占总种数的31.16%。

（2）珍稀濒危动物较多 以我国1989年公布实施的《国家重点保护野生动物名录》和2001年公布实施的《广东省重点保护陆生野生动物名录》（第一批）为依据，保护区内拥有国家级和省级保护脊椎动物33种。其中国家Ⅰ级重点保护野生动物3种，国家Ⅱ级重点保护动物22种，省级重点保护动物8种（表3.18）。

表3.18 龙川枫树坝自然保护区的保护动物

序号	种 名	科 名	濒危度	保护级别
		哺乳纲 MAMMALIA		
1	云豹 *Neofelis nebulosa*	猫科 Felidae	濒危	Ⅰ
2	穿山甲 *Manis pentadactyla*	鲮鲤科 Manidae	濒危	Ⅱ
3	小灵猫 *Viverricula indica*	灵猫科 Viverridae	易危	Ⅱ
4	水獭 *Lutra lutra*	鼬科 Mustelidae	濒危	Ⅱ
5	水鹿 *Cervus unicolor*	鹿科 Cervidae	易危	Ⅱ
6	鬣羚 *Capricornis sumatraensis*	牛科 Bovidae	易危	Ⅱ
7	赤麂 *Muntiacus muntjak*	鹿科 Cervidae	易危	省级
8	小麂 *Muntiacus reevesi*	鹿科 Cervidae	易危	省级
		鸟纲 AVES		
9	松雀鹰 *Accipiter virgatus*	鹰科 Accipitridae	易危	Ⅱ
10	苍鹰 *Accipiter gentilis*	鹰科 Accipitridae		Ⅱ
11	雀鹰 *Accipiter nisus*	鹰科 Accipitridae		Ⅱ
12	蛇雕 *Spilornis cheela*	鹰科 Accipitridae	易危	Ⅱ
13	红隼 *Falco tinnunculus*	隼科 Falconidae	易危	Ⅱ
14	白鹇 *Lophura nycthemera*	雉科 Phasianidae	易危	Ⅱ
15	褐翅鸦鹃 *Centropus sinensis*	杜鹃科 Cuculidae	易危	Ⅱ
16	小鸦鹃 *Centropus sinensis*	杜鹃科 Cuculidae		Ⅱ
17	草鸮 *Tyto capensis*	草鸮科 Tytonidae		Ⅱ
18	领角鸮 *Otus bakkamoena*	鸱鸮科 Strigidae		Ⅱ
19	雕鸮 *Bubo bubo*	鸱鸮科 Strigidae		Ⅱ
20	斑头鸺鹠 *Glaucium cuculoidei*	鸱鸮科 Strigidae	易危	Ⅱ
21	褐林鸮 *Strix leptogrammica*	鸱鸮科 Strigidae		Ⅱ
22	绿鹭 *Butorides striatus*	鹭科 Ardeidae		省级
23	白鹭 *Egretta garzetta*	鹭科 Ardeidae		省级
24	牛背鹭 *Bubulcus ibis*	鹭科 Ardeidae		省级
25	灰胸竹鸡 *Bambusicola thoracica*	雉科 Phasianidae		省级
		爬行纲 REPTILIA		
26	蚺（蟒）*Python molurus*	蟒科 Boidae	极危	Ⅰ
27	鼋 *Pelochelys bibroni*	鳖科 Trionychidae	濒危	Ⅰ

（续）

序号	种　名	科　名	濒危度	保护级别
28	三线闭壳龟 *Cuora trifasciata*	龟科 Testudinidae	濒危	Ⅱ
29	大壁虎 *Gekko gekko*	壁虎科 Gekkonidae	易危	Ⅱ
		两栖纲 AMPHIBIA		
30	细痣疣螈 *Tylototriton asperrimus*	蝾螈科 Salamandridae	易危	Ⅱ
31	虎纹蛙 *Rana tigrina*	蛙科 Ranidae	易危	Ⅱ
32	棘胸蛙 *Rana spinosa*	蛙科 Ranidae	易危	省级
33	沼蛙 *Rana guentheri*	蛙科 Ranidae	无危	省级

（3）经济动物多样　保护区内拥有国家保护的有益的或有重要经济、科学研究价值的陆生野生动物。

①两栖类　有黑眶蟾蜍 *Bufo melanostictus* 等 4 种。

②爬行类　有乌龟 *Chinemys bealei*、黄喉水龟 *Clemmys mutica*、金环蛇、银环蛇、眼镜蛇、眼镜蛇王蛇、三索锦蛇、灰鼠蛇 *Ptyas korros*、滑鼠蛇等 11 种。

③鸟类　鹌鹑、鹧鸪 *Francolinus pintadeanus*、灰胸竹鸡、珠颈斑鸠 *Streptopelia chinensis*、山斑鸠 *P. orientalis*、褐翅鸦鹃、小鸦鹃、八哥、画眉、红嘴相思鸟 *Leiothrix lutea kwangtungensis* 等。

④哺乳类　有黄鼬、果子狸、银星鼠、野猪等。

3.2.5　东源康禾自然保护区

为了保护好东源康禾野生动植物资源，从而达到保护好东江资源，2001 年 10 月 31 日广东省人民政府粤办函［2001］636 号文“关于同意建立江门古兜山等 7 个省级自然保护区的复函”中，批准建立东源康禾省级自然保护区。主要保护对象为南亚热带季风常绿阔叶林森林生态系统、水土保持林及珍稀野生动植物资源。

根据中华人民共和国国家标准《自然保护区类型与级别划分原则》（GB/T14529—93），东源康禾自然保护区属“自然生态系统类别”中的“森林生态系统类型”自然保护区。

3.2.5.1　自然条件

（1）位置范围　东源康禾自然保护区位于河源市辖东源县的东南部。地理坐标为东经 115°04′27″～115°09′41″，北纬 23°44′37″～23°52′16″。东至叶潭镇、黄村镇交界，南至康禾镇的雅陶、径子口、赤岭布、彰教林场相连，西至康禾镇的南山、仙坑、黎顺、大禾、若坝、星社，北以南山村至叶潭镇县级公路、杨梅坑为界。保护区东西宽约 6km，南北长 15km，总面积 6573.1hm^2。

（2）地质基础　东源康禾自然保护区的地层主要为燕山期侵入花岗岩。地表成土母岩以花岗岩为主，砂页岩其次。

（3）地貌概况　保护区属低山、丘陵地貌，地势东南高，西北低。海拔 500～800m 的低山，主要分布于保护区的东南部，境内群峰林立，最高峰白石岗海拔 840.9m。其次为红花顶海拔 787.3m，沟谷多呈“U”形；海拔 100～500m 的丘陵，面积广大，主要分布于中部和西北部，由花岗岩组成，丘顶呈馒头状，起伏平缓；平原地势低平，海拔 100m 以下，主要由第四系的沙、砾和黏土层松散堆积物组成，土层深厚，主要分布河流两岸和山间谷地，

（4）气候特点　保护区属南亚热带季风气候区，气候特点是：四季分明，热量充足，雨量充沛，春季低温阴雨，夏季高温多雨，秋季昼暖夜凉，冬季寒冷有霜冻。在保护区内尚无气象站，根据河源市气象资料：年平均气温 21.1℃，最冷 1 月份平均气温 11.9℃，极端最低气温 －3.8℃（1955 年），最热 7 月份平均气温 28.1℃，极端最高气温 39.3℃（1953 年）。无霜期 343.7 天，年平均降水量

1912mm，每年4～9月总降水量占全年总降雨量的80%，11月至翌年3月为旱季，仅有20%的降雨量。年平均日照为2003.6小时，全年季风明显，盛行南北气流，夏季多偏南风，冬季多偏北风，春秋两季南北风相互交替。

（5）水文特征　保护区属东江一级支流——康禾河流域范围。康禾河发源于紫金县鸡母山，于保护区的西面山脚由南至北流过，至蓝口镇红岗注入东江，全长68km，流域面积413km^2。

保护区位于康禾河的东部，河溪纵横交错，地表径流以河流、小溪、水库、温泉等形式分布，其特征如下。

① 溪流短小　保护区内没有大河，较大的溪流有金竹、雪嶂和石涧坑3条，均大体自东向西注入康禾河。

②水库　有石涧、黄竹洋、和顺、金竹4座小型水电站，装机容量2080kW，年发电量600万kW/小时。

③温泉　分布于保护区南部山脚处，自喷流点达1km^2，有自然泉眼16个，自喷量为2000m^3/日，自然水温最高达87℃。据省级专家实地勘测和有关部门检测分析，康禾的温泉埋藏浅，流量大，可开采量达5000m^3/日以上，而且含有10多种对人体有益的微量元素，在全国都不多见。

（6）土壤特征　保护区的地带性土壤为赤红壤。但由于受成土母质、山地气候、植被和地形等因素以及人类活动的影响，从山麓至山顶依次形成了垂直分布。

①赤红壤　主要分布在海拔400m以下的丘陵地带，土层较深厚，表土呈灰黑色，呈酸性反应，pH值多在4.0～4.5，底土呈红色或红褐色，pH 5.0。

②山红壤　主要分布在海拔400～600 m之间的山地，土层较深厚，表土呈深灰色，底土呈红色，pH 5.5。

③山地黄红壤　是红攘与黄壤的过渡类型，主要分布在海拔600m以上，成土母质以花岗岩风化坡积物为主，土壤呈酸性反应。

3.2.5.2　功能分区

根据《中华人民共和国自然保护区条例》第十八条“自然保护区可以分为核心区、缓冲区和实验区”的规定，依据《广东东源康禾省级自然保护区总体规划》①，将东源康禾自然保护区分为如下3个功能区。

（1）核心区　位于保护区的中部，自北向南包括狮子嶂、雪嶂、斋公庵和上石简等，总面积2386.8hm^2，占保护区总面积的36.81%，该区具有典型代表性保存较为完好的天然季风常绿阔叶林，珍稀动植物物种多集中分布的区域，人迹罕至，不良因素的干扰和影响较少。其主要功能是保护天然季风常绿阔叶林生态系统和珍稀野生动植物。除必需的科学研究人员经有关主管部门批准方可进出外，将实行全封闭管理，严禁狩猎、采挖药材和砍伐林木 。

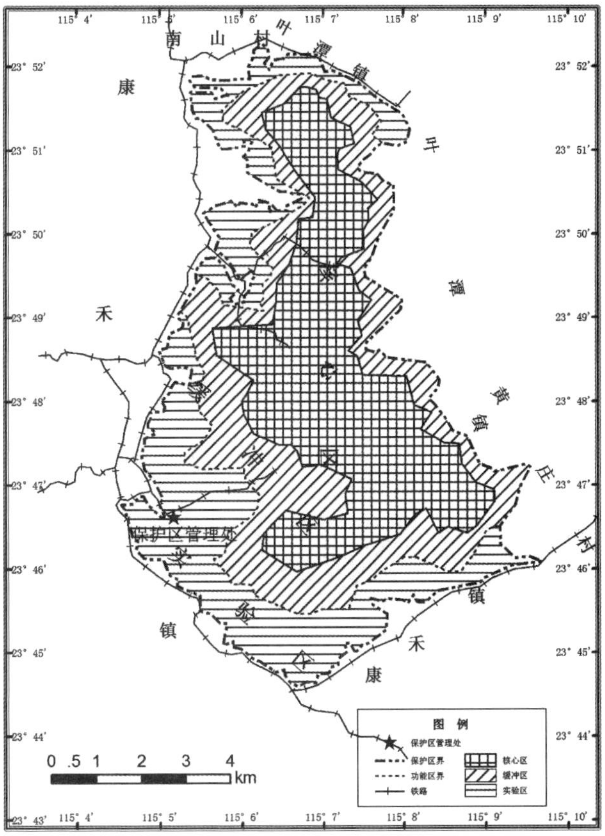

注：此图根据胡喻华等该保护区功能区划图修改清绘而成。

图3.5　东源康禾省级自然保护区功能分区图

① 胡喻华，区庄葵．广东东源康禾省级自然保护区总体规划．广东省林业调查规划院．2007.8.

（2）缓冲区　位于核心区外围，面积2046.0hm²，占保护区总面积的31.13%。其功能是对于保护核心区起缓冲作用，确保核心区的天然季风常绿阔叶林生态系统和珍稀野生动植物的良性循环。此区将实行半封闭式管理，只许科研人员从事科学研究观测活动，严禁捕猎列为国家和省级重点保护野生的动物，不准采挖和砍伐珍稀植物。

（3）实验区　位于缓冲区外围的北部、西部和南部，面积2140.3hm²，占保护区总面积32.56%。基本分布着各村庄村民的人工针叶林和茶园。主要功能是开展各种科学实验、生态旅游和教学实习等，管护设施亦基本修筑在此区（图3.5）。

3.2.5.3　植物区系特点

本保护区的植物区系，概括起来具有如下特点。

（1）植物物种较丰富　据2014～2015保护区补充科考调查结果，结合陈柄辉调查统计，该保护区拥有维管束植物1026种（包括种下等级，下同），隶属604属179科，仅占广东省维管束植物5933种的17.29%（叶华谷等，2005）。其中蕨类植物87种，隶属45属27科；裸子植物4种，隶属3属3科；被子植物935种，隶属556属149科。其植物类群的组成（表3.19）。

表3.19　东源康禾自然保护区维管束植物类群的组成

植物类群	科数	属数	种数
蕨类植物	227	45	87
裸子植物	3	3	4
被子植物	149	556	935
合计	179	604	1026

（2）地理成分复杂　按照《世界种子植物科的分布区类型系统》（吴征镒等，2003）、《中国种子植物属的分布区类型系统》及藏德奎（1998）对中国蕨类植物区系划分结果，保护区维管植物区系类型科属分别包括10类和13类。其中种子植物科和属热带分布成分最多，分别占51.39%和63.35%；温带分布成分次之，分别占9.50%和9.61%；再次是东亚和东亚—北美间断分别，分别占3.91%和10.45%；中国特有种的分布最少，占0.5%。蕨类植物区系类型科和属均包括5类，其中科和属热带分布成分最多，分别占8.39%和6.48%；温带分布成分分别占1.68%和1.33%；东亚和东亚—北美间断分布分别占0.56%和0.34%；中国特有种的分布最少，占0.56%。由此可见，保护区维管植物区系强烈表现为热带亚热带区系成分。109科的分布区类型统计分析：除旧世界温带分布、温带亚洲分布、地中海区和西亚至中亚分布、中亚分布及中国特有分布科尚未发外，其余10个分布区类型及变型均有分布（表3.20）。

表3.20　东源康禾自然保护区维管植物科属的分布成分统计

分布区类型	科区系分布（%）		属区系分布（%）	
	种子植物	蕨类植物物	种子植物	蕨类植物物
1. 世界分布	21.23	2.79	8.62	1.59
2.. 泛热带分布	34.64	5.03	25.21	2.16
3. 热带亚洲和热带美洲间断分布	6.7	0	4.04	0.33
4. 旧世界热带分布	2.23	0.56	9.29	0.33
5. 热带亚洲至热带大洋洲分布	3.35	0.56	6.63	2.5
6. 热带亚洲至热带非洲分布	1.68	0.56	4.81	0.5
7. 热带亚洲（印度马来西亚）分布				
8. 北温带分布	9.5	1.68	7.46	1.33

（续）

分布区类型	科区系分布（%）		属区系分布（%）	
	种子植物	蕨类植物物	种子植物	蕨类植物物
9. 东亚和北美洲间断分布	3.35	0.56	4.15	0.17
10. 旧世界温带分布	0	0	1.82	0
11. 温带亚洲分布	0	0	0.33	0
12. 地中海区、西亚至东亚分布	0	0	0	0
13. 中亚分布	0	0	0.33	0
14. 东亚分布	0.56	0	5.97	0.17
15 中沟特有分布	00	0.56	06	0

3.2.5.4 植被类型

保护区地处中亚热带与南亚热带交界处，区域内的常绿阔叶林在植被顶极群落的种类构成上普遍包含棕榈科、露兜树科、番荔枝科等热带科属，在优势种植株的形太结构表现濒繁出现板根现象、老茎开花现象和林冠连续不分层现象，这些现象均体现了明显的热带成分特征据调查，保护区内的植被类型多样，主要有如下 7 种类型。

（1）针叶林　主要有马尾松林和杉木林。前者分布在保护区缓冲区的路两旁和近村边的丘陵地，面积较大；后者分布在海拔 300～400m 的山谷两旁山坡，已栽种 10 多年，分布面积不大。林下灌木有岗松、米碎花、毛冬青，草本植物有类芦、石芒草 *Arundinella nepalensis*、乌毛蕨 *Blechnum orientale*、芒萁等。

（2）季风常绿阔叶林　主要分布于海拔 300m 以下的黄竹墩、雪嶂等沟谷中，面积不大，由于人为砍伐破坏，大树罕见，属于原生植被破坏后恢复起来的次生类型。

乔木层：主要由华润楠 *Machilus chinensis*、猴耳环 *Archidendron clypearia*、鹅掌柴 *Schefflera octophylla*、山杜英 *Elaeocarpus sylvestris*、黧蒴等为优势种。伴生种类有黄杞、多花山竹子、鼎湖血桐、翻白叶树、罗浮柿、山乌桕 *Sapium discolor* 等。

灌木层：主要有九节 *Psychotria asiatica*、水东哥、水同木、对叶榕 *Ficus hispida*、船梨榕 *F. pyriformis*、水团花 *Adina pilulifera* 等。

草本层：常见的有野蕉、草豆蔻、露兜草、乌毛蕨 *Blechnum orientale*、深绿卷柏 *Selaginella doederleinii*、金毛狗 *Cibotium barometz*、华南紫萁 *Osmunda vachellii* 等。

层间藤本植物：有天香藤 *Albizia corniculata*、毛鳞省藤 *Calamus thysanolepis* 等。

（3）山地常绿阔叶林　主要分布于海拔 300m 以上的黄竹墩、雪嶂等沟谷两旁山坡、山脊、山顶，是保护区分布面积较大的主要植被类型。

乔木层：树高 12～16m，主要以米槠 *Castanopsis carlesii*、黧蒴、猴耳环、木荷 *Schima superba* 为优势种。伴生种类有黄杞、山杜英、蕈树 *Altingia chinensis*、多花山竹子、红锥 *Castanopsis hystrix*、吊皮锥 *C. kawakamii*、网脉山龙眼 *Helicia reticulata* 等。

灌木层：主要有罗伞树 *Ardisia quinquegona*、三桠苦 *Evodia lepta*、山苍子、豺皮樟 *L. rotundifolia*、九节、岗柃、毛冬青、黄毛楤木、水团花、虎舌红 *Ardisia mamillata*、假鹰爪 *Desmos chinensis* 等。

草本层：常见的有乌毛蕨、深绿卷柏 *Selaginella doederinii*、狗脊 *Woodwardia japonica*、类芦 *Neyraudia reynaudiana*、蔓生秀竹 *Microstegium vagans*、淡竹叶、石芒草 *Arundinella nepalensis*、高秆珍珠茅 *Scleria terrestris*、山菅兰、草豆蔻、露兜草 *Pandanus austrosimensis*、金毛狗、乌蕨、单叶双盖蕨 *Diplazium lanceum* 等。

层间藤本植物：有天香藤。林下还有绒毛润楠 *Machilus velutina* 幼苗。

此外，在康禾镇附近村后山上，尚有面积数百亩的成片红锥林，树高 13～17m，胸径 25～30cm。

实属罕见。

（4）针阔叶混交林　是以暖性针叶树与阔叶树为建群种所组成的森林群落。在保护区内主要分布于仙坑林场、南山村月坑、雪嶂水库周边较低海拔的丘陵地，面积较大，多为原生阔叶林破坏后或人工杉木林砍伐后经自然演替或人工抚育而成，目前仍处于顺行演替阶段。林相结构较简单。

乔木层：针叶树以马尾松、杉木为主，阔叶树种以木荷、黧蒴为主。伴生树种有山乌桕、罗浮柿、枫香树 *Liquidambar formosana*、岭南山竹子 *Garcinis oblongifolia*、簕党花椒 *Zanthoxylum avicennae*、野漆树 *Toxicodendron sylvestris*、赤杨叶 *Alniphyllum fortunei* 等。

灌木层：主要有米碎花 *Eurya chinensis*、桃金娘 *Rhodomyrtus tomentosa*、黄牛木 *Cratoxylon cochinchinense*、赤楠 *Syzygium buxifolium*、盐肤木 *Rhus chinensis*、粗叶榕 *Ficus hirta*、了哥王和虎舌红等。

草本层：常见的有五节芒、芒、蜈蚣草 *Eremochloa ciliaris*、野香茅 *Cymbopogon tortilis*、乌毛蕨、芒萁、中华里白、类芦、石芒草和棕叶芦 *Thysanolaena maxima* 等。

层间藤本植物：有藤檀 *Dalbergia hancei*、光叶菝葜 *Smilax glabra* 等。

（5）竹林　主要分布于水湿条件较好的山谷至山腰地段，以彗竹 *Pseudosasa hindsii* 为优势种，郁闭度在80%以上。林下灌木层不显著。

（6）常绿灌丛　分布于靠近村边的丘陵地上，多因森林植被遭受人为反复破坏后，在自然环境下恢复而成。主要灌木为桃金娘、米碎花、岗松、盐肤木、黄牛木、毛冬青等，草本植物为乌毛蕨、芒萁、类芦、石芒草、芒等。

（7）经济林　主要分布在山腰至山脚。为未成熟茶园和少量幼国树，郁闭度在50%以下。

3.2.5.5　野生植物资源

（1）珍稀濒危保护植物较多　根据1984年国家环境保护委员会公布的《中国珍稀濒危保护植物名录》和1999年国务院批准公布的《国家重点保护野生植物名录（第一批）》所列种类统计，保护区内共有国家重点保护野生植物11科11属11种。其中蕨类植物2科2属2种，被子植物9科9属9种；列为国家Ⅰ级重点保护的野生植物1种，Ⅱ级重点保护的野生植物7种，Ⅲ级重点保护的野生植物3种（表3.21）。

表3.21　东源康禾自然保护区内的保护植物

序号	种名	科名	濒危度	保护级别
1	伯乐树 *Bretschneidera sinensis*	伯乐树科 Bretschneideraceae	濒危	Ⅰ
2	金毛狗 *Cibotium barometz*	蚌壳蕨科 Dicksoniaceae	渐危	Ⅱ
3	苏铁蕨 *Brainea insignis*	乌毛蕨科 Bechnaceae	濒危	Ⅱ
4	樟树 *Cinnamomum camphora*	樟科 Lauraceae	渐危	Ⅱ
5	花榈木 *Ormosia henryi*	蝶形花科 Papilionaceae	渐危	Ⅱ
6	半枫荷 *Semiliquidambar cathayensis*	金缕梅科 Hamamelidaceae	渐危	Ⅱ
7	野茶树 *Camellia sinensis* var. *assamica*	山茶科 Theaceae	稀有	Ⅱ
8	吊皮锥 *Castanopsis kawakamii*	壳斗科 Fegaceae	渐危	Ⅱ
9	粘木 *Ixonanthes chinensis*	粘木科 Ixonanthaceae	渐危	Ⅲ
10	白桂木 *Artocarpus hypargyreus*	桑科 Moraceae	渐危	Ⅲ
11	巴戟 *Morinda officinalis*	茜草科 Rubiaceae	稀有	Ⅲ

注：兰科植物5属6种，即石仙桃 *Pholidota chinensis*、虾脊兰 *Calanthe discolor*、广东隔距兰 *Cleisostoma simondii*、见血青 *Liparis nervosa*、斑叶兰 *Goodyera schlechtendaliana*、广东石豆兰 *Bulbophyllum kwangtungense* 等，全部为《濒危野生动植物种国际贸易公约》附录Ⅱ物种。

（2）经济植物较丰富　在保护区内蕴藏着多种多样的经济植物资源。根据调查统计，主要有如下经济植物。

①药用植物　有金毛狗、海金沙、肾蕨 *Nephrolepis auriculata*、金樱子、朱砂根 *Ardisia crenata*、三

桠苦、白花苦灯笼 *Tarenna mollissima*、草豆蔻、金不换 *Polygata glomerata*、火炭母 *Polygonum chinense*、土牛膝 *Achyranthes aspera*、绞股蓝 *Dynostemma pentaphylla*、地耳草 *Hypericum japonicum*、飞扬草 *Euphorbia hirta*、桑寄生 *Taxillus sutchuensis*、梅叶冬青 *Ilex asprella*、两面针、山银花 *Lonicera confusa*、千里光、积雪草 *Centella asiatica*、车前草、板蓝根、狗肝菜 *Dicliptera chinensis* 等。

②用材植物　有杉木、马尾松、黄樟、樟树、楝叶吴茱萸 *Evodia meliaefolia* 华润楠、木荷、山杜英、半枫荷、猴耳环、蕈树、枫香树、黄杞、石斑木、苍叶红豆 *Ormosia semicastrata*、南酸枣 *Choerospondias axillaris*、米槠、红锥、鹿角锥 *Castanopsis lamontii*、川鄂栲 *C. fargesii*、罗浮栲、吊皮锥等。

③园林绿化树种　有铁冬青 *Ilex rotunda*、五列木 *Pentaphylax euryoides*、榕树 *Ficus microcarpa*、笔管榕 *F. virens*、阴香 *Cinnamomum burmanni*、中华杜英 *Elaeocarpus chinenesis*、多花山竹子等。

④观赏植物　有假鹰爪 *Desmos chinensis*、映山红、朱砂根、虎舌红、桃金娘、白花油麻藤 *Mucuna birdwoodiana*、栀子 *Gardenia jasminoides*、大叶仙茅 *Cyrculigo capitulata*、鹤顶兰 *Phaius tankervilliae* 等。

⑤淀粉植物　有蕨、葛、米槠、红锥、光叶菝葜、金毛狗、薜荔 *Ficus pumila* 等。

⑥鞣料植物　有盐肤木、薯茛 *Dioscorea cirrhosa* 等。

⑦芳香植物　有樟树、山苍子 *Litsea cubeba*、簕党花椒等。

⑧纤维植物　有苎麻 *Boehmria nivea*、了哥王、细轴荛花 *Wikstroemia nutans*、山黄麻 *Trema orientalis* 酸叶胶藤 *Ecdysanthera rosea*、青皮竹 *Bambusa textilis* 等。

⑨油脂植物　有油茶 *Camellia oleifera*、木油桐 *Vernicia montana*、牛耳枫 *Daphniphyllum calycinum*、山乌桕 *Sapiun discolor* 等。

⑩野生水果植物　有阔叶猕猴桃 *Actinidia latifolia*、桃金娘、多花山竹子、罗浮柿、杨梅 *Myrica rubra*、野木瓜 *Stauntonia chinensis*、酸藤子 *Embelia laeta* 等。

3.2.5.6　野生动物资源

（1）野生资源多样　保护区内的生态环境复杂，森林茂密，孕育了丰富的动物种类。据调查统计，保护区内拥有陆栖脊椎动物 202 种，隶属 70 科 22 目。

①两栖类　有 20 种，隶属 7 科 1 目即无尾目（SALIENTIA），占该区脊椎动物总种数的 9.9%。其中东洋界物种有 19 种，占该区两栖类总种数的 95%；广布种有 1 种，占总种数的 5%。

②爬行类　有 36 种，隶属 11 科 2 目，占该区脊椎动物总种数的 17.82%。其中有鳞目（SERPENTES）有 8 科 33 种，占该区爬行类总种数的 91.67%；龟鳖目（TESTUDINATA）有 3 科 3 种，占总种数的 8.33%。区系组成均为东洋界物种，有 33 种，占总种数的 91.67%；广布种 3 种，占总种数的 8.33%。

③鸟类　有 104 种，分隶 36 科 13 目，占该区脊椎动物总种数的 51.94%。其中雀形目（PASSERIFOMES）有 22 科 67 种，占该区鸟类总种数的 64.42%；隼形目（FALCONIFOEMES）有 2 科 9 种，占总种数的 8.65%；鹃形目（CUCULIFORMES）有 1 科 8 种，占总种数的 7.69%；䴕形目（PICIFORMES）有 2 科 3 种，占总种数的 2.88%；鹤形目（GRUIFORMES）有 1 科 3 种，占总种数的 2.88%；鸡形目（GALLIFORMES）有 1 科 3 种，占总种数的 2.88%；鸮形目（STRIGFORMES）有 1 科 2 种，占总种数的 1.92%；雨燕目（APODIFORMES）有 1 科 2 种，占总种数的 1.92%；佛法僧目（CORACIIFORMES）有 1 科 2 种，占总种数的 1.92%；鸽形目（COLUMBIFORMES）有 1 科 2 种，占总种数的 1.92%；䴙䴘目（PODICIPEDIFORMES）有 1 科 1 种，占总种数的 0.96%；咬鹃目（TROGONIFORMES）有 1 科 1 种，占总种数的 0.96%；鹳形目（CICONIIFORMES）有 1 科 1 种，占总种数的 0.96%。

在区系组成中属东洋界种类最多，有 78 种，占总种数的 75%；古北界种类有 17 种，占总种数的 16.35%；广布种有 9 种，占总种数的 8.65%。

④哺乳类　有 42 种，隶属 16 科 6 目，占该该区脊椎动物总种数的 20.79%；占广东省哺乳类总数（124 种）的 33.87%；占全国哺乳类（449 种）总数的 9.35%。其中翼手目（CHIROPTERAS）有 4 科 16 种，占该区哺乳类总种数的 38.10%；啮齿目（RODENTIA）有 4 科 14 种，占总种数的 33.33%；食肉目

（CARNIVORA）4 科 8 种，占总种数的 19.05%；偶蹄目（ARIODACTYLA）有 2 科 2 种，占总种数的 4.76%；鳞甲目（PHOLIDOTA）和鼩形目（SORICOMORPHA）各有 1 科 1 属 1 种，分别占总种数的 2.38%。

在区系上表现出较为明显的地带性特征，在 42 种哺乳动物中属东洋界物种有 29 种，占总种数的 69.05%；广布种物种有 13 种，占总种数的 30.95%，

（2）珍稀濒危动物较多　以我国 1989 年公布实施的《国家重点保护野生动物名录》和 2001 年公布实施的《广东省重点保护陆生野生动物名录》（第一批）为依据，保护区内有保护脊椎动物 202 种。含国家Ⅰ级重点保护野生动物 1 种，Ⅱ级重点保护动物 19 种，省级重点保护动物 9 种（表 3.22）。

表 3.22　东源康禾自然保护区的保护动物

序号	种　名	科　名	IUCN 濒危等级	保护级别
		哺乳纲 MAMMALIA		
1	穿山甲 *Manis pentadactyla*	鲮鲤科 Manidae	濒危	Ⅱ
2	小灵猫 *Viverricula indica*	灵猫科 Viverridae	易危	Ⅱ
3	斑林狸 *Priondon pardicolor*	灵猫科 Viverridae	易危	Ⅱ
		鸟纲 AVES		
4	松雀鹰 *Accipiter virgatus*	鹰科 Accipitridae	易危	Ⅱ
5	凤头鹰 *Accipiter trivirgatus*	鹰科 Accipitridae		Ⅱ
6	赤腹鹰 *Accipiter soloensis*	鹰科 Accipitridae		Ⅱ
7	苍鹰 *Accipiter gentilis*	鹰科 Accipitridae		Ⅱ
8	黑翅鸢 *Elanus caeruleus*	鹰科 Accipitridae		Ⅱ
9	黑鸢 *Milvus migrans*	鹰科 Accipitridae		Ⅱ
10	蛇雕 *Spilornis cheela*	鹰科 Accipitridae	易危	Ⅱ
11	普通鵟 *Buteo buteo*	鹰科 Accipitridae		Ⅱ
12	红隼 *Falco tinnunculus*	隼科 Falconidae	易危	Ⅱ
13	白鹇 *Lophura nycthemera*	雉科 Phasianidae	易危	Ⅱ
14	褐翅鸦鹃 *Centropus sinensis*	杜鹃科 Cuculidae	易危	Ⅱ
15	小鸦鹃 *Centropus sinensis*	杜鹃科 Cuculidae		Ⅱ
16	领角鸮 *Otus bakkamoena*	鸱鸮科 Strigidae		Ⅱ
17	领鸺鹠 *Glaucidium brodiei*	鸱鸮科 Strigidae		Ⅱ
18	绿鹭 *Butorides striatus*	鹭科 Ardeidae		省级
19	白鹭 *Egretta garzetta*	鹭科 Ardeidae		省级
20	牛背鹭 *Bubulcus ibis*	鹭科 Ardeidae		省级
21	雉鸡 *Phasianus colchicus*	雉科 Phasianidae		省级
22	灰胸竹鸡 *Bambusicola thoracica*	雉科 Phasianidae		省级
23	黑水鸡 *Gallinula chloropus*	秧鸡科 Rallidae		省级
		爬行纲 RREPTILIA		
24	蚺（蟒）*Python molurus*	蟒科 Boidae	极危	Ⅰ
25	三线闭壳龟 *Cuora trifasciata*	龟科 Testudidae	濒危	Ⅱ
26	平胸龟 *Platysternon megacephalum*	龟科 Testudidae	濒危	省级
		两栖纲 AMPHIBIA		
27	虎纹蛙 *Rana tigrina*	蛙科 Ranidae	易危	Ⅱ
28	棘胸蛙 *Rana spinosa*	蛙科 Ranidae	易危	省级
29	沼蛙 *Rana guentheri*	蛙科 Ranidae	无危	省级

（3）经济动物多样 保护区内拥有国家有益的或有重要经济、科学研究价值的陆生野生动物。

①两栖类 有黑眶蟾蜍、斑脚树蛙 *Rhacophorus leucomystax*、花狭口蛙 *Kaloula pulchra* 等3种。

②爬行类 有乌龟、丽棘蜥 *Acanthosaura lepidogaster*、变色树蜥 *Calotes versicolor*、南草蜥 *Takydronmus sexlineatus*、三索锦蛇、翠青蛇 *Ophepdrys major*、灰鼠蛇、银环蛇等8种。

③鸟类 有小鸊鷉、绿鹭、牛背鹭、白鹭、鹌鹑、雉鸡、灰胸竹鸡、白胸苦恶鸟 *Amaurornis phoenicurus*、黑水鸡、骨顶鸡 *Fuluca atra*、矶鹬 *Tringa incana*、珠颈斑鸠 *Streptopelia chinensis*、噪鹃 *Eudynamys scolopacea*、小白腰雨燕 *Apus affinis*、普通翠鸟、红嘴蓝鹊、赤红山椒鸟 *Pericrocotus flammeus*、家燕、金腰燕 *Hirundo daurica*、白鹡鸰 *Motacilla alba*、红耳鹎 *Pycnontus jocosus*、白头鹎 *Pycnonotus sinensis*、栗背短脚鹎 *Hemixos castanonotus*、白喉红臀鹎 *Pycnontus aurigaster*、棕背伯劳 *Lanius schach*、黑卷尾 *Dicrurus macrocercus*、八哥 *Acridotheres cristatellus*、鹊鸲 *Copsychus saularis*、黑脸噪鹛 *Garrulax perspicillatus*、画眉、大山雀、红头［长尾］山雀 *Aegithalos concinnus*、朱背啄花鸟 *Dicaeum cruentatum*、暗绿绣眼鸟 *Zosterops japonica*、［树］麻雀 *Passer montanus*、树鹨 *Anthus hodgsoni*、山鹨 *Anthus sylvanus*、黄胸鹀 *Emberiza aureola* 等37种。

④哺乳类 有果蝠 *Rousettus leschenaulti*、鼬獾、猪獾、野猪、果子狸、红颊獴、褐家鼠 *Rattus norvegicus* 等7种。

3.2.6 紫金白溪自然保护区

紫金白溪自然保护区是在紫金县白溪水源林自然保护区的基础上发展而成。1999年，经广东省林业局批准成立广东白溪水源林省级自然保护区。2001年10月30日，广东省人民政府粤办函［2001］636号文《关于同意建立江门古兜山等7个省级自然保护区的复函》批准建立紫金白溪省级自然保护区。主要保护对象为南亚热带常绿阔叶林生态系统、珍稀野生动植物及其栖息生境和水资源。

根据中华人民共和国国家标准《自然保护区类型与级别划分原则》（GB/T14529—93），紫金白溪自然保护区属“自然生态系统类别”中的“森林生态系统类型”自然保护区。

3.2.6.1 自然条件

（1）位置范围 紫金白溪自然保护区位于河源市辖紫金县东北部。地理坐标为东经115°08′54″～115°17′53″，北纬23°40′43″～23°45′42″。东与中坝镇相连，南与广福嶂、高坑、鸡母山接壤，西与附城镇为邻，北与东源县交界。东西宽达15km，南北长1.5～6.2km，总面积5755.5hm^2。其中白溪水库管理处3943.1hm^2，附城镇1190hm^2，中坝镇442.4hm^2。

（2）地貌概况 保护区的地势大致东南北高中西低，区内山峦重迭，起伏连绵，山地平均海拔500m，相对高差500～600m，最大高差800m左右，主要有如下3种地貌类型。

①中山地貌 海拔800m以上的中山，主要分布于北部、南部和中部。前者如燕子岩海拔1167.5m，是保护区的最高峰，笔管竹海拔1077.2m、虎挽岗海拔1000m、红花顶海拔999.9m；后者如鸡母山海拔1076m、鸡麻山海拔951m、留王殿海拔829.7m；中部的牛角墩海拔973m。此外，还有6座无名山，海拔均超过800m。地表起伏大，坡度25°～45°，局部地段达60°。

②低山地貌 海拔500～800m的低山其次，主要分布于丘陵与中山之间。地表起伏较大。

③丘陵地貌 特征是以海拔500m以下，比高50～100m，主要分布于西部，地表起伏和缓。

（3）气候特点 紫金白溪自然保护区地处南亚热带北缘，属南亚热带湿润性季风气候区，其特点是：气候温和，夏长冬短，光照充足，雨量充沛，夏季高温多雨，冬季寒冷少雨。保护区具有山地气候特征，但受季风环流的影响显著，夏季受西南季风和东南季风的影响，多南风、东南风，气候暖湿，降水充沛；冬季受东北季风影响，多北风、西北风，气候干冷。

据保护区所在的紫金县气象资料：多年平均气温20.5℃，最冷1月份平均气温11.3℃，极端最低气温－4℃，最热7月份平均气温27.4℃，极端最高气温38.5℃。无霜期300～309天。多年平均降水量1761mm，最大年降雨量达1900mm，降雨量主要集中在每年4～9月。由于保护区位于东北部山区，平均海拔高出县城350m左右，故其各项气温指标比县城低2 ~3℃，而降雨则稍高，多在1900mm以上。

（4）水文特征 保护区属东江水系，其水文特征是：既有地表河流，又有水库。

①河流 保护区内主要有如下2条河流。

A. 白溪河 发源于保护区东部的燕子岩南麓，自东向西横贯保护区中部，经上水底、白溪水库、散滩水库，最后注入东江一级支流康禾河，干流长11.5km，集雨面积36.7km^2，河道平均坡降20.6‰，多年平均径流量3.5m^3/秒，水力资源丰富，已建成5级电站，总装机容量达6820kW。

B. 上庄河 发源于保护区东部的鸡母山，干流长16km，自东向西流入散滩水库，该河流经保护区段约有2km。

②水库 保护区内有2座水库。

A. 白溪水库 位于保护区中部，是紫金县最大的水库，1976年始建，1980年峻工，总库容量2 246万m^3，是一座中型水库，具有灌溉、发电两用的水库。

B. 散滩水库 位于白溪水库下游，相距4km，20世纪80年代建成，总库容量1204万m^3。

（5）土壤特征 紫金白溪自然保护区的地带性土壤为赤红壤，但由于受成土母质、山地气候、植被和地形等因素以及人类活动的影响，从山麓至山顶依次形成了垂直分布。

①赤红壤 主要分布在海拔300m以下的低丘陵地带，成土母质为花岗岩类风化坡积物和堆积物，土层较深厚。

②红壤 主要分布在海拔300~500m的高丘陵地带，成土母质以花岗岩的风化残积物为主，土层厚薄不一，呈酸性反应。土壤肥力水平较高。

③山地黄壤 主要分布于海拔500~800m以上的低山地带，成土母质以花岗岩风化的坡积物、原积物，土层深厚，呈微酸性反应，养分含量较高。

④山地灌丛草甸土 是在和灌丛草坡下发育的土壤，主要分布于保护区的山顶和山脊，土层浅薄，但腐殖质层较厚，有机质含量高，土体质地较黏重，多呈酸性反应。

此外，尚有水稻土和旱地土等，但分布面积均不大。

3.2.6.2 功能分区

依据《广东白溪水源林自然保护区总体规划》① 将紫金白溪自然保护区分为如下3个功能区。

（1）核心区 总面积2055hm^2，占保护区总面积的35.70%。位于保护区的中部，即白溪水库的南部和北部。

南部核心区的具体范围：东至六村、华山村，南至高坑—鸡母山一线，西至黄沙坑，北至白溪水库，面积1283hm^2；北部核心区具体范围；东至下黄嶂—大湖肚一线，南至梅子坝电站，西至大土坳，北至红花顶和千村嶂，面积772hm^2。

核心区内具有典型代表性保存较完好的天然季风常绿阔叶林及中坝成片的野生竹柏 *Nageia nagi* 林，物种丰富，也是野生动物的重要活动区域。区内无自然村，不良因素的干扰和影响较小。其主要功能是：保护天然季风常绿阔叶林生态系统、野生竹柏林和珍稀野生动植物及其生存栖息繁衍的环境和起到涵养水源、为附近及县城居民提供洁净的饮用水。将实行全封闭管理，除必需的科学研究人员经有关主管部门批准方可进出外，禁止任何人进入，严禁狩猎、采挖药材和砍伐林木。

（2）缓冲区 有2片，总面积2342.7hm^2，占保护区总面积的40.70%。位于核心区外围的东北部和中部。

东北部缓冲小区的具体范围：东至燕疏、中心坑顶、猪牯嶂一线，南至白溪水库南岸和下肚一线，西至白溪水库管理处、下嶂和千林嶂一线，北至千林嶂、笔管竹、长排山、燕疏一线，面积1930.1hm^2，占缓冲区总积的82.39%；中部梅子坑缓冲小区的具体范围：东至散滩电站，南至广福

① 冯国华，刘凯敞．广东白溪水源林自然保护区总体规划．广东省林业调查规划院．2003. 3.

嶂，西至梅子电站，北至东顶，面积412.6hm^2，占缓冲区总积的17.61%。

其主要功能是对于保护核心区起缓冲作用，确保核心区的天然季风常绿阔叶林生态系统和珍稀野生动植物的良性循环。此区将实行半封闭式管理，除教学科研需要进入缓冲区的应当事先向自然保护区管理机构提交申请和和活动计划，经自然保护区管理机构批准，禁止开展旅游和生产经营活动。

（3）实验区　总面积1357.8hm^2，占保护区总面积的23.59%。该区分成东西两块，东部实验区位于白溪水周围，包括水库周边的农地果园，村庄竹林等地面积579.4hm^2，西部实验区位于保护区的西部散滩水库周围，具体范围；东至散滩电站，南至高古茇、档风坳、网子嶂一线，西至麻子茇、蛤蟆井、高古茇一线，北至麻子茇、岭背一线，面积778.4hm^2，散滩、白溪两个水库水面开阔，空气清新，环境优美，又靠边县城，发展旅游条件十分优越，是县城及附近城镇织工、居民、广大青少年理想的休闲之处。

实验区的主要功能是开展各种科学实验、繁育珍稀濒危物种，驯养珍禽异兽，科普教育、生态旅游和教学实习等（图3.6）。

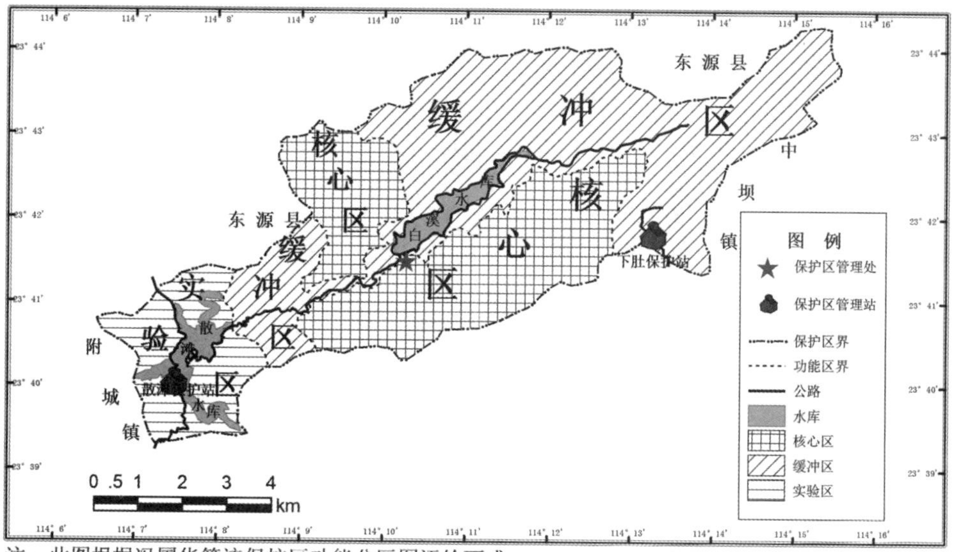

注：此图根据冯国华等该保护区功能分区图添绘而成。

图3.6　紫金白溪自然保护区功能分区图

3.2.6.3　植物区系特点

本保护区的植物区系，概括起来有如下特点。

（1）植物物种较丰富　据调查统计①，该保护区拥有野生维管束植物726种（包括种下分类单位，下同），分隶454属163科，占广东省野生维管束植物5933种的12.24%（叶华谷等，2005）。其中蕨类植物104种，分隶65属33科；裸子植物6种，分隶4属4科；被子植物617种，分隶386属126科（表3.23）。

表3.23　紫金白溪河自然保护区野生维管束植物类群的组成

植物类群		科数	属数	种数
蕨类植物		33	64	104
裸子植物		4	4	5
被子植物	双子叶植物纲	115	332	548
	单子叶植物纲	11	54	69
合计		163	454	726

① 曹洪麟．广东白溪水源林自然保护区植被初步调查报告．中国科学院华南植物研究所生态中心．1999.8.

此外，尚有栽培植物 122 种，分隶 93 属 14 科。其中裸子植物 12 种，分隶 11 属 4 科；被子植物 134 种，分隶 82 属 10 科（双子叶植物 127 种 76 属 7 科；单子叶植物 7 种 6 属 3 科）。

（2）地理成分较复杂

①蕨类植物的地理成分

A. 科的地理分布区类型　根据保护区内 33 科的分布类型统计分析如下。

广布科　共有 11 科，占该区总科数的 33.33%。如石松科、卷柏科、木贼科 Equisetaceae、紫萁科、铁线蕨科 Adiantaceae、蹄盖蕨科 Athyriaceae、铁角蕨科 Aspleniaceae、水龙骨科 Polypodiaceae、苹科、槐叶苹科、满江红科。

热带、亚热带分布科　共有 16 科，占该区总科数的 72.73%（扣除广布科 11 科，下同）。如里白科、中国蕨科 Sinopteridaceae、条蕨科 OLeandraceae、骨碎补科 Dvalliaceae、莲座蕨科 Angiopteridaceae、碗蕨科 Dennstaedtiaceae、鳞始蕨科 Lindsaeaceae、海金沙科、凤尾蕨科 Pteridaceae、书带蕨科 Vittaceae、三叉蕨科 Aspidiaceae、舌蕨科 Elaphoglossaceae、金星蕨科 Thelypteridaceae、膜蕨科 Hymenophyllaceae、剑蕨科 Loxogrammaceae、禾叶蕨科 *Grammitidaceae* 等。

泛热带分布科　共有 5 科，占该区总科数的 22.73%。如瘤足蕨科 Plagiogyriaceae、蚌壳蕨科 Dicksoniaceae、乌毛蕨科 Blechnaceae、肾蕨科 Nephrolepidaceae、槲蕨科 Drynariaceae 等。

温带至亚热带高山地区分布科　仅有鳞毛蕨科 Dryopteridaceae 1 科，占该区总科数的 4.55%。

B. 属的地理分布区类型　根据保护区内 64 属的分布类型统计分析如下。

广布属　共有 7 属，占该区总属数的 10.94%。如石松属、卷柏属、铁线蕨属 *Adiantum*、铁角蕨属 *Asplenium*、苹属、槐叶苹属、满江红属等。

泛热带分布属　共有 8 属，占该区总属数的 14.04%（扣除广布分布属 7 属，下同）。如团扇蕨属 *Gonocormus*、瓶蕨属 *Trichomanes*、鳞始蕨属 *Lindsaea*、乌蕨属 *Sphenomeris*、肾蕨 *Nephrolepis*、抱树蕨属 *Drymoglossum*、槲蕨属 *Drynaria*、禾叶蕨属 *Grammitis* 等。

热带和亚热带分布属　共有 43 属，占有比例达 75.44%。其中热带至亚热带分布属为主，如观音莲座属 *Anglopteris*、芒萁属、里白属、海金沙属、膜蕨属 *Hymenophyllum*、碗蕨属 *Dennstaedtia*、鳞盖蕨属 *Microlepia*、条蕨属 *Oleandra*、骨碎补属 *Davallia*、书带蕨属 *Vittaria*、凤尾蕨属 *Pteris*、碎米蕨属 *Cheilosoria*、金粉蕨属 *Onychium*、短肠蕨属 *Allantodia*、假蹄盖蕨属 *Athyriopsis*、蹄盖蕨属 *Athyrium*、毛蕨属 *Cyclosorus*、针毛蕨属 *Macrothelyperis*、新月蕨属 *Pronephrium*、假毛蕨属 *Pseudocyclsorus*、阴石蕨属 *Humata*、节肢蕨属 *Arthromeris*、线蕨属 *Colysis*、石韦属、剑蕨属 *Loxogramme* 等。

以亚热带为主的属　与热带至亚热带分布的属类型相当，热带亚洲分布的有 7 属，如复叶耳蕨属 *Arachniodes*、肋毛蕨属 *Ctenitis*、沙皮蕨属 *Hemigramma*、牙蕨属 *Pteridrys*、三叉蕨属 *Tectaria*、星蕨属 *Microsorium*、骨牌蕨属 *Lepidogrammitis* 等；热带亚洲—大洋洲分布 1 属，如乌毛蕨属 *Blechnum*；热带亚洲至非洲分布的有 2 属，如瓦韦属 *Lepisorus*、盾蕨属 *Neolepisorus*；热带亚洲至热带美洲分布有 5 属，如瘤足蕨属 *Plangiogyria*、双盖蕨属 *Diplazium*、单叶双盖蕨属 *Triblemma*、舌蕨属 *Elaphoglossum*、水龙骨属 *Polypodiodes*；东亚分布有 3 属，如金毛狗属、菜蕨属 *Callipteris*、伏石蕨属 *Lemmaphyllum* 等。

温带、热带分布属　有 2 属，占总属数的 3.51%。如紫萁属 *Osmunda*、狗脊属 *Woodwardia*。

温带分布属　有 3 属，占总属数的 5.26%。如鳞毛蕨属 *Dryopteris*、耳蕨属 *Polystichum*、贯众属 *Cyrtomium* 等。

寒、温带分布属　有 1 属，占总属数的 1.75%。如木贼属 *Equisetum*。

②种子植物的地理成分

A. 科的地理分布区类型　按照《世界种子植物科的分布区类型系统》（吴征镒等，2003），对保护区内种子植物 130 科的分布区类型统计分析，除旧世界温带分布、温带亚洲分布、地中海区和西亚至中亚分布、中亚分布及中国特有分布科尚未发现外，其余 10 个分布区类型及变型均有分布。

*1. 广布类型 计有38科，占该区总科数的29.23%。如毛茛科、睡莲科 Nymphaeaceae、十字花科 Cruciferae、堇菜科、远志科 Polygalaceae、虎耳草科 Saxifragaceae、石竹科 Caryophyllaceae、马齿苋科 Portulacaceae（主产美洲）、蓼科、苋科 Amaranthaceae、酢浆草科 Oxalidaceae、千屈菜科、柳叶菜科 Onagraceae、小二仙草科、水马齿科 Callitirichaceae、瑞香科 thymelaeaceae、蔷薇科、蝶形花科 Papilionaceae、杨梅科、榆科、桑科、鼠李科、伞形科、木犀科、茜草科、菊科、龙胆科、车前科、半边莲科 Lobeliaceae、紫草科 Boraginaceae、茄科 Solanaceae、旋花科 Convolvulaceae、玄参科（主产温带）、狸藻科 Lentibulariaceae、唇形花科（主产地中海）、兰科、莎草科（主产温带及寒温带）、禾本科等。

*2. 泛热带分布类型 计44科，占该区总科数的47.83%（扣除广布分布38科）。如罗汉松科、番荔枝科、樟科、青藤科 Illigeraceae、防己科、马兜铃科 Aristolochiaceae、胡椒科、金粟兰科 Chloranthaceae、白花菜科 Capparidaceae、藜科、落葵科 Basellaceae、凤仙花科、大风子科、天料木科 Samydaceae、葫芦科 Cucurbitaceae、秋海棠科 Begoniaceae、茶科、野牡丹科、红树科 Rhizophoraceae、藤黄科 Guttiferae、梧桐科 Sterculiaceae、锦葵科、大戟科、含羞草科、荨麻科、卫矛科、檀香科、葡萄科、芸香科、苦木科、橄榄科、楝科、无患子科、漆树科、柿科、紫金牛科 Myrsinaceae、马钱科 Loganiaceae、夹竹桃科、萝藦科、爵床科、鸭跖草科、菝葜科、天南星科、薯蓣科等。

*2-1 热带亚洲、大洋洲（至新西兰）和南美（或墨西哥）间断分布 有2科，占该区总科数的2.17%。如第伦桃科 Dilleniaceae、山矾科 Smyplocaceae。

*2-2 热带亚洲、非洲和南美洲间断分布 有4科，占该区总科数的4.35%。如买麻藤科 Gnetaceae、椴树科 Tiliaceae、苏木科 Caesalpiniaceae、鸢尾科 Iridaceae。

*2-3 以南半球为主的泛热带分布 有3科，占该区总科数的3.26%。如粟米草科 Molluginaceae、山龙眼科 Proteaceae、桃金娘科 Myrtaceae 等。

*3. 热带亚洲和热带美洲间断分布 有8科，占该区总科数的8.70%。如木通科 Lardizabalacea、水东哥科 Saurauiaceae、杜英科 Elaeocarpaceae、冬青科 Aquifoliaceae、省沽油科 Staphyleaceae、五加科 Araliaceae、安息香科 Styracaceae、马鞭草科 Verbenacea 等。

*4. 旧世界热带分布 有1科，占该区总科数的2.63%。如海桐花科 Pittosporaceae。

*4-1 热带亚洲、非洲和大洋洲间断 有1科，占该区总科数的1.09%。如八角枫科。

*5. 热带亚洲至热带大洋洲分布 有2科，占该区总科数的2.17%。如交让木科、姜科。

*6. 热带亚洲至热带非洲分布 有1科，占该区总科数的1.09%。如杜鹃花科 Ericaceae。

*7. 热带亚洲（印度—马来西亚）分布 有1科，占该区总科数的0.88%。如牛栓藤科 Connaraceae。

*7-3 缅甸、泰国至华西南分布 有1科，占该区总科数的1.09%。如伯乐树科。

*7-4 越南（或中南半岛）至华南（或西南）分布 有1科，占该区总科数的1.09%。如清风藤科 Sabiaceae。

*7-5 西马来，基本上在新华莱斯线以西 有1科，占该区总科数的1.09%。如五列木科。

*7c 东马来，基本上在新华莱斯线以东 有1科，占该区总科数的1.09%。如肉实科。

*8. 北温带分布 有6科，占该区总科数的6.52%。如松科、金丝桃科 Hypericaceae、越桔科、忍冬科 Caprifoliaceae、百合科 Liliaceae、延龄草科。

*8-4 北温带和南温带（全温带）间断分布 有7科，占该区总科数的7.61%。如杉科、茅膏菜科、金缕梅科、黄杨科、壳斗科、胡桃科 Juglandaceae、山茱萸科。

*8-5 欧亚和南美洲温带间断分布 有1科，占该区总科数的1.09%。如小檗科。

*9. 东亚和北美洲间断分布 有5科，占该区总科数的5.43%。如木兰科 Magnoliaceae、八角科 Illiciaceae、五味子科 Schisandraceae、三白草科 Saururaceae、鼠刺科 Escalloniaceae。

*14. 东亚分布 有1科，占该区总科数的1.09%。如猕猴桃科 Actinidiaceae。

从上所述可以看出：泛热带分布类型最多，有53科，占该区总科数的57.61%（扣广布分布38

科，下同）。北温带分布类型有14科，占该区总科数的15.22%；热带亚洲和热带美洲间断分布类型有8科，占该区总科数的8.70%；其余分布区类型所含科数均在5.43%以下，不占重要地位；特别是中国特有科等5科分布类型缺如，表明该自然保护区植物区系在科级水平上以泛热带分布成分为主，兼有一定数量的北温带成分。

B. 属的地理分布区类型　根据保护区种子植物390属的分布类型，按照《中国种子植物属的分布区类型》（吴征镒，1991）统计分析，除地中海区、西亚至中亚分布类型及其变型尚未发现外，其他14个分布区类型及变型均有分布（表3.24）。

表3.24　紫金白溪自然保护区种子植物属的分布区类型

分布区类型及变型	属数	占总属数（%）
1. 广布分布	35	扣除
2. 泛热带分布	112	31.55
2－1 热带亚洲、大洋洲和南美洲间断分布	4	1.13
2－2 热带亚洲、非洲和南美洲间断分布	8	2.25
3. 热带亚洲和热带美洲间断分布	14	3.94
4. 旧世界热带分布	34	9.58
4－1 热带亚洲、非洲和大洋洲间断分布	4	1.13
5. 热带亚洲至热带大洋洲分布	27	7.61
5－1 中国（西南）亚热带和新西兰间断分布	0	0
6. 热带亚洲至热带非洲分布	16	4.51
6－1 华南、西南到印度和热带非洲间断	1	0.28
6－2 热带亚洲和东非间断	1	0.28
7. 热带亚洲（印度—马来西亚）分布	41	11.55
7－1 爪哇、喜马拉雅和华南、西南星散分布	6	1.69
7－2 热带印度至华南分布	1	0.28
7－3 缅甸、泰国至华西南分布	0	0
7－4 越南（或中南半岛）至华南（或西南）分布	2	0.56
8. 北温带分布	24	6.76
8－1 环极分布	0	0
8－2 北极高山分布	1	0.28
8－3 北极—阿尔泰和北美洲间断分布	0	0
8－4 北温带和南温带（全温带）间断分布	2	0.56
8－5 欧亚和南美洲温带间断分布	0	0
8－6 地中海区、东亚、新西兰和墨西哥到智利间断	0	0
9. 东亚和北美洲间断分布	21	5.92
9－1 东亚和墨西哥间断	0	0
10. 旧世界温带分布	8	2.25
10－1 地中海区、西亚和东亚间断分布	0	0
10－2 地中海和喜马拉雅间断分布	0	0
10－3 欧亚和南非洲（有时也在大洋洲）间断	0	0
11. 温带亚洲分布	1	0.28
12. 地中海区、西亚至中亚分布	0	0
12－1 地中海区至中亚和南非洲、大洋洲间断	0	0
12－2 地中海区至中亚和墨西哥间断	0	0

（续）

分布区类型及变型	属数	占总属数（%）
12－3 地中海区至温带、热带亚洲，大洋洲和南美洲间断	0	0
12－4 地中海区至热带非洲和喜马拉雅间断	0	0
12－5 地中海区—北非洲、中亚、北美西南部，智利和大洋洲（泛地中海）间断分布	0	0
13. 中亚分布	2	0.56
13－1 中亚东部（亚洲中部）	0	0
13－2 中亚至喜马拉雅	0	0
13－3 西亚至喜马拉雅和西藏	0	0
12－4 地中海区至热带非洲和喜马拉雅间断	0	0
14. 东亚分布	13	3.66
14－1 中国—喜马拉雅（SH）	1	0.28
14－2 中国—日本（SJ）	4	1.13
15. 中国特有分布	7	1.97
合计	390	100.00

从表3.24可以看出，保护区内属的地理成分是以热带成分占优势，从2～7各类热带成分共有271属，占总属数（扣除广布属35属，以下同）的76.34%。温带成分从8～12共有57属，占总属数的16.06%。东亚分布有18属，占总属数的5.07%。中国特有分布的7属，占1.97%，分别是杉木属 *Cunninghamia*、裸蒴属 *Gymnotheca*、石笔木 *Tutcheria*、棱果花 *Bartheria*、半枫荷属 *semiliquidambar*、伯乐树属 *Bretscheidera*、假吻兰属 *Collabicem* 等。因此，在种子植物属级分布区类型水平上，以泛热带、热带亚洲的分布区类型为主，同时兼有一定数量的东亚分布和温带分布成分，这些特征与保护区所处地理位置相一致。

3.2.6.4　植被类型

据调查①，保护区内的植被类型多样，主要有如下7种类型。

（1）针叶林　在保护区内有如下3个群系。

①马尾松林（Form *Pinus massonian*）　主要分布于白溪水库和散滩水库边的山坡下部，一般为栽培林或飞播林，面积537.5hm^2，占全区有林地总面积的11.9%。

乔木层：除优势种马尾松外，局部已有高大的木荷、山乌桕、白楸 *Mallotus paniculatus* 等。

灌木层：多为桃金娘、米碎花 *Eurya chinensis*、鼠刺 *Itea chinensis*、盐肤木等。

草本层：以芒萁为主，间有少量五节芒、棕叶芦 *Thysanolaena maxima*、乌毛蕨 *Blechnum orientale* 等。此外，林下还有鹅掌柴 *Schefflera heptaphylla*、野漆树 *Toxicodendron sylvestris* 幼苗。

②杉木林（Form *Cunninghamia lanceolata*）　主要分布于两个水库边的山坡下部。

乔木层：一般为栽培林，面积410hm^2，占全区有林地总面积的9.1%。

灌木层：仅见有箬竹 *Indocalamus tessellatus*。

草本层：常见的有蔓生莠竹 *Microstegium vagans*、乌毛蕨等。

此外，林下偶见鹅掌柴幼苗。

③竹柏林（Form *Nageia nagi*）　主要分布于海拔800m以下低山丘陵地带，其中以白溪水库大坝下山谷及山坡地段和狮石坑等地有成片分布。

乔木层：树高8～12m，胸径10～20cm，除优势种竹柏外，还有黄杞 *Engelhardtia roxburghiana*、白

① 曹洪麟．广东白溪水源林自然保护区主要植物名录．中国科学院华南植物研究所生态中心．1999.8

皮黄杞 *E. fenzelii*、木荷、黄樟、南酸枣 *Choerospondias axillaris*、罗浮栲、米槠、红锥、南岭栲、八角枫、石斑木 *Raphiolepis indica*、石笔木、两广梭罗 *Reevesia tomentosa*、幌伞枫 *Heteropanax fragrans*、紫玉盘 *Uvaria macrophylla*、白桂木 *Artocarpus hypargyreus* 等。

灌木层：主要有罗伞树 *Ardisia quinquegona*、九节 *Psychotria asiatica*、黄叶树 *Xanthophyllum hainanene*、斑叶朱砂根 *Ardisia punctata*、三桠苦 *Evodia lepta*、圆叶豺皮樟 *Litsea rotundifolia*、密花树 *Rapanea neriifolia*、中华卫矛 *Euonymus nitidus* 等。

草本层：主要有草珊瑚 *Sarcandra glabra*、珍珠茅 *Scleria levis*、黑莎草 *Gahnia tristis*、乌毛蕨、金毛狗 *Cibotium barometz*、扇叶铁线蕨 *Adiantum flabellulatum*、华山姜 *Alpinia oblongifolia*、宽叶沿阶草 *Ophiopogon platyphyllus*、淡竹叶 *Lophatherum gracile* 等。

层间藤本植物：常见的有白花油麻藤 *Mucuna birdwoodiana*、白叶瓜馥木、紫玉盘 *Uvaria macrophylla*、寄生藤 *Dendrotrophe varians*、藤黄檀 *Dalbergia hancei*、天香藤 *Albizia corniculata*、香花崖豆藤 *Millettia dielsiana*、白藤 *Calamus tetradactylus* 等。

此外，林下有竹柏幼苗，可见该林的发展趋势是稳定的。

（2）季风常绿阔叶林　是以南亚热带常绿阔叶树为建群种所组成的森林群落。它是南亚热带地带性的植被类型，在保护区内占主导地位，面积 2246. 1hm^2，占全区有林地总面积的 49. 9%。有如下 1 个群系。

蕈树林（Form *Altingia chinensis*）　主要分布于鸡母山等海拔 800m 以上的中山地带。乔木层，树高 10m 左右。除优势种蕈树外，还有南岭栲、川鄂栲 *Castanopis fargesii*、苦槠 *C. sclerophylla*、米槠、密花树、多花山竹子 *Garcinia multiflora*、刨花润楠 *Machilus pauhoi*、短序润楠 *M. breviflora*、木荷、马蹄荷 *Exbucklandia populnea*、红花荷 *Rhodoleia championi*、日本杜英 *Elaeocarpus japonicus*、山杜英、野含笑 *Michelis skinneriana*、苦枥木 *Fraxinus insularis*、川桂 *Cinnamomum wilsonii*、沉水樟 *C. micranthum*、樟叶泡花树 *Meliosma squamulata*、幌伞枫、白皮黄杞、大头茶 *Gordonia axillaris* 等。

灌木层：主要有朱砂根 *Ardisia crenata*、鸡骨香 *Croton crassifolius*、黑柃 *Eurya macartneyi*、柃叶连蕊茶 *Camellia euryoides*、箬竹等。

草本层：主要有中华里白 *Diplopterygium chinensis*、艳山姜 *Alpinia zerumbet*、黑莎草、五节芒等。

（3）针阔叶混交林　是以暖性针叶树与阔叶树为建群种所组成的森林群落，面积 1010. 4hm^2，占全区有林地总面积的 22. 4%。在保护区内仅有 2 个群系。

①马尾松、木荷林（Form *Pinus massoniana*，*Schima superba*）　主要分布于海拔 500m 以下丘陵地带。它是由常绿阔叶林破坏林地受保护 10 多年后，阔叶树种自然入侵马尾松林而形成的次生林类型。

乔木层：高度 4 ~ 6m，郁闭度多为 0. 6 左右。除优势种马尾松、木荷外，还有枫香树 *Liquidambar fomosana*、黧蒴、南岭栲、红锥、柯、黄樟、鹅掌柴、山乌桕等。

灌木层：覆盖度达 60% 以上，常见的有杨桐 *Adinandra millettii*、桃金娘、红鳞蒲桃 *Syzygium hancei*、广东蒲桃 *S. kwangtungense*、鼠刺、乌材 *Diospyros eriantha*、米碎花、盐肤木、算盘子等。

草本层：以芒萁为主，间有少量的五节芒、芒 *Miscanthus sinensis*、乌毛蕨等。

层间藤本植物：偶见海金沙、香花崖豆藤、天香藤、寄生藤等。

②杉木、木荷林（Form *Cunninghamia lanceolata*，*Schima superba*）　主要分布于 800m 以下低山丘陵地带。也是由常绿阔叶林破坏林地受保护 10 多年后，阔叶树种自然入侵杉木林而形成的次生林类型，乔木层，大树多受拔大毛式间伐，树高度一般 4 ~ 6m，郁闭度多为 0. 6 左右，除优势种杉木、木荷外，侵入阔叶树大体与马尾松、木荷林相似。

灌木层：常见的与马尾松、木荷林下相近。

草本层：有芒萁、芒、五节芒等。

（4）竹林　保护区内主要有如下 3 个群系。

①毛竹林（Form *Phyllostachys heterocycla* cv. Pubescens）　主要分布于海拔 500 ~ 700m 的山谷地带，

约有面积 40hm²，占全区有林地总面积的 0.9%。

乔木层：为毛竹单优势种组成，在 100m² 内有 30 ~ 40 株，竹高 10 ~ 12m，胸径 8 ~ 11cm，郁闭度达 0.8 以上。

灌木层：高度 60 ~ 10cm，常见的有红背叶山麻杆 *Alchornea trewioides*、杨桐、米碎花、紫珠 *Callicarpa bodinieri* 等。

草本层：主要有金毛狗、乌毛蕨、五节芒、草珊瑚、珍珠茅等。

②青皮竹林（Form *Bambusa textilis*） 主要分布于水库边缘和公路旁，多呈丛带状分布，局部有块状分布，但面积均不大。

③箬竹、苦竹林（Form *Indocalamus tessellatus*，*Pleioblastus* sp.） 主要分布于海拔 800m 以上中山上部或海拔 500 ~ 800m 的低山山坡撂荒地。竹高 2 ~ 3m，密集生长，间杂有一些鼠刺、鹅掌柴、豺皮樟 *Litsea rotundifolia*、天料木 *Homalium cochinchinense*、山乌桕、覃树等乔灌木种类。林内草本植物稀少，林缘常见有一些黑莎草、高杆珍珠茅 *Scleria terrestris*、鳞籽莎 *Lepidosperma chinense* 等。

（5）灌草丛 主要分布于丘陵低山，多为常绿阔叶林遭受反复砍伐逆向演替而成，但面积较小。

灌木层：一般高 2 ~ 3m，覆盖度较大，通常可达 80% 以上，多为丛状，常见种类有黄樟、木荷、枫香树、山乌桕、黧蒴、鼠刺、石斑木、山杜英等。

草本层：植物种类较少，常见的有五节芒、芒、棕叶芦等。

层间藤本植物：较丰富，常缠绕于灌木层之上，常见藤本有白花油麻藤、天香藤、寄生藤、酸藤子 *Embelia laeta*、锡叶藤 *Tetracera asiatica* 等。

（6）稀树草坡 主要分布于低山、丘陵或海拔 800m 以上的中山山坡和山顶，如燕子岩等地。草坡是由芒、金茅 *Eulalia speciosa*、野古草 *Arundinella hirta*、珍珠茅、鳞籽莎等组成。间有少量的吊钟花 *Enkianthus quiqueflorus*、映山红 *Rhododendron simsii*、乌饭树 *Vaccinium bracteatum*、大头茶、小花八角 *Illicium micranthum*、天料木等灌木种类。

在局部山谷地段，有少量飞播的马尾松茅老头树分布，呈稀树草坡。

在丘陵低山的局部地段有少量的马尾松稀树草坡分布，郁闭度不到 0.1。

灌木层：覆盖度 30% 左右，常见的有桃金娘、岗松 *Baeckea frutescens*、杨桐、鼠刺、米碎花等。

草本层：覆盖度较大，达 90% 以上，以芒萁为主，间有少量的五节芒和棕叶芦等。

（7）栽培植被 在保护区内类型较多，但面积均不大。

①经济林型 有李 *Prunus salicina*、板栗 *Catanea mollissima*、柿 *Diospyros kaki* 等，面积 184.5hm²，占保护区有林地总面积的 9.1%，主要分布于水库周围海拔 600m 以下的缓坡地。

②农作物型 有稻、番薯、落花生 *Arachis hypogaea*、木薯 *Manihot esculenta* 等。

3.2.6.5 野生植物资源

（1）珍稀濒危保护植物繁多 根据 1984 年国家环境保护委员会公布的《中国珍稀濒危保护植物名录》和 1999 年国务院批准公布的《国家重点保护野生植物名录（第一批）》所列种类统计，保护区内共有国家重点保护野生植物 12 科 13 属 13 种。其中蕨类植物 1 科 1 属 1 种，被子植物 11 科 11 属 12 种。列为国家 I 级重点保护的野生植物 1 种，国家 II 级重点的保护的野生植物 7 种，国家 III 级重点保护的野生植物 5 种（表 3.25）。

表 3.25 紫金白溪自然保护区的保护植物

序号	种名	科名	濒危度	保护级别
I	伯乐树 *Bretschneidera sinensis*	伯乐树科 Bretschneideraceaew	濒危	I
2	金毛狗 *Cibotium barometz*	蚌壳蕨科 Dicksoniaceae	渐危	Ⅱ
3	樟树 *Cinnamomum camphora*	樟科 Lauraceae	渐危	Ⅱ
4	格木 *Erythrophleum fordii*	苏木科 Caesalpiniaceae	渐危	Ⅱ

（续）

序号	种名	科名	濒危度	保护级别
5	红椿 *Toona ciliata*	楝科 Meliaceae	渐危	Ⅱ
6	土沉香 *Aquilaria sinensis*	瑞香科 Thymelaeaceae	渐危	Ⅱ
7	花榈木 *Ormosia henryi*	蝶形花科 Papilionaceae	渐危	Ⅱ
8	半枫荷 *Semiliquidambar cathayensis*	金缕梅科 Hamamelidaceae	渐危	Ⅱ
9	吊皮锥 *Castanopsis kawakamii*	壳斗科 Fegaceae	渐危	Ⅲ
10	沉水樟 *Cinnamomum micranthum*	樟科 Lauraceae	渐危	Ⅲ
11	白桂木 *Artocarpus hypargyreus*	桑科 Moraceae	渐危	Ⅲ
12	粘木 *Ixonanthes chinensis*	粘木科 Ixonanthaceae	渐危	Ⅲ
13	巴戟 *Morinda officinalis*	茜草科 Rubiaceae	稀有	Ⅲ

注：兰科植物5属6种，即密花虾脊兰 *Calanthe densiflora*、吻兰 *Collabium chinese*、假天麻 *Epigeneium sinicum*、毛葶玉凤兰 *Habenaria ciliolaris*、橙黄玉凤兰 *H. rhodocheila*、石仙桃 *Pholidota chinensis*，全部为《濒危野生动植物种国际贸易公约》附录Ⅱ物种。

（2）经济植物多样　在紫金白溪自然保护区内蕴藏着多种多样的经济植物资源。根据调查统计，保护区内有维管束植物848种。

①药用植物　抗癌药用植物有狗肝菜 *Dicliptera chinensis* 等；清热解毒药用植物有华南忍冬 *Lonicera confusa*、忍冬 *L. japonica*、地胆草 *Elephantopus scaber* 等；清热凉血的药用植物有葛、马鞭草 *Verbena officinalis*、茅莓 *Rubus parvifolius*、铁冬青 *Ilex rotunda* 等；清热利尿的药用植物有淡竹叶、车前 *Plantago asiatica*、海金沙等；清热利湿的药用植物有栀子 *Gardenia jasminoides*、岗松、乌蔹莓 *Cayratia japonica*、酢浆草 *Oxalis corniculata*、算盘子等；祛风湿的药用植物有狗脊 *Woodwardia japonica*、苍耳 *Xanthium sibiricum*、山苍子、菝葜等；跌打损伤、止血肿痛的药用植物有积雪草 *Centella asiatica*、鲫鱼胆 *Maesa perlarius*、苎麻 *Boehmeria nivea*、薯莨、一点红 *Emilia sonchifolia* 等；壮阳药的药用植物有金樱子 *Rosa laevigata*；温补的药用植物有巴戟等；活血祛瘀的药用植物黑老虎 *Kadsura coccinea*、两面针；补血药的药用植物有香花崖豆藤、桃金娘、酸藤子 *Embelia laeta* 等；利湿解毒、消肿散结的药用植物有土茯苓；除湿化滞的药用植物有水蓼 *Polygonum hydropiper*；民间常用草药或凉茶有梅叶冬青、鸡矢藤、草珊瑚、车前、韩信草等。

②用材植物　有139种，占保护区经济植物总种数的6.80%。其中一类用材有樟树、红锥等；二类用材有黄樟、柯；三类用材有蕈树 *Altingia chinensis*、香港四照花 *Dendeobenthamia hongkongensis* 等；四类用材有日本杜英 *aaelaeocarpus japonicus* 等；五类用材有鼠刺、猴欢喜 *Sloanea sinensis* 等；可作军工用材的有黄杞等；可作船舶用材的有天料木 *Homalium cochinchinense*、嘉赐树 *Casearia glometata* 等；可作胶合板用材的有赤杨叶 *Alniphyllum fortunei*、猴耳环 *Archidendron clypearia*、亮叶猴耳环 *A. lucidum* 等；可作房屋建筑的有米槠、杉木等；可作纺织用材有木荷、石斑木等；可作乐器用材的有山乌柏、鹅掌柴等；造纸用材的有山矾6种，安息香2种。

③观赏植物 主要有园林植物，如黄樟、樟树、阴香 *Cinnamomum burmanii*、石笔木、半枫荷、马蹄荷、红花荷、木荷、山杜英、假苹婆 *Sterculia lanceolata*、五月茶 *Antiidesma bunius*、白背叶 *Mallotus apelta*、枫香树、朴树 *Celtis sinensis*、苦楝、竹柏、蕈树、八角枫和楝叶吴茱萸 *Evodia glabrifolia* 等；野生灌木花卉，主要有多种野牡丹、多种杜鹃、吊钟花、桃金娘等；草本景观植物，主要有青葙 *Celosia argentea*、多种兰花等；果木类植物，有铁冬青等；藤本景观植物，主要有白花油麻藤、小叶买麻藤 *Gnetum parvifolium*、罗浮买麻藤 *G. lofuense*、金樱子、香花崖豆藤、玉叶金花 *Mussaenda pubescens*、小叶红叶藤 *Rourea microphylla*、菝葜等。

④纤维植物　主要有罗浮买麻藤、小叶买麻藤、构树、朴树、光叶山黄麻 *Trema cannabina*、苎麻、山芝麻 *Helicteres angustifolia*、小叶红叶藤、葛、白背叶、地桃花 *Urena lobata*、了哥王、白楸 *Mallotus paniculatus*、小蜡 *Ligustrum sinense*、青江藤 *Celastrus hindsii*、黑莎草、毛竹、芒、五节芒等。

⑤野生果木植物 浆果类有中华猕猴桃 *Actinidia chinensis*、黄毛猕猴桃 *A. fulvicoma*、阔叶猕猴桃 *A. latifolia*、桃金娘等；仁果类有金樱子等；此外，还有杨梅、多花山竹子、余甘子 *Phyllanthus embalica*、白花悬钩子 *Rubus leucanthus*、茅莓 *R. parvifolius*、白桂木、桑 *Morus alba*、水东哥、二色波罗蜜 *Artocarpus styracifolia*、罗浮油柿等。

⑥油脂植物 主要有杉木、樟树、香叶树 *Lindera communis*、檫木 *Sassafras tsumu*、石笔木、楝叶吴茱萸、假苹婆、余甘子、光叶山黄麻、野木瓜 *Stauntonia chinensis*、多花山竹子、牛耳枫 *Daphniphyllum calycinum*、虎皮楠 *D. oldhamii*、构树、苦楝、毛果巴豆 *Croton lachnocarpus*、白背叶、白楸、油茶 *Camellia oleifera*、算盘子 *Glochidion puberum*、油桐 *Vernicia fordii*、木油桐 *V. montana*、盐肤木、竹柏、山乌桕、铁冬青、南酸枣 *Choerospondias axillaris*、苍耳、黑莎草等。

⑦芳香植物 主要有山苍子 *Litsea cubeba*、马尾松、杉木、白叶瓜馥木、樟树、黄樟、香叶树、岗松、枫香树、栀子、草珊瑚、黄荆 *Vitex negundo*、黄花蒿 *Artemisia annua*、香附子 *Cyperus rotundus* 等。

⑧淀粉植物 主要有狗脊、葛、福建观音座莲 *Angiopteris fokiensis*、金毛狗、槲蕨 *Drynaria fortunei*、壳斗科20种植物、杨梅、金樱子、南酸枣、薜荔 *Ficus pumila*、土茯苓、中华猕猴桃、黄毛猕猴桃、阔叶猕猴桃、稗 *Echinochloa crusgalli* 等。

⑨保健饮料植物 主要有绞股蓝 *Gynostemma pentaphyllum*、杨梅、桃金娘、金樱子、南酸枣、中华猕猴桃、黄毛猕猴桃、阔叶猕猴桃、多花山竹子、茅莓等。

⑩蜜源植物 主要有山乌桕、鹅掌柴、白花泡桐 *Paulownia fortunei*、胡枝子 *Lespedeza bicolor*、冬青属5种、杜鹃花属4种等。

此外，牧草资源有细毛鸭嘴草 *Ischaemum indicum*、野古草、金茅、狗牙根等；染料植物有薯莨和栀子等；有毒植物有羊角拗、醉鱼草 *Buddleja lindleyana*、海芋、油桐、八角枫、苍耳等。

3.2.6.6 野生动物资源

（1）动物物种较丰富 该保护区的生态环境复杂，森林茂密，孕育了丰富的动物种类。据调查统计，该保护区拥有野生脊椎动物98种，分隶51科22目。

①两栖类 有8种，分隶4科1目，占该区脊椎动物总种数的8.18%。其中蛙科 Ranidae 4种，姬蛙科 Microhylidae 2种，蟾蜍科 Bufonidae、雨蛙科 Hylidae 各1种。

②爬行类 有14种，隶属9科3目，占该区脊椎动物总种数的14.29%。蛇目（SERPENTES）有4科7种，占该区爬行类总数的50%，其中游蛇科 Colubridae、眼镜蛇科 Elapidae、蝰科 Viperidae 各2种，蟒科 Pythonidae 1种；蜥蜴目（LACERTILI）有4科5种，占总数的35.71%，其中石龙子科 Scincidae 2种，鬣蜥科 Agamidae、壁虎科 Gekkonidae、蜥蜴科 Lacertidae 各1种；龟鳖目（TESTUDINATA）有1科2种，占总数的14.29%，只有龟科 Testudinidae 的2种。

③鸟类 有60种，分隶27科12目，占该区脊椎动物总种数的61.22%。雀形目（PASSERIFOMES）有14科36种，占该区鸟类总数的60%；隼形目（FALCONIFOEMES）有2科4种，鹳形目（CICONIIFORMES）有1科4种，各占鸟类总数的6.67%；鸮形目（STRIGFORMES）有2科3种，雁形目（ANSERIFORMES）1科3种，鹃形目（CUCULIFORMES）有1科3种，各占总数的5%；鸡形目（GALLIFORMES）有1科2种，占总数的3.33%；鹤形目（GRUIFORMES）、鸽型目（COLUMBIFORMES）、夜鹰目（CAPRIMULGIFORMES）、雨燕目（APODIFORMES）、䴕形目（PICIFORMES）分别有1科1种，各占总数的1.67%。

④哺乳类 有13种，分隶11科6目，占该区脊椎动物总种数的13.27%；占广东省哺乳类总数（124种）的10.48%；占全国哺乳类总种数（449种）的2.90%。啮齿目（RODENTIA）有2科4种，占该区哺乳类总数的30.77%；食肉目（CARNIVORA）3科3种，占总数的23.08%；食虫目（INSECTVORA）和偶蹄目（ARIODACTYLA）分别有2科2种，各占总数的1.54%；翼手目（CHIROPTERAS）、鳞甲目（PHOLIDOTA）分别有1科1种，占总数的7.69%。

（2）珍稀濒危动物较多　以我国1989年公布实施的《国家重点保护野生动物名录》和2001年公布实施的《广东省重点保护陆生野生动物名录》（第一批）为依据，保护区内有保护脊椎动物19种。其中国家Ⅰ级重点保护野生动物1种，国家Ⅱ级重点保护动物12种，省级重点保护动物6种（表3.26）。

表3.26　紫金白溪自然保护区的保护动物

序号	种　名	科　名	IUCN濒危等级	保护级别
		哺乳纲 MAMMALIA		
1	穿山甲 *Manis pentadactyla*	鲮鲤科 Manidae	濒危	Ⅱ
2	水獭 *Lutra lutra*	鼬科 Mustelidae	濒危	Ⅱ
3	赤麂 *Muntiacus muntjak*	鹿科 Cervidae	濒危	省级
		鸟纲 AVES		
4	苍鹰 *Accipiter gentilie*	鹰科 Accipitridae		Ⅱ
5	赤腹鹰 *Accipiter soloensis*	鹰科 Accipitridae		Ⅱ
6	普通鵟 *Buteo buteo*	鹰科 Accipitridae		Ⅱ
7	游隼 *Falco oeregrinus*	隼科 Falconidae	易危	Ⅱ
8	褐翅鸦鹃 *Centropus sinensis*	杜鹃科 Cuculidae	易危	Ⅱ
9	草鸮 *Tyto capensis*	草鸮科 Tytonidae	易危	Ⅱ
10	鹏鸮 *Bubo bubo*	鸱鸮科 Strigidae		Ⅱ
11	长耳鸮 *Asio otus*	鸱鸮科 Strigidae		Ⅱ
12	白鹭 *Egretta garzetta*	鹭科 Ardeidae		省级
13	牛背鹭 *Bubulcus ibis*	鹭科 Ardeidae		省级
14	中白鹭 *Egretta intermedia*	鹭科 Ardeidae		省级
15	黄斑栗苇鳽 *Ixobrychus sinensis*	鹭科 Ardeidae		省级
		爬行纲 REPTILIA		
16	蚺（蟒）*Python molurus*	蟒科 Boidae	极危	Ⅰ
17	地龟 *Geoemyda spengleri*	龟科 Testudidae	稀有	Ⅱ
		两栖纲 AMPHIBIA		
18	虎纹蛙 *Rana tigrina*	蛙科 Ranidae	易危	Ⅱ
19	沼蛙 *Rana guentheri*	蛙科 Ranidae	无危	省级

（3）经济动物多样　保护区内拥有国家保护的有益的或有重要经济、科学研究价值的陆生野生动物约45种。

①两栖类　主要有黑眶蟾蜍、华南湍蛙 *Amolops ricketti*、泽蛙 *R. linocharis*、花姬蛙 *Microhyla pulchra*、花细狭口蛙 *Kaloula pleurostigma* 等5种。

②爬行类　主要有乌龟、变色树蜥 *Calotes versicolor*、石龙子、南草蜥 *Takydronus sexlineatus*、三索锦蛇、金环蛇、银环蛇、五步蛇 *Agkistrodon acutus*、竹叶青 *Trimeresurus stejnegeri* 等9种。

③鸟类　主要有鹧鸪、鹌鹑、山斑鸠、大杜鹃 *Cuculus canorus*、中杜鹃 *C. saturatus*、白腰雨燕 *Apus pacificus*、啄木鸟 *Micropternus brachyurus*、家燕 *Hirundo rustica*、灰鹡鸰 *Motacilla cinerca* 白鹡鸰 *M. alba*、棕背伯劳 *Lanius schach*、黑脸噪鹛 *Garrulax perspicillatus*、画眉 *Garrulax canorus*、黄眉柳莺 *Phylloscopus inornatus*、大山雀、暗绿绣眼鸟、黄喉鹀 *Emberiza. elegans* 等。

④哺乳类　主要有普通刺猬、貉、果子狸 *Paguma larvata*、隐纹花松鼠 *Tamiops swinhoei*、野猪等。

3.2.7　连平黄牛石自然保护区

为了保护好九连山地区常绿阔叶林森林生态系统和野生动植物资源，1999年3月，连平县人民政府连府［1999］56号文批准在黄牛石林场建立连平黄牛石县级自然保护区。1999年9月，河源市人民政府河府函［1999］96号文批准连平黄牛石县级自然保护区升格为市级自然保护区。2001年10月31日，广东省人民政府粤办函［2001］636号文“关于同意建立江门古兜山等7个省级自然保护区的复函”批准建立连平黄牛石省级自然保护区。主要保护对象为中亚热带常绿阔叶林森林生态系统、珍稀野生动植物及其栖息环境。

根据中华人民共和国国家标准《自然保护区类型与级别划分原则》（GB/T14529—93），连平黄牛石自然保护区属“自然生态系统类别”中的“森林生态系统类型”自然保护区。

3.2.7.1 自然条件

（1）位置范围　连平黄牛石自然保护区位于河源市辖连平县的北部。地理坐标为东经114°24′~114°30′，北纬24°17′~25°31′。东至上坪镇界，南与元善镇接壤，西与陂头镇毗邻，北与江西省龙南县交界。总面积4438hm^2。

（2）地质基础

①构造　连平黄牛石自然保护区的地质构造属九连山地隆起的东端，中生代燕山运动时，受到褶皱和断裂影响，使山地隆起，有构造断裂陷区。

②地层　保护区的地层，主要为泥盆系的砂页岩、页岩、砂岩等组成，约占总面积的60%；其次为震旦系的板岩、砂岩、片岩及硅质岩等，约占总面积的20%；再其次为燕山旋回第三期晚侏罗系的黑云母花岗岩，约占总面积的13%。此外，大尖山岩体的蚀变英安斑岩，约占总面积的4%；石炭系（中统）的灰岩夹白云质灰岩，约占总面积的3%。

（3）地貌概况　保护区属中山地貌，四周山峰连绵，山体雄奇。地势东北高，西南低。北部山峰均超过海拔1000m，最高峰黄牛石顶海拔1430m。山体自北向南逐渐降低，形成海拔1000m以上、700~900m、600~650m、450~500m、300~350m、200~250m等6级剥蚀面，有些剥蚀面成为山间平地（盆地）保留下来。

（4）气候特点　保护区属中亚热带季风气候区，气候特点是：具有山区气候特点，四季分明，春季低温阴雨，夏季高温多雨，秋季昼暖夜凉，冬季寒冷有霜冻。在保护区内尚无气象站，根据连平县气象资料：年平均气温19.6℃，最冷1月份平均气温9.8℃，极端最低气温-5.4℃，最热7月份平均气温27.3℃，极端最高气温39.5℃。无霜期325~335天，年平均降水量1758mm，多集中在每年4~8月，降水量最多在6月，最少在11月。年平均日照为1659.8小时，全年季风明显，盛行南北气流，夏季多偏南风，冬季多偏北风，春秋两季南北风相互交替。

（5）水文特征　保护区属东江大于100km^2的新丰江支流—连平河流域范围。连平河是连平县的第一条大河，其发源地就是保护区所在地黄牛石顶，它流经县城、溪山、隆街，至源塘河口注入新丰江，全长71km。据有关部门测定，河流常年水量均匀而稳定，平均流量18.28m^3/秒，而且水质洁净、清澈、甘甜、细菌数量少。保护区内溪流纵横密布，常年流水不断。较大的有两条溪流：一条是发源以黄牛石顶，自北流经中部至东南；另一条发源于西部大尖山，从西向东流至东南。两河汇合后流入麻陂河注入连平河。

（6）土壤特征　连平黄牛石自然保护区的地带性土壤为红壤。但由于受成土母质、山地气候、植被和地形等因素以及人类活动的影响，从山麓至山顶依次形成了垂直分布。

①红壤　主要分布在海拔700m以下的低山丘陵，面积约占保护区总面积的50%，大部分为常绿阔叶林下发育的土壤，土层较深厚，约有80cm以上，质地为砂黏壤土，有机质含量高，表土呈灰黑色，土壤较肥沃，呈酸性反应。

②山地黄红壤　是红壤与黄攘的过渡类型，主要分布在海拔700~900 m的山地，面积约占保护区总面积的20%，大部分为常绿阔叶林下发育的土壤，土层厚略低于红壤，质地以砂黏壤土为主，有机质含量显著高于红壤，表土呈深灰色，底土呈红色。

③山地黄壤　主要分布在海900~1200m以上的山地，约占总面积的20%，是常绿阔叶林和灌木

林下发育的土壤，土层较薄，有机质含量高于红壤和黄红壤，土壤呈酸性反应。

④山地灌丛草甸土　主要分布在黄牛石顶海拔 1200m 以上的山顶和山脊，是在灌丛草甸下的土壤，土层浅薄，表土草根层盘结层明显，富弹性，呈灰黑色，有机质含量高，呈酸性反应，土体中石砾含量较多，土壤剖面发育不完全。

3.2.7.2　功能分区

根据《中华人民共和国自然保护区条例》第十八条“自然保护区可以分为核心区、缓冲区和实验区”的规定，依据《广东连平黄牛石省级自然保护区总体规划》①，将连平黄牛石省级自然保护区分为如下 3 个功能区。

（1）核心区　面积 1964.1hm^2，占保护区总面积的 44.26%。其中分为北、南两片：北片核心区，位于保护区的北部，北与江西九连山国家级自然保护区相连，具体范围从西向东依次为后山坝顶、富屋坑、三寨、杨梅窝、大排岭顶、九曲岭、鹿湖坑、冬瓜岭、打锣石坑至燕岭，面积 1497.3hm^2；南片核心区，位于保护区的南部，具体范围以小河为中心，包括塘肚、横坑顶、四方山、半岭一带，呈方形，面积 466.8hm^2。

其主要功能是：保护天然常绿阔叶林森林生态系统和珍稀野生动植物。除必需的科学研究人员经有关主管部门批准方可进出外，将实行全封闭管理，任何单位或个人不得进入。严禁狩猎、采挖药材和砍伐林木 。

（2）缓冲区　位于核心区外围，无村民居住，面积 1202.1hm^2，占保护区总面积的 27.09%。其主要功能是：对于保护核心区起缓冲作用，确保核心区的天然常绿阔叶林森林生态系统和珍稀野生动植物的良性循环。此区将实行半封闭式管理，只许科研人员从事科学研究观测活动，严禁捕猎属于国家和省的重点保护野生动物，不准采挖和砍伐林木。

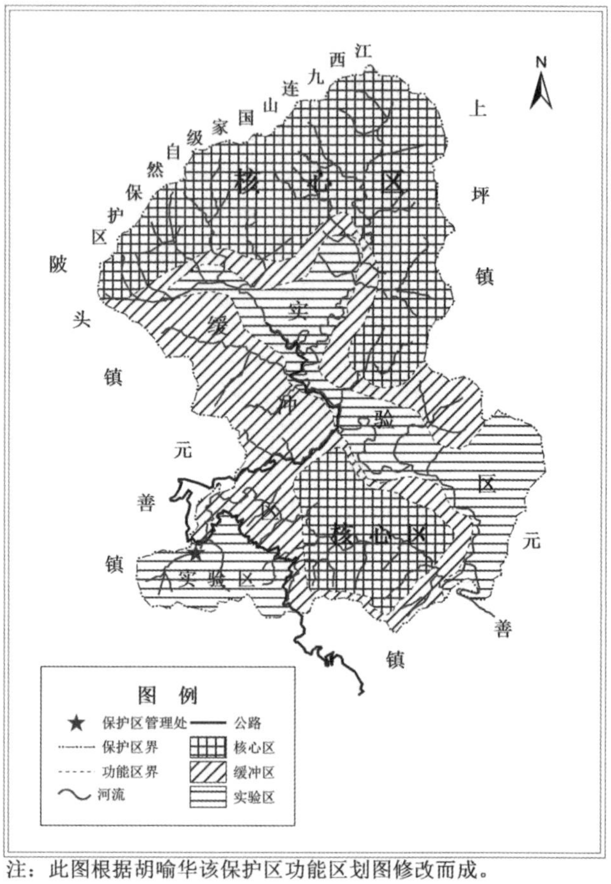

注：此图根据胡喻华该保护区功能区划图修改而成。

图 3.7　连平黄牛石自然保护区功能示意图

（3）实验区　位于缓冲区外围的中部和西南部，面积 1271.8hm^2，占保护区总面积 28.65%。中部片，呈带状分布，以大河为中心，从西北至东南依次为后山坝、锅洞、高寨、牛坝、合水，在区内只有一个自然村—锅洞以及高寨、燕岭、金牛坝、合水电站。面积 993.4hm^2；西南片，以风口至横坑公路为界，面积 278.4hm^2。其主要功能是开展各种科学实验、生态旅游和教学实习等（图 3.7）。

3.2.7.3　植物区系特点

本保护区的植物区系，概括起来有如下特点。

（1）植物物种较丰富　据调查统计②，该保护区拥有野生维管束植物 1360 种（包括种下等级，下

① 胡喻华. 广东连平黄牛石省级自然保护区总体规划. 广东省林业调查规划院. 2009. 9.

② 江海声等. 广东连平黄牛石省级自然保护区资源调查报告. 广东省野生动植物保护办公室，华南濒危动物研究所，广州大学生物与化学工程学院，连平县林业局. 2002. 8.

同)。隶属696属193科，占广东省野生维管束植物5933种的22.92%（叶华谷等，2005)。其中蕨类植物121种，隶属67属36科；裸子植物7种，隶属7属5科；被子植物1232种，属隶611属152科(表3.27)。

表3.27 连平黄牛石自然保护区维管束植物类群的组成

植物类群		科数	属数	种数
蕨类植物		36	72	121
裸子植物		5	7	7
被子植物	双子叶植物	127	489	1022
	单子叶植物	25	128	210
合计		193	696	1360

(2) 地理成分较复杂

①蕨类植物的地理成分

A. 科的地理分布区类型　根据保护区36科的分布类型统计分析如下。

广布科　共11科，占该区蕨类总科数的30.56%。如石杉科、石松科、卷柏科、木贼科、铁线蕨科 Adiantaceae、蹄盖蕨科 Athyriaceae、铁角蕨科 Aspleniaceae、紫萁科、水龙骨科、苹科、满江红科等。

热带、亚热带分布科　共有16科，占该区蕨类总科数的64%（扣除广布科11科，下同)。如松叶蕨科 Psilotaceae、瘤足蕨科 Plagiogyriaceae、中国蕨科 Sinopteridaceae、桫椤科 Cyatheaceae、稀子蕨科 Monachosoraceae、裸子蕨科 Hemionitidaceae、骨碎补科 Dvalliaceae、莲座蕨科、碗蕨科、鳞始蕨科 Lindsaeaceae、海金沙科、凤尾蕨科 Pteridaceae、书带蕨科 Vittaceae、金星蕨科 Thelypteridaceae、舌蕨科 Elaphoglossaceae、雨蕨科 Gymnogrammitidaceae 等。

泛热带分布科　共有8科，占该区蕨类总科数的32%。如槲蕨科 Drynariaceae 等以亚洲为主，其他为里白科 Gleicheniaceae、蚌壳蕨科 Dicksoniaceae、蕨科 Pteridiaceae、乌毛蕨科 Blechnaceae、三叉蕨科 Aspidiaceae、实蕨科 Bolbitidaceae、肾蕨科 Nephrolepidaceae 等。

温带至亚热带高山地区分布科　仅有鳞毛蕨科 Dryopteridaceae 1个科，占该区总科数的4%。

B. 属的地理分布区类型　根据保护区67属的分布类型统计分析如下。

广布属　共有6属，占该区蕨类植物总属数的8.96%。如石杉属、卷柏属 *Selaginella*、铁线蕨属 *Adiantum*、铁角蕨属 *Asplenium*、苹属 *Marsilea*、满江红属 *Azolla* 等。

泛热带分布属　共有6属，占蕨类植物总属数的9.84%（扣除广布属6属，下同)。如鳞始蕨属 *Lindsaea*、乌蕨属、蕨属、桫椤属、粉背蕨 *Aleuritopteris*、肾蕨属 *Nephrolepis* 等。

热带和亚热带分布属　共有47属，占该区蕨类植物比例达77.05%。其中热带至亚热带为主，如松叶蕨属 *Psilotum*、灯笼草属 *Palhinhaea*、观音莲座属 *Anglopteris*、芒萁属、里白属、海金沙属、稀子蕨属 *Monachosorum*、碗蕨属 *Dennstaedtia*、鳞盖蕨属 *Microlepia*、凤尾蕨属 *Pteris*、碎米蕨属 *Cheilosoria*、金粉蕨属 *Onychium*、凤丫蕨属 *Coniogramme*、书带蕨属 *Vittaria*、短肠蕨属 *Allantodia*、假蹄盖蕨属 *Athyriopsis*、角蕨属 *Cornopteris*、钩毛蕨属 *Cyclogramma*、毛蕨属 *Cyclosorus*、针毛蕨属 *Macrothelypteris*、凸轴蕨属 *Metathelypteris*、金星蕨属 *Parathelypteris*、新月蕨属 *Pronephrium*、假毛蕨属 *Pseudocyclosorus*、肋毛蕨属 *Ctenitis*、三叉蕨属 *Tectaria*、阴石蕨属、线蕨属 *Colysis*、石韦属、石蕨属等。

以亚热带为主的属　与热带至亚热带分布的类型相当，热带亚洲分布的有10属，如藤石松属 *Lycopodistrum*、圣蕨属 *Dictyocline*、复叶耳蕨属 *Arachniodes*、星蕨属 *Microsorium*、实蕨属 *Bolbitis*、雨蕨属 *Gymnogrammitis*、伏石蕨属 *Lemmaphyllum*、骨牌蕨属 *Lepidogrammitis*、等；热带亚洲—大洋洲分布3属，如菜蕨属 *Callipteris*、乌毛蕨属 *Blechnum*、槲蕨属 *Drynaria*；热带亚洲至非洲分布的有1属，如瓦韦属 *Lepisorus*；热带亚洲至热带美洲分布有4属，如瘤足蕨属 *Plangiogyria*、双盖蕨属 *Diplazium*、舌蕨属 *Elaphoglossum*、水龙骨属 *Polypodiodes*；东亚分布有1属，如金毛狗属 *Cibotium*。

温带、热带分布属　有 2 属，占该区蕨类植物总属数的 3. 28%。如紫萁属、狗脊属。

温带、亚热带分布属　有 3 属，占该区蕨类植物总属数的 4. 92%，如卵果蕨属 *Phegopteris*、黔蕨属 *Phanerophlebiopsis*、耳蕨属 *Polystichum*。

温带分布属　有 2 属，占该区蕨类植物总属数的 3. 28%。如贯众属、鳞毛蕨属等。

寒、温带分布属　有 1 属，占蕨类植物总属数的 1. 64%。如木贼属 *Equisetum*。

②种子植物的地理成分

A. 科的地理分布区类型　按照《世界种子植物科的分布区类型系统》（吴征镒等，2003），对保护区种子植物 157 科的分布区类型统计分析，除旧世界温带分布、温带亚洲分布、地中海区和西亚至中亚分布、中亚分布及中国特有分布科尚未发现外，其余 10 个分布区类型及变型均有分布。

*1. 广布分布类型　计有 44 科，占总科数的 28. 03%。如毛茛科、金鱼藻科、十字花科、堇菜科、远志科、景天科、虎耳草科、石竹科、马齿苋科（主产美洲）、蓼科、苋科、酢浆草科、千屈菜科、柳叶菜科、瑞香科、蔷薇科、蝶形花科、杨梅科、榆科、桑科、鼠李科、伞形科、木犀科、茜草科、败酱科、菊科、龙胆科、报春花科、白花丹科 Plumbaginaceae、车前科、桔梗科、半边莲科 Lobeliaceae、紫草科 Boraginaceae、茄科、旋花科 Convolvulaceae、玄参科（主产温带）、唇形花科（主产地中海）、水鳖科 Hydrocharitaceae、泽泻科 Alismataceae、眼子菜科 Potamogetonaceae、浮萍科、兰科、莎草科（主产温带及寒温带）、禾本科等。

*2. 泛热带分布类型　计 53 科，占 46. 90%（扣除广布分布类型 45 科）。如番荔枝科 Annonaceae、樟科、青藤科、防己科、马兜铃科 Aristolochiaceae、胡椒科、金粟兰科、白花菜科 Capparidaceae、藜科、凤仙花科、大风子科、天料木科 Samydaceae、葫芦科 Cucurbitaceae、秋海棠科、茶科、野牡丹科、藤黄科 Guttiferae、梧桐科、金虎尾科 Malpighiaceae、锦葵科 Malvaceae、古柯科、粘木科、大戟科、含羞草科、荨麻科、卫矛科、茶茱萸科 Icacinaceae、铁青树科 Olacaceae、檀香科 Santalaceae、蛇菰科 Balanophoraceae、葡萄科、芸香科、楝科、山柳科、无患子科、漆树科、柿科、紫金牛科、马钱科、夹竹桃科、萝藦科、紫葳科、爵床科、鸭跖草科、谷精草科、雨久花科、菝葜科、天南星科、薯蓣科、棕榈科、仙茅科、蒟蒻薯科等。

*2 -1 热带亚洲、大洋洲（至新西兰）和南美（或墨西哥）间断分布　有 1 科，占 0. 88%。如山矾科 Smyplocaceae。

*2 -2 热带亚洲、非洲和南美洲间断分布　有 4 科，占 3. 54%。如买麻藤科 Gnetaceae、椴树科 Tiliaceae、苏木科 Caesalpiniaceae、鸢尾科 Iridaceae。

*2s 以南半球为主的泛热带分布　有 5 科，占 4. 42%。如商陆科 Phytolaccaceae、山龙眼科 Proteaceae、桃金娘科 Myrtaceae、桑寄生科 Loranthaceae、石蒜科 Amaryllidaceae 等。

*3. 热带亚洲和热带美洲间断分布　有 8 科，占 7. 08%。如木通科 Lardizabalacea、杜英科 Elaeocarpaceae、冬青科 Aquifoliaceae、省沽油科 Staphyleaceae、五加科 Araliaceae、安息香科 Styracaceae、苦苣苔科 Gesneriaceae、马鞭草科 Verbenacea 等。

*4. 旧世界热带分布　有 3 科，占 2. 56%。如海桐花科、芭蕉科、露兜树科 Pandanaceae。

*4 -1 热带亚洲、非洲和大洋洲间断　有 1 科，占 0. 88%。如八角枫科 Alangiaceawe。

*5. 热带亚洲至热带大洋洲分布　有 3 科，占 2. 65%。如田葱科 Philydraceae、交让木科 Daphniphyllaceae、姜科 Zingiberaceae。

*6. 热带亚洲至热带非洲分布　仅有 1 科，占 0. 88%。如杜鹃花科 Ericaceae。

*7. 热带亚洲（印度—马来西亚）分布。有 2 科，占 1. 77%。如使君子科 Combretaceae、牛栓藤科 Connaraceae。

*7 -4 越南（或中南半岛）至华南（或西南）分布　仅有 1 科，占 0. 88%。如清风藤科。

*7 -5 西马来，基本上在新华莱斯线以西　仅有 1 科，占 0. 88%。如五列木科。

*8. 北温带分布　有 8 科，占 7. 08%。如松科、金丝桃科、大麻科 Cannabinaceae、越桔科、

忍冬科、列当科、百合科、延龄草科。

＊8－4 北温带和南温带（全温带）间断分布　有 13 科，占 11.50%。如红豆杉科 Taxaceae、杉科 Taxodiaceae、紫堇科 Fumariaceae、茅膏菜科 Droseraceae、绣球花科 Hydrangeaceae、金缕梅科 Hamamelidaceae、黄杨科 Buxaceae、壳斗科 Fagaceae、胡颓子科 Elaeagnaceae（主产东亚）、槭树科 Aceraceae（主产东亚）、胡桃科 Juglandaceae、山茱萸科 Cornaceae、灯心草科 Juncaceae。

＊8－5 欧亚和南美洲温带间断分布　有 1 科，占 0.88%。如小檗科 Berberidaceae。

＊9. 东亚和北美洲间断分布　有 5 科，占 4.42%。如木兰科 Magnoliaceae、五味子科 Schisandraceae、三白草科 Saururaceae、鼠刺科 Escalloniaceae、珙桐科 Nyssaceae。

＊10. 旧世界温带分布　未见。

＊14. 东亚分布　有 3 科，占 2.65%。如三尖杉科、旌节花科 Stachyuraceae、猕猴桃科。

从上所述可以看出，其中泛热带分布类型有 63 科，占总科数的 55.75%（扣除广布科 44 科，下同）；北温带分布类型有 22 科，占总科数的 19.47%；热带亚洲和热带美洲间断分布类型有 8 科，占总科数的 7.08%；其余分布区类型所含科数均在 4.42% 以下，不占重要地位；特别是中国特有科等 5 科分布类型缺如。表明该保护区植物区系在科级水平上以泛热带分布成分为主，兼有一定数量的北温带成分。

B. 属的地理分布区类型　根据连平黄牛石自然保护区种子植物 618 属的分布类型，按照《中国种子植物属的分布区类型》（吴征镒，1991）统计分析，除中亚分布区类型及其变型尚未发现外，其他 14 个分布区类型变型均有分布（表 3.28）。

表 3.28　连平黄牛石自然保护区种子植物属的分布区类型

分布区类型及变型	属数	占总属数（%）
1. 广布分布	50	扣除
2. 泛热带分布	145	25.53
2－1 热带亚洲、大洋洲和南美洲间断分布	2	0.35
2－2 热带亚洲、非洲和南美洲间断分布	5	0.88
3. 热带亚洲和热带美洲间断分布	15	2.64
4. 旧世界热带分布	54	9.51
4－1 热带亚洲、非洲和大洋洲间断分布	7	1.23
5. 热带亚洲至热带大洋洲分布	36	6.34
5－1 中国（西南）亚热带和新西兰间断分布	0	0
6. 热带亚洲至热带非洲分布	21	3.70
6－1 华南、西南到印度和热带非洲间断	1	0
6－2 热带亚洲和东非间断	1	0.18
7. 热带亚洲（印度—马来西亚）分布	98	17.25
7－1 爪哇、喜马拉雅和华南、西南星散分布	9	1.58
7－2 热带印度至华南分布	5	0.88
7－3 缅甸、泰国至华西南分布	2	0.35
7－4 越南（或中南半岛）至华南（或西南）分布	9	1.58
8. 北温带分布	62	10.92
8－1 环极分布	0	0
8－2 北极高山分布	1	0.18
8－3 北极—阿尔泰和北美洲间断分布	0	0
8－4 北温带和南温带（全温带）间断分布	12	2.11

（续）

分布区类型及变型	属数	占总属数（%）
8－5 欧亚和南美洲温带间断分布	0	0
8－6 地中海区、东亚、新西兰和墨西哥到智利间断	0	0
9. 东亚和北美洲间断分布	39	6.87
9－1 东亚和墨西哥间断	1	0.18
10. 旧世界温带分布	24	4.23
10－1 地中海区、西亚和东亚间断分布	5	0.88
10－2 地中海和喜马拉雅间断分布	0	0
10－3 欧亚和南非洲（有时也在大洋洲）间断	4	0.70
11. 温带亚洲分布	2	0.35
12. 地中海区、西亚至中亚分布	2	0.35
12－1 地中海区至中亚和南非洲、大洋洲间断	0	0
12－2 地中海区至中亚和墨西哥间断	0	0
12－3 地中海区至温带、热带亚洲，大洋洲和南美洲间断	2	0.35
12－4 地中海区至热带非洲和喜马拉雅间断	0	0
12－5 地中海区—北非洲、中亚、北美西南部，智利和大洋洲（泛地中海）间断分布	0	0
13. 中亚分布	0	0
13－1 中亚东部（亚洲中部）	0	0
13－2 中亚至喜马拉雅	0	0
13－3 西亚至喜马拉雅和西藏	0	0
12－4 地中海区至热带非洲和喜马拉雅间断	0	0
14. 东亚分布	57	10.04
14－1 中国—喜马拉雅（SH）	2	0.35
14－2 中国—日本（SJ）	3	0.53
15. 中国特有分布	10	1.76
合计	618	100.00

从表3.28可以看出：连平黄牛石自然保护区属的地理成分是以热带成分占优势，从2～7各类热带成分共有420属，占总属数（扣除广布属50属，以下同）的73.94%。温带成分（从8～12）共有154属，占总属数的27.11%。东亚分布有52属，占总属数的9.15%。中国特有分布的10属，占1.76%，是杉木属 *Cunninghamia*、观光木属 *Tsoongiodendron*、裸蒴属 *Gymnotheca*、石笔木属 *Tutcheria*、半枫荷属 *Semiliquidambar*、伞花木属 *Eurycorymbus*、通脱木属 *Tetrapanax*、四数苣苔属 *Bournea*、双片苣苔属 *Didymostigma*、丫蕊花属 *Ypsilandra* 等。

3.2.7.4 植被类型

据调查，保护区内的植被类型多样，主要有如下6种类型。

（1）针叶林　在保护区内有如下2个群系。

①杉木林（Form *Cunninghamia lanceolata*）　在保护区内较为常见，分布范围也较大，但多为人工栽培，少树为自然林，林分结构简单。

乔木层：一般以杉木为单优势种。

灌木层：在稀疏的林下，由冬青属 *Ilex*、柃木属 *Eurya* 和榕属 *Ficus* 等灌木种类构成。

草本层：常见的有乌毛蕨 *Blechnum orientale*、芒萁 *Dicranopteris dichotoma* 等。

②马尾松林（Form *Pinus massoniana*） 面积小，结构简单。

乔木层：一般以马尾松为单优势种。

灌木层：优势种为桃金娘 *Rhodomyrtus tomentosa* 等。

草本层：以芒萁和芒等占优势。

（2）常绿阔叶林 是以常绿阔叶树为建群种所组成的森林群落。它是中亚热带地带性的典型植被类型，在保护区内占主导地位，其中有如下3个群系。

①红锥林（Form *Castanopsis hystrixi*） 主要分布于黄牛石后山背夫坑海拔600m处，坡向东南，坡度10°。在400m^2内。

乔木层：平均高度约10.8m，平均胸径约10.06cm，郁闭度0.9。除优势种红锥有35株外，还有罗浮栲、米槠、香皮树 *Meliosma fordii*、厚壳桂 *Cryptocarya chinensis*、南酸枣、黄樟、阴香 *C. burmannii*、鸭公树 *Neolitsea chuii*、木荷、黑柃、盐肤木、虎皮楠、竹叶青冈、青冈、杨梅、枫香树、罗浮柿、毛竹、鼠刺 *Itea chinensis* 等。

灌木层：主要由朱砂根 *Ardisia crenata*、狗骨柴 *Diplospora dubia*、微毛柃 *Eurya hebeclados*、楔基腺柃 *E. glaudulosa* var. *cuneiformis*、五月茶 *Antidesma fordii*、山矾 *Symplocos sumun*、锈毛莓 *Rubus reflexus*、树参 *Dendropanax confertus*、赤楠 *Syzygium buxifolium*、矮冬青 *Ilex lohfauensis*、毛冬青 *I. pubescens*、杜茎山 *Maesa japonica*、华南忍冬 *Lonicera confusa*、山香圆 *Turpinia montana*、莲座紫金牛 *Ardisia primulaefolia*、网脉山龙眼 *Helicia reticulata* 等组成。

草本层：以狗脊 *Woodwardia japonica*、羽裂圣蕨 *Dictyocline wilfordii*、舞花姜 *Globba racemosa*、山姜 *Alpinia japonica*、建兰 *Cymbidium ensifolium* 等为主。

层间的藤本植物：常见的有鸡矢藤、菝葜、土茯苓、网脉酸藤子 *Embelia rudis*、酸藤子 *E. laeta*、白花酸藤果 *E. ribes*、瓜馥木等。

此外，林下还见有红锥、米槠、竹叶青冈、鸭公树、黄丹木姜子 *Litsea elongata*、木荷、虎皮楠、鼠刺、香皮树、罗浮柿、毛竹等幼苗。由此可见该林的发展趋势是比较稳定的。

②米槠林（Form *Castanopsis carlesii*） 主要分布于黄牛石泥竹塘近曹洞海拔650m处，坡向西，坡度15°。在400m^2内。

乔木层：平均高度约10.95m，平均胸径约14.87cm，郁闭度0.9。除优势种米槠有24株外，还有木荷、虎皮楠、沉水樟 *Cinnamomum micranthum*、广东润楠 *Machilus kwangtungensis*、黄果厚壳桂 *Cryptocarya concinna*、柯、硬壳柯 *L. hancei*、华南青皮木 *Schoepfia chinensis*、枫香树、光叶山矾 *Symplocos lancifolia*、黄牛奶树 *S. laurina*、鼠刺、香皮树、茜树 *Aidia cochinchinensis*、石斑木 *Rhaphiolepis indica*、桃叶石楠 *Photinia prunifolia*、杨梅 *Myrica rubra*、黑柃、短柱柃 *Euryabrevistyla* 等。

灌木层：主要由山矾、铁冬青、赤楠、轮叶蒲桃 *SSyzygium grijsii*、山香圆、山血丹 *Ardisia lindleyana*、柘树 *Cudrania tricuspidata*、杜茎山、光叶海桐 *Pittosporum glabratum*、变叶树参 *Dendropanax proteum*、朱砂根、蔓胡颓子 *Elaeagnus glabra*、密花树 *Rapanea neriifolia*、白簕花 *Eleutherococcus trifoliatus*、小紫金牛 *Ardisia cymosa*、狗骨柴、疏花卫矛 *Euonymus laxiflorus*、山小橘 *Clycosmis parviflora*、山蒟 *Piper hainanense*、十大功劳 *Mahonia fortunei* 等组成。

草本层：以江南星蕨 *Microsorium fortunei*、狗脊、渐尖毛蕨 *Cyclosorus acuminatus*、建兰、珍珠菜 *Lysimachia clethroides*、金粟兰 *Chloranthus spicatus*、毒根斑鸠菊 *Vernonia cumingiana* 等占优势。

层间藤本植物：有小叶买麻藤、南五味子、昆明鸡血藤 *Millettia reticulata*、三叶崖爬藤 *Tetrastigma hemsleyanum*、钩藤 *Uncaria rhynchophylla*、龙须藤 *Bauhinia championii*、鸡矢藤、筐条菝葜 *Smilax corbularia*、玉叶金花 *Mussaenda pubescens*、葛、羊角拗等。

此外，林下还有绒毛润楠 *Machilus velutina*、鼠刺、矩形叶老鼠刺 *Itea oblonga*、竹叶青冈、青冈、鸭公树、长尾毛蕊茶 *Camellia caudata*、虎皮楠、木荷、厚叶山矾 *Symplocos crassifolia*、猴欢喜 *Sloanea hongkongensis*、罗浮柿、毛竹、甜槠、虎皮楠等幼苗，由此可见，该林的发展趋势还是常阔叶林。

③杨梅林（Form *Myrica rubra*） 主要分布于黄牛石牛坝海拔420m处。在400m^2 内。

乔木层：平均高度约13m，平均胸径约18.44cm，共有22株，除优势种杨梅8株外，还有青冈、南岭栲 *Castanopsis fordii*、网脉琼楠 *Beilschmiedia tsangii*、光叶山矾、黑柃、黄丹木姜子等14株。

灌木层：以山苍子 *Litsea cubeba*、赤楠、批杷叶紫珠 *Callicarpa kochiana*、地稔 *Melastoma dodecandrum*、毛稔 *M. sanguineum*、小蜡 *Ligustrum sinense*、郎伞木 *Ardisia hanceana*、梅叶冬青 *Ilex asprella*、毛冬青、矮冬青、大青 *Clerodendrum cyrtophyllum*、山血丹、光叶海桐、黄竹仔 *Bambusa mutabilis*、老鼠矢 *Symplocos stellaris*、牛耳枫 *Daphniphyllum calycinum*、九节 *Psychotria asiatica*、狗骨柴、五月茶等。

草本层：以乌毛蕨、金毛狗、铁线蕨、狗脊、铺地蜈蚣 *Lycopodium cernuum*、山菅兰、建兰、土麦冬 *Liriope spicata*、舞花姜、黑莎草 *Gahnia tristis*、五节芒等占优势。

层间的藤本植物：有南五味子、昆明鸡血藤、玉叶金花、土茯苓、网脉酸藤子、酸藤子、络石 *Trachelospermum jasminoides* 等。

此外，林下还见有杨梅、南岭栲、罗浮柿、光叶山矾、绒毛润楠、野漆树 *Toxicodendron sylvestris*、米槠、竹叶青冈、青冈、香皮树、茜树、黄杞 *Engelhardtia roxburghiana*、赤杨叶 *Alniphyllum fortunei*、黄丹木姜子、木荚红豆 *Ormosia xylocarpa*、亮叶猴耳环 *archidendron lucidum*、毛叶嘉赐树 *Casearia villilimba* 等幼苗占优势，由可见该林的发展趋势是比较稳定群落。

（3）竹林 在保护区内仅有1个群系。

毛竹林（Form *Phyllostachys heterocyla* cv. Pubescens） 主要分布于锅洞后山左侧北坡，其中部分为人工栽种。除毛竹林外，在村庄附近还有青皮竹 *bambusa textilis* 林等。

（4）针阔叶混交林 以暖性针叶树与阔叶树为建群种所组成的森林群落。在保护区内有2个群系。

①马尾松、红楠林（Form *Pinus massoniana*，*Machilus thunbergiii*） 主要分布于黄牛石连平至大尖山海拔650m处，坡向山坡顶，坡度5°。在667m^2 内。

乔木层：平均高度12.48m，平均胸径12.41cm，郁闭度0.8，共有127株。除优势种马尾松16株、红楠35株外，还有杨梅11株、罗浮柿、木荷、格药柃 *Eurya muricata*、二列叶柃 *E. distichophylla*、杉木、野漆树、吊皮锥 *Castanopsis kawakamii*、南岭栲、红锥、米槠、刨花润楠 *Machilus pauhoi*、山乌桕 *Sapiun discolor* 等。

灌木层：有杨桐、油茶、针齿铁仔 *Myrsine semiserrata*、石楠 *Photinia serrulata* 等。

草本层：有芒萁、五节芒等。

此外，林下有山杜英 *Elaeocarpus sylvestris*、黄丹木姜子、鸭公树等幼苗，由此可见该林的发展趋势将被为常绿阔叶林所替代。

②马尾松、广东润楠林（Form *Pinus massniana*，*Machilus kwangtungensis*） 主要分布于黄牛石泥竹塘水口海拔780m处，坡向西北，坡度10°。在400m^2 内。

乔木层：平均高度10.54m，平均胸径14.63cm，郁闭度0.85，共有81株。除优势种马尾松20株、广东润楠20株外，还有钝齿木荷 *Schima crenata*16株、杉木、华山矾 *Symplocos chinensis*、香叶树 *Lindera communis*、杨梅、光叶水青冈 *Fagus lucida*、野漆树等25株。

灌木层：有变叶树参、油茶、老鼠矢、大叶黄杨 *Buxus megistophylla*、山血丹、黄花倒水莲 *Polygala fallax*、米碎花 *Eurya chinensis*、乌饭树 *Vaccinium bracteatum* 等。

草本层：有芒萁、狗脊等。

层间藤本植物：有羊角拗、网脉酸藤子等。

此外，林下有广东润楠、米槠、甜槠、杨梅、杉木、华山矾和网脉山龙眼 *Helicia reticulata* 等幼苗，由此可见，该林的发展趋势将形成常绿阔叶林。

（5）灌丛草坡 主要分布于人类活动频繁、森林遭受破坏的地段，如开采铅锌矿后大多沦为灌丛草坡，在保护区占有一定面积，灌木种类较少，草本以禾本科植物为主，高度一般在1m以下，主要种类以五节芒等占优势。

（6）栽培植被 主要分布于保护区的中部和西南部，以农田栽稻 *Oryza sativa*，山坡地栽种经济林等。

3.2.7.5 野生植物资源

（1）珍稀濒危保护植物繁多 根据1984年国家环境保护委员会公布的《中国珍稀濒危保护植物名录》和1999年国务院批准公布的《国家重点保护野生植物名录（第一批）》所列种类统计，保护区内共有国家重点保护野生植物18科19属21种。其中蕨类植物3科3属3种，裸子植物2科3属3种，被子植物12科15属15种。列为国家Ⅰ级重点保护野生植物的1种，国家Ⅱ级重点保护的野生植物11种，国家Ⅲ级重点保护野生植物8种，省级重点保护的野生植物1种（表3.29）。

表3.29 连平黄牛石自然保护区的保护植物

序号	种名	科名	IUCN 濒危等级	保护级别
1	南方红豆杉 *Taxus wallichiana* var. *mairei*	红豆杉科 Taxaceae	濒危	Ⅰ
2	金毛狗 *Cibotium barometz*	蚌壳蕨科 Dicksoniaceae	渐危	Ⅱ
3	桫椤 *Alsophila spinulosa*	桫椤科 Cyatheaceae	渐危	Ⅱ
4	观光木 *Tsoobgiodendron odorum*	木兰科 Magnoliaceae	稀有	Ⅱ
5	樟树 *Cinnamomum camphora*	樟科 Lauraceae	渐危	Ⅱ
6	华南锥 *Castanopsis cancinna*	壳斗科 Fagaceae	濒危	Ⅱ
7	半枫荷 *Semiliquidambar cathayensis*	金缕梅科 Hamamelidaceae	渐危	Ⅱ
8	伞花木 *Eurycorymbus cavaleriei*	无患子科 Sapindaceae	渐危	Ⅱ
9	花榈木 *Ormosia henryi*	蝶形花科 Papilionaceae	渐危	Ⅱ
10	榉树 *Zelkova schneideriana*	榆科 Ulmaceae	稀有	Ⅱ
11	金荞麦 *Fagopyrum dibotrys*	蓼科 Polygonaceae	渐危	Ⅱ
12	野茶树 *Camellia sinensis* var. *assamica*	山茶科 Theaceae	稀有	Ⅱ
13	穗花杉 *Amentotaxus argotaenia*	红豆杉科 Taxaceae	濒危	Ⅲ
14	沉水樟 *Cinnamomum micranthum*	樟科 Lauraceae	渐危	Ⅲ
15	吊皮锥 *Castanopsis kawakamii*	壳斗科 Fegaceae	渐危	Ⅲ
16	白桂木 *Artocarpus hypargyreus*	桑科 Moraceae	渐危	Ⅲ
17	粘木 *Ixonanthes chinensis*	粘木科 Ixonanthaceae	渐危	Ⅲ
18	巴戟 *Morinda officinalis*	茜草科 Rubiaceae	稀有	Ⅲ
19	松叶蕨 *Psilotum nudum*	松叶蕨科 Psilotaceae	稀有	Ⅲ
20	箭根薯 *Tacca chantrieri*	蒟蒻薯科 Taccaceaw	渐危	Ⅲ
21	三尖杉 *Cephalotaxus fortunei*	三尖杉科 Cephalotaxaceae	稀有	省级

注：兰科植物10属14种，全部为《濒危野生动植物种国际贸易公约》附录Ⅱ物种。

（2）经济植物多样 在连平黄牛石自然保护区内蕴藏着多种多样的经济植物资源。根据调查统计，有野生维管束植物1358种。

①药用植物 有834种，占保护区植物总种数的61.41%，其中抗癌药用植物有狗肝菜 *Dicliptera chinensis*、三尖杉 *Cephalotaxus fortunei* 等；清热解毒药用植物有华南忍冬 *Lonicera confusa*、忍冬（金银花）、地胆草 *Elephantopus scaber* 等；清热凉血的药用植物有丝茅 *Imperata koenigii*、葛、马鞭草 *Verbena officinalis*、十萼茄 *Lycianthes biflora*、茅莓 *Rubus parvifolius*、铁冬青等；清热利尿的药用植物有淡竹叶 *Lophatherum gracile*、车前、海金沙等；清热利湿的药用植物有栀子 *Gardenia jasminoides*、岗松、乌蔹莓、酢浆草 *Oxalis corniculata*、算盘子 *Glochidion puberum* 等；祛风湿的药用植物有狗脊、苍耳、山苍子、菝葜等；平肝清热的药用植物有露兜草 *Pandanus austrosinensis*、钩藤 *Uncaria scandens* 等；跌打损伤、止血肿痛的药用植物有积雪草 *Centella asiatica*、大茶药、鲫鱼胆 *Maesa perlarius*、苎麻、薯莨、一

点红等；壮阳药的药用植物有金樱子 *Rosa laevigata*；温补的药用植物有巴戟等；活血祛瘀的药用植物黑老虎 *Kadsura coccinea*、两面针 *Zanthoxylum nitidum*；补血药的药用植物有香花崖豆藤 *Millettia dielsiana*、桃金娘、酸藤子等。除湿化滞的水蓼 *Polygonum hydropiper*；民间常用草药或凉茶有梅叶冬青、鸡矢藤、草珊瑚 *Sarcandra hainanensis*、车前、韩信草等。

②用材植物　有 173 种，占总种数的 12.74%。其中一类用材有樟树、红锥等；二类用材有黄樟 *Cinnamomum parthenoxylon*、柯 *Tithocarpus glabra* 等；三类用材有蕈树 *Altingia chinensis* 等；四类用材有日本杜英 *aaelaeocarpus japonicus* 等；五类用材有鼠刺 *Itea chinensis*、猴欢喜 *Sloanea sinensis* 等；作军工用材的有少白皮黄杞 *Engelhardtia fenzelii* 等；作胶合板用材的猴耳环 *Archidendron clypearia* 亮叶猴耳环 *A. lucidum* 等；作纺织用材木荷、石斑木等；作乐器用材的有山乌桕 *Sapium discolor*、鹅掌柴 *Schefflera heptaphylla*、椿叶花椒 *Zanthoxylum ailanthoides* 等；造纸用材的有山矾属 14 种、安息香属 4 种。

③纤维植物　有 97 种，占总种数的 7.14%。其中有小叶买麻藤、构树、苎麻 *Boehmria nivea*、大叶苎麻 *B. longispica*、水麻 *Debregeasia edulis*、珠芽艾麻 *Laportea bulbifera*、紫麻 *Oreocnide frutescens*、白背叶 *Mallotus apelta*、青榨槭 *Acer davidii*、地桃花 *Urena lobata*、白瑞香 *Daphne papyracea*、胡颓子 *Elaeagnus pungens*、小蜡 *Ligustrum sinense*、钩藤、葛、刺蒴麻 *Triumfetta rhomboidea*、粗糠柴 *Mallotus philippinensis*、朴树 *Celtis sinensis*、灯心草 *Juncus effusus*、黑莎草、毛竹、丝茅、芒、五节芒等。

④观赏植物　有 122 种，占总种数的 8.98%。其中树木类有木莲 *Manglietia fordiana*、深山含笑 *Michelia maudiae* 等；观叶类有枫香树、山乌桕等；花木类有映山红、吊钟花 *Enkianthus quinqueflorus* 等；果木类有铁冬青、虎舌红 *Ardisia mamillata*、栀子 *Gardenia jasminoides*、桃金娘等；蔓木类有假鹰爪 *Desmos chinensis*、白花油麻藤 *Mucuna birdwoodiana* 等；花草类有鹤顶兰 *Phaius tankervilliae*、建兰等。

⑤淀粉植物　有 25 种，占总种数的 1.84%。其中有蕨、福建观音座莲、金毛狗、狗脊、贯众、槲蕨、杨梅、金樱子、豆梨 *Pyrus calleryana*、南酸枣、葛、薜荔、土茯苓、日本薯蓣 *Dioscorea japonica*、阔叶猕猴桃 *Actinidia latifolia*、乌饭树、光头芒 *Echinochloa colonum* 等。

⑥油脂植物　有 84 种，占总种数的 6.19%。其中有三尖杉、南方红豆杉、杉木、樟树、香叶树、山胡椒 *lindera . kwangtungensis*、山苍子、红楠、鸭公树、檫木 *Sassfras tzumu*、野茶树、毛叶石楠 *Photinia villosa*、野木瓜 *Stauntonia chinensis*、碎米荠 *Cardamine flexuosa*、多花山竹子 *Garcinia multiflora*、牛耳枫 *Daphniphyllum calycinum*、虎皮楠、构树、香椿 *Toona dinensis*、香叶树、华南吴茱萸 *Evodia austro－sinensis*、赛山梅 *Styrax confusus*、栓叶安息香 *S. suberifolius*、秋风 *Bischofia javanica*、巴豆 *Croton tiglium*、白背叶、油茶 *Camellia oleifera*、算盘子 *Glochidion puberum*、油桐 *Vernicia fordii*、木油桐、粗糠柴、野漆树、盐肤木、山乌桕、铁冬青、朱砂根、南酸枣、苍耳、黑莎草等。

⑦鞣料植物　有 47 种，占总种数的 3.46%。其中有南方红豆杉、虎杖 *Polygonum cuspidatum*、余甘子 *Phyllanthus emblica*、木油桐、青榨槭、盐肤木、杨梅、厚皮香 *Ternstroemia gymnanthera*、黧蒴、钩锥、南岭拷、青冈、红锥、金樱子、地榆 *Sanguisorba officinalis*、小果蔷薇 *Rosa cymosa*、龙须藤、藤黄檀 *Dalbergia hancei*、南酸枣、野漆树、冬桃杜英 *Elaeocarpus duclouxii*、山杜英 *E. sylvedtris*、柏拉木 *Blastus cochinchinensis*、桃金娘、构树、枫香树、常春藤、油柿、薯莨、菝葜等。

⑧芳香植物　有 24 种，占总种数的 1.77%。其中有马尾松、杉木、瓜馥木、樟树、黄樟、山胡椒、山苍子、阴香、香叶树、木姜子、岗松、枫香树、栀子、小蜡、草珊瑚、椿叶花椒、黄荆、藿香、茵陈蒿 *Artemisia capillaris*、野菊 *Dendranthema indicum*、香附子等。

⑨保健饮料植物　有 20 种，占总种数的 1.47%。其中有绞股蓝、杨梅、桃金娘、金樱子、冬桃杜英、南酸枣、油柿、多花山竹子、余甘子、京梨猕猴桃 *Actinidia callosa*、阔叶猕猴桃、山莓 *Rubus corchorifolius*、高粱泡 *R. lambertianus*、茅莓、胡颓子、乌饭树等。

⑩野生水果植物　有 90 种，占总种数的 6.63%。其中浆果类有京梨猕猴桃、阔叶猕猴桃、桃金娘等；仁果类有金樱子、尖嘴林檎 *Laurocerasus undulata* 等。

此外，还有饲料植物 47 种，占总种数的 3.46%，较重要的有凤眼蓝 *Eichhornia crassipes*、鸭舌草

Monochoria vaginalis、薏苡 *Coix lacryma - jobi*、青香茅 *Cymbopogon caesius*、狗牙根 *Cynodon dactylon*、光头芒 *Echinochloa colonum*、水蔗草 *Apluda mutica*、看麦娘 *Alopecurus aequalis*、升马唐 *Digitaria ciliaris* 等；野菜植物有 41 种，占总种数的 3.02%，常见的有白花败酱 *Patrinia villosa*、焯菜 *Rorippa indica*、革命菜 *Gynura crepidioides*、黄鹌菜 *Youngia japonica*、少花龙葵 *Solanum americanum*、皱果苋 *Amaranthus viridis*、马齿苋 *Portulaca oleracea*、蕨、乌毛蕨等；农药植物，有 33 种，占总种数的 2.43%，其中比较重要的有杠板归 *Polygonum perfoliatum*、石岩枫 *Mallotus repandus*、常山 *Dichroa febrifuga*、厚果崖豆藤 *Millettia pachycarpa*、昆明崖豆藤、黄药 *Rhamnus crenata*、驳骨丹 *Buddleja asiatica*、金线蒲 *Acorus gramineus*、海金沙、醉鱼草 *Buddleja lindleyana*、三白草 *Saururus chinensis* 等；染料植物有 13 种，占总种数的 0.96%，如薯莨、栀子；蜜源植物有 33 种，占总种数的 2.43%，如山乌桕、鹅掌柴、黄牛奶树、白花泡桐 *Paulownia fortunei*、胡枝子 *Lespedeza bicolor* 冬青属 *Ilex*15 种、杜鹃花属 *Rhododendron*10 种等；有毒植物有 13 种，占总种数的 0.96%，如羊角拗、大茶药、三脉马钱 *Strychnos cathayensis*、海芋、天南星 *Arisaema hunanense*、飞扬草 *Euphorbia hirta*、油桐、八角枫、苍耳等。

3.2.7.6 野生动物资源

（1）野生动物资源较丰富　该保护区的生态环境复杂，森林茂密，孕育了丰富的动物种类。据调查统计，该保护区拥有陆栖脊椎动物 92 种，隶属 72 属 38 科 18 目。

①两栖类　有 13 种，隶属 10 属 5 科 1 目，占该区动物总种数的 14.13%。

②爬行类　有 6 种，隶属 6 属 4 科 3 目，占该区动物总种数的 6.52%。其中蛇目（SERPENTES）有 2 科 4 属 4 种，占该区爬行类总数的 66.67%；龟鳖目（TESTUDINATA）和蜥蜴目（LACERTILI）分别有 1 科 1 属 1 种，各占总数的 16.67%。

以上两栖爬行动物均属东洋界成分，其中南中国型物种 9 种，占该区两栖类总数的 47.36%，东洋型物种 10 种，占 52.63%。两种区系型都是热带中亚热带分布的种类最多，两者合计共 11 种，占所有物种的 57.89%。由此可见，该保护区的爬行类种类分别起源于东洋界的华中区与华南区，这充分体现了粤北南岭地区的动物区系特点。

③鸟类　有 53 种，隶属 41 属 17 科 7 目，占该区动物总种数的 57.61%。其中雀形目（PASSERIFOMES）有 11 科 29 属 41 种，占该区鸟类总数的 77.36%；鸡形目（GALLIFORMES）有 1 科 4 属 4 种，占总数的 7.55%；鹤形目（GRUIFORMES）有 1 科 1 属 1 种，占总数的 1.89%；鸽型目（COLUMBIFORMES）有 1 科 2 属 2 种，占总数的 3.77%；鸮形目（STRIGFORMES）有 1 科 2 属 2 种，占总数的 377%；咬鹃目（TROGONIFORMES）有 1 科 1 属 1 种，占总数的 1.89%；鴷形目（PICIFORMES）有 1 科 2 属 2 种，占总数的 3.77%。

鸟类区系组成中，广布种 3 种，占该区鸟类总数的 5.66%；东洋界种 41 种，占总数的 77.36%；古北界种 9 种，占总数的 16.98%。保护区鸟类区系显然以东洋界鸟类为主，在 53 种鸟类中以居留型中，以留鸟最多，达 43 种，占总数的 81.13%；其次是迁徙鸟 10 种，占总数的 18.87%。

④哺乳类　有 20 种，隶属 15 属 12 科 7 目，占该区动物总种数的 21.74%；占广东省哺乳类总数（124 种）的 16.13%；占全国哺乳类总数（449 种）的 4.45%。啮齿目（RODENTIA）有 3 科 6 属 8 种，占该区兽类总数的 40%；食肉目（CARNIVORA）3 科 3 属 4 种，占总数的 20%；翼手目（CHIROPTERAS）有 1 科 1 属 3 种，占总数的 15%；偶蹄目（ARIODACTYLA）有 2 科 2 属 2 种，占总数的 10%。食虫目（INSECTVORA）有 1 科 1 属 1 种，占总数的 5%；鳞甲目（PHOLIDOTA）有 1 科 1 属 1 种，占总数的 5%；兔形目（LAGOMORPHA）有 1 科 1 属 1 种，占总数的 5%。

哺乳动物区系组成中，东洋型 14 种，占总数的 70%，分别有 3 种为古北型和南中国型，各占 15%。由此可见，保护区的哺乳动物区系成分以东洋型为主，但兼有中温带为主延伸至亚热带的古北型和主要分布于热带至中亚热带的南中国型。

（2）珍稀濒危动物较多　以我国 1989 年公布实施的《国家重点保护野生动物名录》和 2001 年公

布实施的《广东省重点保护陆生野生动物名录》（第一批）为依据，保护区内有保护脊椎动物 11 种。其中国家Ⅰ级重点保护的动物 1 种，国家Ⅱ级重点保护动物 5 种，省级重点保护动物 5 种（表 3.30）。

表 3.30 连平黄牛石自然保护区的保护动物

序号	种 名	科 名	濒危度	保护级别
		哺乳纲 MAMMALIA		
1	云豹 *Neofelis nebulosa*	猫科 Felidae	濒危	Ⅰ
2	穿山甲 *Manis pentadactyla*	鲮鲤科 Manidae	濒危	Ⅱ
3	鬣羚 *Capricornis sumatraensis*	牛科 Bovidae	易危	Ⅱ
4	豹猫 *Felis bengalensis*	猫科 Felidae	易危	省级
		鸟纲 AVES		
5	白鹇 *Lophura nycthemera*	雉科 Phasianidae	易危	Ⅱ
6	黄嘴角鸮 *Otus spilocephalus*	鸱鸮科 Strigidae		Ⅱ
7	斑头鸺鹠 *Glaucidium cuculoides*	鸱鸮科 Strigidae		Ⅱ
8	红嘴相思鸟 *Leiothrix lutea*	画眉科 Timaliidae		省级
		爬行纲 REPTILIA		
9	平胸龟 *Platysternon megacephalum*	龟科 Testudidae	濒危	省级
		两栖纲 AMPHIBIA		
10	棘胸蛙 *Rana spinosa*	蛙科 Ranidae	易危	省级
11	沼蛙 *Rana guentherii*	蛙科 Ranidae	无危	省级

（3）经济动物多样　保护区内拥有国家保护的有益的或有重要经济价值、科学研究价值的陆生野生动物如下。

①两栖类　有食用的蛙类华南湍蛙 *Amolops ricketti*、沼水蛙等。

②爬行类　有蛇类银环蛇 *Bungarus multicinctus* 等。

③鸟类　主要有灰胸竹鸡 *Bambusicola fytchii*、珠颈斑鸠 *Streptopelia chinensis*、鹌鹑、红耳鹎 *Pycnonotus jocosus*、白头鹎 *Pycnonotus sinensis*、栗背短脚鹎 *Hemixos castanonotus*、棕背伯劳 *Lanius schach*、画眉 *Garrulax canorus*、大山雀、暗绿绣眼鸟等。

④哺乳类　有华南兔、银星竹鼠、果子狸、野猪等。

3.2.8 和平黄石坳自然保护区

2000 年 3 月 18 日，和平县林业局和林字［2000］30 号文，恳请和平县人民政府批准建立黄石坳、河明亮自然保护区。2000 年 3 月 21 日，和平县人民政府和府［2000］36 号文，批准建立黄石坳、河明亮县级自然保护区。2000 年，和平县人民政府和府函［2000］78 号文，请求河源市人民政府批准建立黄石坳市级自然保护区。2000 年 6 月 13 日，河源市人民政府河府函［2000］196 号文，批准建立和平黄石坳市级自然保护区。2002 年 4 月 30 日，河源市人民政府河府［2002］43 号文请求省人民政府批准建立广东黄石坳省级自然保护区。2004 年 1 月广东省人民政府粤办函［2004］9 号文批准建立和平黄石坳省级自然保护区。主要保护对象为中亚热带常绿阔叶林生态系统、珍稀野生动植物及其栖息生境。

根据中华人民共和国国家标准《自然保护区类型与级别划分原则》（GB/T14529—93），和平黄石坳自然保护区属“自然生态系统类别”中的“森林生态系统类型”自然保护区。

3.2.8.1 自然条件

（1）位置范围　保护区位于河源市辖和平县西南部。地理坐标为东经 114°48′33″～114°55′35″，北纬24°20′05″～24°27′04″。地跨附城、热水、合水、青洲4镇，东与合水镇相连，南与青洲镇接壤，西与热水镇为邻，北与附城镇交界。总面积8096.8hm^2。

（2）地质基础　保护区主要为寒武浅变质碎屑岩系，其次有少量的泥盆系桂头群石英砂岩，印支期石英闪长岩，白垩系红色砂砾岩①。

①寒武系（∈）　石英粉砂岩与泥质页岩主要分布于保护区的西北部；细砂岩与泥质页岩主要分布于保护区的中部偏西；石英砂岩与长石砂岩主要分布于东部。

②泥盆系桂头群（D_2）　主要分布于保护区东南部，由砾岩、砂砾岩、含砾石粗砂岩、细砂岩，少量粉砂质页岩及泥质页岩组成。

③印支期石英闪长岩（Y）　主要分布于保护区南侧的坡角，石人坑等地，与泥盆系桂头群呈侵入接触关系，上覆地层为白垩系地层。

（3）地貌概况　保护区的地势大致西北高东南低，主要有如下3种地貌类型。

①中山地貌　海拔800m以上的中山，主要分布于西北部，最高峰桐树嶂海拔825m，组成岩石以石英粉砂岩与泥质页岩为主，地表遭受较强烈切割，黄石坳以西北地区，河谷多呈V形谷，黄石坳以东南地区，河谷多呈U形谷，山坡坡度20°～40°，个别地区达60°～65°。

②低山地貌　海拔500～800m的低山其次，主要分布于丘陵与中山之间。海拔500m以上山峰有20座，山坡一般不对称，南坡较北坡陡，东南部低山地区，组成岩石以石英砂岩、长石砂岩为主，山坡较缓，两坡对称。

③丘陵地貌　海拔500m以下，比高50～100m，主要分布于低山边缘，组成岩石以石英粉砂岩、泥质页岩为主，地表起伏和缓。

（4）气候特点　和平黄石坳自然保护区地处中亚热带南缘，属中亚热带季风气候区，其特点是：气候温和，四季分明，夏长冬短，光照充足，雨量充沛，夏季高温多雨，冬季寒冷少雨。保护区具有山地气候特征，但受季风环流的影响显著，夏季受西南季风和东南季风的影响，多南风、东南风，气候暖湿，降水充沛；冬季受东北季风影响，多北风、西北风，气候干冷。

据保护区所在的和平县气象资料：全年日照时数为1594.2小时，多年平均气温19.9℃，最冷1月份平均气温10.5℃，最热7月份平均气温27.3℃，无霜期300～309天。多年平均降水量1612mm，主要集中在每年4～9月，占全年降水量的85.3%。由于保护区位于西南部山区，故其各项气温指标比县城低2～3℃，而降雨则稍高。

（5）水文特征

①河流众多　保护区属东江水系，浰江是东江的一级支流，为和平县的主要河流，在黄石坳自然保护区内由西北向东南贯穿而过，全长102km，流域面积1059km^2。保护区位于浰江的上游河段，区内河宽30m左右。保护区内山溪众多，除保护区最南端的金竹坝流入青州河外，其余溪流均汇入浰江。

②水质良好　浰江水质良好，含沙量低，基本没有受到污染，从1994～2001年的水质调查，其水质都达到国家标准（GB3838～88）Ⅰ类水标准。

③水源丰富　在保护区范围内的合水、青州、附城、热水四镇合计水资源理论蕴藏量2.3×10^4kW，可开发量蕴藏量1.9×10^4kW。保护区内已有电站3座，总库容量为$9.53\times10^5m^3$，总装机容量为3600kW。

（6）土壤特征　和平黄石坳自然保护区的地带性土壤为红壤，但由于受成土母质、山地气候、植被和地形等因素以及人类活动的影响，从山麓至山顶依次形成了垂直分布。

①红壤　主要分布在海拔500m以下的丘陵地带，成土母质以石英粉砂岩、泥质页岩为主的风化坡积物、原积物，土层较厚，呈酸性反应。土壤肥力水平较高。

---

① 凌秋贤，林建南．黄石坳自然保护区地质、地貌及土壤特征．广东省地质科学研究所．2002.9.

②山地黄壤　主要分布于海拔 500 ~ 800m 的低山地带，成土母质以石英砂岩、长石砂岩为主的风化的坡积物、原积物，土层深厚薄不一，呈微酸性反应，养分含量较高。

③山地灌丛草甸土　主要分布于海拔 800m 以上的山顶和山脊，土层浅薄，但腐殖质层较厚，有机质含量高，土体质地较黏重，多呈酸性反应。

3.2.8.2　功能分区

依据《拟建广东和平黄石坳自然保护区总体规划》① 将保护区分为如下 3 个功能区。

（1）核心区　总面积 4783.2hm^2，占保护区总面积的 59.08%。位于保护区的中部。区内几乎囊括了保护区全部森林类型，人为干扰较少，海拔 300 ~ 600m 处有保护区特殊稀有物种及其生境，具有代表性的常绿阔叶林生态系统，也是野生动物的重要活动区域。

其主要功能是：保护天然常绿阔叶林生态系统、珍稀野生动植物及其生存栖息繁衍的环境，将实行全封闭管理，除必需的定位观测、进入检查等外，禁止任何人进入，严禁狩猎、采挖药材和砍伐林木。

（2）缓冲区　面积 2305.8hm^2，占保护区总面积的 28.48%。位于核心区外围的四周。是核心区与实验区的过渡地带。

其主要功能是：对于保护核心区起缓冲作用，确保核心区的天然常绿阔叶林生态系统和珍稀野生动植物的良性循环。此区将实行半封闭式管理，除教学科研需要进入缓冲区的应当事先向自然保护区管理机构提交申请和和活动计划，经自然保护区管理机构批准，禁止开展旅游和生产经营活动。

（3）实验区　总面积 1007.8hm^2，占保护区总面积的 12.44%。位于缓冲区外围的保护区周边。其重点分布在保护区的东、西两侧，是保护区内人为活动相对频繁的区域。

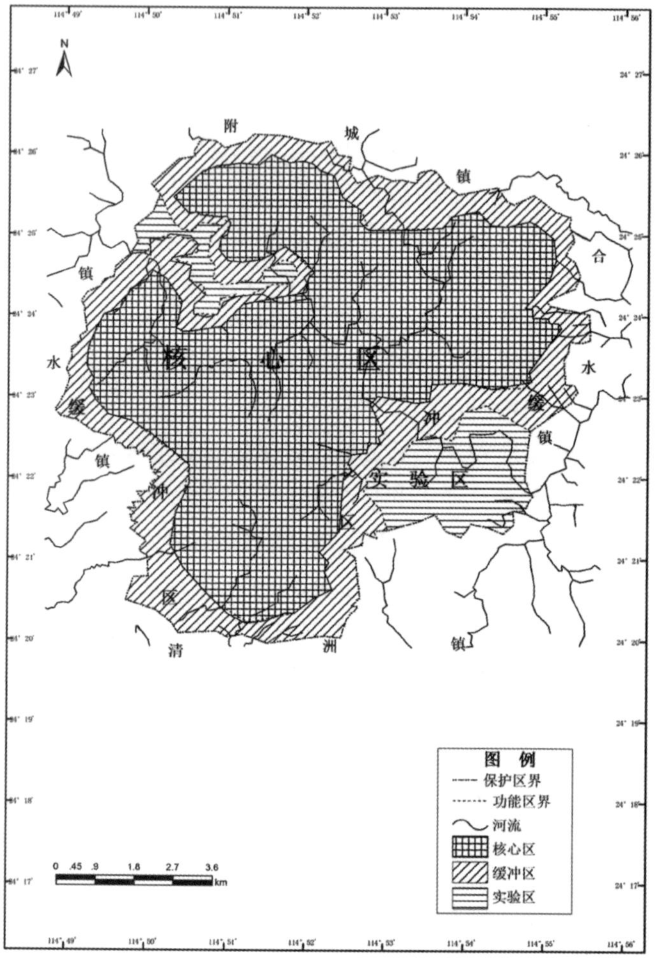

图 3.8　和平黄石坳自然保护区功能分区图

其主要功能是：开展各种科学实验、繁育珍稀濒危物种，驯养珍禽异兽，开展科普教育、生态旅游和教学（图 3.8）。

3.2.8.3　植物区系特点

本保护区的植物区系，概括起来具有如下特点。

（1）植物物种较丰富　据调查统计②，该保护区拥有野生维管束植物 1270 种（包括种下分类单位，下同），隶属 659 属 193 科，占广东省野生维管束植物（5933 种）（叶华谷等，2005）的 21.41%。其中蕨类植物 109 种，隶属 61 属 32 科；裸子植物 6 种，隶属 5 属 4 科；被子植物 1155 种，隶属 593

① 江海声等. 拟建广东和平黄石坳自然保护区总体规划. 华南濒危动物研究所，广州大学生物与化学工程学院，广东省地质科学研究所. 2002.9.

② 缪绅裕. 黄石坳自然保护区维管植物名录. 广州大学生物与化学工程学院生物系. 2002.9.

属157科（表3.31）。

表3.31　和平黄石坳自然保护区野生维管束植物类群的组成

植物类群		科数	属数	种数
蕨类植物		32	61	109
裸子植物		4	5	6
被子植物	双子叶植物纲	131	475	966
	单子叶植物纲	26	118	189
合计		193	659	1270

此外，尚有栽培植物147种，隶属81属13科。其中裸子植物11种，隶属7属4科；被子植物136种，隶属74属9科（双子叶植物108种55属7科；单子叶植物28种19属2科）。

（2）地理成分较复杂

①蕨类植物的地理成分

A. 科的地理分布区类型　根据保护区32科的分布类型统计分析如下。

广布科　共有11科，占该区总科数的34.38%。如石杉科、石松科、卷柏科、木贼科、紫萁科、铁线蕨科 Adiantaceae、蹄盖蕨科 Athyriaceae、铁角蕨科 Aspleniaceae、水龙骨科、苹科、满江红科。

热带、亚热带分布科　共有14科，占该区总科数的66.67%（扣除广布科11科，下同）。如里白科、中国蕨科 Sinopteridaceae、水蕨科 Parkeriaceae、裸子蕨科 Hemionitidaceae、骨碎补科 Dvalliaceae、莲座蕨科、碗蕨科、桫椤科、鳞始蕨科 Lindsaeaceae、海金沙科、凤尾蕨科 Pteridaceae、三叉蕨科 Aspidiaceae、金星蕨科 Thelypteridaceae、膜蕨科 Hymenophyllaceae 等。

泛热带分布科　共有6科，占该区总科数的28.57%。如瘤足蕨科 Plagiogyriaceae、蚌壳蕨科 Dicksoniaceae、蕨科、乌毛蕨科、肾蕨科、槲蕨科等。

温带至亚热带高山地区分布科　仅有鳞毛蕨科 Dryopteridaceae 1科，占该区总科数的4.76%。

B. 属的地理分布区类型　根据保护区61属的分布类型统计分析如下。

广布属　共有7属，占该区总属数的11.48%。如石杉属、石松属、卷柏属、铁线蕨属、铁角蕨属 *Asplenium*、苹属、满江红属等。

泛热带分布属　共有9属，占该区总属数的16.67%（扣除广布分布7属，下同）。如马尾杉属、篠蕨属 *Mecodium*、蕨属、粉背蕨属 *Aleuritopteris*、栗蕨属 *Histiopteris*、鳞始蕨属 *Lindsaea*、乌蕨属、肾蕨、槲蕨属 *Drynaria* 等。

热带和亚热带分布属　共有39属，占该区总属数的72.22%。其中热带至亚热带为主，如灯笼草属 *Palhinhaea*、观音莲座属、芒萁属、里白属、海金沙属、鳞盖蕨属 *Microlepia*、骨碎补属 *Davallia*、凤尾蕨属 *Pteris*、碎米蕨属 *Cheilosoria*、金粉蕨属 *Onychium*、卵果蕨属 *Phegopteris*、水蕨属 *Ceratopteris*、凤叉蕨属 *Coniogramme*、短肠蕨属 *Allantodia*、假蹄盖蕨属 *Athyriopsis*、毛蕨属 *Cyclosorus*、针毛蕨属 *Macrothelyperis*、金星蕨属 *Parathelypteris*、新月蕨属 *Pronephrium*、假毛蕨属 *Pseudocyclsorus*、阴石蕨属、线蕨属 *Colysis*、石韦属等。

以亚热带为主的属　与热带至亚热带分布的类型相当，热带亚洲分布的有8属，如桫椤属、圣蕨属 *Dictyocline*、复叶耳蕨属 *Arachniodes*、肋毛蕨属 *Ctenitis*、三叉蕨属 *Tectaria*、星蕨属 *Microsorium*、骨牌蕨属 *Lepidogrammitis*、假瘤蕨属 *Phymatopteris* 等；热带亚洲—大洋洲分布2属，如乌毛蕨属 *Blechnum*、苏铁蕨属 *Brainea*；热带亚洲至非洲分布的有1属，如盾蕨属 *Neolepisorus*；热带亚洲至热带美洲分布有4属，如瘤足蕨属 *Plangiogyria*、双盖蕨属 *Diplazium*、水龙骨属；东亚分布有2属，如金毛狗属、伏石蕨属 *Lemmaphyllum* 等。

温带、热带分布属　有2属，占该区总属数的3.7%。如紫萁属 *Osmunda*、狗脊属 *Woodwardia*。

温带分布属　有3属，占该区总属数的5.56%。如鳞毛蕨属、耳蕨属 *Polystichum*、贯众属等。

寒、温带分布属　有 1 属，占该区总属数的 1. 85% 。如木贼属 *Equisetum*。

②种子植物的地理成分

A. 科的地理分布区类型　按照《世界种子植物科的分布区类型系统》（吴征镒等，2003），对保护区种子植物 161 科的分布区类型统计分析如下。除旧世界温带分布、温带亚洲分布、地中海区和西亚至中亚分布、中亚分布及中国特有分布科尚未发外，其余 10 个分布区类型及变型均有分布。

*1. 广布分布类型　计有 46 科，占该区总科数的 28. 57% 。如毛茛科、金鱼藻科、十字花科、堇菜科、远志科、景天科、虎耳草科、石竹科、马齿苋科（主产美洲）、蓼科、苋科、酢浆草科、千屈菜科 Lythraceae、柳叶菜科、小二仙草科、瑞香科、蔷薇科、蝶形花科、杨梅科、榆科、桑科、鼠李科、伞形科、木犀科、茜草科、败酱科、菊科、龙胆科、报春花科、车前科、桔梗科、半边莲科、紫草科、茄科、旋花科、玄参科（主产温带）、狸藻科 Lentibulariaceae、唇形花科（主产地中海）、水鳖科、泽泻科、眼子菜科、浮萍科、香蒲科 Typhaceae、兰科、莎草科（主产温带及寒温带）、禾本科等。

*2. 泛热带分布类型　计 53 科，占该区总科数的 46. 09%（扣除广布类型 46 科）。如罗汉松科、番荔枝科、青藤科、樟科、防己科、马兜铃科、胡椒科、金粟兰科、白花菜科、藜科、凤仙花科、大风子科、天料木科、葫芦科、秋海棠科、茶科、野牡丹科、使君子科、藤黄科、梧桐科、锦葵科、古柯科、大戟科、含羞草科、荨麻科、卫矛科、茶茱萸科 Icacinaceae、铁青树科 Olacaceae、檀香科、蛇菰科 Balanophoraceae、葡萄科 Vitaceae、芸香科、苦木科、楝科、无患子科、漆树科、柿科、紫金牛科 Myrsinaceae、马钱科 Loganiaceae、夹竹桃科、萝藦科、紫葳科、爵床科、鸭跖草科、谷精草科、竹芋科 Marantaceae、雨久花科 Pontederiaceae、菝葜科、天南星科、薯蓣科、棕榈科、仙茅科 Hypoxidaceae、蒟蒻薯科等。

*2－1 热带亚洲、大洋洲（至新西兰）和南美（或墨西哥）间断分布。有 1 科，占该区总科数的 0. 89% 。如山矾科 Smyplocaceae。

*2－2 热带亚洲、非洲和南美洲间断分布　有 4 科，占该区总科数的 3. 48% 。如买麻藤科 Gnetaceae、椴树科 Tiliaceae、苏木科 Caesalpiniaceae、鸢尾科 Iridaceae。

*2s 以南半球为主的泛热带分布　有 6 科，占该区总科数的 5. 22% 。如粟米草科、商陆科、山龙眼科、桃金娘科、桑寄生科、石蒜科 Amaryllidaceae 等。

*3. 热带亚洲和热带美洲间断分布　有 9 科，占该区总科数的 7. 83% 。如木通科、水东哥科、杜英科、冬青科、省沽油科、五加科、安息香科 Styracaceae、苦苣苔科 Gesneriaceae、马鞭草科 Verbenacea 等。

*4. 旧世界热带分布　有 2 科，占 1. 74% 。如海桐花科 Pittosporaceae、芭蕉科 Musaceae。

*4－1 热带亚洲、非洲和大洋洲间断　有 1 科，占该区总科数的 0. 87% 。如八角枫科。

*5. 热带亚洲至热带大洋洲分布　有 3 科，占该区总科数的 2. 61% 。如交让木科 Daphniphyllaceae、姜科 Zingiberaceae、百部科 Stemonaceae。

*6. 热带亚洲至热带非洲分布　仅有 1 科，占该区总科数的 0. 87% 。如杜鹃花科 Ericaceae。

*7. 热带亚洲（印度—马来西亚）分布　有 1 科，占该区总科数的 0. 87% 。如牛栓藤科。

*7－3 缅甸、泰国至华西南分布　仅有 1 科，占该区总科数的 0. 87% 。如伯乐树科。

*7－4 越南（或中南半岛）至华南（或西南）分布　仅有 3 科，占该区总科数的 2. 61% 。如大血藤科 Sargentodoxaceae、清风藤科 Sabiaceae、山柳科 Clethraceae。

*7－5 西马来，基本上在新华莱斯线以西　仅有 1 科，占该区总科数的 0. 87% 。如五列木科。

*8. 北温带分布　有 8 科，占 6. 96% 。如松科、金丝桃科、大麻科、越桔科、忍冬科、列当科、百合科、延龄草科。

*8－4 北温带和南温带（全温带）间断分布　有 14 科，占该区总科数的 12. 17% 。如杉

科、紫堇科、茅膏菜科、绣球花科、金缕梅科、黄杨科、杨柳科、桦木科、壳斗科、胡颓子科、槭树科、胡桃科、山茱萸科、灯心草科。

*8－5 欧亚和南美洲温带间断分布。有 1 科，占该区总科数的 0.87%。如小檗科。

*9. 东亚和北美洲间断分布。有 5 科，占该区总科数的 4.35%。如木兰科 Magnoliaceae、五味子科 Schisandraceae、三白草科 Saururaceae、鼠刺科 Escalloniaceae、珙桐科 Nyssaceae。

*14. 东亚分布　有 2 科，占该区总科数的 1.74%。如猕猴桃科、旌节花科。

从上所述可以看出，泛热带分布类型有 52 科，占总科数的 45.22%（扣除广布科 46 科，下同）。北温带分布类型有 23 科，占总科数的 20%；热带亚洲和热带美洲间断分布类型有 9 科，占总科数的 7.83%；其余分布区类型所含科数均在 4.35% 以下，不占重要地位；特别是中国特有科等 5 科分布类型缺如，表明该保护区植物区系在科级水平上以泛热带分布成分为主，兼有一定数量的北温带成分。

B. 属的地理分布区类型　根据保护区种子植物 598 属的分布类型，按照《中国种子植物属的分布区类型》（吴征镒，1991）统计分析，除地中海区、西亚至中亚分布和中亚分布类型及其变型尚未发现外，其他 13 个分布区类型及变型均有分布（表 3.32）。

表 3.32　和平黄石坳自然保护区种子植物属的分布区类型

分布区类型及变型	属数	占总属数（%）
1. 广布分布	47	扣除
2. 泛热带分布	146	26.50
2－1 热带亚洲、大洋洲和南美洲间断分布	5	0.91
2－2 热带亚洲、非洲和南美洲间断分布	2	0.36
3. 热带亚洲和热带美洲间断分布	21	3.81
4. 旧世界热带分布	53	9.62
4－1 热带亚洲、非洲和大洋洲间断分布	5	0.91
5. 热带亚洲至热带大洋洲分布	32	5.81
5－1 中国（西南）亚热带和新西兰间断分布	0	0
6. 热带亚洲至热带非洲分布	36	6.53
6－1 华南、西南到印度和热带非洲间断	0	0
6－2 热带亚洲和东非间断	1	0.18
7. 热带亚洲（印度—马来西亚）分布	90	16.33
7－1 爪哇、喜马拉雅和华南、西南星散分布	8	1.45
7－2 热带印度至华南分布	4	0.73
7－3 缅甸、泰国至华西南分布	0	0
7－4 越南（或中南半岛）至华南（或西南）分布	10	1.81
8. 北温带分布	63	11.43
8－1 环极分布	0	0
8－2 北极高山分布	1	0.18
8－3 北极—阿尔泰和北美洲间断分布	0	0
8－4 北温带和南温带（全温带）间断分布	9	1.63
8－5 欧亚和南美洲温带间断分布	0	0
8－6 地中海区、东亚、新西兰和墨西哥到智利间断	0	0
9. 东亚和北美洲间断分布	33	5.99
9－1 东亚和墨西哥间断	0	0
10. 旧世界温带分布	15	2.72
10－1 地中海区、西亚和东亚间断分布	0	0

（续）

分布区类型及变型	属数	占总属数（%）
10－2 地中海和喜马拉雅间断分布	0	0
10－3 欧亚和南非洲（有时也在大洋洲）间断	0	0
11. 温带亚洲分布	1	0.18
12. 地中海区、西亚至中亚分布	0	0
12－1 地中海区至中亚和南非洲、大洋洲间断	0	0
12－2 地中海区至中亚和墨西哥间断	0	0
12－3 地中海区至温带、热带亚洲，大洋洲和南美洲间断	0	0
12－4 地中海区至热带非洲和喜马拉雅间断	0	0
12－5 地中海区—北非洲、中亚、北美西南部，智利和大洋洲（泛地中海）间断分布	0	0
13. 中亚分布	0	0
13－1 中亚东部（亚洲中部）	0	0
13－2 中亚至喜马拉雅	0	0
13－3 西亚至喜马拉雅和西藏	0	0
12－4 地中海区至热带非洲和喜马拉雅间断	0	0
14. 东亚分布	53	9.62
14－1 中国—喜马拉雅（SH）	0	0
14－2 中国—日本（SJ）	0	0
15. 中国特有分布	8	1.45
合计	598	100.00

从表3.32可以看出，保护区内属的地理成分是以热带成分占优势，从2～7各类热带成分共有413属，占总属数（扣除广布分布47属，以下同）的74.95%。温带成分（8～12）共有122属，占总属数的22.14%。东亚分布有53属，占总属数的9.62%。中国特有分布的8属，占1.45%，是杉木属 *Cunninghamia*、观光木属 *Tsoongiodendron*、大血藤属 *Sargentodoxa*、石笔木属 *Tutcheria*、半枫荷属 *semiliquidambar*、山拐枣属 *Poliothyrsis*、伞花木属 *Eurycorymbus*、伯乐树属 *Bretscheidera* 等。因此，在种子植物属级分布区类型水平上，以泛热带、热带亚洲的分布区类型为主，同时兼有一定数量的东亚分布和温带分布成分。这些特征与保护区所处地理位置相一致。

3.2.8.4 植被类型

据调查①，保护区内的植被类型多样，主要有如下7种类型。

（1）针叶林　在保护区内面积约占全区有林地总面积的17%，计有如下3个群系。

①马尾松林（Form *Pinus massonian*）　主要分布于保护区南部，但典型的马尾松—桃金娘 *Rhodomyrtus tomentosa* —芒萁 *Dicranopteris pedata* 群落则较少分布。

②杉木林（Form*Cunninghamia lanceolata*）　主要分布于保护区东部偏中，面积较大，林岭较轻，郁闭度较小，林下灌木和草本植物茂密。

③竹柏林（Form *Nageia nagi*）　其自然分布仅见于金竹坝。其中4株残留在金竹坝村庄附近的竹柏个体较大，高度22m左右，最大胸径达70cm，5月初正盛开雄性的孢子叶球。

（2）常绿阔叶林　是以常绿阔叶树为建群种所组成的森林群落。它是中亚热带地带性的植被类型，在保护区内占主导地位，主要分布于海拔200～600m的丘陵低山，面积约占全区有林地总面积的

① 缪绅裕，王厚麟．黄石坳自然保护区植物研究．广州大学生物与化学工程学院生物系．2002.9.

46.3%。计有如下3个群系。

①木荷林（Form *Schima superba*） 主要分布于鱼勿海拔200m处，坡向北，坡度30°，在20m×20m中。

乔木层：平均树高9.52m，平均胸径47.17cm，郁闭度0.8。除优势种木荷13株外，还有苦槠6株，南岭栲、吊皮锥、鹅掌柴、小芸木 *Micromelum integerrimum* 等各2株，樟树、红楠、黄果厚壳桂 *Cryptocarya concinna*、米槠、锐齿槲栎 *Quercus aliena*、山矾、粘毛杜鹃、短梗幌伞枫 *Heteropanax brevipedioellatus* 等各1株。

灌木层：主要有野茉莉 *Styrax japonicus*、海南蒟 *Piper hainanense*、瓜馥木、桃叶石楠、毛冬青、酸藤子、轮叶蒲桃 *Syzygium grijsii*、粗叶榕 *Ficus hirta*、榄绿粗叶木 *Lasianthus japonicus*、牛耳枫 *Daphniphyllum calycinum*、流苏子 *Coptosapelta diffusa*、柏拉木 *Blastus cochinchinensis*、石斑木 *Raphiolepis indica*、密花树 *Rapanea neriifolia*、大叶土密树 *Bridelia fordii*、山血丹 *Ardisia lindleyana*、鼠刺 *Itea chinensis*、小果南烛 *Lyonia ovalifolia* var. *elliptica* 等。

草本层：主要有芒萁、狗脊 *Woodwardia japonica*、扇叶铁线蕨 *Adiantum flabellulatum*、乌毛蕨、草珊瑚、山麦冬、水蔗草 *Apluda mutica*、黑莎草、淡竹叶等。

层间藤本植物：有罗浮买麻藤、南五味子、香花崖豆藤 *Millettia championi*、络石 *Trachelospermum jasminoides*、玉叶金花 *Mussaenda pubescens*、菝葜 *Smilax china*、暗色菝葜 *S. lanceifolia* 等。

此外，林下还有绒毛润楠、香叶树 *Lindera communis*、腺叶桂樱 *Laurocerasus phaeosticta*、小芸木、山乌桕 *Sapium discolor*、木油桐 *Virnicia montana*、粘毛杜鹃、山苍子 *Litsea cubeba*、杉木、山蒲桃 *Syzygium levinei*、光叶山矾 *Symplocos lancifolia*、黄杞 *Engelhardtia roxburghiana* 等幼苗。

②粉绿柯林（Form *Lithocarpus glaucus*） 主要分布于蓝山岗海拔555m处，坡向山脊，坡度10°，在20m×20m中。

乔木层：平均树高5.50m，平均胸径20.46cm，郁闭度0.8。除优势种粉绿柯63株外，还有甜槠7株、罗浮柿5株、枫香树4株、棠梨 *Pyrus calleryana* var. *koehnei* 和六角杜鹃 *Rhododendron wastlan* 各3株、广东润楠 *Machilus kwangtungensis* 和变叶榕 *Ficus variolosa* 各2株、山乌桕和杉木各1株。

灌木层：主要有唐竹 *Sinobambusa tootsik*、野茉莉、乌药 *Lindera aggregata*、日本粗叶木 *Lasianthus japonicus*、算盘子 *Glochidion puberum*、贵定桤叶木 *Clethra cavaleriei*、细枝柃 *Eurya loquaiana*、轮叶蒲桃、茶荚蒾 *Viburnum setigerum*、小果南烛等。

草本层：主要有芒萁、芒、蕨和狗脊等。

层间藤本植物：有香花崖豆藤、土茯苓 *Smilax glabra*、菝葜等。

此外，林下还有六角杜鹃、枫香树、木荷、棠梨、黄檀 *Dalbergia hupeana*、罗浮柿等幼苗。

③黧蒴林（Form *Castanopsis fissa*） 主要分布于主坝海拔320m处，坡向北，坡度15°，在10m×10m中。

乔木层：平均树高9.27m，平均胸径11.73cm，郁闭度0.85。除优势种黧蒴28株外，还有木油桐2株。

灌木层：主要有鼠刺、轮叶蒲桃、算盘子、大青 *Clerodendrum cyrtophyllum*、三桠苦、朱砂根 *Ardisia crenata*、毛冬青等。

草本层：主要有芒萁、狗脊、乌毛蕨、草珊瑚、棕叶芦 *Thysanolaena maxima*、黑莎草、淡竹叶等。

层间藤本植物：有玉叶金花、广东蛇葡萄、暗色菝葜、土茯苓、鸡眼藤等。

此外，林下还有黧蒴、绒毛润楠、小芸木、罗浮柿、硬叶润楠 *Machilus phoenicis*、六角杜鹃、柯 *Castanopsis glabra* 等幼苗。由此可见该林的发展趋势是稳定的。

（3）常绿与落叶阔叶混交林 是以常绿阔叶树与落叶阔叶树为建群种所组成的森林群落。它是亚热带常绿阔叶林与温带落叶阔叶林之间的过渡植被类型，在保护区内居次要地位，在保护区内仅有如

1 个群系。

广东润楠、枫香树林（Form *Machilus kangtungensis*, *Liquidambar formosana*） 主要分布于南家窝海拔 320m，坡向北，坡度 15°，在 20m × 20m 中。

乔木层：平均树高 17.97m，平均胸径 15.70cm，郁闭度 0.85。除优势种常绿阔叶广东润楠 7 株、落叶阔叶枫香树 5 株外，还有翻白叶树 *Pterospermum heterophyllum* 和刨花楠 *Machilus pauhoi* 各 9 株、木荷 8 株、山乌桕 5 株、蕈树 *Altingia chinensis* 和木油桐各 3 株、黄果厚壳桂 *Cryptocarya concinna*、山拐枣 *Poliothysis sinensis* 和鹅掌柴各 2 株，网脉山龙眼 *Helicia reticulata*、臀形果 *Pygeum topengii*、赤杨叶 *Alniphyllum fortunei* 各 1 株。

灌木层：主要有三桠苦、薜荔、山血丹、山蒲桃、牛耳枫、白花悬钩子 *Rubus leucanthus*、鼠刺、细枝柃、竹叶榕 *Ficus stenophylla*、杜茎山 *Maesa japonica*、假鹰爪 *Desmos chinensis*、粗叶榕、台湾榕 *Ficus formosana*、了哥王、小蜡、毛果算盘子 *Glochidion eriocarpum*、油茶等。

草本层：主要有芒、狗脊、半边旗、渐尖毛蕨 *Cyclosorus asuminatus*、华南毛蕨 *C. parasiticus*、扇叶铁线蕨、海金沙、草珊瑚、铜锤玉带草 *Pratia nummularia*、马兰 *Kalimeris indica*、淡竹叶等。

层间藤本植物：有罗浮买麻藤、南五味子、玉叶金花、暗色菝葜等。

此外，林下还有翻白叶树、鹅掌柴、广东润楠、绒毛润楠 *Machilus velutina*、香叶树、杨桐 *Adinandra millettii* 等幼苗。由此可见该林的发展趋势将被常绿阔叶林所替代。

（4）针阔叶混交林　是以暖性针叶树与阔叶树为建群种所组成的森林群落。在保护区内仅有如下 2 个群系。

①杉木、木荷林（Form *Cunninghamia lanceolata*, *Schima superba*） 主要分布于鱼勿海拔 200m 处，坡向东南，坡度 10°，在 20m × 20m 中。

乔木层：平均树高 12.64m，平均胸径 17.44cm，郁闭度 0.65。除优势种杉木 45 株、木荷 9 株外，还有枫香 6 株、木油桐 3 株、黄果厚壳桂、红楠 *Machilus thunbergii*、马尾松各 1 株。

灌木层：常见的有黑老虎 *Kadsura coccinea*、红背叶山麻杆 *Alchornea trewioides*、毛冬青、竹叶榕、台湾榕、野茉莉、牛耳枫、鹿角杜鹃 *Rhododenrron latoucheae*、大茶药 *Gelsemium elegans*、九管血 *Ardisia brevicaulis*、毛果算盘子、楤木 *Aralia chinensis*、紫珠 *Callicarpa bodinieri*、大青、白花悬钩子、红枝蒲桃 *Syzygium rehderianum*、瓜馥木、鼠刺、华南忍冬 *Lonicera confusa* 等。

草本层：有芒萁、海金沙、乌毛蕨、扇叶铁线蕨、狗脊、蕨、草珊瑚、蔓生莠竹、淡竹叶等。

层间藤本植物：常见的有异叶蛇葡萄 *Ampelopsis heterophylla*、玉叶金花、白花酸藤子 *Embelia ribes*、香花崖豆藤、粉防己 *Stephania tetrandra*、菝葜等。

此外，林下有山乌桕、木油桐、鹅掌柴、沉水樟 *Cinnamomum micranthum*、杨桐、南岭栲等幼苗。

（5）竹林　保护区内的竹林分布较广，一般在河流两侧或村庄前后都竹林分布。主要有如下 2 群系比较突出。

①毛竹林（Form *Phyllostachys heterocycla* cv. Pubescens） 主要分布于金竹坝，面积相对较大，中营、下营、苏茅坪等地均有分布。

②黄金间碧竹林（Form*Bambusa vulgaris* cv. Vittata） 主要分布于葛藤坑村后山坡，其中有阔叶树种混生。

（6）灌草丛　主要分布于丘陵低山，多为常绿阔叶林遭受反复砍伐逆向演替而成，在保护区内占有一定面积。

灌木层：多为柃木属 *Eurya*、杜鹃花属 *Rhododendron*、乌饭树属 *Vaccinium* 的种类组成。

草本层：多为乌毛蕨、芒萁等蕨类植物组成。

（7）栽培植被　在保护区内类型较多，但面积均不大。主要为经济林型和农作物型：

3.2.8.5　野生植物资源

(1) 珍稀濒危保护植物繁多　以1984年国家环境保护委员会公布的《中国珍稀濒危保护植物名录》和1999年国务院批准公布的《国家重点保护野生植物名录（第一批）》，所列种类统计，保护区内共有国家重点保护野生植物13科14属15种。其中蕨类植物4科4属4种，被子植物9科10属11种。列为国家Ⅰ级重点保护的野生植物1种，国家Ⅱ级重点保护的野生植物10种，国家Ⅲ级重点保护的野生植物4种（表3.33）。

表3.33　和平黄石坳自然保护区的保护植物

序号	种名	科名	濒危度	保护级别
1	伯乐树 *Bretschneidera sinensis*	伯乐树科 Bretschneideraceaew	濒危	Ⅰ
2	金毛狗 *Cibotium barometz*	蚌壳蕨科 Dicksoniaceae	渐危	Ⅱ
3	桫椤 *Alsophila spinulosa*	桫椤科 Cyatheaceae	渐危	Ⅱ
4	苏铁蕨 *Brainea insignis*	乌毛蕨科 Blechnaceae	濒危	Ⅱ
5	水蕨 *Ceratopteris thalictroides*	水蕨科 Parkeriaceae	濒危	Ⅱ
6	观光木 *Tsoongiodendron odorum*	木兰科 Magnoliaceae	稀有	Ⅱ
7	樟树 *Cinnamomum camphora*	樟科 Lauraceae	渐危	Ⅱ
8	闽楠 *Phoebe bournei*	樟科 Lauraceae	渐危	Ⅱ
9	半枫荷 *Semiliquidambar cathayensis*	金缕梅科 Hamamelidaceae	渐危	Ⅱ
10	花榈木 *Ormosia henryi*	蝶形花科 Papilionaceae	渐危	Ⅱ
11	伞花木 *Eurycorymbus cavaleriei*	无患子科 Sapindaceae	渐危	Ⅱ
12	吊皮锥 *Castanopsis kawakamii*	壳斗科 Fegaceae	渐危	Ⅲ
13	沉水樟 *Cinnamomum micranthum*	樟科 Lauraceae	渐危	Ⅲ
14	白桂木 *Artocarpus hypargyreus*	桑科 Moraceae	渐危	Ⅲ
15	巴戟 *Morinda officinalis*	茜草科 Rubiaceae	稀有	Ⅲ

注：兰科植物15属22种，即竹叶兰 *Arundina graminfolia*、白及 *Bletilla striata*、乐昌虾脊兰 *Calanthe lechangensis*、流苏贝母兰 *Coelogyne fimbriata*、建兰 *Cymbidium ensifolium*、春兰 *C. goeringii*、寒兰 *C. kanran*、墨兰 *C. sinense*、重唇石斛 *Dendrobium hsrcoglossum*、石斛 *D. nobile*、半柱毛兰 *Eria corneri*、高斑叶兰 *Goodyera procera*、毛葶玉凤兰 *Habenaria ciliolaris*、鹅毛玉凤兰 *H. dentata*、橙黄玉凤兰 *H. rhodocheila*、镰翅羊耳蒜 *Liparis bootanensis*、见血青 *L. nervosa*、血叶兰 *Ludisia discolor*、毛唇芋兰 *Nervilia fordii*、鹤顶兰 *Phaius tankervillia*、石仙桃 *Pholidota chinensis*、绶草 *Spiranthes sinensis* 等，全部为《濒危野生动植物种国际贸易公约》附录Ⅱ物种。

(2) 经济植物多样　在保护区内蕴藏着多种多样的经济植物资源。根据调查统计①，保护区内有维管束植物1270种。

①药用植物　有788种，占保护区植物总种数的62.05%。其中抗癌药用植物有狗肝菜 *Dicliptera chinensis* 等；清热解毒药用植物有华南忍冬 *Lonicera confusa*、忍冬 *L. japonica*、地胆草 *Elephantopus scaber* 等；清热凉血的药用植物有葛、马鞭草、茅莓、铁冬青等；清热利尿的药用植物有淡竹叶、车前、海金沙等；清热利湿的药用植物有栀子、岗松、乌蔹莓、酢浆草、算盘子等；祛风湿的药用植物有狗脊、苍耳、山苍子、八角枫、菝葜等；跌打损伤、止血肿痛的药用植物有积雪草 *Centella asiatica*、鲫鱼胆、苎麻、薯莨、一点红等；壮阳药的药用植物有金樱子 *Rosa laevigata*；理气药用植物有乌药；温补的药用植物有巴戟等；活血祛瘀的药用植物黑老虎；补血药的药用植物有香花崖豆藤、桃金娘、酸藤子等；利湿解毒、消肿散结的药用植物有土茯苓；平肝息火药用植物有钩藤 *Uncaria rhynchophylla*；止血药用植物有鳢肠 *Eclipta prostrata*；驱虫药用植物有苦楝 *Melia azedarach*；除湿化滞的药用植物有水蓼；民间常用草药或凉茶有梅叶冬青 *Ilex asprella*、鸡矢藤、草珊瑚、车前和韩信草等。

---

① 江海声等．拟建广东和平黄石坳自然保护区自然资源科学考察报告．广东省野生动物保护管理办公室，华南濒危动物研究所，广州大学生物与化学工程学院，广东省地质科学研究所．2002.9.

②用材植物　有164种，占保护区植物总种数的12.91%。其中一类用材植物有樟树、红锥等；二类用材植物有黄樟、柯；三类用材植物有蕈树 *Altingia chinensis*、尖叶四照花 *Dendeobenthamia angustata* 等；四类用材植物有日本杜英等；五类用材植物有鼠刺、猴欢喜 *Sloanea sinensis* 等；可作军工用材的有黄杞、罗浮槭 *Acer fabri* 等；可作船舶用材的有天料木 *Homalium cochinchinense* 等；可作胶合板用材的有赤杨叶、猴耳环 *Archidendron clypearia*、亮叶猴耳环 *A. lucidum* 等；可作房屋建筑的有米槠、杉木等；可作纺织用材的植物有木荷、石斑木等；可作乐器用材的植物有山乌桕、鹅掌柴等；造纸用材的有山矾等11种、安息香等3种等。

③观赏植物 有119种，占保护区植物总种数的9.37%。其中园林植物有木莲 *Manglietia fordiana*、深山含笑 *Michelia maudiae*、黄樟、樟树、阴香 *Cinnamomum burmanii*、石笔木、半枫荷、木荷、山杜英、五月茶 *Antidesma bunius*、白背叶 *Mallotus apelta*、枫香树、朴树 *Celtis sinensis*、苦楝、竹柏、蕈树、八角枫等；野生灌木花卉有多种野牡丹、多种杜鹃、吊钟花、桃金娘等；草本景观植物有青葙、多种兰花等；果木类植物有铁冬青、虎舌红 *Ardisia mamillata* 等；藤本景观植物有白花油麻藤、小叶买麻藤、罗浮买麻藤、金樱子、香花崖豆藤、玉叶金花、小叶红叶藤、菝葜等。

④纤维植物　有92种，占保护区植物总种数的7.24%。主要有罗浮买麻藤、小叶买麻藤、构树 *Broussonetia papyrifera*、朴树、光叶山黄麻 *Trema cannabina*、苎麻、山芝麻 *Helicteres angustifolia*、小叶红叶藤、葛、白背叶、粗糠柴 *Mallotus philippensis*、地桃花 *Urena lobata*、了哥王、小蜡、青江藤 *Celastrus hindsii*、黑莎草、青皮竹 *Bambusoideae textilis*、毛竹、芒、五节芒等

⑤野生水果植物　有89种，占保护区植物总种数的7.01%。浆果类有中华猕猴桃 *Actinidia chinensis*、京梨猕猴桃 *A. callosa*、灰毛猕猴桃 *A. cinerascens*、毛花猕猴桃 *A. eriantha*、黄毛猕猴桃 *A. fulvicoma*、阔叶猕猴桃 *A. latifolia*、桃金娘等；仁果类有金樱子、尖嘴林檎 *Malus doumeri* 等；核果类有山杜英、蔓胡颓子、杨梅等。此外，南酸枣、多花山竹子、岭南山竹子 *Garcinia oblongifolia*、余甘子、白花悬钩子、茅莓、白桂木、桑、水东哥、罗浮油柿等均较常见，也较重要。

⑥油脂植物　有81种，占保护区植物总种数的6.38%。主要有杉木、樟树、香叶树、檫木 *Sassafras tsumu*、石笔木、余甘子、光叶山黄麻、野木瓜 *Stauntonia chinensis*、多花山竹子、牛耳枫 *Daphniphyllum calycinum*、虎皮楠 *D. oldhamii*、构树、苦楝、毛果巴豆 *Croton lachnocarpus*、白背叶、油茶、算盘子、油桐、木油桐、盐肤木、竹柏、山乌桕、铁冬青、南酸枣、苍耳、黑莎草等。

⑦种芳香植物　有25种，占保护区植物总种数的1.97%。主要有山苍子、马尾松、杉木、瓜馥木、樟树、黄樟、香叶树、岗松、枫香树、栀子、女贞、草珊瑚、黄荆、黄花蒿 *Artemisia annua*、香附子等。

⑧淀粉植物　有23种，占保护区植物总种数的1.81%。主要有狗脊、葛、福建观音座莲 *Angiopteris fokiensis*、金毛狗、槲蕨 *Drynaria fortunei*、壳斗科30多种植物、杨梅、金樱子、南酸枣、薜荔、土茯苓、中华猕猴桃、黄毛猕猴桃、阔叶猕猴桃、稗等。

⑨保健饮料植物　有21种，占保护区植物总种数的1.65%。主要有绞股蓝 *Gynostemma pentaphyllum*、杨梅、桃金娘、金樱子、南酸枣、中华猕猴桃、京梨猕猴桃、灰毛猕猴桃、毛花猕猴桃、黄毛猕猴桃、阔叶猕猴桃、多花山竹子、茅莓等。

⑩蜜源植物　有28种，占保护区植物总种数的2.2%。主要有山乌桕、鹅掌柴、白花泡桐 *Paulownia fortunei*、冬青属16种、杜鹃花属9种等。

此外，牧草资源有细毛鸭嘴草 *Ischaemum indicum*、野古草、金茅、狗牙根等；染料植物有薯莨、栀子等；有毒植物有羊角拗 *Strophanthus divaricatus*、大茶药、醉鱼草 *Buddleja lindleyana*、海芋、天南星、飞扬草、鸦胆子 *Brucea javanica*、油桐、八角枫、苍耳等。

3.2.8.6　野生动物资源

（1）动物物种较丰富　保护区的生态环境复杂，森林茂密，孕育了丰富的动物种类。据调查统

计，保护区内拥有野生脊椎动物148种，分隶59科28目。

①鱼类　据调查统计①，有41种（亚种），分隶34属12科5目，占广东省165种纯淡水鱼类（潘炯华，1991）的24.85%。其中鲤形目（CYPRINIFORMES）有3科29种，占保护区鱼类总种数的70.73%；鲇形目（SILURIFORMES）有4科6种，占保护区鱼类总种数的14.63%；鲈形目（PERCIFORMES）有3科4种，占保护区鱼类总种数的9.76%；鳉形目（CYPRINODONTRFORMES）和合鳃鱼目（SYNBRANCHFORMES）分别有1科1种，各占保护区鱼类总种数的2.44%。

从区系组成看，南方类群鱼类占优势，占40%，表现为热带区系特征。

②两栖类　据调查统计②，有15种，分隶6科2目。其中无尾目（SALIENTIA）有5科14种，占该区两栖类总种数的93.33%，其中蛙科Ranidae 8种，树蛙科Rhacophridae和姬蛙科Microhylidae分别有2种，蟾蜍科Bufonidae和雨蛙科Hylidae各1种；有尾目（CAUDATA）只有蝾螈科Salarmandridae 1科1种，占总种数的6.67%。

②爬行类　据调查统计，有12种，分隶4科3目。其中蛇目（SERPENTES）有2科9种，占该区爬行类总种数的75%，其中游蛇科Colubridae 6种，眼镜蛇科Elapidae 3种；蜥蜴目（LACERTILI）有2科2种，占总种数的16.67%，其中鬣蜥科Agamidae和石龙子科Scincidae各1种；龟鳖目（TESTUDINATA）有1科1种，占总种数的8.33%，只有平胸龟科Testudinidae 1种。

③鸟类　据调查统计③，有49种，分隶22科12目。其中雀形目（PASSERIFOMES）有10科31种，占该区鸟类总种数的63.27%；鹃形目（CUCULIFORMES）有1科4种，占总种数的8.16%；䴕形目（PICIFORMES）有2科2种，占总种数的4.08%；鸮形目（STRIGFORMES）、鸡形目（GALLIFORMES）、鹤形目（GRUIFORMES）分别有1科2种，各占总种数的4.08%；隼形目（FALCONIFOEMES）、鸽形目（COLUMBIFORMES）、夜鹰目（CAPRIMULGIFORMES）、雨燕目（APODIFORMES）、佛法僧目（CORACIIFORMES）分别有1科1种，各占总种数的2.04%。

在49种鸟类的居留型方面，以留鸟最多，达46种，占该区鸟类总数的93.88%；偶见鸟2种，占总数的4.08%；迁徙鸟仅有1种，占鸟类总数的2.04%。在区系组成方面，以东洋界为主，有39种，占鸟类总数的79.59%；广布种10种，占鸟类组成的20.41%。

④哺乳动物　据调查统计④，有31种，分隶15科6目，占广东省哺乳类总数（124种）的25%；占全国哺乳类总数（449种）的6.9%。其中翼手目（CHIROPTERAS）有3科12种，占该区哺乳类总种数的38.71%；食肉目（CARNIVORA）3科7种，占总种数的22.58%；啮齿目（RODENTIA）有4科5种、偶蹄目（ARIODACTYLA）有3科5种，各占总种数的16.13%；鳞甲目（PHOLIDOTA）和兔形目（LAGOMORPHA）分别有1科1种，占总种数的3.23%。

在31种哺乳动物中，东洋型种类有21种，占该区哺乳类总种数的67.74%；南中国型有5种，占总种数的16.13%；季风型和喜马拉雅—雅横断山型分别有1种，各占3.23%；古北型有3种，占9.68%。表明该保护区的哺乳动物区系成分以东洋型为主，在动物地理上处于华南区与华中区的分界。

（2）珍稀濒危动物较多　根据我国1989年公布实施的《国家重点保护野生动物名录》和2001年公布实施的《广东省重点保护陆生野生动物名录》（第一批）为依据。和平黄石坳自然保护区拥有珍稀濒危国家级和省级保护脊椎动物21种。其中国家Ⅰ级重点保护动物2种，国家Ⅱ级重点保护动物11种，省级重点保护动物8种（表3.34）。

---

① 易祖盛，陈湘粦等．黄石坳自然保护区鱼类多样性．广州大学生物与化学工程学院生物系，华南师范大学生命科学学院等．2002.9.

② 宋晓军，王新材．黄石坳自然保护区两栖爬行动物调查报告．华南濒危动物研究所．2002.9.

③ 邹发生．黄石坳自然保护区鸟类调查报告．华南濒危动物研究所．2002.9.

④ 彭红元，江海声等．黄石坳自然保护区哺乳动物调查报告．华南濒危动物研究所，广州大学生物与化学工程学院生物系．2002.9.

表 3.34　和平黄石坳自然保护区的保护动物

序号	种　　名	科　　名	IUCN 濒危等级	保护级别
		哺乳纲 MAMMALIA		
1	云豹 *Neofelis nebulosa*	猫科 Felidae	濒危	Ⅰ
2	穿山甲 *Manis pentadactyla*	鲮鲤科 Manidae	濒危	Ⅱ
3	水鹿 *Cervus unicolor*	鹿科 Cervidae	易危	Ⅱ
4	鬣羚 *Capricornis sumatraensis*	牛科 Bovidae	易危	Ⅱ
5	斑林狸 *Prionodon pardicolor*	灵猫科 Viverridae	易危	Ⅱ
6	小爪水獭 *Aonyx cinerea*	鼬科 Mustelidae	易危	Ⅱ
7	豹猫 *Felis bengalensis*	猫科 Felidae	易危	省级
8	小麂 *Muntiacus reevesi*	鹿科 Cervidae	易危	省级
3	赤麂 *Muntiacus muntjak*	鹿科 Cervidae	濒危	省级
9	豪猪 *Hystrix hodgsoni*	豪猪科 Hystricidae		省级
		鸟纲 AVES		
10	蛇雕 *Spilornis cheela* (Latham)	鹰科 Accipitridae	易危	Ⅱ
12	白鹇 *Lophura nycthemera*	雉科 Phasianidae	易危	Ⅱ
13	褐翅鸦鹃 *Centropus sinensis*	杜鹃科 Cuculidae	易危	Ⅱ
14	褐林鸮 *Strix leptogrammica*	鸱鸮科 Strigidae		Ⅱ
15	斑头鸺鹠 *Glaucidium cuculoides*	鸱鸮科 Strigidae		Ⅱ
16	池鹭 *Ardeola bacchus*	鹭科 Ardeidae		省级
		爬行纲 REPTILIA		
17	蚺（蟒）*Python molurus*	蟒科 Boidae	极危	Ⅰ
18	平胸龟 *Platysternon megacephalum*	龟科 Testudidae	濒危	省级
		两栖纲 AMPHIBIA		
19	虎纹蛙 *Rana tigrina*	蛙科 Ranidae	易危	Ⅱ
20	棘胸蛙 *Rana spinosa*	蛙科 Ranidae	易危	省级
21	沼蛙 *Rana guentheri*	蛙科 Ranidae	无危	省级

（3）经济动物多样　保护区内拥有国家保护的有益的或有重要经济价值、科学研究价值的陆生野生动物约有 45 种。

①两栖类　主要有黑眶蟾蜍、中雨蛙、大陆臭蛙 *Odorrana livida*、花臭蛙 *O. schmackeri*、泽陆蛙 *Fejervarya limnocharis*、阔褶水蛙 *Hylarana latouchii*、大头蛙 *Limnonedtes kuhlii*、大树蛙 *Rhacophorus dennysi*、斑腿树蛙 *R. megacephalus*、小弧斑姬蛙 *Microhyla heymonsi*、饰纹姬蛙 *M. ornata* 等。

②爬行类　主要有丽棘蜥 *Acanthosaura lepidogaster*、铜蜓蜥 *Sphenomorphus indicum*、翠青蛇 *Cyclophiops major*、山溪后棱蛇 *Opisthotropis latouchii*、滑鼠蛇、灰鼠蛇、华游蛇 *Sinonatrix percarinata*、乌梢蛇、银环蛇、眼镜蛇、眼镜王蛇等。

③鸟类　主要有蓝胸秧鸡 *Rallus striatus*、白胸苦恶鸟 *Amaurornis phoenicurus*、山斑鸠 *Streptopelia orientalis*、鹰鹃 *Cuculus sparverioides*、噪鹃 *Eudynamys scolopacea*、乌鹃 *Surniculus lugubris*、白腰雨燕、黄嘴栗啄木鸟 *Blythipicus pyrrhotis*、白鹡鸰 *Motacilla alba*、栗背短脚鹎 *Hypsipetes castanonotus*、画眉 *Garrulax canorus*、褐顶雀鹛 *Alcippe brunnea*、灰眶雀鹛 *A. morrisonia*、白腹凤鹛 *Yuhina zontholeuca*、栗耳凤鹛 *Y. castaniceps*、大山雀、暗绿绣眼鸟等。

④哺乳类　主要有果子狸、隐纹花松鼠、银星竹鼠、野猪、华南兔等。

3.2.9 河源大桂山自然保护区

为了加快源城区生态环境建设，促进社会经济持续发展，1998 年 7 月 23 日，河源市源城区人民政府源府［1998］50 号文批准成立大桂山自然保护区筹建工作领导小组。2000 年 7 月 30 日，河源市源城区人民政府源府［2000］19 号文，请求河源市人民政府批准建立大桂山市级自然保护区。2000 年 8 月 18 日，河源市人民政府河府函［2000］138 号文，同意建立河源大桂山市级自然保护区。2003 年 10 月 9 日，河源市人民政府区政府河府函［2003］175 号文，恳请广东省林业局向广东省人民政府申报批准建立河源大桂山省级自然保护区，2006 年，广东省人民政府粤办函［2006］27 号文批准建立河源大桂山省级自然保护区。主要保护对象为南亚热带季风常绿阔叶林生态系统、珍稀野生动植物和其栖息生境及新丰江水库的水源地。

根据中华人民共和国国家标准《自然保护区类型与级别划分原则》（GB/T14529—93），河源大桂山自然保护区属“自然生态系统类别”中的“森林生态系统类型”自然保护区。

3.2.9.1 自然条件

（1）位置范围 河源大桂山自然保护区位于河源市辖源城区南部。地理坐标东经 114°31′38″～114°38′23″，北纬 23°37′09″～23°44′49″。北部为新丰江水库。东与合水镇相连，南与青洲镇接壤，西与热水镇为邻，北与附城镇交界。保护区东西宽 10.2km，南北长 14.15km，总面积 7505.2hm²。其中水面 358.3hm²，桂山林场 2078.2 hm²，径背林场 3791.6hm²，塔坑林场 854.1hm²，塔坑村 423hm²。

（2）地质基础 保护区内的地层岩性较简单，但构造较复杂。

①地层 从老到新分别为如下几种。

A. 侏罗系下统监塘群（J_1） 广泛分布于保护区的西部、南部及东部。该群厚度 691～908m，岩性为长石英砂岩、砂岩、粉砂岩、粉砂质页岩、含炭质页岩互层。

白垩系下统草湖群（K_1^a） 主要分布于桂山最高峰附近。该群厚度 736～767m，岩性为凝灰质砂砾岩、粉砂岩、中上部为泥质粉砂岩、粉砂质页岩。

燕山期花岗岩（$Y_5^{2(3)}$） 主要分布于保护区的东北部，新丰江水库以南，塔坑林场及塔坑村附近。岩性为中粗粒黑云母花岗岩。

②构造 保护区内规模较大的断列构造有如下 3 条。

A. 东江大断裂 在保护区境内的东北部、东部穿越。北起香车水库、经黄子洞、新丰江坝下、七礤一级电站后延伸出源城区境外。断裂产状：走向 NE—NEW，倾向 SE—SSE，倾角 30°～70°。

B. 河源断裂 距老炉下水库约 3.5m，规模较大，带宽 150m 左右。断裂带两侧地貌反差明显，产状多变，沿断裂带有温泉出露，自新丰江水库建成蓄水后，出现频繁的地震证实近期仍有活动。

C. F_2 断裂 位于老炉下北西约 400m 至径背水库西部，宽度 0.2～1.0m，延伸大于 3km，断裂性质为压性，没有发现近期活动迹象。

（3）地貌概况 保护区的地势大致西高东低，主要有如下 3 种地貌类型。

①中低山地貌 海拔 500m 以上的中低山，主要分布于保护区西部，即河源断裂西部，最高峰桂山顶海拔 1063m，相对高度 200～400m。山地由花岗岩、玄武岩组成。地势起伏大，山顶浑圆，坡度 30°～40°，深沟、陡崖发育，沟谷多为“U”字形。

②丘陵地貌 海拔 500m 以下，比高 50～100m，主要分布于保护区东部，即河源断裂东部，丘地由粉砂岩、砂砾岩组成，地表起伏和缓，丘顶呈馒头状，坡度 10°～15°，

③平原地貌 地势低平，海拔 35～50m，主要由第四系的沙、砾和黏土层松散堆积物组成，土层深厚。主要呈狭长带状分布在保护区的河流两岸及坡麓地带，故称溪谷平地。其中以埔前一带面积较大。

（4）气候特点 河源大桂山自然保护区地处南亚热带北缘，属南亚热带季风气候区，其特点是：气候温和，四季分明，光照充足，雨量充沛。多夏季高温多雨，冬季寒冷少雨。保护区受季风环流的

影响显著，夏季受西南季风和东南季风的影响，多南风、东南风，气候暖湿，降水充沛；冬季受东北季风影响，多北风、西北风，气候干冷。多年平均风速 1.4m/秒，最大风速达 17.7m/秒。

据保护区所在地河源市气象资料：全年日照时数为 2 003.6 小时，多年平均气温 21.1℃，最冷 1 月份平均气温 11.9℃，极端最低气温 -3.8℃，最热 7 月份平均气温 28.1℃，极端最高气温 39.3℃，冬季有霜冻，无霜期 343.7 天。多年年平均降水量 1912mm，主要集中在每年 4 ~9 月，占全年降水量的 80%。新中国建立后区内曾多次受台风袭击，其中影响较大的有 7 次（1952 年、1961 年、1971 年、1997 年、1982、1983 年），大多数台风伴有暴雨，危害甚大。

（5）水文特征　保护区内水系属东江水系一级支流新丰江流域范围，地表水以河流、水库等形式分布。

①河流　保护区内有 4 条河流。其中罗坑河、塔坑河流入新丰江水库；七礤水流入七礤水库后注入东江；蒲前河直接流入东江，流域面积 88.78km^2，河长 30.9km，共有 3.582 万人饮用该河河水。地表水源主要是降水，其水文特征与降水季节变化相关，4 ~9 月为丰水期，地表顺坡而下，河水上涨，10 ~3 月为枯水期，缺乏地表水补给，河水低落。

②水库　保护区内有如下 4 座水库。

A. 新丰江水库　建于 1958 年，在全境最低处的亚婆庙峡谷海拔 43m 处筑坝，1960 年下闸蓄水发电，集雨面积 5734km^2，总库容 136 亿 m^3，是广东省唯一一座库容超过 100 亿 m^3 的特大型水库。据新丰江水电站水文站实测资料统计，多年（1956 ~1979 年）平均流量 61.21 亿 m^3。库水水质达到国家标准（GB3838 ~88）Ⅰ类水标准。经东深供水工程，源源不断输到东莞、深圳和香港等地。

B. 七寨水库　建于七寨河上，地处东经 114°38′6.5″，北纬 23°40′7.7″，海拔 99m，属中型水库，总库容达 1730 万 m^3。正常库容为 1514m^3；正常蓄水位 83.93m；流域面积 40.5km^2，常年流量为 0.72 m^3/秒；实际灌溉面积 2320hm^2，由于大肠杆菌数超标，原以灌溉为主转变为以提供工业、生活用水为主。

C. 老炉下水库　拟建成三级电站，以灌溉为主，兼顾防洪、供水、发电等功能。

D. 径背水库　集水面积 267km^2，相应库容 163.6 万 m^3，正常库容 155 万 m^3，灌溉 8 个村庄的农田 900hm^2 以上。

③水质状况　据河源市环境监测站对七寨河、埔前河和新丰江水库的水环境质量监测的结果表明：七寨河水的所有指标均符合国家《地表水环境质量标准》（GHZB1 -1999）Ⅰ类水标准。但由于附近华嘉、风光、明珠和高埔岗开发区的发展，现在七寨河水的大肠杆菌数量超标。埔前河除总磷达Ⅱ标准、总氮到达Ⅲ类标准外，其他指标均达Ⅰ类水标准。新丰江水库的水质较好，只是总硬度较高以及有少量的大肠杆菌。

（6）土壤特征　保护区的地带性土壤为赤红壤，但由于受成土母质、山地气候、植被和地形等因素以及人类活动的影响，从山麓至山顶依次形成了垂直分布着。

①赤红壤　主要分布在海拔 200 ~500m 的丘陵岗地，成土母质以砂页岩、红色砂岩和花岗岩为主的风化坡积物、原积物，土层较厚，多达 1m 以上。pH 4.5 ~6.6，呈酸性反应。有机质平均含量 1.8%，速效磷平均含量 12.4μg/g，素效钾平均含量 96.16μg/g，全氮平含量 0.116%。

②红壤　主要分布于 350 ~550m 的埔前、新丰江库区等地带，成土母质以砂页岩、花岗岩为主，局部为砂岩、石英岩的风化坡积物、原积物，有机质含量 3.2%，土层厚度 10 ~30cm。

③山地黄壤　主要分布于海拔 500 ~800m 的低山地带，成土母质以石英砂岩、砂岩为主的风化的坡积物、原积物，土层深厚薄不一，呈微酸性反应，养分含量较高。

④山地灌丛草甸土　主要分布于海拔 800m 以上的山顶和山脊，土层浅薄，但腐殖质层较厚，有机质含量 6% ~12%，土体质地较黏重，多呈酸性反应。

⑤石质土　是由红色砂砾岩和红色砾页岩组成，主要分布于较高山体的陡坡处，成土母岩为花岗岩、砂页岩、红色砂页岩。

3.2.9.2 功能分区

依据《广东河源大桂山自然保护区总体规划》① 将河源大桂山自然保护区分为如下3个功能区。

（1）核心区 总面积3413.7hm²，占保护区总面积的44.52%。位于保护区的中部，即原径背林场、桂山林场的核心部分，区内以天然季风常绿阔叶林为主，也有部分为栽培的杉木 *Cunninghamia lanceolata* 林及灌丛。

其主要功能是：保护天然季风常绿阔叶林生态系统、珍稀野生动植物及其生存栖息繁衍的环境，将实行全封闭管理，除必需的科学研究的定位观测、进入检查等外，禁止任何人进入，严禁狩猎、采挖药材和砍伐林木。

（2）缓冲区 总面积2 456.1hm²，占保护区总面积的32.73%。位于核心区外围的四周，包括径背林场、桂山林场的其余部分，区内基本没有居民居住，以天然季风常绿阔叶林为主，也有部分为栽培的马尾松 *Pinus massoniana* 林、杉木 *Cunninghamia lanceolata* 林。

其主要功能是：对保护核心区起缓冲作用，确保核心区的天然季风常绿阔叶林生态系统和珍稀野生动植物的良性循环。此区将实行半封闭式管理，除教学科研需要进入缓冲区的应当事先向自然保护区管理机构提交申请和和活动计划，经自然保护区管理机构批准，严禁捕猎和砍伐林木。

（3）实验区 总面积1635.4hm²，占保护区总面积的21.79%。位于核心区的东北部，其中包括原塔坑林场面积854.1hm²、塔坑村面积423hm² 及新丰江水库面积358.3hm²。区内仅有塔坑村约有120人居住。

其主要功能是开展各种科学实验，如桂山顶科学实验、塔坑自然公园实验和神寮斜种养实验等，新丰江水库沿可作为科普教育和生态旅游等（图3.9）。

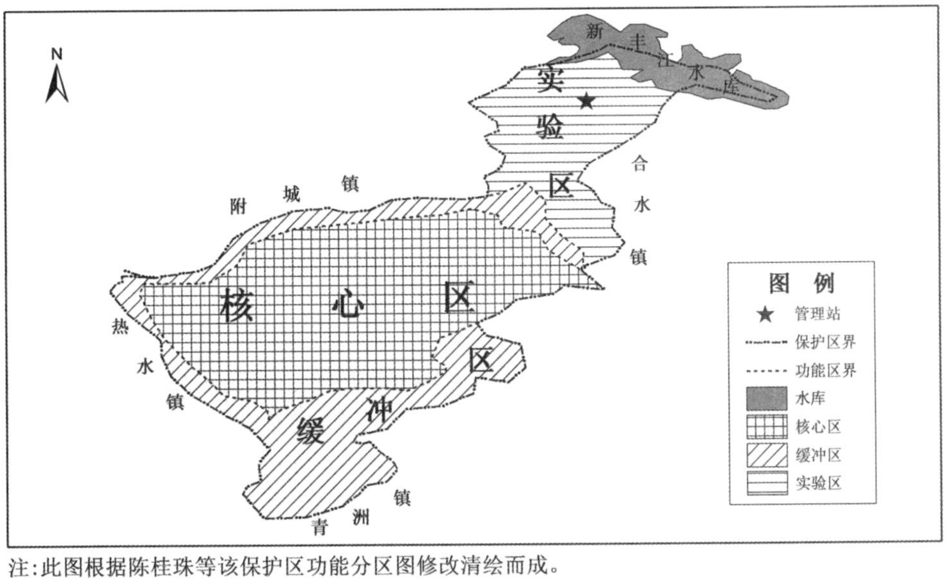

注：此图根据陈桂珠等该保护区功能分区图修改清绘而成。

图3.9 河源大桂山自然保护区功能分区图

3.2.9.3 植物区系特点

（1）植物物种较丰富 据调查统计②，该保护区拥有野生维管束植物1280种（包括种下分类单位，下同），隶属660属198科，占广东省5933种野生维管束植物（叶华谷等，2005）的21.47%。其中蕨类植物122种，隶属65属37科；裸子植物6种，隶属5属5科；被子植物1152种，隶属590属

① 陈桂珠．广东河源大桂山自然保护区总体规划．中山大学，河源市源城区林业局．2003.9.

② 陈桂珠．广东河源大桂山自然保护区资源调查报告．中山大学，河源市源城区林业局．2003.8.

156 科（表 3.35）。

表 3.35 河源大桂山自然保护区野生维管束植物类群的组成

植物类群		科数	属数	种数
蕨类植物		37	65	122
裸子植物		5	5	6
被子植物	双子叶植物纲	130	474	970
	单子叶植物纲	26	116	182
合计		198	660	1280

此外，尚有栽培植物 45 种，隶属 21 属 6 科。其中裸子植物 5 种，隶属 5 属 3 科；被子植物 40 种，隶属 16 属 3 科（双子叶植物 37 种 14 属 2 科；单子叶植物 3 种 2 属 1 科）。

（2）地理成分较复杂

①蕨类植物的地理成分

A. 科的地理分布区类型　根据保护区 37 科的分布类型统计分析如下。

广布科　共有 12 科，占该区总科数的 32.43%。如石杉科、石松科、卷柏科、木贼科、紫萁科、铁线蕨科、蹄盖蕨科 Athyriaceae、铁角蕨科 Aspleniaceae、水龙骨科、苹科、槐叶苹科、满江红科。

热带、亚热带分布科　共有 18 科，占该区总科数的 72%（扣除广布科 12 科，下同）。如里白科、中国蕨科、水蕨科、裸子蕨科、书带蕨科 Vittariacea、金星蕨科 Thelypteridaceae、莲座蕨科、碗蕨科、桫椤科、稀子蕨科 Monachosoraceae、鳞始蕨科 Lindsaeaceae、海金沙科、凤尾蕨科 Pteridaceae、三叉蕨科 Aspidiaceae、实蕨科 Bolbitidaceae、舌蕨科 Elaphoglossaceae、条蕨科 Oleandraceae、骨碎补科 Dvalliaceae 等。

泛热带分布科　共有 6 科，占该区总科数的 24%。如瘤足蕨科 Plagiogyriaceae、蚌壳蕨科 Dicksoniaceae、蕨科 Pteridiaceae、乌毛蕨科 Blechnaceae、肾蕨科 Nephrolepidaceae、槲蕨科 Drynariaceae 等。

温带至亚热带高山地区分布科　仅有鳞毛蕨科 Dryopteridaceae 1 科，占总科数的 4%。

B. 属的地理分布区类型 根据保护区 65 属的分布类型统计分析如下。

广布属　共有 8 属，占该区总属数的 12.31%。如石杉属、石松属、卷柏属、铁线蕨属 *Adiantum*、铁角蕨属 *Asplenium*、苹属、槐叶苹属、满江红属等。

泛热带分布属　共有 8 属，占该区总属数的 14.04%（扣除广布属 8 属，下同）。如马尾杉属、蕨属、粉背蕨属 *Aleuritopteris*、栗蕨属 *Histiopteris*、鳞始蕨属 *Lindsaea*、乌蕨属、肾蕨属、槲蕨属等。

热带和亚热带分布属　共有 43 属，占该区总属数的 75.44%。其中热带至亚热带为主，如灯笼草属、观音莲座属、芒萁属、里白属、海金沙属、稀子蕨属 *Monachosorum*、鳞盖蕨属 *Microlepia*、凤尾蕨属 *Pteris*、碎米蕨属 *Cheilosoria*、金粉蕨属 *Onychium*、水蕨属 *Ceratopteris*、凤叉蕨属 *Coniogramme*、书带蕨属 *Vittaria*、短肠蕨属 *Allantodia*、假蹄盖蕨属、毛蕨属 *Cyclosorus*、针毛蕨属 *Macrothelyperis*、金星蕨属 *Parathelypteris*、新月蕨属 *Pronephrium*、假毛蕨属 *Pseudocyclsorus*、阴石蕨属、线蕨属、石韦属等。

以亚热带为主的属　与热带至亚热带分布的类型相当，热带亚洲分布的有 10 属，如桫椤属 *Alsophila*、圣蕨属 *Dictyocline*、复叶耳蕨属 *Arachniodes*、三叉蕨属 *Tectaria*、实蕨属 *Bolbitis*、舌蕨属 *Elaphoglossum*、条蕨属 *Oleandra*、星蕨属 *Microsorium*、骨牌蕨属 *Lepidogrammitis*、假瘤蕨属 *Phymatopteris* 等；热带亚洲至非洲分布的有 1 属，如瓦韦属；热带亚洲—大洋洲分布有 4 属，如菜蕨属 *Callipteris*、乌毛蕨属 *Blechnum*、苏铁蕨属 *Brainea*、崖姜蕨属 *Pseudodrynaria*；热带亚洲至热带美洲分布有 3 属，如瘤足蕨属 *Plangiogyria*、双盖蕨属 *Diplazium*、水龙骨属；东亚分布有 2 属，如金毛狗属、伏石蕨属 *Lemmaphyllum* 等。

温带、热带分布属　有 2 属，占该区总属数的 3.51%。如紫萁属 *Osmunda*、狗脊属 *Woodwardia*。

温带分布属　有 3 属，占该区总属数的 5.26%。如鳞毛蕨属、耳蕨属、贯众属等。

寒、温带分布属　有1属，占该区总属数的17.55%。如木贼属 *Equisetum*。

②种子植物的地理成分

A. 科的地理分布区类型　依《世界种子植物科的分布区类型系统》（吴征镒等，2003），对保护区内种子植物161科的分布区类型统计分析，除旧世界温带分布、温带亚洲分布、地中海区和西亚至中亚分布、中亚分布及中国特有分布科尚未发外，其余10个分布区类型及变型均有分布。

＊1. 广布类型　计有43科，占该区种子植物总科数的26.71%。如毛茛科、金鱼藻科、十字花科、堇菜科、远志科、景天科、虎耳草科、石竹科、马齿苋科（主产美洲）、蓼科、苋科、酢浆草科、千屈菜科、柳叶菜科、瑞香科、蔷薇科、蝶形花科、杨梅科、榆科、桑科、鼠李科、伞形科、木犀科、茜草科、败酱科、菊科、龙胆科、报春花科、车前科、半边莲科 Lobeliaceae、紫草科 Boraginaceae、茄科、旋花科、玄参科（主产温带）、狸藻科、唇形花科（主产地中海）、水鳖科 Hydrocharitaceae、泽泻科、眼子菜科、浮萍科、兰科、莎草科（主产温带及寒温带）、禾本科等。

＊2. 泛热带分布类型　计55科，占该区种子植物总科数的46.61%（扣除43）。如番荔枝科、樟科、防己科、马兜铃科、胡椒科、金粟兰科、白花菜科 Capparidaceae、沟繁缕科 Elatinaceae、藜科、凤仙花科、大风子科、天料木科、葫芦科、秋海棠科、茶科、野牡丹科、使君子科、红树科、藤黄科、梧桐科、锦葵科、金虎尾科、古柯科、大戟科、含羞草科、荨麻科、卫矛科、铁青树科 Olacaceae、檀香科、蛇菰科 Balanophoraceae、葡萄科、芸香科、苦木科 Simaroubaceae、橄榄科、楝科、无患子科、漆树科、柿科、山榄科、紫金牛科 Myrsinaceae、马钱科 Loganiaceae、夹竹桃科、萝藦科、爵床科、鸭跖草科、谷精草科、竹芋科、雨久花科、水玉簪科 Burmanniaceae、菝葜科、天南星科、薯蓣科、棕榈科、仙茅科 Hypoxidaceae、蒟蒻薯科等。

＊2－1 热带亚洲、大洋洲（至新西兰）和南美（或墨西哥）间断分布　有2科，占该区种子植物总科数的1.69%。如第伦桃科 Dilleniaceae、山矾科 Smyplocaceae。

＊2－2 热带亚洲、非洲和南美洲间断分布　有5科，占该区种子植物总科数的4.24%。如买麻藤科 Gnetaceae、椴树科 Tiliaceae、苏木科 Caesalpiniaceae、粘木科、鸢尾科 Iridaceae。

＊2s 以南半球为主的泛热带分布　有5科，占该区种子植物总科数的4.24%。如商陆科、山龙眼科、桃金娘科、桑寄生科、石蒜科等。

＊3. 热带亚洲和热带美洲间断分布　有9科，占该区种子植物总科数的7.63%。如木通科、水东哥科、杜英科、冬青科、省沽油科、五加科、安息香科、苦苣苔科 Gesneriaceae、马鞭草科 Verbenacea 等。

＊4. 旧世界热带分布　有3科，占该区种子植物总科数的2.54%。如海桐花科 Pittosporaceae、芭蕉科 Musaceae、露兜树科 Pandanaceae。

＊4－1 热带亚洲、非洲和大洋洲间断分布　有1科，占该区种子植物总科数的0.85%。如八角枫科 Alangiaceawe。

＊5. 热带亚洲至热带大洋洲分布　有2科，占该区种子植物总科数的1.69%。如交让木科、姜科。

＊6. 热带亚洲至热带非洲分布　仅有1科，占该区种子植物总科数的0.85%。如杜鹃花科。

＊7. 热带亚洲（印度—马来西亚）分布　有1科，占该区种子植物总科数的0.85%。如牛栓藤科 Connaraceae。

＊7－4 越南（或中南半岛）至华南（或西南）分布　仅有3科，占该区种子植物总科数的2.54%。如大血藤科 Sargentodoxaceae、清风藤科 Sabiaceae、山柳科 Clethraceae。

＊7－5 西马来，基本上在新华莱斯线以西　仅有1科，占该区种子植物总科数的0.85%。如五列木科 Pentaphylacaceae。

＊8. 北温带分布　有8科，占该区种子植物总科数的6.78%。如松科 Pinaceae、金丝桃科、大麻科、越桔科、忍冬科、列当科、百合科、延龄草科。

*8 - 4 北温带和南温带（全温带）间断分布　有 13 科，占该区种子植物总科数的 11.02%。如红豆杉科、杉科、紫堇科、茅膏菜科、绣球花科、金缕梅科、黄杨科、壳斗科、胡颓子科、槭树科、胡桃科、山茱萸科、灯心草科。

*8 -5 欧亚和南美洲温带间断分布　有 1 科，占该区种子植物总科数的 0.85%。如小檗科 Berberidaceae。

*9. 东亚和北美洲间断分布　有 5 科，占该区种子植物总科数的 4.24%。如木兰科、八角科、五味子科、三白草科 Saururaceae、鼠刺科 Escalloniaceae。

*14. 东亚分布　有 2 科，占该区种子植物总科数的 1.69%。如三尖杉科、猕猴桃科。

从上所述可以看出：其中以泛热带分布类型有 67 科，占该区种子植物总科数的 58.26%（扣广布分布 46 科，下同）；北温带分布类型有 22 科，占该区种子植物总科数的 9.13%；热带亚洲和热带美洲间断分布类型有 9 科，占该区种子植物总科数的 7.83%；其余分布区类型所含科数均在 4.35% 以下，不占重要地位；特别是中国特有科等 5 科分布类型缺如，表明该保护区植物区系在科级水平上以泛热带分布成分为主，兼有一定数量的北温带成分。

B. 属的地理分布区类型　根据保护区种子植物 595 属的分布类型，按照《中国种子植物属的分布区类型》（吴征镒，1991）统计分析，除中亚分布类型及其变型尚未发现外，其他 14 个分布区类型及变型均有分布（表 3.36）。

表 3.36　河源大桂山自然保护区种子植物属的分布区类型

分布区类型及变型	属数	占总属数（%）
1. 广布分布	47	扣除
2. 泛热带分布	151	27.55
2 -1 热带亚洲、大洋洲和南美洲间断分布	5	0.91
2 -2 热带亚洲、非洲和南美洲间断分布	4	0.73
3. 热带亚洲和热带美洲间断分布	18	3.28
4. 旧世界热带分布	59	10.77
4 -1 热带亚洲、非洲和大洋洲间断分布	5	0.91
5. 热带亚洲至热带大洋洲分布	38	6.93
5 -1 中国（西南）亚热带和新西兰间断分布	0	0
6. 热带亚洲至热带非洲分布	36	6.57
6 -1 华南、西南到印度和热带非洲间断	1	0.18
6 -2 热带亚洲和东非间断	1	0.18
7. 热带亚洲（印度—马来西亚）分布	93	16.97
7 -1 爪哇、喜马拉雅和华南、西南星散分布	8	1.46
7 -2 热带印度至华南分布	5	0.91
7 -3 缅甸、泰国至华西南分布	2	0.36
7 -4 越南（或中南半岛）至华南（或西南）分布	7	1.28
8. 北温带分布	55	10.04
8 -1 环极分布	0	0
8 -2 北极高山分布	1	0.18
8 -3 北极—阿尔泰和北美洲间断分布	0	0
8 -4 北温带和南温带（全温带）间断分布	10	1.83
8 -5 欧亚和南美洲温带间断分布	2	0.36
8 -6 地中海区、东亚、新西兰和墨西哥到智利间断	0	0
9. 东亚和北美洲间断分布	26	4.74

（续）

分布区类型及变型	属数	占总属数（%）
9－1 东亚和墨西哥间断	0	0
10. 旧世界温带分布	17	3.10
10－1 地中海区、西亚和东亚间断分布	4	0.73
10－2 地中海和喜马拉雅间断分布	0	0
10－3 欧亚和南非洲（有时也在大洋洲）间断	1	0.18
11. 温带亚洲分布	2	0.36
12. 地中海区、西亚至中亚分布	2	0.36
12－1 地中海区至中亚和南非洲、大洋洲间断	0	0
12－2 地中海区至中亚和墨西哥间断	0	0
12－3 地中海区至温带、热带亚洲，大洋洲和南美洲间断	2	0.36
12－4 地中海区至热带非洲和喜马拉雅间断	0	0
12－5 地中海区—北非洲、中亚、北美西南部，智利和大洋洲（泛地中海）间断分布	0	0
13. 中亚分布	0	0
13－1 中亚东部（亚洲中部）	0	0
13－2 中亚至喜马拉雅	0	0
13－3 西亚至喜马拉雅和西藏	0	0
12－4 地中海区至热带非洲和喜马拉雅间断	0	0
14. 东亚分布	42	7.66
14－1 中国—喜马拉雅（SH）	0	0
14－2 中国—日本（SJ）	0	0
15. 中国特有分布	8	1.46
合计	595	100.00

从表3.36可以看出，保护区内属的地理成分是以热带成分占优势，从2～7各类热带成分共有397属，占总属数（扣除广布属47属，以下同）的72.45%。温带成分从8～12共有116属，占总属数的21.17%。东亚分布有42属，占总属数的7.66%。中国特有分布的8属，占1.46%，分别是杉木属、圆籽荷属 *Apterosperma*、大血藤属、石笔木、半枫荷属、棱果花属 *Barthea*、铁榄属 *Mastichodendron*、四数苣苔属 *Bournea* 等。因此，在种子植物属级分布区类型水平上，以泛热带、热带亚洲的分布区类型为主，同时兼有一定数量的东亚分布和温带分布成分。这些特征与保护区所处地理位置相一致。

3.2.9.4　植被类型

据调查，保护区内的植被类型多样，主要有如下6种类型。

（1）针叶林　在保护区内计有如下2个群系。

①马尾松林（Form *Pinus massonian*）　主要分布于径背林场，是人工栽培保留下来。

②杉木林（Form *Cunninghamia lanceolata*）　主要分布于塔坑、径背和桂山等林场内，也是人工栽培保留下来的。郁闭度较大，林下灌木和草本植物稀少。

（2）季风常绿阔叶林　是以常绿阔叶树为建群种所组成的森林群落。它是南亚热带地带性的植被类型，在保护区内占主导地位，主要分布于海拔100～1000m的丘陵山地。计有如下4个群系。

①甜槠林（Form *Castanopis eyrei*）　主要分布于桂山八赤房海拔570m处，坡向南，坡度10°～15°，在20m×20m中。

乔木层：平均树高9.64m，平均胸径15.11cm，郁闭度0.85。除优势种甜槠9株、显著度74.39%

外，还有柯 19 株，显著度 14.05%；六角杜鹃 *Rhododendron wastlan*10 株，显著度 2.41%；软荚红豆 *Ormosia semicastrata* 3 株，新木姜子、罗浮柿 2 株，马尾松 1 株。

灌木层：主要有罗伞树 *Ardisia quinquegona*、虎血红 *A. mamillata*、九管血 *A. brevicaulis*、柏拉木 *Blastus cochinchinensis*、石壁杜鹃 *Rhododendron bachii*、紫花杜鹃 *R. mariae*、密花树 *Rapanea neriifolia*、乌饭树 *Vaccinium bracteatum*、满山红 *Rhododendron mariesii*、竹叶榕 *Ficus stenophylla*、变叶榕 *F. variolosa*、网脉山龙眼 *Helicia reticulata*、唐竹 *Sinobambusa tootsik*、罗浮冬青 *Ilex tutcheri*、光叶海桐 *Pittosporum glabratum*、流苏子 *Coptosapelta diffusa*、石斑木 *Raphiolepis indica* 等。

草本层：主要有芒萁、狗脊、深绿卷柏 *Selaginella doederleiniii*、剑叶耳草 *Hedyotis caudatifolia*、山菅兰等。

层间藤本植物：有筐条菝葜 *Smilax corbularia*、香花崖豆藤 *Millettia championi*、白花酸藤子 *Embelia ribes*、巴戟天 *Morinda officinalia*、土茯苓 *Smilax glabra* 等。

此外，林下还有六角杜鹃、绒毛润楠 *Machilus velutina*、黧蒴、红锥、米槠、软荚红豆、黄檀 *Dalbergia hupeana*、南酸枣 *Choerospondias axillaris*、黄果厚壳桂 *Cryptocarya concinna*、猴欢喜 *Sloanea sinensis*、华南蒲桃 *Syzygium austrosinense*、广东润楠、中华杜英、疏齿木荷 *Schima remotiserrata*、厚皮香 *Ternstroemia gymnanthera*、荔枝叶红豆 *Ormosia semicastrata*、覃树 *Altingia chinensis*、山苍子等幼苗。

②黧蒴林（Form *Castanopsis fissa*） 主要分布于秦背岭海拔 250m 处，坡向北，坡度 10°，在 20m × 20m 中。

乔木层：平均树高 10.55m，平均胸径 13.30cm，郁闭度 0.9。优势种黧蒴 87 株，显著度 93.56%；罗浮柿 5 株，显著度 3.2%；山乌桕 3 株，鹿角锥 1 株，鼠刺 1 株。

灌木层：主要有豺皮樟、白花悬钩子、大茶药、黑柃、华南毛柃、罗伞树、油茶、黑面神 *Breynia fruticosa*、毛稔 *Melastoma sanguineum*、狗骨柴 *Diplospora dubia*、九节 *Psychotria asiatica*、虎血红、三桠苦、两面针、毛冬青、北江荛花 *Wikstroemia monnula*、台湾榕 *Ficus formosana*、粗叶榕 *F. hirta*、变叶榕、红背叶山麻杆 *Alchornea trewioides*、天料木、桃金娘、白背算盘子 *Glochidion wrightii*、假鹰爪等。

草本层：主要有芒萁、铁线蕨 *Adiantum capillus - veneris*、狗脊、异叶鳞始蕨 *Lindsaea heterophylla*、山菅兰、黑莎草、棕叶芦、五节芒、淡竹叶等。

层间藤本植物：有罗浮买麻藤、白花酸藤子、广东蛇葡萄、小叶红叶藤 *Rourea microphylla*、小果菝葜 *Smilax davidiana*、寄生藤 *Dendrotrophe varians*、酸藤子 *Embelia laeta* 等。

此外，林下还有鸭公树 *Neolitsea chuii*、黄樟、山乌桕、石笔木、亮叶猴耳环 *Archidendron lucidum*、桃叶石楠、硬叶润楠 *Machilus phoenicis*、鼠刺、罗浮柿、木荷、杨桐、华南蒲桃等幼苗。

③木荷、广东润楠林（Form *Schima superba* , *Machilus kwangtungensis*） 主要分布于埔前北石顶南海拔 520m 处，坡向东南，坡度 10°，在 20m ×20m 中。

乔木层：平均树高 13.66m，平均胸径 16.00cm，郁闭度 0.95。优势种木荷 32 株，显著度 39.09%；广东润楠 18 株，显著度 37.3%；假玉桂 *Celtis timorensis*5 株，显著度 8.93%；枫香树 3 株，显著度 5.21%；铁冬青 8 株，显著度 5.13%；鹅掌柴 5 株，罗浮柿、三桠苦、新木姜子各 1 株。

灌木层：主要有九管血、毛果算盘子、紫珠 *Callicarpa bodinieri*、两面针、簕党花椒 *Zanthoxylum avicennae*、罗伞树、光叶山矾 *Symplocos lancifolia*、大茶药、虎皮楠、竹叶榕、粗叶榕、珊瑚树、山油柑 *AAcronychia oligophlebia* 等。

草本层：主要有芒萁、变异鳞毛蕨 *Dryopteris varia*、华南毛蕨 *Cyclosorus parasiticus*、乌毛蕨、铁线蕨、狗脊、金星蕨 *Parathelypteris glanduligera*、地胆草 *Elephantopus scaber*、山姜、蔓生莠竹 *Microstegium vagans*、草珊瑚等。

层间藤本植物：有威灵仙 *Clematis chinensis*、玉叶金花 *Mussaenda pubescens*、钩藤 *Uncaria rhynchophylla*、粉防己 *Stephania tetrandra*、轮环藤 *Cyclea racemosa*、酸藤子、菝葜等。

此外，林下还有木荷、广东润楠、三桠苦、鹅掌柴、绒毛润楠、新木姜子、黄樟、粉单竹 *Bambu-*

sa chungii、罗浮柿、猴欢喜、油桐等幼苗。由此可见该林的发展趋势是稳定的。

④广东润楠、红楠林（Form *Machilus kwangtungensis*, *Machilus yhunbergii*） 主要分布于桂山近顶部海拔908m处，坡向南，坡度15°，在20m×20m中。

乔木层：平均树高8.63m，平均胸径13.14cm，郁闭度0.95。优势种广东润楠29株，显著度30.07%；红楠17株，显著度21.36%；网脉山龙眼 *Helicia reticulata* 22株，显著度17.12%；紫果冬青 *Ilex tsoii* 26株，显著度13.64%；罗浮柿6株，显著度3.92%；黑柃4株，黄樟和硬壳桂 *Cryptocarya chingii* 各3株；香叶树 *Lindera communii*、紫玉盘柯 *Lithocarpus uvariifolius*、鸭公树和黧蒴各2株；岭南山竹子 *Garcinia oblongifolia*、黄果厚壳桂各1株。

灌木层：主要有油茶、细轴荛花 *Wikstroemia nutans*、鸡屎树 *Lasianthus hirsutus*、青牛胆 *Tinospora sagittata*、华南毛柃 *Eurya ciliata*、二列叶柃 *E. distichophylla*、疏花卫矛 *Euonymus laxiflorus*、梨叶悬钩子 *Rubus pirifolius*、小蜡、鲫鱼胆 *Maesa perlarius*、梅叶冬青 *Ilex asprella*、柳叶绣球 *Hydrangea stenophylla*、忍冬、黑老虎 *Kadsura coccinea*、天仙果 *Ficus erecta*、短柄紫珠 *Callicarpa brevipes* 等。

草本层：主要有灯笼石松 *Palhinhaea cernua*、千层塔 *Huperzia serrata*、无盖鳞毛蕨 *Dryopteris scottii*、狗脊、金毛狗、假蹄盖蕨 *Athyriopsis japonica*、白苞蒿 *Artemisia lactiflora*、多花黄精 *Polygonatum cyrtonema*、香港双蝴蝶 *Tripterospermum nienkui*、火炭母 *Polygonum chinense*、短叶黍 *Panicum brevifolium* 等。

层间藤本植物：有中华猕猴桃 *Actinidia chinensis*、玉叶金花、异叶地锦 *Parthenocissus dalzielii*、常春藤 *Hedera nepalensis*、菝葜、肖菝葜 *Heterosmilax japonica* 等。

此外，林下还有网脉山龙眼 杨桐、罗浮柿等幼苗。

（3）针阔叶混交林 是以暖性针叶树与阔叶树为建群种所组成的森林群落。在保护区内仅有如下2个群系。

①马尾松、木荷林（Form *Pinus massoniana*, *Schima superba*） 主要分布于七礤三级电站海拔224m处，坡向南，坡度10°，在20m×20m中。

乔木层：平均树高8.79m，平均胸径9.43cm，郁闭度0.8。优势种马尾松8株，显著度19.12%；木荷21株，显著度28.69%；锥栗19株，显著度25.39%；鹅掌柴、枫香树、银柴 *Aporosa dioica* 各3株，米槠、罗浮柿、白背算盘子和桃叶石楠各2株，潺槁木姜子 *Litsea glutinosa*、余甘子各1株。

灌木层：主要有豺皮樟、油茶、棠梨 *Pyrus calleryana*、台湾榕、黄毛榕 *Ficus esquiroliana*、粗叶榕、两面针、黄牛木 *Cratoxylum cochinchinense*、常绿荚蒾 *Viburnum sempervirens*、梅叶冬青、牛耳枫 *Daphniphyllum calycinum*、石斑木、桃金娘、忍冬、九节等。

草本层：主要有芒萁、乌毛蕨、铁线蕨、狗脊、线蕨 *Colysis elliptica*、断线蕨 *C. hemionitidea*、苏铁蕨 *Brainea insignis*、草豆蔻 *Alpinia hainanensis*、五节芒等。

层间藤本植物：有罗浮买麻藤、锡叶藤 *Tetracera asiatica*、小叶红叶藤、酸藤子、玉叶金花、寄生藤 *Henslowia frutescens*、筐条菝葜 *Smilax corbularia*、小果菝葜 *S. davidiana*、菝葜等。

此外，林下还有樟树 *Cinnamomum camphora*、鼠刺、枫响树、红锥、甜槠、山乌桕、桃叶石楠、鹅掌柴、绒毛润楠、罗浮柿、银柴等幼苗。

②杉木、华东润楠林（Form *Cunninghamia lanceolata*, *Machilus leptophylla*） 主要分布于埔前大窝海拔500m处，坡向东南，坡度15°，在20m×20m中。

乔木层：平均树高9.92m，平均胸径10.62cm，郁闭度0.9。优势种杉木13株，显著度10.72%；华东润楠38株，显著度30.42%；木荷31株，显著度23.62%；苦槠 *Castanopsis sclerophylla* 7株，显著度11.81%；鹅掌柴9株，显著度5.21%；铁冬青 *Ilex rotunda* 4株，疏齿木荷 *Schima remotiserrata* 3株，马尾松和华南毛柃各2株。

灌木层：常见的有豺皮樟、柳叶石斑木 *Raphiolepis salicifolia*、石斑木、桃金娘、野牡丹、华南忍冬、毛果巴豆 *Croton lachnocarpus*、了哥王、牛耳枫、粗叶榕、水同木 *Ficus fistulosa*、大茶药、黑面神、常绿荚蒾、山芝麻 *Helicteres angustifolia*、锈毛莓 *Rubus reflexus*、九管血、两面针、鸡屎树、三椏苦、朱

砂根 *Ardisia crenata*、九节、毛果算盘子、梅叶冬青、毛冬青等。

草本层：有芒萁、乌毛蕨、苏铁蕨、半边旗 *Pteris semipinnata*、铁线蕨、海金沙、天门冬 *Asparagus cochinchinensis*、草珊瑚、黑莎草、棕叶芦等。

层间藤本植物：常见的有香花崖豆藤、链珠藤 *Alyxia sinensis*、玉叶金花、酸藤子、广东蛇葡萄、寄生藤、粉背菝葜 *Smilax hypoglauca*、土茯苓等。

此外，林下有杉木、罗浮柿、黄檀、杨桐、猴欢喜、鼠刺、绒毛润楠、鹅掌柴等幼苗。

（4）竹林　保护区内的竹林分布面不大，主要有如下2群系。

①毛竹林（Form *Phyllostachys heterocycla* cv. Pubescens）　主要分布于塔坑林场。

②粉单竹林（Form *Bambusa chungii*）　主要分布于桂山森林公园大道两侧。

（5）灌草丛　主要分布于桂山海拔1000m以上的山顶。灌木多为柃木属 *Eurya*、木荷属 *Schima*、厚皮香属 *Ternstroemia*、杜鹃属 *Rhododendron* 等部分种类组成，草本多为灯笼石松、藤石松 *Lycopodiastrum casuarinoides*、芒萁等蕨类，以及茅膏菜属 *Drosera*、羊耳菊 *Inula cappa*、威灵仙、北江荛花、金草 *Hedyotis acutangula*，多为柃木属 *Eurya*、杜鹃花属 *Rhododendron*、乌饭树属 *Vaccinium*、黄杨属 *Buxus* 的种类组成。草本层多为乌毛蕨、芒萁等蕨类植物组成，也有禾本科的一些种类。

（6）栽培经济林　茶园，主要分布于塔坑林场附近。

3.2.9.5 野生植物资源

（1）珍稀濒危保护植物繁多　根据1984年国家环境保护委员会公布的《中国珍稀濒危保护植物名录》和1999年国务院批准公布的《国家重点保护野生植物名录（第一批）》所列种类统计，保护区内共有国家重点保护野生植物15科16属17种。其中蕨类植物4科4属4种，被子植物11科12属13种。列为国家Ⅱ级重点保护的野生植物9种，国家Ⅲ级重点的保护野生植物7种，省级重点保护野生植物1种（表3.37）。

表3.37　河源大桂山自然保护区的保护植物

序号	种名	科名	IUCN濒危等级	保护级别
1	金毛狗 *Cibotium barometz*	蚌壳蕨科 Dicksoniaceae	渐危	Ⅱ
2	桫椤 *Alsophila spinulosa*	桫椤科 Cyatheaceae	渐危	Ⅱ
3	苏铁蕨 *Brainea insignis*	乌毛蕨科 Blechnaceae	濒危	Ⅱ
4	水蕨 *Ceratopteris thalictroides*	水蕨科 Parkeriaceae	濒危	Ⅱ
5	樟树 *Cinnamomum camphora*	樟科 Lauraceae	渐危	Ⅱ
6	野茶树 *Camellia sinensis* var. *assamica*	山茶科 Theaceae	稀有	Ⅱ
7	圆籽荷 *Apterosperma oblata*	山茶科 Theaceae	濒危	Ⅱ
8	半枫荷 *Semiliquidambar cathayensis*	金缕梅科 Hamamelidaceae	渐危	Ⅱ
9	花榈木 *Ormosia henryi*	蝶形花科 Papilionaceae	渐危	Ⅱ
10	穗花杉 *Amentotaxus argotaenia*	红豆杉科 Taxaceae	濒危	Ⅲ
11	吊皮锥 *Castanopsis kawakamii*	壳斗科 Fegaceae	渐危	Ⅲ
12	沉水樟 *Cinnamomum micranthum*	樟科 Lauraceae	渐危	Ⅲ
13	白桂木 *Artocarpus hypargyreus*	桑科 Moraceae	渐危	Ⅲ
14	粘木 *Ixonanthes chinensis*	粘木科 Ixonanthaceae	渐危	Ⅲ
15	巴戟 *Morinda officinalis*	茜草科 Rubiaceae	稀有	Ⅲ
16	蒟蒻薯 *Tacca chantrieri*	蒟蒻薯科 Taccaceae	渐危	Ⅲ
17	三尖杉 *Cephalotaxus fortunei*	三尖杉科 Cephalotaxaceae	稀有	省级

注：兰科植物12属19种，即金线兰 *Anoectochilus roxburghii*、银带虾脊兰 *Calanthe argenteo-striata*、长距虾脊兰 *C. masuca*、流苏贝母兰 *Coelogyne fimbriata*、建兰 *Cymbidium ensifolium*、寒兰 *C. kanran*、墨兰 *C. sinense*、钩状石斛 *Dendrobium aduncum*、广东石斛 *D. wilsonii*、毛葶玉凤兰 *Habenaria ciliolaris*、坡参 *H. linguella*、线叶斑叶兰 *Goodyera velutina*、镰翅羊耳蒜 *Liparis bootanensis*、广东羊耳蒜 *L. kwangtungensis*、见血青 *L. nervosa*、阔叶沼兰 *Malaxis latifolia*、石仙桃 *Pholidota chinensis*、独蒜兰 *Pleione bulbocodioides*、带唇兰 *Tainia dunnii* 等，全部为《濒危野生动植物种国际贸易公约》附录Ⅱ物种。

（2）经济植物多样　在保护区内蕴藏着多种多样的经济植物资源。根据调查统计[②]，保护区内有维管束植物1280种。

①药用植物　有811种，占区内维管束植物总种数的63.36%。其中抗癌药用植物有狗肝菜 *Dicliptera chinensis* 等；清热解毒药用植物有华南忍冬 *Lonicera confusa*、忍冬 *L. japonica*、地胆草 *Elephantopus scaber* 等；清热凉血的药用植物有葛 *Pueraria lobata*、马鞭草 *Verbena officinalis*、茅莓 *Rubus parvifolius*、铁冬青等；清热利尿的药用植物有淡竹叶、车前 *Plantago asiatica*、海金沙等；清热利湿的药用植物有栀子 *Gardenia jasminoides*、岗松 *Baeckea frutescens*、乌蔹莓 *Cayratia japonica*、酢浆草 *Oxalis corniculata*、算盘子等；祛风湿的药用植物有狗脊、苍耳 *Xanthium sibiricum*、山苍子 *Litsea cubeba*、八角枫 *Alangium chinense*、菝葜等；跌打损伤、止血肿痛的药用植物有积雪草 *Centella asiatica*、鲫鱼胆、苎麻 *Boehmeria nivea*、薯莨 *Dioscorea cirrhosa*、一点红 *Emilia sonchifolia* 等；壮阳药的药用植物有金樱子 *Rosa laevigata*；理气药用植物有乌药 *Lindera aggregata*；温补的药用植物有巴戟等；活血祛瘀的药用植物黑老虎；补血药的药用植物有香花崖豆藤、桃金娘、酸藤子等；利湿解毒、消肿散结的药用植物有土茯苓；平肝息火药用植物有钩藤；止血药用植物有鳢肠 *Eclipta prostrata*；驱虫药用植物有苦楝 *Melia azedarach*；除湿化滞的药用植物有水蓼 *Polygonum hydropiper*；民间常用草药或凉茶有梅叶冬青、鸡矢藤 *Paederia scandens*、草珊瑚、车前、韩信草 *Scutellaria indica* 等。

②用材植物　有165种，占区内维管束植物总种数的12.89%。其中一类用材有樟树、红锥 *Castanopsis hystrix* 等；二类用材有黄樟 *Cinnamomum porrectum*、柯 *Lithocarpus glaber*；三类用材有蕈树 *Altingia chinensis*、香港四照花 *Dendeobenthamia hongkongensis* 等；四类用材有日本杜英 *aaelaeocarpus japonicus* 等；五类用材有鼠刺、猴欢喜等；可作军工用材的有黄杞 *Engelhardtia roxburghiana*、罗浮槭 *Acer fabri* 等；可作船舶用材的有天料木 *Homalium cochinchinense* 等；可作胶合板用材的有赤杨叶 *Alniphyllum fortunei*、猴耳环 *Archidendron clypearia*、亮叶猴耳环等；可作房屋建筑的有米槠、杉木等；可作纺织用材有木荷、石斑木等；可作乐器用材的有山乌桕、鹅掌柴等；造纸用材的有山矾 *Symplocos* spp. 11种、安息香 *Styrax* spp. 3种等。

③观赏植物　有108种，占区内维管束植物总种数的8.44%。其中主要有园林植物，如木莲 *Manglietia fordiana*、深山含笑 *Michelia maudiae*、黄樟、樟树、阴香、石笔木、半枫荷、木荷、山杜英、五月茶、白背叶 *Mallotus apelta*、枫香树、朴树 *Celtis sinensis*、苦楝、蕈树、八角枫等；野生灌木花卉，主要有多种野牡丹、多种杜鹃、吊钟花 *Enkibiodendron quinqueflorus*、桃金娘等；草本景观植物，主要有青葙 *Celosia argentea*、多种兰花等；果木类植物，有铁冬青、虎舌红等；藤本景观植物，主要有白花油麻藤 *Mucuna birdwoodiana*、小叶买麻藤、罗浮买麻藤、金樱子、香花崖豆藤、玉叶金花、小叶红叶藤、菝葜等。

④纤维植物　有93种，占区内维管束植物总种数的7.27%。其中主要有罗浮买麻藤、小叶买麻藤、构树 *Broussonetia papyrifera*、朴树、光叶山黄麻 *Trema cannabina*、苎麻、山芝麻、小叶红叶藤、葛、白背叶、粗糠柴 *Mallotus philippensis*、地桃花 *Urena lobata*、了哥王、小蜡、青江藤 *Celastrus hindsii*、黑莎草、青皮竹 *Bambusoideae textilis*、毛竹、芒、五节芒等。

⑤野生水果植物　有86种，占总种数的6.72%。其中主要有浆果类，如硬齿猕猴桃 *Actinidia callosa*、毛花猕猴桃 *A. eriantha*、黄毛猕猴桃 *A. fulvicoma*、绵毛猕猴桃 *A. fulvicoma* var. *lanata*、阔叶猕猴桃 *A. latifolia*、美丽猕猴桃 *A. melliana*、桃金娘等；仁果类有金樱子、尖嘴林檎 *Malus doumeri* 等；核果类有山杜英、蔓胡颓子 *Elaeagnus glabra*、杨梅等；此外，南酸枣 *Choerospondias axillaris*、多花山竹子 *Garcinia multiflora*、岭南山竹子 *G. oblongifolia*、余甘子、白花悬钩子、茅莓、白桂木、桑、水东哥、罗浮油柿等均较常见，也较重要。

⑥油脂植物　有80种，占区内维管束植物总种数的6.25%。其中主要有杉木、樟树、香叶树、檫木 *Sassafras tsumu*、石笔木、余甘子、光叶山黄麻、野木瓜 *Stauntonia chinensis*、多花山竹子、牛耳枫、

虎皮楠、构树、苦楝、毛果巴豆、白背叶、油茶、算盘子、油桐、木油桐、盐肤木、山乌桕、铁冬青、南酸枣、苍耳、黑莎草等。

⑦种芳香植物　有21种，占区内维管束植物总种数的1.64%。其中主要有山苍子、马尾松、杉木、瓜馥木、樟树、黄樟、香叶树、岗松、枫香树、栀子、女贞 *Ligustrum lucidum*、草珊瑚、黄荆 *Vitex negundo*、黄花蒿 *Artemisia annua*、香附子 *Cyperus rotundus* 等。

⑧淀粉植物　有22种，占区内维管束植物总种数的1.72%。其中主要有狗脊、葛、福建观音座莲、金毛狗、槲蕨 *Drynaria fortunei*、壳斗科20多种植物、杨梅、金樱子、南酸枣、薜荔 *Ficus pumila*、土茯苓、硬齿猕猴桃、毛花猕猴桃、黄毛猕猴桃、绵毛猕猴桃、阔叶猕猴桃、美丽猕猴桃、稗等。

⑨保健饮料植物　有18种，占区内维管束植物总种数的1.41%。其中主要有绞股蓝 *Gynostemma pentaphyllum*、杨梅、桃金娘、金樱子、南酸枣、硬齿猕猴桃、毛花猕猴桃、黄毛猕猴桃、绵毛猕猴桃、阔叶猕猴桃、美丽猕猴桃、多花山竹子、茅莓等。

⑩蜜源植物　有30种，占区内维管束植物总种数的2.34%。其中主要有山乌桕、鹅掌柴、白花泡桐 *Paulownia fortunei*、冬青属 *Ilex* 16种、杜鹃花属 *Rhododendron* 9种等。

此外，农药植物有杠板归 *Polygonum perfoliatum*、石岩枫 *Mallotus repandus*、厚果崖豆藤 *Millettia dielsiana*、香花崖豆藤、黄药 *Rkamnus crenata*、石菖蒲 *Acorus tatarinowii*、海金沙、威灵仙等；染料植物有薯莨、栀子等；有毒植物有羊角拗、大茶药、醉鱼草 *Buddleja lindleyana*、三脉马钱 *Strychnos cathayensis*、海芋、天南星、飞扬草、鸦胆子 *Brucea javanica*、油桐、八角枫、苍耳等。

3.2.9.6 野生动物资源

（1）动物物种较丰富　该保护区的生态环境复杂，森林茂密，孕育了丰富的动物种类。据调查统计，该保护区有水体浮游动物43种。有野生脊椎动物215种，分隶168属83科33目。

①浮游类　在43种中，最多的是原生动物，有18种，占保护区全部浮游动物总数的41.86%。肉足虫占了原生动物的绝大部分达15种，砂壳虫属和刺胞虫属分别只有6种和4种；轮虫有14种，占全部浮游动物总数的32.56%，其中螺形龟甲轮虫 *Keratella cochlearis* 和针簇多枝轮虫 *Polyarthra triga* 为浮游动物群落的优势种；桡足类有9种，占全部浮游动物总数的20.93%；枝角类仅有2种，即颈沟基合蚤 *Bosminopsis deitersi* 和象鼻蚤 *Gosmina* sp.，占全部浮游动物总数的4.65%。

②鱼类　据调查统计，有55种，分隶43属16科4目，占广东省纯淡水鱼类（潘炯华，1991）（165种）的33.33%；占保护区野生脊椎动物总种数的25.58%。鲤形目（CYPRINIFORMES）有4科38种，占保护区鱼类总种数的69.09%；鲈形目（PERCIFORMES）有7科10种，占该区鱼类总种数的18.18%；鲇形目（SILURIFORMES）有4科6种，占该区鱼类总种数的10.91%；合鳃鱼目（SYNBRANCHFORMES）有1科1种，占该区鱼类总种数的1.82%。

从区系组成看，在鲤形目鱼类中，以鲤科 Cyprinidae 为主，计有27种，占鱼类总种数的49.09%，反映了东亚淡水鱼类的共同特点。保护区鱼类的类组成特点体现了明显的暖水性特征；鱼类区系组成表现在它既是鲤科在东亚类群分布的南部区域，又是南亚类群分布群分布区的东部地区，在拥有许多南亚亚科属的同时，缺乏分布于北方的冷水性鱼类群和分布于高寒环境的高原鱼类。

③两栖类　据调查统计，有21种或亚种，分隶9属7科2目，占该区野生脊椎动物总种数的9.77%。无尾目（SALIENTIA）有6科8属20种，占该区两栖动物总种数的95.24%，其中蛙科9种，姬蛙科 Microhylidae 5种，锄足蟾科 Pelobatidae 、树蛙科 Rhacophridae 各2种，蟾蜍科 Bufonidae 和雨蛙科 Hylidae 各1种。有尾目（CAUDATA）只有蝾螈科 Salarmandridae 1科1属1种。

区系的主要特征是21种两栖动物均为东洋界物种，其中主要分布于我国华中区的种类有4钟，占全总数的19.05%；主要分布于华南区的物种有3种，占全总数的14.29%；广泛分布于华中和华南区的物种有14种，占全总数的66.67%。由此可见，保护区内两栖动物的区系组成以东洋界的华中、华南区共有物种占优势，而主要分布于华中区物种和华南区的物种基本相等，分别为4种和3种。古北界的物种则没有在此出现。

④爬行类 据调查统计，有26种，分隶23属10科3目，占该区野生脊椎动物总种数的12.09%。蛇目（Serpentes）有4科14属15种，占该区爬行动物总数的57.69%，其中游蛇科Colubridae 11种，眼镜蛇科Elapidae 2种，蟒蛇科Boidae和蝰蛇科Viperidae各1种。蜥蜴目（LACERTILI）有4科6属8种，占该区爬行动物总数的30.77%，其中石龙子科4种，鬣蜥科Agamidae 2种，壁虎科和蜥蜴科各1种。龟鳖目（TESTUDINATA）有2科3属3种，占该区爬行动物总数的11.54%，只有平胸龟科Testudinidae 1种。

区系的主要特征是26种爬行动物均为东洋界物种，其中华中华南区共有种13种，占总种数的50%；华南区物种有10种，占总种数的38.46%；属华中区物种有3种，占总种数的11.54%；由此可见，保护区的爬行动物，以东洋界物种占绝对优势，并以华南区物种和华中华南区共有种为主，有部分华中区物种存在。这与爬行动物区系特征基本保持一致，反映了南亚热带区域的特征。

⑤鸟类 据调查统计，保护区有鸟类82种，分隶67属33科14目，占该区动物总种数的37.21%。雀形目（PASSERIFOMES）有16科48种，占该区鸟类总数的58.54%；隼形目（FALCONIFOEMES）有2科6种，占该区鸟类总数的7.32%；鸮形目（STRIGFORMES）有2科4种，占该区鸟类总数的4.88%；鹃形目（CUCULIFORMES）和鹳形目（CICONIIFORMES）分别有1科4种，各占该区鸟类总数的4.88%；鸻形目（CHARADRIIFORMES）有2科3种，占该区鸟类总数的3.66%；鸡形目（GALLIFORMES）有1科3种，占该区鸟类总数的3.66%；䴕形目（PICIFORMES）有2科2种，占该区鸟类总数的2.44%；鹤形目（GRUIFORMES）、佛法僧目（CORACIIFORMES）、鸽形目（COLUMBIFORMES）分别有1科2种，各占该区鸟类总数的2.44%；䴙䴘目（PODICIPEDIFORMES）、雨燕目（APODIFORMES）分别有1科1种，各占总数的1.22%。

在82种鸟类的居留型方面，以留鸟最多，达67种，占总数的81.71%；冬候鸟有10种，占总数的12.2%；夏候鸟有5种，占总数的6.1%。在区系组成方面，以东洋界为主，有59种，占总数的71.95%；古北种有10种，占总数的12.2%；广布种13种，占总数的15.85%。

⑥哺乳类 据调查统计，有31种，分隶26属17科8目，占该区动物总种数的14.42%；占广东省兽类总数（124种）的25%；占全国兽类（449种）总数的6.9%。食肉目（CARNIVORA）有4科10种，占该区哺乳类总数的32.26%；啮齿目（RODENTIA）有4科9种，占该区哺乳类总数的29.03%；偶蹄目（ARIODACTYLA）有3科5种，占该区哺乳类总数的16.13%；翼手目（CHIROPTERAS）有3科4种，占该区哺乳类总数的12.9%；鳞甲目（PHOLIDOTA）和兔形目（LAGOMORPHA）分别有1科1种，各占该区哺乳类总数的3.23%。

在31种哺乳动物中，东洋型种类最多，有25种，占总数的80.65%；属古北界的有4种，占总数的12.9%；广泛分布的种类有2种，占总数的6.45%。由此可见，保护区具有较好的生态环境，可兼容较多种动物在此生存繁衍。

（2）珍稀濒危动物较多 以我国1989年公布实施的《国家重点保护野生动物名录》和2001年公布实施的《广东省重点保护陆生野生动物名录》（第一批）为依据，河源大桂山自然保护区拥有保护脊椎动物32种，占广东省珍稀濒危动物总数（117种）的27.35%。其中国家Ⅰ级重点野生保护动物2种，Ⅱ级重点保护动物19种，省级重点保护动物11种（表3.38）。

（3）经济动物多样 保护区内拥有国家保护的有益的或有重要经济价值、科学研究价值的陆生野生动物约101种。

①两栖类 主要有黑斑肥螈 *Pachytriton brevipes*、淡肩角蟾 *Megophrys boettgeri*、小角蟾 *M. minor*、黑眶蟾蜍、泽蛙、大绿蛙、棘胸蛙、华南湍蛙 *Amolops ricketti*、大树蛙 *Rhacophorus dennysi*、斑脚树蛙 *R. leucomystax*、粗皮姬蛙 *Microhyla butleri*、小弧斑姬蛙 *M. heymonsi*、饰纹姬蛙 *M. ornata*、花姬蛙 *M. pulchra*、花狭口蛙 *Kaloula pulchra* 等。

表 3.38　河源大桂山自然保护区的保护动物

序号	种　名	科　名	IUCN 濒危等级	保护级别
		哺乳纲 MAMMALIA		
1	云豹 *Neofelis nebulosa*	猫科 Felidae	濒危	Ⅰ
2	穿山甲 *Manis pentadactyla*	鲮鲤科 Manidae	濒危	Ⅱ
3	水獭 *Lutra lutra*	鼬科 Mustelidae	濒危	Ⅱ
4	水鹿 *Cervus unicolor*	鹿科 Cervidae	易危	Ⅱ
5	鬣羚 *Capricornis sumatraensis*	牛科 Bovidae	易危	Ⅱ
6	小灵猫 *Viverricula indica*	灵猫科 Viverridae	易危	Ⅱ
7	豹猫 *Felis bengalensis*	猫科 Felidae	易危	省级
8	红颊獴 *Herpestes auropunctatus*	灵猫科 Viverridae		省级
9	豪猪 *Hystrix hodgsoni*	豪猪科 Hystricidae		省级
		鸟纲 AVES		
10	蛇雕 *Spilornis cheela* (Latham)	鹰科 Accipitridae	易危	Ⅱ
11	凤头鹃隼 *Aviceda leuphotes*	鹰科 Accipitridae		Ⅱ
12	鸢 *Milvus korschun*	鹰科 Accipitridae		Ⅱ
13	松雀鹰 *Accipiter virgatus*	鹰科 Accipitridae	易危	Ⅱ
14	鹊鹞 *Circus melanoleucos*	鹰科 Accipitridae		Ⅱ
15	红隼 *Falco subbuteo*	隼科 Falconidae	易危	Ⅱ
16	白鹇 *Lophura nycthemera*	雉科 Phasianidae	易危	Ⅱ
17	褐翅鸦鹃 *Centropus sinensis*	杜鹃科 Cuculidae	易危	Ⅱ
18	草鸮 *Tyto capensis*	草鸮科 Tytonidae	易危	Ⅱ
19	领鸺鹠 *Glaucidium brodiei*	鸱鸮科 Strigidae		Ⅱ
20	斑头鸺鹠 *Glaucidium cuculoides*	鸱鸮科 Strigidae	易危	Ⅱ
21	鹰鸮 *Ninox scutulata*	鸱鸮科 Strigidae		Ⅱ
22	池鹭 *Ardeola bacchus*	鹭科 Ardeidae		省级
23	白鹭 *Egretta garzetta*	鹭科 Ardeidae		省级
24	黄斑苇鳽 *Ixobrychus sinensis*	鹭科 Ardeidae		省级
25	栗苇鳽 *Ixobrychus cinnamomeus*	鹭科 Ardeidae		省级
26	棕腹杜鹃 *Cuculus micropterus*	杜鹃科 Cuculidae		省级
		爬行纲 REPTILIA		
27	蚺（蟒）*Python molurus*	蟒科 Boidae	极危	Ⅰ
28	三线闭壳龟 *Cuora trifasciata*	龟科 Testudidae	濒危	Ⅱ
29	平胸龟 *Platysternon megacephalum*	龟科 Testudidae	濒危	省级
		两栖纲 AMPHIBIA		
30	虎纹蛙 *Rana tigrina*	蛙科 Ranidae	易危	Ⅱ
31	棘胸蛙 *Rana spinosa*	蛙科 Ranidae	易危	省级
32	沼蛙 *Rana guentheri*	蛙科 Ranidae	无危	省级

②爬行类　主要有眼斑水龟 *Clemmys bealei*、变色树蜥 *Calotes versicolor*、丽棘蜥 *Acanthosaura lepidogaster*、石龙子、蓝尾石龙子 *E. elegans*、四线石龙子 *E. quadrilineatus*、南草蜥 *Takydromus sexlineatus*、繁花林蛇 *Bioga multomaculata*、过树蛇 *Dendrelaphis pictus*、王锦蛇 *Elaphe carinata*、翠青蛇 *Cyclophiops major*、山溪后棱蛇 *Opisthotropis latouchii*、滑鼠蛇、灰鼠蛇、环纹游蛇 *Sinonatrix aequifasciata*、乌梢蛇 *Zaocys dhumnades*、铅色水蛇 *Enhydris plumbea*、银环蛇等。

③鸟类 主要有小䴙䴘、鹧鸪、灰胸竹鸡 *Bambusicola thoracica*、蓝胸秧鸡 *Rallus striatus*、白胸苦恶鸟 *Amaurornis phoenicurus*、凤头麦鸡 *Vanellus vanellus*、矶鹬 *Tringa incana*、青脚鹬 *T. nebularia*、山斑鸠 *Streptopelia orientalis* 珠颈斑鸠 *S. chinensis*、棕腹杜鹃 *Cuculus fugax*、四声杜鹃 *C. micropterus*、噪鹃 *Eudynamys scolopacea*、小白腰雨燕 *Apus affinis*、普通翠鸟 *Alcedo atthis*、大拟啄木鸟 *Megalaima virens*、斑啄木鸟 *Picoides major*、家燕 *Hirundo rustica*、金腰燕 *H. daurica*、灰鹡鸰 *Motacilla cinerca*、白鹡鸰 *M. alba*、树鹨 *Anthus hodgsoni*、暗灰鹃鵙、赤红山椒鸟 *Pericrocotus flammeus*、红耳鹎 *Pycnontus jocosus*、白头鹎 *P. sinensis*、白喉轰臀鹎 *P. aurigaster*、橙腹叶鹎 *Chloropsis hardwickei*、棕背伯劳 *Lanius schach*、黑枕黄鹂 *Oriolus chinensis*、黑领椋鸟 *Sturnus nigricollis*、八哥、红嘴蓝鹊、喜鹊 *Pica pica*、鹊鸲 *Copsychus saularis*、北红尾鸲 *Phoenicurus aurorens*、黑喉石䳭 *Saxicola torquata*、黑脸噪鹛 *Garrulax perspicillatus*、画眉 *Garrulax canorus*、红嘴相思鸟 *Leiothrix lutea*、黄眉柳莺 *Phylloscopus inornatus*、大山雀 *Parus majo*、黄颊山雀 *P. spilonotus*、红头长尾山雀 *Aegithalos conicinnus*、暗绿绣眼鸟 *Zosterops japonica*、［树］麻雀 *Passer montanus*、金翅雀 *Carduelis sinica* 和栗鹀 *Emberiza rutila* 等。

④哺乳类 主要有貉、黄腹鼬、鼬獾、猪獾、果子狸、华南兔、野猪、隐纹花松鼠、银星竹鼠、豪猪等。

3.2.10 河源恐龙化石自然保护区

1996年，河源市人民政府河府［1996］10号文发布了关于保护恐龙蛋化石的通知，为了使河源市丰富的恐龙化石资源得到真正意义上的保护，1998年5月，原河源市地矿局河地［1998］09号文制订了《河源市地质遗迹保护发展规划》，提出了建立地质遗迹自然保护区的建议，并报原省地质矿产局批准。1999年12月河源市委、市人民政府河委办［1999］141号文决定成立“河源市恐龙蛋化石自然保护区工作领导小组”。2000年1月，河源市人民政府河府函［2000］14号文“关于同意建立河源市市级恐龙蛋化石菊石自然保护区的批复”。2000年3月，河源市人民政府完成了建立河源恐龙蛋化石省级自然保护区申报书，2001年12月31日广东省人民政府粤办函［2001］740号文“关同意建立清远连山笔架山等4个省级自然保护区的批复”，批准建立河源恐龙化石省级自然保护区。主要保护对象为上白垩系恐龙蛋化石，白垩系恐龙骨骼、恐龙蛋、爬行类系列化石，侏罗系菊石为代表的系列化石。

据中华人民共和国国家标准《自然保护区类型与级别划分原则》（GB/T14529—93），河源恐龙化石自然保护区属“自然遗迹类别”中的“古生物遗迹类型”自然保护区。

3.2.10.1 自然条件

（1）位置范围 河源恐龙化石自然保护区，位于河源市辖源城区源南镇和平村及胜利村，东源县仙塘镇黄沙村，东源县双江镇增坑村。地理坐标为东经114°40′00″~114°45′00″，北纬23°43′00″~23°58′30″，面积1002hm²。大体分为如下3区。

①保护一区 位于源城区源南镇和平村及胜利村一带，紧靠东江东侧，地理坐标为东经114°42′02″~114°45′00″，北纬23°43′00″~23°43′09″，面积651hm²。

②保护二区 位于东源县仙塘镇黄沙村一带，地理坐标为东经114°43′10″~114°41′00″，北纬23°16′30″~23°17′15″，面积100hm²。

③保护三区 位于东源县双江镇增坑村。地理坐标为东经114°40′00″~114°41′00″，北纬23°57′40″~23°58′30″，面积251hm²。

（2）地质基础

①地层特征 据报道①，自然保护区一区、二区出露地层相同，为上白垩统南雄群（K_2^2），是一套内陆湖泊碎屑岩夹火山岩沉积，其下部紫红色粗砂砾岩，含砾砂岩，底部为一层巨砾岩，中部为棕

① 边戈果主编．广东省河源市恐龙系列化石省级自然保护区综合考察报告．河源市地质矿产局．2000.3.

红色钙、泥质胶结的砂岩、细砂岩，有些含钙质结核，产恐龙蛋化石、骨骼化石及一些瓣鳃类及腹足类化石，上部紫红色含砾砂岩与细砂岩互层，含恐龙蛋化石碎屑片，在全部地层中均含较多的火山凝灰质团块（灰绿色）及火山角砾，在中部层位还有许多火山泥球，直径 1 ~ 3cm，灰绿色，中间有火山角砾内核。在上部层位中夹有安山—玄武岩火山岩层（不在保护区内）分布，绝对年龄样为 7500 万年，地层呈中、厚层状，层理发育，交错层理除个别灰白色砂岩外不清楚，岩层为单斜，产状稳定，倾向 N300° ~ 320°W，倾角 25° ~ 36°。保护三区（双江增坑）为下侏罗统金鸡组（Jij）主要为一套滨海—浅海相泥质碎屑岩，其下部为砂岩、石英砂岩、页岩等，上部为炭质页岩及介壳泥质页岩，含丰富化石，主要有菊石、瓣鳃类及植物化石等。岩层呈中—薄层状，层理清楚，产状稳定，总体向北西倾（310° ~ 330°）倾角 30° ~ 35°）（湖洋化石点），东与下白垩系为断层接触。

②构造特征　据报道，保护一区、二区均属单斜构造，断层构造较发育，主要为北东向，北西向及近南北向等，黄泥塘核心区，北西及南东各有一组北东向断裂，其产状为 165° < 75° 及 120° < 30°，其性质为张扭性，后者还使白垩系压覆第三系之上，应为一活断层。保护一区中主要发育二组断层，走向分别为 N30° ~ 40°W 及 N20° ~ 30°W；将保护区内切割成一个个孤立的残丘。保护三区的构造比较复杂，除北东、北西向断裂外尚有一组发育的南北向断裂，断裂带呈现南北向的重力异常，并控制了部分岩体的侵入，应为一深断裂。在地表上保护区内有 3 条近于平行的南北向压性断裂，分别为下寨—鬼坑，湖洋—寨头，及苗竹山断裂，产状陡立，80° ~ 90° < 60° ~ 70°，沿断裂地貌上形成南北向的沟谷，有泉水出露，部分地段可见断层面、擦痕、阶步发育，北西向断裂主要发育在大水坑—水寨一线。除地表表现为北西向沟谷外，尚有一组密集节理发育，产状陡立 225° < 80° ~ 85°，湖洋处亦有北西向断裂存在，北东向断裂，在保护区中可见 3 条，一为及木坑—白石子断裂走向 N30°E 左右，另一为增坑沟东南侧，可见断层陡坎，断层面、擦痕等，性质为压扭性，产状 135° < 40。

（3）地貌概况　保护一区、二区为河源断陷盆地的平原、残丘地貌，除东江的阶地外多为剥蚀残丘，海拔一般在 10 ~ 80m，相对高度 10 ~ 20m。保护三区为丘陵地貌，海拔 140 ~ 300m，地势呈波状起伏，西南高，东北低，西南最高处崩塘脑海拔 464m，切割深度一般为 100 ~ 200m。

（4）气候特点　保护区属南亚热带季风气候区，其特点是：气候温和，四季分明，光照充足，雨量充沛。夏季高温多雨，冬季寒冷少雨。

据保护区所在的河源市气象资料：全年日照时数为 2003.6 小时，多年平均气温 21.1℃，最冷 1 月份平均气温 11.9℃，极端最低气温 -3.8℃，最热 7 月份平均气温 28.1℃，极端最高气温 39.3℃，冬季有霜冻，无霜期 343.7 天。多年平均降水量 1912mm，降水主要集中在每年 4 ~ 9 月，占全年降水量的 80%。冬半年受大陆冷性高压控制，盛行东北风，夏半年受副热带海洋天气系统影响，盛行西南风。

（5）水文地质特征　据报道，保护一区、二区均属于红层裂隙水，水量中等的地段，含水层岩性为砂砾岩、砂岩等，泉流量 0.155 ~ 0.680L/秒，枯季地下经流模数 6.246 ~ 10.165t/秒 · km^2，地下水位埋深一般为 1.7 ~ 9.8m，单井涌水量 122 ~ 305.6t/日。为 HCO—Na. Ca 或 So—Ca 型水，矿化度 0.193 ~ 0.908g/L，因含水岩层为单斜地层，均向北西方向倾斜，故断裂带中地下水富集条件较好；二区地下水的补给均为大气降水及少量裂隙水，向东江排泄，地下水流向一区向西；而二区向东，保护三区属碎屑岩裂隙水区富水地段，主要含水岩层为砂岩、石英砂岩、粉砂岩等，页岩为不透水层，隔水层由于断裂构造发育，裂隙也十分发育，富水性强，泉流量一般 1.046 ~ 2.552L/秒，枯季地下迳流模数 7.374 ~ 10.671L/秒 · km^2，为 HCO—Ca 或 HCO Ci—Ca 型水，矿化度 0.018 ~ 0.154g/L，沿断层破碎带泉水十分发育，大都呈下降泉，也是本区地下水补给的重要来源之一，地下水排泄主要向大沟中排泄，总方向向北东方向的新丰江水库排泄。

（6）工程地质环境及地质灾害　保护一区、二区属红砂岩为主的半坚硬岩类区，主要是钙胶结的砂砾岩、砂岩、粉砂岩、泥岩等，胶结相对松软，易风化，特别遇水易软化、崩解，使强度大大降低，同时由于断层破碎带及差异风化常使岩层中夹有软弱夹层，本区坡残积层极薄，大都 < 1m，为砾质黏土承载力较高，值得注意的是，在残丘间的冲沟及洼地中有埋藏的软土存在，具高压缩，低承载力

（<100Koa/cn）软弱地基。保护三区也属半坚硬的泥质岩类区，除东南边坡的岩层顺坡向倾斜及断裂破碎外，无突出的工程地质问题。但泥质岩石遇水软化，强度降低并易沿层面滑动。

保护区的地质灾害：保护一区的东侧由于有私人开采莹石矿，导致地表水和地下水的氟污染；保护二区植被稀少，易造成水土流失；保护三区许多地段坡度超过30°，植被破坏后，极易造成水流失。此外，河源为广东省老地震区，地震活动频繁，1999年就发生多次有感地震，还有二次5级左右的地震，中心烈度达6级，包括保护一区和二区范围，1962年新丰江6.1级地震中心烈度达8度，其极震区的东北部包括了保护二区的范围，因此，地震活动性也是保护二区、一区不稳定的因素之一。

3.2.10.2　功能分区

依据广东省河源市恐龙系列化石省级自然保护区总体规划，将河源恐龙化石自然保护区划分为如下3个功能区。

（1）核心区　保护一区，深坑恐龙蛋化石核心区；保护二区，黄泥塘恐龙骨骼、恐龙蛋核心区；保护三区，湖洋菊石系列化石核心区。

核心区将实行全封闭管理，除必需的科学研究的定位观测、进入检查等外，禁止任何人进入，严禁采挖。

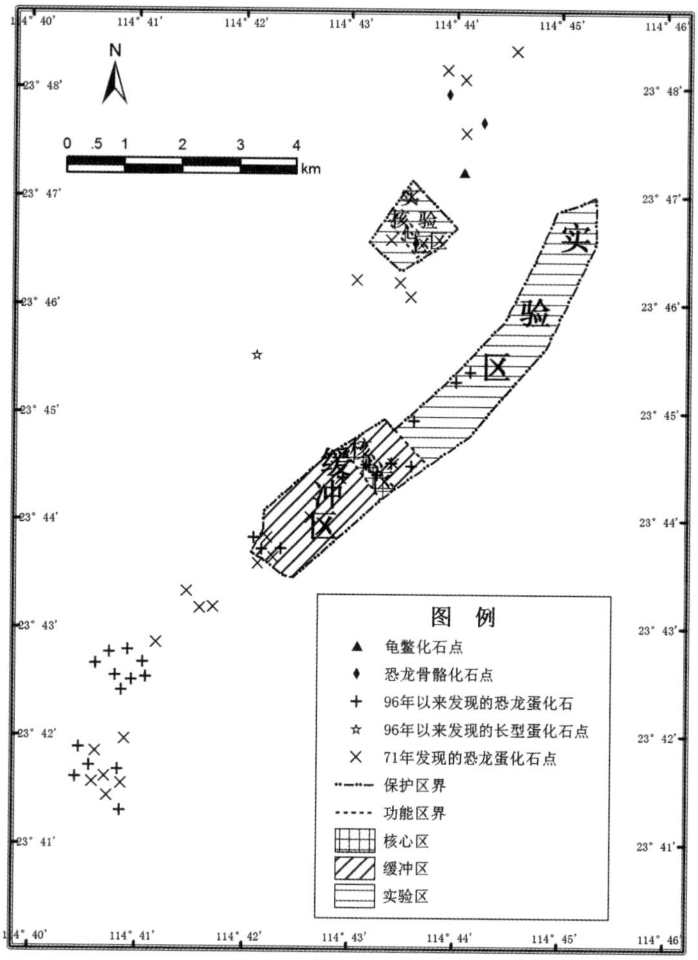

图3.10　河源恐龙系列化石自然保护区化石分布及核心区调整示意图

（2）缓冲区　保护一区，禾寮坑恐龙蛋化石缓冲区；保护三区，白石子菊石系列化石缓冲区。缓冲区将实行半封闭式管理，除教学科研需要进入缓冲区的应当事先向自然保护区管理机构提交申请和和活动计划，经自然保护区管理机构批准，严禁采挖。

（3）实验区　保护一区，罗屋恐龙蛋化石实验区；保护二区，红山头系列化石实验区；保护三区，增坑菊石系列化石实验区；实验区将实行三级保护（图3.10）。

3.2.10.3　恐龙系列化石资源

据资料①，河源市中生代地层中蕴藏着丰富的恐龙蛋、恐龙骨骼和菊石化石等地质遗迹资源，具有分布广、数量大、种类多、埋藏浅、保护完好等特点，被誉为“南国恐龙之乡”。

（1）恐龙蛋化石　主要分布于河源市区东江两岸的白垩纪红砂岩地层中，出露面积约70km^2。至2001年9月共发掘189窝，2507枚恐龙蛋化石，规模居全国前列。

根据恐龙蛋的形状、大小进行初步分类，计有圆形蛋、小圆形蛋、长圆形蛋和扁圆形蛋4类。

①圆形蛋　形状如“铅球”，占绝大多数，约有2400枚。蛋的直径为8～20cm，大多9～12cm。蛋皮厚约2mm，无纹饰、光滑。充填物为围岩（即红砂岩），但发现2枚充填物为方解石，1枚为莹

① 边戈果等．河源市恐龙系列化石省级自然保护区补充说明材料．河源市地质矿产局．2001.9.

石，主要产于地层的下部。

②小圆形蛋　其特点是“蛋小皮薄”。共发现5窝26枚，蛋的直径仅6～7cm。蛋皮厚约1mm，无纹饰。充填物全为围岩。主要分布于地层下部。

③长圆形蛋　形状似“枕状”，2000年和2001年共发现4窝26枚。蛋的长径尾巴15～16cm，短径为6～7Cm。蛋皮较厚约3mm，表面有乳突纹饰。排列呈放射状，保存完好。充填围岩，分布于地层上部。

④扁圆形蛋　形状如“铁饼状”，只发现少数，为2窝10枚。可能由圆形蛋在石化过程中受重力影响成为扁圆形蛋，其他特征同圆形蛋。

（2）恐龙骨骼化石　到2001年9月，发现3处恐龙骨骼化石产地（东源黄沙黄泥塘，东源新县城武装部工地和电视塔工地），共有7条个体，被专家定名为“窃蛋龙”（注：至2000年3月申报建立保护区时，只发现东源黄沙黄泥塘1处恐龙骨骼化石产地，3具个体）。值得一提的是，2001年4月，在东源新县城电视塔工地发现“龙与蛋同居一室”的奇迹。

（3）菊石化石　分布于新丰江上游的东源县双江镇侏罗纪泥岩、砂页岩地层中，面积达10 km^2余。仅在双江镇增坑村20km^2的地方，就发掘出200余块菊石化石，其中最大 直径达42cm。据专家评价：“该化石群数量最多。品种最丰富，规摸最大，个体最大”。

此外，还发现龟鳖化石和大量的瓣鳃类、腹足类及植物化石。

3.3 市级自然保护区名录

序号	自然保护区名称	地 点	面积（hm^2）	保护对象	类 型	主管部门	建区时间（年·月·日）
1	梅州神光山	梅州市	1333	森林、野生动植物	森林生态	林业	2001.02.01
2	洋坑	梅江区	1520	水源涵养林	森林生态	林业	1992.12.01
3	人子石	梅江区	1066	森林及野生动植物	森林生态	林业	2001.02.01
4	佛子高	梅县区	1744	森林及野生动植物	森林生态	林业	2000.03.01
5	尖石笔	梅县区	633	森林及野生动植物	森林生态	林业	2000.03.01
6	九龙嶂	梅县区	1000	森林和野生动植物	森林生态	林业	1999.11.01
7	王寿山	梅县区	708	森林和野生动植物	森林生态	林业	2000.03.01
8	大仁岽	大埔县	2320	亚热带常绿阔叶林	森林生态	林业	2001.02.01
9	青溪	大埔县	5000	森林及野生动植物	森林生态	林业	2001.02.01
10	八乡山	丰顺县	3333	森林及野生动植物	森林生态	林业	1999.03.01
11	塘湖	丰顺县	3333	森林及野生动植物	森林生态	林业	1999.03.01
12	铜鼓嶂	丰顺县	4000	森林及野生动植物	森林生态	林业	1999.02.01
13	插天嶂	五华县	4800	森林及野生动植物	森林生态	林业	2000.10.01
14	桂竹园	五华县	4300	森林及野生动植物	森林生态	林业	2000.10.01
15	鸿图嶂	五华县	6800	森林及野生动植物	森林生态	林业	2000.10.01
16	李望嶂	五华县	2000	森林及野生动植物	森林生态	林业	1999.11.01
17	龙狮殿	五华县	4667	森林及野生动植物	森林生态	林业	2000.03.01
18	蒲石顶	五华县	4200	森林及野生动植物	森林生态	林业	2000.10.01
19	天吊嶂	五华县	3800	森林及野生动植物	森林生态	林业	2000.10.01
20	天堂山	五华县	4000	森林及野生动植物	森林生态	林业	2000.03.01
21	清水河	五华县	4500	森林及野生动植物	森林生态	林业	2000.10.01
22	天柱山	五华县	2800	森林及野生动植物	森林生态	林业	2000.10.01
23	益塘	五华县	2133	森林及野生动植物	森林生态	林业	2000.03.01
24	河岭嶂	平远县	1333	森林及野生动植物	森林生态	林业	2001.02.01
25	南台山	平远县	1800	森林及野生动植物	森林生态	林业	2001.02.01
26	皇佑笔	蕉岭县	7404	森林及珍稀动植物	森林生态	林业	1987.01.01
27	鹤仙师	兴宁市	2000	森林及野生动植物	森林生态	林业	2001.02.01
28	和山岩	兴宁市	667	水源涵养林	森林生态	林业	2000.03.01
29	合水	兴宁市	2000	水源涵养林	森林生态	林业	2000.03.01
30	石壁	兴宁市	1000	水源涵养林	森林生态	林业	2000.03.01
31	四望憧	兴宁市	2000	森林及野生动植物	森林生态	林业	2000.03.01
32	神光山	兴宁市	1333	森林及野生动植物	森林生态	林业	2001.02.01
33	桂山大鲵	河源市	133	大鲵及其生境	野生动物	海洋	2001.11.01
34	河源鼋	河源市	160	鼋、黄沙鲂及其生境	野生动物	农业	2001.11.01
35	石坪金钱龟	河源市	27	金钱龟及其生境	野生动物	林业	2001.12.01

3.4 县级自然保护区名录

序号	自然保护区名称	地 点	面积（hm^2）	保护对象	类 型	主管部门	建区时间（年·月·日）
1	大连	梅县区	667	森林生态系统	森林生态	林业	2005.01.01
2	蕉坑	梅县区	600	森林生态系统	森林生态	林业	2005.01.02
3	鹿湖山	梅县区	667	森林生态系统	森林生态	林业	2005.01.03
4	清凉山	梅县区	9400	野生动物及其生境	野生动物	林业	2002.05.04
5	上官塘	梅县区	2000	森林生态系统	森林生态	林业	2005.01.01
6	乌泥坑	梅县区	667	森林生态系统	森林生态	林业	2005.01.01
7	三河坝是底	大埔县	7198	珍稀动植物	湿地	林业	2006.06.01
8	龙坪咀	大埔县	3900	亚热带常绿阔叶林	森林生态	林业	2001.09.01
9	帽山	大埔县	3453	亚热带常绿阔叶林	森林生态	林业	2001.09.01
10	兵营	丰顺县	2133	森林及野生动植物	森林生态	林业	2000.01.01
11	大坝	丰顺县	2667	森林及野生动植物	森林生态	林业	1999.12.01
12	韩山	丰顺县	1333	森林及野生动植物	森林生态	林业	2000.02.02
13	下车	和平县	7200	阔叶林珍稀动植物	森林生态	林业	2003.02.01
14	阳明	和平县	7100	阔叶林珍稀动植物	森林生态	林业	2003.02.01
15	和平河明亮	和平县	7008	森林生态系统	森林生态	林业	2005.01.01
16	江鼋	新丰县	3000	鼋及其生境	野生动物	农业	2001.12.01
17	鸡公嶂	紫金县	689	水源林及野生动植物	森林生态	林业	1995.03.01
18	乌禽嶂	紫金县	361	水源林及野生动植物	森林生态	林业	1995.03.01
19	仙女滩	紫金县	1975	水源林及野生动植物	森林生态	林业	1995.03.01
20	东水嶂	龙川县	1713	水源涵养林	森林生态	林业	2000.11.01
21	富州	龙川县	34100	水源涵养林	森林生态	林业	2000.11.01
22	高陂	龙川县	2360	水源涵养林	森林生态	林业	2000.11.01
23	黄江	龙川县	2130	水源涵养林	森林生态	林业	2000.11.01
24	七目嶂	龙川县	1673	水源涵养林	森林生态	林业	2000.11.01
25	龙川鼋	龙川县	1000	鼋及其生境	野生动物	海洋	2002.06.01
26	上板桥	龙川县	2300	水源涵养林	森林生态	林业	2000.11.01
27	新村	龙川县	2020	水源涵养林	森林生态	林业	2000.11.01
28	野猪嶂	龙川县	4335	常绿阔叶林	森林生态	林业	2000.11.01
29	白礤	东源县	1500	次生阔叶林	森林生态	林业	1999.08.01
30	坑口	东源县	4000	阔叶林、水源涵养林	森林生态	林业	1999.08.01
31	缺牙山	东源县	250	阔叶林、水源涵养林	森林生态	林业	1999.08.01
32	雪嶂	东源县	2500	阔叶林、水源涵养林	森林生态	林业	1999.08.01
33	饶嶂	东源县	3000	阔叶林、水源涵养林	森林生态	林业	1999.08.01
34	竹坑	东源县	2000	针阔林、水源涵养林	森林生态	林业	1999.08.01
35	河头	连平县	1614	森林生态系统	森林生态	林业	1998.01.01

第 4 章

粤东地区的自然保护区

粤东地区位于广东省东部，主要包括：汕尾市辖城区、陆丰市、海丰县、陆河县；揭阳市辖的榕城区、普宁市、揭东县、揭西县、惠东县；汕头市辖的金平区、龙湖区、澄海区、濠江区、潮阳区、潮南区、南澳县；潮州市辖的湘桥区、饶平县、潮安县。总面积总 15 006km^2，占全省陆地面积的 8.34%。地貌特点是：地势西北高东南低，山地、丘陵、平原与海岸平行排列。气候特征：属南亚热带季风气候。代表性植被为季风常绿阔叶林。

4.1 国家级自然保护区

4.1.1 广东南澎列岛海洋生态自然保区

为了保护南澳海域的生态环境和生物资源，1996 年 1 月 25 日，南澳县人民政府南府函［1999］2 号文《关于同意设立南澎列岛—勒门列岛自然保护区的批复》，批准同意设立县级自然保护区。2000 年 9 月 25 日，汕头市人民政府汕府函［2000］171 号文《关于同意南澎—勒门列岛升格为市级海洋自然保护区的批复》，批准升格为市级自然保护区。2003 年 6 月 19 日，广东省人民政府粤府函［2003］196 号文《关于南澎列岛海洋生态自然保护区等省级自然保护区的批复》，批准同意南澎列岛海洋生态自然保护区升格为省级自然保护区。2012 年 2 月国务院办公厅［2012］7 号文《关于发布河北青崖寨等 26 处新建国家级自然保护区名单的通知》中，南澎列岛海洋生态省级自然保区晋升为国家级自然保护区。主要保护对象为独特的近海海洋生态系统、重要珍稀濒危海洋动物、具有重要经济价值的主要渔业种类和丰富的海洋生物多样性。

根据中华人民共和国国家标准《海洋自然保护区类型与级别划分原则》（GB/T17504—1998），南澎列岛海洋生态自然保区属于自然生态系统类别的“海洋和海岸自然生态系统类型”自然保护区。

4.1.1.1 自然条件

（1）位置范围　广东南澎列岛海洋生态自然保区位于广东沿海的东北端和台湾海峡西南端，地处粤、闽、台及南海和东海的交界处。保护区所在海域距南澳县东南 21km，为高岸岛屿群，以最高的南澎岛命名，保护区外围涉及后宅、深澳、云澳 3 个镇。该海域已被列入 GEF 项目——“南澳—东山海洋生物多样性保护示范区”的保护范围内，保护区所在海域是管理“海洋和海岸生态系统类型”的核心区域。地理坐标为 A：东经 117°6′26″，北纬 23°15′34″；B：东经 117°16′20″，北纬 23°10′47″；C：东经 117°23′44″，北纬 23°18′36″；D：东经 117°13′44″，北纬 23°23′25″的 4 点连线范围，总面积 35 679hm^2。

（2）地质基础　据《拟建南澎列岛海洋生态国家级自然保区总体规划》①：保护区及附近海域属闽粤沿海印支燕山活化带，元古代以来经历过多次构造变格运动，构造线以 NE 向为主，本区断裂构造

① 吴治儿主编. 拟建南澎列岛海洋生态国家级自然保区总体规划. 中国水产科学研究院南海水产研究所. 2009. 8.

较为发育，尤其是华南滨海强活动断裂带经过该区。第四纪以来，受台湾运动影响，上述断裂重新活动，地壳活动渐趋活跃，奠定了本区地质地貌及地质形成和发育的基础，该带有断裂带通过，为强烈片理化带，由片麻花岗岩构成。

南澎岛由于构造活动强烈，岛上岩石因动力作用而强烈变质，辉绿岩脉普遍被挤压成片状，岩脉中夹有片状的且发生扭曲了的片麻岩；网状构造发育，由走向50′及3°0′的节理、岩脉和小断层组成，倾角70°～55°，NE向断裂构造带中片麻岩破碎裂岩，后期又被硅质胶结，近期小数断裂发育密集。

中澎岛岛上岩脉中夹有变形的片麻岩，节理和小数断裂的走向为75°～60°，NE向断裂构造中片麻岩破碎成碎裂岩。

顶澎岛岛上主要发育NW向小断裂，构造破碎带宽度达到30m左右，片麻岩破碎，大量石英脉穿插，重结晶，片麻岩中夹有大的石英块体，石英颗粒呈薄片状胶结。

芹澎岛上主要发育NW向小断裂，构造破碎带宽度较小，一般为10m左右，水平节理发育，小断裂走向大多为NE向50°～60°近直立。

（3）地貌类型　保护区及附近海域地貌属花岗岩低丘陵类型，地势波峦起伏，危崖耸立，海拔数米至62.9m，由于风、浪、流的经常侵蚀。丘陵风化层多被冲刷，使岩石裸露，其南侧均为陡峭的海蚀崖，高10～20m。

该区域海底地貌是大陆地貌往海底的延伸，是构造地貌的综合反映，由于第四纪冰后期的海侵，外动力条件的变化而使得与大陆有密切关系的地貌组合形态经受改造，但总的轮廓仍保持原有的构造地貌形态。地貌特征如下。

南澎岛面积约0.379km^2，丘陵面积约0.264km^2，最高海拔62.6m，海拔6～15m有风蚀洞，可见陡峻的海岸和断裂及节理面的陡坎，海滩上还分布有巨大砾石。

中澎岛面积0.469km^2，是该列岛最大的岛屿，最高海拔49.6m，海拔10～15m有风蚀平台发育，可见陡峻的海岸和断裂及节理面的陡坎。

顶澎岛面积约0.023km^2，最高海拔31.3m，可见陡峻的海岸和断裂及节理面的陡坎。海滩上还分布有巨大砾石。

芹澎岛面积约0.018km^2，最高海拔15m，无风化层覆盖，可见风蚀洞。海滩上还分布有巨大砾石。

（4）气候特点　保护区地处紧靠北回归线，属于南亚热带海洋性季风气候，其特点是：春季湿润多雾，夏秋为雨季，并多台风雨，冬季较干燥，全年无霜。据南澳县气象站资料：年平均气温21.5℃；7月平均气温27.4℃，极端最高气温36.2℃；1月平均气温14.0℃，极端最低气温3.4℃。年降水量1348.4mm，多集中在4～9月，而保护区海域年降水量为1200mm，比毗邻的南澳岛略低，如云澳的年降降水量1300mm，青澳、深澳1400mm。蒸发量大于降水量，年蒸发量达2069.8mm。常年风较大，年平均6级以上大风有120天，每年9月至次年4月盛行东北风，5月至8月盛行西南风。空气湿度较大，年平均相对湿度达78%。雾日年平均19.8个，2月至5月出现次数较多。

保护区的自然灾害主要是热带气旋的侵袭，多发生在7～10月，7～8月为盛期。受热带气旋影响最多年份有11次，最少2次，年平均5.7次，其中平均每年登陆的热带气旋为1，3次；风速最大12级以上，据测为55m/秒（6903号台风）；台风过程降水量最多24小时为320.9mm（8504号台风）。

（5）海洋水文　邻近大陆的河流主要有韩江、黄岗河、榕江、鳌江等。

① 海洋水温　据报道，保护区及附近海域夏季表层水温变化范围为26.0～29.0℃，底层为24.0～28.0℃，受径流影响，南澳岛西部及北部水温偏高，南部（除南澎列岛附近外）及东部水温较低，南北水平温差约3.0℃。水温垂直变化，夏季随深度的增加而递减，海水分层明显，近岸海区（10m以下），水温垂直温差较大。远岸深水区，尤其是南澳岛南部，水温垂直变化急剧水层在5～10m。整个海区的水温垂直梯度一般在0.2～0.4℃/m，最大为0.6℃/m（南澎列岛附近），最小为0.05℃/m

(110站，北纬23°20.5′，东经117°07.2′)。冬积水温垂直分布较均匀，垂直梯度小于0.1℃，温跃层已经消失。

水温日变化受潮汐、气温制约，表层水温日变化随着气温的升高而增高。不论是表层或底层水温日变化随潮汐的变化，涨潮水温低，落潮水温高。一天具有两高，两低的水温变化特点。日最高水温出现在午后2～4时，日最低水温出现在0～4时，水温日较差表层为1℃，至2℃，底层为1，5℃左右。冬季水温变化与潮汐变化密切相关。落潮时水温低，涨潮时水温高，水温日变化较夏季小，表层水温日较差为1.6℃左右，深层日较差不及0.5℃。

② 海洋盐度　据报道，保护区周围海域，冬季受闽、浙沿岸水、夏季受其外海高盐水涌升影响，盐度水平分布呈南、北差别大，东西分布不均匀。南澳岛周围海域夏季表层盐度变化在28.4～34.0之间，底层为31.0～34.0，冬季表层低盐出现在汕头港外为24.0，高盐在南澳岛东南31.8。无论冬、夏，南澳岛西部及北部表层盐度较低，南部较高。南部表层盐度高于西部和北部5.0左右，西部及北部底层盐度比表层高2.0～3.0，南部底层则比表层高0.2～0.5。冬季西部及北部表层盐度比夏季高1.0～2.0，南部表层盐度却比夏季低2.0～3.0，夏季北部海域受径影响，盐度垂直变化较大，盐度垂直梯度一般都在0.1/m～0.3/m之间，最大垂直梯度为0.5/m。西南和东南附近海域，由于外海高盐水入侵势力强，几乎由外海高盐水控制，盐度垂直分布较均匀。

③ 潮汐和海流

A. 潮汐　保护区周围海域潮汐属不正规半日潮，潮差不大，平均在1.0～1.5m，常年的最大潮差在2.3～2.7m，涨潮差稍大于落潮差，涨潮平均历时约长于落潮平均历时1小时；多年平均表明，涨潮历时6小时30分至6小时50分，落潮历时5小时30分至5小时50分。

B. 海流　保护区周围海域的海流主要受巴士海峡及巴林塘海峡传入的太平洋潮流所控制，但同时亦受由台湾海峡沿岸流影响，即东北—西南向海流，流速较大，冬季流速0.5～0.8海里/小时。夏季西南季风盛行时，南海高盐陆架水从南澳岛南部海域中、底层入侵后，向东北部和西北部楔入。

④水质状况　据调查结果评价①，保护区周围海域所有评价因子—pH值、溶解氧、GOD、石油类、无机氮、活性磷酸盐、粪大肠杆菌、铜、铅、锌、镉、总汞砷等均未超标，超标率为0。表明该海区水质良好，未受到污染。

⑤生物污染状况　据调查结果，鱼类样品中重金属总汞、镉、铅、铜和锌均未超标，六六六和DDT含量亦未超标；甲壳类样品中总汞、六六六、DDT含量均未超标；软体动物类样品中总汞、六六六、DDT含量均未超标。表明保护区周围海域的鱼类、甲壳类和软体动物类体内重金属六六六、DDT含量符合《我国海岸带污染评价标准，1989》。

⑥海域环境质量综合评价　据调查结果，保护区海域E值范围为0.21～0.73，平均值为0.40，整个海域整体处于贫营养水平。海域NQI值范围为1.51～1.81，平均为1.54，属于贫营养水平。从平面分布上看，整个海域的海水营养水平都处于贫营养水平。

保护区海域海水石油类与重金属污染指标Pi范围为0.001～0.74，平均值为0.21，整个海域水质石油类与重金属处于1级水平，属于自然本底；沉积物石油类与重金属污染指标Pi范围为0.02～0.85，平均值为0.30，整个海域沉积石油类与重金属处于1级水平，属于自然本底。

采用海水、沉积物和生物质量和平均型综合指数 *Ip* 法评价海域环境综合殖量，保护区海域的 *Ip* 值为0.43，对照海洋环境综合质量状况分级标准，属于3级水平，质量状况为良好。

4.1.1.2　功能分区

根据拟建南澎列岛海洋生态国家级自然保区总体规划，将广东南澎列岛海洋生态自然保区分如下

① 李纯厚等．南澎列岛海洋生态及生物多样性——拟建南澎列岛海洋生态国家级自然保区综合科学考察报告．中国水产科学研究院南海水产研究所等．2009.8.

3 个功能区。

（1）核心区　位于保护区中心部分，具体范围的地理坐标为北纬 23°19′03″和东经 117°21′41″，北纬 23°18′50″和东经 117°10′03″，北纬 23°12′04″和东经 117°15′10″ 3 点，面积 12 581hm^2，占保护区总面积的 35.26%。其主要功能是保护海洋生态系统、重要珍稀濒危海洋动物及其生存栖息环境。

（2）缓冲区　位于核心区外围，具体范围的地理坐标为北纬 23°21′13″和东经 117°11′45″，北纬 23°17′38″和东经 117°08′22″，北纬 23°11′13″和东经 117°15′28″，北纬 23°19′03″和东经 117°22′49″ 4 点，面积 11285hm^2，占保护区总面积的 31.63%。其主要功能是对核心区起保护和缓冲作用，扩大和延伸被保护物种的生长和活动区域。

（3）实验区　位于缓冲区周围，总面积 11813hm^2，占保护区总面积的 33.11%（图 4.1）。是保护区内人为活动相对频繁的区域，是人工鱼礁的建设区域。人工鱼礁是属于生态公益型人工鱼礁，鱼礁为恢复和保护渔业资源和扩大硬相生境而投放，鱼礁区禁止捕捞作业及其他有害的开发活动。

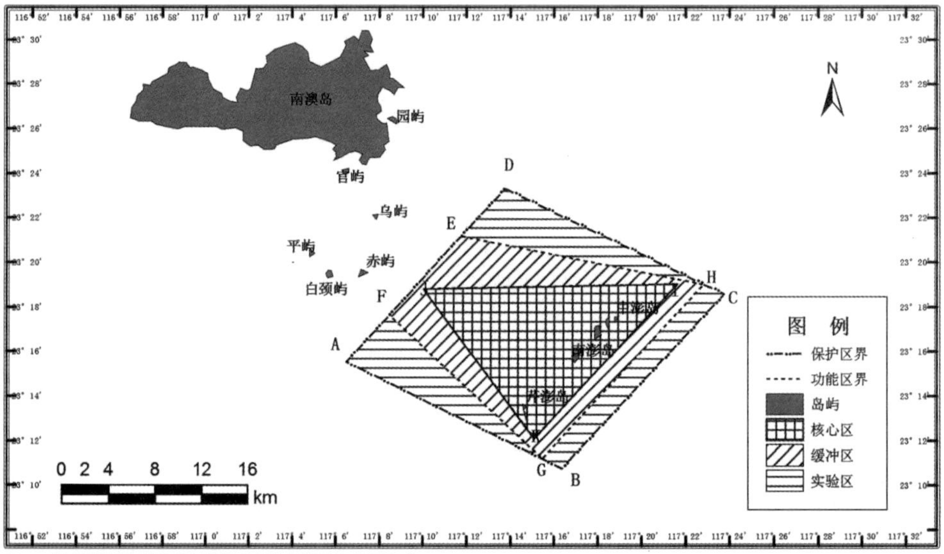

注：此图根据黄晖该保护区分区图清绘而成。

图 4.1　广东南彭列岛海洋生态自然保护区功能分区图

4.1.1.3　海洋生态系统

保护区的生态系统主要有如下 5 种。

（1）上升流生态系统　保护区所在上升流区范围较大，主要分布在从福建漳浦礼士列岛至粤东甲子海域，以南澎列岛为中心。主要表征是夏季出现表层水溶解氧的浓度和饱和度分别低于 4.4mL/L 和 90%；营养盐特别高，其中 N^+、P^+浓度分别高达 13.8μumol/L 和 0.4μmol/L。浮游植物高密集，平均栖息密度高于 10^8 个/m^3，初级生产力也高达 1.0g（m^2·d）（以碳计），浮游动物生物量总量 > 250mg/m^3，保护区范围的上升流仅出现在夏季近岸水体，是西南方向的高岸风，引起底层水向上涌升补偿所形成的，属于风生上升流，在夏季形成中心渔场。

上升流区主要生物群落包括浮游植物、浮游动物、浅海底牺生物、中上恩格层鱼类和底层鱼类等。

（2）岩礁生态系统　保护区内有大量的明礁、暗礁和干出礁，该海域底质主要为岩礁，海底起伏不平，并分布有沙、沙泥、砂砾及泥沙等。广东沿岸海域的底质多为泥质和泥沙质，而南澎列岛附近区域的底质较为特殊，主要为岩礁、砂和砂泥等，海底粗糙，礁石林立，生境相当多样，保护区独特的高岸海岛生境和海底特征，为许多生物类群，如附着性海藻、珊瑚类、附着性底栖生物、埋栖性底栖生物和游泳生物，提供了良好的栖息、索饵和繁衍场所。

（3）珊瑚生态系统　由于大陆沿岸是悬浮物浓度高，形成严重的沉积物对柳珊瑚分布水深和群体大小影响较大，而保护区距离炉域岸线较远，距离南澳岛岸线的距离近 11 海里。因此，保护区海拔内柳珊瑚可以分布在水深较深水域，并形成较大的群体，保护区内的软珊瑚群体较小，平均 < 15cm，种类单一，主要零星分布在顶澎、中澎、南澎和芹澎 4 岛水深 4 ~ 6m 水域，偶见密集分布，分布密度可以达到 5 个群体/m^2。

（4）海岛生态系统　海岛是指四面（海）水并在高潮时高于水面的自然形成的陆地区域。保护区所在海域为我国南亚热带海域典型高岸岛屿群，主要由屿仔、顶澎岛、旗尾岛、中澎岛、南澎岛、芹澎岛 6 岛组成。同时，保护区内还有大量的明礁、暗礁和干出礁，岛上基本被草本植被所覆盖，植物资源有 46 种，隶属于 38 属 26 科。植被主要由天人菊群落、鬣刺盐地鼠尾—厚藤群落及草海桐—野香茅群落等 3 个群落组成。岛上鸟类资源十分丰富，素有“海鸟王国”之称，据华南濒危动物研究所有关专家的调查，一年四季在保护区停留过的各种候鸟、旅鸟、留鸟、繁殖鸟等约有 90 多种，隶属于 32 科 14 目。保护区独特的高岸海岛生境为许多生物类群提供了良好的栖息、索饵和繁衍场所。

（5）渔业生态系统　保护区及附近海域是我国南海最重要的渔水域，具有丰富的头足类和中上层鱼类资源，是南海北部重要经济水产种质资源的育产卵、育肥与索饵场，保护区已发现栖息有各种海洋生物 1308 种，主要经济鱼类、虾蟹类、贝类和藻类 700 多种，重要渔业品种 60 多种，盛产鱿鱼、龙虾、石斑鱼、鲳鱼、紫菜、膏蟹、紫海胆、大黄鱼、马鲛及鲷科鱼类等优质海产优势品种。该海域是粤、闽两省蓝圆鲹、二长棘鲷、赤点石斑鱼、真鲷、黄鳍鲷、中国枪乌贼（鱿鱼）、龙虾、紫菜等优质海产品的育肥场。因此，渔业资源的摇篮地位极为重要。

4.1.1.4　自然资源

（1）生物资源　保护区是太平洋黑潮高温、高盐水与沿岸水及大陆径流交汇混合处，具备了海洋生物繁殖、生长、栖息的各种有利因素，形成了十分丰富的生物资源。据报道，分布于该保护区海域的海洋生物达 1308 种，隶属于 20 门 113 目 357 科。有浮游植物 202 种，占 15%；浮游动物 127 种，占 9%；脊椎动物 314 种，占 24%。在保护区海域中物种中物种最多，分布最广，隶属 20 目 99 科，占全国总数的 9%。毛颚动物门（CHAETOGNATHS）、黄藻门（XANTHOPHYTA）、金藻门（CHRYSOPHYTA）、栉水母动物门（CTENOPHORA）和甲藻门（PYRROPHYTA）的种类分别占全国总种类数的 46%、33%、33%、22%、21%；硅藻门（BACILLARIOPHYTA）和腕足动物门（BRACHIOPODA）所占的比例均在 10% 以上（表 4.1）。

表 4.1　南澎列岛自然保区的生物数量

门类	目数量	科数量	种数量	占全国总种类数（%）
硅藻门 BACILLARIOPHYTA	7	11	219	16
黄藻门 XANTHOPHYTA	1	1	1	33
甲藻门 PYRROPHYTA	3	7	55	21
金藻门 CHRYSOPHYTA	1	1	1	33
蓝藻门 CYANOBACTERIA	2	2	7	5
红藻门 RHODOPHYTA	1	6	16	3
褐藻门 PHAEOPHYTA	1	6	16	6
绿藻门 DIVISIONCHLOROPHYTA	1	3	11	6
海绵动物门 PORIFERA	1	1	2	2
腔肠动物门 COELENTERA	13	32	62	5
栉水母动物门 CTENOPHORA	2	2	2	22
星虫动物门 SIPUNCULA	2	2	3	7
环节动物门 ANNELIDA	11	28	72	7
软体动物门 MOLLUSCA	17	71	233	8
腕足动物门 BRACHIOPODA	1	1	1	11

（续）

门类	目数量	科数量	种数量	占全国总种类数（%）
节肢动物门 ARTHROPODA	11	58	225	6
毛颚动物门 CHAETOGNATHS	1	1	17	46
棘皮动物门 ECHNODERMATA	14	22	46	7
尾索动物门 UROCHORDAT	3	3	5	4
脊索动物门	20	99	314	9

（2）生物群落　保护区及附近海域生物群落丰富，其中主要有如下 5 种生物群落。

①浮游植物群落　据报道，南澎列岛海域共有浮游植物 5 门 14 目 24 科 280 种（类）（含 23 种变种及 8 变型）。硅藻门种类有 217 种，占总种数的 77.5%；甲藻门 55 种，占 19.6%；蓝藻门 6 种，占 2.1%；金藻门和黄藻门分别 1 种，各占 0.4%。出现种类最多的是角毛藻属 19 种，占总种数的 16.4%；硅藻门出现种类较多的还有根管藻属 14 种、圆筛藻属 8 种、舟形藻属 7 种和菱形藻属 6 种；甲藻门出现种类较多的是角藻莎 14 种。群落的优势种为小舟形藻 *Navicula subminuscula*、伏氏海毛藻 *Thalassionema nitzschioides*、细弱海链藻 *Thalassiosira subtilis*、中华盒形藻 *Biddulphia sinensis*、小形舟藻 *Navicula parva*、菱形海线藻 *Thalassionema nitzschioides* 等。

②浮游动物群落　浮游动物的种类组成复杂，据报道，南澎列岛海域共有浮游动物 179 种（类），分属 21 个不同类群。其中，甲壳纲、桡足纲种类最多，有 57 种，占总种类数的 31.8%；腔肠动物水螅水母纲和毛鄂动物门种类次之，分别出现 33 种和 17 种，各占总种类数的 18.4% 和 9.5%。群落的优势种有 7 种，其中甲壳纲桡足亚纲 6 种和毛鄂动物门 1 种，分别为微驼隆哲水蚤 *Acrocalanus gracilis*、精致真刺水蚤 *Euchaeta concinna*、驼背驼隆哲水蚤 *acrocalanus gibber*、普通波水蚤 *Undinula vulgaris*、微刺哲水蚤 *Canthocalanus pauper*、针刺拟哲水蚤 *Paracalanus aculeatus*、百陶箭虫 *Sagitta bedoti* 等。

③潮间带生物群落　据报道，南澎列岛海域共出现潮间带生物 302 种，其中藻类植物 55 种，多毛类动物 39 种，软体动物 111 种，甲壳类动物 63 种，棘皮动物 16 种，其他动物 18 种。

高潮区、中潮区、低潮区的潮间带断面的沉积物均为岩礁，间有砂砾。生物群落均为典型亚热带岛礁群落，而且暖水性区系特征明显，多属高盐性种，3 个海岸岛高、中、低潮区分别组成较明显的 3 个群落。

A. 高潮区群落　构成群落组成种类较少，共 9 种，主要由粒结节滨螺 *Nodilittoraria nodilittoraria radiata*、塔结节滨螺 *Nodilittoraria nodilittorariatrochoides*、嫁虫戚 *Cellana toreuma*、龟足 *Capitulum mitella* 和马来小藤壶 *Chthamalus malayensis* 等优势种组成。其他种类较少，有龟甲虫戚 *Cellana testudinaria*、中华小笠藤壶 *Tetraclitella chinensis*、毛鸟嘴 *Ibla cumingi* 等。其中密度最高的是粒结节滨螺和塔结节滨螺。

B. 中潮区群落　构成群落组成最复杂，种类最多，物种多样性最高，共 34 种，其中较为明显的优势种包括岩虫 *Marphysa sanguinea*、襟松虫 *Lysidice ninetta*、隆线背鳞虫 *Lepidonotus lepidonotuscarinulatus*、褶牡蛎 *Alectryonella plicatula*、咬齿牡蛎 *Ostrea mordax*、史氏背尖贝 *Notoacmea schrenckii*、单齿螺 *Monodonta labio*、锈凹螺 *Chlorostoma rustica*、蚓敌荔枝螺 *Thais gradata*、齿纹蜒螺 *Nerita Ritena yoldii*、纹斑棱蛤 *Trapezium neotrapezium liratum*、鳞笠藤壶 *Tetraclita squamosa squamosa*、小相手蟹 *Nanosesarma nanosesarma minutum*、日本岩瓷蟹 *Petrolistes japonicus*、平背蜞 *Gaetice depressus*、光手滑面蟹 *Etisus laevimanus* 等。其他还有平濑石鳖 *Onithochiton hirasei*、隔贻贝 *Septifer bilocularis*、疣荔枝螺 *Thais clavigera*、黑指绿蟹 *Chlorodiella nigra*、四齿大额蟹 *Metopograpsus quadridentatus* 等。其中密度最高的种类是鳞笠藤壶和褶牡蛎。

C. 低潮区群落　群落组成也较复杂，共 34 种，其中较为明显的优势种包括半叶马尾藻 *Sargassum hemiphyllum*、珊瑚藻 *Corallina officinalis*、羊栖菜 *Sargassum fusiforme*、日本花棘石鳖 *Liolophura japonica*、角瘤荔枝螺 *Thais tuberosa*、马蹄螺 *Trochus maculatus*、刺巨藤壶 *Megabalanus volcano*、裸掌盾牌蟹 *Perc-*

non planissimum、紫海胆 *Anthocidaris crassispina*、斑瘤蛇尾 *Opiocnemis marmorata*、小刺蛇尾 *Ophiothrix exigua* 等。其他种类还有铁钉菜 *Ishige okamurai*、黄口荔枝螺 *Thais luteostoma*、渔舟蜓螺 *Nerita theliostyla albicilla*、光辉圆扇蟹 *Sphaerozius nitidus*、白纹方蟹 *Gapsus albolineatus*、长大刺蛇尾 *Macrophiothrix longipeda* 等。低潮区最明显的特点是大型藻类的大量繁殖，其中潮间带动物密度最高的种类是蜚翠贻贝和紫海胆。

④海藻生物群落　据报道，南澎列岛海域的藻类植物物共11科20种（含1未定种的属），分别隶属于藻类植物的3大门类，以红藻类植物出现的种类最多，有10种，占总种类数的50%；褐藻类有8种，占总种类数的40%；绿藻类植物有2种，占10%

该海域大型藻类种类繁多，群落多样性丰富，出现的种类多属亚热带海岛区的适高盐性种，暖水区系特征较为明显，出现的种类以红藻类和褐藻类为主，而且多分布在断面的中低潮区。

A. 南澎列岛　优势种类有半叶马尾藻 *Sargassum hemiphllum*、叉节藻 *Amphiroa zonata* 和羊栖菜 *Sargassum fusiforme* 等褐藻类，生物量高，在冬季和春季大量繁殖；其他藻类尚有珊瑚藻 *Corallina officinalis*、鸡毛菜 *Pterocladia capillacea*、铁钉菜 *Ishige okamurai* 等，一年四季均繁殖。

B. 勒门列岛（平屿和乌屿）海域　优势藻类包括珊瑚藻、羊栖菜、宽扁叉节藻 *Amphiroa dilatata* 等，常见种类有绉紫菜 *Porphyra crispata*、铜藻 *Srgassum horneri*、刺松藻 *Codium fragile*、蜈蚣藻 *Grateloupia filicina* 等。

C. 南澳岛　优势藻类有花石藻 *Ulva conglobata*、鹿角海萝 *Gloiopeltis tenax*、瓦氏马尾藻 *Srgassum vachelliamum* 等，常见种类包括囊藻 *Colpomenia sinuosa*、细基江蓠 *Gracilaria tenuistpitata*、铁钉菜、鹅肠菜 *Endarachne binghamiae*、长枝沙菜 *Hypnea charoides*、叉角藻 *Ceratium furca* 等。

⑤底栖生物群落　位于南澎列岛东南部，具有典型近海洋属性，海流急，海水盐度高，并靠近台湾浅海的上升流区，营养丰富，底质也较复杂，以泥和泥沙为主，水深范围在22~33m，水深呈现由西北向东南逐渐递增。种类组成呈现明显的亚热带近海海洋群落区系特征，以适应按高盐性种为主。

据报道，本海区共有底栖生物347种，其中多毛类动物40种，软体动物127种，甲壳类动物118种，棘皮动物41种，其他动物16种。多毛类出现的主要代表种包括简毛拟节虫 *Praxillella gracilies*、梳鳃虫 *Terebellides stroemii*、襟松虫 *Lysidice ninetta*、不倒翁虫 *Sternaspis sculata*、花索沙蚕 *Arabella iricolor*、双栉虫 *Ampharete acutifrons* 等，多数种类呈埋栖性分布；软体动物的主要代表种有紫边白樱蛤 *Macoma psammacomapraerupta*、波纹巴非蛤 *Paphia paratapes undulata*、联珠蚶 *Mabellarca consociata*、小荚蛏 *Siliqua minima*、西格织纹螺 *Nassarius zeuxissiquijorensis*、婆罗囊螺 *Retusa ciekiohysisboenensis* 等，埋栖性生活，分布广；甲壳类动物的主要代表种有日本美人虾 *Callianassa japonica*、双眼钩虾 *Ampelisca* sp.、东方长眼虾 *Ogyrides orientalis*、隆线强蟹 *Eucrate crenata*、模糊新短眼蟹 *Neoxenophthalmus obscurus* 等，营底层匍匐和游泳生活，群居现象明显。其他动物尚有棘皮动物的刺瓜参 *Cucumaria echinata*、芮氏刻肋海胆 *Temnopleurus reevesii*、光滑倍棘蛇尾 *Amphioplus laevis*，脊索动物的孔鰕虎鱼 *Trypauchen vagina* 及腔肠动物的海仙人掌 *Cavernularia obesa* 等，其中棘皮动物营匍匐和埋栖生活，脊索动物营底层游泳生活。

（3）海岛植被资源　保护区内及附近海岛植被良好。

A. 草本植被　岛上基本为草本植被所覆盖，组成草本植被的植物有46种，隶属于38属，26科。据1989~1992年广东海岛植被和林业调查（陈树培等，1994），主要草本植物有纤毛鸭嘴草 *Ischaemum indicum*、白茅 *Imperata cylindrica*、石芒草 *Arundinella nepalensis*、野古草 *Arundinella hirta*、芒萁、白牛胆 *Inula cappa*、大蓟 *Cirsium japonicum*、蜈蚣草 *Eremochloa ciliaris*、山白菊 *Aster ageratoides*、芙蓉菊 *Crossostephinum chinensis*、刺子莞 *Rhynchospor rubra*、山香 *Hyptis artemisia*、五节芒、番杏 *Tetragonia tetragonioides*、天人菊 *Gaillardia pulchella*、球柱草 *Bulbostylis barbata*、香丝草 *Comyza bonariensis*、细柄草 *Capillipedium parviflorum*、鬣刺 *Spinifex littoreus*、盐地鼠尾粟 *Sporobolus virginicus*、绢毛飘拂草 *Fimbristylis sericea*、羽芒菊 *Tridax procumbens*、李花蟛蜞菊 *Wedelia biflora*、蔓茎栓果菊 *Launaea sarmentosa*、香附子、铺地黍 *Panicum repens*、仙人掌 *Opuntia dillenii*、单叶蔓荆 *Vitex rotundefolia*、厚藤 *Ipomoea peseaprae*、野

香茅 *Cymbopogon tortilis* 等。

B. 灌丛植被 主要由黄槿 *Hibiscus tiliaceus*、海杧果 *Cerbera manghas*、许树 *Clerodendron inerme*、露兜簕 *Pandanus tectorius*、草海桐 *Scaevola sericea*、刺葵 *Phoenix hanceana*、黑面神 *Breynia fruticosa*、桃金娘、老鼠耳 *Berchemia lineata*、了哥王、山芝麻、盐肤木、葫芦茶 *Tadehangi triguetrum*、黄牛木 *Cratoxylum ligustrinum*、胶樟 *Litsea glutinosa*、酸藤子 *Embelia laeta* 等组成。

4.1.1.5 鱼类区系及群落

（1）鱼卵和仔稚鱼 由于冬季鱼类产卵繁殖的低谷期，鱼卵仔鱼出现种类很少，在鱼卵仔鱼样品中，总共只有小沙丁鱼 *Sardinella* sp. 、康氏小公鱼 *Stolephorus commersoni*、小公鱼 *Stolephorus* sp. 、中颌棱鳀 *Thrissa mystax*、前鳞骨鲻 *Osteomugil ophuyseni*、多鳞鱚 *Sillago sihama*、黄鳍鲷 *Sparus latus*、鲷科 *Sparidae* 、鲂属 *Lepidotrigla* sp. 、眶棘双边鱼 *Ambassis gymnocephalus*、石首鱼科 *Sciaeniade*、细鳞剌 *Therapon jarbua*、李氏鱼街 *Callionymus richardsoni*、鰕虎鱼 *Gobiiade*、孔鰕虎鱼 *Taenioididae*、鲬 *Platycephalus indicus*、缨鲆属 *Crossorhombus* sp. 、舌鳎科 *Cynoglossidae*。

（2）游泳生物 在冬季调查捕获游泳生物有 132 种，其中鱼类有 83 种，甲壳类和头足类分别为 37 种和 12 种。

①种类组成 在南澎列岛中出现的主要经济种类有鹤海鳗 *Muraenesox talabunoides*、黄斑蓝子鱼 *Siganus oramin*、长尾大眼鲷 *Priacanthus tayenus*、长蛇鲻 *Saurida elongata*、短尾大眼鲷 *Priacanthus macracanthus*、带鱼 *Callicanthus haumela*、黑纹条鰤 *Zonichthys nigrofasciata*、蓝圆鲹 *Decapterus maruadsi*、花斑蛇鲻 *Saurida undosquamis*、银鲳 *Pampus argenteus*、二长棘鲷 *Parargyrops edita*、网纹裸胸鳝 *Gymnothorax reticularis*、皮氏叫姑鱼 *Johnius belengeri*、刺鲳 *Psenopsis anomala*、印度无齿鲳 *Ariomma indica*、斑鳍白姑鱼 *Argyrosomus pawak*、多齿蛇鲻 *Saurida tumbil*、金线鱼 *Nemipterus virgatus*、白姑鱼 *Argyrosomus argentatus*、多鳞鱚 *Sillago sihama*、圆腹鲱 *Dussumieria hasselti*、大黄鱼、条尾绯鲤 *Upeneus bensasi*、鮸壮黄姑鱼 *Nibea miichthioides*、印度舌鳎 *Cynoglossus arel*、星斑裸颊鲷 *Lethrinus nebulosus*、乌鲳 *Formio niger*、竹荚鱼 *Trachurus japonicus*、拟目乌贼 *Sepia lycidas*、金乌贼 *Sepia esculenta*、虎斑乌贼 *Sepia pharaonis*、罗氏乌贼、曼氏无针乌贼 *Sepiella maindroni*、哈氏仿对虾 *Parapenaeus hardwickii*、须赤虾 *Metapenaeopsis barbata*、长毛对虾 *Penaeus fenneropenaeus penicillatus*、细巧仿对虾 *Parapenaeopsis tenella*、近缘新对虾 *Metapenaeopsis affinis*、中华管鞭虾 *Solenocera crassicornis*、周氏新对虾 *Metapenaeus joyneri*、日本对虾 *Penaeus marsupenaeus japonicus*、锈斑蟳 *Charybdis feriatus*、红星梭子蟹 *Portunus sanquinolentus* 等，这些种类约占渔获量的 58.44% 左右。而低值鱼如鳐类、棱鳀类、小公鱼类、鲳类、刺鲀类等约占总渔获量的 41.56% 左右。

②鱼类资源在 83 种鱼类中，隶属于 12 目 47 科。鲈形目的种类数共 49 种，灯笼鱼目有 7 种，鲱形目、鳗鲡目、鲀形目均为 5 种，鲽形目为 4 种，其余 7 目均为 2 种。在 47 科中以狗母鱼科和鲹科的种类数最多，均为 6 种，其次是石首鱼科、鲂科、鲹科、鳀科、鲀科和带鱼科饿种类数也相对较多，分别为 5 种、5 种、4 种和 3 种，其余各科均为 2 种或 1 种。

在所渔获的 47 科中除了犀鳕科、天竺鲷科、鲂科、鳄齿鱼科、革鲀科、鲀科外，其余各科中的大多数种类均为底拖网的主捕或兼捕对象，其中的多齿蛇鲻、花斑蛇鲻、长蛇鲻、鹤海鳗、网纹裸胸鳝、长为大眼鲷、短尾大眼鲷、多鳞鱚、六带鲹、竹荚鱼、蓝圆鲹、黑纹条鰤、乌鲳、皮氏叫姑鱼、鮸壮黄姑鱼、斑鳍白姑鱼、白姑鱼、小黄鱼、星斑裸颊鲷、二长棘鲷、金线鱼、条尾绯鲤、黄斑蓝子鱼、带鱼、扁舵鲣、印度无齿鲳、银鲳、刺鲳、和印度舌鳎均为底拖网的主要捕捞对象，而犁团扇鳐科、电鳐科、鲱科、鳀科、鰕虎鱼科、鳗鰕虎鱼科和鲉科均为沿岸、浅还渔业的兼捕对象。

主要经济种类有黄斑蓝子鱼、长为大眼鲷、长蛇鲻、短尾大眼鲷、带鱼、蓝圆鲹、花斑蛇鲻、银鲳、二长棘鲷、金色小沙丁鱼 *Sardinella aurita* 等。

③甲壳类资源 据调查渔获的甲壳类共 37 种，隶属 2 目 9 科。其中虾类有 2 科共 14 种；蟹类有 6

科共18种，虾蛄有1科共5种。

主要经济种类有哈氏仿对虾 *Parapenaeopsis hardwickii*、口虾蛄 *Oratosquilla oratoria*、须赤虾 *Etapenaeopsis barbata*、锈斑蟳 *Charybdis feriatus*、马来鹰爪虾 *Trachypenaeus malaiana*、红星梭子蟹 *Portunus sanguinolentus*、长毛对虾 *Penaeus penicillatus* 等。

④头足类资源 据调查共渔获的头足类共12种，隶属3目4科。其中枪形目4种，乌贼目6种，八腕目有2种。

主要经济种类有中国枪乌贼 *Loligo chinensis*、杜氏枪乌贼 *Loligo duvaucelii*、剑尖枪乌贼 *Loligo edulis*、拟目乌贼 *Sepia lycidas* 等。

4.1.1.6 珍稀濒危保护物种繁多

南澎列岛一带海域，位于台湾闽南浅滩上升流区附近，由于上升流带来丰富的营养盐，该水域的初级生产力较高，海洋生物丰富和多样性高属，常年栖息或季节性出现多种珍稀濒危的水生野生动物。列为国家Ⅰ级重点保护的动物有2种，国家Ⅱ级保护动物有16种；被CITES附录Ⅰ收录的有8种，附录Ⅱ收录的有9种；列为广东省重点保护的有8种（表4.2）。

表4.2 南澎列岛保护区保护物种

序号	种名	科名	保护级别	CITES
1	猩红简星珊瑚 *Tubastrea coccibea*	木珊瑚科 Dendrophylliidae	Ⅱ	Ⅱ
2	蠵龟 *Caretta cgigas*	海龟科 Cheloniidae	Ⅱ	Ⅰ
3	海龟 *Chelonia mydas*	海龟科 Cheloniidae	Ⅱ	Ⅰ
4	玳瑁 *Eretmochelys imbricata*	海龟科 Cheloniidae	Ⅱ	Ⅰ
5	太平洋丽龟 *Lepidochelys olivacea*	海龟科 Cheloniidae	Ⅱ	Ⅰ
6	棱皮龟 *Dermochelys coriacea*	海龟科 Cheloniidae	Ⅱ	Ⅰ
7	灰鲸 *Eschrichtius robustus*	灰鲸科 Eschrichtiidae	Ⅱ	Ⅰ
8	瘤齿喙鲸 *Mesoplodon densirostris*	剑吻鲸科 Ziphiidae	Ⅱ	Ⅰ
9	伪虎鲸 *Pesudorca crassidens*	巨头鲸科 Globlcephalidae	Ⅱ	Ⅱ
10	灰海豚 *Grampus griseus*	巨头鲸科 Globicephalidae	Ⅱ	Ⅱ
11	江豚 *Neophocaena phocaenoides*	鼠海豚科 Phocoenidae	Ⅱ	Ⅰ
12	花斑原海豚 *Stenella frontalis*	海豚科 Delphindae	Ⅱ	Ⅱ
13	南瓶鼻海豚 *Tursiops aduncus*	海豚科 Delphindae	Ⅱ	Ⅱ
14	瓶鼻海豚 *Tursiops truncatus*	海豚科 Delphindae	Ⅱ	
15	中华白海豚 *Sousa chinensis*	海豚科 Delphindae	Ⅰ	
16	鹦鹉螺 *Nautilus pompilius*	鹦鹉螺科 Nautilidae	Ⅰ	Ⅱ
17	黄唇鱼 *Bahaba flavolabiata*	石首鱼科 Sclaenidae	Ⅱ	
18	克氏海马 *Hippocampus kelloggi*	海龙科 Syngnathidae	Ⅱ	Ⅱ
19	锦绣龙虾 *Panulirus ornatus*	龙虾科 Palinuridae	省级	
20	中国龙虾 *Panulirus stimpsoni*	龙虾科 Palinuridae	省级	
21	中国鲎 *Tachypleus gigas*	鲎科 Tachypleidae	省级	
22	南方鲎 *Tachypleu gigas*	鲎科 Tachypleidae	省级	
23	刁海龙 *Solegnathus hardwicki*	海龙科 Syngnathidae	省级	
24	驼背鲈 *Cromileptes altivelis*	脂科 Serranidae	省级	
25	鲸鲨 *Rhincodon typus*	鲸鲨科 Rhincodontidae	省级	Ⅱ
26	姥鲨 *Cetorhinus maximus*	姥鲨科 Cetorhinidae	省级	Ⅱ

4.1.1.7 社会经济概况

（1）行政区域 广东南澎列岛海洋生态自然保护区距南澳县东南21km，保护区外围涉及的行政区域有后宅、深澳、云澳等3个镇，41个村委会，5个居委会。

（2）社区人口 保护区内没有常住人口。保护区所在地南澳县2006年末全县总人口72 411人。全为汉族。2007年全县有渔业镇2个，渔业村14个，渔业户7476户，其中海洋渔业户6246户，渔业人口26 669人，占全县总人口的36.83%。在渔业人口中，有传统渔民15 421人，渔业劳动力9284人，其中从事海洋捕捞8534人，从事海水养殖715人。2007年南澳县水产品总产量138 892t，其中海洋捕捞73 852t，渔业儿经济总产值73 056万元，水产养殖面积2900.4hm^2，海洋捕捞机动船功率62 047kW。

南澳县原先拥有面积500m^{2}以上的无居民海岛35个，分布于阔达4600km^{2}的海域上。各岛屿和周围海域生物资源十丰富，发展海洋经济潜力很大，国家海洋局已把南澳34个无居民海岛及其海域列为国家级管理示范区项目。

（3）交通、通信和电力 南澳县基础设施日臻完善，交通方便，通讯先进，供电、供水充足，陆岛交通航线有：南澳长山尾至澄海莱芜的轮渡码头和高速客轮，以68km环岛公路为主干线的岛上公路网络基本形成，实现了村村通路通车，全县公路密度117km，列全省第一位。邮电通讯实现了交换程控化，传输数字化，并率先在全省建成了第一个电话县。岛上电力设施建设超前，拥35kV和110kV 2条过海电缆，并与省电网并网。全县山塘水库74宗，制水厂7座，全县日供水能力45 000t，基本满足全县人民和上岛游客饮用水需要。

保护区周边乡（镇）交通通信较发达，保护区最南端的南澎岛上也能接收到手机信号。

（4）海域和资源权属 保护区海域和资源为国家所有，任何其他单位和个人未曾拥有该海域的使用管理权、资源开发权，不存在任何纠纷与争议。

（5）地方经济 南澳县由于其独特的区位和姿源优势，1992年以来，得到各级领导及各界人事的重视和关注。广东省人民政府把南澳列为20世纪90年代广东对外开放的重点区域，并批准设立南澳海岛开发试验区。国务院批准南澳港为国家一类口岸、赋予了加快南澳海岛开发建设和对外开放的一系列优惠政策。南澳紧紧抓住这一历史机遇，加快发展步伐，努力发挥特色和资源优势，积极推进经济体制和经济增长方式两个根本性转变。工农业迅速发展，渔业跻身全国水产百强县，农业跨入“吨粮县”行列。人民生活水平进一步提高。在巩固发展渔、农、盐三大基础产业基础上，初步形成了以旅游、商贸、海水养殖为主的综合性外向型经济体系。

南澳工业特色明显。族要有风力发电、生物制药、海产品加工、旅游产品加工、海洋化工等产业。

4.2 省级自然保护区

本地区已先后建立了8处省级自然保护区，其中南澳省级自然保护区在已出版的《广东省自然保护区》一书中做了介绍。

4.2.1 海丰鸟类自然保护区

1993年华南濒危动物研究所鸟类学家高育仁在开展深汕高速公路环境评估工作中发现了海丰湿地所拥有的丰富的水鸟资源，由此提出了建立保护区的建议。1998年汕尾市人民政汕府函［1998］49号文批准建立公平大湖市级自然保护区。1998年12月28日广东省人民政府粤府函［1998］495号《关于同意建立惠州象头山等7个省级自然保护区的批复》批准建立海丰公平大湖省级自然保护区。2004年11月，广东省人民政府粤办函［2004］383号《关于调整乐昌杨东山十二度水等六个自然保护区的复函》同意海丰公平大湖省级自然保护区进行范围和功能区的调整，调后自然保护区总面积为11590.5hm^2。2007年4月，广东省人民政府同意广东海丰公平大湖省级自然保护区更名为海丰鸟类省级自然保护区。主要保护对象为黑脸琵鹭 *Platalea minor*、卷羽鹈鹕 *Pelecanus crispus* 等为代表的具有国际重要意义的珍稀鸟类及其滨海湿地生态系统。

根据中华人民共和国国家标准《自然保护区类型与级别划分原则》（GB/T14529—93），海丰鸟类省级自然保护区属“野生生物类别”中的“野生动物类型”自然保护区，同时兼有“自然生态系统类别”中的“内陆湿地和水域生态系统类型”的特征。2005 年，保护区被国家列入《全国湿地保护工程实施规划》优先建设项目；2005 年 11 月，海丰县被中国野生动物保护协会授予“中国水鸟之乡”称号；2006 ~ 2011 年期间，保护区成功实施了汇丰世界自然基金海丰湿地保护与恢复工作项目；2008 年 12 月，海丰湿地被《湿地公约》秘书处列入“国际重要湿地名录”。

4.2.1.1 自然条件

（1）位置范围　海丰鸟类自然保护区位于汕尾市辖海丰县东北部，其范围由公平区、大湖分区和东关联安围分区 3 块独立区域组成，各区间中心位置相隔 30km 以上，由水系黄江河连通，使这 3 个区构成一个湿地、鸟类和植被为一体的湿地生态系统。保护区总面积 11 590.5hm^2。

3 个区的地理坐标和范围如下。

①公平区　位于东经 115°22′33″ ~ 115°28′47″，北纬 23°2′37″ ~ 23°7′25″，范围涉及公平镇的公平圩、十三坑村委、平东镇的毛坡、新平、双墩和大塘村委，黄羌镇的合门和双圳村委，东部和北部以村庄分布的人工区划为主，南部边界至库堤，西部至海丰—紫金公路。面积 4703.1hm^2，占保护区总面积的 40.58%。

②大湖区　位于东经 115°30′0″ ~ 115°37′0″，北纬 22°50′0″ ~ 22°52′30″，范围涉及大湖镇的高螺、湖仔、新置、石牌、山脚、新德村委，赤坑镇的大化、下埔、石望、沙大、溪金村委，南部以东海湾山、螺地山、横山、妈宫山的北部山脚道路和碣石湾距沙滩边界线外 300m 海域为界线，西至赤坑镇的毛洲寮，以道路、河道、水沟为界线，北部以水闸及螺河海丰县为界线。面积 2385.5hm^2，占保护区总面积的 20.58%。

③东关联安围区　位于东经 115°19′30″ ~ 115°11′41″，北纬 22°53′22″ ~ 22°50′29″，范围涉及附城填圆山村、联安镇茔头村、下埔村、友冲村、梅陇农场，东至与海丰县界，南部在长沙湾的海滩和部分海域，北到西闸站。面积 4501.9hm^2，占保护区总面积的 38.84%。

（2）地质基础

①地层　保护区的古生界地层出露不明显，中生界的侏罗系及新生界的第四系地层较发育。

A. 侏罗系金鸡群第二亚群，出露于联安镇长埔、黄羌镇合门等地，与第一亚群为整合接触关系。上侏罗统兜岭群下段，分布于大湖妈宫山，不整合于下侏罗统地层之上。

B. 第四系　地层较发育，出露齐全。在第四系早更新世地壳隆起，形成四级侵蚀阶地，中更新世末期海退，出露了海拔 30 ~ 50m 的三级海蚀阶地及河流相二级阶地，其沉积物为砾石、沙砾，分布于黄羌圩、公平毛多陂、公平农场。全新世出露了 0 ~ 10m 的一级海积阶地和滨海海湾相粉砂淤泥层为主的海湾、三角洲平原地层，分布梅陇和联安平原。

②构造　保护区的地质构造特点是，褶皱构造不发育，断裂构造发育，岩浆活动频繁。

A. 褶皱构造向斜构造较完整，轴向为东北向，向斜轴部第四纪沉积厚度最大，如梅陇农场沉积厚度达 32m，两翼厚度变小，数米至零，背斜构造破碎，常伴随内生矿床出现。

B. 断裂构造公平断裂带，自丰顺、和田深入海丰，经黄羌、公平、银瓶至大安洞分两支，主支呈东西向，在淡水与高潭—深圳断裂带接合，另一支至赤沙入大亚湾。海丰断裂带，经长埔、梅陇、新径随红海湾沿岸延伸至平海入大亚湾，中间在圆墩河由于北北东向和北西向断裂错切至旺公山转为北东向。

C. 新构造运动　保护区的新构造运动活跃，表现为断裂活动的继承性，局部地域断块的差异升降强烈。沿岸陆地近期地壳以隆起为主，呈向海延伸趋势，海岸变迁频繁。

③岩浆岩　保护区的岩浆岩活动非常剧烈。古生代受加里东运动的影响，出现层状混合岩。中生代的岩浆活动表现为喷发与侵入，中酸性岩浆先喷发后侵入。喷发的岩性在早侏罗世与晚侏罗世亦有不同。岩浆侵入的岩性在印支期、燕山早期与燕山晚期也有差异。其中燕山期花岗岩岩体分布广泛。此外，还有喜马拉雅山期灰绿岩、石英闪长玢岩等岩脉，表现为先侵入，后侵入溢出，岩石仅零星出露。但第四纪以后，未见岩浆活动。

（3）地貌概况　保护区所在的海丰县，西北部为山地，海拔500m以上，中部为平原，系滨海沉积、河流冲积地带，地势平坦、河溪交错，偶有孤丘、低丘，东南部为丘陵，海拔300～500m，坡度15°～25°，濒临南海，海岸线蜿蜒曲折，沿岸滩涂广阔。地势西北高东南低。保护区所在的黄羌、公平、平东赤坑、大湖等地，主要属丘陵地貌，丘体由砂页岩、火山岩、花岗岩等构成，丘间河溪交错，形成湿地生态系统。

（4）气候特点　海丰鸟类自然保护区属南亚热带季风气候区，气候特点是温暖湿润，光照充足，雨量充沛，雨热同季，夏长、冬短，夏不酷热，冬不寒冷，春早秋迟。但秋冬春旱，时有发生，夏涝风灾，危害较重。

据保护区所在的海丰县气象资料：年平均气温21～22℃，最冷1、2月份平均气温14.2℃，极端最低气温0～2℃，最热7月份平均气温28℃，极端最高气温38.5℃。年平均降水量1500～2400mm，每年4～9月总降水量，占全年总降水量的85%～88%。冬半年的10至次年3月的降水量，只占全年总降水量的15%。保护区与其他地区的年平均气温和降水量差异不大。风的季节性变换明显，冬季因受西伯利亚和蒙古高原气团南下影响，陆地和海面多东北风，夏季受海洋暖流及副热带高压控制，多偏南风，平均风速2.4m/秒，最大38m/秒，台风多，平均每年3.74次。春末夏初和初秋季节由于冷暖气团常交锋沿海一带，导致风向多变。但春秋干旱、夏涝风灾时有发生，这是值得注意的。

（5）水文特征　保护区境内的黄江公平积水区，面积2608hm^2，地处海丰四大水系之一的黄江河中游，西连公平镇，东邻平东镇，北接黄羌镇。西距公平圩1km，南距广汕公路10km，距海丰县城15km，至汕尾市40km。集雨面积317km^2，占黄江河流域总面积的41.9%，拦截黄江上游的东平河、南门河、松林河、黄羌河、西坑河，汇集于一库。大坝全长6147m，设计总库容$3.38\times10^8m^3$，正常库容$1.63\times10^8m^3$，年产水量（4～7）$\times10^8m^3$。正常水位16m，死水位9.96m，最高水位16.77m，最大深度20m，最大蓄水量$2.38\times10^8m^3$，枯水期蓄水量$0.172\times10^8m^3$。60km的总干渠，穿山越岭横跨公平、城东、可塘、陶河、赤坑及至市城区的东冲、田乾、遮浪，蜿蜒伸进东南沿海地区。此工程直接捍卫着黄江河下游30万人民生命财产和20 000hm^2农田设施安全，担负着汕尾市区、公平、可塘、赤坑等城镇工业和30万城镇居民的生活供水重任。设计灌溉农田面积14 466.67hm^2，现灌溉农田11 200hm^2，占全县农田面积的40%；电力装机容量3140kW，设计年发电量600kW时。

（6）土壤类型　海丰鸟类自然保护区，由于受环境条件和人类活动影响，形成了如下土壤类型。

①赤红壤　是地带性土壤，主要分布在海拔350m以下的台地、丘陵地带。按成土母质和成土条件，又可分为下列几种赤红壤。

A. 花岗岩赤红壤　是发育在花岗岩母质上的土壤、土层深厚，富含石英砂，植被破坏后，最容易引起水土流失。

B. 片岩赤红壤　是发育在片岩母质上的土壤，土层浅薄，植被破坏后，易引起水土流失。

C. 砂页岩赤红壤　是发育在砂页岩母质上的土壤，土层较浅，富含石砾，植被破坏后，水土流失普遍。

D. 第四纪红土赤红壤　是发育在第四纪红土母质上的土壤，主要分布于台地和河流两岸，土层深厚，质较黏。

②滨海盐渍沼泽土　主要分布于沿海地带，成土母质为滨海沉积物，土层深厚，质地黏重，呈灰黑色，有机质及氮、钾含量高。

③滨海盐土　主要分布于沿海等地，质地黏重，呈灰黑色，盐分含量高。

④旱地土壤　是由自然土壤经开垦、旱耕发育而成。主要分布于低丘、缓坡水源不足的台地，按成土母质和成土条件，又可分为赤红土、潮砂黏土和滨海砂土等。

⑤水稻土　是发育在长期种植水稻、有周期性水耕或水旱轮作的环境下的土壤。主要分布于沿河岸边、湿地、平原、丘陵等地。成土母质为河流冲积、洪积和滨海沉积物等。由于水分状况对水稻土的影响，以及水稻土本身发育阶段的差异，形成了不同形态特征。因此，水稻土有可分为淹育性水稻土、渗育性水稻土、潜育性水稻土和滨海盐渍育性水稻土等。

（7）湿地　是指不论其为天然或人工、长久或暂时性的沼泽地、泥炭地或水域地带、静止或流动、淡水、半咸水、咸水体，包括低潮水深不超过6m的水域。

保护区的湿地面积达8586.32 hm^2，水产丰富，类型多样，主要有水产养殖塘、河流、红树林、盐沼、沙质海滩、泥质海滩、浅海水域、库塘等。其得天独厚的地理环境和良好的生态保护，成为水禽觅食、栖息、繁殖和候鸟越冬、停留、迁徙的重点区域，已成了水鸟的乐园。

4.2.1.2　功能分区

根据《中华人民共和国自然保护区条例》第十八条“自然保护区可以分为核心区、缓冲区和实验区”的规定，依据《广东海丰鸟类自然保护区总体规划》①，该保护区分为如下3个功能区。

（1）核心区　面积3929.80hm^2，占保护区总面积的33.91%。其中东关联安围区的东沃段沿海滩涂及海域以及东北部的部分基围，面积1870.26hm^2；公平区的黄江公平积水区东北部浅水区及浅水区外一定距离和黄江公平积水区北部各大溪流入口一带区域连同木斗埔半岛，面积1529.33hm^2；大湖区的东溪入海口的大湖半岛东南部的沙滩及湿地，面积530.21hm^2。

（2）缓冲区　面积1205.67hm^2，占保护区总面积的10.4%。其中东关联安围区的核心区外围，虎头沟至禾壳港，面积784.89hm^2；公平区的核心区的林带退后30m左右，面积323.88hm^2；大湖区的留鸟核心区周围30m左右宽的水域或湿地，候鸟核心区周围陆地30m和水域300m的宽度，面积为96.90 hm^2。

（3）实验区　面积6455.03hm^2，占保护区总面积的55.69%。其中东关联安围区的核心区、缓冲区以外，面积1846.75hm^2；公平区的核心区、缓冲区以外，面积2 849.89hm^2；大湖区的核心区、缓冲区以外，面积1758.39hm^2（图4.2）。

4.2.1.3　植物区系特点

（1）植物物种组成简单　据调查统计②，该保护区有野生维管束植物435种（包括种下分类单位，下同），隶属310属111科，占广东省野生维管束植物（5933种）的7.33%（叶华谷等，2005）。其中蕨类植物32种，隶属23属16科；裸子植物2种，隶属2属2科；被子植物401种，隶属285属93科（表4.3）。

表4.3　海丰鸟类自然保护区野生维管束植物类群的组成

植物类群		科数	属数	种数
蕨类植物		16	23	32
裸子植物		2	2	2
被子植物	双子叶植物纲	77	217	310
	单子叶植物纲	16	68	91
合计		111	310	435

（2）地理成分较复杂

① 张明祥等. 广东海丰鸟类自然保护区总体规划. 国家林业局调查规划设计院，广东海丰鸟类自然保护区管理处. 2007. 3.

② 陈桂珠等. 广东海丰鸟类自然保护区综合科学考察报告. 中山大学环境科学与工程学院，广东海丰鸟类自然保护区. 2006. 12.

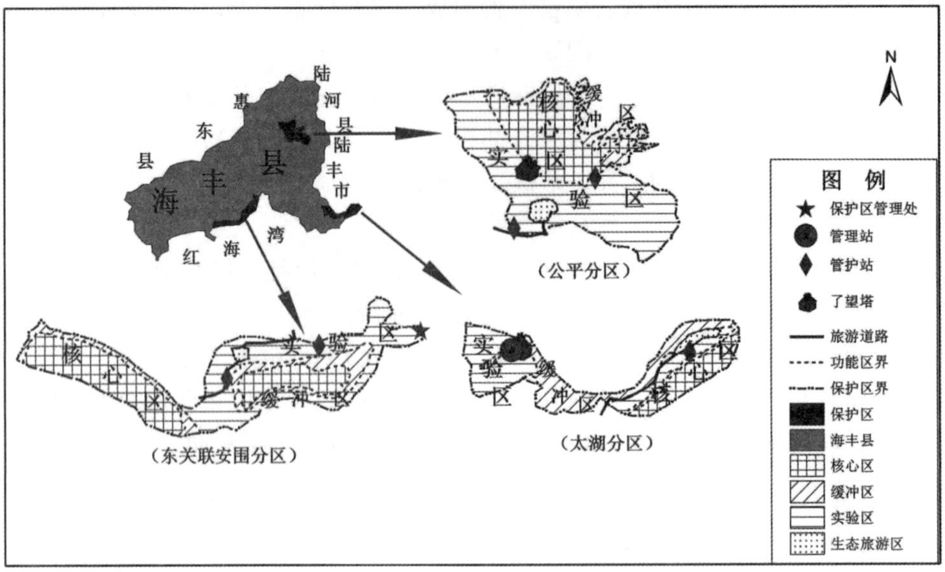

注：此图根据张明祥等该保护区生态旅游规划图修改清绘而成。

图 4.2　海丰鸟类自然保护区功能分区示意图

①蕨类植物的地理成分

A. 科的地理分布区类型　根据保护区 16 科的分布类型统计分析如下。

广布科　共有 5 科，占该区总科数的 31.25%。如石松科、木贼科、铁线蕨科、蹄盖蕨科、水龙骨科等。

热带、亚热带分布科　共有 6 科，占该区总科数的 54.55%（扣除广布科 5 科，下同），如中国蕨科，以我国华南至西南亚热带为分布中心，也是本保护区蕨类区系的特征成分。而以热带为主的有碗蕨科 Dennstaedtiaceae、鳞始蕨科 Lindsaeaceae、海金沙科、凤尾蕨科 Pteridaceae、金星蕨科等。

泛热带分布科　共有 5 科，占该区总科数的 45.45%，如卤蕨科 Acrostichaceae、里白科 Gleicheniaceae、蕨科 Pteridiaceae、乌毛蕨科 Blechnaceae、肾蕨科 Nephrolepidaceae 等。

B. 属的地理分布区类型　根据保护区 23 属的分布类型统计分析如下。

广布属　只有铁线蕨属 *Adiantum* 1 属，占该区总属数的 4.35%。

泛热带分布属　共有 6 属，占总属数的 27.27%（扣除广布属 1 属，下同），如卤蕨属 *Acrostichum*、鳞始蕨属 *Lindsaea*、乌蕨属 *Sphenomeris*、蕨属 *Pteridium*、粉背蕨 *Aleuritopteris*、肾蕨属 *Nephrolepis* 等。

热带和亚热带分布属　共有 14 属，占该区总属数的 63.64%。其中热带至亚热带为主，如灯笼草属 *Palhinhaea*、芒萁属 *Dicranopteris*、海金沙属 *Lygodium*、碗蕨属 *Dennstaedtia*、鳞盖蕨属 *Microlepia*、凤尾蕨属 *Pteris*、碎米蕨属 *Cheilosoria*、短肠蕨属 *Allantodia*、毛蕨属 *Cyclosorus*、针毛蕨属 *Macrotheris*、金星蕨属 *Parathelypteris* 等。

以亚热带为主的属　与热带至亚热带分布的类型相当，热带亚洲分布的有伏石蕨属 *Lemmaphyllum* 1 属；热带亚洲—大洋洲分布 2 属，如菜蕨属 *Callipteris*、乌毛蕨属 *Blechnum*。

温带、热带分布属　有狗脊属 *Woodwardia*1 属，占该区总属数的 4.55%。

寒、温带分布属　有 1 属，占总属数的 4.55%，如木贼属 *Equisetum*。

C. 种的地理分布区类型　根据保护区 32 种的分布类型统计分析如下。

广布分布种（1）、泛热带分布种（1）、亚洲热带（7）、热带及亚热带分布种（19）、热带亚洲—太平洋诸群岛间断分布种（1）、热带亚洲、非洲至美洲分布种（1）、温带热带分布种（1）、寒温带分布种（1）。

热带、亚热带成分种有 19 种，占该区总种数的 61.29%（扣除广布种 1 种，下同）；泛热带成分种有 1 种，占该区总种数的 3.23%；亚洲热带分布种有 7 种，占该区总种数的 22.58%；热带亚洲、非洲至美洲分布种有1种，占该区总种数的3.23%；热带亚洲太平洋诸群岛洲间断分布种有1种，占该区总种数的3.23%；温带热带分布种有1种，占该区总种数的3.23%；寒温带分布种有1种，占该区总种数的3.23%。说明了该区蕨类植物区系的组成和形成缺乏独立性，具有明显的热带蕨类植物区系向亚热带蕨类植物区系过渡的特点，属于中国南亚热带与中亚热带植物区系的交汇地区。

②种子植物的地理成分

A. 科的地理分布区类型　按照《世界种子植物科的分布区类型系统》（吴征镒等，2003），对广东保护区种子植物95科的分布区类型统计分析，除旧世界温带分布、温带亚洲分布、地中海区和西亚至中亚分布、热带亚洲至热带非洲、热带亚洲（即热带东南亚至印度—马来，太平洋诸岛）、中亚分布及中国特有分布科尚未发外，其余8个分布区类型及变型均有分布。

*1. 广布（世界广布）类型　计有33科，占该区总种数的34.74%。如毛茛科、金鱼藻科、十字花科、堇菜科、远志科、马齿苋科、蓼科、石竹科、藜科、苋科、酢浆草科、千屈菜科、柳叶菜科、小二仙草科、瑞香科、蔷薇科、蝶形花科、榆科、桑科、鼠李科、伞形科、木犀科、茜草科、菊科、报春花科、车前科、半边莲科、茄科、旋花科、玄参科（主产温带）、唇形花科（主产地中海）、莎草科（主产温带及寒温带）、禾本科等。

*2. 泛热带（热带广布）类型　有36科，占58.06%（扣除33）。如番荔枝科、樟科、防己科、胡椒科、金粟兰科、白花菜科、凤仙花科、大风子科、葫芦科、茶科、野牡丹科、红树科、梧桐科、锦葵科、大戟科、含羞草科、荨麻科、卫矛科、葡萄科、芸香科、橄榄科、楝科、无患子科、漆树科、紫金牛科、马钱科、夹竹桃科、萝藦科、爵床科、鸭跖草科、谷精草科、美人蕉科、菝葜科、天南星科、薯蓣科、棕榈科等。

*2-1. 热带亚洲、大洋洲和热带美洲（南美洲或/和墨西哥）类型　有1科，占该区总种数的1.61%。如山矾科 Smyplocaceae。

*2-2. 热带亚洲—热带非洲—热带美洲（南美洲）类型　有3科，占该区总种数的4.84%。如买麻藤科 Gnetaceae、椴树科 Tiliaceae、苏木科 Caesalpiniaceae。

*2S. 以南半球为主的泛热带类型　有2科，占该区总种数的3.23%。如桃金娘科 Myrtaceae、石蒜科 Amaryllidaceae 等。

*3. 东亚（热带、亚热带）及热带南美间断类型　有4科，占该区总种数的6.45%。如仙人掌科 Cactaceae、冬青科 Aquifoliaceae、五加科 Araliaceae、马鞭草科 Verbenacea 等。

*4. 旧世界热带类型　有1科，占该区总种数的1.61%。如芭蕉科 Musaceae。

*5. 热带亚洲至热带大洋洲类型　有3科，占该区总种数的4.84%。如苏铁科 Cycadaceae、交让木科 Daphniphyllaceae、姜科 Zingiberaceae。

*8. 北温带类型　有5科，占该区总种数的8.06%。如松科 Pinaceae、金丝桃科 Hypericaceae、大麻科 Cannabinaceae、忍冬科 Caprifoliaceae、百合科 Liliaceae。

*8-4 北温带和南温带间断类型　有4科，占6.45%。如茅膏菜科 Droseraceae、杨柳科 Salicaceae、胡颓子科 Elaeagnaceae、灯心草科 Juncaceae 等。

*9. 东亚及北美洲间断类型　有2科，占该区总种数的3.23%。如木兰科、鼠刺科。

*14. 东亚类型　有1科，占该区总种数的1.61%。如猕猴桃科 Actinidiaceae。

从上所述可以看出，泛热带分布有42科，占该区总种数的67.74%（扣广布科33科，下同）；北温带分布有9科，占该区总种数的14.52%；东亚（热带、亚热带）及热带南美间断有4科，占该区总种数的6.45%。其余分布所含科数均在4.84%以下，不占重要地位；特别是中国特有科等5科分布缺如，表明保护区植物区系在科级水平上以泛热带分布成分为主，兼有一定数量的北温带成分。

B. 属的地理分布区类型　根据保护区种子植物287属的分布类型，按照《中国种子植物属的分布区类型》（吴征镒，1991）统计分析，除中亚分布区类型及其变型尚为发现外，其他14个分布区类型变型均有分布（表4.4）。

表 4.4　海丰鸟类自然保护区种子植物属的分布区类型

分布区类型及变型	属数	占总属数（%）
1. 广布分布	40	扣除
2. 泛热带分布	104	42. 11
2－1 热带亚洲、大洋洲和南美洲间断分布	1	0. 40
2－2 热带亚洲、非洲和南美洲间断分布	5	202
3. 热带亚洲和热带美洲间断分布	16	6. 48
3－1 圭亚那高地（至附近邻邦）分布	1	0. 40
4. 旧世界热带分布	29	11. 74
4－1 热带亚洲、非洲和大洋洲间断分布	0	0
5. 热带亚洲至热带大洋洲分布	21	8. 50
5－1 中国（西南）亚热带和新西兰间断分布	0	0
6. 热带亚洲至热带非洲分布	16	6. 48
6－1 华南、西南到印度和热带非洲间断	0	0
6－2 热带亚洲和东非间断	0	0
7. 热带亚洲（印度—马来西亚）分布	21	8. 50
7－1 爪哇、喜马拉雅和华南、西南星散分布	0	0
7－2 热带印度至华南分布	1	0. 40
7－3 缅甸、泰国至华西南分布	0	0
7－4 越南（或中南半岛）至华南（或西南）分布	0	0
8. 北温带分布	15	6. 07
8－1 环极分布	0	0
8－2 北极高山分布	0	0
8－3 北极—阿尔泰和北美洲间断分布	0	0
8－4 北温带和南温带（全温带）间断分布	1	0. 40
8－5 欧亚和南美洲温带间断分布	1	0. 40
8－6 地中海区、东亚、新西兰和墨西哥到智利间断	0	0
9. 东亚和北美洲间断分布	5	2. 02
9－1 东亚和墨西哥间断	0	0
10. 旧世界温带分布	2	0. 81
10－1 地中海区、西亚和东亚间断分布	1	0. 40
10－2 地中海和喜马拉雅间断分布	0	0
10－3 欧亚和南非洲（有时也在大洋洲）间断	0	0
11. 温带亚洲分布	1	0. 40
12. 地中海区、西亚至中亚分布	0	0
12－1 地中海区至中亚和南非洲、大洋洲间断	0	0
12－2 地中海区至中亚和墨西哥间断	0	0
12－3 地中海区至温带、热带亚洲，大洋洲和南美洲间断	0	0
12－4 地中海区至热带非洲和喜马拉雅间断	0	0
12－5 地中海区—北非洲、中亚、北美西南部，智利和大洋洲（泛地中海）间断分布	0	0
13. 中亚分布	0	0
13－1 中亚东部（亚洲中部）	0	0
13－2 中亚至喜马拉雅	0	0
13－3 西亚至喜马拉雅和西藏	0	0
12－4 地中海区至热带非洲和喜马拉雅间断	0	0
14. 东亚分布	6	2. 43

（续）

分布区类型及变型	属数	占总属数（%）
14-1 中国—喜马拉雅（SH）	0	0
14-2 中国—日本（SJ）	0	0
15. 中国特有分布	0	0
合计	287	100.00

从上表可以看出，保护区内属的地理成分是以热带成分占优势，从2~7，各类热带成分共有215属，占总属数（扣除广布型40属，以下同）的87.04%。温带成分从8~12共有26属，占总属数的10.53%。东亚分布有6属，占总属数的2.43%。地中海区、西亚至中亚分布、中亚分布、中国特有分部等3个分布区类型缺乏。因此保护区在属级分布区类型水平上，以热带、亚热带分布区类型为主，这些特征与保护区所在的地理位置相适应。

4.2.1.4 植被类型

据调查，保护区内的植被类型多样，主要有如下9种类型。

（1）针叶林　在保护区内仅1个群系。

马尾松（Form *Pinus massoniana*）　是南亚带季风常绿阔叶林遭受人为破坏后，自然恢复的群落，主要分布于公平平东及库塘小岛等地，分布面积不大。

乔木层：以马尾松为单优势种，树高分别约4m和7m。

灌木层：主要有桃金娘、岗松、野牡丹等。

草本层：以芒萁 *Dicranopteris pedata* 占优势。

（2）季风常绿阔叶林　是南亚热带的地带性植被类型，但因历史上的各种原因，几乎破坏殆尽，在保护区内仅见于公平保护站、大湖保护站等地附近，面积较小，目前残存的有黄樟林（Form *Cinnamomum parthenoxylon*）、台湾相思林（Form *Acacia confusa*）和黑荆（Form *A. meamsi*）林等3个群系。

（3）常绿与落叶阔叶混交林 在保护区内有如下2个群系。

① 苦楝、土蜜树林（Form *Melia azedarach*，*Bridelia tomentosa*）　主要分布于公平区内的一个小岛上。

乔木层：除苦楝、土蜜树稍占优势外，还有大叶桉 *Eucalyptus robusta*、南酸枣 *Choerospondias axillaris*、广东润楠 *Machilus kwangtungensis*、潺槁树木姜子 *Litsea glutinosa* 等。

②苦楝群系（Form *Melia azedarach*）　主要分布于联安围虎头山附近的基围堤岸上，常与朴树 *Celtis sinensis*、台湾相思、黑荆等混生。

（4）竹林　主要分布于大湖和公平的村边及库塘边，多数为栽培的粉单竹 *Bambusa chungii*、小簕竹 *B. flexuosa* 和孝顺竹 *B. multiplex* 等，部分地段有野生的篱竹林（Form *Acidosasa venusta*）。

（5）灌丛　主要分布于联安围远角小海滩和部分沙质堤围，大湖海边等地。常见的植物有厚藤 *Ipomoea pes-caprae*、苦郎树 *Clerodendrum inerme*、海刀豆 *Canavalia maritima*、海马齿 *Sesuvium portulacastrum*、老鼠簕 *Acanthus ilicifolius*、仙人掌 *Opuntia stricta*、露兜树 *Pandanus tectorius* 等红树林伴生植物。既有灌木也有草本或藤本植物。

（6）灌草丛主要分布于黄江公平积水区、大湖和联安围的部分区域的水边，高度一般超过1m，植物种类复杂，灌木主要有锦葵科的多种黄花稔 *Sida* spp.。草本植物主要为禾本科植物，常见的有铺地黍 *Panicum repens*、丝茅 *Imperata koenigii*、芒 *Miscanthus sinensis*、两耳草 *Paspalum conjugatum*、双穗雀稗 *P. paspaloides*、狗牙根 *Cynodon dactylon* 等。

（7）沼泽　主要分布浅海滩涂盐沼和淡水的水域，总面积约300 hm^2。其中有水葱沼泽（Form *Scirpus lacustris* subsp *validus*）和水芦沼泽（Form *Phragmites karka*）等。

（8）红树林　主要分布于联安围和大湖区，组成种类较多，其中有卤蕨林（Form *Acrostichum aureum*）、老鼠簕林（*Form Acanthus ilicifolius*）、蜡烛果林 *Aegiceras corniculatum*、海漆林（Form *Excoecaria agallocha*）、海榄雌林（Form *Avicennia marina*）等。

（9）栽培植被分布较广泛，主要有木麻黄林（Form *Casuarina equisetifolia*）、湿地松林（Form *Pinus elliottii*）、荔枝林（Form *Litchi chinensis*）、大叶桉林（Form *Eucalyptus robusta*）、柠檬桉林（Form *Eucalyptus citriodora*）等。此外，还有木薯 *Manihot esculenta*、芝麻 *Sesamum indicum*、甘蔗 *Saccharum officinarum* 等农作物。

4.2.1.5　野生植物资源

（1）珍稀濒危保护植物稀少　根据1984年国家环境保护委员会公布的《中国珍稀濒危保护植物名录》和1999年国务院批准公布的《国家重点保护野生植物名录（第一批）》，所列种类统计，保护区内仅有国家重点保护野生植物1科1属1种，即国家II级重点保护野生植物樟科的樟树。

（2）经济植物多样　在保护区内蕴藏着多种多样的经济植物资源。但最主要的资源利用形式是药用植物，共有259种，占该区总种数的59.54%。其中蕨类植物有10科11属14种，占药用植物总数的5.41%；裸子植物有2科2属2种，占0.77%；被子植物有71科185属243种，占93.82%。另有38种栽培植物也可入药，占全部栽培植物（67种）的56.72%。

4.2.1.6　野生动物资源

（1）动物物种较丰富　保护区的生态环境复杂，森林茂密，孕育了丰富的动物种类。据调查统计，该保护区拥有脊椎动物331种，分隶238属113科45目。此外，还有众多大型底栖动物和昆虫。

①两栖类　有18种，分隶8属5科2目，占该区动物总种数的5.44%；占广东省两栖类总种数（41种）的43.9%；占全国两栖类总种数（295种）的6.1%。

②爬行类　有31种，分隶24属10科3目，占该区动物总种数的9.37%。游蛇科有14种，占该区爬行类总种数的45.2%；占全省爬行类总种数（102种）的30.4%；占全国爬行类总种数（411种）的7.50%。表明了该保护区有较高的生物多样性和物种多样性的特征。

③鸟类　有246种，分隶53科17目，占该区动物总种数的74.32%。其中雀形目（PASSERIFOMES）有19科83种，占该区鸟类总数的33.74%；非雀形目有16目34科163种，占该区鸟类总数的66.26%。

④哺乳类　有19种，分隶13属10科6目，占该区动物总种数的5.74%；占广东省哺乳类总种数（124种）的15.32%；占全国哺乳类总种数（449种）的4.23%。

④鱼类　十分丰富，包括纯淡水鱼类和咸淡水河口鱼类两大类群，共有鱼类100种，分隶于86属43科18目2纲，占该区动物总种数的30.21%。其中纯淡水鱼类有44种，咸淡水河口鱼类有56种，洄游性鱼类7种，其余的为常见的河口或偶尔进入河口的海水鱼类。

⑤大型底栖动物　有164种，隶属6门12纲。种类最多的是软体动物门，俗称“贝类”，共有101种，其中瓣鳃纲77种，为大型底栖动物种类最多的类群；腹足纲有23种，种类键多的大型底栖动物类群还有节肢动物门，共有31种，分别为肢口纲1种、甲壳纲（虾蟹类）25种、昆虫纲（水生昆虫幼虫）4种以及蛛形纲（水生蜘蛛）1种；脊索动物门24种（全为鱼纲），其余3个门种类较少，分别为环节动物门6种（分别为寡毛纲、多毛纲、蛭纲），棘皮动物门2种（海星纲）和腔肠动物门1种（珊瑚虫纲）。

⑥昆虫　有720种，占全省已知昆虫种类的7%～8%。其中黄江公平积水区周围昆虫种类相对丰富，占调查所知种类的90%。而东关联安围、大湖区的种类很少，仅占调查所知种类的30%。

（2）动物区系特征　该保护区在动物地理区划上，属东洋界、中印亚界、华南区、闽广沿海亚区，地形主要为海拔多在500m以下的沿海地带。在保护区内分布的脊椎动物有331种，隶属238属113科45目，区系组成以东洋界华中区为主。在保护区内现已记录的231种陆生脊椎动物中，东洋界种类有115种，占总种数的49.78%；古北界种类64种，占总种数的27.71%；广布种52种，占总种数的22.51%。这与保护区所在的理位置相一致。

（3）珍稀濒危动物较多　以我国1989年公布实施的《国家重点保护野生动物名录》和2001年公布实施的《广东省重点保护陆生野生动物名录》（第一批）为依据，保护区内有保护脊椎动物79种，其中国家Ⅱ级重点保护动物37种，省级重点保护动物42种（表4.5）。

表4.5　海丰鸟类自然保护区的保护动物

序号	种　名	科　名	IUCN濒危等级	保护级别
		哺乳纲 MAMMALIA		
1	水獭 *Lutra lutra*	鼬科 Mustelidae	稀少	Ⅱ
		鸟纲 AVE		
2	卷羽鹈鹕 *Pelecanus crispus*	鹈鹕科 Pelecanidae		Ⅱ
3	海鸬鹚 *Phalacrocorax pelagicus*	鸬鹚科 Phalacrocoracidae		Ⅱ
4	岩鹭 *Egretta sacra*	鹭科 Ardeidae		Ⅱ
5	白琵鹭 *Platalea leucorodia*	鹮科 Threskiornithidae	易危	Ⅱ
6	黑脸琵鹭 *Platalea minor*	鹮科 Threskiornithidae	濒危	Ⅱ
7	小天鹅 *Cygnus columbiannus*	鸭科 Anatidae	易危	Ⅱ
8	鸳鸯 *Aix galericulata*	鸭科 Anatidae	易危	Ⅱ
9	鹗 *Pandion haliaetus*	鹰科 Accipitridae		Ⅱ
10	栗鸢 *Haliastur indus*	鹰科 Accipitridae		Ⅱ
11	黑翅鸢 *Elanus caeruleus*	鹰科 Accipitridae	易危	Ⅱ
12	黑耳鹰 *Accipiter badius*	鹰科 Accipitridae		Ⅱ
13	白头鹞 *Circus aeruginosus*	鹰科 Accipitridae		Ⅱ
14	白尾鹞 *Ciircus cyaneus*	鹰科 Accipitridae		Ⅱ
15	鹊鹞 *Circus melanoleucos*	鹰科 Accipitridae		Ⅱ
16	白腹鹞 *Circus spilonotus*	鹰科 Accipitridae		Ⅱ
17	松雀鹰 *Accipiter virgatus*	鹰科 Accipitridae		Ⅱ
18	苍鹰 *Accipiter gentilis*	鹰科 Accipitridae		Ⅱ
19	普通鵟 *Buteo buteo*	鹰科 Accipitridae		Ⅱ
20	毛脚鵟 *Buteo lagopus*	鹰科 Accipitridae		Ⅱ
21	乌雕 *Aquila cianga*	鹰科 Accipitridae		Ⅱ
22	白腹山雕 *Aquila fasciata*	鹰科 Accipitridae		Ⅱ
23	蛇雕 *Spilornis cheela*	鹰科 Accipitridae	易危	Ⅱ
24	赤腹鹰 *Accipiter soloensis*	鹰科 Accipitridae		Ⅱ
25	游隼 *Falco peregrinus*	隼科 Falconidae		Ⅱ
26	灰背隼 *Falco columbarius*	隼科 Falconidae		Ⅱ
27	红隼 *Falco subbuteo*	隼科 Falconidae		Ⅱ
28	燕隼 *Falco subbuteo*	隼科 Falconidae		Ⅱ
29	白鹇 *Lophura nycthemera*	雉科 Phasianidae		Ⅱ
30	灰鹤 *Grus grus*	鹤科 Gruidae		Ⅱ
31	褐翅鸦鹃 *Centropus sinensis*	杜鹃科 Cuculidae		Ⅱ
32	小鸦鹃 *Centropus toulou*	杜鹃科 Cuculidae		Ⅱ
33	草鸮 *Tyto capensis*	草鸮科 Tytonidae		Ⅱ

（续）

序号	种　名	科　名	IUCN 濒危等级	保护级别
34	短耳鸮 *Asio flammeus*	鸱鸮科 Strigidae		Ⅱ
35	领鸺鹠 *Otus bakkamoena*	鸱鸮科 Strigidae		Ⅱ
36	鹰鸮 *Ninox scutulata*	鸱鸮科 Strigidae		Ⅱ
37	小青脚鹬 *Tringa guttifer*	鹬科 Scolopacidae		Ⅱ
38	凤头䴙䴘 *Podiceps cristatus*	䴙䴘科 Podicipedidae		省级
39	白鹭 *Egretta garzetta*	鹭科 Ardeidae		省级
40	苍鹭 *Ardea cinerea*	鹭科 Ardeidae		省级
41	草鹭 *Ardea purpurea*	鹭科 Ardeidae		省级
42	大白鹭 *Egretta alba*	鹭科 Ardeidae		省级
43	中白鹭 *Egretta intermedia*	鹭科 Ardeidae		省级
44	牛背鹭 *Bubulcus ibis*	鹭科 Ardeidae		省级
45	池鹭 *Ardeola bacchus*	鹭科 Ardeidae		省级
46	绿鹭 *Butorides striatus*	鹭科 Ardeidae		省级
47	夜鹭 *Nycticorax nycticorax*	鹭科 Ardeidae		省级
48	黄斑苇鳽 *Ixobrychus sinensis*	鹭科 Ardeidae		省级
49	栗苇鳽 *Ixobrychus cinnamomeus*	鹭科 Ardeidae		省级
50	黑鳽 *Dupetor flavicollis*	鹭科 Ardeidae		省级
51	大麻鳽 *Botaurus stellaris*	鹭科 Ardeidae		省级
52	豆雁 *Anser fabalis*	鸭科 Anatidae		省级
53	灰雁 *Anser anser*	鸭科 Anatidae		省级
54	董鸡 *Gallicrex cinerea*	秧鸡科 Rallidae		省级
55	黑水鸡 *Gallinula chloropus*	秧鸡科 Rallidae		省级
56	蛎鹬 *Haematopus ostralegus*	蛎鹬科 Haematopodidae		省级
57	中杓鹬 *Numenius phaeopus*	鹬科 Scolopacidae		省级
58	黑翅长脚鹬 *Himantopus himantopus*	反嘴鹬科 Recurvirostridae		省级
59	反嘴鹬 *Recurvirostra avosetta*	反嘴鹬科 Recurvirostridae		省级
60	黑尾鸥 *Larus crassirostris*	鸥科 Laridae		省级
61	银鸥 *Larus argentatus*	鸥科 Laridae		省级
62	红嘴鸥 *Larus ridibundus*	鸥科 Laridae		省级
63	黑嘴鸥 *Larus saundersi*	鸥科 Laridae		省级
64	鸥嘴噪鸥 *Gelochelidon nilotica*	鸥科 Laridae		省级
65	红嘴巨鸥 *Hydroprogne tschegrava*	鸥科 Laridae		省级
66	小凤头燕鸥 *Thalasseus bengalensis*	鸥科 Laridae		省级
67	大凤头燕鸥 *Thalasseus bergii*	鸥科 Laridae		省级
68	黑枕燕鸥 *Sterna sumatrana*	鸥科 Laridae		省级
69	白额燕鸥 *Sterna albifrons*	鸥科 Laridae		省级
70	须浮鸥 *Chlidonias hybrida*	鸥科 Laridae		省级
71	白翅浮鸥 *Chlidonias leucoptera*	鸥科 Laridae		省级
72	粉红燕鸥 *Sterna dougallii*	鸥科 Laridae		省级
73	普通燕鸥 *Sterna hirundo*	鸥科 Laridae		省级
74	褐翅燕鸥 *Sterna anaethetus*	鸥科 Laridae		省级

（续）

序号	种　名	科　名	IUCN 濒危等级	保护级别
75	黑尾蜡嘴雀 *Eophona migratoria*	雀科 Fringillidae		省级
76	黄胸鹀 *Emberiza aureola*	雀科 Fringillidae		省级
		两栖纲 AMPHIBIA		
77	虎纹蛙 *Rana tigrina*	蛙科 Ranidae		Ⅱ
78	棘胸蛙 *Rana spinosa*	蛙科 Ranidae	易危	省级
79	沼蛙 *Rana guentheri*	蛙科 Ranidae	无危	省级

4.2.1.7　湿地资源

根据《湿地公约》分类系统，海丰鸟类自然保护区的湿地，可分为水产养殖（2517.94hm^2）、永久性河流（65.49hm^2）、河口水域（1410.3hm^2）、潮间水沼泽（151.03hm^2）、洪泛平原湿地（21.54hm^2）、淤泥质海滩（1360.58hm^2）、浅海水域（20.0hm^2）、库塘（3039.44hm^2）等8个湿地类型，湿地总面积为8586.32hm^2，占保护区总面积的81.08%。这些不同类型的湿地生态系统支持和庇护着众多迁飞而来的水禽在此栖息、越冬、停留、迁徙和繁殖。其中数量较多主要越冬鸟类有野鸭类、白鹭、夜鹭、椋鸟、鸬鹚、苍鹭等。有47种鸟类被列入《中华人民共和国政府和澳大利亚政府保护候鸟及其栖息环境协定》；107种被列入《中华人民共和国政府和日本国政府保护候鸟及其栖息环境协定》；49种被列入《中美迁徙鸟类名录》。

4.2.2　潮安凤凰山自然保护区

潮安县万峰山林场，从20世纪80年代初开始先后建立了铁路坪、黄竹窝、镰仔倒、冬瓜坪、东坑炉、溜脚、径仔和蝙蝠岩等8个自然保护小区，为建立自然保护区奠定了基础。于1999年12月30日，潮安县人民政府安府函［1999］7号文批准在潮安县万峰山林场建立《潮安万峰山森林生态县级自然保护区》。2000年4月27日，潮州市人民政府潮府函［2000］14号文正式批准《潮安万峰山森林生态县级自然保护区》升格为市级自然保护区。2001年12月31日，广东省人民政府粤办函［2001］740号“关于同意建立清远连山笔架山等4个省级自然保护区的复函”，批准建立潮安凤凰山省级自然保护区。主要保护对象为南亚热带季风常绿阔叶林生态系统和中山天池湿地生态系统。

根据中华人民共和国国家标准《自然保护区类型与级别划分原则》（GB/T14529—93），潮安凤凰山自然保护区属“自然生态系统类别”中的“森林生态系统类型”和“内陆湿地与水域生态系统类型”自然保护区。

4.2.2.1　自然条件

（1）位置范围　潮安凤凰山自然保护区位于广东省东部，潮州市辖潮安县西北部。地理坐标为东经116°33′51″～116°37′36″，北纬23°50′06″～23°54′35″。东北邻潮安县的凤凰镇，东、南临凤南镇，西连赤凤镇，西北接丰顺县的东留镇。南北长约87.5km，东西宽约50km，总面积2812 hm^2。

（2）地质基础　潮安凤凰山自然保护区在地质构造上属新华夏构造的隆起带的东南倾处，处于北东向的钱东大断裂与普宁—潮安大断裂两者之间的次级构造（凤凰圩—三饶断裂）和北西向的康美至乌崠山张扭性断裂的交汇处。据在康美乡南约300m的安凤公路西侧10m处测量为NW50°走向，倾角80°，倾向东南的断裂破碎带。该带宽约15m，内有多次石英脉岩侵入和填充。

岩层为中生代侏罗纪兜岭群中酸性火山岩系和燕山三期花岗岩与后期岩脉入侵和新生代第四纪河流冲积、洪积地层。岩石风化较深，物理风化发育，滑坡、崩塌及冲沟等较为常见。侏罗纪的花岗闪长岩因含黑色矿物多，易风化，风化层厚约6～10m，主要在凤溪水库、凤凰水库及凤凰溪两侧地带。燕山三期花岗岩为黑云母花岗岩，粗粒结构，在凤凰鸟髻、万峰山、乌崠山等广泛出露，大质山还有

花岗斑岩分布

（3）地貌概况 凤凰山为粤东的北东—南西走向山地，位于韩江谷地的东部，大埔山地的南部，是韩江与黄岗河的分水地带。在地质构造上为多次火成岩活动侵入与喷出的隆起山地。主要岩层为燕山期的粗粒及中粒花岗岩，其次为石英斑岩和流纹岩。

潮安凤凰山省级自然保护区，位于凤凰山主峰——凤凰鸟髻（又称大髻峰）南坡。境内三面中山环绕：北部有凤凰鸟髻，海拔1497.3m；东部有万峰山，海拔1316m；西部有天池山，海拔1206.2m；南部边境为低山，其中尖山海拔676.8m，坡度多在35°以上。这些山地的形态特点深受花岗岩岩性与构造的影响，形成尖峰陡壁，海拔800 m以上的山坡一般超过40°。全区地势由北向南倾斜，中山、低山、丘陵和谷地交错分布，海拔高低悬殊，深坑黄竹窝为最低，海拔250 m，凤凰鸟髻为最高，相对高差达1247.3m，这样复杂多变的地形为要求不同生态环境的生物物种生长繁衍提供了有利条件。

（4）气候特点 该保护区属于南亚热带海洋性湿润气候。由于保护区内尚无气象站，据潮州市气象资料：年平均气温21.4℃，1月平均气温13.2℃，极端最低气温为－0.5℃（1967年1月17日），7月平均气温28.3℃，极端最高气温为39.6℃（1962年8月1日）；年降水量1696mm，多集中在4～9月。雨热同期，无霜期长（平均350天），有利植物生长，生物繁衍更迭活跃。但因保护区位于潮州市的西北部山区，其各项气温指标常随海拔高度的升高而降低，比潮州市区要低2～3℃，而雨量则稍高，年降水量多在2119mm以上，多集中在4～9月，占全年降水量的80%。

（5）水文特征 保护区内的主要河流为蝙蝠溪，是由池坑和金湖两溪汇合而成，前者发源于凤凰鸟髻池坑，后者发源于凤凰鸟髻东侧的金湖，均大体自北向南流，至蝙蝠岩汇合后称蝙蝠溪，再向南流至望京坪折向西蜿蜒流出保护区边境，至田螺湖后称田螺湖水，又称峙溪水，经安溪至赤凤注入韩江，是韩江的一级支流。它是发育在花岗岩地质基础上的河流，其流向深受花岗岩裂隙控制，河水的来源主要为雨水，故其水文特点是：流量季节变化明显，雨季流量剧增，水位高涨；旱季流量大减，水位低落，但因森林植被茂密，有花岗岩裂隙的潜水补给，所以流水仍终年不断，据报道全年水力资源总量达4400万m^3，其中可开发的有3200m^3，为水力发电、工农业生产和人们生活用水提供了有利条件。

（6）土壤特征 该保护区的地带性土壤为赤红壤。由于地形的不同，植被分布的差异，再加上成土母质（或母岩）的不同，以及人类生产活动等因素的影响，又形成了不同的土壤类型。其分布规律如下。

①赤红壤 主要分布在海拔650 m以下的丘陵、低山地带，目前是残存次生季风常绿阔叶林、竹林、杂果和薯类的主要产地。

②山地红壤 主要分布在海拔650～800 m之间的低山地带，土层深厚，植物生长良好，目前为次生常绿阔叶林和人工林交错分布地带。

③山黄壤 主要分布在海拔800～1100m之间的中山地带，气温较低，年降水量在2000mm以上，终年多云雾，湿度大，次生常绿阔叶林发育良好，土层深厚，有机质丰富，土壤呈酸性，是驰名中外的“凤凰茶”的主要产地。

④山地灌丛草甸土 主要分布在海拔1100 m以上的山脊和山顶，土地剖面层次不完整，有明显的枯枝落叶和草根盘结的草甸层。

4.2.2.2 功能分区

根据《中华人民共和国自然保护区条例》第十八条“自然保护区可以分为核心区、缓冲区、和实验区”的规定，依据《建立凤凰山省级自然保护区可行性研究》（张金泉，2002），和《潮安凤凰山省级自然保护区总体规划》①，将潮安凤凰山自然保护区分为如下3个功能区。

① 苏树权．潮安凤凰山省级自然保护区总体规划．广东省林业勘测设计院．2002.6.

（1）核心区　位于保护区的西北部、北部和东部，大体分布在黄竹窝、望京坪和礤头以北，外溜头以东、东坑炉以北的山地，具体范围即东北自乌髻顶至无名山海拔1324.2m山坡与凤凰镇为邻，东接无名山山坡，至顶湖山顶与凤南镇接壤，南自黄竹窝后山，经望京坪、蝙蝠溪、虎地头、溜头山与顶湖山相接，西接天池山，至下天池到黄竹窝坑尾，与赤凤镇为界，北界自天池山海拔1206.2m至凤凰乌髻海拔1497.3m与丰顺县为界。面积1422hm^2，占保护区总面积的50.57%。该区具有典型代表性保存较为完好的天然季风常绿阔叶林，珍稀动植物物种多集中分布在这里，又有中山湿地天池，而且山高坡陡，人迹罕至，不良因素的干扰和影响较少。

其主要功能是　保护天然季风常绿阔叶林生态系统和中山天池湿地生态系统。除必需的科学研究人员经有关主管部门批准方可进出外，将实行全封闭管理，严禁狩猎、采挖药材和砍伐林木 。

（2）缓冲区　位于核心区外围的东南、南和西南，面积538hm^2，占保护区总面积的19.13%。其主要功能是对于保护核心区起缓冲作用，确保核心区的天然季风常绿阔叶林生态系统和中山天池湿地生态系统的良性循环。此区将实行半封闭式管理，只许科研人员从事科学研究观测活动，严禁捕猎属于国家和省的重点保护野生动物，不准采挖和砍伐珍稀植物。

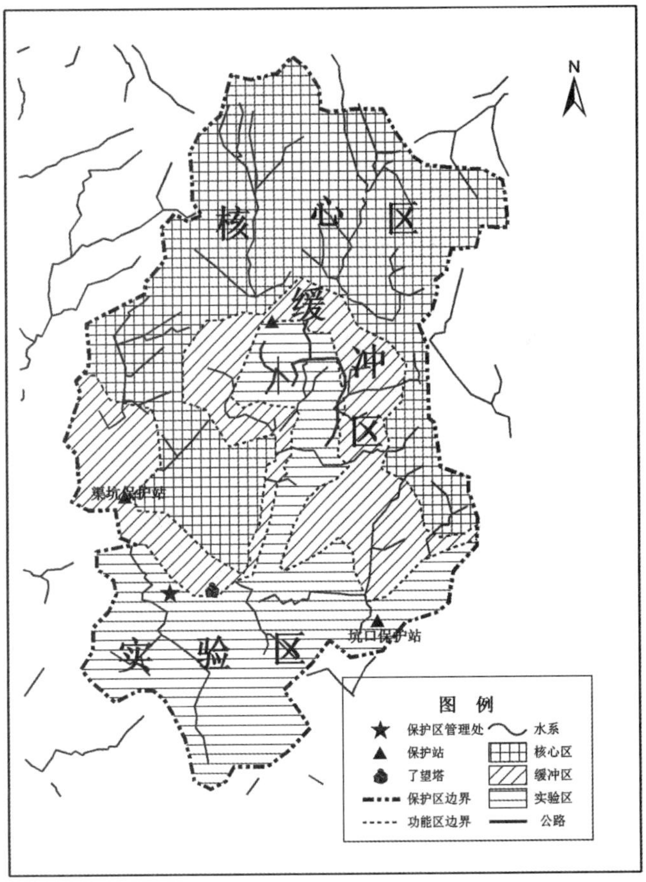

图4.3　潮安凤凰山自然保护区功能分区图

（3）实验区　位于缓冲区外围的保护区中部和南部，面积852hm^2，占保护区总面积30.30%。根据自然资源特点、自然环境条件和科学价值，拟暂规划为以下3个实验小区。

一是中部茶果科学实验小区，位于保护区中部，面积239hm^2，占实验区总面积的28.05%，主要包括茶场、蝙蝠岩、溜脚和冬瓜坪等地。

二是南部速生丰产林实验小区，位于保护区的南部，面积224hm^2，占实验区总面积的26.29%，主要包括铁路坪和坑口等地。

三是西南部生态旅游实验小区，位于保护的西南部，面积389hm^2，占实验区总面积的45.66%，主要包括镰仔倒和望京坪等地，拟建水库一座，既可作为开展生态旅游实验的场地，又可发电（图4.3）。

4.2.2.3　植物区系特点

（1）植物物种较丰富　据调查统计①，该保护区拥有野生维管束植物1268种（包括种下分类单位，下同），隶属670属191科，占广东省野生维管束植物（5933种）的21.37%（叶华谷等，2005）。其中蕨类植物83种，隶属56属33科；裸子植物11种，隶属8属6科；被子植物1174种，隶属606属152科（表4.6）。

此外，尚有栽培植物152种，隶属111属53科。其中裸子植物7种，隶属6属3科；被子植物145种，隶属105属50科（双子叶植物113种田81属39科；单子叶植物32种24属11科）。

① 张金泉．关于建立凤凰山省级自然保护区资源调查报告．潮州市人民政府．2000.9.

表 4.6 潮安凤凰山自然保护区野生维管束植物类群的组成

植物类群		科数	属数	种数
蕨类植物		33	56	83
裸子植物		6	8	11
被子植物	双子叶植物纲	126	492	1000
	单子叶植物纲	26	114	174
合计		191	670	1268

（2）地理成分较复杂

①蕨类植物的地理成分

A. 科的地理分布区类型　根据保护区蕨类植物 33 科的分布类型统计分析如下。

广布科　共有 12 科，占该区总科数的 36.36%。如石杉科、石松科、卷柏科、木贼科、紫萁科、铁线蕨科、蹄盖蕨科、铁角蕨科、水龙骨科、苹科、槐叶苹科、满江红科等。

热带、亚热带分布科　共有 13 科，占该区总科数的 61.90%（扣除广布科 12 科，下同）。如桫椤科、卤蕨科，中国蕨科、水蕨科，以我国华南至西南亚热带为分布中心，也是本保护区蕨类区系的特征成分。另有骨碎补科以亚洲亚热带为主。而以热带为主的有莲座蕨科、海金沙科、膜蕨科、鳞始蕨科 Lindsaeaceae、凤尾蕨科 Pteridaceae、书带蕨科 Vittaceae、金星蕨科 Thelypteridaceae、禾叶蕨科等。

泛热带分布科　共有 7 科，占该区总科数的 33.33%，如槲蕨科以亚洲为主，其他为里白科 Gleicheniaceae、蚌壳蕨科 Dicksoniaceae、蕨科、乌毛蕨科、三叉蕨科 Aspidiaceae、肾蕨科等。

温带至亚热带高山地区分布科　仅有 1 科，占该区总科数的 4.76%，如鳞毛蕨科 Dryopteridaceae。

B. 属的地理分布区类型　根据保护区蕨类植物 56 属的分布类型统计分析如下。

广布属　共有 8 属，占总属数的 14.29%。如石杉属、石松属 *Lycopodium*、卷柏属 *Selaginella*、铁线蕨属 *Adiantum*、铁角蕨属 *Asplenium*、苹属 *Marsilea*、槐叶苹属 *Salvinia*、满江红属 *Azolla* 等。

泛热带分布属　共有 10 属，占该区总属数的 20.83%（扣除广布属 8 属，下同）。如马尾杉属 *Phegmariurus*、蕗蕨属 *Mecodium*、卤蕨属 *Acrostichum*、鳞始蕨属 *Lindsaea*、乌蕨属 *Sphenomeris*、蕨属 *Pteridium*、粉背蕨 *Aleuritopteris*、肾蕨属 *Nephrolepis*、禾叶蕨属 *Grammitis* 等。

热带和亚热带分布属　共有 33 属，占该区总属数的 68.75%。其中热带至亚热带为主，如灯笼草属 *Palhinhaea*、观音莲座属、芒萁属、里白属、海金沙属、凤尾蕨属、碎米蕨属、金粉蕨属、水蕨属、书带蕨属、介蕨属 *Dryoathyrium*、毛蕨属 *Cyclosorus*、假毛蕨属 *Pseudocyclosorus*、新月蕨属 *Pronephrium*、复叶耳蕨属 *Arachniodes*、三叉蕨属 *Tectaria*、实蕨属 *Bolbitis*、刺蕨属 *Egenolfia*、条蕨属、骨碎补属、阴石蕨属、线蕨属、石韦属等。

以亚热带为主的属　与热带至亚热带分布的类型相当，热带亚洲分布的有 9 属，如藤石松属 *Lycopodistrum*、桫椤属、膜蕨属 *Hymenophyllum*、崇澍蕨属、黄腺羽蕨 *Pleocnemia*、雨蕨属 *Gymnogrammitis*、地耳蕨属 *Quercifilix*、星蕨属 *Microsorium*、伏石蕨属 *Lemmaphyllum*、骨牌蕨属 *Lepidogrammitis*、假瘤蕨属 *Phymatopteris*、崖姜蕨属 *Pseudodrynaria* 等；热带亚洲—大洋洲分布 3 属，如乌毛蕨属、苏铁蕨属、槲蕨属；热带亚洲至非洲分布的有 1 属，如瓦韦属 *Lepisorus*；热带亚洲至热带美洲分布有 1 属，如双盖蕨属 *Diplazium*、舌蕨属 *Elaphoglossum*；东亚分布有 1 属，如金毛狗属。

温带、热带分布属　有 2 属，占该区总属数的 4.17%。如紫萁属 *Osmunda*。

温带、亚热带分布属　有 1 属，占该区总属数的 2.08%。如扁枝石松属 *Diphasiastrum*、狗脊属。

温带分布属　有 1 属，占该区总属数的 2.08%。如鳞毛蕨属、贯众属、耳蕨属 *Polystichum* 等。

寒、温带分布属　有 1 属，占该区总属数的 2.08%。如木贼属 *Equisetum*。

②种子植物的地理成分

A. 科的地理分布区类型 按照《世界种子植物科的分布区类型系统》(吴征镒等,2003),对保护区种子植物158科的分布区类型统计分析,除温带亚洲分布、地中海区和西亚至中亚分布、旧世界温带分布、中亚分布及中国特有分布科尚未发外,其余10个分布区类型及变型均有分布。

*1. 广布(世界广布)型 计有44科,占该区总科数的27.85%。如毛茛科、金鱼藻科、十字花科、堇菜科、远志科、景天科、虎耳草科、马齿苋科、蓼科、石竹科、藜科、苋科、酢浆草科、千屈菜科、柳叶菜科、小二仙草科、瑞香科、蔷薇科、蝶形花科、杨梅科、榆科、桑科、鼠李科、伞形科、木犀科、茜草科、菊科、报春花科、桔梗科、龙胆科、车前科、半边莲科、紫草科、茄科、旋花科、玄参科(主产温带)、唇形花科(主产地中海)、水鳖科、泽泻科、眼子菜科、浮萍科、兰科、莎草科(主产温带及寒温带)、禾本科等。

*2. 泛热带(热带广布)型 有52科,占该区总科数的45.61%(扣除广布科47科)。如番荔枝科、樟科、防己科、马兜铃科、落葵科、胡椒科、金粟兰科、白花菜科、凤仙花科、大风子科、天料木科、葫芦科、秋海棠科、茶科、野牡丹科、使君子科、红树科、藤黄科、梧桐科、金虎尾科、锦葵科、大戟科、含羞草科、荨麻科、卫矛科、茶茱萸科、檀香科、葡萄科、芸香科、苦木科、橄榄科、楝科、山柳科、无患子科、漆树科、柿科、山榄科、紫金牛科、马钱科、夹竹桃科、萝藦科、紫葳科、爵床科、鸭跖草科、谷精草科、雨久花科、菝葜科、天南星科、薯蓣科、棕榈科、仙茅科、水玉簪科等。

*2-1. 热带亚洲、大洋洲和热带美洲(南美洲或/和墨西哥)型 有2科,占该区总科数的1.75%。如第伦桃科 Dilleniaceae、山矾科 Smyplocaceae。

*2-2. 热带亚洲—热带非洲—热带美洲(南美洲)型 有4科,占该区总科数的3.51%。如买麻藤科 Gnetaceae、椴树科 Tiliaceae、苏木科 Caesalpiniaceae、鸢尾科 Iridaceae。

*2S. 以南半球为主的泛热带型 有6科,占该区总科数的5.26%。如罗汉松科、商陆科 Phytolaccaceae、山龙眼科、桃金娘科、桑寄生科 Loranthaceae、石蒜科 Amaryllidaceae 等。

*3. 东亚(热带、亚热带)及热带南美间断型 有11科,占该区总科数的9.65%。如杉科、木通科、水东哥科、杜英科、冬青科、省沽油科、五加科、安息香科、苦苣苔科、马鞭草科、龙舌兰科等。

*4. 旧世界热带型 有4科,占该区总科数的3.51%。如海桐花科 Pittosporaceae、八角枫科 Alangiaceae、芭蕉科 Musaceae、露兜树科 Pandanaceae。

*5. 热带亚洲至热带大洋洲型 有3科,占该区总科数的2.63%。如交让木科 Daphniphyllaceae、姜科 Zingiberaceae、百部科 Stemonaceae。

*6. 热带亚洲至热带非洲型 仅有1科,占该区总科数的0.88%。如杜鹃花科 Ericaceae。

*7. 热带亚洲(即热带东南亚至印度—马来,太平洋诸岛)型 有1科,占该区总科数的0.88%。如牛栓藤科 Connaraceae。

*7-4. 越南(或中南半岛)至华南或西南)分布型 有2科,占该区总科数的1.75%。如大血藤科 Sargentodoxaceae、清风藤科 Sabiaceae。

*8. 北温带型 有7科,占该区总科数的6.14%。如松科 Pinaceae、金丝桃科 Hypericaceae、山茱萸科 Cornaceae、忍冬科 Caprifoliaceae、列当科 Orobanchaceae、延龄草科 Trilliaceae、百合科 Liliaceae。

*8-4 北温带和南温带间断分布型 有11科,占该区总科数的7.14%。如红豆杉科、茅膏菜科、紫堇科、绣球花科、金缕梅科、黄杨科、壳斗科、胡颓子科、槭树科、胡桃科、灯心草科等。

*8-5 欧亚和南美洲温带间断型 有1科,占该区总科数的0.88%。如小檗科 Berberidaceae。

*9. 东亚及北美洲间断型 有7科,占该区总科数的6.14%。如木兰科、八角科 Illiciaceae、五味子科、三白草科 Saururaceae、鼠刺科 Escalloniaceae、蜡梅科、珙桐科 Nyssaceae。

*14. 东亚型 有2科,占该区总科数的1.3%。如三尖杉科、猕猴桃科。

从上所述可以看出，泛热带分布有 64 科，占该区总科数的 56. 14%（扣除广布型 44 科，下同）；北温带分布有 18 科，占该区总科数的 15. 79%；东亚（热带、亚热带）及热带南美间断型有 11 科，占该区 9. 65%。其余分布所含科数均在 6. 14% 以下，不占重要地位；特别是中国特有科等 5 科分布缺如，表明该自然保护区植物区系在科级水平上以泛热带分布成分为主，兼有一定数量的北温带成分。

B. 属的地理分布区类型　根据保护区种子植物 614 属的分布类型，按照《中国种子植物属的分布区类型》（吴征镒，1991）统计分析，除地中海区、西亚至中亚分布及其变型和中亚分布区类型及其变型尚未发现外，其他 13 个分布区类型变型均有分布（表 4. 7）。

表 4. 7　潮安凤凰山自然保护区种子植物属的分布区类型

分布区类型及变型	属数	占总属数（%）
1. 广布分布	45	扣除
2. 泛热带分布	152	26. 71
2 - 1 热带亚洲、大洋洲和南美洲间断分布	5	0. 88
2 - 2 热带亚洲、非洲和南美洲间断分布	8	1. 41
3. 热带亚洲和热带美洲间断分布	26	4. 57
4. 旧世界热带分布	57	10. 02
4 - 1 热带亚洲、非洲和大洋洲间断分布	5	0. 88
5. 热带亚洲至热带大洋洲分布	44	7. 73
5 - 1 中国（西南）亚热带和新西兰间断分布	0	0
6. 热带亚洲至热带非洲分布	29	5. 10
6 - 1 华南、西南到印度和热带非洲间断	1	0. 16
6 - 2 热带亚洲和东非间断	3	0. 53
7. 热带亚洲（印度—马来西亚）分布	75	13. 18
7 - 1 爪哇、喜马拉雅和华南、西南星散分布	8	1. 41
7 - 2 热带印度至华南分布	2	0. 35
7 - 3 缅甸、泰国至华西南分布	1	0. 16
7 - 4 越南（或中南半岛）至华南（或西南）分布	5	0. 88
8. 北温带分布	41	7. 21
8 - 1 环极分布	1	0. 16
8 - 2 北极高山分布	0	0
8 - 3 北极—阿尔泰和北美洲间断分布	0	0
8 - 4 北温带和南温带（全温带）间断分布	6	1. 05
8 - 5 欧亚和南美洲温带间断分布	0	0
8 - 6 地中海区、东亚、新西兰和墨西哥到智利间断	0	0
9. 东亚和北美洲间断分布	30	5. 27
9 - 1 东亚和墨西哥间断	0	0
10. 旧世界温带分布	12	2. 11
10 - 1 地中海区、西亚和东亚间断分布	2	0. 35
10 - 2 地中海和喜马拉雅间断分布	0	0
10 - 3 欧亚和南非洲（有时也在大洋洲）间断	3	0. 53
11. 温带亚洲分布	2	0. 35
12. 地中海区、西亚至中亚分布	0	0
12 - 1 地中海区至中亚和南非洲、大洋洲间断	0	0

（续）

分布区类型及变型	属数	占总属数（%）
12－2 地中海区至中亚和墨西哥间断	0	0
12－3 地中海区至温带、热带亚洲，大洋洲和南美洲间断	0	0
12－4 地中海区至热带非洲和喜马拉雅间断	0	0
12－5 地中海区—北非洲、中亚、北美西南部，智利和大洋洲（泛地中海）间断分布	0	0
13. 中亚分布	0	0
13－1 中亚东部（亚洲中部）	0	0
13－2 中亚至喜马拉雅	0	0
13－3 西亚至喜马拉雅和西藏	0	0
12－4 地中海区至热带非洲和喜马拉雅间断	0	0
14. 东亚分布	25	4.39
14－1 中国—喜马拉雅（SH）	7	1.23
14－2 中国—日本（SJ）	13	2.28
15. 中国特有分布	6	1.05
合计	614	100

从上表可以看出，保护区内属的地理成分是以热带成分占优势，从2～7各类热带成分共有421属，占总属数（扣除广布属45属，以下同）的73.99%。温带成分从8～12共有97属，占总属数的17.05%。东亚分布有45属，占总属数的7.91%。中国特有分布的6属，占1.05%。

4.2.2.4　植被类型

该保护区的地带性植被类型为季风常绿阔叶林。因长期遭受人类活动的影响，原始森林植被虽已破坏殆尽，但由于地形复杂，土壤类型不同，生态环境差异，以及近十多年来加强了封山育林，又形成和恢复了不同的植被类型。主要有如下7种类型。

（1）针叶林　主要分布在海拔600m以下的低山、丘陵坡地，均为人工栽培的杉木（Form *Cunninghamia lanceolata*）林和马尾松（Form *Pinus massoniana*）林。

（2）季风常绿阔叶林　主要分布在海拔600m以下的丘陵、低山上，目前这类森林只有零星残存，主要由樟科、山茶科、壳斗科、含羞科、大戟科、桑科、桃金娘科等的植物种类组成，而大面积的山坡均为人工 林，以及橄榄 *Canarium album*、桃 *Amygdalus persica*、李 *Prunus salicina*、梅 *Armeniaca mume*、菠萝 *Ananas comosus* 等果树。

（3）山地季风常绿阔叶林　主要分布在海拔600～1000m之间的山地上，目前这类森林多为次生林，主要由樟科、壳斗科、木兰科、金缕梅科、安息香科等的植物种类组成。

（4）竹林　主要为毛竹林（Form *Phyllostachys heterocycla* cv. Pubescens），它是单轴型散生竹种，主要分布于村落附近和小溪边，多为人工栽培。

（5）针、阔叶混交林　主要分布在海拔1000～1200m之间的山地上，多由红豆杉科、茶科、五列木科等的植物种类组成。

（6）山顶常绿阔叶矮林　主要分布在海拔1200m以上的山顶、山脊上，由于常风大，常有云雾笼罩，土层浅薄，故树木分枝多而低矮。多由山茶科、樟科、山矾科等的植物种类组成。

（7）灌丛草坡　主要分布在森林砍伐后的荒坡，形成以芒萁、芒等占优势种的灌丛草坡。

4.2.2.5　森林资源

据森林资源调查，在保护区2812hm^2总面积中，林业用地面积2711.9hm^2，占总面积的96.44%，非林业用地面积 100.1hm^2，占总面积的 3.56%。在林业用地中有常绿阔叶林面积 1663.2 hm^2，占林业用地总面积的 61.33%；常绿针叶（杉木、马尾松）林面积 523.2hm^2，占 19.29%；灌木林（含山顶矮林）面积 350.4hm^2，占 12.92%；毛竹林面积 95.4hm^2，占 3.52%；经济（茶、果）林面积 79.7hm^2，占 2.94%。以活立木蓄积量而论，已达 50 000m^3。森林覆盖率为 84.9%。建立省级自然保护区后，其森林资源还会逐渐提高。

4.2.2.6 野生植物资源

（1）珍稀濒危保护植物繁多　根据 1984 年国家环境保护委员会公布的《中国珍稀濒危保护植物名录》和 1999 年国务院批准公布的《国家重点保护野生植物名录（第一批）》所列种类统计，保护区内共有国家重点保护野生植物 15 科 16 属 19 种。其中蕨类植物 3 科 3 属 3 种，裸子植物 3 科 4 属 4 种，被子植物 9 科 9 属 12 种；国家Ⅰ级重点保护野生植物 2 种，国家Ⅱ级重点保护野生植物 9 种，国家Ⅲ级重点保护野生植物种 6 种，省级重点保护野生植物 2 种（表 4.8）。

表 4.8　潮安凤凰山自然保护区的保护植物

序号	种名	科名	IUCN 濒危等级	保护级别
1	南方红豆杉 *Taxus wallichiana* var. *mairei*	红豆杉科 Taxaceae	濒危	Ⅰ
2	异形玉叶金花 *Mussaenda anomala*	茜草科 Rubiaceae	濒危	Ⅰ
3	金毛狗 *Cibotium barometz*	蚌壳蕨科 Dicksoniaceae	渐危	Ⅱ
4	桫椤 *Alsophila spinulosa*	桫椤科 Cyatheaceae	渐危	Ⅱ
5	苏铁蕨 *Brainea insignis*	乌毛蕨科 Blechnaceae	濒危	Ⅱ
6	樟树 *Cinnamomum camphora*	樟科 Lauraceae	渐危	Ⅱ
7	油樟 *C. longepaniculatum*	樟科 Lauraceae	渐危	Ⅱ
8	大苞白山茶 *Camellia granthamiana*	山茶科 Theaceae	渐危	Ⅱ
9	野茶树 *C. sinensis* var. *assamica*	山茶科 Theaceae	稀有	Ⅱ
10	红椿（红楝子）*Toona ciliata*	楝科 Meliaceae	渐危	Ⅱ
11	喜树 *Camptotheca acuminata*	珙桐科 Nyssaceae	渐危	Ⅱ
12	陆均松 *Dacrydium pierrei*	罗汉松科 Podocarpaceae	稀有	Ⅲ
13	穗花杉 *Amentotaxus argotaenia*	红豆杉科 Taxaceae	濒危	Ⅲ
14	沉水樟 *Cinnamomum micranthum*	樟科 Lauraceae	渐危	Ⅲ
15	吊皮锥 *Castanopsis kawakamii*	壳斗科 Fegaceae	渐危	Ⅲ
16	白桂木 *Artocarpus hypargyreus*	桑科 Moraceae	渐危	Ⅲ
17	巴戟 *Morinda officinalis*	茜草科 Rubiaceae	稀有	Ⅲ
18	三尖杉 *Cephalotaxus fortunei*	三尖杉科 Cephalotaxaceae	稀有	省级
19	秀丽锥 *Castanopsis jucunda*	壳斗科 Fegaceae	稀有	省级

注：兰科植物 16 属 45 种，全部为《濒危野生动植物种国际贸易公约》附录Ⅱ物种。

（2）经济植物多样　在保护区内蕴藏着多种多样的经济植物资源。根据调查统计，该保护区有野生维管束植物 1268 种。

①药用植物　比较重要的有卷柏、海金沙、金毛狗、乌毛蕨、三尖杉、黑老虎 *Kadsura coccinea*、异叶南五味子 *Kadsura heteroclita*、南五味子 *K. longipedunculata*、威灵仙 *Clematis chinensis*、山木通、黄连、阔叶十大功劳 *Mahonia bealei*、蕺菜（鱼腥草）、火炭母 *Polygonum chinense*、地锦罗 *Drosera burmanni*、商陆、山蒟 *Piper hancei*、了哥王、金锦香 *Osbeckia chinensis*、翻白叶树 *Pterospermum heterophyllum*、龙芽草 *Agrimonia pilosa*、金樱子 *Rosa laevigata*、望江南 *Cassia occidentalis*、广东金钱草 *Desmodium styracifolium*、绿花崖豆藤 *Millettia championi*、葛 *Pueraria lobata*、鸡骨香 *Croton crassifolius*、刚毛白簕 *Eleutherococcus setosus*、白簕花 *E. trifoliatus*、三脉马钱 *Strychnos cathayensis*、女贞、梅叶冬青、毛冬青、广东

蛇葡萄、板蓝（马蓝）、华南忍冬（山银花）*Lonicera confusa*、接骨草 *Sambucus chinensis*、钩藤、巴戟、鸡矢藤、车前、韩信草、八角枫、草珊瑚、枇杷、栀子、益母草 *Leonurus artemisia*、白花地胆草 *Elephantopus tomentosus*、谷精草 *Eriocaulon buergerianum*、红豆蔻 *Alpinia galanga*、艳山姜 *A. zerumbet*、萱草 *Hemerocallis fulya*、山麦冬 *Liriope spicata*、土茯苓、黑紫藜芦 *Veratrum japonicum*、射干 *Belameanda chinensis*、七叶一枝花 *Paris polyphylla*、广东万年青 *Aglaonema modestum*、海芋、千年健 *Homalomena occulta*、犁头尖 *Typhonium blumei*、石斛 *Dendrobium nobile*、石仙桃 *Pholidota chinensis*、绶草 *Spiranthes sinensis*、淡竹叶等64种，占潮安凤凰山植物总数的5.05%。

②用材植物　主要有杉木、马尾松、三尖杉、南方红豆杉、木连、樟树、黄樟、阴香、沉水樟、华润楠、锥栗、黧蒴、南岭栲、红锥、柯、八角枫、木荷、山杜英、中华杜英、蕈树 *Altingia chinensis*、细柄蕈树 *A. gracilipes*、海南蕈树 *A. obovata*、大果马蹄荷 *Exbucklandia tonkinensis*、油桐、木油桐、山乌桕、乌桕、猴耳环、白桂木、苦木、苦楝、红椿（红楝子）、香椿、南酸枣、黄杞等90种，占保护区植物总数的7.1%。

③野生水果植物　有紫玉盘 *Uvaria macrophylla*、杨梅 *Myrica rubra*、毛花猕猴桃 *Actinidia eriantha*、黄花猕猴桃 *A. fulvicoma*、阔叶猕猴桃 *A. latifolia*、豆梨 *Pyrus calleryana*、锥栗、南岭栲、吊皮锥、卵叶玉盘柯 *Lithocapus uvariifolius*、多花山竹子 *Garcinia multiflora*、岭南山竹子 *G. oblongifolia*、桃金娘、白桂木、桑、山桔、枳椇、蔓胡颓子和油柿等25种，占保护区植物总数的1.97%。

④观赏植物　有肾蕨 *Nephrolepis cordifolia*、假鹰爪、紫薇、木莲、华丽杜鹃 *Rhododendron farrerae*、满山红、映山红、桃金娘、野牡丹、建兰等100多种，占保护区植物总数的7.89%以上。

⑤纤维植物　有小叶买麻藤、构树、苎麻、大血藤、白背叶 *Mallotus apelta*、地桃花 *Urena lobata*、白瑞香 *Daphne papyracea*、了哥王、蔓胡颓子、小蜡、钩藤、葛、刺蒴麻 *Triumfetta rhomboidea*、山芝麻、黄葵 *Abelmoschus moschatus*、朴树、棕榈、灯心草、黑莎草、毛竹、丝茅、芒、五节芒等40种，占保护区植物总数的3.15%。

⑥淀粉植物　有蕨、福建观音座莲、金毛狗、狗脊、槲蕨、壳斗科26种植物、杨梅、金樱子、豆梨、南酸枣、葛、薜荔 *Ficus pumila*、土茯苓、日本薯蓣、白蔹、毛花猕猴桃、黄花猕猴桃、阔叶猕猴桃、光头芒 *Echinochloa colonum* 等65种，占保护区植物总数的5.13%。

⑦油脂植物　有三尖杉、南方红豆杉、杉木、樟树、香叶树 *Lindera communis*、红楠 *Machilus thunbergii*、鸭公树 *Neolitsea chuii*、檫木 *Sassfras tzumu*、野茶树、野木瓜 *Stauntonia chinensis*、多花山竹子、牛耳枫 *Daphniphyllum calycinum*、交让木 *D. macropodium*、脉叶虎皮楠 *D. paxianum*、构树、香椿、赛山梅 *Styrax confusus*、栓叶安息香 *S. suberifolius*、白檀 *Symplocos paniculata*、苦楝、巴豆 *Croton tiglium*、白背叶、油茶、算盘子 *Glochidion puberum*、油桐、木油桐、粗糠柴 *Mallotus philippens*、野漆树、盐肤木、山乌桕、铁冬青、朱砂根、南酸枣、苍耳、黑莎草等52种，占保护区植物总数的4.1%。

⑧鞣料植物　有南方红豆杉、虎杖 *Polygonum cuspidatum*、木油桐、盐肤木、杨梅、厚皮香、锥栗、黧蒴、南岭拷、红锥、金樱子、小果蔷薇、龙须藤 *Bauhinia championii*、藤黄檀 *Dalbergia hancei*、苦楝、南酸枣、野漆树、中华杜英、山杜英、桃金娘、构树、枫香树、常春藤、刺楸、油柿、鲤肠、薯莨、菝葜等44种，占保护区植物总数的3.47%。

⑨芳香植物　有马尾松、杉木、瓜馥木 *Fissistigma oldhamii*、樟树、黄樟、阴香、香叶树、岗松、枫香树、栀子、小蜡、草珊瑚、黄荆、黄葵、藿香 *Agastache rugosa*、黄花蒿 *Artemisia annua*、茵陈蒿 *A. capillaris*、野菊、香附子 *Cyperus rotundus* 等24种，占保护区植物总数的1.89%；

⑩树脂树胶植物　主要有马尾松、香椿、枫香树、野漆树、毛花猕猴桃、黄花猕猴桃、阔叶猕猴桃、魔芋 *Amorphophallus rivieri* 等11种，占保护区植物总数的0.87%。

此外还有保健饮料植物，主要有杨梅、桃金娘、金樱子、野山楂、南酸枣、油柿、毛花猕猴桃、黄花猕猴桃、阔叶猕猴桃、油柿、多花山竹子、山莓 *Rubus corchorifolius*、高粱泡、茅莓、小果葡萄、东南葡萄、蔓胡颓子等21种，占保护区植物总数的1.66%。

4.2.2.7 野生动物资源

（1）动物物种较丰富　由于该保护区的生态环境复杂，森林茂密，孕育了丰富的动物种类。据调查统计①，该保护区拥有陆栖脊椎动物225种，隶属72科27目。

①两栖类　有19种，隶属6科2目，占该区动物总种数的8.44%。无尾目（SALIENTIA）有5科17种，占该区两栖动物总种数的89.47%；有尾目（CAUDATA）有1科2种，占总数的10.53%。

②爬行类　有37种，隶属9科3目，占该区动物总种数的16.44%。蛇目（SERPENTES）有5科24种，占该区爬行动物总数的64.86%；蜥蜴目（LACERTILI）有3科7种，占该区爬行动物总数的18.92%；龟鳖目（TESTUDINATA）有1科6种，占该区爬行动物总数的13.51%。

③鸟类　有130种，隶属37科14目，占该区动物总种数的57.78%。雀形目（PASSERIFOMES）有20科72种，占该区鸟类总数的55.38%；隼形目（FALCONIFOEMES）有2科11种，占该区鸟类总数的8.46%；鹃形目（CUCULIFORMES）有1科9种，占该区鸟类总数的6.92%；鸮形目（STRIGFORMES）有2科7种，占该区鸟类总数的5.38%；鴷形目（PICIFORMES）有2科6种，占该区鸟类总数的4.62%；佛法僧目（CORACIIFORMES）有3科5种，占该区鸟类总数的3.85%；鸡形目（GALLIFORMES）有1科5种，占该区鸟类总数的3.85%；鹳形目（CICONIIFORMES）有1科5种，占该区鸟类总数的3.85%；鹤形目（GRUIFORMES）有1科3种，占该区鸟类总数的2.31%；鸽型目（COLUMBIFORMES）有1科2种，占该区鸟类总数的1.54%；雨燕目（APODIFORMES）有1科2种，占该区鸟类总数的1.54%；䴙䴘目（PODICIPEDIFORMES）、鹈形目（PELECANFORMES）、雁形目（ANSERIFOMES）各有1科1种，分别占该区鸟类总数的0.77%。

④哺乳类　有37种，隶属16科7目，占该区动物总种数的16.44%；占广东省哺乳类总数（124种）的29.84%；占全国哺乳类（449种）总数的8.24%。食肉目（CARNIVORA）有4科12种，占该区哺乳类总数的32.43%；啮齿目（RODENTIA）有4科12种，占该区哺乳类总数的32.43%；偶蹄目（ARIODACTYLA）有3科7种，占该区哺乳类总数的18.92%；食虫目（INSECTVORA）有2科2种，占该区哺乳类总数的5.41%；翼手目（CHIROPTERAS）有2科2种，占该区哺乳类总数的5.41%；鳞甲目（PHOLIDOTA）有1科1种，占该区哺乳类总数的2.7%；兔形目（LAGOMORPHA）有1科1种，占该区哺乳类总数的2.7%。

（2）珍稀濒危动物较多　以我国1989年公布实施的《国家重点保护野生动物名录》和2001年公布实施的《广东省重点保护陆生野生动物名录》（第一批）为依据，该保护区拥有保护脊椎动物43种。其中国家Ⅰ级重点保护动物3种，国家Ⅱ级重点保护动物29种，省级重点保护动物11种（表4.9）。

表4.9　潮安凤凰山自然保护区的保护动物

序号	种　名	科　名	IUCN濒危等级	保护级别
		哺乳纲 MAMMALIA		
1	云豹 *Neofelis nebulosa*	猫科 Felidae	濒危	Ⅰ
2	豹 *Panthera pardus*	猫科 Felidae	濒危	Ⅰ
3	穿山甲 *Manis pentadactyla*	鲮鲤科 Manidae	濒危	Ⅱ
4	小灵猫 *Viverricula indica*	灵猫科 Viverridae	易危	Ⅱ
5	斑林狸 *Prionodon pardicolor*	灵猫科 Viverridae	易危	Ⅱ
6	水鹿 *Cervus unicolor*	鹿科 Cervidae	易危	Ⅱ
7	林麝 *Moschus berezovskii*	麝科 Moschidae	易危	Ⅱ

① 常弘编．关于建立凤凰山省级自然保护区野生动物资源调查报告．中山大学生命科学学院．2000.9.

（续）

序号	种　名	科　名	IUCN 濒危等级	保护级别
8	鬣羚 *Capricornis sumatraensis*	牛科 Bovidae	易危	Ⅱ
9	小麂 *Muntiacus reevesi*	鹿科 Cervidae	易危	省级
10	豹猫 *Felis bengalensis*	猫科 Felidae	易危	省级
11	豪猪 *Hystrix hodgsoni*	豪猪科 Hystricidae		省级
		鸟纲 AVES		
12	凤头鹃隼 *Aviceda leuphotes*	鹰科 Accipitridae		Ⅱ
13	鸢 *Milvus korschun*	鹰科 Accipitridae		Ⅱ
14	苍鹰 *Accipiter gentilis*	鹰科 Accipitridae		Ⅱ
15	赤腹鹰 *Accipiter soloensis*	鹰科 Accipitridae		Ⅱ
16	凤头鹰 *Accipiter trivirgatus*	鹰科 Accipitridae		Ⅱ
17	雀鹰 *Accipiter nisus*	鹰科 Accipitridae		Ⅱ
18	松雀鹰 *Accipiter virgatus*	鹰科 Accipitridae	易危	Ⅱ
19	蛇雕 *Spilornis cheela*	鹰科 Accipitridae	易危	Ⅱ
20	普通鵟 *Buteo buteo*	鹰科 Accipitridae		Ⅱ
21	游隼 *Falco peregrinus*	隼科 Falconidae	易危	Ⅱ
22	红隼 *Falco subbuteo*	隼科 Falconidae	易危	Ⅱ
23	白鹇 *Lophura nycthemera*	雉科 Phasianidae	易危	Ⅱ
24	褐翅鸦鹃 *Centropus sinensis*	杜鹃科 Cuculidae	易危	Ⅱ
25	小鸦鹃 *Centropus toulou*	杜鹃科 Cuculidae	易危	Ⅱ
26	草鸮 *Tyto capensis*	草鸮科 Tytonidae	易危	Ⅱ
27	红角鸮 *Otus scops*	鸱鸮科 Strigidae		Ⅱ
28	领角鸮 *Otus bakkamoena*	鸱鸮科 Strigidae		Ⅱ
29	领鸺鹠 *Glaucidium brodiei*	鸱鸮科 Strigidae		Ⅱ
30	斑头鸺鹠 *Glaucidium cuculoides*	鸱鸮科 Strigidae	易危	Ⅱ
31	鹰鸮 *Ninox scutulata*	鸱鸮科 Strigidae		Ⅱ
32	长耳鸮 *Asio otus*	鸱鸮科 Strigidae		Ⅱ
33	白鹭 *Egretta garzetta*	鹭科 Ardeidae		省级
34	牛背鹭 *Bubulcus ibis*	鹭科 Ardeidae		省级
35	绿鹭 *Butorides striatus*	鹭科 Ardeidae		省级
36	栗苇鳽 *Ixobrychus cinnamomeus*	鹭科 Ardeidae		省级
37	红嘴相思鸟 *Leiothrix lutea*	画眉科 Timaliidae		省级
		爬行纲 REPTILIA		
38	蚺（蟒） *Python molurus*	蟒科 Boidae	濒危	Ⅰ
39	三线闭壳龟 *Cuora trifasciata*	龟科 Testudidae	濒危	Ⅱ
40	平胸龟 *Platysternon megacephalum*	龟科 Testudidae	濒危	省级
		两栖纲 AMPHIBIA		
41	虎纹蛙 *Rana tigrina*	蛙科 Ranidae	易危	Ⅱ
42	棘胸蛙 *Rana spinosa*	蛙科 Ranidae	易危	省级
43	沼蛙 *Rana guentheri*	蛙科 Ranidae	无危	省级

（3）经济动物多样　该保护区的野生经济动物资源也比较丰富。

①哺乳类　有野猪、果子狸、鼬獾、狗獾、猪獾、黄鼬、黄腹鼬 *M. kathiah*、华南兔、银星竹鼠、

赤麂、毛冠鹿、貉、隐纹花松鼠 *Tamiops swinhoei*、果蝠 *Rousettus leschenaulti*、普通伏翼 *Pipistrellus abramus*、穿山甲、林麝等。

②鸟类　有小䴙䴘、绿翅鸭、鹧鸪、鹌鹑、灰胸竹鸡 *Bambusicola thoracica*、雉鸡、山斑鸠、珠颈斑鸠、翠鸟 *Alcedo attihis*、八哥 *Acridotheres cristatellus*、画眉、麻雀 *Passer montanus*、黄喉鹀 *Emberiza elegans* 等。

③两栖类　有黑眶蟾蜍 *Bufo melanostictus*。

④爬行类　有乌龟、黄喉水龟 *Clemmys mutica*、变色树蜥 *Calotes versicolor*、王锦蛇、三索锦蛇、黑眉锦蛇、灰鼠蛇、滑鼠蛇、中国水蛇 *Enhydris chinensis*、金环蛇、银环蛇、乌游蛇 *Natrix p. percarinata*、眼镜蛇、眼镜王蛇、五步蛇 *Agkistrodon acutus*、烙铁头 *Trimeresurus mucrosquamatus* 等。

4.2.2.8　景观资源

（1）自然景观　凤凰山自然保护区的景观资源比较丰富，主要有如下几类。

①凤凰乌髻巍峨　位居保护区的北部，凤凰乌髻又称大髻峰，是凤凰山的主峰，海拔 1497.3m，为粤东潮州最高峰，因最高处两峰相连，形似凤凰头，凤凰山因此而得名。凤凰乌髻，嵯峨郁拔，势凌霄汉，云雾缭绕，景色万千。晴天登髻南望，群山俯首，潮州景色尽收眼底。

②天池　凤凰山的天池有两处，一是在凤凰镇乌崠山海拔 1391.1m 的天池，称为上天池，由古火山口形成，面积 0.05hm^2，蓄水 12 万 m^3；二是位居保护区西北部的天池山（海拔 1206m）南侧海拔 1015m 的天池，又称下天池，面积约 0.01hm^2，常年泉水喷涌，聚成一个碧波荡漾的天上湖，景色迷人。

③蝙蝠岩坑仙境　在凤凰乌髻南坡的蝙蝠岩坑，景象万千。花岗岩石蛋景观遍布，怪石嶙峋，有些形似蝙蝠展翅，有的形如天狗咬日。位于礤头（东经 116°31′05″，北纬 23°52′55″，）的巨型花岗岩石蛋，高 5m，长达 100m，宽约 10m 多。岩洞多处相通，有的称“迷魂洞 ”，有的叫“一线 天 ”。其中蝙蝠岩深 13.5m，宽 12 m，高 2.3 ~ 2.6m，的确有蝙蝠出没。发源于凤凰乌髻的条条溪流，沿着纵横交错的沟谷奔流，积水成潭，或形成瀑布 。总之，蝙蝠岩坑森林茂密，处处是景，颇似仙境 。

④森林景观优美　凤凰山自然保护区几乎全被森林植被所覆盖，其覆盖率已达 84.9%，在这一望无际的林海中，既有大面积的自然常绿阔叶林，又有林相整齐、树形优美的人工针叶林，漫步林间，令人心旷神怡。

⑤古树参天奇观 古树一般是指百年以上的大树。据初步调查，保护区内的古树有 18 种，主要有：吊皮锥，位于镰仔倒村，是由两株树生长在一起，冠幅 15m × 15m，其中最大一株树高 18m、胸径 103cm；另一株树高 16m，胸径 60cm，树龄在 120 年以上，甚壮观。山牡荆 *Vitex quinata*，位于溜脚村边的小溪附近，树高 14m，胸径 97cm，冠幅 12 m × 12 m，实属罕见。大叶青冈 *Cyclobalanopsis jenseniana*，位于冬瓜坪村前的小溪岸边，树高 12 m，胸径 82 cm，冠幅 11m × 11m，在 1.6m 高处主干分 2 叉。由于西北和东南两侧的树冠每年轮换萌发新梢，因此远处观望树冠呈现出一侧为浅绿色，另一侧深绿色，形成鲜明对比，故有“阴阳树”之称，实属奇观。

（2）人文景观　该保护区的人文景观资源较为贫乏。

①革命的老区　保护区内，在解放战争时期曾是 1949 年 5 月在凤凰山成立中国人民解放军闽粤赣边纵队第四支队，第 11 团的驻地。

②白莲教遗址　位于保护区东北的黄土岩。

③畲族风情　畲族是聚居在凤凰山山区的少数民族，有自已的民族语言，属汉藏语系，是一种超地域而又具一定地方特点的客家话和广州话音；无民族文字，通用汉语。有自已的民族风情。

4.2.3　陆河南万红锥林自然保护区

为了保护好我国面积最大、分布最集中、保护完好、原生性强的陆河南万红锥 *Castanopsis hystrix* 林，早在 1994 年，陆河南万红锥林就被列入省级自然保护区规划。1998 年以来，陆河县人民政府投入大量人力、物力，抽调专业枝术人员组成调查队，对拟建红锥天然林保护区内的自然资源进行了初步调查。2001 年 10 月 30 日，广东省人民政府粤办函［2000］636 号文《关于同意建立江门古兜山等 7 个省级自然保护区的复函》中，批准建立陆河南万红锥林省级自然保护区。主要保对象为红锥林生态系统、国家重点保护珍稀濒危动植物资源及其环境。

根据中华人民共和国国家标准《自然保护区类型与级别划分原则》（GB/T14529—93），陆河南万红锥林自然保护区属“野生生物类别”中的“野生植物类型”自然保护区。

4.2.3.1　自然条件

（1）位置范围　陆河南万红锥林自然保护区位于粤东汕尾市辖陆河县西北部的南万镇境内。地理坐标为东经 115°29′52″ ~ 115°25′10″，北纬 23°20′35″ ~ 23°21′39″。四周均为南万镇。保护区东西宽约 9.7km，南北长约 6.4，总面积 2486hm^2（不含区内南告水库水面面积）。

（2）地质基础　陆河南万地处莲花山脉南麓，属新华夏和东西构造运动而形成。侏罗纪以前，地层尚未出露，早侏罗纪为浅海滨海地带，以后经过整个侏罗纪、白垩纪、第三纪和第四纪沉积、上升、褶皱、断裂等地质作用，形成现代的南万地质环境。境内地表出露岩性多为黑云母花岗岩和粉砂质页岩。

（3）地貌概况 按广东省地貌类型划分标准，保护区地貌属低山丘陵类型，境内最高峰燕子崠海拔 866m，最低处为南告水库堤坝海拔 290m。保护区的地形呈南北两山夹一沟。南部山地由横排崠—六石崠—燕子崠—鸡公鬃—杞洋嶂—尖石崠—乌面嶂—磨面崠等山峰组成。北部山地由大崠—马区坑—高其坳打拳坪崠—屋垅岗狮子牙坳—马鞍坳组成。南北两山之间的沟谷为南告河从西向东穿过注入南告水库。南北两山之间的河谷宽 400 ~600m。地势较平坦，从西向东倾斜。

（4）气候特点　该保护区属于南亚热带季风气候区。其特点是：热量充足，气候温和，降雨丰沛。据陆河县气象资料：年平均气温 21.5℃，1 月平均气温 13.2℃，极端最低气温为 0.9℃，7 月平均气温 27.8℃，极端最高气温为 29.8C°；年降水量 2215mm，多集中在 4 ~9 月，其中 7 ~9 月多暴雨，是广东省暴雨区之一，最大暴雨达 450mm。年平均蒸发量 1351mm，年平均相对湿度 78%。年平均日照 1985 ~2139 小时。年平均霜期 5 ~7 天。

（5）水文特征　保护区属螺河水系，是陆河县最大的河流，流经陆河县的南万镇—河田镇—河口镇—陆丰市的大安镇—城东镇—东海镇后注入南海，全长 89km。

保护区内河溪纵横交错，地表径流以河流、水库等形式分布，其特征如下。

①溪流众多　南告河是螺河的主要支流，保护区处在南告河的上游区域，它在保护区的中部从东向西流入南告水库。保护区境内有常年溪流 17 条，呈树枝状分布，分别汇入南告河和南告水库。河溪水的来源主要为雨水，故其水文特点是：流量季节变化明显，雨季流量剧增，水位高涨；旱季流量大减，水位低落，

②南告水库　陆河县最大的水库，集雨区面积 152.7km^2，水库正常水位 345m，库容量 7870 万 m^3，装机 45 000kW。

（6）土壤特征　该保护区的地带性土壤为赤红壤。由于地形的不同，植被分布的差异，再加上成土母质（或母岩）的不同，以及人类生产活动等因素的影响，又形成了不同的土壤类型。其分布规律如下。

①赤红壤　主要分布在海拔 500m 以下的丘陵地带，目前是红锥纯林、红锥混交林、阔叶林、针阔混交林、灌木林等。

②红壤　主要分布在海拔 500 ~700m 之间的低山地带，土层深厚，植物生长良好，目前植被主要为红锥幼林、阔叶林。

③黄壤　主要分布在海 700 以上山地，土层厚薄不一，有机质丰富，土壤呈酸性。

4.2.3.2　功能分区

根据《中华人民共和国自然保护区条例》第十八条“自然保护区可以分为核心区、缓冲区和实验

区”的规定，依据《广东陆河南万红锥林省级自然保护区总体规划》①，将陆河南万红锥林自然保护区分为如下 3 个功能区。

（1）核心区　总面积 1023hm^2，占保护区总面积的 41.15%。有如下 4 片。

杞洋嶂片：位于保护区西南部。是红锥林保存最好的区域，珍稀濒危动植物资源集中分布以此，面积 812.0 hm^2，占核心区总面积的 79.37%。但片内有农村居民 5 户 13 人。

嶂背片：位于保护区东南侧。片内大部分为红锥中幼林，面积 183hm^2，占核心区总面积的 17.89%.。但片内有农村居民 4 户 11 人。

岭下排片：位于保护区西北面。历史上为村庄风水林，全部为红锥林，林相整齐，保护效果显著。面积 12hm^2，占核心区总面积的 1.17%。

马零前栋片：位于保护区北部。历史上为村庄风水林，全部为红锥林，林相整齐，保护效果较好，面积 16hm^2，占核心区总面积的 1.56%。

其主要功能是保护天然红锥林生态系统。除必需的科学研究人员经有关主管部门批准方可进出外，将实行全封闭管理，严禁狩猎、采挖药材和砍伐林木 。

（2）缓冲区　位于上述 4 片核心区的外围地带，宽度约 30 ~ 1200m 不等，现有植被主要为红锥幼林、阔叶林，总面积 454.7hm^2，占保护区总面积的 18.29%。其中洋嶂片缓冲区面积 216.4hm^2，嶂背片缓冲区面积 116.3hm^2，岭下排片缓冲区面积 76.6hm^2，马零前栋片缓冲区面积 45.4hm^2。

其主要功能是减少人类对于核心区的压力，对于保护核心区起缓冲作用，确保核心区的天然红锥林生态系统的良性循环。此区将实行半封闭式管理，只允许科研人员从事科学研究观测活动，严禁捕猎国家和省级重点保护野生动物，不准采挖和砍伐珍稀植物。

（3）实验区　位于缓冲区外围的北部和东部，总面积 1008.3hm^2，占保护区总面积 40.56%。区内现有植被主要有红锥纯林、红锥混交林、阔叶林、针阔叶混交林、灌丛等。此外尚有呈块分布的农田。

其主要功能是开展各种科学实验、生态旅游和教学实习等（图 4.4）。

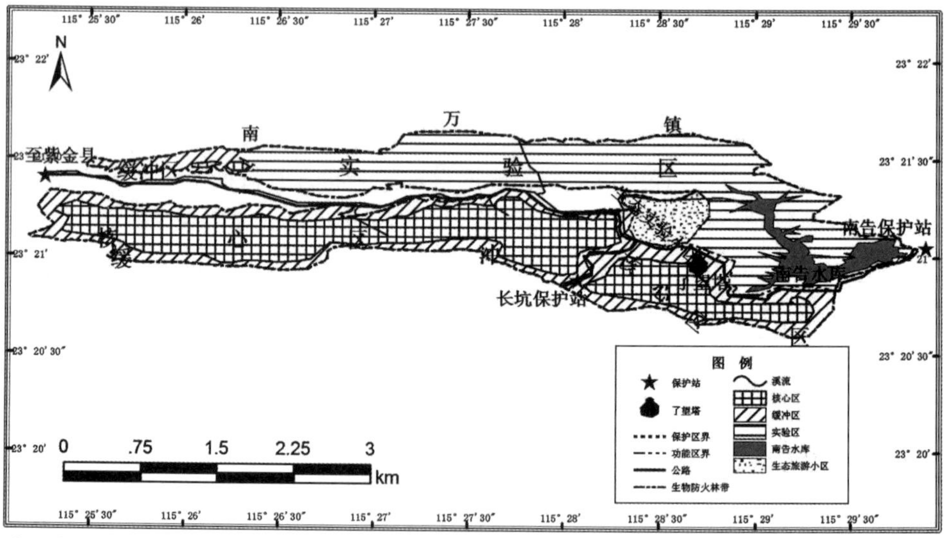

注：此图根据黄金玲该保护区功能区划图修改清绘而成。

图 4.4　陆河南万红锥林自然保护区功能分区图

4.2.3.3　森林资源

据陆河县 1998 年森林资源更新数据，在保护区总面积 2486hm^2 中，有林地面积有 1986hm^2，占总面积的 79.89%。其中幼龄林面积 1130hm^2，占有林地面积的 56.9%；中龄林面积 587.3hm^2，占有林

① 黄金玲．广东陆河南万红锥林省级自然保护区总体规划．广州大学城乡生态规划研究所，广东陆河南万红锥林省级自然保护区管理处．2006.3.

地面积的29.57%；近熟林面积45hm²，占有林地面积的2.27%。活立木总蓄积量35 242m³。

保护区的地带性植被为南亚热带季风常绿阔叶林。主要森林植被类型有常绿阔叶林、常绿落叶阔叶混交林、针阔混交林、竹林、灌木林和经济林等6种类型。其中阔叶林面积最大有1656.7hm²，占总面积的66.64%；灌木林308hm²，占总面积的12.39%；针阔混交林258.1hm²，占总面积的10.38%；竹林和经济林分别有17.2hm²、7.0hm²，各占总面积的0.69%和0.28%。森林覆盖率90.4%。

4.2.3.4　野生植物资源

（1）植物种类较丰富　据保护区技术人员初步调查①，计有桫椤科、木兰科、樟科、壳斗科、茶科、金缕梅科、桃金娘科、梧桐科、大戟科、桑科、漆树科、五加科等维管束植物约900多种。

（2）红锥林资源　广东陆河南万和广西浦北五黄岭是我国天然红锥林分布面积最大、最为集中的区域。陆河南万保护区内的红锥林特点是：绝大部分为天然林，单优群落占优势，林相整齐，生长良好，保存完整；林分郁闭情况良好，大部分在0.7~0.9。

保护区内现有红锥林总面积2222.8hm²，占保护区总面积的89.41%。其中：红锥纯林1032.6hm²，占保护区红锥林总面积的46.45%；以红锥为建群种的混交林633.2 hm²，占保护区红锥林总面积的28.49%；以其他树种为建群种的红锥混交林557.0hm²，占保护区红锥林总面积的25.06%。

在红锥林的林龄结构中：幼龄林面积759.0hm²，占保护区红锥林总面积的34.15%；中龄林面积979.2hm²，占保护区红锥林总面积的44.05%；近熟林和成熟林面积484.6hm²，占保护区红锥林总面积的21.8%。

在保护区红锥林总面积中：天然红锥林面积2103hm²，占94.61%；人工或人工辅助措施恢复的红锥林面积119.8hm²，占5.39%。

（3）珍稀濒危保护植物资源　根据1984年国家环境保护委员会公布的《中国珍稀濒危保护植物名录》和1999年国务院批准公布的《国家重点保护野生植物名录（第一批）》所列种类统计，保护区内共有国家重点保护野生植物6科6属6种。其中蕨类植物1科1属1种，被子植物5科5属5种；国家Ⅱ级重点保护野生植物6种（表4.10）。

表4.10　陆河南万红锥林自然保护区的保护植物

序号	种名	科名	IUCN濒危等级	保护级别
1	桫椤 *Alsophila spinulosa*	桫椤科 Cyatheaceae	渐危	Ⅱ
2	凹叶厚朴 *Magnolia officinalis* subsp. *biloba*	木兰科 Magnoliaceae	渐危	Ⅱ
3	樟树 *Cinnamomum camphora*	樟科 Lauraceae	渐危	Ⅱ
4	华南锥 *Castanopsis concinna*	壳斗科 Fagaceae	渐危	Ⅱ
5	喜树 *Camptotheca acuminata*	珙桐科 Nyssaceae	渐危	Ⅱ
6	半枫荷 *Semiliquidambar cathayensis*	金缕梅科 Hamamelidaceae	渐危	Ⅱ

4.2.3.5　野生动物资源

（1）动物物种较丰富　由于该保护区的生态环境复杂，森林茂密，孕育了丰富的动物种类。据资料记载，保护区内有野生脊椎动物有146种，隶属56科24目。

①两栖类　有14种，隶属5科2目，占该区动物总种数的9.59%。

②爬行类　有32种，隶属8科3目，占该区动物总种数的21.92%。

③鸟类　有71种，隶属32科12目。占该区动物总种数的48.63%。

④哺乳类　有29种，隶属11科7目，占该区动物总种数的19.86%；占广东省兽类总种数（124种）的23.39%；占全国兽类总种数（449种）的6.46%。

---

① 陆河县筹建省级南万红锥天然林自然保护区调查小组，拟建省级南万红锥天然林自然保护区自然资源调查报告.1999.11.

（2）珍稀濒危动物较多　以我国1989年公布实施的《国家重点保护野生动物名录》和2001年公布实施的《广东省重点保护陆生野生动物名录》（第一批）为依据，陆河南万红锥林自然保护区拥有保护脊椎动物33种。其中国家Ⅰ级重点保护野生动物1种，国家Ⅱ级重点保护动物20种，省级重点保护动物12种（表4.11）。

表4.11　陆河南万红锥林自然保护区的保护动物

序号	种　名	科　名	濒危度	保护级别
		哺乳纲 MAMMALIA		
1	穿山甲 *Manis pentadactyla*	鲮鲤科 Manidae	濒危	Ⅱ
2	小灵猫 *Viverricula indica*	灵猫科 Viverridae	易危	Ⅱ
3	金猫 *Felis temmincki*	猫科 Felidae	渐危	Ⅱ
4	林麝 *Moschus berezovskii*	鹿科 Cervidae	稀有	Ⅱ
5	鬣羚 *Capricornis sumatraensis*	牛科 Bovidae	易危	Ⅱ
6	红颊蒙 *Herpestes javanicus*	灵猫科 Viverridae		省级
7	豪猪 *Hystrix hodgsoni*	豪猪科 Hystricidae		省级
8	棕鼯鼠 *Petaurista petaurista*	鼯鼠科 Petauristidae		省级
9	社鼠 *Rattus fulvescens*	鼠科 Muridae		省级
		鸟纲 AVES		
10	凤头鹃隼 *Aviceda leuphotes*	鹰科 Accipitridae		Ⅱ
11	鸢 *Milvus korschun*	鹰科 Accipitridae		Ⅱ
12	赤腹鹰 *Accipiter soloensis*	鹰科 Accipitridae		Ⅱ
13	凤头鹰 *Accipiter trivirgatus*	鹰科 Accipitridae		Ⅱ
14	雀鹰 *Accipiter nisus*	鹰科 Accipitridae		Ⅱ
15	松雀鹰 *Accipiter virgatus*	鹰科 Accipitridae	易危	Ⅱ
16	普通鵟 *Buteo buteo*	鹰科 Accipitridae		Ⅱ
17	鹊鹞 *Circus melanoleucos*	鹰科 Accipitridae	稀有	Ⅱ
18	蛇雕 *Spilornis cheela*	鹰科 Accipitridae	易危	Ⅱ
19	红隼 *Falco subbuteo*	隼科 Falconidae	易危	Ⅱ
20	白鹇 *Lophura nycthemera*	雉科 Phasianidae	易危	Ⅱ
21	褐翅鸦鹃 *Centropus sinensis*	杜鹃科 Cuculidae	易危	Ⅱ
22	小鸦鹃 *Centropus toulou*	杜鹃科 Cuculidae	易危	Ⅱ
23	长耳鸮 *Asio otus*	鸱鸮科 Strigidae		Ⅱ
24	白鹭 *Egretta garzetta*	鹭科 Ardeidae		省级
25	绿鹭 *Butorides striatus*	鹭科 Ardeidae		省级
26	红嘴相思鸟 *Leiothrix lutea*	画眉科 Timaliidae		省级
27	黑水鸡 *Gallinula chloropus*	秧鸡科 Rallidae		省级
		爬行纲 REPTILIA		
28	蚺（蟒）*Python molurus*	蟒科 Boidae	极危	Ⅰ
29	平胸龟 *Platysternon megacephalum*	龟科 Testudidae	濒危	省级
		两栖纲 AMPHIBIA		
30	虎纹蛙 *Rana tigrina*	蛙科 Ranidae	易危	Ⅱ
31	沼蛙 *Rana guentheri*	蛙科 Ranidae	无危	省级
32	黑斑蛙 *Rana nigromaculata*	蛙科 Ranidae		省级
33	棘胸蛙 *Rana spinosa*	蛙科 Ranidae	易危	省级

（3）经济动物多样 该保护区的野生经济动物资源也比较丰富。

①哺乳类 有野猪 *Sus scrofa*。

②鸟类 有雉鸡、珠颈斑鸠 *Streptopelia chinensis*、翠鸟 *Alcedo attihis*、画眉等。

③爬行类 有竹叶青蛇 *Trimeresurus stejnegeri* 等。

4.2.4 揭东桑浦山—双坑自然保护区

为了更好地保护桑浦山自然资源，加强对桑浦山资源保护工作的协调监督，1997年4月3日，揭东县人民政府揭东办［1997］14号文发布《关于成立揭东县保护桑浦山资源领导小组的通知》。2004年4月15日，揭东县人民政府揭东府［2004］42号文《关于建立桑浦山—双坑自然保护区的批复》中，同意把桑浦山—双坑列入县级自然保护区。2005年2月16日，揭阳市人民政府揭府函［2005］40号文《关于同意建立桑浦山—双坑市级自然保护区的批复》中，批准成立揭东桑浦山—双坑市级自然保护区。2005年3月6日，揭东县人民政府揭东办［2005］15号文发布《关于成立揭东县桑浦山—双坑省级自然保护区筹备工作领导小组的通知》。2009年广东省人民政府粤办函［2009］199号文批准建立“揭东桑浦—双坑省级自然保护区”，主要保护对象为水源涵养林、南亚热带季风常绿阔叶林生态系统、珍稀濒危动植物及其栖息环境。

根据中华人民共和国国家标准《自然保护区类型与级别划分原则》（GB/T14529—93），揭东桑浦山—双坑自然保护区属“自然生态系统类别”中的“森林生态系统类型”自然保护区。

4.2.4.1 自然条件

（1）位置范围 揭东桑浦山—双坑自然保护区位于广东省东部，揭阳市辖揭东县的东南部桑浦山和北部双坑两片，总面积6809.1hm^2。

①桑浦山片 地理坐标为东经116°30′3″～116°37′44″，北纬23°25′49″～23°31′39″。在行政区域涉及炮台、地都、登岗3镇。具体范围：东沿主山脊揭阳与潮州市、汕头市为邻，南至地都镇乌美村后山，西至206国道炮台镇路段，北至炮台镇龙头村，总面积4015.2hm^2。

②双坑片 地理坐标为东经116°19′6″～116°24′11″，北纬23°42′26″～23°46′14″。在行政区域涉及玉湖和新亨两镇。具体范围：东与潮安县山脊为邻，南至新亨镇无房村耕地，西至揭东县林场山脊交界，北至大坳与丰顺县交界，总面积2793.92hm^2。东邻潮安县的凤凰镇，东、南临凤南镇，西连赤凤镇，西北接丰顺县的东留镇。南北长约87.5km，东西宽约50km，总面积2793.9hm^2。

（2）地质基础 根据区域地质资料，揭东桑浦山—双坑自然保护区在中生代侏罗纪末期至白垩纪的燕山运动影响下发生大规模的岩浆入侵。自新生代以来，在喜马拉雅运动影响下，地面抬升，由于遭受强烈的侵蚀与剥蚀，大面积花岗岩裸露地表，因而形成现在地貌形态。

（3）地貌概况 桑浦山片是突起在榕江平原上的孤立丘陵地貌，地跨揭阳、潮汕、汕头三市，山体呈西北—东南走向，绵延10km，山脊南北各有一主峰，北峰为大尖山，海拔484m，南峰为大桑浦山，海拔420m。山体坡度多在15°～25°。由于濒临牛田洋出海口，花岗岩受风蚀作用的影响，石蛋地貌非常普遍。在将军山附近最为显著。

双坑片属低山丘陵地貌，海拔多在400～1000m之间，最高峰鸡公基石山，海拔1065m，是揭东县的第二高峰，山间河谷深切，山势陡峭。

（4）气候特点 该保护区属于南亚热带海洋性湿润气候。其特点是：春季潮湿，阴雨日多；夏季高温而少酷暑，常受台风袭击；秋季凉爽干燥，天气晴朗，气温下降明显；冬季没有严寒，但有短期霜冻。

由于保护区内尚无气象站，据揭东县气象资料：多年平均日照2056～2199小时，≥10℃积温7600℃。年平均气温21.2℃，1月平均气温13℃，极端最低气温为0.4℃，7月平均气温28℃，极端最高气温为38.6℃；年降水量1482～1689mm，多集中在4～9月。年蒸发量1596～1883.4mm。雨热同期，无霜期长（平均350天），有利植物生长，生物繁衍更迭活跃。但因保护区位于揭东县的东南部和北部山区，其各项气温指标常随海拔高度的升高而降低，比揭东县城区要低2～3℃，而雨量则稍高。

（5）水文特征　保护区属榕江水系，地表水以河流、水库等形式分布。

①河流　桑浦山片溪流较少，仅有一条发源于大桑浦山的西流，汇入南陇水库；双坑片溪流发达，是双坑水库、蚉头山水库等的主要水源。这些溪流的水源主要来自降水，故雨天地表径流顺坡而下，水量剧增，水位高涨；晴天缺乏地表径流补给，水量大减，水位低落。

②水库　保护区内共南陇、伯公陵、小寮、青年上、青年下、五十区、双坑和蚉头等8座小型水库，总库容2500万 m^3。其中南陇水库库容较大，集雨面积15.6km^2，总库容991.5万 m^3，水面面积约65hm^2，是一座以灌溉、供水、发电、防洪等综合利用的小型水库。其次是双坑水库，集雨面积5.0km^2，总库容852万 m^3，

（6）土壤特征　该保护区的地带性土壤为赤红壤。由于地形的不同，植被分布的差异，再加上成土母质（或母岩）的不同，以及人类生产活动等因素的影响，又形成了不同的土壤类型。其分布规律如下。

①赤红壤　主要分布在海拔300m以下的丘陵地带，成土母质为花岗岩，土壤为砂质土，剖面特征为表层浅薄，灰褐色，底层以以下棕黄色，粒状、松散，偏酸性。

②山地红壤　主要分布在海拔300～600m之间的丘陵低山地带，土层深厚，植物生长良好，目前为次生常绿阔叶林和人工林交错分布地带。

③山地黄壤　主要分布在海拔600m以上山地，气温较低，年雨量在2000mm以上，终年多云雾，湿度大，次生常绿阔叶林发育良好，土层深厚，有机质丰富，土壤呈酸性

④山地灌丛草甸土　主要分布在桑浦山山顶和山脊，成土母质为闪长岩，由黑云母、角闪石组成。土地剖面层次不完整，有明显的枯枝落叶和草根盘结的草甸层。

4.2.4.2　功能分区

根据《中华人民共和国自然保护区条例》第十八条“自然保护区可以分为核心区、缓冲区和实验区”的规定，依据《广东揭东桑浦山—双坑自然保护区总体规划》①，将揭东桑浦山—双坑自然保护区分为如下3个功能区。

（1）核心区　位于该保护区的桑浦山和双坑两片内，总面积2350.5hm^2，占保护区总面积的34.52%。

①桑浦山片核心区　分东、西两片。东片核心区北、南分别以大尖山、大桑浦山为中心，并连接成一片，区内均为地势陡峭的山脊，外围山地均为省级生态公益林，能较好的保护核心区的生态安全；西片核心区，位于风门古庙的东侧，以石龟山为中心共计面积1153.6hm^2，占核心区总面积的49.08%。

②双坑核心区　以蚉头山水库为中心，包括周围的以次生常绿阔叶林组成的水源涵养林，面积1196.9hm^2，占核心区总面积的50.92%。

其主要功能是：保护水源涵养林和天然季风常绿阔叶林生态系统。将实行全封闭管理，除必需的科学研究人员经有关主管部门批准方可进出外，严禁狩猎、采挖药材和砍伐林木 。

（2）缓冲区　位于桑浦山和双坑两片核心区外围，总面积2463.5hm^2，占保护区总面积的36.18%。桑浦山片缓冲区面积1370.7hm^2，占核心区总面积的55.64%；双坑片缓冲区面积1092.8hm^2，占核心区总面积的44.35%。基本上包括或者连接核心区，为野生动植物迁徙的生态廊道，起到舒缓核心区的作用。有部分的林分保护完整，可进行必要的监测工作。

其主要功能是：对保护核心区起缓冲作用，确保核心区的水源涵养林、天然季风常绿阔叶林生态系统的良性循环。此区将实行半封闭式管理，只允许科研人员从事科学研究观测活动，严禁捕猎国家和省级重点保护的野生动物，不准采挖和砍伐珍稀植物。

（3）实验区　位于桑浦山和双坑的缓冲区外围，多为靠近村庄苗圃、果园，总面积1995.1hm^2，

---

①　胡喻华．广东揭东桑浦—双坑自然保护区总体规划．广东省林业调查规划院．2008.12.

占保护区总面积的29.3%。桑浦山片的实验区面积1490.9hm^2，占实验区总面积的74.73%；双浦片的实验区面积504.2 hm^2，占实验区总面积的25.27%。

其主要功能是：为核心区和缓冲区提供包罗万象作用，是科学研究和生产实验的基地，也是开展科学教育、科普教育，提高人们素质的重要场所（图4.5，图4.6）。

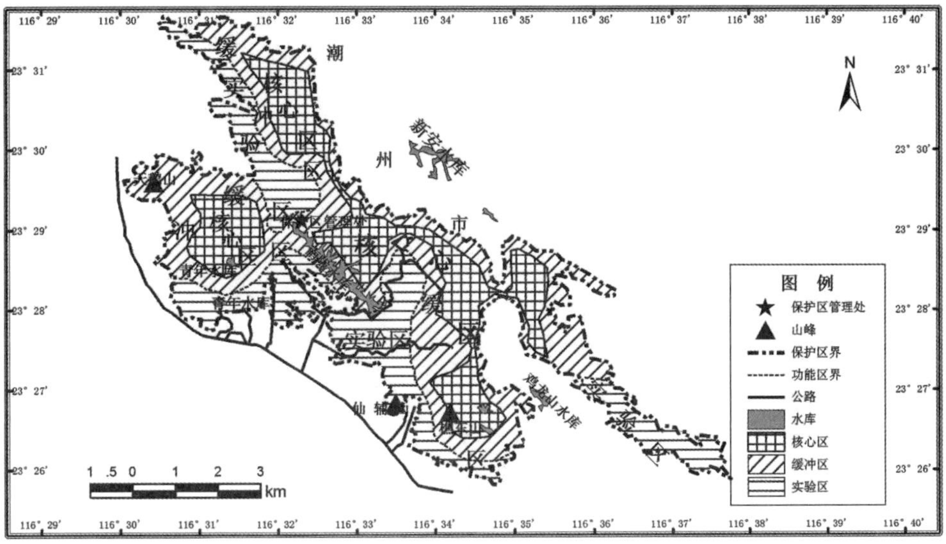

注：此图根据胡喻华该保护区功能分区图清绘而成。

图4.5　揭东桑浦山—双坑自然保护区功能区划图（桑浦山片）

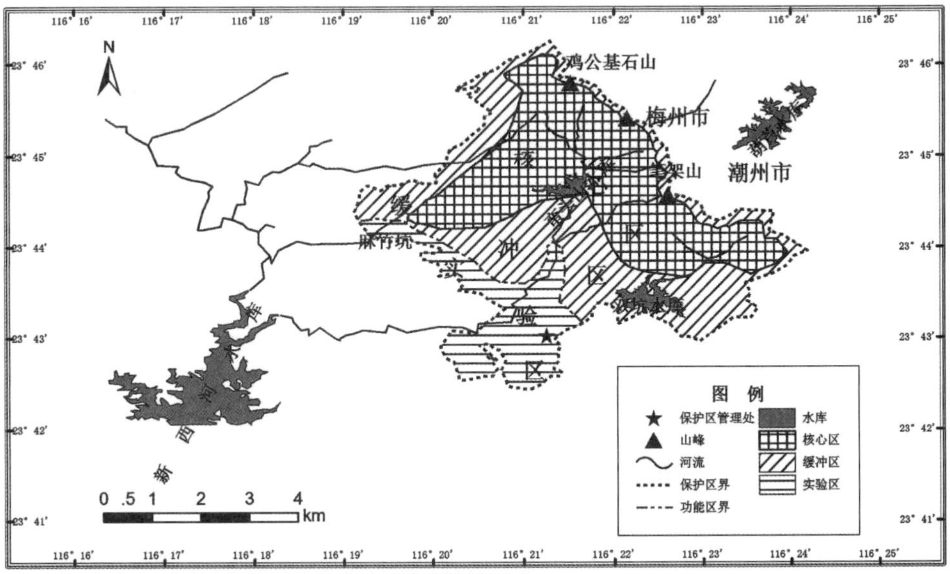

注：此图根据胡喻华该保护区功能分区图修改清绘而成。

图4.6　揭东桑浦山—双坑自然保护区功能区划图（双坑山片）

4.2.4.3　植物区系特点

（1）植物物种较丰富　据调查统计①，该保护区拥有野生维管束植物807种（包括种下分类单位，下同），分隶486属164科。占广东省野生维管束植物5933种的13.6%（叶华谷等，2005）。其中蕨类植物63种，分隶40属23科；裸子植物12种，分隶9属6科；被子植物732种，分隶437属135科（表4.12）。

① 胡喻华等．广东揭东桑浦—双坑自然保护区科学考察报告．广东省林业调查规划院，华南农业大学林学院，揭东县林业局．2008.12.

表 4.12　揭东桑浦山—双坑自然保护区维管束植物类群的组成

植物类群		科数	属数	种数
蕨类植物		23	40	63
裸子植物		6	9	12
被子植物	双子叶植物纲	112	361	628
	单子叶植物纲	19	73	104
合计		160	483	807

（2）地理成分较复杂

①蕨类植物的地理成分

A. 科的地理分布区类型　根据保护区蕨类植物 23 科的分布类型统计分析如下。

广布科　共 10 有科，占该区总科数的 43.48%。如石松科、卷柏科、木贼科、紫萁科、铁线蕨科、蹄盖蕨科、铁角蕨科、水龙骨科、苹科、槐叶苹科等。

热带、亚热带分布科　共有 7 科，占该区总科数的 53.85%（扣除广布科 10 科，下同）。如中国蕨科 Sinopteridaceae，以我国华南至西南亚热带为分布中心，也是本保护区蕨类区系的特征成分。另有骨碎补科 Dvalliaceae，以亚洲亚热带为主。以热带为主的有瘤足蕨科 Plagiogyriaceae、海金沙科 Lygodiaceae、鳞始蕨科 Lindsaeaceae、凤尾蕨科 Pteridaceae、金星蕨科 Thelypteridaceae 等。

泛热带分布科　共有 5 科，占该区总科数的 38.46%。如槲蕨科 Drynariaceae，以亚洲为主。其他为里白科 Gleicheniaceae、蚌壳蕨科 Dicksoniaceae、乌毛蕨科 Blechnaceae、肾蕨科 Nephrolepidaceae 等。

温带至亚热带高山地区分布科　仅有 1 科，占该区总科数的 7.69%。如鳞毛蕨科 Dryopteridaceae。

B. 属的地理分布区类型　根据保护区蕨类植物 40 属的分布类型统计分析如下。

广布属　共有 5 属，占总属数的 12.5%。如石松属、卷柏属、铁线蕨属、铁角蕨属、槐叶苹属等。

泛热带分布属　共有 4 属，占该区总属数的 11.43%（扣除广布属 5 属，下同）。如鳞始蕨属 *Lindsaea*、乌蕨属 *Sphenomeris*、肾蕨属 *Nephrolepis*、槲蕨属 *Drynaria* 等。

热带和亚热带分布属　共有 25 属，占该区总属数的 71.43%。如灯笼草属 *Palhinhaea*、芒萁属、里白属、海金沙属、凤尾蕨属、短肠蕨属、针毛蕨属 *Macrothelypteris*、金星蕨属 *Parathelypteris*、碎米蕨属 *Cheilosoria*、金粉蕨属 *Onychium*、毛蕨属 *Cyclosorus*、假毛蕨属、新月蕨属 *Pronephrium*、复叶耳蕨属 *Arachniodes*、阴石蕨属、石韦属等。

以亚热带为主的属　与热带至亚热带分布的类型相当，热带亚洲分布的有 4 属，如星蕨属 *Microsorium*、伏石蕨属 *Lemmaphyllum*、骨牌蕨属 *Lepidogrammitis*、崖姜蕨属 *Pseudodrynaria* 等；热带亚洲—大洋洲分布 2 属，如乌毛蕨属 *Blechnum*；热带亚洲至热带美洲分布有 2 属，如瘤足蕨属 *Plagiogyria*、双盖蕨属 *Diplazium*、单叶盖蕨属 *Triblemma*；东亚分布有 1 属，如金毛狗属 *Cibotium*。

温带、热带分布属　有 2 属，占该区总属数的 5.71%。如瓶尔小草属、紫萁属。

温带、亚热带分布属　有 1 属，占该区总属数的 2.86%，如狗脊属 *Woodwardia*。

温带分布属　有 2 属，占该区总属数的 5.71%。如鳞毛蕨属 *Dryopteris*、贯众属 *Cyrtomium* 等。

寒、温带分布属　有 1 属，占总属数的 2.86%。如木贼属 *Equisetum*。

②种子植物的地理成分

A. 科的地理分布区类型　按照《世界种子植物科的分布区类型系统》（吴征镒等，2003）和揭东桑浦山—双坑自然保护区种子植物 137 科的分布区类型统计分析，除热带亚洲至热带非洲分布、温带亚洲分布、地中海、西亚至中亚分布、中亚分布和中国特有分布类型尚未发现外，其他 10 个分布区类型及变型均有分布（表 4.13）。

表4.13 揭东桑浦山—双坑自然保护区种子植物科的分布区类型

分布区类型	科数	占总科数（%）
1. 广布分布	26	（扣除）
2. 泛热带分布	65	44.22
2-1 热带亚洲、大洋洲和中、南美洲间断分布	6	4.08
3. 热带亚洲和热带美洲间断分布	6	4.08
4. 旧热带分布	3	2.04
4-1 热带亚洲、非呕和大洋洲间断分布	2	1.36
5. 热带亚洲至热带大洋洲分布	1	0.68
6. 热带亚洲至热带非洲分布	0	0
7. 热带亚洲分布	4	2.72
8. 北温带分布	12	8.16
8-1 环极分布	0	0
8-2 北极高山分布	0	0
8-3 北极—阿尔泰和北美洲间断分布	0	0
8-4 北温带和南温带（全温带）间断分布	6	4.08
8-5 欧亚和南美洲温带间断分布	1	0.68
8-6 地中海区、东亚、新西兰和墨西哥到智利间断分布	0	0
9. 东亚和北美间断分布	4	2.72
10. 旧大陆温带分布	0	0
10-1. 地中海区、西亚和东亚间断分布	0	0
11.. 温带亚洲分布	0	0
12. 地中海区、西亚至中亚分布	0	0
12-1 地中海区至中亚和南非洲、大洋洲间断	0	0
12-2 地中海区至中亚和墨西哥间断	0	0
12-3 地中海区至温带、热带亚洲，大洋洲和南美洲间断	0	0
12-4 地中海区至热带非洲和喜马拉雅间断	0	0
12-5 地中海区—北非洲、中亚、北美西南部，智利和大洋洲（泛地中海）间断分布	0	0
13. 中亚分布	0	0
13-1 中亚东部（亚洲中部）	0	0
13-2 中亚至喜马拉雅	0	0
13-3 西亚至喜马拉雅和西藏	0	0
12-4 地中海区至热带非洲和喜马拉雅间断	0	0
14. 东亚分布	1	0.68
15. 中国特有分布	0	0
合　计	137	100

从表4.13可以看出，泛热带分布类型有71科，占总科数的63.96%（扣广布科26科，下同）；北温带分布类型有19科，占总科数的17.12%；热带亚洲和热带美洲间断分布类型有6科，占总科数的5.41%；其余分布区类型所含科数均在4.5%以下，不占重要地位；特别是中国特有科等5科分布类型缺如，表明该保护区植物区系在科级水平上以泛热带分布成分为主，兼有一定数量的北温带成分。

B. 属的地理分布区类型　根据保护区种子植物443属的分布类型，按照《中国种子植物属的分布区类型》（吴征镒，1991）统计分析，除中亚分布区类型及其变型尚未发现外，其他14个分布区类型变型均有分布（表 4. 14）。

表 4. 14 揭东桑浦山—双坑自然保护区种子植物属的分布区类型

分布区类型及变型	属数	占总属数（%）
1. 广布分布	38	扣除
2. 泛热带分布	107	26. 42
2 – 1 热带亚洲、大洋洲和南美洲间断分布	4	0. 99
2 – 2 热带亚洲、非洲和南美洲间断分布	8	1. 98
3. 热带亚洲和热带美洲间断分布	28	6. 91
4. 旧世界热带分布	39	9. 63
4 – 1 热带亚洲、非洲和大洋洲间断分布	4	0. 99
5. 热带亚洲至热带大洋洲分布	31	7. 65
5 – 1 中国（西南）亚热带和新西兰间断分布	0	0
6. 热带亚洲至热带非洲分布	22	5. 43
6 – 1 华南、西南到印度和热带非洲间断	2	0. 49
6 – 2 热带亚洲和东非间断	1	0. 25
7. 热带亚洲（印度—马来西亚）分布	54	13. 33
7 – 1 爪哇、喜马拉雅和华南、西南星散分布	6	1. 48
7 – 2 热带印度至华南分布	1	0. 25
7 – 3 缅甸、泰国至华西南分布	0	0
7 – 4 越南（或中南半岛）至华南（或西南）分布	1	0. 25
8. 北温带分布	28	6. 91
8 – 1 环极分布	0	0
8 – 2 北极高山分布	0	0
8 – 3 北极—阿尔泰和北美洲间断分布	0	0
8 – 4 北温带和南温带（全温带）间断分布	5	1. 23
8 – 5 欧亚和南美洲温带间断分布	0	0
8 – 6 地中海区、东亚、新西兰和墨西哥到智利间断	0	0
9. 东亚和北美洲间断分布	22	5. 43
9 – 1 东亚和墨西哥间断	0	0
10. 旧世界温带分布	3	0. 74
10 – 1 地中海区、西亚和东亚间断分布	5	123
10 – 2 地中海和喜马拉雅间断分布	0	0
10 – 3 欧亚和南非洲（有时也在大洋洲）间断	0	0
11. 温带亚洲分布	3	0. 74
12. 地中海区、西亚至中亚分布	2	0. 49
12 – 1 地中海区至中亚和南非洲、大洋洲间断	0	0
12 – 2 地中海区至中亚和墨西哥间断	0	0
12 – 3 地中海区至温带、热带亚洲，大洋洲和南美洲间断	0	0
12 – 4 地中海区至热带非洲和喜马拉雅间断	0	0
12 – 5 地中海区—北非洲、中亚、北美西南部，智利和大洋洲（泛地中海）间断分布	0	0
13. 中亚分布	0	0
13 – 1 中亚东部（亚洲中部）	0	0

（续）

分布区类型及变型	属数	占总属数（%）
13-2 中亚至喜马拉雅	0	0
13-3 西亚至喜马拉雅和西藏	0	0
13-4 地中海区至热带非洲和喜马拉雅间断	0	0
14. 东亚分布	19	4.69
14-1 中国—喜马拉雅（SH）	4	0.99
14-2 中国—日本（SJ）	4	0.99
15. 中国特有分布	2	0.49
合　计	443	100

从上表可以看出，保护区内属的地理成分是以热带成分占优势，从2~7各类热带成分共有308属，占总属数（扣除广布属38属，以下同）的76.05%。温带成分从8~12共有68属，占总属数的16.79%。东亚分布有27属，占总属数的6.37%。中国特有分布的2属，占0.49%。

4.2.4.4　植被类型

该保护区的地带性植被类型为季风常绿阔叶林。因长期遭受人类活动的影响，原始森林植被虽已破坏殆尽，但由于地形复杂，土壤类型不同，生态环境差异，以及近十多年来加强了封山育林，又形成和恢复了不同的植被类型。主要有如下7种类型。

（1）针叶林　仅有1个群系。

马尾松林（Form*Pinus massoniana*）　主要分布于红峰林场附近，呈块状分布，多为季风常绿阔叶林遭受破坏后形成的次生林或人工林，外貌整齐一致，深绿、翠绿或二者相间，林冠不连续，郁闭度0.6~0.7。

乔木层：由单优势种马尾松组成，树高11~12m，胸径18~20cm，除优势种马尾松外，还有少量的鹅掌柴 *Schefflera heptaphylla*、豺皮樟 *Litsea rotundifolia* 等。

灌木层：一般高度140~180cm，主要由野牡丹、桃金娘、梅叶冬青、算盘子、毛果算盘子等组成。

草本层：覆盖度60%~80%，平均高度60~90cm，组成种类较单纯。常见的有芒萁、凤尾蕨、芒等，偶见的有金疮小草 *Ajuga decumbens*、鳞籽莎 *Lepidosperma* 等。

层间藤本植物：有菝葜、土茯苓、酸藤子、海金沙等。

此外，林下有鹅掌柴和豺皮樟等幼苗，可见该林的发展趋势将为常绿阔叶林所替代。

（2）常绿阔叶林　主要有如下4个群系。

①台湾相思林（Form*Acacia confusa*）　主要分布于风门径、登岗镇等，为20世纪70年代飞播造林成林，外貌整齐一致，大部分呈绿色、春季呈浅绿色，树冠呈半圆形，林冠较连续，郁闭度0.7~0.8。

乔木层：优势种树高16~17m，胸径20~22cm。除优势种台湾相思外，还有藤黄檀 *Dalbergia hancei*、鹅掌柴、豺皮樟等。

灌木层：高度160~200cm，主要由野牡丹、毛果算盘子、桃金娘、潺槁木姜子、盐肤木等组成。

草本层：组成种类较单纯，常见的有芒、凤尾蕨、芒萁等。

层间藤本植物：常见的有菝葜、酸藤子，偶见的有海金沙、土茯苓、锡叶藤、薜荔等。

②柯林（Form *Lithocarpus glabra*）　主要分布于地都林场场部附近，布面积不大，呈块状分布。林内土壤为花岗岩发育而成的红壤，土层60~80cm，枯枝落叶层3~6cm。该林外貌整齐一致，深绿色，林分郁闭度0.7~0.8。

乔木层：优势种树高11~12m，胸径18~20cm。除优势种柯外，还有豺皮樟等。

灌木层：高度140~200cm。主要有石斑木 *Raphiolepis indica*、岗松 *Baeckea frutescens*、栀子 *Gardenia jasminoides*、野牡丹、桃金娘、梅叶冬青、算盘子、毛果算盘子、黑面神 *Breynia fruticosa* 等。

草本层：覆盖度 20% ~30%，平均高度 50 ~ 90cm。组成种类较单纯，常见的有芒、芒萁、凤尾蕨、扇叶铁线蕨 *Adiantum flabellulatum* 等。

层间藤本植物：常见的有菝葜、酸藤子、海金沙、土茯苓等。

③青冈林（Form *Cyclobalanopsis glauca*） 主要分布于地都林场水库周围，林内土壤为花岗岩发育而成的砖红壤，土层厚达 60 ~ 80cm，枯枝落叶层 4 ~ 6cm。该林外貌整齐一致，深绿色，林分郁闭度 0.7 ~ 0.8。

乔木层：优势种树高 11 ~ 12m，胸径 18 ~ 20cm。除优势种柯外，还有豺皮樟等。

乔木层：优势种青冈高度 16 ~ 18m，胸径 25 ~ 35cm。除优势种青冈外，还有华南青冈 *Cyclobalanopsis edithae*、杨梅叶青冈 *C. myrsinaefolia*、南酸枣 *Choerospondias axillaries*、柯等。

灌木层：高度 300 ~ 400cm。主要有石斑木、岗松、栀子、梅叶冬青、算盘子、毛果算盘子和黑面神等。

草本层：覆盖度 70% ~80%，平均高度 60 ~ 90cm，组成种类较单纯，以芒萁占绝对优势，常见的有芒、凤尾蕨、铁线蕨 *Adiantum capillus - veneris*、半边旗 *Pteris semipinnata*、朱砂根 *Ardisiacrenata* 等。

层间藤本植物：常见的有菝葜、酸藤子、海金沙、土茯苓、粗叶悬钩子 *Rubus alceaefolius*、亮叶雀梅藤 *Sageretia lucida*、飞龙掌血 *Toddalia asiatica* 等。

④黧蒴林（Form *Castanopsis fissa*） 主要分布于双坑片，分布面积较大。该林外貌整齐一致，深绿色，开花时呈现白色，林分郁闭度 0.5 ~ 0.6。

乔木层：一般高度 8 ~ 10m，胸径 6 ~ 10cm。

灌木层：高度 200 ~ 300cm，主要由算盘子、毛果算盘子、黑面神、岗松、梅叶冬青等组成。

草本层：覆盖度 30% ~40%，平均高度 50 ~ 80cm，组成种类较单纯，以芒萁占绝对优势。常见的有芒、凤尾蕨、铁线蕨、半边旗、朱砂根 *Ardisiacrenata* 等。

层间藤本植物：主要有菝葜、海金沙、粗叶悬钩子等。

（3）竹林

青皮竹林（Form *Bambusa textilis*） 主要分布于红峰林背后山坡，呈带状分布，属人工种植，面积不大。林下灌木有梅叶冬青、野牡丹、黑面神等。草本植物有乌毛蕨、淡竹叶等。

（4）针、阔叶混交林

马尾松、鹅掌柴或豺皮樟林（Form *Pinus massoniana*, *Schefflera heptaphylla*, *Litsea rotundifolia*） 主要分布于五十区水库一带，是由常绿阔叶林遭受破坏后而形成的次生林。该林外貌整齐一致，深绿色、翠绿色，林冠不连续，林分郁闭度 0.6 ~ 0.7。

乔木层：优势种树高 11 ~ 12m，胸径 18 ~ 20cm，除优势种马尾松外，就是鹅掌柴或豺皮樟。

灌木层：高度 140 ~ 200cm，主要有野牡丹、桃金娘、梅叶冬青、算盘子、毛果算盘子、岗松等。

草本层：覆盖度 60% ~80%，平均高度 60 ~ 90cm，组成种类较单纯，以芒萁占绝对优势。常见的有芒、凤尾蕨、鳞籽莎、纤毛鸭嘴草 *Ischaemum ciliare* 等。

层间藤本植物：主要有菝葜酸藤子、海金沙、土茯苓等。

（5）灌丛草坡 主要分布于石山的陡峭地段，一般高度 4 ~ 5m，覆盖度 40% ~50%。

灌木层：主要有土密树 *Bridelia tomentosa*、小蜡 *Ligustrum sinense*、盐肤木等。

草本层：有五节芒 *Miscanthus floridulus*、扇叶铁线蕨、凤尾蕨等。

层间藤本植物：主要有金樱子 *Rosa laevigata*、龙须藤 *Bauhinia championii*、飞龙掌血、短叶水蜈蚣 *Kyllinga brevifolia*、蝶花荚蒾 *Viburnum hainanense*、南方荚蒾 *V. fordiae* 等。

（6）栽培林 保护区内有少量人工栽培林，以果园和茶园为主，品种为龙眼 *Dimocarpus longan*、潮州柑 *Citrus reticulata*、茶 *Camellia sinensis* 等。这些品种一般树高 3 ~ 5m，胸径 5 ~ 20cm，由于进行人为除草砍灌，故林下灌木和草本稀少，仅见有黑面神、海金沙等，覆盖度小于 10%。

4.2.4.5 森林资源

据森林资源调查，在保护区总面积 6809.1hm^2 中，林业用地面积 6522.5hm^2，占总面积的 95.79%；非林业用地（水域、道路、河流、耕地）面积 286.6hm^2，占总面积的 4.21%。在林业用地中有林地面积 6268.4hm^2，占林业用地总面积的 96.10%；灌木林地面积 136.1hm^2，占 2.09%；未成林地面积 118.0 hm^2，占 1.81%。在非林业用地中，水库面积 160.0 hm^2，占林业用地 55.83%；农用地面积 108.6hm^2，占 37.89%；其他用地面积 18.0 hm^2，占 6.28%。森林覆盖率 92.1%。

4.2.4.6 野生植物资源

（1）珍稀濒危保护植物较少　根据 1984 年国家环境保护委员会公布的《中国珍稀濒危保护植物名录》和 1999 年国务院批准公布的《国家重点保护野生植物名录（第一批）》所列种类统计，保护区内共有国家重点保护野生植物 5 科 5 属 5 种。其中蕨类植物 1 科 1 属 1 种，被子植物 4 科 4 属 4 种；国家Ⅱ级重点保护野生植物 4 种，国家Ⅲ级重点保护野生植物种 1 种（表 4.15）。

表 4.15　揭东桑浦山—双坑自然保护区的保护植物

序号	种名	科名	濒危度	保护级别
1	金毛狗 *Cibotium barometz*	蚌壳蕨科 Dicksoniaceae	渐危	Ⅱ
2	樟树 *Cinnamomum camphora*	樟科 Lauraceae	渐危	Ⅱ
3	华南锥 *Castanopsis concinna*	壳斗科 Fagceae	渐危	Ⅱ
4	半枫荷 *Semlliquidambar cathayensis*	金缕梅科 Hamamelidaceae	渐危	Ⅱ
5	白桂木 *Artocarpus hypargyreus*	桑科 Moraceae	渐危	Ⅲ

兰科植物 4 属 4 种，全部为《濒危野生动植物种国际贸易公约》附录Ⅱ物种。

（2）经济植物多样　在保护区内蕴藏着多种多样的经济植物资源。根据调查统计，该保护区有野生维管束植物 807 种。

①药用植物　比较重要的有卷柏、海金沙、金毛狗、乌毛蕨、黑老虎、威灵仙、蕺菜（鱼腥草）、火炭母 *Polygonum chinense*、商陆、山蒟、了哥王、金锦香、金樱子、望江南 *Cassia occidentalis*、葛、鸡骨香 *Croton crassifolius*、女贞、梅叶冬青、毛冬青、广东蛇葡萄、华南忍冬（山银花）、接骨草、钩藤、鸡矢藤、车前、韩信草、八角枫、草珊瑚、栀子、白花地胆草、谷精草、红豆蔻、艳山姜 *A. zerumbet*、山麦冬、土茯苓、海芋、缓草、淡竹叶等。

②用材植物　主要有杉木、马尾松、木连、樟树、黄樟、阴香、华润楠、黧蒴、红锥、柯、八角枫、木荷、山杜英、中华杜英、覃树、细柄覃树、山乌桕、乌桕、猴耳环、白桂木、苦楝、南酸枣、黄杞等。

③野生水果植物　有紫玉盘 *Uvaria macrophylla*、杨梅、毛花猕猴桃、阔叶猕猴桃、豆梨、卵叶玉盘柯 *Lithocapus uvariifolius*、多花山竹子 *Garcinia multiflora*、岭南山竹子 *G. oblongifolia*、桃金娘、白桂木、桑、山桔、蔓胡颓子、罗浮柿等。

④观赏植物　有肾蕨、假鹰爪、紫薇、木莲、枫香树、罗浮杜鹃、满山红、映山红、桃金娘、野牡丹等。

⑤纤维植物　有罗浮买麻藤、构树、苎麻、白背叶、地桃花、了哥王、蔓胡颓子、小蜡、钩藤、葛、刺蒴麻 *Triumfetta rhomboidea*、山芝麻、黄葵、朴树、灯心草、黑莎草、芒、五节芒等。

⑥淀粉植物　有金毛狗、狗脊、槲蕨、壳斗科 17 种植物、杨梅、金樱子、豆梨、南酸枣、葛、薜荔、土茯苓、五叶薯蓣、广东蛇葡萄、毛花猕猴桃、阔叶猕猴桃、光头芒等。

⑦油脂植物　有杉木、樟树、香叶树、红楠、野木瓜、多花山竹子、牛耳枫、虎皮楠、构树、白花笼、苦楝、白背叶、油茶、算盘子、野漆树、盐肤木、山乌桕、铁冬青、朱砂根、南酸枣、苍耳、黑莎草等。

⑧鞣料植物　有盐肤木、杨梅、鰵蒴、红锥、金樱子、小果蔷薇、龙须藤、藤黄檀 *Dalbergia hancei*、苦楝、南酸枣、野漆树、中华杜英、山杜英、桃金娘、构树、枫香树、罗浮柿、鲤肠、薯莨、菝葜等。

⑨芳香植物　有马尾松、杉木、瓜馥木、樟树、黄樟、阴香、香叶树、岗松、枫香树、栀子、小蜡、草珊瑚、黄荆、黄葵、茵陈蒿、野菊、香附子等。

⑩树脂树胶植物　主要有马尾松、枫香树、野漆树、毛花猕猴桃、阔叶猕猴桃等。

此外还有保健饮料植物，主要有杨梅、桃金娘、金樱子、南酸枣、罗浮柿、毛花猕猴桃、阔叶猕猴桃、多花山竹子、茅莓等。

4.2.4.7　野生动物资源

（1）动物物种较丰富　由于该保护区的生态环境复杂，森林茂密，孕育了丰富的动物种类。据调查统计，该保护区内拥有野生脊椎动物 115 种，分隶 51 科 23 目。

①两栖类　有 12 种，分隶 5 科 1 目，占该区动物总种数的 10.43%。区系组成以东洋界的华中和华南区共有物种占优势，古北界的物种没有在此分布。

②爬行类　有 13 种，分隶 8 科 3 目，占该区动物总种数的 11.30%。蛇目（SERPENTES）有 4 科 7 种，占该区爬行动物总数的 53.85%；蜥蜴目（LACERTILI）有 3 科 4 种，占该区爬行动物总数的 30.77%；龟鳖目（TESTUDINATA）有 1 科 2 种，占该区爬行动物总数的 15.38%。区系组成均为东洋界物种，其中华南区物种有 5 种，占该区总数的 38.46%；华中华南共有种 6 种，占该区总数的 46.15%；华中区种有 2 种，占该区总数的 15.39%。

③鸟类　有 71 种，分隶 29 科 13 目，占该区动物总种数的 61.74%。雀形目（PASSERIFOMES）有 14 科 31 种，占该区鸟类总数的 43.66%；鹳形目（CICONIIFORMES）有 1 科 7 种，占该区鸟类总数的 9.86%；鸻形目（CHARADRIIFORMES）有 2 科 7 种，占该区鸟类总数的 9.86%；隼形目（FALCONIFOEMES）有 2 科 4 种，占该区鸟类总数的 5.63%；鹃形目（CUCULIFORMES）有 1 科 4 种，占该区鸟类总数的 5.63%；鸮形目（STRIGFORMES）有 2 科 4 种，占该区鸟类总数的 5.63%；鸡形目（GALLIFORMES）有 1 科 3 种，占该区鸟类总数的 4.23%；佛法僧目（CORACIIFORMES）有 1 科 3 种，占该区鸟类总数的 4.23%；鹤形目（GRUIFORMES）有 1 科 3 种，占该区鸟类总数的 4.23%；鸽型目（COLUMBIFORMES）有 1 科 2 种，占该区鸟类总数的 2.82%；雨燕目（APODIFORMES）有 1 科 1 种，占该区鸟类总数的 1.41%；鸊鷉目（PODICIPEDIFORMES）有 1 科 1 种，占该区鸟类总数的 1.41%；雁形目（ANSERIFOMES）有 1 科 1 种，占该区鸟类总数的 1.41%。

在 71 种鸟类的居留型方面，以留鸟最多，达 49 种，占总数的 69.02%；冬候鸟或旅鸟有 17 种，占总数的 23.94%；夏候鸟有 5 种，占总数的 7.04%。在区系组成方面，以东洋界为主，有 44 种，占总数的 61.97%；古北界有 16 种，占总数的 22.54%；广布种有 11 种，占总数的 15.49%。

④哺乳类　有 19 种，分隶 9 科 6 目，占该区动物总种数的 16.52%；占广东省哺乳类总种数（124 种）的 15.32%；占全国哺乳类总种数（449 种）的 4.23%。食肉目（CARNIVORA）有 2 科 7 种，占该区哺乳类总数的 36.84%；啮齿目（RODENTIA）有 2 科 5 种，占该区哺乳类总数的 26.32%；翼手目（CHIROPTERAS）有 2 科 3 种，占该区哺乳类总数的 15.76%；偶蹄目（ARIODACTYLA）有 2 科 2 种，占该区哺乳类总数的 10.53%；鳞甲目（PHOLIDOTA）有 1 科 1 种，占该区哺乳类总数的 5.26%；兔形目（LAGOMORPHA）有 1 科 1 种，占该区哺乳类总数的 5.26%。

在区系组成中，东洋界有 10 种，占总种数的 52.63%；广布种有 8 种，占总种数的 42.11%；古北界仅有 1 种，占总种数的 5.26%。

（2）珍稀濒危动物较多　以我国 1989 年公布实施的《国家重点保护野生动物名录》和 2001 年公布实施的《广东省重点保护陆生野生动物名录》（第一批）为依据，揭东桑浦山双坑自然保护区拥有保护脊椎动物 28 种。其中国家Ⅰ级重点保护野生动物 1 种，国家Ⅱ级重点保护动物 16 种，省级重点保护动物11种（表4.16）。

表4.16 揭东桑浦山—双坑自然保护区的保护动物

序号	种 名	科 名	IUCN 濒危等级	保护级别
		哺乳纲 MAMMALIA		
1	穿山甲 *Manis pentadactyla*	鲮鲤科 Manidae	濒危	Ⅱ
2	小灵猫 *Viverricula indica*	灵猫科 Viverridae	易危	Ⅱ
3	大灵猫 *Viverra zibetha*	灵猫科 Viverridae	濒危	Ⅱ
4	水獭 *Lutra lutra*	鼬科 Mustelidae	濒危	Ⅱ
5	小麂 *Muntiacus reevesi*	鹿科 Cervidae	易危	省级
6	豪猪 *Hystrix hodgsoni*	豪猪科 Hystricidae		省级
		鸟纲 AVES		
7	鸢 *Milvus korschun*	鹰科 Accipitridae		Ⅱ
8	赤腹鹰 *Accipiter soloensis*	鹰科 Accipitridae		Ⅱ
9	松雀鹰 *Accipiter virgatus*	鹰科 Accipitridae	易危	Ⅱ
10	红隼 *Falco subbuteo*	隼科 Falconidae	易危	Ⅱ
11	褐翅鸦鹃 *Centropus sinensis*	杜鹃科 Cuculidae	易危	Ⅱ
12	小鸦鹃 *Centropus toulou*	杜鹃科 Cuculidae	易危	Ⅱ
13	草鸮 *Tyto capensis*	草鸮科 Tytonidae	易危	Ⅱ
14	领角鸮 *Otus bakkamoena*	鸱鸮科 Strigidae		Ⅱ
15	雕鸮 *Bubo bubo*	鸱鸮科 Strigidae		Ⅱ
16	领鸺鹠 *Glaucidium brodiei*	鸱鸮科 Strigidae		Ⅱ
17	苍鹭 *Ardea cinerea*	鹭科 Ardeidae		省级
18	池鹭 *Ardeola bacchus*	鹭科 Ardeidae		省级
19	白鹭 *Egretta garzetta*	鹭科 Ardeidae		省级
20	牛背鹭 *Bubulcus ibis*	鹭科 Ardeidae		省级
21	绿鹭 *Butorides striatus*	鹭科 Ardeidae		省级
22	栗苇鳽 *Ixobrychus cinnamomeus*	鹭科 Ardeidae		省级
23	夜鹭 *Nycticorax nycticorax*	鹭科 Ardeidae		省级
		爬行纲 REPTILIA		
24	蚺（蟒）*Python molurus*	蟒科 Boidae	濒危	Ⅰ
25	三线闭壳龟 *Cuora trifasciata*	龟科 Testudidae	濒危	Ⅱ
		两栖纲 AMPHIBIA		
26	虎纹蛙 *Rana tigrina*	蛙科 Ranidae	易危	Ⅱ
27	棘胸蛙 *Rana spinosa*	蛙科 Ranidae	易危	省级
28	沼蛙 *Rana guentheri*	蛙科 Ranidae	无危	省级

（3）经济动物多样　根据国家林业局2000年8月1日发布的《国家保护的有益的或有重要经济、科学研究价值的陆生野生动物名录》（简称“三有动物”），该保护区的野生经济动物资源比较丰富，据初步调查统计，有如下动物。

①哺乳类　有野猪、果子狸、鼬獾、猪獾、黄腹鼬、华南兔、山蝠 *Nyctalus noctula*、普通伏翼等。

②鸟类动物　有小䴙䴘、绿翅鸭、鹌鹑、灰胸竹鸡 *Bambusicola thoracica*、雉鸡、白胸苦恶鸟 *Amaurornis phoenicurus*、黑水鸟 *Gallinula chloropus*、骨顶鸡 *Fuluca atra*、青脚鹬 *Tringa nebularia*、白腰草鹬 *T. ochropus*、矾鹬 *T. incana*、泽鹬 *T. stagnatilis*、林鹬 *T. glareola*、扇尾沙锥 *Gallinago stenura*、金眶鸻

Chardrius dubius、山斑鸠 *Streptopelia orientalis*、珠颈斑鸠 *S. chinensis*、鹰鹃 *Cuculus sparverioides*、噪鹃 *Eudynamys scolopacea*、小白腰雨燕 *Apus affinis*、翠鸟、家燕、金腰燕、灰鹡鸰、白鹡鸰、红耳鹎 *Pycnontus jocosus*、白头鹎 *P. sinensis*、棕背伯劳 *Lanius schach*、黑卷尾 *Dicrurus macrocercus*、发冠卷尾 *D. hottentottus*、黑领椋鸟 *Sturnus nigricollis*、八哥、红胁蓝尾鹊 *Tarsiber cyanurus*、鹊鸲、北红尾鸲 *Phoenicurus aurorens*、黑脸噪鹛 *Garrulax perspicillatus*、白颊噪鹛 *G. sannio*、画眉、大山雀、叉尾太阳鸟、暗绿绣眼鸟、麻雀等。

③两栖类　有黑眶蟾蜍、泽蛙、大树蛙、斑脚树蛙、花姬蛙 *Microhyla pulchra*、花狭口蛙 *Kaloula pulchra* 等。

④爬行类　有乌龟、丽棘蜥 *Acanthosaura lepidogaster*、变色树蜥 *Calotes versicolor*、蟒蛇、三索锦蛇、翠青蛇、灰鼠蛇、银环蛇、眼镜蛇等。

4.2.5 陆河花鳗鲡自然保护区

2004 年 12 月，陆河县人民政府批准建立陆河花鳗鲡县级自然保护区。2006 年，汕尾市人民政府批准陆河花鳗鲡县级自然保护区晋升为市级自然保护区。2009 年 4 月，广东省人民政府粤办函［2009］199 号文批准陆河花鳗鲡市级自然保护区升格为省级自然保护区。主要保护对象为珍稀鱼类、生物多样性及独特的物种种质资源及其栖息环境。

根据中华人民共和国国家标准《自然保护区类型与级别划分原则》（GB/T14529—93），陆河花鳗鲡自然保护区属“自然生态系统类”别中的“内陆湿地和水域生态系统类型”自然保护区。

4.2.5.1 自然条件

（1）位置范围　陆河花鳗鲡自然保护区位于汕尾市辖陆河县中南部，地理坐标为东经 115°27′～115°45′，北纬 23°8′～23°26′。由螺河路河段干流、南北溪、激石溪、螺溪及部分支流组成。螺河干流从咸宜到南告水库，全长 40.88km，南溪打鼓潭到螺河干流全长 26km，北溪从北龙到螺河干流全长 10km，激石溪从上宫排到咸宜，全长 30km，螺溪从沥背到干流全长 20km。樟河水 8.8km，河东水 10km。保护区总面积为 1865.6hm^2。

（2）地质基础　据报道，保护区位于莲花山脉南麓，地质构造上属华南褶皱带，在地史上属于华夏古陆和扬子古陆的华南台地。燕山运动的断块和岩浆活动控制东北—西南走向水系（如东江、螺河）的发育，后来的喜马拉雅造山运动至新构造运动期间，断块的进一步演化，这种断块对沿海第四纪盆地的发育，对西北—东南向水系（如榕江、螺河）的分布，对与这组水系的走向大致平行的岭谷的延伸，都起着明显控制作用。海漫盛期的泥盆纪及中生代以来，经历多次激烈的华南台地抬升，使原各地质时期沉积的地层褶皱断裂，并伴随大规模的岩浆入侵，形成了螺河水系的地质和地貌特征。

（3）地貌概况　保护区地势大致上北高南低，北、西、东 3 面山峦起伏，群峰环抱。北部多为山地，中部地势低洼，为河流冲积或洪积山区小平原或小盆地，南部以丘陵台地居多，地势逐步平坦，濒临南海，呈山门敞开之势。故此，陆河县地形由边缘向中间倾斜，中间由北向南倾斜的格局，在地势格局控制下，形成山地、丘陵、盆地的 3 种地貌类型。

（4）气候特点　保护区属南亚热带季风气候，气候温和，雨量充沛，日照充足。据陆河县气象资料：年均气温 21.5℃，全年以 1 月份温度最低，平均 13.2℃，极端气温最低 0.9℃，7 月年均气温 27.8℃，“立秋”前后气温最高，极端最高气温 37.8℃。年均降水量 2187.1mm，多集中在 4～9 月。日照时数 2138 小时，无霜期 350 天以上，十分有利于各种生物繁衍和生长。主要灾害性天气有冬季霜冻，春季低温阴雨，夏季台风暴雨，秋季寒露风。

（5）水文特征　保护区属螺河水系，地表水以河流形式分布。年径流量由降雨产生，多年平均径流变化范围在 1500～1700mm 之间，其变差系数 CVy 为 0.4。多年平均径流深 1640mm，年径流总量为 16.48 亿 m^3。

保护区主要有螺河干流路河段，螺河支流南北溪、激石溪和螺溪组成。螺河发源于陆河县南万镇境内的三种凸东坡，海拔1131m，与河源市的紫金县分界。螺河干流全长102km，河床平均比降26.9%，河流的弯曲系数为2.0，总集雨面积1356km^2。其中：径流量68.1m^3/秒，多年平均径流深1671.2mm，多年平均径流总量158.9万m^3。

螺溪支流集雨面积159km^2，陆河县境内127km^2。多年平均径流量7.22m^3/秒，天然落差521m，河床平均比降73%，主支流沿程的各小支流，山势险峻，植被良好，河道狭窄，水资源丰富，潜力大。

南北溪，由南溪水和北溪水组成。南溪水为南北溪支流的主河段，集雨面积91km^2，东西流向，沿程小支流较多。河床多为岩石或卵石出露，河道比降大，弯曲系数小，当地称为“骑马水”。北溪是南北溪的北面支流，发源于鸡公髻嶂（海拔645m），集雨面积37km^2，流经西湖出石坡宫，在距河口圩1km处与主流南溪水汇合，经河口月地埔下侧从左岸注入螺河干流。

南北溪流域集雨面积128km^2，主河道长26km，多年平均径流量7.36m^3/秒，河床平均降价123.9%。

激石溪水是发源于乌凸山（海拔1233m）的山间河谷，在国营激石溪林场场部三江口，与南面流来的五马归槽水和北面流来的鹰嘴水三水合一后，经山间迂回至北潭林场，纳入江西坑水，曲折流程11km，至田心村前流入新田盆地，流程21.9km。

4.2.5.2 功能分区

依据《陆河花鳗鲡自然保护区总体规划》①，将陆河花鳗鲡自然保护区分为如下3个功能区。

（1）核心区　面积660hm^2，占保护区总面积的35.38%。位于南溪打鼓潭到螺河干流全长26km，北溪从北龙到螺河干流全长10km，激石溪从上宫排到咸宜，全长30km。该区域代表了螺河典型的生态系统，其珍稀特有鱼类群落集中分布于此，是本保护区最具有代表性的区域。其主要功能是：保持稳定珍稀鱼类、生物多样性及独特的物种种质资源将实行全封闭管理，不得进行任何影响和干扰生态环境的活动。

（2）缓冲区　面积817.6hm^2，占保护区总面积的43.83%。位于螺河干流从咸宜到南告水库，全长40.88km。其主要功能是：保护区珍稀野生动物、生态系统和生物群落较为集中、保护较好的区域，需要重点保护，将实行半封闭式管理，除必要和合理的科学研究外，杜绝其他开发性的经营管理行为。

（3）实验区　面积388hm^2，占保护区总面积的20.8%。位于除核心区、缓冲区之外，其余部分为实验区。螺溪从沥背到干流全长20km。樟河水8.8km，河东水10km。在功能区划上，实验区可以进入从事科学试验、教学实习及具有示范效果的一些可持续发展经营项目，如珍稀生物的救护、生态系统、生物群落的人工促进恢复、种质资源的人工培育、孵化和珍稀濒危野生动物驯化、繁殖等（图4.7）。

4.2.5.3 水生动物资源概况②

螺河是粤东一条独流入海的较短的河流，全长只有102km，是较典型的山川急流型河流，从上声凸山飞流直下南海，落差大、峡谷多，形成砾石或卵石河床急流生境，具有如下较特殊的水生生物群落组成特点。

（1）螺河有多种山区急流生境鱼类　如鲃亚科和鮈亚科的多数种类以及平鳍鳅科和鳅科的一些种类。此外，还有多种珍稀名贵鱼类如花鳗鲡 *Anguilla marmorata*、陆河唐鱼、香港斗鱼、光倒刺鲃 *Spinibarbus caldwelli*、台湾白甲鱼、赤眼鳟 *Squaliobarbus curriculus*、黄颡鱼 *Pelteobagrus fulvidraco* 等。

---

① 广州大学生命科学学院．陆河花鳗鲡省级自然保护区总体规划．广州大学生命科学学院，广东省陆河县水产局，广东省海洋与水产自然保护区管理总站．2008.10.

② 陆河县水产局．2014年广东陆河花鳗鲡省级自然保护区资源调查报告．陆河县水产局．2015.10.

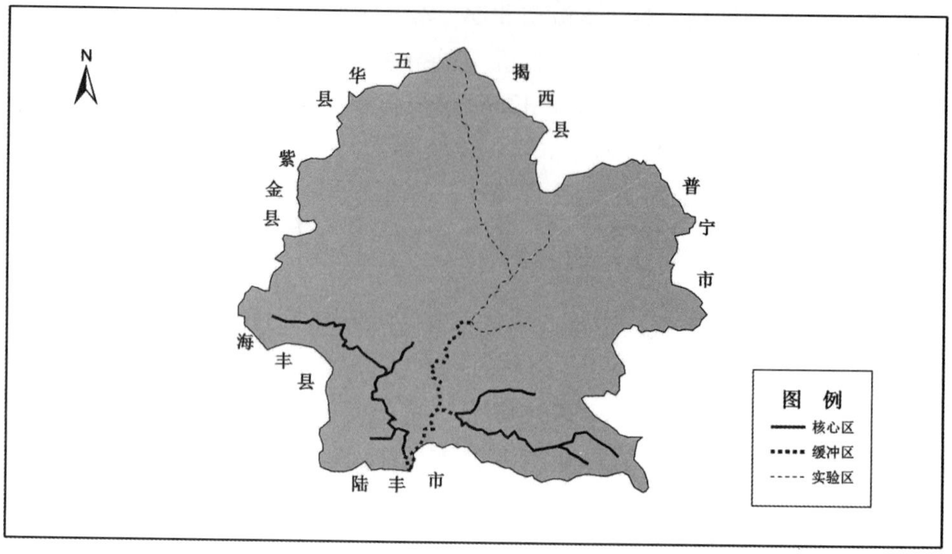

图 4.7 陆河花鳗鲡自然保护区功能分区图

（2）支流水质清新、生态良好，生境多样化　山区水系有多种珍稀爬行类动物如山瑞鳖 *Palea steindachneri*、平胸龟 *Rana spinosa*、三线闭壳龟 *Cuora trifasciata* 等的分布。

（3）特有种鱼类种群的繁育群体相对较弱，濒危的危险性较大　如陆河唐鱼、香港斗鱼、香鱼、海丰沙塘鳢、花斑拟腹吸鳅等。

（4）水利建设等人类活动增多，螺河水系部分重要原生境遭到破坏　加剧了螺河鱼类种质资源的衰退进程。

4.2.5.4 珍稀濒危物种

陆河由于地形和自然条件复杂，鱼类资源丰富，有记录的鱼类 67 种，隶属于 7 目 18 科 56 属，多属于热带及亚热带种属。有花鳗鲡、陆河唐鱼、两种国家Ⅱ级保护野生动物，香港斗鱼、香鱼、异鱲 *Carinozacco spilurus* 等被列入中国濒危动物红皮书的种类。区域内还有国家Ⅰ级保护动物蚺 *Python molurus*，国家Ⅱ级保护动物山瑞鳖、三线闭壳龟、虎纹蛙 *Rana tigrina* 等一大批珍稀野生动物。

4.2.6 潮安海蚀地貌自然保护区

1999 年 12 月 28 日，潮安县人民政府安府函［1999］6 号文发布《关于同意建立梅林湖古海蚀石群县级地质地貌自然保护区的批复》。2000 年 1 月 12 日潮州市人民政府潮府函［2000］3 号文发布《关于同意建立潮安梅林湖古海蚀石群为市级地质地貌自然保护区的批复》。2002 年 4 月 28 日，潮州市人民政府潮府报［2002］13 号文发布《关于要求批准潮安梅林湖古海蚀石群为省级地质地貌自然保护区的请示》。2003 年，经省人民政府同意，潮安梅林湖古海蚀石群地质地貌自然保护区升格为省级自然保护区，并更名为潮安海蚀地貌自然保护区。2007 年，省人民政府同意设立潮安海蚀地貌自然保护区管理处，涉及庵埠镇和彩塘镇 8 个村。主要保护对象为古海蚀石群地质地貌景观、梅林湖泻湖、独特的花岗岩球状风化景观和历史上所建人文景观。

根据中华人民共和国国家标准《自然保护区类型与级别划分原则》（GB/T14529—93），潮安海蚀地貌自然保护区属“自然遗迹类”别中的“地质遗迹类型”自然保护区。

4.2.6.1 自然条件

（1）位置范围　潮安海蚀地貌自然保护区，位于潮安县城（庵埠镇）以西约 6km 的小桑浦山南麓，与揭东县毗邻。其范围：东沿湖庵庙的山边小路起至玉筒峰；南至梅林湖南侧，西与揭东县界；北至玉筒峰沿山脊往山坑小路。地理坐标为东经 116°36′32″～116°38′37″，北纬 23°27′10″～23°28′44″。

保护区总面积为405.155hm^2，

（2）地质基础

①地层　据报道①，保护区地质基础简单，地层分布不全，仅见第四系。

Q_d^d：分布于平原区，地表有厚0.5～1m的亚黏土，下部为淤泥和淤泥质黏土。为海陆交互相沉积。

Q_d^c：分布于保护区内丘前地带，为洪积和冲积成因，厚2～12m。岩性为砾砂质亚黏土。

②构造　保护区为新华夏主干北东构造及与其配套的北西构造组成“多”字型构造控制。保护区地处北西走向的潮州断裂和汕头断裂之间，区内未见规模较大的断裂带，但北西走向的节理非常发育，花岗岩中常见走向北西40°～50°的峭壁。同时还可见走向北东50°左右的节理面，其规模和数量>北西组。

③岩浆岩　主要为燕山三期黑云母花岗岩（$Y_5^{2(3)}$），分布于整个保护区内的丘陵地带，古海蚀石就是此种岩石，岩石为浅灰色，中粒结构，部分具似斑状构造，矿物成分为钾长石、斜长石、石英和黑云母，斑晶通常为钾长石。该岩体侵入时代，同位素年龄值大致为150～160Ma，定为早白垩世归湖单元（K^1G）。

（3）地貌概况　保护区地处潮汕平原西部，汕头、潮州、揭阳3市接合部位上，有两条山系呈南东—北西向平行排列，西部一条称大桑浦山，主峰海拔720m；东部一条称小桑浦山，主峰海拔264m。梅林湖位于小桑浦山东南端。在桑浦山东部为韩江流域冲积平原，又称潮汕平原，西部则为榕江流域冲积平原。总之地貌具有平原和丘陵两种类型。在平原区地势低平，溪流纵横密布，构成网状水系，而丘陵区虽然基岩裸露，但植被较发育，以阔叶林居多。

（4）气候特点　保护区属南亚热带季风海洋性气候，气候温和，雨量充沛，日照充足。据潮安县气象资料：年均气温21.5℃，全年以1月份温度最低，平均13.3℃，极端气温最低-2.7℃，7月年均气温28.3℃，极端最高气温39.6℃。年平均降水量1696mm，多集中在4～9月。年均蒸发量1675.8mm；年平均相对湿度45.6%；每年春季至初秋季盛吹偏南风，秋季至冬末吹偏北或骗东风；主要灾害性天气为夏秋热带风暴或台风暴雨。

（5）水文地质特征

①地表水　平原地表水系发育，沟渠纵横，河网密布。韩江和榕江在汕头市区东西两则注入南海。保护区周边为梅林湖及进出湖区的沟渠水网环绕，梅林湖为淡水湖，由于多年来受围湖造田的影响，湖面仅存0.33km^2，保护区内的沟流多源短流小，径流量一般都<5L/秒，溪流上游多建有山塘水库，均为淡水。可供饮用。

②地下水　地下水类型为松散岩类孔隙水和块状基岩裂隙水，前者有第四系洪冲积层孔隙水和第四系海积层孔隙水；后者含水层主要为早白垩世归湖单元中粒花岗岩的残积层和风化裂隙带，含基岩裂隙水，富水性贫乏。

基岩裂隙地下水的补给主要为大气降水垂直入渗补给，其次为山塘、水库的渗入补给。松散岩类孔隙除大气降水渗入补给外，还有地表水的入渗补给，以及丘陵区基岩裂隙水补给。

基岩裂隙水在接受降雨补给后，由高处往低处呈放射状径流在沟谷切割处以泉的形式排泄，部分以潜流的形式侧向补给松散岩类孔隙水。

松散岩类孔隙水接受补给后，自北东往南，南西径流，排泄于沟渠、湖泊或海洋中。

地下水化学类型为重碳酸钙钠型淡水，pH6.8～7.8，矿化度<1g/L。平原矿化度>1g/L的微咸水。

（6）生物概况　保护区的植被属于南亚热带季风常绿阔叶林，但因长期受人类活动的干扰，原生

① 苏成曼等．广东省潮州市潮安县梅林湖古海蚀石群地质地貌自然保护区考察报告．潮安县国土资源局，广东省地质科学研究所，广东创立矿业技术咨询中心．2002.3.

植被已基本破坏殆尽。丘陵地区现存植被多为栽培类型，主要为马尾松林、杉木林、台湾相思林等。部分丘陵坡地、丘间谷地种植有龙眼 *Dimocarpus longan*、荔枝 *Litchi chinensis*、梅 *Armmeniaca mume* 等果树林，尤其是一些沟谷，灌木丛生，通行比较困难。在平原地区，除水稻田外，还有不少人工栽培的防护林，树种多为速生的木麻黄 *Casuarina equisetifolia*。

在保护区内尚未发现国家保护的珍稀动物，但原鸡、鹰、麻雀、华南兔和蛇类等时有发现。

4.2.6.2 功能分区

根据《中华人民共和国自然保护区条例》第十八条“自然保护区可以分为核心区、缓冲区和实验区”的规定，依据《广东省潮州潮安县梅林湖古海蚀石群地质地貌自然保护区总体规划》①，将潮安海蚀地貌自然保护区分为如下3个功能区。

（1）核心区　位于保护区东南部的丘陵区与平原区转折过渡地段，面积71.785hm^2，占保护区总面积的17.73%，地面海拔在3~73.9m。位于8号、9号坐标点以南，0~10坐标点以西，16~22号坐标点以东，12~15号坐标点以北范围内。

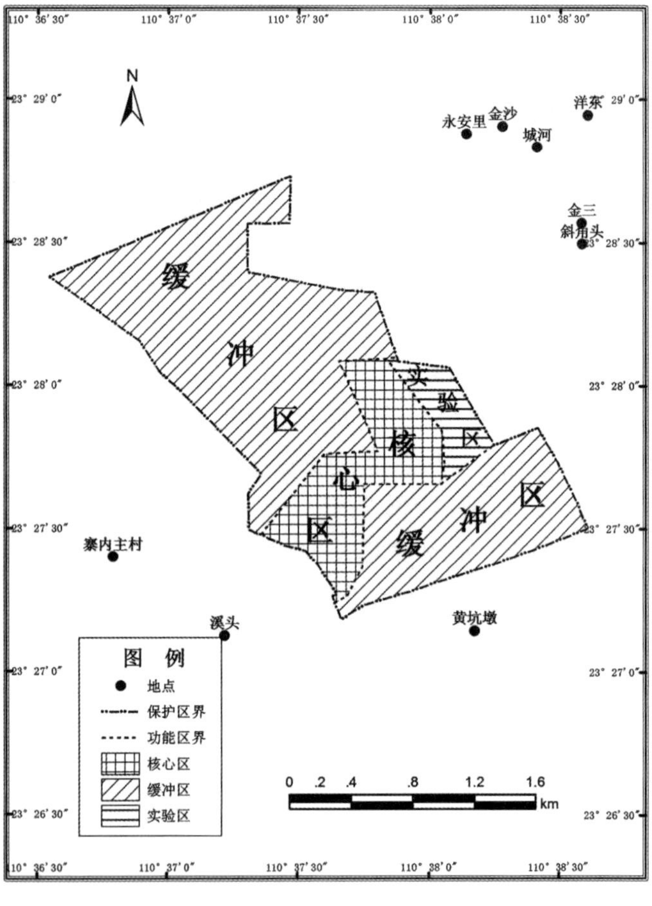

图4.8　潮安海蚀地貌自然保护区功能分区图

核心区内海蚀地貌发育，类型齐全，形态奇特典型，多发育在海拔4~6m、30~35m地段上，海蚀崖、海蚀槽、海蚀沟、海蚀柱，海蚀平台发育尤以双层结构的海蚀崖及海蚀磨菇更为典型。特别是分布在海拔90m的铁钉石雄伟壮观，是海蚀形成或风蚀成因尚有待深入研究。由于海蚀遗迹是坚如盘石的花岗岩被海浪长期冲刷和侵蚀，磨蚀的结果，其形状千姿百态。

其主要功能是：保护海蚀地貌生态系统。将实行全封闭管理，除必需的科学研究人员经有关主管部门批准方可进出外，严禁狩猎和采挖。

（2）缓冲区　位于核心区的南北两侧，总面积313.148hm^2，占保护区总面积的77.29%。其中北部缓冲区，为丘陵区，走向南东—北西，地面海拔70~210m，丘坡较陡，多呈“V”形谷。面积214.635hm^2。由于岩石为燕山期黑云母花岗岩，岩石节理裂隙发育，具球状风化特征，形成石蛋或石丘地貌，丘顶植被长势较差，而沟谷和丘坡地带植被茂密；东南部缓冲区，含梅林湖泻湖水面，面积98.513hm^2。该区为平原区，地势平坦，地面海拔2~3m，其上沉积有厚度2.5~11m的第四纪堆积物。区内海拔90~62m的海蚀遗迹，以铁钉石为代表。

由于该缓冲区存在古泻湖及第四纪沉积物，与古海蚀遗迹相应印证。是研究海陆变迁及地壳升降变化的证据。

---

① 苏成曼等．广东省潮州市潮安县梅林湖古海蚀石群地质地貌自然保护区总体规划．潮安县国土资源局，广东省地质科学研究所，广东创立矿业技术咨询中心．2002.3.

其主要功能是：对于保护核心区起缓冲作用，确保核心区生态系统的良性循环。此区将实行半封闭式管理，只许科研人员从事科学研究观测活动，严禁捕猎属于国家和省级重点保护的野生动物，不准采挖和砍伐珍稀植物。

（3）实验区　位于核心区东部，梅林湖缓冲区外缘，地处为平原区，地面平坦，海拔2.4～2.6m。总面积20.222 hm^2，占保护区总面积的4.99%。距新潮汕公路仅35km。

其主要功能是：为核心区和缓冲区提供包罗万象作用，是建立海蚀遗迹地貌科学研究实验的基地，也是开展科普教育，提高人们素质的重要场所（图4.8）。

4.2.6.3 海蚀地貌景观

海蚀地貌是海蚀作用所形成的，它是大海波浪、潮汐、海流并包括海水本身对海岸进行的机械的、化学和生物的破坏作用的总称。海蚀石形成的前提条件是海蚀作用，以及海岸边松软岩石或虽坚硬但节理发育的岩石。海蚀石是海蚀地貌的基本形态，大都是暴风浪的产物，普通风浪则起着经常的修饰地貌的作用。据调查①，保护区内外海蚀地貌主要有如下3种类型景观。

（1）海蚀崖是波浪打击海岸主要集中在海平面附近，使海岸形成凹槽，凹槽以上的岩石被悬空，波浪继续作用，使悬空岩石崩坠。促使海岸步步后退，形成海蚀崖。海蚀崖高5～8m，宽度一般为数米，最宽12m。

波浪对海岸侵蚀不只限于海平面附近，当波浪碰到海崖时，水体垂直抬起使海崖上部也受到破坏，在海蚀崖上常由于这样的侵蚀形成蜂窝状崖面，是水沫与其混在一起的岩屑、砾石打击、磨蚀形成。

（2）海蚀柱　是海浪不断地对海岸侵蚀，海蚀崖在后退过程中，在海蚀平台上有些蚀余的岩体，形成海蚀柱。或者当波浪从两侧打击的岬角时，可在其两侧形成海蚀洞，当洞不断扩大最后贯通一起时，形成海蚀拱桥，拱桥顶板崩塌后也可形成海蚀柱。保护区内外所见海蚀柱高3.8～8m，其显著特征是上部呈蘑菇形状，通称海蚀蘑菇。

（3）海蚀孤石　是从海蚀崖上崩落下来的岩块，因为海浪回流力量减弱，而未能将它们带进大海，而散落于海蚀平台上，成为海蚀孤石，它们继续受到波浪的冲蚀。留在海蚀孤石上面的波浪冲蚀面有面向东南大海方向的，也有背向大海的。保护区内外所见海蚀孤石高1.5～4m，最长可达9m。

据报道，海蚀地貌3种类型上可以见到如下海蚀现象。

①弧形浪蚀面　这是最常见的海蚀现象，规模大小不一，最高有5m，一般1.5～2.5m，最深有2m。在一个海平面上形成一级浪蚀面，有时在一个海蚀石上可以见到几级浪蚀面，最多见到4级，这反映了海平面的变化。

②海蚀槽　也是最常见海蚀现象，多为垂直向发育，也有沿节理裂缝方向横向发育或纵横交叉的。槽长1～3m，一般深0.1～0.3m，深度大的称为海蚀沟，最深有0.5m。

③海蚀坑　有呈圆形、椭圆形，一般直径0.1～0.2m，大的有0.5m，深一般0.15m，个别可达0.35m。

④海蚀洞　形态不规则，它可以由海蚀坑或海蚀槽发育而来，最深有1.2m。

4.2.6.4 地质遗迹

（1）第四纪沉积物遗迹　据报道，梅林湖东西两侧各有一个钻孔控制，揭露了该地的第四系沉积物遗迹。ZK9孔，位于梅林湖西侧焦山村北边，孔深59.95，其中0～5.5m为细砂层；2.5～6.2m为淤泥质黏土；6.2～28m为亚黏土；28～58m为强烈风化的中粒花岗岩；58～59.95m为微风化中粒花岗岩。此孔的第四系亦属海陆交互沉积但以陆相冲积沉积为主，它正处于丘间谷地之中。ZK10孔，位于梅林湖东侧，在梅林湖北面约300m余。孔深100.10m，其中0～2.5m为细砂层；2.5～7.0m为黏土；7.0～13.0m为淤泥；13.0～25.5m为淤泥质黏土；25.5～51.0m为砂层；51～67m为黏土；67.0～100.10m为砂层；100.1m以下推测有淤泥质黏土和砾砂层，大致在147m左右为花岗岩基底。此孔从岩性变化情况看，它和韩江三角洲平原上的第四系特征基本一致。从上往下1～4层应属全新世，为海陆交互相沉积，而且以海相为主，岩性以淤泥、淤泥质土为主。第 4 层向下，当属更新世，以河流相沉积为主，岩性以砂和砾砂为主。

（2）古泻湖—梅林湖　位于潮安县城庵埠镇西面约 6km，它是古海蚀群相伴出现，也是沧海变桑田、海陆变迁的又一例证。梅林湖现在的面积约 0.33km^2，但其附近仍河网密布，沟渠纵横，有水乡泽国的景象。在全新世期韩江三角洲发育过程中，水砂洲逐渐增高形成砂堤，将海岸带的浅海与外海隔开而成泻湖，它接受洪水期的泥沙淤积，同时生物繁殖，形成沼泽，水体由于不再与外海相连，水质慢慢淡化，而演变成小的湖泊。几十年前，梅林湖还有几十平方千米宽阔的湖面，现在湖面由于人类的活动而逐渐萎缩。在梅林湖岸边，以及附近稻田耕作层下面经常会发现贝壳层，而且在梅林湖西岸埋深 4 ~ 4.9m 第四系中发现有古文化层，分上下两层，上层深 4 ~ 4.4m，下层 4 ~ 4.9m，两层均发现有石器及陶片，石器形状有戈、斧、锛、磨轮、碾石、石箭等。这是古人类活动的遗迹，陶片为粗陶及软泥陶。据^{1}4C 同位素年龄测定，其年代分别为距今 5440 年（下层）、3450 年（上层）及 2630 年（4m 处）。

（3）花岗岩球状风化地貌　据报道，桑浦山是由花岗岩组成，它是距今 1.6 亿年前地球经历燕山期岩浆活动的产物。花岗岩由地壳深处岩浆上升地面冷却凝固而成，形成后又经历了无数次地质构造运动的影响，在岩石中形成了许多断裂面和节理裂隙，节理裂隙通常由多组交叉出现，当大气降水或地下水或各种微生物沿着裂隙侵入，加速了裂隙两侧岩石的风化，由几组裂隙交叉的岩体产生由表及里，层层剥离，未风化部分便呈球体，这就是所谓的球状风化。由于地处沿海，长期遭受暴雨冲刷海风吹蚀，花岗岩的风化碎屑物被剥离以后，致使花岗岩残留球状体直接裸露地表，构成了独特的“石蛋”地貌。在桑浦山每林湖地区，这种巨石为此之多，如此密集保存之好实属罕见，而且花岗岩巨石形态怪异，似老虎、似雄狮、似猴子等等，成为具观赏价值的地貌景观。

（4）历史上所建人文景观　历史上建有湖庵庙、白云岩和甘露寺等古遗存，与地质遗址保持天然联系，浑然一体，相互成趣。

4.2.7 饶平海山海滩岩田自然保区

1998 年 5 月 20 日，潮州市地质矿产局潮地矿［1998］11 号文上报《关于要求将我市饶平县海山镇“虫辟龙”（海滩岩田）建立为地质遗迹保护区的请示》。1999 年 7 月，饶平县人民政府饶府复［1999］1 号文给予《关于批准建立饶平海山海滩岩田县级自然保护区的批复》。1999 年 12 月 3 日，饶平县人民政府饶府报［1999］33 号文上报《关于要求将饶平县海山镇“海滩岩田”列为市级地质遗迹保护区的请示》。2000 年 1 月，潮州市人民政府潮府函［2000］4 号文发布《关于批准建立饶平海山海滩岩田市自然保护区》。2001 年 12 月 31 日，广东省人民政府粤办函［2001］740 号《关于同意建立清远连山笔架山等 4 个省级自然保护区的复函》中，批准饶平海山海滩岩田自然保区升格为省级自然保护区。主要保护对象为裸露于陆地海滩岩等。

根据中华人民共和国国家标准《自然保护区类型与级别划分原则》（GB/T14529—93），饶平海山海滩岩田自然保区属“自然遗迹类”别中的“地质遗迹类型”自然保护区。

4.2.7.1 自然条件

（1）位置范围　饶平海山海滩岩田自然保护区，位于潮州市辖饶平县海山镇黄隆外头铺南侧海滨，与南澳岛隔海相望。该海滩岩田东起于麦园澳，西北至隆南大山，东南至虎屿。地理坐标为东经 116°55′54″ ~ 117°1′10″，北纬 23°30′18″ ~ 23°34′11″。保护区总面积为 2875hm^2。其中核心区面积 475hm^2，缓冲区面积 2400hm^2，实验区面积为 0。

（2）地质基础　据报道，海滩岩是指热带、亚热带海岸形成的被碳酸盐胶结的碎屑沉积，在海水化学条件下，生物碎屑溶解的碳酸盐将海岸（包括潮间带和波浪堆积带）的砂砾、岩屑、贝壳以及其他生物残骸黏结成岩，胶结物主要是文石和富镁方解石。

海滩岩呈层状赋存于第四系全新统东里下部，顶部为一层厚约1m的浅灰色含贝壳碎屑的风积细沙层所覆盖，底板为灰—灰黑色淤泥质沙。海滩岩从上到下具有明显的沉积韵律，上细下粗，碎屑成分为细砾、沙和生物碎屑，由碳酸盐类（文石、方解石和铁质）胶结，质地坚硬，具有纵横延伸的清晰的平行层理，尤其是底部，其低角度的海滩层理甚为发育，倾角5°~10°，岩石呈薄层状，单层厚1.5~10cm，中上部层理不太发育，呈厚层状，海滩岩中陆源碎屑和生物碎屑的数量比较接近，陆源碎屑以石英岩、石英、长石为主，其粒度可分粗、细两类，粗碎屑从沉积剖面的底层至顶层有明显的变化，高潮位以下0.5m的海滩岩中含有5m的极圆的细砾石，向上砾径变小，圆度降低，海滩岩层的砂级粗碎屑为次棱角状至次园状，值得注意的是海滩岩自上而下普遍含有另一类细碎屑，粒径以0.1~0.2mm的微、细沙为主，多次棱角状，但也有次圆状甚至极圆状细沙，生物碎屑以蛤类贝壳为主，磨圆度较好，偶见孔洞，无次生方解石充填，与陆源碎屑粒径变化相对应，沉积剖面自下而上的生物碎屑粒径也逐渐变小，在1~20mm之间，个别大于20mm。

（3）地貌概况　保护区为丘陵台地地貌，总的地势为北高南低。北部为石门石，埠尾山花岗岩组成一片丘陵台地最高处海拔140.1m，由于地质构造作用及海水、海风的侵蚀，花岗岩裸露并形成千姿百态的奇石、岩洞。南部为滨海砂堤，地形平坦，海拔0~5.8m，由于地壳上升，在海岸线上形成一条近东西走向长2.8km，宽40~50m，高2~4.8m的海滩岩长堤。砂地中部还形成一条与之近乎平行的腌堤，长度约2km，宽5~10m，高3.6~5.8m；双龙平卧海岸奇观，是粤东地区特有的海滩岩海岸地貌。

（4）气候特点　保护区属南亚热带季风海洋性气候，气候温和，雨量充沛，日照充足。据饶平县气象资料：年均气温21.4℃，全年以1月份温度最低，平均13.4℃，7月年均气温28.1℃。年平均降水量1475.9mm，多集中在4~9月。年均蒸发量2110.5mm；每年春夏季盛吹东南风，秋冬季吹西北；主要灾害性天气在5~9月，多热带风暴或台风暴雨。

（5）水文地质特征

①地表水　保护区属海岛，无河流水系，为缺水区，分布在丘陵谷地的有篮仔尾等6个小山矿。由于受水面积小，无沟流补给，旱季也多近干涸。区内小沟流只有一处，其流量仅为0.454L/秒，海岸带多已开挖为养虾池，由于海水的侵入成为咸水池。

②地下水　地下水类型为松散岩类孔隙水和块状基岩裂隙水，前者有第四系波洪积层层孔隙水、第四系海积层孔隙水和第四系海积贝壳亚砂土孔隙潜水；后者含基岩裂水隙水。富水性贫乏。

③地下水的补给　主要为大气降水垂直入渗补给，其次为山塘、水库的互为补给。区内丘陵块状岩类裂隙水径流流程短，地形波度大，切割强烈，具有补给与排泄区一致的特点，地下水往往于沟谷切割处或海边岩岸处于泉的形式排泄直接排入海中，部分以潜流形式侧向补给松散岩类孔隙水；丘前平地地下水由于大气降水和基岩裂隙水共同补给，地下水径流条件差，排泄于海中或蒸发掉。

④地下水动态变化及水化学　区内为滨海区，北部地形陡，不利于地下聚集，大气降水后，形成的地下水经短暂的径流后便排泄与沟谷中，地下水地表水都与大气降水补给有密切的关系，泉水的变幅为1~2倍，民井地下水位变化范围为1~2m。区内地下水的补给，由于降雨频繁，雨量大，雨季长，径流排泄条件较好，古地下水均为重碳酸盐淡水，pH 6.7~6.8，矿化度0.162~0.195g/L，其中红坑水库南—花岗岩裂隙水下降泉含偏硅酸117mg/L。达到饮用天然矿泉水标准要求，为偏硅酸矿泉水，但其流量偏小。

4.2.7.2 海滩岩田的成因

据报道①，海滩岩是一种特殊岩石，也是热带的特殊条件下滨海沉积岩。其成岩环境是丘陵海湾与岛屿环抱的半封闭的“海湖”中，早期近源物质供应充足，水介质流动缓慢，之后由于地表水等大

① 饶平县地质矿产局．饶平县海山镇“海滩岩田”自然保护区综合考察报告．1999.10.

量汇入“海湖”，淡化海水，距今 1600～1850 年海岸线进一步向陆地方向移动，与广海连通范围扩大，介质含盐度趋于正常，形成典型的滨海沉积环境。在这种沉积环境下，晚全新世的中早热带的特殊气温条件的作用，从而形成了具有典型的胶结物和微体古生物的滨海沉积田—海滩岩，再经海水的搬运、冲蚀而逐步堆积，在特定的地质环境下而形成这一典型的“海滩岩田”。其形成的年代，从底层向上，不同的海拔高度，其形成的时间不同。根据 C^{14} 同位素年龄分析测定，在海拔高 5m 处取样分析，C^{14} 同位素年龄分析测定为 5980 年（误差 ±100 年）；而在海拔（韩江口水位）660m 取样分析，C^{14} 同位素年龄测定为 2760 年（误差 ±100 年）。在海滩岩中，以晚全新世的 4 个成岩期为主，另一个时期为贝壳层，而中全新世的海滩岩多为残体，残留在晚全新世岩层的底部。

4.2.7.3 海滩岩的基本特征

据报道①，海山海滩岩是由细砾、沙和生物碎屑经海水搬运和堆积在特定地质环境下，由钙质等胶结形成的胶结层，岩层走向为东—南西，倾向南东，倾角 7°～9°。

（1）海滩岩的碎屑特征　海滩岩的碎屑成分为细砾、沙和生物碎屑。陆源碎屑以石英碎屑、石英、长石为主，粒度分粗、细二类。粗碎屑沉积层，粒径约 0.5mm，极圆。向上粒径减小，圆度降低。粗碎屑、圆度好的细砾是由近源碎屑受海浪不断地往返搬运磨蚀而成，而细碎屑则可能是来自运源，长距离搬运的结果。生物碎屑以蛤类介壳为主，磨圆度较好，无次生解石充填，说明海滩岩一直处于碱性—弱碱性的环境，因而不利生物碎屑的溶解。沉积剖面自下而上的生物碎屑粒径逐渐变小，由 1cm 减少到 1mm 左右。

（2）海滩岩的胶结物特征　海滩岩底部的低角度海滩岩层理甚为发育，已固结为坚—硬的岩石，具有纵横向延伸的清晰的平行层理，在纵剖面中可见单层厚 10～15cm。中部断续分布着 10cm 厚的风成砂层，说明有过沉积间断。中上部层理不太发育，由于风化作用，岩石多已碎裂，溶蚀孔隙多，海滩岩的胶结物按形成先后有 4 种：泥晶、纤维状文石、亮晶方解石、铁质胶结物。泥晶不均匀地残留在散、细粒砂较集中的孔隙中，是从沉积环境中快速沉积的文石；纤维状文石垂直生长在生物碎屑的边缘；亮晶方解石数量最多，与各种碎屑接触；而铁质胶结物较少，不均匀分布在一些岩层的孔隙中。这些胶结物的形成环境和生成阶段是不同的。文石泥晶最早从海水中直接折出，充填在粒间孔隙或矿物裂缝中；当沉积物覆盖后处于海水潜流环境时，受生物碎屑底质的控制，沿其边缘结晶出纤维状文石；随着粒间水 pH 值的降低，处于淡水潜流带中，结晶出大量亮晶方解石；以后由于海滩岩体的抬升，岩体的某些层位强烈渗蚀，使大量胶结物消失而形成空洞，岩石由坚硬转变为疏松，受潜水面控制的层位，在空洞和孔隙壁表面铁质结胶物沉淀。

（3）海滩岩中的微体古生物　海山岛海滩岩的生态组合、种属、表面特征等是典型的温热带近岸浅水和广盐度种属为主，微体古生物是未经搬运而原地埋藏的生物群。从海滩岩底部至顶部系列取样分析，这些生态组合、种属主要是有孔介虫和介形虫，包括有连结卷转虫、毕克卷转虫、异地企虫、柳条花蓝虫、拉马克五块虫、施罗德体轮虫和藻类等。

---

① 七二二地质队调所．饶平县海山镇黄隆海滩岩田水文地质调查报告．1999. 11.

4.3　市级自然保护区名录

序号	自然保护区名称	地　点	面积（hm^2）	保护对象	类　型	主管	建区时间（年·月·日）
1	汕头湿地	汕头市	10 333	湿地生态系统	内陆湿地	林业	2001. 08. 01
2	汕头大学周围环境	汕头市金平区	176	汕头大学周围森林植被	森林生态	其他	1985. 12. 01
3	濠江企望湾南方鲎	濠江区	273	南方鲎及其生境	野生动物	海洋	2004. 02. 0
4	河溪鸟类	潮阳区	1055	候鸟及其生境	野生动物	林业	2004. 09. 01
5	龙头湾	潮阳区	976	中华白海豚等珍稀水生野生动物	野生动物	海洋	2003. 09. 01
6	翠湖	潮阳区	1070	南亚热带阔叶林及野生动物	森林生态	林业	2004. 09. 01
7	田心湾南方鲎	潮阳区	333	南方鲎及其生境	野生动物	海洋	2004. 02. 01
8	莱芜中国龙虾	澄海区	2060	中国龙虾及其生境	野生动物	海洋	2003. 08. 01
9	莱芜中华白海豚	澄海区	1053	中华白海豚及其生境	野生动物	海洋	2003. 08. 01
10	南澳赤屿	南澳县	212	中国龙虾及其生境	野生动物	海洋	2004. 02. 01
11	南澳平屿	南澳县	157	南方鲎及其生境	野生动物	海洋	2004. 02. 01
12	碣石海马资源	汕尾市	500	三斑海马、日本海马等及其栖息地	野生动物	海洋	2006. 08. 01
13	陆河南万大鲵	汕尾市	500	大鲵及其生境	野生动物	海洋	2006. 09. 01
14	汕尾遮浪角	汕尾市	810	人工鱼礁	海洋海岸	海洋	2006. 08. 01
15	九龙湾海洋	海丰县	2050	真鲷等动物及其产卵场和孵化场	野生动物	海洋	2006. 08. 01
16	韩江	潮州市	800	鼋、花鳗鲡及其生境	野生动物	海洋	2004. 01. 01
17	山门山苏铁蕨	饶平县	46 312	苏铁蕨群落及其生境	野生植物	林业	1999. 08. 01
18	揭阳海龟、鲎	揭阳市	3000	海龟、鲎及其生境	野生动物	海洋	2004. 02. 01
19	揭阳龙虾	揭阳市	4000	龙虾及其生境	野生动物	海洋	2004. 02. 01
20	良田蝾螈	揭阳市	3000	蝾螈及其生境	野生动物	海洋	2004. 02. 01
21	三洲渔业	揭阳市	466	花鳗鲡等水产资源	野生动物	海洋	2004. 02. 01
22	榕江潮道	揭阳市榕城区	1829	海洋生态系统及野生动植物	海洋海岸	海洋	2004. 02. 01

4.4　县级自然保护区名录

序号	自然保护区名称	地　点	面积（hm^2）	保护对象	类　型	主管	建区时间（年·月·日）
1	练江口	汕头市潮南区	233	湿地生态系统、候鸟、水生动物和渔业资源	内陆湿地	海洋	2005. 06. 01
2	陆丰陂洋土沉香	汕尾市	67	土沉香	野生植物	林业	2007. 02. 01
3	陆丰碣石湿地	汕尾市	800	湿地、候鸟	内陆湿地	林业	2007. 02. 01
4	陆丰三溪水	汕尾市	3340	候鸟	野生动物	林业	2007. 02. 01
5	海丰莲花山	海丰县	2556	阔叶林等自然景观	森林生态	林业	2000. 11. 01
6	学堂坑	海丰县	667	阔叶林	森林生态	林业	1999. 12. 01
7	潮安凤凰溪	潮州市	300	闭壳龟及其生境	野生动物	其他	2006. 12. 01
8	饶平大程海湾海洋生态	饶平县	2750	西施舌、文蛤等珍稀海洋生物	野生动物	海洋	1999. 08. 01
9	饶平中华白海豚	饶平县	1482	中华白海豚及其生境	野生动物	海洋	2003. 11. 01
10	西澳岛黄嘴白鹭	饶平县	545	鹭鸟及其生境	野生动物	林业	2001. 10. 01
11	揭东新西河	揭阳市	2500	水源及水源涵养林	内陆湿地	林业	2007. 02. 01
12	揭西李望嶂	揭西县	7021	亚热带常绿阔叶林	森林生态	林业	2003. 01. 01
13	盘龙阁	普宁市	2120	森林及野生动植物	森林生态	林业	1994. 10. 01
14	三坑	普宁市	3800	水源涵养林	森林生态	林业	2001. 02. 01

第5章

珠三角地区的自然保护区

珠三角地区位于广东省中南部及沿海岛屿，主要包括：肇庆市辖端州区、鼎湖区、四会市、高要市、广宁县、德庆县、封开县、怀集县；佛山市辖禅城、顺德、南海、三水、高明5个区；广州市辖东山、荔湾、越秀、珠海、天河、白云、黄埔、番禺、花都、增城、从化等11个区；中山市；珠海市辖香洲、斗门、金湾3个区；东莞市；深圳市辖罗湖、福田、南山、宝安、龙岗、盐田6个区；惠州市辖惠城、惠阳2个区和博罗、惠东、龙门3个县；江门市辖蓬江、江海、新会3个区和台山、开平、鹤山、恩平4个县级市。总面积58 293.1km^2，占全省陆地面积的32.42%。地貌特点是：以平原为主，台地次之，丘陵、山地再次之。气候特征：属南亚热带季风气候。代表性植被为季风常绿阔叶林及众多脊椎动物。

5.1 国家级自然保护区

本地区已先后建立了广东鼎湖山自然保护区、广东象头山自然保护区、广东珠江口中华白海豚自然保护区等3个国家级自然保护区。广东鼎湖山自然保护区是我国、我省建立的第一个国家级自然保护区（《广东省自然保护区》一书中已做详细介绍）。

5.1.1 广东象头山自然保护区

1998年12月28日，广东省人民政府粤府函［1998］495号文发布《关于同意建立惠州象头山等7个省级自然保护区的批复》，批准建立“象头山省级自然保护区”。将象头山、汤泉、白芒3个林场接壤的连片山地划出来，成立象头山自然保护区，面积6424hm^2，其中象头山2303.9hm^2，汤泉3367.2 hm^2，白芒752.9hm^2。

为了科学合理地建设管理好象头山丰富的野生动植物资源，1999年，惠州市人民政府以惠府办［1999］60号文，批准成立了“象头山省级自然保护区筹建工作领导小组”，并组织有关专家、教授对象头山进行科学考察。为了确保港、深两地的饮用水源，保护好东江源头，2001年2月，惠州市人民政府决定扩大保护区范围，将与原核心区毗邻的泰美镇的新星、良田、罗营、公山村的林班，罗阳镇的东坑林班、小金村的第二、第三小班，柏塘镇的焦大林班，划入自然保护区一并严加保护。至此，保护区的面积扩大为10 686.9hm^2。2002年7月2日，国务院办公厅国办发［2002］34文，发布《国务院办公厅关于发布河北泥湾等17个新建国家级自然保护区的通知》，批准象头山省级自然保护区晋升为国家级自然保护区。自建立保护区以来，制定了较规范的规章制度，基本完成了省级自然保护区的基础设施建设，建立了较为完善的管理机构和保护体系，在自然资源和生态环境得到了恢复，其野生动植物资源及栖息生境得到了有效保护。主要保护对象是南亚热带季风常绿阔叶林生态系统，珍稀野生动植物及其栖息环境。

根据中华人民共和国国家标准《自然保护区类型与级别划分原则》（GB/T14529—93），广东象头山自然保护区属“自然生态系统类别”中的“森林生态系统类型”自然保护区。

5.1.1.1 自然条件

（1）位置范围 广东象头山自然保护区位于惠州市辖博罗县中东部象头山区。地理坐标为东经114°19′21″～114°27′06″，北纬23°13′05″～23°19′43″。东与泰美镇接壤，南与罗阳镇相连，西与白芒林场、汤泉林场为邻，北与柏塘镇及象头山林场的下嶂交界。保护区总面积10 696.9hm^2。

（2）地质基础 根据区域地质资料，保护区在早古生代为准地槽沉降带，形成了一套岩性复杂的泥、沙质浅海相沉积。早古生代末期强烈的加里东运动，使本区褶皱成山，并伴随花岗闪长岩的花岗岩侵入，经以后多次构造运动强烈变质形成片麻石英岩、片岩、花岗闪长片麻岩、花岗片麻岩。晚古生代，本区基本呈隆起壮态。中古生代侏罗纪末期至白垩纪在燕山运动影响下发生大规模的花岗岩入侵。新生代以来，在喜马拉雅运动影响下，地面抬升，由于强烈的侵蚀与剥蚀，大面积花岗岩裸露地表。由于新构造运动的间歇性上升，逐渐形成了现在这种多级剥夷面，主要可分为300～400m、500～600m、800～1000m三级。

（3）地貌概况 保护区的地势大致东北高，西南低，主要有山地和丘陵两类。

①山地地貌 以中山地貌最为发育，在保护区内的中山海拔800～1024m，主要分布于保护东北部和东部，保护区的最高峰蟹眼顶海拔高达1024m为中心。此外，主要山峰有5座，如位于蟹眼顶东北部的风云顶海拔1023m，位于象头山南部的亚公髻海拔1019m，猫眉顶海拔985.8m，位于四级电站背后的亚婆髻海拔981.9m，位于象头山东南、猫眉顶正北方的富贵石海拔877m等。地形起伏大，沟谷深切，地势险要，比高达100～1000m，坡度达30°～40°，局部山顶坡度达70°～80°。海拔500～800m的低山面积也不小，主要分布于中山地貌边缘地区。

② 丘陵地貌 海拔在500m以下，比高50～100m，主要分布于低山边缘和小金河两侧区域，地面受轻微切割，起伏中等，坡度5°～25°。

（4）气候特点 保护区地处北回归线以南，气候温暖湿润，雨量充沛，属于南亚热带湿润季风气候区。但具有山地气候特征，其特点是：热量丰富、降水充沛、湿度大、湿季长、旱季短，无霜期长。据博罗县气象资料，年平均日照时数1600～2400小时。多年平均气温21.8℃，最热月7月平均气温28.4℃，极端最高气温38.4℃（1958年7月16日），最冷月1月平均气温12.8℃，极端最低气温-2.4℃（1963年1月15日）；年降水量1827.6mm，4～9月为雨季，占全年总降雨量的83%～90%，9月至翌年3月为旱季，占全年总降雨量的10%～17%；年平均空气相对湿度80%。风向多为东南风，年平均风速1.6m/秒。

由于博罗县气象站海拔仅17.0m，而象头山自然保护区的海拔50～1024m，因而保护区的局地气候与县城有一定差异，其气温沿直梯度为-0.59℃/100m。

（5）水文特征 保护区属东江水系，其水文特征是：既有地表河流，又有水库，水质良好。

①河流 保护区内较大的溪流有3条。

A. 小金河 古称金鸡沥，全长33.0km，流域面积116.0km^2，流入小金河镇后汇入东江。

B. 榕溪沥 全长26.0km，流域面积125.0km^2，向南流入附近城镇后汇入东江。

C. 良田河 全长21.6km，流域面积120.5km^2，由保护区流入泰美镇后汇入东江。

以上3条河流在保护区内共有10条支流。溪流的流向均受地质构造、节理和地形的支配，纵比降大，水利资源丰富，共建有小水电站七座，装机16台，容量9750kW，正常发电量4000万kW/h。溪水的主要来源为雨水。因此，其水文特点是：流程短，落差大，水能蕴藏大，溪水清澈。但水位变化大，雨天地表径流顺坡而下，溪流水位高涨，晴天几无地表径流补给，溪流水位低落，仅靠地下潜水补给免于干涸。

②水库 在象头山海拔650m以上的山谷中，散布着形状不一、大小不等的范家田、东洞、下沛、济公田、亚婆髻、松树坳和担杆坳等7座水库，是1979～1994年陆续修建而成，总库容976.2m^3，挖砌环山渠道20条，共长24 885m，挖隧洞6座，共长968m，建成7级（8座）电站，年发电量

4500kW/小时。

③水质 根据保护区流经济公田、范家田、金娘谷、三堆池4条主要溪流水质监测，均无漂浮物和令人厌恶的沉积物。溪水清澈透明，无色、无臭、无味、无令人厌恶的水生生物，所监测27项，26项符合GB3838—88 Ⅰ类标准，色度符合GB12 941—91C类标准。pH 5.4～6.4，全部超过GB3838—88 Ⅰ类地面水标准，pH值超过标准的主要原因是：土壤为酸性；大量的枯枝落叶生成腐殖酸；溪水80%以上被截留发电，导致酸性浓度增高。

（6）土壤特征 保护区的地带性土壤为赤红壤，但随着山地海拔的升高，气温降低，降雨增加，影响了植物群落和土壤发育的更替，因而从山麓到山顶依次分布着如下几类土壤。

①赤红壤 主要分布在海拔300m以下的低丘陵地带，由于保护区是林区、植被覆盖度大，加之降雨充沛，湿度大，在海拔100m以上的丘陵大多数土壤黄化现象明显。因此，本类土壤又分为如下两亚类。

A. 赤红壤亚类 主要分布于海拔100m以下的丘陵谷地，因地势较平缓，故土层深厚，大多数在150cm以上，质地中壤至重壤，土体剖面构型为A—B—C、A—B—BC—C、A—AB—BC—C、A—AB—B—C等，棕至棕红色。下分花岗岩赤红壤和片麻岩赤红壤两个土属。与黄化赤红壤相比，分布部位较低，地势平坦，故土层更深厚，质地较黏重，大部分土属为重壤。

B. 黄化赤红壤亚类 主要分布于海拔100～300m的丘陵地段。其主要剖面性状和理化性质有：一是土层深厚，土层分化发育较好。A+B层厚度一般>100cm，主要土体剖面构型一般为A—B—C、A—AB—C、A—AB—BC—C或A—B—BC—C等。A层厚度一般>10cm，B（或BC）层厚度一般>50cm。二是土壤颜色一般为棕、淡棕、暗棕等，花岗岩黄化赤红壤颜色偏黄，而片麻岩黄化赤红壤偏红。三是土壤质地为中壤至重壤，较山地黄壤要黏重些，与山地黄红壤相似，片麻岩黄化赤红壤质地比花岗岩黄化赤红壤要黏重些；四是土壤黄化现象较明显，土壤结合水含量和解系数均高于赤红壤土类；五是土壤有机质和全氮、全鳞、全钾含量均较高。土壤肥力较好，是保护区发展松、杉、油茶及经济林的良好基地；六是土壤呈酸性，pH_{H20}5.0左右，但<5.50，CEC较小。

②红壤 主要分布于海拔300～600m的低山丘陵地带，成土母质多为花岗岩风化物，其次为各种片麻岩与片岩风化物。由于保护区高温多雨，湿度大，土壤中游离氧化铁水化度高，黄化现象明显，与富铝化过程相伴进行。故红壤仅有山黄红壤一个亚类，可分为如下两个土属。

A. 山地花岗岩黄红壤 主要分布于海拔300～600m的低山丘陵地段，成土母质为花岗岩风化物。土壤剖面性状和理化性质特点是：土层深厚，厚度变化大，土层分异较明显；土壤中氧化铁的水化度高黄化现象明显，土体以黄棕色为主；土壤质地疏松、土壤中黏粒含量较低，而且B层黏粒含量高于A层和C层，质地多为中壤至重壤；土壤CEC小，酸性强，盐基饱和度低，pH_{H20}各土层均低于5.0，B. S%<30%。CEC低，土攘缓冲性差；Fe_2O_3和AL_2O_3均表现出明显的下移现象，B层Fe_2O_3和AL_2O_3含量均高于A层和C层；土壤自然肥力较低，除K_2O含量较高外，有机质、全氮、全磷含量均较低。

B. 山地片麻岩黄红壤 只分布于保护区的北部和西北部，少数为海拔300～600m的低山丘陵地段，成土母质为各种片麻岩与片岩风化物。其特点是：土壤氧化铁的水化度较低，特别是上部土层，结合水含量明显低于山地花岗岩黄红壤，土壤颜色中黄色成分较弱，红色特征明显；CEC值和B. S%叫大，A、B层B. S%>30%；Fe_2O_3和AL_2O_3向下淋溶较明显，其他特性与山地花岗岩黄红壤相似。

③黄壤主要分布在海拔600～1000m的山坡，成土母质为燕山期花岗岩风化物和各种片麻岩与片岩风化物。由于地势较高，气温低，湿度大，故土壤中游离氧化铁的水化度较高，而使土体发黄，其剖面构型为A—B—C、A—AB—BC—G、A—AB—B—C或A—C等。黄壤土类只有如下山地黄壤一个亚类，可分为如两个土属。

A. 山地花岗岩黄壤 主要分布于海拔600～1000m的山坡，成土母质为燕山期花岗岩风化物发育而成，土层厚度由坡顶和上坡至下坡和坡麓增大，许多山峰甚至基岩裸露，无土层覆盖。主要剖面性状和理化性质特点是：土替构型为 A—B—C、A—AB—BC—C、A—AB—BC—C 或 A—C（R）等；土壤质地较轻，表土多为轻壤，心、底土层为中壤至重壤；土壤强酸性，表土层比底土层更酸；土壤的自然肥力较高，表土层有机质含量在 15.0g，Kg—1 以上，而且有随海拔上升而增高的趋势，全氮含量中等，全钾含量 27.0 ~ 45.0g（K_2O）kg^{-1}，全磷含量较低；B 层 AL_2O_3 和 Fe_2O_3 含量明显高于表土层和母知层。

B. 山地片麻岩黄壤　只分布于保护区北部和西北部个别海拔 600 ~ 800m 的山地，是由各种片麻岩和片岩风化物发育而成，其特点是：土壤质地较为黏重，大多数为重壤或轻壤，全钾含量较低，$<$ 30.0g（K_2O）kg^{-1}，其余特征与山地花岗岩黄壤相似。

④山地草甸土　主要分布在海拔 1000m 以上的山脊和山顶，由于气候寒凉潮湿，云雾多，日照少，风力大，因此抑制植物的生长和土壤微生物的活动，植物低矮、稠密、生长量和凋落物量少。成土母质为燕山期花岗岩风化物和各种片麻岩与片岩风化物。土壤脊薄，干旱板结，沙石裸露，石砾含量在 25% ~ 45%，以沙壤为主，粒状或核状结构，剖面发育不完整，土体构型为 A—C 型，A—A（B）—D 型，有明显的枯枝落叶和草根盘结的草甸层，呈黑色或黑棕色，土层浅薄，团粒结构良好。

5.1.1.2　功能分区

依据《广东象头山自然保护区总体规划》①，将象头山自然保护区分为如下 3 个功能区。

（1）核心区　有两片。一大片位于保护区北部，一小片位于南部，总面积 3739.5hm^2，占总面积的 34.96%。由于地形复杂，水热条件较好，人迹罕至，不良因素干扰和影响较小。因而天然南亚热带季风常绿阔叶林保护完好，是珍稀动植物集中分布的区域。

其主要功能是：涵养水源、保持水土，保护天然季风常绿阔叶林生态系统、珍稀野生动植物及其生存栖息繁衍的环境，以及维持生态平衡等。将实行全封闭管理，除必需的科学研究的定位观测、进入检查等外，禁止任何人进入，严禁狩猎、采挖药材和砍伐林木。

（2）缓冲区　有两片。一大片位于保护区北部核心区外围，一小片位于南部核心区外围，总面积 2848.5hm^2，占总面积的 26.63%。

其主要功能是：一是对于保护核心区起缓冲作用，确保核心区的天然常绿阔叶林生态系统和珍稀野生动植物的良性循环；二是通过有效保护和生物工程技术措施，加快森林植被的恢复和生物资源繁衍速度。此区将实行半封闭式管理，尽量减少进入人员，在路口和显著位置设置警示牌，严禁砍伐珍稀林木，以及外来因素破坏。

（3）实验区　有两片。一大片位于两缓冲区外围之间的西北部，一小片位于东部，总面积 4108.5hm^2，占保护区总面积的 38.41%。

其主要功能是：根据自然资源和实际需要，开展野生动物驯养繁殖研究，珍贵树种与保护树种种子基因库的建立，科普教学、生态旅游等活动（图 5.1）。

5.1.1.3　植物区系特点

（1）植物物种丰富　据调查统计②，该保护区拥有野生维管束植物 1440 种（包括种下分类单位，下同），隶属 680 属 196 科，占广东省野生维管束植物（5933 种）的 24.27%（叶华谷等，2005）。其中蕨类植物 104 种，隶属 60 属 36 科；裸子植 6 种，隶属 4 属 4 科；被子植物 1330 种，隶属 616 属 156 科（表 5.1）。

---

① 唐小平．广东象头山国家级自然保护区总体规划．国家林业局调查规划设计院，广东象头山国家级自然保护区管理局．2009.10.

② 吴章文，陈就和，吴楚材主编．广东惠州象头山自然保护区综合考察报告．中南林学院森林旅游研究中心，惠州市林业局．1999.12.

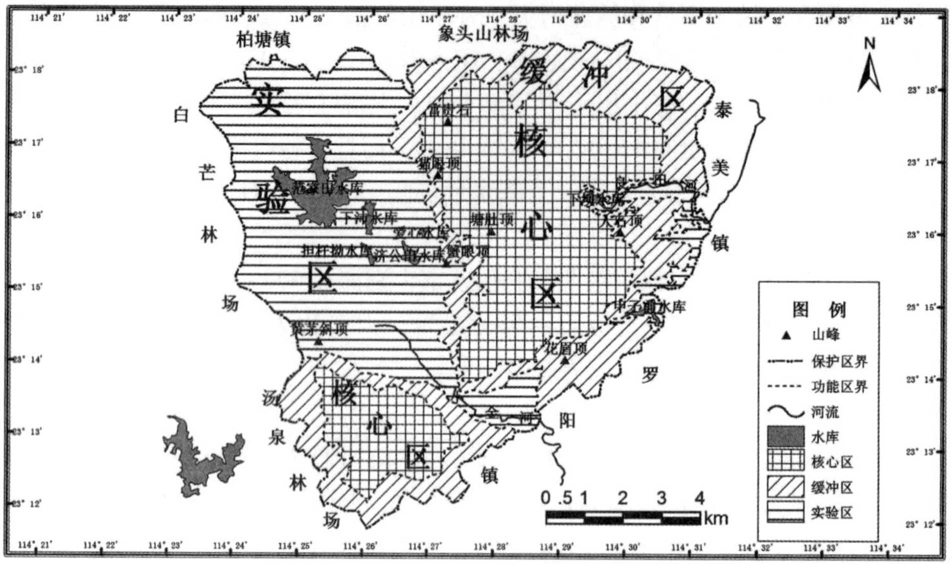

注：此图根据国家林业局调查规划设计院该功能分区图清绘而成。

图 5.1 广东象头山自然保护区功能分区图

表 5.1 广东象头山自然保护区野生维管束植物类群的组成

植物类群		科数	属数	种数
蕨类植物		36	60	104
裸子植物		4	4	6
被子植物	双子叶植物纲	131	479	1072
	单子叶植物纲	25	137	258
合计		196	680	1440

此外，尚有栽培植物 84 种，隶属 68 属 41 科。其中裸子植物 7 种，隶属 5 属 5 科；被子植物 77 种，隶属 63 属 36 科（双子叶植物 60 种 51 属 29 科；单子叶植物 17 种 12 属 7 科）。

（2）地理成分较复杂

①蕨类植物的地理成分

A. 科的地理分布区类型　根据保护区 36 科的分布类型统计分析如下。

广布科　共有 11 科，占该区总科数的 30.56%。如石杉科、石松科、卷柏科、木贼科、紫萁科、铁线蕨科、蹄盖蕨科、铁角蕨科、水龙骨科、苹科、槐叶苹科等。

热带、亚热带分布科　共有 20 科，占该区总科数的 80%（扣除广布科 11 科，下同），如松叶蕨科、里白科、中国蕨科、水蕨科、书带蕨科、金星蕨科、莲座蕨科、桫椤科、碗蕨科、鳞始蕨科、姬蕨科、海金沙科、凤尾蕨科 Pteridaceae、三叉蕨科 Aspidiaceae、实蕨科 Bolbitidaceae、舌蕨科 Elaphoglossaceae、条蕨科 Oleandraceae、骨碎补科、膜蕨科、禾叶蕨科 Grammitidaceae 等。

泛热带分布科　共有 4 科，占该区总科数的 16%，如蚌壳蕨科 Dicksoniaceae、蕨科 Pteridiaceae、乌毛蕨科 Blechnaceae、肾蕨科 Nephrolepidaceae 等。

温带至亚热带高山地区分布科　仅有鳞毛蕨科 Dryopteridaceae 1 科，占该区总科数的 4%。

B. 属的地理分布区类型　根据保护区 60 属的分布类型统计分析如下。

广布属　共有 7 属，占该区总属数的 11.67%。如石杉属、石松属 *Lycopodium*、卷柏属 *Selaginella*、铁线蕨属 *Adiantum*、铁角蕨属 *Asplenium*、苹属 *Marsilea*、槐叶苹属 *Salvinia* 等。

泛热带分布属　共有 10 属，占总属数的 18.87%（扣除广布属 7 属，下同），如马尾杉属 *Phlegmariurus*、蕗蕨属 *Mecodium*、鳞始蕨属 *Lindsaea*、乌蕨属 *Sphenomeris*、姬蕨属 *Hypolepis*、蕨属 *Pteridium*、

舌蕨属 *Elaphoglossum*、肾蕨属 *Nephrolepis*、抱树莲属 *Drymoglossum*、禾叶蕨属 *Grammitia* 等。

热带和亚热带分布属　共有37属，占该区总属数的69.81%。其中热带至亚热带为主，如松叶蕨属、观音莲座属、芒萁属、里白属、海金沙属、鳞盖蕨属、凤尾蕨属、碎米蕨属、金粉蕨属、水蕨属、书带蕨属、断肠蕨属、假蹄盖蕨属、骨碎补属、毛蕨属、金星蕨属、新月蕨属 *Pronephrium*、乌毛蕨属、条蕨属 *Oleandraceae*、阴石蕨属、线蕨属 *Colysis*、骨牌蕨属 *Lepidogrammitis*、石韦属等。

以亚热带为主的属　与热带至亚热带分布的类型相当，热带亚洲分布的有7属，如藤石松属、黑桫椤属、圣蕨属、复叶耳蕨属 *Arachniodes*、三叉蕨属、实蕨属 *Bolbitis*、星蕨属等；热带亚洲至非洲分布的有1属，如瓦韦属 *Lepisorus*；热带亚洲—大洋洲分布2属，如膜蕨属 *Hymenophyllum*、苏铁蕨属 *Brainea*；热带亚洲至热带美洲分布有2属，如双盖蕨属 *Diplazium*、单叶盖蕨属 *Triblemma*；东亚分布有2属，如金毛狗属、伏石蕨属等。

温带、热带分布属　有3属，占该区总属数的5.66%。如扁枝石松属、紫萁属、狗脊属。

温带分布属　有2属，占该区总属数的3.77%。如贯众属 *Cyrtomium*、鳞毛蕨属 *Dryopteris* 等。

寒、温带分布属　有1属，占该区总属数的1.89%。如木贼属 *Equisetum*。

②种子植物的地理成分

A. 科的地理分布区类型　按照《世界种子植物科的分布区类型系统》（吴征镒等，2003），对保护区种子植物160科的分布区类型统计分析，除旧世界温带分布、温带亚洲分布、地中海区和西亚至中亚分布、中亚分布及中国特有分布科尚未发外，其余10个分布区类型及变型均有分布。

*1. 广布类型　计有45科，占该区总科数的28.13%。如毛茛科、金鱼藻科、十字花科、堇菜科、远志科、景天科、虎耳草科、石竹科、马齿苋科、蓼科、藜科、苋科、酢浆草科、千屈菜科、柳叶菜科、小二仙草科、瑞香科、蔷薇科、蝶形花科、杨梅科、榆科、桑科、鼠李科、伞形科、木犀科、茜草科、败酱科、菊科、龙胆科、报春花科、车前科、桔梗科、半边莲科、紫草科、茄科、旋花科、玄参科（主产温带）、狸藻科、唇形花科（主产地中海）、泽泻科、眼子菜科、浮萍科、兰科、莎草科（主产温带及寒温带）、禾本科等。

*2. 泛热带分布类型　计54科，占该区总科数的46.96%（扣除45）。如番荔枝科、樟科、莲叶桐科、防已科、马兜铃科、胡椒科、金粟兰科、白花菜科 Capparidaceae、沟繁缕科 Elatinaceae、凤仙花科、大风子科、天料木科、葫芦科、秋海棠科、茶科、野牡丹科、使君子科、藤黄科、梧桐科、锦葵科、金虎尾科、大戟科、含羞草科、荨麻科、卫矛科、茶茱萸科、铁青树科、檀香科、蛇菰科、葡萄科、芸香科、苦木科、楝科、无患子科、漆树科、柿科、山榄科、紫金牛科、马钱科、夹竹桃科、萝藦科、花柱草科、爵床科、鸭跖草科、黄眼草科、谷精草科、竹芋科、雨久花科、菝葜科、天南星科、薯蓣科、棕榈科、仙茅科、水玉簪科 Burmanniaceae 等。

*2-1 热带亚洲、大洋洲（至新西兰）和南美（或墨西哥）间断分布　有2科，占该区总科数的1.74%。如第伦桃科 Dilleniaceae、山矾科 Smyplocaceae。

*2-2 热带亚洲、非洲和南美洲间断分布　有5科，占该区总科数的4.35%。如买麻藤科 Gnetaceae、粘木科 Ixonanthaceae、椴树科 Tiliaceae、苏木科 Caesalpiniaceae、鸢尾科 Iridaceae。

*2s 以南半球为主的泛热带分布　有7科，占该区总科数的6.09%。如罗汉松科、粟米草科、商陆科、山龙眼科、桃金娘科、桑寄生科、石蒜科等。

*3. 热带亚洲和热带美洲间断分布　有9科，占该区总科数的7.83%。如木通科、水东哥科、杜英科、冬青科、省沽油科、五加科、安息香科、苦苣苔科、马鞭草科等。

*4. 旧世界热带分布　有5科，占该区总科数的4.35%。如海桐花科、八角枫科、杠柳科 Periplocaceae、芭蕉科、露兜树科。

*4-1 热带亚洲、非洲和大洋洲间断　有1科，占该区总科数的0.87%。如水蕹科。

*5. 热带亚洲至热带大洋洲分布　有2科，占该区总科数的1.74%。如交让木科、姜科。

*6. 热带亚洲至热带非洲分布　仅有1科，占该区总科数的0.87%。如杜鹃花科 Ericaceae。

＊7. 热带亚洲（印度—马来西亚）分布　有 1 科，占该区总科数的 0.87%。如牛栓藤科。

＊7 –1 爪哇、喜马拉雅和华南、西南星散分布　仅有 1 科，占该区总科数的 0.87%。如五列木科 Pentaphylacaceae。

＊7 –3 缅甸、泰国至华西南分布　仅有 1 科，占该区总科数的 0.87%。如肉实科。

＊7 –4 越南（或中南半岛）至华南（或西南）分布　仅有 1 科，占该区总科数的 0.87%。如清风藤科 Sabiaceae。

＊8. 北温带分布　有 7 科，占该区总科数的 6.09%。如松科、金丝桃科、越桔科、忍冬科、列当科、百合科、延龄草科。

＊8 –4 北温带和南温带（全温带）间断分布　有 12 科，占该区总科数的 10.43%。如杉科、紫堇科、茅膏菜科、绣球花科、金缕梅科、黄杨科、壳斗科、胡颓子科、槭树科、胡桃科、山茱萸科、灯心草科等。

＊9. 东亚和北美洲间断分布　有 5 科，占该区总科数的 4.35%。如木兰科 Magnoliaceae、八角科 Illiciaceae、五味子科 Schisandraceae、三白草科 Saururaceae、鼠刺科 Escalloniaceae。

＊14. 东亚分布　有 1 科，占该区总科数的 0.87%。如猕猴桃科 Actinidiaceae。

从上所述可以看出，其中泛热带分布类型有 68 科，占该区总科数的 59.13%（扣广布科 45 科，下同）；北温带分布类型有 19 科，占该区总科数的 16.52%；热带亚洲和热带美洲间断分布类型有 9 科，占该区总科数的 7.83%；其余分布区类型所含科数均在 4.35% 以下，不占重要地位；特别是中国特有科等 5 科分布类型缺如，表明该自然保护区植物区系在科级水平上以泛热带分布成分为主，兼有一定数量的北温带成分。

B. 属的地理分布区类型　根据保护区种子植物 620 属的分布类型，按照《中国种子植物属的分布区类型》（吴征镒，1991）统计分析，除中亚分布类型及其变型尚未发现外，其他 14 个分布区类型及变型均有分布（表 5.2）。

表 5.2　广东象头山自然保护区种子植物属的分布区类型

分布区类型及变型	属数	占总属数（%）
1. 广布分布	51	扣除
2. 泛热带分布	161	28.30
2 –1 热带亚洲、大洋洲和南美洲间断分布	5	0.88
2 –2 热带亚洲、非洲和南美洲间断分布	9	1.58
3. 热带亚洲和热带美洲间断分布	28	4.92
4. 旧世界热带分布	57	10.02
4 –1 热带亚洲、非洲和大洋洲间断分布	7	1.23
5. 热带亚洲至热带大洋洲分布	42	7.38
5 –1 中国（西南）亚热带和新西兰间断分布	0	0
6. 热带亚洲至热带非洲分布	30	5.27
6 –1 华南、西南到印度和热带非洲间断	0	0
6 –2 热带亚洲和东非间断	2	0.35
7. 热带亚洲（印度—马来西亚）分布	81	14.24
7 –1 爪哇、喜马拉雅和华南、西南星散分布	10	1.76
7 –2 热带印度至华南分布	3	0.53
7 –3 缅甸、泰国至华西南分布	1	0.16
7 –4 越南（或中南半岛）至华南（或西南）分布	6	1.05
8. 北温带分布	41	7.21

（续）

分布区类型及变型	属数	占总属数（%）
8-1 环极分布	0	0
8-2 北极高山分布	1	0.16
8-3 北极—阿尔泰和北美洲间断分布	0	0
8-4 北温带和南温带（全温带）间断分布	10	1.76
8-5 欧亚和南美洲温带间断分布	1	0.16
8-6 地中海区、东亚、新西兰和墨西哥到智利间断	0	0
9. 东亚和北美洲间断分布	20	3.51
9-1 东亚和墨西哥间断	0	0
10. 旧世界温带分布	17	2.99
10-1 地中海区、西亚和东亚间断分布	3	0.53
10-2 地中海和喜马拉雅间断分布	0	0
10-3 欧亚和南非洲（有时也在大洋洲）间断	3	0.53
11. 温带亚洲分布	2	0.35
12. 地中海区、西亚至中亚分布	1	0.16
12-1 地中海区至中亚和南非洲、大洋洲间断	0	0
12-2 地中海区至中亚和墨西哥间断	0	0
12-3 地中海区至温带、热带亚洲，大洋洲和南美洲间断	1	0.16
12-4 地中海区至热带非洲和喜马拉雅间断	0	0
12-5 地中海区—北非洲、中亚、北美西南部，智利和大洋洲（泛地中海）间断分布	0	0
13. 中亚分布	0	0
13-1 中亚东部（亚洲中部）	0	0
13-2 中亚至喜马拉雅	0	0
13-3 西亚至喜马拉雅和西藏	0	0
13-4 地中海区至热带非洲和喜马拉雅间断	0	0
14. 东亚分布	28	4.92
14-1 中国—喜马拉雅（SH）	6	1.05
14-2 中国—日本（SJ）	8	1.41
15. 中国特有分布	6	1.05
合计	620	100.00

从上表可以看出，保护区属的地理成分是以热带成分占优势，从2~7各类热带成分共有442属，占该区总属数（扣除广布属51属，以下同）的77.68%。温带成分从8~12共有100属，占该区总属数的17.57%。东亚分布有42属，占该区总属数的7.38%。中国特有分布的6属，占该区总属数的1.05%，分别是杉木属 *Cunninghamia*、石笔木属 *Tutcheria*、半枫荷属 *Semiliquidambar*、匙叶草属 *Latouchea*、四数苣苔属 *Bournea*、毛药花属 *Bostrychanthera* 等。因此，在种子植物属级分布区类型水平上，以泛热带、热带亚洲的分布区类型为主，同时兼有一定数量的东亚分布和温带分布成分。这些特征与保护区所处地理位置相一致。

5.1.1.4 植被类型

据调查①，保护区内的植被类型多样，主要有如下9种类型。

（1）针叶林 在保护区内有如下2个群系。

①马尾松林（Form *Pinus massoniana*） 一般分布于海拔500m以下的丘陵地带，为常绿阔叶林采伐后天然更新的先锋群落。在面积800m^{2}样地，有木本植物33种，草本植物10种。

乔木层：平均高11m，平均胸径22cm，盖度85%。除马尾松占优势有118株外，还有木荷 *Schima superba* 2株、山杜英 *Elaeocarpus sylvestris* 1株。

灌木层：平均高1.2m，盖度65%。以桃金娘、岗松占优势，其他有黑面神、山油柑、三桠苦、赤楠、厚皮灰木 *Symplosos crassifolia*、毛果巴豆 *Croton lachnocarpus*、了哥王、白背酸藤子 *Glochidion wrightii*、少花海桐 *Pittosporum pauciflorum*、鼠刺、梅叶冬青、三花冬青 *I. triflora*、黑柃、鸡骨香 *Croton crassifolius*、油茶等。

草本层：以芒萁和芒占优势，盖度85%。其中混生有五节芒、野古草、鹧鸪草 *Eriachne pallescens*、萤兰 *Scirpus juncoides*、地稔 *Melastoma dodecandrum*、黑莎草等。

层间藤本植物：有寄生藤 *Dendrotrophe frutescens*、玉叶金花 *Mussaenda pubescens*、鸡矢藤 *Paederia pertomentosa*、酸藤子 *Embelia laeta*、菝葜 *Smilax china* 等。

②杉木林（Form *Cunninghamia lanceolata*） 在保护区内全为林场营造林，分布范围也较广，有幼林，亦有成熟林，一般生长较好，林分结构简单。

乔木层：一般以杉木为单优势种。

灌木层：在稀疏的林下，由冬青属 *Ilex*、柃木属 *Eurya*、榕属 *Ficus* 等灌木种类构成。

草本层：常见的有乌毛蕨 *Blechnum orientale*、芒萁等。

（2）沟谷雨林 在保护区内有如下3个群系。

①假平婆林（Form *Sterculia lanceolata*） 主要分布于海拔100～400m的沟谷两侧，以小金河四、五、六级电站之间居多。在样地400m^{2}内，有木本植物19种，草本植物6种。

乔木层，树高5～10m，盖度90%。除假平婆优势种外，还有猴耳环、多花山竹子、红楠、山杜英、重阳木 *Bischofia polycarpa*、杨梅叶青冈、烟斗柯 *Lithocarpus comeus*、柯、覃树、厚壳桂 *Cryptocarya chinensis*、鹅掌柴等。

灌木层：以九节 *Psychotria asiatica*、罗伞树 *Ardisia quinquegona* 居多，其他有变叶榕 *Ficus variolosa*、水东哥、草珊瑚、三花冬青、栀子、柏拉木 *Blastus cochinchinensis*、细齿叶柃、黑柃、鼠刺、了哥王、少花海桐等。

草本层：除露兜草占优势外，还有中华里白、金毛狗、铁线蕨、千层塔、翠云草 *Selaginella uncinata*、狭叶楼梯草 *Elatostema lineolatum* var. *majus*、苔草等。

层间藤本植物：有罗浮买麻藤 *Gnetum lofuense*、白花油麻藤 *Mucuna birdwoodiana*、藤黄檀 *Dalbergia hancei*、玉叶金花、杖藤 *Calamus rhabdocladus* 等。

②罗浮栲林（Form *Castanopsis fabri*） 主要分布于海拔300～500m沟谷两侧。在样地800m^{2}内，有木本植物37种。

乔木层：除罗浮栲、木荷、红花荷 *Rhodoleis championi* 占优势外，还有粘木、杨梅叶青冈、覃树、光叶红豆 *Ormosia glaberrima*、珊瑚树 *Viburnum odoratissimum*、铁榄 *Sinosideroxylon wightianum*、罗浮柿、两广梭罗、黄樟等。

灌木层：优势种不明显，有九节、多花山竹子、罗伞树、密花树 *Rapanea neriifolia*、豺皮樟、榕叶

① 吴章文，陈就和，吴楚材主编．广东惠州象头山自然保护区综合考察报告．中南林学院森林旅游研究中心，惠州市林业局．1999.12.

冬青、毛冬青、鼠刺、粗叶榕、了哥王、虎舌红等。

草本层：盖度20%。除露兜草占优势外，还有剑叶耳草 *Hedyotis caudatifolia*、禾叶土麦冬 *Liriope graminifolia*、半边旗 *Pteris semipinnata*、千层塔、苔草等。

层间藤本植物：有白花油麻藤、香花崖豆藤 *Millettia dielsiana*、光叶紫玉盘 *Uvaria boniana* 等。

此外，林下有大叶新木姜 *Neolitsea levinei*、厚皮香 *Ternstroemia gymnanthera*、鹅掌柴等幼苗。

③蕈树林（Form *Altingia chinensis*） 主要分布于海拔400~600m沟谷两侧。在样地800m^{2}内，有乔、灌、草35种。

乔木层：平均高14m，平均胸径32cm，除蕈树、木荷占优势外，还有红楠、罗浮栲、鹿角锥 *Castanopsis lamontii*、美叶柯 *Lithocarpus calophyllus*、桃叶石楠 *Photinia prunifolia*、杨梅叶青冈、红楠、山乌桕 *Sapium discolor*、对叶榕 *Ficus hispida* 等。

灌木层：优势种不明显，有密花树、米碎花 *Eurya chinensis*、毛果巴豆、天仙果 *Ficus erecta* var. *beecheyana*、琴叶榕 *F. pandurata*、鼠刺等。

草本层：盖度20%。有乌毛蕨、蔓赤车 *Pellionia scabra*、华山姜 *Alpinia oblongifolia*、苔草等。

层间藤本植物：有罗浮买麻藤、链珠藤 *Alyxia sinensis*、白花油麻藤等。

此外，林下有柃叶连蕊茶 *Camellia euryoides*、小叶红淡比 *Cleyera parvifolia*、杨梅等幼苗。

（3）季风常绿阔叶林 是南亚热带地带性代表植被类型，保护区内有如下3个群系。

①红花荷林（Form *Rhodoleis championi*） 主要分布于海拔600m处小金河三、四级电站之间，在样地800m^{2}内，有木本植物29种，草本植物8种。

乔木层：平均树高12m，平均胸径25cm，除红花荷81株、木荷5株占优势外，还有蕈树2株，红楠、杜英 *Elaeocarpus decipiens*、银柴 *Aporosa chinensis*、甜槠 *Castanopsis eyrei*、米槠 *C. carlesii*、山乌桕、杨梅叶青冈、两广梭罗各1株。

灌木层：优势种不明显，主要有黑柃、毛果柃 *Eurya trichocarpa*、豺皮樟、三花冬青、密花树、五列木 *Pentaphylax euryoides*、九节、栀子、狗骨柴 *Tricalysia dubia*、粗叶榕、箬竹 *Indocalamus longiauritus*、日本粗叶木 *Lasianthus japonicus*、厚皮灰木 *Symplocos crassifolia* 等。

草本层：稀疏，以华山姜居多，还有蔓赤车、山麦冬、禾叶山麦冬、紫果蔺 *Eleocharis atropurpurea*、大叶仙茅 *Curculigo capitulata*、团叶陵齿蕨 *Lindsaea orbiculata*、半边旗、苔草等。

层间藤本植物：有链珠藤和寄生藤等。

此外，林下有罗浮槭 *Acer fabri*、桃叶珊瑚 *Aucuba chinensis*、大叶新木姜等幼苗。

②木荷林（Form*Schima superba*） 主要分布于海拔500~600m小金河三、四级电站之间，在样地800m^{2}内，有木本植物23种，草本植物4种。

乔木层：平均树高13m，平均胸径25cm，除优势种木荷8株，山杜英6株，红花荷5株外，还有绒毛润楠 *Machilus velutina*、红楠、土沉香 *Aquilaria sinensis*、粘木、两广梭罗、臀形果 *Pygeum topengii*、白桂木 *Artocarpus hypargyreus*、铁榄等。

灌木层：以九节、鼠刺居多，其他有山油柑、罗伞树、密花树、多花山竹子、假柿木姜子 *Litsea monopetala*、朱砂根 *Ardisia crenata*、箬竹等。

草本层：主要有中华里白、盖度30%。其他有狗脊、乌毛蕨、山菅兰 *Dianella ensifolia*、地稔等。

层间藤本植物：有白花酸藤果 *Embelia ribes*、香花崖豆藤、灰毡毛忍冬 *Lonicera macranthoides* 等。

③黧蒴林（Form *Castanopsis fissa*） 主要分布于海拔400m左右丘陵坡地和小金河四、五级电站之间，为常绿阔叶林采伐后天然更新而成，组成种类较简单。在样地2个400m^{2}内，有木本植物33种，220株。

乔木层：树高8m。除黧蒴优势种外，还有杨梅叶青冈、木荷、蕈树、红楠、两广梭罗、铁榄、樟树、山乌桕、野漆树、黄杞、广东山龙眼 *Helicia kwangtungensis*、假苹婆、虎皮楠、黄葛树 *Ficus virens* var. *sublanceolata* 等。

灌木层：以九节、罗伞树、桃金娘、豺皮樟、、山苍子 *Litsea cubeba*、多华山竹子、山油柑、梅叶冬青、厚皮灰木、鼠刺、宽叶八角 *Illicium dunnianum*、五列木、狗骨柴、小蜡等。

草本层：主要有芒鸭嘴草、芒、乌毛蕨、芒萁、团叶陵齿蕨、山姜、建兰、淡竹叶等。

层间藤本植物：主要有玉叶金花、山橙 *Melodinus fusiformis*、小叶红叶藤 *Rourea microphylla*、香港黄檀 *Dalbergia millettii* 等。

（4）山地常绿阔叶林　主要分布于海拔 800m 以上的山坡，保护区内有如下 3 个群系。

①甜槠林（Form *Catanopsis eyrei*）　主要分布于小金河二、三级电站之间的山坡和山脊、阿婆济山峰下部海拔 800m 左右处和海拔 800 ~ 900m 的鸡公田附近。在样地 3 个 $600m^2$ 内，有木本植物 89 种。

乔木层：平均高 11. 67m，平均胸径 32. 67cm，除甜槠 34 株优势种外，还有黄杞 8 株，红楠 5 株，木荷和杜英各 3 株；其他有红花荷、杨梅叶青冈、锥、腺叶桂樱 *Laurocerasus phaeosticta*、广东山龙眼、木荷、大花枇杷 *Eriobotrya cavaleriei*、厚皮香、山杜英、烟斗柯、紫玉盘柯 *Lithocarpus uvariifolius*、钝齿木荷 *Schima crenata*、华润楠、华东润楠、美叶柯、罗浮柿等。

灌木层：以鼠刺、箬竹占优势，其他有密花树、厚皮灰木、密花山矾 *Symplocos congesta*、细叶石斑木 *Raphiolepis lanceolata*、锈毛莓 *Rubus reflexus*、豺皮樟、三花冬青、矮冬青 *Ilex lohfauensis*、五列木、天仙果、舶梨榕 *Ficus pyriformis*、了哥王、朱砂根等。

草本层：主要有紫果蔺、华南紫萁 *Osmunda vachellii*、乌毛蕨、鳞籽莎 *Lepidosperma chinense*、苔草等。

层间藤本植物：稀少，仅玉叶金花。

②美叶柯林（Form*Lithocarpus calophllus*）　主要分布于蟹眼顶下海拔 800 ~ 900m 处，乔木层，平均高 13m，平均胸径 20 ~ 34cm，在样地 $600m^2$ 内，除优势种美叶柯 12 株外，还有木荷 5 株，红楠 4 株。

乔木层：有柯、甜槠、锥、木莲、野含笑、薄叶山矾 *Symplocos anomala*、尖水丝梨 *Sycopsis dunnii*、烟斗柯、覃树、黄杞、大花枇杷、光叶石楠 *Photinia glabra*、罗浮柿、杜英等。

灌木层：除箬竹为优势种外，还有密花山矾 *Symplocos congesta*、厚皮灰木、多花山竹子、少花海桐、水同木 *Ficus fistulosa*、红花八角 *Illicium dunnianum*、白蜡树 *Fraxinus chinensis* 等。

草本层：有龙师草 *Eleocharis tetraquetra*、竹叶草 *Oplismenus compositus*、蔗草 *Scirpus triqueter*、蕨类 2 种。

③红楠林（Form *Machilus thunbergii*）　主要分布于海拔 800 ~ 900m 的范家田附近，为常绿阔叶林采伐后形成的次生林。在样地 $600m^2$ 内，有乔灌草 28 种。

乔木层：平均高 10m，除优势种红楠 14 株外，还有梅叶冬青 *Ilex asprella*6 株，鸭公树 4 株。其他有薄叶山矾、香叶树、马尾松、土沉香、三峡槭、木荷、柯、腺叶桂樱、罗浮柿等。

灌木层：有疏花卫茅 *Euonymus laxiflorus*、南方荚蒾 *Viburnum fordiae*、油茶、紫花杜鹃 *Rhododendron mariesii*、映山红 *R. simsii*、毛果巴豆、黄杨、吊钟花、了哥王等。

草本层：优势种不明显，有华山姜、狗脊、鳞毛蕨 *Dryopteris* sp. 、禾叶土麦冬等。

（5）落叶阔叶林　主要由落叶阔叶树组成的森林群落，保护区内有如下 2 个群系。

①枫香树林（Form *Liquidambar formosana*）　主要分布于海拔 600 ~ 700m 的金竹山，面积约 $100hm^2$。在样地面积 $600m^2$ 内，有木本植物 11 种，草本植物 6 种。

乔木层：平均高 15m，平均胸径 26. 67cm。除优势种枫香树 18 株外，还有红楠 3 株，秋风 *Bischofia javanica*1 株等。

灌木层：以九节占优势，盖度 30%。其他有罗伞树、密花树、栀子、银柴、多花山竹子等。

草本层：稀疏生长的有淡竹叶、华山姜、山菅兰、乌毛蕨、半边旗、苔草等。

此外，林下有鹅掌柴、潺槁木姜子 *Litsea globosa* 等幼苗。

②山乌桕林（Form *Sapium discolor*）　主要分布于海拔 400 ~ 500m 的小金河山坡。在样地面积

400m^2 内，有木本植物23种，草本植物5种。

乔木层：除优势种山乌桕外，还有鹅掌柴，其他有假苹婆、覃树、木荷、钝齿木荷、粘木、野漆树、山杜英等。

灌木层：平均高1.2m，总盖度70%。除桃金娘和多花山竹子占优势外，还有豺皮樟、牛耳枫 *Daphniphyllum calycinum*、天料木、毛冬青、山苍子、黑面神、变叶榕、黄牛木 *Cratoxylum ligustrinum* 等。

草本层：由芒萁、芒、紫果蔺、山菅兰、狗脊等组成。

层间藤本植物：有寄生藤、酸叶胶藤 *Urcola roscea* 和山橙等。

（6）竹林　保护区内有如下3个群系。

①托竹林（Form *Pseudosasa cantori*）　主要分布于海拔400m以下山坳，组成种类较单纯，除优势种托竹，盖度90%以上外，其他树种罕见，仅有黑弹朴 *Celtis biondii*、赤杨叶、鼠刺等。草本植物稀少。

②箬竹林（Form *Indocalamus sinicus*）　主要分布于海拔800m以上山岭和山坡。样地调查每平方米平均有箬竹76株，平均高1.1m，盖度90%。其中混生的有了哥王、五列木、密花树、满山红、吊钟花、芒等。

③茶杆竹林（Form *Pseudosasa amabilis*）　主要分布于海拔800m的鸡公田附近，面积较小。每平方米有茶杆竹28株，平均高2.5m，盖度70%。其中混生的有五列木居多，密花树、红楠、山苍子、密花山矾 *Symplocos congesta* 等。

（7）针阔叶混交林　是以暖性针叶树与阔叶树为建群种所组成的森林群落，在保护区内仅有如下2个群系。

①马尾松、黧蒴林（Form *Pinus massniana*，*Castanopsis fissa*）　主要分布于小金河三、四级电站之间，为常绿阔叶林采伐后天然更新而成。在样地面积400m^2 内，有木本植物22种。

乔木层：平均高9m，除优势种马尾松32株、黧蒴14株外，还有杨梅叶青冈、山乌桕、广东莿冬 *Scolopia saeva* 等。

灌木层：植物种类较多，但优势种不明显，有黑面神、桃金娘、密花树、罗伞树、广东山龙眼、细齿叶柃、香港大沙叶 *Pavetta hongkongensis*、三桠苦、天料木、毛冬青、野牡丹、变叶榕等。

草本层：有芒、鸭嘴草、乌毛蕨等。

此外，林下有潺槁木姜子、山苍子、鹅掌柴等幼苗。

②马尾松、假苹婆、鹅掌柴林（Form *Pinus massniana*，*Sterculia lanceolata*，*Schefflera heptaphylla*）主要分布于海拔400m左右和小金河四、五级电站之间的山坡，为常绿阔叶林采伐后天然更新而成。在样地面积400m^2 内，有木本植物21种。

乔木层：第一亚层以马尾松为优势种，有34株，平均高10m，平均胸径18cm；第二亚层以假平婆和鹅掌柴为优势种，平均高8m，平均胸径14cm，还有潺槁木姜子、粘木、红楠、硬壳轲 *Lithocarpus hancei*、木荷等。

灌木层：除鼠刺优势种外，还有九节、桃金娘、梅叶冬青、毛冬青、多花山竹子、余甘子 *Phyllanthus emblica*、山油柑、黑面神、栀子、杨梅、细齿叶柃、变叶榕等。

草本层：以芒萁为优势种，盖度70%。其他有乌毛蕨和地稔等。

（8）灌草丛　在保护区内有4个群系。

①桃金娘灌草丛（Form *Rhodomyrtus tomentosa*）　主要分布于小金河一、二级电站之间的山坡。

灌木层：高1.5m以下，除优势种桃金娘外，还有了哥王、岗松、细齿叶柃、山油柑、黑面神、毛果巴豆、野牡丹、三花冬青、梅叶冬青、山芝麻 *Helicteres angustifolia*、白背算盘子 *Glochidion wrightii*、山苍子、华南毛柃 *Eurya ciliata* 等。

草本层：以野古草为主，芒、斑茅 *Saccharum arundinaceum*、细毛毛鸭嘴草 *Ischaemum indicum*、黑莎草、山菅兰、青香茅 *Cymbopogon caesius*、鼠尾粟 *Sporobolus fertilis*、剑叶耳草、羊耳菊 *Inula cappa*、

地稔、乌毛蕨等。

②细齿叶柃灌草丛（Form *Eurya nitida*） 主要分布于小金河一、二级电站之间的山坡。

灌木层：高1.5m左右，除优势种细齿叶柃外，还有山油柑、黑面神、栀子、黄牛木、梅叶冬青、鼠刺、桃金娘、岗松、山芝麻等。

草本层：以芒萁占优势，还有芒、黑莎草、狗脊等。

③五列木灌草丛（Form *Pentaphylax euryoides*） 主要分布于海拔800～900m的蟹眼顶下较平缓的山地。在样地面积2个$200m^2$内，有五列木42株、广东山龙眼5株，平均高2.5m。其他有密花树、赤楠、密花山矾、箬竹、满山红等。矮生乔木有木荷、红花荷、甜槠、华润楠、黄杞等。

草本层：以龙师草占优势，其他有五节芒、地耳草 *Hypericum japonicum* 等。

④黄杨灌草丛（Form *Buxus sinica*） 主要分布于海拔900m以上的蟹眼顶侧。在样地面积$200m^2$内，有木本植物12种，黄杨有28株，盖度70%。其他有吊钟花、光叶海桐、广东山龙眼、五列木、大花枇杷、了哥王、琴叶榕 *Ficus pandurata*、箬竹等。此外，尚有矮生的木荷和红楠。

（9）草坡 保护区内有2个群系。

①五节芒草坡（Form *Miscanthus floridulus*） 主要分布于海拔200～800m的采伐迹地。

草本层：平均高1.5～2m，盖度76%～85%。除优势种五节芒外，还有野古草、类芦 *Neyraudia reynaudiana*、狗脊等。其中稀疏生长有山苍子、桃金娘、白花悬钩子 *Rubus leucanthus* 等。

②龙师草草坡（Form *Eleocharis tetraquetra*） 主要分布于海拔700m以上的山坳沼泽地。

草本层：平均高0.6m左右，盖度80%。除优势种龙师草外，还有华凤仙 *Impatiens chinensis*、水蓼 *Polygonum hydropiper*、箭叶蓼 *P. hastato-sagittatum* 等。

5.1.1.5 野生植物资源

（1）珍稀濒危保护植物繁多 根据1984年国家环境保护委员会公布的《中国珍稀濒危保护植物名录》和1999年国务院批准公布的《国家重点保护野生植物名录（第一批）》所列种类统计，保护区内共有国家重点保护野生植物17科17属17种。其中蕨类植物4科4属4种，裸子植物1科1属1种，被子植物12科12属12种；列为国家Ⅱ级重点保护的野生植物11种，国家Ⅲ级重点保护的野生植物6种（表5.3）。

表5.3 广东象头山自然保护区的保护植物

序号	种名	科名	IUCN 濒危等级	保护级别
1	金毛狗 *Cibotium barometz*	蚌壳蕨科 Dicksoniaceae	渐危	Ⅱ
2	苏铁蕨 *Brainea insignis*	乌毛蕨科 Blechnaceae	濒危	Ⅱ
3	水蕨 *Ceratopteris thalictroides*	水蕨科 Parkeriaceae	濒危	Ⅱ
4	黑桫椤 *Gymnosphaera podophlla*	桫椤科 Cyatheaceae	渐危	Ⅱ
5	观光木 *Toongiodendron odorum*	木兰科 Magnoliaceae	稀有	Ⅱ
6	樟树 *Cinnamomum camphora*	樟科 Lauraceae	渐危	Ⅱ
7	华南锥 *Castanopsis concinna*	壳斗科 Fagaceae	濒危	Ⅱ
8	格木 *Erythropheum fordii*	苏木科 Caesalpiniaceae	濒危	Ⅱ
9	半枫荷 *Semlliquidambar cathayensis*	金缕梅科 Hamamelidaceae	渐危	Ⅱ
10	土沉香 *Aquilaria sinensis*	瑞香科 Thymelaeaceae	渐危	Ⅱ
11	红椿 *Toona ciliata*	楝科 Meliaceae	渐危	Ⅱ
12	穗花杉 *Amentotaxus argotaenia*	红豆杉科 Taxaceae	濒危	Ⅲ
13	长叶竹柏 *Podocarpus fleuryi*	罗汉松科 Podocarpaceae	渐危	Ⅲ
14	巴戟 *Morinda officinalis*	茜草科 Rubiaceae	稀有	Ⅲ
15	白桂木 *Artocarpus hypargyreus*	桑科 Moraceae	渐危	Ⅲ

（续）

序号	种名	科名	IUCN 濒危等级	保护级别
16	粘木 *Ixonanthes chinensis*	粘木科 Ixonanthaceae	渐危	Ⅲ
17	毛茶 *Antirhea chinensis*	茜草科 Rubiaceae	濒危	Ⅲ

注：兰科植物有20属40种，即金线兰 *Anoectochilus roxburghii*、牛齿兰 *Appendicula cornuta*、竹叶兰 *Arundina graminifolia*、芳香石豆兰 *Bulbophyllum ambrosia*、广东石豆兰 *B. kwangtungenesis*、无距虾脊兰 *Calanthe gracilis*、三褶虾脊兰 *C. triplicata*、香港隔距兰 *Cleisostoma hongkongense*、圆距叶隔距兰 *C. teres*、流苏贝母兰 *Coelogyne fimbriata*、建兰 *Cymbidium ensifolium*、阔叶建兰 *C. ensifolium* var. *munronianum*、多花兰 *C. floribundum*、春兰 *C. goeringii*、墨兰 *C. sinensei*、石斛 *Dendrobium nobile*、蛇舌兰 *Diploprora championii*、半柱毛兰 *Eria corneri*、高斑叶兰 *Goodyera procera*、绒叶斑叶兰 *G. velutina*、毛葶玉凤兰 *Habenaria ciliolaris*、鹅毛玉凤兰 *H. dentata*、南方玉凤兰 *H. malintana*、黄玉凤兰 *H. rhodochelia*、十字兰 *H. schindleri*、须唇羊耳蒜 *Liparis bartarta*、石虾公 *L. bicallosa*、镰翅羊耳蒜 *L. bootanensis*、长茎羊耳蒜 *L. longipes*、见血青 *Liparis nervosa*、紫花羊耳蒜 *L. nigra*、长柄羊耳蒜 *L. viridiflora*、紫纹兜兰 *Paphiopedilum purpuratum*、细叶石仙桃 *Pholidota cantonensis*、石仙桃 *P. chinensis*、苞舌兰 *Spathoglottis pubescens*、绶草 *Spiranthes sinensis*、阔叶带唇兰 *Tainia latifolia*、白点兰 *Thrixspermum centipeda*、二尾兰 *Vrydagzynea nuda* 等，全部为《濒危野生动植物种国际贸易公约》附录Ⅱ物种。

（2）经济植物多样　在广东象头山自然保护区内蕴藏着比较丰富的经济植物资源。

①药用植物　其中抗癌药用植物有狗肝菜 *Dicliptera chinensis* 等；清热解毒药用植物有华南忍冬 *Lonicera confusa*、地胆草 *Elephantopus scaber* 等；清热凉血的药用植物有葛、马鞭草、茅莓等；清热利尿的药用植物有淡竹叶、车前、海金沙等；清热利湿的药用植物有岗松、酢浆草、算盘子等；祛风湿的药用植物有狗脊、两面针、菝葜等；跌打损伤、止血肿痛的药用植物有积雪草 *Centella asiatica*、鲫鱼胆 *Maesa perlarius*、薯莨、一点红等；壮阳药的药用植物有金樱子 *Rosa laevigata*；活血祛瘀的药用植物黑老虎；补血药的药用植物有香花崖豆藤、桃金娘、酸藤子等；利湿解毒、消肿散结的药用植物有土茯苓；平肝息火药用植物有钩藤；止血药用植物有鳢肠；除湿化滞的药用植物有水蓼；民间常用草药或凉茶有梅叶冬青、草珊瑚、车前、韩信草等。

②用材植物　其中一类用材有樟树等；二类用材有黄樟；三类用材有蕈树、华润楠等；四类用材有日本杜英等；五类用材有鼠刺、猴欢喜等；可作军工用材的有黄杞、罗浮槭等；可作胶合板用材的有赤杨叶、猴耳环、亮叶猴耳环等；可作房屋建筑的有米槠、杉木等；可作纺织用材有木荷、石斑木 *Photinia prunifolia* 等；可作乐器用材的有山乌桕鹅掌柴；造纸用材的有山矾18种。

③观赏植物　主要有园林植物，如长叶竹柏、罗汉松、木莲、深山含笑、樟树、阴香、木荷、五月茶、白背叶 *Mallotus apelta*、枫香树、朴树 *Celtis sinensis*、蕈树等；野生灌木花卉，主要有多种野牡丹、多种杜鹃、吊钟花、桃金娘等；草本景观植物，主要有多种兰花、华凤仙、丰满凤仙花 *Impatiens obesa* 等；果木类植物，有虎舌红、朱砂根等；藤本景观植物，主要有小叶买麻藤、罗浮买麻藤、金樱子、香花崖豆藤、玉叶金花、小叶红叶藤、狮子尾 *Rhaphidophora hongkongensia*、麝香百合 *Lilium longiflorum*、菝葜等。

④纤维植物　主要有罗浮买麻藤、小叶买麻藤、朴树、光叶山黄麻 *Trema cannabina*、山芝麻、葛、白背叶、了哥王、小蜡、黑莎草、五节芒等

⑤野生水果植物　主要有浆果类，如灰毛猕猴桃 *Actinidia cinerascens*、阔叶猕猴桃 *A. latifolia*、美丽猕猴桃 *A. melliana*、桃金娘等；仁果类有金樱子等；核果类有角花胡颓子 *Elaeagnus goonyanthes*、杨梅等；此外，岭南山竹子 *Garcinia oblongifolia*、白花悬钩子、茅莓、罗浮油柿均较常见，也较重要。

⑥油脂植物　主要有杉木、樟树、香叶树、光叶山黄麻、岭南山竹子、虎皮楠、毛果巴豆、白背叶、油茶、广宁油茶、算盘子、木油桐、盐肤木、山乌桕、黑莎草等。

⑦鞣料植物比较重要的有猴欢喜、木油桐、杨梅、金樱子、桃金娘、枫香树、多种菝葜 *Smilax* spp.、黑面神、薯莨、盐肤木等。

⑧芳香植物　主要有马尾松、杉木、假鹰爪、樟树、阴香、黄樟、香叶树、岗松、花椒簕 *Zanthoxylum scandens*、青花椒 *Z. schinifolium*、枫香树、草珊瑚、黄荆、香附子等。

⑨淀粉植物　主要有狗脊、葛、福建观音座莲 *Angiopteris fokiensis*、金毛狗、壳斗科 32 种植物、杨梅、金樱子、土茯苓、灰毛猕猴桃、阔叶猕猴桃、美丽猕猴桃、野芋等。

⑩保健饮料植物　主要有杨梅、桃金娘、金樱子、灰毛猕猴桃、阔叶猕猴桃、美丽猕猴桃、岭南山竹子、茅莓等。

此外，农药植物主要有香花崖豆藤、杠板归 *Polygonum perfoliatum*、水蓼、黄药 *Rkamnus crenata*、石菖蒲 *Acorus tatarinowii*、海金沙等；野菜植物资源数量较大而且比较受欢迎的有皱果苋 *Amaranthus viridis*、革命菜等；有毒植物有大茶药、海芋、飞扬草 *Euphorbia hirta*、木油桐等。

5.1.1.6　野生动物资源

（1）动物物种较丰富　该保护区的生态环境复杂，森林茂密，故孕育了丰富的动物种类。据调查统计，保护区内拥有野生脊椎动物 203 种，分隶 67 科 25 目（表 5.4）。

表 5.4　广东象头山自然保护区野生动物类群的组成

动物类群	目数	科数	种数
两栖纲 AMPHIBIA	2	6	19
爬行纲 REPTILIA	2	12	42
鸟纲 AVES	14	35	113
哺乳纲 MAMMALIA	7	14	29
合计	25	67	203

①两栖类　据调查统计，有 19 种或亚种，分隶 6 科 2 目，占该区野生脊椎动物总种数的 9.36%。无尾目（SALIENTIA）有 5 科 18 种，占该区两栖动物总种数的 94.74%，其中蛙科 Ranidae 11 种、姬蛙科 Microhylidae 有 3 种、树蛙科 Rhacophoridae 2 种、雨蛙科 Hylidae 和蟾蜍科 Bufonidae 各 1 种；有尾目（CAUDATA）只有隐鳃鲵科 Cryptobranchidae 1 科，1 种，占该区两栖动物总种数的 5.26%。

区系特征除放生的大鲵为广布种外，其余 18 种均属东洋界种类，其中 5 种为华南区物种，占该区两栖动物总种数的 26.32%。属华南区与华中区共有物种 10 种，占 52.63%。而属于华中区的物种仅有 3 种，占 15.79%。这与保护区所在的动物地理区属东洋界华南区闽广沿海亚区相一致。

②爬行类　据调查统计，有 42 种，分隶 12 科 2 目，占该区野生脊椎动物总种数的 20.69%。蛇目（SERPENTES）有 4 科 29 种，占该区爬行动物总数的 69.05%，其中游蛇科 Colubridae 21 种、眼镜蛇科 Elapidae 5 种，盲蛇科 Typhlopidae、蟒蛇科 Boidae 和蝰蛇科 Viperidae 各 1 种；蜥蜴目（LACERTILI）有 4 科、8 种，占该区爬行动物总数的 19.05%，其中石龙子科 Scincidae 5 种，鬣蜥科 Agamidae、壁虎科 Gekkonidae 和蜥蜴科 Lacertidae 各 1 种；龟鳖目（TESTUDINATA）有 2 科 5 种，占该区爬行动物总数的 11.90%，其中龟科 Testudinidae 4 种，鳖科 Trionychidae 1 种。

区系特征除广布种 4 种外，属东洋界种类 38 种，占总数的 90.48%，其中华南区种类 18 种，占东洋界种类（38 种）的 47.37%；而华南区与华中区共有 20 种，占 52.63%。由此可见，保护区的爬行动物以华南区与华中区共有种为主，无华中区物种，这与保护区所在的动物地理区相一致。

③鸟类　据调查统计，有 113 种，分隶 35 科 14 目，占该区野生动物总种数的 55.67%。雀形目（PASSERIFOMES）有 17 科 61 种，占该区鸟类总数的 53.98%；鹃形目（CUCULIFORMES）1 科 8 种，占该区鸟类总数的 7.08%；隼形目（FALCONIFOEMES）和鸮形目（STRIGFORMES）分别有 2 科 6 种，各占该区鸟类总数的 5.31%；䴕形目（PICIFORMES）有 1 科 6 种，占该区鸟类总数的 5.31%；佛法僧目（CORACIIFORMES）2 科 5 种，占该区鸟类总数的 4.42%；鹤形目（GRUIFORMES）2 科 4 种，占该区鸟类总数的 3.54%；鸽形目（COLUMBIFORMES）和鸡形目（GALLIFORMES）分别有 1 科 4 种，各占该区鸟类总数的 3.54%；鹳形目（CICONIIFORMES）1 科 3 种，占该区鸟类总数的 2.65%；鸻形目（CHARDRIIFORNES）2 科 2 种，占该区鸟类总数的 1.77%；夜鹰目（CAPRIMULGI-

FORMES)、雨燕目（APODIFORMES)、咬鹃目（TROGONIFORMES）分别有1科1种，各占该区鸟类总数的0.88%。

在113种鸟类的居留型方面，留鸟达87种，占总数的76.99%；冬候鸟或旅鸟有13种，占总数的11.50%；夏候鸟有13种，占总数的11.50%；在区系组成方面，属于东洋界种类81种，占总数的71.68%；古北界种类17种，占15.04%，广布种15种，占13.27%。这与保护区所在的动物地理区划为东洋界华南区相一致。

④哺乳类　据调查统计，有29种，分隶14科7目，占该区野生动物总种数的14.29%；占广东省哺乳类总数（124种）的23.39%；占全国哺乳类总数（449种）的6.46%。食肉目（CARNIVORA）有4科14种，占该区哺乳类总数的48.28%；啮齿目（RODENTIA）有2科6种，占该区哺乳类总数的20.69%；翼手目（CHIROPTERAS）有2科2种，占哺乳类总数的6.90%；偶蹄目（ARIODACTYLA）有3科3种，占该区哺乳类总数的10.34%；食虫目（INSECTIVORA）有1科2种，占该区哺乳类总数的6.90%；鳞甲目（PHOLIDOTA）和兔形目（LAGOMORPHA）分别有1科1种，各占该区哺乳类总数的3.45%。

在29种哺乳动物中，东洋型种类有19种，占总数的65.52%；古北界种类有2种，占6.90%；广布种有8种，占总数的27.59%。这反映了哺乳动物区系的混杂性。在东洋界种类中，有华南区成分，这也反映了哺乳动物区系的典型性。

（2）珍稀濒危保护动物较多　以我国1989年公布实施的《国家重点保护野生动物名录》和2001年公布实施的《广东省重点保护陆生野生动物名录》（第一批）为依据，广东象头山自然保护区拥有保护脊椎动物50种，占广东省珍稀濒危动物总数（117种）的42.74%。其中国家Ⅰ级重点保护野生动物2种，国家Ⅱ级重点保护动物34种，省级重点保护动物14种（表5.5）。

表5.5　广东象头山自然保护区的保护动物

序号	种　名	科　名	IUCN濒危等级	保护级别
		哺乳纲 MAMMALIA		
1	云豹 *Neofelis nebulosa*	猫科 Felidae	濒危	Ⅰ
2	金猫 *Felis temmincki*	猫科 Felidae	渐危	Ⅱ
3	穿山甲 *Manis pentadactyla*	鲮鲤科 Manidae	濒危	Ⅱ
4	水獭 *Lutra lutra*	鼬科 Mustelidae	濒危	Ⅱ
5	黄喉貂 *Martes flavigula*	鼬科 Mustelidae	易危	Ⅱ
6	大灵猫 *Viverra zibetha*	灵猫科 Viverridae	濒危	Ⅱ
7	小灵猫 *Viverricula indica*	灵猫科 Viverridae	濒危	Ⅱ
8	鬣羚 *Capricornis sumatraensis*	牛科 Bovidae	易危	Ⅱ
9	红颊獴 *Herpestes javanicus*	灵猫科 Viverridae		省级
10	食蟹獴 *Herpestes urva*	灵猫科 Viverridae		省级
11	豪猪 *Hystrix hodgsoni*	豪猪科 Hystricidae		省级
12	豹猫 *Felis bengalensis*	猫科 Felidae	易危	省级
13	赤麂 *Muntiacus muntjak*	鹿科 Cervidae	濒危	省级
		鸟纲 AVES		
14	鸢 *Milvus korschun*	鹰科 Accipitridae		Ⅱ
15	凤头鹃隼 *Aviceda leuphotes*	鹰科 Accipitridae		Ⅱ
16	雀鹰 *Accipiter nisus*	鹰科 Accipitridae		Ⅱ
17	松雀鹰 *Accipiter virgatus*	鹰科 Accipitridae	易危	Ⅱ

（续）

序号	种　名	科　名	IUCN 濒危等级	保护级别
18	褐耳鹰 *Accipiter badius*	鹰科 Accipitridae	易危	Ⅱ
19	赤腹鹰 *Accipiter soloensis*	鹰科 Accipitridae		Ⅱ
20	凤头鹰 *Accipiter trivirgatus*	鹰科 Accipitridae		Ⅱ
21	苍鹰 *Accipiter genetilis*	鹰科 Accipitridae		Ⅱ
22	普通鵟 *Buteo buteo*	鹰科 Accipitridae		Ⅱ
23	燕隼 *Falco subbuteo*	隼科 Falconidae		Ⅱ
24	游隼 *Falco peregrinus*	隼科 Falconidae	易危	Ⅱ
25	红隼 *Falco tinnunculus*	隼科 Falconidae	易危	Ⅱ
26	白鹇 *Lophura nycthemera*	雉科 Phasianidae	易危	Ⅱ
27	绿皇鸠 *Ducula aenea*	鸠鸽科 Columbidae	易危	Ⅱ
28	褐翅鸦鹃 *Centropus sinensis*	杜鹃科 Cuculidae	易危	Ⅱ
29	小鸦鹃 *Centropus toulou*	杜鹃科 Cuculidae	易危	Ⅱ
30	草鸮 *Tyto capensis*	草鸮科 Tytonidae	易危	Ⅱ
31	栗鸮 *Phodilus badius*	草鸮科 Tytonidae	易危	Ⅱ
32	红角鸮 *Otus scops*	鸱鸮科 Strigidae		Ⅱ
33	领角鸮 *Otus bakkamoena*	鸱鸮科 Strigidae		Ⅱ
34	鹰鸮 *Ninox soutulata*	鸱鸮科 Strigidae		Ⅱ
35	雕鸮 *Bubo bubo*	鸱鸮科 Strigidae	易危	Ⅱ
36	斑头鸺鹠 *Glaucidium cuculoides*	鸱鸮科 Strigidae	易危	Ⅱ
37	领鸺鹠 *Glaucidium brodiei*	鸱鸮科 Strigidae		Ⅱ
38	池鹭 *Ardeola bacchus*	鹭科 Ardeidae		省级
39	夜鹭 *Nycticorax nycticorax*	鹭科 Ardeidae		省级
40	白鹭 *Egretta garzetta*	鹭科 Ardeidae		省级
41	红嘴相思鸟 *Leiothrix lutea*	画眉科 Timaliidae		省级
42	黑尾蜡嘴雀 *Eophona migratoria*	雀科 Fringilliidae		省级
		爬行纲 REPTILIA		
43	蚺（蟒）*Python molurus*	蟒科 Boidae	极危	Ⅰ
44	三线闭壳龟 *Cuora trifasciata*	龟科 Testudidae	濒危	Ⅱ
45	平胸龟 *Platysternon megacephalum*	龟科 Testudidae	濒危	省级
		两栖纲 AMPHIBIA		
46	大鲵 *Andrias davidianus*	隐鳃鲵科 Cryptobranchidae		Ⅱ
47	虎纹蛙 *Rana tigrina*	蛙科 Ranidae	易危	Ⅱ
48	黑眶蟾蜍 *Bufo melanostictus*	蟾蜍科 Pelobatidae		省级
49	棘胸蛙 *Rana spinosa*	蛙科 Ranidae	易危	省级
50	沼蛙 *Rana guentheri*	蛙科 Ranidae	无危	省级

（3）经济动物多样　根据2000年8月国家林业局发布的《国家保护的有益的或者有重要经济、科学研究价值的陆生野生动物名录》（简称“三有动物”），保护区内拥有“三有动物”约86种。

①两栖类　主要有泽蛙、大绿蛙 *Rana. livida*、斑脚树蛙 *R. leucomystax*、花姬蛙 *Microhyla pulchra*、饰纹姬蛙 *M. ornata*、花狭口蛙 *Kaloula pulchra* 等。

②爬行类　主要有乌龟、眼斑水龟 *Sacalia bealei*、变色树蜥 *Calotes versicolor*、石龙子、蓝尾石龙子、南草蜥 *Takydromus sexlineatus*、三索锦蛇、渔游蛇 *Natrix piscater*、翠青蛇 *Cyclophiops major*、滑鼠

蛇、灰鼠蛇、中国水蛇、铅色水蛇、金环蛇、银环蛇、眼镜蛇、眼镜王蛇、白唇竹叶青等。

③鸟类　主要有鹧鸪、鹌鹑 *Coturnix coturnix*、灰胸竹鸡 *Bambusicola thoracica*、白胸苦恶鸟 *Amaurornis phoenicurus*、山斑鸠 *Streptopelia orientalis*、珠颈斑鸠 *S. chinensis*、火斑鸠 *Oenopopelia tranquebarica*、四声杜鹃 *C. micropterus*、中杜鹃 *C. saturatus*、大杜鹃 *C. canorus*、噪鹃、林夜鹰 *Caprimulgas affinis*、普通翠鸟、白胸翡翠 *Halcyon smyrnensis*、栗啄木鸟 *Megalaima brachyurus*、斑啄木鸟 *Dendrocopos major*、灰喉山椒鸟 *Pericrocotus solaris*、赤红山椒鸟 *P. flanuneus*、红耳鹎 *Pycnontus jocosus*、黑卷尾、发冠卷尾 *D. hottentottus*、八哥、灰椋鸟 *Sturnus sinensis*、红嘴蓝鹊、喜鹊、灰树鹊 *Crypsirina formosae*、虎斑地鸫 *Zoothera dauna*、黑脸噪鹛 *Garrulax perspicillatus*、黑领噪鹛 *G. peectoralis*、画眉、红嘴相思鸟、黄腰柳莺、大山雀、红头长尾山雀 *Aegithalos conicinnus*、叉尾太阳鸟 *Aethopyga christinae*、暗绿绣眼鸟、[树]麻雀 *Passer montanus*、白腰文鸟 *Lonchura striata*、金翅雀 *Carduelis sinica*、黑尾蜡嘴雀 *Eophona migratoria*、栗鹀 *Emberiza rutila*、黄胸鹀 *E. aureola*、凤头鹀 *E. latham* 等。

④哺乳类　有13种。

A. 肉用哺乳类：主要有狗獾、猪獾、果子狸、华南兔、野猪等。

B. 毛皮哺乳类：主要有黄鼬、黄腹鼬、果子狸、鼬獾、狗獾、猪獾等。

C. 药用哺乳类：主要有鲁氏菊头蝠 *Rhinolophus rouxi*。

5.1.1.7　主要景观资源

景观资源是旅游资源的重要组成部分，它能直观、具体、形象地展示于游人，通过视觉刺激而引起游人的共鸣，从而对游人产生吸引力。

据调查报道，保护区景观资源主要如下2类。

(1) 自然景观资源　具有群峰竞秀，怪石嶙峋，溪谷清幽，高峡平湖，飞瀑直下，玉带明珠，呈现一幅宁静优美、自然酣畅的景观画卷。

①群峰竞秀

A. 蟹眼顶　是保护区最高峰，海拔1024m，因状似蟹眼而得名。山体浑圆，是由花岗岩体构成。山顶建有电视差转台及无线寻呼台，有水泥台阶600级，沿石壁曲折而上，直达山顶。极目四望，可见东江蜿蜒，田野苍茫，或云雾飘舞，实为登高望远的好去处。

B. 风云顶　位于蟹眼顶东北部，是保护区的第二高峰，海拔1023m，山体是由花岗岩体构成。山顶巨石突兀，形态各异，如海狮，似巨龟，如伏虎，似春笋，形象逼真。风云顶东面较缓，而西面岩壁如刀削，急跌而下，为万丈深渊。

C. 亚公髻　位于象头山南部，是保护区的第三高峰，海拔1019.1m，远观酷似老人的髻冠，故名亚公髻。山体一面起伏较缓，一面为悬崖绝壁。山顶建有电视发射台，山下峡谷幽雅，流水潺潺，鸟语花香，景色宜人。

D. 亚婆髻　位于四级电站背后，由数座山峰组成，最高峰海拔981.9m。远望山峰犬牙参差，状如阿婆发髻，山顶常有云雾缭绕，更增添其神秘莫测之感。

E. 猫眉顶　位于象头山南部，与亚公髻相邻，酷似一只俯卧的猫，最高峰（猫头）海拔985.8m，山顶浑圆，极似猫眉，故名猫眉顶。山体呈隆起状，遍布奇岩怪石，加上林木苍茏，色彩斑斓，疑是花猫的斑驳花色。山麓溪流淙淙，鸟鸣婉转。

②怪石嶙峋

A. 富贵石　位于象头山东南部，猫眉顶正北方，在海拔877m的山顶为200m^2的平台，有一巨石立平阔的平台之上，而被称为奇特富贵石。

B. 松岩石　位于金娘坪南端山顶，海拔360m。巨石林立层叠，石面平圆，可容20余人。几株马尾松树顽强屹立于石隙之间，树干苍老，枝曲如虬，一幅天然石松图，是一处山腰台地观景的好去处。

C. 风动石　位于风云顶中部大峡谷顶部边缘有一卵形巨石傲立，直径约10 m，底部几近悬空，其下是万丈深渊，仰望之，似见在风中微微颤抖，故名风动石。

D. 猩猩守山石　在亚婆髻北部的一座小山顶上，有一酷似黑猩猩端坐的巨石，弓肩勾背，神态安祥。千百年来默默凝视着蟹眼顶及远山沟谷，如忠实的守护着巍峨群山，茫茫林海。

E. 雄鹰石　位于猩猩守山石背后10m余处，陡坡边突兀着一巨石，高约12m，宽约8m，其状极似一只蓄意待发的雄鹰，眼、嘴、胸、翅清晰可辨。

F. 开山石　位于三堆池工区背后山顶处，有一巨石鹤立，高约3.5m，宽约4.5m，南如刀削，北斜平缓，正中间开裂一条缝，缝宽约30～50cm，可通人。从裂缝两侧壁的纹理可看出。此石本是亲密无间的一整体，不知是神人试剑，还是不是雷公发怒，才成此一分为二的开山石。

③溪谷清幽

A. 金河幽谷　位于金娘坪西侧有一金河幽谷。从山顶俯瞰，谷深林密，溪水潺潺。待下至谷中，可见两岸古木参天，遮云蔽日。谷底溪流清澈，游鱼嬉戏。沿溪谷而上，常有巨藤横贯两岸，或四处漫延，缠绕古树，抱住巨石。偶有一线阳光直泻谷中，成一亮丽点缀。游弋于幽谷之中，金河之畔，整个身心都融入了金河幽谷之中，实为回归自然，寻幽探谧的好去处。

B. 兰花谷　在象头山东南，从上嶂水库沿东南方向上行，有一条幽深峡谷，两岸青山叠翠，树木葱茏。谷底溪流横卧，兰花遍布，故名兰花谷。此谷与金河幽谷的风格迥然不同。溪流中很少有巨石，却有大小不一的沙土洲岛，洲岛上遍生兰花，风姿绰约，清香馥郁，很具旅游开发价值。

C. 小金河谷　小金河干流长13.5km，河道曲折蜿蜒，河床宽从几米至几十米不等。河底多巨石，大小不等，形态各异；有的似嬉水的牛儿，有的像养精蓄锐伏虎，有的似沉睡千年的美女。有的整个河床就是一整块石头，溪水从冲沟中流下，或从平整的石面上滑过。两岸青山苍翠，云飞鸟舞，形成20多里优美的风景画廊。但因电站修渠截水，使小金河的水量大减，导致景观质量下降不少。

④高峡平湖

A. 碧水潭　是位于小金河之上的一圆形水潭，面积$50m^2$，潭的上游有一块可容百人的花岗岩石坪，在其右侧有一椭圆形的孔，左部有一探头的乌龟，静观潭水的变化。风平浪静时，潭水一平如镜；微风吹拂时，微波粼粼，犹如一匹绿色绸缎在抖动。潭水浅处，清澈透明，游鱼可见，空中浮云入画，即生“山随人影动，人在画中游”之感。

B. 七天湖　　散布在象头山海拔650m以上的山谷中的7座水库，号称七天湖，7颗明珠镶嵌于起伏连绵的群山密林之间，一派秀丽景观。风平浪静之时，蓝天白云、苍山翠绿尽显湖中，加之黄褐色的水位线，色彩极为丰富协调；微风袭来，这一切就化为一片涟漪而消失于缥缈之间。雄伟的水库大坝，全部就地取石筑建而成，坚固耐用，气势磅礴。7座水库各有特色，如范家田水库纵横迷离的港湾、济公田水库天然浩大的石壁岸堤、担杆坳水库高耸险峻的大坝、亚婆髻水库绚丽的泻洪瀑布等。

⑤飞瀑直下

A. 翠帘幽瀑　在三级电站沿公路上行150m，道路右侧有一股清泉从高峡处飞泻而下，成一飞瀑，分5级跌落，高约30m，下有跌水潭两个，水跌潭中翻起阵阵白浪。两侧悬崖绝壁，宽约3m，深隧幽暗。更奇妙的是，瀑布前上方有藤本植物蔓延，横跨溪谷两岸倚石壁而生，叶密青翠，形成一天然绿色门帘，故名翠帘幽瀑。

B. 鹰嘴口瀑　位于鹰嘴口山谷上端近山脊处有一瀑布，高10m余，宽1～3m，水量不大，成幕帘状跌落，冲击石壁，水沫飞溅，颇似青纱如薄雾。两侧山岩陡峭，极为险峻。底有$4m^2$左右跌潭。潭中有一巨石，黑色，如鲤鱼脊背，似鲤鱼逆水而上欲跳龙门。

C. 飞岩流瀑　在四级电站沿引水渠上游200m的山腰处有一巨大石壁赫然挂落于青山苍林间。于石壁两侧各有一瀑布落下，右瀑高约10m余，水量大，是山溪汇集经路桥洞中奔泻而出，便急跌而下，沿圆润的石壁滑落于引水渠，如白练；左瀑则水量较小，沿石壁曲折飘滑而下，似轻纱。

D. 泻雨瀑　位于金河幽谷上游，金河水流忽然跌落而下10m余，“瀑声如雷，闻声骨寒”。其下为一深潭，深不可测。三面悬崖绝壁。一面敞向金河幽谷，宽约2.5m。右侧绝壁上又有两带溪水滑落，落差近30m，溪水与消壁几经碰撞而成散花状，如雨似雾，水落潭中，则是“大珠小珠落玉盘”了。左侧有一天然平台，是自然观瀑台。

⑥象山云海

象山云海在历史上被列为惠州八景之一，装扮着象头山这一人间仙境。由于象头山有7座水库，在阳光照射时蒸发水气凝结形成云和雾；又由于山高林密，致使象头山四季有云雾。云来雾往，变化多端，时而像风平浪静下的一片汪洋，时而似波涛汹的无垠大海，时而像一泻千里的急流，时而如绸似绢轻柔飘渺。

⑦层林叠翠

A. 绿海幽林　位于保护区的核心地带，有大片原始次生林，远望层层叠叠，苍翠欲滴。林内古木高耸，藤萝漫布，纵横交错。偶有几声鸟鸣，更显山林静谧。实为回归自然品味幽静的好去处。

B. 梅林雪海　保护区内有青杨梅 *Myrica agenophora* 万余株，是1986年林场工人所种，其花期为冬末春初，花呈雪白色。每到开花季节，便漫山遍野一夜之间白了一片，如片片雪花挂满枝头，景色壮观，其中以三堆池地区为最，被喻为“梅林雪海”。

C. 桃金娘林　象头山海拔300~400m的山上遍生桃金娘，其中以三堆池工区背后山坡和金娘坪分布最多。花期5月下旬，花粉红色。在开花时节，漫山的粉黛，一眼的红霞，蜂蝶漫舞其间。果熟时，还可采摘品尝。

⑧古树参天

A. 古树探水　在范家田水库岸边，有一古树，高约10m余，胸径约1m，树干中空，弯转扭曲，足见岁月沧桑，干上又有新枝婆娑如影，又显示生命的顽强。树干朝向水库，弯曲成弧形，似探水状。

B. 古锥树　位于范家田水库大坝的西端南侧，有一锥树，高约30m余，胸径1.2m，树干通直，干上分枝或横向伸展或斜上扭曲，如虹似虬。层次丰富，极具观赏价值。

C. 五子同心　在三堆池西侧上方，三峡水对面山腰处有一株大树，高约30m余，树干底部直径约90cm，往上渐粗，1m高处直径1.3m，而且分为5干，粗细不一，其中4干扶摇直上，通直，而另1干则斜下弯曲伸展。根基处又有2枝分生而出。树根裸露，粗壮扭曲，或突于岩外或隐于土中，如苍龙似巨蟒，实属罕见。

（2）人文景观资源

①东江纵队战斗足迹

A. 大人岩　在三堆池工区东约250m的大人岩山脚下，道路东侧有一巨石从山坡悬挑而出，与左右两侧的支附物组成一洞状，洞宽4.5m，深3m，巨石高约6m，宽5.5m，自前往后成一坡面，上刻原博罗县长、老革命军人曾光题写的“天降神兵”4个大字（1993年刻）。此处也是曾光等人革命时期的居所。

B. 大小人洞　从四级电站沿引水渠东行150 m左右，有一巨大山岩突兀而出，巨石高约20m，宽约30m余，石下悬空成一天然避风遮雨处，平均高3.5m，宽欲9m，纵深6m余。洞内立有一石碑，上刻“一九四六年六月至十月，大小人洞曾作为东江纵队留下坚持斗争的曾光、刘彪等革命同志秘密掩蔽联络点”，巨石上刻“洞天朝阳”4个大字。石碑前是电站引水渠，洞前为一水泥平台，四周有围栏。水泥平台前是一山洞，其间乱石蹉跎，溪流潺潺，绿影婆娑，一派世外桃源风光。

②建筑景观

A. 石拱桥　在三堆池工区前小金河上横跨一石拱桥，桥身长30m，宽6m，为一单拱石桥，桥拱跨度约23m，拱高约10m，左右两侧各有两个装饰性小拱洞。桥礅砌于两岸巨石之上，桥身通体为方形石块构成，结构严谨，比例均衡，色彩淡雅。

B. 钢架桥　位于六级电站西北侧小金河上有一高架小平桥横贯两岸，桥宽1.5m，长约33m，高约4m余。一柱两跨式，钢架结构，上铺水泥预制板。桥面两侧设三角铁护栏。

此外，尚有四级电站宿舍楼和七级电站等。

5.1.2 广东珠江口中华白海豚自然保护区

1999 年 10 月，广东省人民政府粤办函［1999］583 号文批准建立珠江口中华白海豚省级自然保护区。2003 年 6 月，国务院国办发［2003］54 号文正式批准晋升该保护区为国家级自然保护区。2007 年 11 月，保护区加入中国生物圈保护网络，成为中国人与生物圈大家族中的一员。主要保护对象是国家Ⅰ级重点保护野生动物中华白海豚 *Sousa chinensis* 及其栖息活动区域的自然环境、水质环境、海底环境、渔业资源和生物多样性。

根据中华人民共和国国家标准《自然保护区类型与级别划分原则》（GB/T14529—93），广东珠江口中华白海豚自然保护区属“野生生物类别”中的“野生动物类型”自然保护区。

5.1.2.1 环境条件

广东珠江口中华白海豚自然保护区位于珠江口水域内伶仃岛至牛头岛之间，属珠海市水域范围，向东与香港洲与龙鼓洲海岸公园毗邻。地理坐标东界线为粤港水域分界线，西界线为东经 113°40′00″，南界线为北纬 22°11′00″，北界线为 22°24′00″。保护区总面积 46 000hm^2。

据报道：珠江口水域水温和盐度条件适中，水质肥沃，适宜中华白海豚的生存繁衍。珠江是中国华南地区最大的河流，年径流量达 3124 亿 m^3，珠江口所在的伶仃洋水域宽广，属南亚热带季风气候区，气候温和，水热条件较好，年平均气温 22.4℃，最热月 7 月平均气温 28.1℃，极端最高气温 38.7℃，最冷月 1 月平均气温 14.1℃，极端最低气温 0.2℃；年降水量 1926.7mm，5～9 月为雨季，9 月至翌年 4 月为旱季；年平均空气相对湿度 80%。风向多为东南风。

这里的自然条件尤其适合习惯于热带和亚热带河口地区生活的中华白海豚，丰富的生物资源给多种鱼类生物提供了天然产卵和繁育环境。珠江口伶仃洋水域属热带和南亚热带河口区，水产资源非常丰富。南海水产研究所对珠江口的渔业资源一项周年调查中监定了 154 种鱼类。1993 年的海岛海域渔业资源调查显示，珠江口水域出现的枪乌贼类有 15 种，甲壳类 30 多种。大铲岛以南万山群岛以北一带水域中游泳生物资源蕴藏量在 1 万吨以上，为中华白海豚的栖息繁衍提供了充足丰富的饵料基础。

珠江口伶仃洋水域咸淡交汇，水质肥沃，水温和盐度均匀适宜白海豚的生存活动；珠江河口生物丰富多样，水质环境较好，污染较轻，特别是内伶仃岛沿岸和大屿山岛西侧，仍保留有自然岸线未被开发，水域环境幽静，成了中华白海豚活动的理想场所。

5.1.2.2 功能分区

根据《中华人民共和国自然保护区条例》和《海洋自然保护区管理办法》的有关规定，为了更好地实施监测和管理，保护好中华白海豚及其自然环境资源，该保护区分为如下 3 个功能区。

（1）核心区　位于珠江口水域的中部，面积 14 000hm^2，占保护区总面的 30.43%，是原生自然景观最好的地方，是遗传基因库的精华所在，是深入研究生态系统自然演化的场所，可为人们提供各种标准的“本底”资料。将实行全封闭管理，免受人为的干扰破坏，严禁任何船只进入该区域内从事可能对资源造成直接危害或不良影响的活动；如确因科学研究需要进入该区域的，须向保护区管理局提出申请。

（2）缓冲区　位于核心区的周围，面积 12 800hm^2，占保护区总面的 27.83%。其主要功能是保护核心区免受外界的影响和破坏，起到一定的缓冲作用，确保核心区的天然珠江口水域生态系统和珍稀野生动物的良性循环，将实行半封闭式管理，经广东省海洋与渔业局批准，在保护区管理局统一规划和引导下，可有计划地组织经济开发活动。

（3）实验区　位于保护区的边缘，面积 19 200hm^2，占保护区总面的 41.74%。其主要功能是根据自然资源和实际需要，开展生产经营，如发展自然保护区野生动物饲养与驯化等，建立资源多层次综合利用的生态良性循环体系。经保护区管理局批准，可在划定范围内适当组织生态旅游、科学考察、教学实习等活动，但不得危害资源和污染环境。

5.1.2.3 中华白海豚种群概况

到2004年，由于受环境污染和渔业资源明显衰退等因素影响，中华白海豚的生存空间越来越窄，死亡事件屡有发生，已处在濒危状态。对此，专家指出，如果不尽早采取果断措施加以有效保护，被誉为“海洋大熊猫”的中华白海豚很可能从珠江口消失。

中华白海豚常在海口的近海滩休息和聚集，并沿岩礁海域捕食鱼类。珠江口海域盛产青鳞鱼、白姑鱼、鲻鱼等为其喜食之物，因此招引中华白海豚来活动觅食。中华白海豚一般喜欢跟随出海的渔船，捕食漏网之鱼，有时也因抢食网中之鱼而被误捕。

海上频繁的交通运输引发噪音污染，妨碍了中华白海豚等动物的交流，影响到中华白海豚的出没和游行速度。而且来往的船过于频繁，增加了中华白海豚意外死亡的几率。据悉，从1993~1998年间，香港海域有3头中华白海豚被确诊为受船舶撞击致死，另有1头也被怀疑为受到船舶撞击致死。

中华白海豚主要分布东南部沿海，到2004年，经调查，在珠江口约有1000~1400头，厦门的九龙江口约有100头，还有人曾在汕头、湛江、饶平、南澳等地发现中华白海豚。此外，还有鱼类154种、浮游植物44种、浮游动物61种、底栖生物58种以及国家II级重点保护野生动物江豚等。但对于珠江口中华白海豚的研究基本上还处于空白，因此应该掌握海豚的生存状况，实地观测和连续跟踪，研究白海豚的种群，利用死亡的白海豚作为标本进行解剖研究，以便研究如何减少现有海豚的破坏和毒害。同时建立搁浅白海豚的拯救方案和应急措施，并建立中华白海豚的基因库。

5.1.2.4 中华白海豚的分布格局

据报道（贾肖平等，2000年），中华白海豚的活动范围覆盖整个保护区，出没的最北端为大铲岛附近，最南端至桂山岛以南，接近万山列岛海域；东侧的深圳湾、龙鼓洲，西侧的香洲湾、澳门对开海域均有出现。从整个分布态势看，自内伶仃岛至桂山岛之间的东部水域，中华白海豚的出现率较高，而由棋澳岛至澳门之间的西部水域出现率较低，分布态势呈东高西低，而且差异显著。中华白海豚在珠江口有两处重要分布区，一处为内伶仃岛周围水域，另一处为大屿山以西附近海域，而且常有较大的种群出现。

5.1.2.5 中华白海豚数量分布的季节变化

据报道（贾肖平等，2000年），珠江中华白海豚的数量分布有明显的季节性变化，冬季主要分布在北部的内伶仃岛周围水域，而且常有大规模群体出现；其次为大屿山以西至桂山岛以北水域，春季主要分布在北部区，以内伶仃岛附近水域较为密集；再其次为大屿山以西附近海域，夏季集中在大屿山以西至桂山岛以北水域，秋季主要出现在沙洲岛以南至桂山岛以北之间的东部海域。

此外，还可以看出枯水期和洪水期的南北分布明显差异。枯水期间，即冬季和春季，中华白海豚集中分布在大屿山以北的北部区，以内伶仃岛周围水域最为密集；洪水渠间，即夏季和秋季，则转移至大屿山以西、桂山岛以北水域，中华白海豚数量的南北分布泾渭分明。

5.1.2.6 保护区管理局的基地

保护区管理局承担了广东省4114km海岸线鲸豚救护的大部分工作，保护管护基地设在珠海市棋澳岛，占地年积约8700m^2，总建筑面积2948.5m^2，救护池水体约1300m^3，基地集管理、救护、科研、宣传、教学实习基地等多功能于一体，救护基地设置有救护池、暂养池和治疗池，具备完善的拯救和养护功能，可以同时暂养中华白海豚4头。还配备一艘85kW的救护艇和一艘18m、275kW的巡航船只，完善的资源管护设施对开展巡航监管工作、及时对受伤或搁浅海豚实施救护提供了基础。

5.2 省级自然保护区

本地区已先后建立了17个省级自然保护区，其中黑石顶、珠海淇澳—担杆岛猕猴、博罗罗浮山、惠东古田、龙门南昆山等5个省级自然保护区已在《广东省自然保护区》（广东旅游出版社，1977）

中给予详细介绍。

5.2.1 郁南同乐大山自然保护区

为了保护好郁南同乐大山较为完整的季风常绿阔叶林和丰富的野生动植物资源，1985 年郁南县人民政府申请成立同乐大山自然保区。1985 年 11 月 19 日广东省人民政府办公厅粤办函［1985］533 号文“关于同意今年建立 7 个自然保护区的复函”中，批准建立郁南同乐大山省级自然保护区。主要保护对象为南亚热带季风常绿阔叶林生态系统及珍稀濒危野生动植物资源。

根据中华人民共和国国家标准《自然保护区类型与级别划分原则》（GB/T14529—93），郁南同乐大山自然保护区属“自然生态系统类别”中的“森林生态系统类型”自然保护区。

5.2.1.1 自然条件

（1）位置范围　郁南同乐大山自然保护区，位于云浮市辖郁南县的东北部。地理坐标为东经 111°38′32″~111°42′22″，北纬 23°2′17″~23°8′44″。东邻南江口镇，南与历洞接壤，西至国有大历林场、建城镇，北临西江。包括西坑村委会的 1 个村民小组、黄岗村委会的林地；建城镇大历村委会的 10 个村民小组和村委会、冷水村委会的 3 个村民小组、东坑村委会的 14 个村民小组和村委会林地；历洞镇内翰村委会的 1 个村民小组、农林村委会的 2 个村民小组和村委会的林地。总面积 6353hm^2（包括原址林地 267hm^2）。

（2）地质基础　郁南地质在大地构造单元上，属华南褶皱系的范围，地层发育古老而不齐全，保护区的北部为中奥陶系砾岩、石英砂岩及砂质页岩，中部分布着下奥陶系砾岩、石英砂岩及砂质页岩，中南部为寒武系八村群云母片岩、石英片岩、炭质板岩，东南部为燕山旋回早珠罗世花岗岩片麻岩。地质构造复杂，岩浆活动影响范围小，矿产种类较多，钛铁矿、白云矿、硅线石等储量丰富，但在保护区内储量稀少。

（3）地貌概况　保护区属低山、丘陵地貌，由两条东北向转西南向的山地构成。地势中部高，南北低，组成岩性以变质岩和砂页岩为主，其次为第四纪松散堆积物。西部和西南部山峰众多，如观音山、生疆界、鱼尾叉、高降顶、大地顶、元珠山、竹杀帽顶、大何尾顶和下桥顶等。

（4）气候特点　保护区属南亚热带季风气候区，气候特点是：气候温和，日照少，雨量充沛。在保护区内尚无气象站，根据郁南县气象资料：年平均气温 21.4℃，最冷 1 月份平均气温 11.9℃，极端最低气温 -3.1℃（1963 年 1 月 15 日），最热 7 月份平均气温 28.8℃，极端最高气温 39.1℃（1982 年 7 月 29 日）。年平均降水量 1433mm，多集在每年 4~9 月。全年各月均有降水，但以 5 月最多，高达 264.9mm，12 月最少，仅有 10.4mm。年平均日照为 1123.4 小时，谷地为 1022.2 小时。全年季风明显，盛行南北气流，夏季多偏南风，冬季多偏北风，春秋两季南北风相互交替。

（5）水文状况　保护区属西江流域范围。境内群山环抱，地势起伏大，溪涧河流，纵横交错，瀑布飞泻。该区不仅是粤西重要的水源林区之一，也是周边乡（镇）工农业生产和群众生活用水的主要水源区。

（6）土壤特征　郁南同乐大山自然保护区的地带性土壤为赤红壤。但由于受成土母质、山地气候、植被和地形等因素以及人类活动的影响，从山麓至山顶依次形成了垂直分布。

①赤红壤　主要分布在海拔 400m 以下的丘陵地带，土层较深厚，表土呈灰黑色，呈酸性反应，底土呈红色或红褐色。

②山地红壤　主要分布在海拔 400~600 m 之间的山地，土层较深厚，表土呈深灰色，底土呈红色。

③山地黄壤　主要分布在海拔 600m 以上山地，土壤呈酸性反应。

5.2.1.2 功能分区

根据《中华人民共和国自然保护区条例》第十八条“自然保护区可以分为核心区、缓冲区和实验区”的规定，依据《广东郁南同乐大山省级自然保护区总体规划》① 将郁南同乐大山自然保护区分为如下3个功能区。

（1）核心区 位于保护区的西部和西南部，前者具体范围包括同乐大山、东坑生疆界、鱼尾叉、高降顶、塘儿坑、大历坑和大河坑等地，后者具体范围包括农林的胭脂顶、蝴蝶坪，总面积2436.12hm²；占保护区总面积的38.35%，该区具有典型代表性保存较为完好的天然季风常绿阔叶林，珍稀动植物物种多集中分布的区域，将实行全封闭管理，严禁狩猎、采挖药材和砍伐林木，任何单位和个人不得进入。因科学研究需要，必需进入核心区从事的科学研究人员，应事先向保护区管理处提交申请和活动计划，并经省级有关主管部门批准方可进出。

（2）缓冲区 位于核心区外围，面积1624.08hm²，占保护区总面积的25.56%。具体范围包括杨梅洞、石古、新田岭一带以及大坪一带、平台镇同乐大山自然保护区原址中外围等地。其功能是对于保护核心区起缓冲作用，确保核心区的天然季风常绿阔叶林生态系统和珍稀野生动植物的良性循环。此区将实行半封闭式管理，只许科研人员从事科学研究观测活动，严禁捕猎属于国家级和省级重点保护野生动物，不准采挖和砍伐珍稀植物。

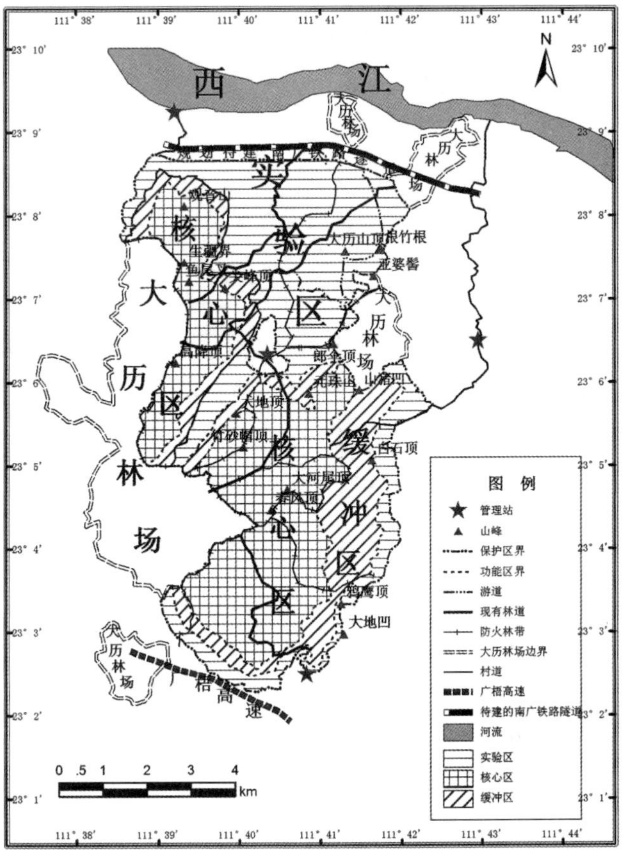

注：此图根据文仕知该保护区功能区划图修改清绘而成。

图5.2 郁南同乐大山自然保护区功能分区图

（3）实验区 位于缓冲区外围，面积2292.8hm²，占保护区总面积36.09%。包括生产经营区面积1316.98hm² 和生态旅游区面积975.82 hm²（图5.2）。

5.2.1.3 植物区系特点

本保护区的植物区系，概括起来具有如下特点。

（1）植物物种较丰富 据调查统计②，该保护区拥有野生维管束植物1298种（包括种下等级，下同），隶属702属200科，占广东省野生维管束植物5933种的21.88%（叶华谷等，2005）。其中蕨类植物202种，隶属86属44科；裸子植物7种，隶属6属5科，被子植物1089种，隶属766属151科（表5.6）。

表5.6 郁南同乐大山自然保护区野生维管束植物类群的组

植物类群		科数	属数	种数
蕨类植物		44	86	202
裸子植物		5	6	7
被子植物	双子叶植物纲	131	663	918
	单子叶植物纲	20	103	171
合计		200	702	1298

① 文仕知．广东郁南同乐大山省级自然保护区总体规划．中南林业科技大学，广东东郁南同乐大山省级自然保护区管理处．2008.9.

② 文仕知．广东东郁南同乐大山省级自然保护区缩合考察报告．中南林业科技大学，广东东郁南同乐大山省级自然保护区管理处．2008.8.

此外，尚有栽培植物 145 种，隶属 111 属 56 科。其中裸子植物 3 种，隶属 3 属 3 科；被子植物 142 种，隶属 108 属 53 科（双子叶植物 123 种 95 属 46 科；单子叶植物 19 种 13 属 7 科）。

（2）地理成分复杂

①蕨类植物的地理成分

A. 科的地理分布区类型　根据该保护区蕨类植物 44 科的分布区类型统计分析如下。

广布科　共 12 有科，占该区总科数的 27.27%。如石杉科、石松科、卷柏科、木贼科、紫萁科、铁线蕨科、蹄盖蕨科、铁角蕨科、水龙骨科、苹科、槐叶苹科、满江红科等。

热带、亚热带分布科　共有 24 科，占该区总科数的 75%（扣除广布科 12 科，下同）。如观音座莲科、瘤足蕨科、桫椤科、稀子蕨科、碗蕨科、姬蕨科 Hypolepidaceae、中国蕨科、水蕨科、裸子蕨科 Hemionitidaceae、肿足蕨科 Hypodematiaceae、三叉蕨科 Aspidiaceae、舌蕨科 Elaphoglossaceae、条蕨科 Oleandraceae、雨蕨科 Gymnogrammitidaceae，另有骨碎补科以亚洲亚热带为主。而以热带为主的有海金沙科、膜蕨科 Hymenophyllaceae、鳞始蕨科 Lindsaeaceae、凤尾蕨科 Pteridaceae、书带蕨科 Vittaceae、金星蕨科 Thelypteridaceae、实蕨科 Bolbitidaceae、禾叶蕨科 Grammitaceae、剑蕨科 Loxogrammaceae 等。

泛热带分布科　共有 6 科，占该区总科数的 18.75%。如槲蕨科以亚洲为主，其他为里白科、蚌壳蕨科 Dicksoniaceae、蕨科、乌毛蕨科 Blechnaceae、肾蕨科等。

温带至热带分布科：有阴地蕨科 Botrychiaceae 1 个科，占该区总科数的 3.13%。

温带至亚热带高山地区分布科　有鳞毛蕨科 Dryopteridaceae 1 个科，占该区总科数的 3.13%。

B. 属的地理分布区类型　根据保护区蕨类植物 86 属的分布类型统计分析如下。

广布属　共有 8 属，占该区总属数的 9.30%。如石杉属、石松属、卷柏属、铁线蕨属、铁角蕨属、苹属、槐叶苹属、满江红属等。

泛热带分布属　共有 14 属，占该区总属数的 17.95%（扣除广布属 8 属，下同）。如马尾杉属、蕗蕨属 *Mecodium*、团扇蕨属 *Gonocormus*、瓶蕨属 *Trichomanes*、鳞始蕨属 *Lindsaea*、乌蕨属 *Sphenomeris*、姬蕨属 *Hypolepis*、蕨属 *Pteridium*、粉背蕨 *Aleuritopteris*、隐囊蕨属 *Notholaena*、书带蕨属 *Vittaria*、肾蕨属 *Nephrolepis* 槲蕨 *Drynaria*、禾叶蕨属 *Grammitis* 等。

热带和亚热带分布属　共有 57 属，占该区总属数的 73.08%。其中热带至亚热带为主，如灯笼草属、观音莲座属、芒萁属、里白属、海金沙属、稀子蕨属、碗蕨属、鳞盖蕨属、凤尾蕨属、碎米蕨属 *Cheilosoria*、金粉蕨属 *Onychium*、水蕨属 *Ceratopteris*、凤丫蕨属 *Coniogramme*、书带蕨属 *Vittaria*、短肠蕨 *Allantodia*、假蹄盖蕨属 *Athyriopsis*、蹄盖蕨属 *Athyrium*、毛子蕨属 *Monomelangium*、肿足蕨属 *Hypodematium*、介蕨属 *Dryoathyrium*、针毛蕨属 *Macrothelypteris*、凸轴蕨属 *Metathelypteris*、金星蕨属 *Parathelypteris*、毛蕨属 *Cyclosorus*、假毛蕨属 *Pseudocyclosorus*、新月蕨属 *Pronephrium*、三叉蕨属 *Tectaria*、骨碎补属 *Davallia*、阴石蕨属、线蕨属、石韦属、石蕨属、剑蕨等。

以亚热带为主的属：与热带至亚热带分布的类型相当。热带亚洲分布的有 13 属，如藤石松属、假脉蕨属 *Crepidomanes*、膜蕨属、桫椤属、黑桫椤属、安蕨属 *Anisocampium*、圣蕨属 *Dictyocline*、地耳蕨属 *Quercifilix*、星蕨属 *Microsorium*、伏石蕨属 *Lemmaphyllum*、骨牌蕨属 *Lepidogrammitis*、假瘤蕨属 *Phymatopteris*、崖姜蕨属 *Pseudodrynaria* 等；热带亚洲—大洋洲分布 4 属，如莱蕨属 *Callipteris*、乌毛蕨属 *Blechnum*、苏铁蕨属、槲蕨属；热带亚洲至非洲分布的有 2 属，如瓦韦属、盾蕨属 *Neolepisorus*；热带亚洲—非洲—大洋洲分布有 1 属，如星毛蕨属 *Ampelopteris*；热带亚洲至热带美洲分布有 3 属，如瘤足蕨属 *Plagiogyria*、双盖蕨属 *Diplazium*、水龙骨属；东亚分布有 1 属，如金毛狗属。

温带、热带分布属　有 1 属，占该区总属数的 1.28%。如紫萁属 *Osmunda*。

温带、亚热带分布属　有 3 属，占该区总属数的 3.85%。如扁枝石松属 *Diphasiastrum*、卵果蕨属 *Phegopteris*、狗脊属 *Woodwardia*。

温带分布属　有 2 属，占该区总属数的 2.56%。如阴地蕨属 *Sceptridium*、鳞毛蕨属 *Dryopteris* 等。

寒、温带分布属　有 1 属，占该区总属数的 1.28%。如木贼属 *Equisetum*。

②种子植物的地理成分

科的地理分布区类型按照《世界种子植物科的分布区类型系统》（吴征镒等，2003），对该保护区种子植物156科的分布区类型统计分析，除热带亚洲至热带非洲、旧世界热带、地中海区、西亚至中亚、中亚和中国特有分布类型尚未发现外，其他10个分布区类型及变型均有分布（表5.7）。

表5.7 郁南同乐大山自然保护区种子植物科的分布区类型

分布区类型及变型	科数	占总科数（%）
1. 广布（世界广布）	41	扣除
2. 泛热带（热带广布）	52	45.22
2－1 热带亚洲—大洋洲和热带美洲（南美洲或/和墨西哥）	1	0.87
2－2 热带亚洲－热带非洲－热带美洲（南美洲）	4	3.48
2S 以南半球为主的泛热带	6	5.22
3. 东亚（热带、亚热带）及热带南美洲间断	10	8.70
4. 旧世界热带	5	4.35
4－1 热带亚洲、非洲和大洋洲间断或星散非布	0	0
5. 热带亚洲至热带大洋洲	2	1.74
6. 热带亚洲至热带非洲	0	0
7. 热带亚洲（即热带东南亚至印度—马来，太平洋诸岛）	0	0
7－1 爪哇（或苏门答腊），喜马拉雅间断或星散分布到华南、西南	0	0
7－2 热带印度至华南（尤其云南南部）分布	0	0
7－3 缅甸、泰国至华西南分布	0	0
7－4 越南（或中南半岛）至华南或西南分布	1	0.87
7d 新几内亚特有	1	0.87
8. 北温带	6	5.22
8－1 环极（环北极，环两极）	0	0
8－2 北极－高山分布	0	0
8－3 北极—阿尔泰和北美洲间断分布	0	0
8－4 北温带和南温带间断分布	10	8.70
8－5 欧亚和南美洲温带间断分布	1	0.87
8－6 地中海\ 东亚、新西兰和墨西哥—智利间断分布	0	0
9. 东亚和北美洲间断	4	3.48
9－1 东亚和墨西哥间断分布	0	0
10. 旧世界温带	0	0
10－1 地中海区、至西亚（或中亚）和东亚间断分布	0	0.
10－2 地中海和喜马拉雅间断分布	0	0
10－3 欧亚和南非洲（有时也在大洋洲）	0	0.92
11. 温带亚洲	1	0.87
12. 地中海区、西亚至中亚	0	0
13. 中亚	0	0
14. 东亚	1	0.87
15. 中国特有	0	0
未列出分布区类型	9	7.83
合计	156	100.00

从上表可以看出，可将其归并为广布分布、热带分布（第2~7类）和温带分布（第8~14类）3大类。热带分布有83科，占总科数（扣除广布科，以下同）的72.17%；温带分布有23科，占总科数的20%。在热带分布科中，以泛热带分布类型最多，有52科，占总科数的45.21%，占热带分布科的62.65%；东亚（热带、亚热带）及热带南美洲间断分布，有10科，占总科数的8.70%，占热带分布科的12.05%。在温带分布科中，北温带和南温带间断分布科所占比例最大，但仅占总科数的8.70%。可见，郁南同乐大山自然保护区植物区系在科级水平上以泛热带分布成分为主，兼有一定数量的北温带成分。

B. 属的地理分布区类型　根据保护区种子植物616属（除去爵床属 *Justicia*、翼豆属 *Macroptilium*、向日葵属 *Helianthus* 3属，下同）的分布类型，按照《中国种子植物属的分布区类型》（吴征镒，1991）统计分析，除地中海区、西亚至中亚分布和中亚分布区类型及其变型尚未发现外，其他13个分布区类型及14个变型均有分布（表5.8）。

表5.8　郁南同乐大山自然保护区种子植物属的分布区类型

分布区类型及变型	属数	占总属数（%）
1. 广布属	44	扣除
2. 泛热带分布	141	28.66
2-1 热带亚洲、大洋洲和南美洲间断分布	4	0.81
2-2 热带亚洲、非洲和南美洲间断分布	9	1.83
3. 热带亚洲和热带美洲间断分布	15	3.05
4. 旧世界热带分布	53	10.77
4-1 热带亚洲、非洲和大洋洲间断分布	5	1.02
5. 热带亚洲至热带大洋洲分布	37	6.91
5-1 中国（西南）亚热带和新西兰间断分布	0	0
6. 热带亚洲至热带非洲分布	33	6.71
6-1 华南、西南到印度和热带非洲间断	0	0
6-2 热带亚洲和东非间断	4	0.81
7. 热带亚洲（印度—马来西亚）分布	72	14.63
7-1 爪哇、喜马拉雅和华南、西南星散分布	8	1.63
7-2 热带印度至华南分布	3	0.61
7-3 缅甸、泰国至华西南分布	1	0.20
7-4 越南（或中南半岛）至华南（或西南）分布	7	1.42
8. 北温带分布	24	4.88
8-1 环极分布	0	0
8-2 北极高山分布	1	0.20
8-3 北极—阿尔泰和北美洲间断分布	0	0
8-4 北温带和南温带（全温带）间断分布	9	1.83
8-5 欧亚和南美洲温带间断分布	1	0.20
8-6 地中海区、东亚、新西兰和墨西哥到智利间断	0	0
9. 东亚和北美洲间断分布	19	3.86
9-1 东亚和墨西哥间断	0	0
10. 旧世界温带分布	8	1.63
10-1 地中海区、西亚和东亚间断分布	1	0.20
10-2 地中海和喜马拉雅间断分布	0	0
10-3 欧亚和南非洲（有时也在大洋洲）间断	0	0

（续）

分布区类型及变型	属数	占总属数（%）
11. 温带亚洲分布	1	0.20
12. 地中海区、西亚至中亚分布	0	0
12-1 地中海区至中亚和南非洲、大洋洲间断	0	0
12-2 地中海区至中亚和墨西哥间断	0	0
12-3 地中海区至温带、热带亚洲，大洋洲和南美洲间断	0	0
12-4 地中海区至热带非洲和喜马拉雅间断	0	0
12-5 地中海区—北非洲、中亚、北美西南部，智利和大洋洲（泛地中海）间断分布	0	0
13. 中亚分布	0	0
13-1 中亚东部（亚洲中部）	0	0
13-2 中亚至喜马拉雅	0	0
13-3 西亚至喜马拉雅和西藏	0	0
12-4 地中海区至热带非洲和喜马拉雅间断	0	0
14. 东亚分布	22	4.47
14-1 中国—喜马拉雅（SH）	7	1.42
14-2 中国—日本（SJ）	1	0.20
15. 中国特有分布	6	1.22
合计	536	100

从上表可以看出，保护区属的地理成分是以泛热带分布成分最多，有141属，占总属数（扣除广布属44属，以下同）的28.66%；热带亚洲分布成分有72属，占总属数的14.63%；旧世界热带分布成分有53属，占总属数的10.77%。总之，是以热带成分占优势，从2~7各类热带成分共有392属，占总属数的79.67%。温带成分从8~12共有64属，占总属数的13%。东亚分布有30属，占总属数的6.10%。中国特有分布的6属，占1.22%，分别是杉木属 *Cunninghamia*、绿竹属 *Dendrocalamopsis*、四轮香属 *Hanceola*、大血藤属 *Sargentodoxa*、无距花属 *Stapfiophyton*、石笔木 *Tutcheria* 等。这些特征与保护区所在的地理位置相适应。

5.2.1.4 植被概况

据报道，保护区的植被类型较丰富，以南亚热带季风常阔叶林为主，面积4298.89hm^2，占植被类型总面积的68.78%；针阔叶混交林面积1356.92 hm^2，占总面积的21.71%；暖性针叶林面积281.26hm^2，占总面积的4.50%；栽培杉木林面积168.76hm^2，占总面积的2.70%；栽培药材林面积144.37hm^2，占总面积的2.31%。

此外，有常绿落叶阔叶混交林、竹林和灌丛等类型，壳斗科、樟科、桃金娘科、杜英科、桑科、金缕梅科、茜草科、茶科等的常绿种类，构成了保护区植物群落的主体。在各种植被类型中，主要的群落类型有黧蒴群落、琼桂润楠 *Machilus foonchewii* 群落、硬壳柯 *Lithocarpus hancei* 群落、大头茶群落、海南杨桐 *Adinandra hainanensis* 群落、薄叶山矾群落和马尾松群落等。

5.2.1.5 森林资源

据2005年森林资源二类调查，在保护区总面积6353hm^{2}中，有林地面积6250.2hm^2，占总面积的96.38%；非林业用地面积102.8m^2，占总面积的1.62%。在林业用地中有常绿阔叶林面积4167.3hm^2，占有林地面积的66.67%；常绿针叶（马尾松）林面积525.3hm^2，占8.40%；针阔叶混交林面积1557.6hm^2，占24.92%。以活立木蓄积量而论，已达246 380m^3。森林覆盖率为85.7%，林相整齐。林分郁闭度在0.7~0.9。

5.2.1.6 野生植物资源

（1）珍稀濒危保护植物繁多 根据1984年国家环境保护委员会公布的《中国珍稀濒危保护植物名录》和1999年国务院批准公布的《国家重点保护野生植物名录（第一批）》所列种类统计，保护区内共有国家重点保护野生植物13科14属17种。其中蕨类植物4科4属5种，被子植物9科10属12种；列国家Ⅱ级重点保护的野生植物15种，国家Ⅲ级重点保护的野生植物种2种（表5.9）。

表5.9 郁南同乐大山自然保护区的保护植物

序号	种名	科名	IUCN濒危等级	保护级别
1	金毛狗 *Cibotium barometz*	蚌壳蕨科 Dicksoniaceae	渐危	Ⅱ
2	桫椤 *Alsophila spinulosa*	桫椤科 Cyatheaceae	渐危	Ⅱ
3	大黑桫椤 *Gymnosphaera gigantea*	桫椤科 Cyatheaceae	渐危	Ⅱ
4	黑桫椤 *Gymnosphaera podophylla*	桫椤科 Cyatheaceae	渐危	Ⅱ
5	粗梗水蕨 *Ceratopteris pteridoides*	水蕨科 Parkeriaceae	稀有	Ⅱ
6	水蕨 *Ceratopteris thalictroides*	水蕨科 Parkeriaceae	濒危	Ⅱ
7	苏铁蕨 *Brainea insignis*	乌毛蕨科 Blechnaceae	濒危	Ⅱ
8	观光木 *Tsoongiodendron odorum*	木兰科 Magnoliaceae	稀有	Ⅱ
9	樟树 *Cinnamomum camphora*	樟科 Lauraceae	渐危	Ⅱ
10	格木 *Erythrophleum fordii*	苏木科 Caesalpiniaceae	濒危	Ⅱ
11	野大豆 *Glycine soja*	蝶形花科 Papilionaceae	稀有	Ⅱ
12	花榈木 *Ormosia henryi*	蝶形花科 Papilionaceae	渐危	Ⅱ
13	华南锥 *Castanopsis concinna*	壳斗科 Fagaceae	濒危	Ⅱ
14	红椿（红楝子）*Toona ciliata*	楝科 Meliaceae	渐危	Ⅱ
15	苦梓 *Gmelina hainanensis*	马鞭草科 Verbenaceae	稀有	Ⅱ
16	白桂木 *Artocarpus hypargyreus*	桑科 Moraceae	渐危	Ⅲ
17	巴戟 *Morinda officinalis*	茜草科 Rubiaceae	稀有	Ⅲ

（2）经济植物多样 在保护区内蕴藏着多种多样的经济植物资源。根据调查统计，有野生维管束植物1298种。

①药用植物 有543种，占总种数的41.83%。比较重要的有卷柏、海金沙、金毛狗、乌毛蕨、黑老虎、异叶南五味子 *Kadsura heteroclita*、南五味子 *K. longipedunculata*、乌药、草珊瑚、狗肝菜 *Dicliptera chinensis*、威灵仙、山木通、蕺菜（鱼腥草）、火炭母 *Polygonum chinense*、了哥王、绞股蓝、金锦香、翻白叶树 *Pterospermum heterophyllum*、龙芽草 *Agrimonia pilosa*、金樱子、望江南 *Cassia occidentalis*、葛、女贞、梅叶冬青、毛冬青、广东蛇葡萄、华南忍冬（山银花）、接骨草、钩藤、巴戟、鸡矢藤、车前、韩信草、八角枫、枇杷、栀子、益母草、白花地胆草 *Elephantopus tomentosus*、萱草、土茯苓、广东万年青、海芋、石仙桃、淡竹叶等。

②用材植物 有213种，占该区总种数的16.41%。主要有杉木、马尾松、樟树、黄樟、华润楠、黧蒴、红锥、柯、八角枫、木荷、山杜英、中华杜英、覃树、大果马蹄荷、木油桐、山乌桕、乌桕、猴耳环、白桂木、苦木 *Picrasma quassioides*、苦楝、红椿（红楝子）、香椿、南酸枣、黄杞等。

③野生水果植物 有111种，占该区总种数的8.55%。主要有紫玉盘 *Uvaria macrophylla*、杨梅、中华猕猴桃、黄花猕猴桃、阔叶猕猴桃、豆梨 *Pyrus calleryana*、多花山竹子 *Garcinia multiflora*、桃金娘、白桂木、桑、枳椇 *Hovenia acerba*、蔓胡颓子、罗浮油柿等。

④观赏植物 有169种，占该区总种数的13.02%。主要有肾蕨、假鹰爪、野含笑、枫香树、山乌桕、黄槐、满山红、映山红、毛锦杜鹃、桃金娘、野牡丹、朱砂根、虎舌红、桃金娘、白花油麻藤、

栀子等。

⑤淀粉植物　有53种，占该区总种数的4.08%。主要有蕨、福建观音座莲、金毛狗、狗脊、槲蕨、壳斗科17种植物、杨梅、金樱子、豆梨、南酸枣、葛、薜荔、土茯苓、中华猕猴桃、黄花猕猴桃、阔叶猕猴桃、光头芒等。

⑥油脂植物　有98种，占该区总数的7.55%。主要有杉木、樟树、香叶树、红楠、野公树 *Neolitsea chuii*、檫木 *Sassfras tzumu*、野木瓜 *Stauntonia chinensis*、多花山竹子、牛耳枫、虎皮楠、构树、香椿、赛山梅 *Styrax confusus*、苦楝、巴豆、白背叶、油茶、算盘子、木油桐、粗糠柴 *Mallotus philippens*、野漆树、盐肤木、山乌桕、铁冬青、朱砂根、南酸枣、苍耳、黑莎草等。

⑦芳香植物　有42种，占该区总数的3.24%。主要有马尾松、杉木、瓜馥木、樟树、黄樟、香叶树、岗松、枫香树、栀子、草珊瑚、黄荆、藿香、黄花蒿 *Artemisia annua*、野菊、香附子等。

⑧饲料植物　有46种，占该区总数的3.54%。较重要的有马齿苋、鸡眼草 *Kummerowia striata*、细毛鸭嘴草 *Ischaemum indicum*、浮萍、鸭跖草、水竹叶、牛筋草 *Eleusine indica*、丝茅、芒、看麦娘、止血马唐 *Digitaria ischaemum* 等。

5.2.1.7 野生动物资源

（1）动物物种较丰富　该保护区的生态环境复杂，森林茂密，孕育了丰富的野生动物种类。据调查统计，该保护区拥有野生脊椎动物228种，分隶73科28目。

①鱼类　有32种，分隶13科5目，占该区动物总种数的14.04%。鲤形目（CYPRINIFORMES）有7科23种，占该区鱼类总种数的71.86%；鳗鲡目（ANGUILLFORMES）、鳢形目（OPHIOCEPHALIFORMES）、合鳃目（SYMBRANCHIFORMES）各有1科，各占该区鱼类总种数的3.13%；鲈形目（PERCIFORMES）有3科3种，占该区鱼类总种数的9.36%。

②两栖类　有25种，分隶7科2目，占该区动物总种数的10.96%。其中无尾目（SALIENTIA）有6科24种，占该区两栖动物总种数的96%；有尾目（CAUDATA）只有1科1种，占该区两栖动物总种数的4%。

③爬行类　有37种，分隶11科3目，占该区动物总种数的16.22%。蛇目（SERPENTES）有4科26种，占该区爬行动物总数的70.27%；蜥蜴目（LACERTILI）有4科8种，占该区爬行动物总数的21.62%；龟鳖目（TESTUDINATA）有3科3种，占该区爬行动物总数的8.11%。

④鸟类　有112种，隶31科11目，占该区动物总种数的49.12%。雀形目（PASSERIFOMES）有16科62种，占该区鸟类总数的55.36%；隼形目（FALCONIFOEMES）、鸮形目（STRIGFORMES）各有2科8种，各占该区鸟类总数的7.14%；鹃形目（CUCULIFORMES）有1科8种，占该区鸟类总数的7.14%；鸡形目（GALLIFORMES）有1科6种，占该区鸟类总数的5.36%；鴷形目（PICIFORMES）、鹤形目（GRUIFORMES）各有2科5种，各占鸟类总数的4.46%；鹳形目（CICONIIFORMES）有1科5种，占鸟类总数的4.46%；佛法僧目（CORACIIFORMES）有2科3种，占该区鸟类总数的2.68%；鸽型目（COLUMBIFORMES）有1科2种，占该区鸟类总数的1.79%；夜鹰目（CAPRIMULGIFORMES）有1科1种，占该区鸟类总数的0.89%。

⑤哺乳类　有54种，分隶24科8目，占该区动物总种数的23.68%；占广东省哺乳类总数（124种）的43.55%；占全国哺乳类总数（449种）的12.03%。食肉目（CARNIVORA）4科15种，占该区哺乳类总数的27.78%；啮齿目（RODENTIA）有5科12种，占该区哺乳类总数的22.22%；偶蹄目（ARIODACTYLA）有4科8种，占该区哺乳类总数的14.81%；食虫目（INSECTVORA）有3科5种，占该区兽类总数的9.26%；翼手目（CHIROPTERAS）有5科11种，占该区哺乳类总数的20.37%；灵长目（PRIMATES）、鳞甲目（PHOLIDOTA）、兔形目（LAGOMORPHA）各有1科1种，占该区哺乳类总数的1.85%。

（2）珍稀濒危动物较多　以我国1989年公布实施的《国家重点保护野生动物名录》和2001年公

布实施的《广东省重点保护陆生野生动物名录》（第一批）为依据，该保护区拥有保护脊椎动物42种。其中国家Ⅰ级重点保护野生动物2种，国家Ⅱ级重点保护动物31种，省级重点保护动物9种（表5.10）。

表5.10 郁南同乐大山自然保护区的保护动物

序号	种 名	科 名	IUCN濒危等级	保护级别
		哺乳纲 MAMMALIA		
1	云豹 *Neofelis nebulosa*	猫科 Felidae	濒危	Ⅰ
2	猕猴 *Macaca mulatta*	猴科 Cercopithecidae	易危	Ⅱ
3	豺 *Cuon alpinus*	犬科 Canidae	易危	Ⅱ
4	水獭 *Lutra lutra*	鼬科 Mustelidae	濒危	Ⅱ
5	穿山甲 *Manis pentadactyla*	鲮鲤科 Manidae	濒危	Ⅱ
6	大灵猫 *Verra zibetha*	灵猫科 Viverridae	濒危	Ⅱ
7	小灵猫 *Viverricula indica*	灵猫科 Viverridae	易危	Ⅱ
8	水鹿 *Cervus unicolor*	鹿科 Cervidae	易危	Ⅱ
9	林麝 *Moschus berezovskii*	鹿科 Cervidae	易危	Ⅱ
10	斑羚 *Naemorhedus goral*	牛科 Bovidae	易危	Ⅱ
11	鬣羚 *Capricornis sumatraensis*	牛科 Bovidae	易危	Ⅱ
12	豹猫 *Felis bengalensis*	猫科 Felidae	易危	省级
13	豪猪 *Hystrix hodgsoni*	豪猪科 Hystricidae		省级
		鸟纲 AVES		
14	黑翅鸢 *Elanus caeruleus*	鹰科 Accipitridae		Ⅱ
15	凤头鹃隼 *Aviceda leuphotes*	鹰科 Accipitridae		Ⅱ
16	凤头蜂鹰 *Pernis ptilorhynchus*	鹰科 Accipitridae		Ⅱ
17	松雀鸢 *Accipiter virgatus*	鹰科 Accipitridae	易危	Ⅱ
18	普通鵟 *Buteo buteo*	鹰科 Accipitridae		Ⅱ
19	蛇雕 *Spilornis cheela*	鹰科 Accipitridae	易危	Ⅱ
20	游隼 *Falco peregrinus*	隼科 Falconidae	易危	Ⅱ
21	红隼 *Falco subbuteo*	隼科 Falconidae	易危	Ⅱ
22	白鹇 *Lophura nycthemera*	雉科 Phasianidae	易危	Ⅱ
23	原鸡 *Gallus gallus*	雉科 Phasianidae		Ⅱ
24	褐翅鸦鹃 *Centropus sinensis*	杜鹃科 Cuculidae	易危	Ⅱ
25	小鸦鹃 *Centropus toulou*	杜鹃科 Cuculidae	易危	Ⅱ
26	草鸮 *Tyto capensis*	草鸮科 Tytonidae		Ⅱ
27	领角鸮 *Otus bakkamoena*	鸱鸮科 Strigidae		Ⅱ
28	雕鸮 *Bubo bubo*	鸱鸮科 Strigidae		Ⅱ
29	斑头鸺鹠 *Glaucidium cuculoides*	鸱鸮科 Strigidae	易危	Ⅱ
30	褐林鸮 *Strix leptogrammica*	鸱鸮科 Strigidae		Ⅱ
31	灰林鸮 *Strix aluco*	鸱鸮科 Strigidae		Ⅱ
32	长耳鸮 *Asio otus*	鸱鸮科 Strigidae		Ⅱ
33	短耳鸮 *Asio flammeus*	鸱鸮科 Strigidae		Ⅱ
34	白鹭 *Egretta garzetta*	鹭科 Ardeidae		省级
35	牛背鹭 *Bubulcus ibis*	鹭科 Ardeidae		省级
36	栗苇鳽 *Ixobrychus cinnamomeus*	鹭科 Ardeidae		省级

（续）

序号	种 名	科 名	IUCN 濒危等级	保护级别
37	红嘴相思鸟 *Leiothrix lutea*	画眉科 Timaliidae		省级
		爬行纲 REPTILIA		
38	蚺（蟒）*Python molurus*	蟒科 Boidae	极危	I
39	平胸龟 *Platysternon megacephalum*	龟科 Testudidae	濒危	省级
		两栖纲 AMPHIBIA		
40	虎纹蛙 *Rana tigrina*	蛙科 Ranidae	易危	II
41	棘胸蛙 *Rana spinosa*	蛙科 Ranidae	易危	省级
42	沼蛙 *Rana guentheri*	蛙科 Ranidae	无危	省级

（3）经济动物多样 该保护区的野生经济动物资源丰富，属国家保护的有益的或有重要经济、科学研究价值的陆生野生动物据初步调查统计如下。

①哺乳类 有刺猬、野猪、豺、黄鼬、黄腹鼬、鼬獾、狗獾、猪獾、小灵猫、果子狸、红颊獴 *Herpestes javanicus*、豹猫、野猪、赤麂、黄麂、毛冠鹿 *Elaphodus cephalophus*、棕鼯鼠 *Petaurista petaurista*、赤腹松鼠 *Callosciurus erythraeus*、中华竹鼠 *Rhizomys sinensis*、银星竹鼠、社鼠 *Niviventer confucianus*、华南兔等。

②鸟类 有池鹭 *Ardeola bacchus*、牛背鹭、白鹭、黄［斑］苇鳽 *Ixobrychus sinensis*、栗苇鳽 *I. cinnamoneus*、鹧鸪、鹌鹑、灰胸竹鸡 *Bambusicola thoracica*、雉鸡 *Phasianus colchicus*、林三趾鹑 *Turnix sylvtica*、黄脚三趾鹑 *T. tanki*、红胸田鸡 *Porzana fusca*、白胸苦恶 *Amaurornis phoenicurus*、黑水鸡 *Gallinula chloropus*、山斑鸠、珠颈斑鸠 *S. chinensis*、红翅凤头鹃 *Clamator coromandus*、鹰鹃 *Cuculus sparverioides*、四声杜鹃 *C. micropterus*、大杜鹃 *C. canorus*、八声杜鹃 *C. merulinus*、噪鹃、普通夜鹰 *Caprimulgus indicus*、三宝鸟 *Eurystomus orientalis*、翠鸟、白胸翠鸟 *Halcyon smyrnensis*、大拟啄木鸟 *Megalaima virens*、黑眉啄木鸟 *M. oorti*、黑枕绿啄木鸟 *Picus carus*、大斑啄木鸟 *Picoides major*、星头啄木鸟 *P. canicapillus*、家燕、金腰燕、白鹡鸰 *Motacilla alba*、树鹨 *Anthus hodgsoni*、灰喉山椒鸟 *Pericrocotus solaris*、赤红山椒鸟 *P. flammeus*、领雀嘴鹎 *Spizixos semitorques*、红耳鹎 *Pycnonotus jocosus*、白头鹎 *P. sinensis*、白喉红臀鹎 *P. aurigaster*、绿翅短脚鹎 *Hypsipetes mcclellandii*、栗背短脚鹎 *H. castanonotus*、橙腹叶鹎 *Chloropsis hardwickii*、虎纹伯劳 *Lanius tigrinus*、红尾伯劳 *L. cristatus*、棕背伯劳 *L. schach*、黑卷尾 *Dicrurus macrocercus*、发冠卷尾、灰背椋鸟 *Sturnus sinensis*、丝光椋鸟 *S. sericeus*、八哥、红嘴蓝鹊、喜鹊、灰树鹊 *Dendrocitta formosae*、红胁蓝尾鸲 *Tarsiger cyanurus*、鹊鸲 *Copsychus saularis*、北红尾鸲 *Phoenicurus auroreus*、蓝矶鸫 *Monticola solitarius*、斑鸫 *Turdus merula*、红头穗鹛 *Stachyris ruficeps*、黑脸噪鹛 *Garrulax perspicillatus*、画眉 *Garrulax canorus*、红嘴相思鸟 *Leiothrix lutea*、褐顶雀鹛 *Alcippe brunnea*、黑眉苇莺 *Acrocephalus orientalis*、寿带［鸟］*Terpsphone paradisi*、大山雀、红头［长尾］山雀、朱背啄花鸟 *Dicaeum cruentatum*、黄腹花蜜鸟 *Nectarinia jugularis*、叉尾太阳鸟 *Aethopyga christinae*、暗绿绣眼鸟、黑尾蜡嘴雀 *Eophona migratoria*、小鵐、凤头鵐 *Melophus lathami* 等。

③两栖类 有中国蝾螈 *Paramesoriton chinensis*、黑眶蟾蜍、华西雨蛙 *Hylaanne ctansannectan*、华南雨蛙 *Hyla immaculata*、小角蟾 *Megophrys minor*、华南湍蛙、尖舌浮蛙 *Occidozyga lima*、沼蛙 *Rana guentheri*、泽蛙、竹蛙 *R. versabilis*、绿臭蛙 *R. margareta*、台北蛙 *R. taipehensis*、花臭蛙 *R. schmackeri*、棘胸蛙 *R. spinosa*、小棘蛙 *R. exilipinos*、大泛树蛙 *Polypedates dennysi*、斑腿泛树蛙 *P. megacephalus*、无声囊泛树蛙 *P. mutus*、花狭口蛙 *Kaloula pulchra*、小弧斑姬蛙 *Microhyla heymonsi*、饰纹姬蛙 *M. ornate*、粗皮姬蛙 *M. butleri*、花姬蛙 *M. pulchra* 等。

④爬行动物 有平胸龟 *Platysternon megacephalum*、乌龟、鳖 *Pelodiscus sinensis*、原尾蜥虎 *Hemidactylus bowringii*、变色树蜥 *Calotes versicolor*、石龙子、蓝尾石龙子、四线石龙子 *Eumeces quadrilineatus*、

南滑蜥 *Scincella reevesii*、铜蜓蜥 *Sphenomorphus indicus*、南草蜥 *Takydromus sexlineatus*、草腹链蛇 *Amphiesma stolata*、钝尾两头蛇 *Calamaria setentrionalis*、翠青蛇 *Cyclophiops majo*、黄链蛇 *Dinodon flavozonutum*、赤链蛇、紫灰锦蛇 *Elaphe porphyracen*、三索锦蛇、黑眉锦蛇、中国水蛇、铅色水蛇、黑背白环蛇 *Lycodon ruhstrati*、小头蛇 *Oligodon chinensis*、红脖颈槽蛇 *Phabdophis subminata*、紫沙蛇、滑鼠蛇、灰鼠蛇、赤链华游蛇 *Sinonatris annularis*、渔游蛇 *Xenonatrix piscator*、乌邵蛇 *Zaocys dhumnades*、金环蛇、银环蛇、舟山银环蛇、尖吻蝮 *Deinagkistrodon acutus*、竹叶青等。

5.2.2 高要西江烂柯山自然保护区

2000 年高要林场林场［2000］26 号文向广东省西江林业局请示建立烂柯山自然保护区；同年 4 月 5 日，广东省西江林业局西林业［2000］38 号文批准建立烂柯山自然保护区，总面积 6333.5hm^2。为了更好地保护和建设烂柯山森林生态系统，保护珍稀濒危动植物资源，满足社会日益增长对森生态环境质量提高的需求，西江林业局决定，将高要林场经营的烂柯山在原来局办的保护区的基础上扩大面积，向省政府申请建立“广东烂柯山省级自然保护区”。2004 年，广东省人民政府粤办函［2004］9 号文，批准建立“高要西江烂柯山省级自然保护区”，主要保护对象为南亚热带季风常绿阔叶林生态系统、珍稀野生动植物及其栖息生境。

根据中华人民共和国国家标准《自然保护区类型与级别划分原则》（GB/T14529—93），高要西江烂柯山自然保护区属“自然生态系统类别”中的“森林生态系统类型”自然保护区。

5.2.2.1 自然条件

（1）位置范围　高要西江烂柯山自然保护区位于肇庆市辖高要市东北部，西江南岸。地理坐标为东经 112°34′58″～112°45′45″，北纬 23°03′30″～23°09′17″。东与金利镇相连，南与金渡镇接壤，西与羚羊峡省级森林公园为邻，北与鼎湖区沙浦镇交界。保护区总面积 7961.59hm^2。

（2）地质基础　保护区内的地层岩性较简单，但构造较复杂。

据黄德民等报道，出露的地层以古生界及新生界为主，其中以泥盆系、石炭系和第四系分布最广，组成了保护区的主要山地和平原的物质基础。其次为奥陶系及第三系，多分布在保护区西部。二迭仅零星出露于保护区南部局部地点。

① 地层　保护区出露的地层主要有以下几种。

A. 第四系　主要由冲积、坡积、洪积及残积的松散碎屑物组成。其中全新统冲积层分布于西江南岸，多由砂砾、沙、亚黏土及黏土层组成，内夹有泥炭层及腐木，沉积层厚度 10～25m，最厚达 40m 余；更新统冲积层，由黄、棕、白色砂砾、沙、沙质黏土、黏土及棕红色砾石红土、砾石层组成，分布于西江沿岸及其支流的 20～30m 台地上。

B. 二迭系（上统龙潭组）　为灰白、浅灰、灰色厚层石英砂岩、粉砂岩及黄灰、灰黑色砂质页岩、炭质页岩互层，主要分布于栏柯山以南蚬岗，岩层中含有薄煤层、植物及腕足类化石，岩层厚 95～180m。

D. 泥盆系（中统老虎坳组）　主要分布于栏柯山等地，岩性为灰白、灰绿、灰紫色中至厚的中—细粒石英砂岩、粉砂岩，以及紫、紫灰、灰黄及褐黄色砂质或粉砂质页岩，底部具厚度不等的厚层含砾石英砂岩及砂砾岩。岩层厚度 >1000m。砂岩有时变质成石英岩或片状石英岩，而砂质或粉砂质页岩则变质成黏板岩或绢云母板岩，成为著名的“端砚”的石材，

E. 奥陶系　主要出露于栏柯山地，是由石英砂岩、粉砂岩、泥质页岩及砾岩组成。厚度 >1750m。

②构造　保护区属烂柯山—羚羊山短轴背斜。东西轴向，核部地层为奥陶系，两翼为中泥盆统老虎坳组。背斜西端被北东向的羚羊峡断层割切为东南、西北两部分。东南部分为烂柯山，是背斜的主体部分，构造较复杂，并被两条东西向断层所割切；西北部分为羚羊山，构造较简单，是向西及北西倾斜的单斜构造。

保护区内断层发育，主要出露断层有如下几条。

A. 羚羊峡断层 属北东向断裂，走向为北东—南西，把羚羊山和烂柯山切开，成为西江南出大鼎峡后从西向东流的河道，到达羚羊山后沿着此断层拐折成向北东流，穿过羚羊山与烂柯山而形成了长约7.5km，宽达300~400m，平均水深48m，最深77m。断层带中还发现有断层角砾及擦痕等。

B. 烂柯山断层 属东西向断裂，在烂柯山中部发育着两条平行排列的东西向断层。北边的一条断层叫田螺断层，断面向北倾；南边的一条叫烂柯山断层，断面向南倾，规模较大。以上两条断层共同破坏了奥陶系和泥盆系地层组成的烂柯山背斜，导致其产状相抵触，并造成了破碎角砾岩。

（3）地貌概况 保护区的地势大致西高东低，主要有山地和平原两类。

①山地地貌 主要分布于高要褶皱带内，保护区的山地为一短轴背斜山，山势巍峨。由于山地西部被西江沿羚羊峡断层自西南至东北斜切而过，不仅生成了羚羊峡谷，而且把山体分成两块。西块称羚羊山，又名灵羊山、高峡山、龙门山，据清乾隆《肇庆府志》高峡山，一名羚羊山，又名灵羊山，相传山有羊化石，故名；龙门顶海拔615m，地理坐标北纬为23°06′，东经112°32′，具有单斜山特点，单斜崖倾向羚羊峡。东块称栏柯山，又名烂柯山、斧柯山、腐柯山，《宋·太平寰宇记》烂柯山，一名腐柯山，斧柯山，“昔有道士王质负斧入山采桐为琴，遇赤松子，安期先生棋，而斧柯烂处”；后人镌“烂柯处”3字于石上，烂与栏同音，故名。山体呈穹窿状山形，最高的栏柯顶海拔904m（位于保护区的西部），地理座标东经112°37′，北纬23°06′，具有放射状水系特征，山体内部出现海拔300~350m、150~200m、60~80m、20~30m等多级肩膊地和阶地。

②平原 主要分布于保护区的北部和南部，包含西江冲积平原和山前洪积、坡积倾斜平原两种类型。

A. 西江冲积平原 主要分布于保护区北部的西江沿岸，洪水期首先接受西江水带来泥沙的堆积，故冲积层较厚，颗粒也较粗，表层为滨河床相的中、细沙及粉沙组成，地势略向外倾斜，多已辟为水田或旱作地。

B. 山前洪积、坡积倾斜平原 由于山地具有放射状水系，山地四周的河流出山处多形成较大的洪积扇和由它们连结成片的洪积、坡积倾斜平原，其中以烂柯山南坡的山前洪积、坡积倾斜平原面积最大，坡度10°~12°。

（4）气候特点 保护区地处北回归线南缘，气候温暖湿润，雨量充沛，属于南亚热带季风性湿润气候，但具有山地气候特征，其特点是：春暖较早，春夏多雨，夏秋高温，冬寒较迟。据肇庆市气象台资料统计：年日照时数为1770.5小时，年日照百分率40.4%；年平均气温21.9℃，最热月7月平均气温28.9℃，极端最高气温37.9℃，最冷月1月平均气温13.0℃，极端最低气温-1.0℃；年降雨量1656.6mm，4~10月为雨季，占全年降雨量的80%，最大日降雨量达216.3mm（1963年9月31日），11月至翌年3月为旱季，占全年降雨量的20%，月平均降雨量<50mm，尤其3月只有30mm左右；年蒸发量1463.9mm，略< 降水量，故保护区较为湿润，但冬季较干燥，所以干湿季交替较为明显；日平均气温≥10℃积温为7329℃，故热量丰富，但冬季也出现明显的1~3次低温，每年均有霜冻日4天，偶有冰冻现象发生。

因保护区在肇庆市南部山地，故其各项气温指标应比肇庆市区低4.5~5.4℃，尤其是晚上气温更低，而雨量则高100~250mm，湿度增大15%~20%。

（5）水文特征 保护区内溪流众多，在烂柯山西北坡的较大溪流自北而南有砚坑（全长约8km）、文殊坑（4km）、虎坑（10km）、大坑（2.5km）；烂柯山南坡的较大溪流自西而东有娘坑（4.5km）、神坑（7km）、牛坑（2km）、罗坑（2km）、西大坑（4km）、林刀坑（2.5km）、东大坑（2.3km）、石坑（2km）、茶亭坑（1.5km）和油坑（2km）等。

以上溪流的流向均受地质构造、节理和地形的支配，纵比降大，最后均注入西江。溪水的主要来源为雨水。因此，其水文特点是：流程短，落差大，水能蕴藏大，溪水清澈，为优质饮用水源。但水位变化大，雨天地表径流顺坡而下，溪流水位高涨，晴天几无地表径流补给，溪流水位低落，仅靠地下潜水补给免于干涸。

（6）土壤特征　保护区的地带性土壤为赤红壤，但随着山地海拔的升高，气温降低（0.6～1.0℃/100m），降雨增加（36.9～107.9mm/100m），影响了植物群落和土壤发育的更替，因而从山麓到山顶依次分布着如下几种土壤类型。

①赤红壤　主要分布在海拔300m以下的山地下部，土层较深厚，一般在1m以上，土壤剖面发育完整，具A—B—C构型，淀积层>1m，多呈淡棕红色，但有机质含量较少，速效性磷、钾较低，土壤呈酸性，pH 5.0左右。

②山地红壤　主要分布在海拔300～600m的山坡，土层比较深厚，一般在1m左右，土壤发育层次明显，具A—B—C构型，质地砂壤至黏壤土，表土层呈灰棕色或红棕色，有机质含量较赤红壤多，土壤呈酸性，pH 4.8～5.8。

③山地草甸土　主要分布在海拔600m以上的山脊和山顶，由于气候寒凉潮湿，云雾多，日照少，风力大，因此抑制植物的生长和土壤微生物的活动，植物低矮、稠密、生长量和凋落物量少。土壤剖面发育不完整，土体构型为A—C型，A—A（B）—D型，有明显的枯枝落叶和草根盘结的草甸层，呈黑色或黑棕色，土层浅薄，团粒结构良好。

5.2.2.2　功能分区

依据《广东烂柯山省自然保护区总体规划》[①] 将该保护区分为如下3个功能区。

（1）核心区　总面积3044.6hm^2，占保护区总面积的38.24%。位于保护区的西部的中部，即以烂柯山顶为中心的四周山地，地势险峻，人迹罕至，不良因素干扰和影响甚少。具有典型代表性并保存较为完好的天然季风常绿阔叶林，是珍稀动植物集分布的区域。

其主要功能是：保护天然季风常绿阔叶林生态系统、珍稀野生动植物及其生存栖息繁衍的环境，将实行全封闭管理，除必需的科学研究的定位观测、进入检查等外，禁止任何人进入，严禁狩猎、采挖药材和砍伐林木。

（2）缓冲区　总面积2200.21hm^2，占保护区总面积的27.64%。位于核心区外围的四周，包括东部梧岭、红旗等山地。

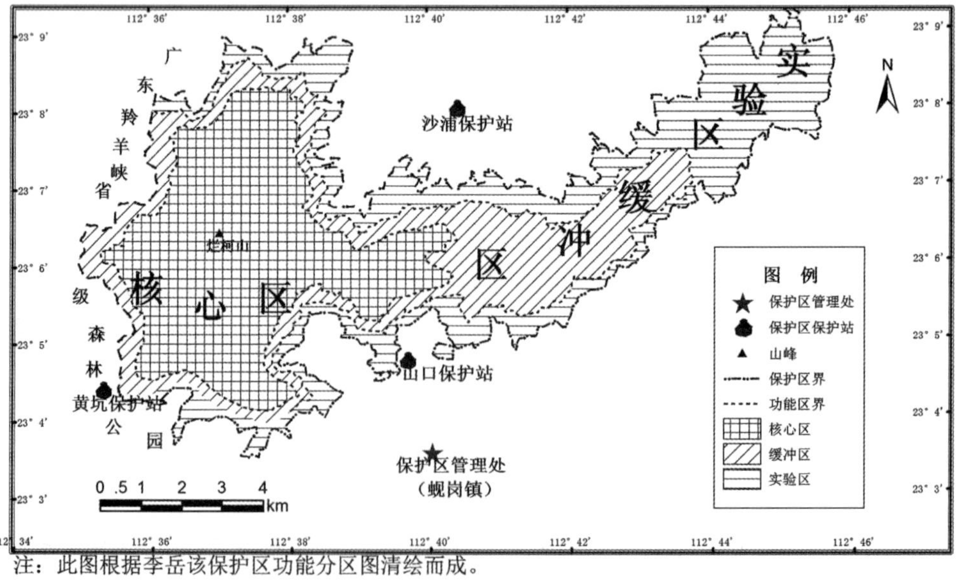

注：此图根据李岳该保护区功能分区图清绘而成。

图5.3　高要西江烂柯山自然保护区功能分区图

---

① 李岳．广东烂柯山省级自然保护区总体规划（2003～2012）．中国林业科学研究院林业工程设计所，热带林业研究所，广东省西江林业局．2003.1.

其主要功能是：对于保护核心区起缓冲作用，确保核心区的天然季风常绿阔叶林生态系统和珍稀野生动植物的良性循环。此区将实行半封闭式管理，尽量减少进入人员，在路口和显著位置设置警示牌，严禁外来因素破坏。

（3）实验区　总面积2716.79hm^2，占保护区总面积的34.12%。位于缓冲区外围的南部、北部和东部，西部为羚羊峡省级森林公园。

其主要功能是：设置一些管护、生活、生产设施，开展各种科学实验，如建立珍稀植物种质资源基地和异地保存基地，科研科普教育基地和生态经营基地等（图5.3）。

5.2.2.3 植物区系特点

（1）植物物种较丰富　据调查统计①，该保护区拥有野生维管束植物1106种（包括种下分类单位，下同），隶属586属163科，占广东省野生维管束植物5933种的18.64%（叶华谷等，2005）。其中蕨类植物111种，隶属59属32科；裸子植物4种，隶属3属3科；被子植物955种，隶属518属128科（表5.11）。

表5.11　高要西江烂柯山自然保护区野生维管束植物类群的组成

植物类群		科数	属数	种数
蕨类植物		32	59	111
裸子植物		3	3	4
被子植物	双子叶植物纲	113	418	810
	单子叶植物纲	15	100	145
合计		163	580	1070

此外，尚有栽培植物33种，分隶26属13科。其中裸子植物5种，分隶5属3科；被子植物28种，分隶21属10科（双子叶植物28种21属10科；单子叶植物无）。

（2）地理成分较复杂

①蕨类植物的地理成分

A. 科的地理分布区类型　根据保护区内32个科的分布类型统计分析如下。

广布科　共有7科，占该区总科数的21.88%。如石松科、卷柏科、紫萁科、铁线蕨科、蹄盖蕨科、铁角蕨科、水龙骨科等。

热带、亚热带分布科　共有18科，占该区总科数的72%（扣除广布科7科，下同）。如里白科、中国蕨科、书带蕨科、金星蕨科、莲座蕨科、碗蕨科、桫椤科、稀子蕨科、鳞始蕨科、海金沙科、凤尾蕨科 Pteridaceae、三叉蕨科 Aspidiaceae、舌蕨科 Elaphoglossaceae、条蕨科 Oleandraceae、骨碎补科、膜蕨科、燕尾蕨科 Cheiropleuriaceae、禾叶蕨科 Grammitidaceae 等。

泛热带分布科　共有6科，占该区总科数的24%。如瘤足蕨科、蚌壳蕨科 Dicksoniaceae、蕨科、乌毛蕨科、肾蕨科、槲蕨科等。

温带至亚热带高山地区分布科　仅有鳞毛蕨科 Dryopteridaceae 1科，占该区总科数的4%。

B. 属的地理分布区类型　根据保护区内59属的分布类型统计分析如下。

广布属　共有4属，占该区总属数的6.78%。如石松属、卷柏属、铁线蕨属、铁角蕨属等。

泛热带分布属　共有11属，占总属数的20%（扣除广布属4属，下同）。如蕗蕨属 *Mecodium*、蕨属 *Pteridium*、瓶蕨属 *Trichomanes*、栗蕨属 *Histiopteris*、鳞始蕨属 *Lindsaea*、乌蕨属 *Sphenomeris*、双唇蕨属 *Schizoloma*、肾蕨属 *Nephrolepis*、抱树莲属 *Drymoglossum*、槲蕨属 *Drynaria*、禾叶蕨属 *Grammitis* 等。

---

① 李意德. 广东烂柯山自然保护区科学考察报告. 中国林业科学研究院林业工程设计所，热带林业研究所，广东省西江林业局. 2003.1.

热带和亚热带分布属　共有40属，占该区总属数的72.73%。其中热带至亚热带为主，如观音莲座属、芒萁属、里白属、海金沙属、黑桫椤属、碗蕨属、稀子蕨属、凤尾蕨属、碎米蕨属、书带蕨属、短肠蕨属、巢蕨属、沙皮蕨属 *Hemigramma*、骨碎补属 *Davallia*、毛蕨属 *Cyclosorus*、针毛蕨属 *Macrothelyperis*、新月蕨属 *Pronephrium*、假毛蕨属 *Pseudocyclsorus*、牙蕨属 *Pteridrys*、阴石蕨属、线蕨属、石韦属等。

以亚热带为主的属　与热带至亚热带分布的类型相当，热带亚洲分布的有10属，如桫椤属、圣蕨属、复叶耳蕨属 *Arachniodes*、三叉蕨属 *Tectaria*、舌蕨属 *Elaphoglossum*、条蕨属 *Oleandra*、星蕨属 *Microsorium*、黄腺羽蕨属 *Pleocnemia*、燕尾蕨属 *Cheiropleuria*、骨牌蕨属 *Lepidogrammitis* 等；热带亚洲至非洲分布的有1属，如瓦韦属；热带亚洲—大洋洲分布3属，如乌毛蕨属、苏铁蕨属、崖姜蕨属；热带亚洲至热带美洲分布有2属，如瘤足蕨属 *Plangiogyria*、双盖蕨属 *Diplazium*；东亚分布有2属，如金毛狗属、伏石蕨属 *Lemmaphyllum* 等。

温带、热带分布属　有2属，占该区总属数的3.64%。如紫萁属 *Osmunda*、狗脊属 *Woodwardia*。

温带分布属　有2属，占该区总属数的3.64%。如鳞毛蕨属 *Dryopteris*、贯众属 *Cyrtomium* 等。

②种子植物的地理成分

A. 科的地理分布区类型　按照《世界种子植物科的分布区类型系统》（吴征镒等，2003），对保护区种子植物131科的分布区类型统计分析，除旧世界温带分布、温带亚洲分布、地中海区和西亚至中亚分布、中亚分布及中国特有分布科尚未发外，其余10个分布区类型及变型均有分布。

*1. 广布分布类型　计有35科，占该区总科数的26.72%。如毛茛科、十字花科、堇菜科、远志科、石竹科、蓼科、苋科、酢浆草科、千屈菜科、柳叶菜科、小二仙草科、瑞香科、蔷薇科、蝶形花科、杨梅科、榆科、桑科、鼠李科、伞形科、木犀科、茜草科、菊科、龙胆科、报春花科、蓝雪科 Plumbaginaceae、车前科、桔梗科、紫草科、茄科、旋花科、玄参科（主产温带）、唇形花科（主产地中海）、兰科、莎草科（主产温带及寒温带）、禾本科等。

*2. 泛热带分布类型　有49科，占该区总科数的51.04%（扣除广布科32科）。如番荔枝科、樟科、防己科、马兜铃科、胡椒科、金粟兰科、白花菜科、藜科、凤仙花科、大风子科、天料木科、葫芦科、秋海棠科、茶科、野牡丹科、红树科、藤黄科、梧桐科、锦葵科、金虎尾科、大戟科、含羞草科、荨麻科、卫矛科、铁青树科、檀香科、蛇菰科、葡萄科、芸香科、橄榄科、楝科、无患子科、漆树科、青藤科、柿科、山榄科、紫金牛科、马钱科、夹竹桃科、萝藦科、爵床科、鸭跖草科、谷精草科、竹芋科、菝葜科、天南星科、薯蓣科、棕榈科、仙茅科等。

*2-1 热带亚洲、大洋洲（至新西兰）和南美（或墨西哥）间断分布　有2科，占该区总科数的2.08%。如第伦桃科 Dilleniaceae、山矾科 Smyplocaceae。

*2-2 热带亚洲、非洲和南美洲间断分布　有3科，占该区总科数的3.13%。如买麻藤科 Gnetaceae、椴树科 Tiliaceae、苏木科 Caesalpiniaceae。

*2s 以南半球为主的泛热带分布　有3科，占该区总科数的3.13%。如山龙眼科 Proteaceae、桃金娘科 Myrtaceae、桑寄生科 Loranthaceae 等。

*3. 热带亚洲和热带美洲间断分布　有9科，占该区总科数的9.38%。如木通科、水东哥科、杜英科、冬青科、省沽油科、五加科、安息香科、苦苣苔科、马鞭草科等。

*4. 旧世界热带分布　有4科，占该区总科数的4.17%。如海桐花科 Pittosporaceae、杠柳科 Periplocaceae、芭蕉科 Musaceae、露兜树科 Pandanaceae。

*4-1 热带亚洲、非洲和大洋洲间断　有1科，占该区总科数的1.04%。如八角枫科。

*5. 热带亚洲至热带大洋洲分布　有2科，占该区总科数的2.08%。如交让木科、姜科。

*6. 热带亚洲至热带非洲分布　仅有1科，占该区总科数的1.04%。如杜鹃花科 Ericaceae。

*7. 热带亚洲（印度—马来西亚）分布　有1科，占该区总科数的1.04%。如牛栓藤科。

*7-3 缅甸、泰国至华西南分布　有1科，占该区总科数的1.04%。如肉实科。

*7-4 越南（或中南半岛）至华南（或西南）分布 仅有1科，占该区总科数的1.04%。如清风藤科 Sabiaceae。

*7-5 西马来，基本上在新华莱斯线以西 仅有1科，占该区总科数的1.04%。如五列木科。

*8. 北温带分布 有5科，占5.21%。如松科、金丝桃科、越桔科、忍冬科、百合科。

*8-4 北温带和南温带（全温带）间断分布 有8科，占该区总科数的8.33%。如杉科、绣球花科、金缕梅科、壳斗科、胡颓子科、槭树科、胡桃科、山茱萸科。

*9. 东亚和北美洲间断分布 有5科，占该区总科数的5.21%。如木兰科 Magnoliaceae、八角科 Illiciaceae、五味子科 Schisandraceae、三白草科 Saururaceae、鼠刺科 Escalloniaceae。

*14. 东亚分布 有1科，占该区总科数的1.04%。如猕猴桃科 Actinidiaceae。

从上所述可以看出，其中泛热带分布类型有57科，占总科数的59.38%（扣广布科35科，下同）；北温带分布类型有13科，占总科数的13.54%；热带亚洲和热带美洲间断分布类型有9科，占总科数的9.38%；其余分布区类型所含科数均在4.17%以下，不占重要地位；特别是中国特有科等5科分布类型缺如，表明该自然保护区植物区系在科级水平上以泛热带分布成分为主，兼有一定数量的北温带成分。

B. 属的地理分布区类型 根据保护区种子植物521属的分布类型，按照《中国种子植物属的分布区类型》（吴征镒，1991）统计分析，除地中海区、西亚至中亚分布和中亚分布类型及其变型尚未发现外，其他13个分布区类型及变型均有分布（表5.12）。

表5.12 高要西江烂柯山自然保护区种子植物属的分布区类型

分布区类型及变型	属数	占总属数（%）
1. 广布分布	35	扣除
2. 泛热带分布	128	26.34
2-1 热带亚洲、大洋洲和南美洲间断分布	4	0.82
2-2 热带亚洲、非洲和南美洲间断分布	6	1.23
3. 热带亚洲和热带美洲间断分布	20	4.12
4. 旧世界热带分布	51	10.49
4-1 热带亚洲、非洲和大洋洲间断分布	9	1.85
5. 热带亚洲至热带大洋洲分布	41	8.44
5-1 中国（西南）亚热带和新西兰间断分布	0	0
6. 热带亚洲至热带非洲分布	26	5.35
6-1 华南、西南到印度和热带非洲间断	1	0.21
6-2 热带亚洲和东非间断	1	0.21
7. 热带亚洲（印度—马来西亚）分布	83	17.08
7-1 爪哇、喜马拉雅和华南、西南星散分布	6	1.23
7-2 热带印度至华南分布	3	0.62
7-3 缅甸、泰国至华西南分布	1	0.21
7-4 越南（或中南半岛）至华南（或西南）分布	11	2.26
8. 北温带分布	23	4.73
8-1 环极分布	0	0
8-2 北极高山分布	0	0
8-3 北极—阿尔泰和北美洲间断分布	0	0
8-4 北温带和南温带（全温带）间断分布	4	0.82

（续）

分布区类型及变型	属数	占总属数（%）
8－5 欧亚和南美洲温带间断分布	0	0
8－6 地中海区、东亚、新西兰和墨西哥到智利间断	0	0
9. 东亚和北美洲间断分布	23	4.73
9－1 东亚和墨西哥间断	0	0
10. 旧世界温带分布	8	1.65
10－1 地中海区、西亚和东亚间断分布	1	0.21
10－2 地中海和喜马拉雅间断分布	0	0
10－3 欧亚和南非洲（有时也在大洋洲）间断	1	0.21
11. 温带亚洲分布	5	1.03
12. 地中海区、西亚至中亚分布	0	0
12－1 地中海区至中亚和南非洲、大洋洲间断	0	0
12－2 地中海区至中亚和墨西哥间断	0	0
12－3 地中海区至温带、热带亚洲，大洋洲和南美洲间断	0	0
12－4 地中海区至热带非洲和喜马拉雅间断	0	0
12－5 地中海区—北非洲、中亚、北美西南部，智利和大洋洲（泛地中海）间断分布	0	0
13. 中亚分布	0	0
13－1 中亚东部（亚洲中部）	0	0
13－2 中亚至喜马拉雅	0	0
13－3 西亚至喜马拉雅和西藏	0	0
13－4 地中海区至热带非洲和喜马拉雅间断	0	0
14. 东亚分布	20	4.12
14－1 中国—喜马拉雅（SH）	4	0.82
14－2 中国—日本（SJ）	4	0.82
15. 中国特有分布	2	0.41
合计	521	100.00

从上表可以看出，保护区内属的地理成分是以热带成分占优势，从2～7各类热带成分共有391属，占总属数（扣除广布分布35属，以下同）的80.45%。温带成分从8～12共有65属，占总属数的13.37%。东亚分布有28属，占总属数的5.76%。中国特有分布有2属，占总属数的0.41%，分别是杉木属、石笔木等。因此，在种子植物属级分布区类型水平上，以泛热带、热带亚洲的分布区类型为主，同时兼有一定数量的东亚分布和温带分布成分。这些特征与保护区所处地理位置相一致。

5.2.2.4 植被类型

据调查，保护区内的植被类型多样，主要有如下6种类型。

（1）沟谷雨林　是林场作业等人工干扰下恢复而成的，由于水湿条件较好，进展演替较快，但尚未发展到成熟阶段。在保护区的面积只有220.3hm^2，仅有1个群系。

蓝树、褐叶柄果木林（Form *Wrightia laevis*，*Mischocarpus pentapetalus*）　主要分布于保护区内的一些狗谷地带，如勤坑海拔320m，坡向南东，坡度10°。

乔木层：有2个亚层，第一亚层主要由优势种蓝树组成，平均树高6～8m，平均胸径10cm以上。除优势种蓝树外，还有散生的锥栗 *Castanea henryi* 巨树、假苹婆 *Sterculia lanceolata*、红鳞蒲桃 *Syzygium hancei* 等个别植株组成；第二亚层主要由褐叶柄果木组成，树高4～6m，胸径3～6cm，个别达10cm以上，除优势种褐叶柄果木外，还有鼎湖钓樟 *Lindera chumii*、云南大沙叶 *Aporosa yunnanensis* 等组成。

灌木层：主要有九节 *Psychotria asiatica*、罗伞树 *Ardisia quinquegona*、山牡荆 *Vitex quinata*、破布叶 *Microcos paniculata*、紫玉盘 *Uvaria microcarpa*、华南云实 *Caesalpinia crista*、广东山茶 *Camellia kwangtungensis*、白花丹 *Plumbago zetlanica* 等。

层间藤本植物：有小果葡萄 *Vitis balansaeana*、天香藤 *Albizia comiculata* 等。

(2) 季风常绿阔叶林　以常绿阔叶树为建群种所组成的森林群落，是南亚热带地带性的植被类型，在保护区内占主导地位，仅有1个群系。

木荷、黧蒴林（Form *Schima superba*，*Castanopis fissa*）　主要分布于虎坑、圣龙等地，由于水湿条件较好而保护历史较长的沟谷地带。

乔木层：结构较复杂，而有3个亚层，第一亚层由锥、木荷等大乔木组成，平均树高20m以上；第二亚层主要由木荷、黧蒴、猴耳环组成，平均树高10～20m，平均胸径10cm以上，冠层不连续，覆盖度50%左右；第三亚层主要由鹅掌柴、银柴、绒毛润楠、岭南山竹子、罗浮柿等组成，高3～10m，胸径3～6cm，冠层连续，覆盖度达90%以上。

灌木层：主要由九节、豺皮樟、三桠苦、罗伞树、水同木 *Ficus fistulosa*、石斑木 *Raphiolepis indica*、毛果算盘子、柏拉木 *Blastus cochinchinensis* 等组成。

草本层：主要由黑桫椤 *Gymnosphaera podophylla* 和一些荫生蕨类植物组成。

此外，林下还有紫花杜鹃 *Rhododendron mariae*、野漆树 *Toxicodendron sylvestris*、南酸枣 *Choerospondias axillaris*、橄榄 *Canarium album*、鼠刺 *Itea chinensis* 等幼苗。由此可见，其优势种木荷、黧蒴等均是阳性树种，故未见林下幼苗，其发展趋势将成为南亚热带地带性的季风常绿阔林。

(3) 山地常绿阔叶林　以常绿阔叶树为建群种所组成的森林群落，在保护区内仅有1个群系。

岗松、鼠刺林（Form *Baeckea frutescens*，*Itea chinensis*）　主要分布于清湾、勤坑、砚坑、黄坑等地的山坡和山谷，如清湾海拔680m处，坡向南，坡度20°。

乔木层：由2个亚层组成，第一亚层主要由山乌桕、微毛山矾 *Symplocos wikstroemiifolia* 等组成，树高6～8m，胸径10cm以上，此外，岗松的部分植株也在此列；第二亚层，主要鼠刺、岗松、鹅掌柴、豺皮樟等组成，树高3～6m，胸径4cm左右。此外，还有零星的马尾松 *Pinus massoniana* 存在。

灌木层：覆盖度较大，主要由黑柃、三桠苦、山苍子、大叶臭花椒、野牡丹、桃金娘等组成。

草本层：主要由乌毛蕨、金毛狗、黑莎草等组成。

该林的次生性较强，是栽培杉木 *Cunninghamia lanceolata* 或马尾松林砍伐迹地上自然演替而成，而且仍处于演替的初级阶段，由于光照较强，该林的种类大都是阳性树种，但因海拔较高，故该林的发展趋势为中亚热带常绿阔叶林。

(4) 常绿与落叶阔叶混交林　以常绿阔叶树与落叶阔叶树为建群种所组成的森林群落。是亚热带常绿阔叶林与温带落叶阔叶林之间的过渡植被类型，在保护区内居次要地位，仅有1个群系。

山杜英、山乌桕林（Form *Elaeocarpus sylvestris*，*Sapium discolor*）　主要分布于企山、山居、新村等海拔较高的610m处，坡向南，坡度18°。

乔木层：有2个亚层，第一亚层主要由山杜英、山乌桕、榕叶冬青、广东山胡椒 *Lindera kwangtungensis* 等组成，树高6～9m，胸径10cm以上，冠层不连续，覆盖度30%～50%；第二亚层，主要由长尾毛蕊茶 *Camellia caudata*、广东润楠、短序润楠、假苹婆、美脉杜英 *Elaeocarpus varunua* 等组成，树高2.5～6m，胸径3～6cm。

灌木层：主要由有野牡丹、桃金娘、盐肤木、密花树 *Rapanea neriifolia*、香港毛蕊茶 *Camellia assimilis*、九节、三桠苦等组成。

草本层：主要有乌毛蕨、狗脊 *Woodwardia japonica*、山菅兰 *Dianella ensifolia*，等。

层间藤本植物：有菝葜 *Smilax chian* 等。

由此可见，该林中出现了一些典型季风常绿阔叶林的种类，如假苹婆、短序润楠等，但仍以常绿阔叶林的种类占主导地位。因此该林未来发展趋势有两个，一是水湿条件好的将向季风常绿阔叶林演替；二是水湿条件一般的将向成熟常绿阔叶林演替。

（5）针阔叶混交林 以暖性针叶树与阔叶树为建群种组成的森林群落，在保护区内有2个群系。

①马尾松、木荷林（Form*Pinus massoniana*，*Schima superba*） 该林在保护区分布面积不大。

乔木层：除优势种马尾松、木荷外，还有鹅掌柴等，平均树高5.37m，平均胸径9.32cm。

灌木层：主要由三椏苦、鼠刺、油茶 *Camellia oleifera*、桃金娘、岗松、石斑木组成。

草本层：主要有芒萁 *Dicranopteris pedata*、乌毛蕨、黑莎草、山菅兰等。

层间藤本植物：有菝葜等。

②杉木、尖叶毛柃林（Form *Cunninghamia lanceolata*，*Eurya acuminatissima*） 主要分布于山前地段和缓冲坡地，是栽培杉木 基础上发展起来的。

乔木层：为优势杉木、尖叶毛柃、鼠刺组成，树高6~9m，胸径3~10cm。其他还有山乌桕、短序润楠、广东润楠、硬叶润楠、广东蒲桃、变叶榕等。

灌木层：常见的米碎花 *Eurya chinensis*、三花冬青 *Ilex triflora*、榕叶冬青 *I. ficoides*、黑面神 *Breynia fruticosa*、密花树、鼎湖钓樟 *Lindera chunii*、大叶臭花椒、石斑木、白背算盘子 *Clochidion wrightii* 等。

草本层：有金毛狗、狗脊、深绿卷柏 *Selaginella doederleinii* 等。

层间藤本植物：常见的有玉叶金花 *Mussaenda pubescens*、蔓九节 *Psychotria serpens* 等。

该林在自然保护条件下，杉木将逐渐被淘汰，更多的阔叶树种将侵入，其发展趋势是演替成为季风常绿阔叶林。

（6）山顶灌丛 主要分布于桂山海拔600m以上的山顶，保护区内主要有2个群系。

①映山红、岗松灌丛（Form *Rhododendron simsii*，*Baeckea frutescens*） 主要分布于仙雀山杀顶，海拔310m处，坡向东南，坡度15°。由于水湿条件较差，加上风大，土层浅薄，故无高大乔木分布。

灌木层：除优势种映山红、岗松外，还有豺皮樟、白花灯笼 *Clerodendrum fortunatum*、石斑木、变爷榕、九节、桃金娘、黑面神等，平均高1.52m。

草本层：常见的有五节芒 *Miscanthua floridulus*、山菅兰等。

层间腾本植物：有寄生藤 *Henslowia frutescens*、百足藤 *Pothoa repens*、酸藤子 *Embelia laeta*、菝葜等。

此外，也有一些乔木幼苗分布，如鹅掌柴、山油柑、天料木等，高度均在1.5~3m。

该灌丛虽然在海拔较低，但因山顶土层浅薄，生境条件较差，故其发展趋势仍是灌丛。

②峦大越橘、米碎花灌丛（Form *Vaccinium pseudorobustum*，*Eurya chinensis*） 主要分布于烂柯山顶海拔890m处（坡向南东，坡度20°）以及其他几个海拔较高的山顶。

灌木层：除优势种峦大越橘、米碎花外，还有常绿荚蒾 *Viburnum sempervirens*、豺皮樟、狗骨柴 *Diplospora dubia* 等，均高1.86m，覆盖度达70%。

草本层：常见的有五节芒、石松 *Lycopodium japonicum* 等。

此外，也有一些乔木幼苗分布，如山杜英、杨梅 *Myrica adenophora*、硬叶润楠等。

5.2.2.5 野生植物资源

（1）珍稀濒危保护植物繁多 根据1984年国家环境保护委员会公布的《中国珍稀濒危保护植物名录》和1999年国务院批准公布的《国家重点保护野生植物名录（第一批）》所列种类统计，保护区内共有国家重点保护的野生植物7科8属8种。其中蕨类植物3科4属4种，被子植物4科4属4种。列为国家Ⅱ级重点保护野生植物7种，国家Ⅲ级重点保护的野生植物1种（表5.13）。

表5.13 高要西江烂柯山自然保护区的国家重点保护植物

序号	种名	科名	IUCN濒危等级	保护级别
1	金毛狗 *Cibotium barometz*	蚌壳蕨科 Dicksoniaceae	渐危	Ⅱ
2	桫椤 *Alsophila spinulosa*	桫椤科 Cyatheaceae	渐危	Ⅱ
3	黑桫椤 *Gymnospaera podophylla*	桫椤科 Cyatheaceae	渐危	Ⅱ
4	苏铁蕨 *Brainea insignis*	乌毛蕨科 Blechnaceae	濒危	Ⅱ
5	樟树 *Cinnamomum camphora*	樟科 Lauraceae	渐危	Ⅱ
6	红椿 *Toona ciliata*	楝科 Meliaceae	渐危	Ⅱ
7	土沉香 *Aquilaria sinensis*	瑞香科 Thymelaeaceae	渐危	Ⅱ
8	巴戟 *Morinda officinalis*	茜草科 Rubiaceae	稀有	Ⅲ

兰科植物有10属11种，即香港安兰 *Ania hongkongensis*、金线兰 *Anoectochilus roxburghii*、竹叶兰 *Arundina graminifolia*、芳香莎豆兰 *Bulbophyllum ambrosia*、广东石豆兰 *B. kwangtungenesis*、流苏贝母兰 *Coelogyne fimbriata*、建兰 *Cymbidium ensifolium*、高斑叶兰 *Goodyera procera*、橙黄玉凤兰 *Habenaria rhodocheila*、见血青 *Liparis nervosa*、石仙桃 *Pholidota chinensis* 等，全部为《濒危野生动植物种国际贸易公约》附录Ⅱ物种。

（2）经济植物多样　在保护区内蕴藏着多种多样的经济植物资源。根据调查统计，有维管束植物1070种。

①药用植物　有604种，占该区总种数的56.45%。其中抗癌药用植物有狗肝菜等；清热解毒药用植物有华南忍冬、地胆草 *Elephantopus scaber* 等；清热凉血的药用植物有葛、马鞭草、茅莓、铁冬青等；清热利尿的药用植物有淡竹叶、车前、海金沙等；清热利湿的药用植物有岗松、乌蔹莓、酢浆草、算盘子等；祛风湿的药用植物有狗脊、苍耳、山苍子、八角枫、菝葜等；跌打损伤、止血肿痛的药用植物有积雪草、鲫鱼胆、苎麻、薯莨、一点红等；壮阳药的药用植物有金樱子；理气药用植物有乌药 *Lindera aggregata*；温补的药用植物有巴戟等；活血祛瘀的药用植物黑老虎；补血药的药用植物有香花崖豆藤、桃金娘、酸藤子等；利湿解毒、消肿散结的药用植物有土茯苓平肝息火药用植物有毛钩藤；止血药用植物有鳢肠；驱虫药用植物有苦楝；除湿化滞的药用植物有水蓼；民间常用草药或凉茶有梅叶冬青、鸡矢藤、草珊瑚、车前和韩信草等。

②用材植物　有134种，占该区总种数的12.52%。其中一类用材有樟树、格木 *Erythrophleum fordii* 等；二类用材有网脉琼楠 *Beilschmiedia tsangii*、雷公稠 *Quercus hui*；三类用材有蕈树、华润楠等；四类用材有日本杜英、竹节树 *Carallia brachiata* 等；五类用材有鼠刺、猴欢喜等；可作军工用材的有黄杞等；可作船舶用材的有天料木等；可作胶合板用材的有赤杨叶、猴耳环、亮叶猴耳环等；可作房屋建筑的有杉木等；可作纺织用材有木荷、石斑木等；可作乐器用材的有山乌桕、鹅掌柴等；造纸用材的有山矾11种、白花笼 *Styrax faberi*、栓叶安息香 *S. suberifolius* 种等；薪炭用材的有黧蒴等。

③观赏植物　有136种，占该区总种数的12.71%。其中主要有园林植物，如毛桃木莲 *Manglietia chingii*、深山含笑、红花荷 *Rhodoleia championi*、樟树、阴香、石笔木、木荷、山杜英、五月茶、白背叶、枫香树、朴树、苦楝、蕈树、八角枫等；野生灌木花卉，主要有多种野牡丹、多种杜鹃、吊钟花、桃金娘等；草本景观植物，主要有多种兰花、华凤仙 *Impatiens chinensis*、丰满凤仙花 *I. obesa*、等；果木类植物，有铁冬青、虎舌红、朱砂根 *A. crenata* 等；藤本景观植物，主要有白花油麻藤 *Mucuna birdwoodiana*、小叶买麻藤、罗浮买麻藤 *G. montanum*、金樱子、香花崖豆藤、玉叶金花、小叶红叶藤 *Rourea microphylla*、麒麟叶 *Epipremnum pinnatum*、狮子尾 *Rhaphidophora hongkongensia*、菝葜等。

④纤维植物　有98种，占该区总种数的9.16%。其中主要有罗浮买麻藤、小叶买麻藤、朴树、山黄麻 *Trema orientalis*、苎麻、山芝麻、小叶红叶藤、葛、白背叶、粗糠柴 *Mallotus philippensis*、了哥王、小蜡、青江藤 *Celastrus hindsii*、黑莎草、青皮竹、五节芒等

⑤野生水果植物　有88种，占该区总种数的8.22%。其中主要有浆果类，如毛花猕猴桃、阔叶猕猴桃、桃金娘等；仁果类有金樱子等；核果类有山杜英、角花胡颓子 *Elaeagnus goonyanthes*、杨梅等；此

外，南酸枣、多花山竹子 *Garcinia multiflora*、岭南山竹子 *G. oblongifolia*、余甘子、白花悬钩子、茅莓、桑、水东哥、罗浮油柿均较常见，也较重要。

⑥油脂植物　有68种，占该区总种数的6.36%。其中主要有杉木、樟树、香叶树、石笔木、余甘子、山黄麻、野木瓜、多花山竹子、牛耳枫、苦楝、毛果巴豆、白背叶、油茶、广宁油茶、算盘子、木油桐、盐肤木、山乌桕、铁冬青、南酸枣、苍耳、黑莎草等。

⑦鞣料植物　有46种，占该区总种数的4.30%。其中比较重要的有猴欢喜、余甘子、木油桐、盐肤木、杨梅、鬣蒴、金樱子、南酸枣、桃金娘、山杜英、枫香树、多种菝葜、黑面神、薯莨、盐肤木、土密树等。

⑧种芳香植物　有32种，占该区总种数的2.99%。其中主要有山苍子、马尾松、杉木、瓜馥木、樟树、香叶树、肉桂 *Cinnamomum cassia*、毛桂 *C. appelianum*、岗松、枫香树、草珊瑚、黄荆 *Vitex negundo*、黄花蒿 *Artemisia annua*、香附子 *Cyperus rotundus* 等。

⑨淀粉植物　有38种，占该区总种数的3.55%。其中主要有狗脊、葛、福建观音座莲 *Angiopteris fokiensis*、金毛狗、壳斗科20多种植物、杨梅、金樱子、南酸枣、薜荔 *Ficus pumila*、土茯苓、毛花猕猴桃、阔叶猕猴桃、野芋等。

⑩保健饮料植物　有20种，占该区总种数的1.41%。其中主要有绞股蓝、杨梅、桃金娘、金樱子、南酸枣、毛花猕猴桃、阔叶猕猴桃、多花山竹子、茅莓、紫背天葵 *Begonia fimbristipula* 等。

此外，农药植物有28种，占该区总种数的2.62%。其中主要有香花崖豆藤、昆明鸡血藤 *Millettia reticulata*、杠板归、黄药 *Rkamnus crenata*、石菖蒲 *Acorus tatarinowii*、海金沙、水蓼、广州槌果藤 *Capparis cantoniensis*、小木通、威灵仙等。野菜植物有29种，占该区总种数的2.71%，其中资源数量较大而且比较受欢迎的有少花龙葵 *Solanum americanum*、皱果苋 *Amaranthus viridis*、马齿苋、苦卖菜、革命菜等。有毒植物有18种，占该区总种数的1.68%，如羊角拗、大茶药、三脉马钱、海芋、飞扬草、油桐、八角枫、苍耳等。

5.2.2.6　野生动物资源

（1）动物物种较丰富　由于该保护区的生态环境复杂，森林茂密，孕育了丰富的野生动物种类。据调查统计，该保护区拥有野生脊椎动物239种，分隶68科27目。

①两栖类　据调查统计，有19种或亚种，隶6科2目，占该区野生脊椎动物总种数的7.95%。无尾目（SALIENTIA）有5科18种，占该区两栖动物总种数的94.74%，其中蛙科 Ranidae 8种，姬蛙科 Microhylidae 6种，蟾蜍科 Bufonidae 和雨蛙科 Hylidae 各1种；有尾目（CAUDATA）只有蝾螈科 Salarmandridae 1科1属1种，占该区两栖动物总种数的5.26%。

区系的主要特征：在保护区分布的19种两栖动物均为东洋界物种，其中主要分布于我国华中区的种类有1钟，占全区总数的5.26%；主要分布于华南区的物种有8种，占全区总数的42.11%；广泛分布于华中和华南区的物种有10种，占全区总数的52.63%；由此可见，保护区两栖动物的区系组成以东洋界的华中华南区共有物种占优势，而纯属华中区物种仅有1种，而纯属华南区的物种则有8种。古北界的物种则没有在此出现。

②爬行类　据调查统计，有38种，隶属10科3目，占该区野生脊椎动物总种数的15.9%。蛇目（SERPENTES）有5科24种，占该区爬行动物总数的63.16%，其中游蛇科 Colubridae 17种，眼镜蛇科 Elapidae 4种，盲蛇科 Typhlopidae、蟒蛇科 Boidae 和蝰蛇科 Viperidae 各1种；蜥蜴目（LACERTILI）有4科7种，占该区爬行动物总数的18.42%，其中石龙子科 Scincidae 4种，鬣蜥科 Agamidae、壁虎科 Gekkonidae 和蜥蜴科 Lacertidae 各1种；龟鳖目（TESTUDINATA）有2科7种，占该区爬行动物总数的18.42%，其中平胸龟科 Testudinidae 4种，鳖科 Trionychidae 3种。

区系主要特征：在保护区分布的38种爬行动物中，有33种是东洋界物种，其中华南区物种有17种，占该区总种数的44.74%；其次是华中华南区物种，共有11种，占该区总种数的28.95%；属华中区物种有5种，占该区总种数的13.16%；此外有5种是广布种。由此可见，保护区的爬行动物，以东洋界物种占优势，约占86.84%，其中最主要的是华南区物种和过渡性种类华中华南区共有种，只有部分有华中区种渗入。此外，还保留少量的广布种。这与爬行动物区系特征基本保持一致，反映了南亚热带区域的特征。

③鸟类 据调查统计，有135种，隶属36科15目，占该区动物总种数的56.49%。其中雀形目（PASSERIFOMES）有18科71种，占该区鸟类总数的52.59%；隼形目（FALCONIFOEMES）有2科12种，占该区鸟类总数的8.89%；鹃形目（CUCULIFORMES）1科9种，占该区鸟类总数的6.67%；鹤形目（GRUIFORMES）、鸮形目（STRIGFORMES）分别有2科6种，各占该区鸟类总数的4.44%；䴕形目（PICIFORMES）有2科5种，占该区鸟类总数的3.70%；鸡形目（GALLIFORMES）、鸻形目（CHARADRIIFORMES）、佛法僧目（CORACIIFORMES）分别有1科4种，各占该区鸟类总数的2.96%；鸽形目（COLUMBIFORMES）有1科2种，占该区鸟类总数的1.48%；夜鹰目（CAPRIMULGIFORMES）、雨燕目（APODIFORMES）分别有1科1种，各占该区鸟类总数的0.74%。

保护区鸟类以留鸟最多，达94种，占总数的69.63%；冬候鸟或旅鸟有35种，占总数的25.93%；夏候鸟有6种，占总数的4.44%；在区系组成方面，以东洋界为主，有85种，占总数的62.96%；古北种有35种，占总数的25.93%；广布种15种，占组成的11.11%。

④哺乳类 据调查统计，有47种，隶属16科6目，占该区动物总种数的19.67%；占广东省哺乳类总数（124种）的27.90%；占全国哺乳类总数（449种）的10.47%。食肉目（CARNIVORA）有4科10种，占该区哺乳类总数的38.29%；啮齿目（RODENTIA）有3科13种，占该区哺乳类总数的27.65%；翼手目（CHIROPTERAS）有4科10种，占该区哺乳类总数的21.28%；食虫目（INSECTIVORA）、偶蹄目（ARIODACTYLA）分别有2科2种，各占该区哺乳类总数的4.26%；鳞甲目（PHOLIDOTA）有1科1种，占该区哺乳类总数的2.13%。

在47种哺乳动物中，东洋型种类最多，有39种，占总数的82.98%；古北界与广布种仅有8种，占总数的17.02%。由此可见，保护区具有较好的生态环境，可兼容较多种动物在此生存繁衍。

（2）珍稀濒危动物较多 以我国1989年公布实施的《国家重点保护野生动物名录》和2001年公布实施的《广东省重点保护陆生野生动物名录》（第一批）为依据，该保护区拥有保护脊椎动物55种，占广东省总数（117种）的47.01%。其中国家Ⅰ级重点保护动物2种，国家Ⅱ级重点保护动物31种，省级重点保护动物22种（表5.14）。

表5.14 高要西江烂柯山自然保护区的保护动物

序号	种 名	科 名	IUCN濒危等级	保护级别
		哺乳纲 MAMMALIA		
1	穿山甲 *Manis pentadactyla*	鲮鲤科 Manidae	濒危	Ⅱ
2	水獭 *Lutra lutra*	鼬科 Mustelidae	濒危	Ⅱ
3	黄喉貂 *Martes flavigula*	鼬科 Mustelidae	易危	Ⅱ
4	豺 *Cuon alpinus*	犬科 Canidae	易危	Ⅱ
5	大灵猫 *Viverra zibetha*	灵猫科 Viverridae	濒危	Ⅱ
6	小灵猫 *Viverricula indica*	灵猫科 Viverridae	易危	Ⅱ
7	斑林狸 *Prionodon pardicolor*	灵猫科 Viverridae	易危	Ⅱ
8	豹猫 *Felis bengalensis*	猫科 Felidae	易危	省级
9	红颊獴 *Herpestes auropunctatus*	灵猫科 Viverridae		省级
10	食蟹獴 *Herpestes urva*	灵猫科 Viverridae		省级
11	豪猪 *Hystrix hodgsoni*	豪猪科 Hystricidae		省级
		鸟纲 AVES		

（续）

序号	种　　名	科　　名	IUCN 濒危等级	保护级别
12	蛇雕 *Spilornis cheela*（Latham）	鹰科 Accipitridae	易危	Ⅱ
13	凤头鹃隼 *Aviceda leuphotes*	鹰科 Accipitridae		Ⅱ
14	苍鹰 *Accipiter gentilis*	鹰科 Accipitridae		Ⅱ
15	鸢 *Milvus korschun*	鹰科 Accipitridae		Ⅱ
16	赤腹鹰 *Accipiter soloensis*	鹰科 Accipitridae		Ⅱ
17	雀鹰 *Accipiter nisus*	鹰科 Accipitridae		Ⅱ
18	松雀鹰 *Accipiter virgatus*	鹰科 Accipitridae	易危	Ⅱ
19	普通鵟 *Buteo buteo*	鹰科 Accipitridae		Ⅱ
20	白头鹞 *Circus aeruginosus*	鹰科 Accipitridae		Ⅱ
21	白尾鹞 *Circus cyaneus*	鹰科 Accipitridae		Ⅱ
22	燕隼 *Falco subbuteo*	隼科 Falconidae		Ⅱ
23	红隼 *Falco subbuteo*	隼科 Falconidae	易危	Ⅱ
24	白鹇 *Lophura nycthemera*	雉科 Phasianidae	易危	Ⅱ
25	褐翅鸦鹃 *Centropus sinensis*	杜鹃科 Cuculidae	易危	Ⅱ
26	小翅鸦鹃 *Centropus toulou*	杜鹃科 Cuculidae	易危	Ⅱ
27	草鸮 *Tyto capensis*	草鸮科 Tytonidae	易危	Ⅱ
28	红角鸮 *Otus scops*	鸱鸮科 Strigidae		Ⅱ
29	领角鸮 *Otus bakkamoena*	鸱鸮科 Strigidae		Ⅱ
30	领鸺鹠 *Glaucidium brodiei*	鸱鸮科 Strigidae		Ⅱ
31	斑头鸺鹠 *Glaucidium cuculoides*	鸱鸮科 Strigidae	易危	Ⅱ
32	鹰鸮 *Ninox scutulata*	鸱鸮科 Strigidae		Ⅱ
33	苍鹭 *Ardea cinerea*	鹭科 Ardeidae		省级
34	池鹭 *Ardeola bacchus*	鹭科 Ardeidae		省级
35	牛背鹭 *Bubulcus ibis*	鹭科 Ardeidae		省级
36	白鹭 *Egretta garzetta*	鹭科 Ardeidae		省级
37	夜鹭 *Nycticorax nycticorax*	鹭科 Ardeidae		省级
38	绿鹭 *Butorides striatus*	鹭科 Ardeidae		省级
39	黄斑苇鳽 *Ixobrychus sinensis*	鹭科 Ardeidae		省级
40	栗苇鳽 *Ixobrychus cinnamomeus*	鹭科 Ardeidae		省级
41	黑水鸡 *Gallinula chloropus*	秧鸡科 Rallidae		省级
42	董鸡 *Gallinula cinerea*	秧鸡科 Rallidae		省级
43	棕腹杜鹃 *Cuculus micropterus*	杜鹃科 Cuculidae		省级
44	红嘴相思鸟 *Leiothrix lutea*	画眉科 Timaliidae		省级
45	黑尾蜡嘴雀 *Eophona migratoria*	雀科 Fringilliidae		省级
46	黄胸鹀 *Emberiza aureola*	雀科 Fringilliidae		省级
		爬行纲 REPTILIA		
47	蚺（蟒） *Python molurus*	蟒科 Boidae	极危	Ⅰ
48	鼋 *Pelochelys bibroni*	鳖科 Trionychidae	极危	Ⅰ
49	山瑞鳖 *Trionyx steindachneri*	鳖科 Trionychidae	濒危	Ⅱ
50	三线闭壳龟 *Cuora trifasciata*	龟科 Testudidae	濒危	Ⅱ
51	平胸龟 *Platysternon megacephalum*	龟科 Testudidae	濒危	省级

（续）

序号	种　名	科　名	IUCN 濒危等级	保护级别
		两栖纲 AMPHIBIA		
52	虎纹蛙 *Rana tigrina*	蛙科 Ranidae	易危	Ⅱ
53	黑眶蟾蜍 *Bufo melanostictus*	蟾蜍科 Pelobatidae		省级
54	棘胸蛙 *Rana spinosa*	蛙科 Ranidae	易危	省级
55	沼蛙 *Rana guentheri*	蛙科 Ranidae	无危	省级

（3）经济动物多样　根据2000年8月国家林业局发布的《国家保护的有益的或者有重要经济、科学研究价值的陆生野生动物名录》（简称“三有动物”），保护区内的“三有动物”约有146种。

①两栖类　主要有黑斑肥螈 *Pachytriton brevipes*、黑眶蟾蜍、棘胸蛙、沼蛙、泽蛙 *Rana limnocharis*、大绿蛙 *R. livida*、大树蛙 *Rhacophorus dennysi*、斑脚树蛙 *R. leucomystax*、华南雨蛙 *Hyla simplex*、粗皮姬蛙 *Microhyla butleri*、小弧斑姬蛙 *M. heymonsi*、饰纹姬蛙 *M. ornata*、花姬蛙 *M. pulchra*、花细狭口蛙 *Kalophrynus pleurostigma*、花狭口蛙 *Kaloula pulchra* 等15种。

②爬行类　主要有平胸龟、乌龟 *Chinemys bealei*、黄喉水龟 *Clemmys mutica*、四眼斑水龟 *C. quadrlocellata*、鳖 *Pelochelys sinensis*、变色树蜥 *Calotes versicolor*、石龙子、蓝尾石龙子、四线石龙子、南草蜥 *Takydromus sexlineatus*、繁花林蛇 *Bioga multomaculata*、过树蛇 *Dendrelaphis pictus*、王锦蛇、三索锦蛇、黑眉锦蛇、渔游蛇 *Natrix piscater*、翠青蛇 *Cyclophiops major*、滑鼠蛇、灰鼠蛇、环纹游蛇 *Sinonatrix aequifasciata*、乌梢蛇 *Zaocys dhumnades*、中国水蛇 *Enhydris chinensis*、铅色水蛇 *E. plumbea*、金环蛇、银环蛇、眼镜蛇 *Naja naja*、白唇竹叶青 *Trimeresurus albolabris* 等22种。

③鸟类　主要有小䴙䴘、苍鹭、池鹭、牛背鹭、白鹭、绿鹭、夜鹭、黄斑苇鳽、栗苇鳽、鹧鸪、鹌鹑、灰胸竹鸡 *Bambusicola thoracica*、普通秧鸡 *Rallus aquaticus*、白胸苦恶鸟 *Amaurornis phoenicurus*、骨顶鸡 *Fulica atra*、山斑鸠 *Streptopelia orientalis*、珠颈斑鸠 *S. chinensis*、棕腹杜鹃 *Cuculus fugax*、中杜鹃 *C. saturatus*、八声杜鹃 *C. merulinus*、四声杜鹃 *C. micropterus*、噪鹃 *Eudynamys scolopacea*、小白腰雨燕 *Apus affinis*、普通翠鸟 *Alcedo atthis*、大拟啄木鸟 *Megalaima virens*、斑啄木鸟 *Picoides major*、家燕 *Hirundo rustica*、金腰燕、灰鹡鸰 *Motacilla cinerca*、白鹡鸰 *M. alba*、树鹨 *Anthus hodgsoni*、暗灰鹃鵙 *Coracina melaschistos*、赤红山椒鸟 *Pericrocotus flammeus*、红耳鹎 *Pycnontus jocosus*、白头鹎 *P. sinensis*、黑喉红臀鹎 *P. cafer*、栗背短脚鹎 *Hypsipetes flavala*、棕背伯劳 *Lanius schach*、黑枕黄鹂 *Oriolus chinensis*、黑领椋鸟 *Sturnus nigricollis*、八哥、红嘴蓝鹊、喜鹊、鹊鸲 *Copsychus saularis*、北红尾鸲 *Phoenicurus aurorens*、黑喉石䳭 *Saxicola torquata*、黑脸噪鹛 *Garrulax perspicillatus*、画眉、红嘴相思鸟、黄眉柳莺 *Phylloscopus inornatus*、大山雀 *Parus majo*、黄颊山雀 *P. spilonotus*、红头长尾山雀 *Aegithalos conicinnus*、暗绿绣眼鸟、[树]麻雀、金翅雀 *Carduelis sinica*、栗鹀 *Emberiza rutila* 等88种。

④哺乳类　主要有貉 *Nyctereutes procyonoides*、南狐 *Vulpes vulpes*、黄鼬、黄腹鼬、鼬獾 *Melogale moschata*、缅甸鼬獾 *M. moschata*、果子狸、红颊獴、食蟹獴、豹猫、野猪、赤麂、隐纹花松鼠 *Tamiops swinhoei*、豪猪等16种。

5.2.3　怀集大稠顶自然保护区

2000年6月30日，肇庆市人民政府肇府函［2000］61号文批准建立怀集大稠顶市级自然保护区，总面积2728.5hm^2。2001年9月30日，肇庆市人民政府肇府函［2001］65号文，报请省林业局将大稠顶市级自然保护区列入省级自然保护区，并请省林业局审核后转报省人民政府审批。2004年，广东省人民政府粤办函［2004］9号文，批准建立怀集大稠顶省级自然保护区。主保护对象为南亚与中亚带过渡带的常绿阔叶林生态系统、珍稀野生动植物及其栖息生境。

根据中华人民共和国国家标准《自然保护区类型与级别划分原则》（GB/T14529—93），怀集大稠顶自然保护区属“自然生态系统类别”中的“森林生态系统类型”自然保护区。

5.2.3.1 自然条件

（1）位置范围　怀集大稠顶自然保护区位于肇庆市辖怀集县东北的肇庆市属国有新岗林场的东部，地理坐标为东经112°22′42″～112°27′09″，北纬24°12′35″～24°19′24″。东与阳山县的白莲镇交界，南与新岗林场工区和洽水镇接壤，西与新岗林场工区相连，北与阳山县的七拱镇、太平镇为邻。保护区东西宽7.7km，南北长12.5km，总面积3761.3hm^2。其中林业用地面积3704hm^2。有林地面积2562.3hm^2，灌木林地面积953hm^2，未成林地面积131hm^2。森林覆盖率达93.9%。

（2）地质基础　据报道，保护区内出露的岩性主要有两大岩类。

①花岗岩类 主要分布在保护区北部和中部，其中以燕山期第三期侵入岩最多，燕山期第四期侵入岩较少。

②沉积岩类　主要分布在保护区南部以及边缘外围，主要岩性为石英砂岩、粉砂岩、泥质页岩，夹炭质页岩等。

（3）地貌概况　保护区的地势大致北、中高，南低，主要有山地和丘陵两类。

①山地地貌　以中山地貌最为发育，在保护区内的中山海拔800～1626m，主要分布于北部和中部，保护区的最高峰位于东北缘的大稠顶，又称石川顶，海拔高达1626m，是肇庆和云浮两市最高峰，此外海拔1000m以上的山峰还有9座，地形起伏大，比高达100～1000m，坡度达24°～45°。主峰大稠顶向东延伸为密竹坳再转南至瑶佬坳、马耳尖及雷公球而形成一列东侧山地；向南直落并经横坑坳、羊舍山、婆太顶至伞顶成另一列大山地，并将保护区隔分为东西两半地域；向西南延伸经大平坳、石人坳至阳殿城顶再折回南方的竹老界至六塘营形成西面交界线；向北延伸经分水坳至高岭顶而构成西北界线。海拔500～800m的低山面积小，主要分布于中山地貌偏西南地区。

② 丘陵地貌　海拔在500m以下，比高50～100m，主要分布于保护区的西南部区域，地面受轻微切割，起伏中等，坡度5°～25°，保护区内最低海拔330m。

（4）气候特点　保护区地处北回归线南缘，气候温暖湿润，雨量充沛，属于亚热带季风气候，但具有山地气候特征，其特点是温暖多雨，湿度大，风力小。年平均气温21.7℃，最热月7月平均气温28℃，极端最高气温37.5℃，最冷月1月平均气温12℃，极端最低气温－3℃；年降雨量1740.8mm，4～8月为雨季，9月至翌年3月为旱季；年蒸发量1133mm，年均湿度达80%，冬季较干燥，干湿季交替较为明显；风向多为东南风，风力1～2级。但冬季也出现明显的1～3次低温，每年均有霜冻日出现，偶有冰冻现象发生。

（5）水文特征　保护区内溪流众多，由北向南倾斜的地势形成了3条水系。

①黄京坑水系　发源于大稠顶南侧山坡，有长冲、天井坑、蓝电冲、阿里坑及龙江冲、打铁冲等支流构成。落差较平缓，水流经黄京坑、坑口和谷村三工区，至大曲水口止。

②茅坪大坑水系　发源于大稠顶东侧山沟和瑶佬坳杜小坑而成。有石川沟、杜小坑、横坑、马骝坑、大坑沟、铁屎坪大坑、伞冲及羊史坑等支流构成。落差较大、流量大水流急速。流经茅坪坑、铁屎、三汾和羊史坑四个工区，至三汾桥头水口止。

③汾江水系　由大岩坑和竹篙坑而去流沟构成。大岩坑发源于高岭顶山脚，竹篙坑发源于密仔塘山沟。两水流汇至汾江口后流出茶岩大坑再流至谷村水口与黄京坑水汇合。后顺流至新田乡水口与茅坪大坑水流汇合直流落汾水河并注入绥江。

以上水系的流向均受地质构造、节理和地形的支配，纵比降大，最后均注入绥江。溪水的主要来源为雨水。因此，其水文特点是流程短，落差大，水能蕴藏大，溪水清澈。水位变化大，雨天地表径流顺坡而下，溪流水位高涨，晴天几无地表径流补给，溪流水位低落，仅靠地下潜水补给免于干涸。

（6）土壤特征　保护区的地带性土壤为赤红壤，但随着山地海拔的升高，气温降低，降雨增加，影响了植物群落和土壤发育的更替，因而从山麓到山顶依次分布着如下几种土壤。

A. 赤红壤　主要分布在海拔700m以下的山地下部，成土母质大多为花岗岩，少量的为砂页岩，呈酸性，在山脚山窝及低海拔的阴坡地域土层较深厚，一般在80～120cm，地力肥沃，石砾含量少，以壤质或轻黏质为主，团粒状或黏状结构，疏松或稍紧，而且潮湿为其主要特征。在山腰中部以上或阳坡地域，土层厚度较薄，一般在40～100cm，地力较肥沃，石砾含量在20%左右，母岩多为砂岩，紫色砂岩和花岗岩，而腐殖质较少，壤质或中壤为主，重壤、轻壤及沙壤次之，块状结构，稍紧为其主要特征。土壤剖面发育完整，具A—B—C构型，淀积层>1m，多呈淡棕红色，但有机质含量较少，速效性磷、钾较低，土壤呈酸性，pH 5.0左右。

B. 山地红壤　主要分布在海拔700～1600m的山坡，土层一般在1m左右，土壤发育层次明显，具A—B—C构型，质地沙壤至黏壤土，表土层呈灰棕色或红棕色，有机质含量较赤红壤多，土壤呈酸性，pH 4.8～5.8。

C. 山地草甸土　主要分布在海拔1600m以上的山脊和山顶，由于气候寒凉潮湿，云雾多，日照少，风力大，因此抑制植物的生长和土壤微生物的活动，植物低矮、稠密、生长量和凋落物量少。成土母岩多为砂岩、花岗岩，土壤脊薄，干旱板结，砂石裸露，石砾含量在25%～45%，以沙壤为主，粒状或核状结构，剖面发育不完整，土体构型为A—C型，A—A（B）—D型，有明显枯枝落叶和草根盘结的草甸层，呈黑色或黑棕色，土层浅薄，团粒结构良好。

5.2.3.2　功能分区

《广东大稠顶省自然保护区总体规划》① 将大稠顶自然保护区分为3个功能区。

（1）核心区　位于保护区东部，东自龟子顶，南至铁思坪，西至黄京坑，北始分界，总面积1374.8hm²，占保护区总面积的36.55%。其中包括汾江四林班92.6hm²，黄京坑二林班部分95.1hm²，茅坪坑五林班911.4hm²，以及铁思坪六林班275.7hm²。该区地势险峻，人迹罕至，不良因素干扰和影响较小。具有典型代表性并保存较为完好的天然常绿阔叶林，是珍稀动植物集分布的区域。

其主要功能是：保护天然常绿阔叶林生态系统、珍稀野生动植物及其生存栖息繁衍的环境，以及涵养水源、保持水土，维持生态平衡等。将实行全封闭管理，除必需的科学研究的定位观测、进入检查等外，禁止任何人进入，严禁狩猎、采挖药材和砍伐林木。

（2）缓冲区　位于核心区外围的南部和西部，总面积1535.8hm²，占保护区总面积的40.83%。其中包括汾江一林班452.2 hm²，黄京坑二林班部分175.9hm²，茅坪坑五林班部分322.1hm²，铁思坪六林班182.2 hm²，羊史坑八林班400.4hm²。

其主要功能是：对保护核心区起缓冲作用，确保核心区的天然常绿阔叶林生态系统和

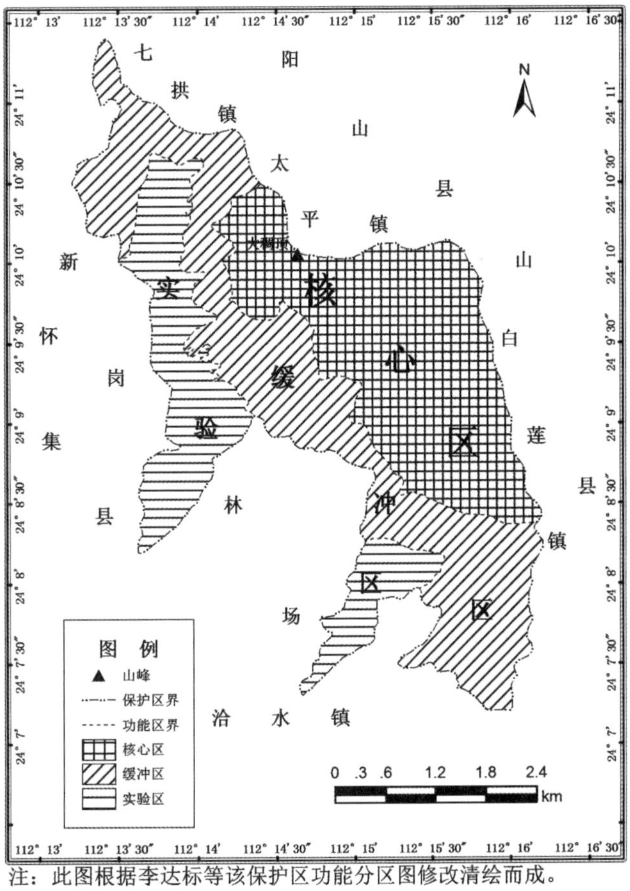

注：此图根据李达标等该保护区功能分区图修改清绘而成。

图5.4　怀集大稠顶自然保护区功能分区图

① 广东大稠顶省级自然保护区总体规划项目组．广东大稠顶省级自然保护区总体规划．2000.5.

珍稀野生动植物的良性循环。此区将实行半封闭式管理，尽量减少进入人员，在路口和显著位置设置警示牌，严禁砍伐珍稀林木，以及外来因素破坏。

（3）实验区 位于缓冲区外围的南部和西南部，总面积 850.7hm^2，占保护区总面积的 22.62%。其中包括汾江一林班 191.6hm^2，黄京坑二林班部分 299.3hm^2，坑口工区三林班 122.3hm^2，铁思坪六林班 237.5hm^2。

其主要功能是：在保护区西南部设置黄京茅坪坑科研科普实验小区，面积 613.2 hm^2；在保护区南部设置铁思坪改造恢复实验小区，面积 237.5hm^2（图 5.4）。

5.2.3.3 植物区系特点

本保护区的植物区系，概括起来具有如下特点。

（1）植物物种较丰富 据调查统计①，该保护区拥有野生维管束植物 1213 种（包括种下分类单位，下同），隶属 550 属 160 科，占广东省野生维管束植物（5933 种）的 20.44%（叶华谷等，2005）。其中蕨类植物 78 种，隶属 45 属 28 科；裸子植 11 种，隶属 8 属 6 科；被子植物 1124 种，隶属 512 属 128 科（表 5.15）。

表 5.15 怀集大稠顶自然保护区野生维管束植物类群的组成

植物类群		科数	属数	种数
蕨类植物		28	45	78
裸子植物		6	8	11
被子植物	双子叶植物纲	109	398	938
	单子叶植物纲	19	114	186
合计		162	565	1213

（2）地理成分较复杂

①蕨类植物的地理成分

A. 科的地理分布区类型 根据保护区 28 科的分布类型统计分析如下。

广布科 共有 9 科，占该区总科数的 32.14%。如石杉科、石松科、卷柏科、木贼科、紫萁科、铁线蕨科、蹄盖蕨科、铁角蕨科、水龙骨科等。

热带、亚热带分布科 共有 15 科，占该区总科数的 78.95%（扣除广布科 9 科，下同），如里白科、中国蕨科、书带蕨科、金星蕨科、莲座蕨科、桫椤科、鳞始蕨科 Lindsaeaceae、海金沙科、凤尾蕨科 Pteridaceae、三叉蕨科 Aspidiaceae、条蕨科 Oleandraceae、骨碎补科、膜蕨科、禾叶蕨科 Grammitidaceae、剑蕨科 Loxogrammaceae 等。

泛热带分布科 共有 3 科，占该区总科数的 15.79%，如蚌壳蕨科 Dicksoniaceae、乌毛蕨科 Blechnaceae、槲蕨科 Drynariaceae 等。

温带至亚热带高山地区分布科 仅有鳞毛蕨科 Dryopteridaceae 1 科，占总科数的 5.26%。

B. 属的地理分布区类型 根据保护区 45 属的分布类型统计分析如下。

广布分布属：共有 5 属，占该区总属数的 11.11%。如石杉属、石松属 *Lycopodium*、卷柏属 *Selaginella*、铁线蕨属 *Adiantum*、铁角蕨属 *Asplenium* 等。

泛热带分布属 共有 7 属，占该区总属数的 17.50%（扣除广布分布 5 属，下同），如瓶蕨属 *Trichomanes*、栗蕨属 *Histiopteris*、鳞始蕨属 *Lindsaea*、乌蕨属 *Sphenomeris*、抱树莲属 *Drymoglossum*、槲蕨属 *Drynaria*、禾叶蕨属 *Grammitis* 等。

热带和亚热带分布属 共有 29 属，占该区总属数的 72.50%。其中热带至亚热带为主，如观音莲座

---

① 广东大稠顶省级自然保护区自然资源科学考察项目组．广东大稠顶省级自然保护区自然资源科学考察报告．2000.5.

属、芒萁属、灯笼草属 *Palhinhaea*、海金沙属、凤尾蕨属 *Pteris*、碎米蕨属 *Cheilosoria*、金粉蕨属 *Onychium*、书带蕨属 *Vittaria*、短肠蕨属 *Allantodia*、沙皮蕨属 *Hemigramma*、骨碎补属 *Davallia*、毛蕨属 *Cyclosorus*、假毛蕨属 *Pseudocyclsorus*、阴石蕨属 *Humata*、线蕨属 *Colysis*、石韦属、剑蕨肃 *Loxogramme* 等。

以亚热带为主的属　与热带至亚热带分布的类型相当，热带亚洲分布的有7属，如桫椤属、圣蕨属 *Dictyocline*、复叶耳蕨属 *Arachniodes*、三叉蕨属 *Tectaria*、条蕨属 *Oleandra*、星蕨属 *Microsorium*、骨牌蕨属 *Lepidogrammitis* 等；热带亚洲至非洲分布的有1属，如瓦韦属；热带亚洲—大洋洲分布1属，如乌毛蕨属；热带亚洲至热带美洲分布有1属，如双盖蕨属 *Diplazium*；东亚分布有2属，如金毛狗属、伏石蕨属 *Lemmaphyllum* 等。

温带、热带分布属　有2属，占该区总属数的5%。如紫萁属 *Osmunda*、狗脊属 *Woodwardia*。

温带分布属　有1属，占该区总属数的2.50%。如鳞毛蕨属 *Dryopteris*。

寒、温带分布属　有1属，占该区总属数的2.50%。如木贼属 *Equisetum*。

②种子植物的地理成分

A. 科的地理分布区类型　以《世界种子植物科的分布区类型系统》（吴征镒等，2003），对保护区种子植物134科的分布区类型统计分析，除旧世界温带分布、温带亚洲分布、地中海区和西亚至中亚分布、中亚分布及中国特有分布科尚未发外，其余10个分布区类型及变型均有分布。

*1. 广布分布类型　计有34科，占该区总科数的25.37%。如毛茛科、金鱼藻科、堇菜科、蓼科、苋科、酢浆草科、柳叶菜科、瑞香科、蔷薇科、蝶形花科、杨梅科、榆科、桑科、鼠李科、伞形科、木犀科、茜草科、败酱科、菊科、龙胆科、报春花科、车前科、桔梗科、半边莲科、紫草科、茄科、旋花科、玄参科（主产温带）、狸藻科、唇形花科（主产地中海）、水鳖科、兰科、莎草科（主产温带及寒温带）、禾本科等。

*2. 泛热带分布类型　计44科，占该区总科数的44%（扣除广布科34科）。如番荔枝科、樟科、防己科、马兜铃科、胡椒科、金粟兰科、白花菜科、藜科、凤仙花科、大风子科、天料木科、葫芦科、秋海棠科、茶科、野牡丹科、藤黄科 Guttiferae、梧桐科、锦葵科、大戟科、含羞草科、荨麻科、卫矛科、茶茱萸科、檀香科、蛇菰科 Balanophoraceae、葡萄科、芸香科、无患子科、漆树科、柿科、山榄科、紫金牛科 Myrsinaceae、马钱科、夹竹桃科、萝藦科、爵床科、鸭跖草科、谷精草科、竹芋科、雨久花科、菝葜科、天南星科、薯蓣科、棕榈科等。

*2-1 热带亚洲、大洋洲（至新西兰）和南美（或墨西哥）间断分布　有2科，占该区总科数的2%。如第伦桃科 Dilleniaceae、山矾科 Smyplocaceae。

*2-2 热带亚洲、非洲和南美洲间断分布　有4科，占该区总科数的4%。如买麻藤科 Gnetaceae、椴树科 Tiliaceae、苏木科 Caesalpiniaceae、鸢尾科 Iridaceae。

*2s 以南半球为主的泛热带分布　有5科，占该区总科数的5%。如罗汉松科 Podocarpaceae、山龙眼科 Proteaceae、桃金娘科 Myrtaceae、桑寄生科 Loranthaceae、石蒜科 Amaryllidaceae 等。

*3. 热带亚洲和热带美洲间断分布　有8科，占该区总科数的8%。如木通科、杜英科、冬青科、省沽油科、五加科、安息香科、苦苣苔科、马鞭草科等。

*4. 旧世界热带分布　有3科，占该区总科数的3.06%。如青藤科、海桐花科、芭蕉科。

*4-1 热带亚洲、非洲和大洋洲间断　有1科，占该区总科数的1%。如水蕹科 Aponogetonaceae。

*5. 热带亚洲至热带大洋洲分布　有2科，占该区总科数的2%。如交让木科、姜科。

*6. 热带亚洲至热带非洲分布　仅有1科，占该区总科数的1%。如杜鹃花科 Ericaceae。

*7. 热带亚洲（印度—马来西亚）分布　有1科，占该区总科数的1%。如牛栓藤科。

*7-4 越南（或中南半岛）至华南（或西南）分布　仅有2科，占该区总科数的2%。如清风藤科 Sabiaceae、山柳科 Clethraceae。

*8. 北温带分布　有7科，占该区总科数的7%。如松科、金丝桃科、越桔科、忍冬科、列

当科、百合科、延龄草科。

＊8 –4 北温带和南温带（全温带）间断分布　有 11 科，占该区总科数的 11%。如杉科、柏科、红豆杉科、茅膏菜科 Droseraceae、罂粟科 Papaveraceae、绣球花科、金缕梅科、壳斗科、胡颓子科、槭树科 Aceraceae、胡桃科、山茱萸科。

＊8 –5 欧亚和南美洲温带间断分布　有 1 科，占该区总科数的 1%。如小檗科 Berberidaceae。

＊9. 东亚和北美洲间断分布　有 6 科，占该区总科数的 6%。如木兰科 Magnoliaceae、八角科 Illiciaceae、五味子科 Schisandraceae、三白草科 Saururaceae、鼠刺科 Escalloniaceae、珙桐科 Nyssaceae。

＊14. 东亚分布　有 1 科，占该区总科数的 1%。如猕猴桃科 Actinidiaceae。

从上所述可以看出：泛热带分布类型有 55 科，占总科数的 55%（扣除广布科 34 科，下同）；北温带分布类型有 19 科，占总科数的 19%；热带亚洲和热带美洲间断分布类型有 8 科，占总科数的 8%；其余分布区类型所含科数均在 6. 12% 以下，不占重要地位；特别是中国特有科等 5 科分布类型缺如，表明该自然保护区植物区系在科级水平上以泛热带分布成分为主，兼有一定数量的北温带成分。

B. 属的地理分布区类型　根据保护区种子植物 520 属的分布类型，按照《中国种子植物属的分布区类型》（吴征镒，1991）统计分析，除中亚分布类型及其变型尚未发现外，其他 14 个分布区类型及变型均有分布（表 5. 16）。

表 5. 16　怀集大稠顶自然保护区种子植物属的分布区类型

分布区类型及变型	属数	占总属数（%）
1. 广布分布	33	扣除
2. 泛热带分布	115	23. 61
2 –1 热带亚洲、大洋洲和南美洲间断分布	5	1. 03
2 –2 热带亚洲、非洲和南美洲间断分布	3	0. 62
3. 热带亚洲和热带美洲间断分布	20	4. 11
4. 旧世界热带分布	47	9. 65
4 –1 热带亚洲、非洲和大洋洲间断分布	6	1. 23
5. 热带亚洲至热带大洋洲分布	32	6. 57
5 –1 中国（西南）亚热带和新西兰间断分布	0	0
6. 热带亚洲至热带非洲分布	25	5. 13
6 –1 华南、西南到印度和热带非洲间断	1	0. 21
6 –2 热带亚洲和东非间断	2	0. 41
7. 热带亚洲（印度—马来西亚）分布	66	13. 55
7 –1 爪哇、喜马拉雅和华南、西南星散分布	10	2. 05
7 –2 热带印度至华南分布	6	1. 23
7 –3 缅甸、泰国至华西南分布	1	0. 21
7 –4 越南（或中南半岛）至华南（或西南）分布	10	2. 05
8. 北温带分布	31	6. 37
8 –1 环极分布	0	0
8 –2 北极高山分布	0	0
8 –3 北极—阿尔泰和北美洲间断分布	0	0
8 –4 北温带和南温带（全温带）间断分布	5	1. 03
8 –5 欧亚和南美洲温带间断分布	1	0. 21
8 –6 地中海区、东亚、新西兰和墨西哥到智利间断	0	0
9. 东亚和北美洲间断分布	27	5. 54
9 –1 东亚和墨西哥间断	0	0

（续）

分布区类型及变型	属数	占总属数（%）
10. 旧世界温带分布	10	2.05
10-1 地中海区、西亚和东亚间断分布	0	0.21
10-2 地中海和喜马拉雅间断分布	1	0.21
10-3 欧亚和南非洲（有时也在大洋洲）间断	2	0.41
11. 温带亚洲分布	5	1.03
12. 地中海区、西亚至中亚分布	1	0.21
12-1 地中海区至中亚和南非洲、大洋洲间断	0	0
12-2 地中海区至中亚和墨西哥间断	0	0
12-3 地中海区至温带、热带亚洲，大洋洲和南美洲间断	0	0
12-4 地中海区至热带非洲和喜马拉雅间断	0	0
12-5 地中海区—北非洲、中亚、北美西南部，智利和大洋洲（泛地中海）间断分布	0	0
13. 中亚分布	0	0
13-1 中亚东部（亚洲中部）	0	0
13-2 中亚至喜马拉雅	0	0
13-3 西亚至喜马拉雅和西藏	0	0
13-4 地中海区至热带非洲和喜马拉雅间断	0	0
14. 东亚分布	30	6.16
14-1 中国—喜马拉雅（SH）	9	1.85
14-2 中国—日本（SJ）	9	1.91
15. 中国特有分布	7	1.44
合计	520	100.00

从上表可以看出，保护区属的地理成分是以热带成分占优势，从2~7各类热带成分共有349属，占总属数（扣除广布分布33属，以下同）的71.66%。温带成分从8~12共有83属，占总属数的17.04%。东亚分布有48属，占总属数的9.86%。中国特有分布的7属，占1.44%，分别是杉木属*Cunninghamia*、台湾杉属*Taiwannia*、喜树属*Camptotheca*、石笔木属*Tutcheria*、通脱木属*Tetrapanx*、驼峰藤属*Merrillanthus*和四数苣苔属*Bournea*等。因此，在种子植物属级分布区类型水平上，以泛热带、热带亚洲的分布区类型为主，同时兼有一定数量的东亚分布和温带分布成分。这些特征与保护区所处地理位置相一致。

5.2.3.4 植被类型

据调查，保护区内的植被类型多样，主要有5种类型。

（1）沟谷季风常绿阔叶林 主要分布于海拔900m以下的沟谷中，如黄京坑等地。其特点是：带有热带性，组成植物种类繁多，群落结构较复杂。

乔木层：由2个亚层组成。第一亚层乔木高达15m以上，主要由红锥*Castanopsis hystrx*、网脉山龙眼*Helicia reticulata*、石笔木*Tutchria championi*、华润楠*Machilus chinensis*、多花山竹子*Garcinia multiflora*等组成；第二亚层由海桐木姜子*Litsea pittosporifolia*、杨桐*Adinandra millettii*、假苹婆*Sterculia lanceolata*、罗浮柿*Diospyros morrisiana*、水同木*Ficus fistulosa*等组成。

灌木层：主要由粗叶木*Lasianthus chinensis*、杜茎山*Maesa japonica*、三花冬青*Ilex triflora*、白花灯笼*Clerodendrum fortunatum*等组成。

草本层：以沿阶草*Ophiopogon platyphyllum*、淡竹叶*Lophatherun gracile*等为主。

层间藤本植物：有网脉酸藤子 *Embelia rudis*、羊角藤 *Morinda umbellata*、丁公藤 *Erycibe obtusifolia* 等。

（2）常绿阔叶林　主要分布于海拔 900m 左右的山坡。其特点是组成植物种类较丰富，群落结构较简单。树高 5 ~ 14m。

乔木层：由 2 个亚层组成。第一亚层主要由米槠 *Castanopsis carlesii*、木荷、广东润楠、青榨槭 *Acer davidii* 等组成；第二亚层主要由罗浮柿、桃叶珊瑚、日本杜英、密花山矾 *Symplocos congesta* 等组成。

灌木层：主要由鼠刺 *Ilea chinensis*、密花树 *Rapanea neriifolia*、映山红、柃木等组成。

草本层：主要由珍珠茅 *Scleria levis*、华南龙胆 *Gentiana loureirii*、地稔、淡竹叶等植物组成。

（3）落叶阔叶林　以落叶阔叶树为建群种所组成的森林群落，在保护区内仅有 1 个群系。

喜树林（Form *Camptothea acuminata*）　喜树是中亚热带分布树种，其自然分布南部界线不超过北纬 23°，大稠顶天然喜树林正处于自然分布区临界，即主要分布于黄坑下游两岸，位于东经 112°23′，北纬 24°18′，海拔约 350m。土壤为红壤，pH 4.7 ~ 4.9，腐殖层厚 13 ~ 22cm。天然喜树林面积约 59 200m^2，树高 2m 以上的植株有 5400 多株，其中最高植株达 17m，最大胸径 47.6cm，树龄估计有 95 年。

乔木层：在 2 个 10m × 10m 中计有 9 种 33 株，由 2 个亚层组成。第一亚层，主要只有喜树 1 种，9 株，树高 7 ~ 16m，树冠伞形，彼此不连接；第二亚层树高 3 ~ 6.5m，主要由喜树 12 株，枫香树 2 株、盐肤木 *Rhus chinensis* 1 株，水同木 2 株，彤叶润楠 2 株、鹅掌柴 3 株，木芙蓉 1 株、水锦树 *Wendlandia uvariifolia* 1 株等组成，树冠伞形或广伞形，互相连接而且呈波状起伏。

灌木层：一般高度 0.5 ~ 2m，在 2 个 5m × 5m 中共有 4 种，5 株，即虎刺楤木 *Aralia armata* 2 株、九节 *Psychotria rubra*、毛桂 *Cinnamomum appelianum*、米碎花 *Eurya chinensis* 各 1 株等组成。

草本层：一般高度 50cm 以下，在 2 个 10m × 10m 中，主要有芒萁 12 株、乌毛蕨 7 株、半边旗 *Pteris dispar* 5 株、碗蕨 *Dennstaedtia scabra* 4 株、粗齿冷水花 *Pilea sinofasciata* 27 株、蔓生莠竹 *Microstegium vagans* 21 株、地稔 6 株、白花田草 *Canscora andrographroides* 17 株、金毛狗、黑莎草等组成。

此外，林下还有喜树 46 株、盐肤木 3 株、水锦树、木芙蓉、尖脉木姜子 *Litsea acutivena*、幼苗等各 1 株。由此可见该林发展趋势是稳定的。

（4）针阔叶混交林　以暖性针叶树与阔叶树为建群种所组成的森林群落，在保护区内有 2 个群系。

①马尾松、米槠林（Form*Pinus massoniana*，*Castanopsis carlesii*）　主要分布于保护区的中部偏西。

乔木层：除优势种马尾松、米槠外，还有木荷等。

灌木层：主要由鼠刺、桃金娘 *Rhodomyrtus tomentosa* 等组成。

草本层：主要有芒萁、乌毛蕨等。

②杉木、米槠林林（Form*Cunninghamia lanceolata*，*Castanopsis carlesii*）　分布于保护区的中部偏西。

乔木层：除优势种杉木、米槠外，还有鹅掌柴等。

灌木层：常见的有鼠刺、桃金娘 *Rhodomyrtus tomentosa*、米碎花 *Eurya chinensis*、等。

草本层：有芒萁、深绿卷柏 *Selaginella doederleinii* 等。

（5）山顶灌草丛　主要分布于海拔 1300m 以上的山顶。主要由丝线吊芙蓉 *Rhododendron westlandii*、北江荛花 *Wikstroemia monnula*、杜英、荚蒾、箬竹、星宿菜 *Lysimachia fortunei*、五节芒等。

此外，在保护区的中西部和南部还存有人工栽培的杉木、马尾松、竹林等。

5.2.3.5　野生植物资源

（1）珍稀濒危保护植物繁多　根据 1984 年国家环境保护委员会公布的《中国珍稀濒危保护植物名录》和 1999 年国务院批准公布的《国家重点保护野生植物名录（第一批）》所列种类统计，保护区内共有国家重点保护野生植物 11 科 11 属 11 种。其中蕨类植物 2 科 2 属 2 种，裸子植物 2 科 2 属 2 种，被子植物7科7属7种；列为国家Ⅱ级重点保护的野生植物10种，国家Ⅲ级重点保护的野生植物1种（表5.17）。

表5.17　怀集大稠顶自然保护区的保护植物

序号	种名	科名	IUCN濒危等级	保护级别
1	金毛狗 *Cibotium barometz*	蚌壳蕨科 Dicksoniaceae	渐危	Ⅱ
2	桫椤 *Alsophila spinulosa*	桫椤科 Cyatheaceae	渐危	Ⅱ
3	台湾杉 *Taiwania cryptomerioides*	杉科 Taxodiaceae	稀有	Ⅱ
4	厚叶木莲 *Manglietia pachyphylla*	木兰科 Magnoliaceae	稀有	Ⅱ
5	樟树 *Cinnamomum camphora*	樟科 Lauraceae	渐危	Ⅱ
6	八角莲 *Dysosma versipellis*	小檗科 Berberidaceae	渐危	Ⅱ
7	野茶树 *Camellia sinensis* var. *assamica*	山茶科 Theaceae	稀有	Ⅱ
8	华南锥 *Castanopsis concinna*	壳斗科 Fagaceae	濒危	Ⅱ
9	野生荔枝 *Litchi chinensis* var. *cuspontanea*	无患子科 Sapindaceae	稀有	Ⅱ
10	喜树 *Camptotheca acuminata*	珙桐科 Nyssaceae	渐危	Ⅱ
11	穗花杉 *Amentotaxus argotaenia*	红豆杉科 Taxaceae	濒危	Ⅲ

兰科植物有12属20种，即金线兰 *Anoectochilus roxburghii*、竹叶兰 *Arundina graminifolia*、芳香石豆兰 *Bulbophyllum ambrosia*、广东石豆兰 *B. kwangtungenesis*、虎斑卷瓣兰 *B. retusiusculum*、短足石豆兰 *B. stenobulbon*、虾脊兰 *Calanthe discolor*、钩距虾脊兰 *C. graciliflora*、小花隔距兰 *Cieisostoma midranthum*、流苏贝母兰 *Coelogyne fimbriata*、建兰 *Cymbidium ensifolium*、春兰 *C. goeringii*、高斑叶兰 *Goodyera procera*、距花鹭兰 *Habenaria calcarata*、鹅毛玉凤兰 *H. dentata*、细花玉凤兰 *H. lucida*、见血青 *Liparis nervosa*、镰翅羊耳蒜 *L. bootanensis*、石仙桃 *Pholidota chinensis*、苞舌兰 *Spathoglottis pubescens* 和带唇兰 *Tainia dunnii* 等，全部为《濒危野生动植物种国际贸易公约》附录Ⅱ物种。

（2）经济植物多样　在保护区内蕴藏着比较丰富的经济植物资源。

①药用植物　其中抗癌药用植物有狗肝菜 *Dicliptera chinensis* 等；清热解毒药用植物有华南忍冬 *Lonicera confusa*、地胆草 *Elephantopus scaber* 等；清热凉血的药用植物有葛、马鞭草 *Verbena officinalis*、茅莓等；清热利尿的药用植物有淡竹叶、车前、海金沙等；清热利湿的药用植物有岗松、乌蔹莓、酢浆草 *Oxalis corniculata*、算盘子 *Glochidion dasyphyllum* 等；祛风湿的药用植物有狗脊 *Woodwardia japonica*、两面针、菝葜等；跌打损伤、止血肿痛的药用植物有积雪草 *Centella asiatica*、鲫鱼胆 *Maesa perlarius*、薯莨、一点红等；壮阳药的药用植物有金樱子 *Rosa laevigata*；理气药用植物有乌药 *Lindera aggregata*；活血祛瘀的药用植物黑老虎 *Kadsura coccinea*；补血药的药用植物有香花崖豆藤 *Millettia dielsiana*、桃金娘、酸藤子 *Embelia laeta* 等；利湿解毒、消肿散结的药用植物有土茯苓；平肝息火药用植物有毛钩藤 *Uncaria hirsuta*；止血药用植物有白接骨 *Asystasiella chinensis*、鳢肠；除湿化滞的药用植物有水蓼；民间常用草药或凉茶有梅叶冬青、草珊瑚、车前、韩信草等。

②用材植物　其中一类用材有樟树等；二类用材有黄樟、雷公稠；三类用材有覃树 *Altingia chinensis*、华润楠等；四类用材有日本杜英等；五类用材有鼠刺、猴欢喜等；可作军工用材的有白皮黄杞 *Engelhardtia fenzelii* 等；可作船舶用材的有天料木等；可作胶合板用材的有赤杨叶 *Alniphyllum fortunei*、猴耳环、亮叶猴耳环等；可作房屋建筑的有杉木等；可作纺织用材有木荷、石斑木等；可作乐器用材的有山乌桕 *Sapium discolor* 鹅掌柴等；造纸用材的有山矾10种、白花笼 *Styrax faberi*、栓叶安息香 *S. suberifolius* 种等。

③观赏植物主要有园林植物，如罗汉松、毛桃木莲 *Manglietia chingii*、金叶含笑 *Michelia foveolata*、深山含笑 *Michelia maudiae*、樟树、阴香、石笔木、木荷、山杜英、五月茶、白背叶 *Mallotus apelta*、枫香树、朴树 *Celtis sinensis*、覃树等；野生灌木花卉，主要有多种野牡丹、多种杜鹃、吊钟花、桃金娘等；草本景观植物，主要有多种兰花、华凤仙 *Impatiens chinensis*、丰满凤仙花 *I. obesa* 等；果木类植物，有虎舌红、朱砂根等；藤本景观植物，主要有小叶买麻藤、罗浮买麻藤、金樱子、香花崖豆藤、

玉叶金花 *Mussaenda pubescens*、小叶红叶藤 *Rourea microphylla*、狮子尾 *Rhaphidophora hongkongensia*、万寿竹 *Disporum cantoniense*、麝香百合 *Lilium longiflorum*、菝葜等。

④纤维植物　主要有罗浮买麻藤、小叶买麻藤、朴树、光叶山黄麻 *Trema cannabina*、山芝麻、小叶红叶藤、葛、白背叶、粗糠柴 *Mallotus philippensis*、了哥王、小蜡、青江藤 *Celastrus hindsii*、黑莎草、青皮竹、五节芒等

⑤野生水果植物　主要有浆果类，如京梨猕猴桃 *Actinidia callosa*、毛花猕猴桃 *A. eriantha*、厚叶猕猴桃 *A. fulvicoma*、阔叶猕猴桃 *A. latifolia*、桃金娘等；仁果类有金樱子等；核果类有山杜英、角花胡颓子 *Elaeagnus goonyanthes*、杨梅 *Myrica rubra* 等；此外，南酸枣 *Choerospondias axillaris*、多花山竹子 *Garcinia multiflora*、岭南山竹子 *G. oblongifolia*、白花悬钩子 *Rubus leucanthus*、茅莓 *R. parvifolius*、罗浮油柿均较常见，也较重要。

⑥油脂植物　主要有杉木、樟树、香叶树、石笔木、光叶山黄麻、多花山竹子、虎皮楠 *Daphniphyllum oldhami*、毛果巴豆 *Croton lachnocarpus*、白背叶、油茶、广宁油茶、算盘子、油桐、盐肤木、山乌桕、南酸枣、黑莎草等。

⑦鞣料植物比较重要的有猴欢喜、油桐、杨梅、金樱子、南酸枣、桃金娘、山杜英、枫香树、多种菝葜、黑面神 *Breynia fruticosa*、薯莨、盐肤木等。

⑧芳香植物　主要有马尾松、杉木、假鹰爪、樟树、阴香、黄樟、香叶树、岗松、花椒簕 *Zanthoxylum scandens*、青花椒 *Z. schinifolium*、枫香树、草珊瑚、黄荆、黄花蒿 *Artemisia annua*、香附子等。

⑨淀粉植物　主要有狗脊、葛、福建观音座莲 *Angiopteris fokiensis*、金毛狗、壳斗科 19 种植物、杨梅、金樱子、南酸枣、土茯苓、毛花猕猴桃、阔叶猕猴桃、野芋等。

⑩保健饮料植物　主要有三叶绞股蓝 *Gynostemma laxum*、杨梅、桃金娘、金樱子、南酸枣、毛花猕猴桃、阔叶猕猴桃、多花山竹子、茅莓等。

此外，农药植物主要有香花崖豆藤、昆明鸡血藤 *Millettia reticulata*、杠板归 *Polygonum perfoliatum*、黄药 *Rkamnus crenata*、石菖蒲、海金沙、水蓼、广州槌果藤 *Capparis cantoniensis* 等；野菜植物，其中资源数量较大而且比较受欢迎的有少花龙葵 *Solanum americanum*、皱果苋 *Amaranthus viridis*、苦卖菜、革命菜等；有毒植物有大茶药、海芋、飞扬草、油桐等。

5.2.3.6　野生动物资源

（1）野生动物资源较丰富　该保护区的生态环境复杂，森林茂密，孕育了丰富的动物种类。据调查统计，该保护区拥有野生脊椎动物 258 种，隶属 71 科 27 目。

①两栖类　据调查统计，有 28 种或亚种，隶属 6 科 2 目，占该区野生脊椎动物总种数的 10.85%。无尾目（SALIENTIA）有 5 科 26 种，占该区两栖动物总种数的 92.86%，其中蛙科 Ranidae 11 种，姬蛙科 Mi6crohylidae 有 6 种，锄足蟾科 Pelobatidae 3 种，雨蛙科 Hylidae 2 种，蟾蜍科 Bufonidae 1 种；有尾目（CAUDATA）只有蝾螈科 Salarmandridae 1 科 1 属 2 种，占该区两栖动物总种数的 7.14%。

区系的主要特征的趋向是由北向南，华中区的种类逐渐减少，华南区的种类由北向南逐渐增多，而本区地处亚热带的南缘，受海洋性气候的影响较大，两栖动物的种类有一定数量的华南区种类较多，且又处于华南区和华中区的过渡地区，故华南和华中区共有种类也较多。

②爬行类　据调查统计，有 51 种，隶属 10 科 3 目，占该区野生脊椎动物总种数的 19.77%。蛇目（SERPENTES）有 5 科 34 种，占该区爬行动物总数的 66.67%，其中游蛇科 Colubridae 23 种，蝰蛇科 Viperidae 5 种，眼镜蛇科 Elapidae 4 种，盲蛇科 Typhlopidae 和蟒蛇科 Boidae 各 1 种；蜥蜴目（LACERTILI）有 4 科 12 种，占该区爬行动物总数的 23.53%，其中石龙子科 Scincidae 5 种，壁虎科 Gekkonidae、蜥蜴科 Lacertidae 各 3 种，鬣蜥科 Agamidae 2 种；龟鳖目（TESTUDINATA）有 1 科 5 种，占该区爬行动物总数的 9.80%，有龟科 Testudinidae 5 种。

区系的主要特征：在保护区分布的 51 种爬行动物中，属东洋界种类有 44 种，其中华南区物种有

18种，占该区总种数的35.29%；华中华南区共有种有26种，占该区总种数的50.98%；华中区种有3种，占该区总种数的5.88%。此外还有广布种4种。由此可见，保护区的爬行动物，以东洋界物种占优势，约占总数的86.27%，其中最主要的是华南区物种和过渡性种类华中华南区共有种，只有部分有华中区种渗入。此外，还保留少量的广布种。这与爬行动物区系特征基本保持一致，反映了南亚热带区域的特征。

③鸟类　据调查统计，有139种，隶属36科14目，占该区动物总种数的53.88%。雀形目（PASSERIFOMES）有19科86种，占总数的61.87%；隼形目（FALCONIFOEMES）有2科10种，占总数的7.19%；鸮形目（STRIGFORMES）有2科7种，占总数的5.04%；鸡形目（GALLIFORMES）和鹃形目（CUCULIFORMES）各有1科7种，分别占总数的5.04%；佛法僧目（CORACIIFORMES）有2科6种，占总数的4.32%；鴷形目（PICIFORMES）有2科3种，占总数的2.16%；鹳形目（CICONIIFORMES）1科3种，占总数的2.16%；鹤形目（GRUIFORMES）、鸻形目（CHARADRIIFORMES）、鸽形目（COLUMBIFORMES）、雨燕目（APODIFORMES）分别为1科2种，各占总数的1.44%；夜鹰目（CAPRIMULGIFORMES）和咬鹃目（TROGONIFORMES）分别有1科1种，各占总数的0.72%。

保护区鸟类居留情况方面，以留鸟最多，达102种，占总数的73.38%；冬候鸟或旅鸟有34种，占总数的24.46%；夏候鸟有3种，占总数的2.16%。在区系组成方面，属南亚热带性的约占48%，南亚热带和中亚热带约占40%，其他种类约占12%。据统计，常见的主要鸟类组成种类中，属南亚带种类占50%以上，中亚热带种类占35%，其他种类约占15%。

④哺乳类　据调查统计，有40种，属隶19科8目，占该区动物总种数的15.50%；占广东省哺乳类总数（124种）的32.26%；占全国哺乳类总数（449种）的8.91%。食肉目（CARNIVORA）有4科12种，占总数的30%；啮齿目（RODENTIA）有3科12种，占总数的30%；翼手目（CHIROPTERAS）有4科5种，占总数的12.5%；偶蹄目（ARIODACTYLA）有3科5种，占总数的12.5%；食虫目（INSECTIVORA）有2科2种，占总数的5%；灵长目（PRIMATES）有1科2种，占总数的5%；鳞甲目（PHOLIDOTA）和兔形目（LAGOMORPHA）各有1科1种，各占总数的2.5%。

在哺乳动物中，东洋型种类有33种，古北界仅有2种，广布种有5种，可见，保护区具有较好的生态环境，可兼容较多种动物在此生存繁衍。

（2）珍稀濒危动物较多　以我国1989年公布实施的《国家重点保护野生动物名录》和2001年公布实施的《广东省重点保护陆生野生动物名录》（第一批）为依据，对保护区拥有的保护脊椎动物加以分析：有46种珍稀种，占广东省珍稀濒危动物总数（117种）的39.32%。其中国家Ⅰ级重点保护动物1种，国家Ⅱ级重点保护动物30种，省级重点保护动物15种（表5.18）。

表5.18　怀集大稠顶自然保护区的保护动物

序号	种　名	科　名	IUCN濒危等级	保护级别
		哺乳纲 MAMMALIA		
1	猕猴 *Macaca mulatta*	猴科 Cercopithecidae	易危	Ⅱ
2	短尾猴 *Macaca thibetana*	猴科 Cercopithecidae	稀少	Ⅱ
3	穿山甲 *Manis pentadactyla*	鲮鲤科 Manidae	濒危	Ⅱ
4	水獭 *Lutra lutra*	鼬科 Mustelidae	濒危	Ⅱ
5	小灵猫 *Viverricula indica*	灵猫科 Viverridae	易危	Ⅱ
6	斑林狸 *Prionodon pardicolor*	灵猫科 Viverridae	易危	Ⅱ
7	鬣羚 *Capricornis sumatraensis*	牛科 Bovidae	易危	Ⅱ
8	豹猫 *Felis bengalensis*	猫科 Felidae	易危	省级
9	小麂 *Muntiacus reevesi*	鹿科 Cervidae	易危	省级
10	赤麂 *Muntiacus muntjak*	鹿科 Cervidae	濒危	省级

（续）

序号	种　名	科　名	IUCN 濒危等级	保护级别
11	毛冠鹿 *Elaphodus cephalophus*	鹿科 Cervidae	濒危	省级
12	红颊獴 *Herpestes auropunctatus*	灵猫科 Viverridae		省级
13	食蟹獴 *Herpestes urva*	灵猫科 Viverridae		省级
		鸟纲 AVES		
14	蛇雕 *Spilornis cheela* (Latham)	鹰科 Accipitridae	易危	Ⅱ
15	凤头鹃隼 *Aviceda leuphotes*	鹰科 Accipitridae		Ⅱ
16	鸢 *Milvus korschun*	鹰科 Accipitridae		Ⅱ
17	赤腹鹰 *Accipiter soloensis*	鹰科 Accipitridae		Ⅱ
18	雀鹰 *Accipiter nisus*	鹰科 Accipitridae		Ⅱ
19	松雀鹰 *Accipiter virgatus*	鹰科 Accipitridae	易危	Ⅱ
20	普通鵟 *Buteo buteo*	鹰科 Accipitridae		Ⅱ
21	鹰雕 *Spizaetus nipalensis*	鹰科 Accipitridae		Ⅱ
22	燕隼 *Falco subbuteo*	隼科 Falconidae		Ⅱ
23	红隼 *Falco subbuteo*	隼科 Falconidae	易危	Ⅱ
24	白鹇 *Lophura nycthemera*	雉科 Phasianidae	易危	Ⅱ
25	褐翅鸦鹃 *Centropus sinensis*	杜鹃科 Cuculidae	易危	Ⅱ
26	小鸦鹃 *Centropus toulou*	杜鹃科 Cuculidae	易危	Ⅱ
27	草鸮 *Tyto capensis*	草鸮科 Tytonidae	易危	Ⅱ
28	红角鸮 *Otus scops*	鸱鸮科 Strigidae		Ⅱ
29	领角鸮 *Otus bakkamoena*	鸱鸮科 Strigidae		Ⅱ
30	领鸺鹠 *Glaucidium brodiei*	鸱鸮科 Strigidae		Ⅱ
31	斑头鸺鹠 *Glaucidium cuculoides*	鸱鸮科 Strigidae	易危	Ⅱ
32	鹰鸮 *Ninox scutulata*	鸱鸮科 Strigidae		Ⅱ
33	长耳鸮 *Asio otus*	鸱鸮科 Strigidae		Ⅱ
34	池鹭 *Ardeola bacchus*	鹭科 Ardeidae		省级
35	白鹭 *Egretta garzetta*	鹭科 Ardeidae		省级
36	黄斑苇鳽 *Ixobrychus sinensis*	鹭科 Ardeidae		省级
37	栗苇鳽 *Ixobrychus cinnamomeus*	鹭科 Ardeidae		省级
38	红嘴相思鸟 *Leiothrix lutea*	画眉科 Timaliidae		省级
39	黑尾蜡嘴雀 *Eophona migratoria*	雀科 Fringilliidae		省级
40	黄胸鹀 *Emberiza aureola*	雀科 Fringilliidae		省级
		爬行纲 REPTILIA		
41	蚺（蟒）*Python molurus*	蟒科 Boidae	极危	Ⅰ
42	三线闭壳龟 *Cuora trifasciata*	龟科 Testudidae	濒危	Ⅱ
43	地龟 *Geoemyda spengleri*	龟科 Testudidae	稀有	Ⅱ
		两栖纲 AMPHIBIA		
44	虎纹蛙 *Rana tigrina*	蛙科 Ranidae	易危	Ⅱ
45	黑眶蟾蜍 *Bufo melanostictus*	蟾蜍科 Pelobatidae		省级
46	棘胸蛙 *Rana spinosa*	蛙科 Ranidae	易危	省级

（3）经济动物多样　根据2000年8月国家林业局发布的《国家保护的有益的或者有重要经济、科学研究价值的陆生野生动物名录》（简称“三有动物”），保护区内的“三有动物”约有119种。

①两栖类 主要有黑斑肥螈 *Pachytriton brevipes*、黑眶蟾蜍、棘胸蛙、泽蛙 *Rana limnocharis*、大绿蛙 *R. livida*、斑脚树蛙 *R. leucomystax*、粗皮姬蛙 *Microhyla butleri*、小弧斑姬蛙 *M. heymonsi*、饰纹姬蛙 *M. ornata*、花姬蛙 *M. pulchra*、花细狭口蛙 *Kalophrynus pleurostigma*、花狭口蛙 *Kaloula pulchra* 等12种。

②爬行类 主要有平胸龟、乌龟、四眼斑水龟 *C. quadrlocellata*、变色树蜥 *Calotes versicolor*、石龙子、蓝尾石龙子、四线石龙子、南草蜥 *Takydromus sexlineatus*、繁花林蛇 *Bioga multomaculata*、过树蛇 *Dendrelaphis pictus*、王锦蛇、三索锦蛇、黑眉锦蛇、渔游蛇 *Natrix piscater*、翠青蛇 *Cyclophiops major*、滑鼠蛇 *Ptyas mucosus*、灰鼠蛇 *P. korros*、乌梢蛇、中国水蛇、铅色水蛇、金环蛇、银环蛇、眼镜蛇、白唇竹叶青等24种。

③鸟类 主要有池鹭、白鹭、黄斑苇鳽、鹧鸪、鹌鹑、白眉山鹧鸪 *Arborophila atrogularis*、灰胸竹鸡 *Bambusicola thoracica*、雉鸡 *Phasianus colchicus*、白胸苦恶鸟 *Amaurornis phoenicurus*、骨顶鸡 *Fulica atra*、山斑鸠 *Streptopelia orientalis*、珠颈斑鸠 *S. chinensis*、棕腹杜鹃 *Cuculus fugax*、四声杜鹃 *C. micropterus*、噪鹃、绿嘴地鹃 *Phaenicophaeus tristis*、普通夜鹰 *Caprimulgas indicus*、普通翠鸟 *Alcedo atthis*、蓝翡翠 *Halcyon pileata*、三宝鸟 *Eurystomus orientalis*、大拟啄木鸟 *Megalaima virens*、斑啄木鸟 *Dendrocopos major*、灰喉山椒鸟 *Pericrocotus solaris*、赤红山椒鸟 *P. flanuneus*、红耳鹎 *Pycnontus jocosus*、白头鹎 *P. sinensis*、橙腹叶鹎 *Chloropsis hardwickeii*、黑卷尾 *Dicrurus macrocercus*、灰卷尾 *D. leucophaeus*、发冠卷尾 *D. hottentottus*、丝光椋鸟 *Sturnus sericeus*、灰椋鸟 *S. cineraceus*、八哥、红嘴蓝鹊、喜鹊、灰树鹊 *Crypsirina formosae*、红点颏 *Luscinia calliope*、红胁蓝尾鹊 *Tarsiger cyanurus*、鹊鸲、北红尾鸲 *Rhoenicurus aurorens*、黑喉石䳭 *Saxicola torquata*、虎斑地鸫 *Zoothera dauna*、斑鸫 *Turdus naumanni*、黑脸噪鹛 *Garrulax perspicillatus*、黑领噪鹛 *G. peectoralis*、画眉、红嘴相思鸟、褐雀鹛 *Alcippe brunnea*、黄眉柳莺、黄腰柳莺 *P. proregulus*、黄点颏 *Ficedula parva*、红喉姬鹟 *Ficedula parva*、乌鹟 *Muscicapa sibirica*、北灰鹟 *M. latirostris*、大山雀、黄颊山雀、红头长尾山雀、叉尾太阳鸟、暗绿绣眼鸟、栗腹文鸟 *Lonchura malacca*、金翅雀、黑尾蜡嘴雀 *Eophona migratoria*、栗鹀 *Emberiza rutila*、黄胸鹀 *E. aureola*、黄喉鹀 *E. elegans*、灰头鹀 *E. spodocepala*、小鹀、黄眉鹀 *E. chrysophrys*、白眉鹀 *E. tristram*、凤头鹀 *E. latham* 等69种。

④哺乳类 主要有貉、黄鼬、黄腹鼬、鼬獾、猪獾、狗獾、果子狸、红颊獴、豹猫、野猪、小麂、赤麂、毛冠鹿、隐纹花松鼠等14种。

5.2.4 怀集三岳山自然保护区

三岳山是因区内有头岳、二岳、三岳等3座山峰而得名。为了加快三岳山省级自然保护区的立项和实施，怀集县人民政府、肇庆市林业局和怀集县林业局于1999年开始筹建三岳山自然保护区。2000年6月5日，怀集县人民政府怀府请［2000］1号文，请示肇庆市人民政府批准建立三岳山市级自然保护区。2000年6月30日，肇庆市人民政府肇府函［2000］63号文，批准建立怀集三岳山市级自然保护区，总面积6761.8hm^2。2002年5月29日，肇庆市人民政府肇府函［2002］31号文，报请省林业局将三岳山市级自然保护区列入省级自然保护区，并请省林业局审核后转报省人民政府审批。2004年，广东省人民政府粤办函［2004］9号文，批准建立怀集三岳山省级自然保护区。主保护对象为亚带常绿阔叶林生态系统、珍稀野生动植物及其栖息生境和水源涵养林。

根据中华人民共和国国家标准《自然保护区类型与级别划分原则》（GB/T14529—93），怀集三岳山自然保护区属“自然生态系统类别”中的“森林生态系统类型”自然保护区。

5.2.4.1 自然条件

（1）位置范围 怀集三岳山自然保护区位于肇庆市辖怀集县西北部蓝钟镇境内，地理坐标为东经111°51′55″~112°59′45″，北纬24°07′25″~24°14′25″。东与清远市连山壮族瑶族自治县上帅乡、怀集县冷坑镇接壤，南与怀集县蓝钟镇上竹、双兴、太平、古城相连，西与广西壮族自治区贺州市为邻，北与广西壮族自治区贺州市、连山壮族瑶族自治县交界。保护区东西宽13.4km，南北长13.0km，总面积6761.8hm^2。其中县属岳山林场1947.9hm^2，县属温泉林场3077.4hm^2，蓝钟镇的古城、双兴、太平三村的集体山林1736.5hm^2 等3部分连片山地合并而成。

（2）地质基础　据报道，保护区内出露的岩性主要有两大岩类。

①花岗岩类 主要分布在保护区北部和中部，其中以燕山期第三期侵入岩最多，燕山期第四期侵入岩较少。

②沉积岩类　主要分布在保护区南部以及边缘外围，主要岩性砂页岩等。

（3）地貌概况　保护区的地势大致北中高，南低，地貌类型主要有山地和丘陵两类。

①山地地貌　以中山地貌最为发育，在保护区内的中山海拔800～1290.5m，主要分布于北部和中部，保护区的最高峰位于中部二岳顶，海拔高达1290.5m为中心，以山脊为主线沿南北方向延伸，从而在区内形成山岭连绵，海拔1000m以上的山峰有7座，如老黄顶海拔1274.7m、大坳顶海拔1183.6m、头岳海拔1121.4m，三岳顶海拔1028m、无名山1222m、1064m、1200m等。地形起伏大，比高达100～1000m，坡度达30°～40°，局部山顶坡度达70°～80°。由于山脊呈南北走向，因而东西两面形成了开阔峡谷地带。海拔500～800m的低山面积小，主要分布于中山地貌边缘地区。

② 丘陵地貌　海拔在500m以下，比高50～100m，主要分布于保护区两山脊的东西两侧区域，地面受轻微切割，起伏中等，坡度5°～25°。

（4）气候特点　保护区地处北回归线北侧，气候温暖湿润，雨量充沛，属于中亚热带向南亚热带过渡的区域的季风气候，但具有山地气候特征，其特点是：温暖多雨，湿度大，风力小。年平均气温20.8℃，最热月7月平均气温28.3℃，极端最高气温39.4℃，最冷月1月平均气温11.5℃，极端最低气温－3.9℃；年降雨量1779.2mm，4～6月为雨季，月平均降水量为240～340mm，11～1月为旱季；月平均降水量为34～52mm。由于保护区地处怀集县西北部山地，故其各项气温指标比怀城低2～4℃。

（5）水文特征　保护区内溪流和瀑布较多，水资源。各山间沟壑中的溪流最后均注入主体山地东西两面的峡谷中，最终在蓝钟镇汇合后，向南流入绥江。这些溪流的主要来源为雨水。因此，其水文特点是流量季节变化不明显，雨天地表径流顺坡而下，溪流水位高涨，晴天或旱季几无地表径流补给，流量减少，水位低落，仅靠地下潜水补给免于干涸，为小水电开发利用提供了有利条件。

（6）土壤特征

保护区的地带性土壤为赤红壤，但随着山地海拔的升高，气温降低，降雨增加，影响了植物群落和土壤发育的更替，因而从山麓到山顶依次分布着几种土壤。

A. 赤红壤　主要分布在海拔400m以下的山地、丘陵和峡谷台地，土壤剖面发育完整，多呈淡棕红色，成土母质风化程度高，土层深厚，一般在1～2cm以上，土壤多呈酸性反应。随着海拔高度增加，土壤发育发生相应的更替。

B. 山地红壤　主要分布在海拔400～700m的山腰，土壤剖面发育完整，多呈灰棕色或红棕色，土层厚度不一，一般在1m左右。

C. 山地黄壤　主要分布在海拔700～900m的山地，土壤剖面发育完整，呈灰褐色土壤质地较粗，多为沙壤土。

D. 山地灌丛草甸土　主要分布在海拔900m以上的山脊和山顶，土壤剖面发育层次不完整，有明显的枯枝落叶和草根盘结的草甸层，呈黑色或黑棕色，土层浅薄，团粒结构良好。

5.2.4.2　功能分区

依据《广东三岳山省级自然保护区总体规划》① 将三岳山自然保护区分为3个功能区。

（1）核心区　位于保护区北部，东至连山壮族瑶族自治县界，南至风暴冲、汤水、二岳顶，西至广西壮族自治区界，北至广西壮族自治区贺州市、连山壮族瑶族自治县交界。总面积2815.5hm^2，占保护区总面积的41.64%。由于地形复杂，水热条件较好，人迹罕至，不良因素干扰和影响较小。因而天然常绿阔叶林保护完好，是珍稀动植物集分布的区域。

---

① 广东三岳山省级自然保护区总体规划项目组. 广东三岳山省级自然保护区总体规划. 2002.4.

其主要功能是：涵养水源、保持水土，保护天然常绿阔叶林生态系统、珍稀野生动植物及其生存栖息繁衍的环境，以及维持生态平衡等。将实行全封闭管理，除必需的科学研究的定位观测、进入检查等外，禁止任何人进入，严禁狩猎、采挖药材和砍伐林木。

（2）缓冲区　位于核心区外围的中南部，总面积1767.5hm^2，占保护区总面积的26.14%。

其主要功能是：一是对于保护核心区起缓冲作用，确保核心区的天然常绿阔叶林生态系统和珍稀野生动植物的良性循环；二是通过有效保护和生物工程技术措施，加快森林植被的恢复和生物资源繁衍速度。此区将实行半封闭式管理，尽量减少进入人员，在路口和显著位置设置警示牌，严禁砍伐珍稀林木，以及外来因素破坏。

（3）实验区　位于缓冲区外围的南部，总面积2178.8hm^2，占保护区总面积的32.22%。

其主要功能是：在刘屋、上竹土地利用示范区和头岳植被恢复区等设置3个实验区。并可根据自然资源和实际需要，开展科普教学、生态旅游等活动（图5.5）。

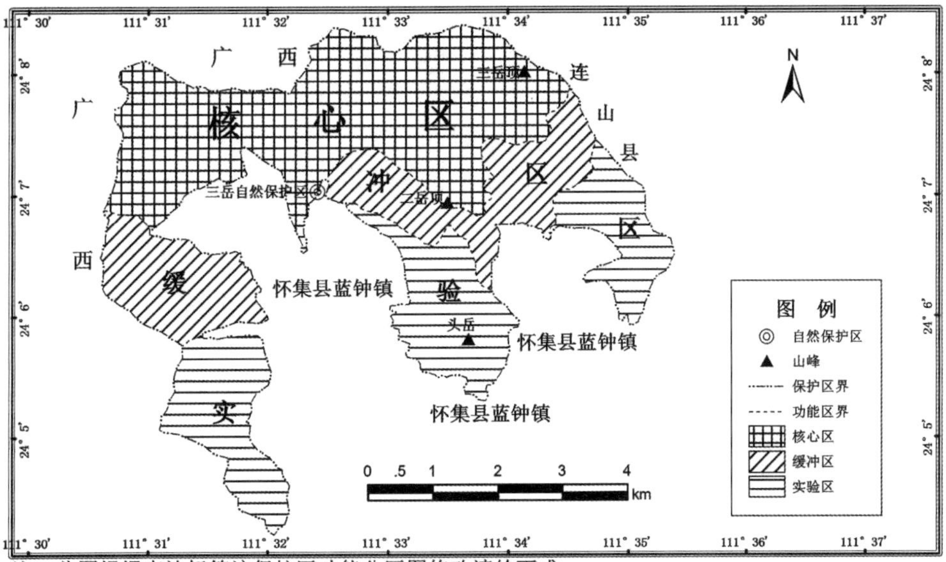

注：此图根据李达标等该保护区功能分区图修改清绘而成。

图5.5　三岳山自然保护区功能分区图

5.2.4.3　植物区系特点

（1）植物物种较丰富　据调查统计①，该保护区拥有野生维管束植物999种（包括种下分类单位，下同），隶属545属163科，占广东省野生维管束植物5933种（叶华谷等，2005）的16.84%。其中蕨类植物74种，隶属38属21科；裸子植7种，隶属6属5科；被子植物918种，隶属501属137科（表5.19）。

表5.19　三岳山自然保护区野生维管束植物类群的组成

植物类群		科数	属数	种数
蕨类植物		21	38	74
裸子植物		5	6	7
被子植物	双子叶植物纲	115	400	774
	单子叶植物纲	22	101	144
合计		163	545	999

（2）地理成分较复杂

① 广东三岳山省级自然保护区自然资源科学考察项目组．广东三岳山省级自然保护区自然资源科学考察报告．2000.5.

①蕨类植物的地理成分

A. 科的地理分布区类型　根据保护区 21 科的分布类型统计分析如下。

广布科　共有 6 科，占该区总科数的 28.57%。如石松科 Lycopodiaceae、卷柏科 Selaginellaceae、木贼科 Equisetaceae、铁线蕨科 Adiantaceae、铁角蕨科 Aspleniaceae、水龙骨科 Polypodiaceae 等。

热带、亚热带分布科　共有 11 科，占该区总科数的 73.33%（扣除广布科 6 科，下同），如里白科、中国蕨科、书带蕨科、金星蕨科、莲座蕨科、桫椤科、鳞始蕨科 Lindsaeaceae、海金沙科、凤尾蕨科 Pteridaceae、三叉蕨科 Aspidiaceae、骨碎补科等。

泛热带分布科　共有 3 科，占该区总科数的 20%。如蚌壳蕨科、乌毛蕨科 Blechnaceae、槲蕨科 Drynariaceae 等。

温带至亚热带高山地区分布科　仅有鳞毛蕨科 Dryopteridaceae 1 科，占总科数的 6.67%。

B. 属的地理分布区类型　根据怀集保护区 38 属的分布类型统计分析如下。

广布分布属　共有 3 属，占该区总属数的 3.61%。如卷柏属、铁线蕨属、铁角蕨属 *Asplenium* 等。

泛热带分布属　共有 5 属，占该区总属数的 14.29%（扣除广布属 3 属，下同）。如鳞始蕨属 *Lindsaea*、乌蕨属 *Sphenomeris*、粉背蕨属 *Aleuritopteris*、抱树莲属 *Drymoglossum*、槲蕨属 *Drynaria* 等。

热带和亚热带分布属　共有 27 属，占该区总属数的 77.14%。其中热带至亚热带为主，如观音莲座属、芒萁属、里白属、海金沙属、凤尾蕨属、碎米蕨属 *Cheilosoria*、书带蕨属、沙皮蕨属 *Hemigramma*、骨碎补属、毛蕨属 *Cyclosorus*、新月蕨属 *Pronephrium*、假毛蕨属 *Pseudocyclsorus*、崇澍蕨属 *Chieniopteris*、阴石蕨属 *Humata*、石韦属等。

以亚热带为主的属　与热带至亚热带分布的类型相当，热带亚洲分布的有 7 属，如藤石松属 *Lycopodiastrum*、桫椤属、圣蕨属 *Dictyocline*、复叶耳蕨属 *Arachniodes*、黄腺羽蕨属 *Pleocnenia*、三叉蕨属 *Tectaria*、星蕨属等；热带亚洲至非洲分布的有 1 属，如瓦韦属；热带亚洲—大洋洲分布 2 属，如乌毛蕨属 *Blechnum*、崖姜蕨属 *Pseudodrnaria*；东亚分布有 2 属，如金毛狗属、伏石蕨属 *Lemmaphyllum* 等。

温带、热带分布属　有 1 属，占该区总属数的 2.86%。如狗脊属 *Woodwardia*。

温带分布属　有 1 属，占该区总属数的 2.86%，如鳞毛蕨属 *Dryopteris* 等。

寒、温带分布属　有 1 属，占该区总属数的 2.86%。如木贼属 *Equisetum*。

②种子植物的地理成分

A. 科的地理分布区类型　按照《世界种子植物科的分布区类型系统》（吴征镒等，2003），对保护区种子植物（142 科）的分布区类型统计分析，除旧世界温带分布、温带亚洲分布、地中海区和西亚至中亚分布、中亚分布及中国特有分布科尚未发外，其余 10 个分布区类型及变型均有分布。

*1. 广布类型　计有 39 科，占该区总科数的 27.46%，如毛茛科、金鱼藻科、十字花科、堇菜科、远志科、景天科、石竹科、蓼科、苋科、酢浆草科、千屈菜科、柳叶菜科、瑞香科、蔷薇科、蝶形花科、杨梅科、榆科、桑科、鼠李科、伞形科、木犀科、茜草科、败酱科、菊科、龙胆科、报春花科、车前科、桔梗科、半边莲科、紫草科、茄科、旋花科、玄参科（主产温带）、狸藻科、唇形花科（主产地中海）、水鳖科、兰科、莎草科（主产温带及寒温带）、禾本科等。

*2. 泛热带分布类型　计 46 科，占该区 44.66%（扣除广布科 39 科）。如番荔枝科、樟科、防己科、马兜铃科、胡椒科、金粟兰科、白花菜科、凤仙花科、大风子科、天料木科、葫芦科、秋海棠科、茶科、野牡丹科、藤黄科、梧桐科、锦葵科、大戟科、含羞草科、荨麻科、卫矛科、茶茱萸科 Icacinaceae、铁青树科 Olacaceae、檀香科 Santalaceae、蛇菰科 Balanophoraceae、葡萄科、芸香科、橄榄科、楝科、漆树科、柿科、山榄科、紫金牛科、马钱科、夹竹桃科、萝藦科、爵床科、鸭跖草科、谷精草科、竹芋科、雨久花科、菝葜科、天南星科、薯蓣科、棕榈科、仙茅科等。

*2-1 热带亚洲、大洋洲（至新西兰）和南美（或墨西哥）间断分布。有 2 科，占该区总科数的 1.94%。如第伦桃科 Dilleniaceae、山矾科 Smyplocaceae。

*2-2 热带亚洲、非洲和南美洲间断分布　有 3 科，占该区总科数的 2.91%。如买麻藤科

Gnetaceae、椴树科 Tiliaceae、苏木科 Caesalpiniaceae。

*2s 以南半球为主的泛热带分布　有6科，占该区总科数的5.83%。如罗汉松科、粟米草科、山龙眼科 Proteaceae、桃金娘科、桑寄生科 Loranthaceae、石蒜科 Amaryllidaceae 等。

*3. 热带亚洲和热带美洲间断分布　有10科，占该区总科数的9.71%。如木通科、水东哥科、杜英科、冬青科、省沽油科、五加科、安息香科、苦苣苔科、马鞭草科、龙舌兰科等。

*4. 旧世界热带分布　有3科，占该区总科数的2.91%。如海桐花科 Pittosporaceae、芭蕉科 Musaceae、露兜树科 Pandanaceae。

*4-1 热带亚洲、非洲和大洋洲间断　有1科，占该区总科数的0.97%。如水蕹科。

*5. 热带亚洲至热带大洋洲分布　有4科，占该区总科数的3.88%。如苏铁科 Cycadaceae、交让木科 Daphniphyllaceae、姜科 Zingiberaceae、百部科 Stemonaceae。

*6. 热带亚洲至热带非洲分布　仅有1科，占该区总科数的0.97%。如杜鹃花科 Ericaceae。

*7. 热带亚洲（印度—马来西亚）分布　有1科，占该区总科数的0.97%。如牛栓藤科。

*7-4 越南（或中南半岛）至华南（或西南）分布　仅有2科，占该区总科数的1.94%。如大血藤科 Sargentodoxaceae、清风藤科 Sabiaceae。

*8. 北温带分布　有7科，占该区总科数的6.8%。如松科、金丝桃科、越桔科、忍冬科、列当科、百合科、延龄草科。

*8-4 北温带和南温带（全温带）间断分布　有9科，占该区总科数的8.74%。如杉科、茅膏菜科、绣球花科、金缕梅科、壳斗科、胡颓子科、槭树科、胡桃科、山茱萸科。

*8-5 欧亚和南美洲温带间断分布　有1科，占该区总科数的0.97%。如小檗科 Berberidaceae。

*9. 东亚和北美洲间断分布　有6科，占该区总科数的5.83%。如木兰科 Magnoliaceae、八角科 Illiciaceae、五味子科 Schisandraceae、三白草科 Saururaceae、鼠刺科 Escalloniaceae、珙桐科 Nyssaceae。

*14. 东亚分布　有1科，占该区总科数的0.97%。如猕猴桃科 Actinidiaceae。

从上所述可以看出，泛热带分布类型有57科，占该区总科数的55.34%（扣广布分布39科，下同）；北温带分布类型有17科，占该区总科数的16.5%；热带亚洲和热带美洲间断分布类型有10科，占该区总科数的9.71%；其余分布区类型所含科数均在5.23%以下，不占重要地位；特别是中国特有科等5科分布类型缺如，表明该自然保护区植物区系在科级水平上以泛热带分布成分为主，兼有一定数量的北温带成分。

B. 属的地理分布区类型　根据保护区种子植物（507属）的分布类型，按照《中国种子植物属的分布区类型》（吴征镒，1991）统计分析，除中亚分布类型及其变型尚未发现外，其他14个分布区类型及变型均有分布（表5.20）。

表5.20　三岳山自然保护区种子植物属的分布区类型

分布区类型及变型	属数	占总属数（%）
1. 广布分布	38	扣除
2. 泛热带分布	123	26.23
2-1 热带亚洲、大洋洲和南美洲间断分布	4	0.85
2-2 热带亚洲、非洲和南美洲间断分布	7	1.49
3. 热带亚洲和热带美洲间断分布	21	4.48
4. 旧世界热带分布	44	9.38
4-1 热带亚洲、非洲和大洋洲间断分布	6	1.28
5. 热带亚洲至热带大洋洲分布	36	7.68
5-1 中国（西南）亚热带和新西兰间断分布	0	0

（续）

分布区类型及变型	属数	占总属数（%）
6. 热带亚洲至热带非洲分布	25	5.33
6-1 华南、西南到印度和热带非洲间断	1	0.21
6-2 热带亚洲和东非间断	2	0.43
7. 热带亚洲（印度—马来西亚）分布	58	12.37
7-1 爪哇、喜马拉雅和华南、西南星散分布	7	1.49
7-2 热带印度至华南分布	2	0.43
7-3 缅甸、泰国至华西南分布	0	0
7-4 越南（或中南半岛）至华南（或西南）分布	8	1.71
8. 北温带分布	30	6.40
8-1 环极分布	0	0
8-2 北极高山分布	1	0.21
8-3 北极—阿尔泰和北美洲间断分布	0	0
8-4 北温带和南温带（全温带）间断分布	6	1.28
8-5 欧亚和南美洲温带间断分布	1	0.21
8-6 地中海区、东亚、新西兰和墨西哥到智利间断	0	0
9. 东亚和北美洲间断分布	26	5.54
9-1 东亚和墨西哥间断	0	0
10. 旧世界温带分布	9	1.92
10-1 地中海区、西亚和东亚间断分布	1	0.21
10-2 地中海和喜马拉雅间断分布	0	0
10-3 欧亚和南非洲（有时也在大洋洲）间断	2	0.43
11. 温带亚洲分布	6	1.28
12. 地中海区、西亚至中亚分布	1	0.21
12-1 地中海区至中亚和南非洲、大洋洲间断	0	0
12-2 地中海区至中亚和墨西哥间断	0	0
12-3 地中海区至温带、热带亚洲，大洋洲和南美洲间断	0	0
12-4 地中海区至热带非洲和喜马拉雅间断	0	0
12-5 地中海区—北非洲、中亚、北美西南部，智利和大洋洲（泛地中海）间断分布	0	0
13. 中亚分布	0	0
13-1 中亚东部（亚洲中部）	0	0
13-2 中亚至喜马拉雅	0	0
13-3 西亚至喜马拉雅和西藏	0	0
13-4 地中海区至热带非洲和喜马拉雅间断	0	0
14. 东亚分布	26	5.54
14-1 中国—喜马拉雅（SH）	7	1.49
14-2 中国—日本（SJ）	8	1.71
15. 中国特有分布	7	1.49
合计	507	100.00

从上表可以看出，保护区内属的地理成分是以热带成分占优势，从2~7各类热带成分共有407属，占该区总属数（扣除广布属38属，以下同）的86.78%。温带成分从8~12共有83属，占该区总属数的17.7%。东亚分布有26属，占该区总属数的5.54%。中国特有分布的7属，占该区总属数的1.49%，分别是杉木属 *Cunninghamia*、台湾杉属 *Taiwania*、大血藤属 *Sargentodoxa*、喜树属 *Camptothe-*

ca、通脱木属 *Tetrapanx*、驼峰藤 *Merrillanthus* 和四数苣苔属 *Bournea* 等。因此，在种子植物属级分布区类型水平上，以泛热带、热带亚洲的分布区类型为主，同时兼有一定数量的东亚分布和温带分布成分。这些特征与保护区所处地理位置相一致。

5.2.4.4 植被类型

据调查，保护区内的植被类型多样，主要有4种类型。

（1）常绿阔叶林　主要分布于黑冲和三岳顶一带。

乔木层：树高达20m以上，个别植株胸径达60cm。组成种类较丰富，在海拔500m以上的山地，以中亚热带成分的植物种类为主，如毛桃木莲 *Manglietia moto*、金叶含笑 *Michelia foveolata*、深山含笑 *M. maudiae*、网脉琼楠 *Beilschmiedia tsangii*、大叶新木酱 *Neolitsea levinei*、广西新木姜 *N. kwangsiensis*、壳菜果 *Mytilaria laosensis*、蕈树 *Altingia chinensis*、硬壳柯 *Lithocapus hancei*、饭甑青冈 *Cyclobalanopsis fleuryi* 等。在海拔500m以下的山坡和沟谷两侧，以热带成分的植物种类也较常见，如天仙果 *Ficus erecta*、杖藤 *Calamus rhabdocladus*、绿色山槟榔 *Pinanga viridis* 等。茎花植物和附生植物亦能见到，如水桐木 *Ficus fistulosa*、广东石豆兰 *Bulbophyllum kwangtungensis* 等。

（2）山地常绿阔叶林　主要分布于二岳海拔550～850m的山坡。其特点是组成植物种类较丰富，群落结构较简单。树高4～7m。

乔木层：由2个亚层组成，主要由匙叶润楠 *Machilus glabriramula*、短叙润楠 *M. breviflora*、虎皮楠 *Daphniphyllum oldhami*、香港木兰 *Magnolia championii*、广东山胡椒 *Lindera kwangtungensis*、岭南青冈 *Cyclobalanopsis championi* 等组成。

（3）针叶林　主要分布于常绿阔叶林和山地常绿阔叶林外围，均由人工栽培的马尾松 *Pinus massoniana* 林、杉木 *Cunninhamia lanceolata* 林、台湾杉 *Taiwania cryptomerioides* 林组成。

（4）山顶灌草丛　主要分布于二岳海拔900m以上的山顶。多为箬竹 *Indocalamus longiauritus*、南岭杜鹃 *Rhododendron naanlingensei*、岗松 *Baechea teutescens*、五节芒 *Miscanthus floridulus* 等。

此外，在保护区的中西部和南部，还存有人工栽培的杉木、马尾松和竹林等。

5.2.4.5 野生植物资源

（1）珍稀濒危保护植物繁多　根据1984年国家环境保护委员会公布的《中国珍稀濒危保护植物名录》和1999年国务院批准公布的《国家重点保护野生植物名录（第一批）》所列种类统计，保护区内共有保护野生植物7科9属9种。其中蕨类植物2科3属3种，裸子植物2科2属2种，被子植物3科4属4种。列为国家Ⅰ级重点保护的野生植物1种，国家Ⅱ级重点保护的野生植物8种（表5.21）。

表5.21　怀集三岳山自然保护区的国家重点保护植物

序号	种名	科名	IUCN 濒危等级	保护级别
1	台湾苏铁 *Cycas taiwaniana*	苏铁科 Cycadaceae	濒危	Ⅰ
2	金毛狗 *Cibotium barometz*	蚌壳蕨科 Dicksoniaceae	渐危	Ⅱ
3	桫椤 *Alsophila spinulosa*	桫椤科 Cyatheaceae	渐危	Ⅱ
4	大黑桫椤 *Gymnosphaera gigantea*	桫椤科 Cyatheaceae	渐危	Ⅱ
5	台湾杉 *Taiwania cryptomerioides*	杉科 Taxodiaceae	稀有	Ⅱ
6	樟树 *Cinnamomum camphora*	樟科 Lauraceae	渐危	Ⅱ
7	楠木 *Phoebe zhennan*	樟科 Lauraceae	稀有	Ⅱ
8	华南锥 *Castanopsis concinna*	壳斗科 Fagaceae	濒危	Ⅱ
9	喜树 *Camptotheca acuminata*	珙桐科 Nyssaceae	渐危	Ⅱ

兰科植物有11属17种，即香港安兰 *Ania hongkongensis*、金线兰 *Anoectochilus roxburghii*、芳香石豆兰 *Bulbophyllum ambrosia*、广东石豆兰 *B. kwangtungenesis*、短足石豆兰 *B. stenobulbon*、毛头石豆兰 *B. trichocephalum*、虾脊兰 *Calanthe discolor*、流苏贝母兰 *Coelogyne fimbriata*、建兰 *Cymbidium ensifolium*、春兰 *C. goeringii*、高斑叶兰 *Goodyera procera*、鹅毛玉凤兰 *Habenaria dentata*、橙黄玉凤兰 *H. rhodocheila*、见血青 *Liparis nervosa*、细叶石仙桃 *Pholidota cantonensis*、石仙桃 *P. chinensis* 和竹茎兰 *Tropidia curculigoides* 等，全部为《濒危野生动植物种国际贸易公约》附录Ⅱ物种。

（2）经济植物多样　在保护区内蕴藏着比较丰富的经济植物资源。

①药用植物　其中抗癌药用植物有狗肝菜 *Dicliptera chinensis* 等；清热解毒药用植物有华南忍冬 *Lonicera confusa*、地胆草 *Elephantopus scaber* 等；清热凉血的药用植物有葛、马鞭草 *Verbena officinalis*、茅莓等；清热利尿的药用植物有淡竹叶、车前 *Plantago asiatica*、海金沙等；清热利湿的药用植物有岗松、乌蔹莓、酢浆草、算盘子等；祛风湿的药用植物有狗脊、两面针、菝葜等；跌打损伤、止血肿痛的药用植物有积雪草、鲫鱼胆、薯莨、一点红等；壮阳药的药用植物有金樱子；理气药用植物有乌药；活血祛瘀的药用植物黑老虎；补血药的药用植物有香花崖豆藤、桃金娘、酸藤子等；利湿解毒、消肿散结的药用植物有土茯苓；平肝息火药用植物有毛钩藤；止血药用植物有白接骨、鳢肠；除湿化滞的药用植物有水蓼；民间常用草药或凉茶有梅叶冬青、草珊瑚、车前和韩信草等。

②用材植物　一类用材植物有樟树、红锥等；二类用材植物有黄樟；三类用材有蕈树、华润楠等；四类用材有日本杜英等；五类用材有鼠刺、猴欢喜等；可作军工用材的有黄杞、罗浮槭等。可作胶合板用材的有赤杨叶、猴耳环、亮叶猴耳环等。可作房屋建筑的有米槠 *Castanopsis carlesii*、杉木等；可作纺织用材有木荷 *Schima superba*、石斑木 *Photinia prunifolia* 等。可作乐器用材的有山乌桕 *Sapium discolor*、鹅掌柴。造纸用材的有山矾 11 种、白花笼 *Styrax faberi* 等。

③观赏植物主要有园林植物，如竹柏 *Nageia nagi*、毛桃木莲、金叶含笑、深山含笑、樟树、阴香、木荷、山杜英、五月茶、白背叶 *Mallotus apelta*、枫香树、朴树、蕈树等；野生灌木花卉，主要有多种野牡丹、多种杜鹃、吊钟花、桃金娘等；草本景观植物，主要有多种兰花、华凤仙 *Impatiens chinensis*、丰满凤仙花 *I. obesa* 等；果木类植物，有虎舌红 *Ardisia mamillata*、朱砂根等；藤本景观植物，主要有小叶买麻藤、罗浮买麻藤、金樱子、香花崖豆藤、玉叶金花 *Mussaenda pubescens*、小叶红叶藤 *Rourea microphylla*、狮子尾 *Rhaphidophora hongkongensia*、麝香百合 *Lilium longiflorum*、菝葜等。

④纤维植物　主要有罗浮买麻藤、小叶买麻藤、朴树、光叶山黄麻 *Trema cannabina*、山芝麻、葛、白背叶、了哥王、小蜡 *Ligustrum sinense*、青江藤 *Celastrus hindsii*、黑莎草、五节芒等

⑤野生水果植物　主要有浆果类，如毛花猕猴桃 *Actinidia . eriantha*、耳叶猕猴桃 *A. glaucophylla* var. *asymmetrica*、两广猕猴桃 *A. liangguangensis*、阔叶猕猴桃 *A. latifolia*、桃金娘等；仁果类有金樱子等；核果类有山杜英、角花颓子 *Elaeagnus goonyanthes*、杨梅等；此外，南酸枣、岭南山竹子、白花悬钩子、茅莓、罗浮油柿均较常见，也较重要。

⑥油脂植物　主要有杉木、樟树、香叶树、光叶山黄麻、岭南山竹子、虎皮楠、毛果巴豆、白背叶、油茶、广宁油茶、算盘子、油桐、盐肤木、山乌桕、南酸枣、黑莎草等。

⑦鞣料植物　比较重要的有猴欢喜、油桐、杨梅、金樱子、南酸枣、桃金娘、山杜英、枫香树、多种菝葜、黑面神、薯莨、盐肤木等。

⑧芳香植物　主要有马尾松、杉木、假鹰爪、樟树、阴香、黄樟、香叶树、岗松、花椒簕 *Zanthoxylum scandens*、青花椒 *Z. schinifolium*、枫香树、草珊瑚、黄荆、黄花蒿 *Artemisia annua*、香附子 *Cyperus rotundus* 等。

⑨淀粉植物　主要有狗脊、葛、福建观音座莲、金毛狗、壳斗科 20 种植物、杨梅、金樱子、南酸枣、土茯苓、毛花猕猴桃、阔叶猕猴桃、野芋等。

⑩保健饮料植物　主要有三叶绞股蓝 *Gynostemma laxum*、杨梅、桃金娘、金樱子、南酸枣、毛花猕猴桃、阔叶猕猴桃、岭南山竹子、茅莓等。

此外，农药植物主要有香花崖豆藤、昆明鸡血藤 *Millettia reticulata*、杠板归 *Polygonum perfoliatum*、水蓼、黄药 *Rkamnus crenata*、石菖蒲、海金沙等；野菜植物，其中资源数量较大而且比较受欢迎的有皱果苋 *Amaranthus viridis*、苦卖菜、革命菜等；有毒植物有大茶药、海芋、飞扬草、油桐等。

5.2.4.6　野生动物资源

（1）野生动物资源较丰富　该保护区的生态环境复杂，森林茂密，孕育了丰富的野生动物种类。

据调查统计，该保护区拥有野生脊椎动物307种，分隶78科25目。此外，还有昆虫492种，隶属156科15目（表5.22）。

表5.22 三岳山自然保护区野生动物类群的组成

动物类群	目数	科数	种数
两栖类	2	6	32
爬行类	3	10	53
鸟　类	13	39	168
哺乳类	7	23	54
合计	25	78	307

①两栖类　据调查统计，有32种或亚种，隶属6科2目，占该区野生脊椎动物总种数的10.42%。无尾目（SALIENTIA）有5科30种，占该区两栖动物总种数的93.75%，其中蛙科Ranidae 12种，姬蛙科Microhylidae有6种，锄足蟾科Pelobatidae 5种，雨蛙科Hylidae和蟾蜍科Bufonidae各2种。有尾目（CAUDATA）只有蝾螈科Salarmandridae 1科2种，占总种数的6.25%。

区系特征反映了自然条件的影响，地处中亚热带向南亚热带过渡的区域，气候温暖，雨量充足，有利于两栖动物的生长和繁衍。山地多呈南北走向，有利于两栖动物的纵向发展。

②爬行类　据调查统计，有53种，隶属10科3目，占该区野生脊椎动物总种数的17.26%。蛇目（SERPENTES）有5科35种，占该区爬行动物总数的66.04%，其中游蛇科Colubridae 23种，蝰蛇科Viperidae、眼镜蛇科Elapidae各5种，盲蛇科Typhlopidae和蟒蛇科Boidae各1种；蜥蜴目（LACERTILI）有4科11种，占该区爬行动物总数的20.75%，其中石龙子科Scincidae 5种，鬣蜥科Agamidae、壁虎科Gekkonidae、蜥蜴科Lacertidae各2种；龟鳖目（TESTUDINATA）有1科7种，占该区爬行动物总数的13.21%，即龟科Testudinidae 7种。

区系特征反映了自然条件的影响，地处中亚热带向南亚热带过渡的区域，气候温暖，雨量充足，有利于爬行动物的生长和繁衍。山地多呈南北走向，有利于爬行动物的纵向发展。

③鸟类　据调查统计[①]，有168种，隶属38科13目，占该区动物总种数的22.15%。雀形目（PASSERIFOMES）有22科94种，占总数的55.95%；隼形目（FALCONIFOEMES）有2科16种，占总数的9.52%；鹃形目（CUCULIFORMES）1科11种，占总数的6.55%；鸮形目（STRIGFORMES）分别有2科9种，占总数的5.36%；佛法僧目（CORACIIFORMES）有3科7种，占总数的4.17%；䴕形目（PICIFORMES）有2科7种，占总数的4.17%；鸡形目（GALLIFORMES）有1科7种，占总数的4.17%；鹳形目（CICONIIFORMES）1科5种，占总数的2.98%；鹤形目（GRUIFORMES）有1科4种，占总数的2.38%；鸽形目（COLUMBIFORMES）有1科3种，占总数的1.79%；夜鹰目（CAPRIMULGIFORMES）和雨燕目（APODIFORMES）分别为1科2种，各占总数的1.19%；咬鹃目（TROGONIFORMES）有1科1种，占总数的0.6%。

在保护区鸟类居留情况，以留鸟最多，达123种，占总数的73.21%；冬候鸟或旅鸟有32种，占总数的19.05%；夏候鸟有13种，占总数的7.74%。在区系组成方面，属于东洋界华中区东部丘陵平原亚区，鸟类组成代表了中亚热带动物地理区系的气候特征，一些热带和亚热带的鸟类种类较为突出，如鹎科Pycnonotidae、画眉科Timaliidae、卷尾科Dicruridae、太阳鸟科Nectarinidae、绣眼鸟科Zosteropidae等一些种类。

④哺乳类　据调查统计[②]，有54种，隶属23科7目，占该区动物总种数的17.59%；占广东省哺乳类总数（124种）的43.55%；占全国哺乳类总数（449种）的12.03%。食肉目（CARNIVORA）有4科14种，占该区哺乳类总数的25.93%；啮齿目（RODENTIA）有5科16种，占总数的29.62%；

① ②李达标，谢麟翔主编. 广东怀集三岳自然保护区申报材料. 肇庆市人民政府. 2002.5.

翼手目（CHIROPTERAS）有 4 科 9 种，占总数的 16.67%；偶蹄目（ARIODACTYLA）有 4 科 8 种，占总数的 14.81%；食虫目（INSECTIVORA）有 3 科 4 种，占总数的 7.41%；灵长目（PRIMATES）、鳞甲目（PHOLIDOTA）、兔形目（LAGOMORPHA）分别有 1 科 1 种，各占总数的 1.85%。

在哺乳动物中，东洋型种类最多，有 46 种，占总数的 85.19%；而广布种有 8 种，占总数的 14.81%。

⑤昆虫　有 492 种，隶属 156 科 15 目。其中鳞翅目（LEPIDOPTERA）有 41 科 202 种，占该区昆虫总种数的 41.06%；鞘翅目（COLEPTERA）有 35 科 106 种，占该区昆虫总种数的 21.54%；直翅目（ORTHOPTERA）有 23 科 50 种，占该区昆虫总种数的 10.16%；半翅目（HEMIPTERA）有 16 科 43 种，占该区昆虫总种数的 8.74%；膜翅目（HYMENOPTERA）有 9 科 29 种，占该区昆虫总种数的 5.89%；蜻蜓目（ODONATA）有 11 科 22 种，占该区昆虫总种数的 4.47%；同翅目（ HOMOPTERA）有 7 科 13 种，占该区昆虫总种数的 2.64%；蜚蠊目（BLATTARIA）有 3 科 7 种，占该区昆虫总种数的 1.42%；螳螂目（MANTIDEA）有 2 科 6 种，占该区昆虫总种数的 1.22%；脉翅目（NEUROPTERA）有 3 科 5 种，占该区昆虫总种数的 1.02%；革翅目（DERMAPTERA）有 3 科 3 种，各占该区昆虫总种数的 0.61%；等翅目（ISOPTERA）有 2 科 3 种，占该区昆虫总种数的 0.61%；竹节虫目（PHASMIDA）有 1 科 2 种，占该区昆虫总种数的 0.41%；广翅目（MEGALOPTERA）有 1 科 1 种，占该区昆虫总种数的 0.2%。

（2）珍稀濒危动物较多　以我国 1989 年公布实施的《国家重点保护野生动物名录》和 2001 年公布实施的《广东省重点保护陆生野生动物名录》（第一批）为依据，保护区拥有保护脊椎动物 62 种，占广东省珍稀濒危动物总数（117 种）的 52.99%。其中国家Ⅰ级重点保护动物 2 种，国家Ⅱ级重点保护动物 44 种，省级重点保护动物 14 种；有 2 种昆虫列为国家Ⅱ级重点保护种（表 5.23）。

表 5.23　三岳山自然保护区的保护动物

序号	种　名	科　名	IUCN 濒危等级	保护级别
		哺乳纲 MAMMALIA		
1	云豹 *Neofelis nebulosa*	猫科 Felidae	濒危	Ⅰ
2	金猫 *Felis temmincki*	猫科 Felidae	渐危	Ⅱ
3	猕猴 *Macaca mulatta*	猴科 Cercopithecidae	易危	Ⅱ
4	穿山甲 *Manis pentadactyla*	鲮鲤科 Manidae	濒危	Ⅱ
5	水獭 *Lutra lutra*	鼬科 Mustelidae	濒危	Ⅱ
6	小灵猫 *Viverricula indica*	灵猫科 Viverridae	易危	Ⅱ
7	斑林狸 *Prionodon pardicolor*	灵猫科 Viverridae	易危	Ⅱ
8	鬣羚 *Capricornis sumatraensis*	牛科 Bovidae	易危	Ⅱ
9	斑羚 *Naemorhedus goral*	牛科 Bovidae	易危	Ⅱ
10	林麝 *Moschus berezovskii*	鹿科 Cervidae	易危	Ⅱ
11	水鹿 *Cervus unicolor*	鹿科 Cervidae	易危	Ⅱ
12	豹猫 *Felis bengalensis*	猫科 Felidae	易危	省级
13	小麂 *Muntiacus reevesi*	鹿科 Cervidae	易危	省级
14	赤麂 *Muntiacus muntjak*	鹿科 Cervidae	濒危	省级
15	毛冠鹿 *Elaphodus cephalophus*	鹿科 Cervidae	濒危	省级
		鸟纲 AVES		
16	蛇雕 *Spilornis cheela*（Latham）	鹰科 Accipitridae	易危	Ⅱ
17	凤头鹃隼 *Aviceda leuphotes*	鹰科 Accipitridae		Ⅱ
18	蜂鹰 *Pernis ptilorhyncus*	鹰科 Accipitridae	易危	Ⅱ

（续）

序号	种　名	科　名	IUCN 濒危等级	保护级别
19	鸢 *Milvus korschun*	鹰科 Accipitridae		Ⅱ
20	苍鹰 *Accipiter gentilis*	鹰科 Accipitridae		Ⅱ
21	赤腹鹰 *Accipiter soloensis*	鹰科 Accipitridae		Ⅱ
22	凤头鹰 *Accipiter trivirgatus*	鹰科 Accipitridae		Ⅱ
23	雀鹰 *Accipiter nisus*	鹰科 Accipitridae		Ⅱ
24	松雀鹰 *Accipiter virgatus*	鹰科 Accipitridae	易危	Ⅱ
25	普通鵟 *Buteo buteo*	鹰科 Accipitridae		Ⅱ
26	白腹山雕 *Aquila fasciata*	鹰科 Accipitridae	易危	Ⅱ
27	鹊鹞 *Circus melanoleucos*	鹰科 Accipitridae	易危	Ⅱ
28	白头鹞 *Circus aeruginosus*	鹰科 Accipitridae	易危	Ⅱ
29	游隼 *Falco peregrinus*	隼科 Falconidae	易危	Ⅱ
30	燕隼 *Falco subbuteo*	隼科 Falconidae		Ⅱ
31	红隼 *Falco subbuteo*	隼科 Falconidae	易危	Ⅱ
32	白鹇 *Lophura nycthemera*	雉科 Phasianidae	易危	Ⅱ
33	斑尾鹃鸠 *Macropygia unchall*	鸠鸽科 Columbidae	易危	Ⅱ
34	褐翅鸦鹃 *Centropus sinensis*	杜鹃科 Cuculidae	易危	Ⅱ
35	小鸦鹃 *Centropus toulou*	杜鹃科 Cuculidae	易危	Ⅱ
36	草鸮 *Tyto capensis*	草鸮科 Tytonidae	易危	Ⅱ
37	红角鸮 *Otus scops*	鸱鸮科 Strigidae		Ⅱ
38	领角鸮 *Otus bakkamoena*	鸱鸮科 Strigidae		Ⅱ
39	褐林鸮 *Strix leptogrammica*	鸱鸮科 Strigidae	易危	Ⅱ
40	雕鸮 *Bubo bubo*	鸱鸮科 Strigidae	易危	Ⅱ
41	斑头鸺鹠 *Glaucidium cuculoides*	鸱鸮科 Strigidae	易危	Ⅱ
42	领鸺鹠 *Claucidium brodiei*	鸱鸮科 Strigidae	易危	Ⅱ
43	鹰鸮 *Ninox scutulata*	鸱鸮科 Strigidae		Ⅱ
44	长耳鸮 *Asio otus*	鸱鸮科 Strigidae		Ⅱ
45	池鹭 *Ardeola bacchus*	鹭科 Ardeidae		省级
46	牛背鹭 *Vubulcus ibis*	鹭科 Ardeidae		省级
47	白鹭 *Egretta garzetta*	鹭科 Ardeidae		省级
48	黄斑苇鳽 *Ixobrychus sinensis*	鹭科 Ardeidae		省级
49	栗苇鳽 *Ixobrychus cinnamomeus*	鹭科 Ardeidae		省级
50	红嘴相思鸟 *Leiothrix lutea*	画眉科 Timaliidae		省级
51	黑尾蜡嘴雀 *Eophona migratoria*	雀科 Fringilliidae		省级
		爬行纲 REPTILIA		
52	蚺（蟒）*Python molurus*	蟒科 Boidae	极危	Ⅰ
53	三线闭壳龟 *Cuora trifasciata*	龟科 Testudidae	濒危	Ⅱ
54	地龟 *Geoemyda spengleri*	龟科 Testudidae	稀有	Ⅱ
		两栖纲 AMPHIBIA		
55	细痣疣螈 *Tylotoriton asperrimus*	蝾螈科 Salamandridae	易危	Ⅱ
56	虎纹蛙 *Rana tigrina*	蛙科 Ranidae	易危	Ⅱ
57	黑眶蟾蜍 *Bufo melanostictus*	蟾蜍科 Pelobatidae		省级

（续）

序号	种　名	科　名	IUCN 濒危等级	保护级别
58	棘胸蛙 *Rana spinosa*	蛙科 Ranidae	易危	省级
69	沼蛙 *Rana guentheri*	蛙科 Ranidae	无危	省级
		昆虫纲		
60	阳彩臂金龟 *Cheirotonus jansoni*	臂金龟科 Euchiridae		Ⅱ
61	叉犀金龟 *Allomyrina davidis*	鳃金龟金科 Melolonthidae		Ⅱ

（3）经济动物多样　根据2000 年8 月国家林业局发布的《国家保护的有益的或者有重要经济、科学研究价值的陆生野生动物名录》（简称“三有动物”），保护区内的“三有动物”约有 125 种。

①两栖类　主要有黑斑肥螈 *Pachytriton brevipes*、泽蛙 *Rana limnocharis*、大绿蛙 *R. livida*、斑脚树蛙 *R. leucomystax*、粗皮姬蛙 *Microhyla butleri*、小弧斑姬蛙 *M. heymonsi*、饰纹姬蛙 *M. ornata*、花姬蛙 *M. pulchra*、花细狭口蛙 *Kalophrynus pleurostigma*、花狭口蛙 *Kaloula pulchra* 等。

②爬行类　主要有乌龟、四眼斑水龟 *C. quadrlocellata*、地龟 *Geoemyda spengleri*、变色树蜥、石龙子、蓝尾石龙子、四线石龙子、南草蜥、过树蛇 *Dendrelaphis pictus*、王锦蛇、三索锦蛇、黑眉锦蛇、渔游蛇 *Natrix piscater*、翠青蛇 *Cyclophiops major*、滑鼠蛇、灰鼠蛇、乌梢蛇、中国水蛇、铅色水蛇 *E. plumbea*、金环蛇、银环蛇、眼镜蛇、白唇竹叶青、山烙铁头 *Trimeresurus monticola*、烙铁头 *T. mucrosquamtus* 等。

③鸟类　主要有鹧鸪、鹌鹑、白眉山鹧鸪 *Arborophila atrogularis*、灰胸竹鸡 *Bambusicola thoracica*、雉鸡、白胸苦恶鸟 *Amaurornis phoenicurus*、山斑鸠、珠颈斑鸠、四声杜鹃、噪鹃 *Eudynamys scolopacea*、普通夜鹰 *Caprimulgas indicus*、普通翠鸟 *Alcedo atthis*、蓝翡翠 *Halcyon pileata*、三宝鸟 *Eurystomus orientalis*、大拟啄木鸟 *Megalaima virens*、斑啄木鸟 *Dendrocopos major*、灰喉山椒鸟 *Pericrocotus solaris*、赤红山椒鸟 *P. flanuneus*、红耳鹎 *Pycnontus jocosus*、白头鹎 *P. sinensis*、黑卷尾 *Dicrurus macrocercus*、发冠卷尾 *D. hottentottus*、八哥 *Acridotheres cristatellus*、灰椋鸟 *Sturnus sinensis*、红嘴蓝鹊、喜鹊 *Pica pica*、灰树鹊 *Crypsirina formosae*、红胁蓝尾鹊 *Tarsiger cyanurus*、鹊鸲、北红尾鸲 *Rhoenicurus aurorens*、黑喉石鹏 *Saxicola torquata*、虎斑地鸫 *Zoothera dauna*、斑鸫 *Turdus naumanni*、黑脸噪鹛 *Garrulax perspicillatus*、黑领噪鹛 *G. peectoralis*、黑喉石鹏、画眉、红嘴相思鸟、黄眉柳莺 *Phylloscopus inornatus*、黄腰柳莺 *P. proregulus*、乌鹟 *Muscicapa sibirica*、大山雀、黄颊山雀、红头长尾山雀、叉尾太阳鸟、暗绿绣眼鸟、栗腹文鸟、金翅雀 *Carduelis sinica*、黑尾蜡嘴雀、栗鹀、黄喉鹀、灰头鹀、小鹀、黄眉鹀、凤头鹀等。

④哺乳类　主要有普通刺猬 *Erinaceus europaeus*、貉、猪獾、鼬獾、狗獾、黄鼬、黄腹鼬、果子狸、红颊獴、隐纹花松鼠、华南兔、野猪、豪猪、中华竹鼠 *Rhizomys sinensis*、银星竹鼠 *R. pruinosus*、果蝠 *Rousettus leschenaulti*、大假吸血蝠 *Megaderma lyra*、鲁氏菊头蝠 *Rhinolophus rouxi*、中菊头蝠 *R. affinis*、小菊头蝠 *R. blythi*、普通伏翼 *Pipistrellus abramus*、灰伏翼 *P. pulveratus*、大黄蝠 *Scotophilus heathi*、小黄蝠 *S. temmincki*、棕鼯鼠 *Petaurista petaurista* 等。

5.2.5　肇庆西江珍稀鱼类自然保护区

由于对广东鲂 *Megalobrama terminalis* 产卵群体的过度捕捞造成资源急剧衰枯，为了恢复和保护广东鲂资源，肇庆市渔政支队于 1992 年在广东鲂产卵期对产卵场实施禁渔保护，封开县人民政府颁布了产卵期禁捕公告，使广东鲂资源不断得到恢复。2004 年 9 月，肇庆市人民政府肇府函（2004）118 号文批准在封开县西江青皮塘江段设立西江广东鲂产卵场肇庆市级自然保护区。2009 年 1 月，经广东省人民政府粤办函［2009］批准晋级省级自然保护区并改名为肇庆西江珍稀鱼类省级自然保护区。主保护对象为西江珍稀鱼类及其栖息生境。

根据中华人民共和国国家标准《自然保护区类型与级别划分原则》（GB/T14529—93），肇庆西江珍稀鱼类省级自然保护区属“野生生物类别”中的“野生动物类型”自然保护区。

5.2.5.1 自然条件

(1) 位置范围 肇庆西江珍稀鱼类自然保护区位于肇庆市辖封开县西江青皮塘江段（图5.6）。地理坐标为北起北纬23°24′33″、东经111°29′14″/北纬23°24′44″、东经111°29′32″止于北纬23°17′13″、东经111°33′32″/北纬23°17′28″、东经111°33′17″的西江封开江段，全长15 305m，平均宽度1250m，总面积达1914hm²。

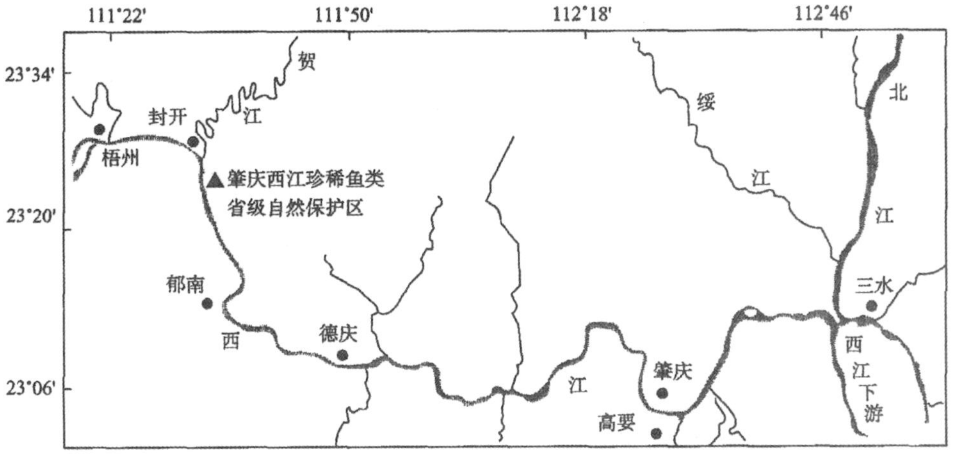

图5.6 肇庆西江珍稀鱼类自然保护区位置图

(2) 地质基础 保护区青皮塘江段地质构造复杂，断裂特别明显，鱼类栖息地结构多样，河床、河岸有大小不等的砾石堆积，暗礁、洞孔、缝隙很多，西江自广西梧州进入界首，水流从西向东与北回归线平行，在封开区域突然下切流向东南，形成一侧是暗礁、砾石湍流，一侧是沙滩缓流，栖息地结构的复杂程度决定栖息地丰富度。高度复杂的栖息地提供良好的生存场地和更多资源来降低物种间的竞争，在捕食过程中提供良好的避难所。保护区江段生态单元中，礁岩交错、流态复杂，水流急缓结合，对岸有冲积形成的沙质浅滩，不仅能为西江珍稀、特有鱼类提供良好的栖息场所，还能满足鱼类的生殖行为，该区域的急流区流速具备刺激亲鱼产卵的条件；缓流区对长途逆流而上的亲鱼在产前、产后体力消耗较大的情情况下提供恢复体力的场所，该区域是西江广东鲂等重要经济鱼类产卵的理想场所。

(3) 环境特征 西江自广西梧州进入界首，水流从西向东与北回归线平行，在封开区域转向下切流向东南，形成东侧沙滩、西侧岩礁的独特生态环境。西江从广西梧州桂江口至广东三水思贤滘，全长208km，江段贯穿北纬22°~24°之间，与北回归线几近平行。其中经封开北回归线标志塔以下基本上处于北回归线南侧，具有南亚热带特征。该江段两端重峦叠峰紧锁江流，形成三榕峡、大鼎峡和羚羊峡，中部为西江古河道和河谷冲积平原。

整个西江肇庆江段从其流速、底质及沿岸地貌综合分析，可分成2种生态类型，其中大部分为平原缓流水域，羚羊峡一带则为急流型生态，对于局部生态而言，西江珍稀鱼类自然保护区属山区急流型生态类型。

(4) 河道特征与河床性质 西江肇庆江段全长171km，介于北纬22°22′~23°58′、东经110°42′~112°48′之间，其主要支流有贺江、罗定江、马圩河、悦城河、新兴江等。西江干流梧州水文站集水面积327006m²，高要水文站集水面积351535m²。河床主要为沙、砾石质，一般河宽800~1500m，枯水季节德庆以下已经受潮汐影响。本保护区江段为丘陵地区河段，地势平坦，河面宽阔，河岸为土质或岩石、砂岩组成，河床多为基岩或砂土、砾石组成，有些地区沙层覆盖。

(5) 气候 保护区地处北回归南侧附近，属南亚热带湿润季风气候，年平均气温21.5℃，最热月7月平均气温28.7℃，最冷月1月平均气温12.0℃；年降水量1650mm，4~9月降雨量占全年的79%。

无霜期 310～345 天。

（6）水文、泥沙基本特征　根据统计资料（1954～1984），梧州站多年平均年径流量 2057 亿 m^3，最大流量 42 400m^3/秒，最小流量 848m^3/秒，多年平均含沙量 0.343kg/ m^3，年平均输沙量 7242 万 t。

西江受潮汐影响，根据 1986～2003 年高要水文站潮位资料，多年最低潮位为 -0.5m，沿程自上游至下游有逐渐递增趋势。其历时的特征落潮历时大于涨潮历时，落、涨潮历时比自下游至上游有递增趋势，越往上游，涨潮历时越短，落潮历时越长。潮量年内变化，涨潮量是汛期小，枯季大，落潮量相反。枯水期潮区界至梧州，潮流界至三榕峡。

（7）植被概况　依据调查资料显示，保护区周围有天然林和人工林，其植物组成近 300 科，1200 多属 2500 种，其中乔灌木近 1000 种。植被类型以马尾松 *Pinus massoniana* 林为主，部分地区为黧蒴 *Castanopsis fissa* 林，森林覆盖率达 60%，具有良好的水土涵养能力。

5.2.5.2　功能分区

依据《西江珍稀鱼类省级自然保护区总体规范划报告》① 将肇庆西江珍稀鱼类自然保护区分为 3 个功能区（图 5.7）。

（1）核心区　面积 414hm^2，占保护区总面积的 21.63%。位于保护区中部，地理坐标为：东经 111°31′18″～111°31′54″，北纬 23°19′33″～23°21′22″。该区域内地形最复杂、生态系统和群落最多样、珍稀濒危物种最集中的区域，具有典型性和代表性。将实行全封闭管理，不得进行任何影响和干扰生态环境的活动，保证自然演替条件。

（2）缓冲区　面积 750hm^2，占保护区总面积 321.89%。位于保护区核心区外围，在下列 4 点坐标范围连线与核心区的 4 点坐标连线之间：（东经 111°29′36″，北纬 23°23′38″）、（东经 111°29′29″，北纬 23°23′17″）和（东经 111°32′1″，北纬 23°18′37″）、（东经 111°32′36”，北纬 23°18′51”）。缓冲区是保护区生态系统和群落保护较好和发育较为完整的地区，将实行半封闭管理，除必要和合理的科学研究外，杜绝其他开发性的经营管理行为。

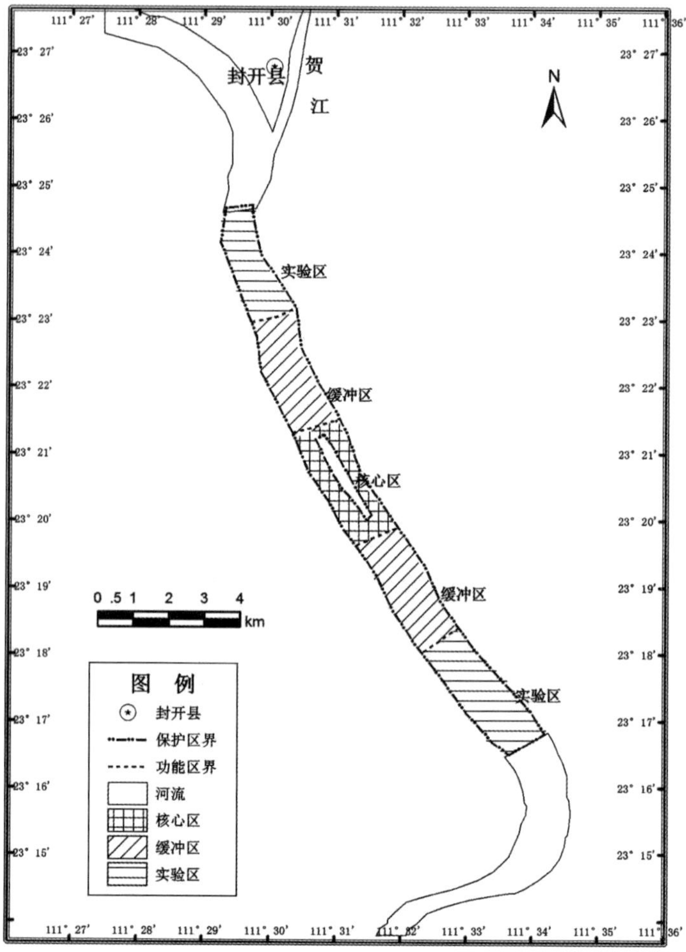

图 5.7　肇庆西江珍稀鱼类自然保护区功能分区图

（3）实验区　面积 750hm^2，占保护区总面积 321.89%。除核心区、缓冲区之外，其余部分为实验区。是进行科学实验活动的集中区域。在保证生态环境不受破坏的情况下，根据可利用资源和区域特点，按照有关舰定，在本区内进行保护、科研、教学、多种经营等。

① 李新辉等．西江珍稀鱼类省级自然保护区总体规范划报告．中国水产科学研究院珠江水产研究所，广东省水生野生动物保护总站等．2006. 10.

5.2.5.3　水生生物资源

根据调查①，保护区及邻近水域饵料生物丰富，浮游植物、浮游动物、底栖动物及水生微绿藻和硅藻属水体原始生产者，是鱼类和其他水产动物的饵料，其生长、繁殖要求水质清新。

(1) 浮游植物　保护区记录浮游植物6门58属。其中绿藻门的属（种）数为各门之首，共有32属，硅藻次之为13属，蓝藻6属，甲藻、金藻和裸藻各2属，隐藻1属。浮游植物的种类组成呈季节变化。

从各季节出现的藻类来看，夏季和秋季最多，分别为36属和33属，春季和冬季明显较少，为22属和17属。各季节均以绿藻种类最多，占40.9%～52.94%；硅藻占25%～31.82%；蓝藻占5.88%～13.8%；其他藻类占25%～31.82%。

(2) 浮游动物　保护区采样共鉴定出浮游动物27种（仅鉴定到属的按一个种计算），其中原生动物7种，轮虫16种，枝角类2种，桡足类2种。

浮游动物种类均轮虫最多，占总数的56.25%～70.59%，原生动物占16.67%～25%，枝角类和桡足类种类分别占5%～12.5%、5%～8.33%。

浮游动物呈季节变化，夏季出现的种类明显较多，秋、冬次之，而春季种类最少，全年检出的枝角类、桡足类种类很少，原生动物种类稍多，而轮虫种类数占优势。尤以多肢轮虫、晶囊轮虫、龟甲轮虫、异尾轮虫、皱甲轮虫等为优势种类。

(3) 水生维管束植物　保护区所在江段主要种类有南国田子草 *Marsilea crenata*、苹、水蓼、野慈茹、喜旱莲子草、水芹 *Oenathe javanica*、密刺苦草 *Vallisneria denseserrulata*、竹叶眼子菜 *Potamogeton malaianus*、黑藻 *Hydrilla verticillata*、水蓑衣 *Hygroohila salicifolia*、大花蓑衣 *H. megalantha*、芦苇等。

绿藻和硅藻属水体原始生产者，是鱼类和其他水产动物的饵料，其生长、繁殖要求水质清新。

(4) 底栖动物　主要有水生毛类、线虫类、软体动物和水生昆虫幼虫，分属8纲68种。

(5) 水禽　据初步考查，保护区所在地区分布有41种水鸟，其中38种是涉禽，如普通翠鸟 *Alcedo atthis*、白鹭 *Egretta garzetta*、夜鹭 *Nycticorax nycticorax*、苍鹭 *Ardea cinerea*、鸬鹚 *Phalacrocorax carbo*、江鸥、鹤类、鹭类、野鸭。它们主要栖息于河谷带。一些大的沙洲形成小岛，在众多的岛、洲、滩之间，有许多水草丰茂的浅水区、宽阔的河谷漫滩和漫长的河边沙滩，也是水鸟良好的栖息地。

5.2.5.4　鱼类的区系组成

历史资料记载西江广东段鱼类有136种，主要种类有鲥鱼、花鰶、青鱼、草鱼、赤眼鳟、海南鲌、广东鲂、鳊、倒刺鲃、鲮、卷口鱼、唇鱼、鲤鱼、鲢、鳙、珠江长臀鮠和大眼鳜等。2006～2008年调查,，在保护区及附近江段采集鱼类标本3436尾，重384.62kg，鉴定有81种，隶属于11目25科69属。其中鲤形目有47种，占总数的58.02%；鲈形目有13种，占总种数的16.05%；鲇形目有10种，占总种数的16.05%。在全部的25科中，鲤科最多，有41种，占总种数的50.62%；鲿科有6种，占总数的7.41%；鳅科有5种，占总种数的6.17%。这与珠江水系鱼类的区系组成一致。在81种鱼类中，洄游鱼类8种，外来种6种，土著淡水鱼类67种；优势种是鲮鱼 *Cirrhina moitorella*、赤眼鳟 *Squaliobarbus curriculus*、广东鲂；主要经济鱼类为广东鲂、鲮鱼 *Cirrhina moitorella*、黄尾鲴 *Xenocypris arvidi*、花鲈 *Lateolabrax japonicus* 等。

5.2.5.5　保护的珍稀鱼类

本保护区保护的珍稀鱼类，包括了列入国家重点保护野生动物名录（1988）、中国濒危动物红皮书（1998）、广东省重点保护水生野生动物名录（第一批，2001）的本地分布种及部分珠江水系特有

---

① 李新辉等．西江珍稀鱼类省级自然保护区综合考察报告．中国水产科学研究院珠江水产研究所，广东省水生野生动物保护总站等．2006.10.

鱼类。据报道，保护区及邻近水域栖息 116 种鱼类，其中 9 种列入上述保护水生野生动物名录，包括 3 种列入国家重点保护野生动物名录的鱼类，2 种列入中国濒危动物红皮书（1998）的鱼类，以及 4 种珠江水系特有鱼类。

国家Ⅰ级重点保护水生野生动物有中华鲟 *Acipenser sinensis*，国家Ⅱ级重点保护水生野生动物有花鳗鲡 *Anguilla marmorata*、赤魟 *Dasyatis akajei*；列入中国濒危动物红皮书的为鲥鱼 *Macrura reevesi*、长臀鮠 *Cranoglanis bouderius*；珠江特有种有桂华鲮 *Sinilabeo decorus*、斑鳠 *Mystus guttatus*、广东鲂 *Megalobrama hoffmanni*、卷口鱼 *Ptychidio jordani* 等。

5.2.6 台山上川岛猕猴自然保护区

1990 年 1 月 11 日，广东省人民政府粤办函［1990］13 号文《关于同意在湛江等地七个省级自然保护区的复函》批准建立台山上川岛猕猴省级自然保护区。主要保护对象为猕猴 *Macaca mulatta* 和其他珍稀濒危野生动植物及其栖息的季风常绿阔叶林森林生态系统。

根据中华人民共和国国家标准《自然保护区类型与级别划分原则》（GB/T14529—93），台山上川岛自然保护区属“野生生物类”中的“野生动物类型”自然保护区。

5.2.6.1 自然条件

（1）位置范围　台山上川岛猕猴自然保护区位于江门市辖台山市上川岛镇东北部，地理坐标为东经 112°46′～114°53′，北纬 21°41′～21°45′。东、南、北三面环海，西面与大象颈相连。距广州市 180km，距香港 87 海里，距澳门 58 海里。北距 9.8 海里为内陆的山嘴码头，联接广东西部沿海高速公路。保护区总面积 2281hm^2。

（2）地质基础　台山上川岛地层，属中生代燕山期花岗岩构成，主要侵入的有第三、四、五期的岩浆岩，主要岩石有石英斑岩、黑云母花岗岩、二云母花岗岩等。在保护区内的大部分地区为黑云母花岗岩（Biotite granite），少部分地区为二云母花岗岩（Two mica granite）。在构造上为低等规模的花岗岩穹窿构造。但其上覆沉积岩层已基本被剥蚀殆尽，此外在沿海一带的山坡下部断裂构造发育。

（3）地貌概况 按广东省地貌类型划分标准，保护区地貌属丘陵类型，组成岩石以花岗岩为主。境内最高峰车旗顶海拔 494m，其余多为海拔 200m 以下，近海岸地带岩石裸露，坡度 60°～80°，基本成为悬崖绝壁。在丘陵之间有一定面积的坪地。

（4）气候特点　该保护区属于南亚热带海洋性气候。其特点是：光照充足，热量丰富，气候温和，降水丰沛。保护区及其附近海区的气候数据是以位于上川岛的气象站 1995～2004 年的观察数据进行分析。该海区年月均气温为 23.1℃，最冷月 1 月的气温为 15.9℃，最热月 7 月的气温为 28.5℃。温度年变化的幅度不大，仅为 12℃左右，气温的平均日较差也很小，全年都在 5℃之内。反映了典型的海洋性气候。累积温度也较高，其日平均气温大于或者等于 10℃的累积温度为 8338℃。日平均气温大于或者等于 10℃的起止时间自 2 月上旬至次年 1 月中旬，持续日数在 350 天以上。

保护区及其周边海区的年降水量在 2190mm。4～10 月的月降水量在 100mm 以上，期间的降水量占全年降水量的 90%，达到 2000mm；7～10 月以台风带来的雨水较多。全年的雨日平均为 162 天，其中 3～9 月的平均降雨日都在 15 天以上。

保护区各月的平均最大风速以 11 月至次年的 1 月为最大，超过 20m/秒，5 月和 6 月最小，不到 15m/秒。从全年看，本海区以东北风为主，出现频率占 30% 左右。其次为东风，占 25% 左右。东北和东风的频率之和大于 50%。

本保护区虽然整体上气候条件比较优越，但时常遭受热带气旋、暴风、干旱、寒潮，风暴潮等灾害性天气的影响，。

（5）土壤特征　该保护区的地带性土壤为赤红壤。其成土母质比较简单，以花岗岩风化物为主，石英斑岩次之。由于花岗岩中的石英含量高、颗粒大，抗风化能力强，所以这些石英颗粒大多以沙粒保存在风化物中，花岗岩中的长石及云母则大部分发生强烈的化学风化变成黏粒，因而形成质地疏松，通透性良好和含钾丰富的土壤。

5.2.6.2　功能分区

依据《广东台山上川岛猕猴省级自然保护区基本建设项目可行性研究报告》①，将台山上川岛猕猴自然保护区分为3个功能区。

（1）核心区　位于保护区的中部，面积1200.8hm²，占保护区总面积的52.64%。具体范围是海拔150m以上地域连片的部分。区内猕猴及其他珍稀濒危野生动植物栖息的森林生态系统保存比较完整，基本上没有不良因素的干扰和影响，也是野生动物的重点活动区域，具有典型性和代表性。

其主要功能是：保护猕猴和其他珍稀濒危野生动植物及天然季风常绿阔叶林生态系统。将实行全封闭管理，除必需的科学研究人员经有关主管部门批准方可进出外，严禁狩猎、采挖药材和砍伐林木 。

（3）缓冲区　位于核心区周围，具体范围以十字路口到车旗顶小路所在的山脊左右10m为缓冲区，是沿海岸的次生林或灌丛区域。面积1030.87hm²，占保护区总面积的45.20%。

其主要功能是：恢复森林植被，减少人类对于核心区的压力，起缓冲作用。将实行半封闭管理，但可进行有组织的科研、考察、教学实习，严禁狩猎、采挖药材和砍伐林木 。

（3）实验区　位于缓冲区外围，具体范围是除核心区、缓冲区之外，其余地域均为实验区。面积49.33hm²，占保护区总面积的2.16%。

其主要功能是开展各种科学实验，繁育珍稀濒危物种、驯养珍禽异兽，适度开展生态旅游和和多种经营等总合利用活动等。

5.2.6.3　植被类型

保护区地处比较偏僻，人迹罕至的海岛角落，地带性植被为季风常绿阔叶林，原为森林茂密，但由于曾经遭受人为的严重破坏，原始森林植被已荡然无存。但自1990年建立自然保护区以来，不仅是保护猕猴的需要，而且保护猕猴赖以生存的森林植被也得到了恢复。山顶及一部分沟谷区域的幼林也恢复起来。

（1）岭南青冈 *Cyclobanopsis championii* 林　在整个保护区占优势的次生阔叶林，是近20年更新起来的。

（2）竹柏 *Nageia nagi* 林　在保护区的森林资源面积最大，主要分布于保护区沿岸沙丘地带，是广东省沿海岛屿分布面积最大的天然竹柏林。

（3）针叶林　主要分布于次生常绿阔叶林外围，有马尾松 *Pinus massoniana* 林和湿地松 *Pinus elliottii* 林，一般面积不大，均为人工林。林下以桃金娘 *Rhodomyrtus tomentosa*、芒萁占优势。

（4）矮林　主要分布在山顶和山脊，由于风大使林木矮化。

（5）灌草丛　广泛分布在临海边、临海地段。

5.2.6.4　自然资源

（1）植物资源

①野生植物种类资源丰富　据初步调查，保护区内共有野生植物346种，隶属257属100科。其中有猕猴喜食植物约有60多种。整个上川岛的植物共有1000多种，分隶250多属，110科。

（2）动物资源

①主要保护对象猕猴　猕猴是国家Ⅱ级重点保护野生动物。保护区的猴子有几个特征：第一尾巴长于10cm；第二头顶的毛生长正常，不成“漩”状；第三颜面较短；第四背后部的毛橙黄色，前胸部

---

① 黄俊泽．广东台山上川岛猕猴省级自然保护区基本建设项目可行性研究报告．广东省林业勘测设计院．2003.2.

的毛呈灰色。与北部大陆的猕猴形成较明显的区别。喜栖息于阔叶林、针阔叶混交林、竹林及石山峭壁，白昼活动觅食，通常拂晓时就开始活动和觅食，每日 8 ~ 10 时为活动和觅食的高潮。然后，又到林木茂密、水源丰富的隐蔽处，借以静静的游戏和休息。直到下午 4 点，又开始出现第二次活动高潮。夜晚栖息在岩壁或树上。据调查①，经对猴群的种群生态特性和发现痕迹数量及面积范围推断，保护区内有 5 ~ 8 群，种群数量不超过 200 只。

猕猴的食物比较繁杂，而且有季节变化。植物的果实、嫩叶、嫩枝及根部，在冬季食物短缺时也有吃树皮的。猕猴喜欢含丰富淀粉、果糖、果酸及无毒的植物果实。在采食的植物中又以柿科 Ebenaceae、葡萄科 Vitaceae、竹亚科 Bambusoideae、桑科 Moraceae、漆树科 Anacardiaceae、禾本科 Gramineae、夹竹桃科 Apocynaceae、姜科 Zingiberaceae、壳斗科 Fagaceae、蔷薇科 Risaceae 等的植物为主，茶科 Theaceae、木兰科 Magnoliaceae 植物的花与果，竹笋、嫩叶、嫩芽也是猕猴的重要食物资源之一。

此外，猕猴还捕食一些昆虫，主要是鞘翅目和直翅目蝗科的成虫，也觅食鳞翅目的幼虫虫蛹。

②珍稀濒危动物较多　以我国 1989 年公布实施的《国家重点保护野生动物名录》和 2001 年公布实施的《广东省重点保护陆生野生动物名录》（第一批）为依据，保护区拥有保护脊椎动物 29 种。其中国家Ⅰ级重点保护动物 1 种，国家Ⅱ级重点保护动物 17 种，省级重点保护动物 11 种（表 5. 24）。

表 5. 24　台山上川岛猕猴自然保护区的保护动物

序号	种　名	科　名	IUCN 濒危等级	保护级别
		哺乳纲 MAMMALIA		
1	猕猴 *Macaca mulatta*	猴科 Cercopithecidae	易危	Ⅱ
2	穿山甲 *Manis pentadactyla*	鲮鲤科 Manidae	濒危	Ⅱ
3	小灵猫 *Viverricula indica*	灵猫科 Viverridae	易危	Ⅱ
4	大灵猫 *Viverra zibetha*	灵猫科 Viverridae	濒危	Ⅱ
5	水獭 *Lutra lutra*	鼬科 Mustelidae	濒危	Ⅱ
6	小麂 *Muntiacus reevesi*	鹿科 Cervidae		省级
7	豪猪 *Hystrix hodgsoni*	豪猪科 Hystricidae		省级
		鸟纲 AVES		
8	鸢 *Milvus korschun*	鹰科 Accipitridae		Ⅱ
9	赤腹鹰 *Accipiter soloensis*	鹰科 Accipitridae		Ⅱ
10	松雀鹰 *Accipiter virgatus*	鹰科 Accipitridae	易危	Ⅱ
11	红隼 *Falco subbuteo*	隼科 Falconidae	易危	Ⅱ
12	褐翅鸦鹃 *Centropus sinensis*	杜鹃科 Cuculidae	易危	Ⅱ
13	小鸦鹃 *Centropus toulou*	杜鹃科 Cuculidae	易危	Ⅱ
14	草鸮 *Tyto capensis*	草鸮科 Tytonidae	易危	Ⅱ
15	领角鸮 *Otus bakkamoena*	鸱鸮科 Strigidae		Ⅱ
16	雕鸮 *Bubo bubo*	鸱鸮科 Strigidae		Ⅱ
17	领鸺鹠 *Glaucidium brodiei*	鸱鸮科 Strigidae		Ⅱ
18	苍鹭 *Ardea cinerea*	鹭科 Ardeidae		省级
19	池鹭 *Ardeola bacchus*	鹭科 Ardeidae		省级
20	白鹭 *Egretta garzetta*	鹭科 Ardeidae		省级
21	牛背鹭 *Bubulcus ibis*	鹭科 Ardeidae		省级
22	绿鹭 *Butorides striatus*	鹭科 Ardeidae		省级

① 钟晓青等. 广东台山上川岛猕猴省级自然保护区总体规划说明书. 中山大学生命科学学院热带亚热带生态中心，广东省林业厅野生动植物自然保护站，广东省台山上川岛猕猴省级自然保护区管理站. 1999. 11.

（续）

序号	种　　名	科　　名	IUCN 濒危等级	保护级别
23	栗苇鳽 *Ixobrychus cinnamomeus*	鹭科 Ardeidae		省级
24	夜鹭 *Nycticorax nycticorax*	鹭科 Ardeidae		省级
		爬行纲 REPTILIA		
25	蚺（蟒）*Python molurus*	蟒科 Boidae	极危	Ⅰ
26	三线闭壳龟 *Cuora trifasciata*	龟科 Testudidae	濒危	Ⅱ
		两栖纲 AMPHIBIA		
27	虎纹蛙 *Rana tigrina*	蛙科 Ranidae	易危	Ⅱ
28	棘胸蛙 *Rana spinosa*	蛙科 Ranidae	易危	省级
29	沼蛙 *Rana guentheri*	蛙科 Ranidae	无危	省级

③经济动物多样　根据2000年8月国家林业局发布的《国家保护的有益的或者有重要经济、科学研究价值的陆生野生动物名录》（简称“三有动物”），保护区内有如下“三有动物”。

①两栖类　主要有泽蛙 *Rana limnocharis* 等。

②爬行类　主要有银环蛇 *Bungarus multicinctus*、眼镜蛇 *Naja naja* 等。.

③鸟类　主要有鹧鸪、鹌鹑、山斑鸠、画眉等。

④哺乳类　有果子狸、野猪等。

（3）景观资源　保护区内鸟语花香、流水潺潺、怪石林立、林涛阵阵、且临山观海、大陆远望，兼有猕猴栖息，景观资源丰富多彩。据报道，保护区内有10大景观。

①泪石情浓　位于第二号流域的第四号小区内，巨大岩石上常有水渗流而下，整个区域犹如猴面人脸，水如泪，石如面，为保护其区增添了景致，发人深省，感人肺腑。

②水帘洞奇将近 $5km^2$ 的流域从一条清溪中倾泻而下，近海处有飞瀑水布几处，水瀑成帘，帘中藏洞。

③捞潭月影有深潭一处，周围绿树环绕，夜间明月高悬，澄潭月影，猕猴牵手而下，水中捞月，此地虽无实录，但闭目可想而知。

④水造石门　一数吨巨石拦住山溪的去路，山溪折，日夜侵之，时久而从石底淘空而成一水门，人可门中穿过。

⑤猕猴恋日　猕猴为觅食常需生活在阴湿的密林之中，但生性向阳贪暖，常在阳光明媚之处晒阳恋日。

⑥临滩远眺　在上川岛的飞沙滩，虽无景，但可远眺“滩”上的阳光、沙滩、海浪、仙人掌等尽收眼底。

⑦车旗凌风　在上川岛的最高峰，海拔496m，临海而立，远望近观，也有望断昆仑之雄姿，为重九登高的好去处。

⑧军港旭日　百万大裁军以后，住沙罗湾的解放军整建制地缴了。但留下过去的军营、军港和无数弃用的碉堡，在每天的旭日之下，仍尽收眼底。

⑨水绕四门　在保护区的五号流域，水向北流，一块布满季风常绿阔叶林的山谷台地，沟里有水，三溪交会，水绕四门，到处都是猕猴的痕迹，可能是川岛猴国的中心区域之一。

⑩盐灶渔村　这里原是解放军的军营。现渔民利用之打鱼晒网，夜晚常有渔火点点，白天也常有炊烟袅袅。

5.2.7　江门古兜山自然保护区

为了加快古兜山自然保护区的立项和实施，1999年1月，成立了古兜山自然保护区筹建领导小组，邀请华南师范大学和中山大学的教授对建立古兜山自然保护区的自然资源和自然环境进行了调查研究，并撰写了《关于建立古兜山省级自然保护区自然资源调查报告》和《建立古兜山省级自然保护区的可行性研究》（张金泉，2000），为申报建立古兜山省级自然保护区提供了科学依据。江门市人民政府于2001 年10 月30 日批准古兜山建立市级自然保护区。2001 年10 月30 日，广东省人民政府粤府函［2001］636 号文《关于同意建立江门古兜山等7 个省级自然保护区的复函》，批准建立江门古兜山省级自然保护区。主要保护对象为南亚热带季风常绿阔叶林生态系统、国家重点保护珍稀濒危动植物资源及其环境和水资源，

根据中华人民共和国国家标准《自然保护区类型与级别划分原则》（GB/T14529—93），江门古兜山自然保护区属“自然生态系统类别”中的“森林生态系统类型”自然保护区。

5. 2. 7. 1 自然条件

（1）位置范围　江门古兜山自然保护区地处我国北回归线以南的珠江三角洲经济发达地区，位于江门市辖的台山市与新会区之间。地理坐标为东经112°53′30″～113°03′25″，北纬22°05′00″～22°21′15″。具体范围：东起新会区崖门镇的蛇髻顶，西止台山市四九镇的金鸡坑附近；南自台山市斗山镇正坑尾南侧，北至水步镇横坑。其四邻是：东部和东北部与新会区的崖门镇崖西、国有古斗林场毗邻，东南与新会区的崖门镇崖南相连，南部与台山市的都斛镇和金星农场接壤，西部与四九镇国有古兜山林场枫香园工区、冲蒌镇和斗山镇交界，西北部和北部与台山市的水步镇为邻。整个自然保护区呈“长颈鹿”形，在平面图上为东西窄，南北长，东西宽2～13km，南北长2. 2～29. 6km，总面积11 567hm^2，占整个古兜山面积65 000hm^2 的17. 8%。

（2）地质基础　古兜山自然保护区为花岗岩广布区，地层露头稀少。

①地层　仅局部出露有：寒武系八村群中亚群（$\in bc^b$），岩石为灰色、灰绿色石英砂岩、粉砂岩、粉砂质页岩及泥质绢云母页岩、泥质页岩和炭质页岩，属于浅海相沉积层，厚度>1686m；第四系全新统洪坡积层（Q_4^{pld}），多分布于山间洼地及沿河两岸，为灰白、灰黄色含卵砾砂夹黏土，厚度2～10m。

②岩浆岩　为中生代燕山期花岗岩构成，主要侵入的岩浆岩有四期：燕山二期花岗闪长岩（$Y\delta_5^{2(2)}$），主要分布于塘田水库一带和灯芯坑附近等地，为燕山三期黑云母花岗岩包围的形状不规则小岩株，灰白色，中粒斑状结构，主要矿物成分为斜长石（45%～50%）、钾长石（10%～20%）、石英（25%～30%）和黑云母（5%～37%）等；燕山三期黑云母花岗岩（$Y_5^{2(3)}$），广泛分布于台山与新会交界的山地，为近南北向带状岩基，灰白色，粗粒花岗结构，主要矿物成分为钾长石（40%～50%）、斜长石（20%～30%）、石英（20%～35%）、黑云母（1%～3%）等；燕山四期钠长石化黑云母花岗岩，分布于台城南那章一带，为侵入燕山三期花岗岩近南北向岩株；燕山五期花岗岩（$Y_5^{2(5)}$），主要分布于台城北至水步，是侵入于燕山三期黑云母花岗岩之中的北西、北东向的小岩株，为灰白色细粒花岗岩。

③构造　古兜山为中等规模的花岗岩穹窿体构造，但其上覆盖的沉积岩层已基本被剥蚀殆尽。此外，断裂构造较发育，如莲花山垂直断裂，走向NW，延伸约8km，又如原国营古兜山场部附近有3 组小断裂：即逆断层，走向NE50°，延伸约3. 7km，倾向NW，倾角80°，沿断层发育成河谷；正断层，走向NE20°，延伸约2. 2 km，倾向ES，倾角85°，破碎带宽约50m；平移断层，走向NW345°，延伸约2. 7km，断面直立，可见水平擦痕，沿断层发育陡峭悬崖。

（3）地貌概况　古兜山又称北峰山，属于罗浮山的余脉。它是耸立于珠江三角洲平原西南侧的花岗岩中、低山、丘陵地貌。

①花岗岩中山　主要分布在山体中心部分，山地走向以NW 向为主，如瓶尖—鹅公髻—三牙石、天堂—野榄角—狮子头—黑石排顶和镬盖山—黄蜂腰等，海拔在800m 以上，主峰狮子头海拔高达982. 2m，不仅是该保护区的最高处，也是台山市和新会区的最高峰，其他在海拔800m 以上的山峰有

瓶身（922.6m）、瓶尖（866.0m）、黑石排顶（866.0m）、三牙石（862.0m）、望风朔（827.5m）、尖峰山（814.8m）和石山（807.0m）等，山地坡度一般在30°~45°，上部山顶有达70°~80°。

②花岗岩低山　主要分布于花岗岩中山山体四周，海拔500~800m，低山走向以NW为主，如黄泥基—白须山、猪肝吊胆—爹仔山和五指山—孖髻山—落麻坑顶等，坡度多在25°~35°，形成上陡下缓的地形态势。

③花岗岩丘陵　主要分布于花岗岩低山外围，丘陵破碎，海拔250~500m，坡度20°~30°。

④稀谷平地　主要分布于山丘之间，面积小而狭长，坡度>3°，组成物质以砂砾为主。

保护区内由于构成山丘的花岗岩断层裂隙发育，而常被溪流下切成峡谷，裸露基岩和岩块多呈球状剥落，故悬崖绝壁及石蛋地貌颇为普遍。地势高低悬殊，青石坑水库下为最低，海拔仅有27m，而与最高处的狮子头相差达955m，这样复杂多样的地貌为要求不同生境的生物物种生存繁衍提供了良好条件。

（4）气候特点　保护区属南亚热带海洋性气候，其特点是：光照充足，热量丰富，降水充沛，空气湿润，有干湿季之分。由于保护区内目前尚无气象站，据台山市台城镇和新会区会城镇气象资料：年均日照时数2082.65小时，日照百分率45.5%；年平均气温21.7℃（台城镇）~21.8℃（会城镇），1月平均气温10.1℃（台城镇）~13.4℃（会城镇），极端最低气温-2℃（台城镇），7月平均气温32.2℃（台城镇）~28.3℃（会城镇），极端最高气温39.9℃（台城镇）；年降水量2250mm（台城镇）~1789.2mm（会城镇），一日最大降水量达254.2mm（台城镇），4~9月为雨季，4~6月多锋面雨，7~9月多台风雨，10月至翌年3月为旱季；多年平均相对湿度77%。雨热同季，有利生物繁衍更迭。但常受台风袭击，局部地区有洪、涝、旱灾为害。但是，保护区为台山市与新会区之间的山区，故其各项气温指标比台城镇、会城镇低2~4℃，是避暑、疗养的好去处，而雨量则稍多，年降水量多在2500mm以上。

（5）水文特征　保护区地表水文属珠江三角洲的潭江流域。地表水以河流、水库、山塘等形式分布。

①河流　河流流量变化与降雨季节变化相关，4~9月为丰水期，10月至翌年3月为枯水期。保护区内有大小溪流30多条，呈树枝状分布于古兜山西南、东北两侧，流量较大的河流有：

A. 益河　流域面积为144.60km^2，发源于烟斗尖，于公益镇的东头注入潭江，全长18.60km。其上游多分布在保护区内，自北而南流量较大的支流有：横坑，发源于蝦蟧山（海拔348.7m），自东南流向西北，保护区内长约1.3km；烟斗尖坑，自东向西流，在保护区内长约0.8km。

B. 台城河　又称新昌水，流域面积为583.67km^2，发源于三牙石，于三埠镇注入潭江，全长45.02km。其上游多分布在保护区内，自北而南流量较大的支流有：和叉坑，自东北向西南流入山蕉坑水库，在保护区内长约1.8km；玄潭坑，自东北向西南流入塘田水库，在保护区内长约3.8km；长坑，自东向西流入塘田水库，在保护区内长约0.8km；双孖鲤鱼坑，自东北向西南折向西流入塘田水库，在保护区内长约2.9km；边坑，自东北向西南流经风山坑水库，至四级站折向西北流入蛮陂头水库，再汇双孖鲤鱼坑流入塘田水库，在保护区内长约4.7km；担湖坑，上游较大支流有3条，其一为八仙坑，发源于八仙塘，流入风山坑水库，长约1.6km，其二为大水坑，发源于盐凹，自南向北流经入风山坑水库，长约4.2km，汇八仙坑再折向西流2.0km出保护区后，汇边坑流入蛮陂头水库，其三为水漂，上游接燕狗坑，大体自南向北流经白鹤塘水库至担湖坑，长约3.0km；石墩桥坑，上接茶寮坑，发源于三牙石，自南向北经茶寮凹以西折向西流入鳅鱼角水库，在保护区内长4.7km；禾叉水坑，发源于尖峰山（海拔814.8m），自东向西流经烂班坑，折向西南流经车桶坑水库，至保护区边界，全长约4.7km，其中主要支流有车桶坑，发源于笔架山（海拔765.7m），自东南向西北流入车桶坑水库，长约2.6km；王坑，发源于狮子头（海拔986.3m），由石牛栏和老榕底等支流汇合后，自东南向西北流经鸡胣三坑，再汇自东北向西南流的大窝眉（长约2.3km）后始称王坑，全长约4.1km，流出保护区边境后注入井面潭水库；丁字水，是由老洲坑和某俊坑形成丁字形而得名，前者发源于镬盖山（海拔774.0m），自东北流向西南，至老洲折向西流入老营底水库，长约2.3km，后者发源小红篱（海拔596.0m），自东向西，流经某俊坑折向北流入老营底水库，长约2.6km。

C. 甜水坑　位于古兜山东侧，主要支流有2条：北支发源于三牙石，自东南向西北流经三牙石大坑（在保护区内长约2.4km），接纳自东南流向西北的五指山坑（在保护区内长约1.6km）流经五指山水库，再汇自东南流向西的水漂坑（保护区内长约1.2km）和发源鸡公髻自西南流向东北的螺塘坑，经螺塘水库、白水带等支流，经白沙滩坑、企岩坑汇南支后始称甜水坑；南支发源于落麻坑顶（海拔617.8m）自西南向东北经落麻坑，折向北经青石坑水库（保护区内长约6.0km），汇发源于孖髻山（海拔720.8m），自西南向东北流经孖髻坑经孖髻水库（保护区内长约3.4km）、钳口坑，于虎山西北相汇合，经甜水坑至三村冲口注入银洲湖。

其他独流入海的河流有：大同河，自台山市中部向南独流入海。在保护区的支流有响水坑，发源于猪肝吊胆（海拔426.2m），东北向西南流入响水潭水库，长约2.5km；胡林坑，发源于甜水仔（海拔356.5m），自东北向西南流入胡林保水库，长约2.1km；南坑，为独流的小溪流，在保护区的支流有猪笼坑，发源榄云脊（海拔350m）南坡，自西北向东南流入南坑水库，在保护区内长约1.5km；猫山正坑，发源于镬盖山，自西北流向东南，为独流入海的小溪流，在保护区内长约4.0km。黄泥河，发源于黑石排顶西坡，自北向南经狮子尾横坑，折向东南经狮子尾正坑，长约4.0km，再接纳发源于望风朔的刘三妹大坑（长约2.0km）和发源于琴莳头（海拔718.0m）的龙头寨坑（长约2.0km）经牛坑后，始称黄泥河，为独流入海的溪流。

②水库　由上所述，该保护区是台山市和新会区的河流发源地，为了保障工农业生产和城乡人民生活的用水，已在上述河流修筑水库45座，总库容21140.5万m^3，装机93台30 995kW，发电量10796.4万kW/h。

③地下水　保护区的地下水主要有松散岩类孔隙水和基岩裂隙水两种类型①。

A. 松散岩类孔隙水仅局限分布于山间洼地之中，含水层为第四系全新统洪坡积层含卵砾砂夹黏土，厚度2～10m不等。为潜水，水位埋深0.5～2m。这种地下水是受降水和洼地周围块状岩类裂隙水的补给，水化学类型以HCO_3-Na为主，矿化度<100mg/L。

B. 基岩裂隙水又分层状岩类裂隙水和块状岩类裂隙水两个亚类：前者仅局限分布于寒武系八村群中亚群石英砂岩、粉砂岩、页岩的含水岩层，以风化裂隙潜水为主，水量贫乏，泉流量<0.1L/秒，水化学类型为$HCO_3-Na\cdot Mg$，矿化度<100mg/L；后者是保护区内的主要地下水类型，广泛分布于燕山三期黑云母花岗岩的含水岩层，燕山二期花岗闪长岩和燕山五期花岗岩等次之，其中以风化裂隙潜水为主，断裂带附近有构造裂隙承压水赋存，水量一般贫乏，地下径流模数<5L/（s·km^2），泉流量<0.3L/秒，断裂附近水量较丰富，钻井涌水量达100～200m^3/天，这种地下水是受降水补给，排泄于溪谷，水化学类型以HCO_3-Na、$HCO_3-Na.Ca$、$HCO_3-Ca.Na$，矿化度34～250mg/L。

C. 地下水质　清澈透明口感清甜，已开发利用的有"清谷"和"古兜山"两处天然矿泉水。前者位于古兜山自然保护区内原古兜山林场场部，属重碳酸钠型，为低钠、低矿化度的淡味矿泉水，其水质可与世界名牌法国的"甘露（Pierval）"和美国的"山谷（Mountain Valley）"矿泉水相媲美；后者位于古兜山自然保护区外新会区古兜山水电站，属不含二氧化碳型的优质天然矿泉水。

（6）土壤特征　保护区成土母质比较简单，以花岗岩风化物为主，石英砂岩、粉砂岩、粉砂质页岩及泥质绢云母页岩、泥质页岩和炭质页岩和含卵砾砂夹黏土等次之。由于花岗岩中石英含量高、颗粒大，抗风化能力强，所以这些石英颗粒大多以沙粒保存在风化物中，花岗岩中的长石及云母则大部分发生强烈的化学风化变成黏粒，因而形成质地疏松、通透性好和含钾丰富的土壤。但因地处北回归线以南，自然植被为南亚热带季风常绿阔叶林，土壤形成的富铁铝化作用处于砖红壤带与红壤带之间，故该保护区的地带性土壤应属赤红壤地带。

---

① 广东省地质技术工程咨询公司. 广东省台山市北峰山饮用天然矿泉水评价报告. 1993.9.

在不同海拔高度的土壤类型也不相同，具有较明显的垂直分布规律。

（1）赤红壤 是保护区的地带性土壤，主要分布在海拔400m以下的丘陵地带，土体剖面发育完整，多呈淡棕红色，成土母质为易风化的花岗岩，风化层深厚，一般在1~2m以上，表层质地为沙壤土—沙质黏壤土，表土层之下土体紧实，土壤多呈酸性至强酸性。但随着山地海拔高度增加而气温降低、降水量增多的变化，土壤发育发生相应的更替。

（2）山地红壤 主要分布于海拔400~700m的山腰为，土体剖面发育完整，多呈灰棕色或红棕色，成土母质和表层质地与赤红壤相似，只是风化层厚薄不一，一般在1m左右。

（3）山地黄壤 主要分布在海拔700~800的山地，土体剖面发育完整，呈灰黑色或黑褐色，成土母质为花岗岩风化的残积物和坡积物，质地较粗，多为砂壤土，呈灰黄色。

（4）灌丛草甸土 主要分布在海拔800以上为山顶和山脊，土体剖面发育层次不完整，有明显的枯枝落叶和草根盘结的草甸层。

5.2.7.2 功能分区

依据《广东古兜山自然保护区总体规划》（张金泉等著，2000），将该保护区分为3个功能区。

（1）核心区 根据保护区内保存完好的天然状态的季风常绿阔叶林生态系统以及珍稀濒危动植物的集中分布地为核心区，其中包括原国有古兜山林场的玄潭陂工区面积211.6hm²、丁字水工区面积401.9hm²、白鹤塘工区面积305.4hm²、塘底工区面积317.8hm²、坪南工区面积396.5hm²、车桶坑工区面积1506.5hm²、枫香园工区面积120.7hm²、落马潭工区面积610.8hm²和原国有古斗林场的八仙仔工区面积118.5hm²、螺塘工区面积794.7hm²、仔髻工区面积147.8hm²、青石坑工区面积701.4hm²，共计面积5588.6hm²。占保护区总面积的48.32%。

其主要功能是：涵养水源、保持水土，保护天然季风常绿阔叶林生态系统、珍稀野生动植物及其生存栖息繁衍的环境，以及维持生态平衡等。将实行全封闭管理，除必需的科学研究的定位观测、进入检查等外，禁止任何人进入，严禁狩猎、采挖药材和砍伐林木。

（2）缓冲区 位于核心区外围的重要地区，其中包括原国有古兜林的玄潭陂工区面积337.4hm²、丁字水工区面积238.1hm²、白鹤塘工区面积144.8hm²、塘底工区面积45.1hm²、坪南工区面积300.0hm²、车桶坑工区面积472.3hm²、枫香园工区面积446.2 hm²、南坑工区面积91.2hm²、落马潭工区面积636.6hm²和原国有古斗林场的八仙仔工区面积217.0hm²、白水工区面积67.8hm²、螺塘工区面积53.8hm²、仔髻工区面积100.1hm²、青石坑工区面积343.8hm²，共计面积3494.2hm²。占保护区总面积的30.21%。根据保护区的保护性质和缓冲区实际情况分为2个缓冲区。

一是西、南部缓冲小区，位于核心区的西部和南部，面积2711.7hm²，占缓冲区总面积的77.61%。

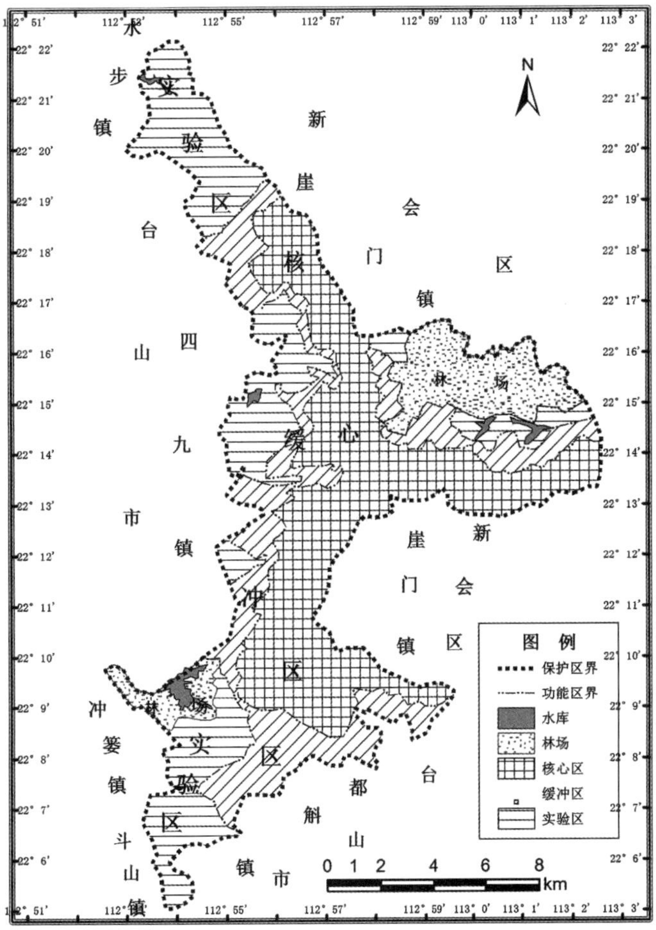

注：此图根据张金泉等该保护区功能分区图清绘而成。

图5.8 江门古兜山自然保护区功能分区图

二是东、北部缓冲小区，位于核心区的东部和北部，面积782.5hm^2，占缓冲区总面积的22.39%。

其主要功能是：一是对于保护核心区起缓冲作用，确保核心区的天然常绿阔叶林生态系统和珍稀野生动植物的良性循环；二是通过有效保护和生物工程技术措施，加快森林植被的恢复和生物资源繁衍速度。此区将实行半封闭式管理，尽量减少进入人员，在路口和显著位置设置警示牌，严禁砍伐珍稀林木，以及外来因素破坏。

（3）实验区　位于缓冲区外围的重要地带，其中包括原国营古兜山林场的玄潭陂工区面积521.04hm^2、丁字水工区面积258.1hm^2、白鹤塘工区面积196.3hm^2、坪南工区面积64.5hm^2、车桶坑工区面积138.0 hm^2、枫香园工区面积733.9hm^2、南坑工区面积384.7hm^2和原国营古斗林场的八仙仔工区面积97.6hm^2、蜈蚣口工区面积54.2hm^2、孖髻工区面积135.7hm^2、青石坑工区面积130.6hm^2，共计实验区面积2484.2 hm^2。占保护区总面积的21.48%。

根据实验区的自然资源特点、科研价值和地域条件，拟分为如下实验小区：

扫（管塘）玄（潭陂）改造恢复实验小区：位于西、南缓冲小区的西北部，面积872.5hm^2，占实验区总面积的30.71%。

车桶坑改造恢复实验小区：位于西、南缓冲小区的西部，布局面积138.0 hm^2，占实验区总面积的5.56%。

枫（香园）南（坑）科学实验小区：位于西、南缓冲小区的西南部，面积1118.6hm^2，占实验区总面积的45.03%。

八仙仔改造恢复实验小区：位于东、北部缓冲小区的西北部，面积97.6hm^2，占实验区总面积的3.93%。

孖（髻）青（石坑）自然公园实验小区：位于东、北部缓冲小区的东北部，面积320.5hm^2，占实验区总面积的12.9%。

其主要功能是：根据自然资源和实际需要，开展野生动物驯养繁殖研究；珍贵树种与保护树种种子基因库的建立；科普教学、生态旅游等活动（图5.8）。

5.2.7.3　植物区系特点

本保护区的植物区系，概括起来具有如下特点。

（1）植物物种丰富　据调查统计（张金泉等，2000），该保护区拥有野生维管束植物1161种（包括种下分类单位，下同），隶属658属171科，占广东省野生维管束植物5933种的19.57%（叶华谷等，2005）。其中蕨类植物81种，隶属50属28科；裸子植8种，隶属5属5科；被子植物955种，隶属603属138科（表5.25）。

表5.25　江门古兜山自然保护区野生维管束植物类群的组成

植物类群		科数	属数	种数
蕨类植物		28	50	81
裸子植物		5	5	8
被子植物	双子叶植物纲	118	490	768
	单子叶植物纲	20	113	187
合计		171	658	1044

此外，尚有栽培植物117种，分隶91属48科。其中裸子植物13种，分隶10属5科；被子植物105种，分隶81属43科（双子叶植物89种68属36科；单子叶植物15种13属7科）。

（2）地理成分较复杂

①蕨类植物的地理成分

A. 科的地理分布区类型　根据保护区28科的分布类型统计分析如下。

广布科　共有9科，占该区总科数的32.14%。如石杉科、石松科、卷柏科、木贼科、瓶尔小草科、紫萁科、铁线蕨科、蹄盖蕨科、水龙骨科等。

热带、亚热带分布科　共有13科，占该区总科数的68.42%（扣除广布科9科，下同），如里白科、中国蕨科、金星蕨科、莲座蕨科、桫椤科、碗蕨科鳞始蕨科、海金沙科、凤尾蕨科、三叉蕨科、实蕨科、骨碎补科、膜蕨科等。

泛热带分布科　共有5科，占该区总科数的26.32%。如蚌壳蕨科 Dicksoniaceae、蕨科 Pteridiaceae、乌毛蕨科 Blechnaceae、肾蕨科 Nephrolepidaceae、槲蕨科 Drynariaceae 等。

温带至亚热带高山地区分布科　仅有鳞毛蕨科 Dryopteridaceae 1科，占该区总科数的5.26%。

B. 属的地理分布区类型　根据保护区50属的分布类型统计分析如下。

广布属　共有3属，占该区总属数的6%。如石杉属、卷柏属、铁线蕨属等。

泛热带分布属　共有6属，占该区总属数的12.77%（扣除广布分布3属，下同），如鳞始蕨属 *Lindsaea*、乌蕨属 *Sphenomeris*、蕨属 *Pteridium*、瓶蕨属 *Trichomanes*、肾蕨属 *Nephrolepis*、槲蕨属等。

热带和亚热带分布属　共有37属，占该区总属数的80.85%。其中热带至亚热带为主，如灯笼草属、瓶尔小草属、观音莲座属、芒萁属、里白属、海金沙属、假脉蕨属、碗蕨属、凤尾蕨属、碎米蕨属、断肠蕨属、假蹄盖蕨属、骨碎补属、毛蕨属、金星蕨属、新月蕨属、假毛蕨属 *Pseudocyclosorus*、溪边蕨属 *Stegnogramma*、乌毛蕨属 *Blechnum*、崇澍蕨属 *Chieniopteris*、阴石蕨属 *Humata*、线蕨属 *Colysis*、骨牌蕨属 *Lepidogrammitis*、石韦属等。

以亚热带为主的属　与热带至亚热带分布的类型相当，热带亚洲分布的有7属，如藤石松属 *Lycopodiastrum*、黑桫椤属 *Gymnosphaera*、复叶耳蕨属 *Arachniodes*、沙皮蕨属 *Hemigramma*、实蕨属 *Bolbitis*、星蕨属 *Microsorium*、长筒蕨属 *Selenodesmium* 等；热带亚洲至非洲分布的有1属，如沼泽蕨属 *Thelypteris*；热带亚洲—大洋洲分布1属，如崖姜蕨属 *Pseudodrynaria*；热带亚洲至热带美洲分布有2属，如假芒萁属 *Sticherus*、单叶盖蕨属 *Triblemma*；东亚分布有2属，如金毛狗属 *Cibotium*、伏石蕨属 *Lemmaphyllum* 等。

温带、热带分布属　有2属，占该区总属数的4.26%。如紫萁属 *Osmunda*、狗脊属 *Woodwardia*。

温带分布属　有1属，占该区总属数的2.13%。如鳞毛蕨属 *Dryopteris* 等。

寒、温带分布属　有1属，占该区总属数的2.13%。如木贼属 *Equisetum*。

②种子植物的地理成分

A. 科的地理分布区类型　按照《世界种子植物科的分布区类型系统》（吴征镒等，2003），对保护区种子植物143科的分布区类型统计分析，除旧世界温带分布、温带亚洲分布、地中海区和西亚至中亚分布、中亚分布及中国特有分布科尚未发外，其余10个分布类型及变型均有分布。

*1. 广布类型　计有37科，占该区总科数的25.69%。如毛茛科、十字花科、堇菜科、远志科、虎耳草科、蓼科、藜科、苋科、酢浆草科、千屈菜科、柳叶菜科、小二仙草科、瑞香科、蔷薇科、蝶形花科、杨梅科、榆科、桑科、鼠李科、伞形科、木犀科、茜草科、菊科、龙胆科、报春花科、白花丹科、车前科、紫草科、茄科、旋花科、玄参科（主产温带）、狸藻科、唇形花科（主产地中海）、水鳖科、兰科、莎草科（主产温带及寒温带）、禾本科等。

*2. 泛热带分布类型：计49科，占该区总科数的46.23%（扣除广布类型37科）。如番荔枝科、樟科、防已科、马兜铃科、胡椒科、金粟兰科、白花菜科、凤仙花科、大风子科、天料木科、西番莲科、葫芦科、秋海棠科、茶科、野牡丹科、红树科、藤黄科、梧桐科、锦葵科、大戟科、含羞草科、荨麻科、卫矛科、茶茱萸科、铁青树科、檀香科、蛇菰科、葡萄科、芸香科、苦木科、橄榄科、楝科、无患子科、漆树科、柿科、山榄科、紫金牛科、马钱科、夹竹桃科、萝藦科、爵床科、鸭跖草科、谷精草科、竹芋科、菝葜科、天南星科、薯蓣科、棕榈科、仙茅科等。

*2-1 热带亚洲、大洋洲（至新西兰）和南美（或墨西哥）间断分布　有2科，占该区总科数的1.89%。如第伦桃科 Dilleniaceae、山矾科 Smyplocaceae。

*2－2 热带亚洲、非洲和南美洲间断分布　有 4 科，占该区总科数的 3.77%。如买麻藤科 Gnetaceae、粘木科 Ixonanthaceae、椴树科 Tiliaceae、苏木科 Caesalpiniaceae。

*2s 以南半球为主的泛热带分布　有 3 科，占该区总科数的 2.83%。如罗汉松科 Podocarpaceae、山龙眼科 Proteaceae、桃金娘科 Myrtaceae 等。

*3. 热带亚洲和热带美洲间断分布　有 10 科，占该区总科数的 9.43%。如木通科、水东哥科、杜英科、冬青科、翅子藤科、省沽油科、五加科、安息香科、苦苣苔科、马鞭草科等。

*4. 旧世界热带分布　有 4 科，占该区总科数的 3.77%。如海桐花科 Pittosporaceae、八角枫科 Alangiaceae、芭蕉科 Musaceae、露兜树科 Pandanaceae。

*5. 热带亚洲至热带大洋洲分布　有 5 科，占该区总科数的 4.72%。如猪笼草科 Nepenthaceae、交让木科 Daphniphyllaceae、姜科 Zingiberaceae、百部科 Stemonaceae、田葱科 Philydraceae。

*6. 热带亚洲至热带非洲分布　仅有 1 科，占该区总科数的 0.94%。如杜鹃花科 Ericaceae。

*7. 热带亚洲（印度—马来西亚）分布　有 1 科，占该区总科数的 0.94%。如牛栓藤科。

*7－1 爪哇、喜马拉雅和华南、西南星散分布　仅有 1 科，占该区总科数的 0.94%。如五列木科 Pentaphylacaceae。

*7－3 缅甸、泰国至华西南分布　仅有 1 科，占该区总科数的 0.94%。如肉实科。

*7－4 越南（或中南半岛）至华南（或西南）分布　仅有 1 科，占该区总科数的 0.94%。如清风藤科 Sabiaceae。

*8. 北温带分布　有 7 科，占该区总科数的 6.6%。如松科、金丝桃科、越桔科、忍冬科、列当科、百合科、延龄草科。

*8－4 北温带和南温带（全温带）间断分布　有 11 科，占该区总科数的 10.38%。如杉科、红豆杉科、茅膏菜科、绣球花科、金缕梅科、黄杨科、壳斗科、胡颓子科、槭树科、胡桃科、山茱萸科等。

*9. 东亚和北美洲间断分布　有 5 科，占该区总科数的 4.72%。如木兰科 Magnoliaceae、八角科 Illiciaceae、五味子科 Schisandraceae、三白草科 Saururaceae、鼠刺科 Escalloniaceae。

*14. 东亚分布　有 1 科，占该区总科数的 0.94%。如猕猴桃科 Actinidiaceae。

从上所述可以看出，其中泛热带分布类型有 58 科，占总科数的 54.72%（扣广布科 37 科，下同）；北温带分布类型有 18 科，占总科数的 16.98%；热带亚洲和热带美洲间断分布类型有 10 科，占总科数的 9.43%；其余分布区类型所含科数均在 4.72% 以下，不占重要地位；特别是中国特有科等 5 科分布类型缺如，表明该自然保护区植物区系在科级水平上以泛热带分布成分为主，兼有一定数量的北温带成分。

B. 属的地理分布区类型　根据保护区种子植物 608 属的分布类型，按照《中国种子植物属的分布区类型》（吴征镒，1991）统计分析，除中亚分布类型及其变型尚未发现外，其他 14 个分布区类型及变型均有分布（表 5.26）。

表 5.26　江门古兜山自然保护区种子植物属的分布区类型

分布区类型及变型	属数	占总属数（%）
1. 广布分布	29	扣除
2. 泛热带分布	121	20.90
2－1 热带亚洲、大洋洲和南美洲间断分布	2	0.35
2－2 热带亚洲、非洲和南美洲间断分布	6	1.04
3. 热带亚洲和热带美洲间断分布	16	2.76
4. 旧世界热带分布	47	8.12
4－1 热带亚洲、非洲和大洋洲间断分布	5	1.04

（续）

分布区类型及变型	属数	占总属数（%）
5. 热带亚洲至热带大洋洲分布	48	8.29
5－1 中国（西南）亚热带和新西兰间断分布	0	0
6. 热带亚洲至热带非洲分布	23	3.97
6－1 华南、西南到印度和热带非洲间断	0	0
6－2 热带亚洲和东非间断	1	0.17
7. 热带亚洲（印度—马来西亚）分布	75	12.95
7－1 爪哇、喜马拉雅和华南、西南星散分布	6	1.04
7－2 热带印度至华南分布	2	0.35
7－3 缅甸、泰国至华西南分布	1	0.17
7－4 越南（或中南半岛）至华南（或西南）分布	12	2.07
8. 北温带分布	27	4.66
8－1 环极分布	0	0
8－2 北极高山分布	1	0.17
8－3 北极—阿尔泰和北美洲间断分布	0	0
8－4 北温带和南温带（全温带）间断分布	2	0.35
8－5 欧亚和南美洲温带间断分布	0	0.16
8－6 地中海区、东亚、新西兰和墨西哥到智利间断	0	0
9. 东亚和北美洲间断分布	19	3.28
9－1 东亚和墨西哥间断	1	0.17
10. 旧世界温带分布	5	0.86
10－1 地中海区、西亚和东亚间断分布	1	0.17
10－2 地中海和喜马拉雅间断分布	0	0
10－3 欧亚和南非洲（有时也在大洋洲）间断	1	0.17
11. 温带亚洲分布	1	0.17
12. 地中海区、西亚至中亚分布	0	0
12－1 地中海区至中亚和南非洲、大洋洲间断	0	0
12－2 地中海区至中亚和墨西哥间断	0	0
12－3 地中海区至温带、热带亚洲，大洋洲和南美洲间断	1	0.17
12－4 地中海区至热带非洲和喜马拉雅间断	0	0
12－5 地中海区—北非洲、中亚、北美西南部，智利和大洋洲（泛地中海）间断分布	0	0
13. 中亚分布	0	0
13－1 中亚东部（亚洲中部）	0	0
13－2 中亚至喜马拉雅	0	0
13－3 西亚至喜马拉雅和西藏	0	0
12－4 地中海区至热带非洲和喜马拉雅间断	0	0
14. 东亚分布	20	3.45
14－1 中国—喜马拉雅（SH）	4	0.69
14－2 中国—日本（SJ）	9	1.55
15. 中国特有分布	9	1.55
合计	608	100.00

从上表可以看出，保护区内属的地理成分是以热带成分占优势，从2～7各类热带成分共有365属，占总属数（扣除广布属29属，以下同）的63.04%。温带成分从8～12共有59属，占总属数的10.19%。东亚分布有33属，占总属数的5.7%。中国特有分布的9属，占1.55%，分别是杉木属*Cunninghamia*、裸蒴属*Gymnotheca*、石笔木属*Tutcheria*、棱果花属（Barthea）、四数苣苔属*Bournea*、马蹄参属*Diplopanax*、绣球茜属*Dunnia*、台地黄属*Titanotricum*、酸竹属*Acidosasa*等。因此，在种子植物属级分布区类型水平上，以泛热带、热带亚洲的分布区类型为主，同时兼有一定数量的东亚分布和温带分布成分。这些特征与保护区所处地理位置相一致。

5.2.7.4 植被类型

保护区的地带性植被为季风常绿阔叶林，虽然曾经遭受人为的严重破坏，原始森林植被已荡然无存。但自1958年或1973年以后，大面积的常绿阔叶林却未再遭受严重破坏，至今已恢复为有一定结构、林冠连续、外貌终年常绿、藤本植物比较丰富、附生植物少见、茎花植物稀少、板根现象和绞杀植物不明显的天然次生常绿阔叶林。根据古兜山植被的外貌、结构、种类组成和生境的差异，可划分为如下植被类型。

（1）沟谷雨林　主要分布于海拔400m以下的沟谷中，如丁字水、青石坑和五指山坑等地。其特点是：组成植物种类繁多，而且富于热带性，群落结构较复杂。

上层乔木：高达15m以上，主要由水翁、华润楠、竹叶青冈、多花山竹子*Carcinia multifolra*、紫荆等组成。中下层由假苹婆、水石梓*Sarcosperma laurinum*、大花五桠果*Dillenia turbinata*、竹节树*Carallia brachiata*、青果榕等组成。

灌木层：多由大罗伞*Ardisia hanceana*、水团花*Adina pilulifera*、柃木*Eurya* spp. 等组成。

草本层：以露兜树*Pandanus austrosinonsis*、金毛狗、福建观音座莲等耐阴湿的植物为主。

层间藤本植物：较丰富，常见的有买麻藤*Gnetum montanum*、藤合欢*Acacia sinenuata*、龙须藤*Bauhinia championii*、华南省藤*Calamus rhabdocladus*、白藤*C. tetradactylus*、黄藤*Paemonorops margaritae*等，有些攀援在林冠之上。但板根现象和绞杀植物不突出。

（2）季风常绿阔叶林　主要分布在海拔650m以下的低山丘陵。其特点是：组成植物种类丰富，既有米槠、红锥、黧蒴、厚壳桂*Cryptocarya chinensis*、木荷*Schima supenba*等亚热带成分，又有黄杞、黄桐、假苹婆、鹅掌柴、猴耳环、榕树、蒲桃、岭南山竹子、粘木等热带成分；群落结构比较复杂，乔木层又可分为2～3亚层，板根和茎花现象也可见到；林下常出现由华南省藤等构成的棕榈层片；林中藤本和附生植物较多。

根据植物群落的建群种或优势种和生境的差异可见到如下群落：在海拔400m以下的丘陵分布着由子凌蒲桃*Syzygium champloni*、华润楠、革叶铁榄*Sinosideroxylon wightianum*、假苹婆、红枝蒲桃*Syzygium rehderianum*、大花五桠果、短序润楠*Machilus breviflora*、光叶红豆*Ormosia glaberima*等组成的群落；在海拔400～650m低山、丘陵的东南至东北坡分布着由蕈树、红花荷*Rhodoleia championi*、甜茶石栎*Lithocarpus polystachyus*、显脉新木姜*Neolitsea phanerophebia*、密花树*Rapanea neriifolia*、广东蒲桃*Syzygium kwangtungense*、罗浮柿、短序润楠和凹叶红豆*Ormosia emarginata*等组成的群落；在海拔400～650m低山、丘陵的西北至西南坡分布着由较喜阳耐旱的甜茶石栎、硬叶石栎*Lithocarpus hancei*、黧蒴，以及红花荷、蕈树、密花树和显脉新木姜等组成的群落；此外，在海拔500m左右的老二队山坡分布着由竹柏*Podocarpus nagi*、鹅掌柴、广宁油茶*Camellia semiserrata*和木荷等组成的群落。

（3）山地季风常绿阔叶林　主要分布于古兜山海拔650～850m的低山上部，群落的外貌和结构近似典型常绿阔叶林，但季相变化较上述季风常绿阔叶林明显，林中乔木层一般只有两个亚层，高度已显著降低，一般高为5～8m，形成山顶矮林景观，木质藤本和附生维管植物数量较少，板根和茎花现象稀少。组成种类以亚热带成分和热带山地成分为主。多由硬叶石栎、大头茶*Gordonia axillaris*、五列木*Pentaphylax euiyoides*、蕈树、鼠刺*Itea chinensis*、华南锥*Castanopsis concinna*、粘木等组成群落。

（4）针叶林　主要分布于季风常绿阔叶林外围的天然马尾松 *Pinus massoniana* 林，一般面积不大，林下以桃金娘 *Rhodomyrtus tomentosa*、芒萁 *Dicranopteris dichotoma* 占优势。

（5）山顶灌草丛　主要分布于海拔650m、800m或900m以上的山顶，是由托竹 *Arundinaria cantori* 群落和吊钟花 *Enkianthus quinqueflorus*、杜鹃 *Rhododendron* spp.、光蜡树 *Fraxinus griffithii*、纤毛鸭嘴草 *Ischaemum ciliare*、黑莎草等组成的群落。

此外，在保护区的外围还有杉木 *Cunninghamia lanceolata* 林、马尾松林、湿地松 *Pinus elliottii* 林、加勒比松 *P. caribaea* 林、马占相思 *Acacia mangium* 林、竹林等人工林。

5.2.7.5 野生植物资源

（1）珍稀濒危保护植物繁多　根据1984年国家环境保护委员会公布的《中国珍稀濒危保护植物名录》和1999年国务院批准公布的《国家重点保护野生植物名录（第一批）》所列种类统计，保护区内共有国家重点保护野生植物16科16属19种。其中蕨类植物2科2属3种，裸子植物1科1属1种，被子植物13科13属15种；列为国家Ⅱ级重点保护的野生植物14种，国家Ⅲ级重点保护的野生植物5种（表5.27）。

表5.27　江门古兜山自然保护区的保护植物

序号	种名	科名	濒危度	保护级别
1	金毛狗 *Cibotium barometz*	蚌壳蕨科 Dicksoniaceae	渐危	Ⅱ
2	大黑桫椤 *Gymnosphaera gigantea*、	桫椤科 Cyatheaceae	渐危	Ⅱ
3	黑桫椤 *Gymnosphaera podophlla*	桫椤科 Cyatheaceae	渐危	Ⅱ
4	厚叶木莲 *Manglietia pachyphylla*	木兰科 Magnoliaceae	稀有	Ⅱ
5	樟树 *Cinnamomum camphora*	樟科 Lauraceae	渐危	Ⅱ
6	华南锥 *Castanopsis concinna*	壳斗科 Fagaceae	濒危	Ⅱ
7	野茶树 *Camellia sinensis* var. *asamica*	山茶科 Theaceae	稀有	Ⅱ
8	四药门花 *Tetrathyrium subcordatum*	金缕梅科 H	稀有	Ⅱ
9	格木 *Erythropheum fordii*	苏木科 Caesalpiniaceae	濒危	Ⅱ
10	紫荆木 *Madhuca pasquieri*	山榄科 Sapotaceae	濒危	Ⅱ
11	野生荔枝 *Litchi chinensis* var. *euspontanea*	无患子科 Spindaceae	稀有	Ⅱ
12	马蹄参 *Diplpanax stachyanthus*	五加科 Araliaceae	稀有	Ⅱ
13	绣球茜 *Dunnia sinensis*	茜草科 Rubiaceae	濒危	Ⅱ
14	苦梓 *Gmelina hainanensis*	马鞭草科 Verbenaceae	稀有	Ⅱ
15	穗花杉 *Amentotaxus crgotaenia*	红豆杉科 Taxaceae	濒危	Ⅲ
16	粘木 *Ixonathes chinensis*	粘木科 Ixonanthaceae	濒危	Ⅲ
17	吊皮锥 *Castanopsis kawakawii*	壳斗科 Fagaceae	渐危	Ⅲ
18	白桂木 *Artocarpus hypargyreus*	桑科 Moraceae	渐危	Ⅲ
19	巴戟 *Morinda officinalis*	茜草科 Rubiaceae	稀有	Ⅲ

兰科植物有23属35种，即脆兰 *Acampe rigida*、香港安兰 *Ania hongkongensis*、绿花安兰 *A. hookeriana*、金线兰 *Anoectochilus roxburghii*、牛齿兰 *Appendicula cornuta*、竹叶兰 *Arundina graminifolia*、禾叶兰 *A. chinensis*、广东石豆兰 *Bulbophyllum kwangtungenesis*、棒距虾脊兰 *Calanthe clavata*、密花虾脊兰 *C. densiflora*、无距虾脊兰 *C. gracilis*、流苏贝母兰 *Coelogyne fimbriata*、隐柱兰 *Cryptostylis arachnites*、建兰 *Cymbidium ensifolium*、墨兰 *C. sinensei*、蛇舌兰 *Diploprora championii*、足茎毛兰 *Eria coroaria*、网鞘毛兰 *E. muscicolai*、玫瑰毛兰 *E. rosea*、高斑叶兰 *Goodyera procera*、橙黄玉凤兰 *Habenariarhodochelia*、扇叶羊耳蒜 *Liparis. chloroxantha*、血见清 *L. nervosa*、羊耳羊耳蒜 *L. plicata*、云南羊耳蒜 *L. yunnanensis*、阔叶沼兰 *Microstylis latifolia*、三蕊兰 *Neuwiedia veratrifolia*、卷萼兜 *Paphiopedilum appletonianum*、紫唇兜兰 *P. purpuratum*、鹤顶兰 *Phaius tankervilliae*、石仙桃 *Pholidota. chinensis*、云南石仙桃 *P. yunnanensis*、小舌唇兰 *Platanthera minor*、柄唇兰 *Podochilus khasianus*、苞舌兰 *Spathoglottis pubescens* 等，全部为《濒危野生动植物种国际贸易公约》附录Ⅱ物种。

（2）经济植物多样　在保护区内蕴藏着比较丰富的经济植物资源。

①药用植物　其中清热解毒药用植物有华南忍冬 *Lonicera confusa*、地胆草 *Elephantopus scaber* 等；清热凉血的药用植物有葛 *Pueraria lobata*、马鞭草 *Verbena officinalis*、茅莓 *Rubus parvifolius* 等；清热利尿的药用植物有淡竹叶、车前 *Plantago asiatica*、海金沙等；清热利湿的药用植物有岗松、酢浆草、算盘子等；祛风湿的药用植物有狗脊 *Woodwardia japonica*、两面针、菝葜等；跌打损伤、止血肿痛的药用植物有积雪草 *Centella asiatica*、鲫鱼胆、薯莨、一点红等；壮阳药的药用植物有金樱子 *Rosa laevigata*；活血祛瘀的药用植物黑老虎 *Kadsura coccinea*；补血药的药用植物有香花崖豆藤 *Millettia dielsiana*、桃金娘、酸藤子 *Embelia laeta* 等；利湿解毒、消肿散结的药用植物有土茯苓；止血药用植物有鳢肠；民间常用草药或凉茶有梅叶冬青、草珊瑚、车前、韩信草等。

②用材植物　其中一类用材有樟树等；二类用材有黄樟；三类用材有蕈树、华润楠等；四类用材有日本杜英等；五类用材有鼠刺、猴欢喜等；可作军工用材的有黄杞等；可作胶合板用材的有赤杨叶 *Alniphyllum fortunei*、猴耳环、亮叶猴耳环等；可作房屋建筑的有米槠、杉木等；可作纺织用材有木荷 *Schima superba*、石斑木 *Photinia prunifolia* 等；可作乐器用材的有山乌桕、鹅掌柴；造纸用材的有山矾 14 种等。

③观赏植物主要有园林植物，如竹柏 *Podocarpus nogi*、罗汉松、仁昌木莲 *Manglietia chingii*、深山含笑、樟树、阴香、木荷、黄毛五月茶 *Antidesma fordii*、白背叶 *Mallotus apelta*、红花荷 *Rhodoleia championi*、枫香树、朴树、蕈树等；野生灌木花卉，主要有多种野牡丹、多种杜鹃、吊钟花、桃金娘；草本景观植物，主要有多种兰花、华凤仙 *Impatiens chinensis* 等；果木类植物，有朱砂根 *Ardisia crenata* 等；藤本景观植物，主要有小叶买麻藤 *Gnetum parvifolium*、罗浮买麻藤、金樱子、香花崖豆藤、玉叶金花、小叶红叶藤 *Rourea microphylla*、狮子尾 *Rhaphidophora hongkongensia*、菝葜等。

④纤维植物　主要有罗浮买麻藤 *Gnetum lofuense*、小叶买麻藤、朴树、光叶山黄麻 *Trema cannabina*、长蒴黄麻 *Corchorus olitorius*、山芝麻、葛、白背叶、了哥王、小蜡、黑莎草、芒等。

⑤野生水果植物　主要有浆果类，如毛花猕猴桃 *Actinidia eriantha*、黄毛猕猴桃 *A. fulvicoma*、华南猕猴桃 *A. glaucophylla*、阔叶猕猴桃 *A. latifolia*、桃金娘等；仁果类有金樱子等；核果类有角花胡颓子 *Elaeagnus goonyanthes*、杨梅等；此外，岭南山竹子 *Garcinia oblongifolia*、白花悬钩子、茅莓、罗浮油柿均较常见，也较重要。

⑥油脂植物　主要有杉木、樟树、香叶树、光叶山黄麻、岭南山竹子、虎皮楠 *Daphniphyllum oldhamii*、毛果巴豆、白背叶、油茶、广宁油茶、算盘子、油桐、盐肤木、山乌桕、黑莎草等。

⑦鞣料植物　比较重要的有猴欢喜、油桐、杨梅、金樱子、桃金娘、枫香树、多种菝葜、黑面神、薯莨、盐肤木等。

⑧芳香植物　主要有马尾松、杉木、假鹰爪、樟树、阴香、黄樟、香叶树、岗松、簕党花椒 *Zanthoxylum avicennae*、两面针、枫香树、草珊瑚、黄荆 *Vitex negundo*、香附子等。

⑨淀粉植物　主要有狗脊、葛、福建观音座莲、金毛狗、壳斗科 26 种植物、杨梅、金樱子、土茯苓、毛花猕猴桃、黄毛猕猴桃、华南猕猴桃、阔叶猕猴桃、野芋等。

⑩保健饮料植物　主要有杨梅、桃金娘、金樱子、毛花猕猴桃、黄毛猕猴桃、华南猕猴桃、阔叶猕猴桃、岭南山竹子、茅莓等。

此外，农药植物主要有香花崖豆藤、水蓼、海金沙等；野菜植物，其中资源数量较大而且比较受欢迎的有皱果苋 *Amaranthus viridis*、革命菜等；有毒植物有大茶药、海芋、飞扬草、油桐等。

5.2.7.6　野生动物资源

（1）野生动物资源较丰富　该保护区的生态环境复杂，森林茂密，孕育了丰富的野生动物种类。据调查统计（张金泉等著，2000），保护区内有脊椎野生动物 196 种，分隶 5 纲 30 目 74 科（表 5.28）。

表5.28 江门古兜山自然保护区野生动物类群的组成

动物类群	目数	科数	种数
两栖纲 AMPHIBIA	2	6	21
爬行纲 REPTILIA	3	11	41
鸟纲 AVES	13	31	86
哺乳纲 MAMMALIA	6	14	25
鱼纲 PISCES	6	12	23
合计	30	74	196

①两栖类　据调查统计，有21种或亚种，隶属2目6科，占该区野生脊椎动物总种数的10.71%。无尾目（SALIENTIA）有5科19种，占该区两栖动物总种数的90.48%，其中蛙科 Ranidae 11种，姬蛙科 Microhylidae 4种，雨蛙科 Hylidae 和蟾蜍科 Bufonidae 各1种；有尾目（CAUDATA）只有蝾螈科 Salamandridae 1科2种，占该区两栖动物总种数的9.52%。

②爬行类　据调查统计，有41种，隶属3目11科，占该区野生脊椎动物总种数的20.92%。蛇目（SERPENTES）有科27种，占该区爬行动物总数的65.85%，其中游蛇科 Colubridae 18种，眼镜蛇科 Elapidae）5种，蝰蛇科 Viperidae 2种，盲蛇科 Typhlopidae 和蟒蛇科 Boidae 各1种；蜥蜴目（LACERTILI）有3科9种，占该区爬行动物总数的21.95%，其中石龙子科 Scincidae 5种，鬣蜥科 Agamidae 和壁虎科 Gekkonidae 各2种；龟鳖目（TESTUDINATA）有3科5种，占该区爬行动物总数的12.2%，其中鳖科 Trionychidae 和龟科 Testudinidae 分别为2种，各占4.88%。

③鸟类　据调查统计，有86种，隶属13目36科。占该区动物总数的43.88%。雀形目（PASSERIFOMES）有17科49种，占总数的56.98%；隼形目（FALCONIFOEMES）有2科7种，占总数的8.14%；鸮形目（STRIGFORMES）有2科6种，占总数的6.98%；佛法僧目（CORACIIFORMES）2科5种，占总数的4.42%；鹃形目（CUCULIFORMES）1科4种，占总数的4.65%；鹳形目（CICONIIFORMES）、鸽形目（COLUMBIFORMES）和鴷形目（PICIFORMES）分别为1科3种，各占总数的3.49%；鸡形目（GALLIFORMES）分别有1科2种，占总数的2.33%；鸊鷉目（PODICIPEDIFORMES）、雁形目（ANSERIFORMES）、鹤形目（GRUIFORMES）和雨燕目（APODIFORMES）分别为1科1种，各占总数的1.16%。

④哺乳类　据调查统计，有25种，隶属14科6目，占该区动物总种数的12.76%；占广东省哺乳类总数（124种）的20.16%；占全国哺乳类（449种）的5.57%。啮齿目（RODENTIA）有4科11种，占该区哺乳类总数的44%；食肉目（CARNIVORA）4科7种，占总数的28%；偶蹄目（ARIODACTYLA）有2科3种，占总数的12%；翼手目（CHIROPTERAS）有2科2种，占总数的8%；食虫目（INSECTIVORA）和鳞甲目（PHOLIDOTA）分别有1科1种，各占总数的4%。

⑤鱼类　据调查统计，有23种，隶属6目12科，占动物总种数的11.73%。鲤形目（CYPRINFORMES）有3科13种，占该区鱼类总数的56.52%；合鳃鱼目（SYNBRANCHIFORMES）和鲈形目（PERCIFORNES）分别有3科3种，各占总数的13.04%；鲇形目（SILURIFIRMES）有2科2种，占总数的8.7%；鳗鲡目（ANGUILLIFORMES）和鳉形目（CYPRINODONTIFORMES）分别为1科1种，各占总数的4.35%。

（2）珍稀濒危保护动物较多　以我国1989年公布实施的《国家重点保护野生动物名录》和2001年公布实施的《广东省重点保护陆生野生动物名录》（第一批）为依据，保护区拥有保护脊椎动物34种，占广东省动物总数（117种）的29.06%。其中国家Ⅰ级重点保护动物1种，国家Ⅱ级重点保护动物23种，省级重点保护动物10种（表5.29）。

表 5.29 江门古兜山自然保护区的保护动物

序号	种　名	科　名	IUCN 濒危等级	保护级别
		哺乳纲 MAMMALIA		
1	穿山甲 *Manis pentadactyla*	鲮鲤科 Manidae	濒危	Ⅱ
2	水獭 *Lutra lutra*	鼬科 Mustelidae	濒危	Ⅱ
3	小灵猫 *Viverricula indica*	灵猫科 Viverridae	易危	Ⅱ
4	豪猪 *Hystrix hodgsoni*	豪猪科 Hystricidae		省级
5	豹猫 *Felis bengalensis*	猫科 Felidae	易危	省级
6	小麂 *Muntiacusmuntjak*	鹿科 Cervidae	濒危	省级
7	赤麂 *Muntiacus muntjak*	鹿科 Cervidae	濒危	省级
		鸟纲 AVES		
8	岩鹭 *Egretta sacra*	鹭科 Ardeidae	稀有	Ⅱ
9	鸢 *Milvus korschun*	鹰科 Accipitridae		Ⅱ
10	雀鹰 *Accipiter nisus*	鹰科 Accipitridae		Ⅱ
11	松雀鹰 *Accipiter virgatus*	鹰科 Accipitridae	易危	Ⅱ
12	普通𫛭 *Buteo buteo*	鹰科 Accipitridae		Ⅱ
13	白腹鹞 *Circus spilonotus*	鹰科 Accipitridae	易危	Ⅱ
14	游隼 *Falco pergrinus*	隼科 Falconidae	易危	Ⅱ
15	红隼 *Falco subbuteo*	隼科 Falconidae	易危	Ⅱ
16	绿背金鸠 *Chalcophaps indica*	鸠鸽科 Columbidae		Ⅱ
17	褐翅鸦鹃 *Centropus sinensis*	杜鹃科 Cuculidae	易危	Ⅱ
18	小鸦鹃 *Centropus toulou*	杜鹃科 Cuculidae	易危	Ⅱ
19	草鸮 *Tyto capensis*	草鸮科 Tytonidae	易危	Ⅱ
20	栗鸮 *Phodilus badius*	草鸮科 Tytonidae	易危	Ⅱ
21	红角鸮 *Otus scops*	鸱鸮科 Strigidae		Ⅱ
22	领鸺鹠 *Glaucidium brodiei*	鸱鸮科 Strigidae		Ⅱ
23	斑头鸺鹠 *Glaucidium cuculoides*	鸱鸮科 Strigidae	易危	Ⅱ
24	灰林鸮 *Strix aluco*	鸱鸮科 Strigidae		Ⅱ
25	白鹭 *Egretta garzetta*	鹭科 Ardeidae		省级
26	栗苇鳽 *Ixobrychus cinnamomeus*	鹭科 Ardeidae		省级
		爬行纲 REPTILIA		
27	蚺（蟒）*Python molurus*	蟒科 Boidae	极危	Ⅰ
28	山瑞鳖 *Pelea steindachneri*	鳖科 Trionychidae	濒危	Ⅱ
29	三线闭壳龟 *Cuora trifasciata*	龟科 Testudidae	濒危	Ⅱ
30	平胸龟 *Platysternon megacephalum*	龟科 Testudidae	濒危	省级
		两栖纲 AMPHIBIA		
31	虎纹蛙 *Rana tigrina*	蛙科 Ranidae	易危	Ⅱ
32	黑眶蟾蜍 *Bufo melanostictus*	蟾蜍科 Pelobatidae		省级
33	棘胸蛙 *Rana spinosa*	蛙科 Ranidae	易危	省级
34	沼蛙 *Rana guentheri*	蛙科 Ranidae	无危	省级

（3）经济动物多样　根据2000 年8 月国家林业局发布的《国家保护的有益的或者有重要经济、科学研究价值的陆生野生动物名录》（简称“三有动物”），保护区内“三有动物”约有68 种。

①两栖类　主要有黑眶蟾蜍、棘胸蛙、泽蛙 *Rana limnocharis*、大绿蛙 *R. livida*、斑脚树蛙 *R. leu-*

comystax、花姬蛙 *Microhyla pulchra*、饰纹姬蛙 *M. ornata*、花狭口蛙 *Kaloula pulchra* 等8种。

②爬行类　主要有平胸龟、眼斑水龟 *Sacalia bealei*、变色树蜥 *Calotes versicolor*、石龙子、蓝尾石龙子、三索锦蛇、渔游蛇、翠青蛇、滑鼠蛇、灰鼠蛇、中国水蛇、铅色水蛇、金环蛇、银环蛇、眼镜蛇、眼镜王蛇、白唇竹叶青等16种。

③鸟类　主要有小鸊鷉、绿翅鸭 *Anas crecca crecca*、鹧鸪、雉鸡、白胸苦恶鸟 *Amaurornis phoenicurus*、山斑鸠 *Streptopelia orientalis*、珠颈斑鸠 *S. chinensis*、八声杜鹃 *Cuculus. merulinus*、噪鹃、普通翠鸟、白胸翡翠、栗啄木鸟 *Megalaima brachyurus*、斑啄木鸟 *Dendrocopos major*、绿鹦嘴鹎 *Spizixos semitorques semitarques*、红耳鹎 *Pynonotus jocosus*、红臀鹎 *Pynonotus* cafer、绿翅短脚鹎 *Hypsipetes mccleilardii holtii*、栗背短脚鹎 *Hypsipetes flvala canipennis*、黑［短脚］鹎 *Hypsipetes nadagasceriensis*、黑卷尾 *Dicrurus macrocercus*、发冠卷尾 *D. hottentottus*、八哥、红嘴蓝鹊、喜鹊、黑脸噪鹛 *Garrulax perspicillatus*、画眉、大山雀、红头长尾山雀、叉尾太阳鸟、暗绿绣眼鸟、［树］麻雀、白腰文鸟、金翅雀 *Carduelis sinica*、黄喉鹀、灰头鹀、小鹀等36种。

④哺乳类　主要有果子狸、野猪、黄鼬等3种。

5.2.7.7 景观资源

（1）绵延起伏的山峦　保护区的山地主要为燕山期花岗岩所组成，自新生代以来在喜马拉雅运动及新构造运动作用下，由于地面不断抬升，不但使原来披覆在花岗岩之上的的古生代寒武系和泥盆系地层受到强烈侵蚀以至消失，而且促使大面积的花岗岩岩体逐渐裸露地表，从而形成神奇峻秀山峦。

该保护区的山峦，北自横坑始，大体向南至正坑以南，绵延起伏29.6km；从海拔高度而论，自青石坑海拔27m始至主峰狮子头982.2m，相对高差达900m，登上狮子头或瓶身，台山市和新会区的景色，一览无遗。远眺南海，海阔天空，海天相连；近视山体，山峦起伏，秀丽多姿，如瓶身、瓶尖、三牙石和五指山等就是根据山峰的形态而命名的。此外，石峰、石蛋、悬崖和峡谷等景观到处可见。

①石峰景观　是由于花岗岩的基岩裸露而形成的山顶，多受1~2组节理交叉作用下成群出现，如狮子头（982.2m）、瓶身（922.6m）、瓶尖（866.0m）、黑石排顶（866.0m）、三牙石（862.0m）、狮子尾（849.0m）、望风朔（827.5m）、尖峰山（814.8m）、石山（807.0m）、喃呒挪髻冠（532.0m）和五指山（489.9m）等形态各异的石峰景观。

②石蛋景观　是花岗岩在两组以上不同方向的高倾角节理交叉切割后所形成的巨大石块，坠落于山坡或谷底，再经球状风化而成石蛋景观。在保护区内分布广泛，可见到埋藏型石蛋、半露型石蛋和裸露型石蛋。

③悬崖景观　是古兜山花岗岩山地在高倾角（45°~85°）的节理影响下，岩石崩塌后遗留下来的巨大临空面，它广布于石峰周围，坡度一般在30°以上，如白水带悬崖40°，瓶尖、瓶身和狮子头等的悬崖多在45°，崖高100m以上，崖宽100~300m，崖面常有无数被侵蚀的垂直状的石沟，犹如天书，雄奇险峻，蔚为壮观。

④峡谷景观　是由溪流沿花岗岩高倾角节理下蚀而成，横断面呈“V”形，较大的峡谷有山蕉坑、玄潭坑、双孖鲤鱼坑、车桶坑、三牙石大坑、青石坑、莲花坑和刘三妹坑等，峡谷的上部宽广，谷底狭窄，谷坡陡峭。谷底河床纵比降大，大小石蛋遍布，溪水常流，景色优美。

（2）清澈秀丽的水体　在上述发源于古兜山的众多溪流中，有的积水成潭，清澈见底，沁人心脾，有的飞流直下，雄奇壮观的斋公田、青石坑等瀑布，以及库水茫茫，碧波荡漾的老管底、扫管塘、螺塘、五指山和青石坑等水库。这些溪流、瀑布和水库就像晶莹闪烁的玉石镶嵌在青山绿水之中。而且保护区内的水质好，台山市和新会区的矿泉水厂的水就是利用古兜山的地下水。

保护区内有许多清澈秀丽的水体，主要包括河流、深潭 、瀑布和水库等。

①溪流景观　保护区的溪流密布，从NW向的古兜山分水岭为界，分别向东北蜿蜒汇入潭江，向西南注入新昌水和大同河。溪水主要来源是雨水，故其水文景观特征是：雨天，溪流水位上涨；晴天，溪流水位低落，但因森林茂密，岩石节理发育，地下富含潜水，不断补给溪流，形成终年不断流的独

特溪流景观，是观景、漂流的好去处。

②瀑布景观　瀑布是溪流溯源侵蚀出现陡崖倾泻下来的水流景观。它是水域景观中最具动态美的构景之一，其中最令人流连忘返的莫过于斋公瀑布、青石坑瀑布和三妹瀑布等。

③深潭景观　古语云：急水为滩，止水为潭。保护区内的上述瀑布之下，都有深潭出现，其中以三妹浴池的景色最令人陶醉，它位于莲花坑三妹瀑布之下，故称三妹浴池。潭深难测，水体清澈秀丽，沁人心脾。

④水库景观　保护区内人工建筑的大小水库有老营底、扫管塘、螺塘、五指山、青石坑、斋公田、凤山坑、丁字水、坪北和白鹤塘等 10 多座。这些碧波荡漾的水库，就象晶莹闪烁的玉石镶嵌在山地绿林之中，为保护区增色添辉。

⑤泉水景观　是地下水涌出地面的自然水体景观，在保护区内的泉水随地可见。特别值得指出的是古兜山花岗岩构造裂隙承压水，为重碳酸钙钠低矿化度偏硅酸饮用天然矿泉水，水中铁锰含量很低，无需除铁除锰即可灌装饮用。早已在保护区的北峰山森林公园内建清谷天然矿泉水厂，为广大游人饮用。

（3）翠绿浩瀚的林海　该保护区内几乎全被森林植被所覆盖，其覆盖率达 80 %以上。在这一望无际的林海中，既有大面积季风常绿阔叶林，还有沟谷雨林和常绿针叶林等。漫步林间，令人流连忘返。

由于保护区内的自然环境优越，蕴育了丰富多彩的具有生态旅游意义的生物景观。它是自然生态旅游中最富有活力及生气的组成要素，因为只有生物的存在才能使自然界成为有生气的动静结合的景观综合体。在保护区内对人们最具有吸引力的是植物和动物两大景观。

①植物景观　植物以形、色、香等塑造景观特色。在保护区内最具有吸引力的植物景观有 2 类。

A. 植被垂直分布景观　植被是维护陆地生态系统的主体。由于古兜山山地的海拔高低悬殊，相对高差达 900m，故从山麓至山顶可以观赏到沟谷雨林、低山丘陵季风常绿阔叶林、中山常绿阔叶林、山顶灌草丛等植被垂直分布景观。这些植被景观是由组成植物种类不同、结构不一、外貌各异而形成的，可供游人进行科学考察和观赏。

B. 珍稀植物景观　据调查，在保护区内拥有野生维管植物 1044 种，其中珍稀保护植物有 19 种，此外还有兰科植物 35 种，共计 54 种。这些珍稀植物的形态各异，景观不同，既具有观赏和科研的价值，又必须加强保护。

②动物景观　动物能使自然生态景观的空间更加活跃、生动而富有情趣。在保护区内最具有吸引力的动物景观有 3 类。

A. 动物垂直分布景观　保护区的动物也与植被一样，随着山地海拔高度的升高，可以观赏到溪谷平地带、溪流水域带和山林带等栖息生存着不同的动物种群景观。

B. 珍稀动物景观　据调查统计，保护区内拥野生动物有 196 种，其中珍稀动物计有 34 种。这些珍稀动物的形态各异，景观不同，不但具有科研的价值，而且具有观赏意义。

C. 观赏动物景观　在保护区内常见的观赏动物有白鹭 *Egretta garzetta garzetta*、红嘴蓝鹊、暗绿绣眼鸟 *Zosteropa japonicahe*、三线闭壳龟 *Cuora trifasciata* 等。

（4）神奇迷人的云雾　古兜山蜿蜒起伏的山地，因突起在珠江三角洲平原之上，海拔较高、湿度大，故常被云雾笼罩。每当云雾弥漫之时，常常瞬息万变，时而变为流云，环绕峰腰，时而化作云瀑，直泻谷底。山峰在云海中沉浮，景色万千，颇有神奇迷人色彩。

5.2.8　惠东莲花山白盘珠自然保护区

1994 年，惠东县人民政府根据广东省人民政府的要求，拟建白盆珠水源林自然保护区。1999 年 10 月，惠东县人民政府惠府办［1999］73 号文批准建立“惠东白盆珠水源林县级自然保护区”。1999 年 10 月 26 日，惠州市人民政府惠府函［1999］73 号文《关于建立惠东白盆珠水源林市级自然保护区的批复》批准建立“惠东白盆珠水源林市级自然保护区”。

1999年，惠东县人民政府惠府办［1999］47号文批准建立“惠东莲花山县级自然保护区”。2000年12月6日，惠州市人民政府惠府函［2000］71号文《关于建立莲花山等8个市级自然保护区问题的批复》批准建立“惠东莲花山市级自然保护区”。

以上两个市级自然保护区仅以公路相隔，按照县、市人民政府意见，合并为一个保护区，称为惠东莲花山白盘珠自然保护区。

为了更好地促进保护区的发展和管理，惠东县林业局于2001年委托中国林业科学研究院林业工程设计所和热带林业研究所对莲花山白盘珠自然保护区进行总体规划，并联合中山大学、华南农业大学、华南濒危动物研究所等单位进行了自然资源和社会经济状况的科学调查，撰写了《广东省莲花山白盘珠自然保护区自然资源科学考察报告》，为申报建立惠东莲花山白盘珠省级自然保护区提供了科学依据。2004年，广东省人民政府粤府函［2004］9号文“关于同意乐昌大瑶山等9个市级自然保护区升格为省级自然保护区”，批准建立惠东莲花山白盘珠省级自然保护区。主要保护对象为南亚热带季风常绿阔叶林生态系统、国家重点保护珍稀濒危动植物资源及其环境和水资源。

根据中华人民共和国国家标准《自然保护区类型与级别划分原则》（GB/T14529—93），惠东莲花山白盘珠自然保护区属“自然生态系统类别”中的“森林生态系统类型”和“内陆湿地与水域生态系统类型”自然保护区。

5.2.8.1　自然条件

（1）位置范围　惠东莲花山白盘珠自然保护区位于惠州市辖的惠东县东北部的新庵镇境内，距县城60km。地理坐标为东经115°02′48″~115°15′35″，北纬23°02′48″~23°11′10″。具体范围：东北部属新庵镇，即沿五指嶂山脊往西经八月畲，再往西与宝口镇交界；东南部经莲花山顶与海丰县接壤；南部以白盆珠水库边为界；西南、南部与白盆珠镇相连；西南部属安墩镇，为安墩国家级生态公益林区；西北部与十二孔县级自然保护区相接；北部与宝口镇的虎竹峰自然保护区为邻。总面积14 034.1hm^2，其中山林面积9625.1hm^2，水面积4163.5hm^2，（含水浸地100hm^2,），非林地面积245.5hm^2。

（2）地质基础　连花山主峰海拔1336.3m，山峰尖峭，石峰成群矗立，形似莲花突起在山顶上，故名莲花山。

①地层　连花山为花岗岩广布区，几无地层露头。

②岩浆岩　连花山山体古老，为粤东地块东端，中生代以来一直处于上升状态，侏罗纪末期由于燕山运动导致大规模的岩浆岩侵入，形成花岗岩构成。

③构造 莲花山为中等规模的花岗岩穹窿体构造，在漫长的上升运动过程中，大部花岗岩体上覆盖的沉积岩层已基本被剥蚀殆尽。此外，断裂构造较发育，如莲花山垂直断裂，走向NW，延伸约8km。主要由中生代燕山期花岗岩和喷出岩构成。

（3）地貌概况　保护区地处莲花山—阴那山山脉的西南端，它是广东的第二大山脉，位置接近粤东海岸，并与它大致平行。保护区属花岗岩中、低山、丘陵地貌。

①花岗岩中山　主要分布于保护区的东南部，海拔800m以上，山地走向以北东—西南向为主，区内峰峦起伏，主峰莲花山顶海拔1336.3m，不仅是莲花山白盘珠自然保护区的最高处，惠东县最高峰，也是粤东最雄伟高峰，其次是五指峰海拔1170m，再其次为千湖寨海拔896m等。山地坡度一般在25°以上，部分坡度有达40°~45°。

②花岗岩低山　主要分布于保护区的西北部，海拔500~800m，地势起伏稍大，主要山峰有铜锣坪海拔632m、天子嶂海拔526m等，坡度多在25°~35°，形成上陡下缓的地形态势。

③花岗岩丘陵　主要分布于花岗岩中山与低山之间，海拔250~500m，丘陵破碎，起伏和缓，坡度20°~30°。

保护区内由于构成山丘的花岗岩断层裂隙发育，而常被溪流下切成峡谷，裸露基岩和岩块多呈球状剥落，故悬崖绝壁及石蛋地貌颇为普遍。地势高低悬殊，白盆珠水库下为最低。

（4）气候特点　保护区属南亚热带海洋性气候，其特点是：光照充足，热量丰富，降水充沛，空气湿润，有干湿季之分。由于保护区内目前尚无气象站，据惠东县气象资料：年均日照时数2038.9h；年平均气温22.0℃，1月平均气温14.1℃，极端最低气温0.2℃，7月平均气温28.9℃，极端最高气温38.7℃；≥10℃年积温7947.9℃；年均降水量1935.7mm，年最大降水量达2530mm（1979年），年最小降水量达1345mm（1967年），4～9月为雨季，占全年总降水量82.3%，10月至翌年3月为旱季；多年平均相对湿度80%。年蒸发量1875mm。常年基本无霜。雨热同季，有利生物繁衍更迭。但有初春低温阴雨、夏秋台风、秋末寒露风为主要自然灾害。

由于保护区海拔高差悬殊，故气候垂直差异大，据调查报告（陈步峰等），2000年3月13～14日对3个林分3个海拔高度气温状况的观测，白昼8～19小时（海拔650m、580m和280m）的平均气温分别为15.9℃、16.1℃、18.0℃，最高时段均在12～15h，温度范围分别为17.3～17.5℃、17.1～17.8℃、19.5～20.0℃，最高气温依次也分别为17.5℃/14小时、17.8℃/14小时、20.0℃/15小时。天然常绿阔叶林林内气温随海拔的升高白昼平均递减率在0.59℃/100m，夜间林内气温随海拔的升高平均递减率在0.34°C/100m。

（5）水文特征　保护区地表水文属于东江支流西枝江上游的集水溪流。地表水以河流、水库等形式分布。

①河流　河流流量变化与降雨季节变化相关，4～9月为丰水期，10月至翌年3月为枯水期。保护区内有大小溪流6条，呈树枝状分布于莲花山西南、东北两侧，流量较大的河流有如下几条。

A. 横瑶河　位于白盆珠水库东南部，是保护区内较大的河流，发源于莲花山主峰的西南麓，其上游多分布有多条支流汇聚而成流量较大的河流。自东南向西北注入白盆珠水库。

B. 新丰河　位于白盆珠水库东部，发源于莲花山主峰的西北麓，自东南向西北流入白盆珠水库。

C. 横坑河　位于白盆珠水库东部，发源于莲花山主峰的西麓，汇集为自东向西流入白盆珠水库。

D. 石头坑河　位于白盆珠水库北部，发源于铜锣坪东部，大体自北向南流入白盆珠水库。

E. 芋坑河　位于白盆珠水库北部，发源于铜锣坪北部，大体自北向南流入白盆珠水库。

F. 坑屯河水　即西枝江的上游，汇入白盆珠水库的一条最大的河流，

②水库　在保护区内的白盆珠水库，属广东第四座大型水库，位于惠东县境内，流域面积856/km^2，总库容12.2/亿m^3，坝顶海拔88.2m，最大坝高66.2m，坝顶长240m，峻工于1987年10月，其用途以灌溉主要，防洪、发电其次，年发电量达8600万度。此外，四周还有若干座小水电站。

③水质　据对保护区内6条代表性河流和库区多点式采样，依据国家地表水环境标准（GB3838－88）分析了标准中最主要的10项水质元素结果：pH 6.65～7.01之间，酸度近中性；挥发酚均为0.001mg/L，小于Ⅰ类标准阀值50%，NO_2含量均值为0.01，反映出水体中含还原性有机污染物极低；而溶解氧的饱和率均大于90%；凯氏N含量仅占Ⅰ类标准阀值20%～40%，反映出水体中富养化极低；Cu、Cd、Pb含量甚微。这些结果表明保护区水质达到国家Ⅰ类标准。

（6）土壤特征　保护区成土母质比较简单，以花岗岩风化物为主，石英砂岩、粉砂岩、粉砂质页岩及泥质绢云母页岩、泥质页岩和炭质页岩和含卵砾砂夹黏土等次之。但因地处北回归线以南，自然植被为南亚热带季风常绿阔叶林，土壤形成的富铁铝化作用处于砖红壤带与红壤带之间，故该保护区的地带性土壤应属赤红壤地带。

在不同海拔高度的土壤类型也不相同，具有较明显的垂直分布规律。

（1）赤红壤　是保护区的地带性土壤，主要分布在海拔400m以下的丘陵，土体剖面发育完整，多呈浅黄棕色，成土母质为易风化的花岗岩，风化层深厚，一般在1～2m以上，质地为黏土或黏壤土，pH 4.4，有机质含量4%。表层质地为沙壤土—沙质黏壤土，表土层之下土体紧实，土壤多呈酸性至强酸性。但随着山地海拔高度增加而气温降低、降水量增多的变化，土壤发育发生相应的更替。

（2）山地红壤　主要分布于海拔400～800m的山腰为主，土体剖面发育完整，多呈灰棕色或红棕色，成土母质和表层质地与赤红壤相似，只是风化层厚薄不一，一般在1m左右。土层有机质含量为4.5%，pH 4.5，土壤质地为壤土和粉（沙）质黏壤土。

(3) 山地黄壤　主要分布在海800～1000的山地，土体剖面发育完整，呈灰黑色或黑褐色，成土母质为花岗岩风化的残积物和坡积物，质地较粗，多为粉沙壤土和壤土，呈灰黄色。表层土有机质积累丰富，含量高达18%，pH 4.4。

(4) 灌丛草甸土　主要分布在海拔1000以上为山顶和山脊，土体剖面发育层次不完整，有明显的枯枝落叶和草根盘结的草甸层，有机质含量15.8%，pH 4.3，土壤质地为砂质壤土，营养元素储量高，有机质306.3t/hm^2，有机碳119.7t/ hm^2，全N 10.2t/ hm^2，全K 318.7t/ hm^2，全P 2.39t/ hm^2。

5.2.8.2　功能分区

依据《广东莲花山白盆珠自然保护区总体规划》①，将莲花山白盆珠自然保护区分为3个功能区。

(1) 核心区　根据保护区内保存完好的天然状态的季风常绿阔叶林生态系统以及珍稀濒危动植物的集中分布地有两片核心区。

一片是东部核心区，以莲花山为主，范围包括莲花山、吊神牌、江珠石和三坑等。

另一片是西部核心区，以白盆珠水库水面以西的芋坑肚镇政府公山为核心区，范围包括高南峯、天子嶂、烂畔仔、黄峰排等。

两片核心区总面积6730.5hm^2，占保护区总面积的47.96%。主要功能是涵养水源、保持水土，保护天然季风常绿阔叶林生态系统、珍稀野生动植物及其生存栖息繁衍的环境等。将实行全封闭管理，除必需的科学研究的定位观测、进入检查等外，禁止任何人进入，严禁狩猎、采挖药材和砍伐林木。

(2) 缓冲区　位于核心区外围的重要地区，也有两片。

一片是陆地缓冲区，面积1156.7hm^2，占保护区陆地面积的11.72%。

另一片是水面缓冲区，面积4163.5hm^2，占保护区总面积的29.67%。

主要功能是：对于保护核心区起缓冲作用，确保核心区的天然常绿阔叶林生态系统和珍稀野生动植物的良性循环。此区将实行半封闭式管理，尽量减少进入人员，在路口和显著位置设置警示牌，严禁砍伐珍稀林木，以及外来因素破坏。

(3) 实验区　位于缓冲区外围的重要地带，面积1983.4hm^2，占保护区总面积的14.13%。

主要功能是：根据自然资源和实际需要，开展野生动物驯养繁殖研究；建立珍贵树种与保护树种种子基因库和开展科普教学、生态旅游等活动（图5.9）。

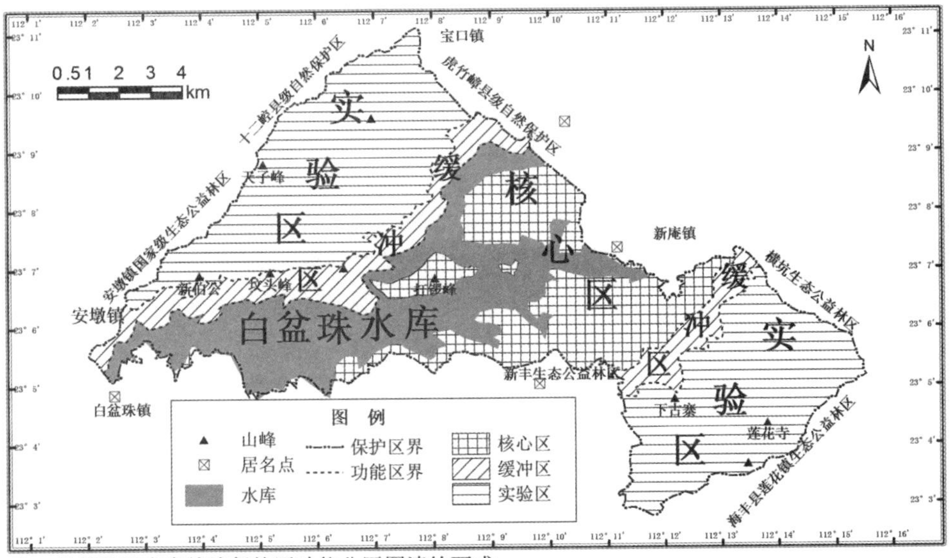

注：此图根据李竟德该保护区功能分区图清绘而成。

图5.9　惠东莲花山白盆珠自然保护区功能分区图

① 李意德．广东莲花山白盆珠自然区总体规划．中国林科院林业研究所，广东省惠州市林业局，广东省惠县林业局．2001.11.

5.2.8.3 植物区系特点

（1）植物物种丰富　据调查统计①，该保护区拥有野生维管束植物 1421 种（包括种下分类单位，下同），隶属 655 属 191 科，占广东省野生维管束植物（5933 种）的 23.95%（叶华谷等，2005）。其中蕨类植物 104 种，隶属 52 属 30 科；裸子植 8 种，6 属属 6 科；被子植物 1309 种，隶属 597 属 155 科（表 5.30）。

表 5.30　惠东莲花山白盆珠自然保护区野生维管束植物类群的组成

植物类群		科数	属数	种数
蕨类植物		30	52	104
裸子植物		6	6	8
被子植物	双子叶植物	132	476	1093
	单子叶植物	23	121	216
合计		191	655	1421

此外，尚有栽培植物 107 种，分隶 83 属 45 科。其中裸子植物 10 种，分隶 9 属 6 科；被子植物 97 种，分隶 74 属 39 科（双子叶植物 79 种 58 属 33 科；单子叶植物 18 种 16 属 6 科）。

（2）地理成分较复杂

①蕨类植物的地理成分

A. 科的地理分布区类型　根据保护区 30 科的分布类型统计分析如下。

广布科　共有 11 科，占该区总科数的 36.67%。如石杉科 Huperziaceae、石松科 Lycopodiaceae、卷柏科 Selaginellaceae、木贼科 Equisetaceae、瓶尔小草科 Ophioglossaceae、紫萁科、铁线蕨科 Adiantaceae、蹄盖蕨科 Athyriaceae、铁角蕨科 Aspleniaceae、水龙骨科 Polypodiaceae、槐叶苹科 Salviniaceae 等。

热带、亚热带分布科　共有 12 科，占该区总科数的 63.16%（扣除广布科 11 科，下同）。如松叶蕨科 Psilotaceae、里白科 Gleicheniaceae、中国蕨科 Sinopteridaceae、金星蕨科 Thelypteridaceae、莲座蕨科 Angiopteridaceae、桫椤科 Cyatheaceae、鳞始蕨科 Lindsaeaceae、海金沙科 Lygodiaceae、凤尾蕨科 Pteridaceae、三叉蕨科 Aspidiaceae、实蕨科 Bolbitidaceae、骨碎补科 Dvalliaceae 等。

泛热带分布科　共有 5 科，占该区总科数的 26.32%。如蚌壳蕨科 Dicksoniaceae、乌毛蕨科 Blechnaceae、肾蕨科 Nephrolepidaceae、槲蕨科 Drynariaceae、禾叶蕨属 *Grammitis* 等。

温带至亚热带高山地区分布科　仅有鳞毛蕨科 Dryopteridaceae 1 科，占该区总科数的 5.26%。

亚洲、大洋洲和美洲热带分布科：仅有 1 科，各占总科数的 5.26%。如的瘤足蕨科 Plagiogyriaceae。

B. 属的地理分布区类型　根据保护区 52 属的分布类型统计分析如下。

广布分布属：共有 6 属，占该区总属数的 11.54%。如石杉属、石松属 *Lycopodium*、卷柏属 *Selaginella*、铁线蕨属 *Adiantum*、铁角蕨属 *Asplenium*、槐叶苹属 *Salvinia* 等。

泛热带分布属　共有 7 属，占该区总属数的 15.22%（扣除广布分布 6 属，下同）。如马尾杉属 *Phlegmariurus*、鳞始蕨属 *Lindsaea*、乌蕨属 *Sphenomeris*、圣蕨属 *Dictyocline*、肾蕨属 *Nephrolepis*、槲蕨属 *Drynaria*、禾蕨属 *Grammitis* 等。

热带和亚热带分布属　共有 34 属，占该区总属数的 73.91%。其中热带至亚热带为主，如松叶蕨属 *Psilotum*、灯笼草属 *Palhinhaca*、瓶尔小草属 *Ophioglossum*、观音莲座属 *Anglopteris*、芒萁属、里白属、海金沙属、凤尾蕨属 *Pteris*、金粉蕨属 *Onychium*、碎米蕨属、断肠蕨属 *Allantodia*、毛蕨属 *Cyclosorus*、针毛蕨属 *Macrothelypteris*、金星蕨属 *Parathelypteris*、新月蕨属 *Pronephrium*、假毛蕨属 *Pseudocy-*

① 李意德．广东省惠东莲花山白盆珠自然区自然资源科学考察报告．中国林科院林业研究所，中山大学生命科学院，华南农业大学林学院，惠东县林业局．2001.8.

closorus、乌毛蕨属、崇澍蕨属 *Chieniopteris*、三叉蕨属 *Tectaria*、阴石蕨属、线蕨属 *Colysis*、骨牌蕨属 *Lepidogrammitis*、石韦属等。

以亚热带为主的属　与热带至亚热带分布的类型相当，热带亚洲分布的有5属，如藤石松属 *Lycopodiastrum*、黑桫椤属、复叶耳蕨属 *Arachniodes*、刺蕨属 *Egenolfia*、星蕨属 *Microsorium* 等；热带亚洲—大洋洲分布1属，如苏铁蕨属 *Brainea*；热带亚洲至热带美洲分布有3属，如瘤足蕨属 *Plagiogyria*、双盖蕨属 *Diplazium*、单叶盖蕨属 *Triblemma*；东亚分布有2属，如金毛狗属、伏石蕨属 *Lemmaphyllum* 等。

温带、热带分布属　有2属，占该区总属数的4.35%。如紫萁属、狗脊属等。

温带分布属　有2属，占该区总属数的4.35%。如贯众属 *Cyrtomium*、鳞毛蕨属 *Dryopteris* 等。

寒、温带分布属。有1属，占该区总属数的2.17%。如木贼属 *Equisetum*。

②种子植物的地理成分

A. 科的地理分布区类型　按照《世界种子植物科的分布区类型系统》（吴征镒等，2003），保护区内种子植物160科的分布区类型统计分析，除旧世界温带分布、温带亚洲分布、地中海区和西亚至中亚分布、中亚分布及中国特有分布科尚未发外，其余10个分布区类型及变型均有分布。

*1. 广布类型　计有43科，占该区总科数的26.71%。如毛茛科、十字花科、堇菜科、远志科、虎耳草科、蓼科、石竹科、藜科、苋科、酢浆草科、千屈菜科、柳叶菜科、小二仙草科、瑞香科、蔷薇科、蝶形花科、杨梅科、榆科、桑科、鼠李科、伞形科、木犀科、茜草科、败酱科、菊科、龙胆科 Gentianaceae、报春花科 Primulaceae、白花丹科 Plumbaginaceae、桔梗科、车前科、半边莲科、紫草科 Boraginaceae、茄科 Solanaceae、旋花科 Convolvulaceae、玄参科 Scrophulariaceae（主产温带）、狸藻科、唇形花科（主产地中海）、水鳖科 Hydrocharitaceae、泽泻科、浮萍科、兰科、莎草科（主产温带及寒温带）、禾本科等。

*2. 泛热带分布类型　计56科，占该区总科数的47.46%（扣除广布类型43科）。如番荔枝科 Annonaceae、樟科、莲叶桐科 Hernandiaceae、防己科、马兜铃科 Aristolochiaceae、胡椒科、金粟兰科、白花菜科 Capparidaceae、凤仙花科 Balsaminaceae、大风子科 Flacourtiaceae、天料木科 Samydaceae、西番莲科 Passifloraceae、葫芦科 Cucurbitaceae、秋海棠科 Begoniaceae、茶科、野牡丹科、使君子科 Combretaceae、红树科 Rhizophoraceae、藤黄科 Guttiferae、梧桐科、锦葵科、金虎尾科 Malpighiaceae、大戟科、含羞草科、荨麻科 Urticaceae、卫矛科、茶茱萸科 Icacinaceae、铁青树科 Olacaceae、檀香科 Santalaceae、蛇菰科 Balanophoraceae、葡萄科 Vitaceae、芸香科 Rutaceae、苦木科 Simaroubaceae、橄榄科 Burseraceae、楝科 Meliaceae、无患子科、漆树科 Anacardiaceae、柿科 Ebenaceae、山榄科 Sapotaceae、紫金牛科 Myrsinaceae、马钱科 Loganiaceae、夹竹桃科 Apocynaceae、萝藦科、花柱草科 Stylidiaceae、爵床科 Acanthaceae、鸭跖草科 Commelinaceae、谷精草科 Eriocaulaceae、竹芋科 Marantaceae、雨久花科 Pontederiaceae、菝葜科、天南星科、薯蓣科、棕榈科 Palmae、仙茅科 Hypoxidaceae、蒟蒻薯科、水玉簪科 Burmanniaceae 等。

*2-1 热带亚洲、大洋洲（至新西兰）和南美洲（或墨西哥）间断分布　有2科，占该区总科数的1.69%。如第伦桃科 Dilleniaceae、山矾科 Smyplocaceae。

*2-2 热带亚洲、非洲和南美洲间断分布　有5科，占该区总属数的4.24%。如买麻藤科 Gnetaceae、粘木科 Ixonanthaceae、椴树科 Tiliaceae、苏木科 Caesalpiniaceae、鸢尾科 Iridaceae。

*2s 以南半球为主的泛热带分布　有6科，占该区总属数的5.08%。如罗汉松科、粟米草科 Molluginaceae、商陆、山龙眼科、桃金娘科、桑寄生科 Loranthaceae 等。

*3. 热带亚洲和热带美洲间断分布　有9科，占该区总属数的7.63%。如木通科 Lardizabalacea、水东哥科、杜英科、冬青科、省沽油科、五加科 Araliaceae、安息香科 Styracaceae、苦苣苔科 Gesneriaceae、马鞭草科 Verbenacea 等。

*4. 旧世界热带分布　有4科，占该区总属数的3.39%。如海桐花科 Pittosporaceae、八角枫科 Alangiaceae、芭蕉科 Musaceae、露兜树科 Pandanaceae。

*5. 热带亚洲至热带大洋洲分布　有2科，占该区总属数的1.69%。如交让木科、姜科。

*6. 热带亚洲至热带非洲分布　仅有1科，占该区总属数的0.85%。如杜鹃花科 Ericaceae。

*7. 热带亚洲（印度—马来西亚）分布　有1科，占该区总属数的0.85%。如牛栓藤科。

*7 -1 爪哇、喜马拉雅和华南、西南星散分布　仅有1科，占该区总属数的0.85%。如五列木科 Pentaphylacaceae。

*7 -3 缅甸、泰国至华西南分布　仅有1科，占该区总属数的0.85%。如肉实科。

*7 -4 越南（或中南半岛）至华南（或西南）分布　有3科，占该区总属数的2.54%。如大血藤科 Sargentodoxaceae、清风藤科 Sabiaceae、山柳科 Clethraceae。

*8. 北温带分布　有5科，占该区总属数的4.24%。如金丝桃科 Hypericaceae、越桔科 Vacciniaceae、忍冬科 Caprifoliaceae、列当科 Orobanchaceae、百合科 Liliaceae。

*8 -4 北温带和南温带（全温带）间断分布　有14科，占该区总属数的11.86%。如杉科、柏科、红豆杉科 Taxaceae、紫堇科、茅膏菜科 Droseraceae、绣球花科 Hydrangeaceae、金缕梅科、黄杨科、壳斗科 Fagaceae、胡颓子、槭树科 Aceraceae、胡桃科 Juglandaceae、山茱萸科 Cornaceae、灯心草科 Juncaceae 等。

*8 -5 欧亚和南美洲温带间断分布　有1科，占该区总属数的0.85%。如小檗科 Berberidaceae。

*9. 东亚和北美洲间断分布　有5科，占该区总属数的4.24%。如木兰科、八角科 Illiciaceae、五味子科 Schisandraceae、三白草科 Saururaceae、鼠刺科 Escalloniaceae。

*14. 东亚分布　有2科，占该区总属数的1.69%。如三尖杉科 Cephalotaxaceae、猕猴桃科。

从上所述可以看出，其中以泛热带分布类型最多，有69科，占该区总科数的58.47%（扣广布科43科，下同）；北温带分布类型有20科，占该区总科数的16.95%；热带亚洲和热带美洲间断分布类型有9科，占该区总科数的7.63%；其余分布区类型所含科数均在4.24%以下，不占重要地位；特别是中国特有科等5科分布类型缺如，表明该自然保护区植物区系在科级水平上以泛热带分布成分为主，兼有一定数量的北温带成分。

B. 属的地理分布区类型　根据保护区种子植物603属的分布类型，按照《中国种子植物属的分布区类型》（吴征镒，1991）统计分析，除地中海区、西亚至中亚分布、中亚分布类型及其变型尚未发现外，其他13个分布区类型及变型均有分布（表5.31）。

表5.31　惠东莲花山白盆珠自然保护区种子植物属的分布区类型

分布区类型及变型	属数	占总属数（%）
1. 广布分布	46	扣除
2. 泛热带分布	148	26.66
2 -1 热带亚洲、大洋洲和南美洲间断分布	5	0.90
2 -2 热带亚洲、非洲和南美洲间断分布	6	1.08
3. 热带亚洲和热带美洲间断分布	24	4.31
4. 旧世界热带分布	61	10.95
4 -1 热带亚洲、非洲和大洋洲间断分布	6	1.08
5. 热带亚洲至热带大洋洲分布	40	7.18
5 -1 中国（西南）亚热带和新西兰间断分布	0	0
6. 热带亚洲至热带非洲分布	28	5.03
6 -1 华南、西南到印度和热带非洲间断	1	0.18
6 -2 热带亚洲和东非间断	2	0.36
7. 热带亚洲（印度—马来西亚）分布	87	15.62
7 -1 爪哇、喜马拉雅和华南、西南星散分布	8	1.44

（续）

分布区类型及变型	属数	占总属数（%）
7－2 热带印度至华南分布	4	0.72
7－3 缅甸、泰国至华西南分布	2	0.36
7－4 越南（或中南半岛）至华南（或西南）分布	6	1.08
8. 北温带分布	35	6.28
8－1 环极分布	0	0
8－2 北极高山分布	1	0.18
8－3 北极—阿尔泰和北美洲间断分布	0	0
8－4 北温带和南温带（全温带）间断分布	3	0.54
8－5 欧亚和南美洲温带间断分布	0	0
8－6 地中海区、东亚、新西兰和墨西哥到智利间断	0	0
9. 东亚和北美洲间断分布	21	3.78
9－1 东亚和墨西哥间断	0	0
10. 旧世界温带分布	10	1.80
10－1 地中海区、西亚和东亚间断分布	3	0.54
10－2 地中海和喜马拉雅间断分布	0	0
10－3 欧亚和南非洲（有时也在大洋洲）间断	2	0.36
11. 温带亚洲分布	3	0.54
12. 地中海区、西亚至中亚分布	0	0
12－1 地中海区至中亚和南非洲、大洋洲间断	0	0
12－2 地中海区至中亚和墨西哥间断	0	0
12－3 地中海区至温带、热带亚洲，大洋洲和南美洲间断	0	0
12－4 地中海区至热带非洲和喜马拉雅间断	0	0
12－5 地中海区—北非洲、中亚、北美西南部，智利和大洋洲（泛地中海）间断分布	0	0
13. 中亚分布	0	0
13－1 中亚东部（亚洲中部）	0	0
13－2 中亚至喜马拉雅	0	0
13－3 西亚至喜马拉雅和西藏	0	0
12－4 地中海区至热带非洲和喜马拉雅间断	0	0
14. 东亚分布	29	5.21
14－1 中国—喜马拉雅（SH）	7	1.26
14－2 中国—日本（SJ）	8	1.44
15. 中国特有分布	5	0.90
合计	603	100.00

从表5.31可以看出，保护区属的地理成分是以热带成分占优势，从2～7各类热带成分共有430属，占该区总属数（扣除广布属46属，以下同）的77.20%。温带成分从8～12共有78属，占该区总属数的14%。东亚分布有44属，占该区总属数的7.9%。中国特有分布的5属，占该区总属数的0.9%，是杉木属、大血藤属 *Sargentodoxa*、石笔木属 *Tutcheria*、半枫荷属 *Semiliquidanbar*、伞花木属 *Eurycorymbus* 等。因此，在种子植物属级分布区类型水平上，以泛热带、热带亚洲的分布区类型为主，同时兼有一定数量的东亚分布和温带分布成分。这些特征与保护区所处地理位置相一致。

5.2.8.4 植被类型

保护区的地带性植被为季风常绿阔叶林，虽然曾经遭受人为的干扰和破坏，原始森林植被已荡然无存。但自1958年或1973年以后，大面积的常绿阔叶林却未再遭受严重破坏，至今已恢复为有一定结构、林冠连续、外貌终年常绿的天然次生常绿阔叶林。根据莲花山白盆珠植被的外貌、结构、种类组成和生境的差异，可划分为如下植被类型。

（1）针叶林　在保护区内有如下1个群系。

马尾松林（Form *Pinus massonian*）　主要分布于海拔400m以下丘陵地带，以及白盆珠水库四周，面积较大。其中大部分是1992~1993年绿化达标后飞播造林。

乔木层：郁闭度0.2~0.6。除优势种马尾松密度由300~2500株/hm^2不等，最高12m，最大胸径16cm外，偶见有少量的野漆树 *Toxicodendron sylvestris*、山乌桕 *Sapium discolor*、罗浮柿等。

灌木层：平均高1.5m，盖度10%~30%，除优势种岗松外，还有桃金娘、石斑木 *Rhaphiolepis indica* 等。

草本层：平均高0.8m，盖度70%~90%，除优势种芒萁外，还有乌毛蕨、山菅兰 *Dianella ensifolia*、黑莎草等。

（2）季风常绿阔叶林　主要分布在海拔600m以下的低山丘陵。保护区内主要有3个群系。

①黄杞林（Form *Engelhardtia roxburghiana*）　主要分布于海拔520m以下的低山丘陵地带。根据植物群落的建群种或优势种和生境的差异可见到如下群落。

A. 黄杞—短序润 *Machilus breviflora* + 野漆树—乌毛蕨群落　主要分布于海拔150m的芋坑肚山坡，坡向东，坡度20°。

乔木层：郁闭度达0.8，平均高5.4m，平均胸径6.6cm。除优势种黄杞密度800株/hm^2外，还有短序润、野漆树、鹿角锥 *Castanopsis lamontii*、山乌桕等。

灌木层：主要有狗骨柴 *Diplospora dubia*、豺皮樟 *Litsea rotundifolia*、华南青皮木 *Schoepfia chinensis*、香港鹰爪花 *Artabotrys hongkongensis*、尖山橙 *Melodinus fusiformis*、水石梓 *Sarcosperma laurinum* 等。

草本层：仅有金毛狗 *Cibotium barometz*、乌毛蕨。

层间藤本植物：有天香藤 *Albizia corniculata*、酸叶胶藤 *Urceola rosea*。

此外，林下有鹅掌柴 *Schefflera heptaphylla*、柯 *Lithocarpus glabra*、山乌桕、马尾松、山苍子 *Litsea cubeba* 等幼苗。

B. 黄杞—多花山竹子 *Garcinia multiflora* + 竹节树 *Carallia brachiata*—金毛狗群落　主要分布于海拔204m西来庵附近，坡向东，坡度35°。

乔木层：郁闭度达0.6~0.8，平均高8.7m，平均胸径15.4cm。除优势种黄杞密度800株/hm^2外，还有多花山竹子、竹节树、鹿角锥、木荚红豆 *Ormosia xylocarpa*、鼠刺 *Itea chinensis*、二色波罗蜜 *Artocarpus styracifolius* 等。几无灌木生存。

草本层：盖度在30%~40%，主要由金毛狗、乌毛蕨、团叶陵齿蕨 *Lindsaea orbiculata* 等组成。

C. 黄杞—乌冈栎 *Quercus phillyraeoides*—芒萁群落　主要分布于莲花山海拔400~600m的阳坡。

乔木层：郁闭度达0.5~0.7，平均高8.75m，平均胸径8.5cm。除优势种黄杞密度500株/hm^2外，还有乌冈栎、硬壳柯 *Lithocarpus hancei*、甜茶椆 *L. polystachyus* 等。

灌木层：以苦竹 *Pleioblastus amerus* 为主。

草本层：盖度80%，主要由芒萁、中华里白、金毛狗、苏铁蕨 *Brainea insignis* 等组成。

②蕈树林（Form *Altingia chinensis*）　主要分布于莲花山山坡海拔510m处，坡向西南，坡度20°。

乔木层：郁闭度达0.4，平均高7.4m，平均胸径6.0cm。除优势种蕈树密度800株/hm^2外，还有红花荷 *Rhodoleia championi*、密花树 *Rapanea neriifolia* 黄杞、马尾松等。

灌木层：主要由桃金娘、岗松、常绿荚蒾 *Viburnum sempervirens* 等组成。

草本层：盖度70%，以芒萁占优势，鳞籽莎 *Lepidosperma chinense* 等次之。

③窄叶蕈树林（Form *Altingia siamensis*） 主要分布于莲花山海拔610m处的石城附近，坡向西北，坡度10°。

乔木层：郁闭度达0.9~1.0，平均高8.9m，平均胸径12.5cm。除优势种窄叶蕈树密度1600/hm^2外，还有珊瑚树 *Viburnum odoratissimum*、猴欢喜 *Sloanea sinensis*、山杜英 *Elaeocarpus sylvestris*、黄樟 *Cinnamomum parthenoxylon*、光叶山矾 *Symplocos lancifolia* 等。由于郁闭度大，林下几无灌木。

草本层：盖度仅有10%~30%，主要有乌毛蕨、深绿卷柏 *Selaginella doederleinii*、狗脊等。

（3）山地常绿阔叶林 主要分布于莲花山海拔600~970m的中低山山坡，群落的外貌和结构近似典型常绿阔叶林，但季相变化较上述季风常绿阔叶林明显，组成种类以亚热带成分和热带山地成分为主。保护区内有5个群系。

①黄樟林（Form *Cinnamomum parthenoxylon*） 分布于莲花山海拔600m处，坡向南，坡度15°。

乔木层：郁闭度达0.7~0.9，平均高9.3m，平均胸径10.7cm。除优势种黄樟密度200/hm^2外，还有川鄂栲 *Castanopsis fargesii*、红花荷、杨桐 *Adinandra millettii*、黄杞、中华杜英 *Elaeocarpus chinensis*、紫玉盘柯 *Lithocarpus uvariifolius* 等。

灌木层：由于郁闭度大，仅有毛冬青 *Ilex pubescens*、蔓九节 *Psychotria serpens*。

草本层：盖度只有10%，主要有乌毛蕨、深绿卷柏、狗脊等。

②鹿角锥（Form *Castanopsis lamontii*） 主要分布于莲花山海拔610m处，坡向东北，坡度25°。

乔木层：总郁闭度达1.0，平均高9.8m，平均胸径10.3cm。除优势种鹿角锥密度400/hm^2外，还有黄樟、川鄂栲、光叶山矾、杨桐、华润楠、绒毛润楠、钟花樱花 *Cerasus campanulata*、鼠刺等。

灌木层：由于郁闭度大，仅有牛耳枫 *Daphniphyllum calycinum*。

草本层：盖度约8%，以金毛狗占优势，狗脊、乌毛蕨、露兜草 *Pandanus austrosinensis* 等次之。

层间藤本植物：有杖藤 *Calamus rhabdocladus*。

③木莲林（Form *Manglietia fordiana*） 主要分布于莲花山海拔800~900m，坡向北，坡度30°。

乔木层：郁闭度达0.8，平均高6.2m，平均胸径7.5cm。除优势种木莲密度500/hm^2外，还有柯、罗浮柿、乌岗栎、白皮黄杞等。

灌木层：盖度只有30%，仅有苦竹。

草本层：仅有狗脊。

层间藤本植物：只有菝葜 *Smilax china*。

此外，林下有木莲、华杜英、鼠刺、罗浮柿等幼苗。由此可见该林的发展趋势是比较隐定的。

④罗浮栲林（Form *Castanopsis fabri*） 主要分布于莲花寺附近海拔957m处。坡向北，坡度5°。

乔木层：郁闭度达0.9，平均高8.7m，平均胸径7.7cm。除优势种罗浮栲密度875/hm^2外，还有鹿角锥、柯、珊瑚树、山杜英、黄樟、木莲、白皮黄杞 *Engelhardtia fenzelii*、网脉山龙眼 *Helicia reticulata*、柳叶润楠 *Machilus salicina* 等。

灌木层：盖度只有30%，主要由柳叶毛蕊茶 *Camellia salicifolia*、小蜡 *Ligustrum sinense*、天仙果 *Ficus erecta* var. *beecheyana*、鲫鱼胆 *Maesa perlarius* 等。

草本层：仅有狗脊。

层间藤本植物：有网脉酸藤子 *Embelia rudis*、白花油麻藤 *Mucuna birdwoodiana*、菝葜等。

（4）针阔叶混交林 以暖性针叶树与阔叶树为建群种所组成的森林群落。保护区内有2个群系。

①马尾松、大头茶林（Form *Pinus massniana*，*Gordonia axillaris*） 主要分布于海拔300~500m的丘陵地带，在海拔410m处的公牛坳，坡向东，坡度20°。

乔木层：郁闭度达0.1~0.3，平均高3.3m，平均胸径4.6cm。除优势种马尾松、大头茶均为密度200/hm^2外，还有鼠刺。

灌木层：仅有岗松和桃金娘。

草本层：盖度达 80% ~100%，以芒萁为主，鳞籽莎次之。

层间藤本植物：只有寄生藤 *Dendrotrophe varians*。

②马尾松、黄杞林（Form *Pinus massniana*，*Engelhardtia roxburghiana*） 主要分布于海拔 250 ~ 800m 的低山丘陵地带。

乔木层：郁闭度约 0.8，平均高约 10m，除建群种马尾松、黄杞外，还有黧蒴 *Castanopsis fissa*、鹅掌柴、鼠刺和杨桐等，在山脊地段马尾松约占 50%，山腰和山谷约占 40%。

灌木层：有华南毛柃 *Eurya ciliata*、三花冬青 *Ilex triflora* 等。

草本层：由金毛狗、狗脊、深绿卷柏组成。

（5）山地草坡 保护区内有 2 种草坡。

①丝茅 *Imperata koenigii*、鹧鸪草 *Eriachne pallescens* 草坡 主要分布于海拔 800m 以上山顶或山脊。

草本层：高度约 70cm，盖度 50% ~100%。除优势种丝茅、鹧鸪草外，还有两耳草 *Paspalum conjugatum*、狗牙根 *Cynodon dactylon*、毛麝香 *Adenosma glutinosum*、刺子莞 *Rhynchospora rubra*、台草 *Carex* sp. 等。其中散生少量灌木，如地稔 *Melastoma dodecandrum* 等。

②野古草、细毛鸭嘴草 *Ischaemum indicum* 草坡 主要分布于海拔海拔 800m 以上山顶或山脊。

草本层：高度约 30 ~60cm，盖度 50% ~90%。除优势种野古草、细毛鸭嘴草外，还有黄背草 *Themeda japonica*、小二仙草、珍珠茅 *Scleria levis*、五节芒等。其中散生少量灌木，如地稔。

5.2.8.5 野生植物资源

（1）珍稀濒危保护植物繁多 根据 1984 年国家环境保护委员会公布的《中国珍稀濒危保护植物名录》和 1999 年国务院批准公布的《国家重点保护野生植物名录（第一批）》所列种类统计，保护区内共有国家重点保护野生植物 18 科 19 属 21 种。其中蕨类植物 3 科 3 属 3 种，裸子植物 3 科 3 属 3 种，被子植物 12 科 13 属 15 种；列为国家Ⅱ级重点保护的野生植物 12 种，国家Ⅲ级重点保护的野生植物 9 种（表 5.32）。

表 5.32 惠东莲花山白盆珠自然保护区的保护植物

序号	种名	科名	IUCN 濒危等级	保护级别
1	金毛狗 *Cibotium barometz*	蚌壳蕨科 Dicksoniaceae	渐危	Ⅱ
2	黑桫椤 *Gymnosphaera podophlla*	桫椤科 Cyatheaceae	渐危	Ⅱ
3	苏铁蕨 *Brainea insignis*	乌毛蕨科 Blechnaceae	濒危	Ⅱ
4	福建柏 *Fokienia hodginsii*	柏科 Cupressaceae	渐危	Ⅱ
5	樟树 *Cinnamomum camphora*	樟科 Lauraceae	渐危	Ⅱ
6	卵叶桂 *Cinnamomum rigidissimum*	樟科 Lauraceae	渐危	Ⅱ
7	华南锥 *Castanopsis concinna*	壳斗科 Fagaceae	濒危	Ⅱ
8	土沉香 *Aquilaria sinensis*	瑞香科 Thymelaeaceae	渐危	Ⅱ
9	野茶树 *Camellia sinensis* var. *asamica*	山茶科 Theaceae	稀有	Ⅱ
10	格木 *Erythropheum fordii*	苏木科 Caesalpiniaceae	濒危	Ⅱ
11	花榈木 *Ormosia henryi*	蝶形花科 Papilionaceae	渐危	Ⅱ
12	半枫荷 *Semlliquidambar cathayensis*	金缕梅科 Hamamelidaceae	渐危	Ⅱ
13	长叶竹柏 *Podocarpus fleuryi*	罗汉松科 Podocarpaceae	渐危	Ⅲ
14	穗花杉 *Amentotaxus crgotaenia*	红豆杉科 Taxaceae	濒危	Ⅲ
15	滇楠 *Phoebe nanmu*	樟科 Lauraceae	稀有	Ⅲ
16	八角莲 *Dysosma versipellis*	小檗科 Berberidaceae	渐危	Ⅲ
17	粘木 *Ixonathes chinensis*	粘木科 Ixonanthaceae	渐危	Ⅲ
18	吊皮锥 *Castanopsis kawakawii*	壳斗科 Fagaceae	渐危	Ⅲ

（续）

序号	种名	科名	IUCN 濒危等级	保护级别
19	白桂木 *Artocarpus hypargyreus*	桑科 Moraceae	渐危	Ⅲ
20	巴戟 *Morinda officinalis*	茜草科 Rubiaceae	稀有	Ⅲ
21	蒟蒻薯 *Tacca chantrieri*	蒟蒻薯科 Taccaceae	渐危	Ⅲ

兰科植物有21属32种，即香港安兰 *Ania hongkongensis*、金线兰 *Anoectochilus roxburghii*、牛齿兰 *Appendicula cornuta*、竹叶兰 *Arundina graminifolia*、芳香石豆兰 *Bulbophyllum ambrosia*、广东石豆兰 *B. kwangtungenesis*、密花虾脊兰 *Calanthe densiflora*、大序隔距兰 *Cleisostoma paniculatum*、流苏贝母兰 *Coelogyne fimbriata*、建兰 *Cymbidium ensifolium*、多花兰 *C. floribundum*、寒兰 *C. kanran*、墨兰 *C. sinensei*、足茎毛兰 *Eria coroaria*、高斑叶兰 *Goodyera procera*、鹅毛玉凤兰 *Habenariardentata*、坡参 *H. linguella*、橙黄玉凤兰 *H. riarhodochelia*、紫花羊耳蒜 *Liparis. nigra*、血见青 *L. nervosa*、长茎羊叶羊耳蒜 *L. viridiflora*、血叶兰 *Ludisia discolor*、钗子股 *L. morsei*、阔叶沼兰 *Microstylis latifolia*、毛叶芋兰 *Nervilla plicata*、三蕊兰 *Neuwiedia veratrifolia*、紫纹兜兰 *Paphiopedilum . purpuratum*、鹤顶兰 *Phaius tankervilliae*、石仙桃 *Pholidota. chinensis*、细叶石仙桃 *P. cantonensis*、寄树兰 *Robiquetia succisa*、苞舌兰 *Spathoglottis pubescens* 、绶草 *Spiranthes sinensis* 等，全部为《濒危野生动植物种国际贸易公约》附录Ⅱ物种。

（2）经济植物多样　在保护区内蕴藏着丰富的经济植物资源。

①药用植物　有606种，占保护区植物总数的39.66%。其中抗癌药用植物有狗肝菜 *Dicliptera chinensis*、了哥王等；解表清药用植物有桑 *Morus alba*、三叶鬼针草 *Bidens pilosa* 等；清热解毒药用植物有华南忍冬 *Lonicera confusa*、忍冬 *L. japonica*、栀子、地胆草 *Elephantopus scaber* 等；清热凉血的药用植物有葛、马鞭草 *Verbena officinalis*、茅莓等；清热利尿的药用植物有淡竹叶、车前、海金沙等；清热利湿的药用植物有岗松、酢浆草、算盘子等；祛风湿的药用植物有狗脊、两面针、菝葜等；跌打损伤、止血肿痛的药用植物有积雪草 *Centella asiatica*、鲫鱼胆、薯莨、一点红 *Emilia sonchifolia* 等；壮阳药的药用植物有金樱子 *Rosa laevigata*；活血祛瘀的药用植物黑老虎 *Kadsura coccinea*；补血药的药用植物有香花崖豆藤 *Millettia dielsiana*、桃金娘、酸藤子 *Embelia laeta* 等；利湿解毒、消肿散结的药用植物有土茯苓；止血药用植物有鳢肠 *Eclipta prostrata*、大叶紫珠 *Callicarpa macrophylla*；驱虫药用植物有土荆芥 *Chenopodium ambrosioides*、苦楝 *Melia azedarach* 等；民间常用草药或凉茶有梅叶冬青 *Ilex asprella*、鸡矢藤、两面针、草珊瑚、车前、韩信草等。

②用材植物　有173种，占保护区植物总数的11.32%。其中一类用材有樟树、红锥等；二类用材有黄樟、柯等；三类用材有蕈树、华润楠等；四类用材有日本杜英 *Elaeocarpus japonicus*、竹节树 *Carallia brachiata* 等；五类用材有鼠刺、猴欢喜等；可作军工用材的有黄杞等；可作船舶用材的有天料木 *Homalium cochinchinense* 等；可作胶合板用材的有赤杨叶 *Alniphyllum fortunei*、猴耳环 *Archidendron clypearia*、亮叶猴耳环等；可作房屋建筑的有米槠 *Castanopsis carlesii*、杉木 *Cunninghamia lanceolata*；可作纺织用材有木荷 *Schima superba*、石斑木 *Photinia prunifolia* 等；可作乐器用材的有山乌桕、鹅掌柴；造纸用材的有山矾 *Symplocos* spp. 15种等；可作薪炭用材的有鬣蒴等。

③观赏植物　有196种，占保护区植物总数的12.83%。其中园林植物有竹柏 *Podocarpus nogi*、罗汉松、深山含笑、樟树、阴香 *Cinnamomum burmanii*、木荷、黄毛五月茶 *Antidesma fordii*、白背叶 *Mallotus apelta*、红花荷、枫香树、朴树 *Celtis sinensis*、蕈树等；野生灌木花卉，主要有多种野牡丹、多种杜鹃、吊钟花 *Enkianthus quinqueflorus*、桃金娘；草本景观植物，主要有多种兰花、华凤仙 *Impatiens chinensis* 等；果木类植物，有朱砂根 *Ardisia crenata*、珊瑚树、铁冬青 *Ilex rotunda* 等；藤本景观植物，主要有小叶买麻藤、罗浮买麻藤 *Gnetum lofuense*、金樱子、香花崖豆藤、玉叶金花 *Mussaenda pucescens*、小叶红叶藤 *Rourea microphylla*、狮子尾 *Rhaphidophora hongkongensia*、菝葜等。

④纤维植物　有111种，占保护区植物总数的7.26%。其中主要有罗浮买麻藤、小叶买麻藤、朴树、光叶山黄麻 *Trema cannabina*、山黄麻 *T. orientalis*、山芝麻 *Helicteres angustifolia*、地桃花 *Urena lobata*、苎麻 *Boehmeria nivea*、葛、白背叶、白楸 *Mallotus paniculatus*、粗糠柴 *M. philippinensis*、了哥王、小蜡、黑莎草、芒等。

⑤野生水果植物　有103种，占保护区植物总数的6.74%。其中主要有浆果类，如毛花猕猴桃 *Actinidia eriantha*、硬齿猕猴桃 *A. callosa*、中华猕猴桃 *A. chinensis*、灰毛猕猴桃 *A. cinerascens*、黄毛猕猴桃 *A. fulvicoma*、华南猕猴桃 *A. glaucophylla*、阔叶猕猴桃 *A. latifolia*、美丽猕猴桃 *A. melliana*、桃金娘等；仁果类有金樱子、豆梨 *Pyrus calleryana* 等；核果类有山杜英、角花胡颓子 *Elaeagnus goonyanthes*、杨梅 *Myrica rubra* 等；柑果类有山橘 *Fortunella hindsii*、山小橘 *Glycosmis parviflora* 等；此外，岭南山竹子 *Garcinia oblongifolia*、多花山竹子、桃金娘、南酸枣 *Choerospondias axillaris*、余甘子 *Phyllanthus emblica*、白花悬钩子 *Rubus leucanthus*、茅莓 *R. parvifolius*、罗浮油柿均较常见，也较重要。

⑥油脂植物　有89种，占保护区植物总数的5.82%。其中主要有杉木、樟树、香叶树、光叶山黄麻、岭南山竹子、虎皮楠 *Daphniphyllum oldhamii*、毛果巴豆 *Croron lachnoarpus*、余甘子、白背叶、油茶、广宁油茶 *C. semiserrata*、算盘子、石笔木 *Tutcheria championii*、楝叶吴茱萸 *Evodia meliaefolia*、假苹婆、光叶山黄麻、苍耳、构树、木油桐 *Vernicia montanai*、盐肤木、山乌桕 *Sapium discolor*、乌桕、黑莎草等。

⑦鞣料植物有55种，占保护区植物总数的3.60%。其中比较重要的有猴耳环、猴欢喜、中华杜英、山油柑 *Acronychia pedunculata*、多花山竹子、野牡丹、南酸枣、厚皮香 *Ternstroemia gymnanthera*、土密树、木油桐、杨梅、金樱子、桃金娘、枫香树、多种菝葜、黑面神 *Breynia fruticosa*、薯莨、盐肤木等。

⑧饲料植物　有66种，占保护区植物总数的4.32%。其中比较种要的有凤眼蓝、意苡 *Coix lacryma*、鸭舌草 *Monochoria vaginalis*、鸭跖草、裸花水竹叶 *Murdannia medica*、青香茅 *Cymbopogon caesius*、狗牙根 *Cynodon dactylon*、光头芒、稗、水蔗草 *Apluda mutica*、蜈蚣草 *Eremochloa ciliaris*、粗毛鸭嘴草 *Ischaemum barbatum*、喜旱莲子草 *Altermanthera philaxeroides*、虾蚶菜 *A. sessilis* 等。

⑨野菜植物　有39种，占保护区植物总数的2.55%。其中资源数量较大而且比较受欢迎的有黄花败酱 *Patrinia scabiosaefolia*、白花败酱 *P, villosa*、蔊菜 *Rorippa indica*、苦买菜 *Ixeris denticulata*、黄鹌菜 *Younga japonica*、皱果苋 *Amaranthus viridis*、革命菜 *Gynura crepidioides*、马齿苋 *Portulaca oleracea* 等。

⑩农药植物　有36种，占保护区植物总数的2.36%。其中比较重要的有扛板归 *Polygonum perfoliatum*、石岩枫 *Mallotus reticulata*、常山 *Dichroa febrifuga*、厚果崖豆藤 *Millettia pachycarpa*、昆明鸡血藤 *M. reticulata*、黄药 *Rhamnus crenata*、驳骨丹 *Buddleja asiatica*、山石榴 *Randia spinosa*、金线蒲 *Acorus dramineus*、海金沙、威灵仙 *Clematis chinensis*、山木通 *C. fiorida*、水蓼、三白草 *Saururus chinensis* 等。

此外，还有33种芳香植物，如马尾松、杉木、假鹰爪 *Desmos chinensis*、樟树、阴香、黄樟、香叶树、山苍子 *Litsea cubeba*、清香藤 *Jasminum lanceolarium*、岗松、簕党花椒 *Zanthoxylum avicennae*、两面针、枫香树、草珊瑚、黄荆、香附子等；淀粉植物有29种，主要有狗脊、葛、福建观音座莲 *Angiopteris fokiensis*、金毛狗、杨梅、金樱子、土茯苓、毛花猕猴桃、黄毛猕猴桃、华南猕猴桃、阔叶猕猴桃、野芋等；保健饮料植物有29种，主要有杨梅、桃金娘、金樱子、毛花猕猴桃、黄毛猕猴桃、华南猕猴桃、阔叶猕猴桃、岭南山竹子和茅莓等；染料植物有20种，如薯莨、栀子等；有毒植物有16种，如羊角拗 *Strophanthus divaricatus*、大茶药、海芋、飞扬草、木油桐、八角枫、苍耳等。

5.2.8.6　野生动物资源

（1）野生动物资源较丰富　该保护区的生态环境复杂，森林茂密，孕育了丰富的动物种类。据调查统计，保护区拥有脊椎野生动物315种，隶属91科36目5纲；昆虫505种，隶属102科14目（表5.33）。

①两栖类　据调查统计（常弘等），有18种或亚种，隶属6科2目，占该区野生脊椎动物总种数的5.71%。无尾目（SALIENTIA）有5科17种，占总种数的94.44%，其中蛙科 Ranidae 8种，姬蛙科 Microhylidae 5种，树蛙科 Rhacophoridae 2种，雨蛙科 Hylidae 和蟾蜍科 Bufonidae 各1种；有尾目（CAUDATA）只有蝾螈科 Salamandridae 1科1种，占总种数的5.56%。

表5.33 惠东莲花山白盆珠自然保护区野生动物类群的组成

动物类群	目数	科数	种数
两栖纲 AMPHIBIA	2	6	18
爬行纲 REPTILIA	3	10	36
鸟纲 AVES	17	40	156
哺乳纲 MAMMALIA	8	20	52
鱼纲 PISCES	6	15	53
昆虫	14	102	505
合计	50	193	820

在保护区分布的18种两栖动物区系组成均为东洋界物种，其中主要分布于我国华中区的种类有1种，占全区总种数的5.56%；主要分布于华南区的种类有8种，占全区总种数的44.44%；广泛分布于华中和华南区的物种有9种，占全区总种数的50%。古北界的物种则没有在此分布。这与保护区所在的地理位置相一致。

②爬行类　据调查统计（常弘等），有36种，隶属10科3目，占该区野生脊椎动物总种数的11.43%。蛇目（SERPENTES）有4科22种，占该区爬行动物总数的61.11%，其中游蛇科 Colubridae 14种，眼镜蛇科 Elapidae 4种，蝰蛇科 Viperidae 3种、蟒蛇科 Boidae 1种；蜥蜴目（LACERTILI）有4科7种，占该区爬行动物总数的19.44%，其中石龙子科 Scincidae 4种，鬣蜥科 Agamidae、壁虎科 Gekkonidae 和蜥蜴科 Lacertidae 各1种；龟鳖目（TESTYDUBATA）有2科7种，占该区爬行动物总数的19.44%，龟科 Testudinidae 有5种，占13.89%，鳖科 Trionychidae 2种，占5.56%。

在保护区分布的36种爬行动物区系组成，属东洋界物种有31种，其中华南区物种有13种，占东洋界物种总数的41.94%，其次是华中华南区共有种有13种，占41.94%，最少的是华中区物种有5种，占16.13%。除此外有5种是属广布种。

③鸟类　据调查统计（常弘等），有156种，隶属40科17目，占该区脊椎动物总种数的49.52%。其中雀形目（PASSERIFOMES）有19科85种，占总数的54.49%；隼形目（FALCONIFOEMES）有2科10种，占总数的6.41%；鸮形目（STRIGFORMES）、佛法僧目（CORACIIFORMES）分别有2科7种，各占总数的4.49%；鹳形目（CICONIIFORMES）2科8种，占总数的5.13%；鹃形目（CUCULIFORMES）、雁形目（ANSERIFORMES）分别有1科8种，各占总数的5.13%；鸽形目（COLUMBIFORMES）、鸡形目（GALLIFORMES）、䴕形目（PICIFORMES）分别有1科4种，各占总数的2.56%；鹤形目（GRUIFORMES）、鸻形目（CHARADRIIFORMES）分别有1科3种，各占总数的1.92%；雨燕目（APODIFORMES）有1科2种，占总数的1.28%；䴙䴘目（PODICIPEDIFORMES）、鹈形目（PELECANIFORMES）、鸥形目（LARIFORMES）、夜鹰目（CAPRIMULGIDAE）分别有1科1种，各占总数的0.64%。

从鸟类居留型情况看，留鸟有101种，占该区鸟类种数的64.74%；冬候鸟或旅鸟有49种，占该区鸟类种数的31.41%；夏候鸟有6种，占该区鸟类种数的3.85%。

在区系组成方面，属东洋界种类86种，占该区鸟类种数的55.13%；古北界种类有48种，占该区鸟类种数的30.77%；广布种有22种，占该区鸟类种数的14.10%。这反映了热带与亚热带的过渡地带区域的植被和气候类型的特征。

④哺乳类　据调查统计（袁喜才等），有52种，隶属20科8目，占该区脊椎动物总种数的16.51%。占广东省兽类总数（124种）的41.84%；占全国兽类总数（449种）的11.58%。其中食肉目（CARNIVORA）4科20种，占总数的38.46%；啮齿目（RODENTIA）有4科14种，占总数的26.92%；食虫目（INSECTIVORA）、翼手目（CHIROPTERAS）分别为3科6种，各占总数的

11.54%；偶蹄目（ARIODACTYLA）有3科3种，占总数的5.77%；灵长目（PRIMATES）和鳞甲目（PHOLIDOTA）分别有1科1种，各占总数的1.92%。

区系组成方面，属东洋界的有39种，占总数的75%。古北界的有9种，占总数的17.31%。广布种有4种，占总数的7.69%。可见保护区具有较好的生态环境，可兼容较多种动物在此生存繁衍。

⑤鱼类　据调查统计（常弘等），有53种，隶属15科6目，占该区鱼类总种数的16.83%。其中鲤形目（CYPRINFORMES）有3科36种，占总数的67.92%；鲇形目（SILURIFIRMES）有5科8种，占总数的15.09%；鲈形目（PERCIFORNES）有4科6种，占总数的11.32%；鲱形目（CLUPREIFORMES）、鲑形目（SALMONIFORMES）、合鳃鱼目（SYNBRANCHIFORMES）分别有1科1种，各占总数的1.89%。

保护区地处东江水系的中下游，淡水鱼类组成明显表现出以骨鳔类构成为主体，在鲤形目中以鲤科为主体，这正是我国南部地区淡水鱼类区系的共同特点。

⑥昆虫　据调查统计（贾凤龙等），有505种，隶属104科14目。鳞翅目（LEPIDOPTERA）有19科150种，占总种数的29.70%；鞘翅目（COLEOPTERA）有24科134种，占总种数的26.53%；直翅目（ORTHOPTERA）有9科55种，占总种数的10.89%；半翅目（HEMIPTERA）有8科46种，占总种数的9.11%；双翅目（DIPTERA）有9科43种，占总种数的8.51%；膜翅目（HEMINOPTERA）有4科25种，占总种数的4.95%；蜻蜓目（ODONATA）有9科21种，占总种数的4.16%；同翅目（HOMOPTERA）有8科15种，占总种数的2.97%；蜚蠊目（BLATTARIA）有4科8种，占总种数的1.58%；螳螂目（MANTODEA）有2科6种，占总种数的1.19%；等翅目（ISOPTERA）、革翅目（DERMAPTERA）分别为2科2种，各占总种数的0.4%；竹节虫目（PHASMIDA）、脉翅目（NEUROPTERA）分别为1科1种，各占总种数的0.2%。

（2）珍稀濒危保护动物较多　以我国1989年公布实施的《国家重点保护野生动物名录》和2001年公布实施的《广东省重点保护陆生野生动物名录》（第一批）为依据，保护区拥有保护脊椎动物52种，其中国家Ⅰ级重点保护动物4种，国家Ⅱ级重点保护动物34种，省级重点保护动物14种（表5.34）。

表5.34　惠东莲花山盆珠自然保护区的保护动物

序号	种　名	科　名	IUCN濒危等级	保护级别
		哺乳纲 MAMMALIA		
1	云豹 *Neofelis nebulosa*	猫科 Felidae	濒危	Ⅰ
2	豹 *Panthera pardus*	猫科 Felidae	濒危	Ⅰ
3	短尾猴 *Macaca thibetana*	猴科 Cercopithecidae	稀有	Ⅱ
4	穿山甲 *Manis pentadactyla*	鲮鲤科 Manidae	濒危	Ⅱ
5	豺 *Cuon alpinus*	犬科 Canidae	易危	Ⅱ
6	黄喉貂 *Martes flavigula*	鼬科 Mustelidae	易危	Ⅱ
7	水獭 *Lutra lutra*	鼬科 Mustelidae	濒危	Ⅱ
8	大灵猫 *Verra zibetha*	灵猫科 Viverridae	濒危	Ⅱ
9	小灵猫 *Viverricula indica*	灵猫科 Viverridae	易危	Ⅱ
10	斑林狸 *Prionodon pardicolor*	灵猫科 Viverridae	易危	Ⅱ
11	金猫 *Felis temmincki*	猫科 Felidae	易危	Ⅱ
12	鬣羚 *Capricornis sumatraensis*	牛科 Bovidae	易危	Ⅱ
13	豪猪 *Hystrix hodgsoni*	豪猪科 Hystricidae		省级
14	豹猫 *Felis bengalensis*	猫科 Felidae	易危	省级

（续）

序号	种　名	科　名	IUCN 濒危等级	保护级别
15	赤麂 *Muntiacus muntjak*	鹿科 Cervidae	濒危	省级
		鸟纲 AVES		
16	黑鹳 *Ciconia nigra*	鹳科 Ciconidae	濒危	Ⅰ
17	凤头鹃隼 *Aviceda leuphotes*	鹰科 Accipitridae		Ⅱ
18	鸢 *Milvus korschun*	鹰科 Accipitridae		Ⅱ
19	赤腹鹰 *Accipiter soloensis*	鹰科 Accipitridae		Ⅱ
20	雀鹰 *Accipiter nisus*	鹰科 Accipitridae		Ⅱ
21	松雀鹰 *Accipiter virgatus*	鹰科 Accipitridae	易危	Ⅱ
22	普通鵟 *Buteo buteo*	鹰科 Accipitridae		Ⅱ
23	蛇雕 *Spilornis cheela*	鹰科 Accipitridae	易危	Ⅱ
24	游隼 *Falco pergrinus*	隼科 Falconidae	易危	Ⅱ
25	燕隼 *Falco peregrinus*	隼科 Falconidae		Ⅱ
26	红隼 *Falco subbuteo*	隼科 Falconidae	易危	Ⅱ
27	斑尾鹃鸠 *Columba palumbus*	鸠鸽科 Columbidae		Ⅱ
28	绿背金鸠 *Chalcophaps indica*	鸠鸽科 Columbidae		Ⅱ
29	褐翅鸦鹃 *Centropus sinensis*	杜鹃科 Cuculidae	易危	Ⅱ
30	小鸦鹃 *Centropus toulou*	杜鹃科 Cuculidae	易危	Ⅱ
31	草鸮 *Tyto capensis*	草鸮科 Tytonidae	易危	Ⅱ
32	红角鸮 *Otus scops*	鸱鸮科 Strigidae		Ⅱ
33	领角鸮 *Otus bakkamoena*	鸱鸮科 Strigidae		Ⅱ
34	领鸺鹠 *Glaucidium brodiei*	鸱鸮科 Strigidae		Ⅱ
35	斑头鸺鹠 *Glaucidium cuculoides*	鸱鸮科 Strigidae	易危	Ⅱ
36	鹰鸮 *Ninox scutulata*	鸱鸮科 Strigidae		Ⅱ
37	长耳鸮 *Asio otus*	鸱鸮科 Strigidae		Ⅱ
38	苍鹭 *Ardea cinerea*	鹭科 Ardeidae		省级
39	池鹭 *Ardea bacchus*	鹭科 Ardeidae		省级
40	牛背鹭 *Bubulcus ibis*	鹭科 Ardeidae		省级
41	白鹭 *Egretta garzetta*	鹭科 Ardeidae		省级
42	中白鹭 *Egretta intermedia*	鹭科 Ardeidae		省级
43	黄斑苇鳽 *Ixobrychus sinensis*	鹭科 Ardeidae		省级
44	栗苇鳽 *Ixobrychus cinnamomeus*	鹭科 Ardeidae		省级
		爬行纲 REPTILIA		
45	蚺（蟒）*Python molurus*	蟒科 Boidae	极危	Ⅰ
46	山瑞鳖 *Pelea steindachneri*	鳖科 Trionychidae	濒危	Ⅱ
47	三线闭壳龟 *Cuora trifasciata*	龟科 Testudidae	濒危	Ⅱ
48	平胸龟 *Platysternon megacephalum*	龟科 Testudidae	濒危	省级
		两栖纲 AMPHIBIA		
49	虎纹蛙 *Rana tigrina*	蛙科 Ranidae	易危	Ⅱ
50	黑眶蟾蜍 *Bufo melanostictus*	蟾蜍科 Pelobatidae		省级
51	棘胸蛙 *Rana spinosa*	蛙科 Ranidae	易危	省级
52	沼蛙 *Rana guentheri*	蛙科 Ranidae	无危	省级

（3）经济动物多样 根据2000年8月国家林业局发布的《国家保护的有益的或者有重要经济、科学研究价值的陆生野生动物名录》（简称“三有动物”），保护区内“三有动物”约有84种。

①两栖类 主要有泽蛙 *Rana limnocharis*、大绿蛙 *R. livida*、斑脚树蛙 *R. leucomystax*、花姬蛙 *Microhyla pulchra*、饰纹姬蛙 *M. ornata*、花狭口蛙 *Kaloula pulchra* 等6种。

②爬行类 主要有乌龟、黄喉水龟 *Clemmys mutica*、四眼水龟 *C. quadrlocella*、变色树蜥 *Calotes versicolor*、石龙子、蓝尾石龙子 *E. elegans*、百花锦蛇 *Elaphe moellendorffi*、三索锦蛇、黑眉锦蛇 *E. taeniura*、渔游蛇 *Natrix piscater*、翠青蛇 *Cyclophiops major*、滑鼠蛇、乌梢蛇、灰鼠蛇、中国水蛇 *Enhydris chinensis*、铅色水蛇 *E. plumbea*、金环蛇、银环蛇、眼镜蛇、眼镜王蛇 *Ophiophagus hannan*、五步蛇 *Agkistrodon acutus*、白唇竹叶青 *Trimeresurus albolabris* 等22种。

③鸟类 主要有小鸊鷉、绿翅鸭 *Anas crecca crecca*、鹧鸪、雉鸡、白胸苦恶鸟 *Amaurornis phoenicurus*、山斑鸠 *Streptopelia orientalis* 珠颈斑鸠 *S. chinensis*、八声杜鹃 *Cuculus. merulinus*、噪鹃 *Eudynamys scolopacea*、普通翠鸟 *Alcedo atthis*、白胸翡翠 *Halcyon smyrnensis*、斑啄木鸟 *Dendrocopos major*、红耳鹎 *Pynonotus jocosus*、白头鹎 *P. sinensis*、黑喉红臀鹎 *P. aurigaster*、栗背短脚鹎 *Hypsipetes flvala canipennis*、黑［短脚］鹎 *H. nadagasceriensis*、黑卷尾 *Dicrurus macrocercus*、灰卷尾 *D. leucophaeus*、八哥 *Acridotheres cristatellus*、红嘴蓝鹊 *Cissa erythrorhyncha*、喜鹊 *Pica pica*、黑脸噪鹛 *Garrulax perspicillatus*、画眉、大山雀、红头长尾山雀 *Aegithalos conicinnus*、叉尾太阳鸟 *Aethopyga christinae*、暗绿绣眼鸟 *Zosterops japonica*、［树］麻雀 *Passer montanus*、白腰文鸟 *Lonchura striata*、金翅雀 *Carduelis sinica*、栗鹀 *Emberiza rutila*、黄胸鹀 *E. aureola*、黄喉鹀 *E. elegans*、灰头鹀 *E. spodocephala*、赤胸鹀 *E. fucata*、黄眉鹀、小鹀 *E. pusilla*、白眉鹀 *E. tristram*、等38种。

④哺乳类 主要有普通刺猬 *Erinaceus europaeus*、狐、果子狸、野猪、黄鼬、黄腹鼬 *M. kathiah*、红颊獴 *Herpestes javanicus*、食蟹獴 *H. ueva*、豹猫、华南兔等10种。

5.2.9 从化陈禾洞自然保护区

1999年12月8日，从化市人民政府从府办批［1999］320号文批准建立从化陈禾洞自然保护区。2004年9月3日，从化市人民政府从府办批［2004］652号文同意将小杉、陈禾洞两个县级森林公园合并和扩大周边范围，建立从化陈禾洞自然保护区。2005年11月10日，广州市人民政府穗府函［2005］97号文《关于从化陈禾洞自然保护区申报省级自然保护区函》，向省林业局申请将从化陈禾洞自然保护区申报为省级自然保护区。2007年1月，广东省人民政府粤办函［2007］50号文，批准从化陈禾洞自然保护区升格为省级自然保护区。主要保护对象为南亚热带季风常绿阔叶林生态系统的水源涵养林和珍稀濒危动植物及其栖息的生态环境。

根据中华人民共和国国家标准《自然保护区类型与级别划分原则》（GB/T14529—93），从化陈禾洞自然保护区属“自然生态系统类别”中的“森林生态系统类型”自然保护区，和“内陆湿地与水域生态系统类型”自然保护区。

5.2.9.1 自然条件

（1）位置范围 从化陈禾洞自然保护区，位于珠三角广州市辖从化市东北部吕田镇境内，地理坐标为东经113°49′30″～114°01′50″，北纬23°43′02″～23°48′10″。东至吕田镇鱼洞村的官洞坳、东爪隆等，南至龙门县界，西至良口镇与流溪河林场接壤，北至吕田镇马安山、塘田烂顶、古田的坝顶、大官顶等。总面积7054.36hm^2（含广州抽水蓄能电站上、下水库水面面积274hm^2）。

（2）地质基础

①构造 保护区所在地属华夏古陆华南台地的一部分，在地史早期是东西构造，后期叠加北东向构造。断裂构造主要为北东、北西和近东西向3组，由北西—北北西和南东—南南东的区域构造应力场挤压下形成。新构造运动以大面积间歇性整体升降为主。

②岩性　主要为燕山三期中粗粒黑云花岗岩和后期侵入的燕山四期细粒花岗岩、煌斑岩、方解石脉、石英脉等。沉积岩残体零星分布在岩体边缘或顶部。蚀变岩是燕山三期花岗岩通过地下热水循流和岩浆后期低温热液的交替蚀变作用形成。

（2）地貌概况 按广东省地貌类型划分标准，保护区地貌可划分为3大类。

①山地地貌　保护区内海拔500m以上的山地面积广大。山地呈东西走向，东北面的山地较为密集，属中山地貌，海拔800m以上的山峰有30座，其中最高的鸡枕山海拔1146m。其次是桂峰山海拔1085m，再其次是三角山海拔1036m。这些山地陡峭，坡度多在35°~40°，局部坡度达80°。西面、南面属低山地貌，山地较为平缓，坡度多在25°~30°。

②丘陵地貌　海拔在500m以下，比高50~100m，主要分布在中低山地貌外围，或河谷附近，主要由花岗岩组成，地面受轻微切割，起伏中等，坡度5°~25°。

③盆地地貌　地势四周群山起伏，中间低平。如陈禾盆地，海拔820m，是“广州抽水蓄能电站”的上水库所在地；又如小杉盆地，海拔280m，是“广州抽水蓄能电站”的下水库所在地。上、下水库水面面积共有274hm^2。

（3）气候特点　该保护区属于南亚热带海洋性湿润气候。其特点是：春季冷暖多变，阴湿多雨；夏季晴多温高，时有大风和暴雨；秋季气爽少雨，常有干旱和“寒露风”；冬季多晴天，气候干燥，常见霜冻。日照时间长，太阳辐射能力强，年总辐射量440 870 J. cm^{-2}。年平均气温19.5~21.4℃，1月平均气温12.2℃，极端最低气温为-1.0~2.9℃，7月平均气温28.4℃，极端最高气温为39~42℃；年降水量2000mm左右，多集中在4~9月，占全年总降水量的80%以上。其中陈禾洞降雨较多，多达2300mm。雨热同期，有霜期5~10天，有利植物生长，生物繁衍更迭活跃。风的季节性变换明显，冬季因受西伯利亚和蒙古高原气团南下影响，多北风、西北风，夏季受海洋暖流及副热带高压控制，多偏南风、东南风。灾害有水灾、旱灾、低温冷冻、大风和冰雹等。

（4）水文特征　保护区属流溪河水系三级支流流域。

①河流　保护区内的主要河流有3条。

A. 陈禾洞水　发源于九连山脉南昆山段的白石顶东麓，流经陈禾洞村、老荣盘、火烧牛栏，并汇入牛栏河，合计全长8.61km，流域面积11.44km^2。

B. 九曲水　发源于九连山脉南昆山段的三角山北麓，流经九水村、龙屋、安山，并汇入牛栏河，全长13.6km，流域面积35.13km^2。

C. 连麻河　是从化市3条主要河流之一，位于吕田山区，该河在从化境内河长14.5km，集雨面积77km^2。

这些河流的河水来源主要为雨水，故其水文特点是：流量季节变化明显，雨季流量剧增，水位高涨；旱季流量大减，水位低落，但因森林植被茂密，降水丰沛，又有许多岩石裂隙的潜水补给，所以流水仍终年不断。

②水质　根据珠江流域水环境监测中心，2004年对保护区内的水库水、水源及饮用水选取水样后的分析检测报告①：以《地表水环境质量标准》国家标准（GB 3838—2002）相应的24项水质标准为对照，分析保护区内的水质状况。结果显示水温、pH值、高锰酸盐指数、生化需氧量、氨氮、总磷、锌、铁、锰、铝、六价铬、汞、砷、氟化物、发挥酚、石油类、阴离子表面活性剂等18项水质指标值均达Ⅰ类水质标准，占总指标数的75%；溶解氧、总氮、粪大肠菌群等3项水质指标达到Ⅱ类水质标准，占总指标数的12.5%，即Ⅰ、Ⅱ类达87.5%，说明该保护区内的水质状况良好，是较优异的水源。

（5）土壤特征　该保护区的地带性土壤为赤红壤。由于地形的不同，植被分布的差异，再加上成土母质的不同，以及人类生产活动等因素的影响，而形成了不同的土壤类型。其分布规律如下。

---

① 珠江流域水环境监测中心．广州蓄能电厂水质．生物监测，2004.

①赤红壤　主要分布在海拔 300m 以下的丘陵地带，土层较深厚，表土呈灰黑色，有机质含量 2.84%，呈酸性反应，pH 值多在 4.5 ~5.0，底土呈红色或红褐色，pH 5.0。

②山地红壤　主要分布在海拔 300 ~600 m 之间的山地，土层较浅薄，表土呈深灰色，表土有机质含量平均为 2.5%，pH 45.5，底土呈红色。轻度富铝化，胶体硅铝率 2 .0 左右。

③山地黄壤　主要分布在海拔 600 ~1000m 之间的山地，土层较薄，表土呈深灰色，有机质含量 5.4%，底土呈黄色，pH 4.8。

④灌丛草甸土　主要分布在海拔 1100 m 以上的山脊和山顶，土地剖面层次不完整，有明显的枯枝落叶和草根盘结的草甸层。

5.2.9.2　功能分区

依据《广东从化陈禾洞省级自然保护区总体规划》，将该保护区划分 3 个功能区。

（1）核心区　位于保护区的西南部。面积 3080.23hm^2（其中水面面积 75.55hm^2），占保护区总面积的 43.66%。具体范围包括陈禾洞盆地、小杉盆地的主要部分山地，即广州抽水蓄能电站上水库及周边山地、下水库南面山地等。核心区南面为龙门县和良口镇的生态公益林，山体陡峭，形成自然屏障。

其主要功能是：周边各水库及河流水源涵养林的源头，调控广州抽水蓄能电站上、下库及流溪河流域周边广大地域的旱、涝灾害，为社会经济发展起着主导作用。在核心区内，严禁一切与自然保护区和广州抽水蓄能电站的管理人员无关的外来人员进入，严禁开展一切生产性的经营活动。但由于保护区成立之前，广州抽水蓄能电站生产和工业观光旅游的需要，已开放由下库至上库的林区公路和上库旁的观光小道，现在的这些活动只限在林区公路的路域范围的实验区内，禁止进入路域两旁的林内，并且严格控制进入上库的人数。

（2）缓冲区　位于核心区外围的北部。面积 1858.15hm^2，占保护区总面积的 26.34%。具体范围包括广州抽水蓄能电站下库旁山地以及西部的塘田、安山、草铺等村后山地的中上部。

其主要功能是：尽量减少人类对于核心区的压力，起缓冲作用，确保核心区的生态系统良性循环。将实行半封闭式管理，严禁外来因素破坏。但允许进行科研监测、有限度的科普教育和教学实习活动。

（1）实验区　位于缓冲区外围的北部和东部。面积 2115.98hm^2，占保护区总面积的 30%。具体范围包括广州抽水蓄能电站下库及其周围道路房屋、至上库道路两侧、缓冲区外围的北部山地下部、以及东部的鱼洞、新联等地的山地。

功能主要是：设置一些管护、生活、生产设施，进行各种科学实验，繁育珍稀濒危物种、驯养珍禽异兽，参观考察、教学实验和生态旅游等（图 5.10）。

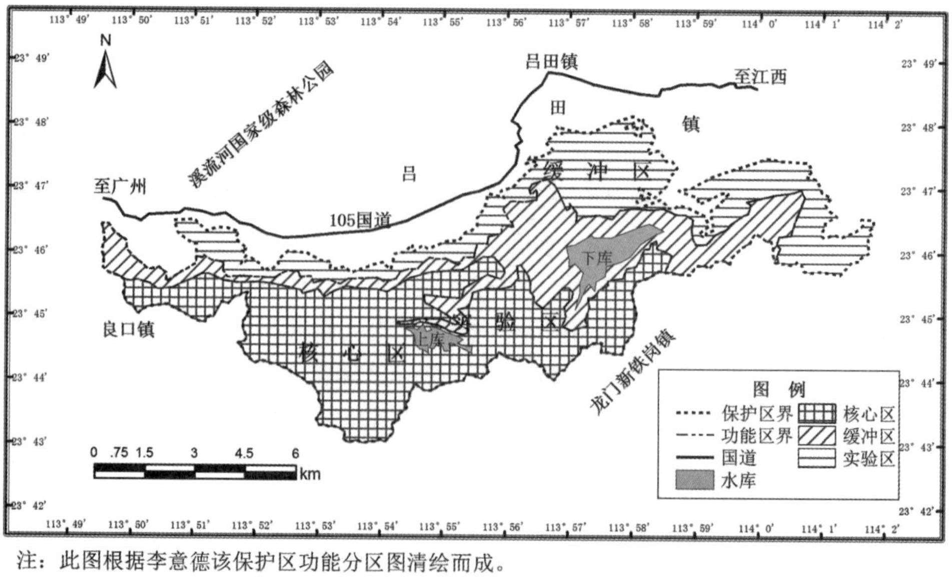

注：此图根据李意德该保护区功能分区图清绘而成。

图 5.10　从化陈禾洞自然保护区功能分区图

5.2.9.3　植物区系特点

（1）植物物种较丰富　据调查统计①，该保护区拥有野生维管束植物1004种（包括种下分类单位，下同），隶属559属178科。其中蕨类植物65种，隶属44属28科，裸子植物6种，隶属5属5科，被子植物933种，隶属510属145科（表5.35）。

表5.35　从化陈禾洞自然保护区野生维管束植物类群的组成

植物类群		科数	属数	种数
蕨类植物		28	44	65
裸子植物		5	5	6
被子植物	双子叶植物	126	400	737
	单子叶植物	19	110	2196
合计		178	559	1004

此外，尚有栽培植物306种，分隶223属88科。其中蕨类植物1种1属1科；裸子植物13种，分隶6属6科；被子植物292种，分隶211属88科（双子叶植物227种162属66科；单子叶植物65种49属15科）。

（2）植物区系组成较复杂

①蕨类植物的地理成分

A. 科的地理分布区类型　根据保护区蕨类植物28科的分布类型统计分析如下。

广布科　共有9科，占该区总科数的32.14%。如石杉科、石松科、卷柏科、木贼科、紫萁科、铁线蕨科、蹄盖蕨科 Athyriaceae、铁角蕨科 Aspleniaceae、水龙骨科等。

热带、亚热带分布科　共有12科，占该区总科数的63.16%（扣除广布科9科，下同）。如桫椤科、中国蕨科、水蕨科 Parkeriaceae 以我国华南至西南亚热带为分布中心，也是本保护区蕨类区系的特征成分。另有骨碎补科以亚洲亚热带为主。而以热带为主的有莲座蕨科、海金沙科、膜蕨科 Hymenophyllaceae、鳞始蕨科 Lindsaeaceae、姬蕨科 Hypolepidaceae、凤尾蕨科 Pteridaceae、金星蕨科 Thelypteridaceae、禾叶蕨科 Grammitaceae 等。

泛热带分布科　共有5科，占该区总科数的26.32%。如里白科、蚌壳蕨科 Dicksoniaceae、蕨科、乌毛蕨科 Blechnaceae、肾蕨科 Nephrolepidaceae 等。

B. 属的地理分布区类型　根据保护区蕨类植物44属的分布类型统计分析如下。

广布属　共有5属，占该区总属数的11.36%。如石杉属、石松属、卷柏属、铁线蕨属 *Adiantum*、铁角蕨属 *Asplenium* 等。

泛热带分布属　共有9属，占该区总属数的23.08%（扣除广布属5属，下同）。如蕗蕨属 *Mecodium*、瓶蕨属 *Trichomanes*、鳞始蕨属 *Lindsaea*、姬蕨属 *Hypolepis*、蕨属 *Pteridium*、乌蕨属 *Sphenomeris*、肾蕨属 *Nephrolepis*、抱树莲属 *Drymoglossum*、禾叶蕨属 *Grammitis* 等。

热带和亚热带分布属　共有26属，占该区总属数的66.67%。其中热带至亚热带为主，如灯笼草属 *Palhinhaea*、观音莲座属、芒萁属、里白属、海金沙属、黑桫椤属 *Gymnosphaera*、凤尾蕨属 *Pteris*、碎米蕨属 *Cheilosoria*、金粉蕨属 *Onychium*、水蕨属 *Ceratopteris*、介蕨属 *Dryoathyrium*、毛蕨属 *Cyclosorus*、新月蕨属 *Pronephrium*、巢蕨属 *Neottopteris*、阴石蕨属、石韦属等。

以亚热带为主的属　与热带至亚热带分布的类型相当，热带亚洲分布的有2属，如崇澍蕨属 *Chieniopteris*、伏石蕨属 *Lemmaphyllum* 等；热带亚洲—大洋洲分布的有2属，如乌毛蕨属 *Blechnum*、苏铁蕨

① 李意德．广东从陈禾洞省级自然保护区科学考察报告．中国林业科学研究院热带林业研究所，中山大学生命科学学院，华南农业大学林学院等．2005.10.

属 *Brainea*；热带亚洲至非洲分布的有 1 属，如星毛蕨属、*Ampelopteri*、瓦韦属 *Lepisorus*；热带亚洲至非洲、大洋洲分布的有 1 属，如星毛蕨属 *Ampelopteri*；热带亚洲至热带美洲分布有 3 属，如瘤足蕨属 *Plagiogyria* 双盖蕨属 *Diplazium*、单叶盖蕨属 *Triblemma*；东亚分布的有 1 属，如金毛狗属 *Cibotium*。

温带、热带分布属　有 2 属，占该区总属数的 5.13%。如紫萁属 *Osmunda*、狗脊属 *Woodwardia*。

温带分布属　有 1 属，占该区总属数的 2.56%。如鳞毛蕨属 *Dryopteris*。

寒、温带分布属　有 1 属，占该区总属数的 2.56%。如木贼属 *Equisetum*。

②种子植物的地理成分

A. 科的地理分布区类型　按照《世界种子植物科的分布区类型系统》（吴征镒等，2003），保护区种子植物 150 科的分布区类型统计分析，除热带亚洲至热带非洲分布、旧大陆温带分布、温带亚洲分布、地中海、西亚至中亚分布、中亚分布和中国特有分布类型尚未发现外，其他 9 个分布区类型及变型均有分布（表 5.36）。

表 5.36　从化陈禾洞自然保护区种子植物科的分布区类型

分布区类型	科数	占总科数（%）
1. 广布分布	39	（扣除）
2. 泛热带分布	65	58.56
2－1 热带亚洲、大洋洲和中、南美洲间断分布	0	0
3. 热带亚洲和热带美洲间断分布	11	9.91
4. 旧热带分布	5	4.50
4－1 热带亚洲、非洲和大洋洲间断分布	0	0
5. 热带亚洲至热带大洋洲分布	2	1.80
6. 热带亚洲至热带非洲分布	0	0
7. 热带亚洲分布	4	3.60
8. 北温带分布	18	16.22
8－1 环极分布	0	0
8－2 北极高山分布	0	0
8－3 北极—阿尔泰和北美洲间断分布	0	0
8－4 北温带和南温带（全温带）间断分布	0	0
8－5 欧亚和南美洲温带间断分布	0	0
8－6 地中海区、东亚、新西兰和墨西哥到智利间断分布	0	0
9. 东亚和北美间断分布	4	3.60
10. 旧大陆温带分布	0	0
10－1. 地中海区、西亚和东亚间断分布	0	0
11. 温带亚洲分布	0	0
12. 地中海区、西亚至中亚分布	0	0
12－1 地中海区至中亚和南非洲、大洋洲间断	0	0
12－2 地中海区至中亚和墨西哥间断	0	0
12－3 地中海区至温带、热带亚洲，大洋洲和南美洲间断	0	0
12－4 地中海区至热带非洲和喜马拉雅间断	0	0
12－5 地中海区—北非洲、中亚、北美西南部，智利和大洋洲（泛地中海）间断分布	0	0
13. 中亚分布	0	0
13－1 中亚东部（亚洲中部）	0	0
13－2 中亚至喜马拉雅	0	0

（续）

分布区类型	科数	占总科数（%）
13－3 西亚至喜马拉雅和西藏	0	0
12－4 地中海区至热带非洲和喜马拉雅间断	0	0
14. 东亚分布	2	1.80
15. 中国特有分布	0	0
合 计	150	100

从上表可以看出，泛热带分布类型有 68 科，占总科数的 58.56%（扣广布科 26 科，下同）；北温带分布类型有 18 科，占总科数的 16.22%；热带亚洲和热带美洲间断分布类型有 11 科，占总科数的 9.61%；其余分布区类型所含科数均在 4.5%以下，不占重要地位；特别是中国特有科等 5 科分布类型缺如，表明该自然保护区植物区系在科级水平上以泛热带分布成分为主，兼有一定数量的北温带成分。

B. 属的地理分布区类型 根据保护区种子植物 515 属的分布类型，按照《中国种子植物属的分布区类型》（吴征镒，1991）统计分析，除地中海区、西亚至中亚分布和地中亚分布区类型及其变型尚未发现外，其他 13 个分布区类型变型均有分布（表 5.37）。

表 5.37 从化陈禾洞自然保护区种子植物属的分布区类型

分布区类型及变型	属数	占总属数（%）
1. 广布分布	35	扣除
2. 泛热带分布	151	31.46
2－1 热带亚洲、大洋洲和南美洲间断分布	4	0.83
2－2 热带亚洲、非洲和南美洲间断分布	10	2.08
3. 热带亚洲和热带美洲间断分布	19	3.96
4. 旧世界热带分布	54	11.25
4－1 热带亚洲、非洲和大洋洲间断分布	4	0.83
5. 热带亚洲至热带大洋洲分布	37	7.71
5－1 中国（西南）亚热带和新西兰间断分布	0	0
6. 热带亚洲至热带非洲分布	25	5.21
6－1 华南、西南到印度和热带非洲间断	0	0
6－2 热带亚洲和东非间断	1	0.21
7. 热带亚洲（印度—马来西亚）分布	67	13.96
7－1 爪哇、喜马拉雅和华南、西南星散分布	5	1.04
7－2 热带印度至华南分布	2	0.42
7－3 缅甸、泰国至华西南分布	1	0.21
7－4 越南（或中南半岛）至华南（或西南）分布	5	1.04
8. 北温带分布	24	5.00
8－1 环极分布	0	0
8－2 北极高山分布	0	0
8－3 北极—阿尔泰和北美洲间断分布	0	0
8－4 北温带和南温带（全温带）间断分布	3	0.63
8－5 欧亚和南美洲温带间断分布	0	0
8－6 地中海区、东亚、新西兰和墨西哥到智利间断	0	0
9. 东亚和北美洲间断分布	23	4.79
9－1 东亚和墨西哥间断	0	0

（续）

分布区类型及变型	属数	占总属数（%）
10. 旧世界温带分布	5	1.04
10－1 地中海区、西亚和东亚间断分布	3	0.63
10－2 地中海和喜马拉雅间断分布	0	0
10－3 欧亚和南非洲（有时也在大洋洲）间断	3	0.63
11. 温带亚洲分布	1	0.21
12. 地中海区、西亚至中亚分布	0	0
12－1 地中海区至中亚和南非洲、大洋洲间断	0	0
12－2 地中海区至中亚和墨西哥间断	0	0
12－3 地中海区至温带、热带亚洲，大洋洲和南美洲间断	0	0
12－4 地中海区至热带非洲和喜马拉雅间断	0	0
12－5 地中海区—北非洲、中亚、北美西南部，智利和大洋洲（泛地中海）间断分布	0	0
13. 中亚分布	0	0
13－1 中亚东部（亚洲中部）	0	0
13－2 中亚至喜马拉雅	0	0
13－3 西亚至喜马拉雅和西藏	0	0
12－4 地中海区至热带非洲和喜马拉雅间断	0	0
14. 东亚分布	21	4.38
14－1 中国—喜马拉雅（SH）	4	0.83
14－2 中国—日本（SJ）	5	1.04
15. 中国特有分布	3	0.63
合计	515	100

从上表可以看出，该保护区属的地理成分是以热带成分占优势，从 2～7 各类热带成分共有 385 属，占总属数（扣除广布属 35 属，以下同）的 80.21%。温带成分从 8～12 共有 62 属，占总属数的 12.92%。东亚分布再其次，有 30 属，占总属数的 6.25%。中国特有分布的 3 属，即笔木属 *Tutcheria*、酸竹属 *Acidosasa*、伯乐树属 *Bretschneidera* 占 0.63%。

5.2.9.4 植被类型

保护区的植物区系是华夏植物区系的主要组成部分，具有明显的热带植物区系向亚热带植物区系过渡的特点，在海拔较高处又具有一定数量的中亚热带和温带植物区系性质。

据调查，保护区内的植被类型多样，主要有 4 种类型。

（1）针叶林　主要有 2 个群系。

①马尾松林（Form *Pinus massoniana*）　主要分布于海拔 300～600m 之间的鞍山村喉咙山及其周围地区，外貌呈翠绿色。

乔木层：林冠较广阔，平均冠幅 2.7m×3.2m，郁闭度 0.7～0.8，树高 9～11m，枝下高 5～6m，胸径平均 12～15cm。

灌木层：高 0.6～1m，主要有桃金娘 *Rhodomyrtus tomentosa*，偶见岗松 *Baeckea frutescens*、石斑木 *Rhaphiolepis indica* 等。

草本层：高 30～50cm。主要有芒萁、莎草、芒等。

层间藤本植物：有玉叶金花 *Mussaenda pubescens*、鸡眼藤 *Morinda parvifolia*、海金沙等。

②湿地松林（Form *Pinus elliottii*）　主要分布于海拔 300～600m 之间的塘前村卢屋山以及附近的低

矮山头。外貌呈深绿色。

乔木层：林冠整齐平展，平均冠幅 3.5m × 4.1m，郁闭度 0.7 ~ 0.9，树高 10 ~ 12m，胸径 15 ~ 17cm。

灌木层：高 3 ~ 4m，主要有牛耳枫 *Daphniphyllum calycinum*、粗叶悬钩子 *Rhubus alceaefolius*。

草本层：常见的有芒萁、乌毛蕨 *Blechnum orientale* 等。

层间藤本植物：有玉叶金花、海金沙、酸藤子 *Embelia laeta*、木防己 *Cocculus orbiculatus*、菝葜等。

（2）季风常绿阔叶林　其特点是组成种类丰富，并以热带性的常绿阔叶树种为主，外貌终年常绿，落叶和半常绿树种数量不多。乔木层优势种群是壳斗科、木兰科、樟科、杜英科、金缕梅科和茶科等的树种，郁闭度 0.8 ~ 0.9，甚至接近 1.0。林下植物种类组成较丰富。该林主要集中分布于海拔 300 ~ 1000m 之间的丘陵山地，面积约 5320hm^2，占保护区总面积的 75.41%。

①南岭栲林（Form *Castanopsis fordii*）　主要分布于上库水坝下部，海拔 770 ~ 820m 之间的山地，光热并不充足，时有常有山间雾气围绕。

乔木层：除优势种南岭栲外，还有罗浮柿、华润楠等，平均树高 7 ~ 9m。

灌木层：有赤楠 *Syzygium buxifolium*、刚竹等。

草本层：高度在 1m 以下，除芒萁和中华里白占优势外，还有狗脊、深绿卷柏 *Selaginella doederleinii*、黑莎草等。

层间藤本植物：有香花崖豆藤 *Millettia dielsiana*、菝葜等。

②米槠林（Form *Castanopsis carlesii*）　主要分布于上水库南部，海拔 820 ~ 950m 的大片山地，光热较充足。

乔木层：除优势种米槠外，还有柯、蕈树 *Altingia chinensis*、木荷等，平均树高 8 ~ 11m。

灌木层：有尾叶冬青 *Ilex wilsonii*、树参 *Dendropanax dentigerus*、木姜子等。

草本层：有中华里白、草珊瑚 *Sarcandra glabra*、黑莎草、广州蛇根草 *Ophiorrhiza cantoniensis* 等。

层间藤本植物：有网脉酸藤子 *Embelia rudis*、菝葜等。

此外，林下有白皮黄杞 *Engelhardtia fenzelii*、柯、网脉山龙眼 *Helicia reticulata*、华南桂等幼苗。

③柯林（Form *Lithocarpus glabra*）　主要分布于上水库西部海拔 820 ~ 900m 的山地。

乔木层：树高 7 ~ 11m 不等，除优势种柯外，还有深山含笑 *Michelia macclurei*、厚叶木莲 *Manglietia pachyphylla*、杜英 *Elaeocarpus decipiens* 等。

灌木层：有三花冬青 *Ilex triflora*、箬竹 *Indocalamus tessellatus* 等。

草本层：有狗脊、中华里白、黑莎草等。

层间藤本植物：仅有香花崖豆藤。

此外，林下有樟叶泡花树 *Meliosma squamulata*、网脉山龙眼、杨桐 *Adinandra nitida* 等幼苗，

④甜槠、黄樟林（Form *Castanopsis eyrei*，*Cinnmomum parthenoxylon*）　主要分布于上水库边周围，海拔 820 ~ 850m 的沿岸较宽的狭长陡峭地带。

乔木层：树高 7 ~ 10m，两个优势种林冠基本相平。

灌木层：主要有野含笑 *Michelia skinneriana*、赤楠、羊舌树 *Symplocos glauca* 等。

草本层：由中华里白、芒萁、黑莎草、珍珠茅 *Scleria levis* 等。

层间藤本植物：有海金沙 *Lygodium jaaponicum*、络石 *Trachelospermum jasminoides* 等。

（3）竹林

毛竹林（Form *Phyllostachys heterocycla* cv. Pubescens）　主要分布于鱼洞村灰山、大坪秆等山地，海拔 300 ~ 600m，面积约 250hm^2，占保护区总面积的 3.54%。

乔木层：呈单层，郁闭度 0.5 ~ 0.6，竹高平均 7 ~ 9m，杆径约 7 ~ 9cm，平均冠幅 1.9m × 2.2m，枝下高多在 3 ~ 4m。林下空旷处，主要有鹅掌柴 *Schefflera heptaphylla*、牛耳枫、裂掌榕 *Ficus simplicissima*、朱砂根、草珊瑚、野牡丹、狗脊等。

层间藤本植物：有菝葜、木防己 *Cocculus orbiculatus*、悬钩子等分布。

（4）山顶灌丛　钟花、鹿角杜鹃、箬竹灌丛（Form *Enkianthus serrulatus*，*Rhododendron latoucheae*，*Indocalamus tessellatus*）　主要分布于海拔 1000m 以上的各个山顶，外貌呈灰绿色，面积约 100 hm^2，占保护区总面积的 1.42%。更新幼苗有鹿角杜鹃、箬竹。

5.2.9.5　野生植物资源

（1）珍稀濒危保护植物较多　根据 1984 年国家环境保护委员会公布的《中国珍稀濒危保护植物名录》、1999 年国务院批准公布的《国家重点保护野生植物名录（第一批）》和《广东珍稀濒危植物图谱》所列种类统计，保护区内共有国家重点保护野生植物 16 科 18 属 19 种。其中蕨类植物 5 科 4 属 5 种，裸子植物 2 科 2 属 2 种，被子植物 9 科 12 属 12 种；列为国家Ⅰ级重点保护的野生植物 1 种，国家Ⅱ级重点保护的野生植物 11 种，国家Ⅲ级重点保护的野生植物种 7 种（表 5.38）。

表 5.38　从化陈禾洞自然保护区的保护野生植物

序号	种名	科名	IUCN 濒危等级	保护级别
1	伯乐树 *Bretschneidera sinensis*	伯乐树科 Bretschneideraceae	濒危	Ⅰ
2	金毛狗 *Cibotium barometz*	蚌壳蕨科 Dicksoniaceae	渐危	Ⅱ
3	粗齿黑桫椤 *Gymnosphaera denticulata*	桫椤科 Cyatheaceae	渐危	Ⅱ
4	黑桫椤 *Gymnosphaera podophylla*	桫椤科 Cyatheaceae	渐危	Ⅱ
5	水蕨 *Ceratopteris thalictroides*	水蕨科 Parkeriaceae	濒危	Ⅱ
6	苏铁蕨 *Brainea insignis*	乌毛蕨科 Blechnaceae	濒危	Ⅱ
7	厚叶木莲 *Manglietia pachyphylla*	木兰科 Magnoliaceae	稀有	Ⅱ
8	观光木 *Tsoongiodendron odorum*	木兰科 Magnoliaceae	稀有	Ⅱ
9	樟树 *Cinnamomum camphora*	樟科 Lauraceae	渐危	Ⅱ
10	闽楠 *Phoebe bournei*	樟科 Lauraceae	渐危	Ⅱ
11	野茶树 *Camellia. sinensis* var. *assamica*	山茶科 Theaceae	稀有	Ⅱ
12	紫荆木 *Madhuca pasquieri*	山榄科 Sapotaceae	稀有	Ⅱ
13	长叶竹柏 *Podocarpus fleuryi*	罗汉松科 Podocarpaceae	渐危	Ⅲ
14	穗花杉 *Amentotaxus argotaenia*	红豆杉科 Taxaceae	濒危	Ⅲ
15	短萼黄连 *Coptis chinensis* var. *brevisepala*	毛茛科 Ranunculaceae	渐危	Ⅲ
16	吊皮锥 *Castanopsis kawakamii*	壳斗科 Fagaceae	渐危	Ⅲ
17	粘木 *Ixonanthes chinensis*	粘木科 Ixonanthaceae	濒危	Ⅲ
18	白桂木 *Artocarpus hypargyreus*	桑科 Moraceae	渐危	Ⅲ
19	巴戟 *Morinda officinalis*	茜草科 Rubiaceae	稀有	Ⅲ

（2）经济植物多样　据调查统计，在该保护区 1004 种维管束植物种类中，有多种多样的经济植物资源。

①药用植物　有 603 种，占保护区总种数的 60.06%。其中抗癌药用植物有狗肝菜 *Dicliptera chinensis*、三尖杉 *Cephalotaxus fortunei* 等；清热解毒药用植物有华南忍冬 *Lonicera confusa*、地胆草 *Elephantopus scaber* 等；清热凉血的药用植物有丝茅 *Imperata koenigii*、葛、马鞭草、十萼茄 *Lycianthes biflora*、茅莓、铁冬青等；清热利尿的药用植物有淡竹叶、车前、海金沙等；清热利湿的药用植物有栀子 *Gardenia jasminoides*、岗松、乌蔹莓、酢浆草 *Oxalis corniculata*、算盘子 *Glochidion puberum* 等；祛风湿的药用植物有狗脊、苍耳、八角枫 *Alangium chinensis*、山苍子、菝葜等；平肝清热的药用植物有钩藤 *Uncaria scandens* 等；止咳平喘药用植物有蔓胡颓子 *Elaeagnus glabra*；理气药用植物有乌药；温补药用植

物有巴戟；跌打损伤、止血肿痛的药用植物有积雪草 *Centella asiatica*、大茶药、鲫鱼胆、苎麻、薯莨 *Dioscorea cirrhosa*、一点红 *Emilia sonchifolia* 等；壮阳药的药用植物有金樱子 *Rosa laevigata*；温补的药用植物有巴戟等；活血祛瘀的药用植物黑老虎 *Kadsura coccinea*、两面针；补血药的药用植物有桃金娘、酸藤子等。除湿化滞的水蓼；民间常用草药或凉茶有梅叶冬青 *Ilex asprella*、鸡矢藤、草珊瑚、车前和韩信草等。

②用材植物　有148种，占该区总数的14.74%。其中一类用材有樟树、红锥等；二类用材有黄樟、罗浮栲、柯等；三类用材有华润楠、蕈树 *Altingia chinensis* 等；四类用材有日本杜英、山杜英等；五类用材有鼠刺 *Itea chinensis*、猴欢喜 *Sloanea sinensis* 等；作军工用材的有白皮黄杞等；作胶合板用材的猴耳环 *Archidendron clypearia*、亮叶猴耳环 *A. lucidum* 等；作纺织用材有木荷、石斑木等；作乐器用材的有山乌桕、鹅掌柴等；造纸用材的有山矾属9种和安息香属5种。

③观赏植物　有148种，占总数的14.74%。其中可作行道树的有深山含笑、阴香 *Cinnamomum burmanii*；可作庭荫树的有榕树 *Ficus microcarpa*、樟树等；可作绿篱的有小蜡 *Ligustrum sinense*、草珊瑚等；可作盆景的有雀梅藤 *Sageretia thea*、朴树等；观叶植物有枫香树 *Liquidambar formosana*、山乌桕等；花木类植物有龙船花 *Ixora chinensis*、映山红 *Rhododendron simsii*、吊钟花 *Enkianthus quinqueflorus* 和野牡丹等；果木类有朱砂根 *Ardisia crenata*、铁冬青等；曼木类有锣浮买麻藤 *Gnetum lofuense*、扁担藤 *Tetrastigma planicaule* 等；草本花卉有华凤仙 *Impatiens chinensis*、橙黄玉凤花 *Habenaria ehodocheila*、建兰等。

④纤维植物　有90种，占该区总数的8.96%。主要有小叶买麻藤、罗浮买麻藤、构树、苎麻、了哥王、地桃花 *Urena lobata*、白背叶 *Mallotus apelta*、白楸 *Mallotus paniculatus*、粗糠柴 *M. philippinensis*、角花颓子 *Elaeagnus gonyanthes*、小蜡、钩藤、葛、刺果藤 *Byttneria aspera*、山芝麻 *Helicteres angustifolia*、山黄麻 *Trema tomentosa*、灯心草 *Juncus effusus*、黑莎草、鳞子莎 *Lepidosperma chinense*、丝茅 *Imperata koenigii*、青皮竹 *Bambusa textilis*、芒、五节芒等。

⑤野生水果植物　有85种，占总数的8.47%，主要有杨梅、阔叶猕猴桃 *Actinidia latifolia*、多花山竹子 *Garcinia multiflora*、岭南山竹子 *G. oblongifolia*、金樱子、余甘子 *Phyllanthus emblica*、桃金娘、山桔、水东哥、白花悬钩子、茅莓、深裂锈毛莓、角花胡颓子、小果葡萄、罗浮柿等。

⑥淀粉植物　有33种，占总数的3.29%。主要有福建观音座莲、金毛狗、狗脊、木防已、黧蒴、罗浮栲、甜槠、红锥、柯、杨梅、金樱子、葛、薜荔、阔叶猕猴桃、菝葜和蕺菜（鱼腥草）等。

⑦油脂植物　有66种，占总数的6.57%。主要有香叶树 *Lindera communis*、山苍子、落瓣短柱茶 *Camellia kissi*、油茶、多花山竹子、牛耳枫、构树、栓叶安息香、华山矾 *Symplocos chinensis*、苦楝、巴豆 *Croton tiglium*、白背叶、算盘子 *Glochidion puberum*、石笔木、假苹婆、野漆树 *Toxicodendron sylvestris*、盐肤木、山乌桕、铁冬青、朱砂根、苍耳、黑莎草等。

⑧芳香植物　有33种，占总数的3.29%。主要有马尾松、深山含笑、瓜馥木、黄樟、阴香、山苍子、香叶树、岗松、枫香树、栀子、小蜡、草珊瑚、黄荆 *Vitex negundo*、蕈树、清香藤等。

⑨饲料植物　有50种，占总数的4.98%。其中比较重要的有喜旱莲子草 *Alternanthera philoxeroides*、圆叶节节菜 *Rotala rotundifolia*、皱果苋 *Amaranthus viridis*、马齿苋 *Portulaca oleracea*、凤眼蓝 *Eichhornia crassipes*、鸡眼草 *Kummerowia striata*、细毛鸭嘴草 *Ischaemum indicum*、鸭跖草 *Commelina communis*、牛筋草 *Eleusine indica*、丝茅、芒、狗牙根 *Cynodon dactylon*、光头芒 *Echinochloa colonum*、稗、水蔗草 *Apluda mutica*、弓果黍 *Cyrtococcum patens* 等。

⑩鞣料植物　有46种，占总数的4.58%。其中常见的有虎杖 *Polygonum cuspidatum*、盐肤木、杨梅、厚皮香 *Ternstroemia gymnanthera*、黧蒴、南岭拷、红锥、杨梅叶青冈、金樱子、小果蔷薇 *Rosa cymosa*、龙须藤 *Bauhinia championii*、藤黄檀 *Dalbergia hancei*、桃金娘、猴耳环 *Archidendron clypearia*、苦楝、南酸枣 *Choerospondias axillaris*、野漆树、中华杜英 *Elaeocarpus chinensis*、山杜英、构树、枫香树、山油柑 *Acronychia pedunculata*、常春藤 *Hedera nepalensis*、鲤肠、薯莨、菝葜等。

此外，还有马齿苋、皱果苋等32种野菜植物；杜茎山 *Maesa japonica*、广东蛇葡萄 *Ampelopsis cantoniensis* 等30种保健饮料植物；薯莨、栀子等15种染料植物。

5.2.9.6 野生动物资源

（1）野生动物资源较丰富　该保护区的生态环境复杂，森林茂密，孕育了丰富的动物种类。据调查统计，该保护区拥有野生脊椎动物219种，隶属83科31目。

①鱼类　有48种，隶属42属15科5目，占该区野生脊椎动物总种数的21.92%。鲤形目（CYPRINIFORMES）有3科32属34种，占总种数的70.83%；鲈形目（PERCIFORMES）有5科5属7种，占总种数的14.58%；鲇形目（SILURIFORMES）有4科4属4种，占该区总种数的8.33%；鳉形目（CYPRINODONTIFORMES）有2科2属2种，占该区总种数的4.17%；合鳃鱼目（SYNBRANCHIFORMES）有1科1属1种，占该区总种数的2.08%。

区系组成，依据中国淡水鱼类地理区划，该保护区属于华南区的珠江亚区。其中华东、华南区共有种共有15种，占总种数的31.25%；纯珠江流域种类有10种，占总种数的20.83%；纯华南区种类有6种，占总种数的12.5%。由此可见，该保护区鱼类资源以华东、华南区共有种为优势，其次是纯珠江区种类，鱼类区系呈现较强的华南区特征。

②两栖类　有20种，隶属9属6科2目，占该区动物总种数的9.13%。其中无尾目（SALIENTIA）有5科8属19种，占该区两栖动物总种数的95%；有尾目（CAUDATA）有1科1属1种，占该区两栖动物总种数的5%。

区系组成，均为东洋界物种。其中主要分布于华南区的物种有11种，占该区两栖动物总种数的55%；广泛分布于华中和华南区的物种有9种，占该区两栖动物总种数的45%。

③爬行类　有33种，隶属22属12科3目，占该区动物总种数的15.07%。蛇目（SERPENTIFORMES）有5科19种，占该区爬行动物总数的57.58%；蜥蜴目（LACERTIFORMES）有4科9种，占该区爬行动物总数的27.27%；龟鳖目（TESTUDOFORMES）有3科5种，占该区爬行动物总数的15.15%。

区系组成，均为东洋界物种。其中华南区物种有14种，占总种数的42.42%；华中华南区共有种13种，占总种数的39.39%；华中区物种有3种，占总种数的9.09%；广布种有3种，物种有14种，占总种数的42.42%。由此可见，该保护区内分布的爬形动物是以东洋界的华南区物种和华中华南区共有种为主。国内广布种是乌龟 *Chinemys bealei*、中华鳖 *Pelochelys sinensis*、变色树蜥 *Calotes versicolor*。

④鸟类　有90种，隶属74属34科14目，占该区动物总种数的41.1%。雀形目（PASSERIFOMES）有17科40属54种，占该区鸟类总数的60%；鸡形目（GALLIFORMES）有1科6种，占该区鸟类总数的6.67%；隼形目（FALCONIFOEMES）有2科5种，占该区鸟类总数的5.56%；鸮形目（STRIGFORMES）有2科4种，占该区鸟类总数的4.44%；佛法僧目（CORACIIFORMES）有1科3种，占该区鸟类总数的3.33%；鹤形目（GRUIFORMES）有1科2种，占该区鸟类总数的2.22%；鹃形目（CUCULIFORMES）有1科2种，占该区鸟类总数的2.22%；夜鹰目（CAPRIMULGIFORMES）有2科2种，占该区鸟类总数的2.22%；鹳形目（CICONIIFORMES）有1科2种，占该区鸟类总数的2.22%；鴷形目（PICIFORMES）有2科2种，占该区鸟类总数的2.22%；鷿鷉目（PODICIPEDIFORMES）有1科1种，占该区鸟类总数的1.11%；鸽型目（COLUMBIFORMES）有1科1种，占该区鸟类总数的1.11%；雨燕目（APODIFORMES）有1科1种，占该区鸟类总数的1.11%；鸻形目（CHARADRIIFORMES）有1科1种，占该区鸟类总数的1.11%。

该保护区的鸟类区系特征是以东洋界鸟类为主，有63种，占整个鸟类组成的70%；古北界鸟类有17种，占18.89%；广布种类有10种，占11.11%。其中多数为当地留鸟，有67种，占整个鸟类组成的74.44%；冬候鸟或旅鸟有17种，占18.89%；夏候鸟有6种，占6.67%。

⑤哺乳类　有28种，隶属23属16科7目，占该区动物总种数的12.79%。占广东省哺乳类总数

(124种) 的22.58%，占全国哺乳类总数 (449种) 的6.24%。其中啮齿目 (RODENTIA) 有4科11种，占该区哺乳类总数的35.71%；食肉目 (CARNIVORA) 4科8种，占该区哺乳类总数的28.57%；偶蹄目 (ARIODACTYLA) 有3科4种，占该区哺乳类总数的14.29%；翼手目 (CHIROPTERA) 有2科2种，占该区哺乳类总数的7.14%；兔形目 (LAGOMORPHA) 有1科1种，占该区哺乳类总数的3.57%；食虫目 (INSECTVORA) 有1科1种，占该区哺乳类总数的3.57%；鳞甲目 (PHOLIDOTA) 有1科1种，占该区哺乳类总数的3.57%。

该保护区的哺乳类区系特征是以东洋界鸟类为主，有21种，占总种数的75%；古北界的有1种，占总种数的3.57%；广布种类有6种，占总种数的21.43%。

(2) 珍稀濒危动物较多　以我国1989年公布实施的《国家重点保护野生动物名录》和2001年公布实施的《广东省重点保护陆生野生动物名录》(第一批) 为依据，对保护区拥有29种保护脊椎动物分析，其中国家Ⅰ级重点保护动物1种，国家Ⅱ级重点保护动物18种，省级重点保护动物10种 (表5.39)。

表5.39　从化陈禾洞自然保护区的保护动物

序号	种　名	科　名	IUCN濒危等级	保护级别
		哺乳纲 MAMMALIA		
1	穿山甲 *Manis pentadactyla*	鲮鲤科 Manidae	濒危	Ⅱ
2	水獭 *Lutra lutra*	鼬科 Mustelidae	濒危	Ⅱ
3	小灵猫 *Viverricula indica*	灵猫科 Viverridae	易危	Ⅱ
4	水鹿 *Cervus unicolor*	鹿科 Cervidae	易危	Ⅱ
5	鬣羚 *Capricornis sumatraensis*	牛科 Bovidae	易危	Ⅱ
6	红颊獴 *Herpestes auropunctatus*	灵猫科 Viverridae		省级
7	豹猫 *Felis bengalensis*	猫科 Felidae	易危	省级
		鸟纲 AVES		
8	鸢 *Milvus korschun*	鹰科 Accipitridae		Ⅱ
9	赤腹鹰 *Accipiter soloensis*	鹰科 Accipitridae		Ⅱ
10	松雀鹰 *Accipiter virgatus*	鹰科 Accipitridae	易危	Ⅱ
11	普通鵟 *Buteo buteo*	鹰科 Accipitridae		Ⅱ
12	红隼 *Falco subbuteo*	隼科 Falconidae	易危	Ⅱ
13	白鹇 *Lophura nycthemera*	雉科 Phasianidae		Ⅱ
14	褐翅鸦鹃 *Centropus sinensis*	杜鹃科 Cuculidae	易危	Ⅱ
15	草鸮 *Tyto capensis*	草鸮科 Tytonidae	易危	Ⅱ
16	领角鸮 *Otus bakkamoena*	鸱鸮科 Strigidae		Ⅱ
17	领鸺鹠 *Glaucidium brodiei*	鸱鸮科 Strigidae	易危	Ⅱ
18	鹰鸮 *Ninox scutulata*	鸱鸮科 Strigidae		Ⅱ
19	池鹭 *Ardeola bacchus*	鹭科 Ardeidae		省级
20	白鹭 *Egretta garzetta*	鹭科 Ardeidae		省级
21	黄斑苇鳽 *Ixobrychus sinensis*	鹭科 Ardeidae		省级
22	栗苇鳽 *Ixobrychus cinnamomeus*	鹭科 Ardeidae		省级
23	白眉山鹧鸪 *Arborophila gingica*	雉科 Phasianidae	易危	省级
		爬行纲 REPTILIA		
24	蚺 (蟒) *Python molurus*	蟒科 Boidae	极危	Ⅰ

（续）

序号	种　名	科　名	IUCN 濒危等级	保护级别
25	三线闭壳龟 *Cuora trifasciata*	龟科 Testudidae	濒危	Ⅱ
26	平胸龟 *Platysternon megacephalum*	龟科 Testudidae	濒危	省级
		两栖纲 AMPHIBIA		
27	虎纹蛙 *Rana tigrina*	蛙科 Ranidae	易危	Ⅱ
28	沼蛙 *Rana guentheri*	蛙科 Ranida	无危	省级
29	棘胸蛙 *Rana spinosa*	蛙科 Ranidae	易危	省级

③经济动物多样　该保护区的野生经济动物资源也比较丰富，“三有动物”有 116 种。

A. 哺乳类　有貉 *Nycterutes procyonoides*、黄腹鼬 *Mustela kathiah*、鼬獾 *Melogale moschata*、果子狸、红颊獴 *Herpestes javanicus*、豹猫 *Felis bengalensis*、华南兔、隐纹花松鼠 *Tmiops swinhoei*、豪猪 *Hystrix hodgsoni*、银星竹鼠、中华竹鼠 *Rh. sinensis*、野猪、赤麂 *Muntiacus muntjak*、鼬獾 *Melogale moschata* 等。

B. 鸟类　有小鸊鷉、鹧鸪、灰胸竹鸡 *Bambusicola thoracica*、雉鸡、普通秧鸡 *Rallus aquaticus*、金眶鸻 *Charadrius dubius*、白腰草鹬 *Tringa ochropus*、大沙锥 *Cpella megale*、珠颈斑鸠 *Streptopelia chinensis*、四声杜鹃 *Cuculus micropterus*、噪鹃 *Eudynamys scolopacea*、普通夜鹰 *Caprimulgus indicus*、小白腰雨燕 *Apus affinis*、普通翠鸟 *Alcedo atthis*、大拟啄木鸟 *Megalaima virens*、斑啄木鸟 *Picoides major*、家燕 *Hirundo rustica*、金腰燕 *Hirundo daurica*、灰鹡鸰 *Motacilla cinerca*、白鹡鸰 *Motacilla alba*、树鹨 *Anthus hodgsoni*、暗灰鹃鵙 *Coracina melaschistos*、赤红山椒鸟 *Pericrocotus flammeus*、红耳鹎 *Pycnontus jocosus*、白头鹎 *Pycnontus sinensis*、白喉红臀鹎 *Pycnontus aurigaster*、棕背伯劳 *Lanius schach*、黑卷尾 *Dicrurus macrocercus*、发冠卷尾 *Dicrurus hottentottus*、黑领椋鸟 *Sturnus nigricollis*、八哥、红嘴蓝鹊、喜鹊、红点颏 *Luscinia calliope*、红尾水鸲 *Rhyacornis fuliginosus*、鹊鸲 *Copsychus saularis*、北红尾鸲 *Phoenicurus aurorens*、红嘴相思鸟 *Leiothrix lutea*、黑脸噪鹛 *Garrulax perspicillatus*、黑领噪鹛 *Garrulax pectoralis*、画眉 *Garrulax canorus*、黄腰柳莺 *Phylloscopus proregulus*、大山雀、红头长尾山雀、叉尾太阳鸟 *Aethopyga christinae*、暗绿绣眼鸟、[树]麻雀 *Passer montanus*、金翅雀 *Carduelis sinica*、灰头鹀 *Emberiza spodocephala* 等。

C. 两栖类　有中国瘰螈 *Trituturoides chinensis*、短脚角蟾 *Megophrys brachykolos*、黑眶蟾蜍、阔褶蛙 *Rana lalouchii*、沼蛙、大头蛙 *Rana kuhlii*、泽蛙、大绿蛙 *Rana livida*、长趾蛙 *Rana macrodactyla*、台北蛙 *Rana taipehensis*、尖舌浮蛙 *Oceidozyga lima*、棘胸蛙、小棘蛙 *Eana spinosa*、华南湍蛙 *Amolops ricketti*、斑脚树蛙 *Rhacophorus leucomystax* 等。

D. 爬行类　有四眼水龟 *Sacalia quadriocellata*、竹叶青蛇 *Trimeresurus stejnegeri* 等。

5.2.9.7　旅游资源

保护区的旅游资源丰富多彩，主要有广州抽水蓄能电厂旅游度假区，是广东省唯一的高科技旅游景区，由电站枢纽（均位于山体的岩洞之中）和游览景区（主要为下库区域）组成。2002 年被国家旅游局核评为 AAA 级风景名胜区。度假区周边群山环抱，依山傍水，风景秀丽，气候宜人，区内拥有世界最大的抽水蓄能电厂，三星级的双湖酒店，各种文体娱乐设施，吃、住、玩配套服务，一个集工业、高新科技、度假休养的旅游圣地。

广州抽水蓄能电厂是一个花园式的现代化企业，已开辟了以科普型和知识型为特点的科技旅游景点，度假区集观光度假、会议服务、科普教育、康体娱乐等功能于一体的综合型度假区。区内设有客房 215 间，中西餐厅 350 个餐位，大、中、小型会议室数间，超级市场、卡拉 OK 厅、酒巴娱乐设施齐全。还有网球、足球、蓝球、保龄球、室内羽毛球、游泳池、健身室、桌球、乒乓球室等。

5.2.10　恩平七星坑自然保护区

恩平七星坑地貌峻峭，人迹罕至，仍保存着较大面积的次生常绿阔叶林，以及多种珍稀濒危野生动植物。1994～2004年，恩平市委、市人民政府先后组织中国科学院华南植物研究所、中山大学、华南农业大学、华南师范大学、香港嘉道理农场暨植物园、华南濒危动物研究、广东省林业调查规划院等单位的专家、学者对七星坑进行了多学科的科学考察，初步掌握了动植物等自然资源情况，发现了一批珍稀濒危动植物，为建立自然保护区奠定了基础。

1995年12月14日，恩平市人民政府恩府［1995］83号文《关于加强对七星坑自然资源保护工作的通知》。2003年2月27日，恩平市人民政府恩府［2003］4号文《关于建立七星坑市级自然保护区的请示》。2003年9月12日，江门市人民政府江府［2003］34号文《关于建立七星坑市级自然保护区的批复》，同意建立七星坑市级自然保护区。2005年2月9日，恩平市人民政府恩府［2005］9号文《关于建立广东七星坑省级自然保护区的请示》。2007年经广东省人民政府粤府［2007］50号文，批准建立恩平七星坑省级自然保护区。主要保护对象为南亚热带季风常绿阔叶林生态系统、国家重点保护珍稀濒危动植物资源及其环境和水资源。

根据中华人民共和国国家标准《自然保护区类型与级别划分原则》（GB/T14529—93），恩平七星坑自然保护区属“自然生态系统类别”中的“森林生态系统类型”和“内陆湿地与水域生态系统类型”自然保护区。

5.2.10.1　自然条件

（1）位置范围　恩平七星坑自然保护区位于江门市辖的恩平市西部，地理坐标为东经111°59′54″～112°07′，30″，北纬22°06′56″～22°16′14″。具体范围：东与本市那吉镇和国有河排林场相连，南、西与阳东县交界，北与阳春市为邻，总面积8060.3hm^2，包括锦江水库的南端370hm^{2}的水域。

（2）地质基础　七星坑为花岗岩广布区，砂页岩次之。

①岩浆岩　在距今2亿年前的印支末期的中晚三叠世，本区发生强烈的造山运动，使沉积物全部升起，褶皱成山，由于早期出现大规模火山爆发，岩浆流到之处，伴随着花岗闪长岩和巨型石英脉体侵入，形成花岗岩为主，砂页岩为辅的构成。其中以清湾河一锦江水库一线为界，北部为砂页岩分布区，南部为花岗岩分布区。在花岗岩分布区中，又以清湾综合场为界，西侧为黑云母花岗岩分布区，东侧为花岗岩闪长岩分布区。

②构造　七星坑为中等规模的花岗岩、砂页岩穹窿体构造，在漫长的上升运动过程中，大部花岗岩体上覆盖的沉积岩层已基本被剥蚀殆尽。此外，断裂构造较发育，如寒山岭垂直断裂，内面向东延伸约8km。七星坑断裂，内面向南延伸约3km。烂头岭断裂，由南向北再折向西北延伸约2km。断层发育成河谷，形成今天的上冲河、清湾河、仙人河等。

（3）地貌概况　七星坑保护区地处横亘于云浮、江门、阳江三市的天露山脉的南端。保护区以花岗岩为主，砂页岩为辅的中、低山、丘陵地貌。整个地势南、北、西高，中、东部低，海拔高低悬殊，最高点烂头岭海拔1014.8m，再低点锦江水库水面海拔90m。

①中低山地貌　主要分布于保护区的南、西、北部，海拔800m以上的中山山峰，南部有烂头岭海拔1014.8m、观音石海拔966.0m、瓮坑尾山顶海拔810m、铰剪石海拔802m等；北部有寒山岭海拔856m、七星顶海拔844.5m等。海拔500～800m的低山山峰，南部有仙人大座海拔768.7m、屙屎坑顶海拔655.1m、背阴顶海拔584.1m等；北部有尖峰顶海拔720 .6m、牛牯顶海拔507.6m等。山地坡度多在35°以上，个别地段达70°。北部最高海拔寒山岭。由北向南延伸，形成一条长17km的山地，与最南部的烂头岭等群山把北部和南部的中低山地貌相连接。

②丘陵地貌　主要分布于保护区的中东部，海拔500m以下，地势起伏伏和缓，坡度20°～30°。

保护区内由于构成山丘的花岗岩断层裂隙发育，而常被溪流下切成峡谷，裸露基岩和岩块多呈球状剥落，故悬崖绝壁及石蛋地貌颇为普遍。

（4）气候特点　保护区属南亚热带海洋性气候，其特点是：光照充足，热量丰富，降水充沛，空气湿润，有干湿季之分。由于保护区内目前尚无气象站，据恩平市气象资料：年年平均气温22.0℃，

1月平均气温13.7℃，极端最低气温-0.5℃，7月平均气温28.1℃，极端最高气温38.0℃；年均降水量2179mm，4~9月为雨季，占全年总降水量85.5%，10月至翌年3月为旱季；雨热同季，有利生物繁衍更迭。是全省的暴雨中心之一。暴雨（日雨量80mm以上）平均每年有5.1天，最多达10天，以5~8月份最多，潢步头水文站曾录得一日降雨量583mm；每年在农历端午节前后出现的"龙舟水"暴雨，出现的机率为37%；夏秋台风的正面袭击的自然灾害，每年平均出现2.2次。

由于保护区在恩平市西部山区，其各项气温指标常随海拔高度的升高而降低，比恩平市城区要低2~3℃，而雨量则稍高达2730mm。

（5）水文特征　保护区地表水文属于潭江上游的集水溪流。潭江发源于天露山，自西南向北东横贯，流程150km，流经恩平、赤坎、三埠、水口等地，注入南海。保护区的地表水以河流、水库等形式分布。

①河流保护区内主要有3条河流。

A. 上冲河　位于保护区北部，全部为其集雨区。它发源于寒岭山麓的地豆水，与韭菜坑、香炉坪、七星坑等水系汇合后流入拉圾坑，拉圾坑水流沿途汇合了腊鸭洒坑、汤鸡坑、黄芽坳等大小支流后，称上冲河，自北向南穿行山势险峻沟谷中，多180°弯折，河流纵比降大，流速快，最后注入锦江水库，全长18km。

B. 清湾河　位于保护区中部，也是潭江的干流，发源于阳东县大八镇乌牛岭，自西向东流，在大湾冲注入锦江水库，在保护区内长4km，在保护区南部和中西部为其集雨区。清湾河在保护区内的支流有高水坑河，发源于烂头岭，由西南向东北流河尾和白地，在转角潭弯折90°后，流向变为由东南向西北，在沙河汇合了石门河，并在三甲附近汇入清湾河。

C. 仙人河　位于保护区东部，发源于那吉镇毛坪，自南向北流经保护区的东北缘，在南蛇田口注入锦江水库，在保区内长4km。

此外，在保护区中部还有大水坑（金展坑）、黄牛尾（山猪坑）等水系独立汇入锦江水库。

上述河流的流量变化与降雨季节变化相关，4~9月为丰水期，10月至翌年3月为枯水期。雨季地表径流顺坡而下，流量剧增，水位高涨；旱季缺乏地表径流补给，流量大减，水位低落，但因有花岗岩裂隙水补给、森林茂密，持水能力强，故流水终年不断，为小水电开发利用提供了有利条件。

②水库　在保护区内的锦江水库，属广东第七座大型水库，位于恩平市境内，流域面积362km^2，总库容4.91亿m^3，坝顶海拔101.0m，最大坝高63.0m，坝顶长345m，峻工于1972年7月，其用途以灌溉主要，防洪、发电其次。该水库南端约370hm^{2}为保护区范围，因此，保护区的水源涵养对锦江水库有着举足轻重的作用。

（6）土壤特征　保护区成土母质比较简单，以花岗岩、砂页岩风化物为主，石英砂岩、粉砂岩、及泥质页页岩等次之。但因地处北回归线以南，自然植被为南亚热带季风常绿阔叶林，土壤形成的富铁铝化作用处于砖红壤带与红壤带之间，故该保护区的地带性土壤应属赤红壤地带。

在不同海拔高度的土壤类型也不相同，具有较明显的垂直分布规律。

（1）赤红壤　是保护区的地带性土壤，主要分布在海拔400m以下的丘陵地带，土体剖面发育完整，多呈浅黄棕色，成土母质为易风化的花岗岩，风化层深厚，一般在1~2m以上，质地为黏土或黏壤土。表层质地为砂壤土—沙质黏壤土，表土层之下土体紧实，土壤多呈酸性至强酸性。但随着山地海拔高度增加而气温降低、降水量增多的变化，土壤发育发生相应的更替。

（2）山地红壤　主要分布于海拔400~700m的山腰为主，土体剖面发育完整，多呈灰棕色或红棕色，成土母质和表层质地与赤红壤相似，只是风化层厚薄不一，一般在1m左右。土壤质地为壤土和粉（沙）质黏壤土。

（3）山地黄壤　主要分布在海700~800的山地，土体剖面发育完整，呈灰黑色或黑褐色，成土母质为花岗岩风化的残积物和坡积物，质地较粗，多为粉沙壤土和壤土，呈灰黄色。表层土有机质积累丰富。

（4）灌丛草甸土　主要分布在海拔800以上为山顶和山脊，土体剖面发育层次不完整，有明显的枯枝落叶和草根盘结的草甸层，土壤质地为沙质壤土，营养元素储量高。

5.2.10.2　功能分区

依据《拟建广东七星坑省级自然保护区总体规划》①，将保护区分为3个功能区。

（1）核心区　根据保护区内保存完好的天然状态的季风常绿阔叶林生态系统以及珍稀濒危动植物的集中分布地有两片核心区。

一片是北部核心区：具体范围以北部的七星顶（海拔844.5m）、寒山岭（海拔856.0m）、西部的尖峰顶（海拔720 .6m）、飞天龙（海拔445.8m）的市界山脊沿防火线经蓝电村背山再往东部的沿山脊线至东部边界山顶海拔304.8m、茶冲顶海拔344.0m、牛牯顶海拔507.6m等山峰、山脊所包围的范围，面积2602.2hm^2。该片地形复杂，地域连片，人迹罕至，地带性的植被保存完好，生物多样性丰富，蕴藏有多种国家重点保护动植物。

二片是南部核心区：具体范围以西部的瓮坑尾山顶海拔810.0m开始至烂头岭（海拔1014.8m），南部由观音石（海拔966.0m）、铰剪石（海拔802.0m）、东边的仙人大座（海拔768.7m）、屙屎坑顶（海拔655.1m）、背阴顶（海拔584.1m）等山峰、山脊所包围，面积682.0hm^2。该片虽有小部分的人工林，但大部分为常绿阔叶林，并有较大面积的桫椤分布。

两片核心区总面积3284.2hm^2，占保护区总面积的40.75%。其主要功能是：涵养水源、保持水土，保护天然季风常绿阔叶林生态系统、珍稀野生动植物及其生存栖息繁衍的环境等。将实行全封闭管理，除必需的科学研究的定位观测、进入检查等外，禁止任何人进入，严禁狩猎、采挖药材和砍伐林木。

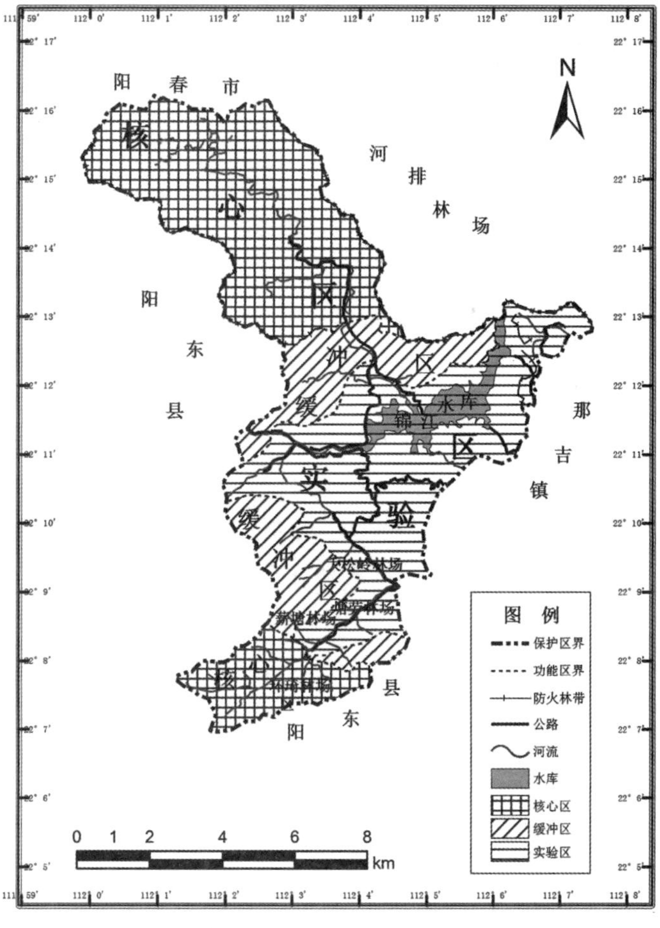

注：此图根据庄蔡该保护区功能分区图修改清绘而成。

图5.11　恩平七星坑自然保护区功能分区图

（2）缓冲区　位于核心区外围的重要地区，其中北部片位于核心区的南部，南部片位于核心区的北部，为了使南、北两核心区相连，沿保护区西侧的边界划出一条缓冲带，为两核心区的野生动物的相互来往的通道。缓冲区面积1609.7hm^2，占保护区总面积的19.97%。

其主要功能是：对于保护核心区起缓冲作用，确保核心区的天然常绿阔叶林生态系统和珍稀野生动植物的良性循环。此区将实行半封闭式管理，尽量减少进入人员，在路口和显著位置设置警示牌，严禁砍伐珍稀林木，以及外来因素破坏。

（3）实验区　位于缓冲区外围的重要地带，即位于保护区的中部，锦江水库的周围山地，面积3166.4hm^2，占保护区总面积的39.28%。

---

① 区庄葵，刘凯昌．拟建广东七星坑省级自然保护区总体规划．广东省林业调查规划院．20004.12.

其主要功能是：根据自然资源和实际需要，开展野生动物驯养繁殖研究；珍贵树种与保护树种种子基因库的建立；科普教学、多种经营等活动（图5.11）。

5.2.10.3 植物区系特点

（1）植物物种较丰富 据调查统计（陈炳辉等）①，该保护区拥有野生维管束植物876种（包括种下分类单位，下同），隶属556属161科，占广东省野生维管束植物5933种（叶华谷等，2005）的14.76%。其中蕨类植物97种，隶属60属30科；裸子植3种，隶属2属2科；被子植物779种，隶属497属131科（表5.40）。

表5.40 恩平七星坑自然保护区野生维管束植物类群的组成

植物类群		科数	属数	种数
蕨类植物		30	59	97
裸子植物		2	2	3
被子植物	双子叶植物纲	113	389	627
	单子叶植物纲	16	106	149
合计		161	556	876

此外，尚有栽培植物170种，分隶123属60科。其中裸子植物4种，分隶4属4科；被子植物166种，分隶119属56科（双子叶植物138种96属44科；单子叶植物28种23属12科）。

（2）地理成分较复杂

①蕨类植物的地理成分

A. 科的地理分布区类型 根据保护区30科的分布类型统计分析如下。

广布科 共有11科，占该区总科数的36.67%。如石松科、卷柏科、木贼科、紫萁科、铁线蕨科、蹄盖蕨科、铁角蕨科、水龙骨科、苹科、槐叶苹科、满江红科等。

热带、亚热带分布科 共有12科，占该区总科数的63.16%（扣除广布科11科，下同）。如里白科、碗蕨科、中国蕨科、书带蕨科、金星蕨科、莲座蕨科、桫椤科、鳞始蕨科、海金沙科、凤尾蕨科 Pteridaceae、三叉蕨科 Aspidiaceae、骨碎补科 Dvalliaceae 等。

泛热带分布科 共有5科，占该区总科数的26.32%。如蚌壳蕨科 Dicksoniaceae、蕨科 Pteridiaceae、乌毛蕨科 Blechnaceae、肾蕨科 Nephrolepidaceae、槲蕨科 Drynariaceae 等。

温带至亚热带高山地区分布科 仅有鳞毛蕨科 Dryopteridaceae 1科，占该区总科数的5.26%。

亚洲、大洋洲和美洲热带分布科：仅有1科，各占该区总科数的5.26%。如的瘤足蕨科。

B. 属的地理分布区类型 根据保护区59属的分布类型统计分析如下。

广布属 共有6属，占该区总属数的10.17%。如卷柏属 *Selaginella*、铁线蕨属 *Adiantum*、铁角蕨属 *Asplenium*、苹属 *Marsilea*、槐叶苹属 *Salvinia*、满江红属 *Azolla* 等。

泛热带分布属 共有9属，占该区总属数的16.98%（扣除广布属6属，下同）。如桫椤属 *Alsophila*、蕨属（Pteridium）、鳞始蕨属 *Lindsaea*、乌蕨属 *Sphenomeris*、粉背蕨属 *Aleuritopteris*、圣蕨属 *Dictyocline*、肾蕨属 *Nephrolepis*、抱树莲属 *Drymoglossum*、槲蕨属 *Drynaria* 等。

热带和亚热带分布属 共有38属，占该区总属数的71.7%。其中热带至亚热带为主，如灯笼草属 *Palhinhaca*、观音莲座属、芒萁属、里白属、海金沙属、碗蕨属、鳞盖蕨属、凤尾蕨属 *Pteris*、碎米蕨属 *Cheilosoria*、书带蕨属 *Vittaria*、断肠蕨属 *Allantodia*、假蹄盖蕨属、毛蕨属 *Cyclosorus*、针毛蕨属 *Macrothelypteris*、金星蕨属 *Parathelypteris*、新月蕨属 *Pronephrium*、假毛蕨属 *Pseudocyclosorus*、巢蕨属 *Neot-*

---

① 区庄葵，刘凯昌等．拟建广东七星坑省级自然保护区科学考察报告．广东省林业调查规划院，中国科学院华南植物园，华南农业大学，恩平市林业局．20004.12.

topteris、乌毛蕨属 *Blechnum*、沙皮蕨属 *Hemigramma*、三叉蕨属 *Tectaria*、骨碎补属、阴石蕨属、线蕨属 *Colysis*、骨牌蕨属 *Lepidogrammitis*、石韦属等。

以亚热带为主的属　与热带至亚热带分布的类型相当，热带亚洲分布的有4属，如藤石松属 *Lycopodiastrum*、黑桫椤属、复叶耳蕨属 *Arachniodes*、星蕨属 *Microsorium* 等；热带亚洲—大洋洲分布3属，如苏铁蕨属、莱蕨属 *Callipteris*、崖姜蕨属 *Pseudodrynaria*；热带亚洲至热带美洲分布有3属，如瘤足蕨属 *Plagiogyria*、双盖蕨属 *Diplazium*、单叶盖蕨属 *Triblemma*；东亚分布有2属，如金毛狗属、瓦韦属等。

温带、热带分布属　有2属，占该区总属数的3.77%。如紫萁属、狗脊属等。

北温带分布属　有2属，占该区总属数的3.77%。如卵果蕨属 *Phegopteris*、鳞毛蕨属 *Dryopteris* 等。

温带分布属　有1属，占该区总属数的1.89%。如贯众属 *Cyrtomium* 等。

寒、温带分布属　有1属，占该区总属数的1.89%。如木贼属 *Equisetum*。

②种子植物的地理成分

A. 科的地理分布区类型　按照《世界种子植物科的分布区类型系统》（吴征镒等，2003），对保护区种子植物131科的分布区类型统计分析，除旧世界温带分布、温带亚洲分布、地中海区和西亚至中亚分布、中亚分布及中国特有分布科尚未发外，其余10个分布区类型及变型均有分布。

*1. 广布（世界广布）　计有39科，占该区总科数的29.77%。如毛茛科、十字花科、堇菜科、远志科、景天科、马齿苋科、蓼科、石竹科、藜科、苋科、酢浆草科、千屈菜科、柳叶菜科、小二仙草科、瑞香科、蔷薇科、蝶形花科、杨梅科、榆科、桑科、鼠李科、伞形科、木犀科、茜草科、败酱科、菊科、报春花科、桔梗科、车前科、半边莲科、紫草科、茄科、旋花科 Convolvulaceae、玄参科 Scrophulariaceae（主产温带）、狸藻科 Lentibulariaceae、唇形花科（主产地中海）、兰科、莎草科（主产温带及寒温带）、禾本科等。

*2. 泛热带（热带广布）　有45科，占该区总科数的48.91%（扣除39）。如番荔枝科、樟科、莲叶桐科、防己科、马兜铃科、胡椒科、金粟兰科、白花菜科 Capparidaceae、凤仙花科、大风子科、天料木科、西番莲科 Passifloraceae、葫芦科、秋海棠科、茶科、野牡丹科、红树科、藤黄科 Guttiferae、梧桐科、锦葵科 Malvaceae、大戟科、含羞草科、荨麻科 Urticaceae、卫矛科、茶茱萸科、铁青树科 Olacaceae、檀香科 Santalaceae、蛇菰科 Balanophoraceae、葡萄科、芸香科、无患子科、漆树科、柿科、紫金牛科 Myrsinaceae、马钱科 Loganiaceae、夹竹桃科、萝藦科、爵床科、鸭跖草科、谷精草科、雨久花科、菝葜科、天南星科、薯蓣科、棕榈科等。

*2-1. 热带亚洲、大洋洲和热带美洲（南美洲或/和墨西哥）　有2科，占该区总科数的2.17%。如第伦桃科 Dilleniaceae、山矾科 Smyplocaceae。

*2-2. 热带亚洲—热带非洲—热带美洲（南美洲）　有3科，占该区总科数的3.26%。如买麻藤科 Gnetaceae、椴树科 Tiliaceae、苏木科 Caesalpiniaceae。

*2S. 以南半球为主的泛热带　有4科，占该区总科数的4.35%。如粟米草科 Molluginaceae、山龙眼科 Proteaceae、桃金娘科 Myrtaceae、桑寄生科 Loranthaceae 等。

*3. 东亚（热带、亚热带）及热带南美间断　有9科，占该区总科数的9.78%。如木通科、水东哥科、杜英科、冬青科、省沽油科、五加科、安息香科、苦苣苔科、马鞭草科 Verbenacea 等。

*4. 旧世界热带　有5科，占该区总科数的5.43%。如海桐花科 Pittosporaceae、八角枫科 Alangiaceae、杠柳科 Periplocaceae、芭蕉科 Musaceae、露兜树科 Pandanaceae。

*5. 热带亚洲至热带大洋洲　有2科，占该区总科数的2.17%。如交让木科、姜科。

*6. 热带亚洲至热带非洲　仅有1科，占该区总科数的1.09%。如杜鹃花科 Ericaceae。

*7. 热带亚洲（即热带东南亚至印度—马来，太平洋诸岛）　有1科，占该区总科数的1.09%。如牛栓藤科 Connaraceae。

*7-1. 爪哇（或苏门答腊），喜马拉雅间断或星散分布到华南、西南　仅有1科，占该区

总科数的1.09%。如五列木科 Pentaphylacaceae。

＊7－3. 缅甸、泰国至华西南　仅有1科，占该区总科数的1.09%。如肉实科。

＊7－4. 越南（或中南半岛）至华南或西南分布　有1科，占该区总科数的1.09%。如清风藤科 Sabiaceae。

＊8. 北温带　有6科，占该区总科数的6.52%。如松科 Pinaceae、金丝桃科 Hypericaceae、越桔科 Vacciniaceae、忍冬科 Caprifoliaceae、延龄草科 Trilliaceae、百合科 Liliaceae。

＊8－4 北温带和南温带间断分布　有7科，占该区总科数的7.61%。如茅膏菜科、绣球花科、金缕梅科、壳斗科、胡颓子科、胡桃科、灯心草科等。

＊9. 东亚及北美洲间断　有3科，占该区总科数的3.26%。如五味子科 Schisandraceae、三白草科 Saururaceae、鼠刺科 Escalloniaceae。

＊14. 东亚　有1科，占该区总科数的1.09%。如猕猴桃科 Actinidiaceae。

从上所述可以看出，其中以泛热带分布最多，有54科，占该区总科数的58.7%（扣广布科39科，下同）；北温带分布有13科，占该区总科数的14.13%；东亚（热带、亚热带）及热带南美间断分布有9科，占该区总科数的9.78%；其余分布所含科数均在5.43%以下，不占重要地位；特别是中国特有科等5科分布缺如，表明该自然保护区植物区系在科级水平上以泛热带分布成分为主，兼有一定数量的北温带成分。

B. 属的地理分布区类型　保护区种子植物497属的分布类型，按照《中国种子植物属的分布区类型》（吴征镒，1991）统计分析，除地中海区、西亚至中亚分布、中亚分布类型及其变型尚未发现外，其他13个分布区类型及变型均有分布（表5.41）。

表5.41　恩平七星坑自然保护区种子植物属的分布区类型

分布区类型及变型	属数	占总属数（%）
1. 广布分布	36	扣除
2. 泛热带分布	145	31.45
2－1 热带亚洲、大洋洲和南美洲间断分布	4	0.87
2－2 热带亚洲、非洲和南美洲间断分布	7	1.52
3. 热带亚洲和热带美洲间断分布	15	3.25
4. 旧世界热带分布	53	11.50
4－1 热带亚洲、非洲和大洋洲间断分布	8	1.74
5. 热带亚洲至热带大洋洲分布	39	8.46
5－1 中国（西南）亚热带和新西兰间断分布	0	0
6. 热带亚洲至热带非洲分布	26	5.64
6－1 华南、西南到印度和热带非洲间断	0	0
6－2 热带亚洲和东非间断	2	0.43
7. 热带亚洲（印度—马来西亚）分布	71	15.40
7－1 爪哇、喜马拉雅和华南、西南星散分布	5	1.08
7－2 热带印度至华南分布	2	0.43
7－3 缅甸、泰国至华西南分布	1	0.22
7－4 越南（或中南半岛）至华南（或西南）分布	5	1.08
8. 北温带分布	20	4.34
8－1 环极分布	0	0
8－2 北极高山分布	1	0.22
8－3 北极—阿尔泰和北美洲间断分布	0	0

（续）

分布区类型及变型	属数	占总属数（%）
8－4 北温带和南温带（全温带）间断分布	5	1.08
8－5 欧亚和南美洲温带间断分布	0	0
8－6 地中海区、东亚、新西兰和墨西哥到智利间断	0	0
9. 东亚和北美洲间断分布	15	3.25
9－1 东亚和墨西哥间断	0	0
10. 旧世界温带分布	7	1.52
10－1 地中海区、西亚和东亚间断分布	1	0.22
10－2 地中海和喜马拉雅间断分布	0	0
10－3 欧亚和南非洲（有时也在大洋洲）间断	1	0.22
11. 温带亚洲分布	1	0.22
12. 地中海区、西亚至中亚分布	0	0
12－1 地中海区至中亚和南非洲、大洋洲间断	0	0
12－2 地中海区至中亚和墨西哥间断	0	0
12－3 地中海区至温带、热带亚洲，大洋洲和南美洲间断	1	0.22
12－4 地中海区至热带非洲和喜马拉雅间断	0	0
12－5 地中海区—北非洲、中亚、北美西南部，智利和大洋洲（泛地中海）间断分布	0	0
13. 中亚分布	0	0
13－1 中亚东部（亚洲中部）	0	0
13－2 中亚至喜马拉雅	0	0
13－3 西亚至喜马拉雅和西藏	0	0
12－4 地中海区至热带非洲和喜马拉雅间断	0	0
14. 东亚分布	15	3.25
14－1 中国—喜马拉雅（SH）	5	1.08
14－2 中国—日本（SJ）	4	0.87
15. 中国特有分布	2	0.43
合计	497	100.00

从上表可以看出，保护区内属的地理成分是以热带成分占优势，从2～7各类热带成分共有383属，占总属数（扣除广布属36属，以下同）的83.08%。温带成分从8～12共有52属，占总属数的11.28%。东亚分布有24属，占总属数的5.21%。中国特有分布的2属，占总属数的0.43%，有圆籽荷属 *Apterosperma*、石笔木属 *Tutcheria* 等。因此，在种子植物属级分布区类型水平上，以泛热带、热带亚洲的分布区类型为主，同时兼有一定数量的温带分布和东亚分布成分。这些特征与保护区所处地理位置相一致。

5.2.10.4　植被类型

根据调查（胡喻华等），保护区具有7个植被类型。

（1）针叶林　在保护区内有2个群系。

①马尾松林（Form *Pinus massonian*）　主要分布于海拔400m以下丘陵地带，面积不大，多呈块状。其中大部分是飞播造林形成的。

乔木层：郁闭度0.3～0.5。除优势种马尾松，平均高度5～9m，平均胸径5～10cm外，还有鹅掌柴 *Schefflera octophylla*、鼠刺 *Ilea chinensis*、华润楠 *Machilus chinensis*、枫香树 *Liquidambar formosana* 和山

乌柏 *Sapium discolor*、山苍子 *Litsea pungens*、黄牛木 *Cratoxylum cochinchinense* 等散生。

灌木层：以桃金娘 *Rhodomyrtus tomentosa* 为主，石斑木 *Rhaphiolepis indica*、米碎花 *Eurya chinensis*、三椏苦 *Evodia lepta*、九节 *Psychotria rubra*、毛稔 *Melastoma sanguineum* 等次之。

草本层：盖度40% ~90%，除优势种芒萁外，还有细毛鸭嘴草 *Ischaemum indicum*、山菅兰等散生。

②杉木林（Form *Cunninghamia lanceolata*） 多为原生常绿阔叶林采伐迹地经人工造林更新形成的，主要分布于河尾村、沙河一带，在山腰或沟谷平缓的坡地呈块状镶嵌分布。林相外貌灰绿色，整齐，植株分布均匀，高矮比较一致。

乔木层：结构简单，除优势种杉木外，几无其他乔木树种，实生林的郁闭度可达0.9以上，萌生林的郁闭度仅有0.5以下。

灌木层：常见的有三椏苦、九节、毛稔、粗叶榕 *Ficus hirta* 等。

草本层：高度20cm左右，盖度可达80%。除优势种乌毛蕨、粽叶芦外，还有细毛鸭嘴草、淡竹叶、金毛狗、芒萁、蔓生秀竹 *Microstegium vagans*、黑莎草、山菅兰等。

层间藤本植物：有菝葜、玉叶金花 *Mussaenda pubescens* 等。

此外，林下常见的有鹅掌柴、山乌桕等幼苗。

（2）沟谷雨林 主要分布于海拔500m以下的沟谷中，在保护区内有5个群系。

①鼎湖巴豆林（Form *Croton dinghuensis*） 主要分布于海拔320m以下的沟谷中。

乔木层：郁闭度0.9，大致可分为2个亚层。第一亚层，高20~30m，除硬壳桂 *Cryptocarya chingii* 占优势外，还伴有华润南、黄毛榕 *Ficus esquiroliana*、八角枫 *Alangium chinense* 等，林冠不连续；第二亚层，以鼎湖巴豆占绝对优势，在100m^{2}的样方内高度6~10m，胸径>3.5cm的有40株，最大胸径达24cm，常见的还有鹅掌柴。

灌木层：以小盘木 *Microdesmis caseariaefolia* 占绝对优势，九节等次之。

草本层：植物稀疏，以蕨类植物为主，盖度约40%。

层间藤本植物：有白花酸藤果 *Embelia ribes*、野木瓜 *Stauntonia chinensis* 等。附生的有石柑子 *Pothos chinensis*、珍珠莲 *Ficus sarmentosa* var. *henryi* 等。

②白颜树林（Form*Gironniera subaequalis*） 主要分布于海拔80~400m处。

乔木层：大致可分为3个亚层。第一亚层，以白颜树、黄杞 *Engelhardtia roxburghiana*、小果山龙眼 *Helicia cochinchinensis* 为主，偶见有翻白叶树 *Pterospermum heterophyllum*；第二亚层，高度10~15m，组成种类复杂，除白颜树占优势外，还有鼎湖钓樟 *Lindera chunii*、鱼骨木 *Canthium dicocecum*、毛山黄皮 *Randia acuminatissima*、红鳞蒲桃 *Syzygium hancei*、山油柑 *Acronychia pedunculata* 等；第三亚层，高度6~10m，除岭南山竹子 *Garcinia oblongifolia* 占优势外，还有柃叶连蕊茶 *Camellia euryoides* 等。

灌木层：除小盘木占优势外，还有三椏苦、嘉赐树 *Casearia glomerata*、九节、罗伞树 *Ardisia quinquegona* 等。

草本层：因乔木层和灌木层的荫蔽大而稀少。

层间藤本植物：多为粗壮木质大藤本，如锡叶藤 *Tetracera asiatica*、罗浮买麻藤 *Gnetum lofuense*、丁公藤 *Erycibe obtusifolia*、白花酸藤果和扁担藤 *Tetrastigma planicaule* 等，多数胸径达10cm，常攀缘于数十米的大树之上，非常壮观。附生的有华南胡椒 *Piper austrosinense*、石柑子、珍珠莲等。

此外，林下还有白颜树幼林，由此可见该林的展发展趋是稳定的。

③鼎湖血桐林（Form *Macaranga sampsoni*） 其特点是：组成植物种类繁多，而且富于热带性，群落结构较复杂。

乔木层：高达25~30m，主要由鼎湖血桐、鹃毛杜英 *Elaeocarpus nitentifolius*、黑壳楠 *Lindera megaphylla* 组成。第二亚层高达10~20m，主要由毛山黄皮、硬壳桂、华润楠、白颜树、大叶刺篱木 *Flacourtia rukam*、小果山龙眼等组成。第三亚层由柃叶连蕊茶、水石梓 *Sarcosperma laurinum*、红鳞蒲桃、银柴 *Aporosa dioica*、大叶合欢 *Cylindrokelupha turgida* 等组成。

灌木层：多由乌材 *Diospyros eriantha*、小盘木、膜叶嘉赐树 *Casearia membranacea*、九节、罗伞树、红背叶山麻杆 *Alchornea trewioides*、牛耳枫 *Daphniphyllum calycinum* 等组成。

草本层：仅偶见有双盖蕨 *Diplazium donianum*、楼梯草 *Elatostema henryanum* 等喜阴成分。

层间藤本植物：有扁担藤、锡叶藤、苍白秤钩风 *Diploclisia glaucescens*、红花青藤 *Llligera rhodantha*、翅茎白粉藤 *Cissus hexangularis*、罗浮买麻藤、丁公藤、白花酸藤果、赤苍藤 *Erythropalum scandens*、链珠藤 *Alyxia sinensis* 等。多数胸径达 10cm，常攀缘于数十米的大树之上，甚为壮观。附生的有巢蕨 *Neottopteris nidus*、华南胡椒、石柑子、珍珠莲等。

④水翁、假苹婆林（Form *Cleistocalyx operculatus*，*Sterculia lanceolat*） 主要分布于海拔 400m 以下的沟谷溪流两岸。

乔木层：大致可分为 2 个亚层。第一亚层，高 5～7m，除水翁、假苹婆为优势种外，偶有鱼尾葵 *Caryota milis* 突出第一亚层之上，高达 13m。第二亚层，由杂色榕 *Ficus variegata*、斜叶榕、珊瑚树 *Viburnum odoratissimum* 等组成。

灌木层：高 3～5m，有水团花 *Adina pilulifera*、水东哥 *Saurauia tristyla* 等。

草本层：多为一些大型叶的种类，如海芋、草豆蔻、露兜树等。

层间藤本植物：有厚果崖豆藤 *Millettia pachycarpa*、中南鱼藤 *Derris fordii*、红花青藤、刺果藤等。

⑤野蕉林（Form *Musa balbisiana*） 主要分布于上冲工区和河尾村以南海拔 200m 的沟谷中，总覆盖度达 95% 以上。

乔木层：由野蕉组成，高 5m 左右，覆盖度占 40%；中层高 2～3m，个别高 4m，覆盖度 30%，由黑桫椤 *Gymnosphaera podophylla*、大黑桫椤 *G. gigantea*、桫椤组成。下层草本高 85cm 以上，覆盖度 50%，除具大型叶的海芋、露兜树占优势外，还有淡绿短肠蕨 *Allantodia virescens*、金毛狗、华南毛蕨、大苞鸭跖草 *Commelina paludosa*、白花败酱 *Patrina villosa*、短毛金线草 *Antenoron filiforme* 等。

伴生的木本植物有斜叶榕、猴耳环 *Archidendron clypearia*、锐尖山香圆 *Turpinia arguta*、九丁树 *Ficus nervosa*、山油柑 *Acronychia pedunculata* 等。

层间藤本植物：有刺果藤、酸叶胶藤 *Ecdysanthera rosea*、白叶藤 *Cryptolepis sinensis*、白簕花 *Eleutherococcus trifoliatus*、红花青藤等。

此外，林下有桫椤、黑桫椤、大黑桫椤的幼苗，由此可见该林的展发展趋是稳定的。

（3）季风常绿阔叶林 主要分布在海拔 200～800m 的低山丘陵。保护区内有 3 个群系。

①黄杞林（Form *Engelhardtia roxburghiana*） 主要分布于海拔 300～700m 的低山丘陵地带。

乔木层：高 20～25m，郁闭度达 0.5。除黄杞优势种外，还有罗浮栲、鹅掌柴、腺叶桂樱 *Laurocerasus phaeosticta*、罗浮柿、华润楠、鱼骨木和亮叶猴耳环 *Archidendron lucidum* 等。

灌木层：主要由九节、膜叶嘉赐树等组成。

草本层：仅有金毛狗、乌毛蕨等。

层间藤本植物：仅有菝葜。

此外，林下有黄杞、罗浮栲、鹅掌柴等幼苗，由此可见该林的展发展趋是稳定的。

②华润楠林（Form *Machilus chinensis*） 主要分布于海拔 500m 左右。

乔木层：平均高 10～18m，除优势种华润楠外，还有腺叶桂樱、鹅掌柴、山乌桕、枫香树、八角枫、红鳞蒲桃、杨梅 *Myrica rubra*、黄牛木、亮叶猴耳环等。

灌木层：主要由九节、毛稔、锈毛莓 *Rubus reflxus* 等组成。

草本层：以芒萁占优势，棕叶芦 *Thysanolaena maxima* 等次之。

层间藤本植物：有玉叶金花、丁公藤、白花酸藤果、天香藤、藤黄檀 *Dalbergia hancei* 等。

③黧蒴林（Form *Castanopsis fissa*） 主要分布于保护区南部海拔 300m 处。

乔木层：郁闭度达 0.9，平均高 7～9m，平均胸径 11～14cm。以黧蒴占绝对优势。

灌木层：盖度达 70%，种类组成贫乏，仅见有九节、鼠刺等。

草本层：只有少量芒萁、芒、狗脊 *Woodwardia japonica* 等。

（4）常绿落叶阔叶混交林　保护区内仅有 1 个群系。

鹅掌柴、枫香树林（Form *Schefflera heptaphylla*，*Liquidambar formosana*）　主要分布于坪坑的西南中下坡上，因小气候较为干燥，降雨量极不均匀，故形成常绿落叶阔叶混交林。

乔木层：稀疏，郁闭度 0.7 左右，高达 18m，除以鹅掌柴、枫香树占优势外，还有常绿的华润楠、簕党花椒 *Zanthoxylum avicennae*、倒吊笔 *Wrightia pubescens* 等；落叶成分有山乌桕、南酸枣 *Choerospondias axillaris*、毛八角枫 *Alangium kurzii* 等。

灌木层：草本层盖度较大，以喜阳的乌毛蕨占优势，芒萁、细毛鸭嘴草等阳性草本。

层间藤本植物稀少，仅见有玉叶金花。

（5）针阔叶混交林　以暖性针叶树与阔叶树为建群种组成的森林群落。在保护区内有 2 个群系。

①马尾松、鹅掌柴林（Form *Pinus massniana*，*Schefflera heptaphylla*）　分布于山麓和平缓的山坡。

乔木层：郁闭度约为 0.78，平均高 6～8m，平均胸径 5～8cm。除优势种马尾松、鹅掌柴外，还有鼠刺、山乌桕、华润楠、枫香树等。

灌木层：以桃金娘、山苍子为主，粗叶榕、细齿柃木 *Eurya nitida* 等。

草本层：主要有棕叶芦、细毛鸭嘴草、乌毛蕨等。

层间藤本植物：只有寄生藤 *Dendrotrophe varians*、玉叶金花等。

②杉木、鹅掌柴林（Form *Cunninghamia lanceolata*，*Schefflera heptaphylla*）　由砍伐后的杉木林经过自然演替形成的。

乔木层：郁闭度约 0.6，除建群种杉木、鹅掌柴外，还有华润楠、山乌桕等。

灌木层：有三桠苦、粗叶榕等。

草本层：由棕叶芦、细毛鸭嘴草、芒、黑莎草等组成。

（6）竹林　　保护区内有 2 个群系。

①糙花少穗竹林（Form *Oligostachyum scabriflorum*）　是单轴型散生竹，从山麓至山顶都有分布，一般喜生于土层深厚、肥沃和排水良好的土壤。糙花少穗竹的分布较均匀，平均约 600 株/m^2，胸径 2.1～4.0cm。在竹林中常散生有华南楠、鹅掌柴、黄牛木和广东金叶子 *Craibiodendron scleranthum* var. *kwangtungense* 等乔木。

灌木层：主要有九节、罗伞树、红背叶山麻杆、粗叶榕等。

草本层：稀少，仅见有金毛狗。

②粉单竹林（Form *Bambusa chungii*）　主要分布于靠近水的地方，大部分是人工栽植的纯林，每丛有 30～50 株或更多，出枝高，竹杆挺直，顶端略弯，杆高 10～18m，胸径约 6～8cm。由于林冠郁闭度大，林下植物稀少，常见的灌木有野牡丹、罗伞树、对叶榕 *Ficus hispida* 等。草本有华南毛蕨、乌毛蕨等。

（7）灌丛草坡　保护区内有 5 群系。

①桃金娘、芒萁灌草丛（Form *Rhodomyrtus tomentosa*，*Dicranopteris pedata*）　主要分布于保护区南部海拔 600～800m 的低山地带。

灌木层：高 1～2m，覆盖度 60%，除桃金娘占绝对优势外，还有野牡丹、石斑木、毛稔、九节等。

草本层：高 40～80cm，覆盖度 50%，除芒萁占优势外，还有黑莎草、棕叶芦、细毛鸭嘴草、乌毛蕨、芒等。

层间藤本植物：偶见无根藤 *Cassytha filiformis*。

其中尚有零星散生的马尾松、山乌桕、鹅掌柴等。

②米碎花、细毛鸭嘴草灌草丛（Form *Eurya chinensis*，*Ischaemum indicum*）　主要分布于烂头岭和七星顶海拔 750～800m 的山坡，一般坡度为 25°～40°，土层比较瘠薄，气温较低，相对湿度较大。

灌木层：高度 1～2m，总覆盖度 60%，除米碎花占优势外，还有地稔 *Melastoma dodecandrum*、三

花冬青 *Ilex triflora*、野牡丹、变叶榕 *Ficus vasculosa*、密花树 *Rapanea neriifolia*、箬竹等。

草本层：高度20~50cm，覆盖度达70%，部分地段可达90%以上，除细毛鸭嘴草占优势外，还有芒萁等。

③箬竹灌丛（Form *Indocalamus tessellatus*） 主要分布于烂头岭海拔900~1000m近山顶的一些沟谷中。箬竹高度30~60cm，覆盖度几为100%，因此其下植物颇为稀少。

④细毛鸭嘴草草坡（Form *Ischaemum indicum*） 主要分布于烂头岭海拔800m以上山顶或山脊。由于常风大，气温低，土壤瘠薄，基岩裸露10%左右。

草本层：高度约30cm。除优势种细毛鸭嘴草外，还有地稔、珍珠茅 *Scleria levis*、乌毛蕨、灯笼石松 *Palhinhaea cernua* 等。

此外，草坡中还有极少量的一些灌木植物散生，如算盘子、米碎花、黄药 *Rhamnus crenata* 等。

⑤芒、细毛鸭嘴草草坡（Form *Miscanthus sinensis*，*Ischaemum indicum*） 主要分布于海拔海拔950m的背阴的山窝，土层比较厚，保水能力较强。

草本层：高度约50~100cm。除优势种芒外，细毛鸭嘴草散生其中，还有一些灌木植物散生，如算盘子、米碎花等。

5.2.10.5 野生植物资源

（1）珍稀濒危保护植物繁多 根据1984年国家环境保护委员会公布的《中国珍稀濒危保护植物名录》和1999年国务院批准公布的《国家重点保护野生植物名录（第一批）》所列种类统计，保护区内共有国家重点保护野生植物8科11属12种（其中蕨类植物3科4属5种，被子植物5科7属7种）；国家Ⅱ级重点保护野生植物8种，国家Ⅲ级重点保护野生植物3种，省级重点保护野生植物1种（表5.42）。

表5.42 恩平七星坑自然保护区的重点保护植物

序号	种名	科名	IUCN濒危等级	保护级别
1	金毛狗 *Cibotium barometz*	蚌壳蕨科 Dicksoniaceae	渐危	Ⅱ
2	桫椤 *Alsophila spinulosa*	桫椤科 Cyatheaceae	渐危	Ⅱ
3	大黑桫椤 *Gymnosphaera gigantea*	桫椤科 Cyatheaceae	渐危	Ⅱ
4	黑桫椤 *Gymnosphaera podophlla*	桫椤科 Cyatheaceae	渐危	Ⅱ
5	苏铁蕨 *Brainea insignis*	乌毛蕨科 Blechnaceae	濒危	Ⅱ
6	樟树 *Cinnamomum camphora*	樟科 Lauraceae	渐危	Ⅱ
7	圆籽荷 *Apterosperma oblata*	山茶科 Theaceae	濒危	Ⅱ
8	野茶树 *Camellia sinensis* var. *asamica*	山茶科 Theaceae	稀有	Ⅱ
9	舌柱麻 *Archiboehmeria atrata*	荨麻科 Urticaceae		Ⅲ
10	白桂木 *Artocarpus hypargyreus*	桑科 Moraceae	渐危	Ⅲ
11	巴戟 *Morinda officinalis*	茜草科 Rubiaceae	稀有	Ⅲ
12	乌檀 *Nauclea officinalis*	茜草科 Rubiaceae	稀有	省级

兰科植物有12属13种，即香港安兰 *Ania hongkongensis*、金线兰 *Anoectochilus roxburghii*、钩距虾脊兰 *Calanthe graciliflora*、流苏贝母兰 *Coelogyne fimbriata*、钩状石斛 *Dendrobium aduncum*、蛇舌兰 *Diploprora championii*、足茎毛兰 *Eria coroaria*、高斑叶兰 *Goodyera procera*、长茎羊耳蒜 *Liparis. viridiflora*、血见青 *L. nervosa*、鹤顶兰 *Phaius tankervilliae*、石仙桃 *Pholidota. chinensis*、绶草 *Spiranthes sinensis* 等，全部为《濒危野生动植物种国际贸易公约》附录Ⅱ物种。

（2）经济植物多样 保护区内蕴藏着丰富多样的经济植物资源。

①药用植物 其中抗癌药用植物有狗肝菜 *Dicliptera chinensis*、了哥王等；解表清药用植物有桑 *Morus alba* 等；清热解毒药用植物有华南忍冬 *Lonicera confusa*、栀子、地胆草 *Elephantopus scaber* 等；清热凉血的药用植物有葛、马鞭草、茅莓等；清热利尿的药用植物有淡竹叶、车前、海金沙等；清热利湿

的药用植物有岗松、酢浆草、算盘子等；祛风湿的药用植物有狗脊、两面针、菝葜等；跌打损伤、止血肿痛的药用植物有积雪草 *Centella asiatica*、鲫鱼胆、薯莨、一点红等；壮阳药的药用植物有金樱子 *Rosa laevigata*；补血药的药用植物有香花崖豆藤 *Millettia dielsiana*、桃金娘、酸藤子 *Embelia laeta* 等；利湿解毒、消肿散结的药用植物有土茯苓；止血药用植物有鳢肠、大叶紫珠 *Callicarpa macrophylla*；驱虫药用植物有土荆芥、苦楝等；民间常用草药或凉茶有梅叶冬青、鸡矢藤、草珊瑚、车前、韩信草等。

②用材植物　其中一类用材有樟树等；二类用材有黄樟等；三类用材有覃树、华润楠等；四类用材有日本杜英、竹节树 *Carallia brachiata* 等；五类用材有鼠刺、猴欢喜等；可作军工用材的有黄杞等；可作船舶用材的有天料木等；可作胶合板用材的有赤杨叶 *Alniphyllum fortunei*、猴耳环、亮叶猴耳环等；可作房屋建筑的有杉木；可作纺织用材有木荷、石斑木等；可作乐器用材的有山乌桕、鹅掌柴；造纸用材的有山矾 3 种等；可作薪炭用材的有黧蒴等。

③观赏植物其中园林植物有铁冬青、樟树、阴香、大头茶、石笔木、木荷、黄毛五月茶 *Antidesma fordii*、白背叶 *Mallotus apelta*、红花荷 *Rhodoleia championi*、枫香树、朴树 *Celtis sinensis*、覃树、五列木 *Pentaphylax euryoides*、肖蒲桃 *Acmena acuminatissima*、秋枫 *Bischofia javanica*、中华杜英 *Elaeocarpus chinensis*、多花山竹子 *Garcinia multiflora* 等；野生灌木花卉，主要有多种野牡丹、映山红、吊钟花、桃金娘、假鹰爪、红花青藤、美丽胡枝子、广宁油茶 *Camellia semiserrata*、栀子、龙船花 *Ixora chinensis*；草本景观植物，主要有多种兰花、华凤仙、闭鞘姜 *Costus speciosus* 等；果木类植物，有朱砂根 *Ardisia crenata*、珊瑚树、铁冬青、多花山竹子、野鸦椿 *Euscaphis japonica*、罗浮柿、蓝树 *Wrightia laevis* 等；藤本景观植物，主要有小叶买麻藤、罗浮买麻藤、金樱子、香花崖豆藤、玉叶金花、小叶红叶藤、狮子尾 *Rhaphidophora hongkongensia*、菝葜等；红叶植物景观，主要有红楠 *Nachilus thunbengii*、广东金叶子、五列木、野漆树、枫香树、山乌桕等。

④纤维植物　主要有罗浮买麻藤、小叶买麻藤、朴树、光叶山黄麻 *Trema cannabina*、山黄麻 *T. orientalis*、山芝麻 *Helicteres angustifolia*、地桃花 *Urena lobata*、苎麻、葛、白背叶、白楸 *Mallotus paniculatus*、粗糠柴 *M. philippinensis*、了哥王、酸叶胶藤、小蜡 *Ligustrum sinense*、黑莎草、青皮竹 *Bambusa textiles*、五节芒等。

⑤野生水果植物　主要有浆果类，如阔叶猕猴桃 *Actinidia latifolia*、桃金娘等；仁果类有金樱子、豆梨 *Pyrus calleryana* 等；核果类有山杜英、角花胡颓子 *Elaeagnus goonyanthes*、杨梅 *Myrica rubra* 等；柑果类有山小橘等；此外，岭南山竹子、多花山竹子、桃金娘、南酸枣、余甘子、白花悬钩子 *Rubus leucanthus*、茅莓、罗浮油柿均较常见，也较重要。

⑥油脂植物　主要有杉木、樟树、香叶树 *Lindera communis*、山苍子 *Litsea cubeba*、光叶山黄麻、岭南山竹子、牛耳枫 *Daphniphyllum calycinum*、毛果巴豆 *Croron lachnoarpus*、余甘子、白背叶、油茶、广宁油茶、算盘子、石笔木、楝叶吴茱萸 *Evodia meliaefolia*、假苹婆、光叶山黄麻、构树、油桐、盐肤木、山乌桕、乌桕、黑莎草等。

⑦鞣料植物　比较重要的有猴耳环、猴欢喜、中华杜英、山油柑、多花山竹子、野牡丹、南酸枣、油桐、杨梅、金樱子、桃金娘、枫香树、多种菝葜、薯莨、盐肤木等。

⑧芳香植物　比较重要的有山苍子、山油柑 *Acronychia pedunculata*、樟树、黄樟、阴香、香叶树、石荠宁 *Mosla scabra*、牡蒿 *Artemisia japonica*、山香 *Hyptis suaveolens*、罗勒 *Ocimum basilicum* 岗松、簕党花椒 *Zanthoxylum avicennae*、两面针、草珊瑚、黄荆 *Vitex negundo*、香附子等。

⑨饲料植物　比较种要的有凤眼蓝 *Eichhornia crassipes*、意苡、鸭跖草 *Commelina communis*、裸花水竹叶 *Murdannia medica*、青香茅 *Cymbopogon caesius*、狗牙根 *Cynodon dactylon*、稗 *Echinochloa crusgalli*、水蔗草 *Apluda mutica*、蜈蚣草 *Eremochloa ciliaris*、粗毛鸭嘴草 *Ischaemum barbatum*、喜旱莲子草 *Alternanthera philaxeroides*、虾钳菜 *A. sessilis* 等。

⑩野菜植物　其中资源数量较大而且比较受欢迎的有白花败酱 *Patrinia villosa*、蔊菜 *Rorippa indica*、苦买菜、黄鹌菜 *Younga japonica*、皱果苋 *Amaranthus viridis*、革命菜 *Gynura crepidioides*、马齿苋 *Portu-*

laca oleracea、少花龙葵 *Solanum americanum* 等。

此外，还有农药植物扛板归 *Polygonum perfoliatum*、常山 *Dichroa febrifuga*、厚果崖豆藤 *Millettia pachycarpa*、昆明鸡血藤 *M. reticulata*、黄药、海金沙、威灵仙 *Clematis chinensis*、水蓼 *Polygonum hydropiper* 等；淀粉植物有狗脊、葛、福建观音座莲、金毛狗、杨梅、金樱子、土茯苓、阔叶猕猴桃和野芋；保健饮料植物主要有杨梅、桃金娘、金樱子、阔叶猕猴桃、岭南山竹子和茅莓等；染料植物有薯莨、栀子等；有毒植物有羊角拗、大茶药、海芋、飞扬草、油桐、八角枫等。

5.2.10.6　野生动物资源

（1）野生动物资源较丰富　保护区的生态环境复杂，森林茂密，孕育了丰富的动物种类。据调查统计，该保护区拥有野生脊椎动物 162 种，隶属 64 科 26 目；昆虫 384 种，隶属 80 科 13 目（表 5.43）。

表 5.43　恩平七星坑自然保护区野生动物类群的组成

动物类群	目数	科数	种数
两栖纲 AMPHIBIA	3	7	13
爬行纲 REPTILIA	3	10	34
鸟纲 AVES	14	32	88
哺乳纲 MAMMALIA	6	15	27
昆虫	13	80	396
合计	39	144	558

①两栖动物　据调查统计（付海真），有 13 种或亚种，隶属 7 科 3 目，占该区野生脊椎动物总种数的 8.02%。无尾目（SALIENTIA）有 4 科 11 种，占该区两栖动物总种数的 84.62%，其中蛙科 Ranidae 5 种，树蛙科 Rhacophoridae 和姬蛙科 Microhylidae 各 2 种；雨蛙科 Hylidae 和蟾蜍科 Bufonidae 各 1 种。蚓螈目（GYMNOPHIONA）和有尾目（CAUDATA）分别为 1 科 1 种，各占该区两栖动物总种数的 7.69%。

保护区分布的两栖动物均为东洋界物种，其中华中华南区共有种为主，有 2 种，占该区两栖动物总种数的 15.38%；华南区有 9 种，占 69.23%；华中区有 2 种，15.38%。由此可见，保护区两栖动物反映了南亚带的气候条件，其种类有过渡到热带的特点。

②爬行类　有 34 种，隶属 10 科 3 目，占该区野生脊椎动物总种数的 20.99%。蛇目（SERPENTES）有 4 科 21 种，占该区爬行动物总数的 61.76%，其中游蛇科 Colubridae 12 种，眼镜蛇科 Elapidae 5 种，蝰蛇科 Viperidae 3 种和蟒蛇科 Boidae 1 种。蜥蜴目（LACERTILI）有 4 科 8 种，占该区爬行动物总数的 23.53%，其中石龙子科 Scincidae 4 种，鬣蜥科 Agamidae 2 种、壁虎科 Gekkonidae 和蜥蜴科 Lacertidae 各 1 种。龟鳖目（TESTUDINATA）有龟科 Testudinidae 1 科，5 种，占该区爬行动物总数的 14.71%。

保护区动物以东洋界物种占绝对优势，约占 89%，其中最主要的是华南区物种和过渡性种类华中华南区共有种，只有部分华中区种渗入。此外，还保留少数的广布种。这与两栖动物区系特征基本保持一致，反映了热带与亚热带的过渡区域的特征。

③鸟类　有 88 种，隶属 32 科 14 目，占该区野生脊椎动物总种数的 54.32%。其中雀形目（PASSERIFOMES）有 16 科 48 种，占该区鸟类总数的 54.55%。隼形目（FALCONIFOEMES）有 2 科 7 种，占总数的 7.95%。鸮形目（STRIGFORMES）有 2 科 6 种，占鸟类总数的 6.82%。佛法僧目（CORACIIFORMES）、鹳形目（CICONIIFORMES）和鹃形目（CUCULIFORMES）分别为 1 科 4 种，各占总数的 4.55%。雁形目（ANSERIFORMES）、鸽形目（COLUMBIFORMES）、䴕形目（PICIFORMES）分别为 1 科 3 种，各占总数的 3.41%。鸡形目（GALLIFORMES）和鹤形目（GRUIFORMES）分别为 1 科 2

种，各占总数的2.27%。鸊鷉目（PODICIPEDIFORMES）、雨燕目（APODIFORMES）和夜鹰目（CAPRIMULGIDAE）分别为1科1种，各占总数的1.14%。

保护区鸟类中留鸟最多，有61种，占鸟类种数的69.32%；冬候鸟或旅鸟有23种，占鸟类种数的26.14%；夏候鸟有4种，占鸟类种数的4.55%。鸟类区系组成属东洋界华南区闽广沿海亚区，代表了南亚热带动物地理区系的气候特征，一些属热带和亚热带的鸟类种类较为突出，如鹎科 Pycnonotidae、画眉科 Timaliidae、卷尾科 Dicruidae、绣眼鸟科 Zosteropidae 等一些种类。

④哺乳类　有27种，隶属15科6目，占该区野生脊椎动物总种数的16.67%。占广东省兽类总数（124种）的21.77%，占全国兽类总数（449种）的6.01%。啮齿目（RODENTIA）有4科11种，占该区哺乳类总数的40.74%。食肉目（CARNIVORA）有4科8种，占该区哺乳类总数的29.63%。偶蹄目（ARIODACTYLA）有2科3种，占该区哺乳类总数的11.11%。食虫目（INSECTIVORA）、翼手目（CHIROPTERAS）分别为2科2种，各占该区哺乳类总数的7.41%。鳞甲目（PHOLIDOTA）有1科1种，占该区哺乳类总数的3.7%。

区系组成方面，属东洋界的有18种，占哺乳类总数的66.67%；广布种有9种，占哺乳类总数的33.33%。由此可见，保护区兽类物种反映了华南区种类组成的特点，如小菊头蝠 *Rhinolophus pusillus*、小灵猫、银星竹鼠、果子狸等。另外，也反映了华南区和华中区的过渡类型，如穿山甲、貉、豪猪、赤鹿等。

⑤昆虫　有396种，隶属315属80科13目。鳞翅目（LEPIDOPTERA）有29科193种，占该区昆虫总种数的48.74%。鞘翅目（COLEOPTERA）有13科98种，占该区昆虫总种数的24.75%。半翅目（HEMIPTERA）有4科34种，占该区昆虫总种数的8.59%。直翅目（ORTHOPTERA）有7科17种，占该区昆虫总种数的4.29%。同翅目（HOMOPTERA）有10科13种，占该区昆虫总种数的3.28%。膜翅目（HEMINOPTERA）有6科8种，占该区昆虫总种数的2.02%。蜻蜓目（ODONATA）有2科5种，占该区昆虫总种数的1.26%。等翅目（ISOPTERA）、脉翅目（NEUROPTERA）分别有2科4种，各占该区昆虫总种数的1.01%。螳螂目（MANTODEA）有1科3种，占该区昆虫总种数的0.76%。双翅目（DIPTERA）有2科2种，占该区昆虫总种数的0.51%。蜚蠊目（BLATTARIA）、广翅目（MEGALOPTERA）分别为1科1种，各占该区昆虫总种数的0.25%。

保护区的昆虫以东洋区成分最多，如黑翅土白蚁 *Odontoternes formosanus*、麻皮蝽 *Erthesina fullo*、稻棘缘蝽 *Cletus punctiger*、东方巨齿蛉 *Acanthacorydalis orientalis*、松墨天牛 *Monochamus alternatus*、红脚绿丽金龟 *Anomala cupripes*、杉梢小卷蛾 *Polychrosis cunninghamiacola*、松茸毒蛾 *Dasychira axutha*、玉带凤蝶 *Papilio polytes* 等；广布成分有美洲大蠊 *Periplaneta anericana*、棱蝽 *Rhynchocoris humeralis*、星天牛 *Anoplophora chinensis*、焦条黄夜蛾 *Xanthodes graellsi*、斐豹蛱蝶 *Argyreus hyperbius*、黛眼蝶 *Lethe rohria*、棉古毒蛾 *Orgyia postica*、斜纹夜蛾 *Prodenia litura*、灰龙虱 *Eretes stictius* 等。

（2）珍稀濒危保护动物较多　以我国1989年公布实施的《国家重点保护野生动物名录》和2001年公布实施的《广东省重点保护陆生野生动物名录》（第一批）为依据，保护区拥有保护脊椎动物35种。其中国家Ⅰ级重点保护动物1种，国家Ⅱ级重点保护动物23种，省级重点保护动物11种（表5.44）。

表5.44　恩平七星坑自然保护区的保护动物

序号	种　名	科　名	IUCN 濒等级	保护级别
		哺乳纲 MAMMALIA		
1	穿山甲 *Manis pentadactyla*	鲮鲤科 Manidae	濒危	Ⅱ
2	水獭 *Lutra lutra*	鼬科 Mustelidae	濒危	Ⅱ
3	小爪水獭 *Aonyx cinerea*	鼬科 Mustelidae	易危	Ⅱ
4	大灵猫 *Verra zibetha*	灵猫科 Viverridae	濒危	Ⅱ

（续）

序号	种　名	科　名	IUCN 濒等级	保护级别
5	小灵猫 *Viverricula indica*	灵猫科 Viverridae	易危	Ⅱ
6	豪猪 *Hystrix hodgsoni*	豪猪科 Hystricidae		省级
7	豹猫 *Felis bengalensis*	猫科 Felidae	易危	省级
8	赤麂 *Muntiacus muntjak*	鹿科 Cervidae	濒危	省级
9	小麂 *Muntiacus reevesi*	鹿科 Cervidae	濒危	省级
		鸟纲 AVES		
10	鸳鸯 *Aix galericulata*	鸭科 Anatidae		Ⅱ
11	苍鹰 *Accipiter gentilis*	鹰科 Accipitridae		Ⅱ
12	赤腹鹰 *Accipiter soloensis*	鹰科 Accipitridae		Ⅱ
13	普通鵟 *Buteo buteo*	鹰科 Accipitridae		Ⅱ
14	黑翅鸢 *Elanus caeruleus*	鹰科 Accipitridae		Ⅱ
15	白腹鹞 *Circus spilonotus*	鹰科 Accipitridae	易危	Ⅱ
16	游隼 *Falco pergrinus*	隼科 Falconidae	易危	Ⅱ
17	红隼 *Falco subbuteo*	隼科 Falconidae	易危	Ⅱ
18	褐翅鸦鹃 *Centropus sinensis*	杜鹃科 Cuculidae	易危	Ⅱ
19	小鸦鹃 *Centropus toulou*	杜鹃科 Cuculidae	易危	Ⅱ
20	草鸮 *Tyto capensis*	草鸮科 Tytonidae	易危	Ⅱ
21	栗鸮 *Phodilus badius*	草鸮科 Tytonidae		Ⅱ
22	领鸺鹠 *Glaucidium brodiei*	鸱鸮科 Strigidae	易危	Ⅱ
23	斑头鸺鹠 *Glaucidium cuculoides*	鸱鸮科 Strigidae		Ⅱ
24	长耳鸮 *Asio otus*	鸱鸮科 Strigidae		Ⅱ
25	灰林鸮 *Strix aluco*	鸱鸮科 Strigidae		Ⅱ
26	牛背鹭 *Bubulcus ibis*	鹭科 Ardeidae		省级
27	白鹭 *Egretta garzetta*	鹭科 Ardeidae		省级
28	中白鹭 *Egretta intermedia*	鹭科 Ardeidae		省级
29	栗苇鳽 *Ixobrychus cinnamomeus*	鹭科 Ardeidae		省级
		爬行纲 REPTILIA		
30	蚺（蟒）*Python molurus*	蟒科 Boidae	极危	Ⅰ
31	三线闭壳龟 *Cuora trifasciata*	龟科 Testudidae	濒危	Ⅱ
32	平胸龟 *Platysternon megacephalum*	龟科 Testudidae	濒危	省级
		两栖纲 AMPHIBIA		
33	虎纹蛙 *Rana tigrina*	蛙科 Ranidae	易危	Ⅱ
34	黑眶蟾蜍 *Bufo melanostictus*	蟾蜍科 Pelobatidae		省级
35	沼蛙 *Rana guentheri*	蛙科 Ranidae	无危	省级

（3）经济动物多样　保护区内拥有“三有动物”约72种。

①两栖类　主要有泽蛙、大绿蛙、锯腿树蛙 *Rhacophorus chanseni*、花姬蛙 *Microhyla pulchra*、花细狭口蛙 *Kalophrynus pleurostigma* 等5种。

②爬行类　主要有乌龟、黄喉水龟 *Clemmys mutica*、四眼水龟 *C. quadrlocella*、变色树蜥 *Calotes versicolor*、石龙子、蓝尾石龙子 *E. elegans*、王锦蛇、三索锦蛇、黑眉锦蛇、翠青蛇 *Cyclophiops major*、滑鼠蛇、乌梢蛇、灰鼠蛇、中国水蛇 *Enhydris chinensis*、铅色水蛇 *E. plumbea*、金环蛇、银环蛇、眼镜蛇、眼镜王蛇、五步蛇 *Agkistrodon acutus*、白唇竹叶青 *Trimeresurus albolabris* 等21种。

③鸟类　主要有小䴙䴘、绿翅鸭 *Anas crecca crecca*、鹧鸪、雉鸡、白胸苦恶鸟 *Amaurornis phoenicurus*、山斑鸠、珠颈斑鸠 *S. chinensis*、噪鹃、普通翠鸟、白胸翡翠 *Halcyon smyrnensis*、斑啄木鸟 *Dendrocopos major*、红耳鹎 *Pynonotus jocosus*、白头鹎 *P. sinensis*、红臀鹎 *P. cafer*、栗背短脚鹎 *Hypsipetes flvala canipennis*、黑［短脚］鹎 *H. nadagasceriensis*、黑卷尾 *Dicrurus macrocercus*、八哥、喜鹊 *Pica pica*、黑脸噪鹛 *Garrulax perspicillatus*、画眉、大山雀、暗绿绣眼鸟、［树］麻雀 *Passer montanus*、白腰文鸟 *Lonchura striata*、黄眉鹀 *Emberiza. chrysophrys*、小鹀等 29 种。

④哺乳类　有 12 种，主要有普通蝠翼 *Pipistrellus pipistrellus*、小菊头蝠 *Rhinolophus pusillus*、隐纹花松鼠 *Tamiops swinhoei*、野猪 *Sus scrofa*、果子狸 *Pagnma larvata*、黄鼬 *Mustela sibirica*6 等。

5.2.11　惠州大亚湾水产资源自然保护区

为了保护惠州大亚湾的天然水产资源，1983 年 4 月，广东省人民政府粤办函［1983］63 号文批准建立“大亚湾水产资源省级自然保护区”，主要保护对象为海洋水产资源及其环境。

根据中华人民共和国国家标准《自然保护区类型与级别划分原则》（GB/T14529—93），惠州大亚湾水产资源自然保护区属“自然生态系统类别”中的“海洋和海岸生态系统类型”自然保护区。

5.2.11.1　自然条件

（1）位置范围　惠州大亚湾水产资源自然保护区位于珠江口东侧，惠州市辖惠阳市南部和惠东县西南部的大亚湾，地理坐标为东经 114°29′44″～114°53′44″，北纬 22°24′40″～22°50′00″，保护区面积为 96 900hm^2，海岸线长达 260km。

（2）地质构造　据报道（徐恭昭等，1989），大亚湾断陷外形呈“∩”形，北岸被 EW 向霞涌断裂控制，西岸被中央列岛 NNW 向小断裂切割，南部被平海断裂围限，各组断裂的斜接或反接形成断陷海湾，下第三系红岩也被海水覆盖。海湾水深一般为 1～6m，水下 8～15m 海底有较平坦的面。湾内东西两岸为基岩侵蚀堆积海岸，北岸为沙堤泻湖堆积海岸。东岸普遍保留有低位海蚀平台，西岸海蚀平台保留较差，海水深度东浅（近岸线为 3～6m），西岸深（近岸线为 5～10m）。分布于湾内外的一些岛屿也普遍分布有低位海蚀平台。自冰后期一次海侵后形成沉降海湾，至今虽有微弱隆起，但前期海侵的影响迹象仍未消失。

（3）地貌概况　大亚湾是一个由南向北嵌入陆地 30km 余的大型山地溺谷海湾，湾内面积约 600km^2，拥有大小岛屿 100 多个，主要分布于大亚湾中央，呈南北向延伸排列，自北向南的有港口列岛、中央列岛、辣甲岛和沱泞列岛，其次在澳头湾、大亚湾东侧和平海湾处也有零散岛屿分布；干出礁也多达 100 多个，分布于湾岸附近和岛屿周围。最大的岛为大三门岛，大部分面积较小。东部和东北部为丘陵，海拔 200～500m，西部及西北部为低山，海拔 500～800m，周围丘陵直逼湾岸，形成湾岸曲折，大湾套小湾的地形格局，沿岸港湾、岛屿众多，星罗棋布，西南侧为著名的大鹏澳，水深 > 10m，两座核电站建设在其北侧；西北侧为哑玲湾，建有澳头港和惠州港；东北角为范和港，水较浅；东南侧的岸线是有大星山与陆地连接而成的稳平半岛，沿岸水也较浅。

（3）气候特征　保护区属于南亚热带海洋性气候，海域气候适宜，长夏无冬，基本无霜冻，日照多，终年气温较高，降水较丰富。据惠阳市气象资料，年平均气温 21.7℃，7 月平均气温 28.3℃，极端最高气温为 37.6℃，1 月平均气温 13.5℃，极端最低气温为 2.3℃。年降水量 1890mm，5～9 为雨季，月平均雨量可达 200～400mm，而且常出现暴雨；冬季各月 天气干燥，月雨量在 50mm 以下。据推测，湾内水域的年雨量在 1500mm 以下。海水温度年平均为 21.9℃。

（4）水文特征　保护区内水位深度差异较大，其平均水深为 10m，最深可达 21m，5m 和 10m 等深线靠近岸线。自大亚湾周围山丘汇入区域内的小河及溪流有 10 余条，其长度均不超过 10km，并都属于季节性的，流量也较小，加上河溪两旁山丘的植被覆盖较好，使河溪挟沙少，即使在夏季雨量大期间，河流含沙量也只有 0.1km/m^3 左右，年平均淤厚不足 1cm。其底质为深灰色粉沙黏土。湾内海水年平均透明度达4.5m，海水盐度稳定。海区盐度稳定，年平均为31.6。海水pH 8.26~8.35之间。

大亚湾的潮波，自湾口传入，受到湾内复杂的地形影响，以致潮汐和潮流均发生较大变异。大亚湾的潮汐基本上属于不正规半日混合潮，即一天中出现两次高潮和两次低潮，存在日不等现象。年平均朝差<1.0m，最大潮差为2.0~2.5m之间，潮差湾顶大于湾口。平均潮位冬半年高于夏半年。10月前后最高，6、7月最低。与潮汐性质相对应，大亚湾的潮流性质主要为不正规半日潮流。但在湾西部水域和底层部水域亦出现一片不正规日潮流区和正规日潮流区。

5.2.11.2　功能分区

根据管理需要和我国自然保护区功能区划原则，按照保护区对象在各区域的资源丰盛度及其生态重要性，将大亚湾水产资源自然保护区划分3个功能区。

（1）核心区　总面积10 800hm^2，占保护区总面积的11.15%。区内生态资源分布集中，保存较好，将实行全封闭管理，除必需的科学研究的定位观测、进入检查等外，禁止任何单位和个人在进行一切可能造成危害或不良影响的活动。根据核心区动内水产资源分布特点，又分为4个核心区。

①西北部核心区　位于大亚湾的西北部海域（哑铃湾水域），面积2200hm^2，占核心区总面积的20.37%。区内地势较平缓，底质多为泥沙，有的是石砾或沙滩，水深2~6m，水质目标为（GB3097-1997）第一类。滩涂以细沙质为主，岛屿众多，沿岸没有大的径流注入，海水盐度稳定，海水水质符合我国《渔业水质标准》要求，初、次级生产力丰富，生态环境非常适于海洋生物繁殖、栖息生长。主要保护对象为马氏珠母贝和多种面贵经济种类及其栖息的海洋生态环境。

该区域有丰富的马氏珠母贝、栉江珧、华贵栉孔扇贝等贝类和大亚湾梭子蟹等甲壳类资源。它是广东省沿海唯一的马氏珠母贝自然采苗区和大亚湾特有种及优势钟——大亚湾梭子蟹的密集分布区，是真鲷、黑鲷、平鲷、黄鳍鲷、赤点石斑鱼、硅点石斑鱼、青石斑鱼等名贵海水鱼类仔稚幼鱼及种苗的密集分布区，是杜氏枪乌贼、曼氏无针乌贼、火枪乌贼等头足类幼体及裘氏小沙丁鱼等经济鱼类幼体的索饵场。

②中部核心区　位于大亚湾中部群岛区（中央列岛和辣甲列岛），面积6100hm^2，占核心区总面积的56.48%。区内岛屿周围的底质以岩礁质为主，水体与外海交换良好，水质目标为（GB3097-1997）第一类，生态环境较稳定。栖息生物种类丰富多样，是大亚湾多种经济种类赖以栖息、生长、索饵、繁殖的重要水域，也是优良的鲷苗生产区、鱼虾类增殖区、珍贵贝类等护养增殖区。主要保护对象有马氏珠母贝、企鹅珍珠贝、华贵栉孔扇贝、翡翠贻贝、栉江珧、半扭蚶、毛蚶、账蚶、假奈拟塔螺、塔型马蹄螺、带凤螺等50多种。

③西南部核心区　位于大鹏澳东南岸和高山角之间小面积海区，以东经114°32′50″，北纬22°34′12″与东经114°36′16″，北纬22°32′42″连线和南面岸线包围的水域，面积600hm^2，占核心区总面积的5.56%。水质目标为（GB3097—1997）第一类。主要保护对象为马氏珠母贝、紫海胆、华贵栉孔扇贝、翡翠贻贝、栉江珧、旗江珧、棕环参、米氏参、糙参、海马以及鲷科鱼类等重要经济种类。

④南部核心区　位于南部沱泞列岛周围20m等高线以内的水域，面积1900hm^2，占核心区总面积的17.59%。水质目标为（GB3097—1997）第一类。主要保护对象为紫海胆、龙虾、鲍鱼等名贵经济种类的自然资源及海洋生态环境。

沱泞列岛一带水域与外海水交换良好，水深，透明度大，盐度高，水质优良，马尾藻等海藻资源丰富，形成了外海型岛礁特点的生态群落结构。该区域紫海股、中国龙虾、锦绣龙虾、朵色鲍、多变鲍等名贵经济种类的自然资源较丰富。这一带海域经济种类资源以蝾螺、塔形马蹄螺、马尾藻占优。

（2）缓冲区　总面积18 800.5hm^2，占保护区总面积的19.4%。其主要功能是：对于保护核心区起缓冲作用，确保核心区的海洋生态系统和珍稀野生动植物的良性循环。此区将实行半封闭式管理，尽量减少进入人员，在保护对象不遭受人为破坏和污染前提下，经保护区管理机构批准，可在限定时间和范围内适当进行渔业生产、观光性旅游、科学研究、教学实习等活动。缓冲区包括如下2个区。

①南部缓冲区　位于沱泞列岛周围20m 等高线以外1 海里的水域，水质目标为（GB3097—1997）第一类。

②中部缓冲区　位于中部核心区和西南部核心区外围，东经 114°33′30″～114°43′12″，北纬 22°30′50″～22°41′30″。由 8 个基点联结成闭合线内的海域。水质目标为（GB3097—1997）第一类。

（3）实验区　总面积 67 300. 9hm²，占保护区总面积的 69. 45%。其主要功能是：根据自然资源和实际需要，在保护区管理机构统一规划和指导下，可有计划地进行适度开发活动。实验区包括如下 2 个区。

①北部实验区　位于大亚湾的北部和东部沿岸水域，东经 114°32′35″～114°44′36″，北纬 22°35′00″～22°41′30″。由 9 个基点联结线至岸边的海域。

②南部实验区　除南部缓冲区以内的水域外，由鞋柴角至黄毛山（岛）的最南端、黄毛山最南端绕黄毛山东沿岸至黄毛山的最北端、黄毛山最北端折向整东至桥头洲岸边、桥头洲岸边至咸台港岸线、咸台港向东至基点 08、基点 08 沿岸线至大星山角、大星山角至小星山南、小星山南至青洲（岛）最南端、青洲（岛）最南端至大鹏角、大鹏角至鞋柴角岸线联结成闭合线内的海域（图 5. 12）。

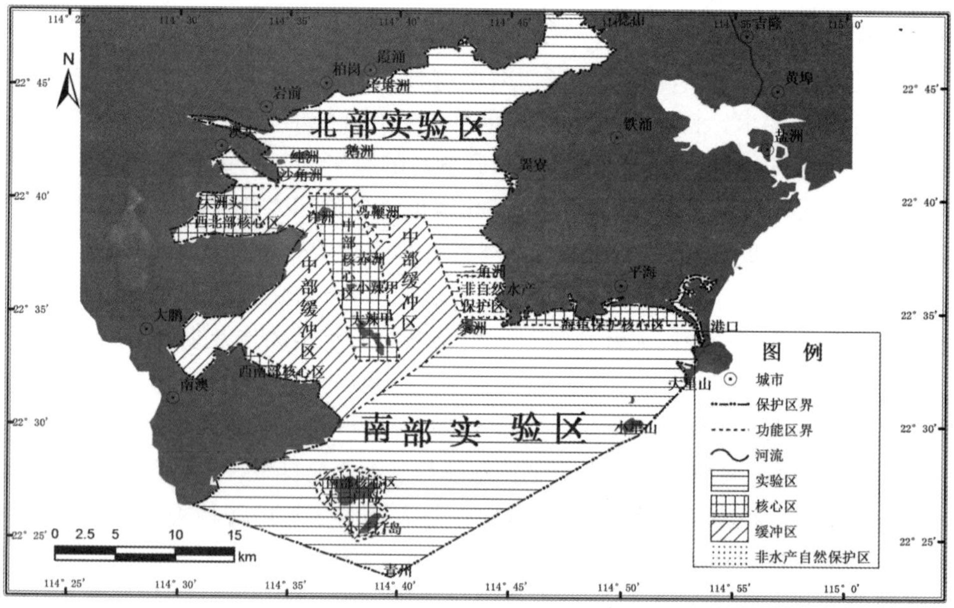

图 5. 12　大亚湾水产资源自然保护区功能分区图

5. 2. 11. 3　水产资源

（1）生物种类丰富　中国水产科学院南海水产研究所调查记载的生物种类多达 1300 多种，其中浮游植物 241 种，浮游动物 200 多钟，鱼类 400 多种、贝类 200 多种、甲壳类 100 多种、棘皮类 60 多种、藻类 30 多种，其中绝大多数具有较高的经济价值，还有国家 II 级保护动物珊瑚的较大面积分布。

（2）水产资源的特点　水产资源的优势不仅具有生物多样性的特点，同时拥有广东唯一的马氏珠母贝自然苗场和鲷科鱼类天然种苗主要产区，拥有石斑鱼类、龙虾、鲍鱼等名贵种类的幼体密集区，还有多种贝类、甲壳类是大亚湾的特有种类。岛屿周围有大量的马尾藻和囊藻生长。大亚湾海域独特结构的水产资源被学者和专家称为南海水产资源的摇篮和种苗库，在南海中具有非常重要的作用，与北部胶州湾同属我国两个生物多样性最丰富海湾。

（3）珍稀濒危保护动物　以我国 1989 年公布实施的《国家重点保护野生动物名录》为依据，保护区内拥有国家Ⅱ级重点保护动物珊瑚，主要分布在鹅洲至大辣甲之间的大部分海岛，分布的水深范围主要在 1. 5～4m，珊瑚的覆盖率较高（最高达 62. 5%），而且生长状况良好，主要以石珊瑚为主，有标准蜂巢珊瑚、五边角蜂巢珊瑚、盾行沱螺珊瑚、斯氏角孔珊瑚、精巧扁脑珊瑚、锯齿刺星珊瑚、扁缩滨珊瑚、橙黄滨珊瑚、二异角孔珊瑚、玳瑁、灰海豚、文昌鱼，均为国家Ⅱ级重点保护动物。此外，还有真鲷、硅点石斑鱼、青石斑鱼、白鲳、沙丁鱼、丽叶鲹、圆腹鲱、虎斑乌贼、无针乌贼、长矛对虾、墨吉对虾、宽沟对虾、短沟对虾、紫江珧、海菊蛤、胖江珧等经济动物。原来这些种类的产量都很高，但由于资源严重衰退，许多种类面临着严重的威胁。

5.2.12　江门中华白海豚自然保护区

为了更好地保护中华白海豚及其栖息生态环境，2003年12月13日，台山市人民政府批准在该海域建立县级自然保护区。2004年12月，江门市人民政府批准在该海域建立市级自然保护区。2007年1月25日，广东省人民政府粤府办函［2007］50号文批准该保护区晋升为省级自然保护区。主要保护对象是国家Ⅰ级重点保护动物中华白海豚 *Sousa chinensis* 和其他珍稀濒危野生动物及其栖息的近海海洋生态系统。

根据中华人民共和国国家标准《自然保护区类型与级别划分原则》（GB/T14529—93），江门中华白海豚自然保护区属“自然生态系统类别”中的“海洋和海岸生态系统类型”自然保护区。

5.2.12.1　自然条件

（1）位置范围　江门中华白海豚自然保护区位于江门市辖的台山市东南海区的大襟岛、小襟岛和三杯酒岛海域，地理坐标为东经112°59′30″～113°04′00″，北纬21°46′00″～21°53′00″。总面积为10 747.7hm^2。

（2）地质基础　据报道，大襟岛的地层主要出露燕山期和印支期花岗岩，部分地区有下寒武统八村群、志留系、中下泥盆统桂头群和下侏罗统兰塘群的零星出露。中下泥盆统桂头群大襟岛局部亦有分布，岩性为紫红色石英砾岩、含砾砂岩和砂岩。入侵岩主要为燕山期黑云母花岗岩，局部可见花岗斑岩小侵入体。

（3）地貌概况　保护区内分布有大襟岛、番贵洲岛、二襟岛、三杯酒岛、火烧排等大小岛屿和排石。各岛屿的岸线蜿蜒曲折，地形比较陡峻，多悬崖峭壁，山顶呈尖峰状，山脊似刀刃状，冲沟短小而狭窄，基岩裸露，发育有砾石滩。大襟岛为侵蚀剥蚀高丘陵，海拔379m，有明显的北—东南、北—西南两条山脊线，而且有岩脊出露。二襟岛、三杯酒岛等丘陵小岛受海浪长期侵蚀，发育成为残存小丘，海蚀崖很发育，坡面岩石嶙峋裸露，有些丘顶呈尖脊状。残丘进一步被冲蚀演化为排石，如区内的火烧排等。大襟岛的岬湾地貌发育，在两基岩岬角之间发育了沙滩、沙坝，与内侧红色老沙堤连接，一般高2m左右，在沙堤后围封了泻湖，在冲积作用下被填平，仅留狭窄的潮汐通道，形成干泻湖。沙滩有波成沙脊。各岛屿海蚀穴广泛发育，在岛岸边发育有现代海蚀穴。

水下地形由于受河流泥沙影响显著，而且伶仃洋及黄茅海输出的泥沙流也偏向西流，因此区内岛屿、特别是大襟岛的周围水域的水深一般浅与5m，最浅处不足2m，在大襟岛的南侧水深在5～10m，根据吴加学、沈焕庭（1999）动力地貌学观点，该区域的水下地形所划分的单元，保护区所在海区为涨潮冲刷槽。

除在岛屿排石周边为与岛屿排石相同或类似的岩性硬质底质外，大部分海域为沙质或由河口冲积带来的泥沙软底质。

（4）气候特征　保护区及其附近海区的气候数据是以位于上川岛的气象站1995～2004年的观察数据进行分析。该海区年月均气温为23.1℃，最冷月1月的气温为15.9℃，最热月7月的气温为28.5℃。温度年变化的幅度不大，仅为12℃左右，气温的平均日较差也很小，全年都在5℃之内。反映了典型的海洋性气候。本海区的累积温度也较高，其日平均气温大于或者等于10℃的累积温度为8338℃。日平均气温大于或者等于10℃的起止时间自2月上旬至翌年1月中旬，持续日数350天以上。

保护区及其周边海区的年降水量在2190mm，4～10月的月降水量在100mm以上，期间的降水量占全年降水量的90%，达到2000mm，7～10月以台风带来的雨水较多。全年的雨日平均为162天，其中3～9月的平均降雨日都在15天以上。

保护区各月的平均最大风速以11月至次年的1月为最大，超过20m/秒，5月和6月最小，不到15m/秒。从全年看，本海区以东北风为主，出现频率占30%左右。其次为东风，占25%左右。东北和东风的频率之和大于50%。也就是说，本海区有一半以上的风，来自东或东北方向。年内风向的季节变化比较明显的。10月至翌年3月为冬季风其间，偏北风的出现频率，占一半或以上。特别是12月和翌年1月偏北风占绝对优势，其出现频率达80%左右。5～8月为夏季风时期，偏南风的出现频率，也有一半或以上。偏南风表现最强的月份为7月，出现频率达80%以上。4月和9月属过渡时期，偏南风和偏北风的出现频率，比较接近。

本海区虽然整体上气候条件比较优越，但时常遭受灾害性天气的影响，影响本海区的主要灾害性天气有热带气旋、暴风、干旱、寒潮，风暴潮等。

（5）水域环境　保护区内岛屿、特别是大襟岛的周围水域的水深一般浅于5m，最浅处不足2.0m，在大襟岛的南侧水深在5～10m，保护区范围的水深在20m之内。除在岛屿排石周边为与岛屿排石相同或类似的岩性硬质底质外，大部分海域为沙质或由河口冲积带来的泥沙软底质。

据报道，2005年10月，中华白海豚保护区及其周边所设的4个取样点，抽取水样检测海水的理化性质，结果表明（表5.45）除了水色外，其他各项指标都是随着离海岸距离的增加、海水深度的提高而提高，呈正相关，水色则相反，呈负相关。

表5.45　江门中华白海豚自然保护区海洋水文检测

位点	水温℃	水色（级）	透明度（m）	盐度	溶解氧（mg/L）	pH值
1	27.4	12	1.4	9.8	6.17	7.82
2	28.8	6	3.5	28.6	8.61	8.23
3	28.8	6	4	30.1	9.67	8.3
4	29.1	6	4	31.2	11.8	8.56

5.2.12.2　功能分区

根据管理需要和我国自然保护区功能区划原则，按照保护区对象在各区域的资源丰盛度及其生态重要性，将江门中华白海豚自然保护区划分3个功能区。

（1）核心区　总面积4236hm²，占保护区总面积的39.41%。核心区位于保护区核心，地理坐标为东经113°00′10″～113°03′10″，北纬21°46′40″～21°51′00″。囊括了保护区主要珍稀濒危动物的栖息地类型，人为干扰较少，原生状况相对较好，具有代表性的自然生态系统。其主要功能是：保护区内的自然资源和自然环境，保持其生态系统和物种不受人为干扰，在自然状态下演替和繁衍，保证核心区的完整和安全。核心区实行绝全封闭管理，除必要的定位观测、巡逻等外，不得设置和从事任何影响或干扰生态环境的设施与活动。

（2）缓冲区　总面积2580hm²，占保护区总面积的24.63%。缓冲区位于核心区外围，地理坐标为东经112°59′51″～113°03′36″，北纬21°46′16″～21°52′00″。是核心区与实验区的过渡地带。其主要功能是：对核心区起保护和缓冲作用，扩大和延伸被保护物种的生长和活动区域。缓冲区将实行半封闭式管理，尽量减少人为干扰，禁止乱采滥挖，但可以有计划地从事科学研究和教学实习等工作。

（3）实验区　总面积3932hm²，占保护区总面积的36.59%。实验区位于保护区周边，是保护区内人为活动相对频繁的区域。适合于开展生态旅游、科学研究、教学实习、野生资源的合理利用、多种经营及社区发展。

5.2.12.3　中华白海豚种群概况

据报道，江门中华白海豚群体中有77群次统计了其群体中的个体数量，观察这77群次中最少的1头，最多的40头，2～8头的群体最多，群体大小平均为7.9头。该海区中华白海豚的年龄结构在群体间是不稳定的，这种不稳定喻示海豚种群受到一定的干扰压力，值得在海豚的保护中予以重视。海豚在8：00～10：00和16：00～18：00有两个活动高峰。海豚主要在10m以内的海区活动，特别是在5～10m的海区是海豚的主要活动区域。海区的中华白海豚在保护区及其周边形成一个聚集分布的区域。其中以保护区及周边更为集中。据2005年8月和2005年10月两次线路调查，结果表明江门海域的中华白海豚基本连片分布，但是有两个相对集中的分布区：一个位于大襟岛附近，另一分布区位于上下川岛附近海域，在这两个分布区中又以大襟岛海域更为集中。两次线路调查中共观察到中华白海豚19群次共计204头，这19群的群体平均大小为10.7头，比所有的调查中统计到的77群次的群体平均大小（7.9头）多2.8头，这可能与统计到的群体样本大小有关，在进行种群数量统计时，以大样本的平均数为依据。

5.2.12.4　水产资源

（1）鱼类资源　据报道①，保护区共记录鱼纲物种82种。该海区的鱼类全部为太平洋西部分布种类，其中同时在大西洋、太平洋中、东部分布的分别为3.7%、9.3%，印度洋分布的为79.6%。在适温性方面，这些种鱼中83.3%为暖水性、16.7%为暖温性、冷温性缺乏。从物种分布和适温性角度，都反映了热带亚热带特点。

在12次的拖网调查中，只有棘头梅童鱼 *Coillichthys lucida* 1种是在所有拖网中调查到的，龙头鱼 *Harpodon nehereus* 在10个拖网中记录到，有金色小沙丁鱼 *Sardinella aurita*、鹿斑鲾 *Leiognathus ruconius* 等28种在12拖网调查中仅在3个拖网中记录。说明这里的鱼种组成相对复杂多样。

据2005年8月捕获的鱼类分物种计算它们的平均体尺，与相应物种成体的体尺进行比较，发现这些鱼的体尺只有其成体的10%～90%大小，其中相当比例的鱼类的体尺不及其成体的60%。分析褐蓝子鱼 *Siganus fuscenscens* 等6种鱼类和黑斑口虾蛄 *Oratosquilla kempi* 等其他4种经济种类的种群结构，发现只有褐蓝子鱼的种群中中龄个体具有较合理的比例，其他各种的幼龄组个体比例明显偏高，形成这种结构的原因第一是调查时间季节问题，可能与这些物种的生长繁殖季节有关系，第二更多的原因是因为过度捕捞造成的，再次反映了该海区的海洋鱼类受到较大的干扰。

（2）无脊椎动物　调查了保护区的软底质、硬底质、潮间带等3个生态系统的海洋无脊椎动物。在调查中共记录海洋无脊椎动物213种，另外有疣小月柳珊瑚 *Menella verrucosa*、印马刺尖柳珊瑚 *Echinomuricea indomalaccensis*、花刺柳珊瑚 *Echinogorgia flora*、紧绒柳珊瑚 *Villogorgia compressa*、总状灯心柳珊瑚 *Junceella racemosa*。在3种底质环境中，软底质的物种数量、生物个体数量和生物量都是最低的，硬底质的物种数量、生物个体数量和生物量都是最高的，潮间带的居中。

（3）海岛生物　保护区范围内的各岛屿和较大的排石上还生长了一些陆栖或淡水栖息动物。在日常工作和生活中记录随时见到或获得的生物种类。所记录的物种分别归属鱼纲、两栖纲、爬行纲、鸟纲等。共计有胡子鲇 *Clarias fuscus*、线鳗鲇 *Plotosus lineatus*、黑眶蟾蜍、泽蛙、斑腿树蛙 *Rhacophorus megacephalus*、花狭口蛙、三线闭壳龟 *Cuora trifasciata*、灰鼠蛇 *Ptyas korros*、银环蛇、眼镜蛇、白唇竹叶青、白鹭 *Egretta garzetta*、牛背鹭 *Bubulcus ibis*、中白鹭 *Egretta intermedia*、岩鹭 *Egretta sacra*、（黑）鸢 *Milvus migrans*、珠颈斑鸠 *Streptopelia chinensis*、褐翅鸦鹃 *Centropus sinensis*、小鸦鹃 *Centropus toulou*、黑卷尾 *Dicrurus macrocercus*、八哥 *Acridotheres cristatellus*、大嘴乌鸦 *Corvus macrorhynchos* 等22种。

5.2.12.5　珍稀濒危保护动物

以我国1989年公布实施的《国家重点保护野生动物名录》为依据，江门中华白海豚自然保护区拥有珍稀濒危野生动物10余种，其中国家Ⅰ级重点保护动物1种，国家Ⅱ级重点保护动物7种。被列入CITES附录Ⅰ物种1种，附录Ⅱ物种4种（表5.46）。此外，马氏珠母贝、黑眶蟾蜍、灰鼠蛇、珠颈斑

---

① 江海声等．江门中华白海豚自然保护区科学考察报告．华南师范大学生命科学学院，华南濒危动物研究所，广东省海洋与水产自然保护区管理总站，广东省海洋与渔业环境监测中心等．

鸠等被列为国家“三有动物”或广东省保护物种。

表 5.46 江门中华白海豚自然保护区的保护动物

序号	中文名	学名	国家保护	CITES
1	中华白海豚	*Sousa chinensis*	Ⅰ	Ⅰ
2	瓶鼻海豚	*Tursiops truncatus*	Ⅱ	Ⅱ
3	江豚	*Neophocaena phocaenoides*	Ⅱ	Ⅱ
4	岩鹭	*Egretta sacra*	Ⅱ	
5	（黑）鸢	*Milvus migrans*	Ⅱ	
6	褐翅鸦鹃	*Centropus sinensis*	Ⅱ	
7	小鸦鹃	*Centropus toulou*	Ⅱ	
8	三线闭壳龟	*Cuora trifasciata*	Ⅱ	Ⅱ
9	斑海马	*Hippocampus trimaculatus Leach*		Ⅱ

5.3 市级自然保护区名录

序号	自然保护区名称	地点	面积（hm^2）	保护对象	类型	主管	建区时间（年·月·日）
1	鸡笼顶	肇庆市	2312	季风常绿阔叶林及珍稀动植物	森林生态	林业	2004. 01. 01
2	罗壳山	广宁县	2072	森林生态系统	森林生态	林业	2000. 06. 01
3	深坑	广宁县	3025	森林生态系统	森林生态	林业	2004. 01. 01
4	七星顶	封开县	4102	季风常绿阔叶林及珍稀动植物	森林生态	林业	2004. 01. 01
5	三叉顶	德庆县	2044	季风常绿阔叶林及珍稀动植物	森林生态	林业	2004. 01. 01
6	四会十二带	四会市	2253	季风常绿阔叶林及珍稀动植物	森林生态	林业	2004. 01. 01
7	庙湾珊瑚	珠海市	2435	珊瑚礁生物及其生态环境	海洋海岸	其他	2006. 06. 01
8	万山群岛	珠海市	2207	海岛生态系统	海洋海岸	其他	1999. 12. 01
9	凤凰山	珠海市	807	森林生态系统	森林生态	林业	1999. 01. 01
10	恩平锦江源	恩平市	7535	季风常绿阔叶林及野生动物	森林生态	林业	2006. 02. 01
11	七星坑	恩平市	8060	次生林	森林生态	林业	1995. 12. 01
12	墩子	惠城区	1923	森林及野生动植物	森林生态	林业	2000. 04. 01
13	金桔	惠城区	4788	金桔及其生境	野生植物	林业	2000. 04. 01
14	惠东红树林	惠东县	533	沿海滩涂红树林、候鸟	海洋海岸	海洋	1999. 12. 01
15	神泉渔业	惠来县	6000	海洋渔业资源	海洋海岸	海洋	2002. 11. 01
16	杨坑洞	龙门县	2709	水源涵养林	森林生态	林业	2000. 02. 01
17	寨头水库	龙门县	1708	水源涵养林	森林生态	林业	2000. 02. 01
18	灯心塘	东莞市	489	水源林	森林生态	林业	2000. 12. 01
19	东莞莲花山	东莞市	7863	季风常绿阔叶林和珍稀动植物	森林生态	林业	2000. 12. 01
20	东莞马山	东莞市	2276	季风常绿阔叶林和珍稀动植物	森林生态	林业	2000. 12. 01
21	东莞自然生态	东莞市	2013	季风常绿阔叶林和珍稀动植物	森林生态	其他	1998. 01. 01
22	银瓶山	东莞市	2805	季风常绿阔叶林和珍稀动植物	森林生态	林业	2000. 12. 01
23	中山长江库区	中山市	4240	森林生态系统	森林生态	林业	2003. 03. 01
24	东莞黄唇鱼	东莞市	686	象黄唇鱼	野生动物	海洋	2005. 05. 09
25	从化唐鱼	从化	118	象唐鱼及其生境	野生动物	海洋	2007. 03
26	从化温泉	从化	2886	温泉及森林生态系统	地质遗迹	其他	1988. 03

5.4 县级自然保护区名录

序号	自然保护区名称	地　点	面积（hm^2）	保护对象	类　型	主管	建区时间（年・月・日）
1	黄沙蚬	鼎湖区	6000	河蚬及其生境	野生动物	农业	2004.09.01
2	广宁鼋	广宁县	400	鼋及其生境	野生动物	农业	1990.11.01
3	三江口斑鳠产卵场	怀集县	110	斑鳠及其生境	野生动物	农业	2004.09.01
4	贺江	封开县	280	湿地生态系统	内陆湿地	农业	2004.11.01
5	金龙水库水源林	高要市	1830	季风常绿阔叶林及珍稀动植物	森林生态	林业	1998.01.01
6	鲤鱼尾水库水源林	高要市	980	季风常绿阔叶林及珍稀动植物	森林生态	林业	1998.01.01
7	西江河水源林	高要市	10200	季风常绿阔叶林及珍稀动植物	森林生态	林业	1998.01.01
8	新兴江水库水源林	高要市	3650	季风常绿阔叶林及珍稀动植物	森林生态	林业	1998.01.01
9	杨梅水库水源林	高要市	1830	季风常绿阔叶林及珍稀动植物	森林生态	林业	1998.01.01
10	四会绥江鼋	四会市	273	鼋及其生境	野生动物	农业	2006.01.01
11	芙蓉嶂桃花水母	花都	280	水母及其生境	野生动物	海洋	2007.03.0
12	增城野生稻	增城	4	野生稻及其生境	野生植物	农业	2000.09.0
13	锅盖栋	珠海市	1425	森林及野生动植物	森林生态	林业	1999.12.01
14	黄杨山	斗门区	1635	森林及野生动植物	森林生态	林业	2000.04.01
15	竹篙山	斗门区	460	森林及野生动植物	森林生态	林业	1999.12.01
16	合水桫椤	高明区	1038	桫椤及其生境	野生植物	林业	1998.08.01
17	三洲区水源林	高明区	653	水源涵养林	森林生态	林业	2000.01.01
18	赤溪曹峰山	江门市	9459	原始次生林	森林生态	林业	2005.02.01
19	乌猪岛	台山市	8000	珍稀海洋动物	野生动物	海洋	1997.12.01
20	镇海湾红树林	台山市	1500	红树林生态系统	海洋海岸	林业	2000.11.01
21	赤坎百足山	开平市	1132	森林及野生动植物	森林生态	林业	2005.01.01
22	梁金山	开平市	3546	森林及野生动植物	森林生态	林业	2005.01.01
23	狮山	开平市	1694	森林及野生动物	森林生态	林业	2005.01.01
24	石榴塘	开平市	1442	森林及野生动植物	森林生态	林业	2005.01.01
25	恩平红树林	恩平市	700	红树林生态系统	海洋海岸	林业	2005.01.01
26	恩平君子山	恩平市	6667	次生林	森林生态	林业	2005.01.01
27	大石坑	惠城区	848	森林及野生动植物	森林生态	林业	2000.08.01
28	连塘	惠城区	845	森林及野生动植物	森林生态	林业	2000.08.01
29	洋郎	惠城区	1200	森林及野生动植物	森林生态	林业	2000.08.01
30	白面石	惠城区	800	森林生态系统	森林生态	林业	2003.08.01
31	白云嶂	惠城区	4214	森林生态系统	森林生态	林业	2003.08.01
32	大坑	惠城区	1866	森林生态系统	森林生态	林业	2003.08.01
33	黄巢嶂	惠城区	4788	森林生态系统	森林生态	林业	2003.08.01
34	虎竹嶂	惠东县	1800	季风常绿阔叶林、珍稀动植物	森林生态	林业	1999.01.01
35	白马山	惠东县	9333	森林生态系统	森林生态	林业	2005.01.01
36	南木桥惠东	惠东县	1557	季风常绿阔叶林、珍稀动植物	森林生态	林业	1999.12.01
37	坪天嶂	惠东县	1793	季风常绿阔叶林、珍稀动植物	森林生态	林业	2000.12.02
38	十二崆	惠东县	2006	季风常绿阔叶林、珍稀动植物	森林生态	林业	1999.01.01
39	黄光山	惠来县	6875	亚热带常绿阔叶林及珍稀植物园	森林生态	林业	2006.01.01
40	太平山	博罗县	525	季风常绿阔叶林、珍稀动植物	森林生态	林业	2000.03.01
41	黄山洞	博罗县	1400	常绿阔叶林、珍稀动植物	森林生态	林业	1998.12.08
42	合仔	龙门县	1500	水源涵养林	森林生态	林业	2000.07.01
43	黄草坪	龙门县	3716	季风常绿阔叶林、珍稀动植物	森林生态	林业	2000.08.01
44	屏风石	龙门县	667	水源涵养林	森林生态	林业	2000.07.01

第 6 章

粤西地区的自然保护区

粤西地区位于广东省西部，主要包括：云浮市辖云城区、罗定市、新兴县、郁南县、云安县，阳江市辖阳江市区、阳东县、阳西县、阳春市。总面积 15 312.2km^2，占全省陆地面积的 8.52%。地貌特点是：以丘陵山地主，平原其次。气候特征：属南亚热带季风气候。代表性植被为季风常绿阔叶林。

6.1 国家级自然保护区

本地区尚无国家级自然保护区。

6.2 省级自然保护区

本地区已先后建立了 3 处省级自然保护区，其中阳春百涌自然保护区在《广东省自然保护区》（广东旅游出版社）已做详情介绍。

6.2.1 阳春鹅凰嶂自然保护区

1999 年，阳春市人民政府开始筹划在阳春市国营河尾山林场建立自然保区。2000 年 7 月 26 日，阳春市人民政府春府复［2000］9 号文，批准建立阳春八甲大山县级自然保区。2000 年 10 月 16 日，阳江市人民政府阳府复［2000］4 号文，批准阳春八甲大山县级自然保区升格为阳春八甲大山市级自然保区。2001 年，阳江市人民政府阳府复［2001］3 号文，批准将阳春八甲大山自然保区更名为阳春鹅凰嶂自然保护区。2004 年 1 月 12 日，广东省人民政府粤府函［2004］9 号文“关于同意乐昌大瑶山等 9 个省级自然保护区升格为省级自然保护区”，批准阳春鹅凰嶂自然保护区升格为省级自然保护区，主要保护对象为北热带与南亚热带过渡区的山地雨林生态系统及国家重点保护珍稀濒危动植物资源及水源地。

根据中华人民共和国国家标准《自然保护区类型与级别划分原则》（GB/T14529—93），阳春鹅凰嶂自然保护区属“自然生态系统类别”中的“森林生态系统类型”自然保护区。

6.2.1.1 自然条件

（1）位置范围 阳春鹅凰嶂自然保护区位于粤西阳江市辖阳春市西南部的八甲镇，地理坐标为东经 111°21′30″ ~ 111°36′29″，北纬 21°50′36″ ~ 21°59′36″。东与河口龙门镇相连，南与阳西县相为邻，西与电白县接壤，北与八甲镇交界。总面积 14 595.2 hm^2（不含外围边缘地带 3900 hm^2）。

（2）地貌概况 按广东省地貌类型划分标准，保护区地貌可划分为 3 个类型。

①山地地貌 保护区内海拔 500m 以上的山地面积为 7505.3hm^2，占保护区总面积的 51.33%。山地呈西南至东北走向，为广东大陆西南沿海的一座屏障，组成岩石以侵入花岗岩为主，片麻岩和页岩次之，沟谷纵横而深切，山涧瀑布众多，山地坡度多在 30° ~ 45°。其中以海拔 500 ~ 800m 的低山最为发育，面积 5351.9hm^2，占山地总面积 71.31%；海拔 800 ~ 1337.6m 的中山，面积 2153.4hm^2，占山地

总面积28.69%，其中1000m以上的山峰有双髻岭、牛劈嶂、锅盖顶等21座，鹅凰嶂海拔1337.6m是保护区最高峰，也是阳春市最高峰。

②丘陵地貌 海拔在500m以下，比高50～100m，主要分布在中山地貌外围，或河谷附近；面积在4785.8km²，占保护区总面积的32.73%。主要由花岗岩组成，地面受轻微切割，起伏中等，坡度在5°～25°。

③ 平原地貌 地势低平，海拔一般<100m，比高<4m，洪水可淹没，最低处红花潭，海拔50m。主要由第四系的沙、砾和黏土层松散堆积物组成，土层深厚。主要分布在保护区的山地河流两岸和坡麓地带，其特点是面积狭小，仅有2330km²，占保护区总面积的15.94%，坡度较小（>5°），组成物质以沙、砾和粉沙为主，透水性较强。

（3）气候特点 该保护区属于南亚热带海洋性湿润气候。其特点是：春季低温，夏季暴雨，秋末寒露风，冬有霜冻。由于保护区内尚无气象站，据阳春市气象资料：年平均气温21.1℃，1月平均气温14.3℃，极端最低气温为-1.8℃，7月平均气温28.2℃，极端最高气温为38.4℃；年降水量2380mm，多集中在4～10月。雨热同期，其中5～7月降水量占全年降水量的47%。无霜期长（平均350天），有利植物生长，生物繁衍更迭活跃。风的季节性变换明显，冬季因受西伯利亚和蒙古高原气团南下影响，陆地和海面多北风、西北风，夏季受海洋暖流及副热带高压控制，多偏南风、东南风，平均风速2.2m/秒，受台风影响较大，瞬间最大风速达3.6m/秒。

（4）水文特征 保护区属漠阳江水系一级支流潭水河流域。区内的主要河流有两条：一是八甲溪，发源于鹅凰嶂，自西南向东北流入潭水河；二是涧田溪，发源于仙家垌，自西南向东北注入潭水河。由于山峦起伏，河床深切，纵比降大，形成了颇为壮观的白水瀑布（落差达225m）和丰富的水力资源，区内已建有水电站25处，总装机容量达31 490kW。由于这些溪流是发育在花岗岩地质基础上，其流向深受花岗岩裂隙控制，河水的来源主要为雨水，故其水文特点是：流量季节变化明显，雨季流量剧增，水位高涨；旱季流量大减，水位低落，但因森林植被茂密，降水丰沛，又有许多岩石裂隙的潜水补给，所以流水仍终年不断，水质良好，可直接饮用。

（5）土壤特征 该保护区的地带性土壤为赤红壤。由于地形的不同，植被分布的差异，再加上成土母质主要为燕山三期的花岗岩等（或母岩）的不同，以及人类生产活动等因素的影响，而形成了不同的土壤类型。其分布规律如下。

①赤红壤 主要分布在海拔400m以下的丘陵地带，土层较深厚，表土呈灰黑色，有机质含量小于3%，呈酸性反应，pH值多在4.0～4.5；底土呈红色或红褐色，pH 5.0。

②山地红壤 主要分布在海拔400～600m之间的山地，土层较深厚，表土呈深灰色，表土有机质含量平均为2.55%，最高达4.17%，pH 4.0～5.5；底土呈红色，pH 5.5。

③山地黄壤 主要分布在海拔600m以上山地，土层较薄，表土呈深灰色，有机质含量较高，pH 4.0～4.5；底土呈黄色，pH 5.5。

④山地灌丛草甸土 主要分布在海拔1100 m以上的山脊和山顶，土地剖面层次不完整，有明显的枯枝落叶和草根盘结的草甸层。

⑤水稻土 是在各种自然土壤、旱地土壤的基础上，经人工长期水耕熟化，改土培肥措施而形成的一种人为土壤，在保护区内主要分布于西部和东部的低地和谷地。

6.2.1.2 功能分区

根据《中华人民共和国自然保护区条例》第十八条“自然保护区可以分为核心区、缓冲区和实验区”的规定，依据《广东阳春鹅凰嶂省级自然保护区总体规划》①，将保护区分为3个功能区和外围保

① 赵义廷，叶华谷．广东阳春鹅凰嶂省级自然保护区总体规划（2006～2010）．国家林业局调查规划设计院，中国科学院华南植物研究所，广东阳春鹅凰嶂自然保护区．2006.3.

护地带。

（1）核心区　位于保护区的中部和西南部。具体范围以仙家垌下五福厂至月光潭以南至与西南面与电白县接壤、与阳西县相邻的区域和仙家垌至鹅公髻为核心区。面积 3888. 3hm^2，占保护区总面积的 40. 34%。

（2）缓冲区　位于核心区外围的北部和中东部，具体范围于九节河—仙家垌、仙家垌—尖峰仔—草塘、木栏村—红花潭—草塘、木栏村—二叉河和坪石—二叉河。在核心区以南与电白县和阳西县接壤处没有规划缓冲区，因为也是茂名市河尾山自然保护区和阳西自然保护区。面积 3996. 0hm^2，占保护区总面积的 27. 39%。其功能主要是减少人类对于核心区的压力，起缓冲作用。

（3）实验区　总面积 4710. 9hm^2，占保护区总面积的 32. 27%。位于缓冲区外围的西部和东部，具体范围于双髻顶—仙家垌、仙家垌—尖峰仔—草塘—潭水坳、木栏村—红花潭—草塘、木栏村—二叉河—坪石—二叉河—石瓮头。规划面积 7404. 1hm^2，占保护区总面积 50. 64%。根据自然特点、自然环境条件和科学价值，规划为 3 个实验小区。

一是科学实验小区：位于红花潭和仙家垌，规划面积 500hm^2，占实验区总面积的 10. 61%，主要进行各种科学实验，繁育珍稀濒危物种、驯养珍禽异兽，参观考察和教学实验等。

二是生态旅游实验小区：位于仙家垌和红花潭，规划面积 800hm^2，占实验区总面积的 16. 98%，以仙家垌水库、白水潭瀑布、五福厂瀑布、红花潭、玉女池等为中心，主要功能是宣传保护的意义和目的。

三是改造恢复实验小区：位于九节河保护站、高简保护站、潭水坳保护站和瓮头保护站等，规划面积 3410. 9hm^2，占实验区总面积的 72. 40%，主要功能是改造疏林、幼林。

外围保护地带：为加强对自然保护区边缘地带珍稀濒危植物的保护，位于仙家垌以北的中田、澄洞至合路一带，规划面积 3900hm^2，主要功能是保护极其珍稀植物猪血木及其繁衍生境（图 6. 1）。

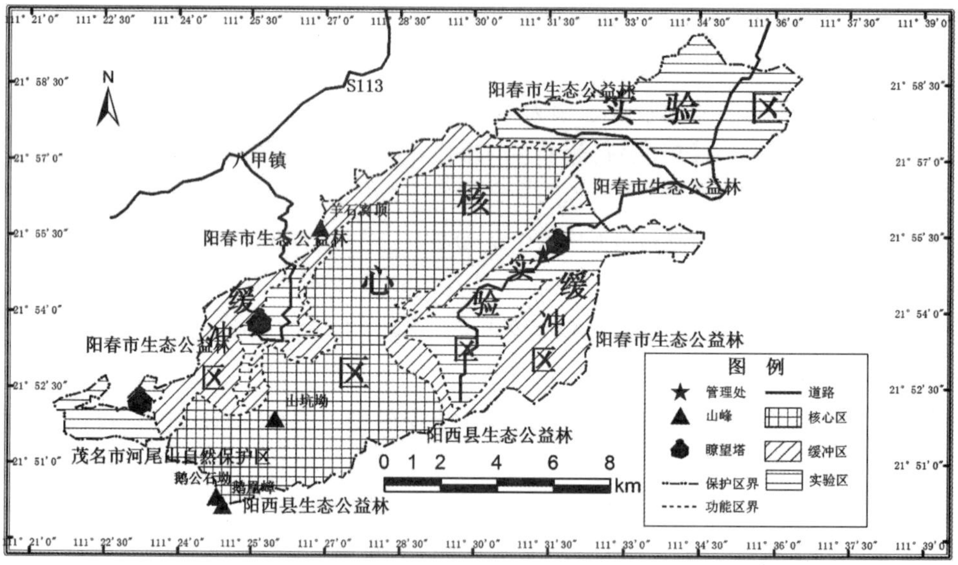

注：此图根据赵义廷等该保护区总体规划图清绘而成。

图 6. 1　阳春鹅凰嶂自然保护区功能分区图

6. 2. 1. 3　植物区系特点

（1）植物物种较丰富　据调查统计①，该保护区拥有维管束植物 1415 种（包括种下分类单位，下同），隶属 725 属 216 科。其中蕨类植物 132 种，隶属 72 属 38 科；裸子植物 12 种，隶属 8 属 8 科；被

① 赵南先，叶华谷．鹅凰嶂自然保护区科学考察报告．中国科学院华南植物研究所．2002. 3.

子植物1271种，隶属645属169科（表6.1）。

表6.1 阳春鹅凰嶂自然保护区维管束植物类群的组成

植物类群		科数	属数	种数
蕨类植物		38	72	132
裸子植物		8	8	12
被子植物	双子叶植物	138	495	1013
	单子叶植物	32	150	262
合计		216	725	1415

（2）地理成分较复杂

①蕨类植物的地理成分

A. 科的地理分布区类型　根据保护区蕨类植物38科的分布类型统计分析如下。

广布科　共有12科，占该区总科数的31.58%。如石杉科、石松科、卷柏科、木贼科、紫萁科、铁线蕨科、蹄盖蕨科、铁角蕨科、水龙骨科、苹科、槐叶苹科、满江红科等。

热带、亚热带分布科　共有16科，占该区总科数的61.54%（扣除广布科12科，下同）。如桫椤科、中国蕨科以我国华南至西南亚热带为分布中心，也是本保护区蕨类区系的特征成分。另有骨碎补科、实蕨科 Bolbitidaceae、燕尾蕨科 Cheiropleuriaceae 以亚洲亚热带为主。以热带为主的有莲座蕨科、海金沙科、膜蕨科、碗蕨科、鳞始蕨科 Lindsaeaceae、凤尾蕨科 Pteridaceae、裸子蕨科 Gymnogrammaceae、书带蕨科 Vittaceae、肿足蕨科 Hypodematiaceae、金星蕨科 Thelypteridaceae、禾叶蕨 Grammitaceae 等。

泛热带分布科　共有7科，占该区总科数的26.92%。如槲蕨科以亚洲为主，其他为里白科、蚌壳蕨科、蕨科、乌毛蕨科、三叉蕨科、肾蕨科 Nephrolepidaceae 等。

仅有1科且占该区总科数3.85%的科，如亚洲、大洋洲和美洲热带分布科的瘤足蕨科 Plagiogyriaceae；热带至温带分布科的瓶尔小草科；温带至亚热带高山地区分布科鳞毛蕨科。

B. 属的地理分布区类型根据阳春鹅凰嶂自然保护区蕨类植物72属的分布类型统计分析如下。

广布属　共有8属，占总属数的11.11%。如石杉属、石松属、卷柏属、铁线蕨属、铁角蕨属、苹属、槐叶苹属、满江红属等。

泛热带分布属　共有9属，占总属数的14.06%（扣除广布分布属8属，下同）。如马尾杉属、蕗蕨属 *Mecodium*、鳞始蕨属 *Lindsaea*、乌蕨属、蕨属、书带蕨属、新月蕨属 *Pronephrium*、肾蕨属、禾叶蕨属等。

热带和亚热带分布属　共有48属，占该区总属数的75%。其中热带至亚热带为主，如灯笼草属 *Palhinhaea*、观音莲座属、芒萁属、里白属、海金沙属、黑桫椤属、碗蕨属、鳞盖蕨属、假脉蕨属 *Crepidomanes*、凤尾蕨属 *Pteris*、碎米蕨属 *Cheilosoria*、粉叶蕨属 *Pityrogramme*、假蹄盖蕨属 *Athyriopsis*、肿足蕨属 *Hypodematiaceae*、金粉蕨属 *Onychium*、毛蕨属 *Cyclosorus*、针毛蕨属 *Macrothelypteris*、金星蕨属 *Parathelypteris*、假毛蕨属 *Pseudocyclosorus*、复叶耳蕨 *Arachniodes*、轴脉蕨属 *Ctenitopsis*、沙皮蕨属 *Hemigramma*、三叉蕨属 *Tectaria*、实蕨属 *Bolbitis*、骨碎补属、阴石蕨属、线蕨属 *Colysis*、石韦属等。

以亚热带为主的属　与热带至亚热带分布的类型相当，热带亚洲分布的有12属。如膜蕨属 *Hymenophyllum*、长筒蕨属 *Selenodesmium*、桫椤属、星蕨属 *Microsorium*、毛子蕨属 *Monomelangium*、钩毛蕨属 *Cyclogramma*、崇澍蕨属 *Chieniopteris*、刺蕨属 *Egenolfia*、燕尾蕨属 *Cheiropleuria*、伏石蕨属 *Lemmaphyllum*、穴子蕨属 *Prosaptia*、崖姜蕨属 *Pseudodrynaria* 等；热带亚洲—大洋洲分布的有2属，如乌毛蕨属、菜蕨属 *Callipteris*；热带亚洲至非洲分布的有1属，如瓦韦属；热带亚洲至热带美洲分布有4属，如瘤足蕨属、假芒萁属、双盖蕨属、单叶盖蕨属 *Triblemma*；东亚分布的有1属，如金毛狗属。

温带、热带分布属　有3属，占该区总属数的4.69%。如瓶尔小草属、紫萁属、狗脊属。

北温带分布属　有 2 属，占该区总属数的 3. 13%。如卵果蕨属 *Phegopteris*、耳蕨属 *Polystichum* 等。

温带分布属　有 1 属，占该区总属数的 1. 56%。如鳞毛蕨属 *Dryopteris*。

寒、温带分布属　有 1 属，占该区总属数的 1. 56%。如木贼属 *Equisetum*。

②种子植物的地理成分

A. 科的地理分布区类型　按照《世界种子植物科的分布区类型系统》（吴征镒等，2003），对保护区种子植物（178 科）的分布区类型统计分析，除温带亚洲分布、地中海区和西亚至中亚分布、中亚分布、旧世界温带分布及中国特有分布科尚未发外，其余 10 个分布区类型及变型均有分布。

*1. 广布（世界广布）　有 45 科，占该区总科数的 25. 28%。如毛茛科、十字花科、堇菜科、远志科、景天科、马齿苋科、蓼科、石竹科、藜科、苋科、酢浆草科、千屈菜科、柳叶菜科、小二仙草科、瑞香科、蔷薇科、蝶形花科、杨梅科、榆科、桑科、鼠李科、伞形科、木犀科、茜草科、菊科、报春花科、白花丹科 Plumbaginaceae、桔梗科、龙胆科、车前科、半边莲科 Lobeliaceae、紫草科 Boraginaceae、茄科、旋花科 Convolvulaceae、玄参科（主产温带）、狸藻科、唇形花科（主产地中海）、水鳖科 Hydrocharitaceae、泽泻科、眼子菜科、兰花蕉科 Orchidanthaceae、浮萍科、兰科、莎草科（主产温带及寒温带）、禾本科等。

*2. 泛热带（热带广布）　有 61 科，占该区总科数的 45. 86%（扣除 47）。如番荔枝科、樟科、防己科、马兜铃科、胡椒科、金粟兰科、白花菜科 Capparidaceae、凤仙花科、大风子科、天料木科、西番莲科 Passifloraceae、葫芦科、秋海棠科、茶科、野牡丹科、使君子科、红树科、藤黄科 Guttiferae、梧桐科、木棉科 Bombacaceae、古柯科、锦葵科 Malvaceae、大戟科、含羞草科、荨麻科、卫矛科、山柚子科 Opiliaceae、茶茱萸科、铁青树科 Olacaceae、檀香科、蛇菰科 Balanophoraceae、葡萄科、芸香科、苦木科、橄榄科、楝科、无患子科、漆树科、青藤科 Illigeraceae、柿科、山榄科、紫金牛科 Myrsinaceae、马钱科 Loganiaceae、夹竹桃科、萝藦科、紫葳科、爵床科、鸭跖草科、谷精草科、雨久花科、黄眼草科 Xyridaceae、竹芋科 Marantaceae、菝葜科、天南星科、美人蕉科、薯蓣科、棕榈科、仙茅科、蒟蒻薯科、水玉簪科 Burmanniaceae 等。

*2－1. 热带亚洲、大洋洲和热带美洲（南美洲或/和墨西哥）　有 2 科，占该区总科数的 1. 5%。如第伦桃科 Dilleniaceae、山矾科 Smyplocaceae。

*2－2. 热带亚洲—热带非洲—热带美洲（南美洲）　有 4 科，占该区总科数的 3. 01%。如买麻藤科 Gnetaceae、椴树科 Tiliaceae、粘木科、苏木科。

*2S. 以南半球为主的泛热带　有 7 科，占该区总科数的 5. 26%。如南洋杉科、罗汉松科、粟米草科、山龙眼科、桃金娘科、桑寄生科 Loranthaceae、石蒜科 Amaryllidaceae 等。

*3. 东亚（热带、亚热带）及热带南美间断　有 17 科，占该区总科数的 12. 78%。如杉科、木通科、川苔草科 Podostemaceae、紫茉莉科 Nyctaginaceae、翅子藤科 Hippocrateaceae、番木瓜科、仙人掌科 Cactaceae、水东哥科、杜英科、冬青科、省沽油科、五加科、安息香科、苦苣苔科 Gesneriaceae、马鞭草科 Verbenacea、龙舌兰科、凤梨科等。

*4. 旧世界热带　有 6 科，占该区总科数的 4. 51%。如海桐花科 Pittosporaceae、胡麻科 Pedaliaceae、八角枫科 Alangiaceae、杠柳科 Periplocaceae、芭蕉科 Musaceae、露兜树科 Pandanaceae。

*5. 热带亚洲至热带大洋洲　有 6 科，占该区总科数的 4. 51%。如苏铁科 Cycadaceae、猪笼草科 Nepenthaceae、田葱科 Philydraceae、交让木科、木麻黄科、姜科。

*6. 热带亚洲至热带非洲　有 1 科，占该区总科数的 0. 75%。如杜鹃花科 Ericaceae。

*7. 热带亚洲（即热带东南亚至印度—马来，太平洋诸岛）　有 1 科，占该区总科数的 0. 75%。如牛栓藤科 Connaraceae。

*7－1. 爪哇（或苏门答腊），喜马拉雅间断或星散分布到华南、西南　有 1 科，占该区总科数的 0. 75%。如五列木科 Pentaphylacaceae。

*7－3. 缅甸、泰国至华西南　有 1 科，占该区总科数的 0. 75%。如肉实科。

*7－4. 越南（或中南半岛）至华南或西南）分布　有1科，占该区总科数的0.75%。如清风藤科 Sabiaceae。

*8. 北温带　有8科，占该区总科数的6.02%。如松科、金丝桃科 Hypericaceae、山茱萸科、越桔科、忍冬科、列当科 Orobanchaceae、延龄草科、百合科。

*8－4 北温带和南温带间断分布　有11科，占该区总科数的8.33%。如柏科、红豆杉科、茅膏菜科、绣球花科、金缕梅科、黄杨科、壳斗科、胡颓子科、槭树科、胡桃科、灯心草科等。

*9. 东亚及北美洲间断分布　有5科，占该区总科数的3.76%。如木兰科 Magnoliaceae、八角科 Illiciaceae、五味子科 Schisandraceae、三白草科 Saururaceae、鼠刺科 Escalloniaceae。

*14. 东亚　有1科，占该区总科数的0.75%。如猕猴桃科 Actinidiaceae。

从上所述可以看出：其中以泛热带分布最多，有74科，占总科数的56.06%（扣广布科44科，下同）；北温带分布有19科，占总科数的14.39%；东亚（热带、亚热带）及热带南美间断有17科，占总数的12.88%。其余分布所含科数均在4.55%以下，不占重要地位；特别是中国特有科等5科分布缺如，表明该自然保护区植物区系在科级水平上以泛热带分布成分为主，兼有一定数量的北温带成分。

B. 属的地理分布区类型　根据保护区种子植物653属的分布类型，按照《中国种子植物属的分布区类型》（吴征镒，1991）统计分析，除地中亚分布区类型及其变型尚未发现外，其他14个分布区类型变型均有分布（表6.2）。

表6.2　阳春鹅凰嶂自然保护区种子植物属的分布区类型

分布区类型及变型	属数	占总属数（%）
1. 广布分布	39	扣除
2. 泛热带分布	155	25.41
2－1 热带亚洲、大洋洲和南美洲间断分布	8	1.30
2－2 热带亚洲、非洲和南美洲间断分布	8	1.30
3. 热带亚洲和热带美洲间断分布	38	6.19
4. 旧世界热带分布	65	10.59
4－1 热带亚洲、非洲和大洋洲间断分布	8	1.30
5. 热带亚洲至热带大洋洲分布	50	8.14
5－1 中国（西南）亚热带和新西兰间断分布	0	0
6. 热带亚洲至热带非洲分布	33	5.37
6－1 华南、西南到印度和热带非洲间断	0	0
6－2 热带亚洲和东非间断	0	0
7. 热带亚洲（印度—马来西亚）分布	102	13.18
7－1 爪哇、喜马拉雅和华南、西南星散分布	10	1.63
7－2 热带印度至华南分布	3	0.49
7－3 缅甸、泰国至华西南分布	2	0.33
7－4 越南（或中南半岛）至华南（或西南）分布	16	2.61
8. 北温带分布	36	5.86
8－1 环极分布	0	0
8－2 北极高山分布	0	0
8－3 北极—阿尔泰和北美洲间断分布	0	0
8－4 北温带和南温带（全温带）间断分布	0	0
8－5 欧亚和南美洲温带间断分布	0	0
8－6 地中海区、东亚、新西兰和墨西哥到智利间断	0	0

（续）

分布区类型及变型	属数	占总属数（%）
9. 东亚和北美洲间断分布	20	3.26
9－1 东亚和墨西哥间断	0	0
10. 旧世界温带分布	10	1.63
10－1 地中海区、西亚和东亚间断分布	0	0
10－2 地中海和喜马拉雅间断分布	0	0
10－3 欧亚和南非洲（有时也在大洋洲）间断	0	0
11. 温带亚洲分布	2	0.33
12. 地中海区、西亚至中亚分布	2	0.33
12－1 地中海区至中亚和南非洲、大洋洲间断	0	0
12－2 地中海区至中亚和墨西哥间断	0	0
12－3 地中海区至温带、热带亚洲，大洋洲和南美洲间断	0	0
12－4 地中海区至热带非洲和喜马拉雅间断	0	0
12－5 地中海区—北非洲、中亚、北美西南部，智利和大洋洲（泛地中海）间断分布	0	0
13. 中亚分布	0	0
13－1 中亚东部（亚洲中部）	0	0
13－2 中亚至喜马拉雅	0	0
13－3 西亚至喜马拉雅和西藏	0	0
12－4 地中海区至热带非洲和喜马拉雅间断	0	0
14. 东亚分布	30	4.89
14－1 中国—喜马拉雅（SH）	0	0
14－2 中国—日本（SJ）	0	0
15. 中国特有分布	15	2.44
合计	653	100

从上表可以看出，保护区内属的地理成分是以热带成分占优势，从2～7各类热带成分共有513属，占总属数（扣除广布属39属，以下同）的83.55%。温带成分从8～12共有101属，占总属数的16.45%。东亚分布有30属，占总属数的4.89%。中国特有分布的15属占2.44%，占广东的中国特有属（48属）的31.25%。其中陈氏苣苔属 *Paraboeica*、猪血木属 *Euryodendron*、虎颜花属、圆籽荷属 *Apterosperma*、绣球茜属 *Dunnia*、棱果木属 *Borthea*、马蹄参属 *Diplopanax*、观光木属 *Tsoongiodendron* 是单种属，而前5属为小区域特有属，即保护区特有或以保护区为分部中心的特有属；杉属和叉序草属 *Chingiacanthus* 各2种，保护区各1种；拟单性木兰属 *Parakmeria* 和酸竹属 *Acidosasa* 各5种，保护区各1种；圆唇苣苔属 *Gyrocheilos*4种，保护区均有种。仅有石笔木属 *Tutcheria* 达20种，保护区有4种。

种的特有成分：保护区拥有27种特有种，属于阳春特有是阳春樟 *Cinnamomum yangchunensis*、阳春山龙眼 *Helicia yangchunensis*、狭叶杨桐 *Adinandra elegans*、厚叶红楣 *Anneslea fragrans* var. *rubriflora*、阳春红淡比 *Cleyera yangchunensis*、钝叶折柄茶 *Hartia obovata*、圆叶厚皮香 *Ternstroemia subrotundifolia*、尖喙石笔木 *Tutcheria rostrata*、毛使君子 *Quisqualis indica* var. *villosa*、阳春巴豆 *Croton yangchunensis*、阳春鼠刺 *Itea yangchunensis*、锈枝红豆 *Ormosia feruginea*、阳春柯 *Lithocarpus yangchunensis*、粗脉冬青 *Ilex robustinervosa*、阳春冬青 *Ilex yangchunensis*、心果卫矛 *Euonymus cardiocarpus*、阳春山矾 *Symplocos yangchunensis*、阳春耳草 *Hedyotis yangchunensis*、阳春省藤 *Calamus yangchunensis*、陈氏苣苔 *Paraboeica chunii*（新属、特有属）、微毛圆唇苣苔 *Gyrocheilos microtrichum*（阳春信宜特有），属于广东省特有种的有账管玉叶金花 *Mussaenda inflata*、尖苞帚 *Pertya pungens*、杜鹃红山茶 *Camellia azalea*、猪血木 *Euryodendron excelsum*、岭南野靛棵 *Mananthes lianshanica*、厚萼紫珠 *Callicarpa hengtaii* 等。

6.2.1.4 植被类型

据调查，保护区内的植被类型多样，主要有7种类型。

（1）山地季雨林 是热带山地垂直带上的森林植被，为季雨林的一种湿润性常绿阔叶林类型，其组成种类、外貌和结构仍具有雨林的一些基本特征，但已明显逊色。在保护区内主要有3个群系。

①柯、阳春山龙眼、红花荷林（Form *Lithocarpus* sp. *Helicia yangchunensis*，*Rhodoleia champtoni*）主要分布于保护区海拔800m以上中山山地，土壤类型为山黄壤，有机质含量较高，但土层较浅薄，石砾多，而且多巨石裸露，常有云雾缭绕，林地湿润。

乔木层：平均高度3~4m，胸径4~8cm，据3个10m×10m面积中，共有乔木26种78株，除建群种外，还有红花荷 *Rhodoleia championi*、罴蒴 *Castanopsi fissa*、木荷 *Schima superba*、大头茶 *Gordonia axillaris*、日本杜英 *Elaeocarpus japonica*、山杜英 *E. sylvestris*、阳春樟 *Cinnamomum yanchunensis*、刨花润楠 *Machilus pauhoi*、金叶含笑 *Michelia foveolata*、杨桐 *Adinandra millettii* 等。

灌木层：植物种类较丰富，平均高1~2m，盖度一般在40%以上。常见的有东方古柯 *Erythroxylum sinense*、狗骨柴 *Tricalysis dubia*、钝叶折柄茶 *Hartia obovata*、栀子 *Gardenia jasminodes*、卫矛 *Euonymus alata*、豺皮樟 *Litsea rotundifolia* var. *oblongifolia* 等。

草本层：植物较少，常见的有大芒萁 *Dicranopteria ampla*、密苞山姜 *Alpinia stachyoides*、绣球茜草 *Dunnia sinensis* 及一些兰花 *Cymbidium* spp. 等。

林下有一些乔木和灌木的幼苗，由此可见该林的发展趋势是比较稳定的。

②木荷、大果五加、大头茶林（Form *Schima superba*，*Diplopanax stachyanthus*，*Gordonia axillaries*）主要分布于保护区五福厂附近坡地及沟谷地段，所在地为中山谷地，土层一般较深厚，有机质含量较高，林地湿润。林木组成复杂，但结构较简单，乔木层平均高度6~10m，最高达14m，胸径8~12cm，最大为29cm，在4个10m×10m面积中，胸径大于2cm的植株共有25种191株，除建群种外，还有米锥 *Castanopsis carlesii*、蕈树 *Altingia chinensis*、鹅掌柴、天料木、杨梅、山胡椒、杨桐等。

灌木层：高度1~2m，盖度为30%左右。组成种类较多，主要有棱果花 *Barthea barthei*、华南粗叶木 *Lasianthus austrosinensis*、箬竹 *Indocalamus tessellatus*、黄杨、黑柃、钝叶折柄茶、疏花卫矛 *Euonymus laxiflorus*、光叶山矾 *Symplocos lancifolia* 等。

草本层：组成种类较少，盖度约20%。常见的有阳春耳草 *Hedyotis yangchunensis*、密苞山姜、中华里白 *Diplopterygium chinensis*、瘤足蕨 *Plagiogyria sabadnata*、露兜草 *Pandanus austrosinensis*、宽叶沿阶草 *Ophiopogon platyphyllus* 等。

层间藤本植物较多，常见的有扁担藤 *Tetrastigma planicaule*、白木通、华南忍冬、菝葜等。

③大头茶、山杜英、南岭栲林（Form *Gordonia axillaries*，*Elaeocarpus sylvestris*，*Castanopsis fordii*）主要分布于保护区海拔600~800m中山山地。土壤为山地黄壤 土层较薄，有机质含量较高。

乔木层：高度4~6m，胸径6~8cm，林龄15~25年不等，郁闭度约0.9以上。在个10m×10m面积中有30种114株。除建群种外，还有青冈 *Cyclobalanopsis glauca*、密花树 *Rapanea neriifolia*、绢毛杜英 *Elaeocarpus nitentifolius*、竹叶稠 *Quercus bambusifolia*、鹅掌柴、木荷、落坑乌 *Lithocarpus lohangwu*、光叶山矾 *Symplocos lancifolia*、圆籽荷 *Apterosperma oblata*、红花荷、天料木、阳春山龙眼、罴蒴、多花山竹子 *Garcinia multiflora*、杨桐等。

灌木层：盖度一般为40%左右。常见的有广东粗叶木 *Lasianthus curtisii*、箬竹、茶杆竹 *Pseudosasa amabilis*、信宜毛柃 *Eurya velutina*、米碎花 *E. chinensis*、三花冬青 *Ilex triflora*、斑叶朱砂根 *Arsisia punctata*、野茶树 *Camellia sinensis* var. *assamica*、华南泡花树 *Meliosma laui*、簕党花椒 *Zanthoxylum avicennae* 等。局部地段箬竹或茶杆竹等成片分布。

草本层：盖度常小于20%。常见的有大芒萁、五节芒、棕叶芦、乌毛蕨、露兜草、黑莎草等。

层间藤本植物：常见的有玉叶金花 *Mussaenda pubescens*、海金沙 *Lygodium japonicum*、华南忍冬等。

（2）季风常绿阔叶林　其特点是组成种类丰富，并以热带性的常绿阔叶树种为主，外貌终年常绿，落叶和半常绿树种数量不多，结构复杂而具有热带雨林的一般特征。组成成份以桑科、无患子科、大戟科、桃金娘科、樟科、壳斗科、楝科、茶科、橄榄科、五加科、番荔枝科和梧桐科等为主。在保护区内主要有3个群系。

①白皮黄杞、锥、猴耳环林（Form *Engelhardtia fenzelii*，*Castanopsis chinensis*，*Archidendron clypearia*）　主要分布于保护区碧波潭水电站西南方向山谷中段，海拔300～500m的沟谷两侧山坡，面积约1hm^2，林内湿润，土壤有机质含量较高，腐殖质层深达20cm。

乔木层：一般高度8～12m，一般胸径10～16cm。除优势种外，还有木荷、南岭栲、白颜树 *Gironniara subaequalis*、山杜英、樟叶泡花树 *Meliosma squamulata*、薄毛茸荚红豆 *Ormosia pachycarpa*、假苹婆 *Sterculia lanceolata*、显脉新木姜 *Neolitsea phanerophlebia*、山乌桕 *Sapium discolor*、野漆 *Toxicodendron succedaneum*、八角枫 *Alangium chinensis*、鹅掌柴、天料木、大头茶、圆籽荷、岭南山竹子 *Garcinia oblongifolia* 等。

灌木层：高2～3m，盖度达60%。主要有桫椤 *Alsophila spinulosa*、华南粗叶木、棱果花、柏拉木 *Blastus cochinchinensis*、黑柃、钝叶折柄茶、狗骨柴、柃叶连蕊茶 *Camellia euryoides*、水团花 *Adina pilulifera* 等。

草本层：主要有露兜草、海芋 *Alocasia macrorrhiza*、乌毛蕨、大芒萁、艳山姜 *Alpinia zerumbet* 等。

层间藤本植物较多，如紫玉盘 *Uvaria microcarpa*、白叶瓜馥木 *Fissistigma glaucens*、藤黄檀 *Dalbergia hance*、锡叶藤 *Tetracera asiatica*、扁担藤等。

②白皮黄杞林（Form *Engelhardtia fenzelii*）　主要分布于保护区海拔500m以下的低山下部和丘陵坡地，在红花潭地区，面积约为1hm^2，为原生性常绿季雨林遭破坏后自然恢复的次生林类型，以先锋树种白皮黄杞占优势，外貌黄绿色。

乔木层：有两个亚层，上亚层树种除白皮黄杞外，还有黄桐 *Endospermum chinensis*、南岭栲等。树高14～16m，平均胸径22cm，树冠稀疏不连续，郁闭度0.6左右。下亚层树种较多，主要有大头茶、岭南山竹子、鹅掌柴、猴欢喜 *Sloanea sinensis*、猴耳环、凹叶红豆 *Ormosia emarginata*、薄毛茸荚红豆等，树高4～10m。

灌木层：盖度40%。族要有罗伞树 *Ardisia quinquegona*、朱砂根 *A. crenata*、柏拉木、棱果花、狗骨柴、光叶山黄皮 *Randia canthoides*、九节 *Psychotria rubra*。

草本层：植物较少，主要有珍珠茅 *Scleria levis*、沿阶草 *Ophiopogon bodinieri*、山菅兰、乌毛蕨等。

层间藤本植物较丰富，主要有海金沙、玉叶金花、锡叶藤、白叶瓜馥木、紫玉盘、假鹰爪 *Desmos chinensis* 等。附生、板状根及绞杀等现象少见。

③大头茶、圆籽荷、鹅掌柴林（Form *Gordonia axillaries*，*Apterosperma oblate*，*Schefflera octophylla*）主要分布于保护区青坑等地的海拔700m以的低山下部及沟谷两侧。

乔木层：树高一般3～6m，胸径多为4～8cm，郁闭度0.6左右。除大头茶、圆籽荷、鹅掌柴优势种外，还有天料木、鱼骨木 *Canthium dicoccum*、光叶山矾、粘木、白皮黄杞等。

灌木层：盖度60%。主要种类有茶杆竹、箬竹、粗叶木、降真香 *Acronychia pedunculata*、三花冬青等。

草本层：盖度40%以上。族要种类有大芒萁、鳞籽莎 *Lepidosperma chinensis*、中华里白、乌毛蕨、芒、五节芒等。

（3）针阔叶混交林　以暖性针叶树与阔叶树为建群种所组成的森林群落，在保护区内仅1个群系。

马尾松、大头茶、鹅掌柴林（Form *Pinus massoniana*，*Gordonia axillaries*，*Schefflera octophylla*）　主要分布于保护区青坑、仙家洞等海拔600m以下的低山山地，是由原马尾松林采伐后自然如侵阔叶树而成。

乔木层：高度一般4～6m，胸径一般8～12cm。除马尾松、大头茶、鹅掌柴优势种外，还有红花荷、圆籽荷、山乌桕、岭南山竹子、降真香、杨桐、木荷、天料木等。

灌木层：常见的有岗松、桃金娘、变叶榕 *Ficus variolosa*、豺皮樟、九节等。

草本层：盖度较大，达60%以上。常见的有芒萁、乌毛蕨、黑莎草、珍珠茅等。

层间藤本植物：仅见阳春省藤 *Calamus yangchunensis*。

（4）常绿灌丛

①箬竹灌丛（Form*Indocalamus tessellatus*） 主要分布于保护区海拔1000～1300m的鹅凰嶂顶部，高2m左右，盖度在95%以上。除箬竹建群种外，混生有少量阔叶树种，如多种杜鹃 *Rhododendron* spp.、黑柃、广东蒲桃 *Syzygium kwangtungense*、阳春山龙眼、岗柃 *Eurya groffii*、白野槁树 *Litsea glutinosa* 等，偶见五节芒、珍珠茅等草本植物。

②杜鹃红山茶灌丛（Form*Camellia azalea*） 主要于红花潭水电站下游4km长的溪流两岸。灌丛所在地乱石遍布，冲刷严重。灌丛高2.3m，丛生状。除杜鹃红山茶优势种外，还有凹叶红豆、密花树、竹节树 *Carallia brachiata*、变叶榕、黄牛木 *Cratoxylum cochinchinense*、大头茶、桃金娘、岗松、石斑木 *Raphiolepis indica*、野茂丹 *Melastoma candidum* 等，偶见芒萁、棕叶芦、鳞籽莎、乌毛蕨等草本植物。

（5）草丛 金茅、鳞籽莎草丛（Form*Eulalia speciosa*，*Lepidosperma chinense*） 主要分布于保护区海拔1200m以上的鹅凰嶂顶部，所在地多巨石裸露或大片石壁，除金茅、鳞籽莎建群种外，还见有粗毛鸭嘴草 *Ischaemum indicum*、丝茅 *Imperata koenigii*、五节芒、刺子莞 *Rhynchospora rubra*、谷精草 *Eriocaulon buergerianum*、龙胆 *Gentiana scabra*、华凤仙 *Impatiens chinensis* 等。

（6）栽培植被

①湿地松林（ Form *Pinus elliottii*） 主要分布于仙家洞水库沿岸及库岛。

乔木层：林龄一般12年，树高8～10m，胸径一般12～15cm。除湿地松优势种外，还混生有野漆树、大头茶、山苍子 *Litsea cubeba*、山乌桕、猴耳环、白皮黄杞、天料木等。

灌木层：多为阳性种类，如桃金娘、算盘子 *Glochidion puberum*、岗松、米碎花等。

草本层：常见的有乌毛蕨、大芒萁、珍珠茅等。

②油茶林（Form *Camellia oleifera*） 主要分布于保护区联合水电站和月光潭水电站附近山坡，面积约25hm^2。

③荔枝、龙眼、方榄园（Form *Litchi chinensis*，*Dimocarpus longan*，*Canarium bengalense*） 主要分布于保护区联合水电站和月光潭水电站附近山坡，面积约200hm^2，其中方榄面

积较大，主要种植于月光潭水电站附近，面积约100hm^2。

6.2.1.5 野生植物资源

（1）珍稀濒危保护植物较多 根据1984年国家环境保护委员会公布的《中国珍稀濒危保护植物名录》和1999年国务院批准公布的《国家重点保护野生植物名录（第一批）》所列种类统计，保护区内共有国家重点保护野生植物8科12属13种。其中蕨类植物2科3属4种，裸子植物3科3属3种，被子植物3科6属6种。列为国家Ⅱ级重点保护的野生植物9种，国家Ⅲ级重点保护的野生植物种4种（表6.3）。

表6.3 阳春鹅凰嶂自然保护区的保护野生植物

序号	种名	科名	IUCN 濒危等级	保护级别
1	福建柏 *Fokienia hodginsii*	柏科 Cupressaceae	渐危	Ⅱ
2	石碌含笑 *Michelia shiluensis*	木兰科 Magnoliaceae	稀有	Ⅱ
3	观光木 *Tsoongiodendron odorum*	木兰科 Magnoliaceae	稀有	Ⅱ
4	金毛狗 *Cibotium barometz*	蚌壳蕨科 Dicksoniaceae	渐危	Ⅱ
5	桫椤 *Alsophila spinulosa*	桫椤科 Cyatheaceae	渐危	Ⅱ

（续）

序号	种名	科名	IUCN 濒危等级	保护级别
6	大黑桫椤 *Gymnosphaera gigantea*	桫椤科 Cyatheaceae	渐危	Ⅱ
7	黑桫椤 *Gymnosphaera podophylla*	桫椤科 Cyatheaceae	渐危	Ⅱ
8	圆籽荷 *Apterosperma oblata*	山茶科 Theaceae	濒危	Ⅱ
9	野茶树 *Camellia. sinensis* var. *assamica*	山茶科 Theaceae	稀有	Ⅱ
10	长叶竹柏 *Podocarpus fleuryi*	罗汉松科 Podocarpaceae	渐危	Ⅲ
11	穗花杉 *Amentotaxus argotaenia*	红豆杉科 Taxaceae	濒危	Ⅲ
12	乐东拟单性木兰 *Parakmeria lotungensis*	木兰科 Magnoliaceae	渐危	Ⅲ
13	巴戟 *Morinda officinalis*	茜草科 Rubiaceae	稀有	Ⅲ

（2）经济植物多样　据调查统计，在该保护区 1415 种维管束植物种类中，有多种经济植物资源。

①药用植物　有 819 种，占总数的 57.88%。如阳春砂仁 *Amomum villosum*、益智 *Alpinia oxyphylla*、巴戟、八角 *Illicium verum*、肉桂 *Cinnamomum aromaticum* 等都是著名的南药。此外，深绿卷柏 *Selaginella doederleinii*、卷柏 *S. tamariscina*、海金沙、金毛狗、乌毛蕨、马尾松、黑老虎 *Kadsura coccinea*、山木通、蕺菜（鱼腥草）、土荆芥 *Chenopodium ambrosioides*、火炭母 *Polygonum chinense*、山蒟 *Piper hancei*、了哥王、金锦香 *Osbeckia chinensis*、龙芽草 *Agrimonia pilosa*、金樱子 *Rosa laevigata*、望江南 *Cassia occidentalis*、葛、巴豆 *Croton tiglium*、广寄生 *Taxillus chinensis*、白簕花 *Eleutherococcus trifoliatus*、三脉马钱 *Strychnos cathayensis*、破布叶 *Microcos paniculata*、女贞 *Ligustrum lucidum*、梅叶冬青 *Ilex asprella*、毛冬青、广东蛇葡萄、板蓝（马蓝）*Strobilanthes cusia*、华南忍冬（山银花）*Lonicera confusa*、接骨草 *Sambucus chinensis*、钩藤、鸡矢藤、两面针、蔓荆 *Vitex trifolia*、山奈 *Kaempferia galanga*、车前、韩信草、八角枫、草珊瑚、枇杷、栀子、益母草 *Leonurus artemisia*、红豆蔻 *Alpinia galanga*、萱草 *Hemerocallis fulya*、土茯苓、射干 *Belameanda chinensis*、七叶一枝花 *Paris polyphylla*、海芋、千年健 *Homalomena occulta*、石仙桃 *Pholidota chinensis*、淡竹叶等也很常见。

②用材植物　有 137 种，占总数的 9.68%，主要有杉木、马尾松、黄樟、阴香、广东润楠、短序润楠 *Machilus breviflora*、琼桂润楠 *M. foonchewii*、粗壮润楠 *M. robusta*、黧蒴 *Castanopsis fissa*、甜槠 *C. eyrei*、华南锥 *C. concinna*、锥、米锥、罗浮栲、红锥、柯、黑柯、假鱼蓝柯 *Lithocarpus gymnocarpus*、龙眼柯、大果五加 *Diplopanax stachyanthus*、八角枫、木荷、山杜英、中华杜英、蕈树 *Altingia chinensis*、大果马蹄荷 *Exbucklandia tonkinensis*、油桐、木油桐 *V. Montana*、山乌桕 *Sapium discolor*、乌桕、猴耳环、苦楝、黄杞等。

③观赏植物　有 151 种，占总数的 10.67%，主要有鲜红如火的杜鹃、红山茶、红花荷，食虫植物猪笼草 *Nepenthes mirabilis*，肾蕨 *Nephrolepis cordifolia*、假鹰爪、蜡黄杜鹃 *Rhododendron subcerinum*、映山红、吊钟花 *Enkianthus quinqueflorus*、桃金娘、野牡丹、建兰等。

④野生水果植物　有 65 种，占总数的 4.59%，主要有紫玉盘 *Uvaria macrophylla*、杨梅、阔叶猕猴桃、豆梨 *Pyrus calleryana*、多花山竹子 *Garcinia multiflora*、岭南山竹子 *G. oblongifolia*、金樱子、余甘子 *Phyllanthus emblica*、桃金娘、桑、山橘、金桔、水东哥、二色波罗蜜 *Artocarpus styracifolius*、大果榕 *Ficun auriculata*、杂色榕 *F. variegata*、白花悬钩子 *Rubus leucanthus*、茅莓、空心泡、深裂锈茅莓 *R. reflexus*、角花胡颓子 *Elaeagnus gonyanthes*、罗浮柿等。

⑤纤维植物　有 45 种，占总数的 3.18%，主要有小叶买麻藤、罗浮买麻藤、构树、苎麻、了哥王、地桃花 *Urena lobata*、白背叶 *Mallotus apelta*、角花颓子、小蜡 *Ligustrum sinense*、钩藤、葛、刺蒴麻 *Triumfetta rhomboidea*、山芝麻 *Helicteres angustifolia*、黄葵 *Abelmoschus moschatus*、短轴省藤 *Clamus compsostachys*、阳春省藤、灯心草、黑莎草、鳞子莎 *Lepidosperma chinense*、丝茅 *Imperata koenigii*、芒、五节芒等。

⑥淀粉植物 有35种，占总数的2.47%，主要有福建观音座莲、金毛狗、狗脊、黧蒴、甜槠、华南锥、锥、米锥、罗浮栲、红锥、柯、黑柯、杨梅、金樱子、豆梨、葛、薜荔 *Ficus pumila*、土茯苓、阔叶猕猴桃、镰羽蕨 *Pteridium revolutum*、蕺菜（鱼腥草）等。

⑦油脂植物 有50种，占总数的3.53%，主要有杉木、香叶树 *Lindera communis*、山苍子、野公树 *Neolitsea chuii*、野茶树、落瓣短柱茶 *Camellia kissi*、广宁油茶 *C. sasanqua*、越南油茶 *C. vietnamensis*、多花山竹子、牛耳枫 *Daphniphyllum calycinum*、交让木、构树、栓叶安息香、华山矾、苦楝、巴豆、白背叶、算盘子、油桐、木油桐、野漆树、盐肤木、山乌桕、铁冬青、朱砂根、苍耳、黑莎草等。

⑧芳香植物 有43种，占总数的3.04%，主要有马尾松、杉木、香港木兰 *Magnolia championii*、长叶木兰 *M. paenetalauma*、石碌含笑、阳春含笑、瓜馥木、肉桂、黄樟、阴香、山苍子、香叶树、岗松、枫香树、栀子、小蜡、草珊瑚、黄荆、黄葵、茵陈蒿 *Artemisia capillaris* 等。

6.2.1.6 野生动物资源

（1）野生动物资源较丰富 该保护区的生态环境复杂，森林茂密，孕育了丰富的动物种类。据调查统计，该保护区拥有陆栖脊椎动物85种。

①两栖类 有5种，隶属2科2目，占该区动物总种数的5.88%。无尾目（SALIENTIA）1科3种，占该区两栖动物总种数的60%；有尾目（CAUDATA）有1科2种，占该区两栖动物总种数的40%。

②爬行类 有11种，隶属8科3目，占该区动物总种数的12.94%。龟鳖目（TESTUDOFORMES）有3科6种，占该区爬行动物总数的54.55%；蜥蜴目（LACERTIFORMES）有3科3种，占该区爬行动物总数的27.27%；蛇目（SERPENTIFORMES）有2种，占该区爬行动物总数的18.18%；

③鸟类 有57种，隶属24科14目，占该区动物总种数的67.06%。雀形目（PASSERIFOMES）有8科29种，占该区鸟类总数的50.88%；隼形目（FALCONIFOEMES）有2科7种，占该区鸟类总数的12.28%；鸮形目（STRIGFORMES）有2科4种，占该区鸟类总数的7.02%；鸡形目（GALLIFORMES）有1科3种，占该区鸟类总数的5.26%；鹤形目（GRUIFORMES）有2科2种，占该区鸟类总数的3.51%；鹃形目（CUCULIFORMES）有1科2种，占该区鸟类总数的3.51%；佛法僧目（CORACIIFORMES）有1科2种，占该区鸟类总数的3.51%；鹳形目（CICONIIFORMES）有1科2种，占该区鸟类总数的3.51%；䴕形目（PICIFORMES）有1科1种，占该区鸟类总数的1.75%；鸽型目（COLUMBIFORMES）有1科1种，占该区鸟类总数的1.75%；夜鹰目（CAPRIMULGIFORMES）有1科1种，占该区鸟类总数的1.75%；雨燕目（APODIFORMES）有1科1种，占该区鸟类总数的1.75%；鸻形目（CHARADRIIFORMES）有1科1种，占该区鸟类总数的1.75%；雁形目（ANSERIFOMES）有1科1种，占该区鸟类总数的1.75%。

该保护区的区系特征是以东洋界鸟类为主，有28种，占该区鸟类组成的70%；古北界鸟类6种，占15%；广布种6种，占15%。其中多数为当地留鸟，有32种，占该区鸟类组成的80%；迁徙鸟仅有8种，占20%。

④哺乳类 有12种，隶属8科5目，占该区动物总种数的14.12%。占广东省哺乳类总数（124种）的9.68%，占全国哺乳类总数（449种）的2.67%。食肉目（CARNIVORA）有3科5种，占该区哺乳类总数的41.67%；啮齿目（RODENTIA）有1科3种，占该区哺乳类总数的25%；偶蹄目（ARIODACTYLA）有2科2种，占该区哺乳类总数的16.67%；食虫目（INSECTVORA）有1科1种，占该区哺乳类总数的8.33%；鳞甲目（PHOLIDOTA）有1科1种，占该区兽类总数的8.33%。

（2）珍稀濒危动物较多 以我国1989年公布实施的《国家重点保护野生动物名录》和2001年公布实施的《广东省重点保护陆生野生动物名录》（第一批）为依据，保护区拥有保护脊椎动物35种。其中国家Ⅰ级重点保护动物4种，国家Ⅱ级重点保护动物28种，省级重点保护动物3种（表6.4）。

表 6.4　阳春鹅凰嶂自然保护区的保护动物

序号	种　名	科　名	IUCN 濒危等级	保护级别
		哺乳纲 MAMMALIA		
1	穿山甲 *Manis pentadactyla*	鲮鲤科 Manidae	濒危	Ⅱ
2	水獭 *Lutra lutra*	鼬科 Mustelidae	濒危	Ⅱ
3	大灵猫 *Verra zibetha*	灵猫科 Viverridae	濒危	Ⅱ
4	小灵猫 *Viverricula indica*	灵猫科 Viverridae	易危	Ⅱ
5	金猫 *Felis temmincki*	猫科 Felidae	渐危	Ⅱ
6	鬣羚 *Capricornis sumatraensis*	牛科 Bovidae	易危	Ⅱ
		鸟纲 AVES		
7	白鹳 *Ciconia ciconia*	鹳科 Ciconiidae	濒危	Ⅰ
8	黑鹳 *Ciconia nigra*	鹳科 Ciconiidae	濒危	Ⅰ
9	白头鹞 Circus aeruginosus	鹰科 Accipitridae	易危	Ⅱ
10	凤头鹃隼 *Aviceda leuphotes*	鹰科 Accipitridae		Ⅱ
11	鸢 *Milvus korschun*	鹰科 Accipitridae		Ⅱ
12	松雀鹰 *Accipiter virgatus*	鹰科 Accipitridae	易危	Ⅱ
13	普通鵟 *Buteo buteo*	鹰科 Accipitridae		Ⅱ
14	蛇雕 *Spilornis cheela*	鹰科 Accipitridae		Ⅱ
15	红隼 *Falco subbuteo*	隼科 Falconidae	易危	Ⅱ
16	白鹇 *Lophura nycthemera*	雉科 Phasianidae		Ⅱ
17	原鸡 *Gallus gallus*	雉科 Phasianidae	易危	Ⅱ
18	褐翅鸦鹃 *Centropus sinensis*	杜鹃科 Cuculidae	易危	Ⅱ
19	黄嘴角鸮 *Otus spilicephalus*	鸱鸮科 Strigidae	稀有	Ⅱ
20	斑头鸺鹠 *Glaucidium cuculoides*	鸱鸮科 Strigidae	易危	Ⅱ
21	领角鸮 *Otus bakkamoena*	鸱鸮科 Strigidae		Ⅱ
22	小鸦鹃 *Centropus toulou*	杜鹃科 Cuculidae	易危	Ⅱ
23	栗鸮 *Phodilus badius*	草鸮科 Tytonidae		Ⅱ
24	灰鹤 *Grus grus*	鹤科 Gruidae		Ⅱ
		爬行纲 REPTILIA		
25	蚺（蟒）*Python molurus*	蟒科 Boidae	极危	Ⅰ
26	巨蜥 *Varanus salvator*	巨蜥科 Varanidae	极危	Ⅰ
27	山瑞鳖 *Palea steindachnei*	鳖科 Trionychidae	濒危	Ⅱ
28	大壁虎 *Gekko gekko*	壁虎科 Gekkonidae	濒危	Ⅱ
29	三线闭壳龟 *Cuora trifasciata*	龟科 Testudidae	濒危	Ⅱ
30	地龟 *Geoemyda spengleri*	龟科 Testudidae	稀有	Ⅱ
31	平胸龟 *Platysternon megacephalum*	龟科 Testudidae	濒危	省级
32	锯缘摄龟 *Pyxidea mouhotii*	龟科 Testudidae	濒危	省级
		两栖纲 AMPHIBIA		
33	虎纹蛙 *Rana tigrina*	蛙科 Ranidae	易危	Ⅱ
34	细志疣螈 *Tylototriton asperrimus*	蝾螈科 Salamandridae	易危	Ⅱ
35	棘胸蛙 *Rana spinosa*	蛙科 Ranidae	易危	省级

③经济动物多样　该保护区的野生经济动物资源也比较丰富。

A. 哺乳类　有野猪、大灵猫 、小灵猫 、金猫、鼬獾、穿山甲、鬣羚等 7 种。

B. 鸟类　有雉鸡、原鸡、白鹇、珠颈斑鸠 *Streptopelia chinensis*、翠鸟 *Alcedo attihis*、画眉等 20 多种。

C. 两栖类　有棘胸蛙、虎纹蛙等。

D. 爬行类　有四眼水龟 *Sacalia quadriocellata*、竹叶青蛇等。

6.2.2　阳江南鹏列岛海洋生态自然保护区

为了加快阳江海洋生态系统和海洋生物类型的保护建设步伐，保障海洋资源的可持续发展，阳江市人民政府根据当地海洋资源的特点，于 2003 年建立了南鹏列岛海洋县级自然保护区。2004 年 3 月，阳江市人民政府阳府复［2004］11 号文，批准为市级自然保护区。2006 年 11 月，阳江市人民政府请示建立广东阳江南鹏列岛海洋生态省级自然保护区。2008 年 11 月，广东省人民政府粤办函［2008］715 号文，批准阳江南鹏列岛海洋市级自然保护区晋升为省级自然保护区。主要保护对象为经济鱼类资源和珍稀野生动物及其栖息环境。

根据中华人民共和国国家标准《自然保护区类型与级别划分原则》（GB/T14529—93），阳江南鹏列岛海洋自然保护区属“自然生态系统类别”中的“海洋和海岸生态系统类型”自然保护区。

6.2.2.1　自然条件

（1）位置范围　保护区位于阳江市南鹏列岛漠阳江出口对开海域。地理坐标为东经 112°04′00″ ~ 112°12′12″，北纬 21°31′30″ ~ 21°39′12″。总面积 20 000hm^2。其中海洋面积 19 670hm^2。

（2）地质基础　据报道，南鹏列岛出露地层的海岛有南鹏岛、大镬岛、虎仔岛、黄程山，均变质成混合岩类，以条带状混合岩为主，局部为条纹状混合岩。

陆相沉积残积物性质与基岩类型、风化程度密切相关。大镬岛、二镬岛、黄程山岛、南鹏岛东部的海岛基岩为寒武系的变质页岩、砂页岩、砂岩和粉砂岩，其风化较强，风化物为黄褐色或灰色黏土或亚砂土，未形成“轻壤型风化壳”。局部含岩屑，大小为 5cm 以内；南鹏岛西部的海岛基岩由混合花岗岩和花岗岩类组成，其风化物是构造残积型，由岩屑加亚砂土组成，并散布许多“石蛋”。

海相沉积有大镬岛海积沙滩和沙堤。沉积物为石英砂（占 60% ~80%）和生物屑（以贝壳为主，占 20% ~40%）。重矿物含量少，其中以钛铁矿和金红石相对多些，其他常见的有磁铁矿、白钛石、锆石、锐钛矿、赤铁矿、独居石、电气石和褐铁矿。沉积物粒度特征以中沙为主，其次是细沙。

此外，大镬岛海湾沙堤内可见泻湖沉积，有一通道口与海相连，沉积物为灰色含淤泥细—中沙组成。大镬岛围沙堤顶部可见风积，普通有风积沙丘，这是海积沙堤的沙被风分选堆积而成，物质组分与沙滩和沙堤相同，但分选更好，由中沙、中—细沙组成。在大镬岛的沙堤内侧山坡脚有一片含坡积沙和岩屑的风积坡，坡积物菱角状，未磨损，分选差。

（3）地貌概况　自然保护区的南鹏列岛属大陆岛，即第四纪末次冰期，它们原是大陆的一部分，冰后期海面升高到目前海面时，淹没了周围部分陆地而成为现在的海岛。从地貌学的成因来看，南鹏列岛属侵蚀型海岛。列岛外围水深 10 ~20m，水动力作用很强，属高能带，故侵蚀作用较强，虽均为低丘陵海岛，但丘坡陡峻，不少岸段呈海崖状，并发育了浪蚀穴，如大镬岛西北岸有 3 个明显的海蚀洞，二镬岛西风湾中部的海蚀崖及浪蚀沟槽。南鹏岛西南岸的海蚀崖及岩滩，黄程山（岛）北岸的浪蚀平台、海蚀崖、浪蚀沟槽及西北岸的块状巨砾，直径 0. 30 ~0. 45m，圆度较好，成分大部分为变质岩，偶见滨珊瑚巨砾。个别海岛发育了流水侵蚀的谷地，还修了小水库，如大镬岛中部，其谷口与小海滩相连，并发育了海积小平原、沙坝、风积移动沙丘和沙滩。

南鹏岛西部有中型钨矿床，经过长期开采，形成很多矿坑、矿渣堆等人工地貌，在南鹏湾岸上还建有码头。该湾西侧发育了沙砾滩。本岛中段发育了大沙坝，宽约 225m，它使西部较高大的丘陵与东部较矮小的丘陵连起来，成为连岛沙坝。该岛南岸和西南岸发育了海蚀崖。南鹏岛海滩位于该岛中部，东西长 100m 多，南北宽 165m，靠大湾一侧的沙滩由含砾粗沙组成潮间带，坡度 4°，潮下 5m 以浅的水下岸坡坡度1°左右。后滨发育了风积移动沙丘，沙堤宽约60m，高约3～6m。

（4）气候特点　保护区处于北热带至南亚热带的过渡气候带，属于南亚热带海洋性湿润气候，受东亚季风影响，有较强的季风性和较明显的海洋性。温、光、水资源均较丰富，气候条件较优越，年平均日照时数约1700小时。南鹏列岛日照多，太阳辐射强，且受海洋调节，终年气温较高，长夏无冬，无霜、雪冻害。年平均气温为24.7℃，各月月平均气温均在15℃以上，海上3～11月的平均气温均超过22℃，没有出现气候意义上的冬季。年降水总量为1700mm，主要集中于4～10月，其降水量可占年总量的90%。

（5）水文特征　保护区所在的南鹏列岛海域的潮汐属不正规半日潮，即一天中有两次高潮和低潮，但高潮和低潮的高度均不相等。最大潮差3.50m左右，最大潮差变幅为0.60m左右。太平洋潮波经南海进入本海区后，因受沿岸地形及径流的影响，潮流属略带有旋转流的往复流，流向为NW—SE。该海域的波浪以风浪为主，涌浪频率不高。常浪向为NE和NNE向，其次为SW向的波浪。由于位处漠阳江出海口，该海域悬沙含量较高，其中春季表层为0.020kg/m^3，秋季为0.005kg/m^3。

（6）海洋环境质量

①海水温度　保护区海域春季平面表层水温低于20.0℃，底层水温高于20.0℃，底层水温的分布自岸向外呈高、低、高的变化趋势。秋季表、底层水温分布趋势与春季基本相同，水温分布在27.13～27.94℃。

②海水盐度春季表层海水盐度平均值为3.1%，底层海水盐度平均值为3.2%。秋季表层海水盐度平均值也为3.1%，底层海水盐度平均值为3.3%。

③溶解氧春季海域氧含量较高，平均值为7.54mg/L，变化范围为6.85～8.31mg/L，秋季平均值为6.71mg/L，变化范围为了6.52～6.96mg/L。可见，溶解氧指标符合一类海水水质标准。

④pH值　春季海域表层pH值的水平、垂直分布非常均匀，其变化范围为8.20～8.25，平均值为8.23。秋季表层pH值变化范围为8.14～8.26，平均值为8.23，底层变化范围为8.13～8.27，平均值为8.19，比表层低。pH值指标符合一类海水水质标准。

⑤活性磷酸盐春季，表层、底层活性磷酸盐含量的分布较均匀，其变化范围为0.20～0.40μmol/L，底层的平均值为0.2μmol/L。秋季分布也相当均匀，表层的变化范围为0.40～0.61μmol/L。底层变化范围为0.6～1.4μmol/L，平均值为0.76μmol/L。活性磷酸盐指标符合一类海水水质标准。

⑥活性硅酸盐春季，大镬岛和二镬岛附近一带海域表层活性硅酸盐分布较低，变化范围为2.0～4.0μmol/L。底层的分布相当均匀，平均值为6.0μmol/L。

⑦硝酸盐春季，表层硝酸盐含量在此0.5～1.0μmol/L，表现为西北低，东南高的趋势，底层的含量分布明显呈西高东低的趋势，最小值出现在二镬岛，为0。秋季的含量比春季的高，表现为南、北高，中间低的趋势，大镬岛及南鹏岛附近海域为2.0μmol/L，而二镬岛至黄程山一带海域为1.0μmol/L。秋季底层硝酸盐的分布趋势与表层基本相同，平均值比表层低。硝酸盐指标符合一类海水水质标准。

⑧亚硝酸盐春季，亚硝酸盐的分布呈现北低南高的趋势，大镬岛海域的含量小于0.1μmol/L，黄呈山一带为0.1μmol/L，南鹏岛附近则为0.2μmol/L。底层的分布趋势基本上与表层相似，平均值比表层略高。秋季，分布趋势呈现为东南高、西北低的趋势，其变化范围较小，为0.1μmol/L～0.2μmol/L，为表层的2倍左右。亚硝酸盐指标符合一类海水水质标准。

6.2.2.2　功能分区

依据《拟建广东阳江南鹏列岛海洋生态省级自然保护区总体规划》①，将保护区分为3个功能区。

① 吴洽儿等．拟建阳江南鹏列岛海洋生态省级自然保护区总体规划．阳江市海洋与渔业局，中国水产科学研究院南海水产研究所．2006.

（1）核心区　位于保护区中心位置，面积6700hm²，占保护区总面积的33.50%，由F（东经112°10′8″，北纬21°31′30″）、G（东经112°04′36″，北纬21°31′30″）、I（东经112°04′36″，北纬21°38′36″）、J（东经112°05′00″，北纬21°38′36″）4点顺序连接围成的闭合圈内，人为干扰较少，原生状况相对较好，具有代表性的自然生态系统。

其主要功能是：保护主要保护对象，将实行全封闭管理，除经市海洋与渔业管理部门批准进行的调查观测和科学研究活动外，禁止其他一切可能对保护工作造成危害或不良影响的活动。

（2）缓冲区　位于核心区左侧和右上侧，面积3400hm²，占保护区总面积的17%，由A（东经112°04′00″，北纬21°39′12″）、B（东经112°05′24″，北纬21°39′12″）、E（东经112°10′56″，北纬21°31′30″）、F（东经112°10′08″，北纬21°31′30″）、J（东经112°05′00″，北纬21°38′36″）、I（东经112°04′36″，北纬21°38′36″、G（东经112°04′36″，北纬21°31′30″）、H（东经112°04′00″，北纬21°31′30″）8点顺序连接围成的闭合圈内。

其主要功能是：对保护核心区起到缓冲作用，扩大和延伸被保护物种的生长和活动区域，将实行半封闭式管理，在保护对象不遭人为破坏和污染前提下，经该保护区管理机构批准，可在限定期间和范围内适当进行渔业生产、旅游观光、科学研究、教学实习等活动。

（3）实验区　实验区位于保护区下侧，面积9900hm²，占保护区总面积的45.95%，由B（东经112°05′24″，北纬21°39′12″）、C（东经112°12′12″，北纬21°39′12″）、D（东经112°12′12″，北纬21°31′30″、E（东经112°10′56″，北纬21°31′30″）4点顺序连接围成的闭合圈内，是保护区内人为活动相对频繁的区域，是人工鱼礁的建设区域。

其主要功能是：设置一些管护、生活、生产设施，在保护好自然资源和自然环境的基础上，在保护区管理机构统一规划和指导下，可以进入从事科学试验、教学实习以及驯化、繁殖珍稀濒危野生动物等活动。在有效保护的前提下对资源进行适度经营利用，并成为带动周围更大区域实现可持续发展的示范地（图6.2）。

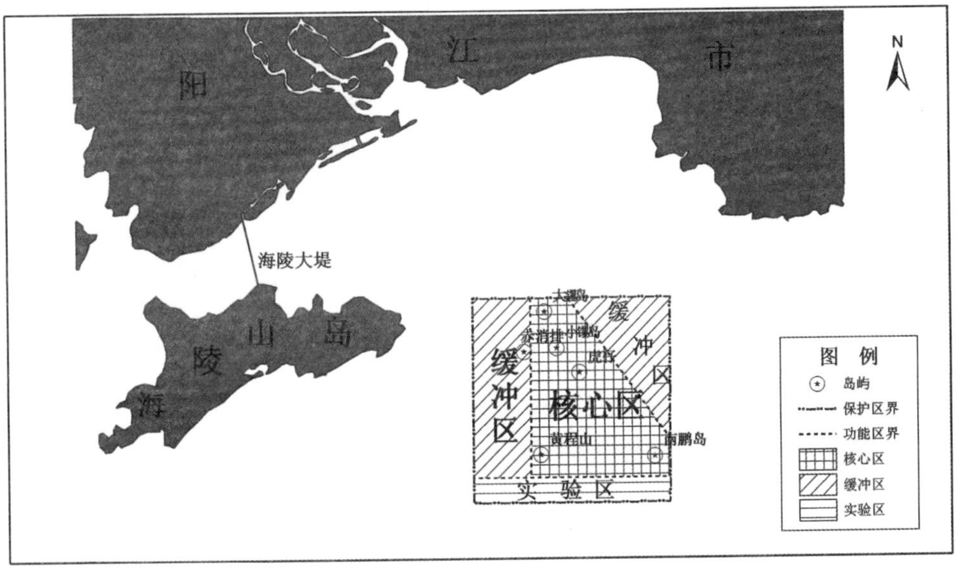

图6.2　阳江南鹏列岛海洋生态自然保护区功能分区图

6.2.2.3　生物物种资源

据报道①，保护区内生物物种资源丰富，有如下生物物种资源。

① 邱永松等．拟建阳江南鹏列岛水产资源省级自然保护区综合科学考察报告．阳江市人民政府，阳江市海洋与渔业局，中国水产科学研究院南海水产研究所．2006.

（1）浮游植物　经鉴定调查海域内，硅藻、甲藻、金藻和蓝藻共 92 种、变种和变型，其中硅藻 73 种，占 79.3%；甲藻 17 种，占 18.5%；金藻和蓝藻均出现 1 种。调查海域浮游植物以暖水种为主，其种类组成具有明显的热带—亚热带性质。

其种类组成具有明显的季节交替现象。春季，近海浮游种有密联角毛藻 *Chaetoceros densus* 等 157 种藻类，生物量平均值约为 800×10^4Ind/m^3。秋季有拟旋链角毛藻 *Chaetoceros pseudocurcvisetus* 等 130 种藻类，生物量平均值约为 400×10^4Ind/m^3。

以优势度大于等于 0.02$Y \geq 0.02$）划分，调查区内浮游植物的优势种均为浮游硅藻，且优势种组成较为复杂、季节变化明显。春季，调查海域优势种有 9 种；秋季，随着出现种类数的增加，优势种数增至 11 种；而两季共有优势种仅有 4 种，分别为并基角毛藻 *Chaetoceros decipiens*、洛氏角毛藻 *Chaetoceros lorenzianus*、变异辐杆藻 *Bacteriastrum varians*、窄隙角毛藻 *Chaetoceros affinis* 等。

（2）浮游动物经鉴定，浮游动物共出现 56 种（类），分属 12 个不同类群，即桡足类、水螅水母类、管水母类、钵水母类、枝角类、十足类、介形类、翼足类、毛颚类、有尾类、端足类及浮游幼虫。其中，以桡足类出现种类数最多，有 17 种，占总种类数的 30.4%；其次是浮游幼虫，出现 14 种，占总种类数的 25%；毛颚类出现 9 种，占总种数的 16.1%，居第三位；其他类群出现种类数较少。春季出现种类数略多于秋季其种类组成也有显著的季节变化。春季浮游动物种类组成中以浮游幼虫数量最多，占总数的 33%，其中以短尾类幼虫为主要种，占幼虫总数的 63%。其次是枝角类，占总数的 32%。毛颚类 8 种。秋季，桡足类共 19 种，数量明显增多，占浮游动物总数的 63%，亚强真哲水蚤 *Eucalanus subcrassus* 为主要优势种，其次是毛颚类。春季浮游动物平均生物量为 197mg/m^3。秋季，浮游动物生物量比春季高，平均为 600 mg/m^3，为春季的数倍。

以优势度 $Y \geq 0.02$ 为判断标准，调查区内优势种组成春季较为简单，有中华哲水蚤 *Acartia spinicauda* 和肥胖箭虫 *Sagitta enflata* 2 种；秋季优势种明显较春季丰富，主要优势种有亚强真哲水蚤 *Eucalanus subcrassus*、肥胖箭虫 *Sagitta enflata*、微刺哲水蚤 *Canthocalanus pauper*、弱箭虫 *Sagitta delicata*、驼背隆哲水蚤 *Acrocalanus gibber* 5 种。调查区内优势种组成的季节更替非常明显，两季共有的优势种仅有暖水广布种——肥胖箭虫 1 种。

（3）底栖生物　本海区 2 个季节调查经共出现了底栖生物 36 科 45 种。其中，腔肠动物有 1 科 1 种，多毛类环节动物有 10 科 12 种，螠虫动物有 1 科 1 种，软体动物有 13 科 17 种，节肢动物甲壳类有 5 科 6 种，棘皮动物有 4 科 6 种，脊索动物有 2 科 2 种，以软体动物的种类最多，其次为多毛类动物。就季节分布的情况来看，春季出现了 31 种，夏季出现了 35 种，2 个季节共同出现的种类有 20 种。

多毛类主要代表种有弦毛内卷齿蚕 *Aglaophamus lyrochaeto*、奇异稚齿虫 *Paraprionospio pinnata*、背蚓虫 *Notomastus latericeus*、简毛拟节虫 *Praxillella gracilies*、不倒翁虫 *Sternaspis sculata*、欧文虫 *Owenia fusformis* 等，多数呈埋栖分布。

软体动物的主要代表种有江户明樱蛤 *Moerella jedoensis*、小荚蛏 *Siliqua minima*、中国小铃螺 *Minolia chinensis*、棒锥螺 *Turritella bacillum*、红带织纹螺 *Nassarius*（*Zeuxis*）*succinctus*、西格织纹螺 *Nassarius*（*Zeuxis*）*siquijorensis*、凯蕾螺 *Gemmula kieneri*、假奈拟塔螺 *Turricula nelliae spurius* 等，多数种类呈埋栖生活。

甲壳类动物主要出现了双凹鼓虾 *Alpheus bisincisus*、变态蟳 *Charybdis variegata*、阿氏强蟹 *Eucrate alcocki*、模糊新短眼蟹 *Neoxenophthalmus obscurus*、口虾蛄 *Oratosquilla oratoria*、尖刺糙虾蛄 *Kempina mikado* 等，群居现象明显，多数虾类和虾蛄类营底层游泳生活，而蟹类则呈埋栖、匍匐和游泳等各种生活方式。

棘皮动物则出现了海地瓜 *Acaudina molpadioides*、洼颚倍棘蛇尾 *Amphioplus depressu*、异常盘棘蛇尾 *Ophiocentrus anomalus*、光滑倍棘蛇尾 *Amphioplus laevis*、金氏真蛇尾 *Ophiura kinbergi*，多营底层埋栖生活。

其他海洋底栖动物尚有脊索动物门的麦氏犀鳕 *Bregmaceros macclellandi*、小头栉孔鰕虎鱼 *Ctenotrypauchen microcephalus*；腔肠动物的海仙人掌 *Cavernularia obesa*，螠虫动物的短吻铲荚螠 *Listriolobus brevirostris* 等。

优势种主要有筒毛拟节虫、奇异稚齿虫、棒锥螺等。

（4）渔业资源　南鹏列岛海域分布着鱼类约105种，分别隶属10目46科76属，其中鲈形目的种类较多，占鱼类总种数的60%，有25科45属63种；头足类有9种，隶属3目3科4属。枪形目有1科1属4种；乌贼目有1科2属3种；八腕目有1科1属2种；甲壳类有27科118种。

6.2.2.4　珍稀水生野生动物

根据《中华人民共和国重点保护野生动物名录》（国函［1988］144号），该保护区内有国家Ⅱ级重点保护水生野生动物如太平洋丽龟 *Lepidochelys olivacea*、绿海龟 *Chelonia agassizii*、玳瑁 *Eretmochelys imbricata*、大珠母贝 *Pinctada maxima*、花鳗鲡 *Anguilla marmorata*、克氏海马 *Hippocampus kelloggi* 等。根据《广东省野生动物保护管理规划》，保护区内有省级重点保护水生野生动物如中国龙虾 *Panulirus stimpsoni*、锦锈龙虾 *Panulirus ornatus*、中国鲎 *Tachypleus tridentatus*、鲸鲨 *Rhincodon typus*、宽额鲈 *Promicrops lanceolatus*、驼背鲈 *Cromileptes altivelis*、鲥鱼 *Macrura reevesi*、刁海龙 *Solegnathus hardwicki* 等。

6.2.2.5　主要经济种类

（1）鱼类　有带鱼 *Trichiurus haumela*、灰鲳 *Pampus nozawae*、鳓鱼 *Ilisha elongata*、蓝圆鲹 *Decapterus maruadsi*、银鲳 *Pampus argenteus*、乌鲳 *Formio niger*、竹荚鱼 *Trachurus japonicus*、斑点马鲛 *Scomberomorus guttatus*、刺鲳 *Psenopsis anomala*、棘头梅童鱼 *Collichthys lucidus*、康氏马鲛 *Scomberomorus commersoni*、大黄鱼 *Pseudosciaena crocea* 等。

（2）头足类　有中国枪乌贼 *Loligo chinensis*、杜氏枪乌贼 *Loligo duvaucelii*、曼氏无针乌贼 *Sepiella maindroni* 等。

（3）甲壳类　有口虾蛄 *Oratosquilla oratoria*、长毛对虾 *Penaeus penicillatus*、近缘新对虾 *Metapenaeus affinis*、三疣梭子蟹 *Portunus trituberculatus*、红星梭子蟹 *Portunus sanguinolentus*、周氏新对虾 *Metapenaeus joyneri* 等。

6.3　市级自然保护区名录

序号	自然保护区名称	地　点	面积（hm^2）	保护对象	类　型	主管	建区时间（年·月·日）
1	三宝山兰科植物	新兴县	7030	兰花植物及其生境	野生植物	林业	2006.01.01
2	小流	郁南县	6667	森林生态系统	森林生态	林业	1993.03.01
3	云浮大雾山	云安县	1105	常绿阔叶林和珍稀动植物	森林生态	林业	2006.01.01
4	云浮崖楼山	云安县	7566	桫椤、格木及其生境	野生植物	林业	2006.01.01
5	罗定龙湾	罗定市	7129	常绿阔叶林和珍稀动植物	森林生态	林业	2006.01.01
6	阳江浅海海洋生态	阳江市	1000	海洋生态系统	海洋海岸	海洋	2008.12.01

6.4 县级自然保护区名录

序号	自然保护区名称	地 点	面积（hm^2）	保护对象	类 型	主管	建区时间（年·月·日）
1	黄沙蚬	鼎湖区	6000	河蚬及其生境	野生动物	农业	2004.09.01
2	广宁鼋	广宁县	400	鼋及其生境	野生动物	农业	1990.11.01
3	三江口斑鳠产卵场	集县	110	斑鳠及其生境	野生动物	农业	2004.09.01
4	贺江	封开县	280	湿地生态系统	内陆湿地	农业	2004.11.01
5	金龙水库水源林	高要市	1830	季风常绿阔叶林及珍稀动植物	森林生态	林业	1998.01.01
6	鲤鱼尾水库水源林	高要市	980	季风常绿阔叶林及珍稀动植物	森林生态	林业	1998.01.01
7	西江河水源林	高要市	10200	季风常绿阔叶林及珍稀动植物	森林生态	林业	1998.01.01
8	新兴江水库水源林	高要市	3650	季风常绿阔叶林及珍稀动植物	森林生态	林业	1998.01.01
9	杨梅水库水源林	高要市	1830	季风常绿阔叶林及珍稀动植物	森林生态	林业	1998.01.01
10	四会绥江鼋	四会市	273	鼋及其生境	野生动物	农业	2006.01.01
11	郁南大河水库	郁南县	800	常绿阔叶林和珍稀动植物	森林生态	林业	2006.01.01
12	郁南金菊顶	郁南县	2000	常绿阔叶林和珍稀动植物	森林生态	林业	2006.01.01
13	郁南望君山	郁南县	1300	常绿阔叶林和珍稀动植物	森林生态	林业	2006.01.01
14	郁南五马归槽	郁南县	1500	常绿阔叶林和珍稀动植物	森林生态	林业	2006.01.01
15	大金山	云安县	2592	次生常绿阔叶林	森林生态	林业	1999.11.01
16	埠场沿海防护林	阳江市	300	森林及野生动植物	森林生态	林业	2005.01.01
17	大凹山及鸳鸯湖	江城区	233	森林及野生动植物	森林生态	林业	2005.01.01
18	岗列对岸三角洲	江城区	40	红树林	海洋海岸	林业	2005.01.01
19	岗列长其岭	江城区	767	森林生态系统	森林生态	林业	2005.01.01
20	海陵大堤东泥蚶	江城区	213	水产资源	野生动物	海洋	2004.07.01
21	城区浅海海洋生态	江城区	40	海洋生态系统	海洋海岸	海洋	2004.07.01
22	平冈凤山	江城区	400	森林生态系统	森林生态	林业	2005.01.01
23	平冈红树林湿地	江城区	800	红树林及湿地生态系统	海洋海岸	林业	2005.01.01
24	阳江白沙河	江城区	433	湿地生态系统	内陆湿地	林业	2005.01.01
25	阳江北山公园	江城区	13	森林生态系统	森林生态	林业	2005.01.01
26	阳江岗列发王山	江城区	23	森林生态系统	森林生态	林业	2005.01.01
27	阳江双捷青冲	江城区	300	水源涵养林	森林生态	林业	2005.01.01
28	阳江望瞭岭	江城区	20	森林生态系统	森林生态	林业	2005.01.01
29	程村豪光红树林	阳西县	1000	红树林生态系统	海洋海岸	林业	2000.06.01
30	程村湾程村湾	阳西县	1195	海洋生态系统	海洋海岸	海洋	2004.04.01
31	大树岛龙虾	阳西县	262	龙虾及其生境	野生动物	海洋	2004.02.01
32	青洲岛青洲岛	阳西县	43	海洋景观	海洋海岸	海洋	2004.02.01
33	青洲龙虾	阳西县	1190	龙虾及其生境	野生动物	海洋	2004.02.01
34	东头芦排海洋	阳东县	1600	海洋生态系统	海洋海岸	海洋	2004.12.01

第 7 章

粤西南地区的自然保护区

粤西南地区位于广东省西南部的沿海及雷州半岛，主要包括：湛江市辖赤坎区、霞山区、坡头区、麻章区、遂溪县、徐闻县、廉江市、雷州市和吴川市；茂名市辖茂南区、茂港区、电白县、高州市、化州市和信宜市。总面积 23 010.1km^2，占全省陆地面积的 12.8%。地貌特点是：以玄武岩台地丘陵为主，山地、阶地和平原次之。气候特征：属北热带季风气候。代表性植被为热带季雨林。

7.1 国家级自然保护区

本地区已先后建立了 3 处国家级自然保护区，其中湛江红树林自然保护区已在《广东省自然保护区》一书中做了详细介绍。

7.1.1 广东徐闻珊瑚礁自然保护区

1999 年 8 月 3 日，徐闻县人民政府以徐府［1999］92 号文批准建立了徐闻县灯角、石马角珊瑚礁自然保护区，两区总面积 1451.294hm^2。2002 年 9 月 25 日，湛江市人民政府湛府函［2002］79 号文批准建立“徐闻珊瑚礁市级自然保护区”。2003 年 6 月 19 日，广东省人民政府以粤府函［2003］196 号文，批准建立“徐闻珊瑚礁省级自然保护区”。2007 年 4 月，由国务院国办发［2007］20 号文，正式批准晋升为国家级自然保护区。主要保护对象为具有北热带特点的珊瑚礁生态系统、珍稀濒危海洋动物及其栖息地、珊瑚礁生物多样性。

根据中华人民共和国国家标准《自然保护区类型与级别划分原则》（GB/T14529—93），徐闻珊瑚礁自然保区属“自然生态系统类”别中的“海洋和海岸生态系统类型”的自然保护区。

7.1.1.1 自然条件

（1）位置范围　广东徐闻珊瑚礁自然保区位于广东省西南部雷州半岛最南端，沿海的东北端和台湾海峡西南端，地处徐闻县境内，分布在角尾、西连两乡的西海岸沿岸一带海域。地理坐标为东经 109°52′~110°35′，北纬 20°13′~20°43′。东临南海，西濒北部湾，南隔琼州海峡与海南省海口市相距 18 海里，北与雷州市接壤，扼大陆通往海南之咽喉。徐闻的珊瑚礁区分布于徐闻县东、南、西沿岸浅海有岩礁的海区。保护区设立于最密集成片分布的珊瑚礁区位于徐闻县西南部角尾乡至西连镇沿岸浅海一带海区，最南止于北纬 20°10.4′，最北止于北纬 20°27.6′，最西止于东经 109°52′，最东止于东经 109°57′。纵跨纬度 17.2′，横跨经度 7′。总面积 14378.5hm^2。

（2）地质基础　据报道，雷州半岛是 6 亿年前的浅海海底经寒武纪末期地壳上升而形成的陆地，这片陆地随后经印支运动、燕山运动和喜马拉雅运动等地壳运动和火山喷发所形成，火山熔岩覆盖约占半岛面积的 40%，这些形态各异、规模大小的熔岩山，经过了漫长分化剥蚀作用，演变成现代半岛中南部广布的火山熔岩台地及火山丘陵地形。其中熔岩台地分布于境内的中部。地表火山熔岩分化后形成很厚的砖红攘和一些钛、钴英石、独居石、黏土和沙资源。

在大地构造上，徐闻境内位于粤桂加里东褶皱隆起带的东南缘，云开古陆的东南端，吴川—四会大断裂的南端，第四系火山喷溢产物玄武岩覆盖几乎全境。

（3）地貌概况　徐闻海岸线曲折，海湾和岛屿众多，但构造地貌结构较为简单，以火山熔岩台地及火山丘陵为主。徐闻县境内台地按海拔高度可分为 4 级：海拔 30m 以下为一级台地；海拔 35 ~ 40m 为二级台地；海拔 45 ~ 55m 为三级台地；海拔 68 ~ 80m 为四级台地。一、二级台地平衍连片，基本无切割。三、四级台地稍有起伏，切割深度达 10m 以上。海拔高度在 100 ~ 150m 的火山丘，分布于境内的北部和中部。其余为不高的台地和平原。平原地面主要由海滩、海积砂堤砂坝、海积平原、海积阶地、海蚀阶地组成。除上述地形外，境内还有零散分布的流水地形、湖成地形及人为地形等。

保护区滨临角尾乡为滨海地区，三面临海，地势低平，北部稍高，南部较低，土类多为沙壤和沙质土，无溪流，水源缺。海岸线中占 80% 的沙滩。角尾地层岩石为一套滨海 - 浅海相砂泥质碎屑岩建造，与下伏下洋以、组为整合接触。以岩性特征分为两部分，下部为绿灰、浅灰绿色粉砂岩、细砂岩夹泥岩、含次生海绿石；上部为绿灰、灰绿色粗中粒砂岩，细砂岩、粉砂岩与泥岩互层，向上粒度细，以泥岩，泥质砂岩，泥质砂岩互层为主，局部夹灰黑色玄武岩，长在灰黑色玄武岩上的珊瑚多，也较茂盛。

保护区滨临西连镇也为滨海地区，地形属低丘台地，高低不平。土类多为粗骨砖红壤，海滨为沙壤土，三面环海，海岸线长 45km，其中 30% 为沙滩，40% 为岩滩海岸。地底岸层为湖泊相含膏盐碎屑岩建造，以岩性特征分为两部分：下部分为灰黑、棕红色泥岩、粉砂质泥岩、泥质粉砂岩互层，中夹浅棕红、灰白、绿色砂岩，泥岩是夹方解石石膏层 4 层；上部为灰白色中细砂岩与灰黑、暗棕红、灰绿色泥岩、沙质泥岩互层。砂岩中含钙质，靠下层位为灰白色细砾岩，含砾、粗砂岩和棕红色泥岩互层。

（4）气候特征　保护区所在地的徐闻县，属于热带季风气候，其特征如下。

①日照充足　年平均太阳辐射量 118. 7kcal/cm^2，年平均日照 2190. 0 小时，年日照百分率 48%。7 月日照最多，平均 247. 6 小时；2 月最少，平均 95. 8 小时。有些年份 2 ~ 3 月出现低温阴雨天气，造成日照不足。

②全年温暖，冬季偶有奇寒　年平均气温 23. 3℃，各月平均气温均高于 15℃，最高为 7 月 28. 4℃，最低为 1 月 16℃，累年极端最高气温 38. 8℃（1958 年），极端最低气温 2. 2℃（1967 年）；全年日平均气温≥10℃的活动积温 8458. 1℃。寒潮三年二遇，有的年份出现霜冻。

③降雨多集中于夏秋季　徐闻县年雨量平均为 1864. 1mm，但四季雨量分布不均匀，大部分集中在夏秋季。5 ~ 10 月雨量占年总量的 85%，其余月份只占 15%。年际间雨量变率大，平均为 22%。因此，出现干旱天气。5 ~ 9 月常出现暴雨，尤其是台风带来暴雨，造成危害，但也有利于解除秋旱。

④炎热时间长　4 ~ 10 月最高气温 > 30℃，日数 150 天，日最高气温 > 35℃，日数 19 天；5 ~ 6 月常出现高温干燥的偏西风天气——“干热风”，对水稻、瓜菜农作物造成危害。

⑤灾害性天气

A. 热带气旋和台风　保护区地处北热带，受南海热带气旋及台风影响较多，常集中于夏秋两季的 7 ~ 10 月，每年平均受热带气旋及台风影响 3 ~ 6 次，登陆时最大风力 9 ~ 11 级，阵风 12 级。1949 ~ 1996 年的 45 年间，受热带气旋及台风影响的就有 44 年，共 159 次，其中 10 级以上强热带气旋及台风 15 次。一年中热带气旋及台风出现最早为 5 月 3 日（1971 年），最迟为 11 月 23 日（1950 年），台风年次数量多为 8 次（1971 年）。

B. 冰雹与龙卷风　一般发生在夏季，两者往往同时出现。冰雹大小不等，最大的冰雹直径为 5cm，重 250g，对人畜及农作物有危害。龙卷风范围不大，但风力较大，为危害不小。

C. 寒潮　其标准为：冷气团（冷空气）入侵后，气温在 24 小时内下降幅度大于或等于 10℃，最低气温降至 6℃及其以下。霜冻是指出现霜或地表温度≤5℃。徐闻县 1957 ~ 1993 年的 37 年间，有 22 年共 32 次出现寒潮，其中在 12 月份出现 5 次，1 月份 14 次，2 月份 13 次，一年出现最多为 3 次（1963 年、1974 年、1977 年）。

（5）海洋水文

① 潮汐和潮流

A. 潮汐　据报道，徐闻海岸带潮汐现象主要是太平洋潮波进入南海后形成的。徐闻县与海南岛南北相对。之间的琼州海峡东西走向，略似条带形的内陆航道，东西两个出口分别连着七洲洋和北部湾，加上每年东南、西南、东北的季风和海峡沟底凸凹不平地形的影响，形成无规则的混合潮。珊瑚礁保护区主要受北部湾不规则全日潮控制，据流沙湾海洋监测站资料，最大潮差出现在12月和6月。最大潮高4.09m，潮差3.59m。

B. 潮流　潮流的大小与潮高和季风的强弱关系密切，潮差大加上东风或西南季风强时，流速较大，一般为1.5km，最大时达2.5km。珊瑚礁区内的潮流分布不均匀，南端与琼州海峡相连海区与及水尾角西部海区的流速较大，而在湾内东场以西一带海面，流速很小，甚至不明显。

②表层环流　珊瑚礁保护区的表层环流主要受北部湾表层环流的控制，冬季受琼州海峡西向的表层环流影响较强，其环流方向以北向和西北向为主。夏季受西南地区季风吹送和琼州海峡东向环流的影响较强，其环流方向以东南向和南向为主。

③ 水温分布及季节变化　珊瑚礁保护区海水的水温及月变化。最低水温在每年的1月，约为18.0℃。最高水温出现在7月，约为30.5℃，年平均水温为26℃。

（6）水环境状况

① 盐度、活性磷分布　珊瑚礁区盐度分布受季风及季节性陆地淡水影响，春季和冬季差别不大，表层盐度分布和底层几乎一致，而夏秋两季因陆地淡水排海较多，32%盐度等值线外移，南移，近陆海区表层盐度明显比底层盐度小，相差在0.5%左右。海区盐度较高，而且相对稳定。

珊瑚礁区活性磷分布。春季普遍较低，表层活性磷酸盐含量≤0.4μmol/L，底层与表层相差很少；夏季可能因受季风影响，底层活性磷分布值明显升高，而表层亦有轻微上升；秋季除北部受流沙湾淡水外排的影响，表层的活磷分布略有下降外，所有海区底层的活性磷分布值明显上升，自岸向外由小到大梯度变化大；冬季大部分珊瑚礁区被较高活性磷水体控制，自岸向外，分布值下降且梯度较大。

②pH值、溶解氧分布　珊瑚礁区pH值分布：春季和冬季的pH值分布较高，春季的表层pH值低于底层，冬季差异不大，表底层几乎一致；夏季和秋季受陆地排海淡水和雨水增多的影响，表层8.2等值线外移和南移，而底层pH值全年变化不大。

珊瑚礁的溶解氧分布：含量范围3.92～8.16mg/L，平均为7.62mg/L。表层含量为6.92～8.16mg/L，平均为7.62 mg/L；底层为7.07～8.01mg/L，平均为7.60 mg/L。单项指标符合一类水质标准。

③叶绿素a　海域中叶绿素含量较低，叶绿素表层平均值为0.04mg/m^3，底层平均值为0.03mg/m^3。

④其他水质指标

A. 悬浮物　含量平均为11.85mg/L，范围0.2～6.4mg/L。表层为0.2～39.6mg/L，平均为8.82 mg/L；底层为1.0～67.4mg/L，平均为16.06mg/L。

B. COD　　未检测出COD含量。单项指标符合一类水质标准。

C. 无机氮　含量为0.015～0.180 mg/L，平均为0.090 mg/L。表层为0.036～0.180 mg/L，平均0.089mg/L；底层为0.015～0.171mg/L，平均0.091mg/L. 单项指标符合一类水质标准。

D. 硅酸盐　含量为0.066～0.468mg/L，平均为0.177mg/L。表层为0.078～0.0333mg/L，平均为0.162 mg/L；底层为0.066～0.468mg/L，平均为0.191mg/L。

总之保护区的水环境现状：局部受到酸性物质轻度污染，其余各项指标的质量指数均<1，即符合二类海水质标准。总体看来，海区海水较清洁。

（7）土攘特征　保护区所在的徐闻县的砖红壤为热带地区的地带性土壤，其成土母质主要是玄武岩，其次是浅海沉积物和滨海冲积物。由玄武岩发育而成的砖红壤，面积为15.31万hm^2，占全县土地面积的 86%，上层深厚，肥力较高；由浅海沉积物发育而成的黄色砖红壤，面积为 1.32 万 hm^2，占全县土地面积的 7.4%，深厚疏松，耕性良好，肥力中等；由滨海冲积物形成的沙土，包括固定沙土、半固定沙土和流动沙土，面积为 1.67 万 hm^2，占全县土地面积的 6.6% 分布沿海地带，以半含沙黏土为主，肥力较为瘦瘠。

7.1.1.2 功能分区

根据《中华人民共和国自然保护区条例》、《自然保护区工程总体设计标准》等有关要求①，将保区分为 3 个功能区。

（1）核心区　位于角尾乡西部沿海灯楼角附近一带海区和水尾角西部海区。总面积 4356.1hm^2，占保护区总面积的 30.29%，其中灯楼角核心区面积 2568.1hm^2，占核心区总面积的 58.95%；水尾角核心区面积 1788.1hm^2，占核心区总面积的 41.05%；据报道，调查中发现的 37 种石珊瑚和所有海洋生物种类在该区都有分布，从生态角度看，该区完全是一个独立而且完整的珊瑚种群生态系统。

位于放坡村对出的核心区海岸陆地处于祖国大陆最南端，珊瑚分别密集区的南部，处于北部湾与琼州海峡水系交汇之处，是海南岛珊瑚幼体向北漂浮进入北部湾北部海区，在大陆的首着附点，是北部湾东部海区珊瑚生长繁殖的中继站，对雷州半岛西部海区的珊瑚种群分布起着决定性作用。

这两个核心区所在海区环境条件优越，岸陆为沙滩，沿岸有茂密的防风林带，居民数量少，房屋离岸远，邻近无污染源，淡水入海少，有良好的自然景观和保护基础，该海区水温、盐度、海水透明度、水质、浮游动植物分布丰度、底质等均达珊瑚最佳生长条件，是珊瑚生长繁殖最旺盛的海区。

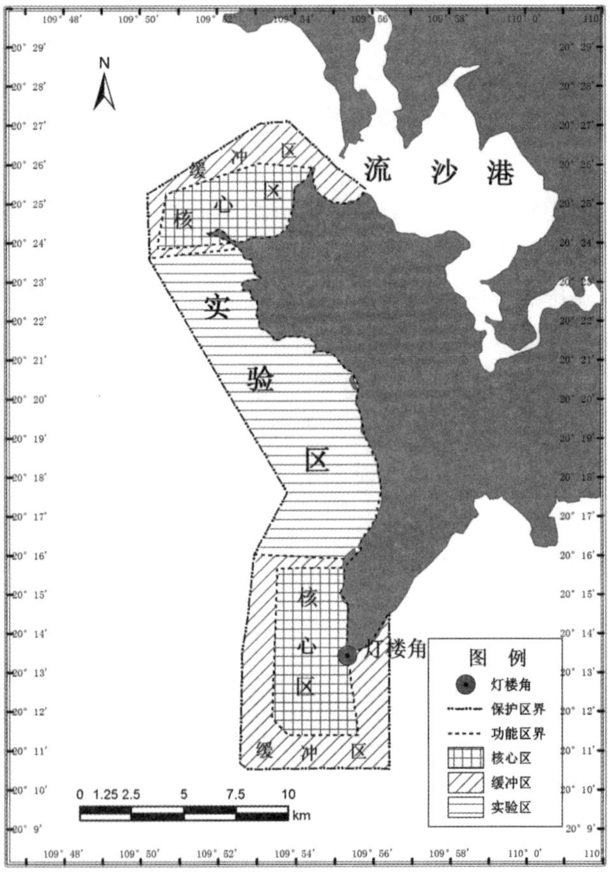

注：此图根据黄晖等该保护区分区规划图清绘而成。

图 7.1　广东徐闻珊瑚礁自然保护区功能分区图

核心区的主要功能是：保护其生态系统不受人为干扰，在自然状态下进行更新和繁衍；保持其物种多样性，使之成为一个物种遗传基因库。将实行全封闭管理，严禁采挖和踩踏珊瑚以及其他渔业和旅游等活动，任何船未经批准均不得入内，未经特别批准，禁止任何单位和个人进入。

（2）缓冲区　位于核心区外围约 1000m 范围内，还分布着珊瑚的散布区，在散布区内有零星的石珊瑚分布，但更多的是软珊瑚分布，为确保所有珊瑚种群得到有效保护，在散布区的外围再延伸约 500m 作为缓冲区。总面积 4665.2hm^2，占保护区总面积的 32.45%，其中灯楼角缓冲区面积 3078.5hm^2，占缓冲区总面积的 65.99%；水尾角缓冲区面积 1586.7hm^2，占缓冲区总面积的 34.01%。

为了核心保护区的保护需要，杜绝陆地人为闯进核心保护区，防止岸上污染物直接排入海区，将

① 黄晖．拟建徐闻珊瑚礁国家级自然保护区总体规划报告．广东省海洋与渔业环境监测中心，广东省海洋与渔业局自然保护区管理总站，中国科学院南海海洋研究所．2005.3.

距海岸高潮线50m的陆地和潮间带范围作为缓冲区。

其主要功能是：一方面防止核心区受到外界的影响和破坏，起到一定的缓冲作用；另一方面可以进行科学试验的研究，但不得破坏其群落生境，经特别批准也可以从事教学实习、参观考察和标本采集活动，但禁止采挖和踩踏珊瑚以及其他渔业活动，一般不得开展旅游活动。

（3）实验区 位于缓冲区周围，总面积5357.2hm^2，占保护区总面积的37.26%（图7.1）。是保护管理设施配置、进行科学实验活动的集中区域。在保证生态环境不受破坏的情况下，根据可利用资源和地域特点，按照有关规定，在本区内进行保护、科研、教学、生态旅游、多种经营等活动。实验区是重点管理的区域，对管理要求最严格，但可以进入从事科学试验、教学实习以及驯化、繁殖珍稀濒危野生动物等活动。在有效保护的前提下，对资源进行适度经营利用，并成为带动周围更大区域实现可持续发展的示范地。

7.1.1.3 海洋生物①

（1）浮游植物 据初步调查鉴定，该监控区海域有3门18科59种。硅藻门（BACILLARIOPHYTA）的种类，有13科24属47种，占总种类数的79.66%；甲藻门（PYRROPHYTA）有4科4属11种，占总种类数的18.65%；蓝藻门（CYANOBACTERIA）有1科1种，占总种类数的1.69%。

浮游植物的优势种为丹麦细柱藻 *Leptocylindrus danicus*、洛氏角毛藻 *Chaetoceros lorenzianus*、日本星杆藻 *Asterionella japonica*、并基角毛藻 *Chae decipieus* 等。

据报道，在调查期间的6月份，浮游植物生物量平均为59.9718×10^5ind/m^3，其数量以硅藻类占绝对优势，其生物量占了总量的99.36%；其次为甲藻类，仅占0.63%；其他类为蓝藻，所占比率为0.01%。该区海域的生产力随时空变化有较大差异。水平分布方面，各站位的生量有较大差异，最高出现在15号站，数量为278.04×10^5ind/m^3，最低为1号站，数量为0.514×10^5ind/m^3，最高和最低生物量相差约541倍；近海湾的海域，营养盐较丰富，为浮游植物的迅速繁殖和生长提供了物质基础，浮游植物的种类和生物量明现高于其他海域。

（2）浮游动物 据报道，在珊瑚密集区共有浮游动物10个生物类群40种，其中，原生动物（Protozoa）9种，桡足类（Copepode）15种，毛颚类（Chaetognatha）4种，糠虾类（Mysidacea）1种，磷虾类（Euphausiacea）1种，莹虾类（Lucifer）2种，介形类（Ostracoda）1种，端足类（Amphipoda）1种，浮游幼虫（Larval Plankton）4种，枝角类（Cladocera）1种，其他（Others）2种。

据报道，在调查区各站的浮游动物的平均生物量为135.49mg/m^3，平均密度为21 778.65ind/m^3。各站总生物量的变动幅度为14～460mg/m^3，密度变化幅度14～130 900 ind/m^3。各站浮游动物变幅较大的主要原因除了季节变化以外，调查站位处于沿岸海域、养殖区以及海湾的差异与浮游动物分别量有较大的关系。3月浮游动物的生物量偏低，各站生物量的变动幅度为23.33～37.04mg/m^3，平均总生物量为29.74mg/m^3。平均密度为54.22 ind/m^3。密度的变动幅度为30.00～96.15ind/m^3。6月浮游动物的生物量处于中等水平，各站生物量的变动幅度为46.00～167.00 mg/m^3。平均总生物量为97.17mg/m^3。平均密度为2067.74ind/m^3。密度的变动幅度为14.00～5966.20 ind/m^3。8月浮游动物的生物量处于较高水平，各站生物量的变动幅度为14.00～460.00 mg/m^3。平均总生物量279.57mg/m^3。平均密度63 214.28ind/m^3。密度的变动幅度为6600.00～130 900.00 ind/m^3。

（3）鱼卵及仔稚鱼 据报道，调查共采获鱼卵904枚、仔稚鱼56尾，经鉴定隶属3目8科10种。基本上属于沿岸浅海性鱼类，以鲱科 Clupeidae、鳀科 Engraulidae、鲻科 Mugilidae 和鲭科 Scombroidae 为主，这4个科鱼类的鱼卵及仔稚鱼占采获鱼卵及仔稚鱼总数的89%以上，主要的经济种类有鲻鱼 *Mugil cephalus*、带鱼 *Trichiurus haumela* 等。

---

① 黄晖主编. 拟建徐闻珊瑚礁国家级自然保护区综合考察报告. 中国科学院南海海洋研究所，广东省海洋与渔业环境监测中心. 2005.3.

904 枚鱼卵中出现数最多的是鳀科 494 枚，占采获鱼卵总数的 54.65%；鲱科 249 枚，占总数的 27.54%；鲭科 61 枚，占总数的 6.75%；带鱼科 Mugilidae 39 枚，占总数的 4.31%；鲻鱼 45 枚，占总数的 4.98%；鲹科 Carangidae 16 枚，占总数的 1.76%；其他种类的鱼卵无采获。

56 尾仔稚鱼中，出现最多的是鲹科 14 尾，占采获仔稚鱼总数的 25%；其余依次为鲻科 10 尾，占总数的 17.86%；带鱼科 8 尾，占总数的 14.29%；石首鱼科 Sciaenidae8 尾，占总数的 14.29%；鲭科 6 尾，占总数的 10.71%；方头鱼科 Branchiostegidae 和鳀科分别为 5 尾，各占总数的 8.93%。

（4）渔业资源种类　保护区的渔业资源种类共发现经济鱼类、头足类、甲壳类贝类等 43 科 84 种，其中青石斑鱼 *Eplnephelus awoara*、方纹石斑鱼 *E. moara*、赤点石斑鱼 *E. akaara*、长吻丝鲹 *Alectls lndlca*、长吻若鲹 *Carangoldes chrysophrys*、五带笛鲷 *Lutjanus qulnquel lneatus*、黄斑蓝子鱼 *Slganus oramiln*、花斑裸胸鳝 *Gymnothorax plctus*、康氏小公鱼 *Anchoviella commerson*、美蝴蝶鱼 *Chaetodon bellamarls*、朴蝴蝶鱼 *C. modestus* 等是在珊瑚礁中观察识别的鱼类。紫红笛鲷 *Lutjanus qulnquel lneatus*，高体若鲹 *Carangoldes* sp. 等其他鱼类是刺网或其他渔具捕到的鱼类。所有贝类都是在珊瑚礁中采集到的种类。头足类和甲壳类均是刺网、拖网或其他渔具捕到的种类。

（5）礁栖无脊椎动物　珊瑚礁生物群落是海洋环境中种类最丰富，多样性程度最高的生物群落，几乎所有海洋生物的门类都有代表生活在珊瑚礁中各种复杂的栖息空间，生活方式多样。

据报道，从随机采样及从采集上来的珊瑚体上收集而获得的无脊椎动物主要有：环节动物门（ANNELIDA）11 科 12 种，棘批动物门（ECHINODERMATA）6 科 7 种，节肢动物门（ARTHROPODA）7 科 19 种，软体动物门（MOLLUSCA）19 科 33 种。此外，还有腔肠动物门的海葵、海鳃及海绵动物门的若干种类。附着在石珊瑚群体骨骼上生活的主要有青蚶 *Barbatia virescens* Reeve、棕蚶 *Arca barbatia fusca* Bruguiere、布纹蚶 *Arca barbatia decussat* Sowerby、布氏蚶 *Arca boucardi* Jousseaume、覆瓦牡励 *Ostrea imbricate* Lamarck、中华牡励 *Ostrea lopha sinensis* Gmelin 等，在陀螺珊瑚的群体骨骼中则常准大量石蛙穴居，而在灯心柳珊瑚上常有美丽珍珠贝 *Pteria* Formosa Reeve 和缘齿牡励 *Ostrea*（Lopha）*crenullfera* Sowerby 附着，并常见有海百合和海蛇疾在其上游走，鼓虾、扇蟹类常隐居于鹿角珊瑚群体骨骼的缝隙中。

7.1.1.4　珊瑚资源

华南大陆沿岸位于世界珊瑚分布的北缘，只有雷州半岛徐闻县灯楼角等地局部发育有珊瑚岸礁礁坪。这是我国大陆沿岸唯一发育和保存的珊瑚岸礁。珊瑚礁区渔业资源丰富，种类繁多，拥有丰富的经济生物资源，当地居民赖以为生。徐闻县的珊瑚非常壮观：西海岸有连绵 10km 多的珊瑚礁带，面积达 3333hm^2 多；环绕该县的东南海岸，则分布着零散的珊瑚礁群；西海岸沿岸一带珊瑚礁群还是全国大陆面积最大的珊瑚区之一。

（1）珊瑚密集分布区的区域及钟类分布　经调查，海域内腔肠动物门珊瑚虫纲共有 3 目 18 科 65 种，其中，软珊瑚目 7 科 27 种，在软珊瑚目中有柳珊瑚类 5 科 23 种，软珊瑚类 2 科 4 种。群体海葵目 1 科 1 种。石珊瑚目 10 科 37 种。

珊瑚密集分布南部灯楼角一块面积最大，共 27 439km^2，约合 2744hm^2。该处分布的种类最为齐全，石珊瑚以角孔珊瑚 *Goniopora* sp.、扁脑珊瑚 *Platygyra* sp. 最普遍，几乎随处可见。该处高礁区面积最大，呈长带状分布，高礁区均在 3 ~ 6m 水深范围。石珊瑚在该区的北部离岸很近，而在南部则较远一些。软珊瑚在该区的分布最多，水最深，离岸最远。分部离岸最远处距离岸线 4.3km，分布最大水深 22m，中间区域东场以西海区，密集区面积和种类最少。面积共 2.332km^2，约合 233hm^2。多弯角蜂巢珊瑚 *Favites flexuosa*、细角孔珊瑚 *Goniopora gracilis* 为多，盾形陀螺珊瑚 *Turbinaria peltata* 次之，珊瑚生长状况比南部区域和北部区域都差，未发现高于 1m 的珊瑚礁。

北部区域在水尾角南北侧一带，密集区面积共 29 635km^2，约合 2963hm^2。水尾角以南，密集区分布在紧靠岩质岸边，水较浅，深于6m海区几乎无石珊瑚分布。种类以角蜂巢珊瑚、陀螺珊瑚最普遍，而软珊瑚则较少。软珊瑚科中以鞭柳珊瑚科居多。此处的分布特点是岸陡礁高，珊瑚生长繁茂，极具潜水观赏价值。

水尾角以北，密集区分布也是紧靠岩质岸边，水较浅，但面积开阔，外边缘离岸较远，离岸最远处2.6km。岸岩及海底均较平缓，水深在6m以内。种类以鹿角珊瑚科和木珊瑚科为主，滨珊瑚科和蜂巢珊瑚科也很多，软珊瑚较少。软珊瑚中以鞭柳珊瑚科居多。该区的珊瑚生长十分茂盛，特别是靠近水尾角一带，珊瑚礁既密且高，最高的珊瑚达1.5m。连片的高礁区面积较大，据粗测结果，高礁区约占该区面积10%。与该处流速大，浮游生物分布丰度高的趋势一致。是潜水观赏珊瑚的最佳场所。

（2）各主要珊瑚种类的分布

①滨珊瑚科的分布　滨珊瑚科中以细角孔珊瑚 *Goniopora gracilis*（Bassett - Smith）、斯氏角孔珊瑚 *Goniopora stutchburyi*（Wells）最多，分布最普遍。东场以西海域和水尾角以北海域分布较多。

②蜂巢珊瑚分布　蜂珊瑚科内以秘密角蜂巢珊瑚 *Favites abidita*（Ellis & Solander）最为常见，几乎整个区域都有所分布。

③盾形陀螺珊瑚分布　盾形陀螺珊瑚 *Turbinaria peltata*（Esper）分布也十分广泛，从南到北均有分布，但以北部区域最多，礁体最大，特别是在水尾角周围，独立礁体直径达1m，高1.5m。而灯楼角附近的礁体最小，直径在0.25m之内，很少有>1m的高礁出现。

7.1.2 广东雷州珍稀海洋生物自然保护区

1983年4月广东省人民政府粤府函［1983］63号文《关于建立大亚湾等三个水产资源自然保护区的批复》，批准建立雷州白蝶贝省级自然保护区，主要保护对象为白蝶贝（即大珠母贝）。2008年1月，由国务院国办发［2008］5号文正式批准晋升为雷州珍稀海洋生物国家级自然保护区。2008年11月，加入中国生物圈保护区网络。主要保护对象为珍稀濒危海洋生物及其栖息地。

根据中华人民共和国国家标准《自然保护区类型与级别划分原则》（GB/T14529—93），广东雷州珍稀海洋生物自然保区属“自然生态系统类”别中的“海洋和海岸生态系统类型”的自然保护区。

7.1.2.1 自然条件

（1）位置范围　广东雷州珍稀海洋生物自然保区位于北部湾东侧，广东省西南部雷州半岛西侧，地处下列地理坐标的4点连线范围：东经109°30′和北纬20°44′，东经109°44′和北纬20°44′，东经109°39′和北纬20°32′、东经109°48′和北纬20°32′。

在上述四至线范围总面积47 333hm^2。其中海域面积46 861hm^2，海岸陆地面积772 hm^2；在海岸陆地面积中，有2.67hm^{2}为保护区管理机构范围。该保护区实际面积为“四至”线范围内的海域面积与管理机构范围面积之和，即保护区总面积为46864.67hm^2。

（2）地质基础

①岩性特征　据报道，保护区内海底及海岸带分布的地层主要为晚更新世湖光岩组，为喜马拉雅运动第三期喷溢的玄武岩类（B_6^{3C}），同位素年龄200万年左右，主要分布在保护东部边缘海岸带及保护区内海底。岩性为气孔状橄榄玄武岩、橄榄玻基玄武岩、火山角砾岩、玻屑凝灰岩和沉凝灰岩等，玄武岩一般呈灰绿至暗绿色，矿物成分主要为拉长石、普通辉石、斜方辉石、橄榄石、火山玻璃和钛铁矿等，化学成分主要为SiO^2、TiO_2、Al_2O_3、Fe_2O_3、FeO、MnO、MgO、CaO、Na_2O、K_2O和P_2O_5等。岩石呈斑状结构，气孔状构造。保护区内海底分布的气孔状构造玄武岩是海洋底栖生物的良好场所，珊瑚即固着其上生长，死亡后其骨骼与玄武岩一同形成珊瑚礁。保护区内海底分布的岩性除了玄武岩外，还有沙、砾和黏土等滨海沉积。

在保护区边缘自海岸向陆地方向依次分布第四系全新统和更新统湛江组（Q_1）。

全新统（Q_4）为海积一级阶地，沿现代海岸分布，高出潮水面3～5m，沉积物为沙、淤泥、泥炭土和生物碎屑，沉积厚度3～4m。

下更新统湛江组（Q_1）为高60～80m的台地，岩性为浅黄、灰白、紫红等杂色沙砾层、沙层、沙土和黏土等，厚2～250m，以滨海相沉积为主。

②地质发展史　从保护区发育的岩性特征看，地质发展可以追溯到新生代开始的喜马拉雅运动。第三纪初，广东大陆受喜马拉雅运动的影响而整体抬升。由于太平洋板块与欧亚板块碰撞，导致雷琼地区上地幔隆起，在隆起的脊部出现微型扩张，被一系列近东西向的张性断裂分割，断裂两侧差异性升降导致阶梯状陷落，雷州半岛地区自北往南有湛江、纪家、乌石、陈迈断陷，在下陷过程中，由以上地幔隆起的地壳变薄，来自上地幔的基性岩浆通过构造薄弱部位上升，形成多中心间歇式火山喷发，渐新世开始火山活动的强度越来越大，到更新世晚期达到高潮，即喜马拉雅运动第三幕，形成数十座火山同时喷发的或山群，喷溢的岩浆连成一片，成为面积巨大的玄武岩被，保护区内分布的玄武岩即为这个时期的岩浆喷溢而形成。到了更新世末期，随着板块碰撞的减弱，岩浆防压力减小，喷溢的岩浆因冷却而收缩，造成地壳下陷，琼州海峡形成，保护区因而也被海水淹没至今。

（3）地貌概况　保护区边缘海岸带为现代潮坪地貌，又可进一步分为潮间带、潮湾、泻湖和砂堤等类型。由于风化以及受海浪的长期冲刷侵蚀，堆积物主要为玄武岩、砂质和淤泥质等。由于本区喜马拉雅运动第三期岩浆喷溢形成大面积横向分布的玄武岩被，纵向分布不明显。因此，保护区内海底地形相对比较平坦，由玄武岩形成的礁体相对高度并不高，一般只有数米。

（4）气候特征　保护区地处北热带，属于热带海洋季风气候。据雷州市气象资料，年平均气温23.4℃，最冷月1月平均气温15.5℃，最热月7月平均气温28.5℃，≥10℃，的年积温平均为8561.7℃。年均降水量1669.1mm，其中5～9月为雨季，月降雨量>150mm，11月至翌年3月为旱季，月降雨量<50mm。

保护区所在地的光照条件比较优越，年平均日照时数2072.3小时，月均日照时数达到172.7小时，其中5～11月日照时数超过180小时。

据陈理森（2001）对保护区所在地雷州半岛40年的气候资料分析结果表明，该地区年平均气温是在波动中呈上升趋势，20世纪80年代后期气温急剧上升，90年代前9年平均气温较60、70年代上升了0.6℃，冬季变暖最明显，其次是春、秋季。近40年来。雷州半岛降水量变化总的趋势较平稳，80年代后期以来降水量呈减少趋势，降水变幅加大，干旱灾害增多。雷州半岛最高、最低气温普遍存在非对称性变化，而且有明显的季节性，全年、冬季、春季的最高气温、最低气温均上升，但最低气温上升幅度大于最高气温。

在雷州半岛主要的灾害性天气有热带风暴（台风）和干旱。1995～2004年间共有12次热带风暴（台风）登陆或影响保护区，其中仅1999年和2004年没有热带风暴（台风）登陆或影响，2003年3次、其他年份为1～2次，年平均1.2次热带风暴（台风）登陆或影响保护区主要发生在7～9月，其中8月是最集中的登陆或影响保护区的热带风暴（台风）平均风力多数在6～9级，个别的可以达到11级，阵风最大风力集中8～11级，最大的可超过12级。

整个雷州半岛干旱炎热，这里的年均蒸发量1688.4mm。蒸发量大于降雨量，特别是每年的10月至次年4月的7个月中的蒸发量明显大于降雨量。

（5）环境质量状况

据报道，多数站位的多数指标达到国家海水Ⅰ类水质标准，少数站位的少数指标为国家海水Ⅰ类水质标准。

本保护区海域水温在14～30℃之间，主要绝大多数时间的水温基本保证了区内的珊瑚的正常生长需要，在海水盐度和溶解氧方面，区内海域的这两个环境指标都处于珊瑚适宜生长的范围。

保护区周边的虾池水体较非养殖区近海海水水体污染程度要严重得多，而随着养虾后期虾池向海区的大量排水以及海水自身的动态变化，这种污染有可能会得到一定的扩散而对近海海水造成潜在性的负效益。

7.1.2.2　功能分区

根据《中华人民共和国自然保护区条例》、《海洋自然保护区管理办法》、《自然保护区工程总体设计标准》及有关要求①，将广东雷州珍稀海洋生物自然保区分为3个功能区。

（1）核心区　位于保护区中部，在下列4点连线范围：东经109°34′59″和北纬20°41′39″、东经109°42′15″和北纬20°41′39″、东经109°39′56″和北纬20°35′07″、东经109°43′42″和北纬20°35′07″。该区域内地形复杂、生态系统和群落最多样，珍稀濒危种最集中，具有典型性和代表性。总面积11 787hm^2，占保护区总面积的25.15%。

核心区的主要功能是：保护其生态系统不受人为干扰，在自然状态下进行更新和繁衍；保持其物种多样性，使之成为一个物种遗传基因库。将实行全封闭管理，不得进行任何影响和干扰生态环境的活动。严禁采挖和踩踏以及其他渔业和旅游等活动，任何船未经批准均不得入内，未经特别批准，禁止任何单位和个人进入。

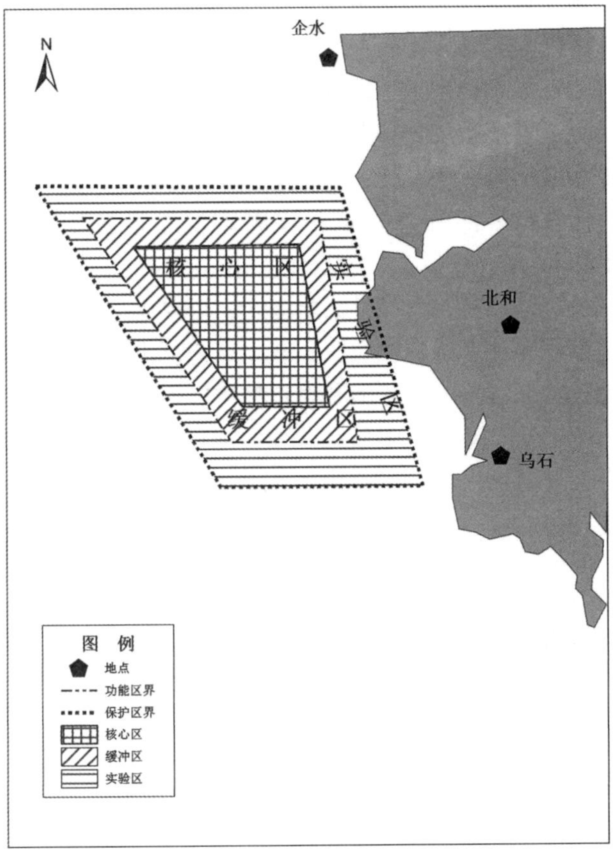

注：此图根据广东省海洋与渔业局等该保护区功能区划图清绘而成。

图7.2　雷州珍稀海洋生物自然保护区功能分区示意图

（2）缓冲区　位于核心区外围，在下列4点连线与核心区的四点连线之间范围：东经109°32′39″和北纬20°42′46″、东经109°42′10″和北纬20°42′64″、东经109°39′23″和北纬20°23′53″、东经109°45′11″和北纬20°33′53″。总面积12 013hm^2，占保护区总面积的25.63%。

其主要功能是：防止核心区受到外界的影响和破坏，起到一定的缓冲作用，是保护区生态系统和群落保护较好和发育较为完整的地区。将实行半封闭管理，不得破坏其群落生境，杜绝其他开发性的经营管理行为。但可进行必要的监测工作，科学试验的研究，经特别批准也可以从事教学实习、参观考察和标本采集活动，

（3）实验区　位于缓冲区周围，总面积23 064.67hm^2，占保护区总面积的49.22%（图7.2）。是保护管理设施配置、进行科学实验活动的集中区域。在保证生态环境不受破坏的情况下，根据可利用资源和地域特点，按照有关规定，在本区内进行保护、科研、教学、生态旅游、多种经营等活动。实验区是重点管理的区域，对管理要求最严格，但可以进入从事科学试验、教学实习以及驯化、繁殖珍稀濒危野生动物等活动。

7.1.2.3　海洋生态系统

（1）生态系统类型及分布　根据孙鸿列院士等的著作《中国生态系统》提出的我国生态系统分类

① 广东省海洋与渔业局等．拟建雷州珍稀水生动物国家级自然保护区总体规划报告．广东省海洋与渔业局，广东省海洋与水产保护区管理总站，华南师范大学生命科学学院．2005.12.

原则，保护区的生态系统位于水体生态系统中→海洋生态系统→近海海洋生态系统→潮间带生态系统。在近海海洋生态系统中进一步划分为→硬底质生态系统→软软底质生态系统，在硬底质生态系统中又有珊瑚生态系统和海藻生态系统。

区内的珊瑚礁生态系统分布在刘张村对开的 5 ~ 10m 水深范围，这里的海底主要被各种玄武岩和砾石覆盖。珊瑚礁生态系统的面积 3000hm^2 多，而且相对连片分布。

海藻生态系统分布在珊瑚礁生态系统的东北和东南侧。海藻生态系统相对珊瑚礁生态系统的水深要浅靠近岸边。该系统面积约 4000hm^2 多，但是分布在至少 4 个不连片的区域。

白蝶贝群落主要分布在珊瑚礁生态系统中，在保护区已调查到的主要有 2 个区域，总面积约 500hm^2。

长竹蛏群落与白蝶贝群落不同，需要软底质，它们通常分布在珊瑚礁礁石之间出现的由泥、沙和死亡生物碎片形成的软底质区域，这个范围海水环境相对稳定，有瑚瑚礁遮风避浪，又有丰富的食物。区内长竹蛏群落分布范围和面积都比白蝶贝群落的大，总面积超过 2000hm^2。

（2）珊瑚礁生态系统　保护区内的珊瑚礁主要分布在水深 10m 左右或以浅的海区，这一带海底主要由玄武岩被覆盖，也是海底地形最复杂的区域。珊瑚礁分布范围 3000hm^2 多，占保护区总面积的 7% 左右。

区内石珊瑚组成种类已记录的有 8 科 15 属 18 种，其中细角孔珊瑚 *Gonnopora gracilis*、盾形陀螺珊瑚 *Turbinaria peltata*、红色扇形珊瑚 *Flabellum rubrum* 占优势；细角孔珊瑚、红色扇形珊瑚分布较广泛，而盾形陀螺珊瑚相对集中分布。

（3）底栖生物群落　据报道，保护区内除具有丰富的白蝶贝 *Pinctada maxima* 资源外，还具有丰富多样的海洋生物资源，是北部湾一个种要的海洋生物资源保护区，而底栖生物在维持整个海洋生态系统的能量流动和物质流动中占有重要的地位。

①物种组成与分布

A. 物种组成　在保护区内已发现有大型底栖生物 8 门 14 纲 25 目 57 科 139 种。其中软体动物 95 种，节肢动物（甲壳类）20 种，棘皮动物 15 种，腔肠动物 5 种，其他动物 4 种。软体动物、甲壳类动物和棘皮动物种数最多，占总数的 93.5%。

B. 物种分布　保护区范围内的大型底栖生物样方调查到的物种总计 117 种，在所有调查样方中，有 3 个样方调查种数在 20 种以上，大部分在 5 ~ 20 种之间，另外 10m 等深线外的海域则分布物种较少，平均小于 5 种。

②数量组成与分布

A. 物种组成　保护区海区范围内大型底栖生物平均单位面积生物量为 211.8g/m^2，栖息密度为 5.4 个/m^2，生物量和个体数都以软体动物为第一位，分别为 297.5g/m^2 和 15.6 个/m^2，生物量方面腔肠动物占第二位，为 74.4g/m^2，其次是棘皮动物和节肢动物，分别为 49.2g/m^2 和 32.9g/m^2，栖息密度以棘皮动物占第二位，为 3.2 个/m^2，其余依次是节肢动物、腔肠动物、环节动物。

B. 数量分布　保护区近海范围大型底栖生物的栖息密度最高出现在 5m 海深以内的近海海域，尤以 C008 和 C009 位点最高，栖息密度达到 54.0 个/m^2，最低出现在海深 10m 外的泥相软底质海域，栖息密度一般小于 20 个/m^2，有些甚至不到 5 个/m^2。

③群落类型保护区近海海域的底质类型和主要生态系统类型，可把保护区内大型底栖生物分为珊瑚礁生态系统大型底栖生物群落、海藻场生态系统大型底栖生物群落、硬底质生态系统以白蝶贝为主的大型底栖生物群落、软底质生态系统中以长竹蛏为主的大型底栖生物群落和软底质其他物种组成的大型底栖生物群落等 5 种类型。

A. 不同群落物种组成据春夏两次调查共记录到珊瑚礁生态系统大型底栖生物群落 7 门 12 纲 19 目 44 科 81 种，海藻场生态系统大型底栖生物群落 5 门 10 纲 18 目 31 科 50 种，硬底质生态系统以白蝶贝为主的大型底栖生物群落 2 门 12 纲 3 目 6 科 7 种，软底质生态系统中以长竹蛏为主的大型底栖生物群落4门17纲14目25科40种，软底质其他物种组成的大型底栖生物群落5门10纲19目36科62种。

B. 不同群落物种类型　从物种种数来看，4种群落类型中都是以软体动物为主，占所有物种总数的68.3%，其次是棘皮动物、甲壳类动物和腔肠动物，共占物种总数的25.2%，其他诸如苔藓动物、环节动物、脊索动物极少，只占物种总数的2.9%。

④优势种分布　据两次不同季节的调查表明：在不同季节保护区海域范围大型底栖生物的优势种不同，在春季以物种出现频率来考虑，以旗江珧 *Atrina vexillum*、出现的频率最高，其次是栉江珧 *Atrina pectinata* 和大珠母贝 *Pinctada maxima*；以物种栖息密度考虑，单位面积上长竹蛏 *Solen strictus* 出现的个体数最多，其次是蚶 *Barbatia* sp. 和大竹蛏 *Solen grandis*；以物种生物量来统计，则以大珠母贝、玉足海参 *Holothuria leucospilota* 和长竹蛏为优势种。

（4）鱼类群落结构

①群落的物种组成　春、夏两季调查通过流刺网、底拖网等方法共采集鱼类188种，（包括亚种），隶属17目68科138属，其中软骨鱼类3目3科4属5种，其余的为硬骨鱼类。

②优势种组成的变化　从春、夏两季刺网和拖网调查中渔获重量的银鲳 *Stromateoides argenteus*、中华青鳞鱼 *Harengula hymphaea*、小鳞燕鳐鱼 *Cypselurus oligolepis*、中华单角鲀 *Monocanthus chinensis*、长颌宝刀鱼 *Chirocentrus nudus* 为优势组成种，表明银鲳在该海域是绝对的优势种。在其余的优势种中，只有长颌宝刀鱼也是在春、夏两季渔获量的优势种中均出现的种类，其他的13种优势种只出现在一个季节。夏季刺网调查中斑点马鲛 *Scomberomorus guttatus* 占总渔获量的一半以上，生物量如此之大，当中原因现在尚待研究。

同一季节用不同网具调查，春、夏季分别是有2个和1个种类是同时出现在不同网具调查渔获量前5位种类中，其中原因可能是由于不同的网具渔获组成会有较大的差异，或者邻近的海域中物种组成相似性也较低。

7.1.2.4　生物物种资源

（1）物种数量　据生物物种资源调查①，共记录动物物种7门54目559种。其中脊索动物门（HORDATA）有22目82科218种，占总种数的39%；软体动物门（OLLUSCA）有13目62科205种，占总种数的36.67%；节肢动物门（RTHROPODA）有4目25科79种，占总种数的14.13%；腔肠动物门（OELENTERATA）有5目17科40种，占总种数的7.16%；棘皮动物门（ECHINODERMATA）有8目9科15种，占总种数的2.68%；环节动物门（ANNELIDA）有1目1科1种，占总种数的0.18%；星虫动物门（SIPUNCILIDA）有1目1科1种，占总种数的0.18%。

（2）鱼类区系　在所调查到的动物中，有鱼类208种，隶属18目75科142属。保护区记录的鱼类占我国记录的海产鱼类的13.70%，占南海鱼类的50.80%。

在鱼类的18目中，鲈形目所占比重，达到60.80%；鲱形目和鲽形目分别为8.50%和6.70%。

在208种鱼类中，主要分布在中国南海的达到了22.60%，体现了一定的区域特点。值得注意的是，本区鱼类中有27.4%的属于印度洋至西太平洋分布，16.30%的为印度洋至太平洋，两者合计43.70%，说明本区鱼类区系很大程度是印度洋和太平洋过度区。

（3）潮间带和底栖生物　据报道，在保护区的两次调查中，分别记录潮间带生物184种、底牺生物139种，相对于鱼类所占南海物种比例本保护区记录的这两类物种数偏少，需进一步调查。

（4）哺乳动物种类　保护区是海洋哺乳动物的海洋，这里先后记录了6种海洋哺乳动物，分隶属3目4科。这些动物全部是国家级重点保护物种，也列入CITES附录Ⅰ和附录Ⅱ。

7.1.2.5　珍稀濒危保护物种

据报道，在保护区记录的537种海洋动物中有2种列为国家Ⅰ级重点保护物种，8种被列为国家Ⅱ

---

①　华南师范大学生命科学学院等．拟建雷州珍稀水生动物国家级自然保护区科学科学考察报告．华南师范大学生命科学学院，中山大学生命科学学院，湛江海洋大学，华南濒危动物研究所，广东省海洋与水产保护区管理总站.2006.2.

级重点保护物种，有 6 种列入 CITES 附录Ⅰ，有 20 种列入 CITES 附录Ⅱ。也就是说保护区共有 29 种动物分别受到国家法律或者国际公约保护。

表 7.1　广东雷州珍稀海洋生物自然保护区的保护物种

序号	种名	科名	保护级别	CITES
1	儒艮 *Dugong dugon*	儒艮科 Dugongidae	Ⅰ	Ⅰ
2	中华白海豚 *Sousa chinensis*	海豚科 Delphinidae	Ⅰ	Ⅰ
3	大珠母贝（白蝶贝）*Pinctada maxima*	珍珠贝科 Pteriidae	Ⅱ	
4	白氏文昌鱼 *Branchiostoma belcheri*	文昌鱼科 Branchiostomatidae	Ⅱ	
5	绿海龟 *Chelonia agassizii*	海龟科 Cheloniidae	Ⅱ	Ⅰ
6	玳瑁 *Eretmochelys imbricata*	海龟科 Cheloniidae	Ⅱ	Ⅰ
7	棱皮龟 *Dermochelys coriacea*	棱皮龟科 Dermochelyidae	Ⅱ	Ⅰ
8	斑海豹 *Phoca largha*	海豹科 Phocidae	Ⅱ	
9	热带点斑原海豚 *Stenella frontalis*	海豚科 Delphinidae	Ⅱ	Ⅱ
10	宽吻海豚 *Tursiops truncatus*	海豚科 Delphinidae	Ⅱ	Ⅱ
11	江豚 *Neophocaena phocaenoides*	鼠海豚科 Phocoenidae	Ⅱ	Ⅰ
12	盾形陀螺珊瑚 *Turbinaria peltata*	木珊瑚科 Dendrophylliidae		Ⅱ
13	澄黄滨珊瑚 *Porites lutea*	滨珊瑚科 Poritidae		Ⅱ
14	细角孔珊瑚 *Goniopora gracilis*	滨珊瑚科 Poritidae		Ⅱ
15	斯氏角孔珊瑚 *Goniopora stutchburyi*	滨珊瑚科 Poritidae		Ⅱ
16	二异角孔珊瑚 *Goniopora duofaciata*	滨珊瑚科 Poritidae		Ⅱ
17	普哥滨珊瑚 *Porities pukoensis*	滨珊瑚科 Poritidae		Ⅱ
18	伞房叶状珊瑚 *Lobophyllia corymbosa*	褶叶珊瑚科 Mussidae		Ⅱ
19	稀杯盔形珊瑚 *Galaxea astrea*	枇杷珊瑚科 Oculinidae		Ⅱ
20	粗糙刺叶珊瑚 *Echinophyllia aspera*	梳状珊瑚科 Pectiniidae		Ⅱ
21	精巧扇脑珊瑚 *Platygyra daedalea*	蜂巢珊瑚科 Faviidae		Ⅱ
22	秘密角蜂巢珊瑚 *Favites abdita*	蜂巢珊瑚科 Faviidae		Ⅱ
23	标准蜂巢珊瑚 *Favia speciosa*	蜂巢珊瑚科 Faviidae		Ⅱ
24	蜂巢珊瑚 *Favia* sp.	蜂巢珊瑚科 Faviidae		Ⅱ
25	紫小星珊瑚 *Leptastrea purpurea*	蜂巢珊瑚科 Faviidae		Ⅱ
26	锯齿刺星珊瑚 *Cyphastrea serailia*	蜂巢珊瑚科 Faviidae		Ⅱ
27	红色扇形珊瑚 *Flabellum rubrum*	扇形珊瑚科 Flabelliidae		Ⅱ
28	多孔鹿角珊瑚 *Acropora millepora*	鹿角珊瑚科 Acroporidae		Ⅱ
29	鹿角珊瑚 *Acropora* sp.	鹿角珊瑚科 Acroporidae		Ⅱ

保护区的物种中，除了国家重点保护和国际公约保护物种外，还有 20 种被列入中国濒危物种红皮书中，其中 9 种为濒危，10 种为易危，1 种缺少数据（表 7.2）。

表 7.2　广东雷州珍稀海洋生物自然保护区其他珍稀濒危物种

序号	种名	科名	濒危度
1	方柱五角参 *Pentacta quadrangularis*	瓜参科 Cucumariidae	易危
2	瘤五角瓜参 *Pentacta anceps*	瓜参科 Cucumariidae	易危
3	二色桌片参 *Mensamaria intercedens*	瓜参科 Cucumariidae	濒危
4	脆泥沙鸡子 *Phyrella fragilis*	瓜参科 Cucumariidae	濒危
5	豹斑海参 *Holothuria pardalis*	海参科 Holothuriidae	濒危
6	玉足海参 *Holothuria leucospilota*	海参科 Holothuriidae	濒危
7	旗江珧 *Atrina vexillum*	江珧科 Pinnidae	濒危

（续）

序号	种名	科名	濒危度
8	二色裂江珧 *Pinna bicolor*	江珧科 Pinnidae	濒危
9	中国鲎 *Tachypleus tridentatus*	鲎科 Tachypleidae	濒危
10	圆尾鲎 *Carcinoscorpius rotundicauda*	鲎科 Tachypleidae	易危
11	墨吉对虾 *Penaeus merguiensis*	对虾科 Penaeidae	濒危
12	长毛对虾 *Penaeus penicillatus*	对虾科 Penaeidae	濒危
13	近缘新对虾 *Metapenaeus affinis*	对虾科 Penaeidae	易危
14	豪华折额蟹 *Micippa thalia*	蜘蛛蟹科 Majidae	缺少数据
15	伍氏蝼蛄虾 *Upogebia wuhsienweni*	蝼蛄虾科 Upogebiidae	易危
16	乳突天竺鲷 *Papillapogon auritus*	天竺鲷科 Apogonidae	易危
17	红鳍笛鲷 *Lutjanus erythropterus*	笛鲷科 Lutjanus	易危
18	棘头梅童鱼 *Collichthys lucidus*	石首鱼科 Sciaenidae	易危
19	大黄鱼 *Pseudosiaena crocea*	石首鱼科 Sciaenidae	易危
20	羽鳃鲐 *Rastrelliger kanagurta*	鲭科 Scombridae	易危

7.2 省级自然保护区

本地区已先后建立了如下2处省级自然保护区。

7.2.1 茂名云开山自然保护区

茂名云开山自然保护区的前身，是大雾岭省级自然保护区和茂名鹿湖顶市级自然保护区。其中大雾岭省级自然保护区前身为国营大雾岭林场，1994年4月茂名市人民政府茂府办［1994］26号文，批准建立大雾岭市级自然保护区；1996年2月5日，广东省人民政府粤府函［1996］26号文，批准茂名市大雾岭自然保护区晋升为省级自然保护区；2000年广东省人大议案将其列入优先建设为国家级自然保护区名单；2006年保护区被纳入《全国林业自然保护区发展规划》优先晋升国家级名录，同年又被列入广东建设全国自然保护区示范省的示范保护区。

茂名鹿湖顶市级自然保护区前身，是国营厚元林场，始建于1958年7月。2003年，厚元林场整合被广东省人民代表大会常务委员会决议列为申报市级自然保护区重点建设单位。2005年12月30日，茂名市人民政府茂府函［2005］185号文，批准建立茂名鹿湖顶市级自然保护区，并将其托付大雾岭省级自然保护区管理处管理。

2007年，茂名市人民政府同意大雾岭省级自然保护区与茂名鹿湖顶市级自然保护区整合，并更名为“茂名云开山省级自然保护区”的方案。2008年，茂名市人民政府正式启动云开山自然保护区申报国家级自然保护区的工作。

2010年6月18日，广东省人民政府粤府函［2010］389号文，同意大雾岭省级自然保护区面积从目前的3439hm^2扩大至12 511.3hm^2，并更名为“茂名云开山省级自然保护区”。主要保护对象为南亚热季风常绿阔叶林生态系统及其丰富的动植物资源和两广地区重要的水源涵养林。

根据中华人民共和国国家标准《自然保护区类型与级别划分原则》（GB/T14529—93），茂名云开大山自然保护区属“自然生态系统类别”中的“森林生态系统类型”自然保护区。

7.2.1.1 自然条件

（1）位置范围 茂名云开山自然保护区位于粤西南茂名市辖信宜、高州两市之间。地理坐标为东经111°08′19″～111°23′48″，北纬22°13′58″～22°21′24″。东北与茂名林洲顶省级自然保护区相连，南与高州市深镇镇和古丁镇相邻，西与信宜市大成镇接壤，北与信宜市钱排镇交界。具体范围：东面，由雷公岭向南经往牛湖坪、火路顶、金龙洒、十二楞顶止；南面，由十二楞顶向西经往上水尾、大山脚、独雕木、苏茅坪、黄泥田、十斤鸡、茅窝、安公角、牛颈、榕树窝、麻竹坪、蕉子坑、黄蜂石、白花坳、五指峰、长坑、横坑、东塘、竹坑、南山河、单竹坑、地豆坪止；西面，由地豆坪向北经往大雾岭顶、丫坑、腐竹窝、河尾、大成公社茶场、竹瓦坑、坪河、石梯坑、雷风坳止；北面，由雷公岭向西经往东坑、西坑、火峰、山口、白马、雷风坳止。总面积 12 511. 3hm^2。

（2）地质基础　云开山地质古老。自古生代加里东运动隆起成陆后，就从未受到海侵影响。至中生代的侏罗纪末、白垩纪初的燕山运动时，产生大量酸性岩浆入侵。此后，各地质时期其地质构造均处于比较稳定状态，因而为保存生物的原始类群及分化新种类提供了良好条件。

①地层　保护区所在地区的地层，属广东省地层分布的粤西区，前古生代地层最为发育，尤以震旦系深变质岩广泛分布为特征。境内北部奥陶系为一套壳相碎屑岩沉积。志留系为广东省出露最典型的地区。上古生界以泥盆系较为发育。中生代地层仅见三迭系、白垩系出露于构造断陷盆地内，第三纪地层缺失。第四系沿河流谷地分布。保护区内的地层从老到新共有 7 种。

A. 震旦系　境内震旦系为广东省出露最广的古老地层，也是该地区出露最广的。根据岩性、岩相、变质程度、构造形变特征、含矿差异，自下而上可分为四个岩性组。该地区仅见有 A za 组（见于西北部的贵子、旺沙、径口等乡、镇）、B Zb（出露于贵子—大成一线以东的绝大部分地表）和 C Zc 组（分布于鉴江流域东镇河的池洞、东镇、水口、镇隆、丁堡等乡、镇），未见 Zd 组。

B. 奥陶系（O2 –3）　出露于北部的贵子弧形构造带内，呈北西—东西—北东方向弧形展布，境内上层为灰绿色长石石英砂岩，夹鹊云母片岩，厚度 933m；中层为浅灰绿色石英砂岩、灰色云母石英片岩、灰色石英片岩、绢云母片岩，厚度 2487m。本系含有大量笔石化石为标志。

C. 志留系（S1）　出露于贵子弧形构造范围内，构成贵子—罗镜向斜的轴部，呈北西向展布，分布面积有限，岩性为黑白相间条带状炭质石英绢云页岩。中部夹灰色片状砂岩，局部夹斑岩，厚度 351m，含大量笔石化石，又称笔石页岩。

D. 泥盆系（D2）　出露于贵子弧形构造范围内，构成贵子—罗镜向斜的翼部。岩性为一套河流—滨海或浅海相碎屑岩沉积，厚度 650m。整合覆盖于其上的为一套浅海碳酸盐沉积，主要有浅灰、灰黑色、灰色、白云质灰岩、白云岩组成，夹泥灰岩、砂岩和页岩，含丰富的腕足类及珊瑚化石，厚度 100 ~ 360m。

E. 三迭系（T3）　仅见于贵子石马附近，属上三迭世的内陆断陷盆地堆积。上部为灰色石英绢云母页岩、中细粒石英砂岩，夹含砾石英砂岩，含丰富的植物化石，并含少量的瓣鳃类化石。本系厚度 40 ~ 402m 。

F. 白垩系（Ka2）　只见于朱砂镇的西南部，属断陷构造盆地沉积，沉积物主要为粗碎屑岩，上部为紫灰色层火山角砾岩、层凝灰岩，中夹石英斑岩或流纹斑岩；下部以紫红色砂岩、砾岩为主，中夹英安质凝灰质砂砾岩。本组厚度 200m，含大量的古脊椎动物化石，尤以含恐龙化石而著。

G. 第四系（Q_4）是由松散的砂砾层、砂层及黏土层组成。广泛散布于保护区的沿河沟谷平地。上部为浅黄色黏土、亚黏土；下部为沙砾石层。沿西江、东镇河、黄华江、沙子河、思贺河等均有育，厚度 5 ~ 6m。除河流谷地的冲积物外，还有残积物、坡积物、重力滑坡体堆积等。

②构造　保护区内的地质构造主要有 3 种。

A. 弧形褶皱构造　保护区的弧形褶皱构造主要有大田顶弧形构造、贵子弧形构造两种。

B. 北东向构造　保护区境内规模较大，东部为北东向的四会—吴川断裂褶皱带所控制，山脉、河流均呈北东向；北东向的信宜—廉江断裂带，通过怀乡盆地和高城水库，并向南延伸至镇隆、高昂州的南塘等地，终于廉江的安铺镇。北东向的构造断裂主要有信宜—廉江断裂、运塘—三屋排断裂、清水断裂和安我断裂等。

C. 北西向构造　主要有洪冠与茶山之间的北西向褶皱带和北界断裂。

(3) 地貌概况 保护区的地貌特征是：山地地貌为主，地势东高西低。按广东省地貌类型划分标准，保护区地貌可划分为3大类。

①山地地貌 保护区内海拔500m以上的为山地地貌。

A. 中山山地 海拔800m以上的中山山地最为发育，主要分布于保护区的东部，坡度陡峭，多在35°以上，山峰尖削成锯齿状。山地呈东西走向，以粤西南第一高峰大田顶海拔1704m为中心，呈向南凸出的弧形展布，存在海拔1400~1500m、1200~1300m、1000~1100m、850~950m夷平面。按岩性可分为如下两类中山。

变质岩中山：海拔800~1704m，相对高程200~1500m，坡度多在35°以上，坡形以凸形坡为主，山体由震旦系的千枚岩、片岩、片麻岩、石英岩等组成，变质程度较深。总的以大田顶为中心，呈向南凸出的弧形展布，炉塘顶海拔1681m、大雾岭顶海拔1423m、大水坑顶海拔1512m、棉被顶海拔1627m等均呈东西走向。其右翼呈北东向，沿黄凿顶—三甲顶—林洲顶一线分布，并向北东向延伸；其左翼呈北西向，构成北西向的钱排河、白石河和东江河之间的两列分水岭。岩石的片理排列方向亦与山脉走向相吻合，其形状呈“山”字形弧形构造，“山”字的脊柱则为南北向的棉被顶—银岩凹—细头岭—坑尾岭—岩底—锡坪—托盘垌一线。“山”字弧脊为多金属矿床的汇集场所。

花岗岩中山：零星分布于平塘、合水、新堡的北部边界，由加里东期混合岩化花岗岩组成，较变质岩组成的中山山顶平坦，坡度和缓，小于25°。

B. 低山山地 海拔500~800m的低山山地，主要分布于保护区的西部，相对高程300~700m，坡度多在25°~35°，山顶平坦，存在海拔650m、450~500m两级夷平面。分布于东部的低山山地成向南凸出的弧形围绕中山内侧，主要分布于思贺、新堡、合水、平塘鸡西北部的贵子、旺沙、朱砂、径口、金垌、北界等地。按岩性可分为如下两类低山：

变质岩低山：山脊尖削，坡度多在25°以上。其分布有3大片：一为平塘、合水、新堡、思贺片，成向南凸出弧形围绕中山内侧分布；二为西北部的径口、朱砂、旺沙片；三为白石、洪冠片，位于中部中山区的西缘。前两片地势南高北低，水系由南向北流，易受北来寒潮或冷空气的侵袭，后片夹在低山之间的怀乡盆谷地，成为低山间的一块暖地。

花岗岩低山：主要分布于北界、池洞、金垌及径口通广西容县公路西侧的黄岭—大人山一带，呈北东方向展布。山顶呈浑圆状，坡度读在25°以下，一般在18°~25°，组成岩石为加里东期混合岩化花岗岩，北界天井岗一带低山花岗岩石蛋裸露地表，属中粗粒黑云母花岗岩。

②丘陵地貌 海拔在500m以下，比高50~100m，主要分布在低山地貌外围，或河谷附近。按海拔高度可分为如下两类丘陵地貌。

A. 高丘陵 海拔介于250~500m，主要分布于西部地区及东部的新堡。坡度15°~30°，相对高度100~300m，与低山毗邻。按其岩性的差异分为3类。

变质岩高丘陵：主要连片分布于鉴江与朱砂河的分水岭地区，此外怀乡也有分布，丘体由震旦系变质杂岩、千枚岩等组成，其上有较厚的风化壳，有轻度水土流失现象。

花岗岩高丘陵：主要分布于高坡、金垌、北界及新堡等地，主要由花岗岩组成，地面受轻微切割，起伏中等，坡度介于10°~20°之间。

红色砂岩高丘陵：见于朱砂圩西南的白垩系红色砂岩区，海拔300~350m夷平面很明显，丘顶平坦，四周坡度较缓，介于15°~18°。

B. 低丘陵 海拔介于100~250m，主要分布于西部地区，尤以鉴江流域上游地区分布最广。按其岩性的差异分为如下两类。

变质岩低丘陵：主要分布于鉴江上游，尤以水口镇的面积最大，由于泥质风化壳发育过厚，易发生崩岗侵蚀的水土流失。

花岗岩低丘陵：主要分布于鉴江流域的镇隆、水口、东镇、丁堡4个乡（镇），丘体由加里东期混合岩化等北界花岗岩体和燕山三、四期花岗岩岩体的风化壳构成，水土流失较严重。

③平原地貌　海拔 <100m，比高 <4m，洪水可淹没，主要由第四系的沙、砾和黏土层松散堆积物组成，土层深厚。主要分布于鉴江流域的镇隆、水口、东镇、池洞、北界等乡（镇），坡度较小（ >5°），组成物质以沙、砾和粉沙为主，透水性较强。

（3）气候特点　该保护区属于南亚热带海洋性湿润气候，但又有复杂多变的山区气候特点。其特点是：春季低温，夏季高温，秋末寒露风，冬有霜冻。由于保护区内尚无气象站，据信宜市气象资料：年平均气温 22. 3℃，1 月平均气温 14. 3℃，极端最低气温为 2. 7℃，极端值 0. 5℃（1957 年 2 月 11 日），7 月平均气温 32. 9℃，极端最高气温为 35. 3℃，极端值 37. 4C（1972 年 7 月 10 日）。年降水量 1776. 5mm，多集中在 4 ~10 月。雨热同期，无霜期长（平均 350 天），有利植物生长，生物繁衍更迭活跃。风的季节性变换明显，冬季因受西伯利亚和蒙古高原气团南下影响，多北风、西北风，夏季受海洋暖流及副热带高压控制，多偏南风、东南风，平均风速 2. 2m/秒，瞬间最大风速达 16. 0m/秒，（1987 年 2 月 27 日北风）。由于保护区位于信宜、高州之间云开山区，其各项气温指标常随海拔高度的升高而降低，据信宜气象站和各不同海拔高度观测的气温资料计算，每升高 100m 递减数：月均温递减 0. 35 ~ 1. 05℃，其中 9 月至次年 1 月在 0. 77℃ 以上；年均温递减 0. 63℃；极端最低气温递减 0. 8 ~0. 9℃；总积温递减 20. 9℃；无霜期递减 10 ~15 天。而雨量则稍高。

（4）水文特征　保护区属粤西沿海水系的鉴江和珠江水系的西江支流黄华江、罗定江、北流江的发源地。

①鉴江　发源于信宜市云开山南麓的东镇镇庄垌村樟埇坑，向南流经高州、化州，至吴川县黄坡注入南海，全长 211km。流域面积 9433km^2。

鉴江主干东江　又称锦江或东镇河，在境内长 57km，占总长度的 27. 01%。

②黄华江　发源于大成镇大田顶，向北流经广西岑溪县，于藤县金鸡与北流江汇合，全长 230km，境内长度 96km，占总长度的 41. 74%。河床总平均坡降 5. 36%。水源充足，水资源蕴藏量达 10. 64kW，可开发装机容量为 8. 41 万 kW。

③罗定江　发源于信宜合水鸡笼山，流经郁南县南江口汇合西江，全长 201km，境内长 45. 9km，占总长度的 22. 84%，全江集雨面积 449 300hm^2，境内集雨面积 75 630hm^2，占总集雨面积的 16. 83% 。全江力资源蕴藏量为 44 209kW，可开发装机容量为 32 490kW。

④北流江　上游包括径口河、木威河、南屯河，境内集雨面积 18 449hm^2。

（5）土壤特征 该保护区的地带性土壤为赤红壤。由于地形的不同，植被分布的差异，再加上成土母质的不同，以及人类生产活动等因素的影响，而形成了不同的土壤类型。其分布规律是：

①赤红壤　主要分布在海拔 400m 以下的丘陵地带，土层较深厚，一般超过 80cm，东部、中部、北部和西北部的植被较好，多为厚、中有机质层，薄有机质层多分布于丘顶。而南部及西南部中、低丘陵花岗岩赤红壤地区，植被多为稀疏马尾松 *Pinus massniana* 林，养分含量较低，有机质 2. 09%，全氮 0. 102%，全磷 0. 04%，全钾 1. 83%，速效磷 3. 4ppm，速效钾 38ppm。

②山地红壤　主要分布在海拔 400 ~800m 的低山丘陵的山地上，土层较深厚，一般超过 80cm 以上。由于地势及植被的不同，其有机质层的厚度也有差异，花岗岩类、片板岩类、地处山腰、山谷及缓坡地带的乏壤，植被良好，腐殖质积累较多，表土层较深厚，多为厚有机质层红壤及中有机质层红壤，沙页岩红壤多为陡峭的山地，坡度 30° ~50°，植被为马尾松林，有机质层较薄，多为中、薄有机质层红壤，以贵子镇占多数，有机质含量较丰富，平均有机知 2. 72%，表土呈深灰色，表土有机质含量平均为 2. 55%，全氮 0. 121%，全磷 0. 048%，全钾 1. 85%，速效磷 3. 66ppm，速效钾 46ppm。

③山地黄壤　主要分布在海拔 800m 以上的山地，土层较薄，表土呈深灰色，有机质含量较高，一般有机质层 16 ~20cm，有机质含量 1. 89 ~8. 14%。全氮 0. 189%，全磷 0. 0683%，全钾 1. 41%，速效磷 5. 8ppm，速效钾 56. 8ppm。土壤呈酸性至强酸性反应，pH 4. 7 ~5. 4。

④山地灌丛草甸土　主要分布在海拔 1100 m 以上的山脊和山顶，土地剖面层次不完整，有明显的枯枝落叶和草根盘结的草甸层。

⑤水稻土　是在各种自然土壤、旱地土壤的基础上，经人工长期水耕熟化，改土培肥措施而形成的一种人为土壤，在保护区内主要分布于平原、低地和谷地。养分含量较丰富，有机质2.54%，全氮0.148%，全磷0.082%，全钾2.315%，速效磷29.5ppM，速效钾125ppM。

7.2.1.2　功能分区

依据《广东云开大山自然保护区总体规划》①，将广东云开山自然保护区分如下3个功能区。

（1）核心区　位于保护区的东部和西南部，总面积4854.4hm²，占保护区总面积的38.8%。其中东片区核心区面积1216.6hm²，具体范围：外围边界从西北部的兰蓬由南转东再向北，经往大坑坳、可坪工区、分水坳、芹菜塘工区再回到兰蓬；西片区核心区面积3637.8hm²，具体范围的外围边界从东北部的阿婆髻由南转西再向北，经镬耳肩、白马坳、禾昌石、各桥坑、三跳石、三叉河、牛姑坪、元珠、小墩背再到阿婆髻。核心区内森林茂密，以南亚热带季风常绿阔叶林为主，珍稀濒危动植物较为丰富，人迹罕至，基本无不良因素干扰。

其主要功能是：保护天然季风常绿阔叶林生态系统和水源涵养林。除必需的科学研究人员经有关主管部门批准方可进出外，将实行全封闭管理，禁止一切与自然保护区管理无关的人员进入，严禁狩猎、采挖药材和砍伐林木。

（2）缓冲区　位于核心区外围的东部和西部两片，总面积3615.8hm²，占保护区总面积的28.9%。其中东片区面积1587.3hm²，具体范围的外围边界为西北部的芹菜塘由南转东，经往沙梨根、金龙工区、路底下、山寥、分水坳（背面）再到芹菜塘；西片区面积2028.5hm²，具体范围的外围边界为从西南部的大雾岭顶由东转北，经往东塘、横坑、原厚元林场大西工区、原厚元林场北工区、木皮铺、白马、下元珠、大田再回到大雾岭顶。

其主要功能是：对保护核心区起到缓冲作用，防止外来不良因素对核心区资源造成的影响，防止核心区动物资源外流，确保核心区的生态系统良性循环。该区将实行半封闭式管理，尽量减少进入该区人员，严禁人为干扰破坏；但允许进行非破坏性的科研监测、科普教育和教学活动。

（3）实验区　位于缓冲区外围的东部和西部，面积4041.1hm²，占保护区总面积的32.3%。其主要功能是设置一些管护、生活、生产设施，在保护好自然资源和自然环境的基础上，根据自然资源特点，开展生态型的多种经营性活动，以及建立野生珍稀动物救护站、生产生活设施、科研科普教育基地和多种生态经营基地等（图7.3）。

7.2.1.3　植物区系特点

（1）植物物种较丰富　据调查统计②，该保护区拥有维管束植物1950种（包括种下分类单位，下同），隶属856属209科。占广东省野生维管束植物5933种的32.87%（叶华谷，2005）。其中蕨类植物185种，隶属88属40科，占维管束植物总数种的9.49%；裸子植物11种，隶属8属5科，占总种数的0.56%；被子植物1754种，隶属760属164科，占总种数的89.95%（表7.3）。

表7.3　茂名云开山自然保护区野生维管束植物类群的组成

植物类群		科数	属数	种数
蕨类植物		40	88	185
裸子植物		5	8	11
被子植物	双子叶植物纲	139	610	1421
	单子叶植物纲	25	150	333
合计		209	856	1950

① 国家林业局调查规划院，华南濒危动物研究所．广东云开大山自然保护区总体规划．2009.11.

② 华南濒危动物研究所，中国科学院华南植物园．广东云开大山自然保护区科学考察报告．2009.11.

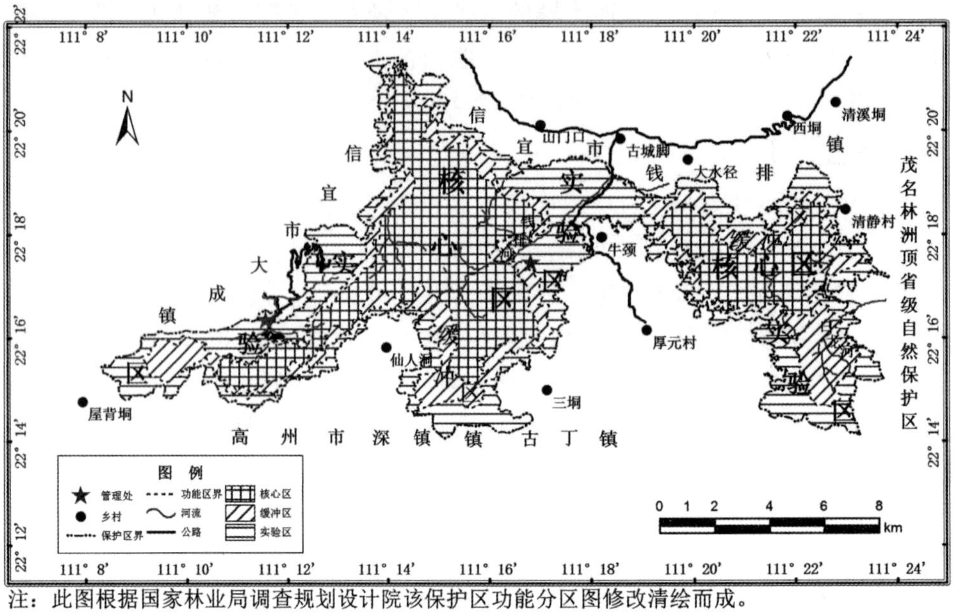

注：此图根据国家林业局调查规划设计院该保护区功能分区图修改清绘而成。

图 7.3 茂名云开山自然保护区功能分区图

此外，尚有栽培植物 180 种，隶属 133 属 67 科。其中裸子植物 8 种，隶属 8 属 6 科；被子植物 172 种，隶属 125 属 61 科（双子叶植物 148 种 108 属 51 科；单子叶植物 24 种 17 属 10 科）。

（2）地理成分较复杂

①蕨类植物的地理成分

A. 科的地理分布区类型　根据保护区蕨类植物 40 科的分布类型统计分析。

广布科　共 9 有科，占该区总科数的 22.5%。如石杉科、石松科、卷柏科、木贼科、紫萁科、铁线蕨科、蹄盖蕨科、铁角蕨科、水龙骨科等。

热带、亚热带分布科　共有 20 科，占该区总科数的 64.52%（扣除广布科 9 科，下同）。如桫椤科、中国蕨科、稀子蕨科 Monachosoriaceae、姬蕨科 Hypolepidaceae 以我国华南至西南亚热带为分布中心，也是本保护区蕨类区系的特征成分。另有骨碎补科 Dvalliaceae、实蕨科 Bolbitidaceae、燕尾蕨科 Cheiropleuriaceae 以亚洲亚热带为主。以热带为主的有莲座蕨科、海金沙科、膜蕨科、碗蕨科、鳞始蕨科、凤尾蕨科、裸子蕨科、书带蕨科、金星蕨科、球盖蕨科 Peranemaceae、舌蕨科 Elaphoglossaceae、禾叶蕨 Grammitaceae、剑蕨科 Loxogrammaceae 等。

泛热带分布科　共有 8 科，占该区总科数的 25.81%。如槲蕨科 Drynariaceae、车前蕨科以亚洲为主，其他为里白科、蚌壳蕨科 Dicksoniaceae、蕨科、乌毛蕨科 Blechnaceae、三叉蕨科 Aspidiaceae、肾蕨科等。

温带至亚热带高山地区分布科　共有 2 科，占该区总科数的 6.45%。如阴地蕨科 Botrychiaceae、鳞毛蕨科 Dryopteridaceae。

亚洲、大洋洲和美洲热带分布科　仅有 1 科，占该区总科数的 3.23%，如瘤足蕨科。

B. 属的地理分布区类型　据保护区蕨类植物 88 属的分布类型统计分析如下。

广布属　共有 5 属，占该区总属数的 5.68%。如石杉属、石松属、卷柏属、铁线蕨属、铁角蕨属 *Asplenium* 等。

泛热带分布属　共有 15 属，占该区总属数的 18.07%（扣除广布属 5 属，下同）。如马尾杉属 *Phegmariurus*、蕗蕨属 *Mecodium*、团扇蕨属 *Gonocormus*、瓶蕨属 *Trichonanes*、鳞始蕨属 *Lindsaea*、乌蕨属 *Sphenomeris*、姬蕨属 *Hypolepis*、蕨属 *Pteridium*、栗蕨属 *Histiopteris*、粉背蕨属 *Aleuritopteris*、书带蕨属 *Vittaria*、新月蕨属 *Pronephrium*、舌蕨属 *Elaphoglossum*、肾蕨属 *Nephrolepis*、禾叶蕨属 *Grammitis* 等。

热带和亚热带分布属　共有 59 属，占该区总属数的 71.08%。其中热带至亚热带为主，如灯笼草属、观音莲座属、芒萁属、里白属、海金沙属、黑桫椤属、白桫椤属、稀子蕨属、团扇蕨属 *Gonocormus*、碗蕨属、鳞盖蕨属 *Microlepia*、假脉蕨属 *Crepidomanes*、凤尾蕨属 *Pteris*、碎米蕨属 *Cheilosoria*、凤丫蕨属 *Coniogramme*、车前蕨属、假蹄盖蕨属、金粉蕨属 *Onychium*、毛蕨属 *Cyclosorus*、针毛蕨属 *Macrothelypteris*、短肠蕨属 *Allantodia*、角蕨属 *Cornopteris*、介蕨属 *Dryoathyrium*、圣蕨属 *Dictyocline*、针毛蕨属 *Macrothelypteris*、凸轴蕨属 *Metathelypteris*、金星蕨属 *Parathelypteris*、假毛蕨属 *Pseudocyclosorus*、鱼鳞蕨属 *Acrophorus*、复叶耳蕨 *Arachniodes*、轴脉蕨属 *Ctenitopsis*、三叉蕨属、实蕨属 *Bolbitis*、骨碎补属、阴石蕨属、线蕨属、骨牌蕨属 *Lepidogrammitis*、石韦属、剑蕨属等。

以亚热带为主的属　与热带至亚热带分布的类型相当，热带亚洲分布的有 12 属，如膜蕨属、桫椤属、星蕨属、瘤蕨属 *Phymatodes*、假瘤蕨属 *Phymatopteris*、崇澍蕨属 *Chieniopteris*、亮毛蕨属 *Acystopteris*、燕尾蕨属 *Cheiropleuria*、伏石蕨属 *Lemmaphyllum*、拟水龙骨属 *Polypodiastrum*、锯蕨属 *Micropolypodium*、穴子蕨属 *Prosaptia*、崖姜蕨属 *Pseudodrynaria* 等；热带亚洲—大洋洲分布的有 1 属，如乌毛蕨属 *Blechnum*；热带亚洲至非洲分布的有 1 属，如瓦韦属；热带亚洲至热带美洲分布有 3 属，如瘤足蕨属、双盖蕨属、水龙骨属；东亚分布的有 2 属，如金毛狗属、黑心蕨属 *Doryopteris*。

温带、热带分布属　有 2 属，占总属数的 2.41%。如紫萁属 *Osmunda*、狗脊属 *Woodwardia*。

北温带分布属　有 4 属，占总属数的 4.82%，如阴地蕨属、卵果蕨属 *Phegopteris*、鳞毛蕨属 *Dryopteris*、耳蕨属 *Polystichum* 等。

温带分布属　有 1 属，占总属数的 1.2%，如贯众属 *Cyrtomium*。

寒、温带分布属　仅有 1 属，占总属数的 1.2%，如木贼属 *Equisetum*。

②种子植物的地理成分

A. 科的地理分布区类型　按照《世界种子植物科的分布区类型系统》（吴征镒等，2003），保护区种子植物 169 科的分布区类型统计分析，除热带亚洲至热带非洲分布、旧大陆温带分布、温带亚洲分布、地中海、西亚至中亚分布和中亚分布类型尚未发现外，其他 10 个分布区类型及变型均有分布（表 7.4）。

表 7.4　茂名云开山自然保护区种子植物科的分布区类型

分布区类型	科数	占总科数（%）
1. 广布分布	31	（扣除）
2. 泛热带分布	75	54.35
2－1 热带亚洲、大洋洲和中、南美洲（墨西哥）间断分布	5	3.62
2－2 热带亚洲、大洋洲（至新西兰）和中、南美（或墨西哥）间断分布	5	3.62
3. 热带亚洲和热带美洲间断分布	4	2.90
4. 旧热带分布	4	2.90
4－1 热带亚洲、非洲和大洋洲间断分布	2	1.45
5. 热带亚洲至热带大洋洲分布	1	0.72
6. 热带亚洲至热带非洲分布	0	0
7. 热带亚洲分布	5	3.62
7－1 爪哇、喜马拉雅和华南、西南星散分布	0	0
7－2 热带印度至华南分布	0	0
7－3 缅甸、泰国至华西南分布	1	0.72
7－4 越南（或中南半岛）至华南（或西南）分布	1	0.72
8. 北温带分布	18	13.04
8－1 环极分布	0	0
8－2 北极高山分布	0	0

（续）

分布区类型	科数	占总科数（%）
8－3 北极—阿尔泰和北美洲间断分布	0	0
8－4 北温带和南温带（全温带）间断分布	5	3. 62
8－5 欧亚和南美洲温带间断分布	1	0. 72
8－6 地中海区、东亚、新西兰和墨西哥到智利间断分布	0	0
9. 东亚和北美间断分布	7	5. 07
10. 旧大陆温带分布	0	0
10－1. 地中海区、西亚和东亚间断分布	0	0
11. 温带亚洲分布	0	0
12. 地中海区、西亚至中亚分布	0	0
12－1 地中海区至中亚和南非洲、大洋洲间断	0	0
12－2 地中海区至中亚和墨西哥间断	0	0
12－3 地中海区至温带、热带亚洲，大洋洲和南美洲间断	0	0
12－4 地中海区至热带非洲和喜马拉雅间断	0	0
12－5 地中海区—北非洲、中亚、北美西南部，智利和大洋洲（泛地中海）间断分布	0	0
13. 中亚分布	0	0
13－1 中亚东部（亚洲中部）	0	0
13－2 中亚至喜马拉雅	0	0
13－3 西亚至喜马拉雅和西藏	0	0
12－4 地中海区至热带非洲和喜马拉雅间断	0	0
14. 东亚分布	2	1. 45
15. 中国特有分布	1	0. 72
合　计	169	100

从上表可以看出，泛热带分布类型有 85 科，占总科数的 61. 59%（扣广布科 31 科，下同）；北温带分布类型 24 科，占总科数的 17. 39%；热带亚洲分布类型、东亚和北美间断分布分别有 7 科，各占总科数的 5. 07%；其余分布区类型所含科数均在 4. 35% 以下，不占重要地位；特别是中国特有科等 5 科，分布类型中只有大血藤科 1 科，表明该保护区植物区系在科级水平上以泛热带分布成分为主，兼有一定数量的北温带成分。

B. 属的地理分布区类型　根据保护区种子植物 768 属的分布类型，按照《中国种子植物属的分布区类型》（吴征镒，1991）统计分析，除地中亚分布区类型及其变型尚未发现外，其他 14 个分布区类型变型均有分布（表 7. 5）。

表 7. 5　茂名云开山自然保护区种子植物属的分布区类型

分布区类型及变型	属数	占总属数（%）
1. 广布分布	53	扣除
2. 泛热带分布	155	21. 68
2－1 热带亚洲、大洋洲和南美洲间断分布	8	1. 12
2－2 热带亚洲、非洲和南美洲间断分布	14	1. 96
3. 热带亚洲和热带美洲间断分布	20	2. 80
4. 旧世界热带分布	74	10. 35
4－1 热带亚洲、非洲和大洋洲间断分布	1	1. 54

（续）

分布区类型及变型	属数	占总属数（%）
5. 热带亚洲至热带大洋洲分布	59	8.25
5－1 中国（西南）亚热带和新西兰间断分布	1	0.14
6. 热带亚洲至热带非洲分布	33	4.62
6－1 华南、西南到印度和热带非洲间断	0	0
6－2 热带亚洲和东非间断	2	0.28
7. 热带亚洲（印度—马来西亚）分布	122	17.06
7－1 爪哇、喜马拉雅和华南、西南星散分布	10	1.40
7－2 热带印度至华南分布	3	0.42
7－3 缅甸、泰国至华西南分布	3	0.42
7－4 越南（或中南半岛）至华南（或西南）分布	24	3.36
8. 北温带分布	44	6.15
8－1 环极分布	0	0
8－2 北极高山分布	0	0
8－3 北极—阿尔泰和北美洲间断分布	0	0
8－4 北温带和南温带（全温带）间断分布	11	1，54
8－5 欧亚和南美洲温带间断分布	2	0.28
8－6 地中海区、东亚、新西兰和墨西哥到智利间断	0	0
9. 东亚和北美洲间断分布	31	4.34
9－1 东亚和墨西哥间断	0	0
10. 旧世界温带分布	15	2.10
10－1 地中海区、西亚和东亚间断分布	2	0.28
10－2 地中海和喜马拉雅间断分布	1	0.14
10－3 欧亚和南非洲（有时也在大洋洲）间断	1	0.14
11. 温带亚洲分布	2	0.28
12. 地中海区、西亚至中亚分布	0	0
12－1 地中海区至中亚和南非洲、大洋洲间断	0	0
12－2 地中海区至中亚和墨西哥间断	0	0
12－3 地中海区至温带、热带亚洲，大洋洲和南美洲间断	2	0.28
12－4 地中海区至热带非洲和喜马拉雅间断	0	0
12－5 地中海区—北非洲、中亚、北美西南部，智利和大洋洲（泛地中海）间断分布	0	0
13. 中亚分布	0	0
13－1 中亚东部（亚洲中部）	0	0
13－2 中亚至喜马拉雅	0	0
13－3 西亚至喜马拉雅和西藏	0	0
12－4 地中海区至热带非洲和喜马拉雅间断	0	0
14. 东亚分布	30	4.20
14－1 中国—喜马拉雅（SH）	15	2.10
14－2 中国—日本（SJ）	8	1.12
15. 中国特有分布	11	1.54
合计	768	100

从上表可以看出，保护区内属的地理成分是以热带成分占优势，从 2 ~ 7 各类热带成分共有 539 属，占总属数（扣除广布属 53 属，以下同）的 75.38%。温带成分从 8 ~ 12 共有 112 属，占总属数的 15.66%。东亚分布有 30 属，占总属数的 4.2%。中国特有分布的 11 属，占 1.54%，占广东省的中国特有属（48 属）的 22.92%。有拟单性木兰属 *Parakmeria*、大血藤属 *Sargentodoxa*、虎颜花属 *Tigridiopalma*、石笔木属、圆籽荷属 *Apterosperma*、伯乐树属、四数苣苔属 *Bournea*、山鸡骨草属 *Neohusnotia*、短枝竹属 *Gelidocalamus*，这些属或为单型属或为单种属，本区每属均含 1 种。无距花属 *Stapfiophyton* 2 种，圆唇苣苔属 *Gyrocheilos* 3 种。这反映了植物特有的古老性和孑遗性。其中多数是国家珍稀濒危保护植物，如伯乐树、圆籽荷等。

7.2.1.4 植被类型

据调查，保护区内的植被类型多样，主要有 8 种类型。

（1）沟谷季雨林　主要分布于海拔 800m 以下的陡坡、沟谷，为季雨林的一种湿润性常绿阔叶林类型，其组成种类、外貌和结构仍具有雨林的一些基本特征，但已明显逊色。乔木层优势种不那么明显，而且多板状根，茎花植物常见，藤本和附生植物丰富，常见的组成种类为多种榕树、鱼尾葵 *Caryota maxima*、华南蒲桃 *Syzygium austrosinense*、多花山竹子、乌榄、白颜树 *Girobbiera subaequalis* 等。

（2）季风常绿阔叶林　是南亚热带的地带性植被类型，主要分布于海拔 1200m 以下的沟谷、陡峭山坡或丘陵地带。

乔木层：主要有仪花 *Lysidice rhodostegia*、猴耳环、亮叶猴耳环、华南皂荚 *Gleditsia fera*、肥荚红豆 *Ormosia fordiana*、假坪婆 *Sterculia lanceolata*、厚壳桂 *Cryptocarya chinensis*、黄樟、山杜英、木荷、鹅掌柴、大叶山楝 *Aphanamixis grandifolia*、罗浮柿等。

灌木层：常见的有九节 *Psychotria asiatica*、罗伞树 *Ardisia quinquegona*、鲫鱼胆 *Maesa perlarius* 等。

草本层：主要有狗脊、扇叶铁线蕨 *Adiantum flabellulatum*、淡竹叶、苔草等。

层间藤本植物：常见的有罗浮买麻藤、香花崖豆藤 *Millettia dielsiana*、白花油麻藤等。

此外，在沟谷山坡上有野蕉、海芋、桫椤、鱼尾葵等。

（3）山地常绿阔叶林　主要分布于海拔 1000 ~ 1200m 之间的局部区域。

乔木层：主要由木荷、信宜木荷 *Schima xinyiensis*、杨桐 *Adinandra millettii*、华润楠、山杜英、日本杜英和鹅掌柴等组成，其他常见的有硬壳柯 *Lithoczrpus hancei*、厚壳桂、木莲、深山含笑、厚皮香、尖嘴林檎 *Malus doumeri*、大果马蹄荷 *Exbucklandia tonkinensis*、红花荷 *Rhodoleia championi*、罗浮柿等。

灌木层：以尖萼毛柃 *Eurya acutisepala*、多脉柃 *E. polyneura*、紫花杜鹃 *Rhododendron mariae*、变叶榕 *Ficus variolosa* 等为主，密花树 *Rapanea neriifolia*、光叶海桐、长尾蕊茶 *Camellia caudata* 等次之。

草本层：常见的有狗脊、乌毛蕨 *Blechnum orientale*、五节芒、黑莎草等。

（4）常绿阔叶苔藓矮林　主要分布于海拔 1200m 以上的山脊和山顶。

乔木层：矮化，由硬壳柯、红楠、光叶山矾组成，其他常见的种类有华润楠、小叶折柄茶 *Hartia tonkinensis*、日本杜英、变叶树参 *Dendropanax proteum*、腺叶桂樱 *Laurocerasus phaeosticta*、微毛山矾 *Symplocos wikstroemiifolia* 等。

灌木层：常见的有细枝柃 *Eurya loquaiana*、华南毛柃 *E. ciliata*、长尾蕊茶、齿叶吊钟花 *Enkianthus serrulatus*、南方荚蒾 *CViburum fordiae*、朱砂根 *Ardisia crenata* 等。

草本层：种类稀少而稀疏，常见的有扇叶铁线蕨、短柄禾叶蕨 *Grammitis dorsipila*、毛轴铁角蕨 *Asplenium crinicauie* 等。地表及树枝上密布苔藓。

（5）竹林　是由禾本科竹亚科乔木状竹类植物组成的植被类型。保护区内有自然分布的类型，如信宜石竹 *Bambusa subtruncata* 林、麻竹 *Dendrocalanus latiflorus* 林、箬叶竹 *Indocalamus longiauritus* 林等。但大部分竹林为人工林。

（6）针阔叶混交林　是以暖性针叶树与阔叶树为建群种所组成的森林群落，为常绿阔叶林受到干扰后马尾松飞播或自然入侵而形成的次生林，在保护区内多分布于海拔1000～1300m的局部山地，乔木层，主要由马尾松与大头茶 *Gordonia axillaries*、鹅掌柴林形成混交。除马尾松、大头茶、鹅掌柴优势种外，还有红花荷、圆籽荷、山乌桕、岭南山竹子、杨桐、木荷等。

灌木层：常见的有岗松 *Backia frutescens*、桃金娘 *Rhodomyrtus tomentosa*、变叶榕等。

草本层：常见的有芒萁、乌毛蕨、黑莎草等。

（7）灌草丛　分布较广，几乎从山脚至山顶都可见到。海拔1200～1400m的山脊和山顶如鹿湖顶、大雾岭、大田顶、垆塘顶等20余座等。

灌木层：主要有黑柃 *Eurya macartneyi*、岗松、箬竹、杜鹃属 *Rhododendron* 的植物。

草本层：有鳞籽莎 *Lepidosperma chinense*、丝茅 *Imperata koenigii*、五节芒、龙胆 *Gentiana scabra* 等。

低海拔的灌草丛、灌木层：主要由桃金娘、岗松、毛冬青 *Ilex pubescens* 等组成。

草本层：以芒萁、丝茅、鸭嘴草 *Ischaemum aristatum*、芒、花葶苔草 *Carex scaposa* 等。

（8）栽培植被

①马尾松林（Form *Pinus massoniana*）　主要分布于保护区的中低山的山坡上，多由季风常绿阔叶林遭受人为破坏后人工栽培的。

乔木层：除马尾松外，常散生有枫香树、木荷和黄牛木 *Cratoxylon ligustrinum* 等。

灌木层：常见的有桃金娘、岗松、映山红 *Rhododendron simsii* 等。

草本层：常见的有芒萁、芒等。

②杉木林（Form *Cunninghamia lanceolata*）　主要分布于土层深厚的北坡。林下灌木稀少，草本以芒萁和淡竹叶等占优势。

③柳杉林（Form *Cryptomeria fortunei*）　主要分布于山地上部，外貌常绿，林冠参差不齐。

乔木层：除柳杉为主外，间有黄樟、山乌桕 *Sapium discolor*、鹅掌柴等。

灌木层：主要有桃金娘、九节 *Psychotria asiatica*、白花灯笼 *Clerodendrum fortunatum*、山油柑 *Acronychia pedunculata*、三花冬青 *Ilex triflora*、山苍子 *Litsea cubeba* 等。

草本层：主要有芒萁、淡竹叶、乌毛蕨、镰羽贯众 *Cyrtomium balansae*、蔓生莠竹等。

④八角林（Form *Illicium verum*）　是本地区特色林之一，主要分布于低山地带。

乔木层：以八角为主，间有黄樟、山乌桕。

灌木层和草本层的结构简单。

⑤红花荷林（Form *Rhodoleia championi*）　主要分布于保护区内的中低山的山腰至山顶部分。

乔木层：以红花荷为主，间有枫香树、木荷等。

灌木层：有红背山麻杆（*Alchornea trewioides*）、鹅掌柴等。

草本层：有芒萁、乌毛蕨等。

⑥毛竹林（Form*Phyllostachys heterocycla* cv. *Pubescens*）　保护区分布面积较大，多分布于水湿条件较好的山坡，有时林内或林缘常伴生一些其他乔木树种，如樟树、黄樟、香叶树 *Lindera communis*、枫香树、木荷、簕党花椒 *Zanthoxylum avicennae* 等。林下常见的灌木有粗叶榕 *Ficus hirta*、红背山麻杆等，林下常见的草本植物有蔓生莠竹 *Microstegium vagans* 狗脊、乌毛蕨等。

7.2.1.5 野生植物资源

（1）珍稀濒危保护植物较多　根据1984年国家环境保护委员会公布的《中国珍稀濒危保护植物名录》和1999年国务院批准公布的《国家重点保护野生植物名录（第一批）》所列种类统计，保护区内共有国家重点保护野生植物23科28属35种。其中蕨类植物2科4属8种，裸子植物4科4属4种，被子植物18科20属23种。列为国家Ⅰ级重点保护的野生植物1种，国家Ⅱ级重点保护的野生植物20种，国家Ⅲ级重点保护的野生植物13种，省级重点保护的野生植物1种（表7.6）。

表 7.6 茂名云开山自然保护区的保护植物

序号	种名	科名	IUCN 濒危等级	保护级别
1	伯乐树 *Bretschneidera sinensis*	伯乐树科 Bretschneideraceae	濒危	I
2	福建柏 *Fokienia hodginsii*	柏科 Cupressaceae	渐危	Ⅱ
3	海南粗榧 *Ceplhalotaxus mannii*	三尖杉科 Cephalotaxaceae	濒危	Ⅱ
4	观光木 *Tsoongiodendron odorum*	木兰科 Magnoliaceae	稀有	Ⅱ
5	金毛狗 *Cibotium barometz*	蚌壳蕨科 Dicksoniaceae	渐危	Ⅱ
6	中华桫椤 *Alsophila costularis*	桫椤科 Cyatheaceae	渐危	Ⅱ
7	桫椤 *Alsophila spinulosa*	桫椤科 Cyatheaceae	渐危	Ⅱ
8	粗齿桫椤 *Gymnosphaera denticulata*	桫椤科 Cyatheaceae	渐危	Ⅱ
9	大黑桫椤 *Gymnosphaera gigantea*	桫椤科 Cyatheaceae	渐危	Ⅱ
10	小黑桫椤 *Gymnosphaera metteniana*	桫椤科 Cyatheaceae	渐危	Ⅱ
11	黑桫椤 *Gymnosphaera podophylla*	桫椤科 Cyatheaceae	渐危	Ⅱ
12	白桫椤 *Sphaeropteris brunoniana*	桫椤科 Cyatheaceae	渐危	Ⅱ
13	樟树 *Cinnamomum camphora*	樟科 Lauraceae	渐危	Ⅱ
14	土沉香 *Aquilaria sinensis*	瑞香科 Thymelaeaceae	渐危	Ⅱ
14	圆籽荷 *Apterosperma oblata*	茶科 Theaceae	濒危	Ⅱ
16	猪血木 *Euryodendron excelsum*	茶科 Theaceae	濒危	Ⅱ
17	格木 *Erythrophleum fordii*	苏木科 Caesalpiniaceae	濒危	Ⅱ
18	华南锥 *Castanopsis concinna*	壳斗科 Fagaceae	濒危	Ⅱ
19	红椿 *Toona ciliate*	楝科 Meliaceae	渐危	Ⅱ
20	毛红椿 *Toona ciliate varpubescens*	楝科 Meliaceae		Ⅱ
21	紫荆木 *Madhuca pasquieri*	山榄科 Sapotaceae	稀有	Ⅱ
22	油杉 *Keteleeria fortunei*	松科 Pinaceae	渐危	Ⅲ
23	鸡毛松 *Podocarpus imbricatus*	罗汉松科 Podocarpaceae	渐危	Ⅲ
24	乐东拟单性木兰 *Parakmeria lotungensis*	木兰科 Magnoliaceae	渐危	Ⅲ
25	沉水樟 *Cinnamomum micranthum*	樟科 Lauraceae	渐危	Ⅲ
26	八角莲 *Dysosma versipellis*	小檗科 Berberidaceae	渐危	Ⅲ
27	粘木 *Ixonanthes chinensis*	粘木科 Ixonanthaceae	渐危	Ⅲ
28	痄腮树 *Heliciopsis terminalis*	山龙眼科 Proteaceawe	渐危	Ⅲ
29	吊皮锥 *Castanopsis kawakamii*	壳斗科 Fagaceae	渐危	Ⅲ
30	见血封喉 *Antiaris toxicaria*	桑科 Moraceae	稀有	Ⅲ
31	舌柱麻 *Archiboehmeria atrata*	荨麻科 Urticaceae	稀有	Ⅲ
32	银鹊树 *Tapiscia sinensis*	省沽油科 Staphyleaceae	稀有	Ⅲ
33	巴戟 *Morinda officinalis*	茜草科 Rubiaceae	稀有	Ⅲ
34	兰花蕉 *Orchidentha chinensis*	兰花蕉科 Lowiaceae	渐危	Ⅲ
35	山橘 *Fortunella hindsii*	芸香科 Rutaceae		省级

兰科植物 35 属 73 种，全部为《濒危野生动植物种国际贸易公约》附录Ⅱ物种。

（2）经济植物多样　据调查统计，在该保护区 1950 种维管束植物种类中，有多种多样的经济植物资源。

①药用植物　指可以作为治病、防病和具有保健价值的植物资源（朱太平等，2007）。据调查，保护区内有药用植物 800 余种，占总数的 41.03%。依据中药的有关性味、功能和用途，主要分为五大类（朱太平等，2007）。

A. 清热解表退烧药　是指味苦、辛、性凉，能清热利尿、凉血解毒、祛除风邪、解表类的植物园，保护区内主要有碎米荠 *Cardamine hirsuta*、蔊菜、堇菜 *Viola verecunda*、紫花地丁 *V. philippica*、酢浆草、积雪草 *Centella asiatica*、天胡荽 *Hydrocotyle sibthorpioides*、中华天胡荽 *H. chinensis*、水芹、牡蒿 *Artemisia japonica*、鬼针草 *Bidens pilosa*、三叶鬼针草 *B. pilosa* var. *radiata*、野菊、鼠麴草 *Gnaphalium affine*、苦荬菜、马兰、大青 *Clerodendrum cyrtophyllum*、白花灯笼 *C. fortunateum*、灰毛大青 *C. canescens*、香茶菜 *Rabdosia amethystoides*、马蓝、爵床、忍冬、车前草、淡竹叶、灯心草、射干等。

B. 活血化瘀、镇痛药　主要有土牛膝 *Achyranthes aspera*、毛冬青、野木瓜、大血藤 *Sargentodoxa cuneata*、八角莲、野山楂、扶芳藤 *Euonymus fortunei*、朱砂根、百两金 *Ardisia crispa*、罗伞树 *A. quinquegona*、酸藤子 *mbelia laeta*、杜茎山 *Maesa japonica*、萝芙木 *Rauvolfia verticillata*、白花蛇舌 *Hedyotis diffusa*、钩藤 *Uncaria rhynchophylla*、大蓟、豨签 *Siegesbeckia orientalis* 等。

C. 滋补理气、养生药　主要有山莓 *Rubus corchorifolius*、葛、龙眼 *Dimocarpus longan*、枣 *Ziziphus jujuba*、五加 *Eleutherococcus gracilistylus*、女贞、金灯藤 *Cuscuta japonica*、玄参 *Scrophularia ningpoensis*、巴戟、鲤肠、天门冬 *Asparagus cochinchinensis*、百合、麦冬、薯蓣、粗叶榕、郁金等。

D. 抗菌消炎、杀虫药　主要有三白草 *Saururus chinensis*、虎杖 *Polygonum cuspidatum*、马齿苋、博落回 *Macleaya cordata*、苦楝、巴豆、乌桕、扶芳藤、堇菜、醉鱼草 *Buddleja lindleyana*、水团花 *Adina pilulifera*、苍耳、苦苣菜、菖蒲、木荷、岗松、红背叶山麻杆、羊角拗、假臭草 *Eupatorium catarium*、大青、了哥王、地耳草 *Hypericum japonicum*、五月茶、土密树 *Bridelia tomentosa*、小叶冷水花 *Pilea microphylla*、雀梅藤 *Sageretia thea*、倒地铃 *Cardiospermum halicacabum*、五爪金龙 *Ipomoea cairica*、山菅兰、海芋、类芦 *Neyraudia reynaudiana* 、铺地黍 *Panicum repens* 等

E. 治疗肠炎、痢疾药　主要有水蓼、野牡丹、地稔 *Melastoma dodecandrum*、毛稔 *M. sanguineum*、黄花稔 *Sidsa acuta*、毛果算盘子、白花酸藤子、金纽扣 *Spilanthes paniculata*、母草 *Lindernia crustacea* 等。

②用材植物　有140种，占总数的7.18%。其中一类用材有樟树、红锥等；二类用材有黄樟、罗浮栲、柯等；三类用材有华润楠、覃树等；四类用材有日本杜英、山杜英等；五类用材有鼠刺 *Itea chinensis*、猴欢喜 *Sloanea sinensis* 等；作军工用材的有白皮黄杞等；作胶合板用材的猴耳环、亮叶猴耳环等；作纺织用材木荷、石斑木 *Raphiolepis indica* 等；作乐器用材的有山乌桕、鹅掌柴等；造纸用材的有山矾属13种、安息香属5种。

③食用植物

A. 野生水果植物　有70余种，占总数的3.59%。主要有罗浮买麻藤、小叶买麻藤、桃金娘、五月茶、余甘子、金樱子、茅莓、锈毛莓、白花悬钩子、杨梅、山油柑、酸藤子、构树、罗浮柿、雀梅藤、大果菝葜 *Smilax macrocapa*、枳椇 *Hovenia acerba*、多花山竹子 *Garcinia multiflora*、岭南山竹子 *G. oblongifolia*、豆梨 *Pyrus calleryana*、大果榕 *Ficun auriculata*、阔叶猕猴桃、蔓胡颓子、角花胡颓子、水东哥、南酸枣等。

B. 野菜植物　有60余种，占总数的3.24%。主要有碎米荠、北美独行菜 *Lepidium virginicum*、蔊菜、刺苋 *Amaranthua spinosus*、青葙 *Celosia argentea*、瓜馥木、五加、黄毛楤木 *Aralia decaisneana*、粗喙秋海棠 *Begonia crassirostris*、厚壳树 *Ehretia thyrsiflora*、大尾摇 *Heliotropium indicum*、铜锤玉带草 *Pratia nummularia*、忍冬、破布木 *Cordia dichotoma*、白花菜 *Cleome gynandra*、繁缕 *Stellaria media*、鬼针草、牛膝菊 *Galinsoga parviflora*、革命菜 *Gynura drepidioides*、一点红 *Emiliasonchifolia*、鳢肠、鼠麴草、多茎鼠麴草 *Gnaphalium polycaulon*、苍耳、苦荬菜、黄鹌菜 *Youngia japonica*、木鳖子 *Momordica cochinchinensis*、绞股蓝 *Gynostemma pentaphyllum*、叶下珠 *Phyllanthus urinaria*、白饭树 *Securinega virosa*、酢浆草、牛筋草 *Eleusine indica*、分轮菜 *Clinopodium chinense*、活血丹 *Glechoma longituba*、香茶菜 *Rabdosia amethystoides*、野薄荷 *Mentha haplocalyx*、山胡椒、望江南 *Cassia occidentalis*、决明 *Cassia tora*、天门冬、白花酸藤果、桃金娘、虎杖、杠板归、酸模叶蓼、水蓼、盐肤木、黄连木、马齿苋、龙葵、积雪草、野

胡萝卜 *Daucus carota*、天胡荽、水芹、紫花地丁、粗叶榕、葛等。

④淀粉植物　有 48 种，占总数的 2.46%。主要有小叶买麻藤、华南锥、黧蒴、南岭栲、川鄂栲、棕榈、红锥、饭甑青冈 *Cyclobalanopsis fleuryi*、广东山龙眼 *Helicia kwangtungensis*、粉防己 *Stephania tetrandra*、野山楂、香花秕杷、葛、三裂叶野葛 *Pueraria phaseoloides*、大百部 *Stemona tuberos*、百合、菝葜、土茯苓、肖菝葜 *Heterosmilax japonica*、薯莨、黄独 *Dioscorea bulbifera*、海芋、十字苔草 *Carex cruciata* 等。

⑤油脂植物　有 84 种，占总数的 4.31%。主要有苎麻、黎、十字苔草、马尾松、小叶买麻藤、罗浮买麻藤、构树、阴香、山苍子、香叶树、潺槁树 *Litsea glutinosa*、豺皮樟、野公树 *Neolitsea chuii*、碎米荠、蔊菜、了哥王、含羞草、盐肤木、野漆树、算盘子、白背叶 *Mallotua apelta*、多花山竹子、牛耳枫 *Daphniphyllum calycinum*、交让木、余甘子、山乌桕、乌桕、铁冬青、朱砂根、苍耳、黑莎草等。

⑥纤维植物　有 118 种，占总数的 6.05%。主要有马尾松、樟树、黄樟、白瑞香 *Daphne papyracea*、细轴荛花 *Wikstroemia nutans*、扁担杆 *Grewia biloba*、刺蒴麻 *Triumfetta rhomboidea*、山芝麻、假苹婆、两广梭罗、黄瑾 *Hibiscus tiliaceus*、地桃花 *Urena procumbens*、梵天花 *Actephila trewioides*、红背叶山麻杆、白背叶、白楸 *Mallotus paniculatus*、乌桕、黄花稔、猪屎豆 *Crotalaria pallida*、葛、三裂叶野葛、朴树、光叶山黄麻 *Trema cannabina*、山油麻、山黄麻 *Broussonetia papyrifera*、藤构、构树、对叶榕 *Ficus hispida*、琴叶榕 *F. pandurata*、黄葛榕 *F. virens* var. *sublanceolata*、变叶榕 *F. variosa*、大叶苎麻 *Boehmeria longispica*、苎麻、苦楝、黄杞、水团花、棕榈、灯心草、水毛花 *Scirpus mucronatus*、野枯草 *Arundinella anomala*、白羊草 *Bothriochloa ischaemum*、麻竹 *Dendrocalamus latiflorus*、牛筋草、丝茅 *Imperata koenigii*、五节芒、芒、狼尾草 *Pennisetum alopecuroides* 等。

⑦芳香植物　有 38 种，占总数的 1.95%。主要有马尾松、樟树、黄樟、乌药 *Lindera aggregata*、山胡椒 *L. glauca*、山苍子、香叶树、岗松、枫香树、白瑞香、牡荆 *Vitex negundo* var. *cannabifolia*、野薄荷、留兰香 *Mentha spicata*、香茶菜、栀子 *Gardenia jasminoides*、牡蒿 *Artemisia japonica*、茵陈蒿 *A. capillaris*、鼠麴草、香附子、菖蒲、百合等。

⑧鞣料植物　有 57 种，占保护区植物总数的 2.92%。其中常见的马尾松、樟树、虎杖、盐肤木、杨梅、厚皮香、柏拉木 *Blastus cochinchinensis*、地稔、中华杜英、山杜英、黑面神 *Breocarpus chinensis*、土密树、厚叶算盘子 *Glochidion hirsutum*、白背算盘子 *G. wrightii*、香港算盘子 *G. zeylanicum*、余甘子、黧蒴、南岭拷、红锥、饭甑青冈、杨梅叶青冈、金樱子、小果蔷薇、龙须藤 *Bauhinia championii*、藤黄檀 *Dalbergia hancei*、桃金娘、猴耳环、苦楝、南酸枣、野漆树、构树、枫香树、檵木、杨梅、山黄麻、马甲子 *Paliurus ramosissimus*、苦楝、红椿、青榨槭 *Acer davidii*、盐肤木、映山红、山油柑、乌桕、楹树 *Albizia chinensis*、常春藤、鲤肠、薯莨、菝葜等。

⑨观赏植物　有 100 种，占总数的 5.64%。主要有园林植物，如短序润楠 *Machilus breviflora*、黄樟、阴香、木荷、山杜英、假苹婆、五月茶、白背叶枫香树、朴树、苦楝、红花荷等。野生灌木花卉，主要有紫玉盘 *Uvaria macrophylla*、多种野牡丹、多种杜鹃、吊钟花、桃金娘、虎舌红等。草本景观植物，主要有青葙、含羞草、天胡荽、狗牙根、建兰等。藤本景观植物，主要有白花油麻藤、小叶买麻藤、罗浮买麻藤、金樱子、香花崖豆藤、玉叶金花 *Mussaenda pubescens*、小叶红叶藤 *Rourea microphylla*、匙羹藤 *Gymnema sylvestre*、多种菝葜等。

⑩蜜源植物　有 110 种，占总数的 5.13%。主要有马尾松、小果冬青 *Ilex micrococca*、柿、乌桕、山乌桕、鹅掌柴、多种杜鹃、多种榕树、杨梅、米槠、构树、小果山龙眼 *Helicia cochinchinensis*、水蓼、红蓼、马齿苋、山苍子、香叶树、蔊菜、枫香树、多种梨、小果蔷薇、金樱子、石斑木、茅莓、蛇莓、龙须藤、酢浆草、两面针、酒饼簕 *Atalantia buxifolia*、飞龙掌血 *Toddalia asiatica*、苦楝、白背叶、红背叶山麻杆、秋枫 *Bischofia javanica*、黄连木、南酸枣、铁冬青、无患子、拐枣 *Hovenia acerba*、山杜英、绢毛杜英 *Elaeocarpus nitentifolius*、猴欢喜、地桃花、山芝麻、木荷、杨桐、油茶、树参 *Dendropanax dentiger*、五加、白簕花 *Eleutherococcus trifoliatus*、常春藤、乌饭树、鼠刺乌饭树、酸藤子、赤杨叶、白

蜡树、女贞、醉鱼草、厚壳树、海州香薷 *Elsholtzia splendens*、野薄荷 *Mentha haplocalyx*、益母草 *Leonurus artemisia*、水锦树 *Wendlandia uvariifolia*、忍冬、一枝黄花 *Solidago decurrens*、毒根斑鸠菊 *Vernonia cumingana*、大蓟、苣荬菜、鬼针草、野菊、芒、菅、棕榈、黄花菜 *Hemerocallis citrina*、菝葜等。

7.2.1.6　野生动物资源

（1）野生动物资源较丰富　该保护区的生态环境复杂，森林茂密，孕育了丰富的动物种类。据调查统计，该保护区拥有野生脊椎动物 380 种，隶属 111 科 33 目。

①鱼类　有 43 种，隶属 15 科 4 目，占该区野生脊椎动物总种数的 11.32%。鲤形目（CYPRINIFORMES）有 3 科 34 种，占该区鱼类总种数的 79.07%；鲈形目（PERCIFORMES）有 7 科 13 种，占该区总种数的 30.23%；鲇形目（SILURIFORMES）有 4 科 5 种，占该区总种数的 11.63%；合鳃鱼目（SYNBRANCHIFORMES）有 1 科 1 属 1 种，占该区总种数的 2.33%。

②两栖类　有 26 种，隶属 13 属 8 科 2 目，占该区动物总种数的 6.84%。无尾目（SALIENTIA）有 6 科 10 属 23 种，占该区两栖动物总种数的 88.46%；有尾目（CAUDATA）有 2 科 3 属 3 种，占该区两栖动物总种数的 11.54%。

区系组成：广布种 2 种，华南区 6 种，华中区 2 种，华中—华南区 16 种。

③爬行类　有 59 种，隶属 44 属 16 科 3 目，占该区动物总种数的 15.53%。蛇目（SERPENTIFORMES）有 5 科 24 属 36 种，占该区爬行动物总数的 61.02%；蜥蜴目（LACERTIFORMES）有 7 科 12 属 16 种，占该区爬行动物总数的 27.12%；龟鳖目（TESTUDOFORMES）有 4 科 7 属 7 种，占该区爬行动物总数的 11.86%。

区系组成：广布种 13 种，华南区 22 种，华中—华南区 24 种。

④鸟类　有 196 种，隶属 48 科 16 目，占该区动物总种数的 51.58%。雀形目（PASSERIFOMES）有 27 科 116 种，占该区鸟类总数的 59.18%；隼形目（FALCONIFOEMES）有 2 科 12 种，占该区鸟类总数的 6.12%；鹃形目（CUCULIFORMES）有 1 科 9 种，占该区鸟类总数的 4.59%；鹳形目（CICONIIFORMES）有 1 科 9 种，占该区鸟类总数的 4.59%；䴕形目（PICIFORMES）有 2 科 9 种，占该区鸟类总数的 4.59%；鸡形目（GALLIFORMES）有 1 科 6 种，占该区鸟类总数的 3.06%；佛法僧目（CORACIIFORMES）有 3 科 6 种，占该区鸟类总数的 3.06%；雁形目（ANSERIFOMES）有 1 科 6 种，占该区鸟类总数的 3.06%；鸻形目（CHARADRIIFORMES）有 2 科 5 种，占该区鸟类总数的 2.55%；鸮形目（STRIGFORMES）有 2 科 4 种，占该区鸟类总数的 2.04%；鹤形目（GRUIFORMES）有 1 科 4 种，占该区鸟类总数的 2.04%；鸽型目（COLUMBIFORMES）有 1 科 4 种，占该区鸟类总数的 2.04%；䴙䴘目（PODICIPEDIFORMES）有 1 科 2 种，占该区鸟类总数的 1.02%；雨燕目（APODIFORMES）有 1 科 2 种，占该区鸟类总数的 1.02%；夜鹰目（CAPRIMULGIFORMES）有 1 科 1 种，占该区鸟类总数的 0.51%；咬鹃目（TROGONIFORMES）有 1 科 1 种，占该区鸟类总数的 0.51%。

该保护区的区系特征是以东洋界鸟类为主，有 124 种，占该区鸟类组成的 63.27%；古北界鸟类 51 种，占总数的 26.02%；广布种 12 种，占总数的 6.12%。其中多数为当地留鸟，有 117 种，占该区鸟类组成的 59.69%；冬候鸟有 59 种，占总数的 30.1%；夏候鸟有 11 种，占总数的 5.61%。

⑤哺乳类　有 56 种，隶属 24 科 8 目，占该区动物总种数的 14.74%；占广东省兽类总数（124 种）的 45.16%；占全国兽类总数（449 种）的 12.47%。啮齿目（RODENTIA）有 5 科 16 种和食肉目（CARNIVORA）有 6 科 16 种，各占该区哺乳类总数的 28.57%；翼手目（CHIROPTERA）有 4 科 12 种，占该区哺乳类总数的 21.43%；偶蹄目（ARIODACTYLA）有 3 科 6 种，占该区哺乳类总数的 10.71%；食虫目（INSECTVORA）有 2 科 4 种，占该区哺乳类总数的 7.14%；鳞甲目（PHOLIDOTA）有 1 科 1 种，占该区哺乳类总数的 1.79%；兔形目（ LAGOMORPHA）有 1 科 1 种，占该区哺乳类总数的 1.79%。

区系组成以东洋界的种类占该区绝大优势，有 51 种，占该区哺乳类总数的 91.07%；古北界的物种仅有 5 种，占该区哺乳类总数的 8.93%。

（2）珍稀濒危动物较多　以我国 1989 年公布实施的《国家重点保护野生动物名录》和 2001 年公布实施的《广东省重点保护陆生野生动物名录》（第一批）为依据，茂名云开山自然保护区拥有保护脊椎动物 56 种。其中国家Ⅰ级重点保护动物 6 种，国家Ⅱ级重点保护动物 34 种，省级重点保护动物 16 种（表 7.7）。

表 7.7　茂名云开山自然保护区的保护动物

序号	种　名	科　名	IUCN 濒危等级	保护级别
		哺乳纲 MAMMALIA		
1	云豹 *Neofelis nebulosa*	猫科 Felidae	濒危	Ⅰ
2	穿山甲 *Manis pentadactyla*	鲮鲤科 Manidae	濒危	Ⅱ
3	豺 *Cuon alpinus*	犬科 Canidae	易危	Ⅱ
4	黄喉貂 *Martes flavigula*	鼬科 Mustelidae	易危	Ⅱ
5	大灵猫 *Verra zibetha*	灵猫科 Viverridae	濒危	Ⅱ
6	小灵猫 *Viverricula indica*	灵猫科 Viverridae	易危	Ⅱ
7	斑林狸 *Prionodon pardicolor*	灵猫科 Viverridae	易危	Ⅱ
8	金猫 *Felis temmincki*	猫科 Felidae	渐危	Ⅱ
9	鬣羚 *Capricornis sumatraensis*	牛科 Bovidae	易危	Ⅱ
10	水鹿 *Rusa unicolor*	鹿科 Cervidae	易危	Ⅱ
11	豹猫 *Felis bengalensis*	猫科 Felidae	易危	省级
12	小麂 *Muntiacus reevesi*	鹿科 Cervidae	易危	省级
13	赤麂 *Muntiacus vaginalis*	鹿科 Cervidae	易危	省级
14	棕鼯鼠 *Petaurista petaurista*	鼯鼠科 Petauristidae	易危	省级
15	豪猪 *Hystrix hodgsoni*	豪猪科 Hystricidae		省级
16	毛冠鹿 *Elaphodus cephalophus*	鹿科 Cervidae	濒危	省级
		鸟纲 AVES		
17	金雕 *Aquila chrysaetox*	鹰科 Accipitridae	濒危	Ⅰ
18	白肩雕 *Aquila heliaca*	鹰科 Accipitridae	濒危	Ⅰ
19	黑冠鹃隼 *Aviceda leuphotes*	鹰科 Accipitridae	稀有	Ⅱ
20	黑鸢 *Milvus migrans*	鹰科 Accipitridae		Ⅱ
21	蛇雕 *Spilornis cheela*	鹰科 Accipitridae		Ⅱ
22	凤头鹰 *Accipiter trivirgatus*	鹰科 Accipitridae		Ⅱ
23	松雀鸢 *Accipiter virgatus*	鹰科 Accipitridae	易危	Ⅱ
24	苍鹰 *Accipiter gentilis*	鹰科 Accipitridae		Ⅱ
25	普通鵟 *Buteo buteo*	鹰科 Accipitridae		Ⅱ
26	红隼 *Falco subbuteo*	隼科 Falconidae	易危	Ⅱ
27	燕隼 *Falco subbuteo*	隼科 Falconidae		Ⅱ
28	游隼 *Falco peregrinus*	隼科 Falconidae	易危	Ⅱ
29	原鸡 *Gallus gallus*	雉科 Phasianidae		Ⅱ
30	白鹇 *Lophura nycthemera*	雉科 Phasianidae		Ⅱ
31	褐翅鸦鹃 *Centropus sinensis*	杜鹃科 Cuculidae	易危	Ⅱ
32	小鸦鹃 *Centropus toulou*	杜鹃科 Cuculidae	易危	Ⅱ
33	草鸮 *Tyto capensis*	草鸮科 Tytonidae	易危	Ⅱ
34	黄嘴角鸮 *Otus spilicephalus*	鸱鸮科 Strigidae	稀有	Ⅱ

（续）

序号	种 名	科 名	IUCN 濒危等级	保护级别
35	领角鸮 *Otus bakkamoena*	鸱鸮科 Strigidae		Ⅱ
36	长耳鸮 *Asio otus*	鸱鸮科 Strigidae		Ⅱ
37	池鹭 *Ardeola bacchus*	鹭科 Ardeidae		省级
38	大白鹭 *Egretta alba*	鹭科 Ardeidae		省级
39	白鹭 *Egretta garzetta*	鹭科 Ardeidae		省级
40	牛背鹭 *Bubulcus ibis*	鹭科 Ardeidae		省级
41	绿鹭 *Butorides striatus*	鹭科 Ardeidae		省级
42	夜鹭 *Nycticorax nycticorax*	鹭科 Ardeidae		省级
43	黄斑苇鳽 *Ixobrychus sinensis*	鹭科 Ardeidae		省级
44	栗苇鳽 *Ixobrychus cinnamomeus*	鹭科 Ardeidae		省级
		爬行纲 REPTILIA		
45	蚺（蟒）*Python molurus*	蟒科 Boidae	极危	Ⅰ
46	鳄蜥 *Shinisaurus crocodilurus*	鳄蜥科 Shinisauridae	濒危	Ⅰ
47	巨蜥 *Varanus salvator*	巨蜥科 Varanidae	极危	Ⅰ
48	山瑞鳖 *Palea steindachnei*	鳖科 Trionychidae	濒危	Ⅱ
49	大壁虎 *Gekko gekko*	壁虎科 Gekkonidae	濒危	Ⅱ
50	三线闭壳龟 *Cuora trifasciata*	龟科 Testudidae	濒危	Ⅱ
51	地龟 *Geoemyda spengleri*	龟科 Testudidae	稀有	Ⅱ
52	平胸龟 *Platysternon megacephalum*	龟科 Testudidae	濒危	省级
		两栖纲 AMPHIBIA		
53	大鲵 *Andrias davidianus*	隐鳃鲵科 cryptobranchidae	极危	Ⅱ
54	虎纹蛙 *Rana tigrina*	蛙科 Ranidae	易危	Ⅱ
55	细志疣螈 *Tylototriton asperrimus*	蝾螈科 Salamandridae	易危	Ⅱ
56	棘胸蛙 *Rana spinosa*	蛙科 Ranidae	易危	省级

③经济动物多样　该保护区的野生经济动物资源也比较丰富。

A. 哺乳类　有黄喉貂、黄腹鼬、黄鼬、猪獾、鼬獾、果子狸、椰子狸 *Paradoxurus hermaphroditus*、食蟹獴 *Herpestes urva*、华南兔、隐纹花松鼠、银星竹鼠、中华竹鼠、野猪等。

B. 鸟类　有小鷿鷈、鹧鸪、灰胸竹鸡 *Bambusicola thoracica*、普通秧鸡 *Rallus aquaticus*、金眶鸻 *Charadrius dubius*、白腰草鹬 *Tringa ochropus*、山斑鸠 *Streptopelia orientalis*、火斑鸠 *Streptopelia tranquebarica*、珠颈斑鸠 *Streptopelia chinensis*、大鹰鹃 *Cuculus sparverioides*、四声杜鹃 *Cuculus micropterus*、噪鹃 *Eudynamys scolopacea*、普通夜鹰 *Caprimulgus indicus*、小白腰雨燕 *Apus affinis*、普通翠鸟、大拟啄木鸟 *Megalaima virens*、斑啄木鸟 *Picoides major*、家燕、金腰燕、灰鹡鸰、白鹡鸰、树鹨 *Anthus hodgsoni*、赤红山椒鸟 *Pericrocotus flammeus*、红耳鹎 *Pycnontus jocosus*、白头鹎 *Pycnontus sinensis*、白喉红臀鹎 *Pycnontus aurigaster*、棕背伯劳 *Lanius schach*、黑卷尾 *Dicrurus macrocercus*、发冠卷尾 *Dicrurus hottentottus*、黑领椋鸟 *Sturnus nigricollis*、红嘴蓝鹊 *Cissa crythrorhyncha*、红尾水鸲 *Rhyacornis fuliginosus*、鹊鸲 *Copsychus saularis*、北红尾鸲 *Phoenicurus aurorens*、红嘴相思鸟、黑脸噪鹛 *Garrulax perspicillatus*、黑领噪鹛 *Garrulax pectoralis*、画眉、黄腰柳莺 *Phylloscopus proregulus*、大山雀、红头长尾山雀、叉尾太阳鸟 *Aethopyga christinae*、暗绿绣眼鸟、[树] 麻雀 *Passer montanus*、金翅雀 *Carduelis sinica*、灰头鹀 *Emberiza spodocephala* 等。

C. 两栖类　有黑眶蟾蜍、中华大蟾蜍、阔褶蛙 *Rana lalouchii*、沼水蛙、泽蛙、弹琴蛙 *Rana adenopleura*、尖舌浮蛙 *Oceidozyga lima*、棘胸蛙、华南湍蛙、斑脚树蛙 *Rhacophorus leucomystax* 等。

D. 爬行类　有乌龟、平胸龟、地龟、四眼水龟 *Sacalia quadriocellata*、三线闭壳龟、变色树蜥 *Calotes versicolor*、蟒蛇、竹叶青蛇、翠青蛇 *Ophepdrys major*、灰鼠蛇、滑鼠蛇、中国水蛇、三索锦蛇、黑眉锦蛇、金环蛇、银环蛇、眼镜蛇、眼镜王蛇等。

E. 鱼类　有鲤 *Cyprtus carpto*、鲫 *Carassius auratus*、黄颡鱼 *Pelteobagrus fulvidraco*、横蚊条鳅 *Nemacheihus fasciolatus*、泥鳅 *Misgurnus anguillicaudatus*、方氏拟腹吸鳅 *Pseudogastromyzon fangi*、平舟原缨口鳅 *Varumanenia pingchowensis*、叉尾斗鱼 *Macropodus opercularis* 等。

7.2.2 茂名林洲顶鳄蜥自然保护区

茂名市林业局于2005 年提出建设茂名林洲顶市级自然保护区。2005 年6 月，茂名市林业局委托华南农业大学林业调查规划院对拟建中的茂名林洲顶市级自然保护区进行可行性研究①，为申报建立林洲顶市级自然保护区提供了立案的科学依据。2007 年1 月18 日，茂名市人民政府茂府办函［2007］6号文，《关于建立茂名林州顶市级自然保护区的复函》，同意建立茂名林州顶市级自然保护区。2009 年1 月12 日，广东省人民政府粤府函［2009］60 号文，批准茂名林州顶市级自然保护区升格为省级自然保护区，主要保护对象是国家Ⅰ级重点保护的野生动物鳄蜥 *Shinisaurus crocodilurus* 及其自然环境、南亚热带季风常绿阔叶林生态系统和水源涵养林。

根据中华人民共和国国家标准《自然保护区类型与级别划分原则》（GB/T14529—93），茂名林洲顶鳄蜥自然保护区属“野生生物类”别中的“野生动物类型”自然保护区。

7.2.2.1 自然条件

（1）位置范围　茂名林洲顶鳄蜥自然保护区位于粤西南茂名市的东北部，为茂名市与阳江市、云浮市的交界地带。地理坐标为东经111°29′10″ ~ 111°39′45″，北纬22°20′50″ ~ 22°30′00″。地跨信宜市的思贺镇、新宝镇，东与阳春百涌自然保区区相连，西南与茂名云开山自然保护区为邻，北与罗定镇交界。整个保护区形似一只回首“凤凰”，东西宽18.5km，南北长15.3km，总面积6064.8hm². 。

（2）地质基础

①地层　保护区所在地域经历了早古生代震旦纪、寒武纪、晚古生代泥盆纪、石炭纪，中生代三迭纪、侏罗纪、白垩纪的地壳运动，造成了复杂的地层结构。在地层上属于华南地层区云雾分区，出露的地层以震旦系为主，并广布燕山期花岗岩和加里东期混合岩化花岗岩。

②构造　保护区的地质构造属华南加里东褶皱系粤西隆起的复背斜带。在后加里东时期受新华夏构造体系改造。

③岩性　保护区的岩石基本为震旦系的千枚岩、片岩、片麻岩、石英岩等变质岩组成，岩层走向或片理走向以东北—西南为主。

（3）地貌概况 按广东省地貌类型划分标准，保护区地貌可划分为3 大类。

①山地地貌　在三类地貌中以低山山地最为发育，海拔500 ~ 800m，面积4133.97hm²，占保护区总面积的68.16%。主要分布于保护区的西北和东北部，山顶平坦或浑圆，坡度较为和缓，一般在35° ~ 45°。

中山山地其次，面积1014.6hm²，占保护区总面积的16.73%。在保护区内的中山海拔800 ~ 1211.7m，主要分布于保护区的西南部，其中在西南缘的三甲顶最高海拔为1211.7m，石船顶海拔1200.7m、犁壁顶海拔1039.5m、笔加山海拔1159.0m、八排顶海拔1080.5m、林洲顶海拔1008.2m和花楼顶海拔1062.0m，地形起伏大，比高达800 ~ 1000m，坡度达44° ~ 47°，山地中存在800m、1000m、1100 ~ 1200m 的夷平面或等高峰线。

① 冯志坚，陈世清．茂名林洲顶市级自然保护区可行性研究报告．华南农业大学林业调查规划设计院，茂名市林业局，茂名市国营八一林场．2006.12.

② 丘陵地貌　海拔在500m以下，比高50~100m，主要由变质砂岩组成，地面受轻微切割，起伏中等，坡度5°~25°。主要分布在山地地貌外围，或河谷附近，面积不大，仅有815.7hm²，占保护区总面积的13.45%。

③ 平原地貌　地势低平，海拔一般<100m，比高<4m，洪水可淹没。主要由第四系的沙、砾和黏土层松散堆积物组成，土层深厚。主要分布在保护区的山地河流两岸和坡麓地带，故称溪谷平地。其特点是面积狭小，仅有100.7hm²，占保护区总面积的1.66%，坡度较<5°，组成物质以沙、砾和粉沙为主，透水性较强。

(4) 气候特点　该保护区属于南亚热带海洋性湿润气候。其特点是：光照充足，热量丰富，雨量充沛，气候温暖，雨热同季。

由于保护区内尚无气象站，据信宜市气象资料：年平均气温20.5℃，1月平均气温14.3℃，极端最低气温为0.8℃，7月平均气温28.1℃，极端最高气温为35.8℃；年降水量1776.5mm，多集中在4~9月。年蒸发量1209.8mm。雨热同期，有利植物生长，生物繁衍更迭活跃。但因保护区位于信宜市的东北部山区，其各项气温指标常随海拔高度的升高而降低，比信宜市城区要低2~3℃，而雨量则稍高达2731.5mm。

(5) 水文特征　保护区属西江水系一级支流罗定江的源头，地表水以河流、水库等形式分布。

①河流保护区内有10km以上的河流4条，流域面积达2214.7hm²。

A. 思贺河　发源于笔架山，全长24.3km，集水面积181.3hm²。在此河流已建有水电站14座，装机容量6763kW。

B. 白龙河　发源于鸡笼山，全长46.2km，集水面积749.5hm²。在此河流已建有水电站14座，装机容量13 325kW。

②水库　保护区建有大坪、鸡冠滩、三岔和上云等4座小型水库。其中大坪水库最大，坝高20m，集雨面积607.3hm²，装机容量1000kW。

③地下水　保护区内的地下水属于山丘基岩裂隙水，主要赋存于风化裂隙内层间裂隙和断裂带中，埋藏较浅，水量较为贫乏。由于山地切割强烈，地下水的循环交替快，大气降水渗入地下后，很快沿风化裂隙、构造裂隙以地下径流的形式排向就近河道，地下径流模数一般为2.05~13.21t/km²。

(6) 土壤特征　该保护区的地带性土壤为赤红壤。由于地形的不同，植被分布的差异，再加上成土母质（或母岩）的差异，以及人类生产活动等因素的影响，又形成了不同的土壤类型。分布规律如下。

①赤红壤　主要分布在海拔500m以下的丘陵地带，成土母质为花岗岩风化物为主，土壤为沙质土，土层深厚，地表凋落物较多，剖面特征为表层浅薄，灰褐色，底层以下棕黄色，粒状、松散，偏酸性。

②山地红壤　主要分布在海拔500~800m之间的低山坡地，土层深厚，植物生长良好，目前为次生常绿阔叶林和人工林交错分布地带。

③山地黄壤　主要分布在海拔800~1000m的中山坡地，成土母质主要为花岗岩、片岩、板岩、粉砂岩和细砂岩等风化物，土层较薄，地表凋落物多，表土层有机质丰富，土壤呈酸性。

④山地灌丛草甸土　主要分布在海拔1000m以上的三甲顶等山顶和山脊，成土母质为闪长岩，由黑云母、角闪石组成。土地剖面层次不完整，有明显的枯枝落叶和草根盘结的草甸层。

7.2.2.2　功能分区

依《茂名林洲顶市级自然保护区总体规划》①，将该自然保护区区分的3个功能区。

(1) 核心区　位于保护区的南部，面积2517. 5hm²，占保护区总面积的41.51%，具体范围东以大

---

① 张方秋，李小川等. 茂名林洲顶市级自然保护区总体规划. 广东林业科学研究院，广东森科园林绿化工程有限公司，华南濒危动物研究所等. 2008.10.

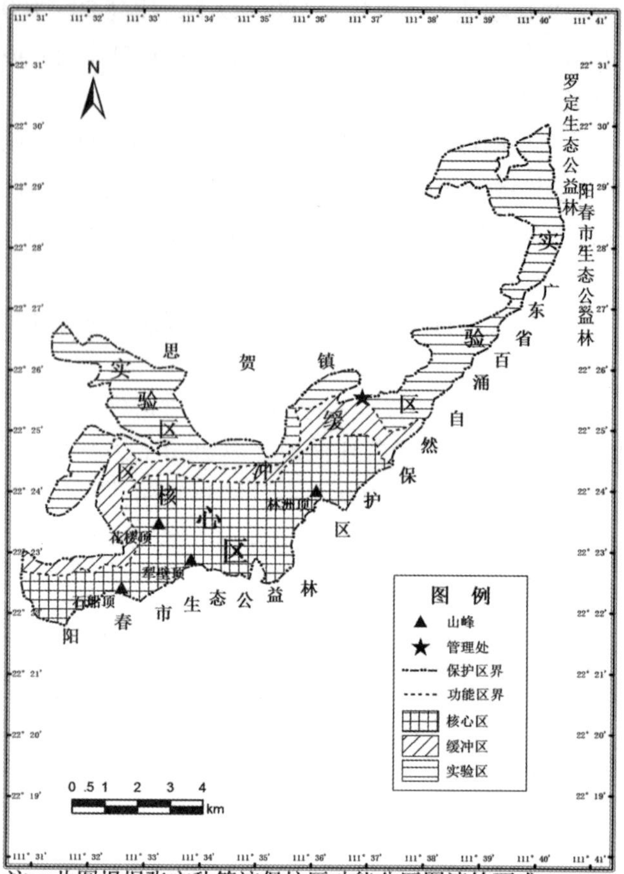

注：此图根据张方秋等该保护区功能分区图清绘而成。

图 7.4　茂名林州顶鳄蜥自然保护区功能分区图

旱—大凹为界，南以笔架—梨壁顶—石船顶—三甲顶为界，西以三甲顶—大坑尾—榕树坪背—下白水为界，北以鳄鱼顶—银厂—大山顶—大哈坑—大旱为界，南面为阳春百涌省级保护区和阳春市生态公益林区，西面和北面为缓冲区。

其主要功能是保护天然季风常绿阔叶林生态系统的稳定性和完整性。除必需的科学研究人员经有关主管部门批准方可进出外，将实行全封闭管理，严禁狩猎、采挖药材和砍伐林木 。

（2）缓冲区　位于核心区外围的西北部，面积 1163.5hm^2，占保护区总面积的 19.18%。具体范围东以大旱—大哈坑—大山顶—银厂—鳄鱼顶—下白水—榕树背—大坑尾为界，西以大茅顶—榕树坪—半河—陂角为界，北以陂角—陂子坳—沙木坑—化神岭—林场为界。

其功能主要是减少人类对于核心区的压力，起缓冲作用，将实行半封闭管理，严禁狩猎、采挖药材和砍伐林木，但从事科研人员可以事先向有关主管部门批准，进行科学考察等活动。

（3）实验区　位于缓冲区外围的北部和东北部，面积 2383.8hm^2，占保护区总面积的 39.31%，具体范围东以八排顶—竹篙岭地为界，南以竹篙岭顶—林场—化神岭—沙木坑—陂子坳—陂角—雷打木为界，西以草冠塘—陂角—南木柳—半河为界，北以半河—双思顶—沙木坑—光头岭—七凹—子京坑—菠萝田—笔竹河—吊枧尾—冷水—打交坪为界。

其主要功能是从事恢复森林植被，进行科学试验、参观考察、教学实习、科普旅游、多种经营和繁育珍稀物种资源等（图 7.4）。

7.2.2.3　植物区系特点

（1）植物物种较丰富　据调查统计①，该保护区拥有野生维管束植物 1032 种，（包括种下分类单位，下同），隶属 570 属 179 科，占广东省野生维管束植物（5933 种）的 17.39%（叶华谷等，2005）。其中蕨类植物 105 种，隶属 63 属 38 科，占维管束植物总数种的 10.17%；裸子植物 7 种，隶属 6 属 4 科，占总种数的 0.68%；被子植物 920 种，隶属 501 属 137 科，占总种数的 89.15%（表 7.8）。

表 7.8　茂名林洲顶鳄蜥自然保护区野生维管束植物类群的组成

植物类群		科数	属数	种数
蕨类植物		38	63	105
裸子植物		4	6	7
被子植物	双子叶植物纲	117	410	739
	单子叶植物纲	20	91	181
合计		179	570	1032

① 张方秋，李小川等．茂名林洲顶市级自然保护区科学考察报告．广东林业科学研究院，广东森科园林绿化工程有限公司，华南濒危动物研究所，华南植物园，广西大学等．2008. 10.

此外，尚有栽培植物106种，隶属72属49科。其中裸子植物10种，隶属8属7科；被子植物96种，隶属65属42科（双子叶植物79种52属35科；单子叶植物17种13属7科）。此外，还发现了18种外来入侵植物。

（2）地理成分较复杂

①蕨类植物的地理成分

A. 科的地理分布区类型　根据保护区蕨类植物38科的分布类型统计分析如下。

广布科　共10有科，占该区总科数的26.32%。如石杉科、石松科、卷柏科、木贼科、紫萁科、铁线蕨科、蹄盖蕨科、铁角蕨科、水龙骨科、苹科等。

热带、亚热带分布科　共有19科，占该区总科数的67.86%（扣除广布科10科，下同）。如松叶蕨科、桫椤科、稀子蕨科 Monachosoraceae、中国蕨科、水蕨科以我国华南至西南亚热带为分布中心，也是本保护区蕨类区系的特征成分。另有骨碎补科 Dvalliaceae 以亚洲亚热带为主。而以热带为主的有莲座蕨科、海金沙科、碗蕨科、鳞始蕨科 Lindsaeaceae、凤尾蕨科 Pteridaceae、裸子蕨科 Gymnogrammaceae、书带蕨科 Vittaceae、金星蕨科 Thelypteridaceae、球盖蕨科 Peranemaceae、舌蕨科 Elaphoglossaceae、实蕨科 Bolbitidaceae、禾叶蕨 Grammitaceae、剑蕨科 Loxogrammaceae 等。

泛热带分布科　共有6科，占该区总科数的21.43%。如槲蕨科以亚洲为主，其他为里白科、蚌壳蕨科、蕨科、乌毛蕨科、肾蕨科等。

如亚洲、大洋洲和美洲热带分布科的瘤足蕨科，热带至温带分布科的瓶尔小草科，温带至亚热带高山地区分布科鳞毛蕨科 Dryopteridaceae 均为仅有1科，各占总科数的3.57%。

B. 属的地理分布区类型　根据保护区蕨类植物63属的分布类型统计分析如下。

广布属　共有6属，占该区总属数的9.23%。如石杉属、石松属、卷柏属、铁线蕨属 *Adiantum*、铁角蕨属 *Asplenium*、苹属 *Marsilea*、等。

泛热带分布属　共有11属，占该区总属数的18.64%（扣除广布属6属，下同），如马尾杉属、扁枝石松属 *Diphasiastrum*、鳞始蕨属 *Lindsaea*、乌蕨属 *Sphenomeris*、蕨属、栗蕨属 *Histiopteris*、书带蕨属 *Vittaria*、圣蕨属 *Dictyocline*、新月蕨属 *Pronephrium*、肾蕨属 *Nephrolepis*、禾叶蕨属 *Grammitis* 等。

热带和亚热带分布属　共有39属，占该区总属数的69.49%。其中热带至亚热带为主，如松叶蕨属、灯笼草属 *Palhinhaea*、观音莲座属、芒萁属、里白属、海金沙属、黑桫椤属、稀子蕨属、碗蕨属、凤尾蕨属 *Pteris*、碎米蕨属 *Cheilosoria*、水蕨属 *Ceratopteris*、凤丫蕨属 *Coniogramme*、断肠蕨属 *Allantodia*、崇澍蕨 *Chieniopteris*、鱼鳞蕨属 *Acrophorus*、金粉蕨属 *Onychium*、毛蕨属 *Cyclosorus*、复叶耳蕨 *Arachniodes*、骨碎补属、阴石蕨属、线蕨属 *Colysis*、骨牌蕨属 *Lepidogrammitis*、石韦属、剑蕨属 *Loxgramme* 等。

以亚热带为主的属　与热带至亚热带分布的类型相当，热带亚洲分布的有7属。如藤石松属、桫椤属、星蕨属、伏石蕨属 *Lemmaphyllum*、假瘤蕨属 *Phymatopteris*、穴子蕨属 *Prosaptia*、崖姜蕨属 *Pseudodrynaria* 等；热带亚洲—大洋洲分布的有1属，如乌毛蕨属；热带亚洲至非洲分布的有1属，如瓦韦属；热带亚洲至热带美洲分布有4属，如瘤足蕨属、双盖蕨属、单叶盖蕨属 *Triblemma*、水龙骨属；东亚分布的有1属，如金毛狗属。

温带、热带分布属　有3属，占该区总属数的5.08%。如瓶尔小草属、紫萁属、狗脊属。

北温带分布属　有3属，占该区总属数的5.08%。如卵果蕨属、贯众属、鳞毛蕨属等。

寒、温带分布属。有1属，占该区总属数的1.69%。如木贼属 *Equisetum*。

②种子植物的地理成分

按照《世界种子植物科的分布区类型系统》（吴征镒等，2003），保护区种子植物141科的分布区类型统计分析，除旧世界温带分布、温带亚洲分布、地中海区和西亚至中亚分布、中亚分布及中国特有分布科尚未发外，其余10个分布区类型及变型均有分布。

*1. 广布（世界广布）　计有41科，占该区总科数的29.08%。如毛茛科、十字花科、堇菜

科、远志科、景天科、马齿苋科、蓼科、石竹科、藜科、苋科、酢浆草科、千屈菜科、柳叶菜科、小二仙草科、瑞香科、蔷薇科、蝶形花科、杨梅科、榆科、桑科、鼠李科、伞形科、木犀科、茜草科、败酱科、菊科、报春花科、桔梗科、龙胆科、车前科、半边莲科、紫草科、茄科、旋花科、玄参科（主产温带）、狸藻科、唇形花科（主产地中海）、浮萍科、兰科、莎草科（主产温带及寒温带）、禾本科等。

＊2. 泛热带（热带广布） 有45科，占该区总科数的45%（扣除广布科39科）。如番荔枝科、樟科、青藤科、防己科、马兜铃科、胡椒科、金粟兰科、白花菜科、凤仙花科、天料木科、葫芦科、秋海棠科、茶科、野牡丹科、红树科、藤黄科、梧桐科、锦葵科、大戟科、含羞草科、荨麻科、卫矛科、铁青树科、檀香科、葡萄科、芸香科、楝科、无患子科、漆树科、柿科、山榄科、紫金牛科、马钱科、夹竹桃科、萝藦科、爵床科、鸭跖草科、谷精草科、竹芋科、雨久花科、菝葜科、天南星科、薯蓣科、棕榈科、仙茅科等。

＊2－1. 热带亚洲、大洋洲和热带美洲（南美洲或/和墨西哥） 有2科，占该区总科数的2%。如第伦桃科 Dilleniaceae、山矾科 Smyplocaceae。

＊2－2. 热带亚洲—热带非洲—热带美洲（南美洲） 有4科，占该区总科数的4%。如买麻藤科 Gnetaceae、椴树科 Tiliaceae、粘木科 Ixonanthaceae、苏木科 Caesalpiniaceae。

＊2S. 以南半球为主的泛热带 有6科，占该区总科数的6%。如罗汉松科、商陆科、山龙眼科、桃金娘科、桑寄生科、石蒜科 Amaryllidaceae 等。

＊3. 东亚（热带、亚热带）及热带南美间断 有9科，占该区总科数的9%。如木通科、水东哥科、杜英科、冬青科、省沽油科、五加科、安息香科、苦苣苔科、马鞭草科等。

＊4. 旧世界热带 有4科，占该区总科数的4%。如海桐花科 Pittosporaceae、八角枫科 Alangiaceae、芭蕉科 Musaceae、露兜树科 Pandanaceae。

＊5. 热带亚洲至热带大洋洲 有2科，占该区总科数的2%。如交让木科、姜科。

＊6. 热带亚洲至热带非洲 仅有1科，占该区总科数的1%。如杜鹃花科 Ericaceae。

＊7. 热带亚洲（即热带东南亚至印度—马来，太平洋诸岛） 有1科，占该区总科数的1%。如牛栓藤科 Connaraceae。

＊7－1. 爪哇（或苏门答腊），喜马拉雅间断或星散分布到华南、西南 仅有1科，占该区总科数的1%。如五列木科 Pentaphylacaceae。

＊7－3. 缅甸、泰国至华西南 仅有1科，占该区总科数的1%。如肉实科 Sarcospermataceae。

＊7－4. 越南（或中南半岛）至华南或西南）分布 有2科，占该区总科数的2%。如大血藤科 Sargentodoxaceae、清风藤科 Sabiaceae。

＊8. 北温带 有7科，占该区总科数的7%。如松科 Pinaceae、金丝桃科 Hypericaceae、山茱萸科 Cornaceae、越桔科 Vacciniaceae、忍冬科 Caprifoliaceae、延龄草科 Trilliaceae、百合科 Liliaceae。

＊8－4 北温带和南温带间断分布 有8科。占该区总科数的8%。如绣球花科、金缕梅科、黄杨科、壳斗科、胡颓子科、槭树科、胡桃科、灯心草科等。

＊8－5 欧亚和南美洲温带间断 有1科，占该区总科数的1%。如小檗科 Berberidaceae。

＊9. 东亚及北美洲间断 有4科，占该区总科数的4%。如木兰科 Magnoliaceae、五味子科 Schisandraceae、三白草科 Saururaceae、鼠刺科 Escalloniaceae。

＊14. 东亚 有2科，占该区总科数的2%。如三尖杉科 Cephalotaxaceae、猕猴桃科 Actinidiaceae。

从上所述可以看出：以泛热带分布有57科，占总科数的57%（扣广布分布41科，下同）；北温带分布有16科，占总科数的16%；东亚（热带、亚热带）及热带南美间断分布有9科，占总科数的9%；其余分布所含科数均在4%以下，不占重要地位；特别是中国特有科等5科分布缺如，表明该自然保护区植物区系在科级水平上以泛热带分布成分为主，兼有一定数量的北温带成分。

B. 属的地理分布区类型 根据保护区种子植物507属的分布类型，按照《中国种子植物属的分布区类型》（吴征镒，1991）统计分析，除地中亚分布区、西亚至中亚分布类型及其变型尚未发现外，其他 14 个分布区类型变型均有分布（表 7.9）。

表 7.9　茂名林洲顶鳄蜥自然保护区种子植物属的分布区类型

分布区类型及变型	属数	占总属数（%）
1. 广布分布	40	扣除
2. 泛热带分布	125	26.77
2 – 1 热带亚洲、大洋洲和南美洲间断分布	0	0
2 – 2 热带亚洲、非洲和南美洲间断分布	0	0
3. 热带亚洲和热带美洲间断分布	17	3.64
4. 旧世界热带分布	55	11.78
4 – 1 热带亚洲、非洲和大洋洲间断分布	0	0
5. 热带亚洲至热带大洋洲分布	39	8.14
5 – 1 中国（西南）亚热带和新西兰间断分布	0	0
6. 热带亚洲至热带非洲分布	22	4.71
6 – 1 华南、西南到印度和热带非洲间断	0	0
6 – 2 热带亚洲和东非间断	0	0
7. 热带亚洲（印度—马来西亚）分布	74	15.85
7 – 1 爪哇、喜马拉雅和华南、西南星散分布	0	0
7 – 2 热带印度至华南分布	0	0
7 – 3 缅甸、泰国至华西南分布	0	0
7 – 4 越南（或中南半岛）至华南（或西南）分布	0	0
8. 北温带分布	51	10.92
8 – 1 环极分布	0	0
8 – 2 北极高山分布	0	0
8 – 3 北极—阿尔泰和北美洲间断分布	0	0
8 – 4 北温带和南温带（全温带）间断分布	0	0
8 – 5 欧亚和南美洲温带间断分布	0	0
8 – 6 地中海区、东亚、新西兰和墨西哥到智利间断	0	0
9. 东亚和北美洲间断分布	25	5.35
9 – 1 东亚和墨西哥间断	0	0
10. 旧世界温带分布	15	3.21
10 – 1 地中海区、西亚和东亚间断分布	0	0
10 – 2 地中海和喜马拉雅间断分布	0	0
10 – 3 欧亚和南非洲（有时也在大洋洲）间断	0	0
11. 温带亚洲分布	1	0.21
12. 地中海区、西亚至中亚分布	0	0.
12 – 1 地中海区至中亚和南非洲、大洋洲间断	0	0
12 – 2 地中海区至中亚和墨西哥间断	0	0
12 – 3 地中海区至温带、热带亚洲，大洋洲和南美洲间断	0	0
12 – 4 地中海区至热带非洲和喜马拉雅间断	0	0
12 – 5 地中海区—北非洲、中亚、北美西南部，智利和大洋洲（泛地中海）间断分布	0	0
13. 中亚分布	0	0
13 – 1 中亚东部（亚洲中部）	0	0

（续）

分布区类型及变型	属数	占总属数（%）
13 - 2 中亚至喜马拉雅	0	0
13 - 3 西亚至喜马拉雅和西藏	0	0
12 - 4 地中海区至热带非洲和喜马拉雅间断	0	0
14. 东亚分布	36	7.71
14 - 1 中国—喜马拉雅（SH）	0	0
14 - 2 中国—日本（SJ）	0	0
15. 中国特有分布	7	1.50
合计	507	100

从上表可以看出，保护区内属的地理成分是以热带成分占优势，从 2 ~ 7 各类热带成分共有 332 属，占总属数（扣除广布 40 属，以下同）的 71.09%。温带成分从 8 ~ 12 共有 92 属，占总属数的 19.7%。东亚分布有 36 属，占总属数的 7.71%。中国特有分布的 7 属，占 1.5%，占广东的中国特有属（48 属）的 14.58%，有拟单性木兰属、圆籽荷属、马蹄参属 *Diplopanax*、无距花属 *Stapfiophyton*、虎颜花属 *Tigridiopalma*、石笔木属 *Tutcheria*、大血藤属 *Sargentodoxa* 等。

7.2.2.4 植被类型

据调查，保护区内的植被类型多样，主要有 6 种类型。

（1）沟谷季风常绿阔叶林　主要分布于海拔 600m 以下的沟谷。

乔木层：以假苹婆、水翁 *Cleistocalyx operculatus*、水同木 *Ficus fistulosa*、网脉山龙眼 *Helicia obovatifolia*、米槠 *Castanopsis carlesiihe*、华润楠等为优势种。

灌木层：主要有水冬哥 *Saurauia tristyla*、对叶榕 *Ficus hispida*、三椏苦 *Evodia lepta* 等。

层间藤本植物：有扁担藤 *Tetrastigma planicaule*、白花油麻藤 *Mucuna birdwoodiana*、罗浮买麻藤 *Gnetum lofuense*、藤黄檀 *Dalbergia hancei*、忍冬 *Lonicera japonica*、轮环藤 *Cyclea racemosa* 等。

（2）季风常绿阔叶林　南亚热带的地带性植被类型，主要分布于海拔 800m 以下的山坡。

乔木层：主要由锥属、柯属、润楠属多种植物及木荷 *Schima superba* 等为优势种。

灌木层：多由三椏苦和山油柑 *Acronychia pedunculata* 构成。

（3）常绿阔叶矮林　主要分布于海拔 800m 以上的山顶和山脊，由于土层浅薄，常风大，故树木一般矮化弯曲，分枝多而密布苔藓。组成种类，主要由木荷、石斑木 *Raphiolepis indica*、豺皮樟、毛冬青、广东冬青、信宜槭 *Acer sunyiense*、乌饭树、杜鹃等组成。

（4）竹林　主要分布于沟谷洼地或坡地。主要有毛竹 *Phyllostachys heterocycla* cv. *pubescens* 林、粉单竹 *Bambusa chungii* 丛和青皮竹 *Bambusa textilis* 丛等。

（5）针阔叶混交林　主要分布于保护区东北部。以针叶树的马尾松 *Pinus massoniana*、杉木 *Cunninghamia lanceolata* 与阔叶树的木荷、米槠、枫香树 *Liquidambar formosana*、鹅掌柴等形成混交林。

（6）山顶灌丛草坡　主要分布于海拔 1000m 以上的山顶，多由高度一般不超过 1m，植物种类复杂，灌木主要有粘毛杜鹃、岗松、石斑木、毛果算盘子 *Glochidion eriocarpum*、白楸 *Mallotus paniculatus*、红背叶山麻杆 *Alchornea trewioides* 等。草本以苔草等为主。

7.2.2.5 野生植物资源

（1）珍稀濒危保护植物较多　根据 1984 年国家环境保护委员会公布的《中国珍稀濒危保护植物名录》和 1999 年国务院批准公布的《国家重点保护野生植物名录（第一批）》所列种类统计，保护区内共有国家重点保护野生植物 12 科 13 属 18 种。其中蕨类植物 3 科 4 属 4 种，裸子植物 1 科 1 属 1 种，被子植物 12 科 12 属 13 种；列为国家Ⅱ级重点保护的野生植物 10 种，国家Ⅲ重点保护的野生植物种 8

种（表7.10）。

表7.10 茂名林洲顶鳄蜥自然保护区的保护植物

序号	种名	科名	濒危度	保护级别
1	金毛狗 *Cibotium barometz*	蚌壳蕨科 Dicksoniaceae	渐危	Ⅱ
2	桫椤 *Alsophila spinulosa*	桫椤科 Cyatheaceae	渐危	Ⅱ
3	黑桫椤 *Gymnosphaera podophylla*	桫椤科 Cyatheaceae	渐危	Ⅱ
4	水蕨 *Ceratopteris thalictroides*	水蕨科 Ceratopteridaceae	濒危	Ⅱ
5	观光木 *Tsoongiodendron odorum*	木兰科 Magnoliaceae	稀有	Ⅱ
6	樟树 *Cinnamomum camphora*	樟科 Lauraceae	渐危	Ⅱ
7	圆籽荷 *Apterosperma oblata*	山茶科 Theaceae	濒危	Ⅱ
8	红椿 *Toona ciliata*	楝科 Meliaceae	渐危	Ⅱ
9	马蹄参 *Diplopanax stachyanthus*	五加科 Araliaceae	渐危	Ⅱ
10	紫荆木 *Madhuca pasquieri*	山榄科 Sapotaceae	稀有	Ⅱ
11	鸡毛松 *Podocarpus imbricatus*	罗汉松科	渐危	Ⅲ
12	乐东拟单性木兰 *Parakmeria lotungensis*	木兰科 Magnoliaceae	渐危	Ⅲ
13	八角莲 *Dysosma-versipellis*	小檗科 Berberidaceae	渐危	Ⅲ
14	锯叶竹节树 *Carallia diplopetala*	红树科 Rhizophoraceae	渐危	Ⅲ
15	粘木 *Ixonanthes chinensis*	粘木科 Ixonanthaceae	渐危	Ⅲ
16	吊皮锥 *Castanopsis kawakamii*	壳斗科 Fegaceae	渐危	Ⅲ
17	乌檀 *Naudea officinalis*	茜草科 Rubiaceae	稀有	Ⅲ
18	巴戟 *Morinda officinalis*	茜草科 Rubiaceae	稀有	Ⅲ

兰科植物14属21种，全部为《濒危野生动植物种国际贸易公约》附录Ⅱ物种。

（2）经济植物多样　据调查统计，在该保护区1032种维管束植物种类中，有多种经济植物资源。

①药用植物　有472种，占总数的45.74%。如巴戟等都是著名的南药。此外，深绿卷柏 *Selaginella doederleinii*、海金沙、金毛狗、乌毛蕨、马尾松、黑老虎、蕺菜（鱼腥草）、土荆芥、火炭母 *Polygonum chinense*、山蒟 *Piper hancei*、了哥王、金锦香 *Osbeckia chinensis*、金樱子 *Rosa laevigata*、葛、毛果巴豆 *Croton lachnocarpus*、广寄生 *Taxillus chinensis*、破布叶 *Microcos paniculata*、女贞、梅叶冬青、毛冬青、广东蛇葡萄、板蓝（马蓝）、华南忍冬（山银花）、接骨草、钩藤、鸡矢藤、两面针、车前、韩信草、八角枫、草珊瑚、栀子、益母草、萱草、土茯苓、石仙桃、淡竹叶等也很常见。

②用材植物　有236种，占总数的22.87%，其中一类用材有樟树、红锥等；二类用材有黄樟、柯等；三类用材有覃树等；四类用材有日本杜英等；五类用材有鼠刺、猴欢喜等；作军工用材的有少白皮黄杞等；作胶合板用材的猴耳环亮叶猴耳环等；作纺织用材木荷、石斑木等；作乐器用材的有山乌桕、鹅掌柴等；造纸用材的有山矾属11种和栓叶安息香等。

③观赏植物　有215种，占总数的20.83%。其中可作行道树的有深山含笑、阴香；可作庭荫树的有榕树、樟树等；可作园林树的有木莲等；可作绿篱的有小蜡、草珊瑚等；可作盆景的有雀梅藤、朴树等；观叶植物有枫香树、山乌桕等；观花植物有白花油麻藤、杜鹃花属6种和吊钟花、建兰等。

④野生水果植物　有83种，占总数的8.04%。主要有杨梅、阔叶猕猴桃、豆梨、多花山竹子、金樱子、余甘子、桃金娘、桑、水东哥、二色波罗蜜、白花悬钩子、茅莓、角花胡颓子和罗浮柿等。

⑤纤维植物　有178种，占总数的17.25%。主要有小叶买麻藤、罗浮买麻藤、构树、苎麻、了哥王、地桃花、白背叶、角花胡颓子、小蜡、钩藤、葛、毛刺蒴麻 *Triumfetta cana*、山芝麻、大喙省藤 *Clamus macrorrhynchus*、黑莎草、丝茅、芒等。

⑥淀粉植物　有72种，占总数的6.98%。主要有福建观音座莲、金毛狗、狗脊、薯蓣、米槠 *C. carlesii*、罗浮栲 *C. fabri*、红锥 *C. hystrix*、柯、杨梅、金樱子、豆梨、葛、薜荔、土茯苓、阔叶猕猴桃

和蕺菜（鱼腥草）等。

⑦油脂植物　有 68 种，占总数的 6.59%。主要有杉木、香叶树、山苍子、野公树 *Neolitsea chuii*、多花山竹子、牛耳枫、虎皮楠、构树、栓叶安息香、薄叶山矾、苦楝、毛果巴豆、白背叶、毛果算盘子、野漆树、盐肤木、山乌桕、铁冬青、朱砂根、苍耳、黑莎草等.

⑧芳香植物　有 61 种，占总数的 5.91%。主要有马尾松、杉木、香港木兰 *Magnolia championii*、金叶含笑 *Michelia fooveolata*、深山含笑 *M. maudiae*、瓜馥木、黄樟、阴香、山苍子、香叶树、岗松、枫香树、栀子、小蜡、草珊瑚和黄葵等。

⑨鞣料植物　有 33 种，占总数的 3.20%，盐肤木、杨梅、黧蒴、红锥、金樱子、龙须藤 *Bauhinia championii*、藤黄檀 *Dalbergia hancei*、苦楝、南酸枣、野漆树、山杜英、桃金娘、构树、枫香树、罗浮柿、鲤肠、薯莨、菝葜等。

⑩饲料植物　有 53 种，占总种数的 5.14%。较重要的有凤眼蓝、稗 *Echinochloa crusgalli*、长花马唐 *Digitaria longiflora*、狗尾草等。

此外，还有牧草植物 20 种，常见的有地毯草 *Axonopus compressus*、白羊草 *Bothriochloa ischaemum*、青香茅 *Cymbopogon caesius*、龙爪茅 *Dactyloctenium aegyptium*、马唐 *Digitaria sanguinalis*、鲫鱼草 *Eragrostis tenella*、假俭草 *Eremochloa ophiuroides* 等；水土保持植物有 18 种，常见的有胡枝子 *Lespedeza bicolor*、葛、桐花树 *Aegioeras corniculatum*、苦郎树 *Clerodendrum inerme*、坡柳 *Dodonaea viscosa*、地毯草、竹节草 *Chrysopogon aciculatus*、芒、芦苇、狼尾草；绿肥植物有 10 种，常见的有合萌 *Aeschynomene indica*、链荚豆 *Alysicarpus vaginalis*、假地蓝 *Crotalaria ferruginea*、猪屎豆 *Crotalaria pallida*、鸡眼草 *Kummerowia striata*、三裂叶野葛 *Pueraria phaseoloides*、田菁 *Sesbania cannabina*、棕叶芦 *Thysanolaera maxima* 等。

7.2.2.6　野生动物资源

（1）动物物种较丰富　由于该保护区的生态环境复杂，森林茂密，孕育了丰富的动物种类。

①鱼类　有 49 种，隶属 15 科 4 目。其中鲤形目（CYPRINIFORMES）有 3 科 30 种，占该区鱼类总种数的 61.22%；鲈形目（PERCIFORMES）有 7 科 13 种，占总种数的 26.53%；鲇形目（SILURIFOMES）有 4 科 5 种，占总种数的 10.20%；合鳃目（SYNBRANCHIFOMES）仅有 1 科 1 种，占总种数的 2.04%。

②两栖类　有 18 种，隶属 7 科 2 目。其中无尾目（SALIENTIA）有 5 科 15 种，占该区两栖类总种数的 83.33%；有尾目（CAUDATA）有 2 科 3 种，占总种数的 16.67%。

动物区系组成：在 18 种中，属华南区的有 4 种，属华中、华南区的有 14 种。

③爬行类　有 32 种，隶属 12 科 3 目。其中蛇目（SERPENTIFORMES）有 4 科 19 种，占该区两栖类总种数的 59.38%；蜥蜴目（LACERTILI）有 5 科 7 种，占总数的 21.88%；龟鳖目（TESTUDINATA）有 3 科 6 种，占总数的 18.75%。

④鸟类　有 80 种，隶属 31 科 11 目。雀形目（PASSERIFOMES）有 20 科 59 种，占该区鸟类总数的 73.75%；隼形目（FALCONIFOEMES）有 2 科 4 种，占该区鸟类总数的 5%；鹳形目（CICONIIFORMES）、鸽型目（COLUMBIFORMES）、鹃形目（CUCULIFORMES）分别有 1 科 3 种，各占该区鸟类总数的 3.75%；鸡形目（GALLIFORMES）、佛法僧目（CORACIIFORMES）、䴕形目（PICIFORMES）分别有 1 科 2 种，各占该区鸟类总数的 2.5%；鸮形目（STRIGFORMES）、夜鹰目（CAPRIMULGIFORMES）、雨燕目（APODIFORMES）、鹦形目（PSITTACIFORMES）分别有 1 科 1 种，各占该区鸟类总数的 1.25%。

在鸟类居留型中，以留鸟最多，有 58 种，占总种数的 72.5%；冬候鸟或旅鸟有 16 种，占总种数的 20%；夏候鸟有 5 种，占总种数的 6.25%；旅鸟有 1 种，占总种数的 1.25%。

④哺乳类　有 44 种，隶属 20 科 7 目。占广东省哺乳类总数（124 种）的 35.48%；占全国哺乳类总数（449 种）的 9.8%。啮齿目（RODENTIA）有 5 科 14 种，占该区哺乳类总数的 31.82%；食肉目

（CARNIVORA）4科11种，占该区哺乳类总数的25%；翼手目（CHIROPTERAS）有4科10种，占该区哺乳类总数的22.73%；偶蹄目（ARIODACTYLA）、食虫目（INSECTVORA）分别有2科4种，各占该区哺乳类总数的9.09%；鳞甲目（PHOLIDOTA）、兔形目（LAGOMORPHA）分别有1科1种，各占该区哺乳类总数的2.27%。

根据中国动物地理区划（张荣祖，1999），该保护区隶属于东洋界华南区闽广沿海亚区。因此在哺乳类区系中，东洋界的种类占绝对多数，有38种，古北界物种仅有5种，此外还有广布种1种。

⑤昆虫类　有208种，隶属71科12目。鳞翅目（LEPIDOPTERA）蛾类 Heterocera 有18科76种，占总种数的36.54%；蝶类 Rhopalocera 有9科45种，占总种数的21.63%；鞘翅目（COLEPTERA）有10科32种，占总种数的15.38%；直翅目（ORTHOPTERA）有7科11种，占总种数的5.29%；膜翅目（HYMENOPTERA）有6科8种，占总种数的3.85%；半翅目（HEMIPTERA）有4科8种，占总种数的3.85%；蜻蜓目（ODONATA）有2科5种，占总种数的2.4%；双翅目（DIPTERA）、同翅目（HOMOPTERA）分别有3科3种，各占总种数的1.44%；等翅目（ISOPTERA）有2科3种，占总种数的1.44%；蜚蠊目（BLATTARIA）、螳螂目（MANTIDEA）、广翅目（MEGALOPTERA）分别有1科1种，各占总种数的0.48%。

（2）珍稀濒危动物较多　以我国1989年公布实施的《国家重点保护野生动物名录》和2001年公布实施的《广东省重点保护陆生野生动物名录》（第一批）为依据，保护区内拥有保护脊椎动物30种。其中国家Ⅰ级重点保护动物4种，国家Ⅱ级重点保护动物16种，省级重点保护动物10种（表7.11）。

表7.11　茂名林洲顶鳄蜥自然保护区的保护动物

序号	种　名	科　名	IUCN 濒危等级	保护级别
		哺乳纲 MAMMALIA		
1	云豹 *Neofelis nebulosa*	猫科 Felidae	濒危	Ⅰ
2	豺 *Cuon alpinus*	犬科 Canidae	易危	Ⅱ
3	穿山甲 *Manis pentadactyla*	鲮鲤科 Manidae	濒危	Ⅱ
4	大灵猫 *Verra zibetha*	灵猫科 Viverridae	濒危	Ⅱ
5	小灵猫 *Viverricula indica*	灵猫科 Viverridae	易危	Ⅱ
6	豹猫 *Felis bengalensis*	猫科 Felidae	易危	省级
7	小麂 *Muntiacus reevesi*	鹿科 Cervidae		省级
8	棕鼯鼠 *Petaurista petarista*	鼯鼠科 Petauristinae		省级
9	豪猪 *Hystrix hodgsoni*	豪猪科 Hystricidae		省级
		鸟纲 AVES		
10	黑冠鹃隼 *Aviceda leuphotes*	鹰科 Accipitridae	稀有	Ⅱ
11	黑鸢 *Milvus migrans*	鹰科 Accipitridae		Ⅱ
12	松雀鹰 *Accipiter virgatus*	鹰科 Accipitridae	易危	Ⅱ
13	红隼 *Falco tinnunculus*	隼科 Falconidae	易危	Ⅱ
14	白鹇 *Lophura nycthemera*	雉科 Phasianidae	易危	Ⅱ
15	褐翅鸦鹃 *Centropus sinensis*	杜鹃科 Cuculidae	易危	Ⅱ
16	领角鸮 *Otus bekkamoena*	鸱鸮科 Strigidae		Ⅱ
17	白鹭 *Egretta garzetta*	鹭科 Ardeidae		省级
18	池鹭 *Ardeola bacchus*	鹭科 Ardeidae		省级
19	红嘴相思鸟 *Leiothrix lutea*	画眉科 Timaliidae		省级
20	黄胸鹀 *Emberiza aureola*	鹀科 Emberizidae		省级

（续）

序号	种　名	科　名	IUCN 濒危等级	保护级别
		爬行纲 REPTILIA		
21	蚺（蟒）*Python molurus*	蟒科 Boidae	极危	I
22	鳄蜥 *Shinisaurus crocodilurus*	鳄蜥科 Shinisauridae	濒危	I
23	巨蜥 *Varanus salvator*	巨蜥科 Varanidae	极危	1
24	大壁虎 *Gekko gekko*	壁虎科 Gekkonidae	濒危	Ⅱ
25	地龟 *Geoemyda spengleri*	龟科 Testudidae	稀有	Ⅱ
26	山瑞鳖 *Trionyx steindachneri*	鳖科 Trionychidae	濒危	Ⅱ
27	平胸龟 *Platysternon megacephalum*	龟科 Testudidae	濒危	省级
		两栖纲 AMPHIBIA		
28	虎纹蛙 *Rana tigrina*	蛙科 Ranidae	易危	Ⅱ
29	细志疣螈 *Tylototriton asperrimus*	蝾螈科 Salamandridae	易危	Ⅱ
30	棘胸蛙 *Rana spinosa*	蛙科 Ranidae	易危	省级

（3）经济动物多样　依2000年8月国家林业局发布的《国家保护的有益的或有重要经济、科学研究价值的陆生野生动物名录》（简称“三有动物”），该保护区拥有“三有动物”150种。

①两栖类　有14种，即小鲵 *Hynobius chinensis*、香港瘰螈 *Paramesotriton hongkongesis*、淡肩角蟾 *Megophrys boettgeri*、黑眶蟾蜍 *Bufo melanostictus*、中华大蟾蜍、泽蛙、大绿臭蛙 *Odorrana livida*、竹叶臭蛙 *Odorrana versabilis*、滇南臭蛙 *Odorrana tiannanensis*、华南湍蛙、斑腿泛树蛙 *Rhacophorus megacephalus*、花姬蛙 *Microhyla pulchra*、饰纹姬蛙 *Microhyla ornata* 等。

②爬行类　有23种，即乌龟、四眼斑水龟 *Sacalia quadriocellata*、中华鳖 *Trionyx sinensis*、变色树蜥 *Calotes versicolor*、蜡皮蜥 *Leiolepis reevesi*、中国石龙子 *Eumeces chinensis*、翠青蛇 *Eurypholis major*、乌梢蛇、三索锦蛇、灰鼠蛇、滑鼠蛇、中国水蛇、铅色水蛇 *E. plumbea*、玉斑锦蛇 *Elaphe mandarinus*、赤链蛇、紫沙蛇 *Psammodynastes pulverulentus*、山烙铁头 *Ovophis monticola*、金环蛇、银环蛇、眼镜蛇、眼镜王蛇等。

③鸟类　有85种，主要有鹧鸪、山斑鸠、珠颈斑鸠、绿翅金鸠 *Chalcophaps indica*、普通翠鸟 *Alcedo atthis*、白胸翡翠 *Halcyon smyrnensis*、栗啄木鸟 *Celeus brachyurus*、黄嘴栗啄木鸟 *Blythipicus pyrrhotis*、红耳鹎 *Pynonotus jocosus*、白头鹎 *P. sinensis*、白喉红臀鹎 *P. aurigaster*、栗背短脚鹎 *Hypsipetes flvala canipennis*、黑［短脚］鹎 *H. nadagasceriensis*、黑卷尾、八哥、黑脸噪鹛 *Garrulax perspicillatus*、画眉、大山雀、［树］麻雀、白腰文鸟 *Lonchura striata* 等。

④哺乳类　有10种，主要有灰幅翼 *Pipistrellus pulveratus*、扁颅蝠 *Typlonycteri pachypys*、野猪、果子狸、黄鼬、隐纹花松鼠、麂、小麂、毛冠鹿、银星竹鼠等。

⑤昆虫　有4种，即大蚕蛾科的大蚕蛾 *Attacus atlas*、凤蝶科的燕凤蝶 *Lamproptera curius*、蚁总科的双齿多刺蚁 *Polyrhachis dives*、蜜蜂科的中华蜜蜂 *Apis cerana* 等。

7.3　市级自然保护区名录

序号	自然保护区名称	地　点	面积（hm^2）	保护对象	类　型	主管	建区时间（年·月·日）
1	雷州湾中华白海豚	湛江市	2058	中华白海豚及其生境	野生动物	海洋	2007. 04. 01
2	硇洲海洋资源	湛江市	1300	鲍鱼、龙虾、江瑶贝等海洋水产资源	野生动物	海洋	1990. 01. 01
3	湖光岩	湛江市麻章区	470	火山口湖	火山口遗迹	国土	2000. 09. 01
4	放鸡岛文昌鱼	茂名市	14960	文昌鱼及其生境	野生动物	海洋	2004. 01. 01
5	茂名恐龙化石	茂南区	1800	恐龙化石	古生物遗迹	其他	1995. 01. 01
6	电白红树林	电白县	1996	沿海滩涂红树林、候鸟	海洋海岸	林业	1999. 12. 01

7.4　县级自然保护区名录

序号	自然保护区名称	地　点	面积（hm^2）	保护对象	类　型	主管	建区时间（年·月·日）
1	特呈岛海洋生态	霞山区	715	海洋生态系统	海洋海岸	海洋	2003. 08. 01
2	南三岛鲎类	坡头区	2186	鲎及其生境	野生动物	海洋	2003. 11. 01
3	遂溪真鲷和二长棘鲷幼鱼	遂溪县	2000	真鲷和二长棘鲷幼鱼及其生境	野生动物	海洋	2004. 06. 01
4	遂溪中国鲎	遂溪县	1000	中国鲎及其生境	野生动物	海洋	2000. 09. 01
5	苍头、南山红树林	徐闻县	300	红树林生态系统	海洋海岸	海洋	1997. 05. 01
6	大黄鱼幼鱼	徐闻县	1 965 128	大黄鱼幼鱼及其生境	野生动物	海洋	1999. 08. 03
7	外罗海湾鲎	徐闻县	1726	鲎及其生	野生动物	海洋	2001. 08. 01
8	廉江根竹嶂	廉江市	360	天然米椎林群落	野生动物	林业	2005. 01. 01
9	廉江谢鞋山	廉江市	180	野生荔枝林群落	野生植物	林业	2005. 01. 01
10	英罗湾儒艮	廉江市	10380	儒艮及其生境	野生动物	海洋	2003. 09. 01
11	雷州海湾海洋生态	廉江市麻章区	1000	雷州湾海洋生态系统	海洋海岸	海洋	2003. 12. 01
12	东里带栉江瑶	雷州市	200	江瑶及其生境	野生动物	海洋	2003. 01. 01
13	雷州海草	雷州市	3633	海草及其生境	野生植物	海洋	1983. 01. 01
14	南渡河口	雷州市	200	海洋生态系统	海洋海岸	海洋	1999. 01. 01
15	乌石灯图角珊瑚	雷州市	667	珊瑚礁及其生态系统	海洋海岸	海洋	1999. 01. 01
16	吴川文昌鱼	吴川市	1384	文昌鱼及其生境	野生动物	海洋	2000. 08. 01
17	电白河尾山	茂名市	2309	野生动植物	森林生态	林业	2007. 02. 01
18	茂港红树林	茂港区	800	红树林湿地生态系统	海洋海岸	林业	2001. 11. 01
19	茂港区人工鱼礁	茂港区	3000	海洋生态系统	海洋海岸	海洋	2003. 12. 01
20	高州百花顶	茂名市	2216	野生动植物	森林生态	林业	2007. 02. 01
21	高州南山河	茂名市	2103	动植物	森林生态	林业	2007. 02. 01
22	高州三官山	茂名市	5237	动植物	森林生态	林业	2007. 02. 01
23	化州飞蛾岭	茂名市	800	动植物	森林生态	林业	2007. 02. 01
24	仙人洞蝾螈	高州市	3000	蝾螈及其生境	野生动物	海洋	2004. 01. 01
25	公婆石	信宜市	569	森林及野生动植物	森林生态	林业	2005. 02. 01
26	过天坡	信宜市	393	森林及野生动植物	森林生态	林业	2005. 02. 01
27	花楼顶	信宜市	695	森林及野生动植物	森林生态	林业	2005. 02. 01

（续）

序号	自然保护区名称	地　点	面积（hm^2）	保护对象	类　型	主管	建区时间（年·月·日）
28	黄华江	信宜市	1000	鲩等水产资源	野生动物	海洋	1996. 02. 01
29	龙须顶	信宜市	1330	森林及野生动植物	森林生态	林业	2005. 02. 01
30	猫耳石	信宜市	430	森林及野生动植物	森林生态	林业	2005. 02. 01
31	南瓷顶	信宜市	443	森林及野生动植物	森林生态	林业	2005. 02. 01
32	三甲顶	信宜市	745	森林及野生动植物	森林生态	林业	2005. 02. 01
33	石牛肚	信宜市	425	森林及野生动植物	森林生态	林业	2005. 02. 01
34	托盘洞	信宜市	1806	森林及野生动植物	森林生态	林业	2005. 02. 01
35	五指肚	信宜市	2550	森林及野生动植物	森林生态	林业	2005. 02. 01
36	信宜鸡笼顶	信宜市	813	森林及野生动植物	森林生态	林业	2005. 02. 01
37	鸭兜山	信宜市	408	森林及野生动植物	森林生态	林业	2005. 02. 01
38	亚婆髻	信宜市	490	森林及野生动植物	森林生态	林业	2005. 02. 01
39	鳐婆石	信宜市	955	森林及野生动植物	森林生态	林业	2005. 02. 01
40	银岩	信宜市	4323	森林及野生动植物	森林生态	林业	2005. 02. 01
41	元珠	信宜市	2167	森林及野生动植物	森林生态	林业	2005. 02. 01

第 8 章

广东省自然保护区的分布规律

自然保护区是由各种自然保护区类型所组成，而各种自然保护区对生境条件有其特殊的要求，因此各种自然保护区类型都有其与外界环境相互依存的自然属性，从而表现出它们在空间的分布规律。广东省地域较广，从南到北地跨纬度5°多，从东到西跨经度7°多，地形复杂，各地距海远近不一，在太阳辐射、大气热量、大气水分、植被和土壤基质等生态因素综合影响下，自然保护区的分布基本遵循着自然的纬度和经度的规律而出现，但也有因局部生境的特殊性而出现非地带性的自然保护区。

8.1 自然保护区的纬度分布规律

广东省自然保护区的纬度分布规律差异显著。由于地表热量和水分组合状况导致了自然保护区的自然环境和生物资源从南向北沿纬度方向，呈带状的水平更替。

广东省地跨北纬20°09′~25°31′，从南到北的热量和降水量均有逐渐递减趋势。其间沿粤桂边界的云开山南坡，经高州北部的大云雾山，到阳江南部出海连线，为北热带与南亚热带的分界线；怀集北部、英德、新丰、龙川南部、兴宁北部、梅县和大埔连线，为南亚热带与中亚热带的分界线。

8.1.1 北热带的自然保护区

北热带位于粤西南，主要包括湛江市、茂名市南部和东沙群岛。地貌特点是：以玄武岩台地和丘陵为主，山地、阶地和平原次之。气候特征是：全年高温多雨，干湿季节明显。代表性自然植被为热带季雨林，海滨地带分布着红树林及海洋生物等。

本带分布的自然保护区有如下几类。

（1）国家级自然保护区　有广东湛江红树林、广东徐闻珊瑚礁、广东雷州珍稀海洋生物等3个自然保护区。

（2）省级自然保护区　有茂名云开山自然保护区和茂名林洲顶鳄蜥自然保护区。

（3）市级自然保护区　有雷州湾中华白海豚、湛江硇洲海洋资源、湛江湖光岩、茂名放鸡岛文昌鱼、茂名恐龙化石、电白红树林和阳江浅海海洋生态等7个自然保护区。

（4）县级自然保护区　有霞山特呈岛海洋生态、坡头南三岛鲎类、遂溪真鲷和二长棘鲷幼鱼、遂溪中国鲎、徐闻苍头南山红树林、徐闻大黄鱼幼鱼、徐闻外罗海湾鲎、廉江根竹嶂、廉江谢鞋山、廉江英罗湾儒艮、雷州海湾海洋生态、雷州东里带栉江瑶、雷州海草、雷州南渡河口、雷州乌石灯图角珊瑚、吴川文昌鱼、电白河尾山、茂港红树林、茂港区人工鱼礁、高州百花顶、高州南山河、高州三官山、化州飞蛾岭、高州仙人洞蝾螈、阳西程村豪光红树林、阳西程村湾、阳西大树岛龙虾、阳西青洲岛、阳西青洲龙虾等29自然保护区。

8.1.2 南亚热带的自然保护区

南亚热带位于粤中南，主要包括茂名北部、阳江中北部、云浮、江门、肇庆中南部、清远南部、广州、佛山、中山、珠海、东莞、深圳、惠州、河源南部、汕尾、梅州中南部、揭阳、潮州和汕头等40多个市县。地貌特点是：以平原为主，台地次之，丘陵、山地再次之。气候特征是：全年气温较高，但冬季有比较明显的低温出现。代表性自然植被为南亚热带季风常绿阔叶林及众多脊椎动物。

本带分布的自然保护区有如下类型。

（1）国家级自然保护区　有广东内伶仃—福田、广东港口海龟、广东珠江口中华白海豚、广东象头山、广东南澳南澎列岛和广东鼎湖山等6个自然保护区。

（2）省级自然保护区　有茂名云开山、阳春百涌、阳春鹅凰嶂、茂名林州顶鳄蜥、阳江南鹏列岛、江门中华白海豚、台山上川岛猕猴、江门古兜山、恩平七星坑、封开黑石顶、肇庆西江珍稀鱼类、郁南同乐大山、怀集大稠顶、怀集三岳山、高要西江烂柯山、清远连江水产种质资源、佛冈观音山、清新白湾、珠海淇澳－担杆、大亚湾水产资源、龙门南昆山、惠东古田、惠东莲花山白盘珠、博罗罗浮山、梅县阴那山、五华七目嶂、东源康禾、紫金白溪、河源新港、河源大桂山、河源恐龙化石、海丰鸟类、陆河南万红锥林、陆河花鳗鲡、饶平海山海滩岩、潮安海蚀地貌、潮安凤凰山、海丰鸟类、南澳岛、揭东桑浦山—双坑、东源康禾等41个自然保护区。

（3）市级自然保护区　有恩平锦江源、肇庆鸡笼顶、广宁罗壳山、广宁深坑、封开七星顶、德庆三叉顶、四会十二带、新兴三宝山兰科植物、郁南小流、云浮大雾山、云浮崖楼山、罗定龙湾、中山长江库区、珠海庙湾珊瑚、珠海万山群岛、珠海凤凰山、惠东红树林、惠城墩子、惠城金桔、惠来神泉渔业、龙门杨坑洞、龙门寨头水库、东莞莲花山、东莞灯心塘、东莞马山、东莞自然生态、东莞银瓶山、梅州神光山、梅州洋坑、梅州人子石、梅县佛子高、梅县尖石笔、梅县九龙嶂、梅县王寿山、大埔大仁岽、大埔英雅山、丰顺八乡山、丰顺塘湖、丰顺铜鼓嶂、五华插天嶂、五华桂竹园、五华鸿图嶂、五华李望嶂、五华龙狮殿、五华蒲石顶、五华天吊嶂、五华天堂山、五华清水河、五华天柱山、五华益塘、兴宁神光山、河源桂山大鲵、河源鼋、河源石坪金钱龟、河源大桂山、汕头湿地、汕头大学周围环境、汕头濠江企望湾南方鲎、汕头河溪鸟类、汕头龙头湾、汕头翠湖、汕头田心湾南方鲎、汕头莱芜中国龙虾、汕头莱芜中华白海豚、南澳赤屿、南澳平屿、汕尾碣石海马资源、汕尾遮浪角、陆河南万大鲵、海丰九龙湾海洋、潮州韩江、饶平山门山苏铁蕨、揭阳海龟鲎、揭阳龙虾、揭阳良田嵘螈、揭阳三洲渔业、揭阳榕江潮道等77个自然保护区。

（4）县级自然保护区　有阳江埠场沿海防护林、阳江大凹山及鸳鸯湖、阳江岗列对岸三角洲、阳江岗列长其岭、江城海陵大堤东泥蚶、江城浅海海洋生态、江城平冈凤山、江城平冈红树林湿地、阳江白沙河、阳江北山公园、阳江岗列发王山、阳江双捷青冲、阳江望瞭岭、阳东东头芦排海洋、信宜鹿湖顶、信宜公婆石、信宜过天坡、信宜花楼顶、信宜黄华江、信宜龙须顶、信宜猫耳石、信宜南瓷顶、信宜三甲顶、信宜石牛肚、信宜托盘洞、信宜五指肚、信宜鸡笼顶、信宜鸭兜山、信宜亚婆髻、信宜鳐婆石、信宜银岩、信宜元珠、云安大金山、江门赤溪曹峰山、台山乌猪岛、台山镇海湾红树林、开平赤坎百足山、开平梁金山、开平狮山、开平石榴塘、恩平红树林、恩平君子山、鼎湖黄沙蚬、广宁鼋、怀集三江口斑鳠产卵场、封开贺江、高要金龙水库水源林、高要鲤鱼尾水库水源林、高要西江河水源林、高要新兴江水库水源林、高要杨梅水库水源林、四会绥江鼋、郁南大河水库、郁南金菊顶、郁南望君山、郁南五马归槽、番禺沙湾滴水岩、从化唐鱼、从化温泉、从化陈禾洞、番禺新垦鸟类、花都芙蓉嶂桃花水母、增城大东坑、增城野生稻、佛山西樵山、佛山合水桫椤、佛山三洲区水源林、珠海锅盖栋、珠海黄杨山、珠海竹篙山、惠东白马山、惠城大石坑、惠城连塘、惠城洋郎、惠城白面石、惠城白云嶂、惠城大坑、惠城黄巢嶂、惠东虎竹嶂、惠东南木桥、惠东坪天嶂、惠东十二崆、惠来黄光山、博罗太平山、博罗黄山洞、龙门合仔、龙门黄草坪、龙门屏风石、梅县蕉坑、梅县大连、梅县鹿湖山、梅县清凉山、梅县上官塘、梅县乌泥坑、大埔三河坝是底、大埔龙坪咀、大埔帽山、丰顺兵营、丰顺大坝、丰顺韩山、河源新丰江鼋、紫金鸡公嶂、紫金鸟禽嶂、紫金仙女滩、东源白礤、东源坑口、东源缺牙山、东源雪嶂、东源饶嶂、东源竹坑、龙川七目嶂、汕头练江口、陆丰陂洋土沉香、陆丰碣石湿地、陆丰三溪水、海丰莲花山、海丰学堂坑、潮安凤凰溪、饶平大程海湾海洋生态、饶平中华白海豚、饶平西澳岛黄嘴白鹭、揭东新西河、揭西李望嶂、普宁盘龙阁、普宁三坑等124个自然保护区。

8.1.3 中亚热带的自然保护区

中亚热带位于粤北，主要包括韶关市属各区（县），清远市属连山、连南、阳山及英德北部，河源市属的连平、和平、龙川大部、东源北部，梅州市属平远、蕉岭、梅县及大埔的北部。地貌特点是：以山地为主，盆谷次之，丘陵再次之。气候特征是：全年内气温高低变化明显，春夏秋冬四季分明。代表性自然植被为中亚热带典型常绿阔叶林及众多陆栖脊椎动物。

本带分布的自然保护区数量仅次于南亚热带。

（1）国家级自然保护区　有广东南岭、广东车八岭、广东丹霞山、广东石门台和广东罗坑鳄蜥等5个自然保护区等；

（2）省级自然保护区　有粤北华南虎、杨东山十二度水、乐昌大瑶山、仁化高坪、南雄小流坑—青嶂山、乳源大峡谷、新丰云髻山、连南板洞、连山笔架山、大埔丰溪、蕉岭长潭、平远龙文－黄田、连平黄牛石、和平黄石坳和龙川枫树坝等14个自然保护区。

（3）市级自然保护区　有梅县王寿山、大埔青溪、平远河岭嶂、平远南台山、蕉岭皇佑笔、兴宁白鹤仙师、兴宁和山岩、兴宁合水、兴宁石壁、兴宁四望樟、和平下车、和平阳明和龙川东水嶂等13个自然保护区。

（4）县级自然保护区　有龙川野猪嶂、龙川富州、龙川高陂、龙川黄江、龙川鼋、龙川上板桥、龙川新村、和平明亮和连平河头等9个自然保护区。

8.2 自然保护区的经度分布规律

自然保护区的经度分布规律亦有一些差异。广东省从东到西地跨经度109°45′～117°20′。从降水量比较，东部的饶平县的年降水量为1277mm，河源市1665mm，西部广宁县为1734mm，信宜市为1776.5mm，廉江市为1758mm。东西相差69～499mm，但广东省地处低位，面向海洋，距海0～800km，各地均处于东南季风影响范围之内，气候上的干燥指数除在冬季有个别地方为1.0～1.2属于半湿润外，其余地方的年干燥指数均为0.5～0.6，属于气候上的湿润地区。因此，从东到西的自然环境和生物资源的差异不显著，但西部和西南部的自然环境和生物资源以北热带成分为主，南亚热带成分次之。东部和东北部的自然环境和生物资源以南亚热带成分为主，中亚热带成分次之。

8.2.1 粤东地区的自然保护区

粤东地区主要包括汕尾市辖城区、陆丰市、海丰县和陆河县，揭阳市辖的榕城区、普宁市、揭东县、揭西县和惠东县，汕头市辖的金平区、龙湖区、澄海区、濠江区、潮阳区、潮南区和南澳县，潮州市辖的湘桥区、饶平县和潮安县，梅州市辖梅江区、兴宁市、梅县、平远县、蕉岭县、大埔县、丰顺县和五华县，河源市辖源城区、东源县、和平县、龙川县、紫金县和连平县，总面积46 449.2km^2，占全省陆地面积的26.1%。地貌特点是：地势西北高东南低，山地、丘陵、平原与海岸平行排列。气候特征：属亚热带季风气候。代表性植被以季风常绿阔叶林为主，典型常绿阔叶林次之，以及众多脊椎动物。

（1）国家级自然保护区　有广东南澎列岛。

（2）省级自然保护区　有海丰鸟类、陆河南万红锥林、陆河花鳗鲡、饶平海山海滩岩、潮安海蚀地貌、潮安凤凰山、南澳岛、桑浦山—双坑、梅县阴那山、五华七目嶂、大埔丰溪、兴宁铁山渡田河、蕉岭长潭、平远龙文—黄田、连平黄牛石、和平黄石坳、龙川枫树坝、东源康禾、紫金白溪、河源新港、河源大桂山、河源恐龙化石等22个自然保护区。

（3）市级自然保护区　有汕头湿地、汕头大学周围环境、濠江企望湾南方鲎、潮阳河溪鸟类、潮阳龙头湾、潮阳翠湖、潮阳田心湾南方鲎、澄海莱芜中国龙虾、澄海莱芜中华白海豚、南澳赤屿、南澳平屿、汕尾碣石海马资源、陆河南万大鲵、汕尾遮浪角、海丰九龙湾海洋、潮州韩江、饶平山门山苏铁蕨、揭阳海龟鲎、揭阳龙虾、揭阳良田蝾螈、揭阳三洲渔业、揭阳榕江潮道、梅州神光山、梅州洋坑、梅州人子石、梅县佛子高、梅县尖石笔、梅县九龙嶂、梅县王寿山、大埔大仁岽、大埔青溪、丰顺八乡山、丰顺塘湖、丰顺铜鼓嶂、五华插天嶂、五华桂竹园、五华鸿图嶂、五华李望嶂、五华龙狮殿、五华蒲石顶、五华天吊嶂、五华天堂山、五华清水河、五华天柱山、五华益塘、平远河岭嶂、平远南台山、蕉岭皇佑笔、兴宁白鹤仙师、兴宁和山岩、兴宁合水、兴宁石壁、兴宁四望幛、兴宁神光山、河源桂山大鲵、河源鼋、河源石坪金钱龟等58个自然保护区。

（4）县级自然保护区　有潮南练江口、陆丰陂洋土沉香、陆丰碣石湿地、陆丰三溪水、海丰莲花山、海丰学堂坑、潮安凤凰溪、饶平大程海湾海洋生态、饶平中华白海豚、饶平西澳岛黄嘴白鹭、揭东新西河、揭西李望嶂、普宁盘龙阁、普宁三坑、梅县大连、梅县蕉坑、梅县鹿湖山、梅县清凉山、梅县上官塘、梅县乌泥坑、大埔三河坝是底、大埔龙坪咀、大埔帽山、丰顺兵营、丰顺大坝、丰顺大坝、和平下车、和平阳明、河源新丰江鼋、紫金鸡公嶂、紫金鸟禽嶂、紫金仙女滩、龙川东水嶂、龙川富州、龙川高陂、龙川黄江、龙川七目嶂、龙川鼋、龙川上板桥、龙川新村、龙川野猪嶂东源白礤、东源坑口、东源缺牙山、东源雪嶂、东源饶嶂、东源竹坑、连平河头、和平明亮等49个自然保护区。

8.2.2　粤中地区的自然保护

粤中地区主要包括韶关市辖的浈江区、武江区、曲江区、乐昌市、南雄市、仁化县、始兴县、翁源县、新丰县和乳源瑶族自治县等3区7县（市），清远市辖的清城区、英德市、连州市、佛冈县、清新县、阳山县、连山壮族瑶族治县和连南瑶族自治县等1区7县（市），肇庆市辖端州区、鼎湖区、四会市、高要市、广宁县、德庆县、封开县和怀集县，广州市辖东山、荔湾、越秀、珠海、天河、白云、黄埔、番禺、花都、增城和从化11区，佛山市辖禅城、顺德、南海、三水和高明5区，中山市，珠海市辖香洲、斗门、金湾3区，东莞市，深圳市辖罗湖、福田、南山、宝安、龙岗、盐田6区，惠州市辖惠城、惠阳2区和博罗、惠东、龙门3县，江门市辖蓬江、江海、新会3区和台山、开平、鹤山、恩平4县级市。总面积107 502.5km^2，占全省陆地面积的59.79%。地貌特点是：中北部地势全省最高，北高南低，属南岭山地，山谷相间排列，花岗岩、喀斯特和丹霞是三大地貌特点，中南部以平原为主，台地次之，丘陵、山地再次之。气候特点是：中北部属中亚热带季风气候，气温高低变化明显，春夏秋冬四季分明，中南部属南亚热带季风气候。中北部代表性自然植被为中亚热带典型常绿阔叶林，中南部代表性植被为季风常绿阔叶林，以及众多脊椎动物。

（1）国家自然保护区　有广东南岭、广东车八岭、广东丹霞山、广东石门台、广东罗坑鳄蜥、广东鼎湖山、广东内铃仃—福田红树林、广东象头山、广东港口海龟、广东珠江口中华白海豚等10个自然保护区。

（2）省级自然保护区　有韶关北江特有珍稀鱼类、粤北华南虎、乐昌杨东山十二度水、乐昌大瑶山、仁化高坪、南雄小流坑—青嶂山、南雄恐龙化石、乳源大峡谷、曲江沙溪、始兴南山、佛冈观音山、翁源青云山、新丰云髻山、清远连江水产质资源、清新白湾、连南板洞、连山笔架山、连州田心、封开黑石顶、肇庆西江珍稀鱼类、郁南同乐大山、怀集大稠顶、怀集三岳山、高要西江烂柯山、大亚湾水产资源、龙门南昆山、惠东古田、惠东白盆珠、博罗罗浮山、台山上川岛猕猴、江门中华白海豚、江门古兜山、珠海淇澳—担杆岛等33个自然保护区。

（3）市级自然保护区　有韶关龙斗斜、翁源半溪张光营、乳源泉水、新丰鲁古河、清远笔架山、清远北江水产种质资源、连山大风坑、连山大旭山、连山芙蓉山、连山犁头山、连山天堂岭、连南大龙山、连南排肚大鲵、连南涡水、连州三水水生野生动物、清新滨江水生物、清新桃源燕子岩和英德滑水山、肇庆鸡笼顶、广宁罗壳山、广宁深坑、封开七星顶、德庆三叉顶、四会十二带、新兴三宝山兰科植物、郁南小流等26个自然保护区。

（4）县级自然保护区　有仁化丹霞闭壳龟、仁化锦江鱼类、韶关万时山大鲵、乳源大潭河、乳源红豆杉、乳源青溪洞、乳源山瑞鳖、滃江水生野生动物、乐昌市唇鱼、连山石公山、阳山东山、清新回澜明霞洞、清新笔架山、清新三坑温矿泉、清新石潭神圣岩、清新太和洞、鼎湖黄沙蚬、广宁鼋、怀集三江口斑鳠产卵场、封开贺江、高要金龙水库水源林、高要鲤鱼尾水库水源林、高要西江河水源林、高要新兴江水库水源林、高要杨梅水库水源林、四会绥江鼋、郁南大河水库、郁南金菊顶、郁南望君山、郁南五马归槽、珠海庙湾珊瑚、珠海万山群岛、珠海凤凰山、恩平锦江源、恩平七星坑、惠城墩子、惠城金桔、惠东红树林、惠来神泉渔业、龙门杨坑洞、龙门寨头水库、东莞灯心塘、东莞莲花山、东莞马山、东莞自然生态、东莞银瓶山、中山长江库区、番禺新垦鸟类、从化唐鱼、从化温泉、从化陈禾洞、花都芙蓉嶂桃花水母、增城大东坑、增城野生稻、珠海锅盖栋、珠海黄杨山、珠海竹篙山、南海西樵山、高明合水桫椤、高明三洲区水源林、江门赤溪曹峰山、台山乌猪岛、台山镇海湾红树林、开平赤坎百足山、开平梁金山、开平狮山、开平石榴塘、恩平红树林、恩平君子山、惠城大石坑、惠城连塘、惠城洋郎、惠城白面石、惠城白云嶂、惠城大坑、惠城黄巢嶂、惠东虎竹嶂、惠东白马山、惠东南木桥、惠东坪天嶂、惠东十二崆、惠来黄光山、博罗太平山、博罗黄山洞、龙门合仔、龙门黄草坪、龙门屏风石等97个自然保护区。

8.2.3　粤西地区的自然保护区

粤西地区主要包括云浮市辖云城区、罗定市、新兴县、郁南县和云安县，茂名市辖茂南区、茂港区、电白县、高州市、化州市和信宜市，阳江市辖江城区、阳西县、阳东县和阳春市，湛江市辖赤坎区、霞山区、坡头区、麻章区、遂溪县、徐闻县、廉江市、雷州市和吴川市。总面积24 053.3km^2，占全省陆地面积的2.89%。地貌特点是：西部地势西北高东南低，北东—南西向的平行山谷相间排列，即云开大—党山山地、长安—金装—南丰向斜谷地、云雾山—象牙山山地、新莲都—渔涝谷地、天露山山地、马宇—梁村谷地和怀集—冷坑—中州谷地等，较大的峡谷有德庆猪乸峡、高要三榕峡和羚羊峡等。西南部以玄武岩台地和丘陵为主，山地、阶地和平原次之。气候特征：属南亚热带季风气候为主，北热带季风气候次之。代表性植被以南亚热带季风常绿阔叶林为主，热带季雨林次之，以及众多脊椎动物。

（1）国家级自然保护区　有广东湛江红树林、广东徐闻珊瑚礁、广东雷州珍稀海洋生物3自然保护区。

（2）省级自然保护区　有茂名云开山、茂名林州顶、阳春百涌、阳春鹅凰嶂、阳江南鹏列岛等5个自然保护区。

（3）市级自然保护区　有云浮大雾山、云浮崖楼山、罗定龙湾、雷州湾中华白海豚、湛江硇洲海洋资源、湛江湖光岩、茂名放鸡岛文昌鱼、茂名恐龙化石、电白红树林、阳江浅海海洋生态等10个自然保护区。

（4）县级自然保护区　有云安大金山、霞山特呈岛海洋生态、坡头南三岛鲎类、遂溪真鲷和二长棘鲷幼鱼、遂溪中国鲎、徐闻苍头南山红树林、徐闻大黄鱼幼鱼、徐闻外罗海湾鲎、廉江根竹嶂、廉江谢鞋山、廉江英罗湾儒艮、雷州海湾海洋生态、雷州东里带栉江瑶、雷州海草、雷州南渡河口、雷州乌石灯图角珊瑚、吴川文昌鱼、电白河尾山、茂港红树林、茂港区人工鱼礁、高州百花顶、高州南山河、高州三官山、化州飞蛾岭、高州仙人洞蝾螈、信宜公婆石、信宜过天坡、信宜花楼顶、信宜黄华江、信宜龙须顶、信宜猫耳石、信宜南瓷顶、信宜三甲顶、信宜石牛肚、信宜托盘洞、信宜五指肚、信宜鸡笼顶、信宜鹿湖顶、信宜鸭兜山、信宜亚婆髻、信宜鳐婆石、信宜银岩、信宜元珠、阳江埠场沿海防护林、阳江大凹山及鸳鸯湖、阳江岗列对岸三角洲、阳江岗列长其岭、江城海陵大堤东泥蚶、江城浅海海洋生态、江城平冈凤山、江城平冈红树林湿地、阳江白沙河、阳江北山公园、阳江岗列发王山、阳江双捷青冲、阳江望瞭岭、阳西程村豪光红树林、阳西程村湾、阳西大树岛龙虾、阳西青洲岛、阳西青洲龙虾、阳东东头芦排海洋等 62 个自然保护区。

8. 3 自然保护区的地域分布规律

广东自然保护区的地域分布，是指广东自然保护区的自然环境和生物资源在各行政区地域的不同方位，按一定方向呈有规律地发生水平分化的现象。广东自然保护区分布的地域分异规律，颇受气候因素和人类因素的综合影响。在气候因素中，主要是受热量和水分以及两者之间的配合状况，热量是随所在纬度位置而变化，水分是随距海远近以及大气环流和洋流特点而变化。热量和水分之间的结合，导致自然环境和自然资源沿各行政区地域的不同方位而有规律的更替着。在人类因素中，人类活动对自然资源分布的影响也是十分巨大的。例如珠江三角洲州和韩江三角洲州两平原的原生地带性植被，是季风常绿阔叶林，但由于人为的破坏，引种、栽培、驯化等活动，变成了人工作物栽培植被。

8. 3. 1 粤北地域的自然保护区

粤北地域位于本省北部，东邻河源市，南连广州、惠州市，西接云浮市，北与湖南、江西省交界。在行政区域（以区、县行政界线为单位，以下同）主要包括：韶关市辖 3 区 7 县（市），清远市辖 1 区 7 县（市）。

本地区分布的自然保护区有如下类型。

（1）国家自然保护区 有广东南岭、广东车八岭、广东丹霞山、广东石门台、广东罗坑等 5 个自然保护区。

（2）省级自然保护区 有粤北华南虎、新丰云髻山、佛冈观音山、乐昌杨东山十二度水、连山笔架山、仁化高坪、乳源大峡谷、乐昌大瑶山、连南板洞、始兴南山、曲江沙溪、南雄小流坑—青嶂山、清新白湾、连州田心、翁源青云山、南雄恐龙化石、韶关北江特有珍稀鱼类、清远连江水产种质资源、南雄恐龙化石等 19 个自然保护区。

（3）市级自然保护区 有韶关龙斗斜、翁源半溪张光营、乳源泉水、新丰鲁古河、清远笔架山、清远北江水产种质资源、连山大风坑、连山大旭山、连山芙蓉山、连山犁头山、连山天堂岭、连南大龙山、连南涡水、清新滨江水生物、清新桃源燕子岩、英德滑水山、连州三水水生野生动物等 17 个自然保护区。

（4）县级自然保护区 有仁化丹霞闭壳龟、仁化锦江鱼类、韶关万时山大鲵、乳源青溪洞、乳源大潭河、乳源红豆杉、乳源山瑞鳖、滃江水生野生动物、乐昌市唇鱼、连山石公山、阳山东山、清新回澜明霞洞、清新笔架山、清新三坑温矿泉、清新石潭神圣岩、清新太和洞等 16 个自然保护区。

8. 3. 2 粤东北地域的自然保护区

粤东北地域位于本省东北部，东邻潮州市，南连揭阳市、汕尾市，西接惠州市、韶关市

北与江西省、福建省交界。在行政区域主要包括：梅州市 2 区 6 县（市），河源市 1 区 5 县。

本地区分布的自然保护区有如下类型。

（1）国家自然保护区 尚未建立。

（2）省级自然保护区 有梅县阴那山、五华七目嶂、大埔丰溪、兴宁铁山渡田河、蕉岭长潭、平远龙文—黄田、连平黄牛石、和平黄石坳、龙川枫树坝、东源康禾、紫金白溪、河源新港、河源市恐龙化石等 13 个自然保护区。

（3）市级自然保护区 有梅州神光山、梅江洋坑、梅江人子石、梅县佛子高、梅县尖石笔、梅县九龙嶂、梅县王寿山、大埔大仁岽、大埔青溪、丰顺八乡山、丰顺塘湖、丰顺铜鼓嶂、五华插天嶂、五华桂竹园、五华鸿图嶂、五华李望嶂、五华龙狮殿、五华蒲石顶、五华天吊嶂、五华天堂山、五华清水河、五华天柱山、五华益塘、平远河岭嶂、平远南台山、平远五指石、蕉岭皇佑笔、兴宁白鹤仙

师、兴宁和山岩、兴宁合水、兴宁石壁、兴宁四望幛、兴宁神光山、河源桂山大鲵、河源鼋、河源石坪金钱龟、源城大桂山等38个自然保护区。

(4) 县级自然保护区 有梅县大连、梅县蕉坑、梅县鹿湖山、梅县清凉山、梅县上官塘、梅县乌泥坑、大埔三河坝是底、大埔龙坪咀、大埔帽山、丰顺兵营、丰顺大坝、丰顺大坝、和平下车、和平阳明、河源新丰江鼋、紫金鸡公嶂、紫金乌禽嶂、紫金仙女滩、龙川东水嶂、龙川富州、龙川高陂、龙川黄江、龙川七目嶂、龙川鼋、龙川上板桥、龙川新村、龙川野猪嶂东源白礤、东源坑口、东源缺牙山、东源雪嶂、东源饶嶂、东源竹坑、连平河头、和平明亮等34个自然保护区。

8.3.3 粤东地域的自然保护区

粤东地域位于本省东部，东邻福建省，南临南海，西连惠州市，北接河源市和梅州市。在行政区域主要包括：汕尾市1区3县（市），揭阳市1区4县（市），汕头市6区1县，潮州市1区2县。

本地区分布的自然保护区有如下类型。

(1) 国家级自然保护区 有广东南澎列岛自然保护区。

(2) 省级自然保护区 有海丰鸟类、陆河南万红锥林、潮安凤凰山、揭东桑浦山—双坑、陆河花鳗鲡、潮安海蚀地貌、饶平海山海滩岩、南澳岛等8个。

(3) 市级自然保护区 有汕头湿地、汕头大学周围环境、濠江企望湾南方鲎、潮阳河溪鸟类、潮阳龙头湾、潮阳翠湖、潮阳田心湾南方鲎、澄海莱芜中国龙虾、澄海莱芜中华白海豚、南澳赤屿、南澳平屿、汕尾碣石海马资源、陆河南万大鲵、汕尾遮浪角、海丰九龙湾海洋、潮州韩江、饶平山门山苏铁蕨、揭阳海龟鲎、揭阳龙虾、揭阳良田蝾螈、揭阳三洲渔业、揭阳榕江潮道等22个自然保护区。

(4) 县级自然保护区 有潮南练江口、陆丰陂洋土沉香、陆丰碣石湿地、陆丰三溪水、海丰莲花山、海丰学堂坑、潮安凤凰溪、饶平大程海湾海洋生态、饶平中华白海豚、饶平西澳岛黄嘴白鹭、揭东新西河、揭西李望嶂、普宁盘龙阁、普宁三坑等14个自然保护区。

8.3.4 珠三角地域的自然保护区

珠三角地域位于广东省中南部及及沿海岛屿，东邻河源市、汕尾市，南临南海，西连云浮市、阳江市，北接清远市、韶关市。在行政区域，主要包括肇庆市2区6县（市）：广州市11区，佛山市5区。中山市，珠海市3区，东莞市，深圳市6区，惠州市2区3县，江门市3区4县（市）。

本地区分布的自然保护区有如下类型。

(1) 国家级自然保护区 有广东鼎湖山、广东内铃仃—福田红树林、广东象头山、广东港口海龟、广东珠江口中华白海豚等4个自然保护区。

(2) 省级自然保护区 有封开黑石顶、肇庆西江珍稀鱼类、郁南同乐大山、怀集大稠顶、怀集三岳山、高要西江烂柯山、大亚湾水产资源、龙门南昆山、惠东古田、惠东白盆珠、博罗罗浮山、从化陈禾洞、恩平七星坑、台山上川岛猕猴、江门中华白海豚、江门古兜山、珠海淇澳—担杆岛等17个自然保护区。

(3) 市级自然保护区 有肇庆鸡笼顶、广宁罗壳山、广宁深坑、封开七星顶、德庆三叉顶、四会十二带、新兴三宝山兰科植物、郁南小流、珠海庙湾珊瑚、珠海万山群岛、珠海凤凰山、恩平锦江源、惠城墩子、惠城金橘、惠东红树林、惠来神泉渔业、龙门杨坑洞、龙门寨头水库、从化温泉、东莞灯心塘、东莞莲花山、东莞马山、东莞自然生态、东莞银瓶山、中山长江库区等25个自然保护区。

(4) 县级自然保护区 有鼎湖黄沙蚬、广宁鼋、怀集三江口斑鳠产卵场、封开贺江、高要金龙水库水源林、高要鲤鱼尾水库水源林、高要西江河水源林、高要新兴江水库水源林、高要杨梅水库水源林、四会绥江鼋、郁南大河水库、郁南金菊顶、郁南望君山、郁南五马归槽、从化唐鱼、花都芙蓉嶂桃花水母、增城野生稻、珠海锅盖栋、珠海黄杨山、珠海竹篙山、南海西樵山、高明合水桫椤、高明三洲区水源林、江门赤溪曹峰山、台山乌猪岛、台山镇海湾红树林、开平赤坎百足山、开平梁金山、开平狮山、开平石榴塘、恩平红树林、恩平君子山、惠城大石坑、惠城连塘、惠城洋郎、惠城白面石、惠城白云嶂、惠城大坑、惠城黄巢嶂、惠东虎竹嶂、惠东白马山、惠东南木桥、惠东坪天嶂、惠东十二崆、惠来黄光山、博罗太平山、博罗黄山洞、龙门合仔、龙门黄草坪、龙门屏风石等 50 个自然保护区。

8.3.5 粤西地域的自然保护区

粤西地域位于广东省西部，东邻广州市，南连茂名市、阳江市、江门市，西与广西壮族自治区交界，北东与清远市相接。在行政区域主要包括：云浮市 1 区 4 县（市）、阳江市 1 区 3 县（7）。

本地区分布的自然保护区有如下类型。

（1）国家级自然保护区　尚未建立。

（2）省级自然保护区　有阳春百涌自然保护区、阳春百涌、阳春鹅凰嶂等个自然保护区。

（3）市级自然保护区　有电白红树林、阳江浅海海洋生态等 2 个自然保护区。

（4）县级自然保护区　有云安大金山、阳江埠场沿海防护林、阳江大凹山及鸳鸯湖、阳江岗列对岸三角洲、阳江岗列长其岭、江城海陵大堤东泥蚶、江城浅海海洋生态、江城平冈凤山、江城平冈红树林湿地、阳江白沙河、阳江北山公园、阳江岗列发王山、阳江双捷青冲、阳江望瞭岭、阳西程村豪光红树林、阳西程村湾、阳西大树岛龙虾、阳西青洲岛、阳西青洲龙虾、阳东东头芦排海洋等 20 个自然保护区。

8.3.6 粤西南地域的自然保护区

粤西南地域位于广东省西南部及雷州半岛，东邻江门市，南临南海，西与广西壮族自治区交界，北连肇庆市。在行政区域主要包括：湛江市 4 区 5 县（7）、茂名市 2 区 4 县（7）。

本地区分布的自然保护区有如下类型。

（1）国家级自然保护区　有广东湛江红树林、广东徐闻珊瑚礁、广东雷州珍稀海洋生物等 3 个自然保护区。

（2）省级自然保护区　有茂名云开山、茂名林洲顶鳄蜥等 2 个自然保护区。

（3）市（县）级自然保护区　有雷州湾中华白海豚、湛江硇洲海洋资源、湛江湖光岩、茂名市放鸡岛文昌鱼、茂名恐龙化石等 5 个自然保护区。

（4）县级自然保护区　有湛江特呈岛海洋生态、坡头南三岛鲎类、遂溪真鲷和二长棘鲷幼鱼、遂溪中国鲎、徐闻苍头南山红树林、徐闻大黄鱼幼鱼、徐闻外罗海湾鲎、廉江根竹嶂、廉江谢鞋山、廉江英罗湾儒艮、雷州海湾海洋生态、雷州东里带栉江瑶、雷州海草、雷州南渡河口、雷州乌石灯图角珊瑚、吴川文昌鱼、电白河尾山、茂港红树林、茂港区人工鱼礁、高州百花顶、高州南山河、高州三官山、化州飞蛾岭、高州仙人洞蝾螈、信宜公婆石、信宜过天坡、信宜花楼顶、信宜黄华江、信宜龙须顶、信宜猫耳石、信宜南瓷顶、信宜三甲顶、信宜石牛肚、信宜托盘洞、信宜五指肚、信宜鸡笼顶、信宜鸭兜山、信宜亚婆髻、信宜鳐婆石、信宜银岩、信宜元珠等 61 个自然保护区。

主要参考文献

常弘，关贯勋．1999. 鸟类学．广州：中山大学出版社．

陈邦余等．1990. 广东山区植物区系．广州：广东科学技术出版社．

陈理森．2001. 雷州半岛近 40 年来气温和降水的变化．广东气象，（2）29 ~ 30.

陈树培，邓义，陈柄辉，曹洪麟，邱向宇等．1994. 广东海岛植被和林业．广州：广东科学技术出版社．

陈树培等．1994. 关于增设广东沿海地区自然保护区的建议．生态科学，（2）．

广东省环保局，中国科学院华南植物研究所编．1988. 广东珍稀濒危植物图谱．北京：中国环境科学出版社．

广东省环境保护厅，广东省环境科学研究院．2014. 广东省自然保护区基础调查报告．广东省自然保护区基础调查项目．

广东省林业厅，华南濒危动物研究所主编．1987. 广东野生动物彩色图谱．广州：广东科学技术出版社．

何克军，李意德．2005. 广东自然区现状及发展对策．广东林业科技，第 21 卷第 2 期．

黄德民等．1982. 高要县地质与地貌发育．热带地貌，第 3 卷第 2 期，163 ~ 182.

黄少敏，张金泉，谢国忠，黄林生．2004. 广东石门台自然保护区地质与地貌．热带地貌，第 25 卷第 1、2 期．

贾晓平等．2000. 珠江口中华白海豚的初步调查．中国环境科学，20（S.）80 ~ 82.

黎振昌，潘炯华．1995. 广东省两栖动物区系与地理区划．四川动物，（增刊）．

李迪强，宋延龄等．2000. 热点地区与 GAP 分析研究进展．生物多样性，8（2）：208 ~ 214.

李捷等．2009. 广东肇庆西江珍稀鱼类省级自然保护区鱼类多样性．J. Lake Sci（湖泊科学），21（4）556 ~ 562.

李思忠．1981. 中国淡水鱼类的分布区划．北京：科学出版社．

潘炯华，刘成汉等．1985. 广东大陆两栖类的调查及区系．两栖爬行动物学报，4（3）；200 ~ 208.

潘炯华等．1987. 珠江水系北江渔业资源．广州：广东科学技术出版社．

潘炯华主编．1991. 广东淡水鱼类志．广州：广东科学技术出版社．

戚康标，常弘，缪汝槐主编．2001. 中国珍稀动植物辞典．广州：广东人民出版社．

苏志尧，陈北光，吴大荣．2002. 广东石门台自然保护区的植被类型和群落结构．华南农业大学学报（自然科学版），第 1 期．

王献溥，崔国发等．2003. 自然保护区建设与管理．北京：化学工业出版社．

王应祥．2003. 中国哺乳动物种和亚种分类名录与分布大全．北京：中国林业出版社．

吴修仁．1988. 广东潮州凤凰山植物资源调查报告．韩山师专学报（自然科学板）．

吴毅，易祖盛等．2002. 广东英德石门台自然保护区鼠类和翼手类物种多样性的研究．广州大学学报，（自）1（3）：21 ~ 26.

吴征镒等．1983. 中国自然地理——植物地理（上）．北京：科学出版社．

吴征镒等．2003. 世界种子植物科的分布区类型系统．云南植物研究，25（3）．

吴征镒．1991. 中国种子植物属的分布区类型．云南植物研究，增刊 IV，1 ~ 139.

徐恭昭等著．1989. 大亚湾环境与资源．合肥：安徽科学技术出版社．

徐龙辉等．1989. 广东山区经济动物．广州：广东科学技术出版社．

徐燕千．1998. 建立英德石门台自然保护区的重大意义．生态科学，第 2 期．

严岳鸿，陈红锋，邢福武，谢国忠．2002. 广东石门台自然保护区石灰岩地区植物区系和植被．热带亚热带植物学报，第 10 卷第 4 期．

严岳鸿，何祖霞，陈红锋，秦新生，邢福武等．2004. 广东石门台自然保护区珍稀濒危植物及其保护．广西植物，24 卷第 1 期．

叶华谷，邢福武主编．2005. 广东省植物名录．北京：世界图书出版公司．

叶向斌．1989. 广东古兜山植物区系的探讨．仲恺农业技术学院，2（1）．

张金泉．1982. 保护海南岛自然资源与建立自然保护区的布局问题．热带地理文集（华南师范大学地理丛书之九）．

张金泉．1997. 广东省自然保护区．广州：广东旅游出版社．

张金泉 . 1998. 建立石门台省级自然保护区的论证与规划 . 生态科学，第 2 期 .
张金泉 . 2000. 建立古兜山省级自然保护区的可行性研究 . 生态科学，19（4）.
张金泉 . 2002. 建立凤凰山省级自然保护区可行性研究 . 生态科学，第 3 期 .
张金泉 . 2003. 粤北森林的生态意义 . 绿色呼唤——创建韶关森林生态市论文集 . 北京：中国林业出版社 .
张金泉 . 2004. 广东石门台自然保护区评价 . 热带地貌，第 25 卷第 1、2 期 .
张金泉 . 2009. 广东省园林绿化珍稀濒危保护植物探讨 . 广东园林，2、3 期 .
张金泉，黄少敏，谢国忠，李剑雄，熊龙庆，张天赐 . 2001. 广东石门台自然保护区鹿洞自然公园总体规划 . 热带地貌，第 22 卷第 1、2 期 .
张金泉，黄少敏，谢国忠，戴克元 . 2004. 广东石门台自然保护区生态旅游资源 . 热带地貌，第 25 卷第 1、2 期 .
张金泉，徐颂军等著 . 2004. 广东古兜山自然保护区总体规划 . 北京：中国林业出版社 .
张荣祖 . 1999. 中国动物地理 . 北京：科学出版社 .
张声才 . 2002. 广东石门台自然保护区的水文特征与水资源研究 . 华南师范大学学报（自然科学版），第 4 期 .
张声粦等 . 1991. 广东山区气候 . 广州：广东科学技术出版社 .

车八岭国家级自然保护区（保护区 提供）

南岭国家级自然保护区（保护区 提供）

新丰云髻山省级自然保护区（保护区 提供）

从化陈禾洞省级自然保护区（保护区 提供）

蕉岭长潭省级自然保护区（保护区 提供）

象头山国家级自然保护区（保护区 提供）

南澳候鸟省级自然保护区（保护区 提供）

乳源大峡谷省级自然保护区（保护区 提供）

乐昌杨东山十二渡水省级自然保护区（保护区 提供）

曲江沙溪省级自然保护区（邓辉 摄）

始兴南山省级自然保护区（保护区 提供）

南雄小流坑—青嶂山省级自然保护区（保护区 提供）

连平黄牛石省级自然保护区（保护区 提供）

紫金白溪省级自然保护区（保护区 提供）

兴宁铁山渡田河省级自然保护区（保护区 提供）

大埔丰溪省级自然保护区（保护区 提供）

五华七目嶂省级自然保护区（保护区 提供）

梅县阴那山省级自然保护区（保护区 提供）

罗浮山省级自然保护区（保护区 提供）

惠东古田省级自然保护区（保护区 提供）

恩平七星坑省级自然保护区（梁俊杰 摄）

陆河南万红椎林省级自然保护区（保护区 提供）

江门古兜山省级自然保护区（保护区 提供）

恩平七星坑省级自然保护区（保护区 提供）

阳春鹅凰嶂省级自然保护区（保护区 提供）

封开黑石顶省级自然保护区（保护区 提供）

连州田心省级自然保护区（唐志信 摄）

连南板洞省级自然保护区（保护区 提供）

清新白湾省级自然保护区（保护区 提供）

揭东桑浦山—双坑省级自然保护区（李泰升 摄）

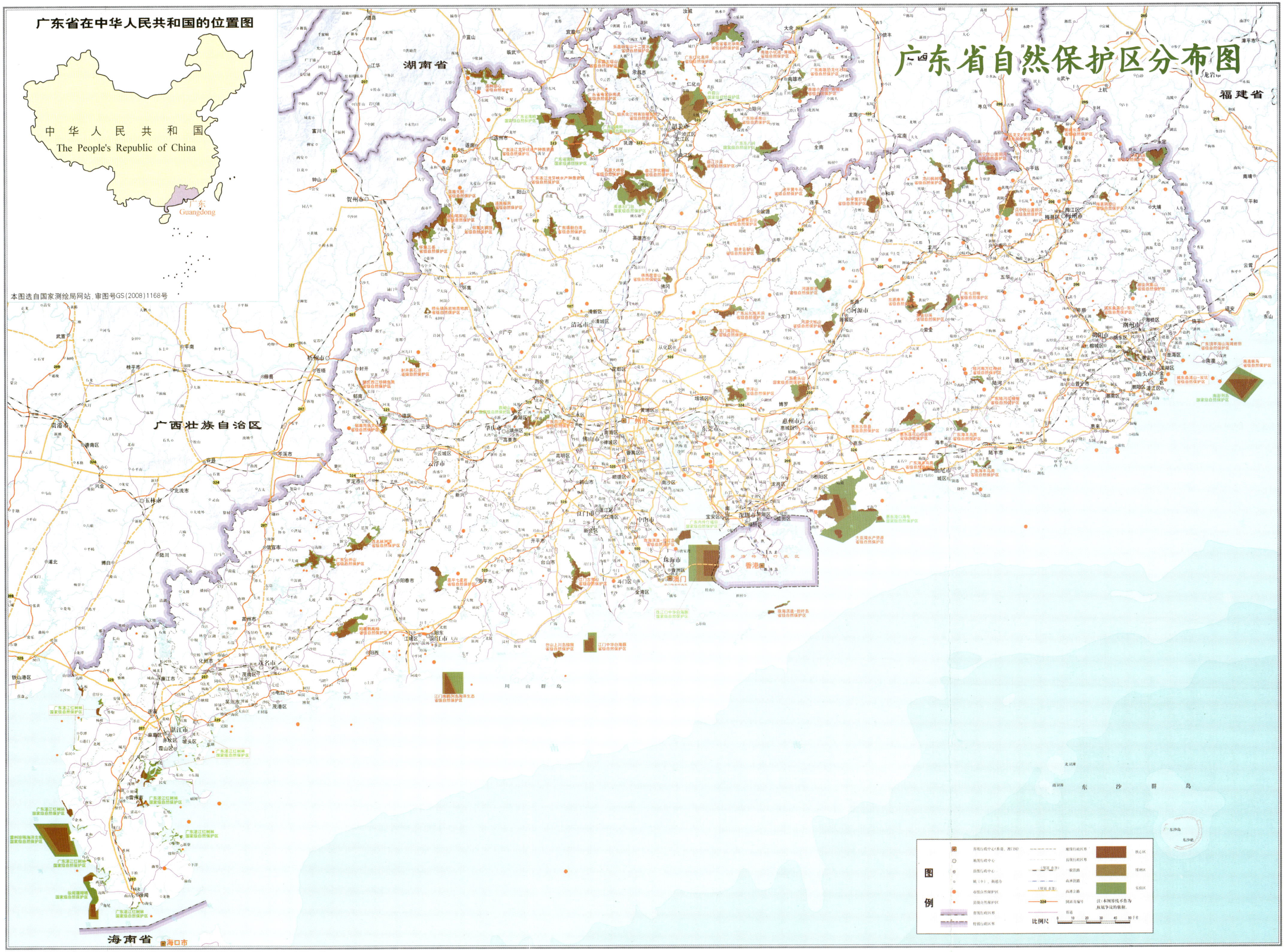
广东省自然保护区分布图
广东省在中华人民共和国的位置图
中 华 人 民 共 和 国
The People's Republic of China
广东
Guangdong
本图选自国家测绘局网站，审图号GS(2008)1168号
湖南省
福建省
广西壮族自治区
海南省
海口市
香港
澳门
川 山 群 岛
东 沙 群 岛
图例
比例尺

广东省环境保护厅 提供